컴퓨터응용밀링
기능사 필기
+
무료 강좌

예문사

PREFACE

컴퓨터응용밀링기능사 시험은 부품을 가공하기 위한 가공도면의 해석, 작업계획의 수립, 적합한 공구의 선택, 평면, 윤곽, 홈, 구멍 등을 밀링과 머시닝센터를 운용하여 가공하고, 공작물 측정 및 수정작업 등의 직무수행능력을 평가합니다.

본서는 2022년부터 적용되는 최신 NCS 기반의 출제기준에 맞게 단원별로 핵심 내용을 정리하였으며, 기출문제와 CBT 모의고사를 통해 수험생들이 보다 쉽게 실전 문제 풀이 능력을 향상할 수 있도록 효율적인 학습 루틴을 제시하였습니다.

이 책의 구성 및 특징

첫째, 최신 NCS를 토대로 한 핵심 내용 정리
둘째, 단원별 핵심 기출문제와 5개년 기출문제 및 출제예상문제 수록
셋째, 이해도를 높이는 상세한 문제풀이 게재
넷째, YouTube 무료 강좌 제공

이 책이 기계가공 분야로 첫발을 내딛는 입문자들에게 밝은 빛이 될 것이라 믿습니다.

다솔유캠퍼스 연구진들의 땀과 정성으로 만든 이 책이 누군가에게 기회를 만들 수 있는 초석이 되었으면 하는 바람입니다.

다솔유캠퍼스

Creative Engineering Drawing

Dasol U-Campus Book

1996

전산응용기계설계제도

1998

제도박사 98 개발
기계도면 실기/실습

2001

전산응용기계제도 실기
전산응용기계제도기능사 필기
기계설계산업기사 필기

2007

KS규격집 기계설계
전산응용기계제도 실기 출제도면집

2008

전산응용기계제도 실기/실무
AutoCAD-2D 활용시

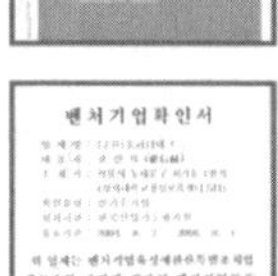

1996

다솔기계설계교육연구소

2000

㈜다솔리더테크
설계교육부설연구소 설립

2001

다솔유캠퍼스 오픈
국내 최초 기계설계제도
교육 사이트

2002

(주)다솔리더테크
신기술벤처기업 승인

2008

다솔유캠퍼스 통합

2010

자동차정비분야
강의 서비스 시작

2012

홈페이지 1차 개편

Since 1996

Dasol U-Campus

다솔유캠퍼스는 기계설계공학의 상향 평준화라는 한결같은 목표를 가지고 1996년 이래 교재 집필과 교육에 매진해 왔습니다.
앞으로도 여러분의 꿈을 실현하는 데 다솔유캠퍼스가 기회가 될 수 있도록 교육자로서 사명감을 가지고 더욱 노력하는 전문교육기업이 되겠습니다.

2011

전산응용제도 실기/실무(신간)
KS규격집 기계설계
KS규격집 기계설계 실무(신간)

2012

AutoCAD-2D와 기계설계제도

2013

ATC 출제도면집

2014

NX-3D 실기활용서
인벤터-3D 실기/실무
인벤터-3D 실기활용서
솔리드웍스-3D 실기/실무
솔리드웍스-3D 실기활용서
CATIA-3D 실기/실무

2015

CATIA-3D 실기활용서
기능경기대회 공개과제 도면집

2017

CATIA-3D 실무 실습도면집
3D 실기 활용서 시리즈(신간)

2018

기계설계 필답형 실기
권사부의 인벤터-3D 실기

2019

박성일마스터의 기계 3역학
홍쌤의 솔리드웍스-3D 실기

2020

일반기계기사 필기

2021

컴퓨터응용선반기능사
컴퓨터응용밀링기능사

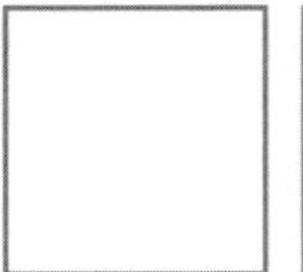

2013

홈페이지 2차 개편

2015

홈페이지 3차 개편
단체수강시스템 개발

2016

오프라인
원데이클래스

2017

오프라인
투데이클래스

2018

국내 최초 기술교육전문
동영상 자료실「채널다솔」오픈

2018 브랜드선호도 1위

2020

Live클래스
E-Book사이트(교사/교수용)

CBT 전면시행에 따른

CBT PREVIEW

한국산업인력공단(www.q-net.or.kr)에서는 실제 컴퓨터 필기시험 환경과 동일하게 구성된 자격검정 CBT 웹 체험을 제공하고 있습니다.

수험자 정보 확인

시험장 감독위원이 컴퓨터에 나온 수험자 정보와 신분증이 일치하는지를 확인하는 단계입니다. 수험번호, 성명, 주민등록번호, 응시종목, 좌석번호를 확인합니다.

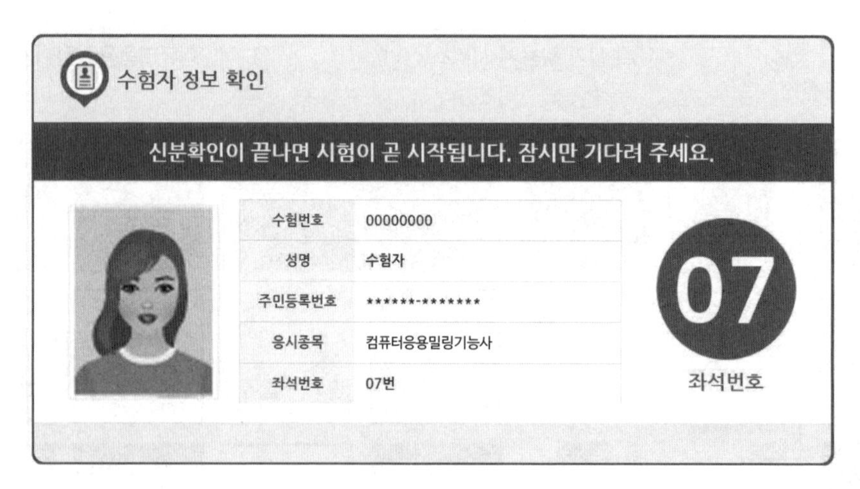

안내사항

시험에 관련된 안내사항이므로 꼼꼼히 읽어보시기 바랍니다.

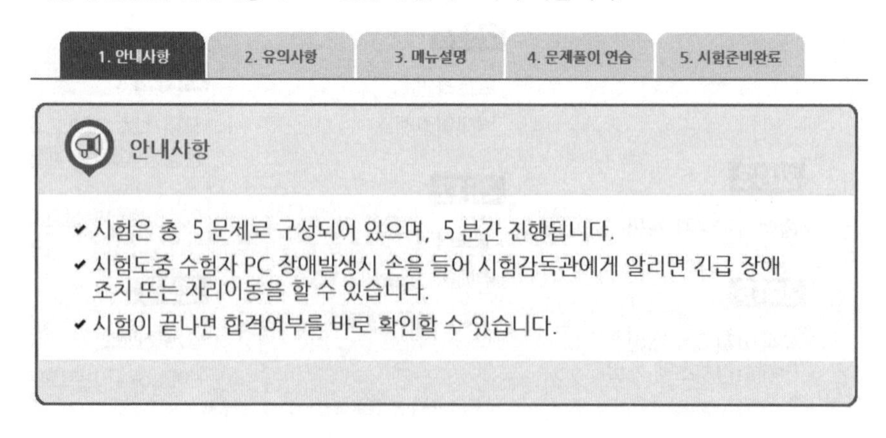

유의사항

부정행위는 절대 안 된다는 점, 잊지 마세요!

유의사항 - [1/3]

- **다음과 같은 부정행위가 발각될 경우 감독관의 지시에 따라 퇴실 조치되고, 시험은 무효로 처리되며, 3년간 국가기술자격검정에 응시할 자격이 정지됩니다.**

✔ 시험 중 다른 수험자와 시험에 관련한 대화를 하는 행위
✔ 시험 중에 다른 수험자의 문제 및 답안을 엿보고 답안지를 작성하는 행위
✔ 다른 수험자를 위하여 답안을 알려주거나, 엿보게 하는 행위
✔ 시험 중 시험문제 내용과 관련된 물건을 휴대하여 사용하거나 이를 주고받는 행위

다음 유의사항 보기 ▶

문제풀이 메뉴 설명

문제풀이 메뉴에 대한 주요 설명입니다. CBT에 익숙하지 않다면 꼼꼼한 확인이 필요합니다. (글자크기/화면배치, 전체/안 푼 문제 수 조회, 남은 시간 표시, 답안 표기 영역, 계산기 도구, 페이지 이동, 안 푼 문제 번호 보기/답안 제출)

문제풀이 메뉴 설명

- **아래 문제풀이 기능 설명을 유의해서 읽고 기능을 숙지해 주십시오.**

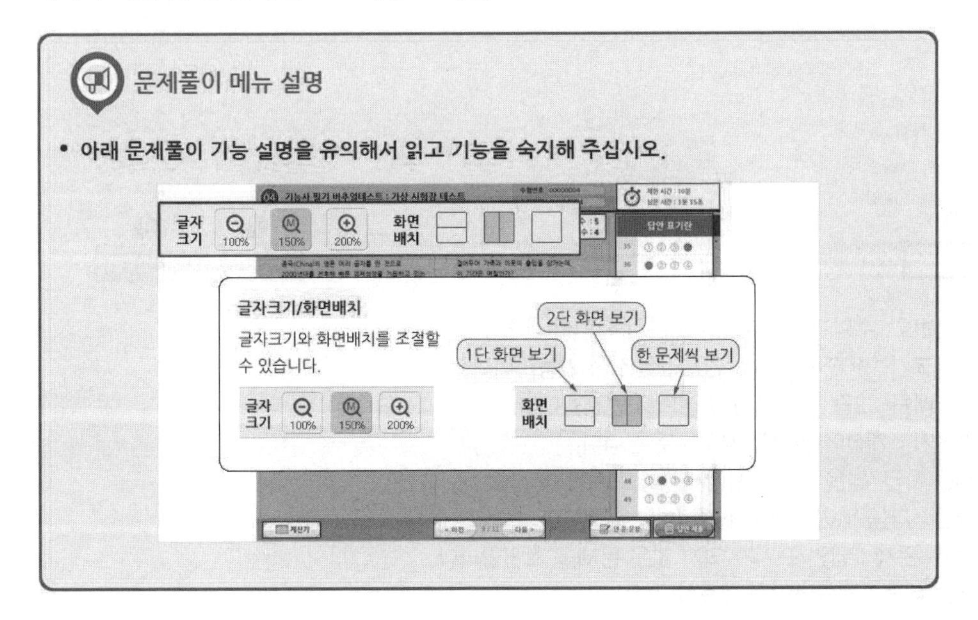

시험준비 완료!

이제 시험에 응시할 준비를 완료합니다.

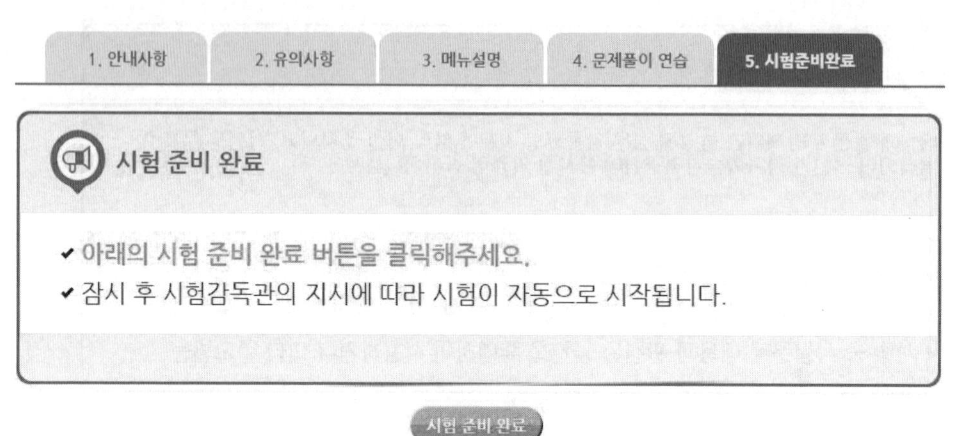

시험화면

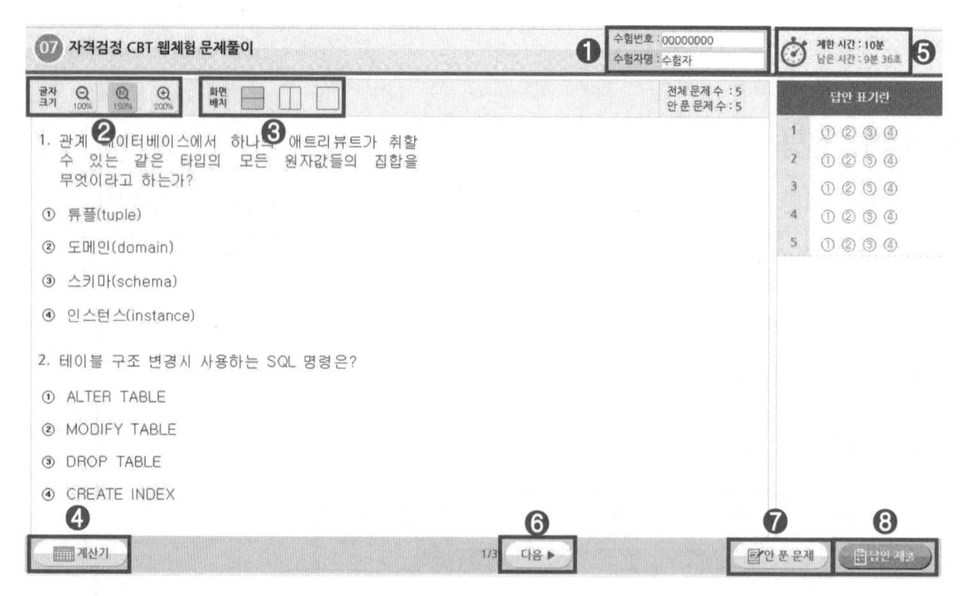

❶ 수험번호, 수험자명 : 본인이 맞는지 확인합니다.
❷ 글자크기 : 100%, 150%, 200%로 조정 가능합니다.
❸ 화면배치 : 2단 구성, 1단 구성으로 변경합니다.
❹ 계산기 : 계산이 필요할 경우 사용합니다.
❺ 제한 시간, 남은 시간 : 시험시간을 표시합니다.
❻ 다음 : 다음 페이지로 넘어갑니다.
❼ 안 푼 문제 : 답안 표기가 되지 않은 문제를 확인합니다.
❽ 답안 제출 : 최종답안을 제출합니다.

답안 제출

문제를 다 푼 후 답안 제출을 클릭하면 위와 같은 메시지가 출력됩니다.
여기서 '예'를 누르면 답안 제출이 완료되며 시험을 마칩니다.

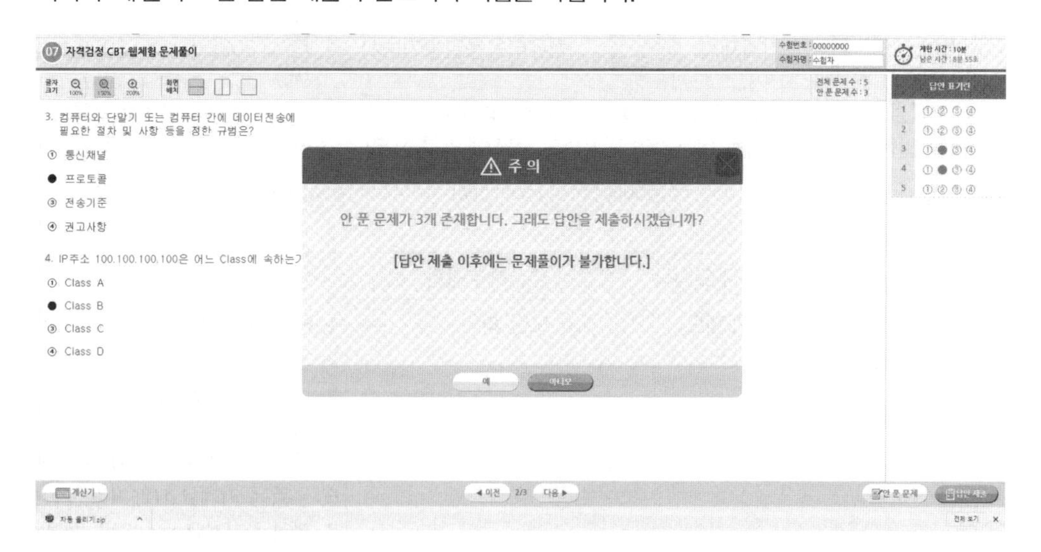

알고 가면 쉬운 CBT 4가지 팁

1. 시험에 집중하자.
기존 시험과 달리 CBT 시험에서는 같은 고사장이라도 각기 다른 시험에 응시할 수 있습니다. 옆 사람은 다른 시험을 응시하고 있으니, 자신의 시험에 집중하면 됩니다.

2. 필요하면 연습지를 요청하자.
응시자의 요청에 한해 시험장에서는 연습지를 제공하고 있습니다. 연습지는 시험이 종료되면 회수되므로 필요에 따라 요청하시기 바랍니다.

3. 이상이 있으면 주저하지 말고 손을 들자.
갑작스럽게 프로그램 문제가 발생할 수 있습니다. 이때는 주저하며 시간을 허비하지 말고, 즉시 손을 들어 감독관에게 문제점을 알려주시기 바랍니다.

4. 제출 전에 한 번 더 확인하자.
시험 종료 이전에는 언제든지 제출할 수 있지만, 한 번 제출하고 나면 수정할 수 없습니다. 맞게 표기하였는지 다시 확인해보시기 바랍니다.

INFORMATION

직무 분야	기계	중직무 분야	기계제작	자격 종목	컴퓨터응용밀링기능사	적용 기간	2022.1.1. ~ 2026.12.31.
[직무내용] 부품을 가공하기 위하여 가공 도면을 해독하고 작업계획을 수립하며 적합한 공구를 선택하여 평면, 윤곽, 홈, 구멍 등을 밀링과 머시닝센터를 운용하여 가공하고, 공작물의 측정 및 수정작업 등을 하는 직무 수행							
필기검정방법		객관식	문제수	60		시험시간	1시간

필기과목명	문제수	주요항목	세부항목	세세항목
도면해독, 측정 및 밀링가공	60	1. 기계제도	1. 도면 파악	1. KS, ISO 표준 2. 공작물 재질 3. 도면의 구성요소 4. 가공기호 5. 체결용 기계요소(나사, 키, 핀 등) 6. 운동용 기계요소(베어링, 기어 등) 7. 제어용 기계요소(스프링, 클러치 등)
			2. 제도 통칙 등	1. 일반사항(양식, 척도, 선, 문자 등) 2. 투상법 및 도형 표시법 3. 치수 기입 4. 누적치수 계산 5. 치수공차 6. 기하공차 7. 끼워맞춤 8. 표면거칠기 9. 기타 제도 통칙에 관한 사항
			3. 기계요소	1. 기계설계기초 2. 재료의 강도와 변형(응력과 안전율, 재료의 강도, 변형 등) 3. 결합용 요소(나사, 키, 핀, 리벳 등) 4. 전달용 기계요소(축, 기어, 베어링, 벨트, 체인 등) 5. 제어용 기계요소(스프링, 브레이크)
			4. 도면해독	1. 투상도면해독 2. 기계가공도면 3. 비절삭가공도면 4. 기계조립도면 5. 재료기호 및 중량산출
		2. 측정	1. 작업계획 파악	1. 기본측정기 종류 2. 기본측정기 사용법 3. 도면에 따른 측정방법

필기과목명	문제수	주요항목	세부항목	세세항목
			2. 측정기 선정	1. 측정기 선정 2. 측정기 보조기구
			3. 기본측정기 사용	1. 기본측정기 사용법 2. 기본측정기 0점 조정 3. 교정성적서 확인 4. 측정 오차 5. 측정기 유지관리
			4. 측정 개요 및 기타 측정 등	1. 측정 기초 2. 측정단위 및 오차 3. 길이측정(버니어캘리퍼스, 하이트게이지, 마이크로미터, 한계게이지 등) 4. 각도측정(사인바, 수준기 등) 5. 표면거칠기 및 윤곽 측정 6. 나사 및 기어 측정 7. 3차원 측정기
		3. 밀링가공	4. 밀링의 종류 및 부속품	1. 밀링의 종류 및 구조 2. 부속품 및 부속장치(밀링바이스, 분할대 , 원형테이블, 슬로팅장치, 래크 절삭장치 등)
			5. 밀링 절삭 공구 및 절삭이론	1. 밀링 커터의 분류와 공구각 2. 밀링 절삭이론(절삭속도, 이송, 절삭저항, 절삭동력 등)
			6. 밀링 절삭가공	1. 상향절삭 및 하향 절삭 2. 표면거칠기 3. 분할법 4. 밀링에 의한 가공방법
		4. CNC밀링(머시닝센터)	1. CNC밀링(머시닝센터) 조작 준비	1. CNC밀링 구조 2. CNC밀링 안전운전 준수사항 3. CNC밀링 조작기 주요 경보메시지 4. CNC밀링 부속품 5. CNC밀링 공작물 고정방법
			2. CNC밀링(머시닝센터) 조작	1. CNC밀링 조작방법 2. 좌표계 설정 3. 공구 보정
			3. CNC밀링(머시닝센터) 가공 프로그램 작성 준비	1. CNC밀링 가공프로그램 개요
			4. CNC밀링(머시닝센터) 가공 프로그램 작성	1. CNC밀링 수동 프로그램 작성(준비기능, 주축기능, 이송기능, 공구기능, 보조기능 등)

필기과목명	문제수	주요항목	세부항목	세세항목
				2. 머시닝센터 프로그램(초기점 및 R점 복귀, 고정사이클의 동작 및 종류, 기타 가공 프로그램)
			5. CNC밀링(머시닝센터) 가공프로그램확인	1. CNC밀링 수동 프로그램 수정 2. CNC밀링 조작기 입력 · 가공 3. CNC밀링 공구경로 이상유무 확인
			6. CNC밀링(머시닝센터) 가공CAM프로그램 작성 준비	1. CNC밀링 가공 CAM 프로그램 개요(입력장치, 출력장치, CAD/CAM 일반, 공장자동화 등)
			7. CNC밀링(머시닝센터) 가공CAM프로그램 작성	1. CNC밀링 가공 CAM 프로그램 작성
			8 CNC밀링(머시닝센터) 가공CAM프로그램 확인	1. CNC밀링 가공 CAM 프로그램 수정
		5. 기타 기계가공	1. 공작기계 일반	1. 기계공작과 공작기계 2. 칩의 생성과 구성인선 3. 절삭공구 및 공구수명 4. 절삭온도 및 절삭유제
			2. 연삭기	1. 연삭기의 개요 및 구조 2. 연삭기의 종류(외경, 내경, 평면, 공구, 센터리스 연삭기 등) 3. 연삭숫돌의 구성요소 4. 연삭숫돌의 모양과 표시 5. 연삭조건 및 연삭가공 6. 연삭숫돌의 수정과 검사
			3. 기타 기계가공	1. 드릴링머신 2. 보링머신 3. 기어가공기 4. 브로칭머신 5. 고속가공기 6. 셰이퍼 및 플레이너 등
			4. 정밀입자가공 및 특수가공	1. 래핑 2. 호닝 3. 슈퍼피니싱 4. 방전가공 5. 레이저 가공 6. 초음파 가공 7. 화학적 가공 등
			5. 손다듬질 가공	1. 줄작업 2. 리머작업 3. 드릴, 탭, 다이스 작업 등

필기과목명	문제수	주요항목	세부항목	세세항목
			6. 기계 재료	1. 철강재료 2. 비철금속재료 3. 비금속재료 4. 신소재 5. 일반 열처리
		6. 안전규정 준수	1. 안전수칙 확인	1. 가공작업 안전수칙 2. 수공구 취급 안전수칙
			2. 안전수칙 준수	1. 안전보호장구 2. 기계가공 시 안전사항
			3. 공구 · 장비 정리	1. 공구 이상 유무 확인 2. 장비 이상 유무 확인
			4. 작업장 정리	1. 작업장 정리 방법
			5. 장비 일상점검	1. 일상점검 2. 점검주기 3. 윤활제
			6. 작업일지 작성	1. 작업일지 이해

CONTENTS

PART 01 기계제도

CHAPTER 001 제도의 기본 ········· 3
CHAPTER 002 기계요소의 제도 ········· 6
CHAPTER 003 선 · 문자 · CAD 제도 ········· 20
CHAPTER 004 투상법 및 단면도법 ········· 26
CHAPTER 005 치수기입법 ········· 40
CHAPTER 006 공차 및 표면 거칠기 ········· 45
CHAPTER 007 스케치 및 전개도 ········· 53
CHAPTER 008 기계요소의 설계 ········· 56
■ PART 01 핵심기출문제 ········· 107

측정 및 밀링가공

CHAPTER 001 측정 ········· 139
CHAPTER 002 밀링가공 ········· 149
■ PART 02 핵심기출문제 ········· 158

CNC 밀링(머시닝 센터)

CHAPTER 001 CNC의 개요 ········· 167
CHAPTER 002 CNC 프로그램 ········· 177
CHAPTER 003 CNC 프로그래밍 ········· 201
CHAPTER 004 CAD/CAM ········· 218
■ PART 03 핵심기출문제 ········· 221

기타 기계가공

CHAPTER 001 기계공작 일반 ········· 237
CHAPTER 002 절삭가공 ········· 239
CHAPTER 003 드릴링머신, 보링머신 ········· 246
CHAPTER 004 그 밖의 절삭가공 ········· 249
CHAPTER 005 연삭가공 ········· 252
CHAPTER 006 정밀입자가공과 특수가공 ········· 259
CHAPTER 007 손다듬질 가공 ········· 265
CHAPTER 008 기계재료 ········· 267
■ PART 04 핵심기출문제 ········· 304

안전관리

CHAPTER 001 기계가공 시 안전사항 ········· 325
CHAPTER 002 CNC 기계가공 시 안전사항 ········· 328
CHAPTER 003 CNC 장비 유지관리 ········· 330
■ PART 05 핵심기출문제 ········· 332

기출문제

2012 제1회 과년도 기출문제 ········· 343
제2회 과년도 기출문제 ········· 353
제4회 과년도 기출문제 ········· 364
제5회 과년도 기출문제 ········· 375

CONTENTS

2013 제1회 과년도 기출문제 ········ 386
제2회 과년도 기출문제 ········ 396
제4회 과년도 기출문제 ········ 407
제5회 과년도 기출문제 ········ 418

2014 제1회 과년도 기출문제 ········ 429
제2회 과년도 기출문제 ········ 440
제4회 과년도 기출문제 ········ 451
제5회 과년도 기출문제 ········ 461

2015 제1회 과년도 기출문제 ········ 471
제2회 과년도 기출문제 ········ 482
제4회 과년도 기출문제 ········ 493
제5회 과년도 기출문제 ········ 504

2016 제1회 과년도 기출문제 ········ 514
제2회 과년도 기출문제 ········ 525
제4회 과년도 기출문제 ········ 537

PART 07 CBT 모의고사

제1회 CBT 모의고사 ········ 551
제2회 CBT 모의고사 ········ 562
제3회 CBT 모의고사 ········ 572
제4회 CBT 모의고사 ········ 583

PART 01

기계제도

CHAPTER 001 제도의 기본 ········· 3
CHAPTER 002 기계요소의 제도 ········· 6
CHAPTER 003 선 · 문자 · CAD 제도 ········· 20
CHAPTER 004 투상법 및 단면도법 ········· 26
CHAPTER 005 치수기입법 ········· 40
CHAPTER 006 공차 및 표면 거칠기 ········· 45
CHAPTER 007 스케치 및 전개도 ········· 53
CHAPTER 008 기계요소의 설계 ········· 56
■ PART 01 핵심기출문제 ········· 107

CHAPTER 001

제도의 기본

CRAFTSMAN COMPUTER AIDED MILLING

SECTION 01 제도통칙(KS A 0005)

1 제도

기계나 구조물의 모양 또는 크기를 일정한 규격에 따라 점 · 선 · 문자 · 부호 등을 사용하여 설계자의 의도를 제작자 또는 시공자에게 명확하게 전달되도록 도면을 작성하는 과정을 말한다.

- 제도통칙 : 1966년 KS A 0005로 제정
- 기계제도통칙 : 1967년 KS B 0001로 제정

2 제도의 표준화

① 균일한 제품을 만들고 품질을 향상시킬 수 있다.
② 생산능률을 높여 생산단가를 줄일 수 있다.
③ 부품의 호환성이 증가된다.
④ 인력과 자재가 절약되어 경쟁력을 높일 수 있다.

3 한국산업표준의 분류체계(각 분야를 알파벳으로 구분)

분류기호	부문	분류기호	부문	분류기호	부문
A	기본	H	식료품	Q	품질경영
B	기계	I	환경	R	수송기계
C	전기	J	생물	S	서비스
D	금속	K	섬유	T	물류
E	광산	L	요업	V	조선
F	건설	M	화학	W	항공우주
G	일용품	P	의료	X	정보

4 산업규격의 명칭 및 기호

명칭	규격 기호	명칭	규격 기호
국제 표준화 기구	ISO	일본 산업 규격	JIS
한국 산업 규격	KS	영국 산업 규격	BS
미국 산업 규격	ANSI	스위스 산업 규격	SNV
독일 산업 규격	DIN	프랑스 산업 규격	NF

Reference

- KS(Korean Industrial Standards)
- ISO(International Organization for Standardization)

SECTION 02 재료 표시법

구분	기호	명칭	해설
보통강	SS275	일반구조용 압연강재	• S : 강(Steel) • S : 일반구조용 압연강재 • 275 : 최저 항복강도(275N/mm^2), 판 두께(16mm 이하)
	SM275	용접구조용 압연강재	• S : 강(Steel) • M : 용접 구조용 압연강재 • 275 : 최저 항복강도(275N/mm^2), 판 두께(16mm 이하)
특수강	SM20C	기계구조용 탄소강재	• S : 강철(Steel) • M : 기계구조용(Machine Structure Use) • 20C : 탄소함유량 0.18~0.23%
주강	SC450	주강	• S : 강철(Steel) • C : 주조(Casting) • 450 : 최저 인장강도(450N/mm^2)
단강	SF340	단조강	• S : 강(Steel) • F : 단조품(Forging) • 340 : 최저 인장강도(340N/mm^2)
주철	GC200	회주철	• GC : 회주철품 • 200 : 최저 인장강도(200N/mm^2)
	BMC270	흑심가단주철	• 270 : 최저 인장강도(270N/mm^2)
	WMC330	백심가단주철	• 330 : 최저 인장강도(330N/mm^2)

SECTION 03 가공방법에 따른 약호

가공방법	약호		가공방법	약호	
	Ⅰ	Ⅱ		Ⅰ	Ⅱ
주조	C	주조	호닝 가공	GH	호닝
선반 가공	L	선삭	페이퍼 다듬질	FCA	페이퍼
드릴 가공	D	드릴링	줄 다듬질	FF	줄
보링머신 가공	B	보링	래핑 다듬질	FL	래핑
밀링 가공	M	밀링	리머 가공	FR	리밍
플레이닝 가공	P	평삭	스크레이퍼 다듬질	FS	스크레이핑
셰이퍼 가공	SH	형삭	버프 다듬질	FB	브러싱
브로치 가공	BR	브로칭	배럴 연마 가공	SPBR	배럴
연삭 가공	G	연삭	액체 호닝 가공	SPLH	액체 호닝
벨트샌딩 가공	GBL	벨트 연삭	블라스트 다듬질	SB	블라스팅

CHAPTER 002

기계요소의 제도

CRAFTSMAN COMPUTER AIDED MILLING

SECTION 01 결합용 기계요소

1 나사(screw)

(1) 나사 도시법

① 수나사와 암나사의 산봉우리 부분(수나사는 바깥쪽 선, 암나사는 안쪽 선)은 굵은 실선으로, 골 부분(수나사는 안쪽 선, 암나사는 바깥쪽 선)은 가는 실선으로 표시한다.

② 나사인 부분(완전 나사부)과 나사가 아닌 부분(불완전 나사부)의 경계는 굵은 실선을 긋고, 나사가 아닌 부분의 골밑 표시 선은 축 중심선에 대하여 30°의 경사각을 갖는 가는 실선으로 표시한다.

③ 보이지 않는 부분의 나사산 봉우리와 골 부분, 완전 나사부와 불완전 나사부 등은 중간선 굵기의 은선으로 표시한다.

④ 암나사의 드릴 구멍의 끝부분은 굵은 실선으로 118° 되게 긋는다(도면 작도 시 120°로 그어도 된다).

⑤ 수나사와 암나사 결합 부분은 수나사로 표현한다.

⑥ 나사 부분의 단면 표시에 해치를 할 경우에는 산봉우리 부분까지 긋도록 한다.

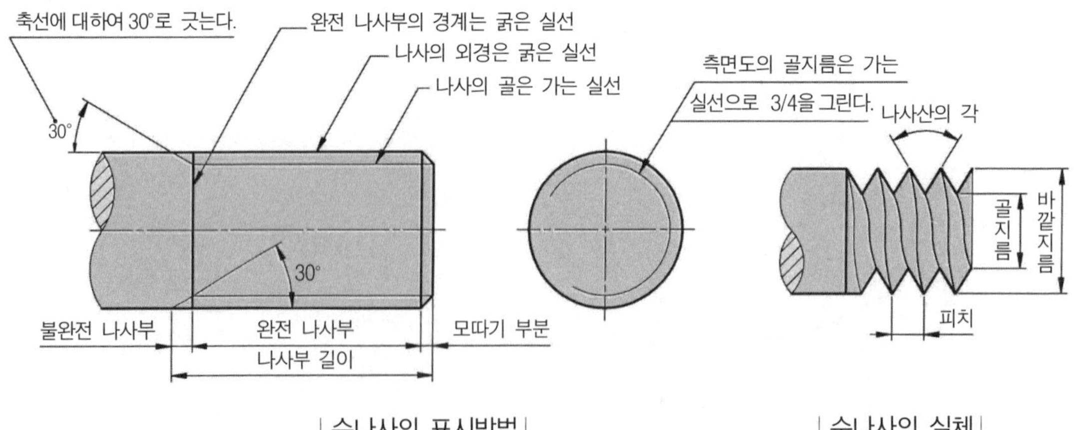

| 수나사의 표시방법 |

| 수나사의 실체 |

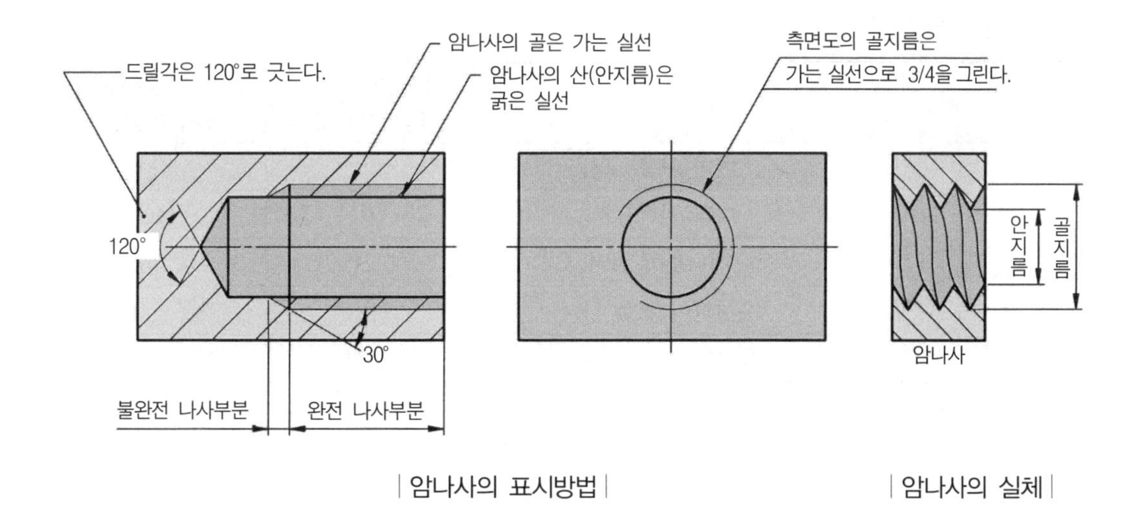

| 암나사의 표시방법 | | 암나사의 실체 |

(2) 나사의 호칭방법

나사의 호칭방법은 "나사산이 감기는 방향, 나사산의 줄의 수, 나사의 호칭, 나사의 등급" 순으로 표시한다. 나사산이 감기는 방향(오른쪽인 경우), 나사산의 줄의 수, 나사의 등급은 필요 없는 경우 생략해도 된다.

① 미터 가는 나사

예 왼 2줄 M50×2－6H : 왼 2줄 미터 가는 나사(M50×2), 암나사 등급 6, 공차 위치 H

② 미터 보통 나사의 조합(암나사와 수나사의 등급 동시 표기)

예 왼 M10－6H/6g : 왼 미터 보통 나사(M10), 암나사 6H와 수나사 6g의 조합

③ 유니파이 보통 나사의 조합

예 No.4－40UNC－2A : 유니파이 보통 나사(No.4－40UNC) 2A급

④ 관용 평행 수나사

예 G1/2 A : 관용 평행 수나사(G1/2) A급

⑤ 관용 평행 암나사와 관용 테이퍼 수나사의 조합

예 Rp1/2/R1/2 : 관용 평행 암나사(Rp1/2)와 관용 테이퍼 수나사(R1/2)의 조합

(3) 나사의 종류와 표시

구분		나사의 종류		나사의 종류를 표시하는 기호	나사의 호칭에 대한 표시 방법의 보기
일반용	ISO 규격에 있는 것	미터 보통 나사		M	M8
		미터 가는 나사			M8×1
		미니추어 나사		S	S0.5
		유니파이 보통 나사		UNC	3/8−16UNC
		유니파이 가는 나사		UNF	No.8−36UNF
		미터 사다리꼴 나사		Tr	Tr10×2
		관용 테이퍼 나사	테이퍼 수나사	R	R3/4
			테이퍼 암나사	Rc	Rc3/4
			평행 암나사	Rp	Rp3/4
		관용 평행 나사		G	G1/2
	ISO 규격에 없는 것	30° 사다리꼴 나사		TM	TM18
		29° 사다리꼴 나사		TW	TW20
		관용 테이퍼 나사	테이퍼 나사	PT	PT7
			평행 암나사	PS	PS7
		관용 평행 나사		PF	PF7

2 키(key)

(1) 키의 입체도 및 치수기입법

키 홈은 되도록 위쪽으로 도시한다.

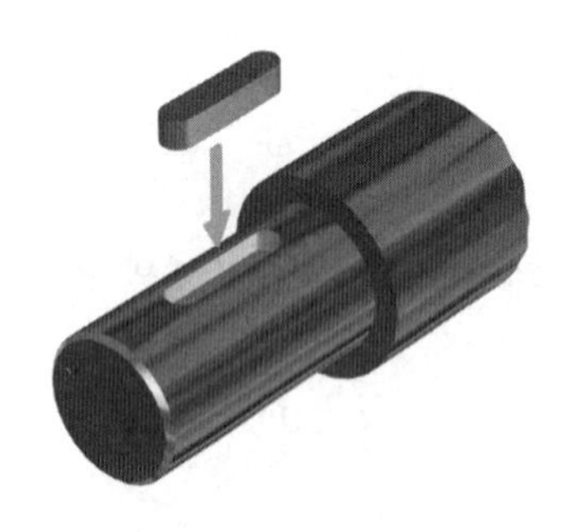

| 묻힘 키의 입체도 |

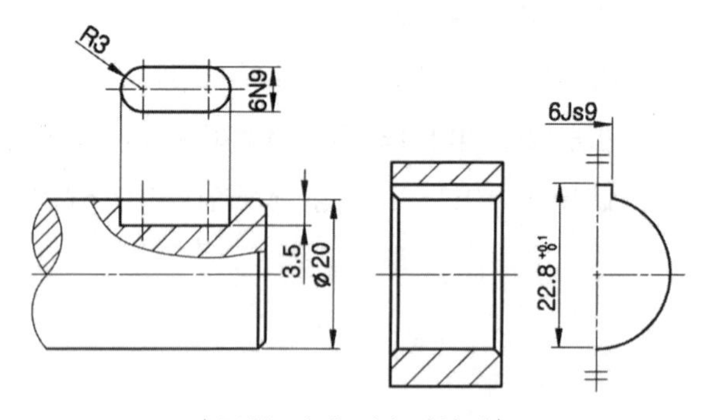

| 묻힘 키의 치수기입법 |

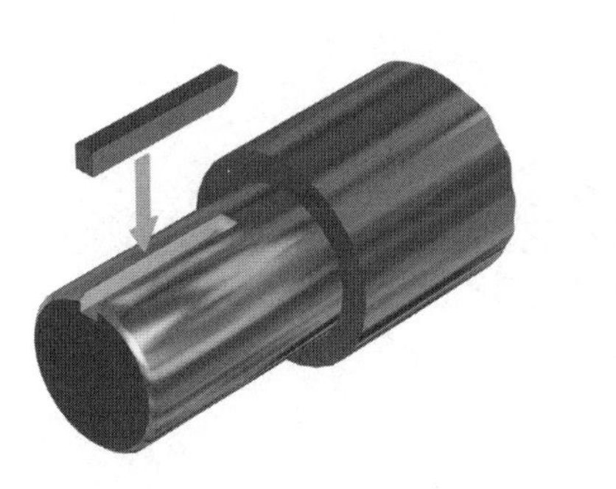

| 미끄럼 키의 입체도 |

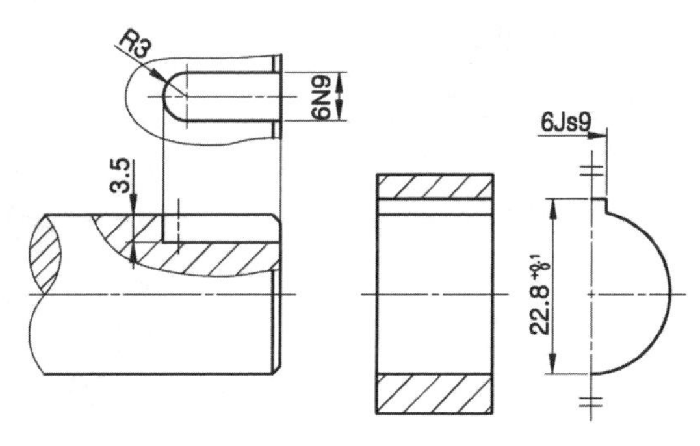

| 미끄럼 키의 치수기입법 |

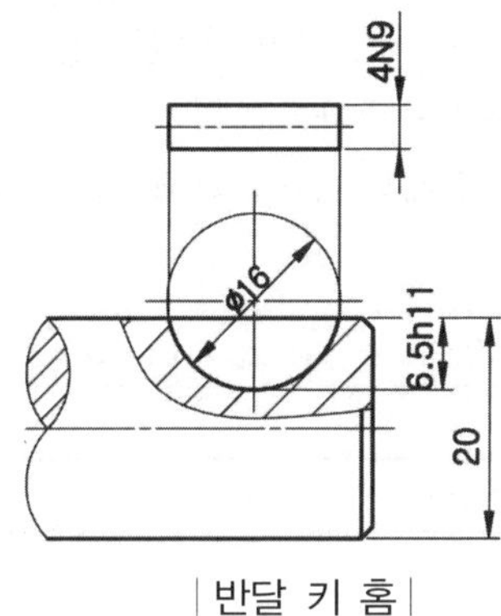

| 반달 키 홈 |

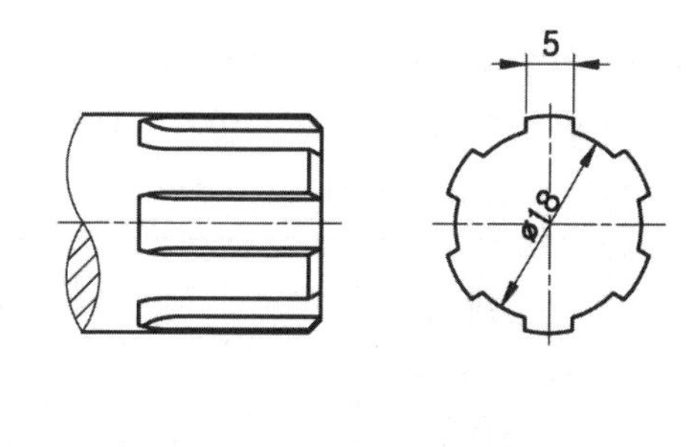

| 스플라인 |

(2) 키의 종류

키의 종류에는 묻힘 키(평행 키, 경사 키, 반달 키), 미끄럼 키 등이 있다.

모양		기호
평행 키	나사용 구멍 없음	P
	나사용 구멍 있음	PS
경사 키	머리 없음	T
	머리 있음	TG
반달 키	둥근 바닥	WA
	납작 바닥	WB

(3) 키의 끝부분 모양

명칭	한쪽 둥근형	양쪽 둥근형	양쪽 네모형
기호	A	B	C

(4) 키의 호칭방법

① 묻힘 키의 호칭방법

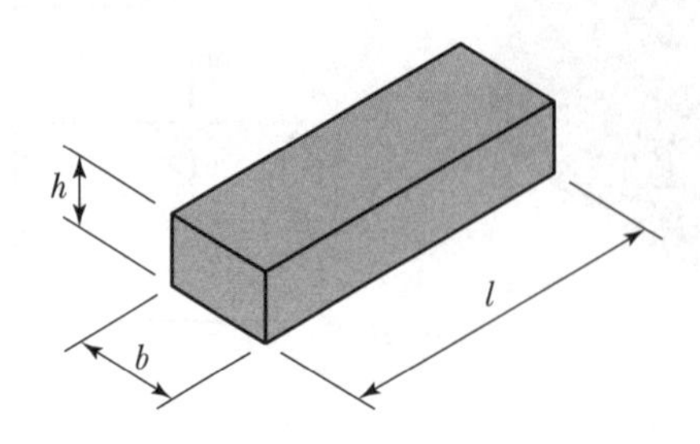

키의 호칭은 "표준번호, 종류(또는 그 기호), '호칭치수×길이'($b \times h \times l$)[반달 키는 호칭치수($b \times h$)만 기입]"로 한다. 다만, 나사용 구멍이 없는 평행 키 및 머리 없는 경사 키의 경우, 종류는 각각 단순히 "평행 키" 및 "경사 키"로 기재하여도 좋다.

평행 키의 끝부분의 모양을 나타낼 필요가 있는 경우에는 종류 뒤에 그 모양(또는 '종류－기호')을 나타낸다.

예

평행 키	KS B 1311 나사용 구멍 없는 평행 키 양쪽 둥근형 25×14×90($b \times h \times l$)
	KS B 1311 P－B 25×14×90
경사 키	KS B 1311 머리붙이 경사 키 25×14×90
	KS B 1311 TG 25×14×90
반달 키	KS B 1311 둥근 바닥 반달 키 3×16
	KS B 1311 WA 3×16

② 미끄럼 키의 호칭방법

키의 호칭은 "표준번호 또는 명칭, 호칭치수×길이"로 한다. 다만, 끝부분의 모양 또는 재료에 대하여 특별 지정이 있는 경우는 이것을 기입한다.

예

KS B 1313 6×6×50
KS B 1313 36×20×140 양끝둥굶 SM45C－D
미끄럼 키 6×6×50 SF55

3 핀(pin)

(1) 테이퍼 핀

테이퍼 핀의 호칭은 "규격번호 또는 규격명칭, 등급, 호칭직경×길이, 재료"로 기입한다. 단, 특별한 지정사항이 있는 경우에는 그 후에 추가로 기입한다.

예

호칭 1.	KS B 1322 1급 6×70 S45C－Q	작은 쪽이 호칭지름 테이퍼 1/50
호칭 2.	테이퍼 핀 2급 6×70 SUS303	

(2) 분할 핀

분할 핀의 호칭은 "규격번호 – 호칭지름 × 호칭길이 – 재료"로 기입한다.

KS B ISO 1234 – 5 × 50 – St	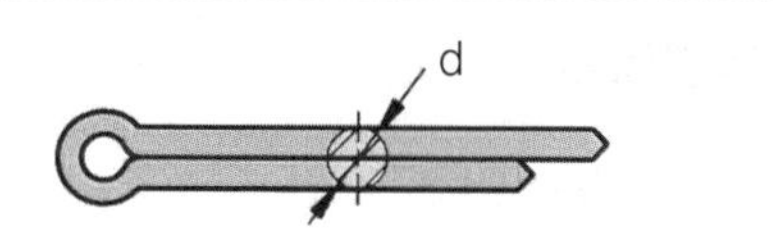

※ 재료에 따른 기호 : 강(St), 구리 – 아연 합금(CuZn), 구리(Cu), 알루미늄 합금(Al), 오스테나이트 스테인리스강(A)

4 리벳(rivet joint)

보일러, 물탱크, 교량 등과 같이 영구적인 이음에 사용된다.

(1) 리벳의 종류(머리 모양에 따라 구분)

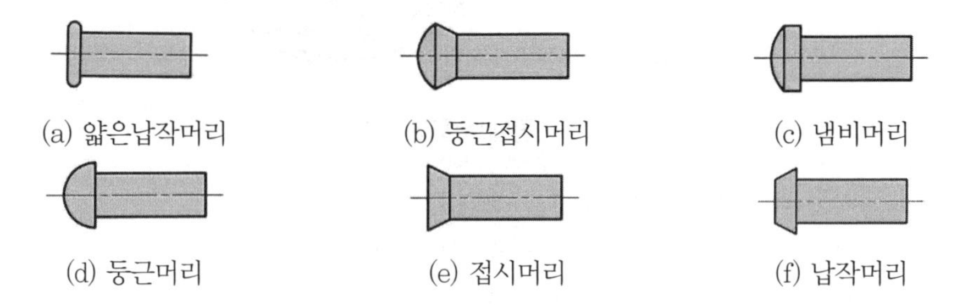

(a) 얇은납작머리 (b) 둥근접시머리 (c) 냄비머리

(d) 둥근머리 (e) 접시머리 (f) 납작머리

(2) 리벳이음의 도시법

① 리벳의 위치만을 표시할 때에는 중심선만으로 그린다.

② 얇은 판이나 형강 등의 단면은 굵은 실선으로 그리고, 인접하여 있는 경우 선 사이를 약간 띄어서 그린다.

③ 리벳은 길이 방향으로 절단하여 그리지 않는다.

④ 구조물에 사용하는 리벳은 약도(간략 기호)로 표시한다.

⑤ 같은 피치로 같은 종류의 구멍이 연속되어 있을 때는 '피치의 수 × 피치의 간격 = 합계치수'로 간단히 기입한다.

(3) 리벳의 호칭방법

"표준번호(생략 가능), 종류, 호칭지름 × 길이, 재료, 지정 사항" 순으로 기입한다.(단, 둥근머리 리벳의 길이는 머리 부분을 제외한 길이이다.)

예 KS B 1102 둥근머리 리벳 12 × 30 SV330

SECTION 02 전동용 기계요소

1 벨트풀리

(1) 평벨트풀리의 도시법

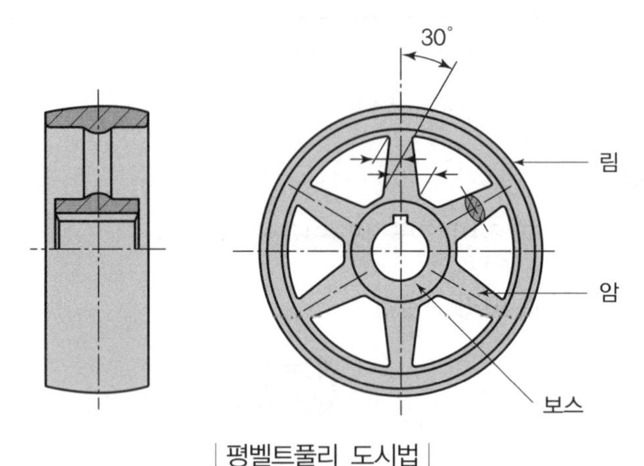

| 평벨트풀리 도시법 |

① 평벨트풀리는 축 직각 방향의 단면을 정면도로 한다.
② 평벨트풀리는 대칭형이므로 일부분만을 그릴 수도 있다.
③ 암은 길이 방향으로 단면하지 않으므로 회전단면도(도형 안에 그릴 때는 가는 실선, 도형 밖에 그릴 때는 굵은 실선)로 표시한다.
④ 암의 테이퍼 부분을 치수기입 할 때 치수보조선은 비스듬하게(수평의 60° 방향) 긋는다.

(2) V 벨트풀리

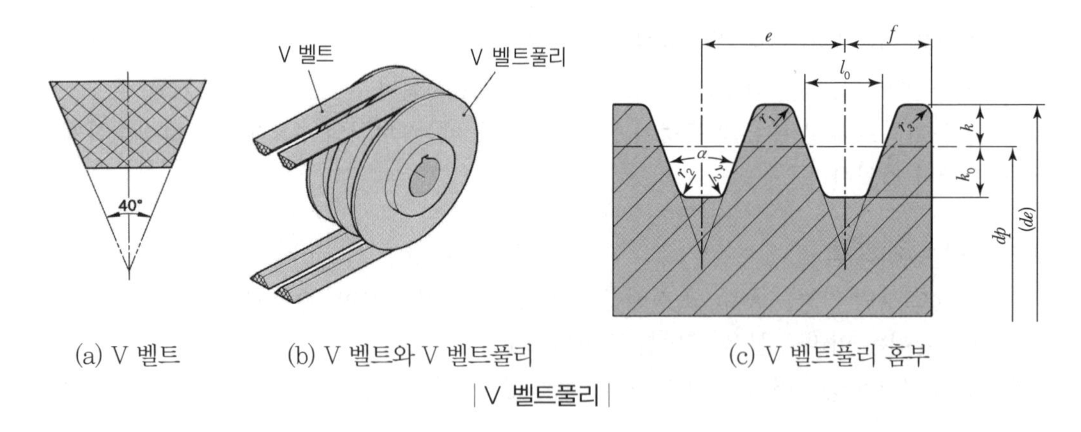

(a) V 벨트　(b) V 벨트와 V 벨트풀리　(c) V 벨트풀리 홈부

| V 벨트풀리 |

크기는 형별에 따라 M, A, B, C, D, E형이 있고, 폭이 가장 좁은 것은 M형, 가장 넓은 것은 E형이다. V 벨트의 각은 40°이고, V 벨트 홈부의 각은 34°, 36°, 38°가 있다.
다음 표는 V 벨트풀리 홈부의 명칭을 나타낸다.

d_p	호칭 직경	k_0	피치원 직경에서 홈 바닥까지의 거리
α	홈부 각도	e	홈과 홈 사이의 거리
l_0	피치원 직경에서 홈의 폭	f	홈 중심에서 측면까지의 거리
k	피치원 직경에서 풀리의 바깥지름까지의 거리	$r_{1,2,3}$	홈부의 모서리 라운드

2 스프로킷 휠

① 체인 전동은 체인을 스프로킷 휠에 걸어 감아서(자전거, 오토바이 등) 동력을 전달해 주는 요소이다.

② 도시법

㉠ 이끝원은 굵은 실선으로 도시

㉡ 피치원은 가는 일점쇄선으로 도시

㉢ 이뿌리원은 가는 실선으로 도시

㉣ 정면도를 단면으로 도시할 경우 이뿌리는 굵은 실선으로 도시

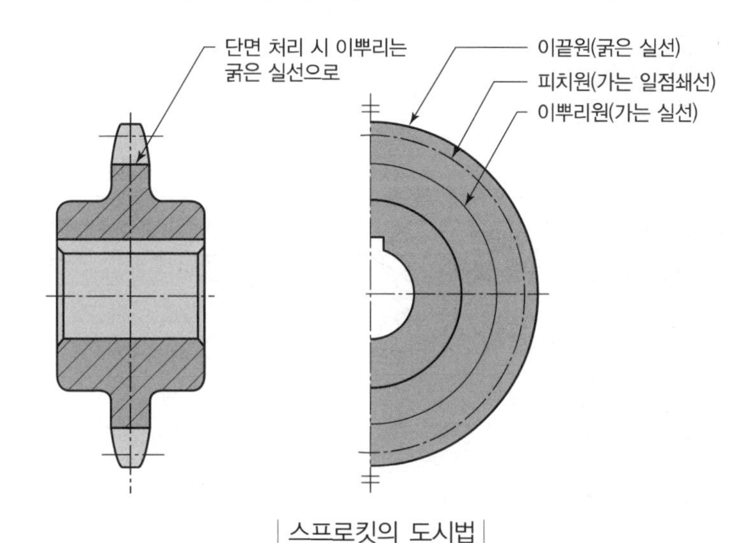

| 스프로킷의 도시법 |

3 기어

(1) 스퍼기어의 도시법

① 이끝원은 굵은 실선으로 도시

② 피치원은 가는 일점쇄선으로 도시

③ 이뿌리원은 가는 실선으로 도시(단, 정면도에서 단면을 했을 경우 굵은 실선으로 도시)

④ 피치원 지름(PCD) = 잇수$(Z) \times$ 모듈(M)

이끝원 지름$(D) = PCD + 2M = (Z+2)M$

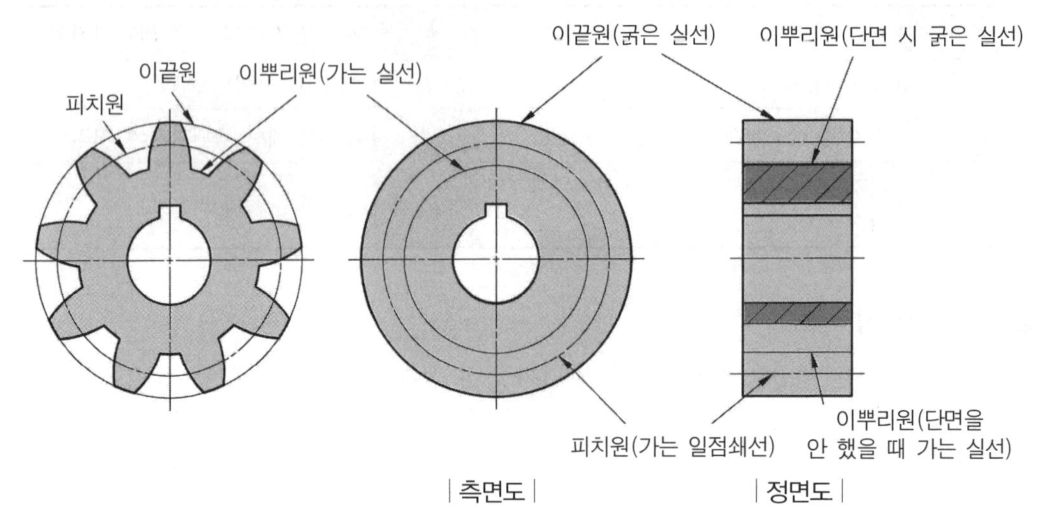

(2) 맞물린 기어의 도시법

① 측면도의 이끝원은 굵은 실선으로 도시한다.

② 정면도의 단면에서 한쪽의 이끝원은 파선(숨은선)으로 그린다.

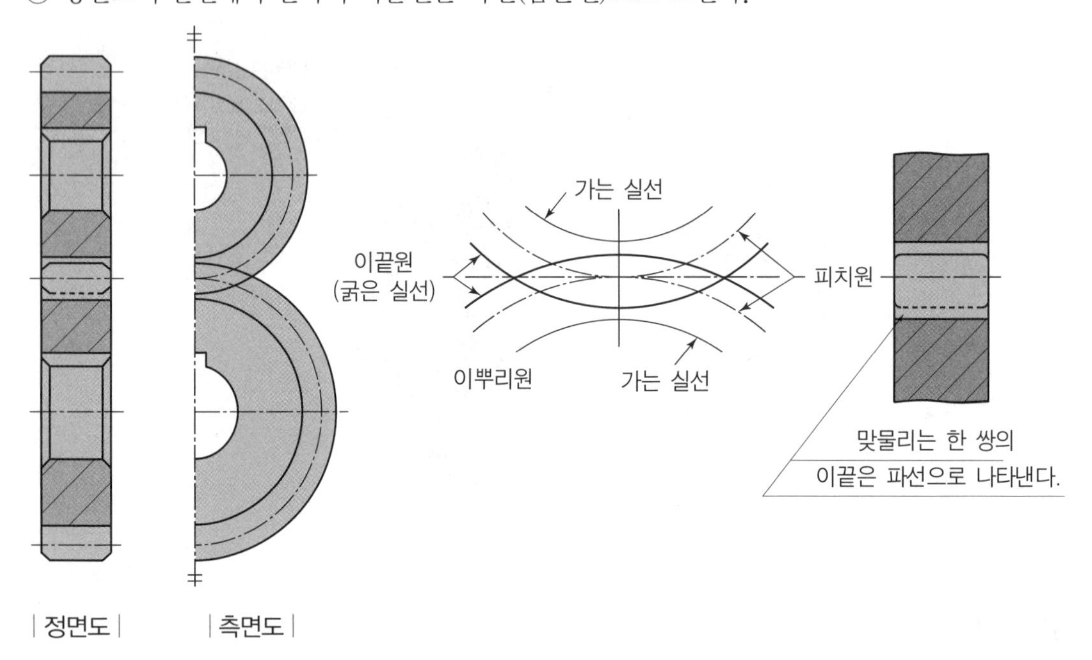

(3) 헬리컬 기어의 도시법

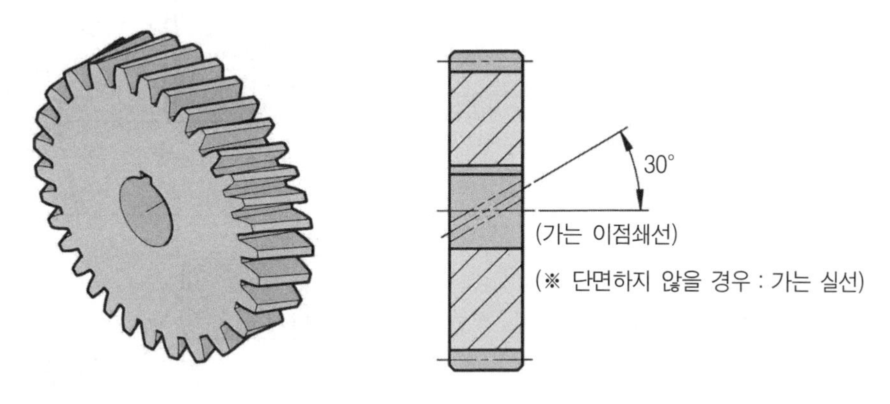

| 헬리컬 기어 |

헬리컬 기어는 이의 모양이 비스듬히 경사져 있다. 기어이의 방향(잇줄 방향)은 3개의 가는 실선으로 그리고, 단면을 하였을 때는 가는 이점쇄선으로 그리며 기울어진 각도와 상관없이 30°로 표시한다.

SECTION 03 축용 기계요소

1 축의 도시법

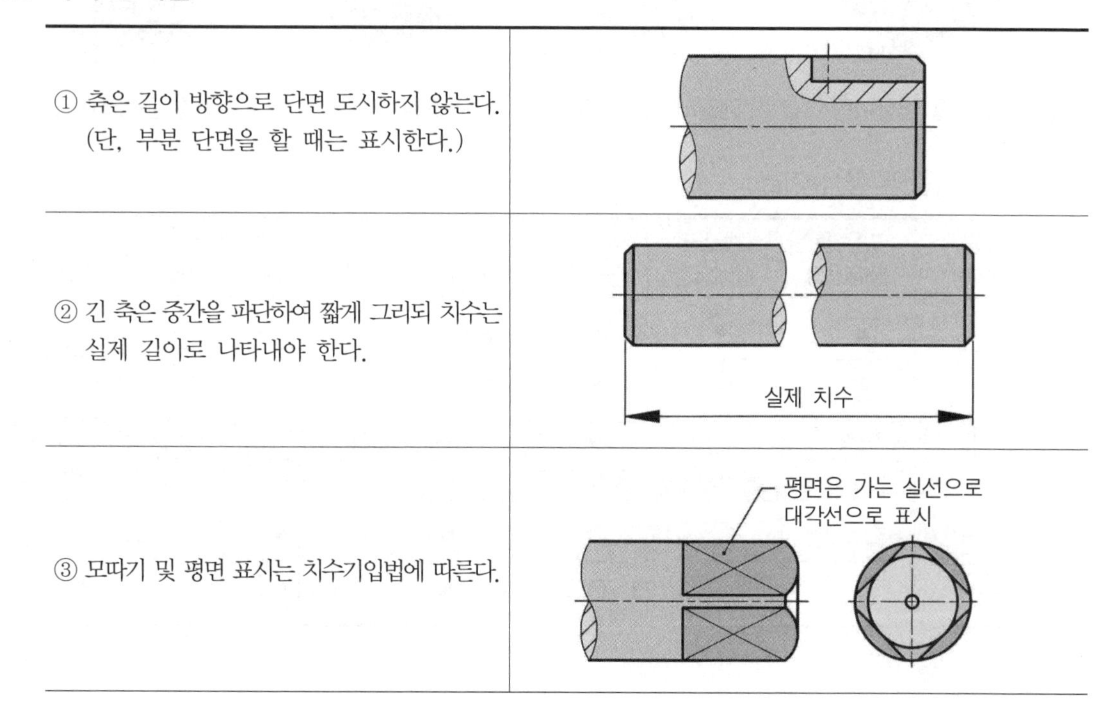

설명	그림
① 축은 길이 방향으로 단면 도시하지 않는다. (단, 부분 단면을 할 때는 표시한다.)	
② 긴 축은 중간을 파단하여 짧게 그리되 치수는 실제 길이로 나타내야 한다.	
③ 모따기 및 평면 표시는 치수기입법에 따른다.	

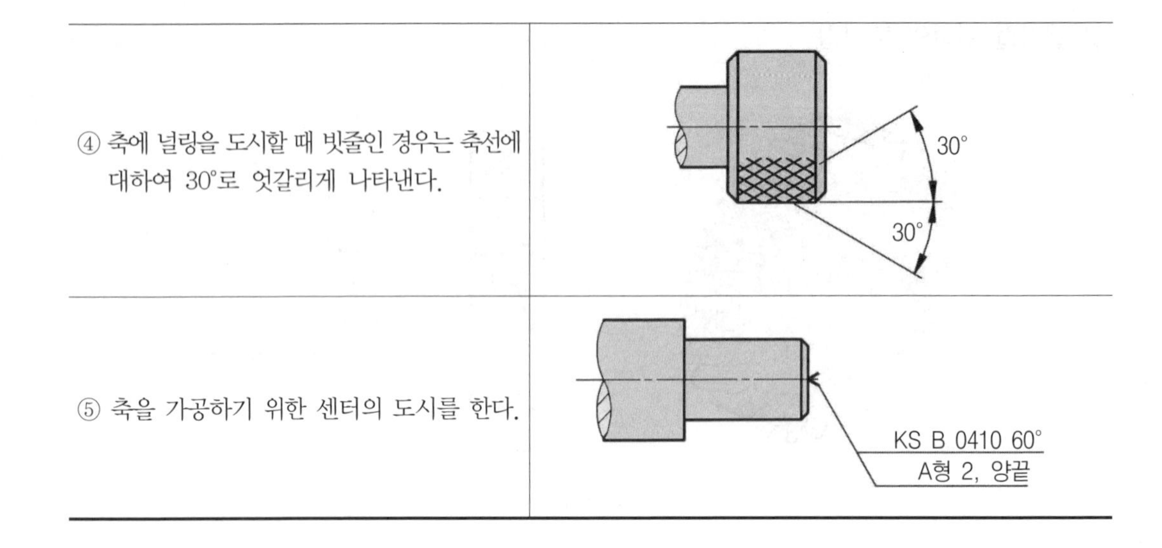

④ 축에 널링을 도시할 때 빗줄인 경우는 축선에 대하여 30°로 엇갈리게 나타낸다.

⑤ 축을 가공하기 위한 센터의 도시를 한다.

2 베어링

회전축을 받쳐주는 기계요소이며 축과 작용하중의 방향에 따라 레이디얼 베어링, 스러스트 베어링으로 나뉘며 축과 베어링 접촉상태에 따라 미끄럼 베어링과 롤링 베어링으로 구분할 수 있다.

| 깊은 홈 볼베어링 |

| 앵귤러 볼베어링 |

| 자동조심 볼베어링 |

| 원통 롤러베어링 |

(1) 구름 베어링의 형식 기호

구름 베어링	깊은 홈 볼베어링	앵귤러 볼베어링	자동조심 볼베어링	원통 롤러베어링				
				NJ	NU	NF	N	NN

니들 롤러베어링		앵귤러 롤러베어링	자동조심 롤러베어링	원통 롤러베어링		스러스트 자동 조심 롤러베어링
NA	RNA			NA	RNA	

(2) 베어링 호칭 번호

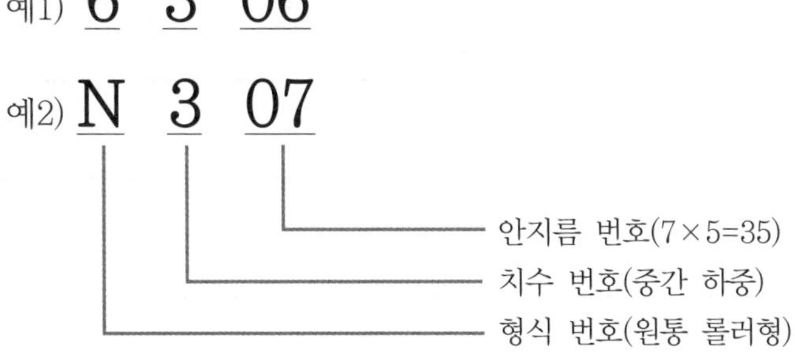

① 형식 번호(첫 번째 숫자)

번호	형식
1	복렬자동조심형
2, 3	복렬자동조심형(큰 나비)
5	스러스트 베어링
6	단열홈형
7	단열 앵귤러 볼형
N	원통 롤러베어링

② 치수 번호(두 번째 숫자)

번호	종류
0, 1	특별 경하중형
2	경하중형
3	중간 하중형
4	중하중형

③ 안지름 번호(세 번째, 네 번째 숫자)

번호	안지름 크기(mm)
00	10
01	12
02	15
03	17
04	20

- 1~9까지는 숫자가 그대로 베어링 내경이 된다.
  예 625 : 62 계열의 베어링, 내경은 5mm이다.
- 00~03번까지는 왼쪽 표의 크기를 따른다.
- 04번부터는 ×5를 한다.(4×5=20)
  예 6206 : 62 계열의 베어링, 내경은 6×5=30이다.
- "/"가 있을 경우 "/" 뒤의 숫자가 그대로 베어링 내경이 된다.
  예 60/22 : 60 계열의 베어링, 내경은 22mm이다.

(3) 베어링 등급 기호(숫자 이후의 기호)

무기호	H	P	HP
보통급	상급	정밀급	초정밀급

예 구름베어링(608C2P6)

60	8	C2	P6
베어링 계열 번호	안지름 번호(베어링 내경 8mm)	틈새 기호	등급 기호(6급)

예 구름베어링(6205ZZNR)

62	05	ZZ	NR
베어링 계열 번호	안지름 번호(베어링 내경 25mm)	실드 기호	궤도륜 형상 기호

SECTION 04 제어용 기계요소

1 스프링

(1) 스프링 제도법

① 스프링은 일반적으로 무하중(힘을 받지 않은 상태)인 상태로 그린다.

② 스프링은 모두 오른쪽으로 감은 것을 나타내고, 왼쪽으로 감은 경우에는 '감긴 방향 왼쪽'이라고 표기한다.

③ 그림에 기입하기 힘든 사항은 요목표에 기입한다.

④ 종류 및 모양만을 간략도로 그릴 경우 재료의 중심선만을 굵은 실선으로 그린다.

⑤ 코일 스프링에서 양 끝을 제외한 동일 모양 부분의 일부를 생략하는 경우에는 생략하는 부분의 선 지름의 중심선을 가는 1점쇄선으로 그린다.

⑥ 조립도, 설명도 등에서 코일 스프링을 도시하는 경우에는 그 단면만으로 표시하여도 좋다.

| 코일 스프링 |

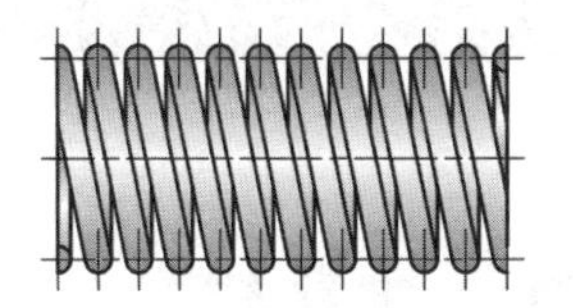
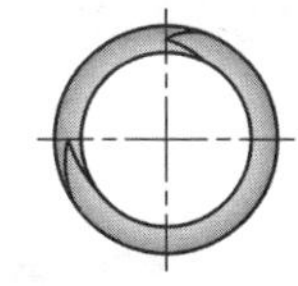

| 코일 스프링 외관도 |

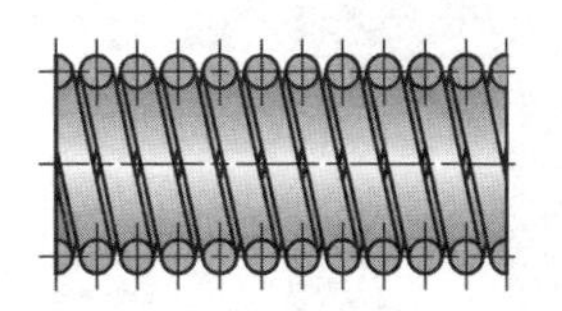
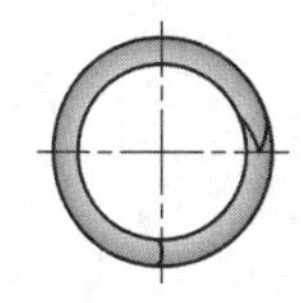

| 코일 스프링 단면도 |

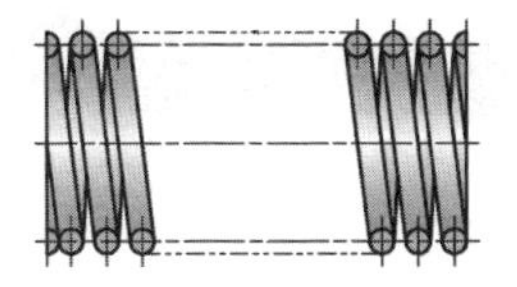
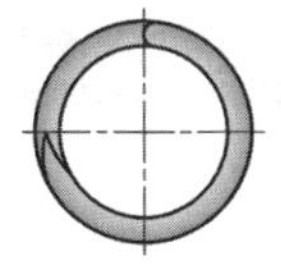

| 코일 스프링 부분 생략도 |

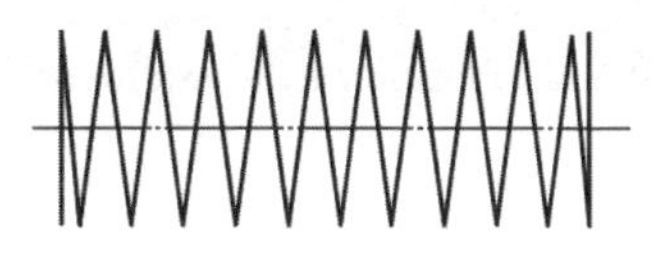
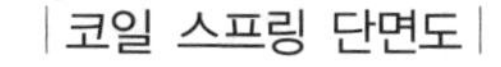

| 코일 스프링 간략도 |

(2) 겹판 스프링 제도법

① 겹판 스프링은 일반적으로 스프링 판이 수평인 상태(힘을 받고 있는 상태)에서 그리고, 무하중일 때의 모양은 이점쇄선으로 표시한다.

② 종류 및 모양만을 간략도로 그릴 경우 스프링의 외형만을 굵은 실선으로 그린다.

③ 하중과 처짐의 관계는 요목표에 기입한다.

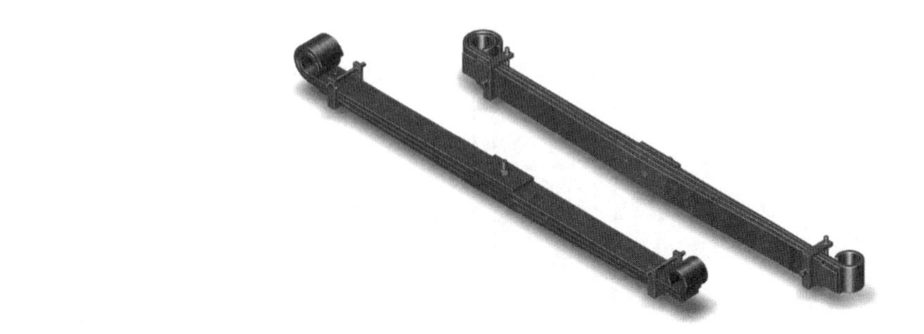

| 겹판 스프링 |

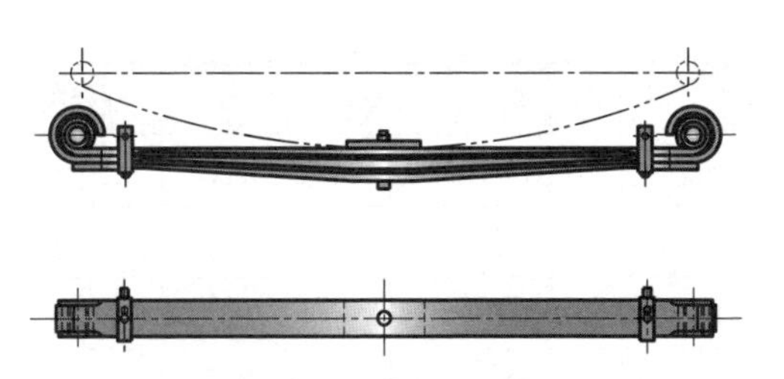
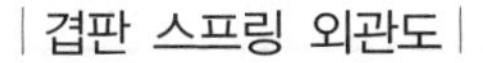

| 겹판 스프링 외관도 |

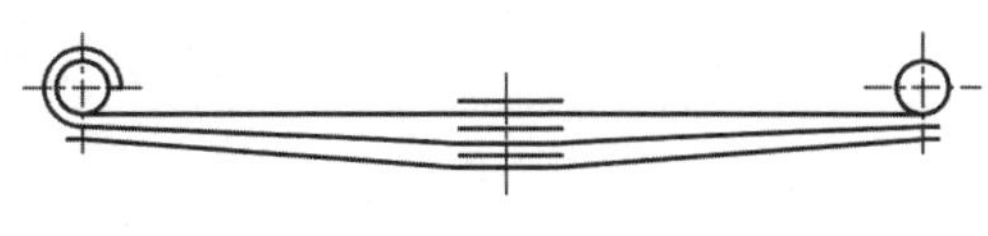

| 겹판 스프링 간략도 |

CHAPTER 003

선·문자·CAD 제도

CRAFTSMAN COMPUTER AIDED MILLING

SECTION 01 도면

1 도면의 크기와 윤곽선

① 길이의 기본 단위는 mm이다.

② 도면의 용지는 A 계열을 사용하며, 세로와 가로의 비는 1 : $\sqrt{2}$ 이고 A0의 넓이는 $1m^2$이다.

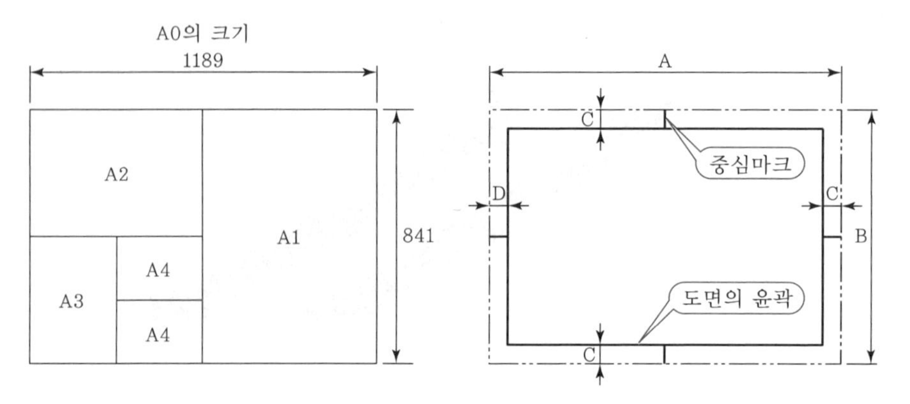

| 도면의 크기와 윤곽선 |

용지 크기		A0	A1	A2	A3	A4
A×B		841×1189	594×841	420×594	297×420	210×297
C(최소)		20	20	10	10	10
D (최소)	철하지 않을 때	20	20	10	10	10
	철할 때	25	25	25	25	25

2 도면의 형식

도면에 반드시 기입해야 할 사항은 도면의 윤곽, 중심마크, 표제란이고, 비교눈금, 도면의 구역을 구분하는 구분선, 구분기호, 재단마크 등은 생략 가능하다.

표제란에 기입하는 사항은 도번(도면 번호), 도명(도면 이름), 척도, 투상법, 작성자명, 일자 등이고, 오른쪽 아래에 배치한다.

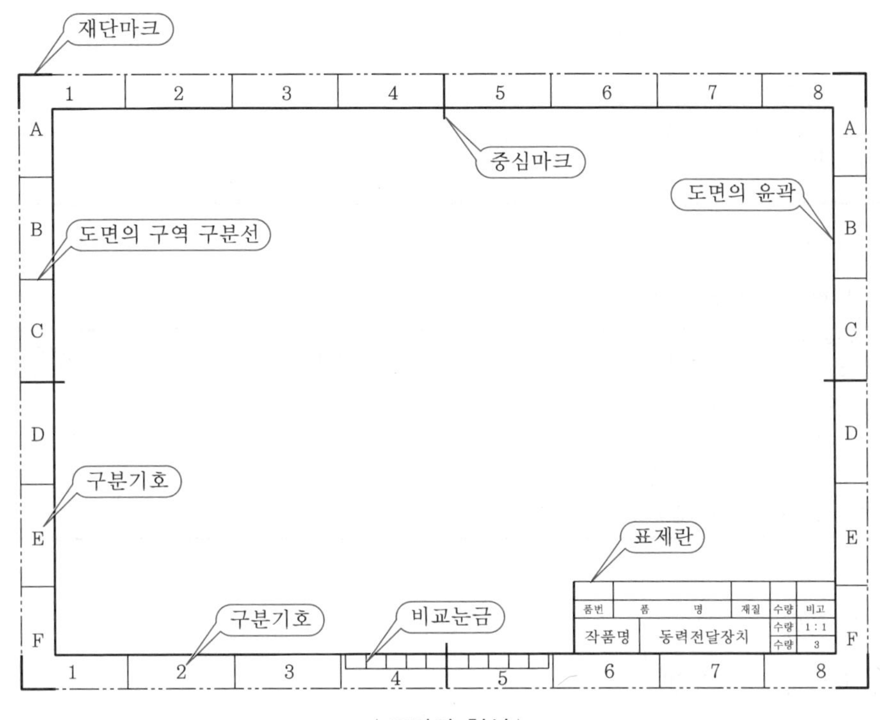

| 도면의 형식 |

3 척도

(1) 척도 표시방법

일반적으로 도면은 현척(실척)으로 그리는데, 경우에 따라 부품을 확대하거나 축소하여 그릴 수 있다. 척도는 표제란에 기입을 원칙으로 하며 한 장의 도면 내에 나타낸 각 부품의 척도가 서로 다를 경우 부품 번호 옆에 또는 부품란의 비고란에 기입해야 한다.

A : **B**

도면 크기 물체의 실제 크기

(2) 척도의 종류

① **축척** : 규정된 배율(다음 ⑤, ⑥ 표)에 따라 실물보다 작게 그린 도면

② **현척(실척)** : 실물과 같은 크기로 그린 도면

③ **배척** : 규정된 배율(다음 ⑤, ⑥ 표)에 따라 실물보다 크게 그린 도면

④ **NS(None Scale)** : 비례척이 아닌 작성자가 임의대로 실물보다 크게 그린 도면

⑤ KS 규격에 정해진 축척, 현척, 배척의 값

척도의 종류	값
축척	1 : 2, 1 : 5, 1 : 10, 1 : 20, 1 : 50, 1 : 100, 1 : 200 (1 : $\sqrt{2}$), (1 : 2.5), (1 : 2$\sqrt{2}$), (1 : 3), (1 : 4), (1 : 5$\sqrt{2}$), (1 : 25), (1 : 250)
현척	1 : 1
배척	2 : 1, 5 : 1, 10 : 1, 20 : 1, 50 : 1 ($\sqrt{2}$: 1), (2.5$\sqrt{2}$: 1), (100 : 1)

[비고] ( )의 척도는 가급적 사용하지 않는다.

⑥ ISO 5455에 의한 척도

축척			현척	배척		
1 : 2 1 : 20 1 : 200 1 : 2000	1 : 5 1 : 50 1 : 500 1 : 5000	1 : 10 1 : 100 1 : 1000 1 : 10000	1 : 1	50 : 1 5 : 1	20 : 1 2 : 1	10 : 1

4 도면의 종류

(1) 사용 목적에 따른 분류

① **계획도** : 설계자가 만들고자 하는 제품의 계획을 나타낸 도면

② **제작도** : 부품도와 조립도가 있으며, 실제로 제품을 만들기 위한 도면

③ **주문도** : 주문서에 첨부하여 주문자의 요구 내용을 제작자에게 전달하는 도면

④ **견적도** : 견적서에 첨부하여 주문자에게 견적 내용을 전달하는 도면

⑤ **승인도** : 제작자가 주문자의 검토와 승인을 얻기 위한 도면

⑥ **설명도** : 제품의 구조, 기능, 성능 등을 설명하기 위한 도면

(2) 내용에 따른 분류

① **조립도** : 제품의 전체적인 조립상태를 나타내고, 조립에 필요한 치수 등을 나타낸 도면

② **부분 조립도** : 복잡한 제품의 각 부분 조립상태를 나타낸 도면

③ **부품도** : 각 부품에 대하여 필요한 모든 정보를 나타낸 도면

④ **상세도** : 필요한 부분을 더욱 상세하게 표시한 도면

⑤ **공정도** : 제품의 생산과정을 일련의 공정 도시 기호로 나타내는 도면

⑥ **접속도** : 전기기기의 상호 간 접속상태 및 기능을 나타낸 도면

⑦ **배선도** : 전기기기의 배선상태(전기기기의 크기, 설치할 위치, 전선의 종류 · 굵기 · 수 및 배선의 위치 등)를 나타내는 도면
⑧ **배관도** : 관의 위치 및 설치방법 등을 나타낸 도면
⑨ **전개도** : 입체적인 제품의 표면을 평면에 펼쳐 그린 도면
⑩ **곡면선도** : 제품의 복잡한 곡면을 단면 곡선으로 나타내는 도면
⑪ **장치도** : 각 장치의 배치 및 제조공정 등의 관계를 나타내는 도면
⑫ **계통도** : 배관 및 전기장치의 결선과 작동을 나타내는 도면

(3) 성격에 따른 분류

① **원도** : 제도 용지에 연필로 그린 도면, 컴퓨터로 작성한 최초의 도면
② **트레이스도** : 연필로 그린 원도 위에 트레이싱지를 대고 연필 또는 드로잉 펜으로 그린 도면
③ **복사도** : 트레이스도를 원본으로 하여 복사한 도면[청사진(blue print), 백사진(positive print) 및 전자 복사도 등]

SECTION 02 선

1 굵기에 따른 선의 종류

종류	설명	모양
가는 선	굵기가 0.18~0.5mm인 선	────
굵은 선	굵기가 0.35~1mm인 선	━━━━
아주 굵은 선	굵기가 0.7~2mm인 선	████

Reference 선의 굵기 비율

아주 굵은 선 : 굵은 선 : 가는 선 = 4 : 2 : 1

2 모양에 따른 선의 종류

종류	설명	모양
실선	연속된 선	────────
파선	일정한 간격으로 반복되어 그어진 선	- - - - - - -
1점쇄선	길고 짧은 2종류의 길이로 반복되어 그어진 선	─── - ───
2점쇄선	길고 짧고 짧은 길이로 반복되어 그어진 선	─── - - ───

❸ 용도에 따른 선의 종류

명칭	종류	용도에 의한 명칭	용도
굵은 실선		외형선	물체의 보이는 부분의 모양을 표시하는 데 사용한다.
가는 실선		치수선	치수를 기입하기 위하여 사용한다.
		치수보조선	치수를 기입하기 위하여 도형으로부터 끌어내는 데 사용한다.
		지시선	기술 · 기호 등을 표시하기 위하여 끌어들이는 데 사용한다.
		회전단면선	도형 내에서 끊은 부분을 90° 회전하여 표시하는 데 사용한다.
		중심선	짧은 길이의 물체 중심을 나타내는 데 사용한다.
		수준면선	수면, 유면 등의 위치를 표시하는 데 사용한다.
가는 파선 또는 굵은 파선		숨은선	물체의 보이지 않는 부분의 모양을 표시하는 데 사용한다.
가는 1점쇄선		중심선	• 도형의 중심을 표시하는 데 사용한다. • 중심이 이동한 중심궤적을 표시하는 데 사용한다.
		기준선	위치 결정의 근거가 된다는 것을 명시할 때 사용한다.
		피치선	되풀이하는 도형의 피치를 취하는 기준을 표시하는 데 사용한다.
굵은 1점쇄선		기준선	기준선 중 특히 강조하는 데 쓰이는 선이다.
		특수 지정선	특수한 가공을 하는 부분 등 특별한 요구사항을 적용할 수 있는 범위를 표시하는 데 사용한다.
가는 2점쇄선		가상선	• 인접 부분을 참고하거나 공구, 지그 등의 위치를 참고로 나타내는 데 사용한다. • 가공 부분을 이동 중의 특정 위치 또는 이동 한계의 위치로 표시하는 데 사용한다. • 되풀이하는 것을 나타내는 데 사용한다. • 도시된 단면의 앞쪽에 있는 부분을 표시하는 데 사용한다.
		무게중심선	단면의 무게중심을 연결한 선을 표시하는 데 사용한다.
파형의 가는 실선		파단선	물체의 일부를 자른 경계 또는 일부를 잘라 떼어낸 경계를 표시하는 데 사용한다.
지그재그의 가는 실선			

명칭	종류	용도에 의한 명칭	용도
가는 1점쇄선 (선의 시작과 끝, 방향이 바뀌는 부분을 굵게 표시)		절단선	단면도를 그리는 경우 그 잘린 위치를 대응하는 그림에 표시하는 데 사용한다.
가는 실선으로 규칙적으로 빗줄을 그은 선		해칭선	잘려나간 물체의 절단면을 표시하는 데 사용한다.

4 겹치는 선의 우선순위

선과 문자나 기호가 겹친 경우 문자나 기호가 우선하고, 두 종류의 이상의 선이 겹칠 경우 다음의 순위에 따라 그린다.

외형선 → 숨은선 → 절단선 → 가는 1점쇄선 → 가는 2점쇄선 → 치수 보조선

SECTION 03 문자

제도에 사용되는 문자는 한자, 한글, 숫자, 영자 등이 있으며 문자는 되도록 간결하게 쓰고, 가로쓰기를 원칙으로 한다. 문자의 선 굵기는 한자는 문자 크기의 1/12.5, 한글은 문자 크기의 1/9로 한다.

1 문자의 크기(mm)

① **한자** : 3.15, 4.5, 6.3, 9, 12.5, 18의 6종 사용
② **한글** : 2.24, 3.15, 4.5, 6.3, 9의 5종 사용, 필요한 경우 다른 치수 사용 가능
③ **숫자 및 영자** : 2.24, 3.15, 4.5, 6.3, 9 등 6종 사용, 필요한 경우 다른 치수 사용 가능

CHAPTER 004

투상법 및 단면도법

CRAFTSMAN COMPUTER AIDED MILLING

SECTION 01 투상법

공간에 있는 물체는 눈(시점)과 물체의 부분들을 연결하는 투상선이 조합되어 그 물체의 위치와 형상이 인식된다. 눈과 물체의 중간에 유리판(투상면)을 수평면에 수직으로 세워 유리판과 투상선의 교점들을 연결하면 유리판 위에 물체의 모양을 그릴 수 있게 되는데 이를 투상(projection)이라 하며, 보이는 형상을 투상하여 그린 그림을 투상도(projection drawing)라 한다.

1 투상도의 종류

(1) 정투상도

실척(현척)으로 보이는 물체의 모서리마다 관측시점을 두고 투상면에 투상하여 그린다. 기본적으로 6개의 투상도(정면도, 우측면도, 좌측면도, 평면도, 저면도, 배면도)가 존재하며, 투상도의 배치방법에 따라 1각법과 3각법으로 구분한다.

종류	원리	기호
1각법	눈 → 물체 → 투상면	
3각법	눈 → 투상면 → 물체	

① 1각법(조선 분야) : 눈 → 물체 → 투상면

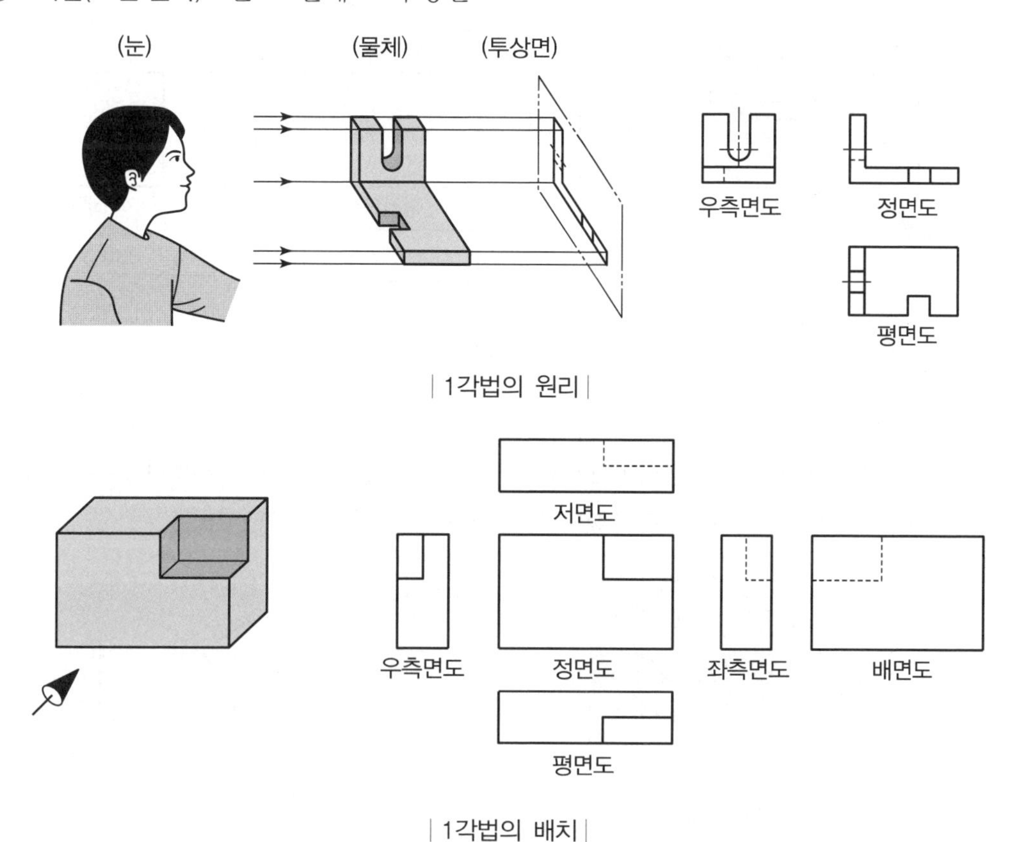

| 1각법의 원리 |

| 1각법의 배치 |

② 3각법(기계 분야) : 눈 → 투상면 → 물체

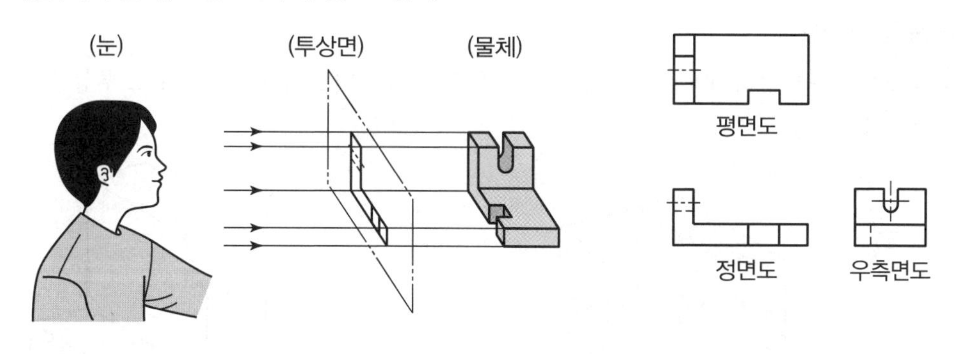

| 3각법의 원리 |

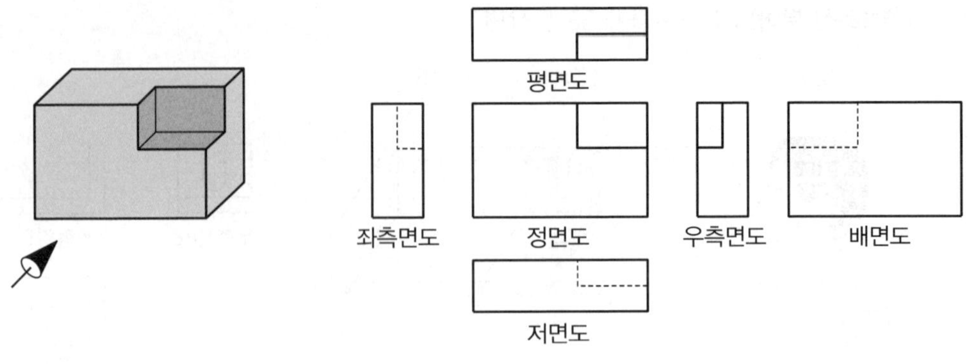

| 3각법의 배치 |

(2) 등각 투상도

정면, 우측면, 평면을 하나의 투상면에 나타내기 위하여 정면과 우측면 모서리 선을 수평선에 대하여 30°가 되게 하여 입체도로 투상한 것을 등각 투상도라 한다.

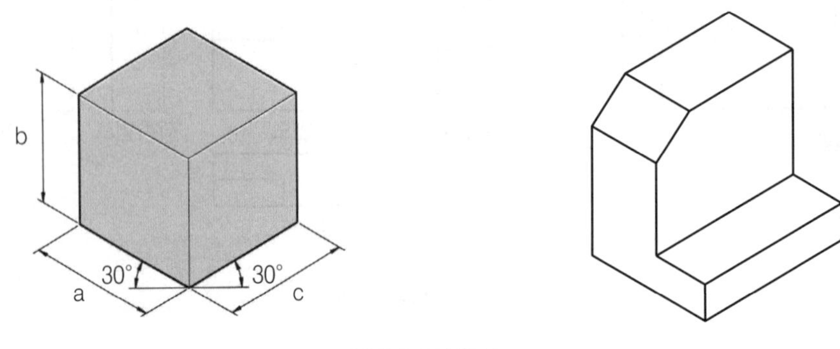

| 등각 투상도 |

(3) 부등각 투상도

등각 투상도와 비슷하지만 수평선에 대한 양쪽 각을 서로 다르게 하여 입체도로 투상한 것을 부등각 투상도라 한다.

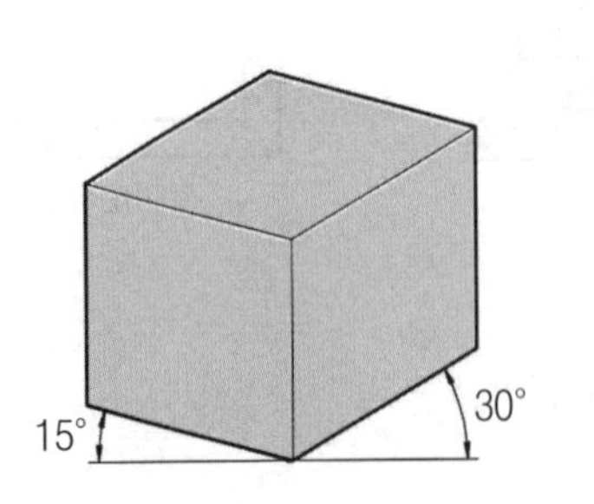

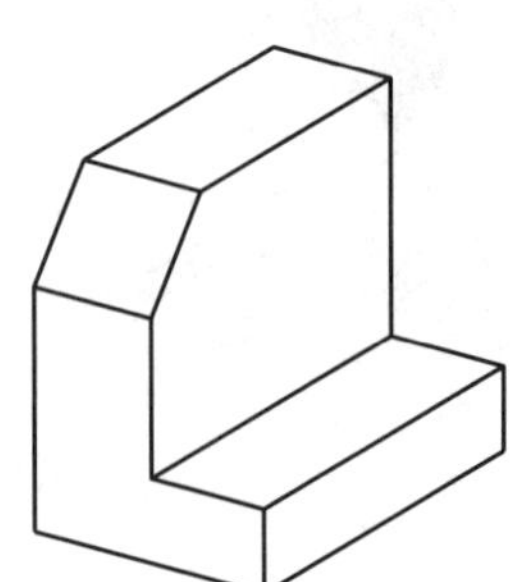

| 부등각 투상도 |

(4) 사투상도

정면도는 정면에서 바라본 실제 모양으로 그리고 나머지 윤곽은 α 각도로 기울여서 입체도로 투상한 것을 사투상도라 한다.

α 각도가 45°인 입체도를 카발리에도, 60°인 입체도를 캐비닛도라 한다.

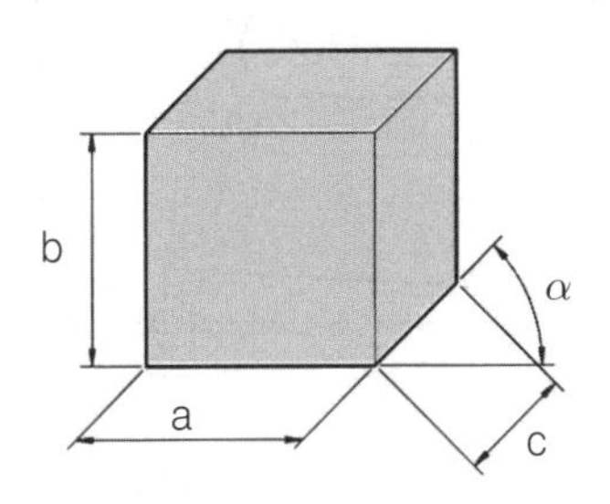

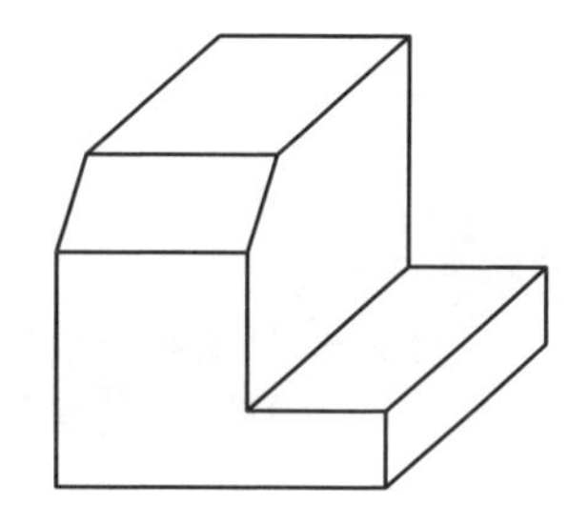

| 사투상도 |

2 특수 투상도

(1) 보조 투상도

경사진 물체를 경사면에 대해 수직인 각도로 바라보지 않으면 실제 길이보다 짧게 보이므로 경사면의 실제 길이를 나타내주기 위하여 경사면에 평행하게 그려내는 투상도를 말한다.

| 입체도 |

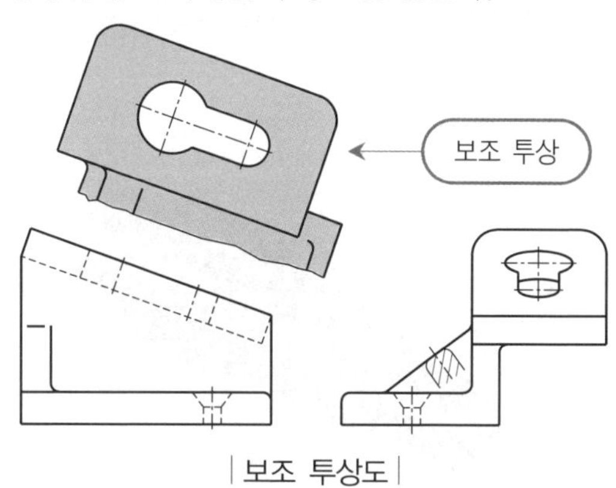

| 보조 투상도 |

보조 투상도는 화살표와 문자로써 표현하는 방법과 중심선을 이용하여 표현하는 방법이 있다.

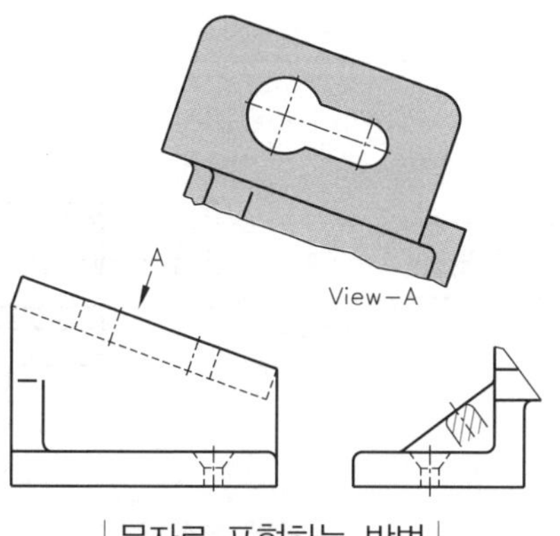

| 문자로 표현하는 방법 |

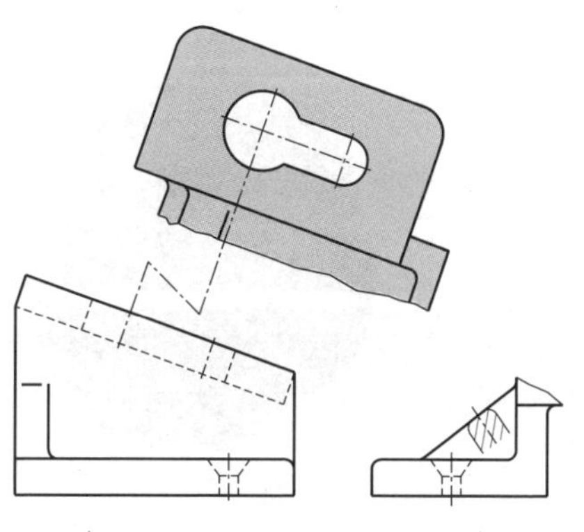

| 중심선으로 표현하는 방법 |

(2) 부분 투상도

투상도의 일부를 그리는 것으로도 충분한 경우에 필요한 일부분을 잘라내어 그리는 투상도를 말하며, 잘린 경계를 파단선으로 그려준다.

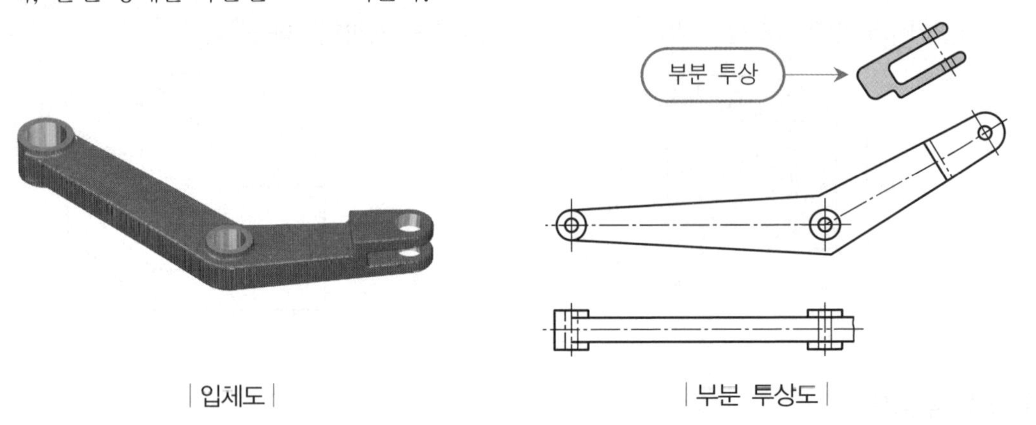

| 입체도 | | 부분 투상도 |

(3) 국부 투상도

대상물의 구멍, 홈 등의 어느 한곳의 특정 부분의 모양만을 그리는 투상도를 말한다. 투상의 관계를 나타내기 위해 중심선, 기준선, 치수보조선 등으로 연결하여 나타낸다.

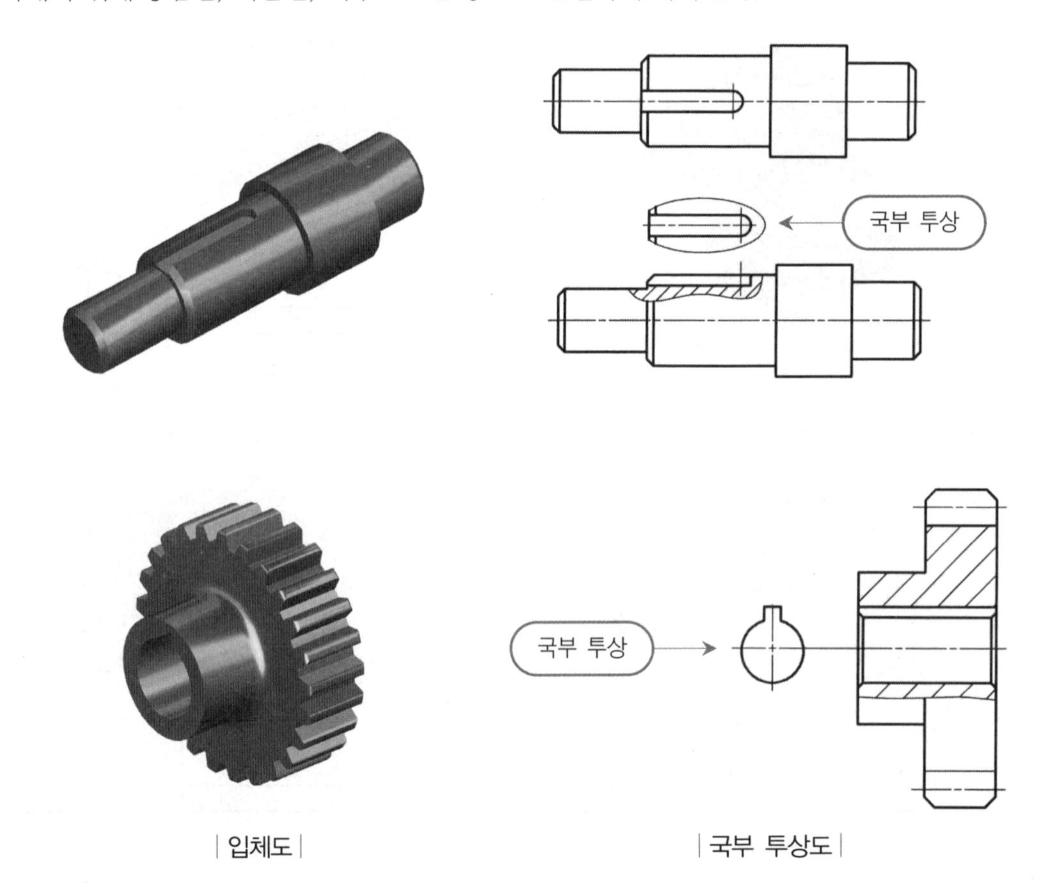

| 입체도 | | 국부 투상도 |

(4) 회전 투상도

단일 물체의 일부가 어떤 각도를 가지고 있을 때 그 물체의 실제 모양을 나타내기 위하여 각도를 가진 부분의 중심선을 기준 중심선까지 회전시켜 나타내는 투상도를 말하며, 투상도를 잘못 볼 우려가 있으면 가는 실선으로 그려진 작도선은 남겨둔다.

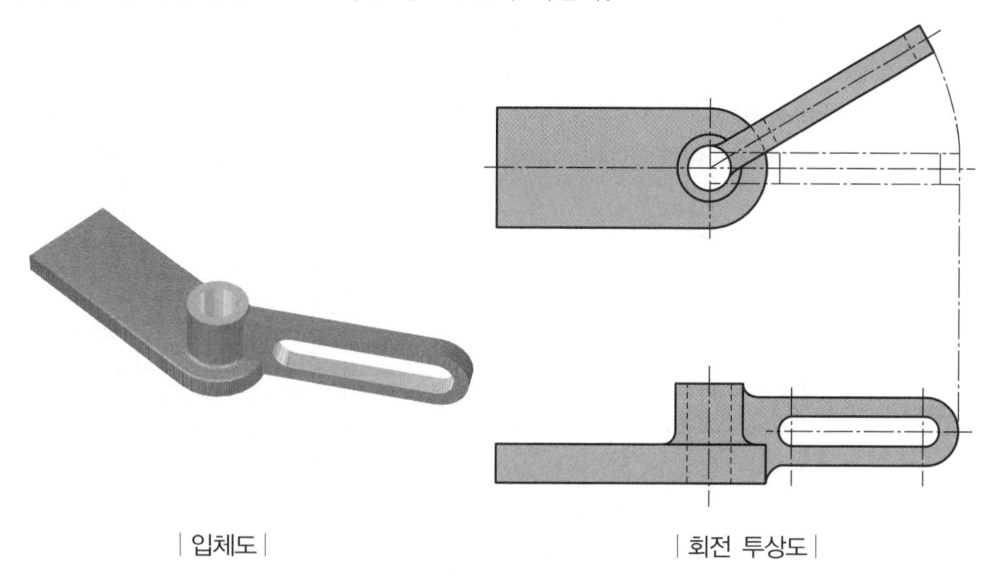

| 입체도 | | 회전 투상도 |

(5) 부분 확대도

물체에서 중요한 부분이 너무 작거나 치수선 등으로 인하여 물체의 형상이 복잡해지는 경우에 그 부분만 따로 오려내어 크기를 확대시켜 그려주는 투상도로서 확대부의 형상과 치수를 자세히 알 수 있다. 상세도에는 문자로써 척도를 표시하고 치수기입은 확대시키기 전의 원래 치수를 기입해야 한다.

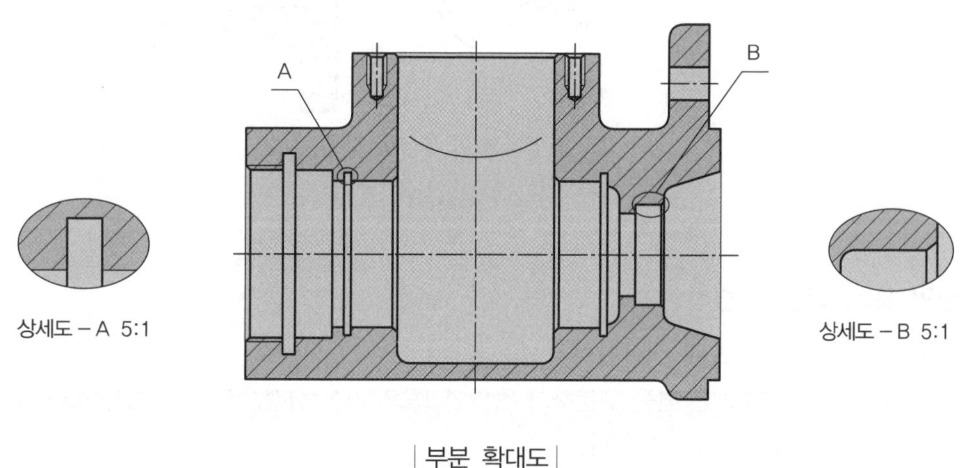

| 부분 확대도 |

SECTION 02 단면법

물체의 보이지 않는 부분은 숨은선으로 나타내는데 숨은선이 많을수록 물체의 형상이 이해하기 어렵고 불확실하게 보이므로 숨은선은 가능한 한 적게 사용하는 것이 바람직하다.
도면에서 숨은선으로 표시되는 부분을 분명하게 나타내기 위해 가상적으로 필요한 부분을 잘라 내어 투상한 다음 물체의 내부형상을 보여주는 것이 단면법이다. 이러한 단면도를 활용하여 설계자의 뜻을 가공자에게 명확하게 전달할 수 있도록 도면은 간단하고 정확하게 그려야 한다.

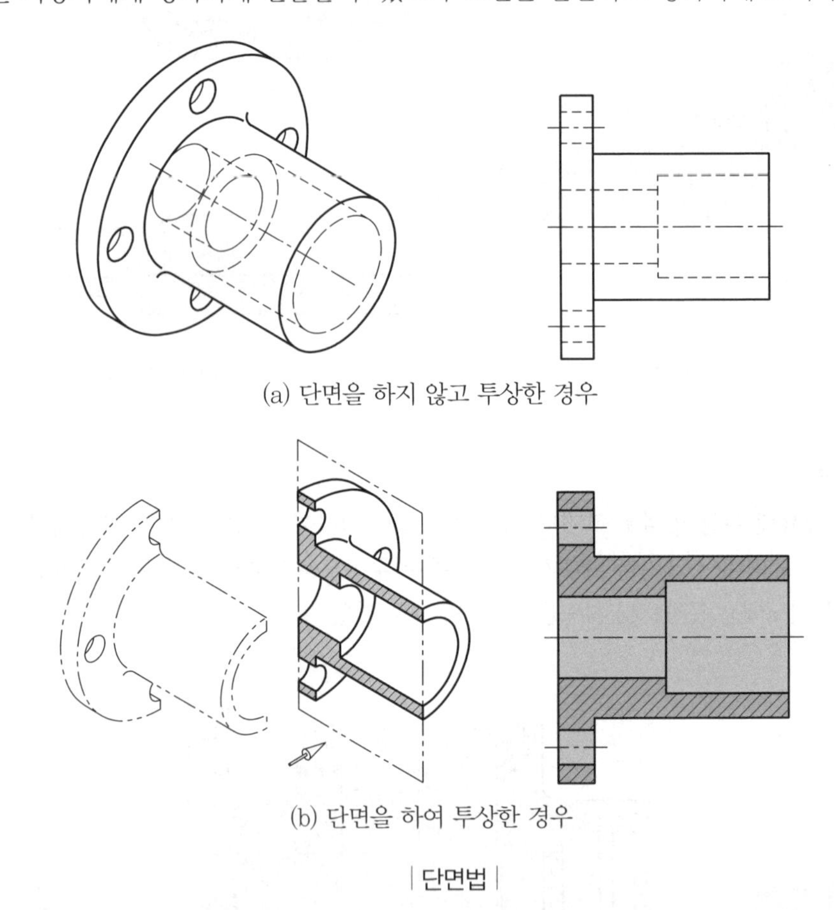

(a) 단면을 하지 않고 투상한 경우

(b) 단면을 하여 투상한 경우

| 단면법 |

1 단면 도시 방법의 원칙

① 숨은선(은선)은 되도록 생략한다.
② 잘린 면과 잘리지 않은 면을 구분하기 위하여 45°의 가는 실선으로 하는 해칭(hatching) 또는 스머징(smudging)을 사용한다.
③ 다음 그림 (a)에서와 같이 절단선으로 잘린 면의 위치를 나타낸다. 화살표의 방향은 자른 면을 직각으로 바라보는 방향(관측시점)이며, 문자는 주로 고딕 · 단선체의 알파벳 대문자를 사용한

다. 아래 그림 (b)에서와 같이 자른 면의 위치가 대칭 중심선 방향으로 명확할 경우 단면 도시 방법(화살표, 문자)은 생략해도 된다.

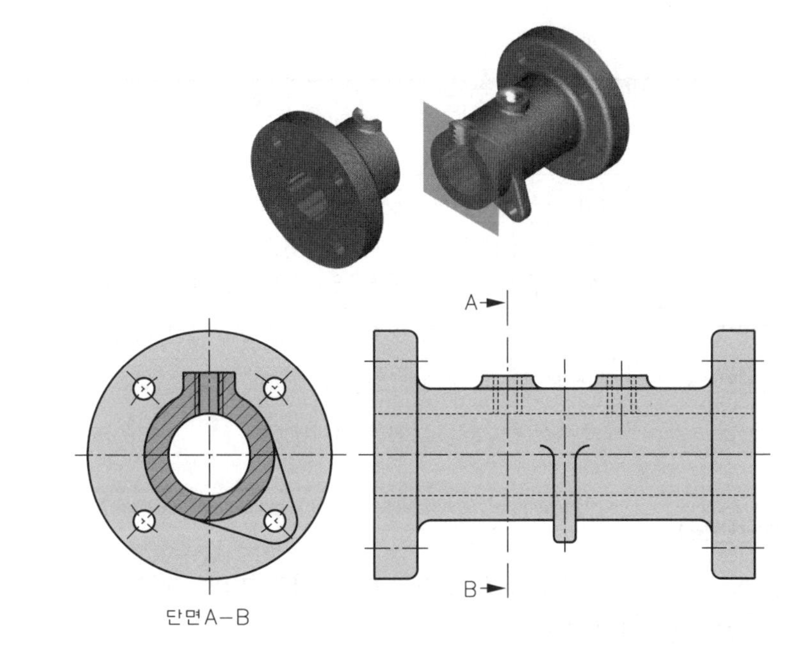

(a) 단면 위치를 문자와 화살표로 표시

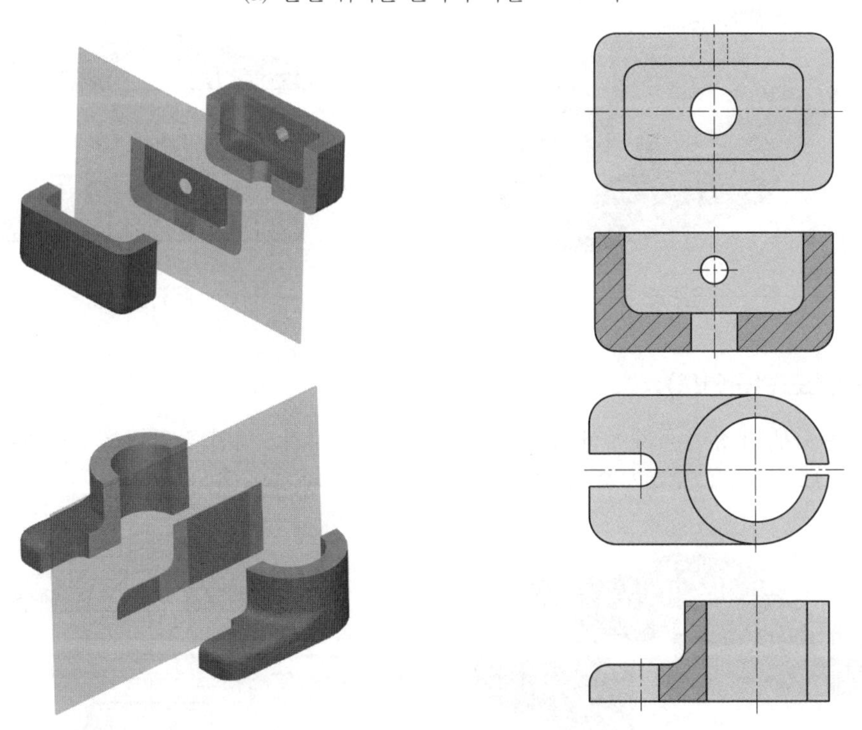

(b) 단면 위치가 분명한 경우의 도시방법

| 단면 도시 방법 |

SECTION 03 단면도

▌단면도의 종류와 특징

종류	특징
온단면도(전단면도)	물체의 1/2 절단
한쪽 단면도(반단면도)	대칭 물체를 1/4 절단. 내부와 외부를 동시에 보여줌
부분 단면도	• 필요한 부분만을 절단하여 단면으로 나타냄 • 절단 부위는 가는 파단선을 이용하여 경계를 나타냄
회전 단면도	암, 리브, 축, 훅 등의 일부를 90° 회전하여 나타냄
계단 단면	계단 모양으로 물체를 절단하여 나타낸 것
곡면 단면	구부러진 관 등의 단면을 나타낸 것

1 온단면도(전단면도)

중심선을 기준으로 전체 물체의 반(1/2)을 자른 다음, 잘린 면의 수직인 방향에서 바라본 형상을 그리는 가장 기본적인 단면도이다.

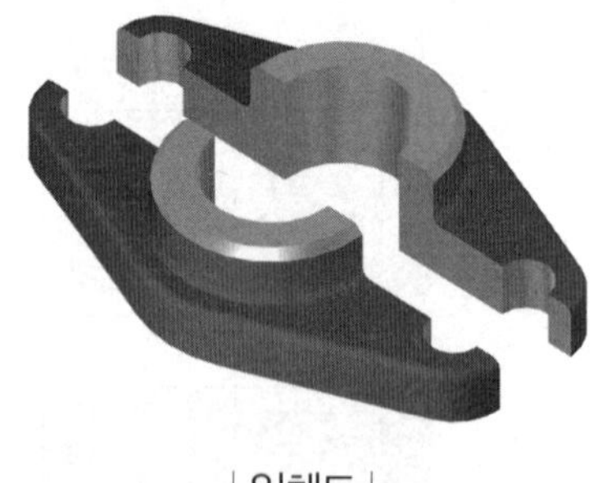

| 입체도 |

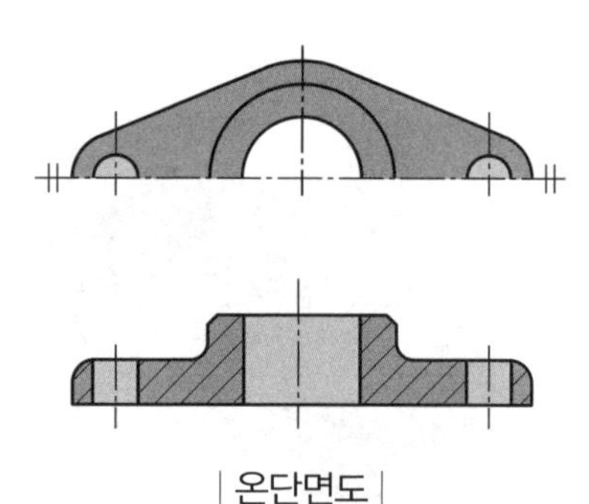

| 온단면도 |

2 한쪽 단면도(반단면도)

상하 또는 좌우 대칭인 물체에서 중심선을 기준으로 물체의 1/4만 잘라내서 그려주는 방법으로 물체의 외부형상과 내부형상을 동시에 나타낼 수 있는 장점을 가지고 있다.

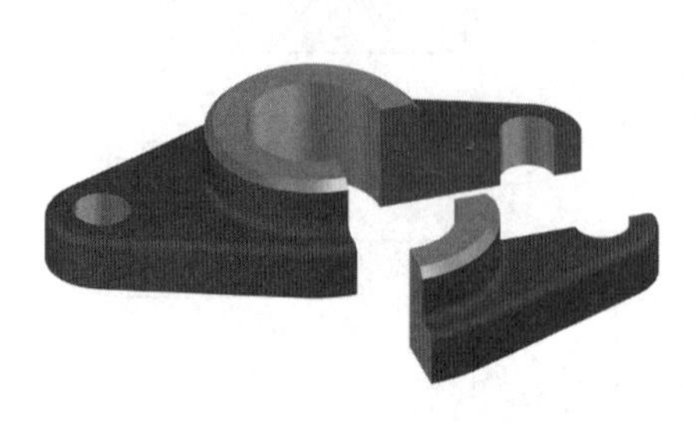

| 입체도 |

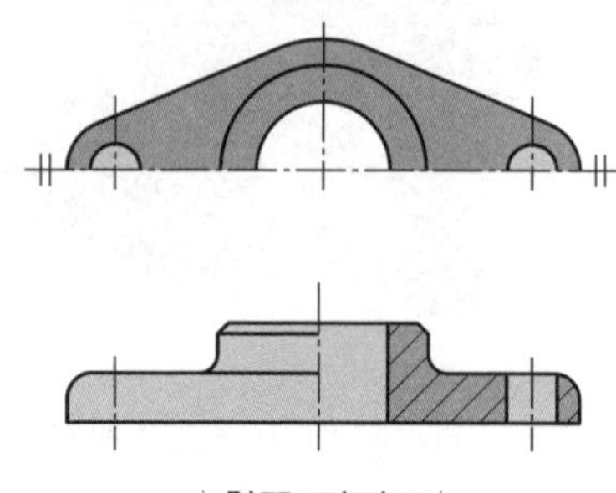

| 한쪽 단면도 |

3 부분 단면도

물체에서 필요한 일부분을 잘라내어 그 형상을 나타내는 기법으로 원하는 곳에 자유롭게 적용할 수 있어 사용범위가 매우 넓다. 대칭 또는 비대칭인 물체에 상관없이 적용할 수 있으며 잘려나간 부분은 파단선을 이용하여 그 경계를 표시해 준다.

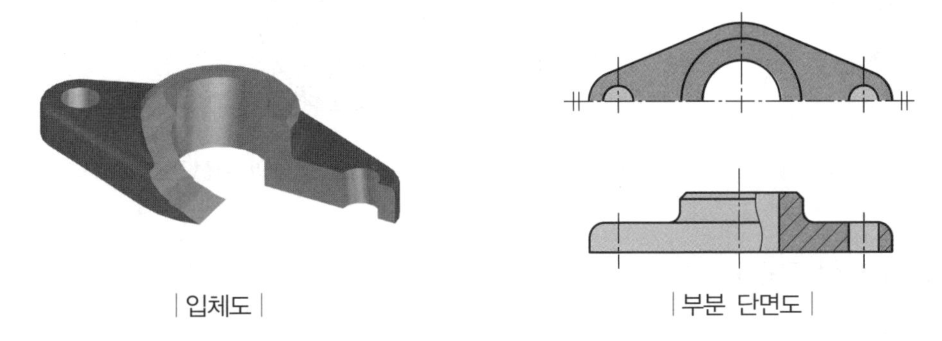

| 입체도 |　　　　| 부분 단면도 |

4 회전 단면도

물체의 한 부분을 자른 다음, 자른 면만 90° 회전시켜 형상을 나타내는 기법으로, 자른 단면에 수직인 면에서 자른 단면의 형상을 보여준다고 생각하면 이해하기 쉽다.

도형 내에 도시할 때는 가는 선으로 도시하고, 외부에 표시할 때는 외형선으로 도시한다.

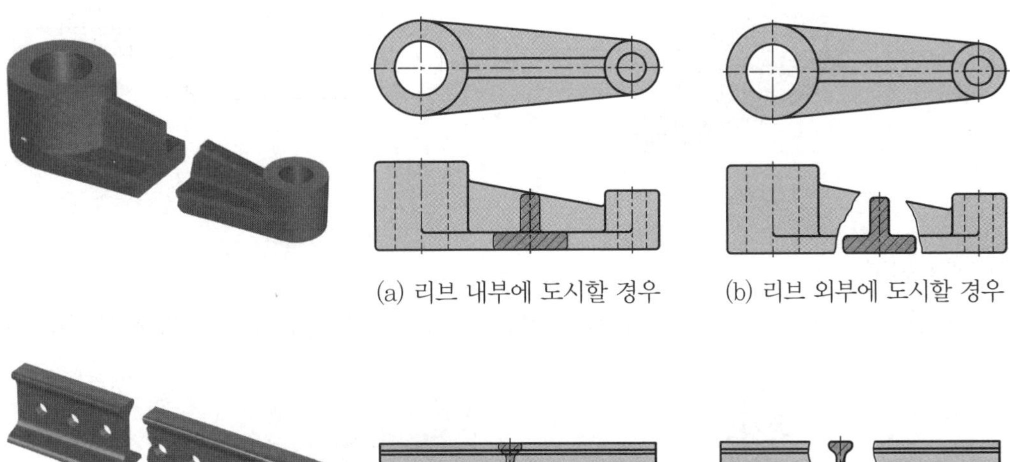

(a) 리브 내부에 도시할 경우　　(b) 리브 외부에 도시할 경우

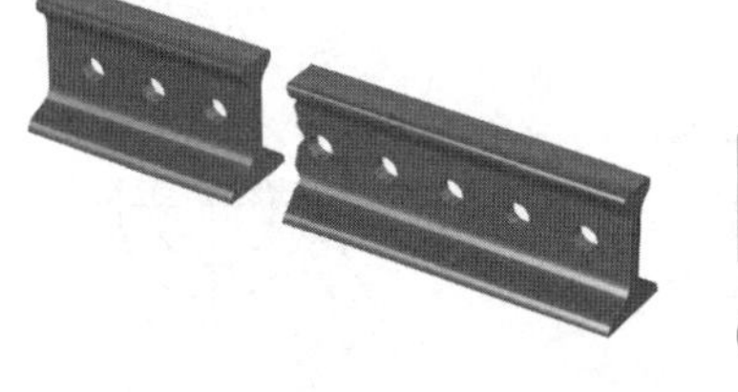

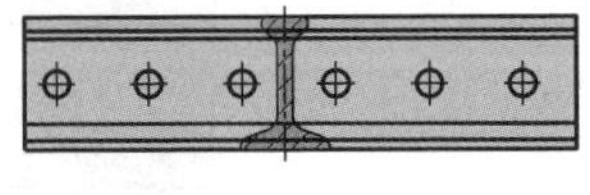

(c) 형강 내부에 도시할 경우

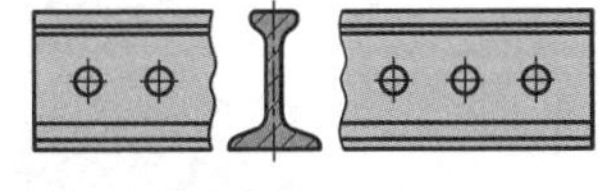

(d) 형강 외부에 도시할 경우

| 입체도 |　　　　| 회전 단면도 |

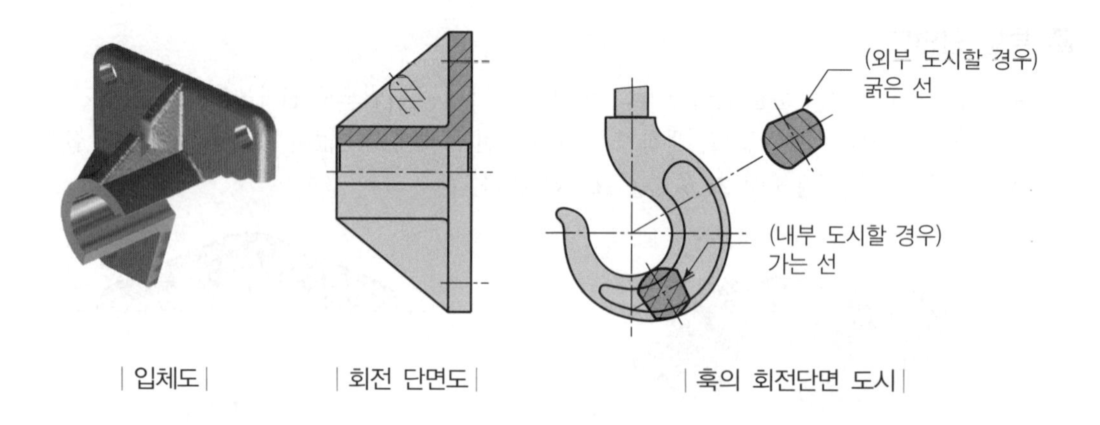

| 입체도 | | 회전 단면도 | | 훅의 회전단면 도시 |

5 조합에 의한 단면도

(1) 예각 단면

중심선을 기준으로 그림과 같이 보이고자 하는 부위를 어느 정도의 각을 갖고 단면하는 방법

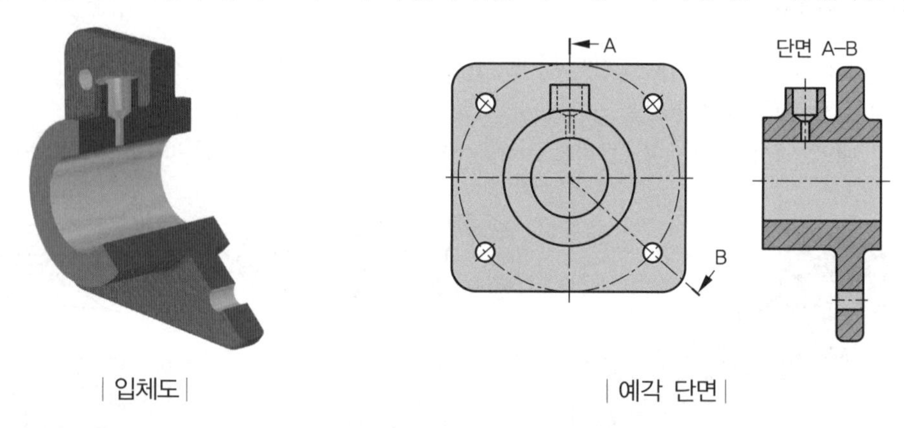

| 입체도 | | 예각 단면 |

(2) 계단 단면

절단할 부분이 일직선상에 있지 않을 때 필요한 단면 모양을 계단식으로 절단하여 투상하는 방법

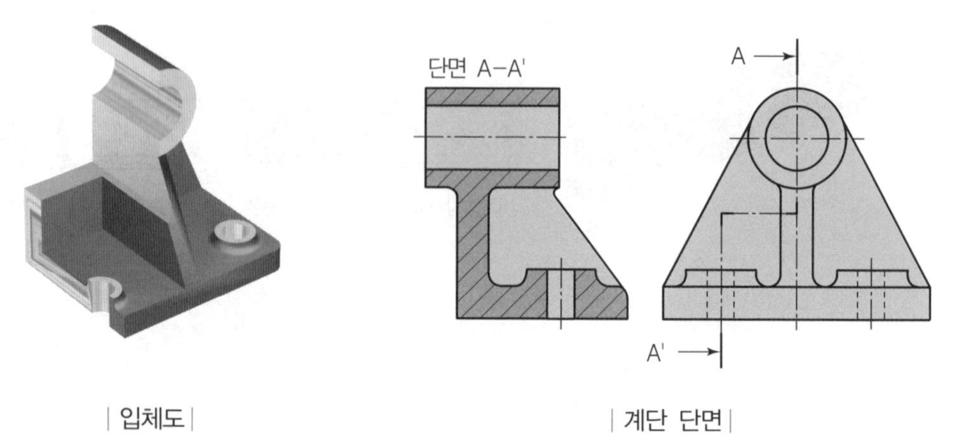

| 입체도 | | 계단 단면 |

(3) 곡면 단면

구부러진 관 등의 단면을 표시하는 경우 그 구부러진 중심선에 따라 절단하고 투상하는 방법

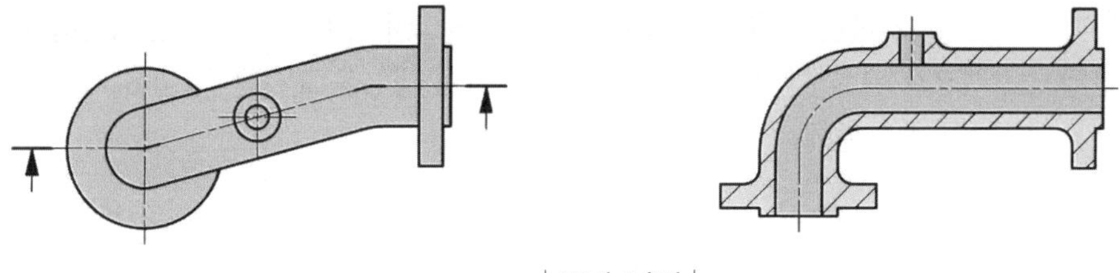

| 곡면 단면 |

6 얇은 두께 부분의 단면도

① 개스킷, 박판, 형강 등의 절단면이 얇은 경우 실제 치수와 관계없이 아주 굵은 실선으로 단면을 표시한다.

② 얇은 두께 부분의 단면이 서로 가깝게 있는 경우 0.7mm 이상 간격을 두어 그린다.

| 얇은 두께 부분의 단면도 |

7 절단하지 않는 부품

키, 축, 리브, 바퀴의 암, 기어의 이, 볼트, 너트, 핀, 단일기계요소 등의 물체는 잘라서 단면으로 나타내지 않는다. 그 이유는 단면으로 나타내면 물체를 이해하는 데 오히려 방해만 되고 잘못 해석될 수 있기 때문이다. 실제 물체가 잘려진다 하더라도 단면 표시를 하지 않는 것을 원칙으로 한다.

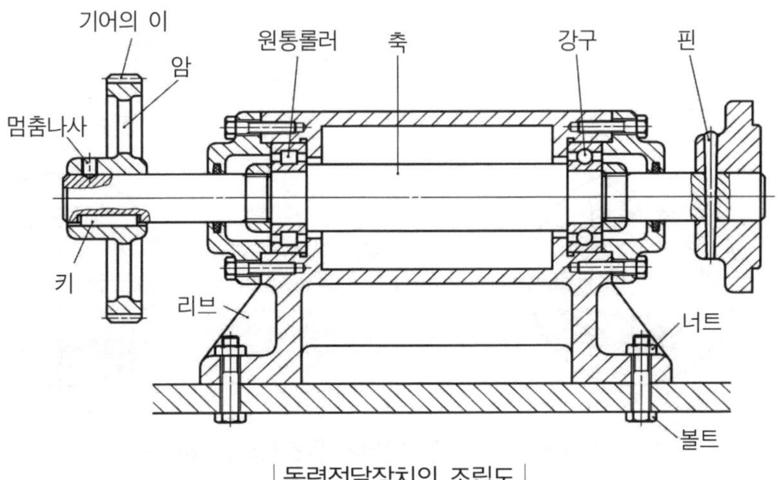

| 동력전달장치의 조립도 |

8 도형의 생략

(1) 대칭 도형의 생략

물체가 대칭인 경우 중심선을 기준으로 물체의 절반만을 그리고, 나머지 절반은 생략하고, 중심선의 양쪽 끝에 중간선으로 된 2개의 짧은 선을 수평으로 그어 대칭을 표시한다. 이를 대칭 도시 기호라 하며, 반드시 대칭인 도면에는 기호를 나타내주어야 한다.

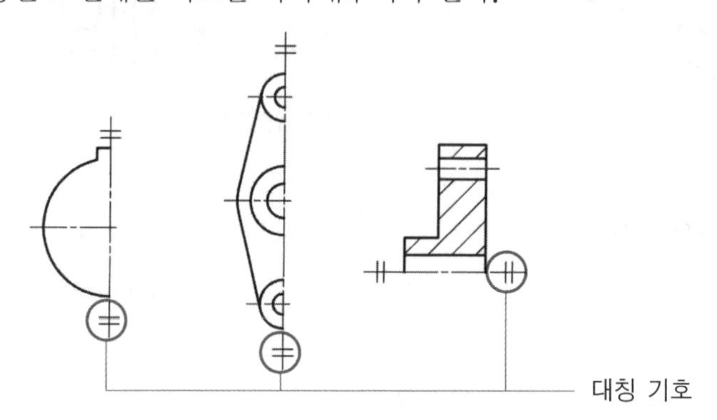

| 대칭 도시 기호를 이용한 생략 |

(2) 반복 도형의 생략

같은 모양의 도형이 반복되는 경우 개수 또는 피치를 표시하여 나타낼 수 있다.

| ϕ11 구멍 12개가 등간격으로 있는 경우 |

| M10의 볼트 구멍 12개가 등간격으로 있는 경우 |

9 특수한 경우의 표시방법

(1) 물체가 구부러진 경우

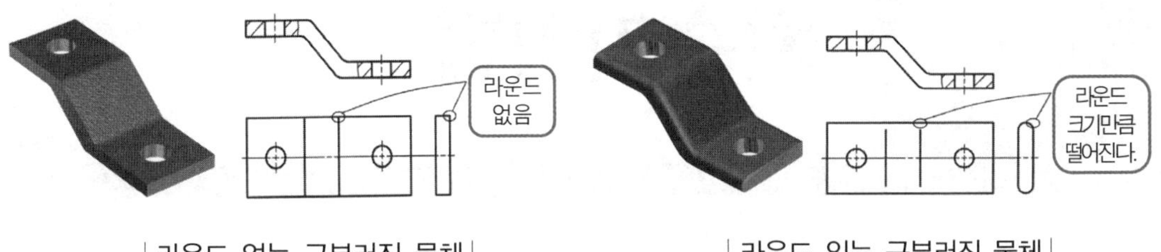

| 라운드 없는 구부러진 물체 | | 라운드 있는 구부러진 물체 |

(2) 리브의 경우

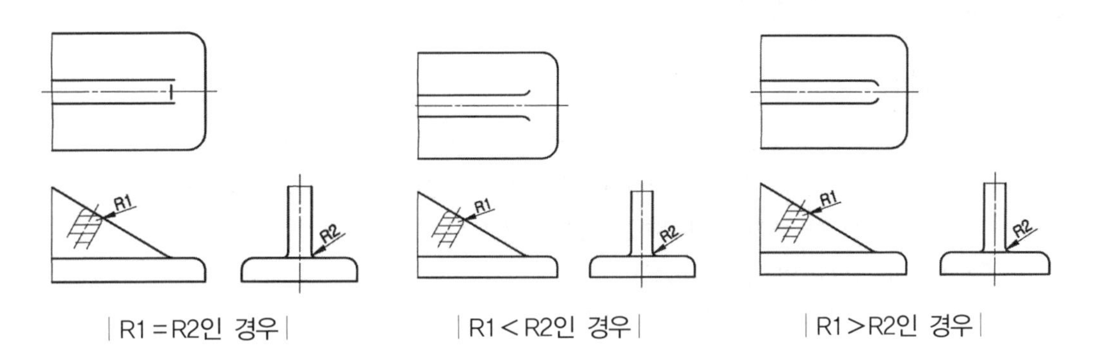

| R1 = R2인 경우 | | R1 < R2인 경우 | | R1 > R2인 경우 |

10 재료를 구분할 수 있는 단면 표시법

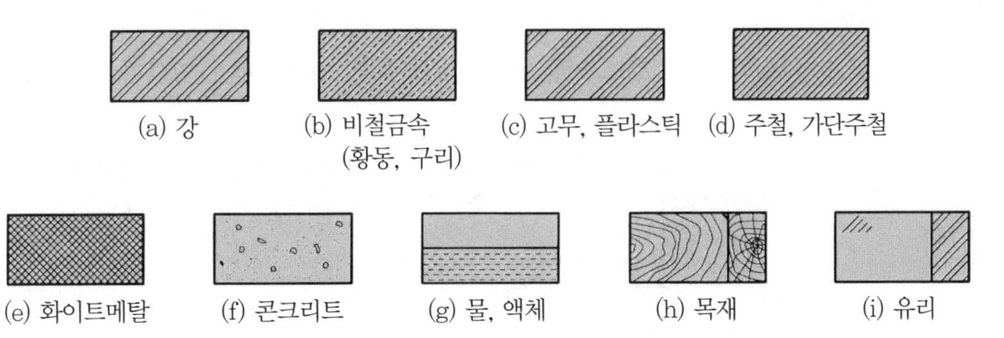

CHAPTER

005 치수기입법

CRAFTSMAN COMPUTER AIDED MILLING

SECTION 01 치수기입 일반

1 치수의 단위

① 단위 표시가 되지 않았을 경우에는 길이의 기본 단위는 밀리미터(mm)이고, 각도는 도(°)를 기준으로 한다. 만약, 밀리미터(mm)나 도(°) 이외의 단위를 사용하고자 할 경우에는 그에 해당되는 단위의 기호를 붙여서 기입하는 것을 원칙으로 한다.

예 cm, m, inch(인치), ft(피트)

② 치수정밀도에 따라 소수점 아래 2자리 또는 3자리까지 나타내 줄 수 있다.

예 10mm를 10.000mm로 나타낼 수 있다.

2 치수기입요소

치수기입요소에는 치수선, 치수보조선, 화살표, 치수문자, 지시선 등이 있으며 모두 가는 선이다.

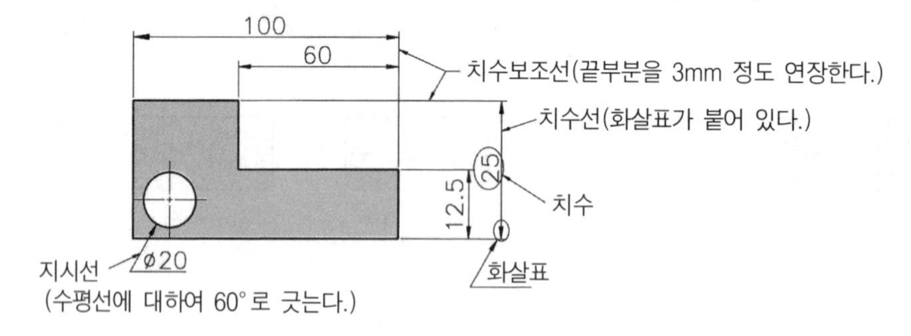

| 치수의 주요부 명칭 |

3 치수기입의 원칙

① 형체의 기능, 제작, 조립 등을 고려하여 필요하다고 생각되는 치수를 명료하게 도면에 기입한다.
② 치수는 형체의 크기, 자세 및 위치를 명확하게 표시한다.
③ 치수는 되도록 정면도에 집중하여 기입한다.(보기 좋게 알맞게 기입하면 절대 안 됨)
④ 치수는 중복 기입을 피한다.
⑤ 치수는 선에 겹치게 기입해서는 안 된다.
⑥ 치수는 되도록 계산하여 구할 필요가 없도록 기입한다.
⑦ 치수는 치수선이 서로 만나는 곳에 기입하면 안 된다.
⑧ 치수는 필요에 따라 기준으로 하는 점, 선, 또는 면을 기초로 한다.

4 치수 표시 기호

명칭	기호(호칭)	사용법	예
지름	ϕ(파이)	지름 치수 앞에 기입한다.	ϕ20
반지름	R(알)	반지름 치수 앞에 기입한다.	R10
구의 지름	Sϕ(에스파이)	구의 지름 치수 앞에 기입한다.	Sϕ20
구의 반지름	SR(에스알)	구의 반지름 치수 앞에 기입한다.	SR10
정사각형의 변	□(사각)	정사각형 치수 앞에 기입한다.	□10
판의 두께	t(티)	두께 치수 앞에 기입한다.	t5
모따기	C(씨)	45° 모따기 치수 문자 앞에 기입한다.	C5
원호의 길이	⌒(원호)	원호 치수 앞 또는 위에 기입한다.	$\overset{\frown}{20}$
이론적으로 정확한 치수	□(테두리)	이론적으로 정확한 치수의 치수 문자에 테두리를 씌운다.	$\boxed{20}$
참고치수	( )(괄호)	치수 문자를 ( ) 안에 기입한다.	(20)
비례치수가 아닌 치수	___(밑줄)	비례 치수가 아닌 치수에 밑줄을 친다.	$\underline{50}$

5 치수기입의 예

(1) 현, 호, 각도 치수기입의 구분

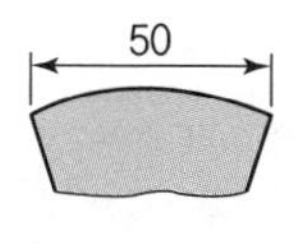

| 현의 치수 |

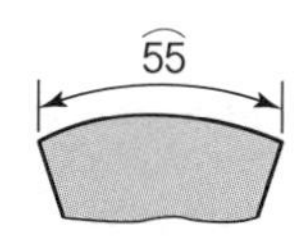

| 호의 치수 |

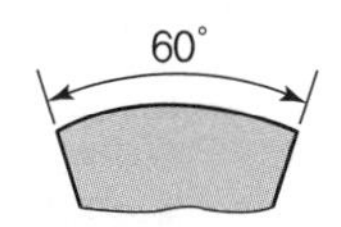

| 각도의 치수 |

(2) 센터 구멍의 표시방법

① 센터는 선반가공에서 공작물을 지지하는 부속장치로서 주로 축 가공 시 사용된다.

② 센터 구멍의 치수는 KS B 0410을 따르고, 도시 및 표시 방법은 KS A ISO 6411-1에 따른다.

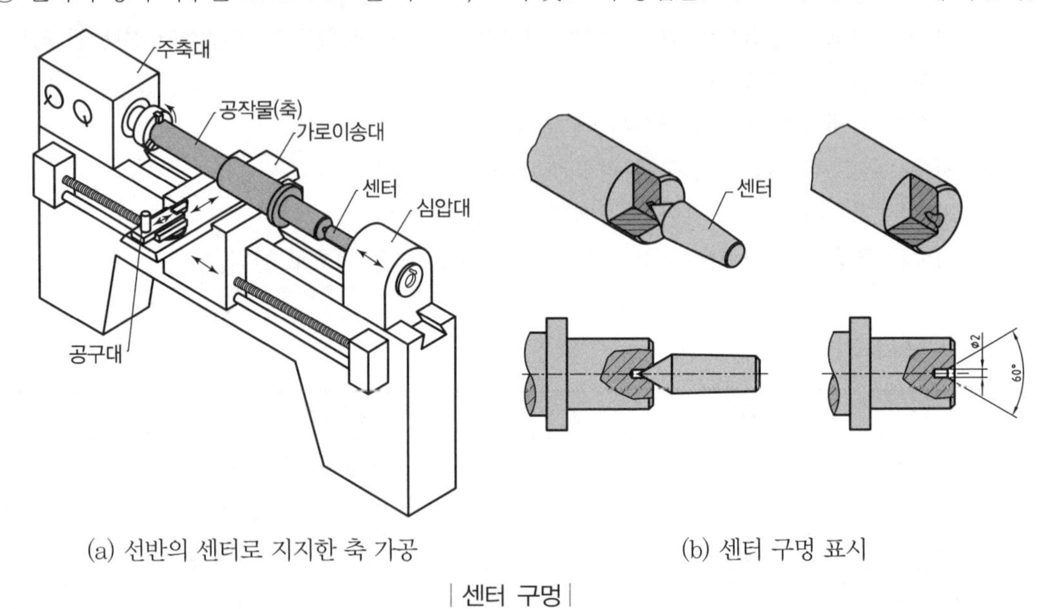

(a) 선반의 센터로 지지한 축 가공

(b) 센터 구멍 표시

| 센터 구멍 |

③ 센터 구멍의 도시방법

센터 구멍의 필요 여부	그림 기호	도시방법
남겨둔다.		KS A ISO 6411-1 A 2/4.25
남아 있어도 된다.		KS A ISO 6411-1 A 2/4.25
남겨두지 않는다.		KS A ISO 6411-1 A 2/4.25

(3) 치수기입법

① 직렬 치수기입법

한 줄로 나란히 연결된 치수에 주어진 치수공차가 누적되어도 상관없는 경우에 사용하나, 누적공차가 발생하므로 잘 사용하지 않는다.

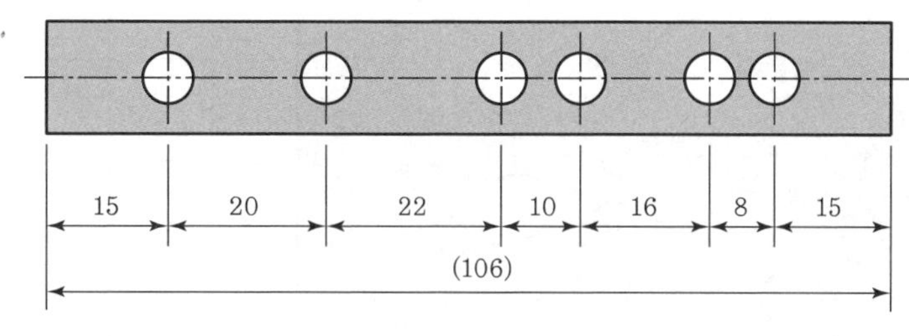

| 직렬 치수 |

② 병렬 치수기입법

한곳을 기준으로 하여 치수를 계단 모양으로 기입하는 방법으로 개개의 치수공차는 다른 치수공차에 영향을 주지 않는다. 기준선의 위치는 제품의 기능이나 가공 등의 조건을 고려하여 적절히 선택하여야 한다.

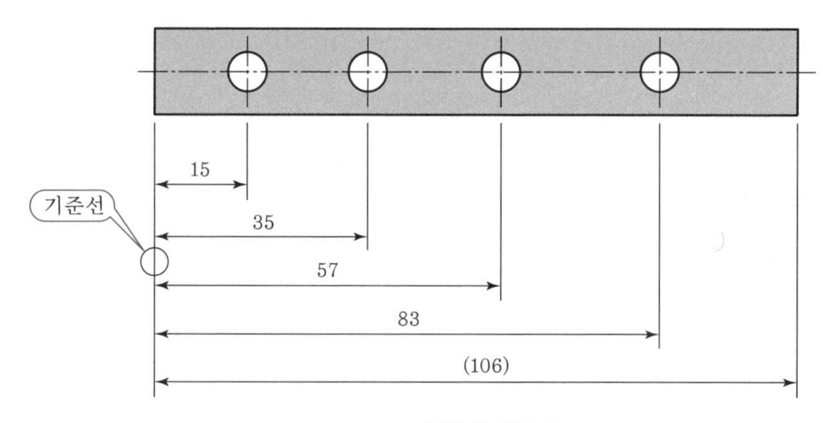

| 병렬 치수 |

③ 누진 치수기입법

한곳을 기준으로 한 줄로 나란히 연결되게 기입하는 방법으로 병렬 치수기입법과 같이 개개의 치수공차는 다른 치수공차에 영향을 주지 않는다.

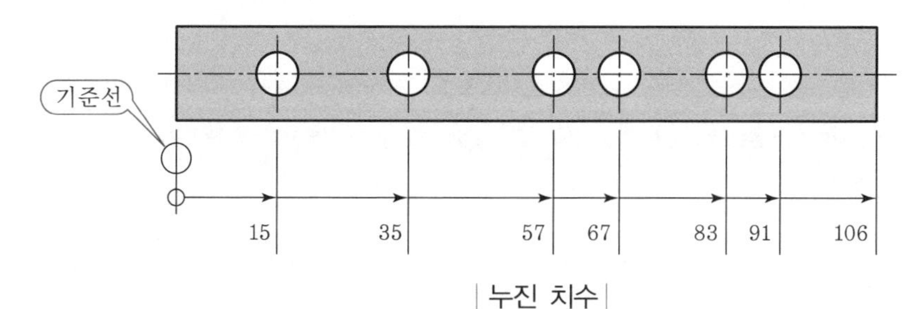

| 누진 치수 |

④ 좌표 치수기입법

여러 종류의 구멍 가공 시 구멍의 위치나 크기 등을 좌표를 사용하여 표에 나타낸 치수기입법으로 기준점의 위치는 제품의 기능이나 가공 등의 조건을 고려하여 적절히 선택하여야 한다.

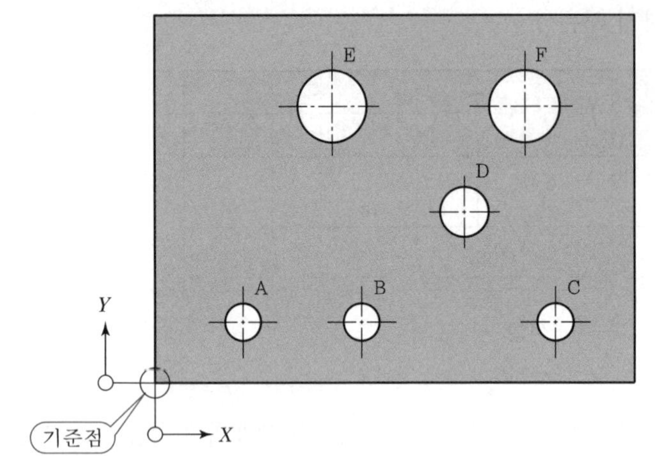

	X	Y	F
A	15	10	ϕ6
B	35	10	ϕ6
C	67	10	ϕ6
D	52	28	ϕ8
E	30	45	ϕ11.5
F	62	45	ϕ11.5

| 좌표 치수 |

CHAPTER

006 공차 및 표면 거칠기

CRAFTSMAN COMPUTER AIDED MILLING

SECTION 01 치수공차

1 용어 정의

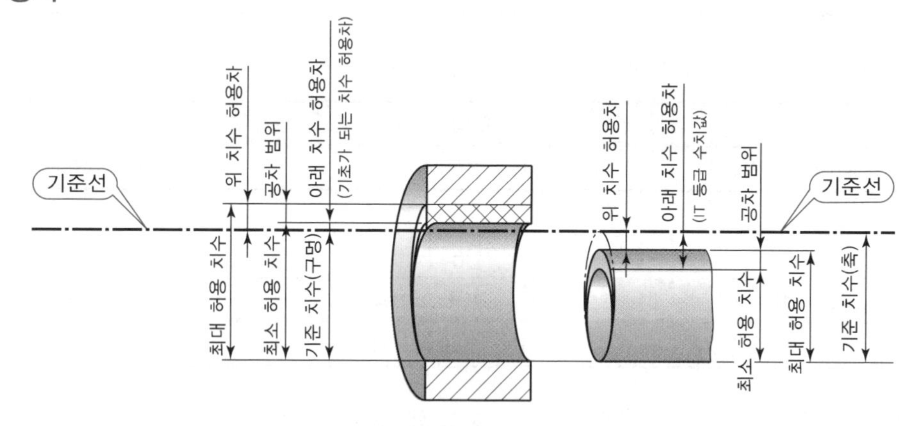

| 치수공차 용어 |

① **실치수** : 물체(형체)의 실제 측정 치수를 말하며, 기본단위는 mm이다.

② **기준선** : 허용 한계치수 또는 끼워맞춤을 도시할 때는 기준치수를 나타내고, 치수 허용차의 기준이 되는 직선을 말한다.

예 구멍 : $\varnothing 60^{+0.04}_{+0.01}$, 축 : $\varnothing 60^{-0.01}_{-0.029}$

③ **기준치수** : 위 치수 허용차 및 아래 치수 허용차를 적용하는 데 따라 허용 한계치수가 주어지는 기준이 되는 치수로 도면에 기입된 호칭치수와 같다.

구분	구멍	축
기준치수	∅60	∅60

④ 최대 허용치수 : 물체에 허용되는 최대 치수를 말한다.

구분	구멍	축
최대 허용치수	∅60+0.04=∅60.04	∅60−0.01=∅59.99

⑤ 최소 허용치수 : 물체에 허용되는 최소 치수를 말한다.

구분	구멍	축
최소 허용치수	∅60+0.01=∅60.01	∅60−0.029=∅59.971

⑥ 허용 한계치수 : 물체의 실제 치수가 그 사이에 들어가도록 한계를 정하여 허용할 수 있는 최대, 최소의 극한 치수(최대 허용치수, 최소 허용치수)를 말한다.

구분	구멍	축
허용 한계치수	∅ 60.04 60.01	∅ 59.99 59.971

⑦ 위 치수 허용차 : "최대 허용치수−기준치수"를 말한다.

구분	구멍	축
위 치수 허용차	∅60.04−∅60=+0.04	∅59.99−∅60=−0.01

⑧ 아래 치수 허용차 : "최소 허용치수−기준치수"를 말한다.

구분	구멍	축
아래 치수 허용차	∅60.01−∅60=+0.01	∅59.971−∅60=−0.029

⑨ 치수공차(공차 범위) : "최대 허용치수−최소 허용치수", "위 치수 허용차−아래 치수 허용차"를 말한다.

구분	구멍	축
치수공차(공차 범위)	∅60.04−∅60.01=0.03 0.04−0.01=0.03	∅59.99−∅59.971=0.019 0.01−0.029=0.019

2 일반공차

개별 공차 지시가 없는 선 치수(길이 치수)와 각도 치수에 대한 공차를 뜻한다.
공차 등급에 따른 분류는 아래 표를 따르고 도면에 표시할 때는 KS B ISO 2768−f와 같이 나타내면 된다.

호칭	f	m	c	v
설명	정밀급	중간급	거친급	매우거친급

3 IT 기본공차

다음 표는 IT 기본공차가 적용되는 부분을 나타낸 것으로 기본공차의 등급을 01급, 0급, 1급, 2급, …, 18급의 총 20등급으로 구분하여 규정하였다. 표에서 알 수 있듯이 숫자가 낮을수록 IT 등급이 높으며, 축이 구멍보다 한 등급씩 높다는 것을 알 수 있다.

구분 \ 적용	게이지 제작 공차	끼워맞춤 공차	일반공차 (끼워맞춤 이외 공차)
구멍	IT01급 ~ IT5급	IT6급 ~ IT10급	IT11급 ~ IT18급
축	IT01급 ~ IT4급	IT5급 ~ IT9급	IT10급 ~ IT18급

4 끼워맞춤의 종류

① **헐거운 끼워맞춤** : 조립하였을 때, 항상 구멍과 축 사이에 틈새가 있다.

② **억지 끼워맞춤** : 조립하였을 때, 항상 구멍과 축 사이에 죔새가 있다.

③ **중간 끼워맞춤** : 조립하였을 때, 구멍과 축의 실제 치수에 따라 틈새가 발생하거나, 죔새가 발생할 수 있는 끼워맞춤이다.

④ **틈새** : 구멍의 치수가 축의 치수보다 클 때의 구멍과 축의 치수 차를 말한다.

예 구멍 : $\varnothing 60^{+0.04}_{+0.01}$, 축 : $\varnothing 60^{-0.01}_{-0.029}$

㉠ 최소 틈새 : 헐거운 끼워맞춤에서 "구멍의 최소 허용치수 − 축의 최대 허용치수"를 말한다.(구멍은 가장 작고, 축은 가장 클 때)

즉, $60.01 - 59.99 = 0.02$ 또는 $0.01 - (-0.01) = 0.02$ 값이다.

㉡ 최대 틈새 : 헐거운 끼워맞춤에서 "구멍의 최대 허용치수 − 축의 최소 허용치수"를 말한다.(구멍은 가장 크고, 축은 가장 작을 때)

즉, $60.04 - 59.971 = 0.069$ 또는 $0.04 - (-0.029) = 0.069$ 값이다.

⑤ **죔새** : 구멍의 치수가 축의 치수보다 작을 때 발생하며 조립 전의 구멍과 축의 치수 차를 말한다.

예 구멍 : $\varnothing 60^{-0.005}_{-0.024}$, 축 : $\varnothing 60^{+0.01}_{+0.002}$

㉠ 최소 죔새 : 억지 끼워맞춤에서 조립 전의 "축의 최소 허용치수 − 구멍의 최대 허용치수"를 말한다.(축은 가장 작고, 구멍은 가장 클 때)

즉, $60.002 - 59.995 = 0.007$ 또는 $0.002 - (-0.005) = 0.007$ 값이다.

㉡ 최대 죔새 : 억지 끼워맞춤에서 조립 전의 "축의 최대 허용치수 − 구멍의 최소 허용치수"를 말한다.(축은 가장 크고, 구멍은 가장 작을 때)

즉, $60.01 - 59.976 = 0.034$ 또는 $0.01 - (-0.024) = 0.034$ 값이다.

5 치수공차 기입법

구멍과 축의 끼워맞춤 공차를 동시에 기입하여 사용할 경우 구멍과 축의 기준치수 다음에 구멍의 공차 기호와 축의 공차 기호를 연속하여 기입한다.[단, 연속하여 기입할 경우 구멍공차(대문자), 축공차(소문자) 순서대로 쓴다.]

예
- ∅60H7/g6
- ∅60H7 − g6
- $\varnothing 60\frac{H7}{g6}$

SECTION 02 기하공차

1 기하공차의 종류와 기호

공차의 종류		기호	적용하는 형체	기준면(datum)
모양 공차	직진도 공차	⏤	단독 형체	불필요
	평면도 공차	▱		
	진원도 공차	○		
	원통도 공차	⌭		
	선의 윤곽도 공차	⌒	단독 형체 또는 관련 형체	
	면의 윤곽도 공차	⌓		
자세 공차	평행도 공차	//	관련 형체	필요
	직각도 공차	⊥		
	경사도 공차	∠		
위치 공차	위치도 공차	⌖		
	동심도 공차	◎		
	대칭도 공차	⌯		
흔들림 공차	원주 흔들림 공차	↗		
	온흔들림 공차	⌰		

2 기하공차의 부가기호

① **최대 실체 조건(MMC, Maximum Material Condition)**

㉠ 실체(구멍, 축)가 최대 질량을 갖는 조건이므로 구멍 지름이 최소이거나 축 지름이 최대일 때를 말한다.

㉡ 최대 실체 치수(MMS, Maximum Material Size)의 기호는 Ⓜ으로 표기한다.

② **최소 실체 조건(LMC, Least Material Condition)**

㉠ 실체(구멍, 축)가 최소 질량을 갖는 조건이므로 구멍 지름이 최대이거나 축 지름이 최소일 때를 말한다.

㉡ 최소 실체 치수(LMS, Least Material Size)의 기호는 Ⓛ로 표기한다.

③ **돌출 공차** : 형체의 돌출부에 대해 적용하는 공차로 기호는 Ⓟ로 표기한다.

④ **실체 공차를 사용하지 않음** : 규제기호로 표시하지 않음(RFS)의 기호는 Ⓢ로 표기한다.

3 치수공차의 기입방법

보기(예)	해설
// | 0.02/100 | A	A면을 기준으로 기준길이 100mm당 평행도가 0.02mm임을 표시
═ | 0.01 / 0.003/100	구분 구간 100mm에 대하여는 0.003mm, 전체 길이에 대하여는 0.01mm의 대칭도
▱ | 0.01/□100	임의의 100×100에 대한 평면도의 허용값이 0.01임을 표시

SECTION 03 표면 거칠기

표면 거칠기는 가공된 표면 거칠기의 정밀도를 의미하며, 표면 거칠기의 표시는 공차와 밀접한 관련이 있다.

1 표면 거칠기 표시방법

KS B 0161에서는 표면 거칠기를 다음 세 가지 방법으로 규정하고 있다.

① 산술평균 거칠기(R_a) : 1999년 이전에는 중심선 평균 거칠기라 함

② 최대 높이(R_y)

③ 10점 평균 거칠기(R_z)

▌표면조도 계산(R_a, R_y, R_z)

기호	단위 기호	표면조도 구하는 법
R_a	a	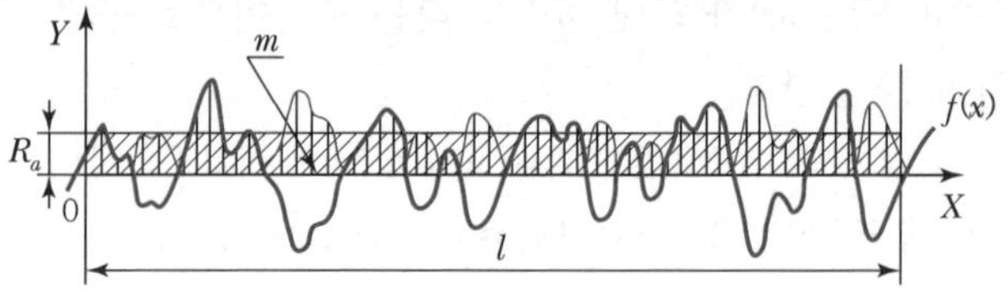 │ 산술평균 거칠기 │ 단면곡선(진한 곡선)의 중심선(X축) 아래 부분을 위쪽으로 접어서 얻은 빗금 부분의 면적을 기준길이(l)로 나눈 값이다. $R_a = \frac{1}{l}\int_0^l \lvert f(x) \rvert dx$
R_y	s	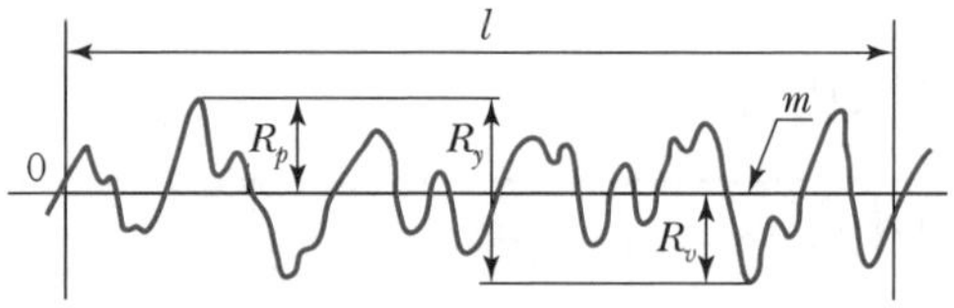 │ 최대 높이 │ 기준길이(l)의 단면 곡선 중 가장 높은 곳과 가장 낮은 곳 사이의 거리를 의미한다. $R_y = R_p + R_v$
R_z	z	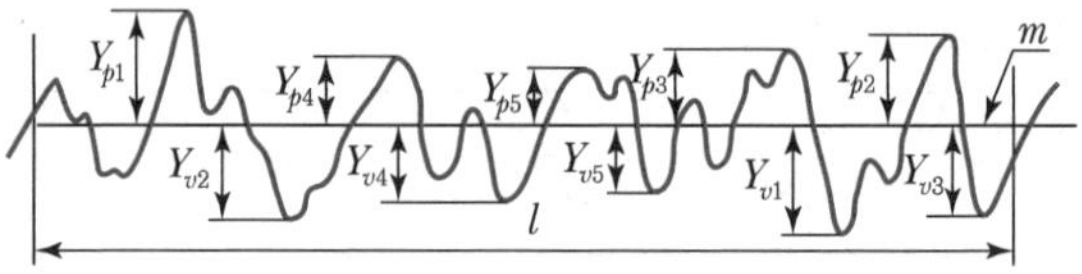 │ 10점 평균 거칠기 │ 기준길이(l) 사이에서 가장 높은 봉우리 5개의 평균과 가장 낮은 골 5개의 평균을 합하여 측정한다.(10개 점의 평균값) $R_z = \frac{\lvert Y_{p1}+Y_{p2}+Y_{p3}+Y_{p4}+Y_{p5} \rvert + \lvert Y_{v1}+Y_{v2}+Y_{v3}+Y_{v4}+Y_{v5} \rvert}{5}$ Y_{p1}, Y_{p2}, Y_{p3}, Y_{p4}, Y_{p5} : 가장 높은 봉우리 5개 Y_{v1}, Y_{v2}, Y_{v3}, Y_{v4}, Y_{v5} : 가장 낮은 골 5개

2 다듬질 기호

표면 거칠기의 표시는 가공된 표면의 거칠기 정도를 기호로써 표기하는 것을 말하는데 이를 다듬질 기호라고도 한다. 표면 거칠기의 정밀도가 높으면 높을수록 부품의 가공비는 많이 들게 되므로 물체의 특성과 경제성을 고려하여 적절한 표면 거칠기 값을 기입하는 것이 바람직하다. 표면 거칠기의 지시사항으로 대상물의 표면, 제거가공 여부, 표면 거칠기 값을 기입하며, 필요에 따라 면 가공방법, 줄무늬 방향, 파상도 등도 함께 표시한다.

(1) 제거가공 여부에 따른 표시

① √ : 절삭 등 제거가공의 필요 여부를 문제 삼지 않는다.

② : 제거가공을 하지 않는다.

③ : 제거가공을 한다.

(2) 지시기호 위치에 따른 표시

a : 중심선 평균거칠기의 값(R_a의 값[μm])

b : 가공방법, 표면처리

c : 컷오프 값, 평가길이

c' : 기준길이, 평가길이

d : 줄무늬 방향의 기호

e : 기계 가공 공차(ISO에 규정되어 있음)

f : 최대 높이 또는 10점 평균 거칠기의 값

g : 표면 파상도(KS B 0610에 따름)

※ a 또는 f 이외는 필요에 따라 기입한다.

(3) 가공방법에 따른 표시

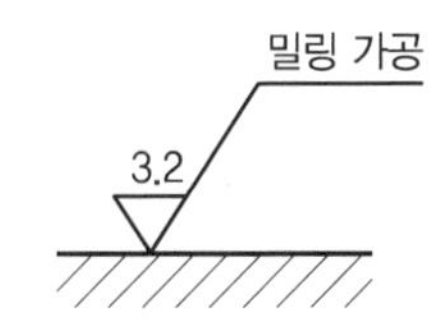

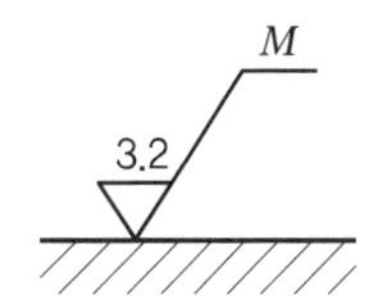

(4) 표면처리 지시에 따른 표시

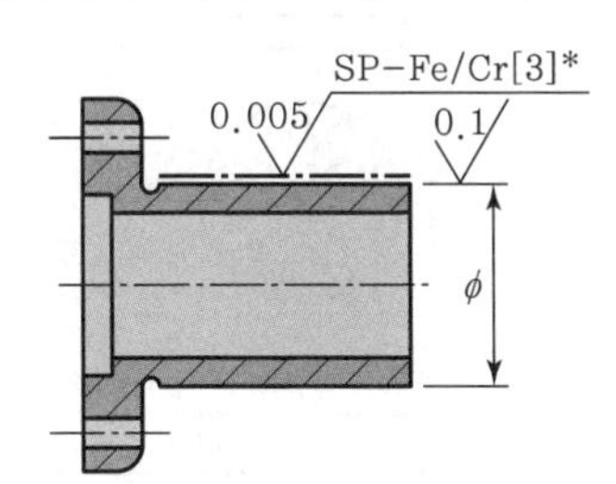

- SP(Surface treatment Polishing) : 표면처리 폴리싱(연마)
- Fe : 소재는 철강
- Cr : 크롬 도금
- [3] : 도금의 등급, 3급으로 도금(두께 10μm)
- * : 'KS D 0022의 표시에 따른다.'라는 의미의 기호

(5) 줄무늬 방향에 따른 표시

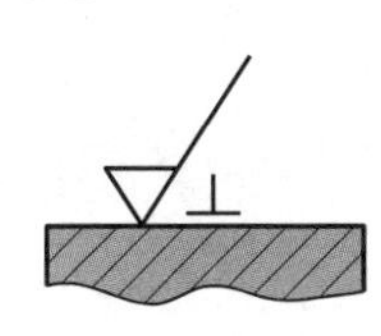

투상면에 직각으로 줄무늬 생성

3 줄무늬 방향의 기호

기호	뜻	설명도
=	가공으로 생긴 커터의 줄무늬 방향이 기호를 기입한 그림의 투상면에 평행	 커터의 줄무늬 방향
⊥	가공으로 생긴 커터의 줄무늬 방향이 기호를 기입한 그림의 투상면에 직각	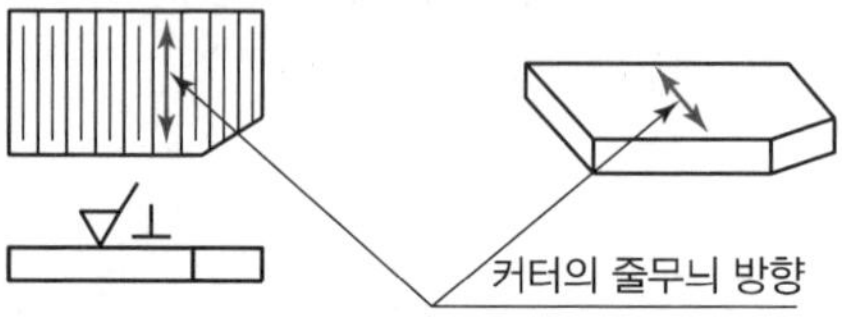 커터의 줄무늬 방향
X	가공으로 생긴 커터의 줄무늬 방향이 기호를 기입한 그림의 투상면에 경사지고 두 방향으로 교차	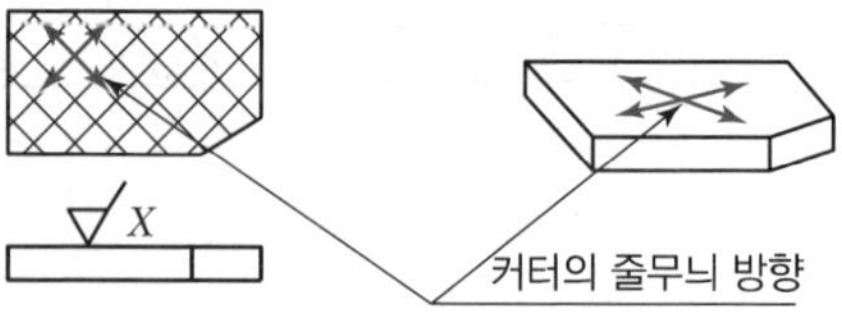 커터의 줄무늬 방향
M	가공으로 생긴 커터의 줄무늬가 여러 방향으로 교차 또는 방향이 없음	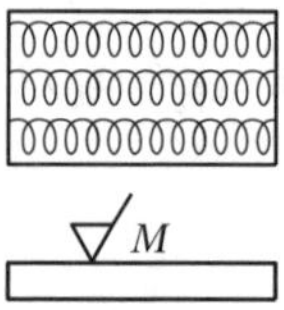
C	가공으로 생긴 커터의 줄무늬가 기호를 기입한 면의 중심에 대하여 동심원 모양	
R	가공으로 생긴 커터의 줄무늬가 기호를 기입한 면의 중심에 대하여 대략 방사선 모양	

CHAPTER

007 스케치 및 전개도

CRAFTSMAN COMPUTER AIDED MILLING

SECTION 01 스케치

실물을 보고 그 모양을 용지에 직접 그리는 것을 스케치라 하고, 스케치에 의하여 작성된 도면(치수, 재질, 가공방법 등을 기입)을 스케치도라고 한다.

1 스케치 용구

작도 용구	연필(HB, B), 용지(켄트지, 모눈종이, 트레이싱지), 화판, 지우개 등이 필요하며 필요에 따라 펜, 잉크, 매직, 목탄, 파스텔 등도 쓰인다.
측정 용구	눈금자, 직각자, 분도기, 버니어 캘리퍼스, 마이크로미터, 내측 캘리퍼스, 외측 캘리퍼스, 반지름 게이지, 피치 게이지, 틈새 게이지, 경도 시험편, 표면거칠기 표준편, 정반 등
분해 조립용 공구	스패너, 드라이버, 렌치, 육각렌치, 별렌치, 망치 등
기타 용구	지우개, 세척제, 면 걸레, 납선, 광명단, 꼬리표 등

2 스케치 방법

종류	설명
프리핸드법	손으로 스케치한 도면에 치수를 기입하는 방법
본뜨기법 (모양뜨기법)	불규칙한 곡선이 있는 물체를 직접 용지에 대고 그리거나, 탄성이 있는 납선이나 구리선을 물체의 윤곽에 대고 구부린 후 용지에 대고 그린 후 치수 등을 기입하는 방법
프린트법	평면으로 되어 있는 부품의 표면에 기름이나 광명단을 발라 용지에 대고 눌러서 실제의 모양을 뜨고 치수를 기입하는 방법
사진법	복잡한 기계의 조립상태나 부품을 앞에 놓고 여러 각도로 사진 찍는 방법

SECTION 02 전개도

입체도형의 겉 표면을 한 장의 평면 위에 펼쳐 그린 그림을 전개도라 한다.

1 전개도의 종류

종류	설명
평행선 전개법	원기둥이나 각기둥 표면에 직선을 나란히 그어 전개하는 방법이다.
방사선 전개법	원뿔이나 각뿔의 꼭짓점을 중심으로 전개하는 방법이다.
삼각형 전개법	입체도형의 표면을 몇 개의 삼각형으로 나누어 전개하는 방법이다.

(1) 평행선법

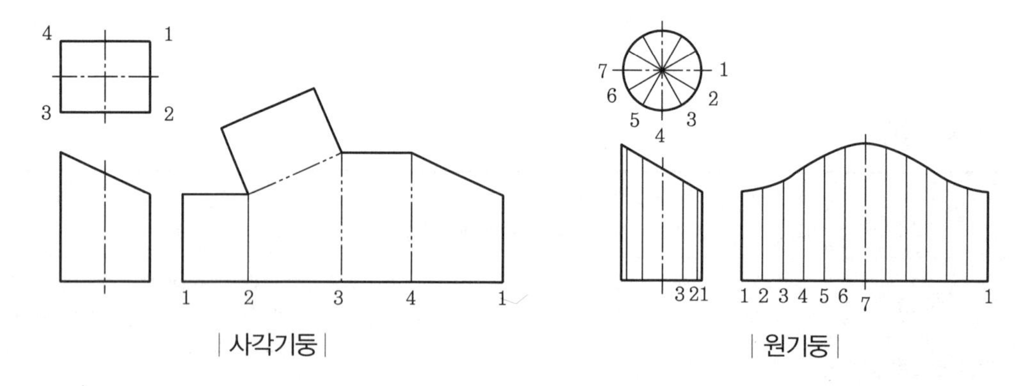

| 사각기둥 | | 원기둥 |

(2) 방사선법

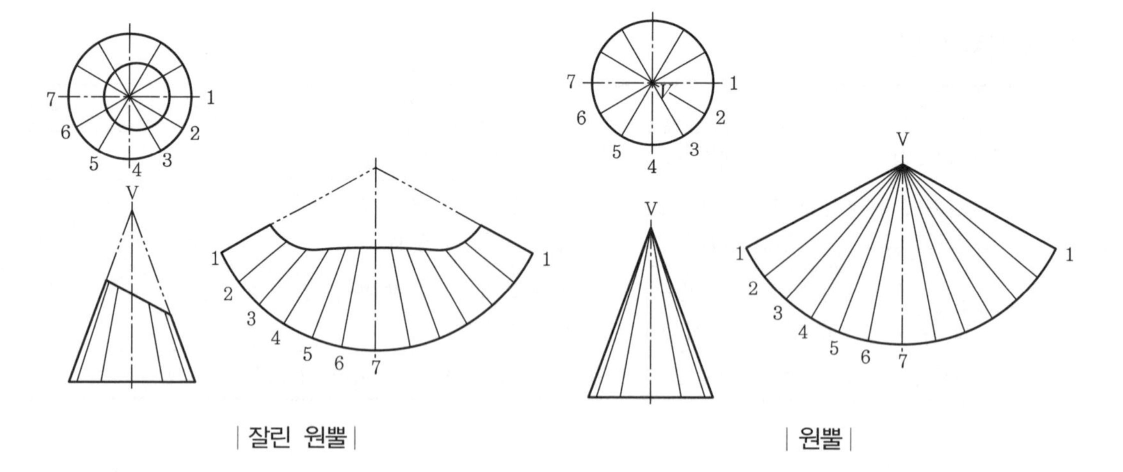

| 잘린 원뿔 | | 원뿔 |

(3) 삼각형법

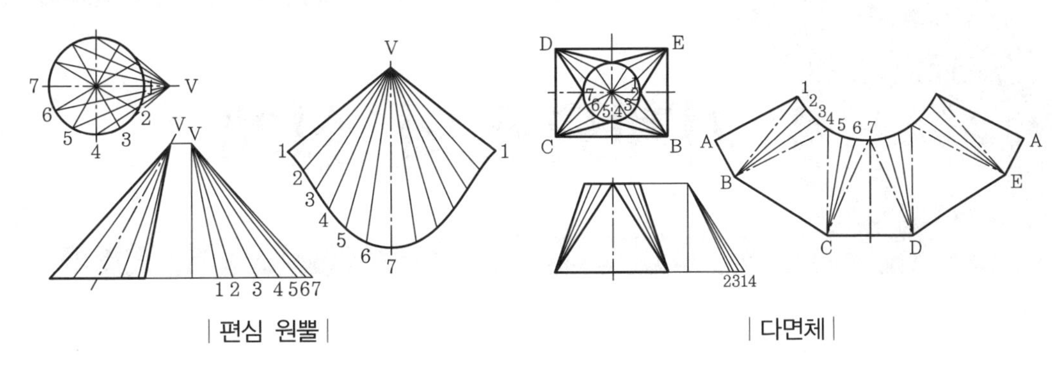

| 편심 원뿔 | | 다면체 |

CHAPTER 008

기계요소의 설계

CRAFTSMAN COMPUTER AIDED MILLING

SECTION 01 기계설계 기초

1 기계요소의 분류

구분	종류	용도
결합용 기계요소	나사(볼트, 너트)	임시적 체결
	리벳, 용접	반영구적 체결
	키, 핀, 코터	축과 보스(회전체) 연결
축용 기계요소	축	회전 및 동력 전달
	축이음	축과 축 연결
	베어링	축 지지
전동용 기계요소	마찰차, 기어, 캠	동력의 직접 전달
	벨트, 체인, 로프	동력의 간접 전달
제어용 기계요소	브레이크	제동
	스프링	충격 및 진동 방지

2 단위

(1) SI 기본단위(국제표준단위)

측정량	명칭	단위
길이	미터	m
질량	킬로그램	kg
시간	초	s
온도	켈빈	K

- m, kg, s → MKS 단위계(큰 단위계)
- cm, g, s → CGS 단위계(작은 단위계)

(2) SI 유도단위(물리식에 의해 유도되는 단위)

유도량	명칭	기호	SI 기본단위로 표기
힘, 무게	뉴턴	N	$1\text{N}=1\text{kg}\times\frac{\text{m}}{\text{s}^2}$, $1\text{kgf}=9.8\text{N}$
압력, 응력	파스칼	Pa	$1\text{Pa}=1\frac{\text{N}}{\text{m}^2}$
에너지, 일, 열	줄	J	$1\text{J}=1\text{N}\cdot\text{m}=1\text{kg}\times\frac{\text{m}}{\text{s}^2}\times\text{m}$
동력	와트	W	$1\text{W}=1\frac{\text{J}}{\text{s}}=1\text{kg}\times\frac{\text{m}}{\text{s}^2}\times\frac{\text{m}}{\text{s}}$

(3) SI 단위계의 접두어 의미

단위 표기	대소문자 구분	영문	숫자 표시	단위 표기	대소문자 구분	영문	숫자 표시
k	소문자	kilo	10^3	m	소문자	milli	10^{-3}
M	대문자	Mega	10^6	μ	그리스 소문자	micro	10^{-6}
G	대문자	Giga	10^9	n	소문자	nano	10^{-9}

(4) 그리스 문자의 기호와 명칭

α	알파	θ	세타	σ	시그마
β	베타	λ	람다	τ	타우
γ	감마	μ	뮤	ω	오메가
δ	델타	ϕ	파이		
ε	엡실론	ρ	로		

3 속도, 가속도, 각속도, 힘

(1) 속도(v)

단위 시간당 변위(물체의 위치 변화량)

$$v=\frac{x}{t}=\frac{\text{거리}}{\text{시간}}\ [\text{m/s}]$$

여기서, x : 변위 [m], t : 시간[s]

(2) 가속도(a)

속도 변화를 시간으로 나눈 것

$$a = \frac{dv}{dt} = \frac{\text{속도 변화}}{\text{시간 변화}} [\text{m/s}^2]$$

여기서, dv : 속도 변화 [m/s], dt : 시간 변화[s]

(3) 각속도(ω)

① 각속도(ω)와 회전수(n)의 관계

$$\omega = \frac{2\pi n}{60} [\text{rad/s}]$$

여기서, n : 1분당 회전수[rpm]

② 속도(v)와 각속도의 관계

$$v = \omega r = \frac{2\pi n}{60} \times \frac{d}{2} = \frac{\pi d n}{60} \ [\text{mm/s}]$$

(단위 환산)

$$v = \frac{\pi d n}{1{,}000 \times 60} = \frac{\pi d n}{60{,}000} [\text{m/s}]$$

여기서, v : 속도, ω : 각속도, r : 회전반경[mm], d : 지름[mm]

(4) 힘

물체의 운동상태를 변화시키는 원인

$$F = ma \, [\text{N}]$$

여기서, m : 질량[kg], a : 가속도[m/s^2]

4 하중

(1) 하중의 개요

부하가 발생하는 원인이 되는 모든 외적 작용력을 하중이라고 하며, 이때 발생하는 부하에 해당하는 반력요소에 의해 재료 내부의 저항하는 응력(stress)이 존재하게 된다.

① 변화 여부에 따른 분류

㉠ 정하중

항상 일정한 하중으로, 하중의 크기 및 방향이 변하지 않는다.

㉡ 동하중

물체에 작용하는 하중의 크기 및 방향이 시간에 따라 변한다.

ⓐ 충격하중 : 속도를 갖는 물체가 구조물에 충돌하거나 이와 유사한 상황에서 작용하는 하중으로, 차의 충돌, 급브레이크 등이 포함된다.

ⓑ 반복하중 : 구조물에 일정한 진폭과 주기로 반복해서 작용하는 하중

ⓒ 교번하중 : 반복하중 중 크기뿐만 아니라 방향도 변하는 하중

예 인장과 압축이 교대로 작용하는 경우, 굽힘 또는 비틀림이 교대로 작용하는 경우

② 집중 유무에 따른 분류

㉠ 집중하중 : 한 점에 집중되는 하중

㉡ 분포하중 : 한 점에 집중되지 않고 분포하는 하중(선분포, 면분포, 체적분포)

③ 물체에 작용하는 상태에 따른 분류

하중 종류	하중 상태
인장하중 (하중과 파괴단면 수직)	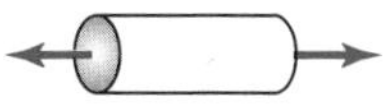
압축하중 (하중과 파괴단면 수직)	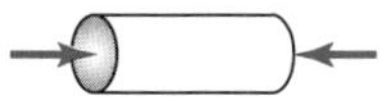
전단하중 (하중과 파괴단면 평행)	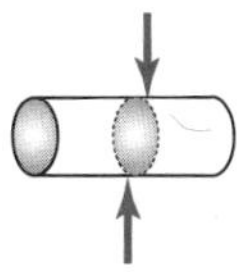
굽힘하중 (중립축을 기준으로 인장, 압축)	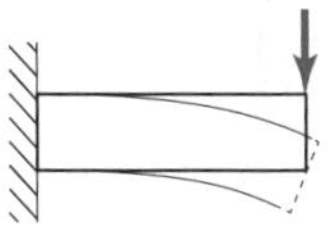
비틀림하중 (비틀림 발생 하중)	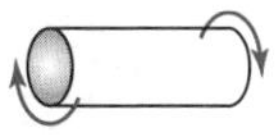
좌굴하중 (기둥의 휨을 발생)	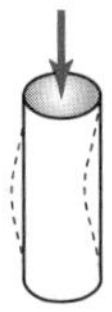

5 응력과 변형률

(1) 응력(stress)

① 인장응력(σ)

인장(압축)응력 σ [N/mm²] × 인장파괴면적 A_σ[mm²] = 하중 F[N]

$$\sigma = \frac{F}{A_\sigma}$$

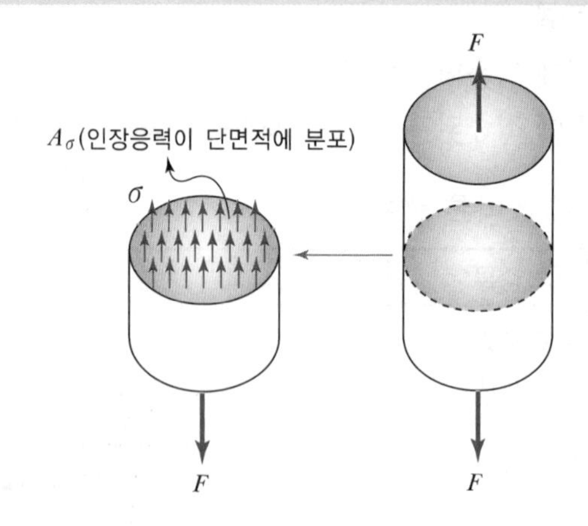

② 전단응력(τ)

전단응력 τ[N/mm²] × 전단파괴면적 A_τ[mm²] = 전단하중 P(N)

$$\tau = \frac{P}{A_\tau}$$

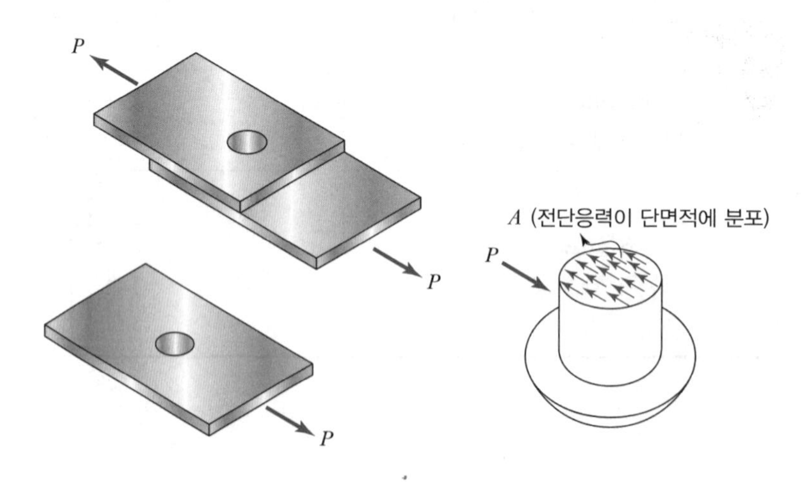

③ 압축응력(σ_c)

압축응력 σ_c[N/mm²] × | 압축면적 A_c[mm²] | = 하중 P(N)

$$\sigma_c = \frac{P}{A_c} = \frac{P}{d \times t}$$

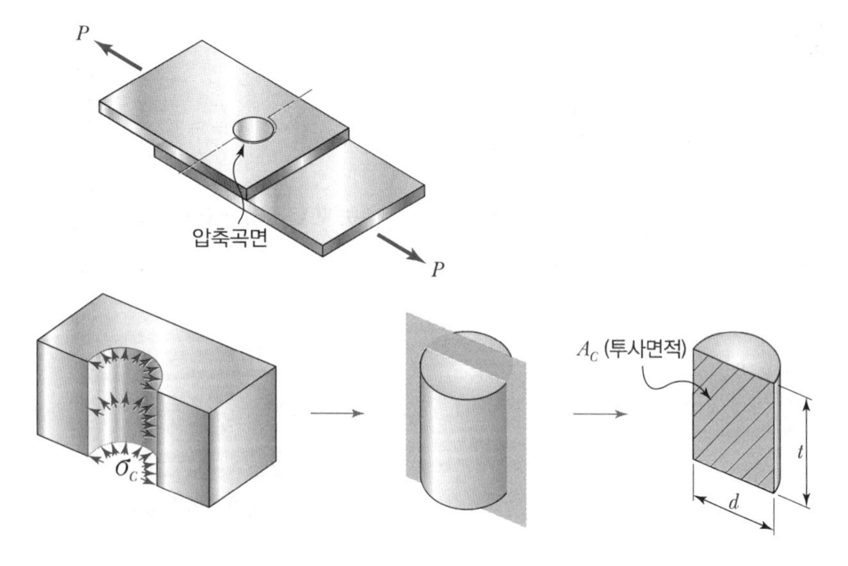

반원통의 곡면에 압축이 가해진다.

⇒ 압축곡면을 투사하여 A_c(투사면적) $= d$(직경) $\times t$(두께)로 본다.

(2) 인장과 압축 부재의 변형률

재료가 인장되면 길이는 늘어나고 직경은 줄어들며, 재료가 압축되면 길이는 줄어들고 직경은 늘어난다.

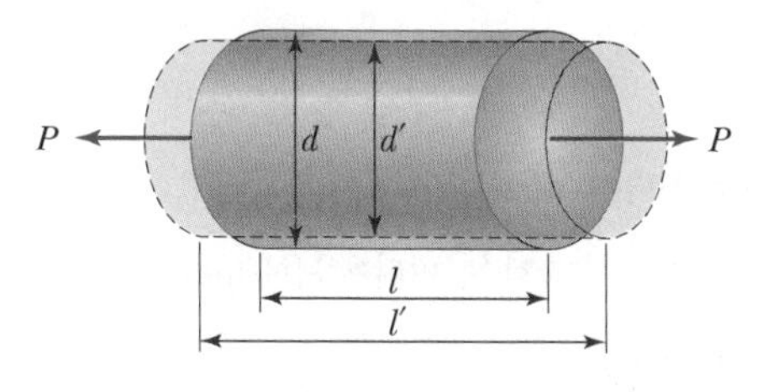

여기서, l : 인장 전 부재의 길이(종방향)

d : 인장 전 부재의 직경(횡방향)

l' : 인장 후 부재의 길이($l' = l + \lambda$, λ : 종방향 길이 변화량)

d' : 인장 후 부재의 직경($d' = d - \delta$, δ : 횡방향 직경 변화량)

| 인장부재의 변형 |

① 종변형률 : $\varepsilon = \frac{\Delta l}{l} = \frac{l' - l}{l} = \frac{\lambda}{l}$

② 횡변형률 : $\varepsilon' = \frac{\Delta d}{d} = \frac{d - d'}{d} = \frac{\delta}{d}$

③ 단면변형률 : $\varepsilon_A = \frac{\Delta A}{A} = 2\mu\varepsilon$

여기서, μ : 포아송의 비
A : 부재의 단면적

(3) 열응력

물질은 온도가 올라가면 팽창하고 내려가면 수축하므로, 기계요소는 온도의 변화에 따라 작은 양이긴 하지만 늘어나거나 줄어들게 된다. 이때 생기는 내부응력을 열응력이라 한다.

① 열변형량(λ)

$$\lambda = l - l' = \alpha(T_2 - T_1)l[\text{mm}]$$

여기서, α : 선팽창 계수[/℃], T_1 : 처음온도[℃], T_2 : 나중온도[℃]
l : 인장 전 부재의 길이[mm], l' : 인장 후 부재의 길이[mm]

② 열변형률(ε)

$$\varepsilon = \alpha(T_2 - T_1)$$

여기서, α : 선팽창 계수[/℃], T_1 : 처음온도[℃], T_2 : 나중온도[℃]

③ 열응력(σ)

$$\sigma = E \cdot \varepsilon = E \cdot \alpha(T_2 - T_1)$$

여기서, σ : 인장 응력[N/mm²]$\left(\sigma = \frac{P}{A}\right)$
E : 종탄성계수, 영계수, 비례계수[N/mm²]
ε : 종변형률$\left(\varepsilon = \frac{\lambda}{l}\right)$
T_1 : 처음온도[℃], T_2 : 나중온도[℃]

6 일

(1) 일

힘의 공간적 이동(변위) 효과를 나타낸다.

> 일=힘 F × 거리 S

- 1J=1N×1m
- 1kgf·m=1kgf×1m

(2) 모멘트(moment)

물체를 회전시키려는 특성을 힘의 모멘트 M이라 하며 그중에 축에 대해 물체를 회전시키려는 힘의 모멘트를 토크(torque)라 한다.

> 모멘트 M = 힘 F × 수직거리 r
>
> 토크 T = 회전력 P_e × 반경 r = $P_e \times \frac{지름(d)}{2}$

(3) 일의 원리

① 기계설계에 적용된 일의 원리 예

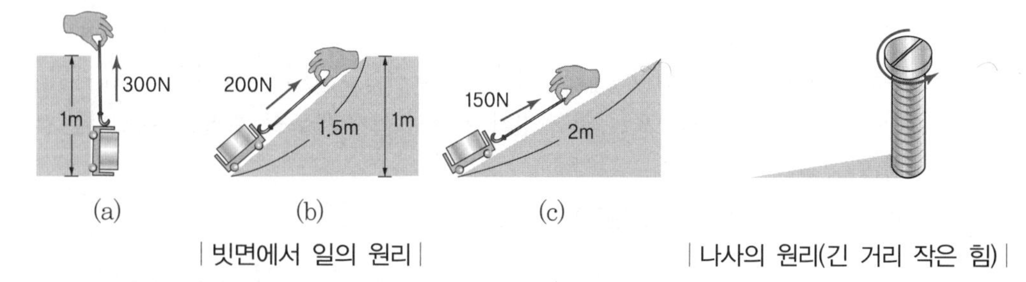

| 빗면에서 일의 원리 |

| 나사의 원리(긴 거리 작은 힘) |

> 일의 양=힘×거리
>
> : (a)=(b)=(c)
>
> 300N × 1m = 200N × 1.5m = 150N × 2m = 300N·m = 300J

그림 (a), (b), (c)에서 일의 양은 300J로 모두 같지만 빗면의 길이가 가장 긴 (c)에서 가장 작은 힘 150N으로 올라감을 알 수 있으며 이런 빗면의 원리를 이용해 빗면을 돌아 올라가는 기계요소인 나사를 설계할 수 있다.

② 축에 작용하는 일의 원리

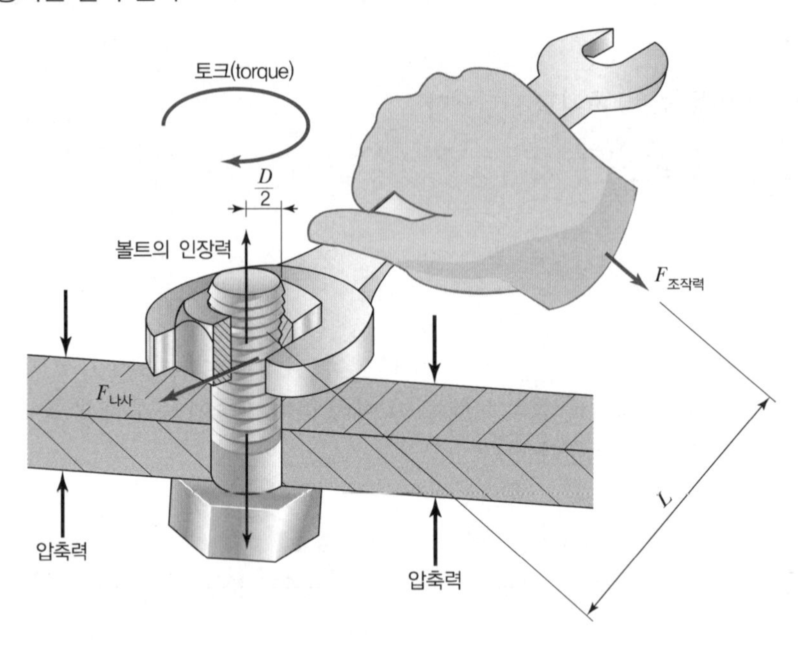

| 나사 체결에서 일의 원리 |

$$T = F_{조작력} \times L = F_{나사} \times \frac{D}{2}$$

㉠ 그림에서 만약 손의 힘 $F_{조작력} = 20\text{N}$, 볼트지름 $D = 20\text{mm}$라면, 스패너의 길이 L이 길수록 나사의 회전력 $F_{나사}$의 크기가 커져서 쉽게 볼트를 체결할 수 있다는 것을 알 수 있다.

㉡ 축 토크 T는 같다.(일의 원리)

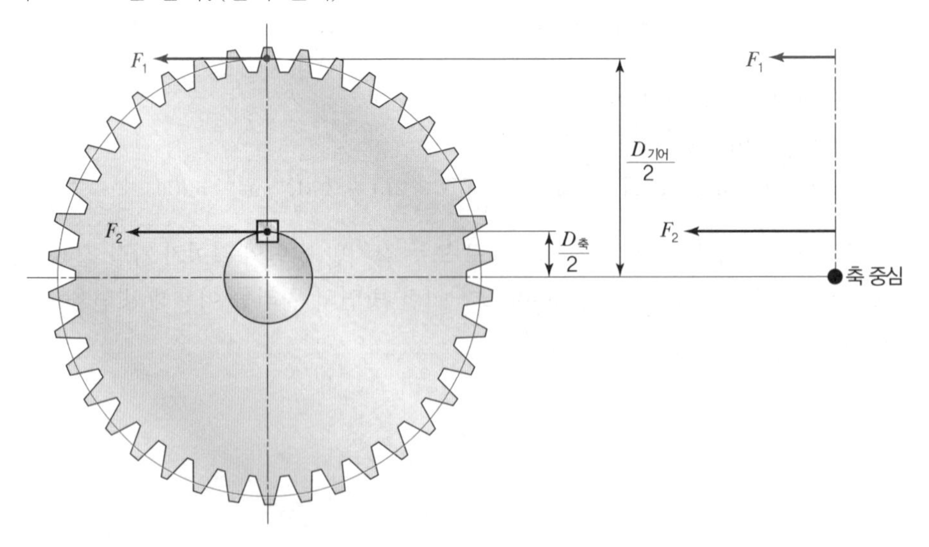

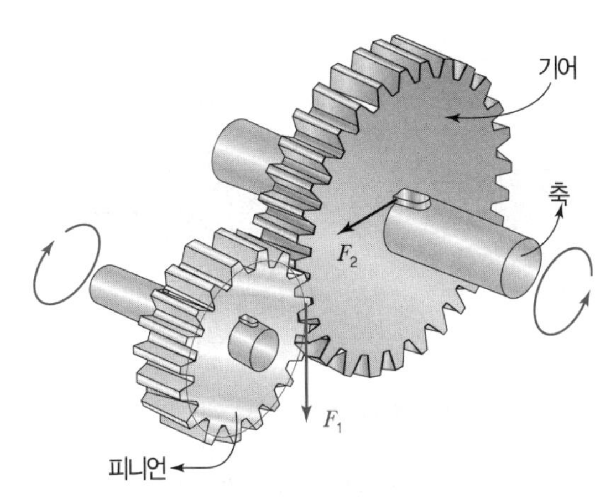

| 축의 전달 토크 |

축 토크=기어의 토크=키의 전단력에 의한 전달 토크

$$T = F_1 \times \frac{D_{기어}}{2} = F_2 \times \frac{D_{축}}{2} \ (F_2 = \tau_k \cdot A_\tau)$$

여기서, $D_{기어}$: 기어의 피치원 지름
$D_{축}$: 축지름
T : 축의 토크
F_1 : 기어의 전달력
F_2 : 키의 전단력
τ_k : 키의 전단응력
A_τ : 키의 전단면적

7 동력

동력은 시간당 발생하는 일을 의미한다.

$$동력\ H = \frac{일}{시간} = \frac{힘\ F \times 거리\ S}{시간\ t} = 힘\ F \times 속도\ V \ \left(\because 속도 = \frac{거리}{시간}\right)$$

- $H = F \times V$
- $1W = 1N \cdot m/s$ (SI 단위의 동력)$=1J/s$

8 마찰(friction)

① 마찰력이란 운동을 방해하려는 성질의 힘을 말한다.
② 마찰력을 최대로 이용하는 기계요소에는 브레이크, 마찰차, 클러치, 전동벨트 등이 있다.
③ 마찰력을 최소로 줄여야 하는 기계요소에는 베어링, 치차, 동력전달나사 등이 있다.

④ 마찰력(F_f) 계산

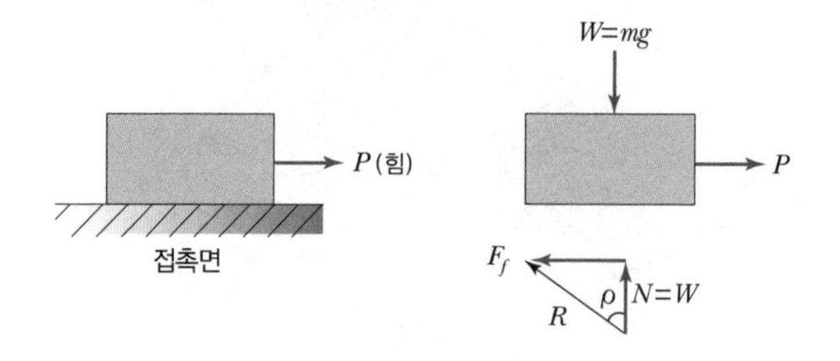

| 마찰력 |

접촉면을 제거했을 때 물체가 움직이고자 하는 방향과 반대 방향으로 접촉면에 발생한 마찰력 F_f를 그린다.

최대정지마찰력 $F_f = \mu N$

여기서, μ : 접촉면(정지)마찰계수, N : 수직력
※ 마찰력은 수직력(N)만의 함수이다.

⑤ 만약, '움직이고자 하는 힘(P) ≤ 마찰력(F_f)'이면 물체는 정지상태를 유지하고, '움직이고자 하는 힘(P) ≥ 마찰력(F_f)'이면 물체는 움직인다.

9 피로(fatigue)

① **피로파괴** : 실제의 기계나 구조물들은 반복하중 상태에 놓이는 경우가 많이 있는데, 이 경우 재료에 발생하는 응력이 탄성한도 영역 안에 있어도 하중의 반복작용에 의하여 재료가 점점 약해지며 파괴되는 현상을 피로파괴라 한다.

② **피로한도** : 반복응력이라도 진폭이 일정값 이하가 되면 사이클 수가 무한히 증가하더라도 파괴되지 않고 견디는 응력의 한계를 피로한도 또는 내구한도라고 한다.

③ 설계상 충분히 주의해야 하는 이유는 반복하중에 계속 노출될 경우 재료의 정적강도보다 훨씬 낮은 응력으로도 파괴될 수 있기 때문이다.

10 사용응력과 허용응력

① **사용응력** : 오랜 기간 동안 실제 상태에서 안전하게 작용하고 있는 응력을 사용응력(working stress)이라 하며, 이 사용응력을 정확하게 선정한다는 것은 거의 불가능하다.

② **허용응력** : 탄성한도 영역 내의 안전상 허용할 수 있는 최대응력이다.

③ 사용응력은 허용응력을 넘지 않도록 설계해야 한다.

사용응력(σ_w) ≤ 허용응력(σ_a) ≤ 탄성한도

11 안전율

하중의 종류와 사용조건에 따라 달라지는 기초강도 σ_s 와 허용응력 σ_a 와의 비를 안전율(safety factor)이라고 한다.

$$S = \frac{\text{기초강도}}{\text{허용응력}} = \frac{\sigma_s}{\sigma_a}$$

① **기초강도** : 사용재료의 종류, 형상, 사용조건에 의해 정해진다. 주로 항복강도, 인장강도(극한강도) 값이며 크리프 한도, 피로한도, 좌굴강도 값이 되기도 한다.

② 안전율은 항상 1보다 크며, 설계 시 안전율을 크게 하면 기계나 구조물의 안정성은 증가하나 경제성은 떨어진다. 왜냐하면 어떤 부재에 작용하는 하중이 정해져 있을 경우 안전율을 높이면 사용할 부재의 치수가 커지기 때문이다.

③ 그러므로 실제하중의 작용조건, 상태(부식, 마모, 진동, 마찰, 정밀도, 수명) 등을 고려해서 적절한 안전율을 고려해주는 최적화 설계를 해야 한다.

SECTION 02 결합용 기계요소

1 나사(screw)

(1) 개요

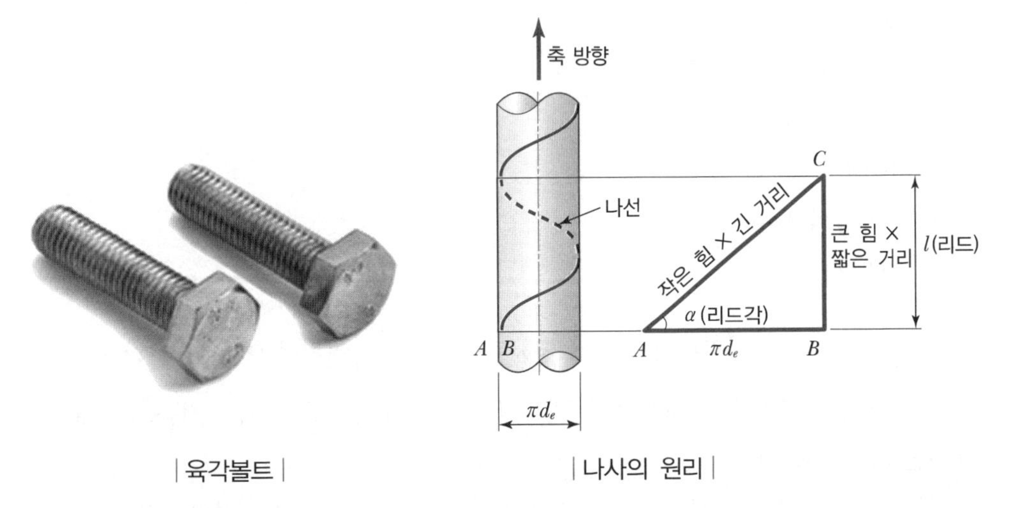

| 육각볼트 |　　| 나사의 원리 |

① 나사는 부품을 죄거나 힘을 전달하는 데 쓰이는 기본적인 기계요소이다.

② 나사에는 일의 원리가 적용되는데, 빗변 $\overline{AC}$와 높이 $\overline{BC}$를 올라가는 일의 양은 같으므로 나사를 돌리면 나사는 나선(빗면)을 따라 작은 힘으로 돌아 올라가며 짧은 거리(높이)를 큰 힘으로 나아가게 된다. 즉, 나사는 축 방향으로 큰 힘을 가하는 기계요소이며 쐐기와 같은 역할을 한다.

③ 대량 생산과 호환성이 필요하므로 그 치수는 KS(B 0200~0249, B 0101~1060)에 규정되어 있으며 ISO에 의하여 국제적으로 표준화되어 있다.

(2) 나사 용어

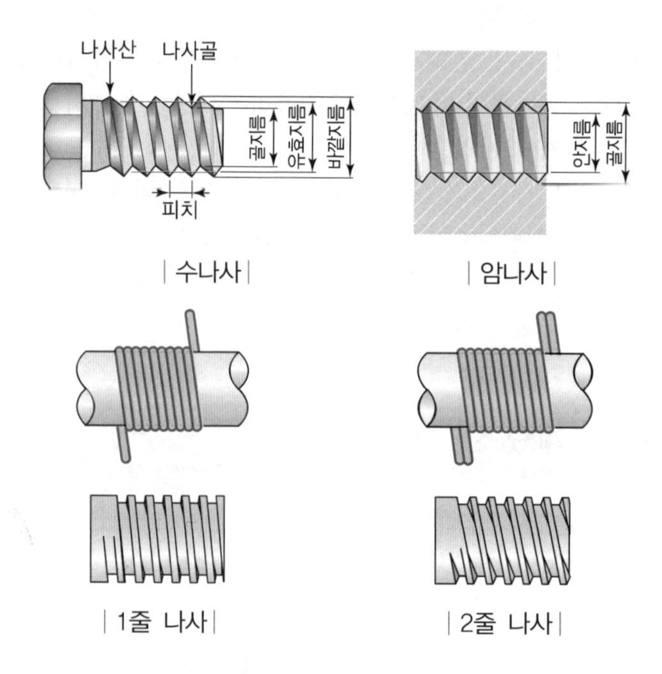

| 수나사 |　　| 암나사 |

| 1줄 나사 |　　| 2줄 나사 |

① 호칭지름(d)

나사의 바깥지름이다.

② 안지름(d_1)

나사의 골지름이다.

③ 유효지름(d_2)

나사산의 형태가 사각나사일 때는 평균지름$\left(\dfrac{d_1 + d}{2}\right)$이지만 다른 나사에서는 그렇지 않다. 나사에 대한 하중계산, 토크계산, 리드각을 구할 때의 기초가 되는 지름으로 매우 중요하다.

④ 1줄 나사, 2줄 나사

한 줄의 나선으로 이루어진 나사를 1줄 나사, 두 줄의 나선을 감아올린 나사를 2줄 나사, n개의 나선이면 n줄 나사이다.

⑤ 피치(p)

나사산과 나사산 사이의 거리(pitch) 또는 골과 골 사이의 거리이다.

⑥ 리드(l)

나사를 1회전시켰을 때 축 방향으로 나아가는 거리(lead)로, 1줄 나사는 1피치(p)만큼 리드하며 n줄 나사이면 리드 $l = np$이다.

⑦ 리드각(α)

나사가 1회전 시 나아가는 리드에 의해 생성되는 각

$$\tan\alpha = \frac{l}{\pi d_2} = \frac{np}{\pi d_2}$$

⑧ 나사산의 높이(h)

$$h = \frac{d - d_1}{2}$$

(3) 나사의 표시방법(피치를 mm로 표시하는 경우 : 미터계)

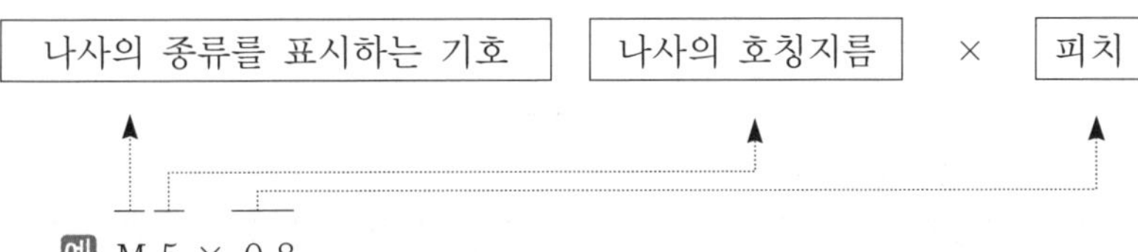

예 M 5 × 0.8

여기서, M : 미터 보통 나사
5 : 외경이 5mm(외경=나사의 호칭지름)
0.8 : 피치가 0.8mm(생략 가능)

예 TM 10

여기서, TM : 30° 사다리꼴 나사
10 : 외경 10mm

(4) 나사의 종류와 특징

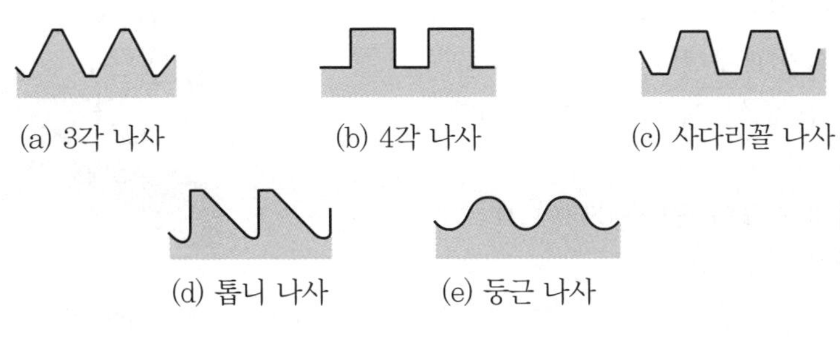

(a) 3각 나사 (b) 4각 나사 (c) 사다리꼴 나사 (d) 톱니 나사 (e) 둥근 나사

| 나사의 종류 |

① ISO 규격에 따른 나사의 종류 · 기호 · 호칭

구분	종류		기호	호칭방법
ISO 규격에 있는 것	미터 보통 나사		M	M8
	미터 가는 나사			M8×1
	미니추어 나사		S	S0.5
	유니파이 보통 나사		UNC	3/8-16UNC
	유니파이 가는 나사		UNF	No. 8-36UNF
	미터 사다리꼴 나사		Tr	Tr10×2
	관용 테이퍼 나사	테이퍼 수나사	R	R3/4
		테이퍼 암나사	Rc	Rc3/4
		평행 암나사	Rp	Rp3/4
ISO 규격에 없는 것	관용 평행 나사		G	G1/2
	30도 사다리꼴 나사		TM	TM18
	29도 사다리꼴 나사		TW	TW18
	관용 테이퍼 나사	테이퍼 나사	PT	PT7
		평행 암나사	PS	PS7
	관용 평행 나사		PF	PF7

② 나사 모양에 따른 용도와 특징

명칭	용도	특징
삼각 나사	체결용	일반기계의 조립용 볼트와 너트 또는 배관의 이음부에 사용
사각 나사	전동용	매우 큰 힘을 전달하는 프레스, 나사잭에 사용
사다리꼴 나사	전동용	운동을 전달하는 선반의 리드 스크루에 사용
톱니 나사	전동용	한 방향으로 센 힘을 전달하는 바이스, 프레스에 사용
둥근 나사	체결용	먼지, 모래 등이 들어가기 쉬운 곳에 사용, 너클 나사라고도 함
볼나사	전동용	마찰이 적고 정밀도가 높아 공작기계의 수치 제어용으로 사용

③ 볼나사의 특징

㉠ 백래시가 매우 적다.

㉡ 먼지나 이물질에 의한 마모가 적다.

㉢ 정밀도가 높다.

㉣ 나사의 효율이 높다(90% 이상).

㉤ 마찰이 매우 적다.

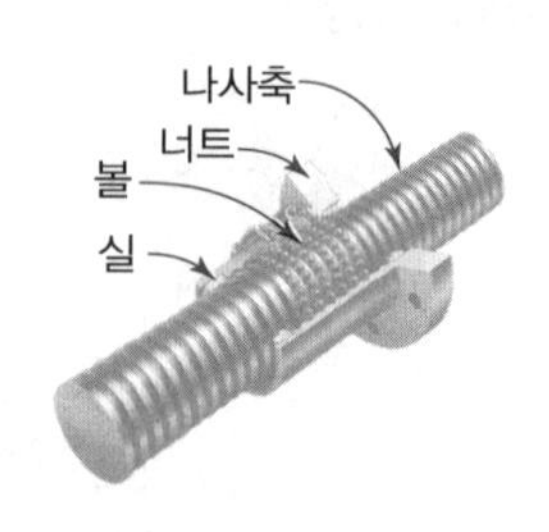

| 볼나사 |

2 볼트와 너트, 와셔

(1) 볼트의 고정하는 방법에 따른 분류

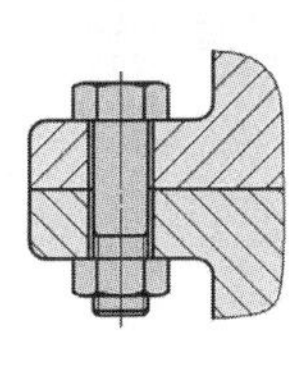

(a) 관통볼트

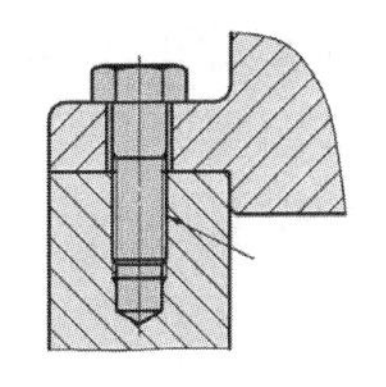

(b) 탭볼트

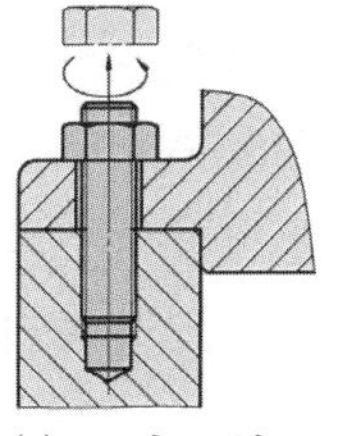

(c) 스터드 볼트

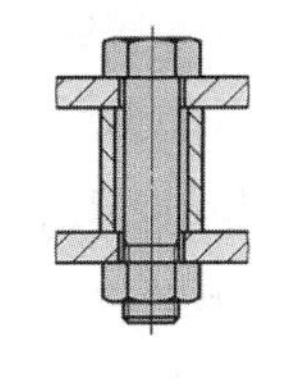

(d) 스테이 볼트

| 고정하는 방법에 따른 볼트의 종류 |

① **관통볼트(through bolt)** : 두 물체를 관통시켜 반대쪽에서 너트로 죈다.

② **탭볼트(tap bolt)** : 물체의 한쪽에 암나사를 깎은 다음, 수나사를 조여 사용하므로 너트가 필요하지 않으며, 결합하는 부분이 두꺼워 관통하기 어려운 곳에 사용한다.

③ **스터드 볼트(stud bolt)** : 머리가 없는 볼트로, 한 끝은 본체에 고정되어 있고 고정되지 않은 볼트부 끝에 너트를 끼워 죈다.(분해가 간편하다.)

④ **스테이 볼트(stay bolt)** : 두 물체의 간격을 유지시키는 데 사용하는데 부시(bush)를 끼워서 사용하는 것과 볼트에 턱을 만들어 놓은 것이 있다.

(2) 볼트의 머리 모양과 용도에 따른 분류

(a) 육각 볼트

(b) 육각 구멍붙이 볼트

(c) 나비 볼트

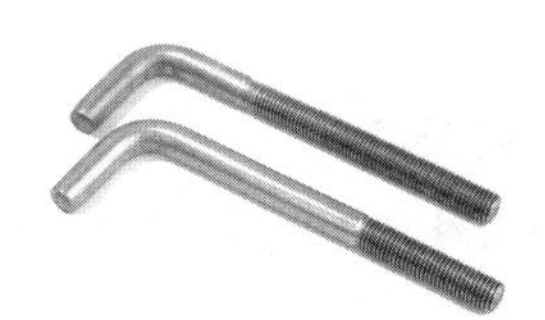

(d) 기초 볼트

(e) 접시머리 볼트

(f) 아이볼트

| 머리 모양에 따른 볼트의 종류 |

① **육각 볼트** : 일반적으로 가장 널리 사용한다.

② **육각 구멍붙이 볼트** : 둥근 머리에 6각 홈을 파 놓은 것으로 볼트의 머리가 밖으로 나오지 않아야 하는 곳에 사용한다.

③ **나비 볼트** : 볼트 머리 부분이 나비 모양으로 되어 있어 손으로 쉽게 돌릴 수 있도록 한 볼트

④ **기초 볼트** : 기계 구조물을 콘크리트 바닥 등에 고정할 때 사용한다.

⑤ **접시머리 볼트** : 볼트의 머리가 밖으로 나오지 않아야 하는 곳에 사용한다.

⑥ **아이볼트** : 무거운 부품을 들어 올릴 때 고리로 사용한다.

(3) 너트(nut)의 종류

(a) 육각너트　(b) 사각너트　(c) 측면 홈붙이 둥근너트

(d) 나비너트　(e) 플랜지 너트　(f) 캡너트　(g) 홈붙이 너트

| 너트의 종류 |

① **육각너트** : 모양이 육각형이고 가장 널리 사용된다.

② **사각너트** : 바깥 둘레가 사각형으로 되어 있는 너트로 주로 목재 결합용으로 사용한다.

③ **둥근너트** : 회전체의 균형을 좋게 하거나 너트를 외부로 돌출시키지 않을 경우 사용한다. 너트를 죌 때는 특수한 스패너가 필요하다.

④ **나비너트** : 너트 윗부분에 나비 모양이 있어 손으로 작업이 가능하다.

⑤ **플랜지 너트(와셔붙이 너트)** : 너트의 밑면에 넓은 원형 플랜지가 붙어있는 와셔붙이 너트로 볼트 구멍이 크거나 접촉하는 물체와의 접촉면적을 크게 하여 압력을 작게 하려고 할 때 사용, 너트 하나로 와셔 역할을 겸한다.

⑥ **캡너트** : 너트의 한쪽 부분을 관통되지 않도록 만든 것으로 나사면을 따라 증기, 기름 등의 누출을 방지하고 외부로부터 먼지 등의 오염물질 침입을 막는 데 사용한다.

⑦ **홈붙이 너트** : 너트의 풀림을 억제하기 위해 너트 머리 부분에 방사형의 홈을 파고, 볼트 나사부에 뚫린 작은 구멍에 이 홈을 맞추고 분할 핀을 꽂아 고정시키는 너트이다.

(4) 그 외 나사류

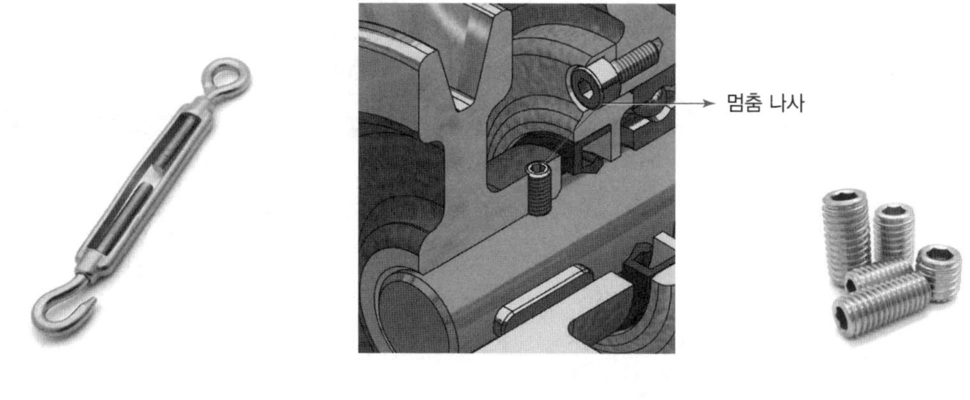

| 턴버클 | | 멈춤 나사 |

① **턴버클** : 양끝에 왼나사와 오른나사가 있어 양끝을 서로 당기거나 밀어서, 와이어로프나 전선 등의 길이를 조정한다. 장력의 조정을 필요로 하는 곳에 사용한다.

② **멈춤 나사** : 나사의 끝을 이용하여 축에 바퀴를 고정시키거나 위치를 조정할 때 사용한다.

(5) 와셔의 종류와 용도

| 평와셔 | | 스프링 와셔 | | 이붙이 와셔 |

① 구멍이 볼트의 지름보다 클 때(평와셔)

② 진동이나 회전으로 인한 너트의 풀림을 방지(스프링 와셔)

③ 볼트가 닿는 자리가 거칠 때(평와셔 또는 이붙이 와셔)

④ 부품의 재질이 연하여 볼트가 파고 들어갈 염려가 있을 때(평와셔)

(6) 너트의 풀림 방지법

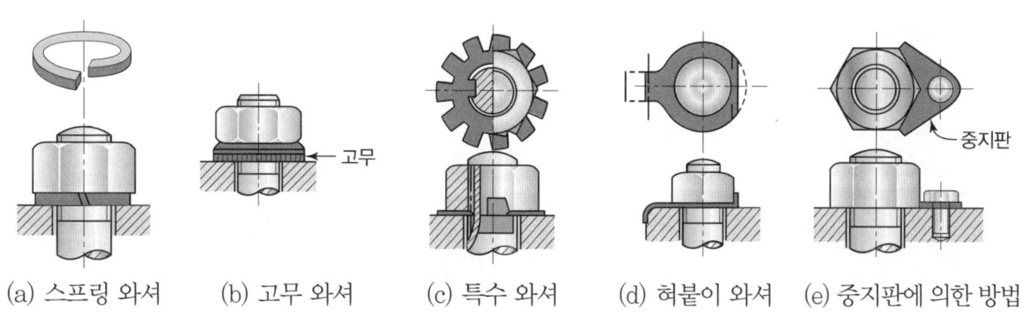

| 와셔에 의한 방법 |

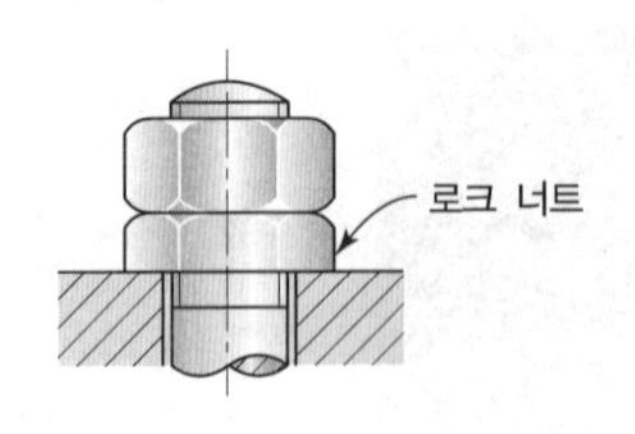

| 로크 너트에 의한 방법 |

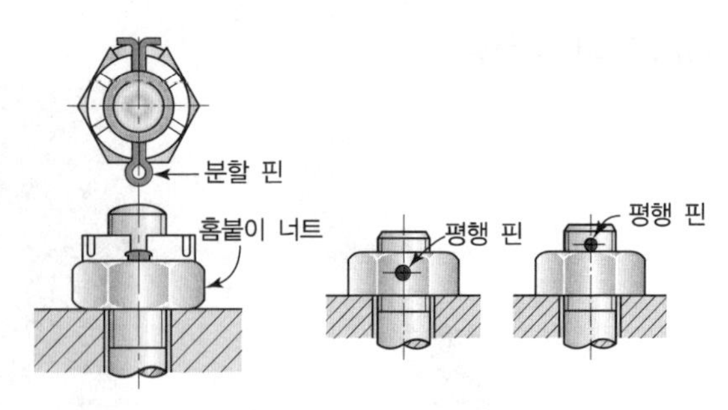

| 핀에 의한 방법 |

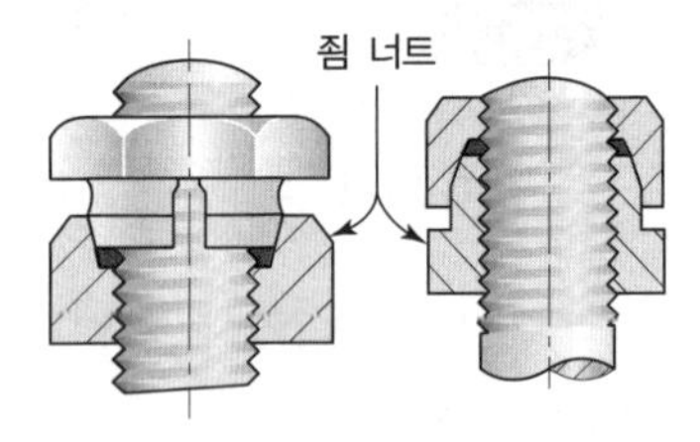

| 자동 죔 너트에 의한 방법 |

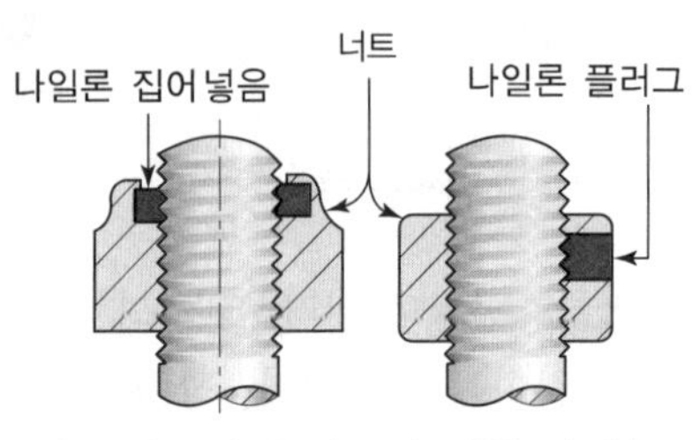

| 플라스틱 플러그에 의한 방법 |

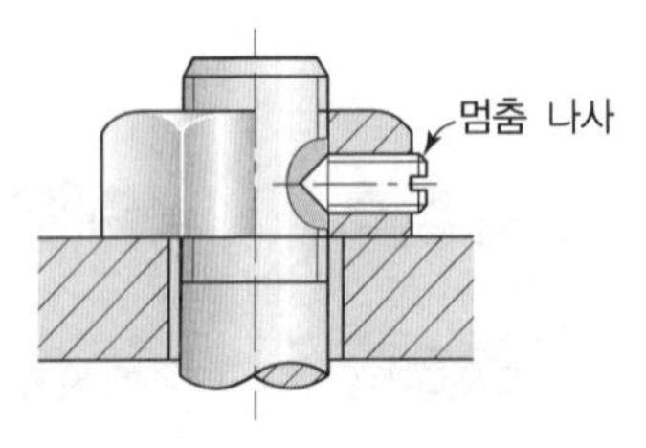

| 멈춤 나사에 의한 방법 |

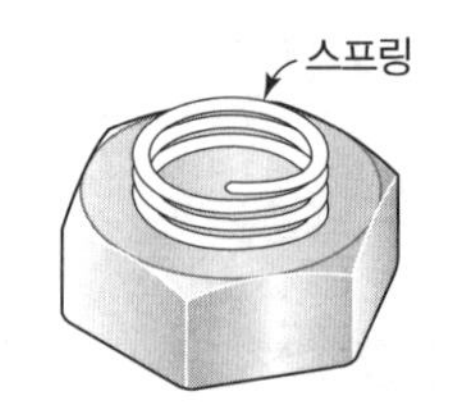

| 스프링 너트에 의한 방법 |

① **로크(lock) 너트** : 2개의 너트를 서로 죄여 너트 사이를 미는 상태로 만들어 외부에서 진동이 작용해도 항상 하중이 작용하는 상태를 유지하도록 하는 방법(일반 나사 피치보다 작음)
② **분할 핀** : 볼트, 너트에 구멍을 뚫고 분할핀을 끼워 너트를 고정시키는 방법
③ **세트 나사** : 너트의 옆면에 나사 구멍을 뚫고 여기에 세트 나사(set screw)를 끼워 볼트 나사부를 고정시키는 방법
④ **특수 와셔를 사용** : 스프링 와셔, 혀붙이 와셔 등을 끼워 너트의 자립 조건을 만족시키는 방법
⑤ 멈춤 나사에 의한 방법
⑥ 스프링 너트에 의한 방법

(7) 축하중만 받는 경우(아이볼트) 수나사의 인장응력

인장(압축)응력 $\sigma = \dfrac{Q(\text{축하중})}{A(\text{인장파괴면적})} = \dfrac{Q}{\dfrac{\pi}{4}d_1^2(\text{골지름 파괴})}$

수나사의 안지름 $d_1 = \sqrt{\dfrac{4Q}{\pi\sigma}}$

($d_1 = 0.8d_2$를 대입하면)

수나사의 바깥지름(호칭지름) $d_2 = \sqrt{\dfrac{2Q}{\sigma}}$

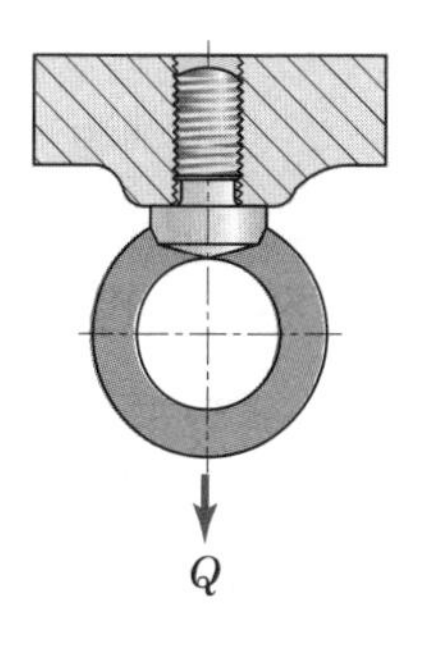

3 키, 핀, 코터, 리벳

(1) 키(key)

키(Key)는 회전축에 끼워질 기어, 풀리 등의 기계부품을 고정하여 회전력을 전달하는 기계요소이다. 키의 종류에는 안장 키, 평키, 묻힘 키, 접선 키, 미끄럼 키가 있으며 묻힘 키의 호칭치수는 폭 × 높이 × 길이 = $b \times h \times l$ 로 나타낸다.

① 키(key)의 종류

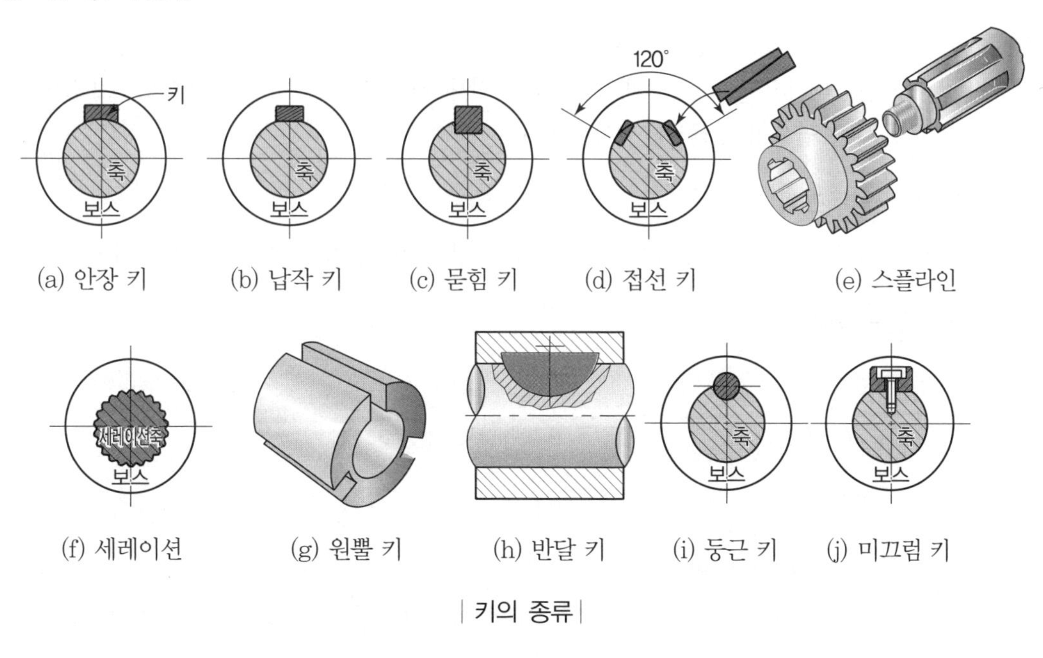

(a) 안장 키 (b) 납작 키 (c) 묻힘 키 (d) 접선 키 (e) 스플라인

(f) 세레이션 (g) 원뿔 키 (h) 반달 키 (i) 둥근 키 (j) 미끄럼 키

| 키의 종류 |

㉠ 안장 키(saddle key) : 축에서 키 홈을 가공하지 않고 보스에만 테이퍼 키 홈을 만들어서 홈 속에 키를 끼우는 것으로, 축에 기어 등을 고정시킬 때 사용되며 큰 힘을 전달하는 곳에는 사용되지 않는다.

㉡ 납작 키(flat key) : 축의 윗면을 평평하게 깎은 면에 끼우는 키이다. 안장 키보다 큰 힘을 전달할 수 있다.

㉢ 묻힘 키(sunk key) : 벨트풀리 등의 보스(축에 끼우는 기계부품들)와 축 모두 홈을 파서 키를 고정시킨 것으로, 가장 일반적으로 사용되며, 상당히 큰 힘을 전달할 수 있다.

㉣ 접선 키(tangent key) : 기울기가 반대인 키를 2개 조합한 것이다. 큰 힘을 전달할 수 있다.

㉤ 스플라인(spline) : 축에 평행하게 4~20줄의 키 홈을 판 특수 키이다. 보스에도 끼워 맞추어지는 키 홈을 파서 결합한다.

㉥ 세레이션(serration) : 축에 작은 삼각형 키 홈을 만들어 축과 보스를 고정시키는 것으로 동일한 지름의 스플라인보다 많은 키에 돌기가 있어 동력 전달이 큰 자동차의 핸들 등에 주로 사용된다.

㉦ 원뿔 키 : 특수 키의 일종으로 원뿔 모양이다. 축과 보스에 홈을 파지 않고 보스 구멍을 원뿔 모양으로 만들고 세 개로 분할된 원뿔형의 키를 박아 마찰만으로 회전력을 전달한다. 비교적 큰 힘에 견딘다.

㉧ 반달 키(woodruff key) : 일명 우드러프 키라고도 하며, 키와 키 홈 가공이 쉽고, 축과 보스를 결합하는 과정에서 자동으로 키가 자리잡을 수 있다는 장점이 있으며 자동차, 공작기계 등에 널리 사용되는 키이다.

㉨ 둥근 키 : 단면이 원형으로 된 작은 키로서 회전력이 작은 곳에 사용된다.

㉩ 미끄럼 키(sliding key) : 페더 키 또는 안내 키라고도 하며, 축 방향으로 보스를 미끄럼 운동시킬 필요가 있을 때에 사용한다.

② 동력 전달력 크기

안장 키 < 납작 키 < 반달 키 < 묻힘 키 < 접선 키 < 스플라인 < 세레이션

③ 키의 전단응력(τ)

$$\tau = \frac{P}{b \cdot l}$$

여기서, P : 회전력
b : 키의 폭
l : 키의 길이

(2) 핀(pin)

핀은 키의 대용, 부품 고정의 목적으로 사용한다. 상대적인 각운동을 할 수 있다.

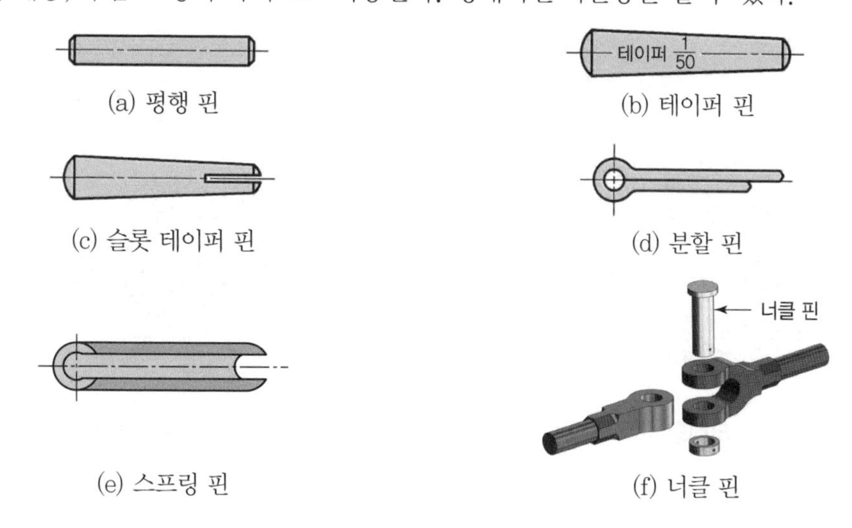

| 핀의 종류 |

① **평행 핀** : 굵기가 일정한 핀

② **테이퍼 핀** : 1/50의 테이퍼를 가지며 호칭지름은 작은 쪽의 지름으로 표시한다.

③ **슬롯 테이퍼 핀** : 끝이 갈라진 테이퍼 핀

④ **분할 핀** : 핀 전체가 두 갈래로 되어 있는 것으로, 너트를 채운 축에 구멍을 뚫고, 분할 핀을 끼운 후 끝을 구부려 진동에 의해 풀리는 것을 방지하는 핀

⑤ **스프링 핀** : 얇은 판을 원통형으로 말아서 만든 평행 핀의 일종으로 억지끼움 했을 때 핀의 복원력에 의해 구멍에 정확히 밀착되는 특성이 있고, 중공이어서 평행 핀에 비해 가볍다는 이점이 있다.

⑥ **너클 핀** : 핀 이음에서 한쪽 포크(fork)에 아이(eye) 부분을 연결하여 구멍에 수직으로 평행 핀을 끼워 두 부분이 상대적으로 각운동을 할 수 있도록 연결한 것

(3) 코터(cotter)

키는 축의 회전력을 전달하는 곳에 사용되므로 주로 전단력을 받게 되나 코터는 축 방향으로 인장 또는 압축을 받는 봉을 연결하는 데 사용되므로 인장력 또는 압축력을 주로 받게 된다.

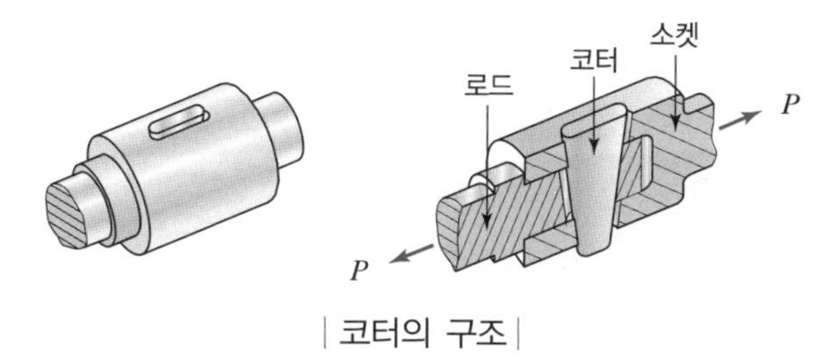

| 코터의 구조 |

(4) 리벳(rivet)

보일러나 철교, 철골건물 등의 강판이나 형강을 영구적으로 결합하는 이음을 리벳이음이라 한다.

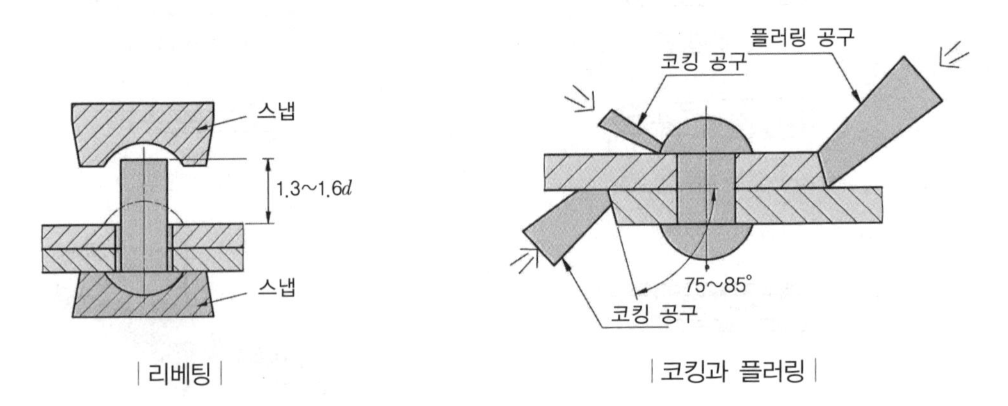

| 리베팅 | | 코킹과 플러링 |

① 리베팅 작업방법

㉠ 리벳이 들어갈 구멍을 뚫는다. 리벳구멍은 지름 20mm까지는 펀칭으로 뚫고, 리벳지름보다 1~1.5mm 정도 크게 뚫는다.

㉡ 뚫린 구멍을 리머로 정밀하게 다듬는다.

㉢ 리벳을 구멍에 넣고 양쪽에 스냅(snap)을 대고 때려서 머리부분을 만든다.

ⓐ 리벳지름 10mm 이상은 열간 리베팅, 그 이하인 것은 냉간 리베팅 한다.

ⓑ 리벳의 지름 25mm까지 손으로 작업할 수 있다.

㉣ 기밀을 필요로 하는 경우 코킹과 플러링을 한다. 강판의 두께가 5mm 이하인 경우에는 코킹의 효과가 없으므로 종이, 천, 석면 같은 패킹 재료를 사용한다.

② 코킹과 플러링

㉠ 코킹(caulking) : 기밀을 필요로 하는 경우 리베팅이 끝난 뒤 리벳머리의 주위와 강판의 가장자리를 정과 같은 공구로 때리는 작업을 코킹이라 한다. 강판의 가장자리를 75~85°가량 경사지게 놓는다.

㉡ 플러링(fullering) : 기밀을 더욱 완벽하게 하기 위하여 끝이 넓은 공구로 때리는 것을 플러링이라 한다.

SECTION 03 축용 기계요소

1 축

(1) 축의 개요

축(shaft)은 주로 회전에 의하여 동력을 전달할 목적으로 사용하는 기계요소이다.

(2) 축의 용도에 의한 분류

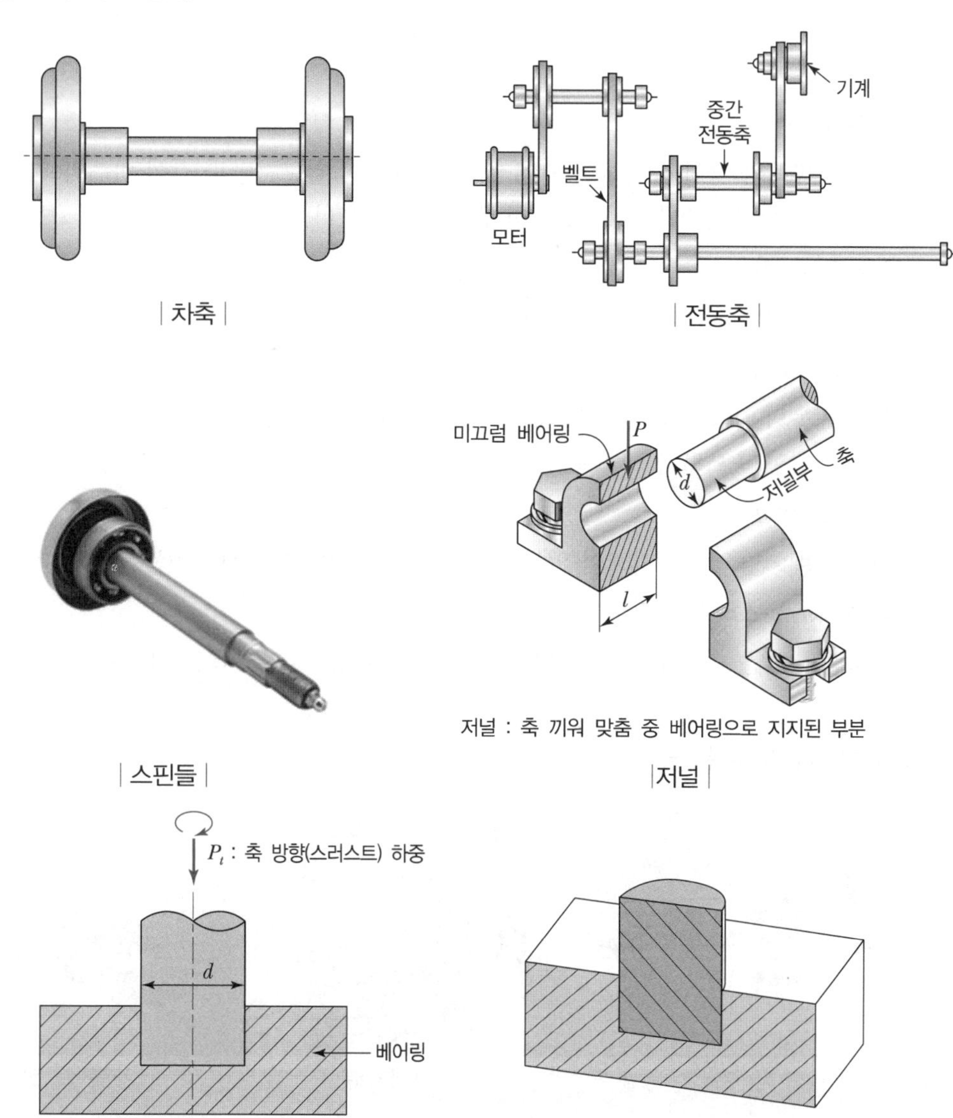

| 차축 |

| 전동축 |

| 스핀들 |

| 저널 |

| 중실피벗 |

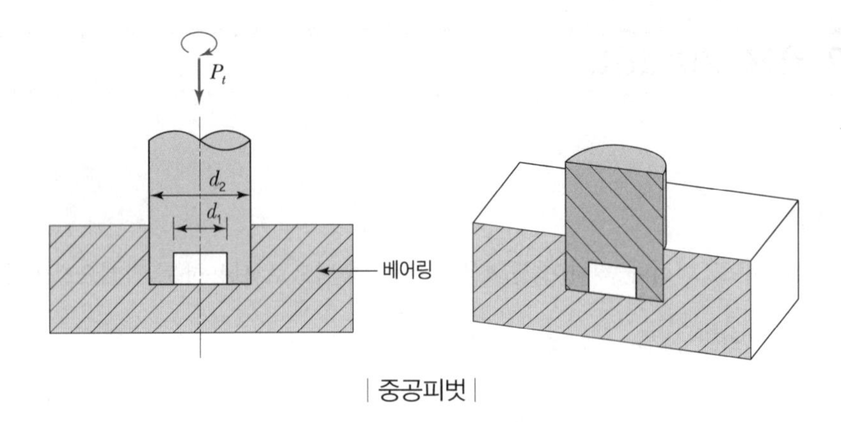

| 중공피벗 |

① 차축(axle)

자동차 바퀴와 같이 축이 고정되어 있는 정지축과, 철도차량과 같이 바퀴와 축이 같이 회전하는 회전축이 있으며, 주로 굽힘하중을 받는 축이다.

② 전동축(shaft)

회전력을 전달하는 축으로서 비틀림을 받는 축이다.

③ 스핀들(spindle)

주로 비틀림 하중을 받는 축으로, 치수가 정밀하고 변형량도 매우 적은 회전축이다. 지름에 비하여 짧은 축으로 선반 또는 드릴링 머신 등의 회전축, 주축을 말한다.

④ 저널(journal)

미끄럼 베어링으로 지지되어 있는 축 부분이다.(베어링과 닿아 있는 축 부분)

⑤ 피벗(pivot), 스러스트 저널

축하중을 받는 축의 끝부분으로서 스러스트 베어링으로 지지되는 부분이다.

(3) 축의 형상에 따른 분류

| 직선축 | | 크랭크축 | | 플렉시블 축 |

① 직선축

길이 방향으로 일직선 형태의 축이며, 일반적으로 동력전달용으로 사용한다.

② 크랭크축(crank shaft)

회전운동을 직선운동으로 변환 또는 직선운동을 회전운동으로 변환시켜주는 축이다.

예 엔진 피스톤의 직선왕복운동을 회전운동으로 변환

③ 플렉시블 축(flexible shaft)

강선을 나사 모양으로 2중, 3중 감아 만든 축이며, 자유로이 휠 수 있는 축이다. 전동축에 큰 힘을 주어서 축의 방향을 자유롭게 바꾸거나 충격을 완화시키기 위하여 사용한다.

(4) 축 설계 시 고려사항

① 강도

축에 작용하는 하중에 따라 축의 강도를 충분하게 설계해야 한다.

② 응력집중

단면형상 등의 급격한 변화(구멍 , 홈 , 노치 , 키 홈 등) 부분에 응력이 집중되어 축의 강도가 감소된다. 설계 시 이런 부분을 고려해야 한다.

③ 변형

축에 작용하는 하중에 의한 처짐변형과 비틀림변형의 허용변형한도를 초과하지 않도록 설계해야 한다. 처짐량과 비틀림각이 한도를 초과하면 진동의 원인이 된다.

④ 진동

회전하는 축의 굽힘이나 비틀림 진동이 축의 고유진동수와 일치하여 공진현상이 일어나면 축이 파괴되므로 공진현상을 일으키는 위험속도를 고려하여 설계해야 한다.

⑤ 열응력, 열팽창

고온의 열을 받는 축은 크리프와 열팽창을 고려해야 한다.

⑥ 부식

바닷물 또는 수중에 사용되는 선박의 프로펠러 축, 수차 축 및 펌프의 축은 전기, 화학적 작용에 의하여 부식되므로 축의 설계에 부식여유를 고려해야 한다.

(5) 비틀림을 받는 축의 강도설계

토크식을 기준으로 해석한다.

(T : 축의 토크, Z_P : 극단면계수, τ : 축의 허용전단응력, H : 전달동력, ω : 각속도, N : 분당 회전수)

① 전달동력(H)과 각속도가 주어졌을 때 축의 토크(T)

$$T = P \cdot \frac{d}{2} = \tau \cdot Z_P = \frac{H}{\omega}\ [\mathrm{N \cdot m}]\ (\text{SI 단위})$$

여기서, P : 회전력[N], d : 축의 직경[m]
τ : 축의 허용전단응력[N/m²]
H : 전달동력[W], ω : 각속도[rad/s]
Z_P : 극단면계수[m³]

② 전달동력(H_{kW})과 분당 회전수가 주어졌을 때 축의 토크(T)

$$T = \frac{H}{\omega} = \frac{H_{kW} \times 1,000}{\frac{2\pi N}{60}} = \frac{H_{kW} \times 1,000 \times 60}{2\pi N}$$

$$\therefore\ T = \frac{60,000}{2\pi} \times \frac{H_{kW}}{N} [\mathrm{N \cdot m}]\ \text{(SI 단위)}$$

여기서, $H = 1,000 \times H_{kW}$
$\omega = \frac{2\pi N}{60}$
N : 회전수[rpm]

③ 중실축에서 축지름설계

$$T = \tau \cdot Z_P = \tau \cdot \frac{\pi}{16} d^3$$

$$\therefore\ d = \sqrt[3]{\frac{16\,T}{\pi \tau}}$$

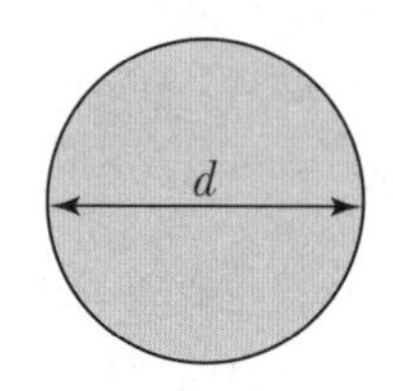

| 중실축 단면 |

④ 중공축에서 외경설계

$$T = \tau \cdot Z_P = \tau \cdot \frac{\pi}{16} {d_2}^3 (1 - x^4)\ \left(\text{내외경비}\ x = \frac{d_1}{d_2}\right)$$

$$\therefore\ d_2 = \sqrt[3]{\frac{16\,T}{\pi \tau (1 - x^4)}}$$

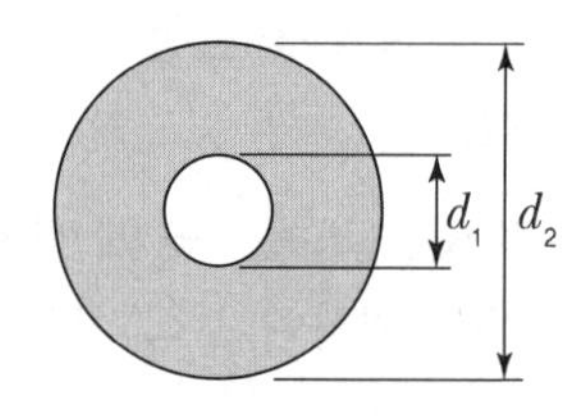

| 중공축 단면 |

※ 중공축은 지름을 조금만 크게 하여도 중실축과 강도가 같아지며, 중실축에 비해 중량은 상당히 가벼워진다.

2 축이음

(1) 커플링(coupling)

① 고정 커플링(fixed coupling)

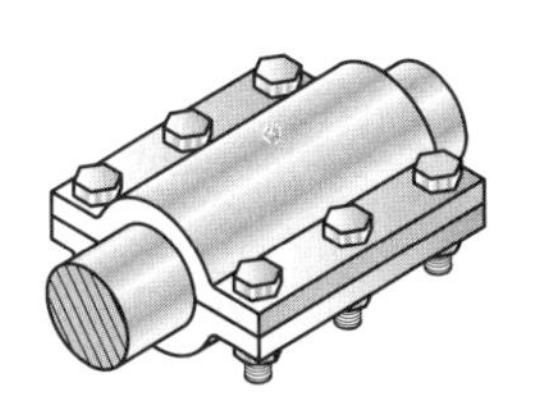
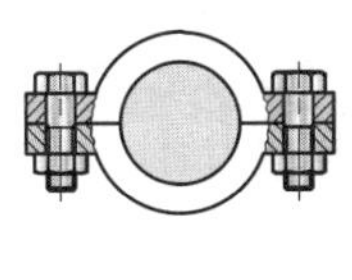

|분할원통형 커플링|

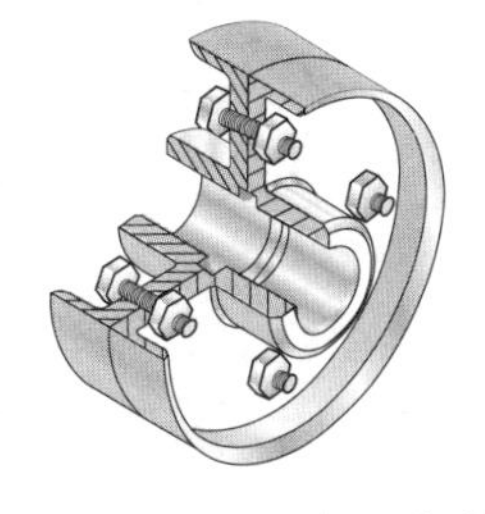
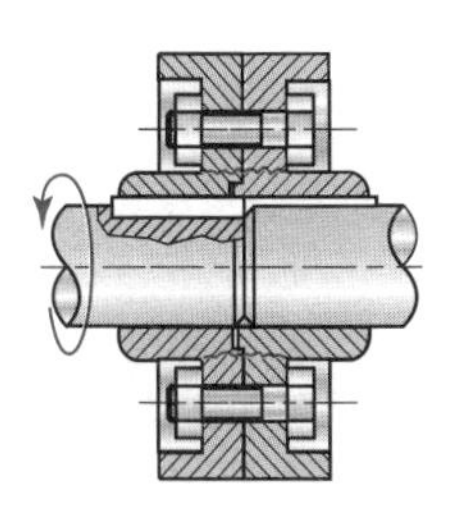

|플랜지형 커플링|

㉠ 두 축 사이에 상호 이동이 전혀 허용되지 않는 일체형으로 일직선상에 있는 두 축을 키 또는 볼트를 사용하여 결합한다.

㉡ 원통형 커플링(일체형, 분할형)과 플랜지형 커플링으로 나눈다.

② 플렉시블 커플링(flexible coupling)

|우레탄 플렉시블 커플링|

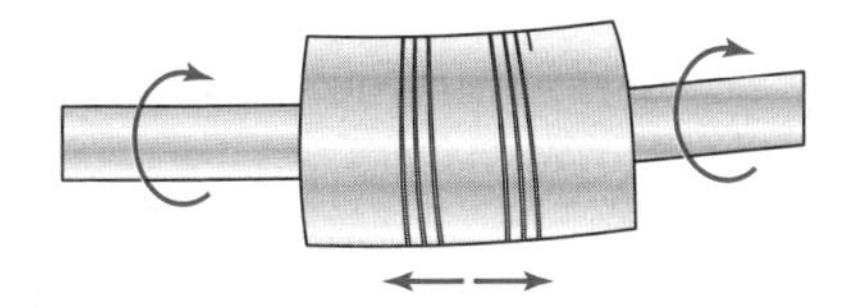

|스프링형 플렉시블 커플링|

㉠ 스프링이나 고무 등 탄성체를 이용한 조인트로서, 전달 각도가 3~5° 정도로 낮은 것에 사용이 가능하다.

㉡ 일직선 위에 두 축을 연결하나 두 축 사이에 약간의 이동이 가능하다.

㉢ 윤활이 필요하지 않으며, 비틀림 진동을 흡수하는 작용을 한다.

③ 올덤 커플링(Oldham's coupling)

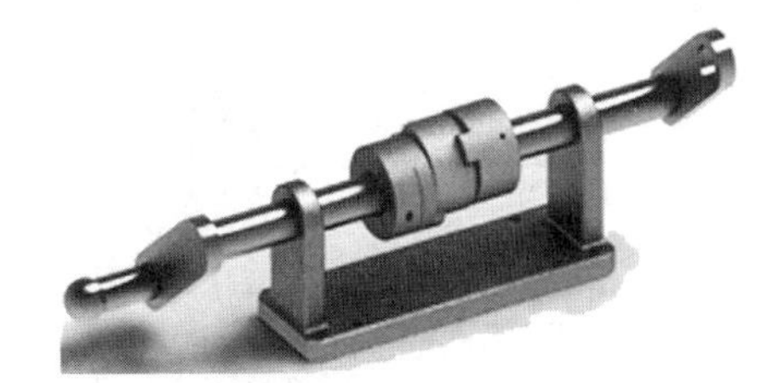

|올덤 커플링|

㉠ 두 축이 평행하면서 축의 중심선이 약간 어긋난 경우 축간거리가 짧을 때 사용한다.

㉡ 각속도의 변화 없이 회전동력을 전달한다.

㉢ 속도의 제곱에 비례하는 원심력이 발생하여 진동이 수반되는 고속회전에는 부적합하다.

④ 유니버설 조인트(universal joint)

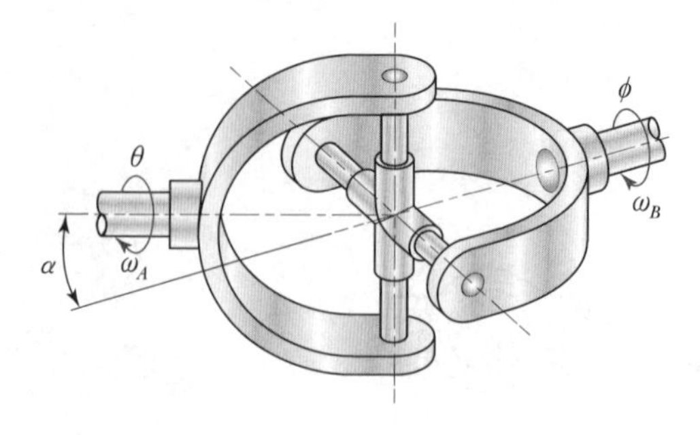

| 유니버설 조인트 |

㉠ 두 축의 축선이 약간의 각을 이루어 교차한다.

㉡ 두 축의 중심선 각도가 약간 변하더라도 자유롭게 운동을 전달할 수 있다.

(2) 클러치

운전 중에 두 축을 자유롭게 동력을 이어주거나 끊을 필요가 있을 때 사용한다.

예 자동차 클러치

① 맞물림 클러치(positive clutch)

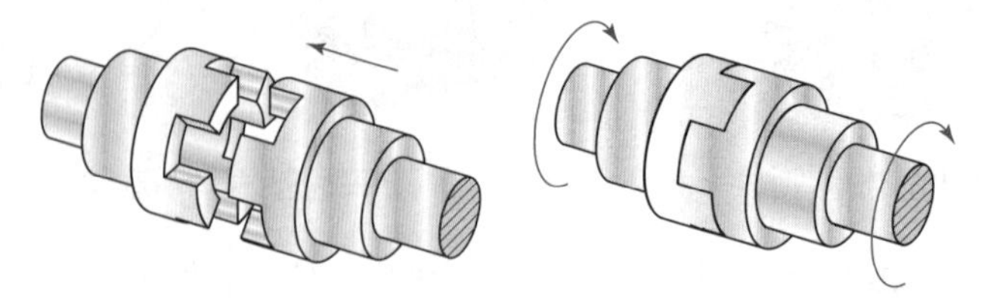

| 맞물림 클러치 |

㉠ 두 축에 턱을 만들어서 적극적인 연결을 한 클러치

㉡ 두 축을 연결할 경우 낮은 속도로 회전 또는 정지시켜야 한다.

② 마찰클러치(friction clutch)

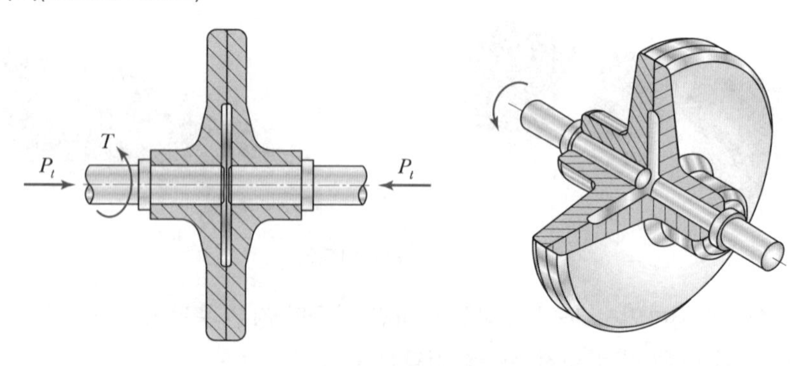

| 마찰 클러치 |

마주 보는 두 축에 붙어있는 마찰면을 밀어붙여 접촉시키며, 두 면 사이의 마찰력을 이용하여 동력을 전달하는 클러치

③ **유체클러치**

유체를 매체로 하여 동력을 전달하는 클러치

3 베어링

(1) 베어링의 개요

① 회전축을 받쳐주는 기계요소를 베어링(bearing)이라 한다.

② 축이 고속으로 부드럽게 회전할 수 있도록 축을 지지해주며 축의 회전마찰을 줄여준다.

(2) 베어링의 분류

① **축과 작용하중의 방향에 따라**

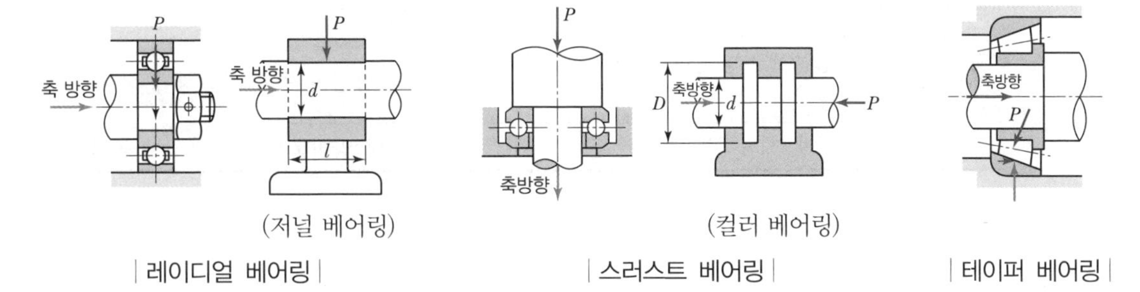

| 레이디얼 베어링 | | 스러스트 베어링 | | 테이퍼 베어링 |

㉠ 축 방향과 하중 방향이 직각일 때 : 레이디얼 베어링(radial bearing)

㉡ 축 방향과 하중 방향이 평행할 때 : 스러스트 베어링(thrust bearing)

㉢ 축 방향의 하중과 축 직각 방향 하중을 동시에 받을 때 : 테이퍼 베어링(taper bearing, 원추 롤러베어링)

② **축과 베어링의 접촉상태에 따라**

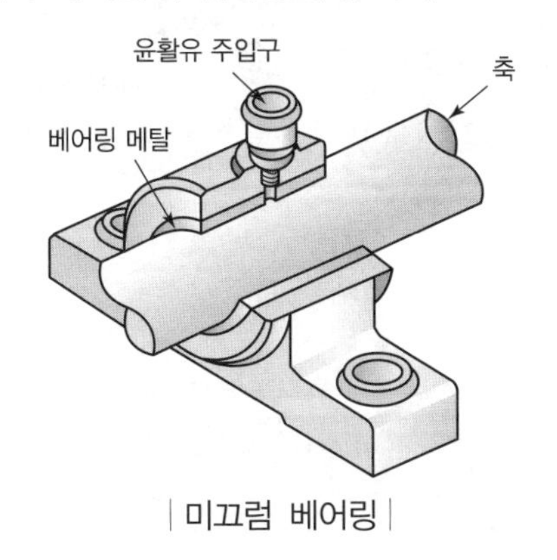

| 미끄럼 베어링 |

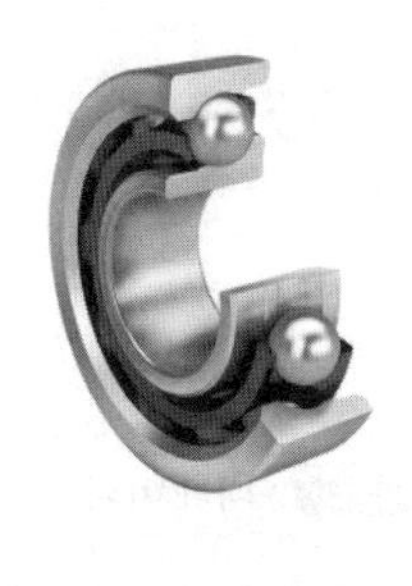

| 구름 베어링 |

㉠ 미끄럼접촉을 할 때 : 미끄럼 베어링(sliding bearing)

㉡ 볼 또는 롤러가 구름접촉을 할 때 : 구름 베어링(rolling bearing)

③ 미끄럼 베어링과 구름 베어링의 비교

구분	미끄럼 베어링	구름 베어링
크기	지름은 작으나 폭이 크다.	폭은 작으나 지름이 크다.
구조	간단하다.	전동체가 있어 복잡하다.
충격 흡수	유막에 의한 충격 흡수가 잘된다.	충격 흡수가 잘되지 않는다.
고속회전	마찰저항은 일반적으로 크나 고속회전에 유리하다.	윤활유가 흩날리며, 전동체가 있어 고속 회전에 불리하다.
저속회전	불리하다.	유리하다.
소음	특별한 고속 이외는 정숙하다.	일반적으로 소음이 크다.
하중	추력하중(축방향 하중)은 견디기 힘들다.	추력하중을 견딜 수 있다.
기동 토크	크다.	작다.
베어링 강성	정압 베어링에서는 축의 중심이 변할 가능성이 있다.	축의 중심이 변할 가능성이 적다.
규격화	자체 제작하는 경우가 많다.	표준형 양산품으로 호환성이 높다.

(3) 구름 베어링

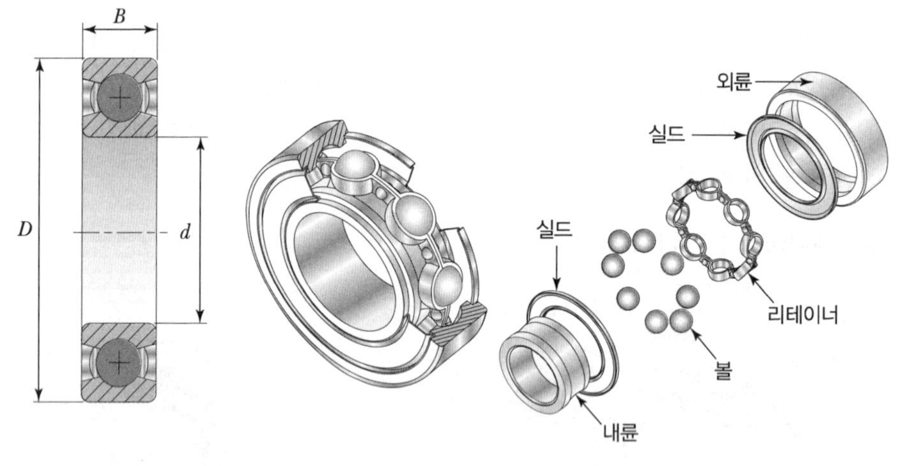

| 볼베어링의 구조 |

Reference 리테이너

볼의 간격을 일정하게 유지해준다.

① 볼베어링의 규격

㉠ 볼베어링의 호칭번호는 아래와 같이 베어링의 형식, 주요 치수를 표시하는 기본번호와 그 밖의 보조기호로 이루어져 있다.

기본 번호			보조 기호					
베어링 계열 기호	안지름 번호	접촉각 기호	리테이너 기호	밀봉기호 또는 실드기호	궤도륜 모양기호	조합 기호	틈새 기호	등급 기호

㉡ 주로 사용하는 깊은 홈 볼베어링 호칭은 규격집 KS B 2023에 있으며 베어링 계열 60이고 호칭번호는 다음과 같다.

호칭번호	내경(mm) 중요	
6000	10	60, 62, 63, 70 등의 베어링 계열 기호와 상관없이 내경은 표의 값이 된다.
6001	12	
6002	15	
6003	17	
6004	20 (4×5)	안지름 번호×5 = 내경
6005	25 (5×5)	
6006	30 (6×5)	

※ 내경은 기억해두자.

㉢ 베어링 표시

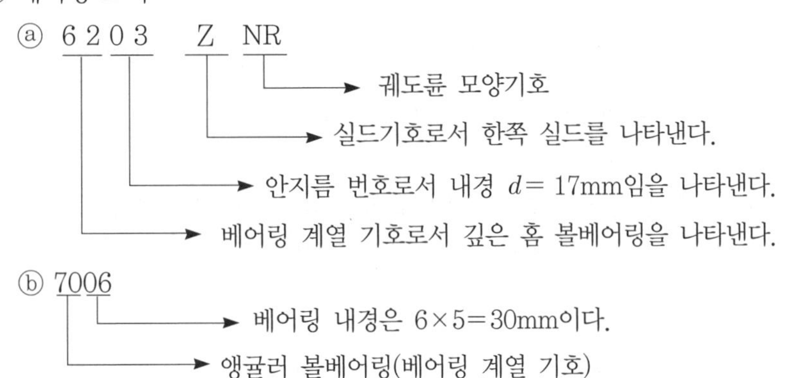

② 볼베어링의 종류

| 깊은 홈 볼베어링 |

| 마그네토 볼베어링 |

| 자동조심 볼베어링 |

㉠ 깊은 홈 볼베어링
㉡ 마그네토 볼베어링
㉢ 자동조심 볼베어링

③ 롤러베어링의 종류

| 원통 롤러베어링 |

| 니들 롤러베어링 |

| 자동조심 롤러베어링 |

㉠ 원통 롤러베어링
㉡ 니들 롤러베어링
㉢ 자동조심 롤러베어링

④ 스러스트 베어링

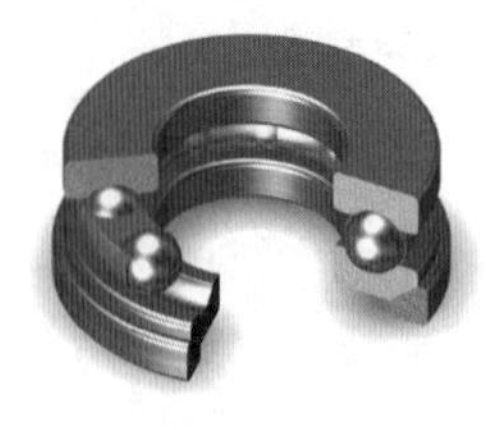
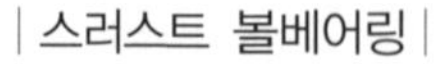
| 스러스트 볼베어링 |

| 테이퍼 롤러베어링 |

㉠ 스러스트 볼베어링 : 축방향의 하중을 견딜 수 있다.
㉡ 스러스트 자동조심 롤러베어링
ⓐ 궤도면이 타원형인 롤러를 경사지게 배열한 스러스트 베어링이다.
ⓑ 스러스트 하중을 매우 잘 견디며, 액시얼 하중이나 약간의 레이디얼 하중도 견딜 수 있다.

⑤ 볼베어링과 롤러베어링의 비교

구분	볼베어링	롤러베어링
하중	비교적 작은 하중에 적당하다.	비교적 큰 하중에 적당하다.
마찰	작다.	비교적 크다.
회전수	고속회전에 적당하다.	비교적 저속회전에 적당하다.
충격성	작다.	작지만 볼베어링보다는 크다.

(4) 미끄럼 베어링

① 엔드저널 베어링의 평균압력

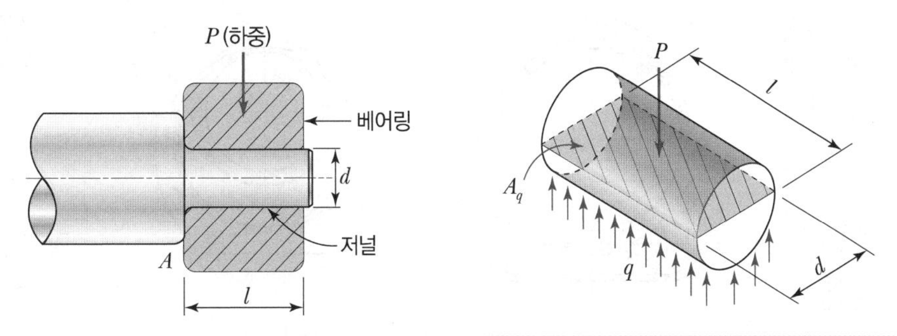

$$q = \frac{P}{A_q} = \frac{P}{dl}$$

여기서, q : 접촉면에 작용하는 베어링 평균 압력
A_q : 투사면적
l : 저널의 길이
d : 저널의 지름

② 스러스트 저널 베어링의 평균압력

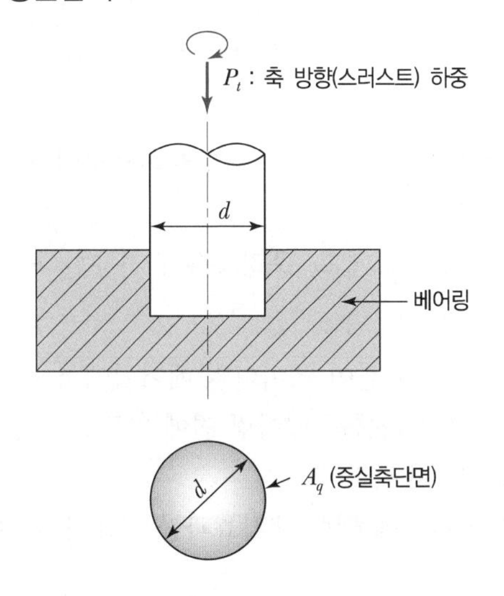

$$q = \frac{P_t}{A_q} = \frac{P_t}{\frac{\pi d^2}{4}}$$

(5) 베어링의 윤활법

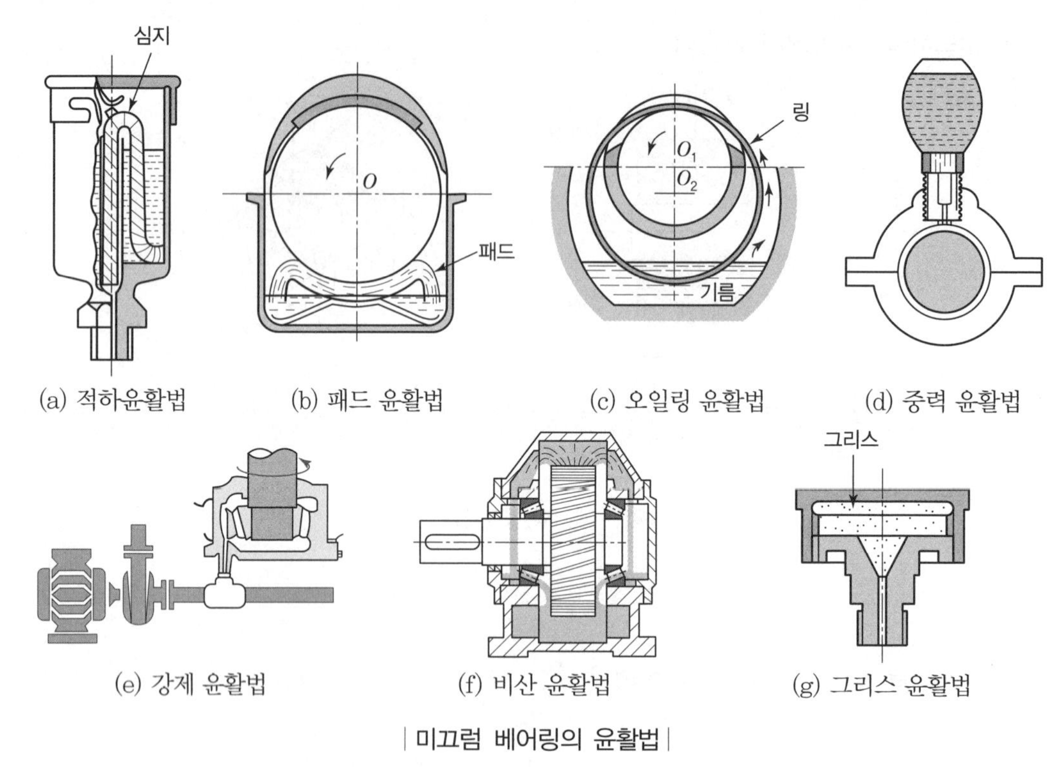

(a) 적하윤활법 (b) 패드 윤활법 (c) 오일링 윤활법 (d) 중력 윤활법

(e) 강제 윤활법 (f) 비산 윤활법 (g) 그리스 윤활법

| 미끄럼 베어링의 윤활법 |

① 적하 윤활법

㉠ 섬유(심지)의 모세관 작용과 기름의 중력을 이용하여 용기의 기름을 베어링 안으로 급유한다.

㉡ 원주속도 4~5m/s 정도의 저속, 중하중용에 사용한다.

② 패드 윤활법

㉠ 철도차량용 베어링에서와 같이 레이디얼 베어링에서 급유가 곤란한 경우 패드의 모세관 작용을 이용, 용기 안의 기름을 베어링 면에 바르는 방법

㉡ 베어링 면을 청결하게 유지한다.

㉢ 유량이 적기 때문에 기름에 의한 냉각효과를 기대하기 어렵다.

③ 오일링 윤활법

㉠ 너무 저속인 회전에서는 적용하기 곤란하다.

㉡ 축의 속도가 높아지면 미끄럼이 증가하므로 온도가 상승하여 급유량도 감소한다.

④ 중력 윤활법

㉠ 베어링 위에 설치한 기름 탱크로부터 파이프를 통하여 급유한다.

㉡ 탱크의 위치를 높이면 강제 윤활이 된다.

㉢ 베어링에서 흘러나온 기름은 펌프에서 탱크로 되돌려 순환한다.

㉣ 원주속도 15~20m/s 인 중 · 고속용에 이용한다.

⑤ 순환(강제) 윤활법

㉠ 기름의 순환을 많게 하여 냉각효과를 상승시키므로 펌프에 의해 기름을 베어링 안으로 강제 급유한다.

㉡ 1대의 펌프로 많은 베어링에 확실한 급유가 동시에 가능하다.

㉢ 고속 · 고하중용에 적합하다.

⑥ 비산 윤활법

기어의 일부 혹은 커넥팅 로드의 끝부분이 윤활유면에 접촉하여 회전하면 윤활유가 기어 하우징의 벽에 뿌려지면서 베어링에 급유된다.

⑦ 그리스 윤활법

㉠ 그리스컵에 그리스를 채우고 뚜껑을 닫아 놓으면, 베어링부의 온도 상승에 따라 그리스가 녹아서 윤활이 된다.

㉡ 저속 · 고하중에서 그리스가 아니면 유막이 형성되지 않는 곳, 또는 기름이 튀면 곤란한 장소에 이용된다.

⑧ 오일리스 베어링

주유가 필요 없는 베어링을 말한다. 구리, 주석 및 흑연의 분말을 혼합시켜 성형한 후 가열하고, 윤활유를 4~5% 침투시킨 후 소결한 베어링으로서, 주유가 곤란한 부위에 사용한다.

SECTION 04 전동용 기계요소

1 전동장치

(1) 정의

전동장치란 원동축의 동력을 종동축으로 전달하는 장치를 말한다.

(2) 종류

① 직접 동력전달 장치

기어나 마찰차와 같이 직접접촉으로 동력을 전달하는 것으로 축 사이가 비교적 짧은 경우에 사용한다.

② 간접 동력전달 장치

벨트, 체인, 로프 등을 매개로 한 전달 장치로 축이 서로 멀리 떨어져 있을 때 사용한다.

2 마찰차

(1) 마찰차의 응용범위

① 속도비가 중요하지 않은 경우
② 회전속도가 커서 보통의 기어를 사용하지 못하는 경우
③ 전달 힘이 크지 않아도 되는 경우
④ 두 축 사이를 단속할 필요가 있는 경우

(2) 마찰차의 종류

① 원통 마찰차

원통 마찰차는 평행한 두 축 사이에 동력을 전달하며, 외접하는 경우와 내접하는 경우가 있다.

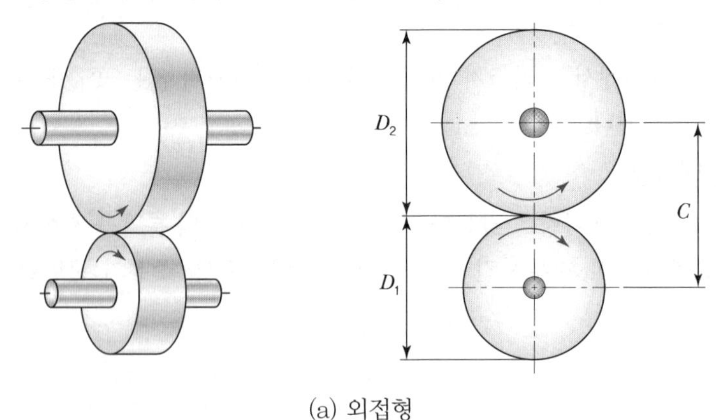

(a) 외접형

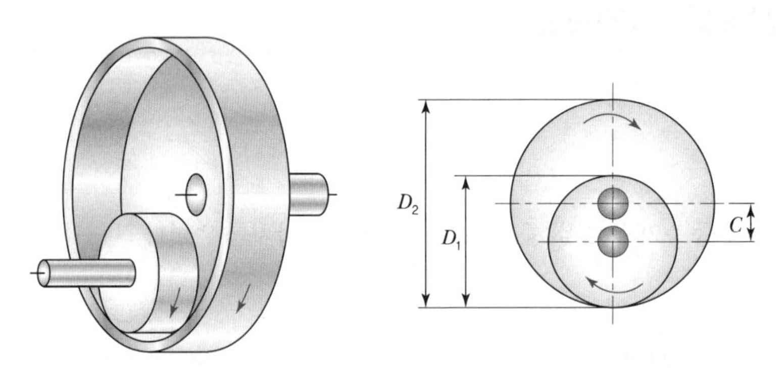

(b) 내접형

| 원통 마찰차 |

위 그림에서 축간거리(C)를 구해보면

$$C = \frac{D_1 + D_2}{2} \text{ [m] (외접일 때)}, \quad C = \frac{D_2 - D_1}{2} \text{ [m] (내접일 때)}$$

② 홈 마찰차

마찰차의 둘레에 쐐기 모양의 V형 홈을 가공하여 서로 물리게 한 것으로 동일한 압력에 대하여 큰 회전력을 얻을 수 있다.($2\alpha = 30 \sim 40°$)

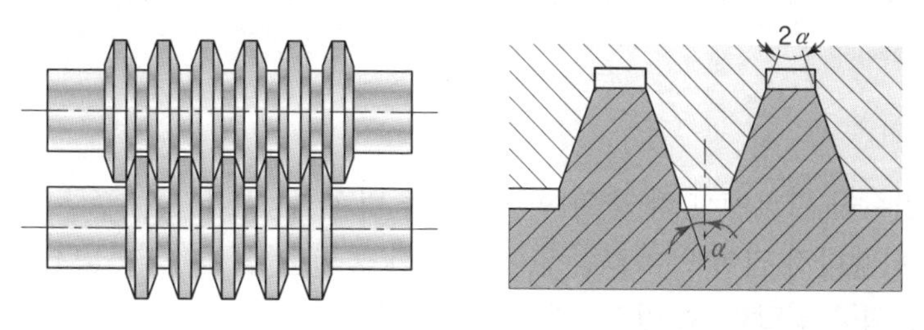

| 홈 마찰차 |

③ 원추 마찰차

두 축이 구름접촉을 하면서 임의의 각도로 교차할 때 사용하는 마찰차를 원추 마찰차라 한다.

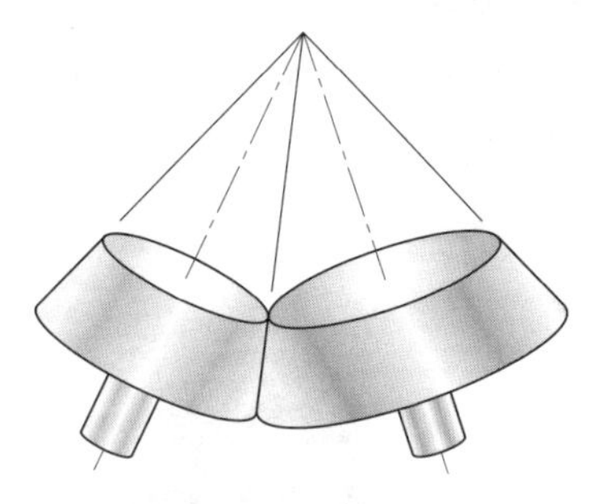

| 원추 마찰차 |

④ 무단변속 마찰차

구동축의 속도를 일정하게 유지하고, 종동축의 회전속도를 일정 범위 내에서 연속적으로 자유로이 변화시킬 수 있는 장치이다.

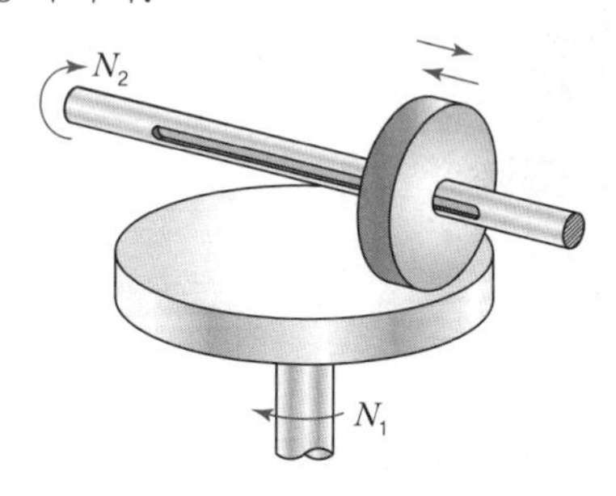

| 무단변속 마찰차 |

3 기어

(1) 기어의 원리

원통의 둘레에 기어이를 가공한 다음, 한 쌍의 기어이가 서로 맞물려 돌면서 동력을 전달하는 기계장치이다.

(2) 기어의 특징

① 기어의 잇수를 바꿈에 따라 축의 회전속도를 바꿀 수 있다.
② 두 축이 평행하지 않아도 미끄럼 없이 정확히 동력을 전달할 수 있다.
③ 강력한 동력을 전달할 수 있고, 내구성이 높다.
④ 충격에 약하고 소음 · 진동이 발생하는 단점이 있다.

(3) 기어의 용도

① 두 축 사이의 거리가 짧은 경우에 효율적이다.
② 정확한 속도비를 얻을 수 있어 전동장치와 변속 기계부품 등에 사용된다.

(4) 기어의 종류

① 두 축이 평행한 경우

| 스퍼 기어 | | 헬리컬 기어 | | 이중 헬리컬 기어 |
| 랙 기어 | | 내접 기어 |

㉠ 스퍼 기어(spur gear) : 이끝이 직선인 기어이고 축과 평행한 원통기어로 평기어라고도 한다.(가장 일반적인 기어)

㉡ 헬리컬 기어(helical gear) : 기어이를 축에 경사지게 가공하여 진동이나 소음이 적고 고속운전에도 원활한 동력을 전달할 수 있다. 또 스퍼 기어보다 회전수비를 크게 할 수 있으나 축 방향의 스러스트 하중이 발생하는 결점이 있다.

㉢ 이중 헬리컬 기어(double helical gear) : 방향이 반대인 헬리컬 기어를 같은 축에 고정시

킨 것으로 축에 스러스트 하중이 발생하지 않는다.

㉣ 랙(rack) 기어 : 피니언(원통 기어)의 맞물림에 의하여 회전운동을 직선운동으로 또는 그 반대 운동으로 바꾸는 데 사용하는 기어(랙 → 직선운동, 피니언 → 회전운동)

㉤ 내접 기어 : 기어이가 원통의 내면에 가공되어 다른 기어와 맞물리고 기어이가 축에 대하여 평행하며, 두 기어의 회전 방향이 같고, 주로 큰 감속비가 필요한 곳에 사용한다.

② 두 축이 교차하는 경우

| 베벨 기어 |

베벨 기어(spur bevel gear) : 원추형으로 펼쳐진 우산 모양을 한 기어로서, 두 개의 직선인 이를 가진 두 개의 기어를 직각으로 맞물린 것인데, 감속과 동시에 회전의 방향을 바꾸는 작용을 한다.

③ 두 축이 어긋난 경우

| 나사 기어 |

| 하이포이드 기어 |

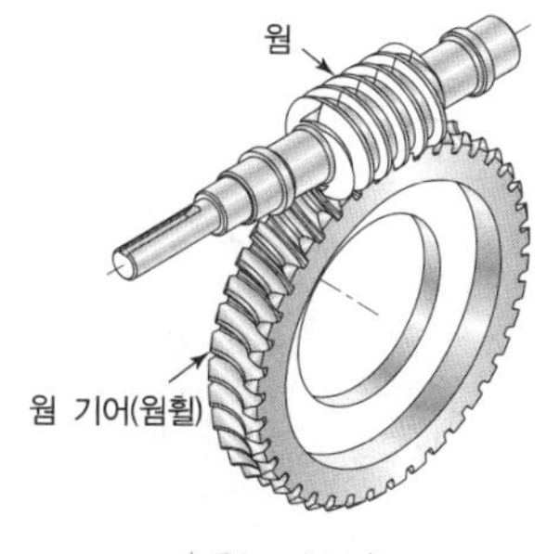

| 웜 기어 |

㉠ 나사(스크루) 기어(screw gear) : 서로 교차하지도 않고 평행하지도 않는 두 축 사이의 운동을 전달하는 기어

㉡ 하이포이드 기어(hypoid gear) : 두 축이 나란하지도 교차하지도 않으며, 베벨 기어의 축을 엇갈리게 한 것으로, 자동차의 차동기어 장치의 감속기어로 사용된다.

㉢ 웜 기어(worm gear)

ⓐ 두 축이 한 점에서 교차할 때 동력을 구름접촉에 의해 전달하는 나사 기어의 일종으로 축각은 90°인 경우가 많고 적은 용적으로 큰 감속비를 쉽게 얻을 수 있다.

ⓑ 특징

장점	단점
• 감속비가 크다.(1/10~1/100) • 부하용량이 크다. • 역전 방지를 할 수 있다. • 소음과 진동이 적다.	• 효율이 낮다.(50~70%) • 웜 휠의 공작에는 특수 공구가 필요하며, 연삭가공이 어렵다. • 인벌류트 원통 기어와 같이 호환성이 없다. • 웜 휠은 정밀측정이 곤란하다. • 중심거리에 오차가 있을 때는 마멸이 심하다.

ⓒ 웜 기어의 속비(i)

$$i=\frac{N_g}{N_w}=\frac{n}{Z_g}=\frac{l}{\pi D_g}\left(1\text{줄 웜이면 }\frac{p}{\pi D_g}\right)$$

여기서, N_g : 웜 휠의 회전수

N_w : 웜의 회전수

n : 웜의 줄수$\left(n=\frac{l(\text{리드})}{p(\text{피치})}\right)$

Z_g : 웜 기어의 잇수$\left(Z_g=\frac{\pi D_g}{p}\right)$

(5) 표준 기어(스퍼 기어, spur gear)

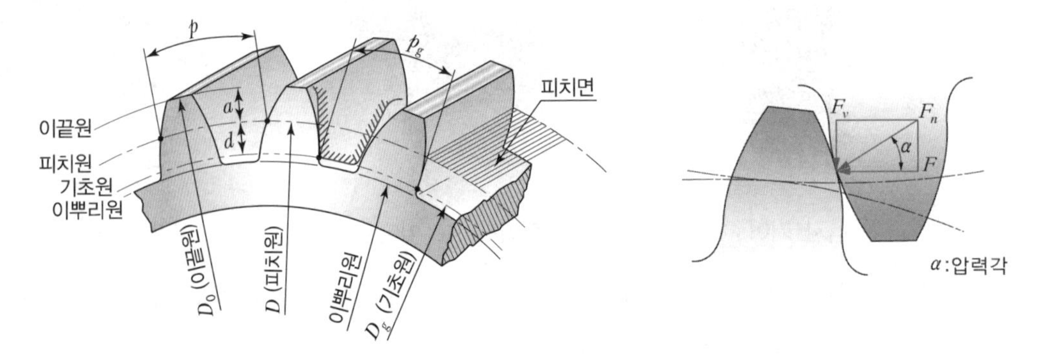

여기서, a : 이끝높이(어덴덤), d : 이뿌리높이(디덴덤)

p : 원주 피치, p_g : 기초원 피치, α : 압력각(14.5°, 20°, KS 규격)

| 표준 기어 |

① 주요 부위의 명칭

㉠ 피치원(pitch circle) : 기어의 중심점과 피치점과의 거리를 반지름으로 하는 가상의 원

㉡ 기초원(base circle) : 인벌류트 치형 작도 시 기초가 되는 원

㉢ 이끝원(addendum circle) : 피치원의 위쪽에 있는 이끝을 연결하는 원

㉣ 이뿌리원(dedendum circle) : 피치원의 아래쪽의 이뿌리를 연결하는 원

㉤ 이끝높이(addendum) : 피치원에서 이끝원까지의 거리

㉥ 이뿌리높이(dedendum) : 피치원에서 이뿌리원까지의 거리

㉦ 총 이높이 : 이끝높이와 이뿌리높이를 합한 크기

㉧ 압력각 : 기어 중심에서 치형과 피치원이 만나는 점을 잇는 직선과 치형과 피치원이 만나는 점의 접선이 이루는 각

② 이의 크기

기어의 이 크기를 표시하는 방법

㉠ 원주 피치(p)

$$p = \frac{\text{피치원의 원주}}{\text{잇수}} = \frac{\pi D}{z}[\text{mm 또는 inch}] = \pi m$$

여기서, m : 모듈

㉡ 모듈(m)

미터계에서 사용

$$m = \frac{\text{피치원지름}}{\text{잇수}} = \frac{D}{z}[\text{mm}]$$

㉢ 지름 피치(p_d)

인치계에서 사용

$$p_d = \frac{\text{잇수}}{\text{피치원지름}} = \frac{z}{D}[\text{inch}] \rightarrow \frac{25.4 \cdot z}{D}[\text{mm}] = \frac{25.4}{m}[\text{mm}]$$

여기서, 1inch=25.4mm, m : 모듈

③ 치차의 전동

여기서, N_1, N_2 : 원동차, 종동차의 회전수

D_1, D_2 : 원동차, 종동차의 피치원지름

z_1, z_2 : 원동차, 종동차의 잇수

m : 모듈

㉠ 속비(i)

$$i = \frac{N_2}{N_1} = \frac{D_1}{D_2} = \frac{m z_1}{m z_2} = \frac{z_1}{z_2}$$

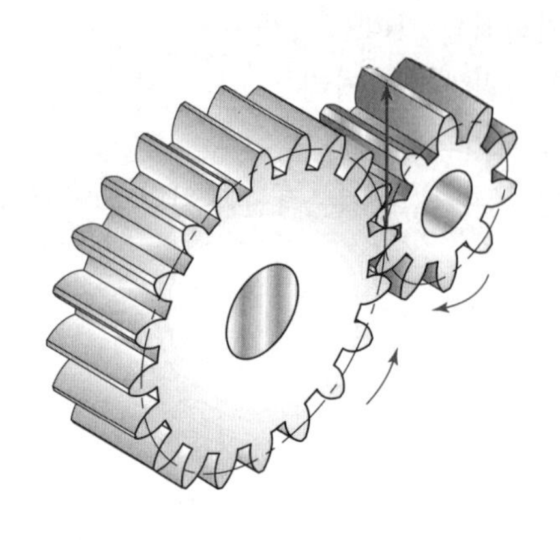

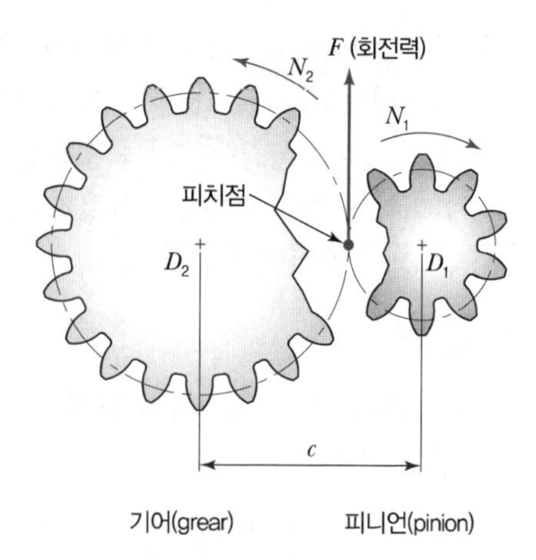

| 스퍼기어의 축간거리 |

㉡ 축간거리(C)

$$C = \frac{D_1 + D_2}{2}\ [\text{mm}]\ (\text{한 쌍의 기어의 축 간 중심거리})$$

$$= \frac{mz_1 + mz_2}{2}\ (\text{외접}),\ \frac{mz_2 - mz_1}{2}\ (\text{내접})$$

(6) 전위 기어

① 개요

기준 랙형 커터를 전위시켜 이를 절삭하여 만든 기어로서 잇수가 적은 기어의 강도를 증가시킨다.

② 전위 기어의 사용 목적

㉠ 중심거리를 자유로이 조절할 수 있다.

㉡ 언더컷을 방지할 수 있다.

㉢ 이의 강도를 증대시킨다.

(7) 이의 간섭 및 언더컷

① 발생 원인

㉠ 잇수가 적을 때

㉡ 압력각이 적을 때

㉢ 유효이높이가 클 때

㉣ 잇수비가 너무 클 때

② 방지법

㉠ 압력각을 크게 한다.

㉡ 이끝을 둥글게 한다.

㉢ 피니언의 이뿌리면을 파낸다.

㉣ 이높이를 줄인다.

㉤ 전위 기어를 사용한다.

4 벨트, 체인

(1) 벨트전동

① 벨트전동의 개요

벨트와 풀리가 접촉하는 접촉면의 마찰력을 이용하여 동력을 전달하는 기계요소이다.

② 벨트와 벨트풀리의 특징

㉠ 벨트풀리와 벨트 면 사이에서 미끄럼이 발생할 수 있으므로 정확한 회전비를 필요로 하는 동력이나 큰 동력의 전달에는 적합하지 않다.

㉡ 두 축 사이의 거리가 비교적 멀어 마찰차, 기어전동과 같이 직접 동력을 전달할 수 없을 때 사용한다.

③ 평벨트의 종류

㉠ **가죽벨트** : 쇠가죽을 많이 사용. 마찰계수가 크고, 탄력성이 좋고, 충분한 강도를 가지고 있다.

㉡ **직물벨트** : 가벼우며 이음매가 없다. 가죽벨트보다 인장강도는 크나 유연성이 작다.

㉢ **고무벨트** : 여러 개의 직물벨트에 고무를 입힌 것으로 유연하고 수명이 길며 저렴하지만, 열과 기름에 약하다.

㉣ **강철벨트** : 인장강도가 크며, 신장률이 작고 수명이 길다.

평벨트의 이음방법 중 이음효율이 가장 좋은 것은 접착제 이음이다.

④ 벨트전동의 종류

㉠ 평벨트

절단면이 납작한 모양이며 두 축 사이의 거리가 멀 때 사용한다.

ⓐ 바로걸기 : 구동축(원동축)과 종동축의 회전 방향을 같게 하여 동력을 전달한다.

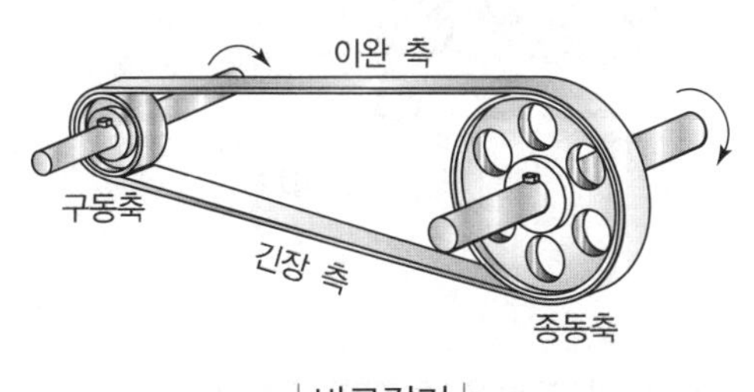

| 바로걸기 |

ⓑ 엇걸기 : 구동축과 종동축의 회전 방향을 반대로 하여 동력을 전달한다.

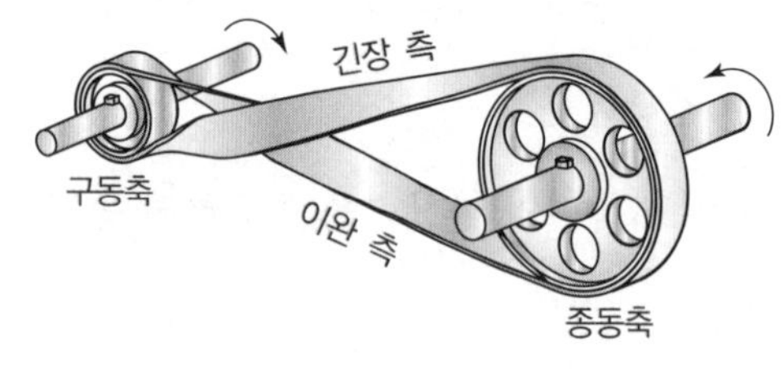

| 엇걸기 |

㉡ V－벨트

큰 속도비로 운전이 가능하고, 작은 인장력으로 큰 회전력을 전달하며, 마찰력이 크고, 미끄럼이 적어 조용하며, 벨트가 벗겨질 염려가 적다.

| V－벨트 |

㉢ 긴장차

벨트를 걸었을 때 이완 측에 설치하여 벨트와 벨트풀리의 접촉각을 크게 해준다.

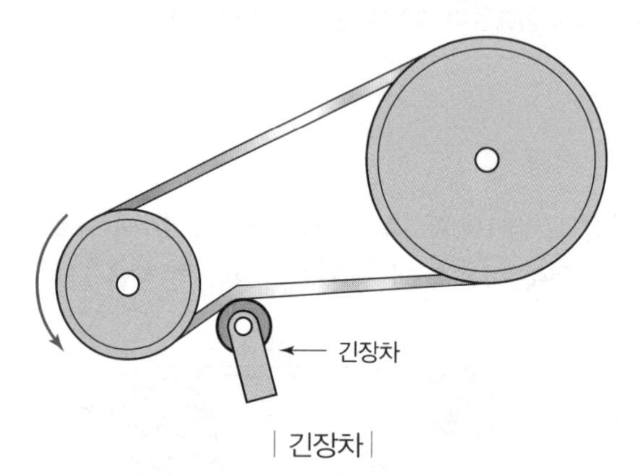

| 긴장차 |

⑤ 벨트의 장력

㉠ 벨트를 처음 걸었을 때의 장력을 초장력이라 한다.

㉡ 벨트가 회전할 때 팽팽히 당겨지는 쪽의 장력 : T_t (긴장 측 장력 : tight side tension)

㉢ 벨트가 회전할 때 느슨해지는 쪽의 장력 : T_s (이완 측 장력 : slack side tension)

㉣ 벨트풀리를 실제로 돌리는 힘 : T_e (유효장력 : effective tension)

$$T_e = T_t - T_s \text{ [N]}$$

긴장 측 장력과 이완 측 장력의 차이만큼 풀리를 돌리게 된다.

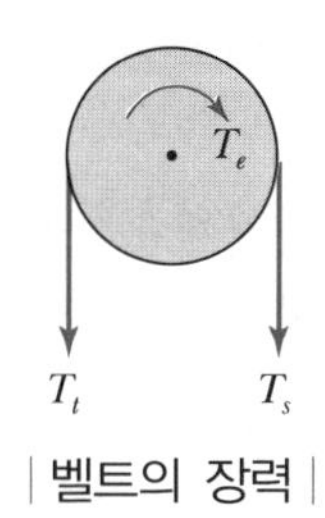

| 벨트의 장력 |

(2) 체인전동

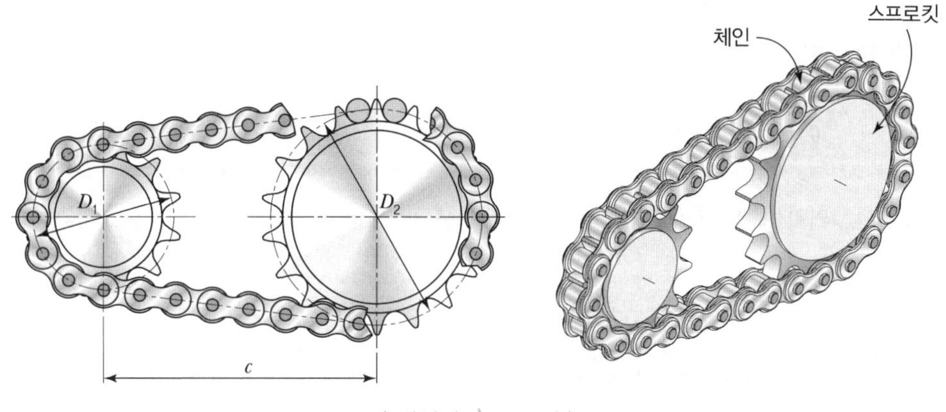

| 체인과 스프로킷 |

① 체인전동의 개요

체인을 스프로킷의 이에 하나씩 물려서 동력을 전달하는 기계요소이다.

② 체인과 스프로킷의 특징

㉠ 동력을 전달하는 두 축 사이의 거리가 비교적 멀어 기어전동이 불가능한 곳에 사용한다. (축간거리 4m 이하에서 사용)

㉡ 정확한 속도비를 얻을 수 있고, 미끄럼 없이 큰 동력을 정확하게 효율적으로 전달할 수 있다.(전동 효율 : 95% 이상)

㉢ 소음과 진동이 커서 고속회전에는 부적합하며 저속운전 시 지속적으로 큰 힘을 전달할 때 주로 사용한다.

㉣ 초기의 장력을 줄 필요가 없으므로 정지 시에 장력이 작용하지 않고, 베어링에도 하중이 가해지지 않는다.

SECTION 05 제어용 기계요소

1 브레이크

(1) 브레이크의 개요

브레이크는 동력전달을 제어하기 위한 기계요소로서 운동하는 물체의 감속 또는 정지에 사용된다. 일반적으로 운동에너지를 고체 마찰에 의하여 열에너지로 바꾸는 마찰 브레이크가 가장 많이 사용된다.

(2) 브레이크의 종류

① 블록 브레이크

회전하는 물체의 옆면을 브레이크 블록으로 눌러 접촉면에서 발생하는 마찰력으로 제동한다.

㉠ 접촉면의 압력(q)

$$q = \frac{N}{A_q} = \frac{N}{b \cdot e}$$

여기서, N : 수직력[N], A_q : 접촉면의 투사면적[m^2]
b : 브레이크 블록의 폭[m], e : 브레이크 블록의 높이[m]

㉡ 마찰력(브레이크의 제동력, F_f)

$$F_f = \mu N = \mu q A_q = \mu q b e$$

여기서, N : 수직력[N], A_q : 접촉면의 투사면적[m^2]
b : 브레이크 블록의 폭[m], e : 브레이크 블록의 높이[m]
μ : 마찰계수, q : 접촉면의 압력[N/m^2]

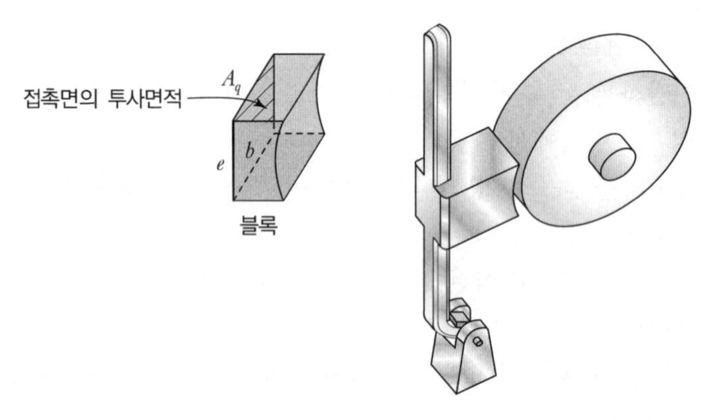

| 블록 브레이크 |

② 드럼 브레이크(내확 브레이크)

브레이크 드럼의 내부에서 브레이크 블록이 안에서 밖으로 확장되며 그에 따른 마찰력으로 제동한다.

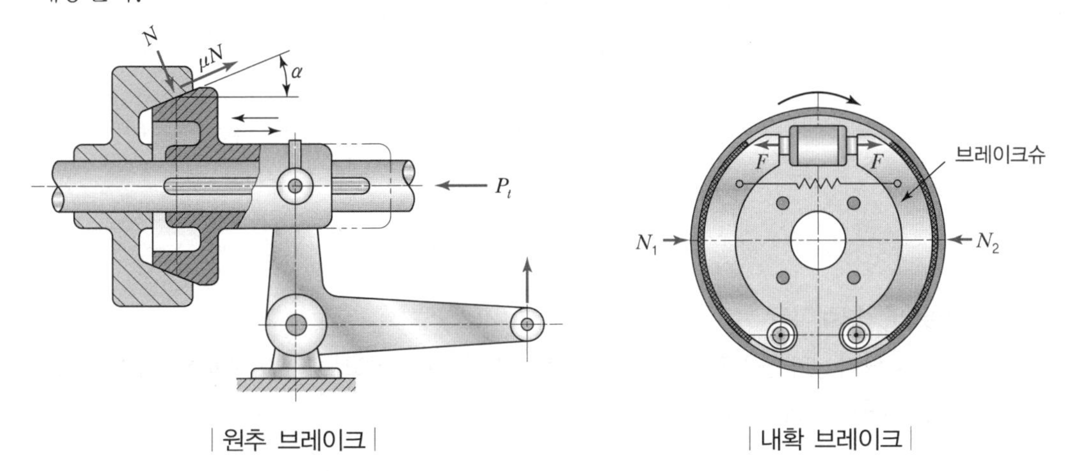

| 원추 브레이크 |　　　| 내확 브레이크 |

㉠ 복식 블록 브레이크의 변형된 형식이다.

㉡ 브레이크슈를 바깥으로 확장하는 데 유압실린더 및 캠을 사용한다.

㉢ 자동차의 제동에 주로 사용한다.

㉣ 마찰면이 드럼 내부에 존재, 먼지와 기름 이물질 등이 마찰면에 부착되면 제동력이 떨어진다.

③ 원판 브레이크(디스크 브레이크)

회전하는 물체의 축에 연결된 원판의 양면을 브레이크 패드로 압착하여 마찰력으로 제동한다.

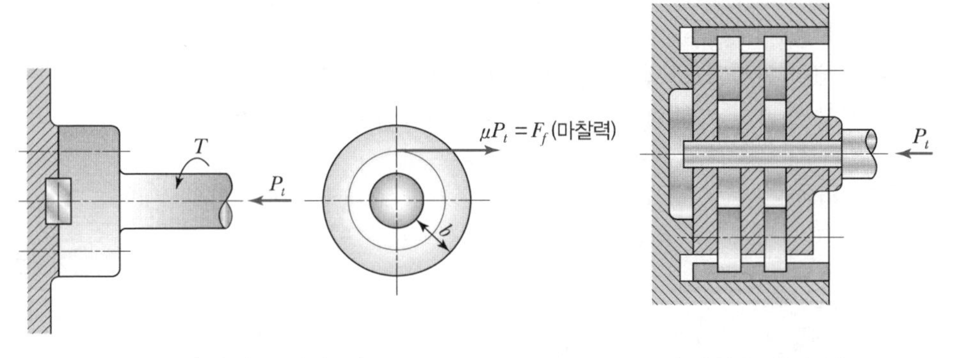

| 단판 브레이크 |　　　| 다판 브레이크 |

㉠ 축방향하중에 의해 발생하는 마찰력으로 제동한다.

㉡ 원판 개수에 따라 단판 또는 다판으로 구분된다.

㉢ 축압 브레이크의 일종이다.

㉣ 축방향하중에 의해 제동하며 냉각이 쉽고 큰 회전력의 제동에 적합하다.

④ 밴드 브레이크(띠 브레이크)

브레이크 드럼 둘레에 밴드를 지렛대로 잡아당겨 그 압력으로 마찰을 일으켜 제동한다.

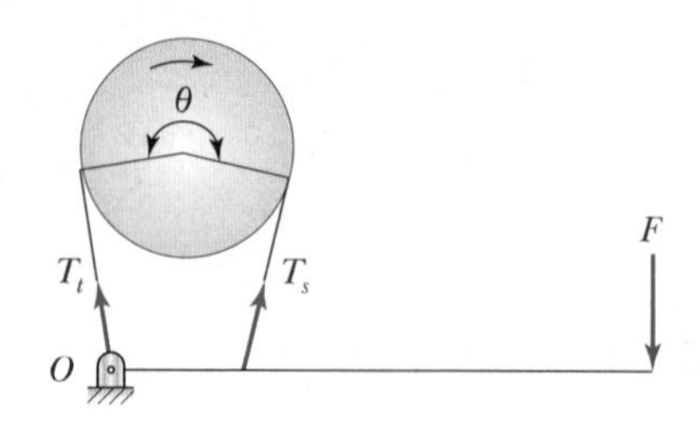

| 밴드 브레이크 |

⑤ 자동하중 브레이크

㉠ 작동원리 : 화물을 감아올릴 때 제동 작용은 하지 않고 클러치 작용을 하며, 내릴 때는 화물 자중에 의한 브레이크 작용을 한다.

㉡ 자동하중 브레이크 종류

ⓐ 나사 브레이크
ⓑ 웜 브레이크
ⓒ 코일 브레이크
ⓓ 캠 브레이크
ⓔ 원심력 브레이크
ⓕ 전자기 브레이크

2 스프링

(1) 스프링의 용도

① 진동 흡수, 충격 완화(철도, 차량)
② 에너지 축적(시계태엽)
③ 압력의 제한(안전밸브) 및 힘의 측정(압력 게이지, 저울)
④ 기계 부품의 운동 제한 및 운동 전달(내연 기관의 밸브 스프링)

(2) 스프링의 종류

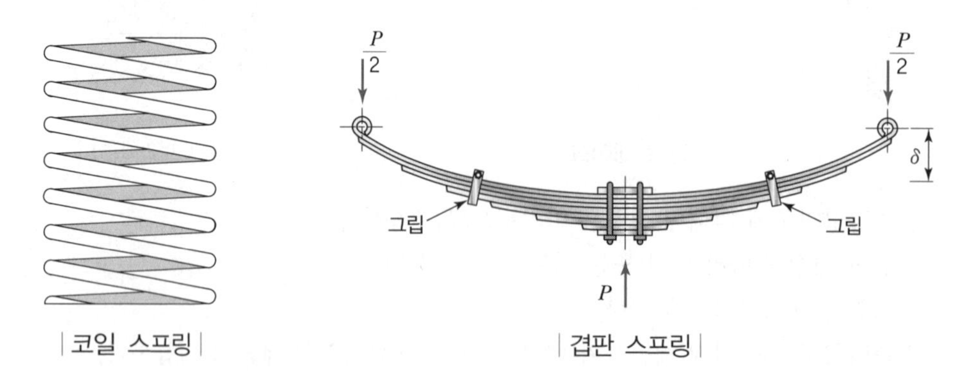

| 코일 스프링 |　　| 겹판 스프링 |

① **코일 스프링** : 탄성을 가진 금속이나 플라스틱 등의 코일을 나선 모양으로 꼬아 만든 스프링으로, 양쪽에서 미는 힘 또는 양쪽에서 잡아당기는 힘이나 운동에 대한 완충작용을 한다.

② **겹판 스프링** : 탄성을 가진 금속판을 한 겹 또는 여러 겹으로 겹쳐 만든 스프링으로, 스프링 중앙에서 발생하는 진동을 완충시킨다. 자동차의 현가장치 등에 사용한다.

(3) 스프링의 설계

① 스프링 상수(k)

$$k = \frac{W}{\delta} \text{ [N/mm]}$$

$$W = k\delta$$

여기서, W : 스프링에 작용하는 하중[N]
δ : W에 의한 스프링 처짐량[mm]

② 스프링 조합

㉠ 직렬조합

서로 다른 스프링이 직렬로 배열되어 하중 W를 받는다.

$$\delta = \delta_1 + \delta_2$$

$$\frac{W}{k} = \frac{W}{k_1} + \frac{W}{k_2}$$

$$\therefore \frac{1}{k} = \frac{1}{k_1} + \frac{1}{k_2}$$

여기서, k : 조합된 스프링의 전체 스프링상수
δ : 조합된 스프링의 전체 처짐량
k_1, k_2 : 각각의 스프링상수
δ_1, δ_2 : 각각의 스프링처짐량

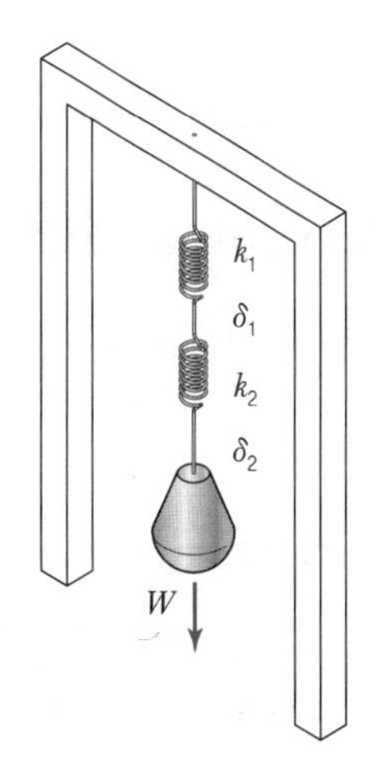

| 스프링 직렬조합 |

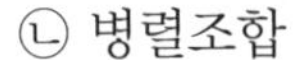
㉡ 병렬조합

$W = W_1 + W_2$에서

$k\delta = k_1\delta_1 + k_2\delta_2$

(신장량이 일정하므로 $\delta = \delta_1 = \delta_2$)

$$\therefore k = k_1 + k_2$$

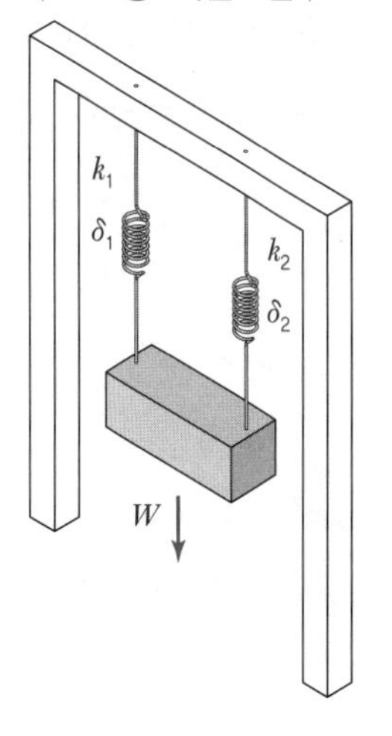

| 스프링 병렬조합 |

③ 인장(압축) 코일 스프링

스프링 지수 $c = \dfrac{D}{d}$

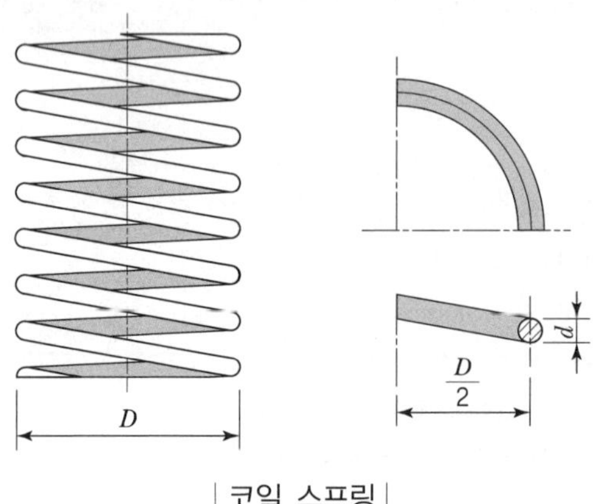

| 코일 스프링 |

3 댐퍼(damper, 완충기)

스프링, 유압, 방진고무 등을 사용하여 진동, 충격을 완화하는 시스템으로, 자동차나 철도차량의 주행 중 안정감을 높이고, 승차감을 좋게 한다.

4 쇼크업소버(shock absorber)

축 방향으로 하중이 작용하면 피스톤이 이동하여 작은 구멍인 오리피스(orifice)로 기름이 유출되면서 진동을 감소시키는 완충장치

5 토션바(torsion bar)

스프링강으로 만든 긴 환봉의 비틀림 탄성을 이용하여 완충 작용을 하는 스프링

PART 01

핵심기출문제

CRAFTSMAN COMPUTER AIDED MILLING

CHAPTER 01 제도의 기본

01 제도 용지에서 A0 용지의 가로길이 : 세로길이의 비와 그 면적으로 옳은 것은?

① $\sqrt{3}$: 1, 약 $1m^2$
② $\sqrt{2}$: 1, 약 $1m^2$
③ $\sqrt{3}$: 1, 약 $2m^2$
④ $\sqrt{2}$: 1, 약 $2m^2$

풀이 제도 용지의 가로와 세로의 길이 비는 $\sqrt{2}$: 1이고 A0의 넓이는 $1m^2$이다.

02 실제 길이가 90mm인 것을 척도가 1 : 2인 도면에 나타내었을 때 치수를 얼마로 기입해야 하는가?

① 2 ② 45
③ 90 ④ 180

풀이 척도 표시방법

A : B
도면 크기 물체의 실제 크기

A : 90=1 : 2, 2A=90, A=45이다.

03 도면을 마이크로필름으로 촬영하거나 복사하고자 할 때 도면의 위치 결정에 편리하도록 도면에 나타내야 하는 것은?

① 비교눈금 ② 중심마크
③ 도면구역 ④ 표제란

풀이 중심마크 : 마이크로필름으로 촬영하거나, 제품 생산에 사용할 수 있도록 복사할 때, 편의를 위하여 만드는 것을 말한다.

04 다음과 같은 부품란에 대한 설명 중 틀린 것은?

4	세트 스크루	SM30C	4		M4×0.7
3	커넥팅 로드	SF440A			
2	육각 너트	SM30C			3×18
1	실린더	GC200			
품번	품명	재질	수량	중량	비고

① 실린더의 재질은 회주철이다.
② 육각 너트의 재질은 공구강이다.
③ 커넥팅 로드는 탄소강 단강품이며 최저 인장강도가 $440N/mm^2$이다.
④ 세트 스크루는 호칭지름이 4mm이고, 피치 0.7mm인 미터나사이다.

풀이 SM30C : 기계구조용 탄소강재, 탄소의 함유량이 0.3%이다.

05 기계가공 도면의 척도가 2 : 1로 나타났을 때, 실선으로 표시된 형상의 치수가 30으로 표시되었다면 가공 제품의 해당 부분 실제 가공치수는?

① 15mm ② 30mm
③ 60mm ④ 90mm

풀이 도면에 기입되는 치수는 도면의 척도와 관계없이 실제 치수를 기입하므로 실제 가공치수도 30mm로 가공한다.

정답 | 01 ② 02 ③ 03 ② 04 ② 05 ②

06 KS의 부문별 기호로 옳은 것은?

① KS A－기계
② KS B－전기
③ KS C－토건
④ KS D－금속

풀이 한국산업표준의 분류체계(각 분야를 알파벳으로 구분)

분류기호	A	B	C	D
부문	기본	기계	전기	금속

07 다음 중 용접구조용 압연강재에 속하는 재료 기호는?

① SM 35C　② SM 400C
③ SS 400　④ STKM 13C

풀이
- SM 35C : 기계 구조용 탄소강재
- SM 400C : 용접구조용 압연강재
- SS 400 : 일반 구조용 압연강재
- STKM 13C : 기계구조용 탄소강 강관

08 KS 재료 기호가 "STC"일 경우 이 재료는?

① 냉간 압연 강판
② 크롬 강재
③ 탄소 주강품
④ 탄소 공구강 강재

풀이 STC : 탄소 공구강 강재, SC : 탄소강 주강품

09 도면에 사용되는 가공 방법의 약호로 틀린 것은?

① 선반 가공 : L　② 드릴 가공 : D
③ 연삭 가공 : G　④ 리머 가공 : R

풀이 리머 가공은 FR로 표기한다.

CHAPTER 02 기계요소의 제도

01 축의 도시 방법에 관한 설명으로 옳은 것은?

① 축은 길이 방향으로 온단면 도시한다.
② 길이가 긴 축은 중간을 파단하여 짧게 그릴 수 있다.
③ 축의 끝에는 모따기를 하지 않는다.
④ 축의 키홈을 나타낼 경우 국부 투상도로 나타내어서는 안 된다.

풀이 축의 도시 방법

㉠ 축은 길이 방향으로 자르지 않으며 필요에 따라 부분단면으로 그린다.
㉡ 긴 축은 중간을 잘라내어 짧게 그리고 치수는 실제 길이로 나타낸다.
㉢ 모따기는 도면에 직접 기입하거나 주서에 기입한다.
㉣ 평면표시는 평면에 해당하는 부분은 가는 실선으로 그린다.
㉤ 널링은 바른 줄 및 빗줄의 2 종류가 있으며 빗줄인 경우 축 중심선에 대하여 30°로 엇갈리게 굵은 실선으로 그린다.
㉥ 축은 기계 가공, 측정 및 검사에 사용하는 센터 구멍을 표시한다.

02 그림과 같이 코일 스프링의 간략도를 그릴 때 A 부분에 나타내야 할 선으로 옳은 것은?

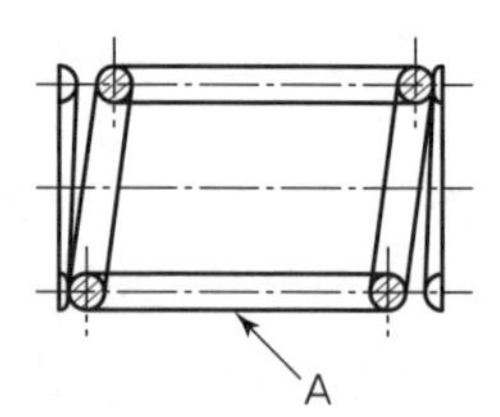

① 굵은 실선　② 가는 실선
③ 굵은 파선　④ 가는 2점쇄선

풀이 A 부분은 가는 2점쇄선으로 그린다.

정답 | 06 ④　07 ②　08 ④　09 ④ | 01 ②　02 ④

03 ISO 규격에 있는 미터 사다리꼴 나사의 표시 기호는?

① M　　② Tr
③ UNC　　④ R

풀이 • ISO 규격에 있는 것 : 미터보통(가는)나사(M), 유니파이 보통나사(UNC), 미터 사다리꼴 나사(Tr), 관용 테이퍼 수나사(R)
• ISO 규격에 없는 것 : 30° 사다리꼴 나사(TM), 29° 사다리꼴 나사(TW)

04 기어의 도시 방법에 관한 설명으로 틀린 것은?

① 잇봉우리원은 굵은 실선으로 표시한다.
② 피치원은 가는 1점쇄선으로 표시한다.
③ 이골원은 가는 실선으로 표시한다.
④ 잇줄 방향은 통상 3개의 굵은 실선으로 표시한다.

풀이 기어 이의 방향(잇줄 방향)은 3개의 가는 실선으로 그리고, 단면을 하였을 때는 가는 이점쇄선으로 그리며 기울어진 각도와 상관없이 30°로 표시한다.

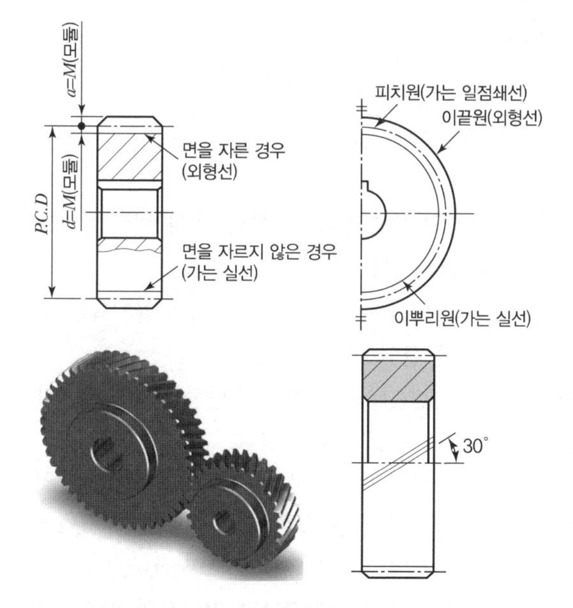

05 스프링의 도시방법에 관한 설명으로 틀린 것은?

① 그림에 기입하기 힘든 사항은 요목표에 일괄하여 표시한다.
② 조립도, 설명도 등에서 코일 스프링을 도시하는 경우에는 그 단면만을 나타내어도 좋다.
③ 요목표에 단서가 없는 코일 스프링 및 벌류트 스프링은 모두 오른쪽 감는 것을 나타낸다.
④ 코일 스프링, 벌류트 스프링 및 접시 스프링은 일반적으로 무하중 상태에서 그리며, 겹판 스프링 역시 일반적으로 무하중 상태(스프링 판이 휘어진 상태)에서 그린다.

풀이 코일 스프링, 벌류트 스프링 및 접시 스프링은 일반적으로 무하중 상태에서 그리며, 겹판 스프링은 일반적으로 하중을 받고 있는 상태(스프링 판이 수평인 상태)에서 그린다.

06 세 줄 나사의 피치가 3mm일 때 리드는 얼마인가?

① 1mm　　② 3mm
③ 6mm　　④ 9mm

풀이 $L = n \times p = 3줄 \times 3\text{mm} = 9\text{mm}$

07 스프로킷 휠의 도시방법 중 가는 1점쇄선으로 그려야 할 곳은?

① 바깥지름　　② 이뿌리원
③ 키홈　　④ 피치원

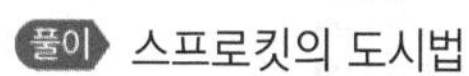

풀이 스프로킷의 도시법

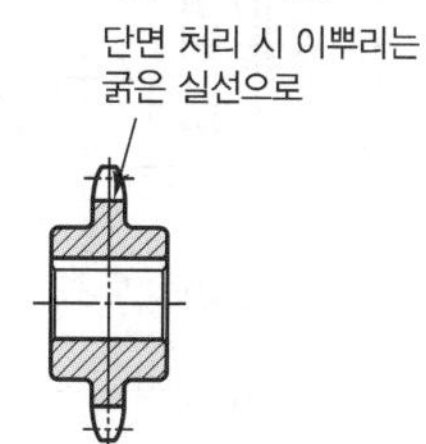

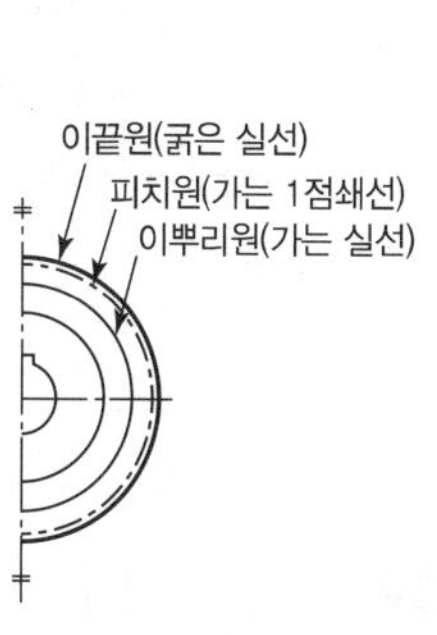

정답 | 03 ② 04 ④ 05 ④ 06 ④ 07 ④

08 베어링 기호 "6203ZZ"에서 "ZZ" 부분이 의미하는 것은?

① 실드 기호
② 궤도륜 모양 기호
③ 정밀도 등급 기호
④ 레이디얼 내부 틈새 기호

풀이 6203ZZ
- 62 : 베어링 계열 번호(깊은 홈 볼베어링)
- 03 : 안지름 번호(안지름 17mm)
- ZZ : 실드 기호(양쪽 실드붙이)

09 미터나사에서 나사의 호칭 지름인 것은?

① 수나사의 골지름
② 수나사의 유효지름
③ 암나사의 유효지름
④ 수나사의 바깥지름

풀이 미터나사에서 나사의 호칭 지름은 수나사의 바깥지름(=암나사의 골지름)으로 나타낸다.

10 보기 도면에서 품번 ㉢의 부품 명칭으로 알맞은 것은?

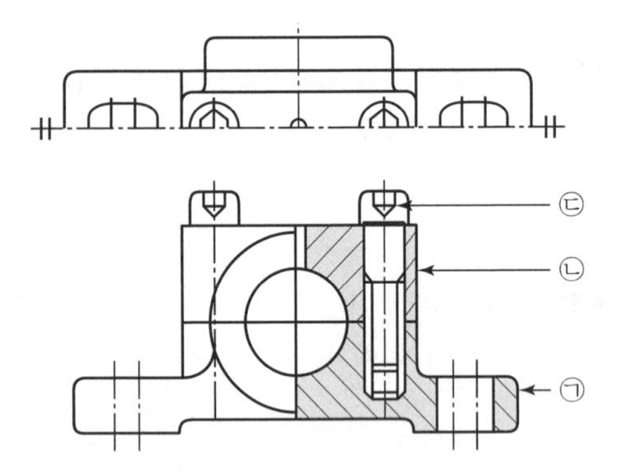

① 육각 볼트 ② 육각 구멍붙이 볼트
③ 둥근머리 나사 ④ 둥근머리 작은 나사

풀이 ㉠ 베어링 본체
㉡ 베어링 커버
㉢ 육각 구멍붙이 볼트

11 다음 베어링의 호칭에 대한 각각의 기호 해석으로 틀린 것은?

7206 C DB

① 72 : 단열 앵귤러 볼베어링
② 06 : 베어링 안지름 30mm
③ C : 틈새 기호로 보통 틈새보다 작음
④ DB : 보조기호로 베어링의 조합이 뒷면 조합

풀이 단열 앵귤러 볼베어링에서는 접촉각 기호로 A, B, C를 사용한다.
A : 22° 초과 32° 이하, B : 32° 초과 45° 이하, C : 10° 초과 22° 이하를 나타낸다.

12 다음과 같은 맞춤 핀에서 호칭지름은 몇 mm인가?

맞춤 핀 KS B 1310－6×30－A－St

① 13mm ② 6mm
③ 10mm ④ 30mm

풀이 맞춤 핀의 호칭은 "규격명칭, 규격번호, 호칭직경×길이, 등급, 재료"를 기입한다.
맞춤 핀(규격명칭), KS B 1310(규격번호), 6×30(호칭직경×길이), A(등급), St(재료)를 나타낸다.

13 나사의 각 부분을 표시하는 선에 관한 설명으로 맞는 것은?

① 수나사의 골지름과 암나사의 골지름은 굵은 실선으로 표시한다.
② 완전 나사부와 불완전 나사부의 경계는 가는 실선으로 표시한다.
③ 나사의 끝면에서 본 투상도에서는 나사의 골 밑은 굵은 실선으로 그린 원주의 3/4에 거의 같은 원의 일부로 표시한다.
④ 수나사의 바깥지름과 암나사의 안지름은 굵은 실선으로 표시한다.

정답 | 08 ① 09 ④ 10 ② 11 ③ 12 ② 13 ④

풀이 나사의 도시법

- 수나사의 골지름과 암나사의 골지름은 가는 실선으로 표시한다.
- 완전 나사부와 불완전 나사부의 경계는 굵은 실선으로 표시한다.
- 나사의 골면에서 본 투상도에서는 나사의 골 밑은 가는 실선으로 그린 원주의 3/4에 거의 같은 원의 일부로 표시한다.

14 다음과 같은 도면은 무슨 기어의 맞물리는 기어 간략도인가?

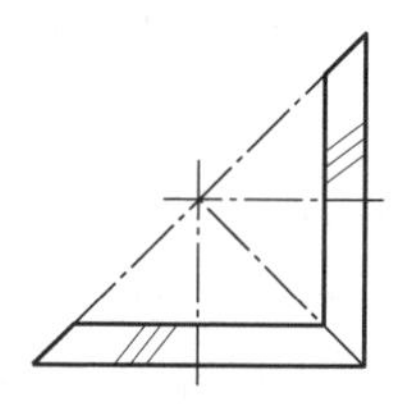

① 헬리컬 기어 ② 베벨 기어
③ 웜 기어 ④ 스파이럴 베벨 기어

풀이 스파이럴 베벨 기어는 잇줄의 방향을 3개의 가는 실선으로 표기한다.

15 다음과 같은 도면에서 대각선으로 교차한 가는 실선 부분은 무엇을 나타내는가?

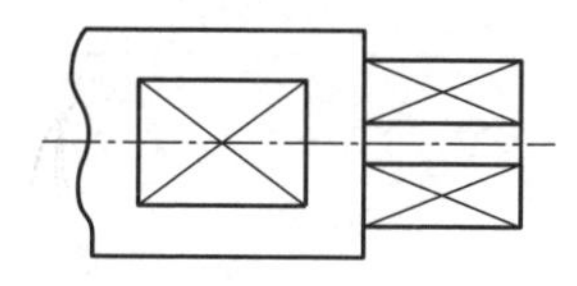

① 취급 시 주의 표시
② 다이아몬드 형상을 표시
③ 사각형 구멍 관통
④ 평면이란 것을 표시

풀이 평면 표시로 평면에 해당하는 부분에 대각선 방향으로 가는 실선으로 그린다.

평면이라는 표시(가는 실선)

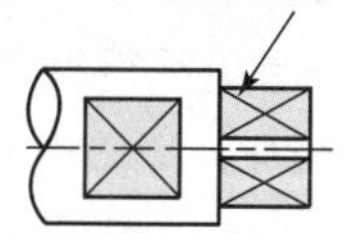

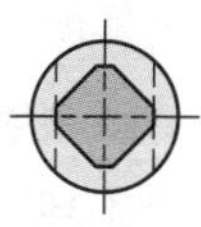

16 다음과 같은 암나사 관련 부분의 도시 기호의 설명으로 틀린 것은?

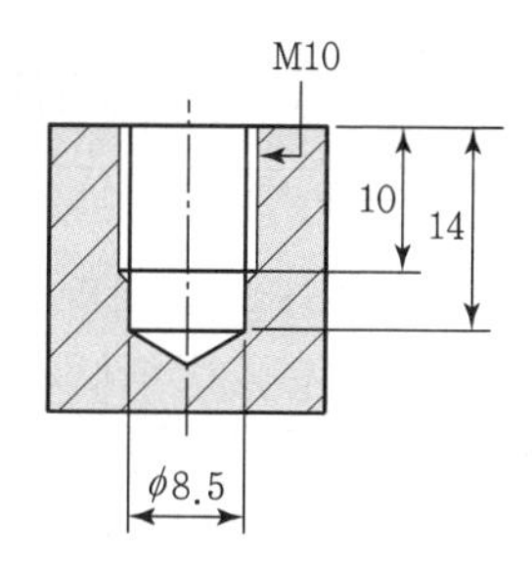

① 드릴의 지름은 8.5mm
② 암나사의 안지름은 10mm
③ 드릴 구멍의 깊이는 14mm
④ 유효 나사부의 길이는 10mm

풀이 암나사의 안지름(드릴지름)은 8.5mm, 암나사의 골지름은 10mm이다. 유효 나사부의 길이는 10mm, 드릴 구멍의 깊이는 14mm이다.

17 스퍼기어의 도면에서 항목표에 기입해야 하는 사항으로 가장 거리가 먼 것은?

① 치형 ② 모듈
③ 압력각 ④ 리드

풀이 스퍼기어 요목표

스퍼기어 요목표		
기어치형		표준
공구	치형	보통 이
	모듈	2
	압력각	20°
잇수		31
피치원 지름		62
전체 이 높이		4.5
다듬질 방법		호브 절삭
정밀도		KS B ISO 1328－1, 4급

정답 | 14 ④ 15 ④ 16 ② 17 ④

18 그림과 같은 육각 볼트를 제도할 때 옳지 않은 설명은?

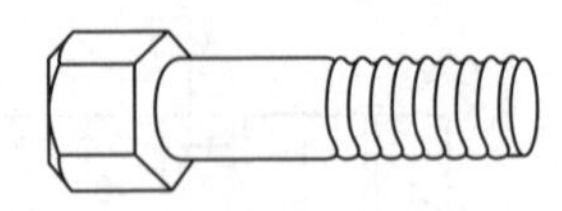

① 볼트 머리의 외형선을 굵은 실선으로 그린다.
② 나사의 골지름을 나타내는 선은 가는 실선으로 그린다.
③ 나사의 피치원 지름선은 가는 2점쇄선으로 그린다.
④ 완전 나사부와 불완전 나사부의 경계선은 굵은 실선으로 그린다.

풀이 나사의 피치원 지름선을 그리지 않는다.

19 다음 중 나사의 표시를 옳게 나타낸 것은?

① 왼 M25×2−2줄
② 왼 M25−2−2−6줄
③ 2줄 왼 M25×2−2A
④ 왼 2줄 M25×2−6H

풀이 나사의 표시 방법

감기는 방향	줄 수	호칭	등급
왼	2줄	M25×2	6H

20 다음 중 분할 핀 호칭 지름에 해당하는 것은?

① 분할 핀 구멍의 지름
② 분할 상태의 핀의 단면지름
③ 분할 핀의 길이
④ 분할 상태의 두께

풀이 분할 핀의 호칭

규격 번호−호칭지름×호칭길이−재료

예 KS B ISO 1234−5×50−St

21 나사를 "M12"로만 표시하였을 경우 설명으로 틀린 것은?

① 2줄 나사인데 표시하지 않고 생략되었다.
② 오른나사인데 표시하지 않고 생략되었다.
③ 미터 나사이고 피치는 생략되었다.
④ 나사의 등급이 생략되었다.

풀이 1줄 나사인 경우만 생략하고, 2줄 나사인 경우 2L, 3줄 나사인 경우 3L 등으로 표시한다.

22 인벌류트 치형을 가진 표준 스퍼기어의 전체 이 높이는 다음 중 어떤 값이 되는가?

① "모듈"의 크기와 동일하다.
② "2.25×모듈"의 값이 된다.
③ "π×모듈"의 값이 된다.
④ "잇수×모듈"의 값이 된다.

풀이 전체 이 높이$(h)=2.25\times M$(모듈)

23 관용 테이퍼 나사 종류 중 테이퍼 수나사 R에 대하여만 사용하는 3/4인치 평행 암나사를 표시하는 KS 나사 표시 기호는?

① PT 3/4 ② RP 3/4
③ PF 3/4 ④ RC 3/4

풀이 관용 테이퍼 나사 표시방법

나사의 종류		나사의 종류를 표시하는 기호	나사의 호칭방법
관용테이퍼 나사	테이퍼 수나사	R	R3/4
	테이퍼 암나사	Rc	Rc3/4
	평행 암나사	Rp	Rp3/4

24 KS 나사 표시 방법에서 G 3/4 A로 기입된 기호의 올바른 해독은?

① 가스용 암나사로 인치 단위이다.
② 가스용 수나사로 인치 단위이다.
③ 관용 평행 수나사로 등급이 A급이다.
④ 관용 테이퍼 암나사로 등급이 A급이다.

정답 | 18 ③ 19 ④ 20 ① 21 ① 22 ② 23 ② 24 ③

풀이 G 3/4 A
G(관용 평행 나사), 3/4(외경 3/4인치), A(A급)을 뜻한다.

25 미터 가는 나사의 호칭 표시 "M8×1"에서 "1"이 뜻하는 것은?

① 나사산의 줄 수
② 나사의 호칭지름
③ 나사의 피치
④ 나사의 등급

풀이 미터 가는 나사의 호칭 표시방법
M8 : 나사의 호칭지름, 1 : 나사의 피치

26 감속기 하우징의 기름 주입구 나사가 PF 1/2 -A로 표시되어 있을 때 이 나사는?

① 관용 평행 나사, A급
② 관용 평행 나사, 바깥지름 1/2인치
③ 관용 테이퍼 나사, A급
④ 관용 테이퍼 나사, 바깥지름 1/2인치

풀이 PF 1/2 - A
PF : 관용 평행 나사, 1/2 : 외경 1/2인치, A : A급

27 다음 중 센터 구멍의 간략 도시 기호로서 옳지 않은 것은?

① KS A ISO 6411-B 2.5/8
② KS A ISO 6411-B 2.5/8
③ KS A ISO 6411-B 2.5/8
④ KS A ISO 6411-B 2.5/8

풀이 ④는 센터 구멍 도시방법으로 옳지 않다.

센터 구멍 도시방법

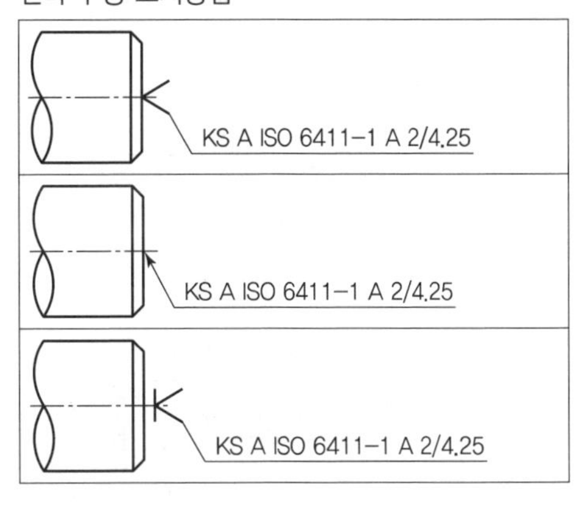

28 도면에 표시된 3/8-16UNC-2A의 해석으로 옳은 것은?

① 피치는 3/8인치이다.
② 산의 수는 1인치당 16개이다.
③ 유니파이 가는 나사이다.
④ 나사부의 길이는 2인치이다.

풀이 3/8 - 16UNC - 2A
- 3/8 : 수나사의 외경(숫자 또는 번호)
- 16 : 산의 수(1인치당 16개)
- UNC : 유니파이 보통 나사
- 2A : 나사 등급

CHAPTER 03 선 · 문자 · CAD 제도

01 기계제도에서 가는 1점쇄선이 사용되지 않는 것은?

① 중심선 ② 피치선
③ 기준선 ④ 숨은선

풀이 숨은선 : 물체의 보이지 않는 부분의 모양을 나타내는 선으로 점선 또는 파선이라 부른다.

정답 | 25 ③ 26 ① 27 ④ 28 ② | 01 ④

02 다음 그림에서 A~D에 관한 설명으로 가장 타당한 것은?

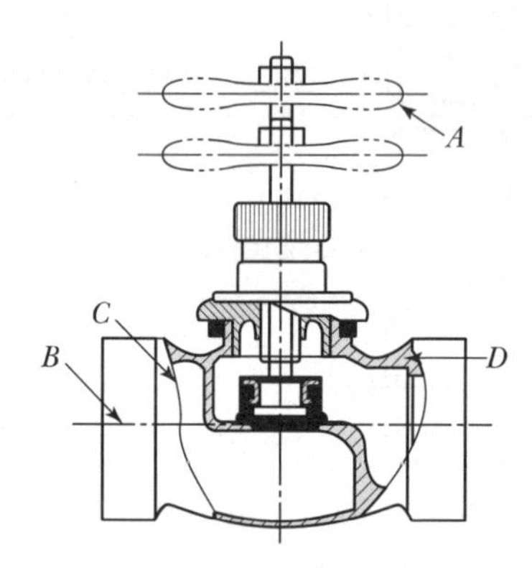

① 선 A는 물체의 이동 한계의 위치를 나타낸다.
② 선 B는 도형의 숨은 부분을 나타낸다.
③ 선 C는 대상의 앞쪽 형상을 가상으로 나타낸다.
④ 선 D는 대상이 평면임을 나타낸다.

풀이 ② 선 B는 도형의 중심 부분을 나타내는 중심선이다.
③ 선 C는 대상의 내부 형상을 나타내기 위해 가상으로 자른 경계를 나타내는 파단선이다.
④ 선 D는 잘려나간 물체의 절단면을 표시하는 데 사용하는 해칭선이다.

03 가동하는 부분의 이동 중 특정 위치 또는 이동 한계를 표시하는 선으로 사용되는 것은?

① 가상선 ② 해칭선
③ 기준선 ④ 중심선

풀이 가상선의 용도
- 인접 부분을 참고하거나 공구, 지그 등의 위치를 참고로 나타내는 데 사용한다.
- 가공 부분을 이동 중의 특정 위치 또는 이동 한계의 위치로 표시하는 데 사용한다.
- 되풀이하는 것을 나타내는 데 사용한다.
- 도시된 단면의 앞쪽에 있는 부분을 표시하는 데 사용한다.

04 투상한 대상물의 일부를 파단한 경계 또는 일부를 떼어낸 경계를 표시하는 데 사용하는 선은?

① 절단선
② 파단선
③ 가상선
④ 특수 지정선

풀이 파단선 : 물체의 일부를 자른 경계 또는 일부를 잘라 떼어낸 경계를 표시하는 데 사용한다.

05 기계제도 도면에 사용되는 가는 실선의 용도로 틀린 것은?

① 치수보조선
② 치수선
③ 지시선
④ 피치선

풀이
- 가는 실선의 용도 : 치수선, 치수보조선, 지시선, 회전단면선, 중심선, 수준면선 등
- 피치선 : 가는 1점쇄선으로 표시한다.

06 절단된 면을 다른 부분과 구분하기 위하여 가는 실선으로 규칙적으로 줄을 늘어놓은 선들의 명칭은?

① 기준선
② 파단선
③ 피치선
④ 해칭선

풀이
- 기준선 : 가는 1점쇄선으로 표시한다.
- 파단선 : 파형의 가는 실선 또는 지그재그의 가는 선으로 표시한다.
- 피치선 : 가는 1점쇄선으로 표시한다.
- 해칭선 : 잘려나간 물체의 절단면을 가는 실선으로 규칙적으로 빗줄을 그은 선으로 표시한다.

정답 | 02 ① 03 ① 04 ② 05 ④ 06 ④

07 다음 도면에서 ㉠~㉤의 선의 명칭이 모두 올바르게 짝지어진 것은?

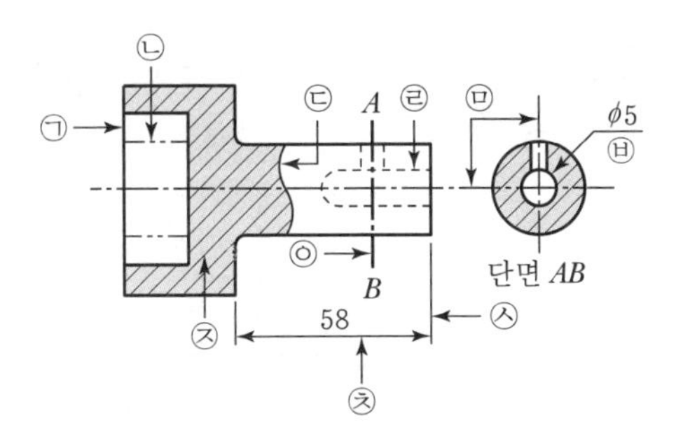

㉮ 가상선	㉯ 기준선
㉰ 파단선	㉱ 중심선
㉲ 숨은선	㉳ 수준면선
㉴ 지시선	㉵ 치수선
㉶ 치수보조선	㉷ 외형선
㉸ 해칭선	㉹ 절단선

① ㉠-㉷, ㉡-㉶, ㉢-㉮, ㉣-㉲, ㉤-㉱
② ㉠-㉷, ㉡-㉮, ㉢-㉰, ㉣-㉲, ㉤-㉱
③ ㉠-㉹, ㉡-㉷, ㉢-㉰, ㉣-㉲, ㉤-㉱
④ ㉠-㉷, ㉡-㉮, ㉢-㉰, ㉣-㉳, ㉤-㉲

풀이 ㉠-외형선, ㉡-가상선, ㉢-파단선, ㉣-숨은선, ㉤-중심선을 나타낸다.

08 도면에서 2종류 이상의 선이 같은 장소에 겹칠 때 다음 중 가장 우선하는 것은?

① 절단선 ② 숨은선
③ 중심선 ④ 무게중심선

풀이 선의 우선순위

외형선 → 숨은선 → 절단선 → 가는 1점쇄선 → 가는 2점쇄선 → 치수 보조선

- 가는 1점쇄선 : 중심선, 기준선, 피치선
- 가는 2점쇄선 : 가상선, 무게중심선

09 기계제도에서 사용하는 다음 선 중 가는 실선으로 표시되는 선은?

① 물체의 보이지 않는 부분의 형상을 나타내는 선
② 물체에 특수한 표면처리 부분을 나타내는 선
③ 단면도를 그릴 경우에 그 절단 위치를 나타내는 선
④ 절단된 단면임을 명시하기 위한 해칭선

풀이 ① 숨은선 : 가는 파선 또는 굵은 파선(물체의 보이지 않는 부분의 모양을 나타내는 선으로 점선 또는 파선이라 부른다.)
② 특수지정선 : 굵은 1점쇄선
③ 절단선 : 가는 1점쇄선(선의 시작과 끝, 방향이 바뀌는 부분은 굵게 표시)
④ 해칭선 : 가는 실선(잘려나간 물체의 절단면을 가는 실선으로 규칙적으로 빗줄을 그은 선으로 표시한다.)

10 가는 1점쇄선의 용도로 적합하지 않은 것은?

① 도형의 중심을 표시하는 데 사용
② 중심이 이동한 중심궤적을 표시하는 데 사용
③ 위치 결정의 근거가 된다는 것을 명시할 때 사용
④ 단면의 무게중심을 연결한 선을 표시하는 데 사용

풀이 단면의 무게중심을 연결한 선을 표시하는 데 사용하는 선은 무게중심선을 뜻하며, 가는 2점쇄선으로 표시한다.

정답 | 07 ② 08 ② 09 ④ 10 ④

01 그림과 같은 입체도에서 화살표 방향에서 본 것을 정면도로 할 때 가장 적합한 정면도는?

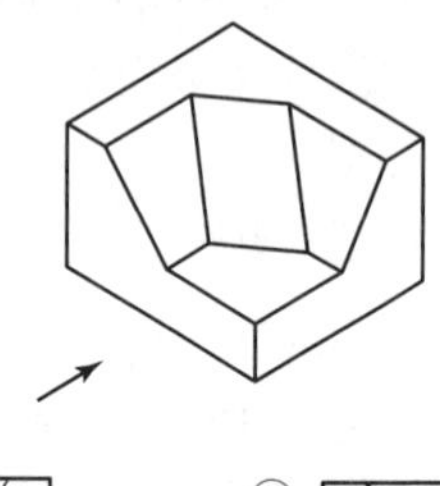

① ② ③ ④

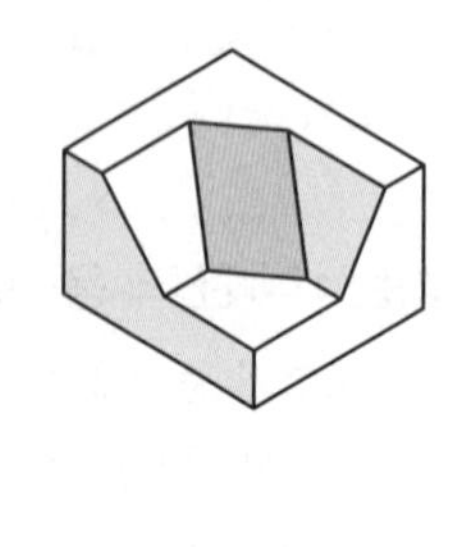

02 그림과 같은 단면도의 명칭이 올바른 것은?

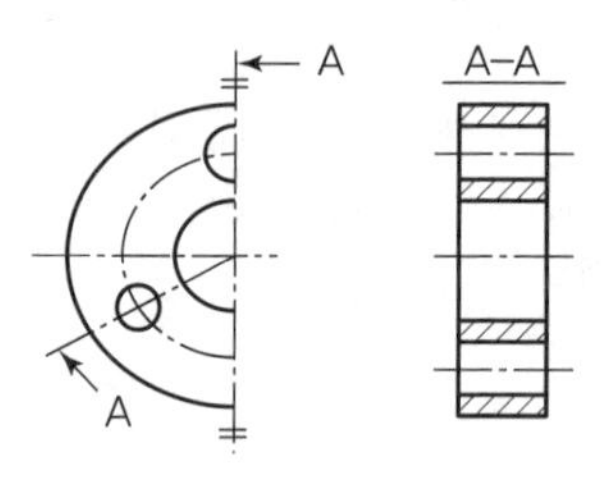

① 온단면도 ② 회전 도시 단면도
③ 한쪽 단면도 ④ 조합에 의한 단면도

풀이 잘린 2개의 단면을 하나의 위치에서 본 것처럼 조합하여 그린 단면이다.

03 그림과 같은 정면도와 우측면도에 가장 적합한 평면도는?

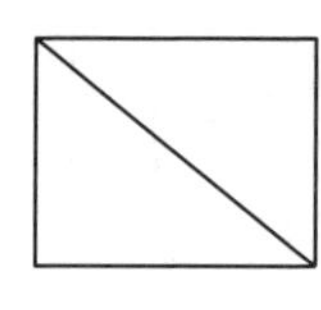

(정면도) (우측면도)

① 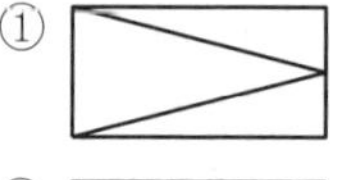 ② 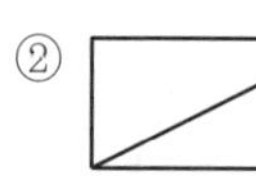

③ 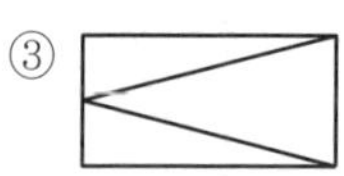 ④ 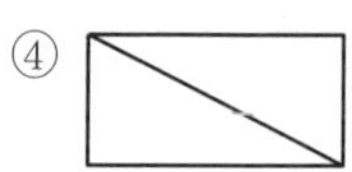

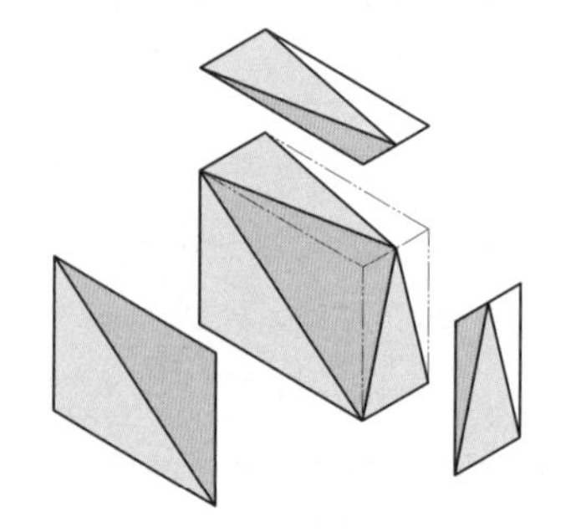

04 그림과 같이 나타낸 단면도의 명칭으로 옳은 것은?

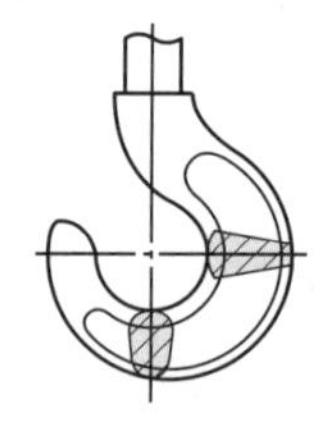

① 한쪽 단면도
② 부분 단면도
③ 회전 도시 단면도
④ 조합에 의한 단면도

풀이 잘린 단면을 90° 회전시켜 그렸으므로 회전 도시 단면도에 해당한다.

정답 | 01 ④ 02 ④ 03 ① 04 ③

05 제3각법으로 나타낸 그림과 같은 투상도에 적합한 입체도는?

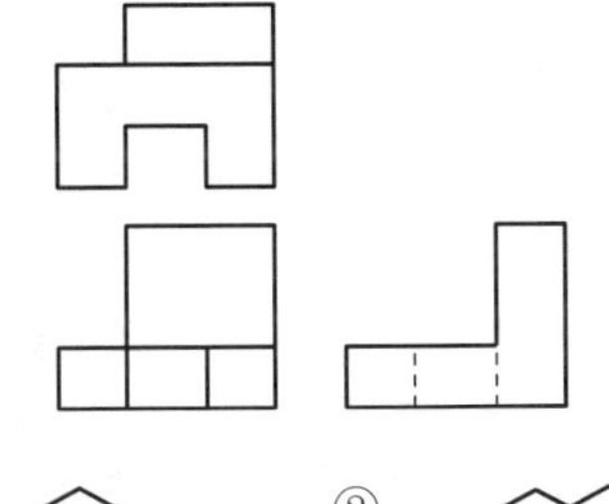

①
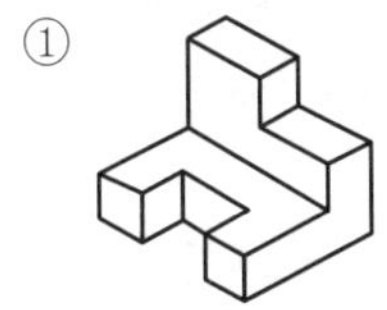
②
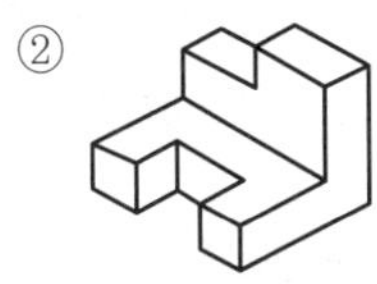
③
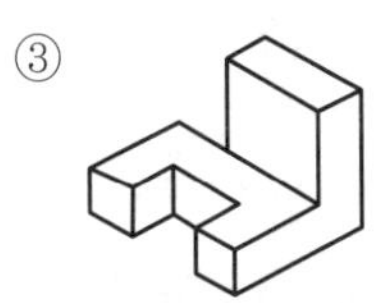
④
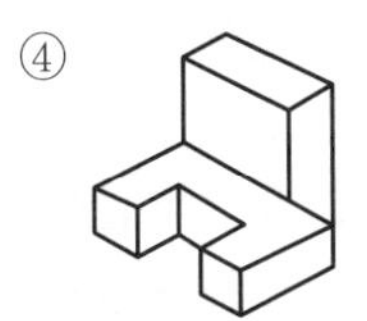

풀이

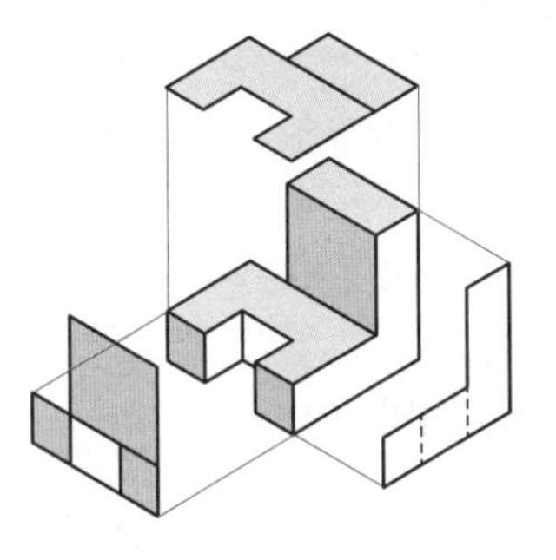

06 다음과 같이 구멍, 홈 등을 투상한 투상도의 명칭은?

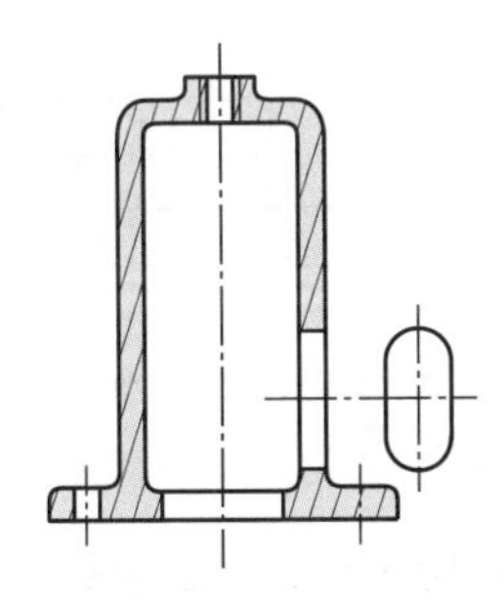

① 보조 투상도 ② 부분 투상도
③ 국부 투상도 ④ 회전 투상도

풀이 구멍부의 특정 부분만을 그렸으므로 국부 투상도이다.

07 제3각법으로 투상된 그림과 같은 투상도에서 평면도로 가장 적합한 것은?

평면도

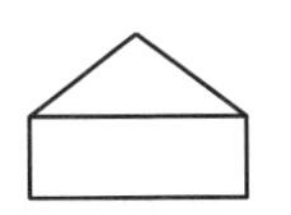
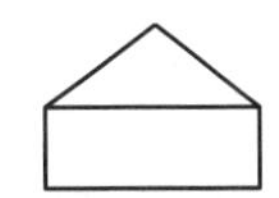

①
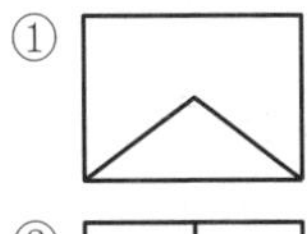
②
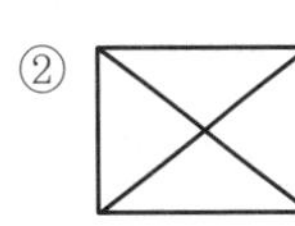
③
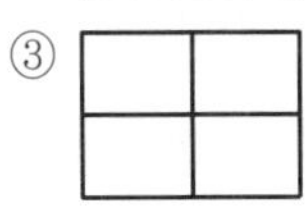
④
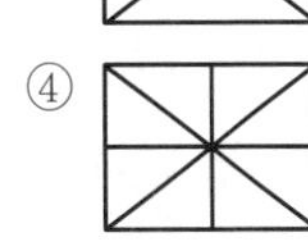

풀이

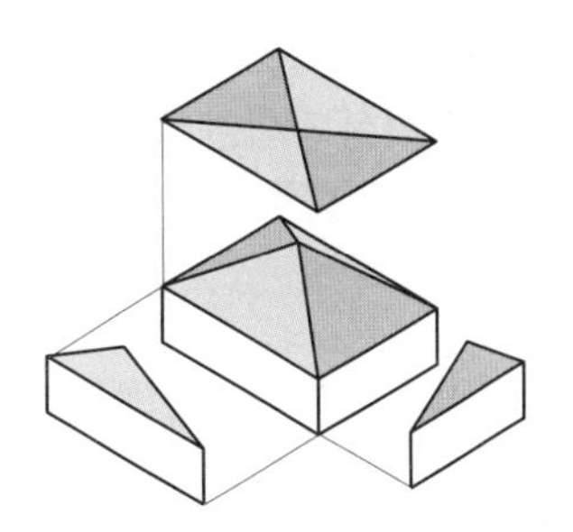

08 그림과 같은 입체도에서 화살표 방향이 정면일 경우 평면도로 가장 적합한 것은?

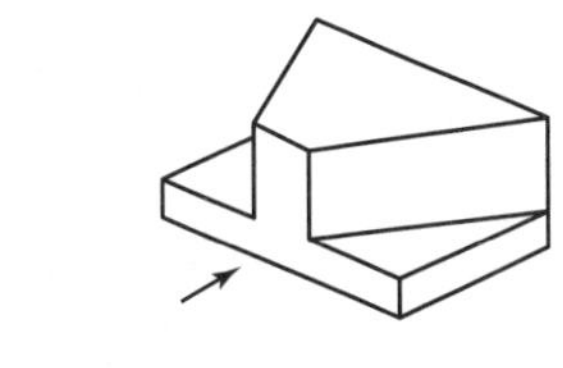

①
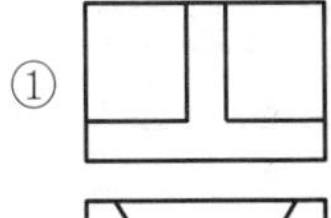
②
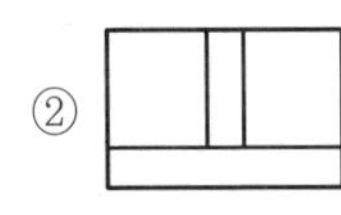
③
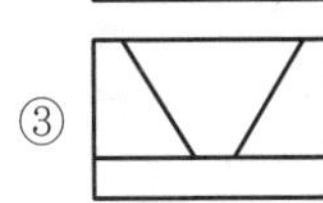
④
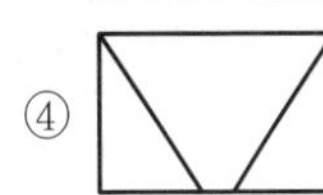

정답 | 05 ③ 06 ③ 07 ② 08 ①

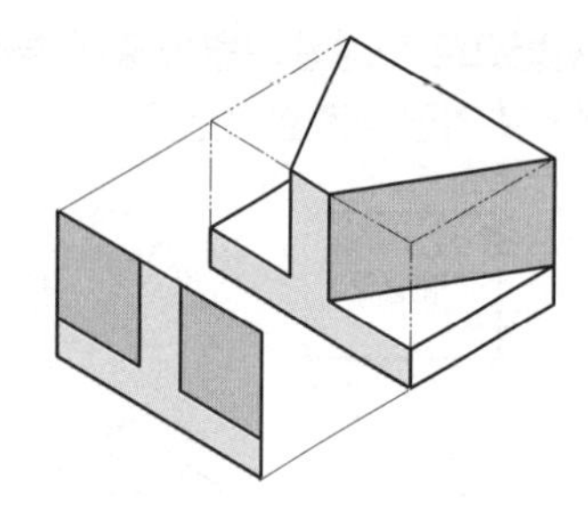

09 투상도법 중 제1각법과 제3각법이 속하는 투상도법은?

① 경시투상법 ② 등각투상법
③ 정투상법 ④ 다이메트릭 투상법

풀이 정투상법에는 1각법과 3각법으로 물체를 투상하여 도면을 그린다.

10 다음 중 긴 쪽 방향으로 절단하여 단면도로 나타내기에 가장 적합한 것은?

① 리브 ② 기어의 이
③ 하우징 ④ 볼트

풀이 키, 축, 리브, 바퀴 암, 기어의 이, 볼트, 너트, 핀, 단일 기계요소 등의 물체들은 잘라서 단면으로 나타내지 않는다. 그 이유는 단면을 나타내면 물체를 이해하는 데 오히려 방해만 되고 잘못 해석될 수 있기 때문이며, 실제 물체가 잘려진다 하더라도 단면 표시를 하지 않는 것을 원칙으로 한다.

11 다음 도면에 대한 설명으로 잘못된 것은?

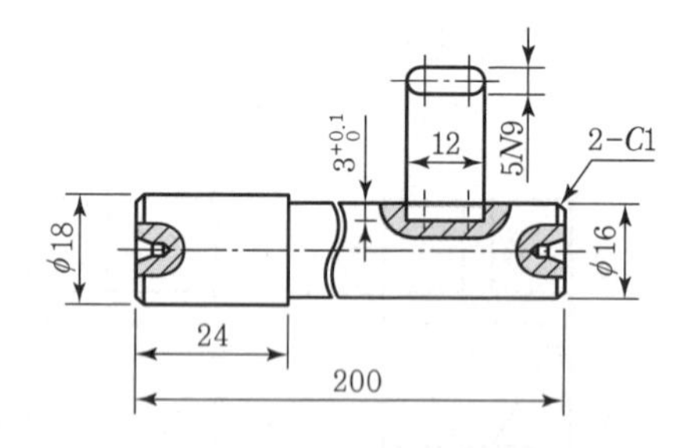

① 긴 축은 중간을 파단하여 짧게 그렸고, 치수는 실제 치수를 기입하였다.
② 평행 키 홈의 깊이 부분을 회전 도시 단면도로 나타내었다.
③ 평행 키 홈의 폭 부분을 국부투상도로 나타내었다.
④ 축의 양 끝을 1×45°로 모따기하도록 지시하였다.

풀이 ② 평행 키 홈의 깊이 부분을 부분 단면도로 나타내었다.

※ 부분단면도 : 물체에서 필요한 일부분을 잘라내어 그 형상을 나타내는 기법으로 원하는 곳에 자유롭게 적용할 수 있으며, 잘려나간 부분은 파단선을 이용하여 그 경계를 표시해 준다.

12 도면에서 어떤 경우에 해칭(Hatching)하는가?

① 가상 부분을 표시할 경우
② 절단 단면을 표시할 경우
③ 회전 부분을 표시할 경우
④ 부품이 겹치는 부분을 표시할 경우

풀이 해칭선 : 잘려나간 물체의 절단면을 가는 실선으로 규칙적으로 빗줄을 그어 표시한다.

13 투상면이 어느 각도를 가지고 있기 때문에 그 실형을 도시하기 위하여 그림과 같이 나타내는 투상법의 명칭은?

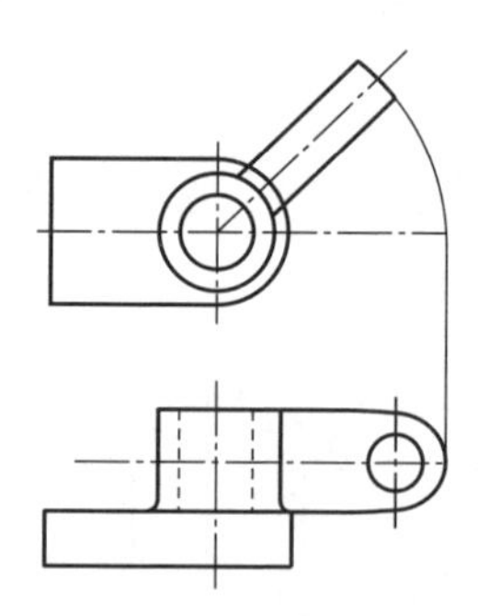

① 보조 투상도 ② 부분 투상도
③ 회전 투상도 ④ 국부 투상도

풀이 회전 투상도 : 단일 물체의 일부가 어느 각도를 가지고 있을 때 그 물체의 실제 모양을 나타내기 위하여 구부러진 부분의 중심선을 기준 중심선까지 회전시켜 나타내는 투상도를 말한다.

정답 | 09 ③ 10 ③ 11 ② 12 ② 13 ③

14 오른쪽 그림과 같이 절단면을 색칠한 것을 무엇이라고 하는가?

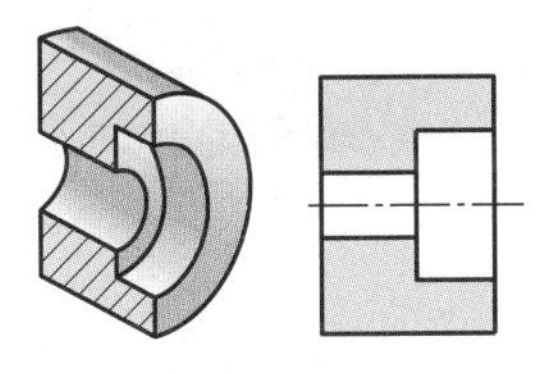

① 해칭 ② 단면
③ 투상 ④ 스머징

풀이 절단된 단면을 표시하는 방법에는 해칭(hatching)과 스머징이 있다.
- 해칭 : 잘려나간 물체의 절단면을 가는 실선으로 규칙적으로 빗줄을 그은 선으로 표시한다.
- 스머징 : 잘려나간 물체의 절단면을 표시하기 위해 해칭을 대신하여 엷게 색칠하는 것을 말한다.

15 다음 그림에서 화살표 방향을 정면도로 하였을 때 좌측면도로 맞는 것은?

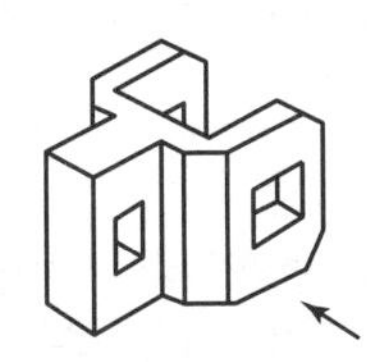

①
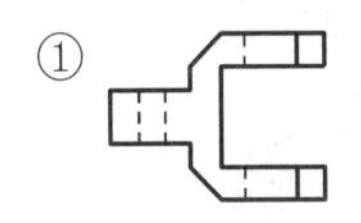

②
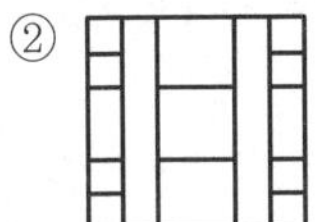

③
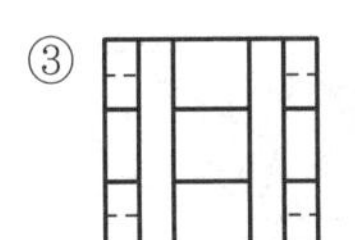

④
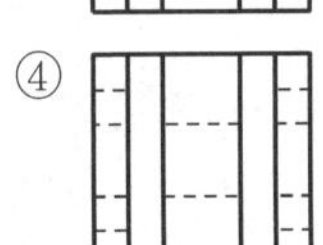

풀이

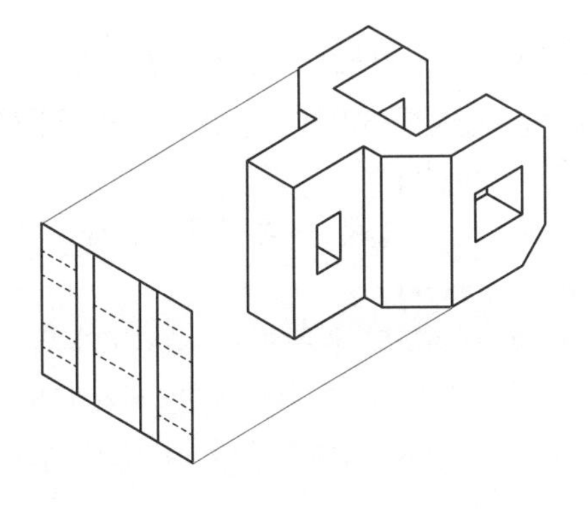

16 다음과 같은 단면도를 나타내고 있는 절단선 위치가 가장 올바른 것은?

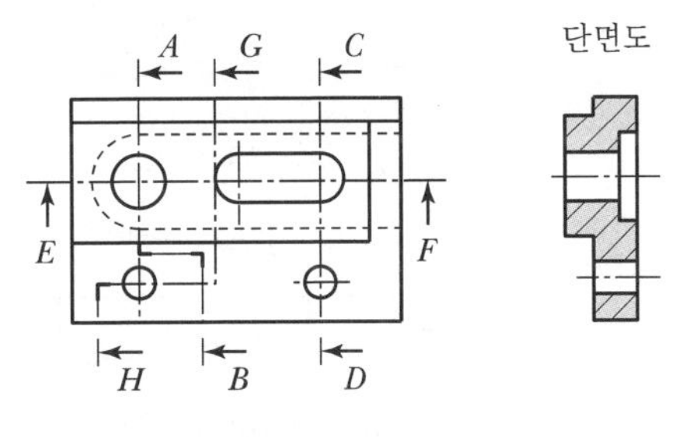

① 단면 A－B ② 단면 C－D
③ 단면 E－F ④ 단면 G－H

풀이 단면도에서 아랫부분의 구멍이 보이므로 단면 C－D와 단면 G－H가 이에 해당된다. 또한 단면도 중간 부분도 큰 구멍과 작은 구멍이 보이므로 단면 C－D가 된다.

17 주로 대칭인 물체의 중심선을 기준으로 내부 모양과 외부 모양을 동시에 표시하는 단면도는?

① 온단면도
② 부분 단면도
③ 한쪽 단면도
④ 회전 도시 단면도

18 도면의 표제란에 제3각법 투상을 나타내는 기호로 옳은 것은?

①
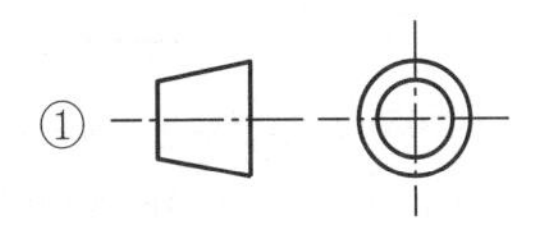

②
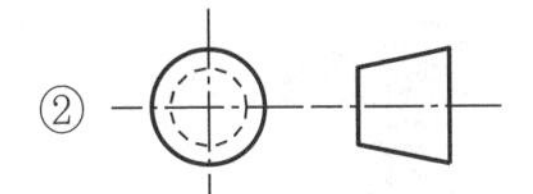

③
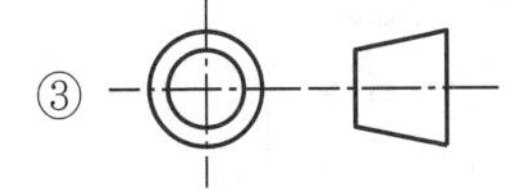

④
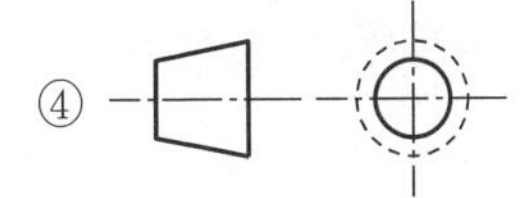

정답 | 14 ④ 15 ④ 16 ② 17 ③ 18 ③

풀이 1각법과 3각법의 기호

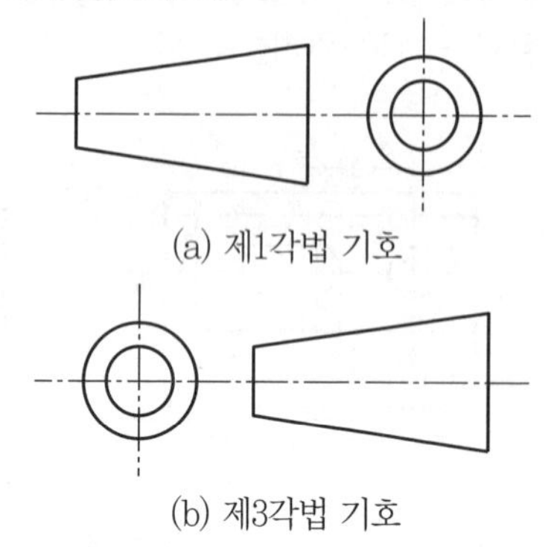

(a) 제1각법 기호

(b) 제3각법 기호

19 보기 도면은 제3각 정투상도로 그려진 정면도와 평면도이다. 우측면도로 가장 적합한 것은?

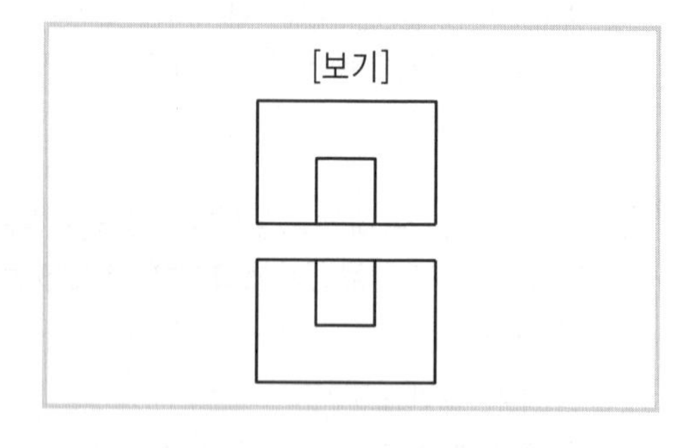

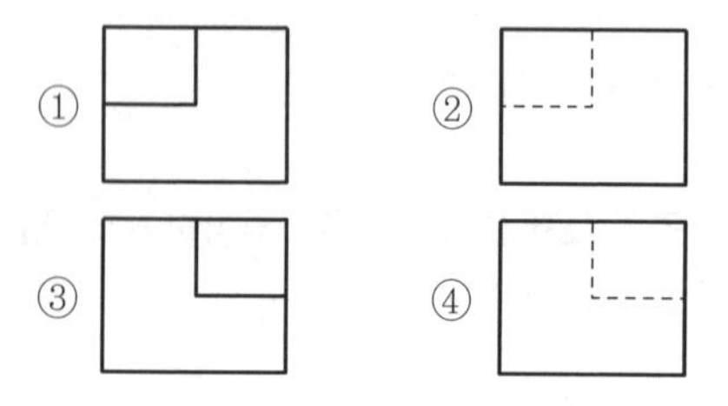

풀이 정면도와 평면도를 가지고 우측면도를 판단해보면 아래 그림 (a), (b), (c) 정도로 해석할 수 있다.

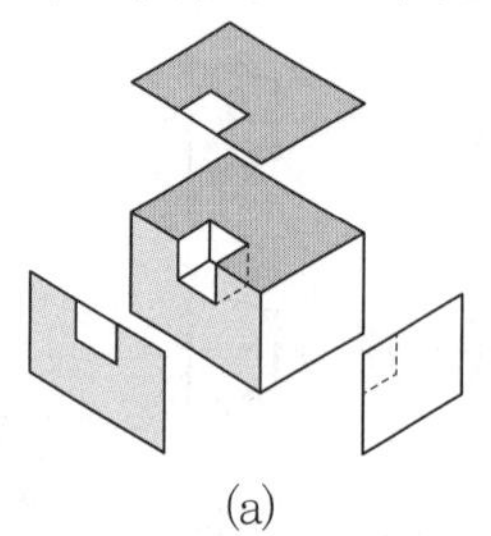

(a)

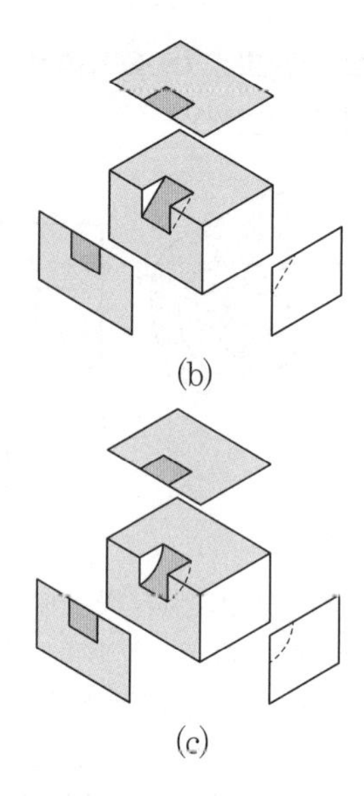

(b)

(c)

20 정면, 평면, 측면을 하나의 투상면 위에서 동시에 볼 수 있도록 두 개의 옆면 모서리가 수평선에 30°가 되고 3개의 축간 각도가 120°가 되는 투상도는?

① 등각 투상도　　② 정면 투상도
③ 입체 투상도　　④ 부등각 투상도

풀이 등각 투상도

정면, 우측면, 평면을 하나의 투상면에 나타내기 위하여 정면과 우측면 모서리 선을 수평선에 대하여 30°가 되게 하여 입체도로 투상한 것을 등각 투상도라 한다.

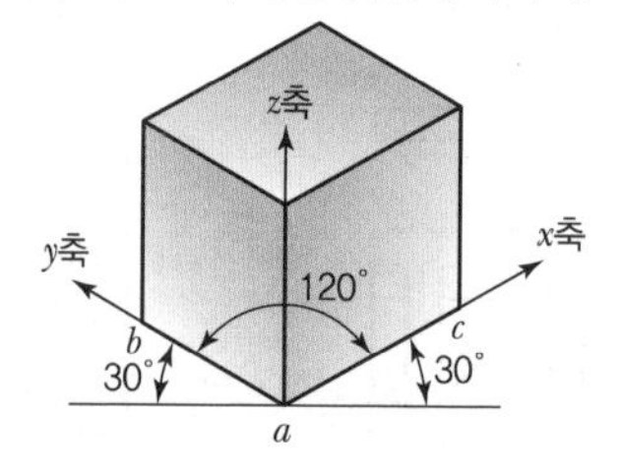

21 제3각법에 대한 설명 중 틀린 것은?

① 물체를 제3면각 공간에 놓고 투상하는 방법이다.
② 눈 → 물체 → 투상면의 순서로 투상도를 얻는다.
③ 정면도의 우측에는 우측면도가 위치한다.
④ KS에서는 특별한 경우를 제외하고는 제3각법으로 투상하는 것을 원칙으로 하고 있다.

정답 | 19 ② 20 ① 21 ②

풀이 제3각법은 눈과 물체 사이에 투상면을 두어 투상도를 얻는다.(눈 → 투상면 → 물체)

22 그림과 같은 정면도와 좌측면도에 가장 적합한 평면도는?

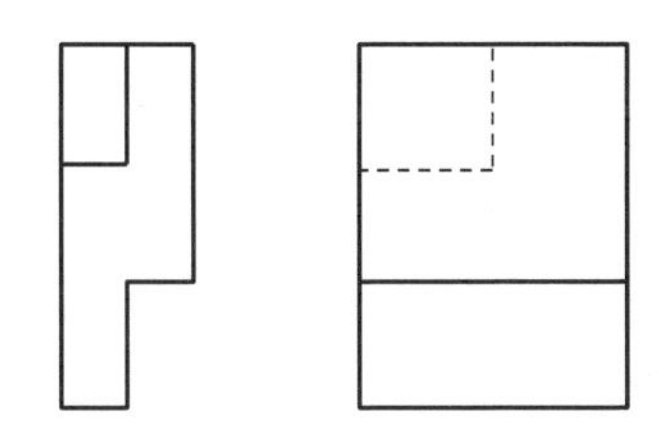

(좌측면도) (정면도)

① 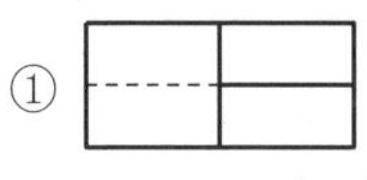 ② 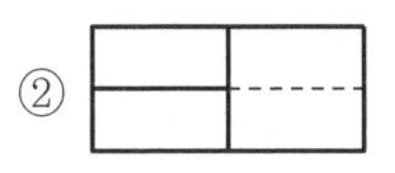

③ 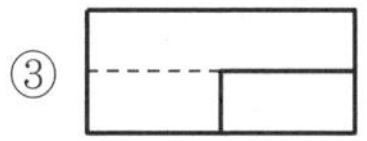 ④ 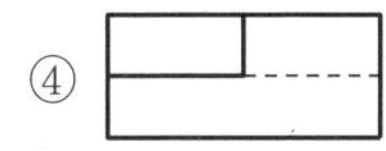

풀이

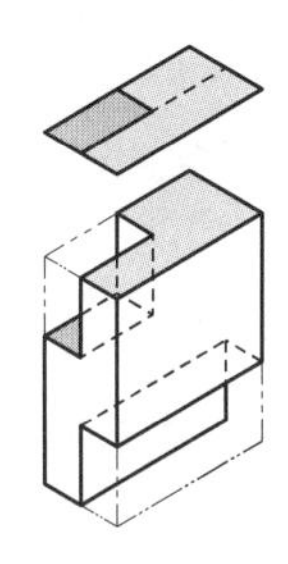

23 다음 중 밑면에서 수직한 중심선을 포함하는 평면으로 절단했을 때 단면이 사각형인 것은?

① 원뿔 ② 원기둥
③ 정사면체 ④ 사각뿔

풀이

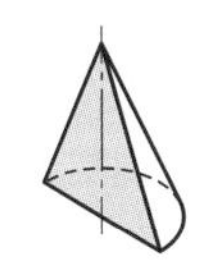

[원뿔 단면도]

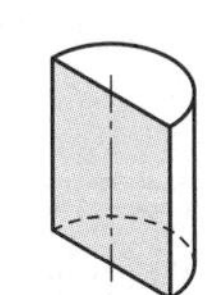

[원기둥 단면도]

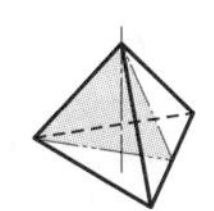

[정사면체 단면도]

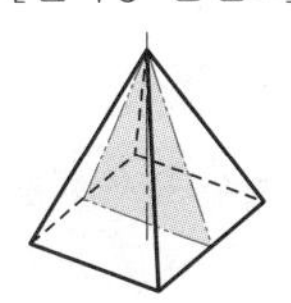

[사각뿔 단면도]

24 그림과 같은 입체의 투상도를 제3각법으로 나타낸다면 정면도로 옳은 것은?

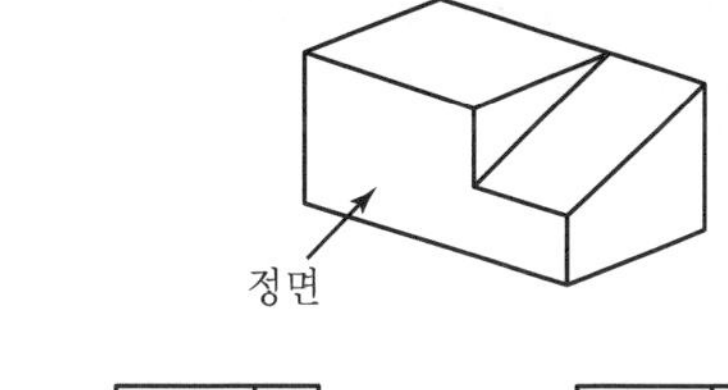

①  ② 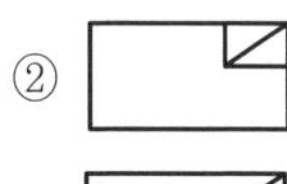

③ 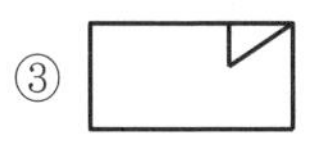 ④ 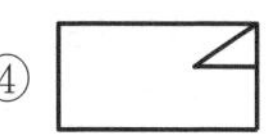

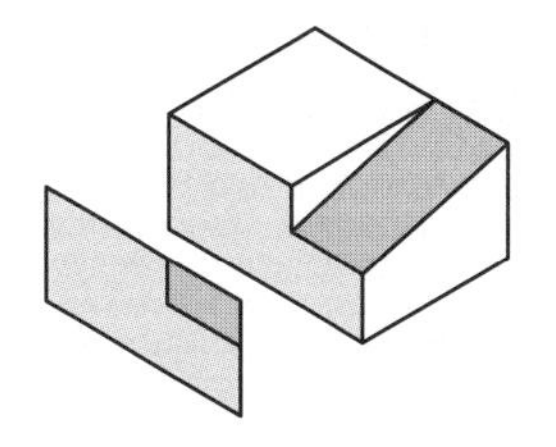

25 그림과 같은 입체도를 화살표 방향에서 본 투상도로 가장 옳은 것은?(단, 해당 입체는 화살표 방향으로 볼 때 좌우대칭 구조이다.)

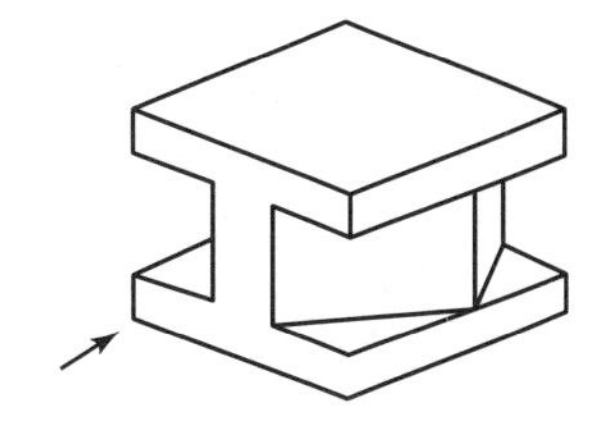

① 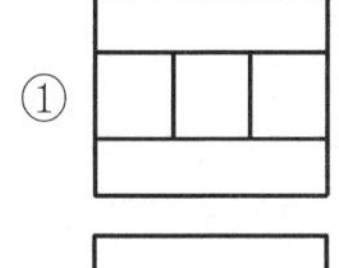 ② 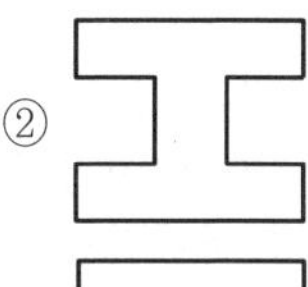

③ 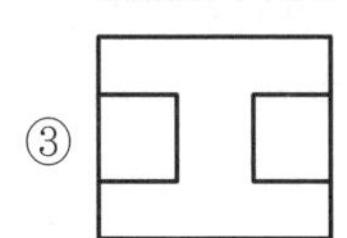 ④ 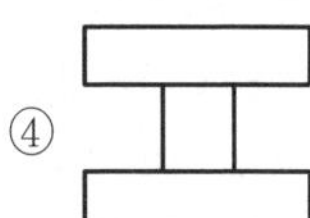

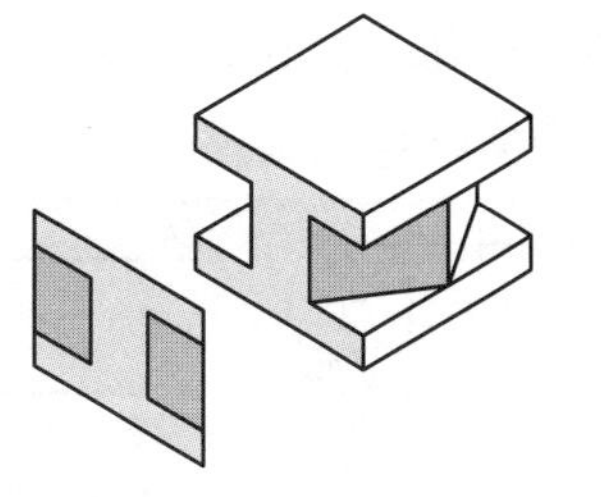

정답 | 22 ④ 23 ② 24 ① 25 ③ |

CHAPTER 05 치수기입법

01 치수보조(표시) 기호와 그 의미 연결이 틀린 것은?

① R : 반지름
② SR : 구의 반지름
③ t : 판의 두께
④ ( ) : 이론적으로 정확한 치수

풀이 치수 표시 기호
- R : 반지름을 나타내는 기호
- SR : 구의 반지름을 나타내는 기호
- t : 두께를 나타내는 기호
- ( ) : 참고치수, □ : 이론적으로 정확한 치수

02 다음 도면에서 (A)의 치수는 얼마인가?

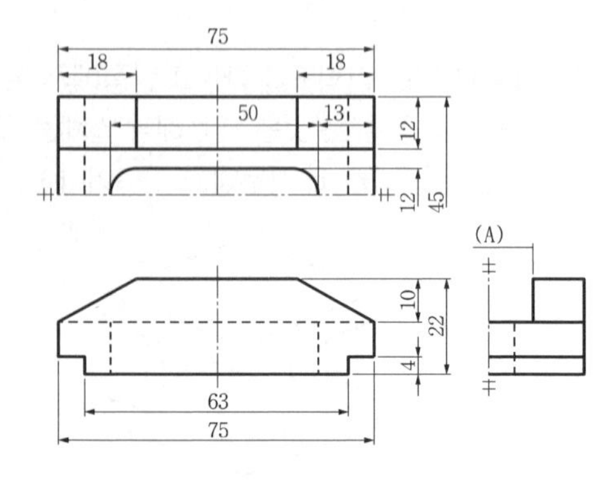

① 10.5 ② 12
③ 21 ④ 22

풀이 대칭도시기호가 들어가 있으므로 앞뒤 대칭인 물체이고, 우측면도와 평면도의 관계를 쉽게 알기 위해 45° 선을 이용하면 편리하다. 따라서 (A)의 치수는 $45-2\times12=21$이다.

03 모따기의 각도가 45°일 때의 치수 기입 방법으로 틀린 것은?

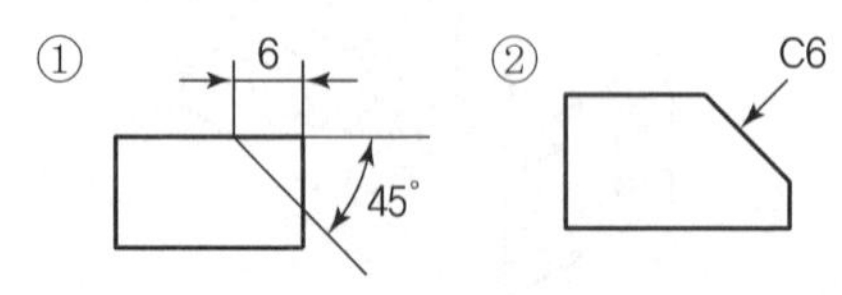

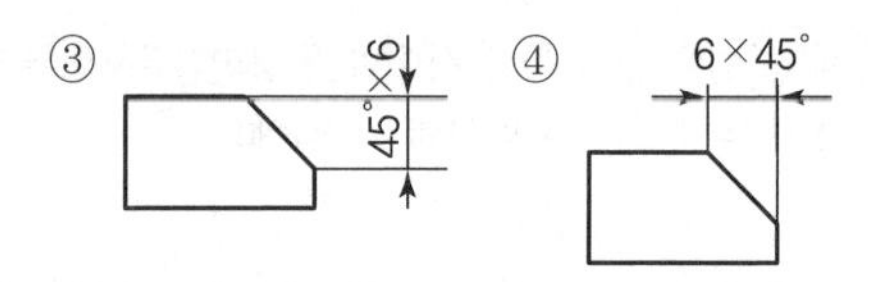

풀이 길이 치수와 각도 치수를 동시에 기입하는 경우 길이 치수가 먼저이다.
따라서, 45°×6이라고 기입하지 않고 6×45°라고 기입하여야 한다.

04 다음 중 용접구조용 압연강재에 속하는 재료 기호는?

① SM 35C ② SM 400C
③ SS 400 ④ STKM 13C

풀이
- SM 35C : 기계 구조용 탄소강재
- SM 400C : 용접구조용 압연강재
- SS 400 : 일반 구조용 압연강재
- STKM 13C : 기계구조용 탄소강 강관

05 기계제도에서 치수 기입 원칙에 관한 설명 중 틀린 것은?

① 기능, 제작, 조립 등을 고려하여 필요한 수치를 명료하게 도면에 기입한다.
② 치수는 되도록 주 투상도에 집중한다.
③ 치수의 자릿수가 많은 경우 3자리마다 "," 표시를 하여 자릿수를 명료하게 한다.
④ 길이의 치수는 원칙으로 mm 단위로 하고 단위 기호는 붙이지 않는다.

풀이 치수의 자릿수가 많은 경우 3자리마다 숫자의 사이를 적당히 띄우고 콤마는 찍지 않는다.

06 치수숫자와 함께 사용되는 기호로 45° 모따기를 나타내는 기호는?

① C ② R
③ K ④ M

풀이 치수 표시 기호
- C : 45° 모따기를 나타내는 기호
- R : 반지름을 나타내는 기호
- M : 미터나사를 나타내는 기호

정답 | 01 ④ 02 ③ 03 ③ 04 ② 05 ③ 06 ①

07 다음과 같은 도면에서 100으로 표현된 치수 표시가 의미하는 것은?

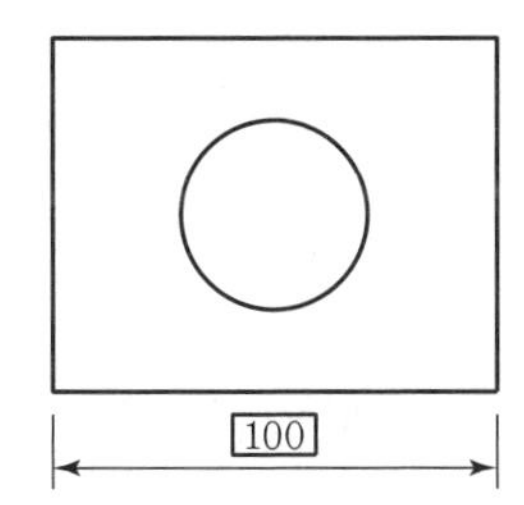

① 정사각형의 변을 표시
② 평면도를 표시
③ 이론적으로 정확한 치수 표시
④ 참고 치수 표시

풀이 100 : 이론적으로 정확한 치수를 표시

08 도면에서 치수 숫자와 함께 사용되는 기호를 올바르게 연결한 것은?

① 지름 : D
② 구의 지름 : □
③ 반지름 : R
④ 45° 모따기 : 45°

풀이 치수 표시 기호
- D : 드릴의 호칭치수를 나타내는 기호
- □ : 정사각형의 변을 나타내는 기호
- R : 반지름을 나타내는 기호
- C : 45° 모따기를 나타내는 기호

09 그림의 치수 기입 방법 중 옳게 나타낸 것을 모두 고른 것은?

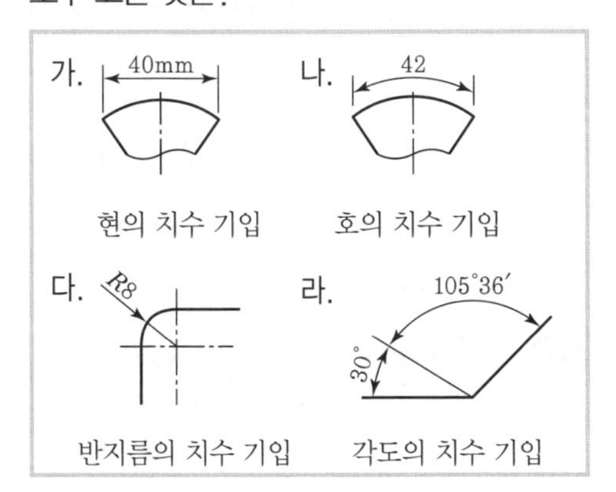

① 가, 나, 다, 라 ② 나, 다, 라
③ 가, 나, 다 ④ 나, 다

풀이 현의 치수 기입에서 단위(mm)는 기입하지 않는다.

10 다음 치수와 병용되는 기호 중 잘못된 것은?

① R5 ② C5
③ ◇5 ④ ϕ5

풀이 ◇5은 치수 보조 기호로 사용되지 않고, □5는 한 변의 길이가 5mm인 정사각형을 나타낸다.

11 KS 재료 기호가 "STC"일 경우 이 재료는?

① 냉간 압연 강판 ② 크롬 강재
③ 탄소 주강품 ④ 탄소 공구강 강재

풀이 STC : 탄소 공구강 강재, SC : 탄소강 주강품

12 다음 도면에서 "A" 치수는 얼마인가?

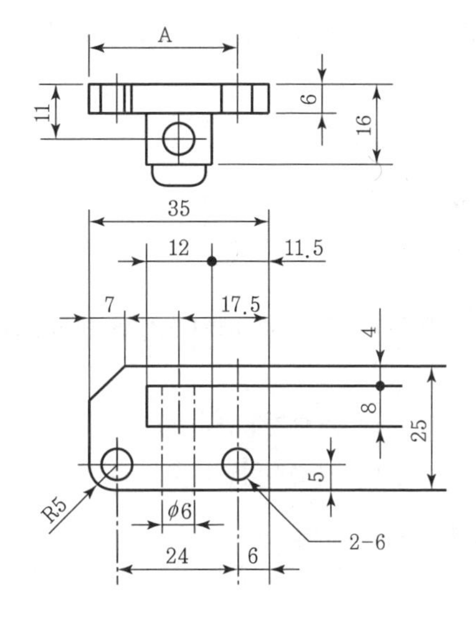

① 17.5 ② 23.5
③ 24 ④ 29

풀이 A=35−6=29mm
전체 길이(35mm)에서 아래 구멍 중심(6mm)을 뺀 치수이다.

정답 | 07 ③ 08 ③ 09 ② 10 ③ 11 ④ 12 ④

13 여러 개의 관련되는 치수에 허용한계를 지시하는 경우로 틀린 것은?

① 누진 치수 기입은 가격 제한이 있거나 다른 산업 분야에서 특별히 필요한 경우에 사용해도 된다.
② 병렬 치수 기입 방법 또는 누진 치수 기입 방법에서 기입하는 치수공차는 다른 치수 공차에 영향을 주지 않는다.
③ 직렬 치수 기입 방법으로 치수를 기입할 때에는 치수공차가 누적된다.
④ 직렬 치수 기입 방법은 공차의 누적이 기능에 관계가 있을 경우에 사용하는 것이 좋다.

풀이 직렬 치수 기입법 : 한 줄로 나란히 연결된 치수에 주어진 치수공차가 누적되어도 상관없는 경우에 사용하며, 공차의 누적이 기능에 관계가 있으면 좋지 않으므로 잘 사용하지 않는다.

14 제도에 있어서 치수 기입 요소로 틀린 것은?

① 치수선 ② 치수 숫자
③ 가공 기호 ④ 치수 보조선

풀이 치수 기입 요소에는 치수선, 치수 보조선, 화살표, 치수 문자, 지시선 등이 있다.

15 도면에서의 치수 배치 방법에 해당하지 않는 것은?

① 직렬 치수기입법 ② 누진 치수기입법
③ 좌표 치수기입법 ④ 상대 치수기입법

풀이 치수 배치 방법
직렬, 병렬, 누진, 좌표 치수기입법 등이 있다.

16 치수와 같이 사용될 수 없는 치수 보조기호는?

① t ② ϕ
③ 回 ④ □

풀이 • t : 판의 두께를 나타내는 기호
• ϕ : 지름을 나타내는 기호
• □ : 정사각형의 변을 나타내는 기호

17 치수 기입 시 사용되는 기호와 그 설명으로 틀린 것은?

① C : 45° 모따기
② ϕ : 지름
③ SR : 구의 반지름
④ ◇ : 정사각형

풀이 ④ □ : 정사각형의 변을 나타내는 기호

18 다음 치수기입 방법 중 호의 길이로 옳은 것은?

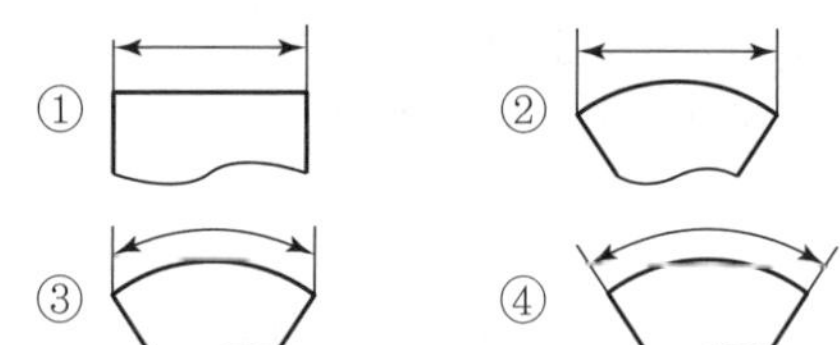

풀이 ① 변의 길이 치수 ② 현의 길이 치수
③ 호의 길이 치수 ④ 각도 치수

CHAPTER 06 공차 및 표면 거칠기

01 도면에 사용되는 가공 방법의 약호로 틀린 것은?

① 선반 가공 : L ② 드릴 가공 : D
③ 연삭 가공 : G ④ 리머 가공 : R

풀이 리머 가공은 FR로 표기한다.

02 다음 기하공차 기입 틀에서 ⊕가 의미하는 것은?

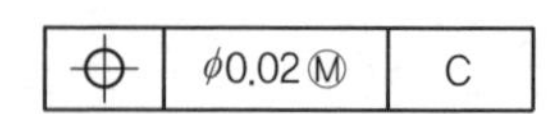

① 진원도 ② 동축도
③ 진직도 ④ 위치도

풀이 • 진원도 공차 : ○
• 동심도(동축도) 공차 : ◎
• 직진도 공차 : ——

정답 | 13 ④ 14 ③ 15 ④ 16 ③ 17 ④ 18 ③ | 01 ④ 02 ④

03 가공에 의한 커터의 줄무늬가 기호를 기입한 면의 중심에 대하여 거의 방사 모양으로 표시하는 것은?

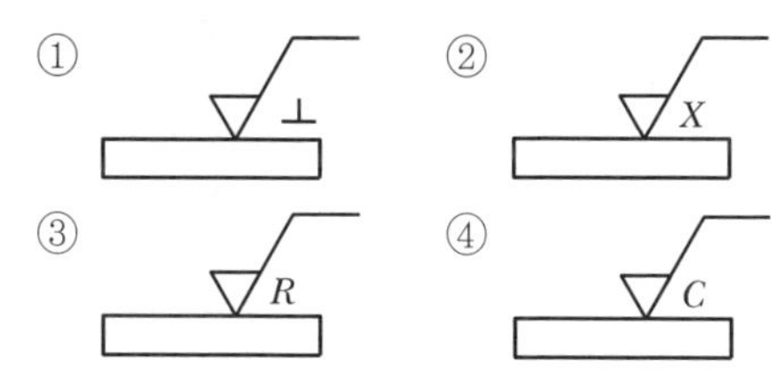

풀이 줄무늬 방향의 기호

R : 가공으로 생긴 커터의 줄무늬가 기호를 기입한 면의 중심에 대하여 대략 방사선 모양이다.

04 구멍의 치수가 $\phi 50^{+0.05}_{+0.02}$ 이고 축의 치수가 $\phi 50^{-0.03}_{-0.05}$ 인 경우의 끼워맞춤은?

① 헐거운 끼워맞춤
② 중간 끼워맞춤
③ 억지 끼워맞춤
④ 고정 끼워맞춤

풀이 구멍의 최소 직경은 ϕ50.02이고, 축의 최대 직경은 ϕ49.97이므로 헐거운 끼워맞춤이 된다.

05 최대 실체 공차 방식에서 외측 형체에 대한 실효치수의 식으로 옳은 것은?

① 최대 실체 치수 − 기하공차
② 최대 실체 치수 + 기하공차
③ 최소 실체 치수 − 기하공차
④ 최소 실체 치수 + 기하공차

풀이 최대 실체 공차 방식은 실체(구멍, 축)가 최대 질량을 갖는 조건이므로 구멍 지름이 최소이거나 축 지름이 최대일 때를 말한다. 따라서 최대 실체 치수+기하공차이다.

06 기준치수가 60, 최대 허용치수가 59.960이고 치수공차가 0.02일 때 아래 치수 허용차는?

① −0.06　　② +0.06
③ −0.04　　④ +0.04

풀이
- 위 치수 허용차 = 최대 허용치수 − 기준치수
  = 59.96 − 60 = −0.04
- 치수공차 = 최대 허용치수 − 최소 허용치수
  = 0.02

  최소 허용치수 = 최대 허용치수 − 0.02
  = 59.96 − 0.02 = 59.94
- 아래 치수 허용차 = 최소 허용치수 − 기준치수
  = 59.94 − 60 = −0.06

07 조립 부품에 대한 치수허용차를 기입할 경우 다음 중 잘못 기입한 것은?

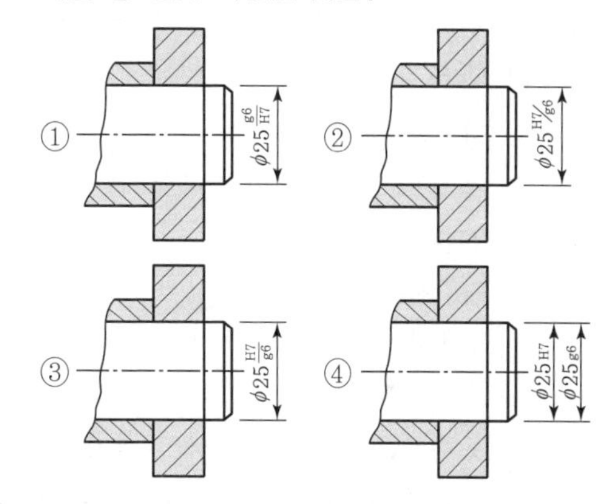

풀이 $\phi 25\frac{g6}{H7}$ 은 잘못된 기입이고 $\phi 25\frac{H7}{g6}$ 이 올바른 치수기입법이다.

08 다음 중 기준치수가 동일한 경우 죔새가 가장 큰 것은?

① H7/f6　　② H7/js6
③ H7/m6　　④ H7/p6

풀이 구멍의 기준치수가 동일하므로 축 지름이 가장 큰 것을 찾아야 한다.
축은 알파벳이 클수록 지름도 커지므로 p가 가장 큰 축이므로 죔새가 가장 크게 된다.

정답 | 03 ③　04 ①　05 ②　06 ①　07 ①　08 ④

09 기하공차의 기호 중 모양공차에 해당하는 것은?

① ○ ② ∠

③ ⊥ ④ //

풀이 모양공차의 종류

공차의 종류	기호
직진도 공차	—
평면도 공차	▱
진원도 공차	○
원통도 공차	⌭
선의 윤곽도 공차	⌒
면의 윤곽도 공차	⌓

10 치수공차 및 끼워맞춤에 관한 용어 설명 중 틀린 것은?

① 허용한계치수 : 형체의 실치수가 그 사이에 들어가도록 정한 허용할 수 있는 대소 2개의 극한의 치수

② 기준치수 : 위 치수 허용차 및 아래 치수 허용차를 적용하는 데 따라 허용한계치수가 주어지는 기준이 되는 치수

③ 공차등급 : 치수공차방식 · 끼워맞춤방식으로 전체의 기준치수에 대하여 동일 수준에 속하는 치수공차의 한 그룹

④ 최대 실체치수 : 형체의 실체가 최대가 되는 쪽의 허용한계치수로서 내측 형체에 대해서는 최대 허용치수, 외측 형체에 대해서는 최소 허용치수를 의미

풀이 최대 실체 치수 : 실체(구멍, 축)가 최대 질량을 갖는 조건이므로 구멍 지름(내측 형체)이 최소이거나 축 지름(외측 형체)이 최대일 때를 말한다. 즉, 내측 형체에 대해서는 최소 허용치수, 외측 형체에 대해서는 최대 허용치수를 의미한다.

11 표면거칠기 지시방법에서 '제거가공을 허용하지 않는다.'는 것을 지시하는 것은?

풀이 제거가공 여부에 따른 표시

√ : 절삭 등 제거가공의 필요 여부를 문제 삼지 않는다.

(원 표시) : 제거가공을 하지 않는다.

(삼각 표시) : 제거가공을 한다.

12 지시선의 화살표로 나타낸 중심면은 데이텀 중심평면 A에 대칭으로 0.08mm의 간격을 갖는 평행한 두 개의 평면 사이에 있어야 한다고 할 때 들어가야 할 기하공차 기호로 옳은 것은?

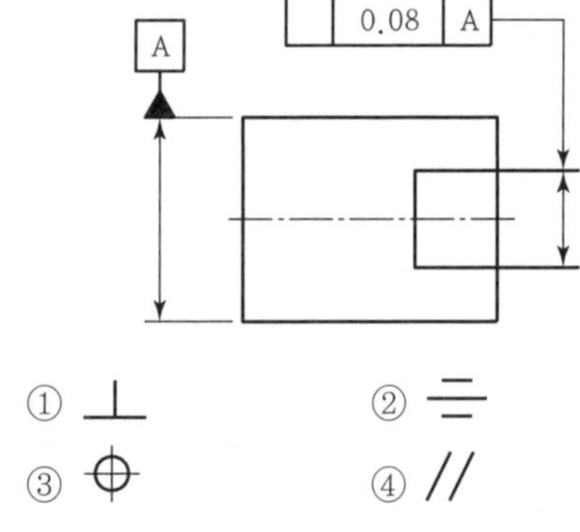

① ⊥ ② ⌯

③ ⌖ ④ //

풀이 "지시선의 화살표로 나타낸 중심면은 데이텀 중심평면 A에 대칭으로 0.08mm의 간격을 갖는 평행한 두 개의 평면 사이에 있어야 한다."라고 하였으므로 대칭도 공차(⌯)가 들어가야 한다.

13 줄무늬 방향의 기호와 그에 대한 설명으로 틀린 것은?

① C : 가공으로 생긴 컷의 줄무늬가 기호를 기입한 면의 중심에 거의 동심원 모양

정답 | 09 ① 10 ④ 11 ② 12 ② 13 ③

② R : 가공으로 생긴 컷의 줄무늬가 기호를 기입한 면의 중심에 대하여 거의 방사 모양
③ M : 가공으로 생긴 컷의 줄무늬 방향이 기호를 기입한 그림의 투영면에 평행
④ X : 가공으로 생긴 컷의 줄무늬 방향이 기호를 기입한 그림의 투영면에 비스듬하게 2방향을 교차

풀이 줄무늬 방향의 기호
M : 가공으로 생긴 커터의 줄무늬가 여러 방향으로 교차 또는 방향이 없음

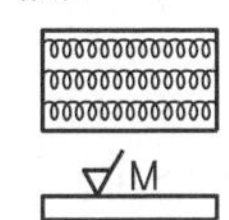

14 ϕ50 H7/g6으로 표시된 끼워맞춤 기호 중 "g6"에서 "6"이 뜻하는 것은?

① 공차의 등급
② 끼워맞춤의 종류
③ 공차역의 위치
④ 아래치수 허용차

풀이 6 : IT 기본 공차 등급을 뜻한다.

15 기하공차의 종류와 기호의 연결이 잘못된 것은?

① ○ – 진원도　② ⏥ – 평행도
③ ◎ – 동심도　④ ↗ – 원주 흔들림

풀이 ⏥ : 평면도 공차, // : 평행도 공차

16 최대 실체 공차 방식의 적용을 표시하는 방법으로 옳지 못한 것은?

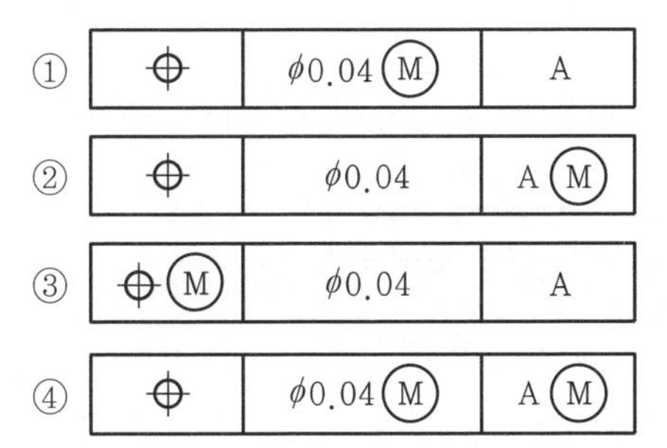

풀이 ① 규제 형체에 적용하는 경우로 공차값 뒤에 Ⓜ을 기입한다.
② 데이텀 형체에 적용하는 경우로 데이텀 문자 뒤에 Ⓜ을 기입한다.
④ 규제 형체와 데이텀 형체에 적용하는 경우로 공차값과 데이텀 문자 뒤에 각각 Ⓜ을 기입한다.

17 다음 축과 구멍의 공차치수에서 최대 틈새는?

구멍 : $\phi 50^{+0.025}_{0}$
축 : $\phi 50^{-0.025}_{-0.050}$

① 0.075　② 0.050
③ 0.025　④ 0.015

풀이 최대 틈새는 구멍이 최대 크기이고 축은 최소 크기일 때 나오므로
50.025 – 49.95 = 0.075이다.

18 부품의 기능과 역할에 따라 틈새 또는 죔새가 생기는 끼워맞춤은?

① 헐거운 끼워맞춤
② 억지 끼워맞춤
③ 표준 끼워맞춤
④ 중간 끼워맞춤

풀이 중간 끼워맞춤에 대한 설명이다.

19 재료가 최대 크기일 경우에 형태가 한계 크기가 되는 고려된 형태의 상태, 즉 구멍의 경우 최소 지름과 축의 경우 최대 지름이 되는 상태를 무엇이라고 하는가?

① 최대 재료 조건(MMC)
② 한계 재료 조건(UMC)
③ 최소 재료 조건(LMC)
④ 일반 재료 조건(NMC)

풀이 최대 재료 조건(MMC)에 대한 설명이다.

정답 | 14 ① 15 ② 16 ③ 17 ① 18 ④ 19 ①

20 기하공차 기입 틀에서 B가 의미하는 것은?

//	0.008	B

① 데이텀　　② 공차 등급
③ 공차기호　　④ 기준치수

풀이
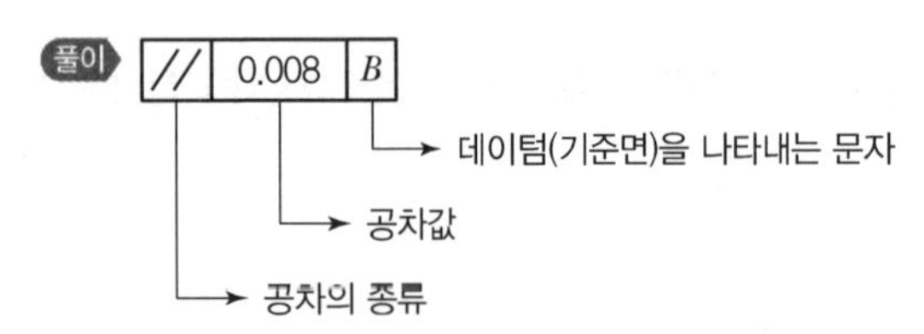

21 조립한 상태에서의 치수의 허용한계 기입이 "85 H6/g5"인 경우 해석으로 틀린 것은?

① 축 기준식 끼워맞춤이다.
② 85는 축과 구멍의 기준 치수이다.
③ 85H6의 구멍과 85g5의 축을 끼워맞춤한 것이다.
④ H6과 g5의 6과 5는 구멍과 축의 IT 기본 공차의 등급을 말한다.

풀이 85 H6/g5에서 H6이 존재하므로 구멍기준식 끼워맞춤이다.

22 다음 중 표면의 결 도시 기호에서 각 항목이 설명하는 것으로 틀린 것은?

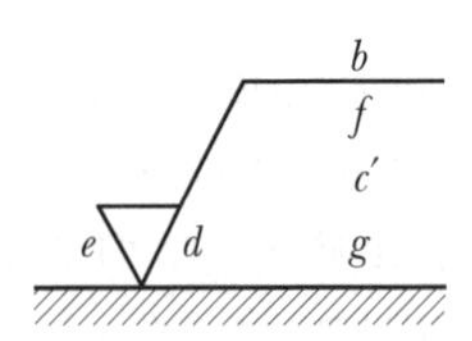

① d : 줄무늬 방향의 기호
② b : 컷오프 값
③ c′ : 기준길이, 평가길이
④ g : 표면 파상도

풀이 지시기호 위치에 따른 표시

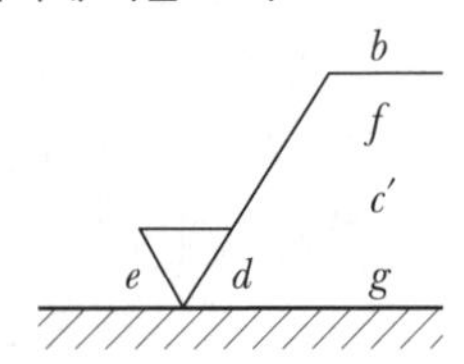

b : 가공방법, 표면처리
c′ : 기준길이, 평가길이
d : 줄무늬 방향의 기호
e : 기계가공 공차(ISO에 규정되어 있음)
f : 최대 높이 또는 10점 평균 거칠기의 값
g : 표면 파상도(KS B 0610에 따름)

23 데이텀을 지시하는 문자기호를 공차기입틀 안에 기입할 때의 설명으로 틀린 것은?

① 1개를 설정하는 데이텀은 1개의 문자기호로 나타낸다.
② 2개의 공통 데이텀을 설정할 때는 2개의 문자기호를 하이픈(−)으로 연결한다.
③ 여러 개의 데이텀을 지정할 때는 우선순위가 높은 것을 오른쪽에서 왼쪽으로 각각 다른 구획에 기입한다.
④ 2개 이상의 데이텀을 지정할 때, 우선순위가 없을 경우는 문자기호를 같은 구획 내에 나란히 기입한다.

풀이 ① 1개의 문자기호로 나타내는 경우

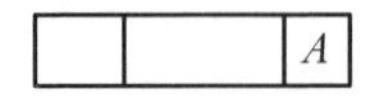

② 2개의 문자기호를 하이픈(−)으로 연결하는 경우

		A–B

③ 우선순위가 높은 것은 문자기호를 왼쪽에서 오른쪽으로 각각 다른 구획에 기입하는 경우

		A	B	C

④ 우선순위가 없을 경우는 문자기호를 같은 구획 내에 나란히 기입하는 경우

		AB

정답 | 20 ① 21 ① 22 ② 23 ③

24 구멍과 축의 기호에서 최대허용치수가 기준치수와 일치하는 기호는?

① H ② h
③ G ④ g

풀이 h : 최대허용치수가 기준치수와 일치한다.

25 기하공차 기호에서 자세공차를 나타내는 것은?

① ─ ② ○
③ ◎ ④ ∠

풀이 자세공차는 평행도 공차(//), 직각도 공차(⊥), 경사도 공차(∠)가 있다.

26 표면거칠기와 관련하여 표면 조직의 파라미터 용어와 그 기호가 잘못 연결된 것은?

① Ra : 평가된 프로파일의 산술평균 높이
② Rq : 평가된 프로파일의 제곱평균 평방근 높이
③ Rc : 프로파일의 평균 높이
④ Rz : 프로파일의 총 높이

풀이 Rz : 10점 평균 거칠기

27 헐거운 끼워맞춤에서 구멍의 최소 허용치수와 축의 최대 허용치수와의 차를 무엇이라 하는가?

① 최대 틈새 ② 최소 죔새
③ 최소 틈새 ④ 최대 죔새

풀이 헐거운 끼워맞춤은 항상 구멍이 축보다 큰 경우이고, 구멍의 최소 허용치수와 축의 최대 허용치수와의 차는 최소 틈새를 말한다.

CHAPTER 08 기계요소의 설계

01 지름이 6cm인 원형단면의 봉에 500kN의 인장하중이 작용할 때 이 봉에 발생되는 응력은 약 몇 N/mm²인가?

① 170.8 ② 176.8
③ 180.8 ④ 200.8

풀이 응력은 면적분포의 힘이므로,

인장응력 $\sigma = \dfrac{F(\text{인장하중})}{A_\sigma(\text{면적})} = \dfrac{500 \times 1{,}000}{\dfrac{\pi \times 60^2}{4}}$

$= 176.8\text{N/mm}^2$

02 재료의 안전성을 고려하여 허용할 수 있는 최대응력을 무엇이라 하는가?

① 주응력 ② 사용응력
③ 수직응력 ④ 허용응력

풀이 허용응력 : 탄성한도 영역 내의 안전상 허용할 수 있는 최대응력

03 길이가 1m이고 지름이 30mm인 둥근 막대에 30,000N의 인장하중을 작용하면 얼마 정도 늘어나는가?(단, 세로탄성계수 : 2.1×10^5N/mm²)

① 0.102mm ② 0.202mm
③ 0.302mm ④ 0.402mm

풀이 늘어난 길이

$\lambda = \dfrac{Pl}{AE} = \dfrac{Pl}{\dfrac{\pi}{4}d^2 \times E} = \dfrac{4Pl}{\pi d^2 E}$

$= \dfrac{4 \times 30{,}000 \times 1{,}000}{\pi \times 30^2 \times 2.1 \times 10^5} = 0.202\text{mm}$

여기서, A : 둥근 막대 단면적
P : 인장하중
l : 막대 길이
E : 세로탄성계수

정답 | 24 ② 25 ④ 26 ④ 27 ③ | 01 ② 02 ④ 03 ②

04 각속도(ω, rad/s)를 구하는 식 중 옳은 것은? [단, N : 회전수(rpm), H : 전달마력(PS)이다.]

① $\omega = (2\pi N)/60$

② $\omega = 60/(2\pi N)$

③ $\omega = (2\pi N)/(60H)$

④ $\omega = (60H)/(2\pi N)$

풀이 1 바퀴 → 2π rad(라디안),

회전수 : N(rpm ; revolution per minute)

$$\therefore \text{각속도 } \omega = \frac{2\pi \text{rad}}{1\text{rev}} \times \frac{N\text{rev}}{1\text{min} \times 60\frac{\text{sec}}{1\text{min}}} = \frac{2\pi N}{60}(\text{rad/sec})$$

05 다음 중 하중의 크기 및 방향이 주기적으로 변화하는 하중으로서 양진하중을 말하는 것은?

① 집중하중 ② 분포하중

③ 교번하중 ④ 반복하중

풀이 교번하중 : 부재가 하중을 받을 때, 힘의 크기와 방향이 변화하면서 인장과 압축이 교대로 가해지는 하중

06 다음 나사 중 백래시를 작게 할 수 있고 높은 정밀도를 오래 유지할 수 있으며 효율이 가장 좋은 것은?

① 사각 나사

② 톱니 나사

③ 볼 나사

④ 둥근 나사

풀이 볼 나사의 특징

- 백래시가 매우 작다.
- 먼지나 이물질에 의한 마모가 적다.
- 정밀도가 높다.
- 나사의 효율이 높다.(90% 이상)
- 마찰이 매우 적다.

07 볼트를 결합시킬 때 너트를 2회전 하면 축 방향으로 10mm, 나사산 수는 4산이 진행된다. 이와 같은 나사의 조건은?

① 피치 2.5mm, 리드 5mm

② 피치 5mm, 리드 5mm

③ 피치 5mm, 리드 10mm

④ 피치 2.5mm, 리드 10mm

풀이
- 리드(1회전 시 축 방향으로 움직인 거리) :

$$l = \frac{\text{축방향의 진행 길이}}{\text{나사의 회전수}} = \frac{10}{2} = 5\text{mm}$$

- 줄수 :

$$n = \frac{\text{진행된 나사산 수}}{\text{나사의 회전수}} = \frac{4\text{산}}{2\text{회전}} = 2\text{줄나사}$$

- 피치 : $p = \frac{\text{리드}(l)}{\text{줄수}(n)} = \frac{5}{2} = 2.5\text{mm}$

08 나사의 끝을 이용하여 축에 바퀴를 고정시키거나 위치를 조정할 때 사용되는 나사는?

① 태핑 나사

② 사각 나사

③ 볼 나사

④ 멈춤 나사

풀이 멈춤 나사 : 두 물체 사이에 회전이나 미끄럼이 생기지 않도록 사용하는 나사로 키(key)의 대용 역할을 한다. 회전체의 보스 부분을 축에 고정시키는 데 많이 사용한다.

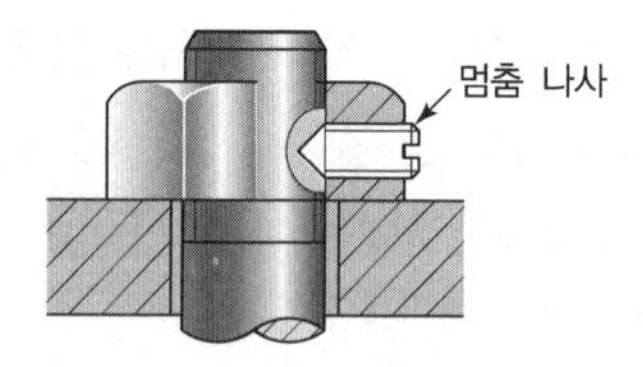

09 축 방향으로만 정하중을 받는 경우 50kN을 지탱할 수 있는 훅 나사부의 바깥지름은 약 몇 mm인가?(단, 허용응력은 50N/mm^2이다.)

① 40mm ② 45mm

③ 50mm ④ 55mm

정답 | 04 ① 05 ③ 06 ③ 07 ① 08 ④ 09 ②

풀이 하중 $W = \sigma \times \frac{1}{4}\pi d_1^2$

여기서, d_1 : 골지름, 정하중에 의해 골지름(d_1)이 파괴된다.

$$d_1 = \sqrt{\frac{4 \times W}{\pi\sigma}} = \sqrt{\frac{4 \times 50{,}000}{\pi \times 50}} \fallingdotseq 35.68\text{mm}$$

KS 규격 $d_1 = 0.8d$ (d : 바깥지름)

나사부의 바깥지름 $d = \frac{d_1}{0.8} = \frac{35.68}{0.8}$

$= 44.6\text{mm}$

∴ 훅 나사부의 바깥지름은 44.6mm보다 큰 45mm로 설계해야 한다.

10 보스와 축이 둘레에 여러 개의 같은 키(key)를 깎아 붙인 모양으로 큰 동력을 전달할 수 있고 내구력이 크며, 축과 보스의 중심을 정확하게 맞출 수 있는 특징을 가지는 것은?

① 반달 키 ② 새들 키

③ 원뿔 키 ④ 스플라인

풀이 스플라인

축에 평행하게 4~20줄의 키 홈을 판 특수키이다. 보스에도 끼워 맞추어지는 키 홈을 파서 결합한다.

11 부품의 위치결정 또는 고정 시에 사용되는 체결요소가 아닌 것은?

① 핀(pin)

② 너트(nut)

③ 볼트(bolt)

④ 기어 (gear)

풀이 기어는 물체의 결합용 기계요소가 아니고 직접 동력 전달용 기계요소이다.

12 평판 모양의 쐐기를 이용하여 인장력이나 압축력을 받는 2개의 축을 연결하는 결합용 기계요소는?

① 코터 ② 커플링

③ 아이 볼트 ④ 테이퍼 키

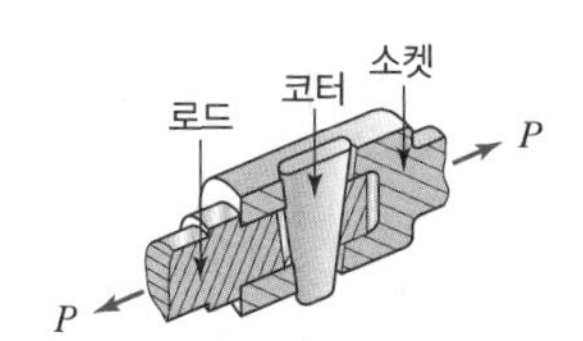

13 지름 50mm 축에 10mm인 성크 키를 설치했을 때, 일반적으로 전단하중만을 받을 경우 키가 파손되지 않으려면 키의 길이는 몇 mm인가?

① 25mm ② 75mm

③ 150mm ④ 200mm

풀이 경험식에 의한 키의 길이 $l = 1.5d$ 로 설계한다.

$l = 1.5 \times d = 1.5 \times 50\text{mm} = 75\text{mm}$

14 회전체의 균형을 좋게 하거나 너트를 외부에 돌출시키지 않으려고 할 때 주로 사용하는 너트는?

① 캡 너트 ② 둥근 너트

③ 육각 너트 ④ 와셔붙이 너트

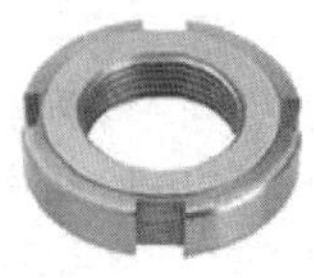

[둥근 너트]

15 양쪽 끝 모두 수나사로 되어 있으며, 한쪽 끝에 상대 쪽에 암나사를 만들어 미리 반영구적으로 나사 박음하고, 다른 쪽 끝에 너트를 끼워 죄도록 하는 볼트는 무엇인가?

① 스테이 볼트 ② 아이 볼트

③ 탭 볼트 ④ 스터드 볼트

정답 | 10 ④ 11 ④ 12 ① 13 ② 14 ② 15 ④

풀이 스터드 볼트(stud bolt)

볼트의 머리가 없는 볼트로 한 끝은 본체에 고정되어 있고, 고정되지 않는 볼트부 끝에 너트를 끼워 죈다.(분해가 간편하다.)

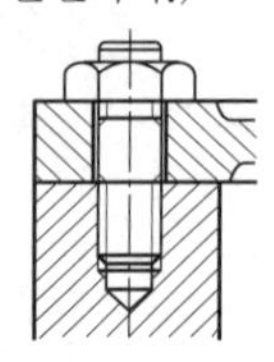

16 가장 널리 쓰이는 키(Key)로 축과 보스 양쪽에 키홈을 파서 동력을 전달하는 것은?

① 성크 키 ② 반달 키
③ 접선 키 ④ 원뿔 키

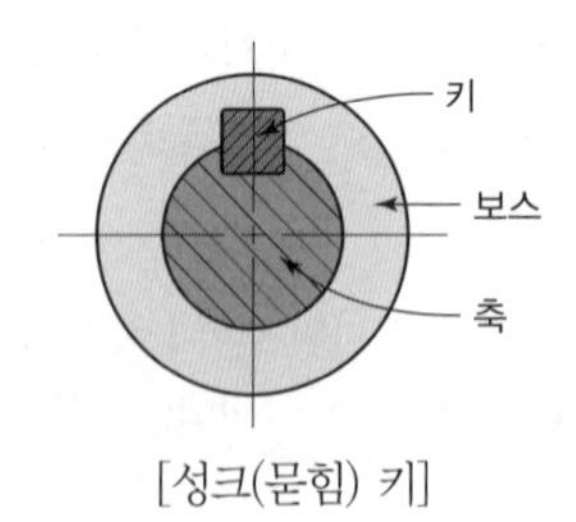

[성크(묻힘) 키]

17 볼트, 너트의 풀림 방지 방법 중 틀린 것은?

① 로크 너트에 의한 방법
② 스프링 와셔에 의한 방법
③ 플라스틱 플러그에 의한 방법
④ 아이 볼트에 의한 방법

풀이 볼트, 너트의 풀림 방지

- 로크(lock) 너트에 의한 방법
- 분할 핀에 의한 방법
- 혀붙이, 스프링, 고무와셔에 의한 방법
- 멈춤나사에 의한 방법
- 스프링 너트에 의한 방법

※ 아이 볼트는 주로 축하중만을 받을 때 사용하는 볼트이다.

18 나사의 기호 표시가 틀린 것은?

① 미터계 사다리꼴 나사 : TM
② 인치계 사다리꼴 나사 : WTC
③ 유니파이 보통 나사 : UNC
④ 유니파이 가는 나사 : UNF

풀이 인치계 사다리꼴 나사 : TW－나사산의 각도가 29°인 사다리꼴 나사

19 리베팅이 끝난 뒤에 리벳 머리의 주위 또는 강판의 가장자리를 정으로 때려 그 부분을 밀착시켜 틈을 없애는 작업은?

① 시밍 ② 코킹
③ 커플링 ④ 해머링

풀이 코킹 : 기밀을 유지하기 위한 작업으로 리베팅이 끝난 뒤에 리벳 머리의 주위 또는 강판의 가장자리를 정으로 때려 그 부분을 밀착시켜서 틈을 없애는 작업

20 핀(pin)의 종류에 대한 설명으로 틀린 것은?

① 테이퍼 핀은 보통 1/50 정도의 테이퍼를 가지며, 축에 보스를 고정시킬 때 사용할 수 있다.
② 평행 핀은 분해 · 조립하는 부품의 맞춤면의 관계 위치를 일정하게 할 필요가 있을 때 주로 사용된다.
③ 분할 핀은 한쪽 끝이 2가닥으로 갈라진 핀으로 축에 끼워진 부품이 빠지는 것을 막는 데 사용할 수 있다.
④ 스프링 핀은 2개의 봉을 연결하기 위해 구멍에 수직으로 핀을 끼워 2개의 봉이 상대 각운동을 할 수 있도록 연결한 것이다.

풀이 스프링 핀

얇은 판을 원통형으로 말아서 만든 평형 핀의 일종으로 억지끼움을 했을 때 핀의 복원력으로 구멍에 정확히 밀착되는 특성이 있고, 평행 핀에 비해 중공이어서 가볍다는 이점이 있다.

정답 | 16 ① 17 ④ 18 ② 19 ② 20 ④

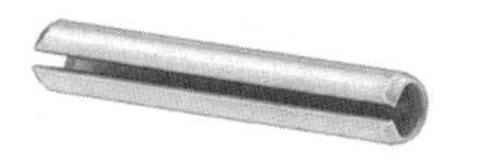

21 축이음 중 두 축이 평행하고 각속도의 변동 없이 토크를 전달하는 데 가장 적합한 것은?

① 올덤 커플링
② 플렉시블 커플링
③ 유니버설 커플링
④ 플랜지 커플링

풀이 올덤 커플링
두 축이 평행하고 축의 중심선이 약간 어긋난 경우 축간거리가 짧을 때 각속도의 변동 없이 토크를 전달하는 데 사용하는 축이음

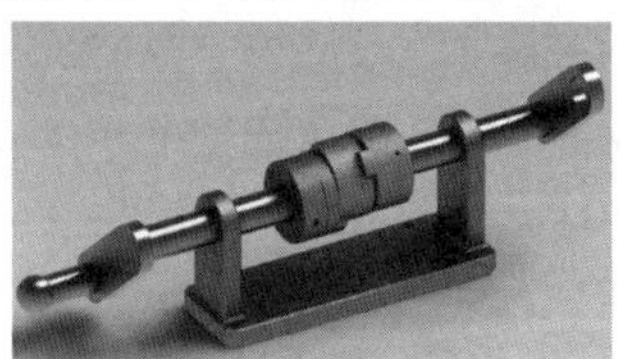

22 저널 베어링에서 저널의 지름이 30mm, 길이가 40mm, 베어링의 하중이 2,400N일 때 베어링의 압력(N/mm^2)은?

① 1　　② 2
③ 3　　④ 4

풀이 $q(\text{베어링 압력}) = \dfrac{\text{베어링 하중}}{\text{투사면적}}$

$= \dfrac{P(\text{베어링 하중})}{d(\text{지름}) \times l(\text{저널 길이})}$

$= \dfrac{2{,}400\text{N}}{30\text{mm} \times 40\text{mm}} = 2\text{N/mm}^2$

23 구름 베어링 중에서 볼베어링의 구성요소와 관련이 없는 것은?

① 외륜　　② 내륜
③ 니들　　④ 리테이너

풀이 니들(needle : 바늘) : 바늘 모양의 롤러로 니들 롤러베어링의 부품이다.

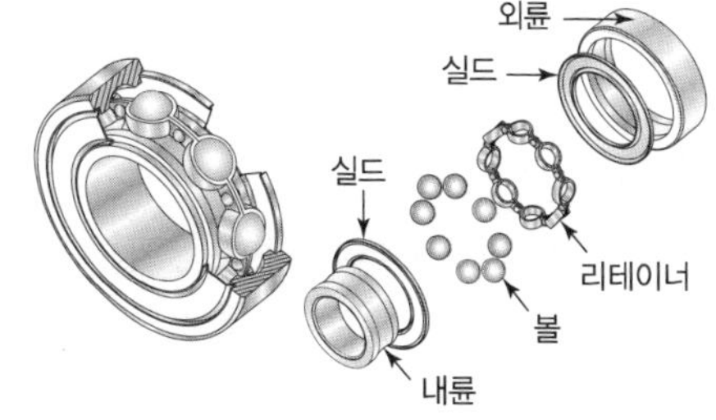

[구름 베어링의 구조]

24 레이디얼 볼베어링 번호 6200의 안지름은?

① 10mm　　② 12mm
③ 15mm　　④ 17mm

풀이

호칭번호	내경(mm)	
6000	10	60, 62, 63, 70 등 베어링 계열 기호와 상관없이 내경은 표의 값이 된다.
6001	12	
6002	15	
6003	17	
6004	20 (4×5)	안지름 번호×5 =내경
6005	25 (5×5)	
6006	30 (6×5)	

25 축을 설계할 때 고려하지 않아도 되는 것은?

① 축의 강도
② 피로 충격
③ 응력 집중의 영향
④ 축의 표면조도

풀이 축의 설계에 고려되는 사항
강도, 변형(강성), 진동, 부식, 응력집중, 열응력, 열팽창 등

④ 축의 표면조도는 축 설계 시 고려사항이 아니다.

26 축에 작용하는 비틀림 토크가 2.5kN · m이고 축의 허용전단응력이 49MPa일 때 축 지름은 약 몇 mm 이상이어야 하는가?

① 24　　② 36
③ 48　　④ 64

정답 | 21 ① 22 ② 23 ③ 24 ① 25 ④ 26 ④

풀이 $T = \tau_a Z_P = \tau_a \dfrac{\pi d^3}{16}$

$$d = \sqrt{\frac{16T}{\pi \tau_a}}$$

여기서, T : 축의 비틀림 토크, τ_a : 허용전단응력
Z_P : 극단면계수, d : 축 지름

$T = 2.5\text{kN}\cdot\text{m} = 2.5\times10^3\text{N}\cdot\text{m}$

$\tau_a = 49\text{MPa} = 49\times10^6\text{Pa} = 49\times10^6\text{N/m}^2$

$$\therefore d = \sqrt[3]{\frac{16\times2.5\times10^3}{\pi\times49\times10^6}} = 0.0638\text{m} \fallingdotseq 64\text{mm}$$

27 미끄럼 베어링의 윤활방법이 아닌 것은?

① 적하 급유법 ② 패드 급유법
③ 오일링 급유법 ④ 충격 급유법

풀이 충격 급유법은 윤활방법이 아니다.

※ 미끄럼 베어링의 윤활법에는 적하 급유, 패드 급유, 오일링 급유, 손 급유(수동 급유), 원심 급유, 비말 급유, 강제 급유, 그리스 급유가 있다.

28 회전하고 있는 원동 마찰차의 지름이 250mm이고 종동차의 지름이 400mm일 때 최대 토크는 몇 N · m인가?(단, 마찰차의 마찰계수는 0.2이고 서로 밀어붙이는 힘이 2kN이다.)

① 20 ② 40
③ 80 ④ 160

풀이 마찰차는 마찰력에 의해 토크를 전달하므로
$T = \mu N \times$ 거리
종동차의 반지름이 더 크므로 최대 토크는

$$T_{종동} = \mu N \times \frac{D_{종동}}{2} = 0.2\times2\text{kN}\times\left(\frac{1{,}000\text{N}}{1\text{kN}}\right) \times \frac{400\text{mm}\times\left(\frac{1\text{m}}{1{,}000\text{mm}}\right)}{2}$$

$= 80\text{N}\cdot\text{m}$

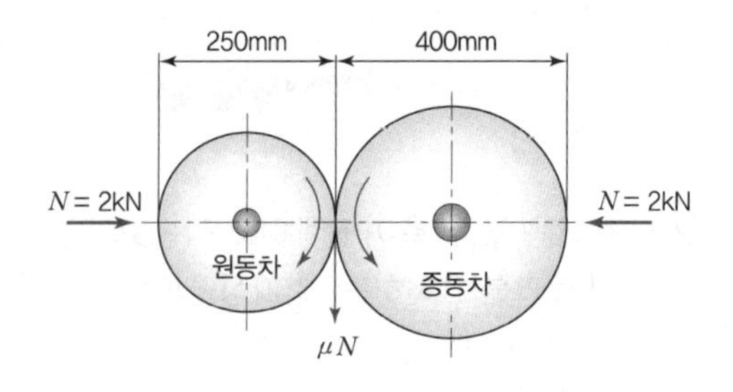

29 표준 스퍼기어의 잇수가 40개, 모듈이 3인 소재의 바깥 지름(mm)은?

① 120 ② 126
③ 184 ④ 204

풀이 피치원 지름 $D = m \times z$
(여기서, m : 모듈, z : 잇수)
이끝원 지름 $D_0 = D + 2a = D + 2m$
[여기서, a(어덴덤) : 이끝높이, m : 모듈]
$a = m$ [표준치형에서는 이끝높이(a)와 모듈(m)의 크기를 같게 설계한다.]
∴ 소재의 지름 = 이끝원 지름
$= 40\times3 + 2\times3 = 126\text{mm}$

30 웜기어에서 웜이 3줄이고 웜휠의 잇수가 60개일 때의 속도비는?

① $\dfrac{1}{10}$ ② $\dfrac{1}{20}$
③ $\dfrac{1}{30}$ ④ $\dfrac{1}{60}$

풀이 웜기어 속도비 $i = \dfrac{N_g}{N_w} = \dfrac{n}{Z_g} = \dfrac{3}{60} = \dfrac{1}{20}$

여기서, n : 웜의 줄 수, N_w : 웜의 회전수
Z_g : 웜휠의 잇수, N_g : 웜휠의 회전수

31 평벨트 전동과 비교한 V 벨트 전동의 특징이 아닌 것은?

① 고속운전이 가능하다.
② 미끄럼이 적고 속도비가 크다.
③ 바로걸기와 엇걸기 모두 가능하다.
④ 접촉 면적이 넓으므로 큰 동력을 전달한다.

정답 | 27 ④ 28 ③ 29 ② 30 ② 31 ③

풀이 평벨트는 바로걸기(◎‿◎)와 엇걸기(◎✕◎) 모두 가능하나, 단면이 사다리꼴(▨)인 V-벨트는 엇걸기를 할 수 없다.

32 사용 기능에 따라 분류한 기계요소에서 직접 전동 기계요소는?

① 마찰차　　② 로프
③ 체인　　④ 벨트

풀이
- 직접 전동용 기계요소 : 마찰차, 기어(기계요소가 직접 닿아 동력 전달)
- 간접 전동용 기계요소 : 벨트, 체인, 로프

33 기어에서 이(tooth)의 간섭을 막는 방법으로 틀린 것은?

① 이의 높이를 높인다.
② 압력각을 증가시킨다.
③ 치형의 이끝면을 깎아낸다.
④ 피니언의 반경 방향의 이뿌리면을 파낸다.

풀이 이의 높이를 높이면 이의 간섭이 더 심해진다.(언더컷 증가)

34 일반 스퍼 기어와 비교한 헬리컬 기어의 특징에 대한 설명으로 틀린 것은?

① 임의의 비틀림각을 선택할 수 있어서 축 중심거리의 조절이 용이하다.
② 물림 길이가 길고 물림률이 크다.
③ 최소 잇수가 적어서 회전비를 크게 할 수가 있다.
④ 추력이 발생하지 않아서 진동과 소음이 적다.

풀이 헬리컬 기어
스퍼기어보다 접촉선의 길이가 길어서 큰 힘을 전달할 수 있고, 진동과 소음이 작지만, 톱니가 경사져 있어 축 방향으로 스러스트 하중(추력)이 발생한다.

35 체인전동의 일반적인 특징으로 거리가 먼 것은?

① 속도비가 일정하다.
② 유지 및 보수가 용이하다.
③ 내열, 내유, 내습성이 강하다.
④ 진동과 소음이 없다.

풀이 체인전동은 소음 및 진동이 일어나기 쉽기 때문에 고속회전에는 적합하지 않다.

36 기계 부분의 운동 에너지를 열에너지나 전기에너지 등으로 바꾸어 흡수함으로써 운동 속도를 감소시키거나 정지시키는 장치는?

① 브레이크　　② 커플링
③ 캠　　④ 마찰차

37 코일스프링의 전체 평균직경이 50mm, 소선의 직경이 6mm일 때 스프링 지수는 약 얼마인가?

① 1.4　　② 2.5
③ 4.3　　④ 8.3

풀이 스프링 지수 $C = \frac{D}{d} = \frac{50}{6} = 8.3$
여기서, D : 스프링 전체의 평균지름
d : 소선의 지름

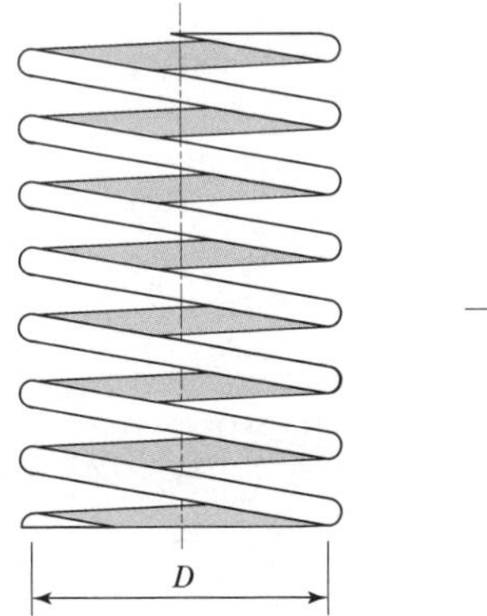

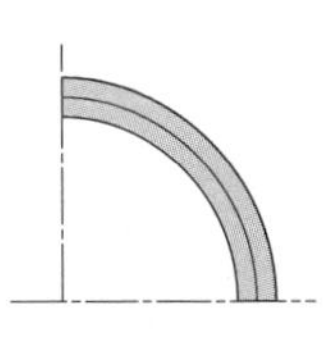
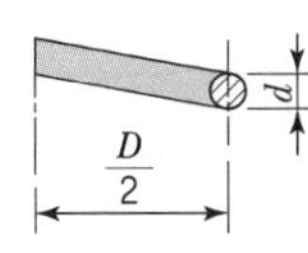

정답 | 32 ① 33 ① 34 ④ 35 ④ 36 ① 37 ④

38 스프링을 사용하는 목적이 아닌 것은?

① 힘 축적　　② 진동 흡수
③ 동력 전달　　④ 충격 완화

풀이 스프링의 용도
- 진동 흡수, 충격 완화(철도, 차량)
- 에너지 축적(시계 태엽)
- 압력의 제한(안전 밸브) 및 힘의 측정(압력 게이지, 저울)
- 기계 부품의 운동 제한 및 운동 전달(내연기관의 밸브 스프링)

39 스프링의 길이가 100mm인 한 끝을 고정하고, 다른 한 끝에 무게 40N의 추를 달았더니 스프링의 전체 길이가 120mm로 늘어났을 때 스프링 상수는 몇 N/mm인가?

① 8　　② 4
③ 2　　④ 1

풀이 스프링 상수 $k = \frac{W}{\delta} = \frac{40}{120-100} = 2\text{N/mm}$

여기서, W : 하중, δ : 처짐량(신장량)

40 브레이크 드럼에서 브레이크 블록에 수직으로 밀어 붙이는 힘이 1,000N이고 마찰계수가 0.45일 때 드럼의 접선 방향 제동력은 몇 N인가?

① 150　　② 250
③ 350　　④ 450

풀이 접선 방향의 제동력은 마찰력 F_f(수직력만의 함수)이므로

$F_f = \mu N = 0.45 \times 1{,}000 = 450\text{N}$

정답 | 38 ③ 39 ③ 40 ④

측정 및 밀링가공

CHAPTER 001 측정 ······ 139

CHAPTER 002 밀링가공 ······ 149

■ PART 02 핵심기출문제 ······ 157

CRAFTSMAN COMPUTER AIDED MILLING

CHAPTER 001

측정

CRAFTSMAN COMPUTER AIDED MILLING

SECTION 01 측정기의 분류

1 측정 종류에 따른 분류

(1) 길이 측정기

강철자, 직각자, 컴퍼스, 만능측장기, 마이크로미터, 버니어캘리퍼스, 하이트게이지, 다이얼게이지, 두께 게이지, 표준 게이지, 광학측정기 등

(2) 각도 측정기

각도 게이지, 직각자, 분도기, 콤비네이션, 사인바, 테이퍼게이지, 만능 각도기, 분할대 등

(3) 평면 측정기

수준기, 직각자, 서피스게이지, 정반, 옵티컬플랫, 조도계, 3차원 형상측정기 등

2 측정 방법에 따른 분류

(1) 직접측정

측정기에 표시된 눈금을 직접 읽어 측정하는 방법

예 버니어 캘리퍼스, 마이크로미터, 측장기 등

(2) 간접측정

원추의 테이퍼양을 측정할 경우와 같이 직접 측정값을 읽지 못하고 기하학적 관계를 이용하여 계산에 의해 측정값을 구하는 측정법

예 사인바에 의한 각도 측정, 테이퍼 측정, 나사나 기어의 유효지름 측정 등

(3) 비교측정

측정값과 기준 게이지 값과의 차이를 비교하여 치수를 계산하는 측정방법

예 블록게이지, 다이얼 테스트 인디케이터, 한계 게이지, 공기 마이크로미터, 전기 마이크로미터 등

SECTION 02 아베의 원리

측정 정밀도를 높이기 위해서는 측정물체와 측정기구의 눈금을 측정 방향과 동일 축선상에 배치해야 한다.

1 마이크로미터

측정물체와 측정기구의 눈금을 일직선상에 배치한다. ⇒ 아베의 원리에 맞는 측정

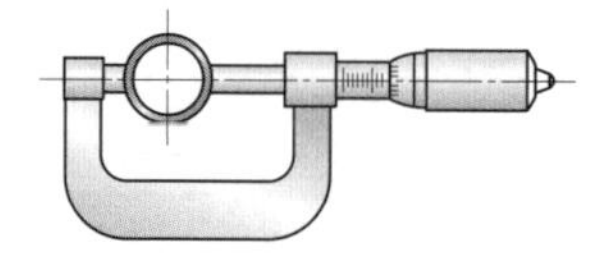

| 아베의 원리에 맞는 측정 |

2 버니어캘리퍼스

측정물체와 측정기구의 눈금이 일직선상에 있지 않는다. ⇒ 아베의 원리에 맞지 않는 측정

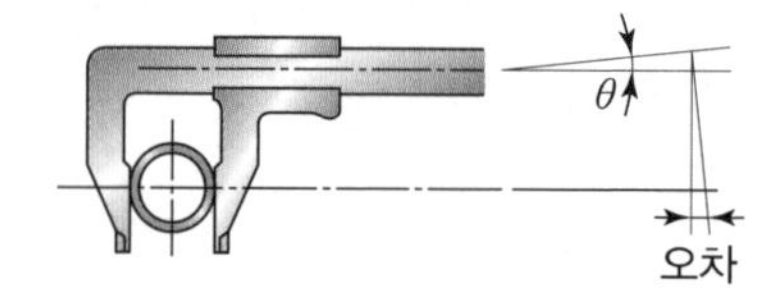

| 아베의 원리에 맞지 않는 측정 |

SECTION 03 길이 측정

1 버니어캘리퍼스

① 버니어캘리퍼스는 본척(어미자)과 부척(아들자)을 이용하여 1/20mm, 1/50mm까지 길이를 측정하는 측정기이다.

② **측정 종류** : 바깥지름, 안지름, 깊이, 두께, 높이 등

③ **최소 측정값**

$\frac{1}{20}$mm 또는 $\frac{1}{50}$mm까지 측정

$$V = \frac{S}{n}$$

여기서, V : 부척의 1눈금 간격
S : 본척의 1눈금 간격
n : 부척의 등분 눈금 수

④ 눈금 읽는 방법

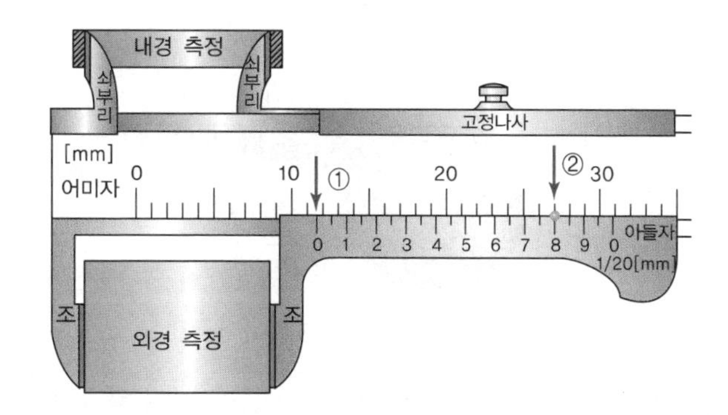

㉠ 아들자 눈금의 "0"이 어미자의 어느 곳에 있는지 확인한다.(화살표 표시 ① 위치)

㉡ 아들자가 위치한 곳이 어미자의 11보다는 크고 12보다는 작으므로 첫 번째 숫자는 11로 읽는다.

㉢ 두 번째 숫자, 즉 소수점 이하의 숫자를 읽는다.(화살표 표시 ② 위치)

⇒ 어미자와 아들자의 숫자가 일치하는 곳을 찾아 아들자의 숫자를 읽어 ㉡의 첫 번째 숫자 뒤에 소수점을 붙이고 바로 뒤에 아들자 숫자를 붙여서 읽으면 된다.

㉣ 결과 : ㉡의 숫자 11, ㉢의 숫자 .8 ⇒ 11.80mm

2 하이트게이지

| 하이트게이지 |

① **용도** : 대형 부품, 복잡한 모양의 부품 등을 정반 위에 올려놓고 정반면을 기준으로 하여 높이를 측정하거나, 스크라이버로 금긋기 작업을 하는 데 사용한다.

② **눈금 읽는 방법** : 버니어캘리퍼스의 눈금 읽는 방법과 같다.

3 마이크로미터와 옵티컬플랫

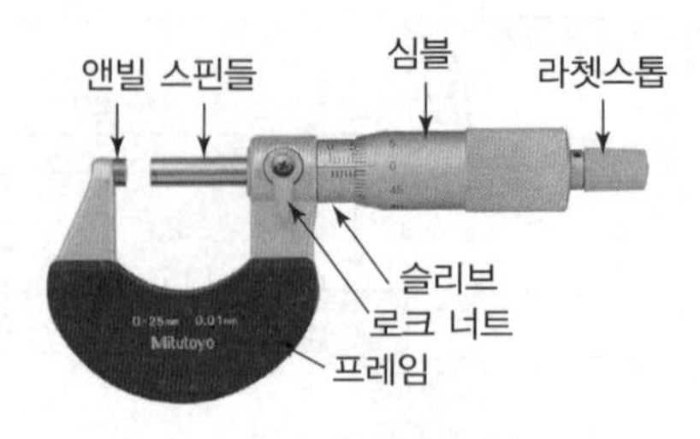

| 마이크로미터 |

① 마이크로미터는 길이의 변화를 나사의 회전각과 지름에 의해 원 주변에 확대하여 눈금을 새김으로써 작은 길이의 변화를 읽을 수 있도록 한 측정기이다.

② **종류** : 외측 · 내측 · 기어이 · 깊이 · 나사 · 유니 · 포인트 마이크로미터 등이 있다.

③ **최소 측정값** : 0.01mm 또는 0.001mm가 있다.

$$\text{최소 측정값} = \frac{\text{나사의 피치}}{\text{심블의 등분 수}}$$

④ **눈금 읽는 방법**

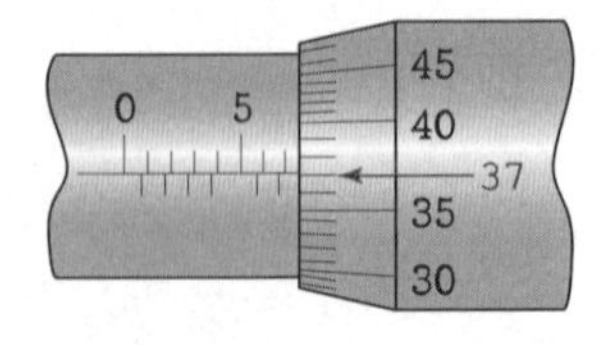

	슬리브 읽음	7.0	[mm]
(+)	심블 읽음	0.37	[mm]
	읽음	7.37	[mm]

⑤ **마이크로미터의 검사**

마이크로미터 측정면의 평면도와 평행도는 앤빌과 스핀들의 양측 정면에 옵티컬 플랫 또는 옵티컬 패럴렐을 밀착시켜 간섭무늬를 관찰해서 판정한다.

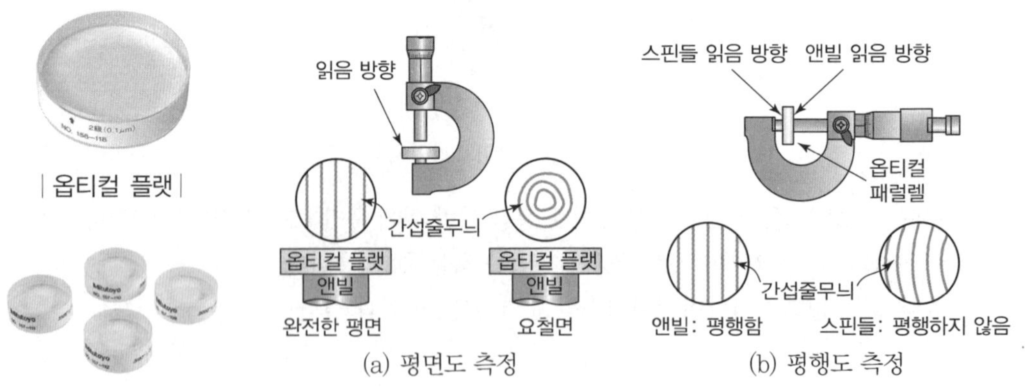

| 옵티컬 플랫 |

| 옵티컬 패럴렐 |

(a) 평면도 측정 (b) 평행도 측정

| 마이크로미터의 평면도 및 평행도 측정방법 |

4 다이얼게이지

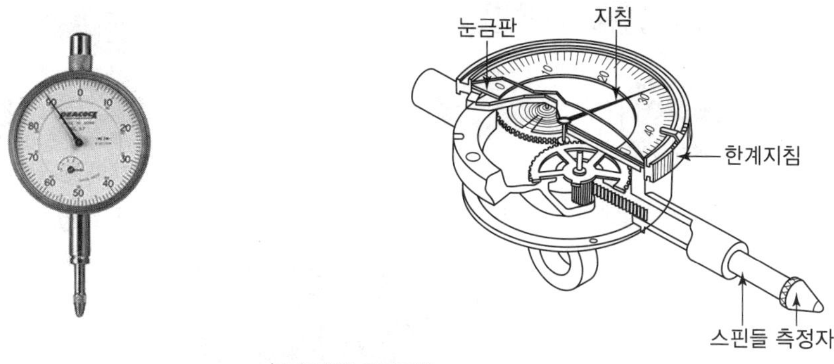

| 다이얼게이지 |

① 다이얼게이지는 측정자의 직선 또는 원호 운동을 기계적으로 확대하고 그 움직임을 지침의 회전 변위로 변환시켜 눈금으로 읽을 수 있는 길이 측정기이다.

② **용도** : 평형도, 평면도, 진원도, 원통도, 축의 흔들림을 측정한다.

5 표준게이지

(1) 블록게이지

① 길이 측정의 기본이 되며, 가장 정밀도가 높고 표준이 되는 것으로, 공장 등에서 길이의 기준으로 사용되는 단도기

② 블록게이지를 여러 개 조합하면 원하는 치수를 얻을 수 있다.

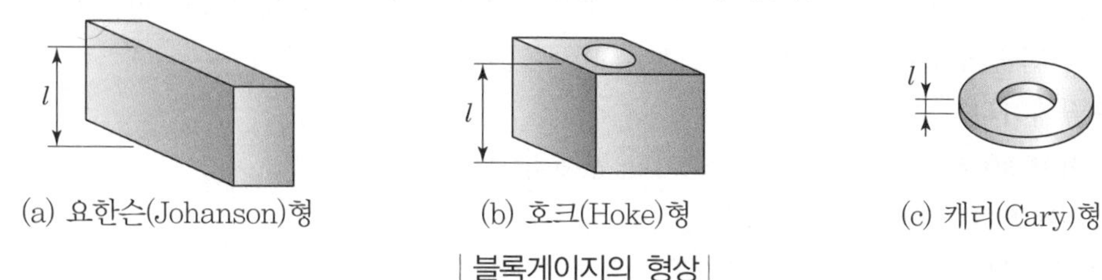

(a) 요한슨(Johanson)형 (b) 호크(Hoke)형 (c) 캐리(Cary)형

| 블록게이지의 형상 |

Reference 단도기

크기나 길이 따위를 재는 데 기준이 되는 계기

예 블록 게이지, 한계 게이지

(2) 한계게이지

① 설계자가 허용하는 제품의 최대 허용한계치수와 최소 허용한계치수를 측정하는 데 사용하는 게이지

② 최대 허용치수와 최소 허용치수를 각각 통과, 측과, 정지 측으로 하므로 매우 능률적으로 측정할 수 있고 측정된 제품이 호환성을 갖게 할 수 있는 측정기이다.

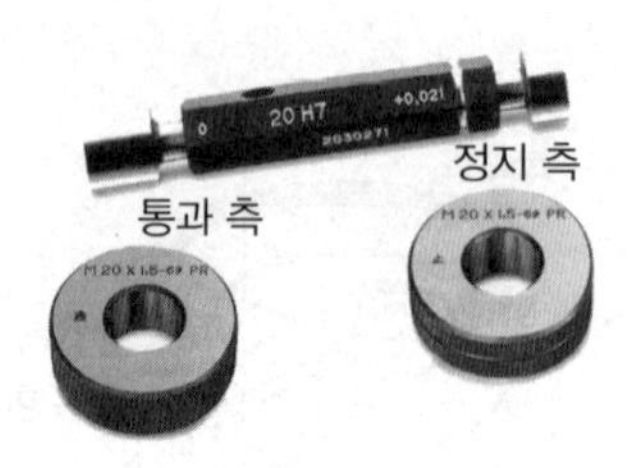

(a) 플러그게이지와 링게이지

(b) 플러그나사게이지와 링나사게이지

통과 측

정지 측

(c) 스냅게이지

| 한계게이지 |

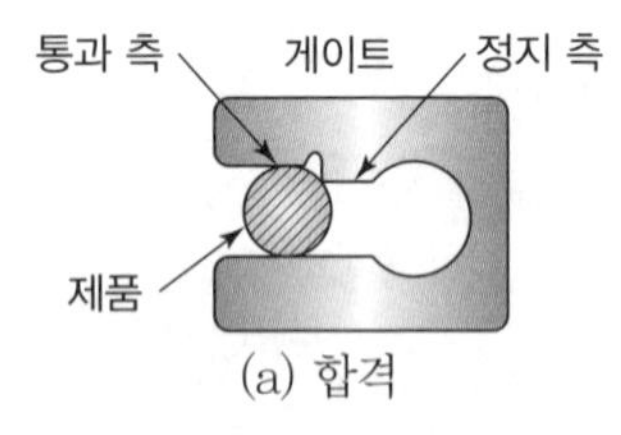

(a) 합격

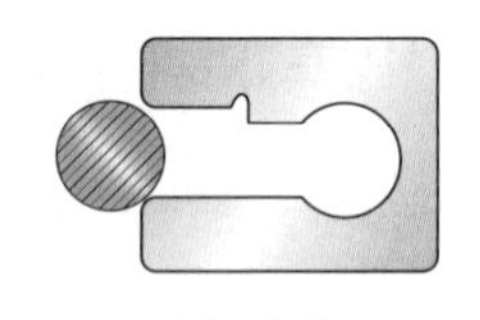

(b) 과대

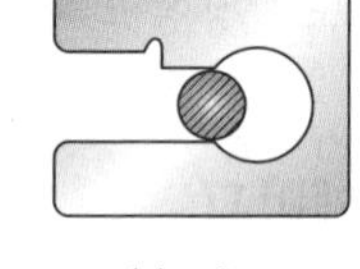

(c) 과소

| 한계게이지 측정 결과 |

(3) 기타 표준게이지

호환성 생산 방식에 필요한 게이지로서 드릴게이지, 와이어게이지, 틈새게이지, 피치게이지, 센터게이지, 반지름게이지 등이 있다.

① **드릴게이지** : 드릴의 지름 측정
② **와이어게이지** : 각종 선재의 지름이나 판재의 두께 측정
③ **틈새게이지** : 미세한 틈새 측정
④ **피치게이지** : 나사의 피치나 산 수 측정
⑤ **센터게이지** : 나사 바이트의 각도 측정
⑥ **반지름게이지** : 곡면의 둥글기 측정

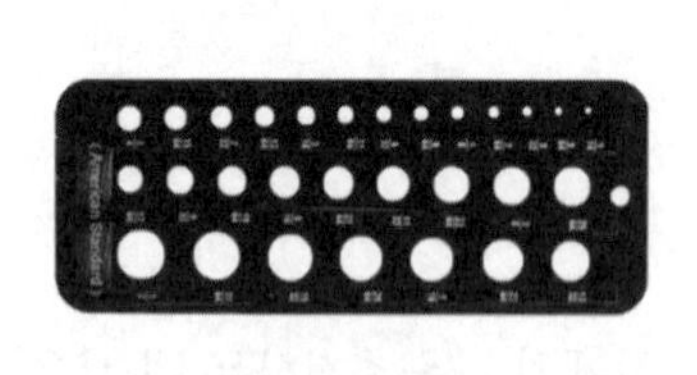

(a) 드릴게이지

(b) 와이어게이지

(c) 틈새게이지

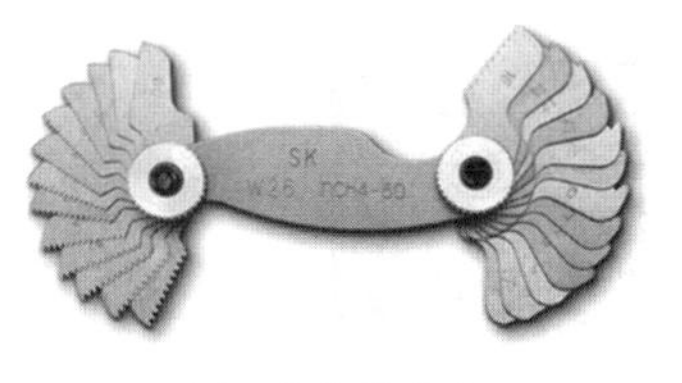

(d) 피치게이지

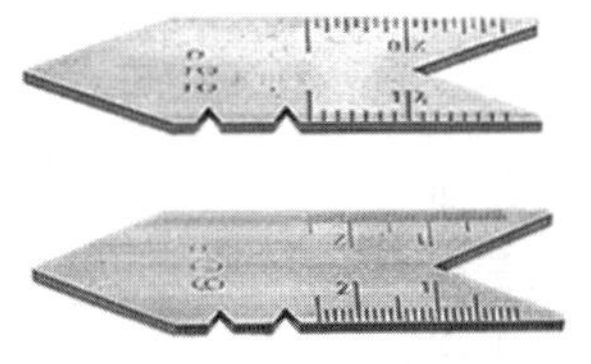

(e) 센터게이지

(f) 반지름게이지

| 기타 표준게이지 |

6 공기 마이크로미터

그림과 같이 압축공기가 노즐로부터 피측정물의 사이를 빠져나올 때 틈새에 따라 공기의 양이 변화한다. 즉, 틈새가 크면 공기량이 많고 틈새가 작으면 공기량이 적어진다. 이 공기의 유량을 유량계로 측정하여 치수의 값으로 읽는 측정기기이다.

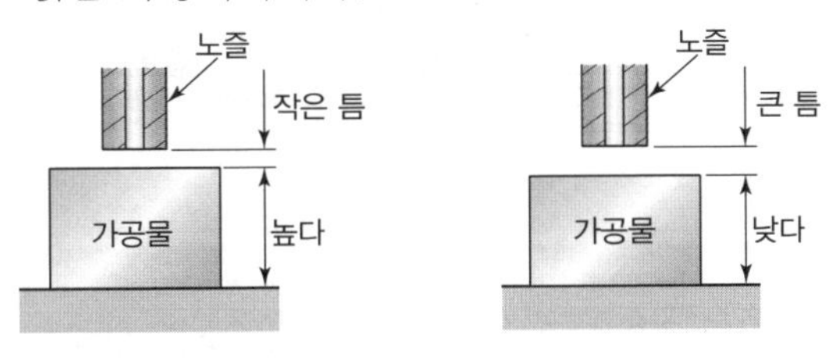

| 공기 마이크로미터 |

SECTION 04 각도 측정

1 각도게이지

요한손식과 NPL식이 있다.

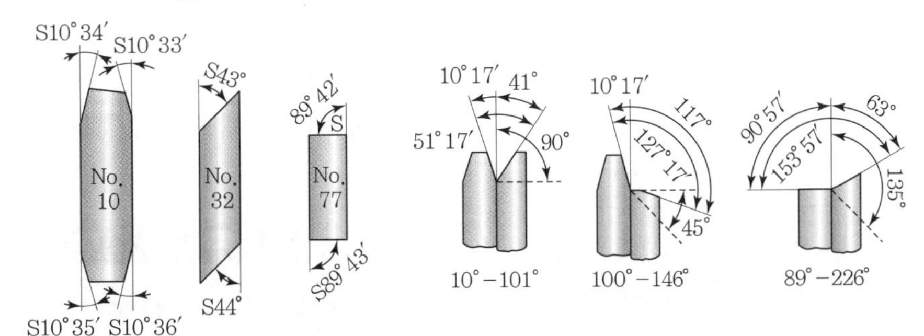

| 요한슨식 각도게이지 및 각도조합 예 |

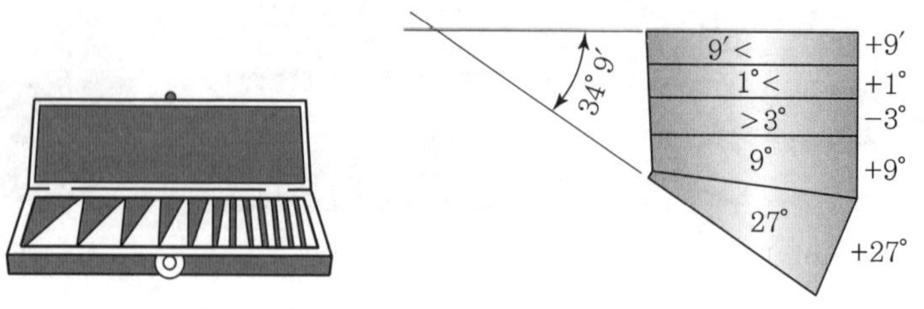

| NPL식 각도게이지 및 각도조합 예 |

2 사인바

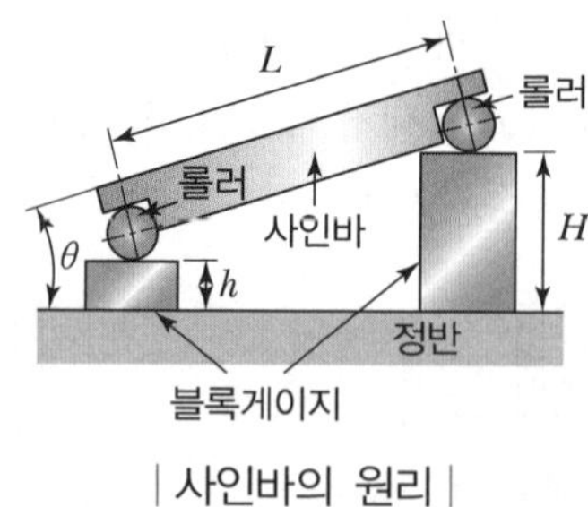

| 사인바의 원리 |

① 블록게이지로 양단의 높이를 맞추어, 삼각함수(sine)를 이용하여 각도를 측정한다.
② 양 롤러 중심의 간격은 100mm 또는 200mm로 제작한다.
③ 각도가 45°가 넘으면 오차가 커지므로 45° 이하에만 사용한다.
④ 각도 측정

$$\sin\theta = \frac{H-h}{L}$$

여기서, H : 높이가 높은 쪽의 롤러를 지지하고 있는 블록게이지의 길이
h : 높이가 낮은 쪽의 롤러를 지지하고 있는 블록게이지의 길이
L : 양 롤러의 중심거리

3 수준기

기포관 내의 기포 위치로 수평면에서 기울기를 측정하는 액체식 각도 측정기로서 기계의 조립 및 설치 시 수평, 수직 상태를 검사하는 데 사용된다.

| 기포관 내의 기포 |

| 수준기 |

4 오토콜리메이터

시준기(collimator)와 망원경(telescope)을 조합한 것으로서 미소 각도 측정, 진직도 측정, 평면도 측정 등에 사용되는 광학적 측정기이다.

| 오토콜리메이터 |

5 기타 각도측정기

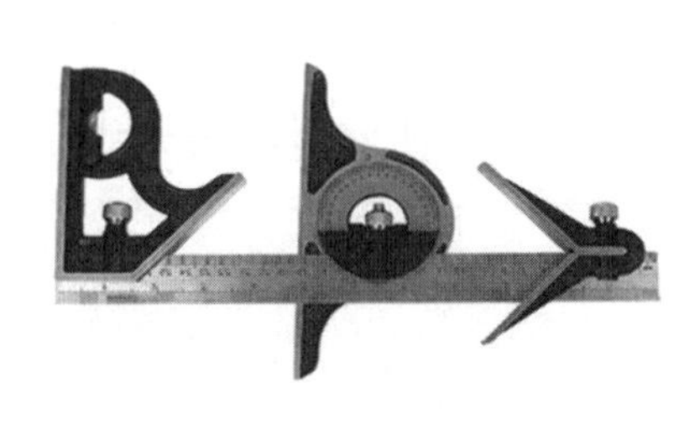

| 콤비네이션 스퀘어 세트 |

| 베벨각도기 |

① 콤비네이션 스퀘어 세트

㉠ 콤비네이션 스퀘어에 각도기가 붙은 것으로서 직선자의 좌측에 스퀘어헤드가 있고 우측에는 센터헤드가 있다.

㉡ 각도측정이나 높이측정에 사용하고 중심을 내는 금긋기 작업에도 사용된다.

② 베벨각도기

위치를 조정할 수 있는 날과 360°의 버니어 눈금이 새겨져 있는 눈금판으로 이루어져 있다.

SECTION 05 나사 측정

1 나사 마이크로미터

나사의 산과 골 사이에 끼우도록 되어 있는 앤빌을 나사에 알맞게 끼워 넣어서 유효지름을 측정한다.

2 삼침법

나사의 골에 적당한 굵기의 침을 3개 끼워서 침의 외측거리 M을 외측 마이크로미터로 측정하여 수나사의 유효지름을 계산한다.(가장 정밀도가 높은 나사의 유효지름 측정에 쓰인다.)

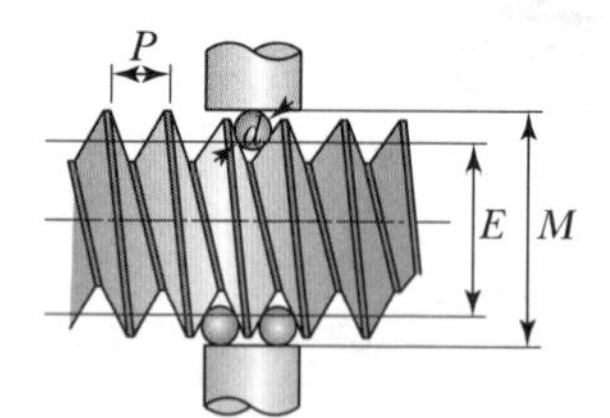

유효경 $E = M - 3d_m + 0.866025p$
(단, 유니파이 나사의 경우 단위 mm)
여기서, M : 삼침의 외측 측정규격
d_m : 삼침경
p : 나사의 피치

| 삼침법에 의한 나사의 유효지름 측정 |

3 공구현미경

공구현미경은 관측 현미경과 정밀 십자이동테이블을 이용하며 길이, 각도, 윤곽 등을 측정하는 데 편리한 측정기기이다.

4 만능측장기

① 측정자와 피측정물을 측정 방향으로 일직선상에 두고 측정하는 측정기로서 기하학적 오차를 줄일 수 있는 구조로 되어 있다.

② 외경, 내경, 나사플러그, 나사링게이지의 유효경 등을 측정한다.

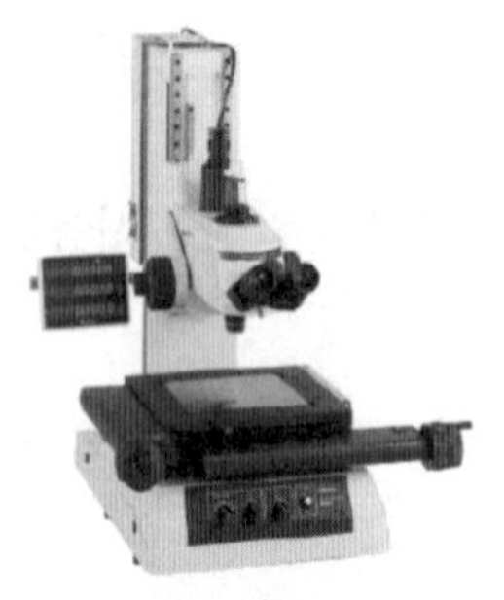

| 공구현미경 |

| 만능측장기 |

CHAPTER

002 밀링가공

CRAFTSMAN COMPUTER AIDED MILLING

SECTION 01 밀링머신의 개요

1 밀링머신의 정의

가공물을 테이블에 고정하고 밀링커터(절삭공구)를 회전시켜 절삭깊이를 주고, 이송하여 원하는 형상으로 가공하는 공작기계이다.

2 밀링머신의 절삭작업

(1) 수직 밀링머신

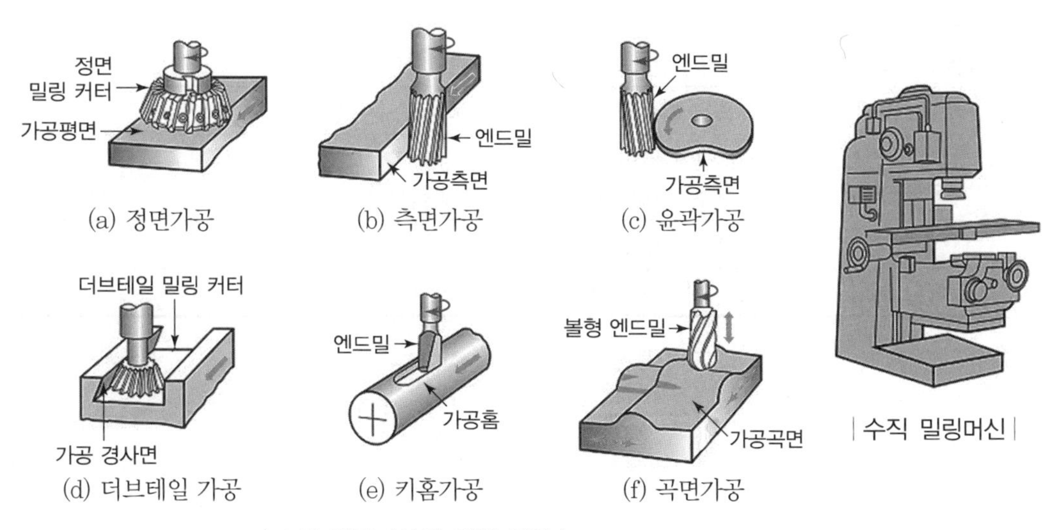

| 수직 밀링머신 |

| 수직 밀링머신의 작업 종류 |

(2) 수평 밀링머신

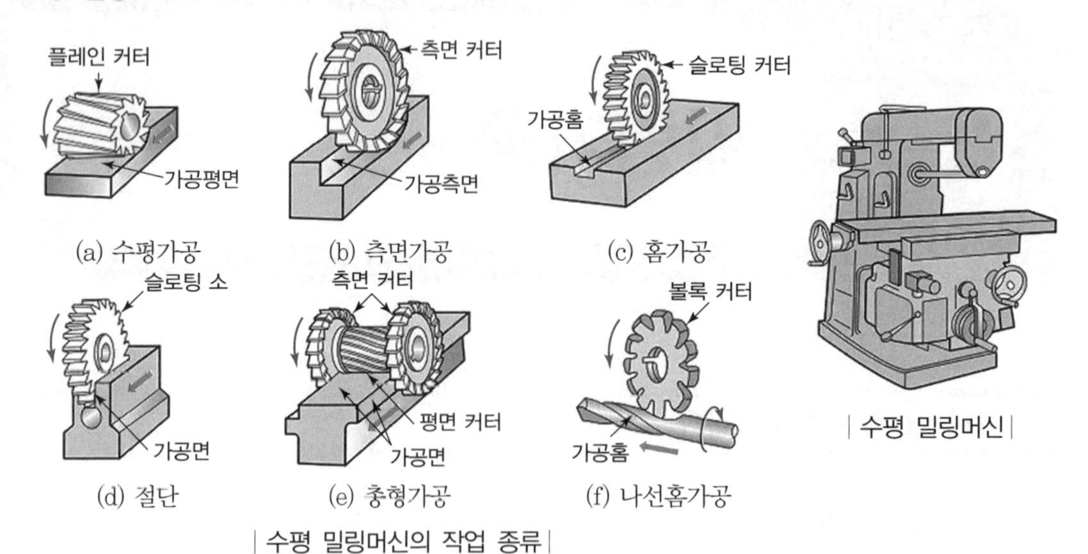

(a) 수평가공 (b) 측면가공 (c) 홈가공

(d) 절단 (e) 총형가공 (f) 나선홈가공

| 수평 밀링머신의 작업 종류 |

| 수평 밀링머신 |

(3) 밀링커터의 종류 및 특징

종류	특징
플레인 커터	평면가공용이다. 사용 나선의 각도는 25~45°이고, 그 이상의 것은 헬리컬 커터라 한다.
측면 밀링커터	단면이나 홈 가공에 많이 사용한다.
메탈소 커터	두께가 얇은 커터로써 금속 면을 절단한다.
정면 커터	평면 가공에 주로 사용하고 날을 교환할 수 있다.
엔드밀 커터	원주와 끝면에 날이 있다. 홈절삭, 좁은 평면 절삭, 윤곽을 가공하는 데 사용된다.
T-홈 커터	T 홈 및 반달 키의 홈가공에 사용된다.
더브테일 커터	더브테일 홈을 가공한다.

SECTION 02 밀링머신의 구조

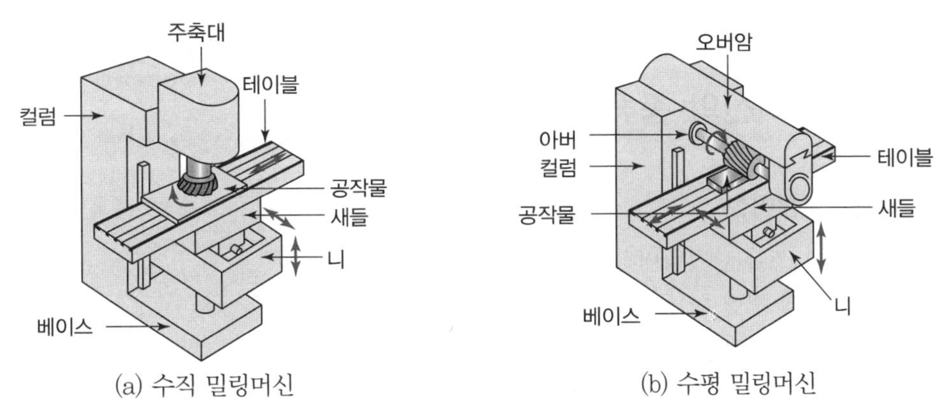

(a) 수직 밀링머신

(b) 수평 밀링머신

| 니형 밀링머신의 구조 |

1 밀링의 주요 구성요소

주축, 컬럼, 베이스, 테이블

2 주축

(1) 수직형

① 주축은 컬럼 내에 수직으로 설치된다.

② 주축은 주로 고정형, 회전형이 있다.

③ 콜릿척을 사용하여 절삭공구를 고정한다.

(2) 수평형

① 주축은 컬럼 내에 수평으로 설치된다.

② 주축 끝 단에 아버가 고정된다.

③ 아버는 브래킷으로 지지(아버의 "휨" 방지)한다.

④ 커터는 아버에 설치한다.

3 컬럼, 베이스, 니, 새들, 테이블

① 컬럼과 베이스는 일체형 주조품이다.

② 컬럼 내부에 모터, 회전기구, 동력전달장치 등이 내장되어 있다.

③ 컬럼 전면 안내면에 니가 부착된다.

④ 니 위에 새들과 테이블이 설치된다.

4 밀링머신 장치의 운동

주축 → 회전, 니 → 상하, 새들 → 전후, 테이블 → 좌우

SECTION 03 밀링머신의 종류

1 니컬럼형 밀링머신

① 가장 많이 쓰이는 밀링머신이다.
② 니는 컬럼의 전면 안내면에 설치되어 이동한다.
③ 테이블 위에 공작물을 설치한다.
④ 종류에는 수평형, 수직형, 만능형이 있다.
⑤ **만능 밀링머신** : 새들 위에 회전대가 있어 수평면상에서 필요한 각도로 테이블을 회전시켜 이송함으로써 트위스트 드릴의 비틀림 홈 등을 가공할 수 있다.

명칭	수직 밀링머신	수평 밀링머신	만능 밀링머신
사진			
특징	주축이 수직	주축이 수평	주축이 수평, 테이블을 회전시켜 이송

2 생산형 밀링머신

대량 생산에 적합하도록 기능이 단순하고, 자동화된 밀링머신이다.

3 플래노밀러(planomiller)

대형 공작물과 중량물의 절삭이나 강력 절삭에 적합하다.

| 생산형 밀링머신(다두형) |

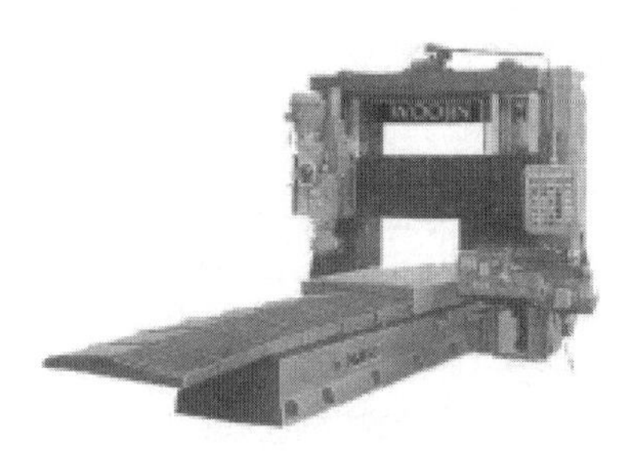

| 플래노밀러 |

SECTION 04 밀링머신의 부속장치

1 부속품

(1) 아버

밀링커터를 고정하는 축

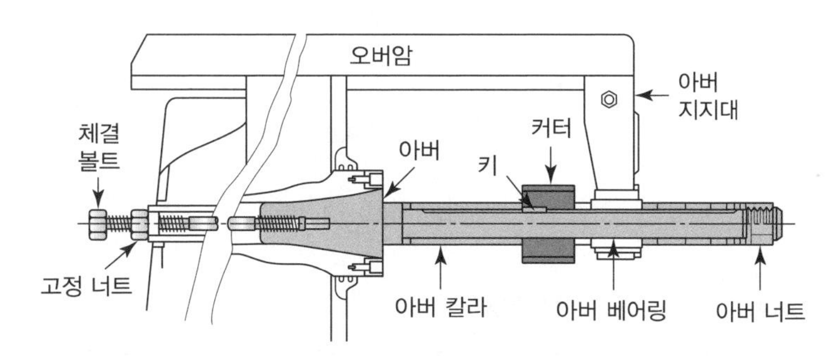

| 수평 밀링머신의 오버암과 아버 |

| 수직 밀링머신의 아버(콜릿척) |

Reference 콜릿(collet)

드릴 혹은 엔드밀을 끼워 넣고 고정시키는 툴

(2) 밀링바이스

공작물을 고정하는 수평 바이스와 회전 바이스가 있다.

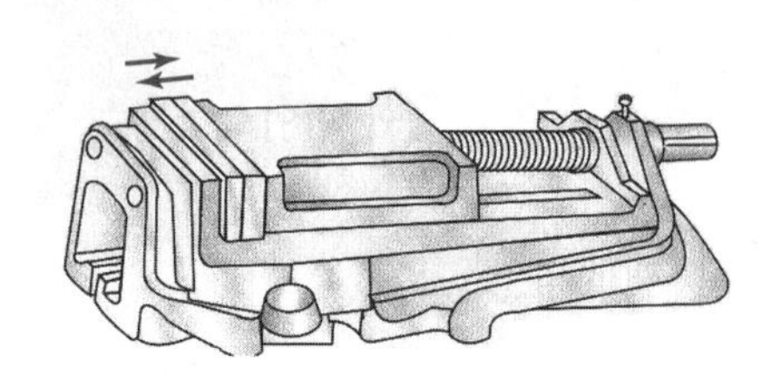

| 수평 바이스 |

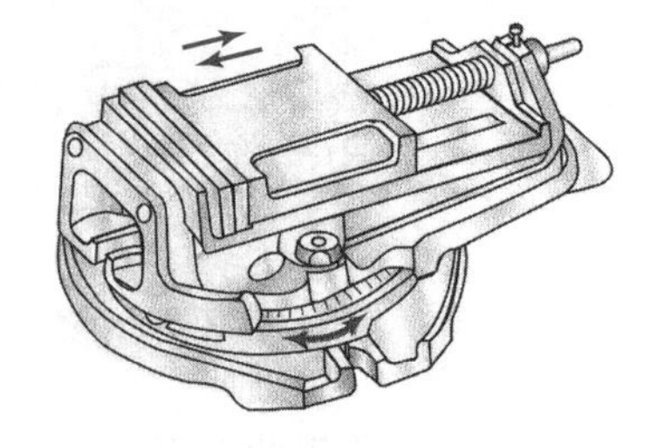

| 회전 바이스 |

(3) 회전 테이블

공작물을 수동 또는 자동 이송에 의하여 회전운동시킬 수 있다.

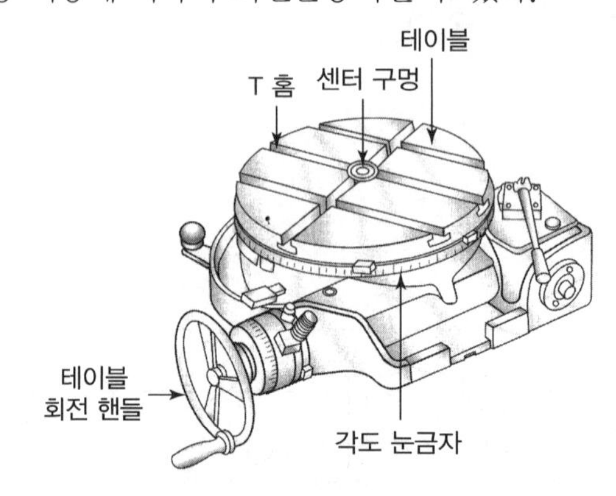

| 원형(회전) 테이블 |

(4) 분할대(indexing device, 인덱싱 장치)

둥근 단면의 공작물을 사각, 육각 등으로 가공하고 기어의 치형과 같이 일정한 각으로 나누는 분할작업 시 사용한다.

① 분할대의 종류

㉠ 신시내티형

㉡ 브라운 샤프트형

㉢ 밀워키형

② 분할대를 이용한 분할법

㉠ 직접 분할 방법

㉡ 단식 분할 방법

㉢ 차동 분할 방법

2 부속장치

(1) 수직축 장치

수평 및 만능 밀링머신의 주축부 기둥면에 고정한다. 주축에서 기어로 회전이 전달되며, 수평 밀링머신을 수직 밀링머신처럼 사용 가능하다.

(2) 슬로팅 장치

주축의 회전운동을 직선 왕복운동으로 변화시키고, 바이트를 사용하여 가공물의 안지름에 키홈, 스플라인, 세레이션 등을 가공한다.

(3) 만능 밀링장치

수평 및 수직면에서 임의의 각도로 회전이 가능하여, 비틀림 홈, 헬리컬 기어, 스플라인 축 등을 가공한다.

(4) 랙 절삭장치

만능 밀링머신에 사용되며, 주축 기둥면에 고정되어 랙 기어 가공이 가능하다.

SECTION 05 밀링머신에 의한 가공방법

1 상향절삭(올려깎기)과 하향절삭(내려깎기)의 비교

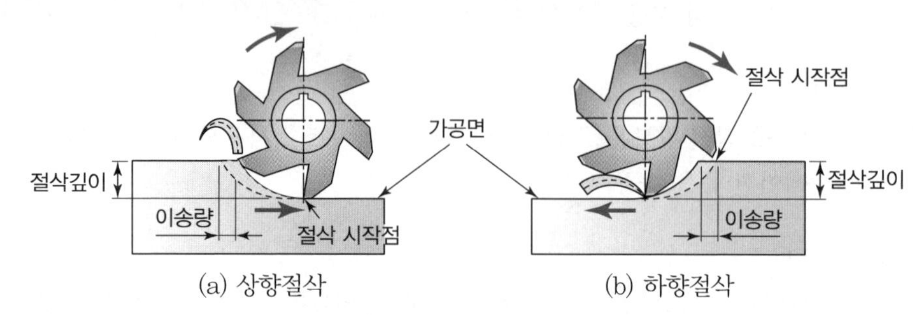

| 밀링머신에 의한 가공방법 |

구분	상향절삭	하향절삭
커터의 회전방향	공작물 이송방향과 반대이다.	공작물 이송방향과 동일하다.
백래시 제거장치	필요 없다.	필요하다.
기계의 강성	강성이 낮아도 무관하다.	충격이 있어 강성이 높아야 한다.
공작물 고정	불안정하다.	안정적이다.
커터의 수명	수명이 짧다.	수명이 길다.
칩의 제거	칩이 잘 제거된다.	칩이 잘 제거되지 않는다.
절삭면	거칠다.	깨끗하다.
동력손실	많다.	적다.

2 절삭조건

(1) 절삭속도(V)

$$V = \frac{\pi d n}{1,000} [\text{m/min}]$$

$$n = \frac{1,000\,V}{\pi d} [\text{rpm}]$$

여기서, n : 회전수 [rpm], d : 밀링커터의 지름[mm]

(2) 분당 테이블 이송속도(f)

$$f = f_z \times z \times n \,[\text{mm/min}]$$

여기서, f : 테이블 이송속도[mm/min], f_z : 밀링커터의 날 1개당 이송 거리[mm]
z : 밀링커터의 날 수, n : 밀링커터의 회전수[rpm]

PART 02

핵심기출문제

CRAFTSMAN COMPUTER AIDED MILLING

CHAPTER 01 측정

01 측정 대상 부품은 측정기의 측정 축과 일직선 위에 놓여 있으면 측정 오차가 작아진다는 원리는?

① 윌라스톤의 원리
② 아베의 원리
③ 아보트 부하곡선의 원리
④ 히스테리시스차의 원리

풀이 • 아베의 원리 : 측정 정밀도를 높이기 위해서는 측정물체와 측정 기구의 눈금을 측정 방향의 동일선상에 배치해야 한다.
• 마이크로미터 : 측정물체와 측정기구의 눈금을 일직선상에 배치한다.⇒ 아베의 원리에 맞는 측정

02 마이크로미터 측정면의 평면도를 검사하는데 사용하는 것은?

① 옵티미터
② 오토콜리메이터
③ 옵티컬플랫
④ 사인바

풀이 마이크로미터의 검사
마이크로미터 측정면의 평면도와 평행도는 앤빌과 스핀들의 양측 정면에 옵티컬플랫 또는 옵티컬패럴렐을 밀착시켜 간섭무늬를 관찰해서 판정한다.

03 다음 각각의 게이지와 그 용도에 대한 설명이 틀린 것은?

① 와이어게이지는 와이어의 길이를 측정하는 것이다.
② 센터게이지는 나사절삭 시 나사바이트의 각도를 측정하는 것이다.
③ 드릴게이지는 드릴의 지름을 측정하는 것이다.
④ R 게이지는 원호 등의 반지름을 측정하는 것이다.

풀이 와이어게이지는 각종 선재의 지름이나 판재의 두께 측정하는 것이다.

04 부품 측정의 일반적인 사항을 설명한 것으로 틀린 것은?

① 제품의 평면도는 정반과 다이얼 게이지나 다이얼 테스트 인디케이터를 이용하여 측정할 수 있다.
② 제품의 진원도는 V블록 위나 양 센터 사이에 설치한 후 회전시켜 다이얼 테스트 인디케이터를 이용하여 측정할 수 있다.
③ 3차원 측정기는 몸체 및 스케일, 측정침, 구동장치, 컴퓨터 등으로 구성되어 있다.
④ 우연 오차는 측정기의 구조, 측정 압력, 측정 온도 등에 의하여 생기는 오차이다.

풀이 • 우연오차 : 측정온도나 채광의 변화가 영향을 미쳐 발생하는 오차

정답 | 01 ② 02 ③ 03 ① 04 ④

• 기기의 오차 : 측정기의 구조, 측정 압력, 측정 온도, 측정기의 마모 등에 따른 오차

05 길이 측정에 사용되는 공구가 아닌 것은?

① 버니어 캘리퍼스 ② 사인바
③ 마이크로미터 ④ 측장기

풀이 사인바 : 각도 측정기

06 다음 끼워맞춤에서 요철틈새 0.1mm를 측정할 경우 가장 적당한 것은?

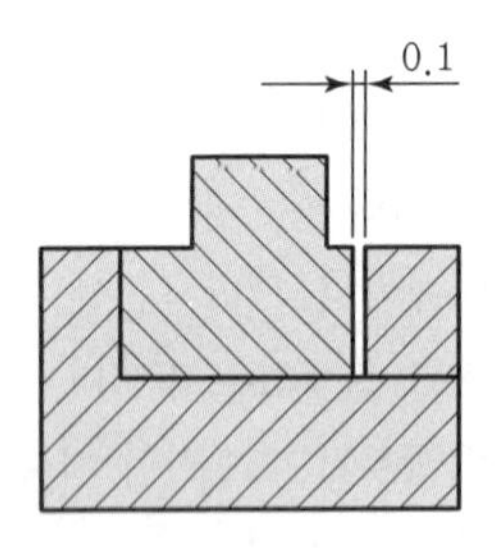

① 내경 마이크로미터
② 다이얼 게이지
③ 버니어 캘리퍼스
④ 틈새 게이지

풀이 틈새 게이지
미세한 틈새 측정

07 마이크로미터의 나사 피치가 0.5mm이고 딤블(thimble)의 원주를 50등분 하였다면 최소 측정값은 몇 mm인가?

① 0.1 ② 0.01
③ 0.001 ④ 0.0001

풀이 $$\text{최소 측정값} = \frac{\text{나사의 피치}}{\text{딤블의 등분 수}} = \frac{0.5}{50} = 0.01\text{mm}$$

08 그림의 마이크로미터가 지시하는 측정값은?

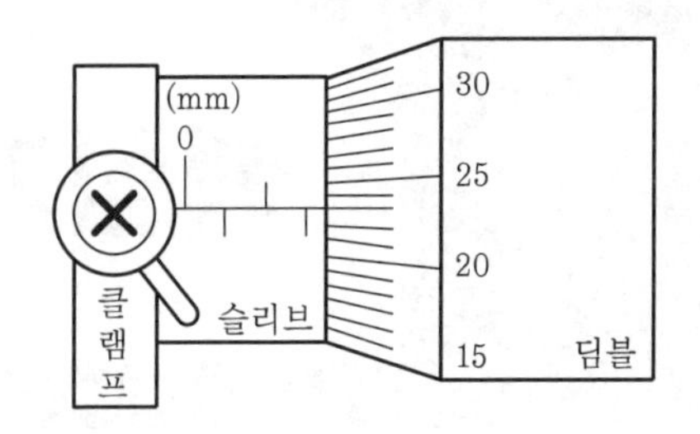

① 1.23mm ② 1.53mm
③ 1.73mm ④ 2.23mm

풀이

	슬리브 읽음	1.5	[mm]
(+)	딤블 읽음	0.23	[mm]
		1.73	[mm]

09 다음 중 비교 측정기에 해당하는 것은?

① 버니어 캘리퍼스 ② 마이크로미터
③ 다이얼 게이지 ④ 하이트 게이지

풀이 비교측정
다음 그림과 같이 기준 치수의 블록 게이지와 제품을 측정기로 비교하여 측정기의 바늘이 가리키는 눈금에 의하여 그 차를 읽는 측정법이다.

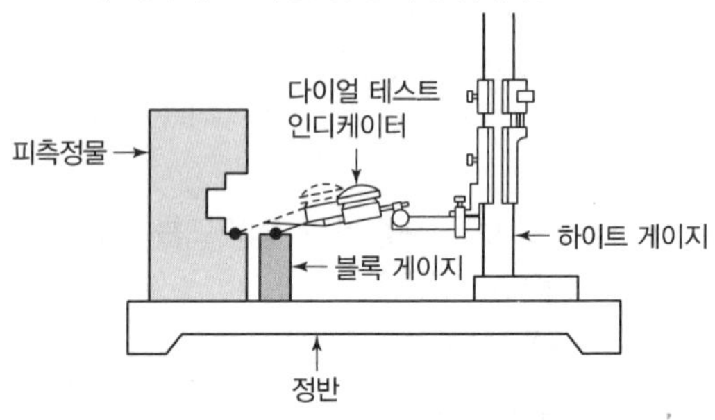

10 일반적인 버니어 캘리퍼스로 측정할 수 없는 것은?

① 나사의 유효지름
② 지름이 30mm인 둥근 봉의 바깥지름
③ 지름이 35mm인 파이프의 안지름
④ 두께가 10mm인 철판의 두께

풀이 나사의 유효지름은 나사 마이크로미터, 삼침법, 공구현미경, 만능측장기 등으로 측정할 수 있다.

정답 | 05 ② 06 ④ 07 ② 08 ③ 09 ③ 10 ①

11 다이얼 게이지에 대한 설명으로 틀린 것은?

① 소형이고 가벼워서 취급이 쉽다.
② 외경, 내경, 깊이 등의 측정이 가능하다.
③ 연속된 변위량의 측정이 가능하다.
④ 어태치먼트의 사용방법에 따라 측정 범위가 넓어진다.

풀이 ② 평형도, 평면도, 진원도, 원통도, 축의 흔들림을 측정한다.

12 다음 중 진원도를 측정할 때 가장 적당한 측정기는?

① 게이지 블록 ② 한계 게이지
③ 다이얼 게이지 ④ 오토콜리메이터

풀이 다이얼 게이지

- 측정자의 직선 또는 원호 운동을 기계적으로 확대하고 그 움직임을 지침의 회전 변위로 변환시켜 눈금으로 읽을 수 있는 길이 측정기이다.
- 용도 : 평형도, 평면도, 진원도, 원통도, 축의 흔들림을 측정한다.

13 기포의 위치에 의하여 수평면에서 기울기를 측정하는 데 사용하는 액체식 각도측정기는?

① 사인바 ② 수준기
③ NPL식 각도기 ④ 콤비네이션 세트

풀이 수준기

투명관 내의 기포 위치를 확인하여 기울기를 측정하는 데 사용되는 액체식 각도 측정기로서, 기계의 조립 및 설치 시 수평, 수직, 45° 각을 측정할 때 사용한다.

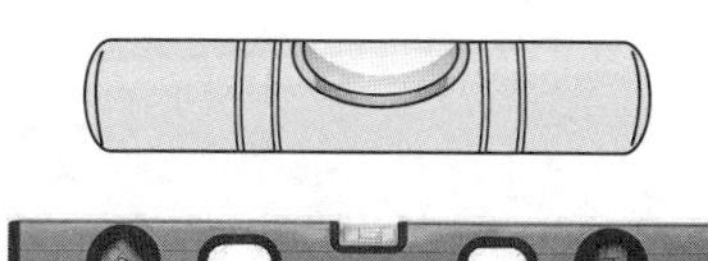

14 사인바(sine bar)에 의한 각도 측정에서 필요하지 않은 것은?

① 블록 게이지 ② 다이얼 게이지
③ 버니어 캘리퍼스 ④ 정반

풀이
- 아래 그림은 사인바에 의한 각도 측정방법을 나타낸 그림이다.
- 사인바에 의한 각도 측정 시 필요한 것 : 사인바, 블록 게이지, 다이얼 게이지, 정반, 앵글 플레이트

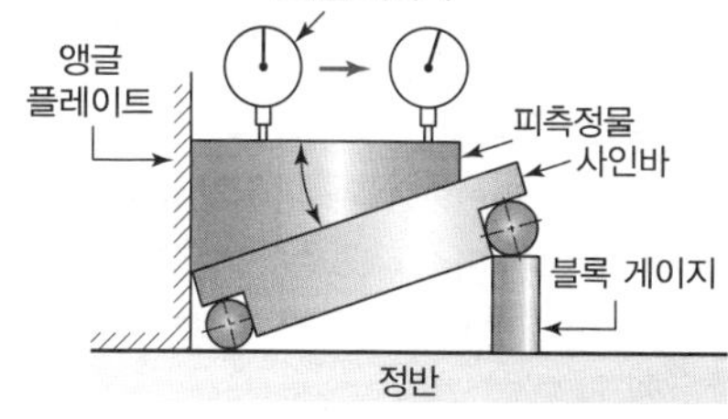

15 각도를 측정할 수 없는 측정기는?

① 사인바 ② 수준기
③ 콤비네이션 세트 ④ 와이어 게이지

풀이 와이어 게이지 : 각종 선재의 지름이나 판재의 두께 측정

16 그림에서 정반면과 사인바의 윗면이 이루는 각($\sin\theta$)을 구하는 식은?

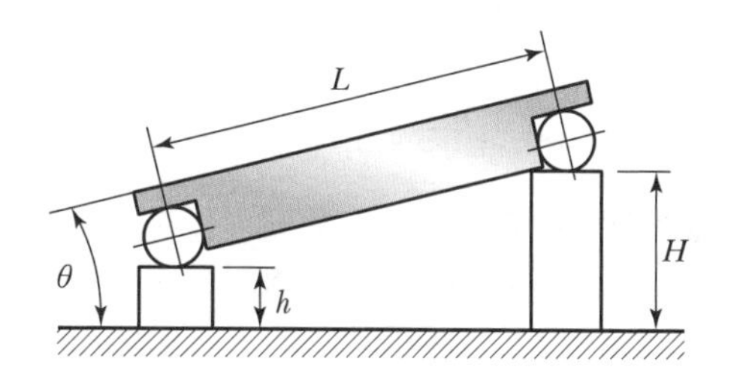

① $\sin\theta = \dfrac{H-h}{L}$

② $\sin\theta = \dfrac{H+h}{L}$

③ $\sin\theta = \dfrac{L-h}{H}$

④ $\sin\theta = \dfrac{L-H}{h}$

정답 | 11 ② 12 ③ 13 ② 14 ③ 15 ④ 16 ①

풀이 사인바 각도 : $\sin\theta = \dfrac{H-h}{L}$

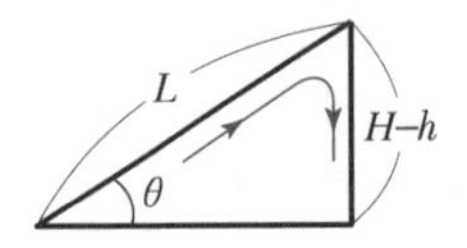

17 시준기와 망원경을 조합한 것으로 미소 각도를 측정하는 광학적 측정기는?

① 오토콜리메이터 ② 콤비네이션 세트
③ 사인바 ④ 측장기

풀이 오토콜리메이터
시준기(collimator)와 망원경(telescope)을 조합한 것으로서 미소 각도 측정, 진직도 측정, 평면도 측정 등에 사용되는 광학적 측정기이다.

18 나사의 유효지름 측정과 관계없는 것은?

① 삼침법
② 피치게이지
③ 공구현미경
④ 나사 마이크로미터

풀이 피치게이지
나사의 피치나 산 수를 측정

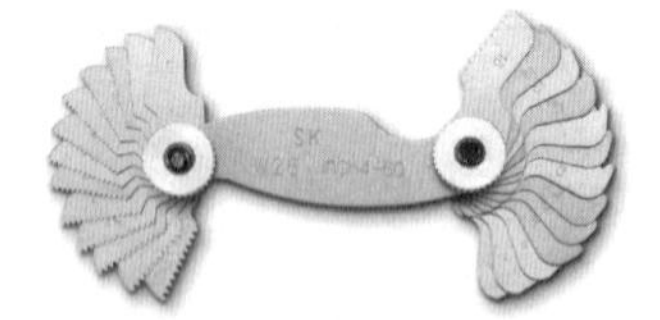

CHAPTER 02 밀링가공

01 밀링머신의 테이블 이송속도를 구하는 공식은?(단, f : 테이블의 이송속도, f_r : 커터의 리드, F_z : 밀링커터의 날 1개마다의 이송(mm), z : 밀링커터의 날 수, n : 밀링커터의 회전수, p : 밀링커터의 피치이다.)

① $f = F_z \times z \times n$
② $f = F_z \times f_r \times p$
③ $f = f_r \times n \times p$
④ $f = f_r \times z \times n$

풀이 $f = F_z \times z \times n$이며, 커터의 리드와 밀링커터의 피치는 테이블 이송속도와 관계가 없다.

02 밀링머신 중 공구를 수직 이동시켜 공구와 공작물의 상대높이를 조절하며, 구조가 단순하고 튼튼하여 중절삭이 가능하고, 주로 동일 제품의 대량생산에 적합한 밀링머신은?

① 생산형 밀링머신
② 만능 밀링머신
③ 수평 밀링머신
④ 램형 밀링머신

풀이 생산형 밀링머신 : 대량생산에 적합하도록 기능을 어느 정도 단순화하고, 자동화한 밀링머신

03 수평 밀링머신의 플레인 커터 작업에서 하향절삭과 비교한 상향절삭의 특징이 아닌 것은?

① 커터의 수명이 짧다.
② 절삭된 칩이 이미 가공된 면 위에 쌓인다.
③ 절삭열에 의한 치수 정밀도의 변화가 적다.
④ 표면 거칠기가 나쁘다.

정답 | 17 ① 18 ② | 01 ① 02 ① 03 ②

풀이 상향절삭과 하향절삭의 차이점

구분	상향절삭	하향절삭
커터의 회전방향	공작물 이송방향과 반대이다.	공작물 이송방향과 동일하다.
백래시 제거장치	필요 없다.	필요하다.
기계의 강성	낮아도 무방하다.	높아야 한다.
공작물 고정	불안정하다.	안정적이다.
커터의 수명	수명이 짧다.	수명이 길다.
칩의 제거	칩이 잘 제거된다.	칩이 잘 제거되지 않는다.
절삭면	거칠다	깨끗하다.
동력 손실	많다.	적다.

04 다음 중 밀링머신의 부속장치가 아닌 것은?

① 아버 ② 회전 테이블 장치
③ 수직축 장치 ④ 왕복대

풀이 왕복대는 선반의 주요 구성요소이다.

05 밀링 절삭 조건을 맞추는 데 고려할 사항이 아닌 것은?

① 밀링의 성능 ② 커터의 재질
③ 공작물의 재질 ④ 고정구의 크기

풀이 밀링의 절삭 조건
- 밀링의 성능
- 커터의 재질
- 공작물의 재질
- 절삭속도
- 절삭깊이
- 절삭유의 공급 여부

06 밀링머신에서 일반적으로 평면을 절삭할 때 주로 사용하는 공구가 아닌 것은?

① 정면커터 ② 엔드밀
③ 메탈 소 ④ 셸엔드밀

풀이 메탈 소
좁은 홈을 가공하거나 절단하고자 할 때 수평 밀링에서 사용하는 커터이다.

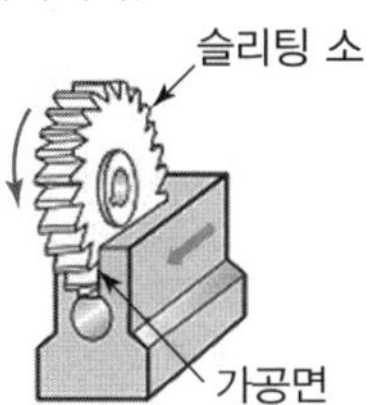

07 밀링에서 지름 80mm인 밀링커터로 가공물을 절삭할 때 이론적인 회전수는 약 몇 rpm인가?(단, 절삭속도 100m/min이다.)

① 398 ② 415
③ 423 ④ 435

풀이 절삭속도 $V=\frac{\pi dn}{1,000}$에서

회전수 $n=\frac{1,000\times V}{\pi\times d}$

$=\frac{1,000\times 100}{\pi\times 80}\fallingdotseq 398\text{rpm}$

08 밀링머신에서 분할대는 어디에 설치하는가?

① 심압대 ② 스핀들
③ 새들 위 ④ 테이블 위

풀이 분할대는 테이블 위에 설치한다.

09 엔드밀에 의한 가공에 관한 설명 중 틀린 것은?

① 엔드밀은 홈이나 좁은 평면 등의 절삭에 많이 이용된다.
② 엔드밀은 가능한 한 짧게 고정하고 사용한다.
③ 휨을 방지하기 위해 가능한 한 절삭량을 많게 한다.
④ 엔드밀은 가능한 한 지름이 큰 것을 사용한다.

풀이 휨을 방지하기 위해서는 절삭량을 줄여야 한다.

정답 | 04 ④ 05 ④ 06 ③ 07 ① 08 ④ 09 ③

10 밀링머신에서 가공 능률에 영향을 주는 절삭 조건으로 관계가 가장 먼 것은?

① 절삭속도 ② 테이블의 크기
③ 이송 ④ 절삭깊이

풀이 테이블의 크기가 아닌 밀링머신의 크기가 영향을 준다.

11 수직 밀링머신에서 공작물을 전후로 이송시키는 부위는?

① 테이블 ② 새들
③ 니 ④ 컬럼

풀이
- 테이블 : 좌우 이동
- 새들 : 전후 이동
- 니 : 상하 이동

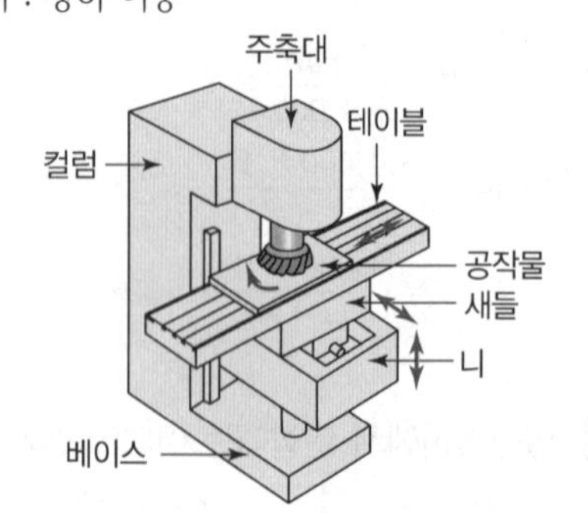

12 밀링머신에서 둥근 단면의 공작물을 사각, 육각 등으로 가공할 때에 편리하게 사용되는 부속 장치는?

① 분할대 ② 릴리빙 장치
③ 슬로팅 장치 ④ 래크 절삭 장치

풀이 분할대는 둥근 단면의 공작물을 사각, 육각 등으로 가공하거나 기어의 치형과 같이 일정한 각으로 나누는 분할작업 시 사용한다.

13 다음 중 정면 밀링커터와 엔드밀을 사용하여 평면 가공, 홈 가공 등을 하는 작업에 가장 적합한 밀링 머신은?

① 공구 밀링머신 ② 특수 밀링머신
③ 모방 밀링머신 ④ 수직 밀링머신

14 밀링머신의 부속장치 중 주축의 회전운동을 직선 왕복운동으로 변화시키고, 바이트를 사용하여 가공물의 안지름에 키(key)홈, 스플라인(spline), 세레이션(serration) 등을 가공하는 장치는?

① 슬로팅 장치 ② 밀링 바이스
③ 랙 절삭장치 ④ 분할대

풀이 슬로팅 장치 : 수평 또는 만능 밀링머신의 주축 머리(헤드)에 장착하여 슬로팅 머신과 같이 절삭공구를 상하로 왕복운동시켜 키홈, 스플라인, 세레이션, 기어 등을 절삭하는 장치를 말한다.

15 밀링머신에서 홈이나 윤곽을 가공하는 데 적합하며 원주면과 단면에 날이 있는 형태의 공구는?

① 엔드밀 ② 메탈 소
③ 홈 밀링커터 ④ 리머

풀이 엔드밀
측면과 밑면에 바이트가 있고 홈 절삭, 측면 절삭 등에 사용되는 수직 밀링머신의 커터

16 수평 밀링머신과 유사하나 복잡한 형상의 지그, 게이지, 다이 등을 가공하는 데 사용하는 소형 특수 밀링머신은?

① 공구 밀링머신
② 수직 밀링머신
③ 나사 밀링머신
④ 모방 밀링머신

풀이 공구 밀링머신은 구조가 수평밀링머신과 유사하지만 복잡한 형상의 지그, 게이지, 다이 등의 공구를 가공하는 소형 밀링머신이다.

정답 | 10 ② 11 ② 12 ① 13 ④ 14 ① 15 ① 16 ①

17 밀링머신에서 생산성을 향상시키기 위한 절삭속도 선정방법으로 틀린 것은?

① 다듬실 절삭에서는 절삭속도를 빠르게, 이송을 느리게, 절삭깊이를 작게 선정한다.
② 거친 절삭에서는 절삭속도를 느리게, 이송을 빠르게, 절삭깊이를 크게 선정한다.
③ 추천 절삭속도보다 약간 낮게 설정하는 것이 커터의 수명을 연장할 수 있다.
④ 커터의 날이 빠르게 마모되거나 손상될 경우 절삭속도를 높여서 절삭한다.

풀이 커터의 날이 빠르게 마모되거나 손상될 경우 절삭속도를 낮춰서 절삭한다.

18 밀링작업에서 분할법의 종류가 아닌 것은?

① 직접 분할법 ② 간접 분할법
③ 단식 분할법 ④ 차동 분할법

풀이 밀링의 분할법
직접 분할법, 단식 분할법, 차동 분할법

19 밀링머신에서 이송의 단위는?

① $F \Rightarrow$ mm/stroke
② $F \Rightarrow$ rpm
③ $F \Rightarrow$ mm/min
④ $F \Rightarrow$ rpm · mm

풀이 밀링에서의 이송은 1분간 테이블이 이동한 거리이며 단위는 mm/min이다.

20 밀링머신에서 하지 않는 가공은?

① 홈 가공 ② 평면 가공
③ 널링 가공 ④ 각도 가공

풀이 널링 가공 → 선반에서 작업

21 테이블 위에 설치하며 원형이나 윤곽 가공, 간단한 등분을 할 때 사용하는 밀링 부속 장치는?

① 슬로팅 장치 ② 회전 테이블
③ 밀링 바이스 ④ 래크 절삭 장치

풀이 회전 테이블
테이블과 핸들이 웜기어로 연결되어 핸들을 돌리면 위의 원판이 회전한다. 원 둘레에 눈금이 새겨져 있어서 원주 방향의 분할작업에 적합하다.

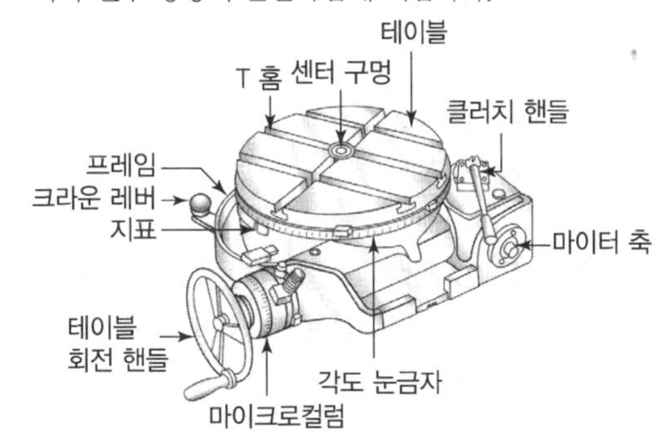

22 밀링머신의 분할 가공방법 중에서 분할 크랭크를 40회전 하면, 주축이 1회전 하는 방법을 이용한 분할법은?

① 직접 분할법 ② 단식 분할법
③ 차동 분할법 ④ 각도 분할

풀이 단식 분할법
- 직접 분할법으로 분할할 수 없는 수나 정확한 분할의 필요시 사용
- 분할판과 크랭크를 사용해 분할, 크랭크 1회전 시 주축은 $\frac{1}{40}$ 회전

23 밀링커터의 지름이 100mm, 한 날당 이송이 0.2mm, 커터의 날 수는 10개, 커터의 회전수가 520rpm일 때, 테이블의 이송속도는 약 몇 mm/min인가?

① 640 ② 840
③ 940 ④ 1,040

풀이 테이블의 이송속도 $f = f_z \times z \times n$
$= 0.2 \times 10 \times 520$
$= 1{,}040[\text{mm/min}]$
여기서, f_z : 밀링커터의 날 1개당 이송(mm)
z : 밀링커터의 날 수
n : 밀링커터의 회전수(rpm)

정답 | 17 ④ 18 ② 19 ③ 20 ③ 21 ② 22 ② 23 ④

24 다음 중 밀링작업에서 분할대를 이용하여 직접분할이 가능한 가장 큰 분할 수는?

① 40 ② 32
③ 24 ④ 15

풀이 직접분할은 24개의 구멍이 있는 분할판을 이용한 분할법으로 24의 약수인 2, 3, 4, 6, 8, 12, 24로 등분 가능한 분할법이다.

25 밀링머신에서 소형 공작물을 고정할 때 주로 사용하는 부속품은?

① 바이스
② 어댑터
③ 마그네틱척
④ 슬로팅 장치

정답 | 24 ③ 25 ①

CNC 밀링 (머시닝 센터)

CHAPTER 001 CNC의 개요 ···· 167
CHAPTER 002 CNC 프로그램 ···· 177
CHAPTER 003 CNC 프로그래밍 ···· 201
CHAPTER 004 CAD/CAM ···· 218
■ PART 03 핵심기출문제 ···· 221

CRAFTSMAN COMPUTER AIDED MILLING

CHAPTER 001

CNC의 개요

CRAFTSMAN COMPUTER AIDED MILLING

SECTION 01 CNC의 정의

1 NC(수치 제어)

NC는 Numerical Control의 약어이며 수치로 제어한다는 의미로, 수치자료 형태로 코드화된 지령을 통해 기계요소의 동작을 제어하는 방법이다.

즉 '공작물에 대한 공구의 위치를 그에 대응하는 수치정보로 명령하는 제어'이다.

2 CNC(Computerized Numerical Control)

① 컴퓨터에 의한 수치제어(NC)를 의미하며, 대표적으로 공작기계에 사용된다.

② CNC 공작기계

㉠ CNC 장치가 부착된 공작기계를 말한다.

㉡ **용도** : 일반적으로 항공기 부품과 같이 복잡하며, 로트당 생산수량이 50~100개 정도의 다품종 소량 및 중량 생산품의 가공에 적합하다.

㉢ CNC 공작기계의 종류

CNC 선반, CNC 밀링, 머시닝 센터, 복합가공기, CNC 와이어 컷 머신, CNC 방전가공기, CNC 보링머신, CNC 연삭기, CNC 드릴링머신, CNC 레이저 컷 머신, CNC 워터제트머신, CNC 펀칭머신, CNC 절곡기, CNC 호빙머신 등 거의 모든 공작기계에 CNC 장치를 부착하여 사용하고 있다.

3 DNC

① DNC란 직접수치제어(direct numerical control) 또는 분배수치제어(distribute numerical control)라는 의미로 쓰인다.

② 여러 대의 CNC 공작기계를 한 대의 컴퓨터에 결합시켜 제어하는 시스템으로 개개의 CNC 공작기계의 작업성, 생산성을 개선함과 동시에 그것을 조합하여 CNC 공작기계군으로 운영을 제어, 관리하는 것이다.

SECTION 02 CNC 공작기계

1 필요성

CNC 공작기계는 다품종 소량 및 중량 생산품 가공에 적합하므로 다음 요구사항을 만족한다.

① 제품의 라이프 사이클(life cycle)이 짧아진다.
② 제품의 고급화로 부품의 고정밀화가 요구된다.
③ 복잡한 형상들로 이루어진 다품종 소량생산 방식이 요구된다.
④ 생산성 향상을 위하여 생산체계의 자동화가 급속히 이루어진다.
⑤ 자동화된 생산설비를 변화시키지 않고 프로그램의 변화만으로 다양한 제품을 생산할 수 있는 설비 및 기계가 요구된다.

2 정보흐름

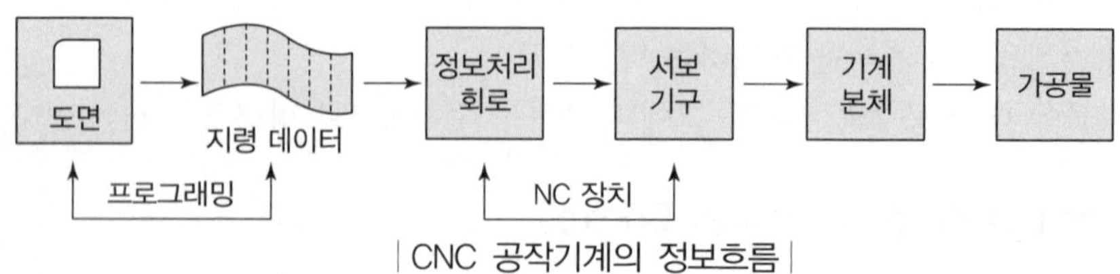

| CNC 공작기계의 정보흐름 |

① 프로그래머가 도면에 맞추어 가공경로와 가공조건 등을 CNC 프로그램으로 작성하여 입력한다.
② 정보처리 회로에서 그 정보를 펄스(pulse) 신호로 출력한다.
③ 이 펄스 신호에 의하여 서보(servo)모터가 구동된다.
④ 서보모터에 결합되어 있는 볼스크루(ball screw)가 회전함으로써 테이블을 이송하면서 자동 가공이 이루어진다.

3 장단점

(1) CNC 공작기계의 장점

① 일정한 품질의 제품을 만들 수 있다.
② 생산능률을 높일 수 있다.
③ 제조원가 및 인건비를 절감할 수 있다.
④ 특수공구 제작이 불필요하여 공구 관리비를 절감할 수 있다.
⑤ 작업자의 피로가 감소된다.
⑥ 정밀 부품의 대량 생산이 가능하다.
⑦ 사용 기계 수의 절감으로 공장 크기가 축소된다.

(2) CNC 공작기계의 단점

① 초기 투자비용이 많이 필요하다.
② 유지보수 및 관리비용이 많이 필요하다.
③ 작업자의 정기적인 교육이 필요하다.

4 구성

CNC 공작기계는 정보처리 회로, 데이터의 입출력 장치, 강전 제어반, 유압 유닛, 서보모터, 기계 본체 등으로 구성되어 있으며, 그 구성은 인체와 흡사하므로 인체와 비교하여 보면 다음과 같다.

① **정보처리 회로** : 인체의 두뇌
② **데이터의 입출력 장치** : 인체의 눈
③ **강전 제어반** : 굵은 신경에서 가는 신경으로 에너지 전달
④ **유압 유닛** : 인체의 심장
⑤ **서보 모터** : 인체의 손과 발
⑥ **기계 본체** : 인체의 몸체

SECTION 03 자동화설비

1 자동화의 개요

제품의 설계에서 제조, 출하에 이르기까지 공장 내의 공정을 자동화하는 기술로, 컴퓨터 시스템이나 산업 로봇을 도입하여 공장의 무인화, 생산관리의 자동화 등을 행하는 시스템을 말한다.

2 자동화의 목적

① 품질의 균일성, 정밀도 향상 및 조립작업 능률화
② 위험한 작업으로부터 작업자를 보호
③ 공작기계를 자동화함으로써 기계, 공장, 공간을 효율적으로 이용

3 자동화 시스템의 용어

(1) CAD(Computer-Aided Design)

설계의 생성, 수정, 편집, 해석 및 최적 설계 등을 효과적으로 수행하기 위해 컴퓨터를 이용한다.

(2) CAM(Computer-Aided Manufacturing)

제품의 생산 및 제조를 위해 가공 시스템을 계획하고 조정하고 관리하기 위하여 컴퓨터 시스템을 이용한다.

(3) FMC(Flexible Manufacturing Cell, Flexible Machining Cell)

FMC는 하나의 CNC 공작기계에 공작물을 자동으로 공급하는 장치 및 가공물을 탈착하는 장치, 필요한 공구를 자동으로 교환하는 장치, 가공된 제품을 자동 측정하고 감시하며 보정하는 장치 및 이들을 제어하는 장치를 갖추고 있다.

(4) FMS(Flexible Manufacturing System)

① FMS란 유연 생산 시스템으로, 필요한 제품을 유연성(또는 융통성) 있게 생산할 수 있는 시스템이다.

② CNC 공작기계와 산업용 로봇, 자동반송 시스템, 자동창고 등을 총괄하여 중앙의 컴퓨터로 제어하면서 소재의 공급에서부터 가공, 조립, 출고까지 관리하는 생산방식으로, 공장 전체 시스템을 무인화하여 생산 관리의 효율을 최대한 높이는 유연성 있는 생산 시스템이다.

③ FMS 도입 시 기대효과

㉠ 다품종 소량 생산에 있어서의 생산성 향상
㉡ 유연성의 확대
㉢ 품질의 균일화
㉣ 정보관리의 향상 및 생력화(생력화 : 산업의 기계화 · 무인화를 촉진시켜 노동력을 줄임)
㉤ 생산계획과 설계변경이 쉽다.
㉥ 재고품의 감소 및 임금 절약

(5) FA(Factory Automation, 공장자동화)

제품의 설계에서 제조, 출하에 이르기까지 공장 내의 공정을 자동화하는 기술로, 컴퓨터 시스템이나 산업 로봇을 도입하여 공장의 무인화, 생산관리의 자동화 등을 행하는 시스템을 총칭하는 말이다.

(6) CIMS(Computer Integrated Manufacturing System)

컴퓨터 통합생산(CIMS)은 사업계획과 지원, 제품설계, 가공공정계획, 공정자동화 등의 모든 계획 기능(수요의 예측, 시간계획, 재료수급계획, 발송, 회계 등)과 실행계획(생산과 공정제어, 물류, 시험과 검사 등)을 컴퓨터에 의하여 통합 관리하는 시스템을 말한다.

SECTION 04 제어방식

1 위치결정 NC 장치

① 공구의 최후 위치만을 제어하는 것으로 도중의 경로는 무시하고 다음 위치까지 얼마나 빠르게, 정확하게 이동시킬 수 있는가 하는 것이 문제가 된다.

② 정보처리회로는 간단하고 프로그램이 명령하는 이동거리 기억회로와 테이블의 현재위치 기억회로, 그리고 이 두 가지를 비교하는 회로로 구성되어 있다.

예 보링 가공, 탭 가공, 드릴 가공 등

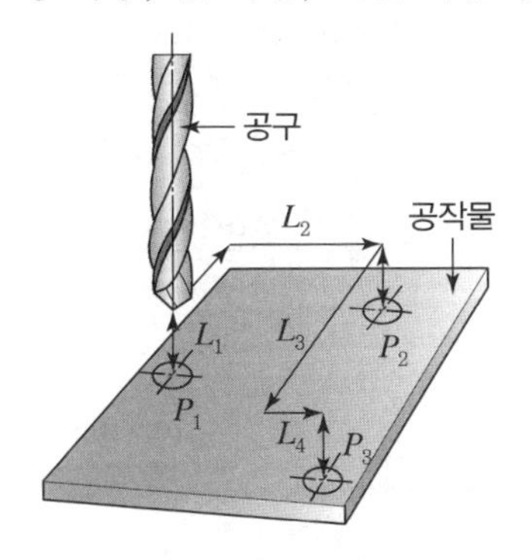

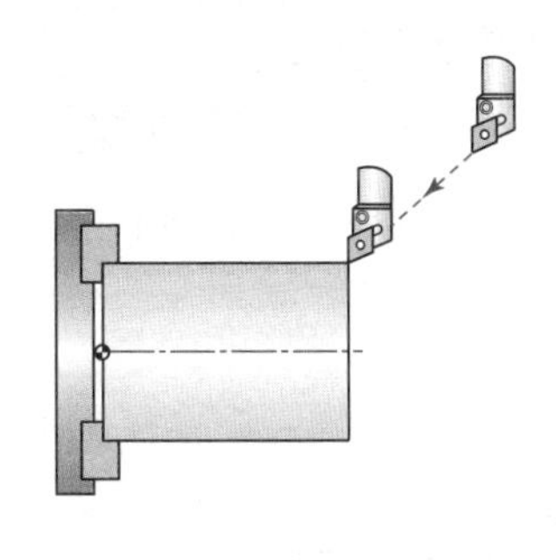

| 위치결정 제어 |

2 직선절삭 NC 장치

① 위치결정 NC와 비슷하지만 이동 중에 소재를 절삭하기 때문에 도중의 경로가 문제된다. 단, 그 경로는 직선에만 해당된다.

② 공구치수의 보정, 주축의 속도변화, 공구의 선택 등과 같은 기능이 추가되기 때문에 정보처리회로는 위치결정 NC보다 복잡하게 구성되어 있다.

③ 이동속도(이송률 : feedrate)를 반드시 지정해 주어야 된다.

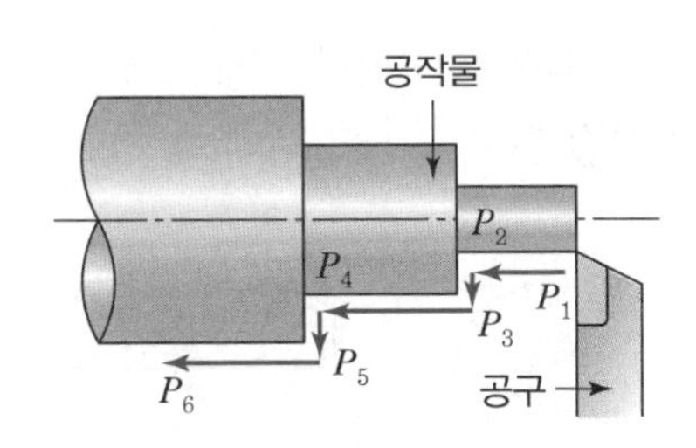

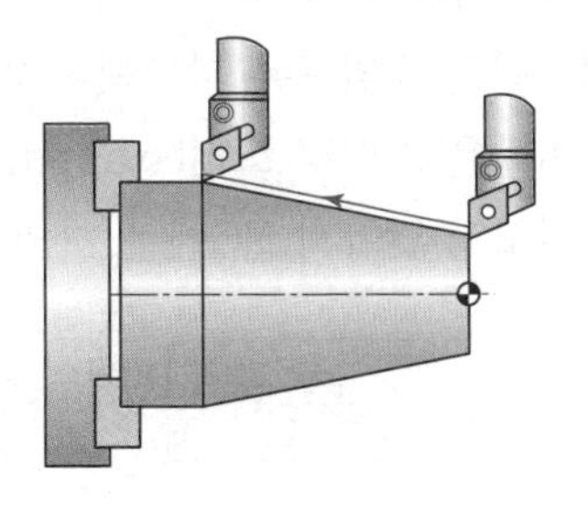

| 직선절삭 제어 |

3 윤곽절삭 NC 장치

① 2개 이상의 서보모터를 연동시켜 위치와 속도를 제어하므로 대각선 경로, S 자형 경로 등 어떠한 경로라도 자유자재로 이동시켜 연속 절삭할 수 있다.
② 동시에 3축을 제어하면서 3차원의 형상도 가공할 수 있다.
③ 윤곽 제어도 이동속도(이송률 : feedrate) 지정이 반드시 필요하다.
④ 최근의 CNC 공작기계는 대부분 이 방식을 적용한다.

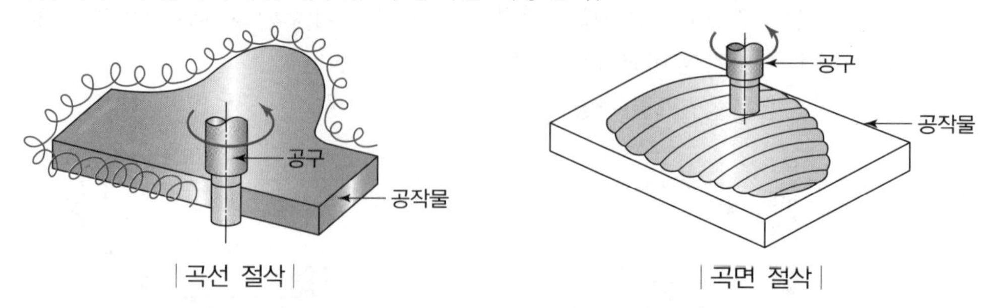

| 곡선 절삭 |　　　　| 곡면 절삭 |

SECTION 05 서보기구

1 서보기구의 개요

인체에서 손과 발에 해당하는 것으로 머리에 비유하는 정보처리회로(CPU)에서 보낸 명령에 의하여 공작기계의 테이블 등을 움직이게 하는 기구를 말한다.

2 서보의 종류

(1) 개방회로(open－loop) 방식

① 시스템의 정밀도는 피드백이 없으므로 모터 성능에 의해 좌우된다.
② 테이블은 스테핑 모터(stepping motor)에 의해 이송된다.
③ 정밀도가 낮아서 NC에는 거의 사용하지 않는다.

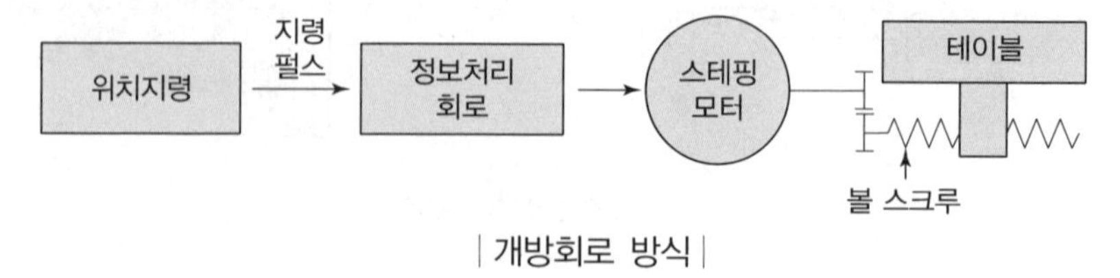

| 개방회로 방식 |

(2) 반폐쇄회로 방식

① 속도정보는 서보모터에 내장된 타코 제너레이터에서 검출되어 제어된다.

② 위치정보는 볼 스크루나 서보모터의 회전각도를 측정해 간접적으로 실제 공구의 위치를 추정하고 보정해주는 간접 피드백 시스템 제어방식이다.

③ 서보모터가 기어를 통하지 않고 볼 스크루에 직접 연결될 경우, 신뢰할 수 있는 수준의 정밀도를 얻을 수 있고, 비교적 가격도 저렴해, 일반적인 NC 공작기계에는 대부분 이 방식이 적용된다.

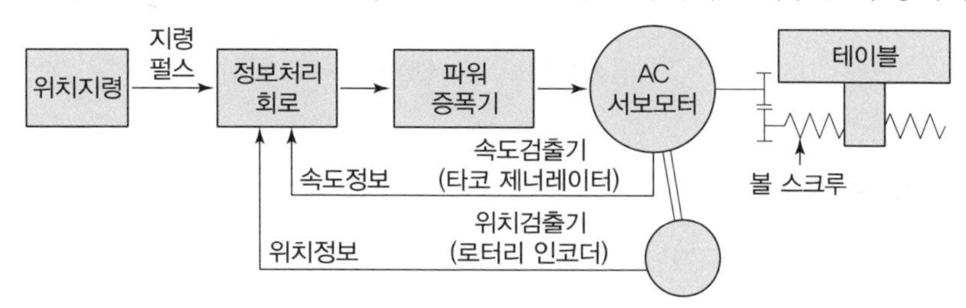

| 반폐쇄회로 방식 |

(3) 폐쇄회로 방식(closed loop system)

① 속도정보는 서보모터에 내장된 타코 제너레이터에서 검출되어 제어된다.

② 위치정보는 최종 제어 대상인 테이블에 리니어 스케일(linear scale, 직선자)을 부착하여 테이블의 직선 방향 위치를 검출하여 제어된다.

③ 가공물이 고중량이고, 고정밀도가 필요한 대형 기계에 주로 사용된다.

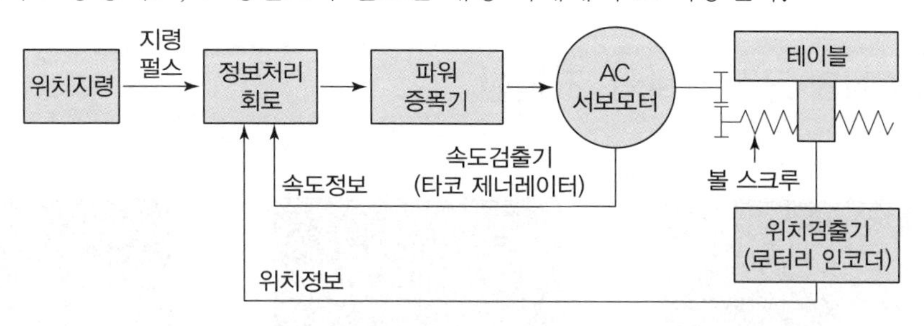

| 폐쇄회로 방식 |

(4) 하이브리드 서보 방식(hybrid loop system)

① 속도정보는 서보모터에 내장된 타코 제너레이터에서 검출되어 제어된다.

② 위치정보는 만약 반폐쇄회로 방식으로 움직인 결과에 오차가 있으면 그 오차를 폐쇄회로 방식으로 검출하여 보정을 행하는 방식이다.

③ 작업조건이 좋지 않고 고정밀도를 요구하는 기계에 사용된다.

④ 위치정보의 정밀도를 높이기 위해서 리니어 스케일 대신 고가인 광학 스케일을 사용하는 경우도 있다.

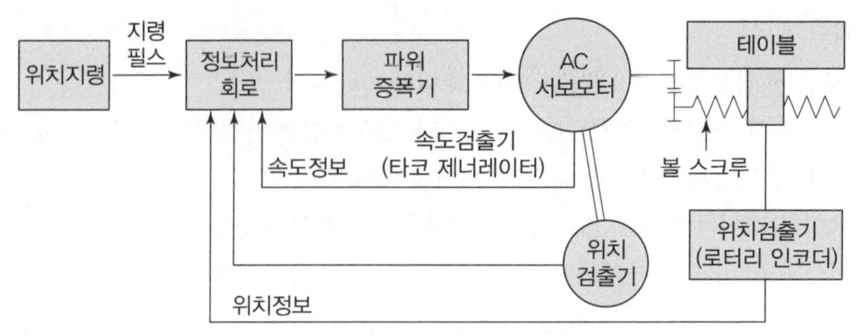

| 하이브리드(복합회로) 서보 방식 |

3 DC 서보모터의 조건

① 큰 출력을 낼 수 있어야 한다.
② 가감속 특성 및 응답성이 우수하여야 한다.
③ 규정된 속도 범위에서 안전한 속도제어가 이루어져야 한다.
④ 연속 운전으로는 빈번한 가감속이 가능해야 한다.
⑤ 신뢰도가 높아야 한다.
⑥ 진동이 적고 소형이며 견고해야 한다.
⑦ 온도상승이 적고 내열성이 좋아야 한다.

SECTION 06 CNC 공작기계의 조작반

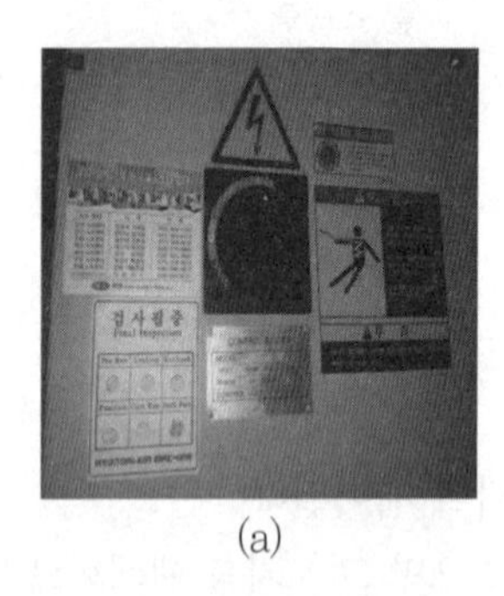
(a)

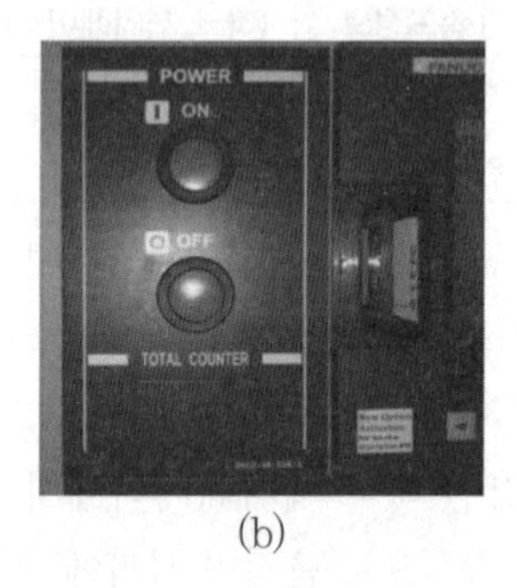

(b)

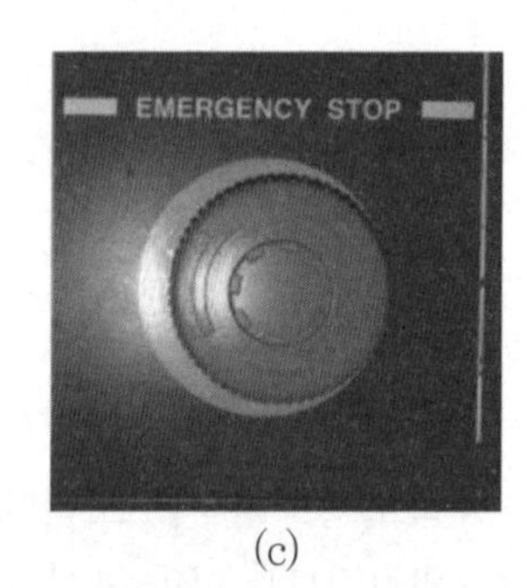

(c)

① **주 전원 스위치**[그림 (a)]
기계 뒤쪽에 위치한 주 전원 스위치를 ON 시켜줌으로써 기계에 필요하는 실질적인 전원을 공급해 준다.

② **전원 스위치**[그림 (b)]
스위치를 ON 시켜주면 머시닝 센터의 프로그램을 부팅시킴으로써 장비를 사용할 수 있게 해준다.

③ 비상정지 스위치[그림 (c)]

EMERGENCY STOP 스위치를 누르면 기계의 작동을 정지시켜 기계와 작업자의 안전을 도모한다. 한번 더 누르면 비상정지가 해제되고, 수동이나 G28로 기계 원점으로 복귀한 후 가공한다.

(d)

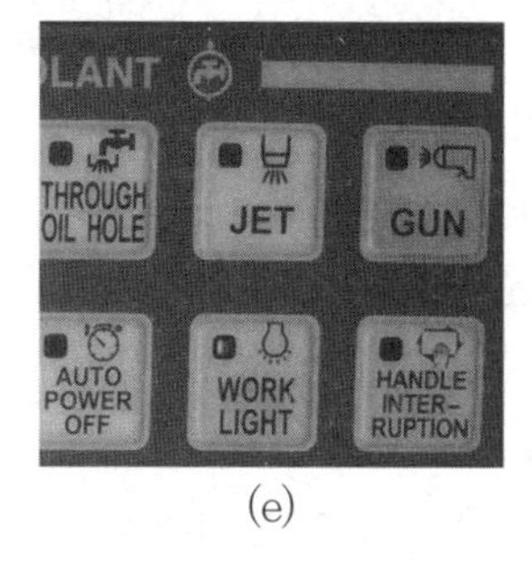

(e)

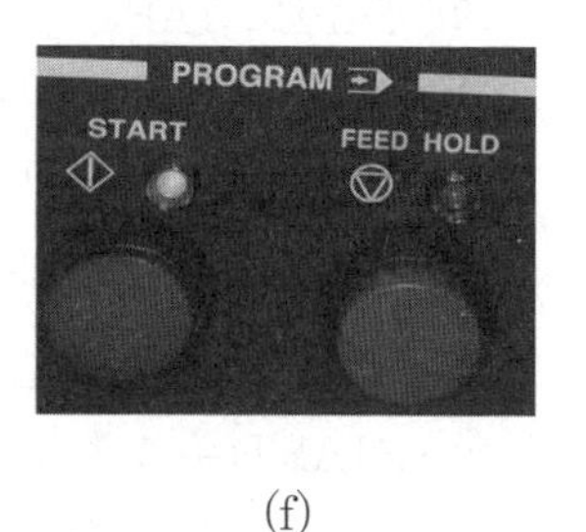

(f)

④ STANDBY 스위치[그림 (d)]

스위치를 ON 시켜주면 하드웨어 작동 및 머시닝 센터의 유압장치들을(주축 회전 장치, 절삭유 공급장치, 자동공구 교환장치, 가공물 자동 착탈기 등) 작동시켜 준다.

⑤ ZERO RETURN 스위치[그림 (d)]

스위치를 ON 시켜주면 공구와 작업대의 원점을 복귀시켜주는 역할을 한다.

⑥ WORK LIGHT 스위치[그림 (e)]

기계 내부의 가공상태를 확인하기 위해 작업등을 켜고 끄는 역할을 한다.

⑦ START 스위치[그림 (f)]

ZERO RETURN 스위치를 누른 후 START 스위치를 눌러서 실제로 공구와 작업대의 원점을 복귀시켜준다.

⑧ FEED HOLD 스위치[그림 (f)]

자동 운전을 일시 정지시키기 위해 사용한다.

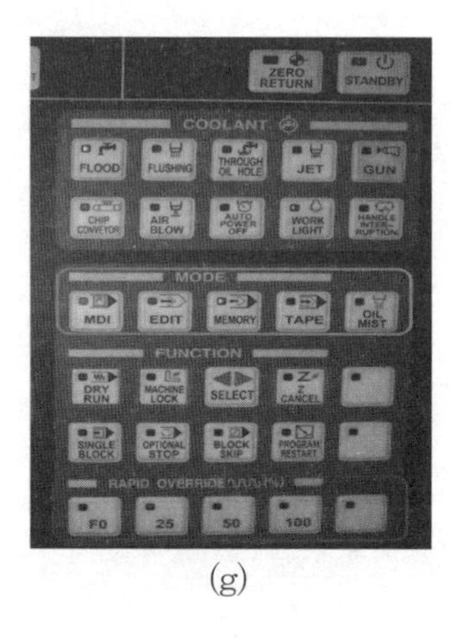

(g)

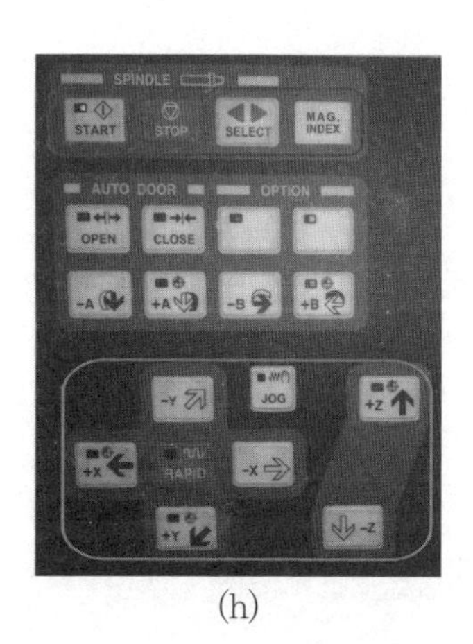

(h)

⑨ MODE 스위치[그림 (g)]

㉠ MDI : MDI 모드에서 수동으로 데이터를 입력하여 기계운전을 실행한다.

㉡ EDIT : 새로운 프로그램을 작성하고 등록된 프로그램을 삽입, 수정, 삭제하는 기능이다.

㉢ MEMORY : 저장된 프로그램을 실행하고, 저장된 프로그램을 불러와서 편집할 수도 있다.

㉣ TAPE : TAPE 등 외부장치에 의한 프로그램 입력 및 수정할 수 있다.

⑩ RAPID OVERRIDE[그림 (g)]

수동 및 자동 운전 시 급속이송의 속도를 조절한다.

[0, 25(7.5m/min), 50(15m/min), 100(30m/min)]

⑪ SPINDLE 스위치[그림 (h)]

㉠ START(주축 회전 버튼)

주축을 현재 지령된(MDI상) 방향으로 회전시키기 위해 사용한다.

㉡ STOP(주축 정지 버튼)

주축 회전을 정지시키기 위해 사용한다.

㉢ SELECT, MAG, INDEX(공구 매거진 회전 버튼)

공구 매거진을 CW(시계방향)로 회전시키기 위해 사용한다.

⑫ 기타[그림 (h)]

㉠ JOG : 각종 기계 버튼에 의한 기계운전을 할 때 사용한다.

㉡ +Z : Z축의 원점복귀를 확인할 때 사용한다.

㉢ −X, −Y, −Z : 축을 '−' 방향으로 이송시키기 위해 사용한다.

㉣ +X, +Y, +Z : 축을 '+' 방향으로 이송시키기 위해 사용한다.

㉤ RAPID : 급속 이송 버튼으로 축을 급속으로 이송시키기 위해 사용하며, '+' 또는 '−' 버튼을 동시에 눌러야 한다.

CHAPTER

002 CNC 프로그램

CRAFTSMAN COMPUTER AIDED MILLING

SECTION 01 프로그램의 기초

1 좌표축 및 좌표계의 종류

(1) 좌표축과 운동기호

CNC 공작기계의 제어 대상이 되는 축은 혼선을 피하기 위하여 ISO, KS 규격에서 좌표축과 운동기호에 대하여 오른손 직교좌표계를 표준좌표계로 지정해 놓았다.

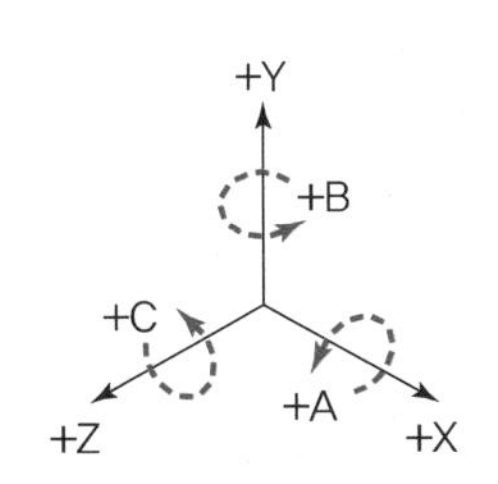

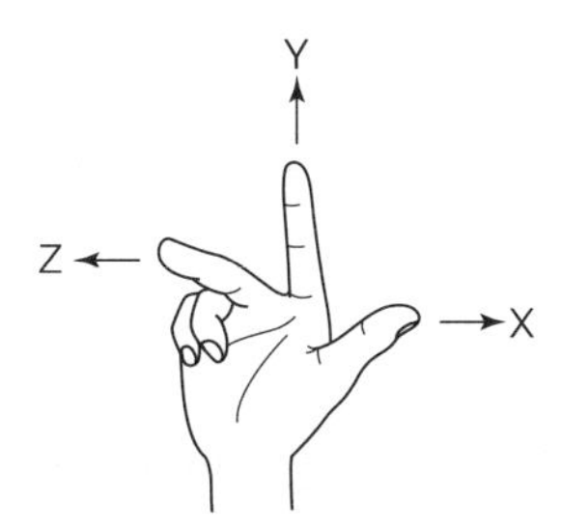

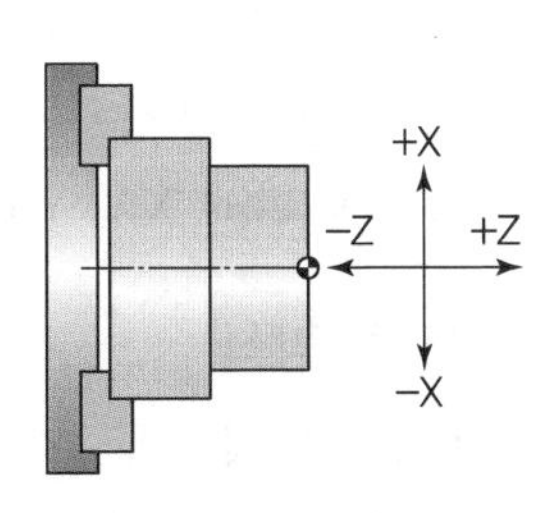

| 오른손 직교좌표계와 운동기호 |

기준축	보조축(1차)	보조축(2차)	회전축	기준축의 결정방법
X축	U축	P축	A축	가공의 기준이 되는 축
Y축	V축	Q축	B축	X축과 직각을 이루는 이송축
Z축	W축	R축	C축	절삭동력이 전달되는 스핀들 축

(2) 좌표계

① 절대좌표계

㉠ 프로그램 작성자가 프로그램을 쉽게 작성하기 위하여 공작물의 임의의 점을 원점으로 정해 명령어의 기준점이 되도록 한 좌표계를 말한다.

㉡ 선반의 경우 좌표어는 X, Z를 사용한다.

㉢ '공작물 좌표계'라고도 하며, G50 명령을 이용하여 각 공작물마다 설정한다.

② 상대좌표계

㉠ 현재의 위치가 원점이 되며, 일시적으로 좌표를 '0'으로 설정할 때 사용한다.

㉡ 선반의 경우 좌표어는 U, W를 사용한다.

㉢ 공구의 세팅, 간단한 핸들 이동, 좌표계 설정 등에 사용한다.

2 지령방법의 종류

(1) 절대지령 방식

① 프로그램 원점을 기준으로 직교좌표계의 좌푯값을 입력하는 방식이다.

② CNC 선반의 경우는 어드레스 X, Z로 나타낸다.

예 G00 X20. Z40. ;

③ 머시닝 센터의 경우는 어드레스 X, Y, Z를 사용하며 선두에 절대지령인 G90코드를 입력한다.

예 G00 G90 X100. Y100. Z20. ;

(2) 증분지령(또는 상대명령) 방식

① 현재의 공구위치를 기준으로 끝점까지의 X, Y, Z의 증분값을 입력하는 방식이다.

② CNC 선반의 경우는 어드레스 U, W로 나타낸다.

예 G00 U10. W20. ;

③ 머시닝 센터의 경우는 어드레스 X, Y, Z를 사용하며 선두에 증분지령인 G91코드를 입력한다.

예 G00 G91 X5. Y5. Z10. ;

(3) 혼합지령 방식

① 절대지령 방식과 증분지령 방식을 한 블록 내에 혼합하여 명령하는 방식이다.

② CNC 선반의 경우는 어드레스 X, W 또는 U, Z를 혼합하여 사용한다.

예 G00 X20. W20. ;

SECTION 02 원점 및 좌표계 설정

1 기계원점 및 기계좌표계

(1) 기계원점

① 기계상에 고정된 임의의 점으로 기계 제작 시 제조사에서 위치를 정하는 점이다.

② 프로그램 및 기계를 조작할 때 기준이 되는 점으로, 사용자가 임의로 변경해서는 안 된다.

③ 전원을 켰을 때 기계원점 복귀를 해야만 기계좌표계가 성립한다.

④ 조작판상의 원점복귀 스위치를 이용하여 수동으로 원점복귀 할 수 있다.

⑤ 모드 스위치를 자동 또는 반자동에 위치시키고 G28을 이용하여 각 축을 자동으로 기계원점까지 복귀시킬 수 있다.

(2) 기계좌표계

① 기계원점을 기준으로 하는 좌표계를 말한다.

② 전원 공급 후 수동 원점복귀를 해야만 기계좌표계가 활성화된다.

③ 공작물 좌표계 및 각종 파라미터 설정값의 기준이 되며, 모든 연산의 기준이 되는 점이다.

2 프로그램 원점

① 프로그램을 편리하게 작성하기 위하여 도면상에 있는 임의의 점을 프로그램상의 절대좌표기준점으로 하는 점을 말한다.

② 일반적으로 공작물의 양쪽 끝 단의 중심에 표시한다.

③ 도면상에 원점 표시기호(◕)를 표시한다.

3 시작점과 공작물 좌표계 설정

① 시작점(start point) : 사용 공구가 출발하는 임의의 점을 말한다.

② 공작물 좌표계 설정 : 프로그램 원점과 공작물의 한 점을 일치시켜 절대좌표의 기준점으로 정하는 작업을 말한다.

4 좌표치와 최소 입력단위

① 좌표치의 입력방법에는 인치 입력(G20)과 메트릭 입력(G21)방식이 있다.

② CNC 선반의 경우 X축의 좌표치는 직경명령을 적용하도록 설정하여 사용한다.

③ 최소 입력단위는 0.001mm가 일반적이다.

SECTION 03 프로그램의 개요 및 구성

1 프로그램의 개요

(1) 프로그래밍

주어진 도면의 제품을 가공하기 위하여 가공공정을 CNC 장치가 이해할 수 있는 표현 형식으로 바꾸는 작업이다.

(2) 파트 프로그램

CNC 프로그램은 부품의 일부분을 가공하는 프로그램의 조합에 의하여 완성되므로 일명 파트 프로그램이라고 한다.

(3) 가공계획 수립

① 가공할 범위와 사용할 기계를 선정한다.
② 가공물의 고정방법 및 필요한 치공구를 선정한다.
③ 가공순서를 결정한다.
④ 사용할 공구를 선정한다.
⑤ 절삭조건(주축의 회전수와 이송속도, 절입량, 절삭유의 사용 유무 등)을 결정한다.
⑥ 프로그램 작성방법은 간단한 형상의 도면인 경우에는 수동 프로그래밍, 복잡한 형상의 경우에는 자동 프로그래밍을 이용한다.

2 프로그램의 구성

- 주소(address)와 수치(data)의 조합 ⇒ 단어(word)
- 단어(word)들의 조합 ⇒ 명령절(block)
- 명령절의 조합 ⇒ 프로그램
- 주프로그램과 보조프로그램 ⇒ 프로그램
- 프로그램은 명령절 단위로 실행되며, 주프로그램을 따라 실행되지만 주프로그램에서 보조프로그램을 호출(M98)하면, 보조프로그램에 따라 실행되며, 보조프로그램을 종료(M99)하면 주프로그램으로 복귀하여 작업을 진행한다.

(1) 주소(address)

주소는 영문 대문자(A~Z) 중의 한 개로 표시되며, 각 주소의 기능은 다음과 같다.

기능	주소(address)	의미
프로그램 번호	O	프로그램 번호
전개번호	N	전개번호(작업순서)
준비기능	G	이동 형태(직선, 원호 등)
좌표어	X, Y, Z	각 축의 이동위치 지정(절대 방식)
	U, V, W	각 축의 이동거리와 방향 지정(증분 방식)
	A, B, C	부가축의 이동 명령
	I, J, K	원호 중심에 대한 각 축의 벡터성분
	R	원호반지름, 코너 R
이송기능	F, E	이송속도, 나사의 리드
보조기능	M	기계 동작부의 ON/OFF 제어 명령
주축기능	S	주축 회전수 또는 절삭속도
공구기능	T	공구번호 및 공구보정번호
휴지	P, U, X	일시정지(dwell) 시간의 지정
프로그램 번호 지정	P	보조프로그램 호출번호 및 반복횟수 지정
전개번호 지정	P, Q	복합 반복 사이클에서의 시작과 종료 번호
반복횟수	L	보조프로그램 반복횟수
매개변수	D, I, K	주기에서의 파라미터(절입량, 횟수 등)

(2) 수치(data)

① 수치는 주소의 기능에 따라 2자리의 수치와 4자리의 수치를 사용하며, 좌표치의 주소에 사용되는 수치는 최소 명령단위에 따라 0.001mm까지 표시할 수 있다.

예
- G00 – (2자리 수)
- S2500 – (4자리 수)
- X10.015 Z100.005 – (소수점 이하 3자리 수)

② 소수점의 사용

NC 프로그램을 작성할 때 FANUC 시스템에서 소수점을 사용할 수 있는 데이터는 길이를 나타내는 수치 데이터와 함께 사용되는 어드레스(X, Y, Z, U, V, W, A, B, C, I, J, K, R, F) 다음의 수치 데이터에만 가능하다. 단, 장비 및 파라미터 설정에 따라 소수점 없이 사용할 수도 있다.

예
- X10.0=10mm
- X10.=10mm(소수점 다음에 나오는 0은 생략할 수 있다.)
- X100=0.1mm(최소 명령단위가 0.001mm이므로 소수점이 없으면 뒤쪽에서 3번째에 소수점이 있는 것으로 간주한다.)

• X10.05=10.05mm
• S2000. – 알람 발생(소수점 입력 에러)

(3) 단어(word)

명령절을 구성하는 가장 작은 단위로 주소(address)와 수치(data)의 조합에 의하여 이루어진다.

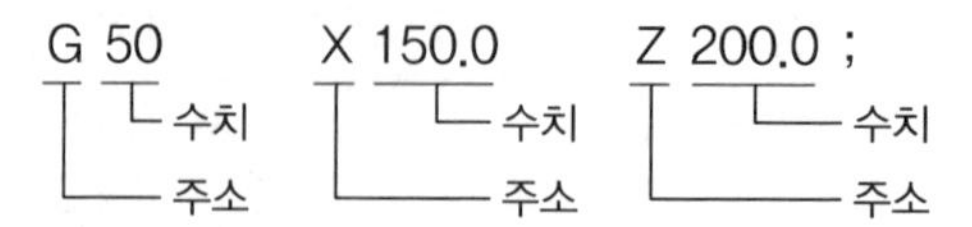

(4) 명령절(block)

① 몇 개의 단어가 모여 구성된 한 개의 명령단위를 명령절이라고 한다.
② 명령절과 명령절은 EOB(End Of Block)로 구분되며, 제작사에 따라 ';' 또는 '#'과 같은 부호로 간단히 표시한다.
③ 한 명령절에 사용되는 단어의 수에는 제한이 없다.

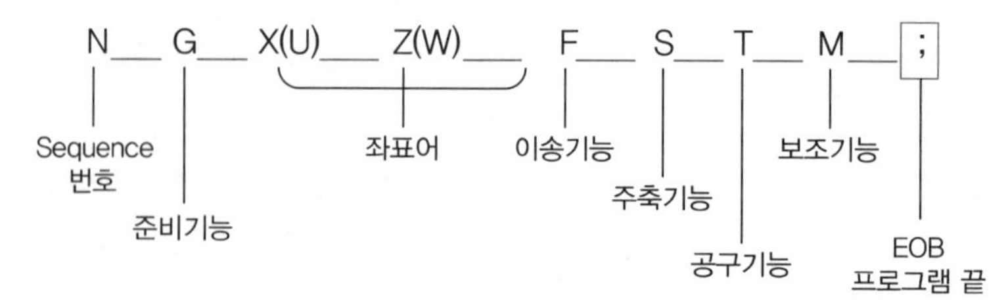

N10 G96 S150 T0100 M03 ;
N20 G01 X15. Z-10 F0.2 ;

SECTION 04 CNC 프로그램의 주요 주소기능

1 프로그램 번호(O)

① CNC 기계의 제어장치는 여러 개의 프로그램을 메모리에 저장할 수 있다.
② 저장된 프로그램을 구별하기 위하여, 서로 다른 프로그램 번호를 붙인다.
③ 프로그램 번호는 주소의 영문자 "O" 다음에 4자리의 숫자 즉, 0001~9999까지를 임의로 정할 수 있다.

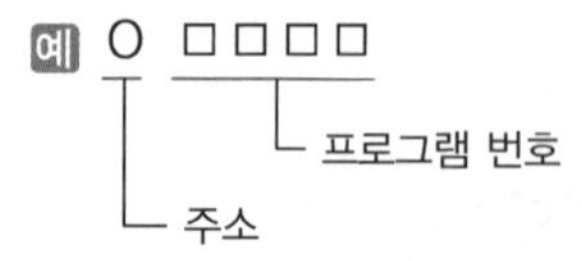

2 전개번호(N : sequence number)

① 블록의 순서를 지정하는 것으로 "N" 다음에 4자리 이내의 숫자로 번호를 표시한다.

② 매 명령절마다 붙이지 않아도 프로그램의 수행에는 지장이 없으나, 복합 반복 사이클(G70~G73)을 사용하거나 전개번호로 특정 명령절(block)을 탐색하고자 할 때에는 반드시 필요하다.

3 준비기능(G : preparation function)

제어장치의 기능을 동작하기 위한 준비를 하는 기능으로 "G"와 두 자리의 숫자로 구성되어 있다.

① 1회 유효 G-코드(One shot G-code) : 지정된 명령절에서만 유효한 G-코드

예 G04 : 일시 정지, G28 : 자동 원점 복귀, G50 : 공작물 좌표계 설정 등

② 연속 유효 G-코드(Modal G-code) : 동일 그룹 내의 다른 G-코드가 나올 때까지 유효한 G-코드

예 G00 : 위치 결정(급속이송), G01 : 직선가공(절삭 이송), G02 : 원호가공(CW) 등

▎CNC 선반 G-코드 일람표

코드	그룹	기능	코드	그룹	기능
★G00	01	급속 위치 결정	G41	07	공구인선반지름 보정 좌측
★G01		직선보간(절삭이송)	G42		공구인선반지름 보정 우측
G02		원호보간(CW : 시계방향)	G43	08	공구길이 보정 '+'
G03		원호보간(CCW : 반시계방향)	G44		공구길이 보정 '−'
G04	00	휴지(Dwell)	G49		공구길이 보정 취소
G10		데이터 설정	G50	00	공작물 좌표계 설정, 주축 최고 회전수 지정
G20	06	Inch 입력	G68	04	대향 공구대 좌표 ON
★G21		Metric 입력	G69		대향 공구대 좌표 OFF
★G22	04	금지영역 설정	G70	00	정삭 사이클
G23		금지영역 설정 취소	G71		내·외경 황삭 사이클
G25	08	주축속도 변동 검출 OFF	G72		단면 황삭 사이클
G26		주축속도 변동 검출 ON	G73		모방 사이클
G27	00	원점 복귀 확인	G74		단면 홈 가공 사이클
G28		기계 원점 복귀	G75		내·외경 홈 가공 사이클
G29		원점으로부터의 복귀	G76		자동 나사 가공 사이클
G30		제2, 3, 4 원점 복귀	G90	01	내·외경 절삭 사이클
G31		Skip 기능	G92		나사 절삭 사이클
G32	01	나사 절삭	G94		단면 절삭 사이클
G34		가변 리드 나사 절삭	G96	02	절삭속도(m/min) 일정 제어
G36	00	자동 공구 보정(X)	★G97		주축 회전수(rpm) 일정 제어
G37		자동 공구 보정(Z)	G98	03	분당 이송 지정 (mm/min)
★G40	07	공구인선반지름 보정 취소	★G99		회전당 이송 지정 (mm/rev)

Reference

- 00그룹은 지령된 블록에서만 유효함(one shot G-코드)
- ★ 표시 기호는 전원을 공급할 때 설정되는 G-코드를 나타냄
- G-코드 일람표에 없는 G-코드를 지령하면 알람이 발생함
- G-코드는 그룹이 서로 다르면 한 블록에 몇 개라도 지령할 수 있음
- 동일 그룹의 G-코드를 같은 블록에 1개 이상 지령하면 뒤에 지령한 G-코드만 유효하거나, 알람이 발생함

▎머시닝 센터 G-코드 일람표

코드	그룹	기능	코드	그룹	기능
★G00	01	위치 결정(급속이송)	G57	12	공작물 좌표계 4번 선택
★G01		직선보간(절삭)	G58		공작물 좌표계 5번 선택
G02		원호보간(CW : 시계방향)	G59		공작물 좌표계 6번 선택
G03		원호보간(CCW : 반시계방향)	G60	00	한 방향 위치 결정
G04	00	휴지(Dwell)	G61	15	Exact Stop 모드
G09		Exact Stop	G62		자동 코너 오버라이드
G10		데이터 설정	★G64		연속 절삭 모드
★G15	17	극좌표지령 취소	G65	00	Macro 호출
G16		극좌표지령	G66	12	Macro Modal 호출
★G17	02	X-Y 평면 설정	★G67		Macro Modal 호출 취소
G18		Z-X 평면 설정	G68	16	좌표회전
G19		Y-Z 평면 설정	★G69		좌표회전 취소
G20	06	Inch 입력	G73	09	고속 심공드릴 사이클
G21		Metric 입력	G74		왼나사 탭 사이클
G22	04	금지영역 설정	G76		정밀 보링 사이클
★G23		금지영역 설정 취소	★G80		고정 사이클 취소
G27	00	원점 복귀 Check	G81		드릴 사이클
G28		기계 원점 복귀	G82		카운터 보링 사이클
G30		제2, 3, 4 원점 복귀	G83		심공드릴 사이클
G31		Skip 기능	G84		탭 사이클
G33	01	나사 절삭	G85		보링 사이클
G37	00	자동 공구길이 측정	G86		보링 사이클
★G40	07	공구지름 보정 취소	G87		백보링 사이클
G41		공구지름 보정 좌측	G88		보링 사이클
G42		공구지름 보정 우측	G89		보링 사이클
G43	08	공구길이 보정 '+'	★G90	03	절대지령
G44		공구길이 보정 '−'	★G91		증분지령
★G49		공구길이 보정 취소	G92	00	공작물 좌표계 설정

코드	그룹	기능	코드	그룹	기능
★G50	08	스케일링, 미러 기능 무시	★G94	05	분당 이송(mm/min)
G51		스케일링, 미러 기능	G95		회전당 이송(mm/rev)
G52	00	로컬좌표계 설정	G96	13	절삭속도(m/min) 일정 제어
G53		기계좌표계 선택	★G97		주축 회전수(rpm) 일정 제어
★G54	12	공작물 좌표계 1번 선택	★G98	10	고정 사이클 초기점 복귀
G55		공작물 좌표계 2번 선택	G99		고정 사이클 R점 복귀
G56		공작물 좌표계 3번 선택			

★ : 전원 공급 시 자동으로 설정

4 주축기능(S : spindle speed function)

① 주축을 회전시키는 기능으로 주축 모터의 회전속도를 변환시켜 속도를 제어한다.

② G96 : 절삭 속도 일정 제어(m/min), G97 : 주축 회전수 일정 제어(rpm)

예
- G50 S2500 ; ⇒ 주축의 최고속도를 2,500rpm으로 설정
- G96 S100 M03 ; ⇒ 절삭속도가 100m/min로 일정하게 시계방향 회전
- G97 S1000 M03 ; ⇒ 주축 회전수가 1,000rpm으로 시계방향 회전

5 이송기능(F : feed function)

공작물과 공구의 상대속도를 지정하는 기능이며 분당 이송(mm/min)과 회전당 이송(mm/rev)이 있다.

CNC 선반		머시닝 센터	
G98	분당 이송(mm/min)	★G94	분당 이송(mm/min)
★G99	회전당 이송(mm/rev)	G95	회전당 이송(mm/rev)

★ : 전원공급 시 자동으로 설정

예
- G98 G01 X20. Z40. F100 ; ⇒ 100mm/min의 속도로 이송
- G99 G01 X25. Z24. F0.2 ; ⇒ 1회전당 0.2mm 이송

6 공구기능(T : tool function)

CNC 선반에서 공구 선택과 공구 보정을 하는 기능이고, 머시닝 센터에서는 공구를 선택하는 기능으로 M06(공구교환)과 함께 사용해야 에러가 발생하지 않는다.

① CNC 선반의 경우

T □□ △△

- △△ : 공구보정번호(01번~99번), 00은 보정 취소 기능
- □□ : 공구선택번호(01번~99번), 기계 사양에 따라 지령 가능한 번호로 결정

② 머시닝 센터의 경우

T□□ M06 ⇒ □□번 공구 선택 후 공구교환

7 보조기능(M : miscellaneous function)

제어장치의 명령에 따라 CNC 공작기계가 가지고 있는 보조기능을 제어(On/Off)하는 것으로 M 뒤에 2자리 숫자를 붙여 사용한다.

예 • M□□(01~99까지 지정된 2자릿수)
- N0010 G50 X150.0 Z200.0 S1300 T0100 M41 : 기어 교환(1단)
- N0011 G96 X130 M03 : 주축 정회전
- N0012 G00 X62.0 Z0.0 S0100 T0100 M08 : 절삭유 ON

▌머시닝 센터의 보조기능

코드	기능	용도
M00	프로그램 정지	실행 중인 프로그램을 일시 정지시키며, 자동 개시를 누르면 재개
M01	선택 프로그램 정지	조작판의 M01 스위치가 ON인 경우, 프로그램 일시 정지
M02	프로그램 종료	프로그램 종료 기능으로 모달 정보가 모두 없어짐
M03	주축 정회전(CW : 시계방향)	주축을 시계방향으로 회전
M04	주축 역회전(CCW : 반시계방향)	주축을 반시계방향으로 회전
M05	주축 정지	주축을 정지시키는 기능
M06	공구 교환(MCT만 해당)	지정한 공구로 교환, T(공구기능)와 같이 사용
M08	절삭유 ON	절삭유 펌프 스위치 ON
M09	절삭유 OFF	절삭유 펌프 스위치 OFF
M19	주축 한 방향 정지(MCT만 해당)	주축을 한 방향으로 정지시키는 역할로 공구 교환 및 고정 사이클의 공구 이동에 이용
M30	프로그램 종료 & Rewind	프로그램 종료 후 다시 처음으로 되돌아감
M98	보조프로그램 호출	• 11T가 아닌 경우 M98 P□□□□ △△△△ (△△△△ : 보조프로그램 번호, □□□□ : 반복횟수(생략하면 1회)) • 11T인 경우 M98 P△△△△ L □□□□ (□□□□ : 반복횟수(생략하면 1회), △△△△ : 보조프로그램 번호)
M99	주프로그램으로 복귀	보조프로그램의 종료 후 주프로그램으로 복귀

SECTION 05 CNC 프로그램의 보간기능

1 급속 위치결정(G00)

① 지령된 종점으로 급속하게 이동하는 것을 말한다.
② 공구는 기계 제작 회사에서 설정한 최고 속도로 급속 이송한다.
③ 비절삭 구간에서 사용하는 기능으로 처음 공작물에 접근하거나, 가공 완료 후 복귀할 때, 공구를 교환할 때 가장 많이 사용한다.

(1) CNC 선반

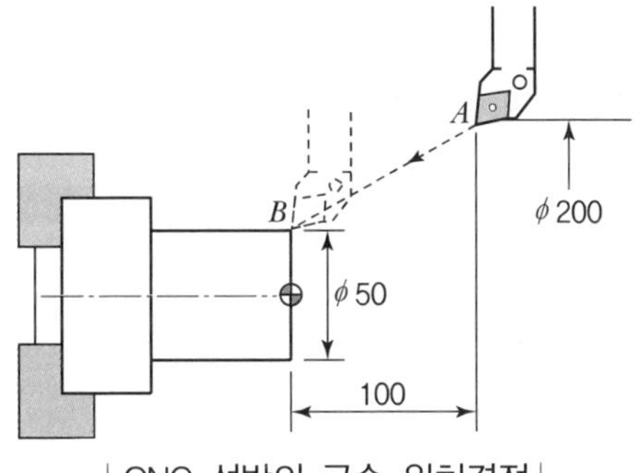

| CNC 선반의 급속 위치결정 |

- 절대지령
  G00 X50. Z0. ;
- 상대지령
  G00 U−150. W−100. ;
- 혼합지령
  G00 X50. W−100. ;
  G00 U−150. Z0. ;

(2) 머시닝 센터

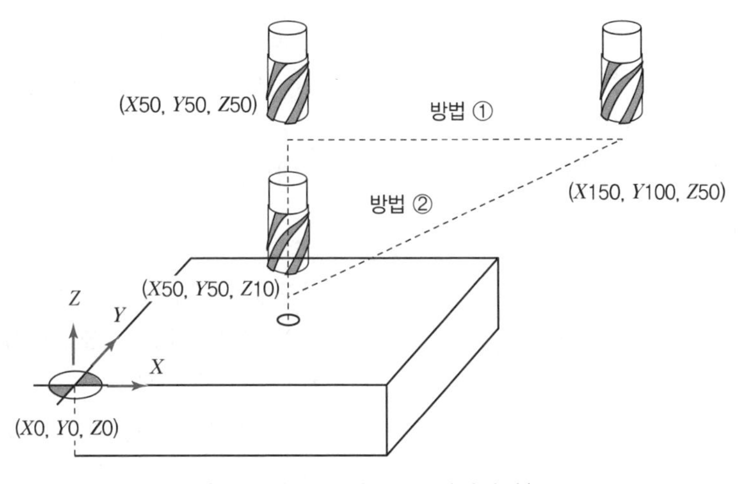

| 머시닝 센터의 급속 위치결정 |

방법 ① : X, Y축 이동 후 Z축 이동경로 지정(일반적으로 가장 많이 사용함)

- 절대지령
  G00 G90 X50. Y50. ;
  Z10. ;
- 증분지령
  G00 G91 X−100. Y−50. ;
  Z−40. ;

방법 ② : X, Y, Z축 동시 이동 경로 지정

- 절대지령
  G00 G90 X50. Y50. Z10. ;
- 증분지령
  G00 G91 X−100. Y−50. Z−40. ;

2 직선보간(G01)

① 직선 절삭 가공 시 사용하는 기능이다.
② 지령된 종점으로 F에서 지정한 속도에 따라 직선으로 가공한다.
③ 테이퍼나 모따기도 직선에 포함된다.

(1) CNC 선반

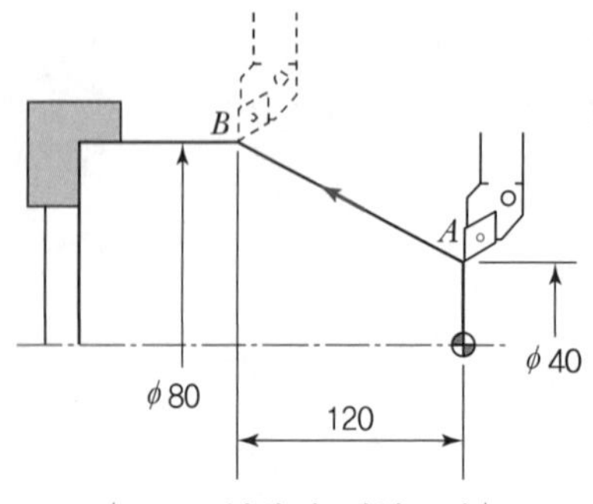

| CNC 선반의 직선보간 |

- 절대지령
  G01 X80. Z−120. F0.2 ;
- 상대지령
  G01 U40. W−120. F0.2 ;
- 혼합지령
  G01 X80. W−120. F0.2 ;
  G01 U40. Z−120. F0.2 ;

이송속도 F는 회전당 이송(mm/rev)을 기본으로 한다.

(2) 머시닝 센터

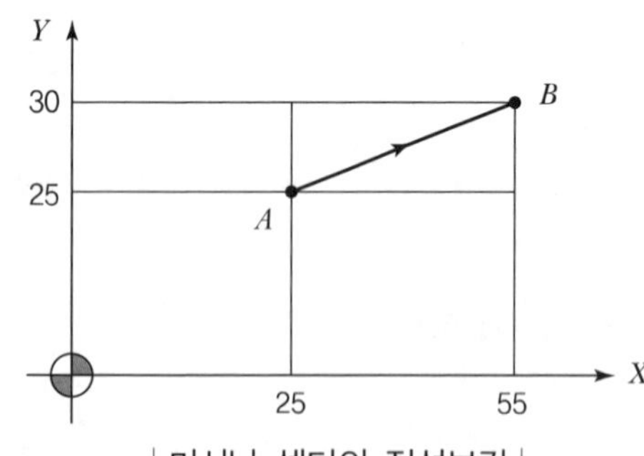

| 머시닝 센터의 직선보간 |

- 절대지령(G90)
  G01 G90 X55. Y30. F100 ;
- 상대지령(G91)
  G01 G91 X30. Y5. F100 ;

이송속도 F는 분당 이송(mm/min)을 기본으로 한다.

3 원호보간(G02, G03)

지령된 시점에서 종점까지의 반경 R 크기로 원호가공을 하는 기능이다.

(1) CNC 선반

① 지령방법

$$\begin{Bmatrix} G02 \\ G03 \end{Bmatrix} X(U)\_\_\_ \; Z(W)\_\_\_ \begin{Bmatrix} R\_\_\_ \\ I\_\_\_ \; K\_\_\_ \end{Bmatrix} F\_\_\_ ;$$

여기서, X(U), Z(W) : 원호가공의 종점의 좌표
R : 원호 반경(mm)
I, K : R 지령 대신 사용, 원호 시작점에서 중심점까지의 거리(반경지령)
F : 이송속도(mm/rev)

② 가공방향

G02 : CW(시계방향 원호가공)

G03 : CCW(반시계방향 원호가공)

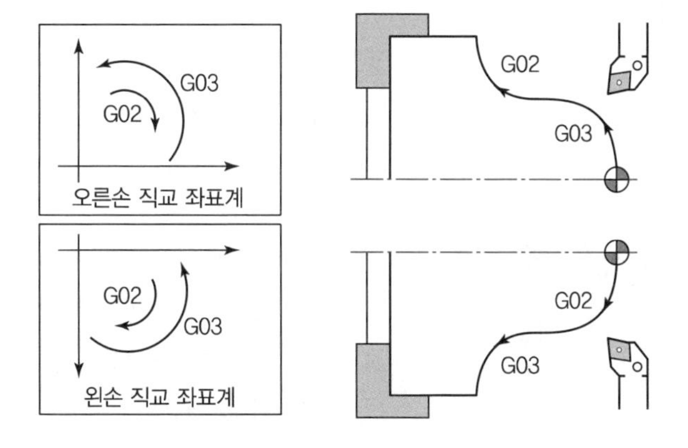

③ R 지령에 의한 원호보간

㉠ 180° 이하의 원호를 가공할 때, R 값은 (+)로 입력한다.

㉡ 180° 이상의 원호를 가공할 때, R 값은 (−)로 입력한다.

㉢ 선반에서 180° 원호를 가공하면 구의 형상이 만들어지므로 R 값은 항상 (+)로 입력한다.

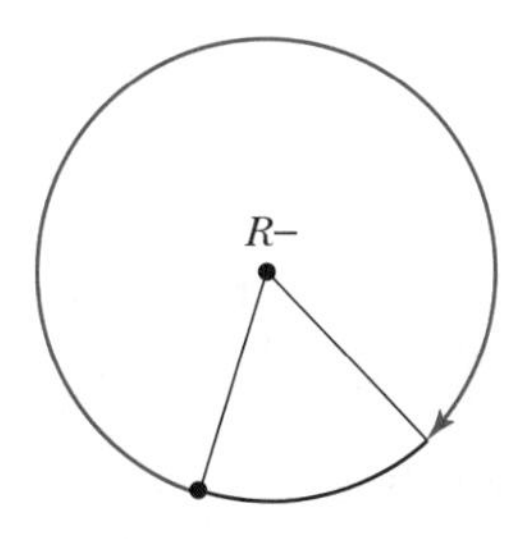

| R 지령에 의한 원호보간 |

④ I, K 지령에 의한 원호보간

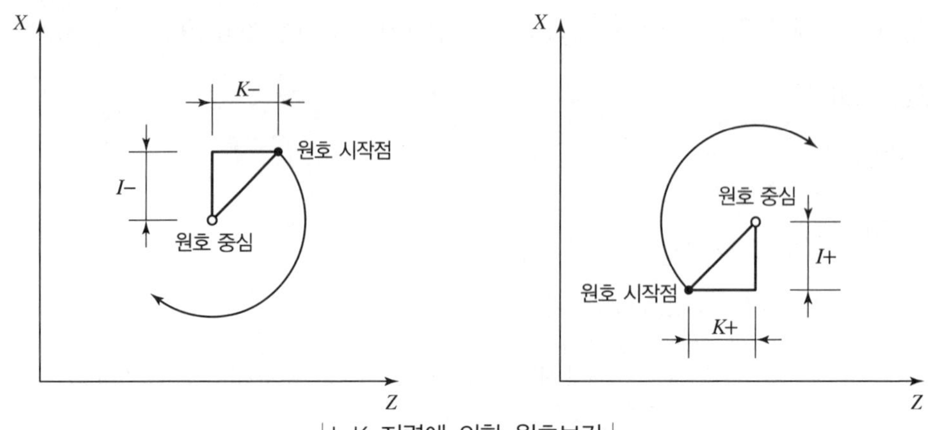

| I, K 지령에 의한 원호보간 |

원호의 중심이 원호의 시작점 기준으로 왼쪽 또는 아래에 있으면 −값을, 오른쪽 또는 위에 있으면 +값을 입력한다.

⑤ 원호보간의 예

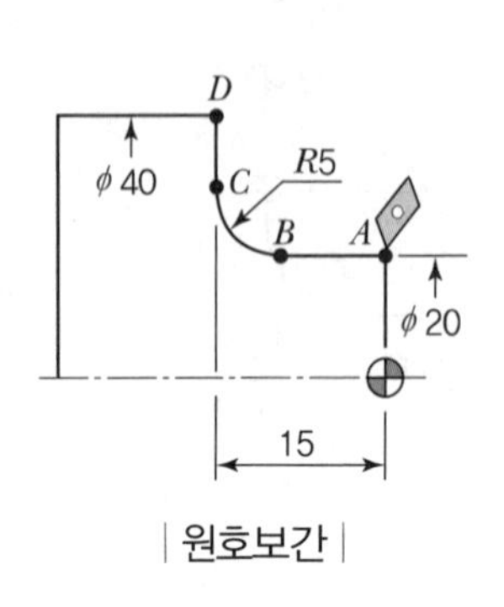

| 원호보간 |

- R 지령(절대지령)
  A→B : G01 Z−10. F0.2 ;
  B→C : G02 X30. Z−15. R5. ;
  C→D : G01 X40. ;
- R 지령(상대지령)
  A→B : G01 W−10. F0.2 ;
  B→C : G02 U10. W−5. R5. ;
  C→D : G01 U10. ;
- I, K 지령
  A→B : G01 Z−10. F0.2 ;
  B→C : G02 X30. Z−15. I5. ;
  C→D : G01 X40. ;

(2) 머시닝 센터

① 지령방법

$$\begin{Bmatrix} G17 \\ G18 \\ G19 \end{Bmatrix} \begin{Bmatrix} G02 \\ G03 \end{Bmatrix} \begin{Bmatrix} G90 \\ G91 \end{Bmatrix} X\_\_ \; Y\_\_ \; Z\_\_ \begin{Bmatrix} R\_\_ \\ I\_\_ \; J\_\_ \; K\_\_ \end{Bmatrix} F\_\_ ;$$

여기서, F : 이송속도(mm/min)

② 작업평면 선택 및 가공방향

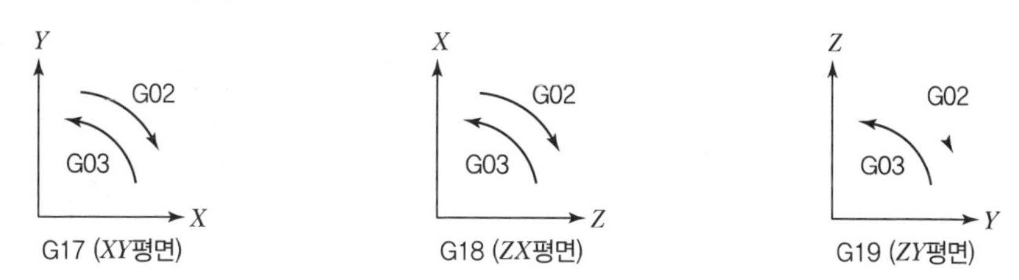

③ R 지령에 의한 원호보간

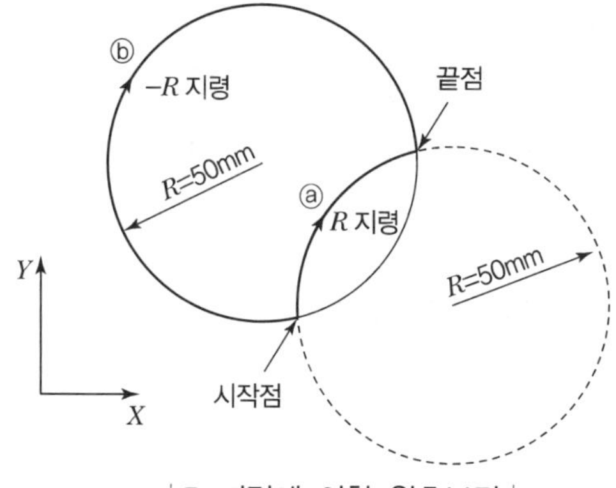

| R 지령에 의한 원호보간 |

- 180° 이하인 원호는 R+로 지령
- 180° 초과인 원호는 R−로 지령
- 원호의 시작점 (80, 20)
- 원호의 끝점 (130, 70)

원호 ⓐ(180° 이하)와 원호 ⓑ(180° 초과)는 시작점과 끝점, 반지름의 크기가 같지만 R 지령(R+, R−)에 따라 가공 형상이 달라진다.

예 ⓐ 원호가공 G17 G02 G90 X130. Y70. R50. F100 ;

ⓑ 원호가공 G17 G03 G90 X130. Y70. R−50. F100 ;

④ I, J, K 지령에 의한 원호보간

$$\begin{Bmatrix} G17 \\ G18 \\ G19 \end{Bmatrix} \begin{Bmatrix} G02 \\ G03 \end{Bmatrix} \begin{Bmatrix} G90 \\ G91 \end{Bmatrix} \begin{Bmatrix} X\_\_ \ Y\_\_ \ I\_\_ \ J\_\_ \\ X\_\_ \ Z\_\_ \ I\_\_ \ K\_\_ \\ Y\_\_ \ Z\_\_ \ J\_\_ \ K\_\_ \end{Bmatrix} F\_\_ \ ;$$

X축 방향의 값은 I로, Y축 방향의 값은 J로, Z축 방향의 값은 K로 지령한다.

원호의 중심이 원호의 시작점 기준으로 왼쪽 또는 아래에 있으면 −값을, 오른쪽 또는 위에 있으면 +값을 입력한다.

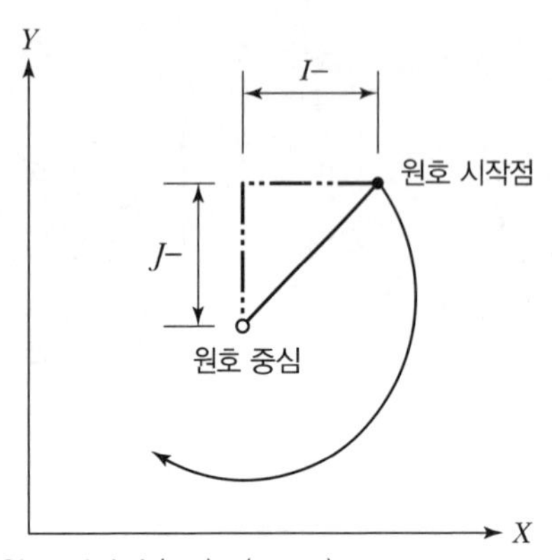

원호 시작점 (X,Y)=(40,30)
원호 반지름=R15
예 G41 X40.0 D01 ;
G02 I–15.0 ;
G41 Y30.0 D01 ;
G02 J–15.0 ;

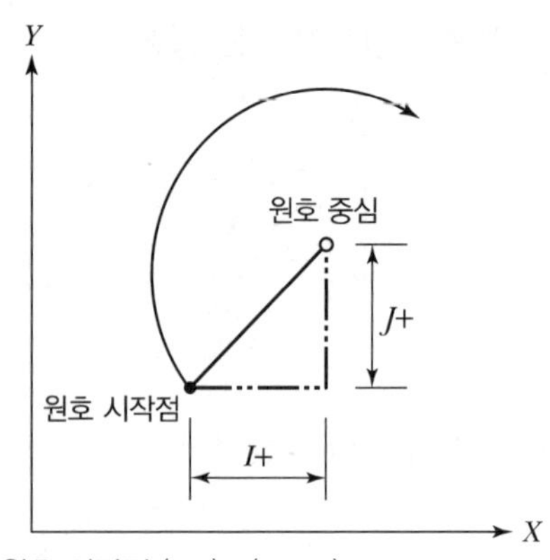

원호 시작점 (X,Y)=(20,10)
원호 반지름=R15
예 G41 X20.0 D01 ;
G02 I15.0 ;
G41 Y10.0 D01 ;
G02 J15.0 ;

| I, J, K 지령에 의한 원호보간 |

4 휴지(dwell, G04)

(1) CNC 선반

① 의미

㉠ 지령한 시간 동안 공구의 이송을 정지(dwell : 일시정지)시키는 기능이다.
㉡ 홈가공이나 드릴가공 등에서 간헐이송에 의해 칩을 절단할 때 사용한다.
㉢ 홈가공 시 회전당 이송에 의해 단차량이 없는 진원가공을 할 때 사용한다.
㉣ 주소는 기종에 따라 X, U, P를 사용한다.

② 지령방법

$$G04 \left\{ \begin{array}{l} X\_\_\_ ; \\ U\_\_\_ ; \\ P\_\_\_ ; \end{array} \right\}$$

※ X, U : 소수점 이하 세 자리까지 사용 가능
※ P : 소수점 사용 불가

㉠ 2초 동안 일시정지 하는 경우

G04 X2.0 ;	G04 U2.0 ;	G04 P2000 ;

㉡ 정지시간과 스핀들 회전수의 관계

$$\text{정지시간(초)} = \frac{60}{\text{스핀들 회전수[rpm]}} \times \text{일시정지 회전수}$$

㉢ 1,500rpm으로 회전하는 스핀들에서 3회전의 휴지(dwell)를 주는 경우

$$정지시간(초)=\frac{60}{1{,}500}\times 3=0.12$$

G04 X0.12 ;	G04 U0.12 ;	G04 P120 ;

(2) 머시닝 센터

$$G04 \begin{Bmatrix} X\_\_\_ ; \\ P\_\_\_ ; \end{Bmatrix}$$

※ X : 소수점 이하 세 자리까지 사용 가능, P : 소수점 사용 불가

SECTION 06 CNC 프로그램의 보정기능

1 보정기능

① 프로그램을 작성할 때 공구의 길이와 형상을 고려하지 않고 작성한다.
② 실제 가공 시 각각의 공구 직경(인선반경 보정)과 길이가 서로 다르므로 이 차이를 보정화면에 등록하고 공작물을 가공할 때 호출하여 자동으로 위치 보정을 받을 수 있도록 하는 기능이다.

2 인선반경 보정

① 인선(nose) : 공구의 날 끝의 둥근 부분을 말한다.
② 테이퍼 절삭이나 원호 절삭의 경우 인선 반경에 의하여 과대절삭이나 과소절삭이 발생하여 오차가 발생한다.
③ 공구의 인선반경에 의한 가공 경로의 오차를 자동으로 보정하는 기능을 인선반경 보정이라고 한다.

(1) CNC 선반

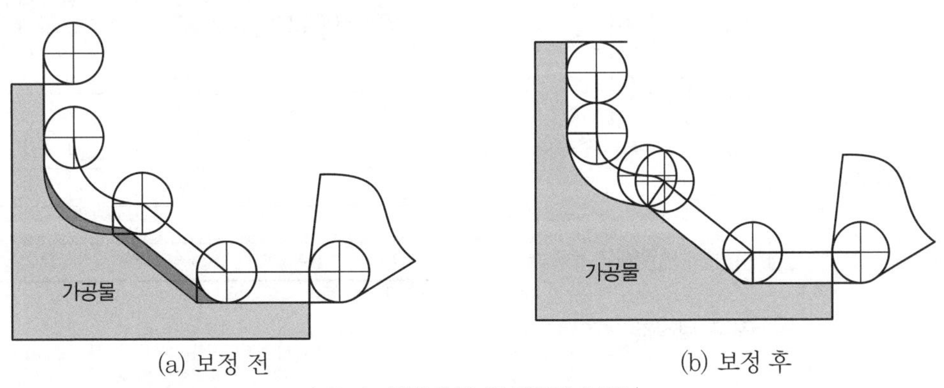

(a) 보정 전　　(b) 보정 후

| CNC 선반에서 인선반경 보정 |

① 가상인선

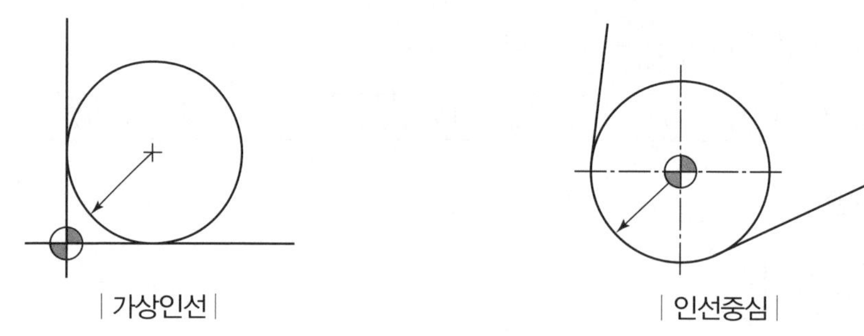

| 가상인선 | | 인선중심 |

㉠ 인선 반지름이 없는 것으로 하여 가상의 인선을 정해 놓고 이 점을 기준점으로 나타낸 것을 말한다.

㉡ 인서트의 반지름은 R0.4, R0.8, R1.0, R1.2 등이 많이 사용된다.

② 가상인선의 번호

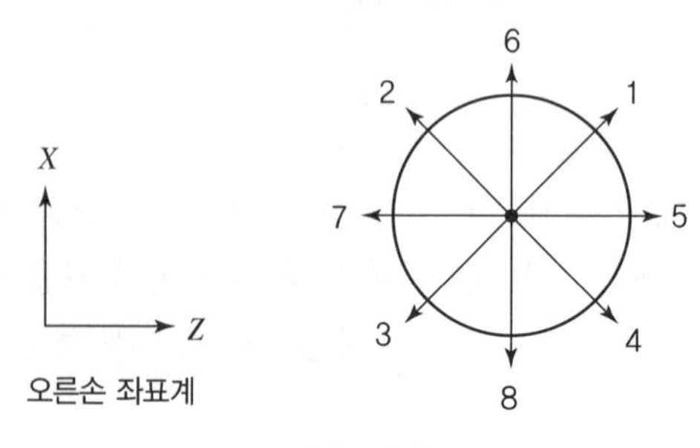

| 가상인선의 번호 |

공구가 CNC 선반에 설치된 상태에서 인선반경의 중심에서 본 가상인선의 방향을 나타내는 번호를 말한다.

③ 공구 보정값의 입력

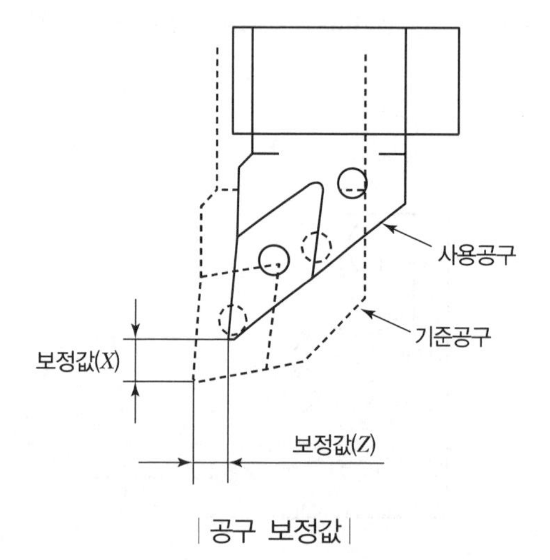

| 공구 보정값 |

기준공구와 사용공구와의 길이 차이를 X 성분과 Z 성분으로 구분하여 측정한 다음 입력한다.

공구 번호	X (X 성분)	Z (Z 성분)	R (인선반경)	T (공구인선 유형)
01	0.000	0.000	0.8	3
02	0.457	1.321	0.2	2
03	2.765	2.987	0.4	3
04	1.256	−1.234	·	8
05	·	·	·	·
·	·	·	·	·

④ 가공위치와 이동지령

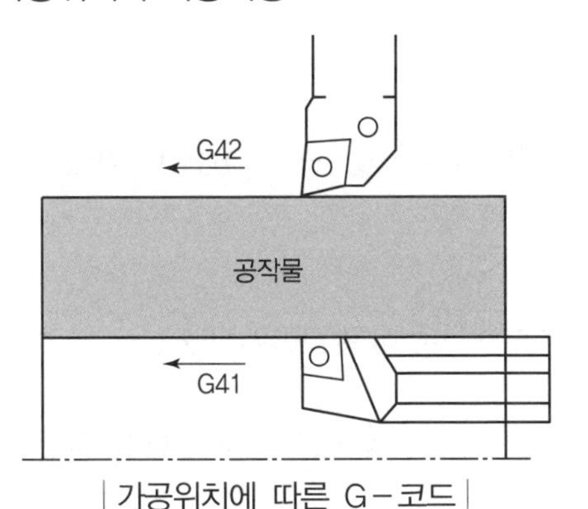

| 가공위치에 따른 G-코드 |

테이퍼 절삭이나 원호절삭의 경우 반드시 지령해야 한다.

G-코드	가공위치	공구 경로
G40	인선 보정 취소	공작물 위에 공구가 존재한다.
G41	인선 좌측보정	공구가 공작물의 왼쪽에 존재한다.
G42	인선 우측보정	공구가 공작물의 오른쪽에 존재한다.

⑤ 지령방법

$\begin{Bmatrix} G41 \\ G42 \end{Bmatrix}$ X(U)__ Z(W)__ T0303 ;

G40 X(U)__ Z(W)__ I__ K__ ;

※ 보정 취소를 할 경우, 공작물 형상의 다음 좌푯값을 I, K를 이용하여 반드시 기입한다.

⑥ 공구인선반경 보정지령과 취소

예

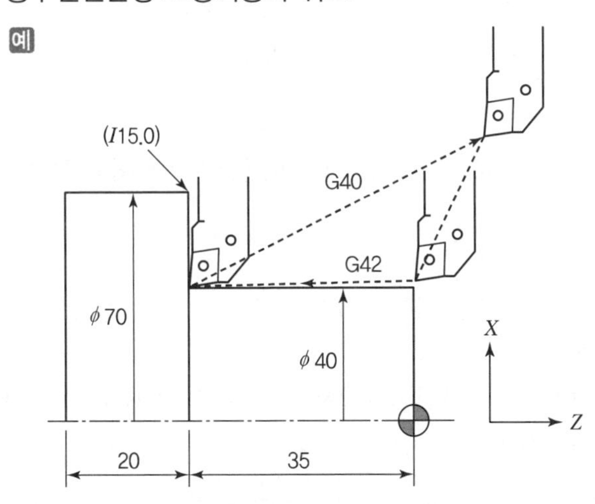


```
G50 X150. Z150. S2000 T0300 ;
G96 S150 M03 ;
G00 G42 X40. Z2. T0303 ;
G01 Z-35. F0.2 ;
G00 G40 X150. Z150. I15. ;
T0300 M05 ;
M02 ;
```

㉠ G50 X150. Z150. S2000 T0300 ;
공작물 좌표계 기준(◕)으로 공구위치 (150,150)으로 이동, 주축의 최고회전수 2,000 rpm 설정, 03번 공구 선택 및 보정 취소

ⓛ G96 S150 M03 ;
절삭속도 150(m/min), 주축 시계방향 회전

ⓒ G00 G42 X40. Z2. T0303 ;
공구위치 (40,2)로 이동하면서, 공구인선반지름 보정 우측 적용, 03번 공구 03번 보정번호에 있는 보정값 적용

ⓔ G01 Z−35. F0.2 ;
절삭가공 시작 Z방향 −35이동, 이송속도 1회전당 0.2mm 이동

ⓜ G00 G40 X150. Z150. I15. ;
공구위치 (150,150)으로 이동하면서, 보정 취소, 공작물 형상의 다음 좌푯값 I15.

ⓗ T0300 M05 ;
03번 공구 보정 취소, 주축 정지

ⓢ M02 ;
프로그램 종료

예

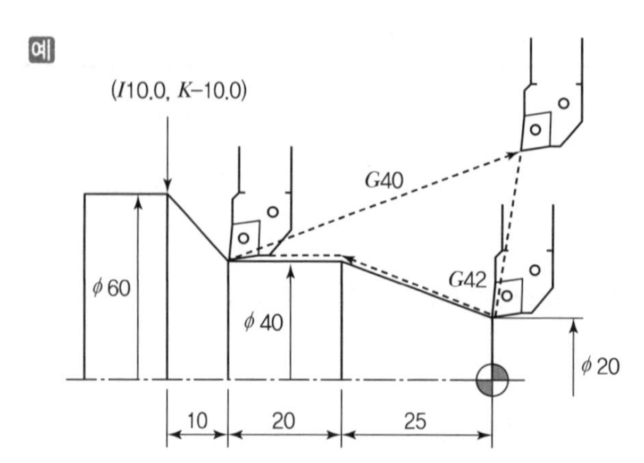


```
G50 X150. Z150. S2000 ;
G96 S150 M03 T0300 ;
G00 G42 X20. Z0. T0303 ;
G01 X40. Z−25. F0.2 ;
    W−20. ;
G00 G40 X150. Z150. I10.
    K−10. ;
T0300 M05 ;
M02 ;
```

ⓖ G50 X150. Z150. S2000 ;
공작물 좌표계 기준(◕)으로 공구위치 (150,150)으로 이동, 주축의 최고 회전수 2,000 rpm 설정

ⓛ G96 S150 M03 T0300 ;
절삭속도 150(m/min), 주축 시계방향 회전, 03번 공구 선택 및 보정 취소

ⓒ G00 G42 X20. Z0. T0303 ;
공구위치 (20, 0)으로 이동하면서, 공구인선반지름 보정 우측 적용(G42), 03번 공구 03번 보정번호에 있는 보정값 적용

ⓔ G01 X40. Z−25. F0.2 ;
절삭가공 시작 X방향 40, Z방향 −25 이동, 이송속도 1회전당 0.2mm 이동

ⓜ W−20. ;
절삭가공 Z방향으로 상대좌표 기준으로 −20 이동

㉥ G00 G40 X150. Z150. I10. K－10. ;
공구위치 (150,150)으로 이동하면서, 보정 취소(G40), 공작물 형상의 다음 좌푯값 I10., K－10.

㉦ T0300 M05 ;
03번 공구 보정 취소, 주축 정지

㉧ M02 ;
프로그램 종료

⑦ 취소절에서 I, K의 사용

㉠ G40 지령절과 같이 기입한다.

㉡ 공구의 이동점과 상관없이 I, K 값으로 공작물 형상의 다음 좌푯값을 입력한다.

(2) 머시닝 센터

머시닝 센터에서는 다양한 공구를 사용하므로 각각의 공구 길이와 직경에 차이가 있다. 프로그램을 작성할 때는 이러한 사항을 무시하여 작성하고, 공작물을 가공할 때 머시닝 센터의 공구 보정값 입력란에 입력된 보정값을 호출하여 사용한다.

① 지령방법

$$\begin{Bmatrix} G17 \\ G18 \\ G19 \end{Bmatrix} \begin{Bmatrix} G00 \\ G01 \end{Bmatrix} \begin{Bmatrix} G40 \\ G41 \\ G42 \end{Bmatrix} \begin{Bmatrix} X\_\_\ Y\_\_ \\ Z\_\_\ X\_\_ \\ Y\_\_\ Z\_\_ \end{Bmatrix} D\_\_ ;$$

㉠ 가공평면 선택
G17(XY평면 가공), G18(ZX평면 가공), G19(YZ평면 가공)

㉡ 공구지름 보정은 반드시 G00, G01과 함께 지령해야 한다.
(단, G02, G03과 함께 지령할 경우 알람이 발생한다.)

㉢ 공구지름 보정 G－코드

G－코드	의미	공구 경로
G40	공구지름 보정 취소	공작물 위에 공구가 존재한다.
G41	공구지름 보정 좌측	공구가 공작물의 왼쪽에 존재한다.
G42	공구지름 보정 우측	공구가 공작물의 오른쪽에 존재한다.

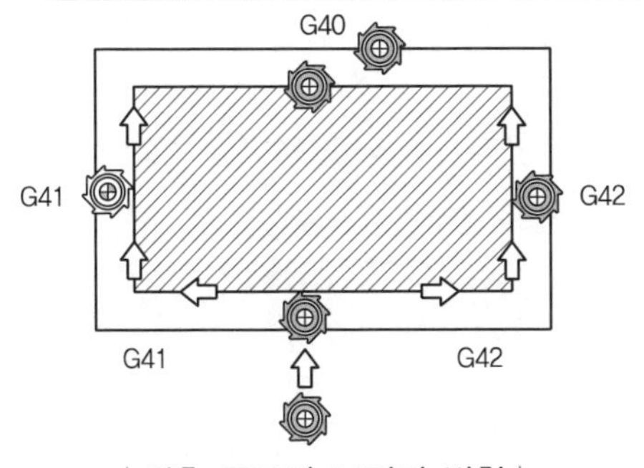

| 외측 공구경 보정의 방향 |

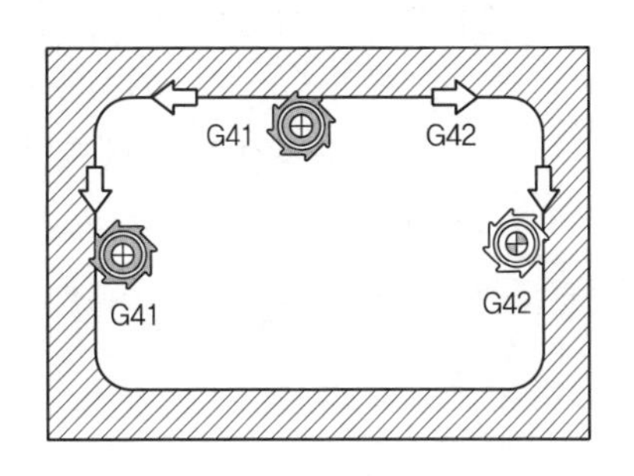

| 내측 공구경 보정의 방향 |

㉣ D : 보정화면에 공구지름 보정값을 입력한 번호

② 공차가 주어진 경우 공구지름 보정

㉠ 외측 가공

ⓐ −공차로 주어진 외측 양쪽 가공의 경우

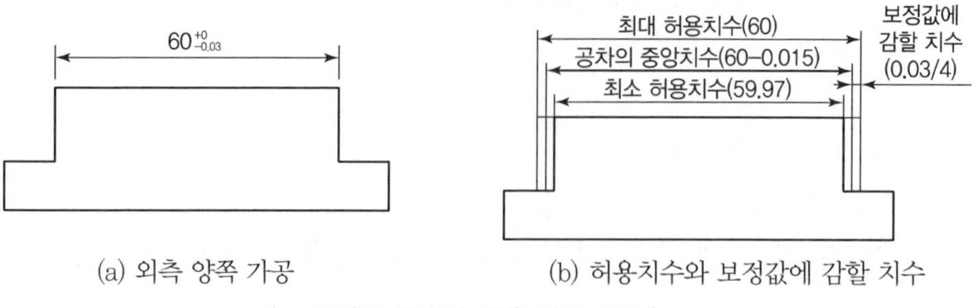

(a) 외측 양쪽 가공 (b) 허용치수와 보정값에 감할 치수

| −공차로 주어진 외측 양쪽 가공 |

- 가공과정에서 오차가 발생할 수 있으므로 공차의 중앙값을 보정값으로 입력하는 것이 좋다.
- 공차 = 위치수 허용공차 − 아래치수 허용공차
- 보정값(D) = 엔드밀의 반경 − (공차/4)

예 엔드밀 직경 = ϕ16일 경우

보정값(D) = 8 − (0.03/4) = 7.9925

ⓑ −공차로 주어진 외측 한쪽 가공과 깊이를 가공하는 경우

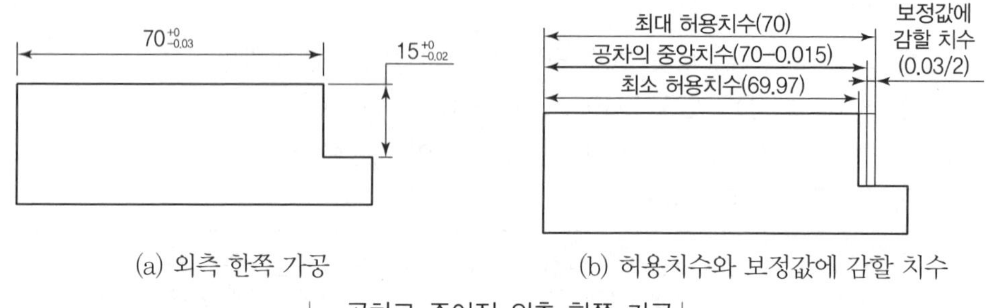

(a) 외측 한쪽 가공 (b) 허용치수와 보정값에 감할 치수

| −공차로 주어진 외측 한쪽 가공 |

보정값(D) = 엔드밀의 반경 − (공차/2)

예 엔드밀 직경 = ϕ16일 경우

보정값(D) = 8 − (0.03/2) = 7.985

길이 보정값(H) = 엔드밀 길이 보정값 − (공차/2) [단, G43(공구길이보정 "+")인 경우]

㉡ 내측 가공

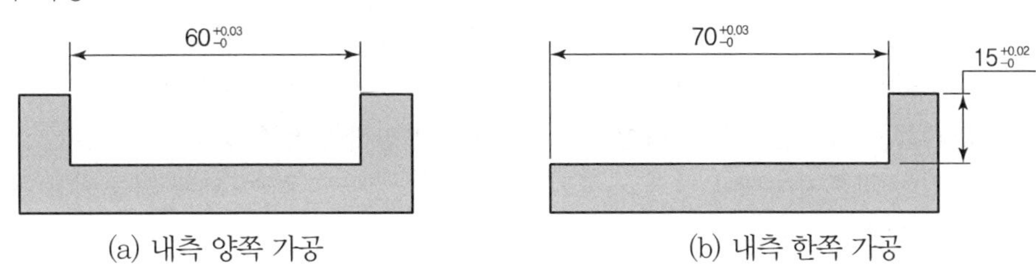

(a) 내측 양쪽 가공　　　(b) 내측 한쪽 가공

| +공차로 주어진 내측 가공 |

ⓐ +공차로 주어진 내측 양쪽 가공의 경우

보정값(D)=엔드밀의 반경−(공차/4)

예 엔드밀 직경=ϕ16일 경우

보정값(D)=8−(0.03/4)=7.9925

ⓑ +공차로 주어진 내측 한쪽 가공과 깊이를 가공하는 경우

보정값(D)=엔드밀의 반경−(공차/2)

예 엔드밀 직경=ϕ16일 경우

보정값(D)=8−(0.03/2)=7.985

길이 보정값(H)=엔드밀 길이 보정값+(공차/2) [단, G43(공구길이보정 "+")인 경우]

3 공구길이 보정

(1) CNC 선반

예 CNC 선반에서 지령값 X30.0으로 프로그램하여 외경을 가공한 후 측정한 결과 ϕ30.01이었다. 기존의 X축 보정값이 +0.03이라면 보정값을 얼마로 수정해야 하는가?

- 측정값과 지령값의 오차=30.01−30.0=+0.01 (0.01만큼 크게 가공됨)
  그러므로 공구를 X축 방향으로 −0.01만큼 이동하는 보정을 하여야 한다.
  외경이 기준치수보다 크게 가공되었으므로 −값을 더하여 작게 가공해야 한다.
- 공구 보정값=기존의 보정값+더해야 할 보정값
  =0.03+(−0.01)=0.02

예 CNC 선반에서 지령값 X45.0으로 프로그램하여 내경을 가공한 후 측정한 결과 ϕ45.16mm이었다. 기존의 X축 보정값이 +0.025라 하면 보정값을 얼마로 수정해야 하는가?

- 측정값과 지령값의 오차=45.16−45.0=+0.16 (0.16만큼 크게 가공됨)
  그러므로 공구를 X축의 방향으로 −0.16만큼 이동하는 보정을 하여야 한다.
  내경이 기준치수보다 크게 가공되었으므로 −값을 더하여 작게 가공해야 한다.
- 공구 보정값=기존의 보정값+더해야 할 보정값
  =0.025+(−0.16)=−0.135

예 CNC 선반에서 지름(외경) 30mm를 가공 후 측정하였더니 29.7mm였다. 이때 공구 보정값을 얼마로 수정하여야 하는가?(단, 기존 보정량은 X4.3 Z5.4이다.)

- 측정값과 지령값의 오차=29.7－30.0=－0.3 (0.3만큼 작게 가공됨)
  그러므로 공구를 X축의 방향으로 0.3만큼 이동하는 보정을 하여야 한다.
  외경이 기준치수보다 작게 가공되었으므로 ＋값을 더하여 크게 가공해야 한다.
- 공구 보정값=기존의 보정값＋더해야 할 보정값
  =4.3+0.3=4.6

예 CNC 선반에서 Z0인 지점에서 지령값 W－30.0으로 프로그램하여 가공한 후 길이를 측정한 결과 30.2mm이었다. 기존의 Z축 보정값이 0.05라고 하면 보정값을 얼마로 수정하여야 하는가?

- 측정값과 지령값의 오차=30.2－30.0=0.2 (0.2만큼 길게 가공됨)
  그러므로 공구를 Z축의 방향으로 0.2만큼 이동하는 보정을 하여야 한다.
  길이가 기준치수보다 길게 가공되었으므로 ＋값을 더하여 짧게 가공해야 한다.
- 공구 보정값=기존의 보정값＋더해야 할 보정값
  =0.05+0.2=0.25

(2) 머시닝 센터

① 지령방법

$$\begin{Bmatrix} G90 \\ G91 \end{Bmatrix} \begin{Bmatrix} G00 \\ G01 \end{Bmatrix} Z\_\_ \begin{Bmatrix} G43 \\ G44 \end{Bmatrix} H\_\_ ;$$

㉠ 공구길이 보정 G－코드

G－코드	의미	공구 경로
G43	공구길이 보정 ＋	공구가 '＋' 방향으로 이동한다.
G44	공구길이 보정 －	공구가 '－' 방향으로 이동한다.
G49	공구길이 보정 취소	－

㉡ H : 보정화면에 공구길이 보정값을 입력한 번호

② 보정길이 적용 예

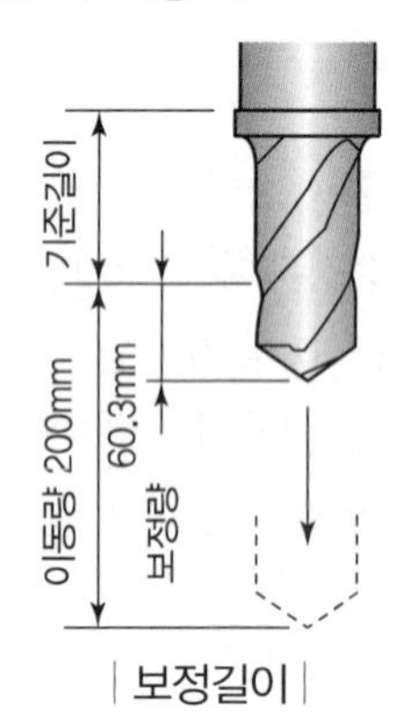

| 보정길이 |

㉠ G43을 이용한 공구길이 보정(H03의 보정량=＋60.3)
G00 G91 Z－200. G43 H03 ;

㉡ G44를 이용한 공구길이 보정(H03의 보정량=－60.3)
G00 G91 Z－200. G44 H03 ;

㉢ 공구길이 보정 취소
G00 G91 Z200. G49 ;
또는
G00 G91 Z200. H00 ;

CHAPTER

003 CNC 프로그래밍

CRAFTSMAN COMPUTER AIDED MILLING

SECTION 01 CNC 선반 프로그래밍

1 기계원점복귀를 해야 하는 경우

① 처음 전원스위치를 켰을 때

② 작업 중 비상정지버튼을 눌렀을 때

③ 정전 후 전원을 다시 공급하였을 때

④ 기계가 행정한계를 벗어나 경보가 발생하여 행정오버해제 버튼을 누르고 경보를 해제하였을 때

2 원점복귀

(1) 자동 원점복귀(G28)

자동 원점복귀를 할 때는 급속이송으로 움직이므로 가공물과 충돌할 수도 있어 중간 경유점을 경유하여 복귀하는 것이 좋다. 또한, 지정되지 않은 축은 복귀하지 않는다.

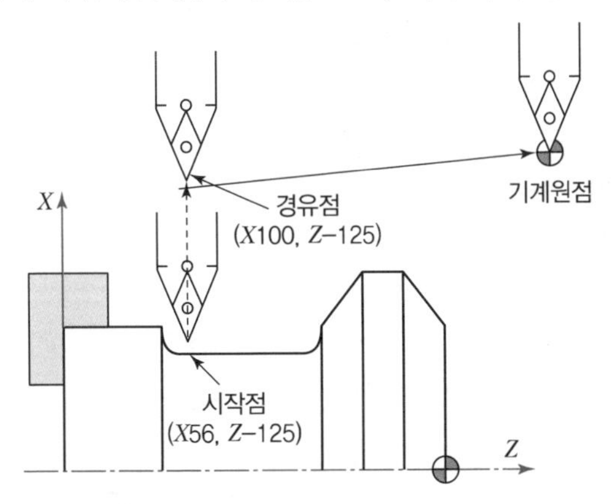

① 절대지령에 의한 자동 원점복귀

G28 X100. Z−125. ;

(경유점인 (100, −125)를 경유하여 자동으로 원점 복귀한다.)

② 증분지령에 의한 자동 원점복귀

G28 U44. W0. ;

③ 현 지점에서 자동 원점복귀

G28 U0. W0. ;

(2) 제2, 3, 4 원점복귀(G30)

G30 P__ X(U)__ Z(W)__ ;

P2, P3, P4는 각각 제2, 제3, 제4원점을 말하며, P를 생략하면 제2원점으로 자동으로 선택된다.

(3) 원점복귀 확인(G27)

G27 X(U)__ Z(W)__ ;

수동 원점복귀 후 정확하게 원점에 복귀하였는지 확인하는 기능이다.

(4) 원점으로부터 자동복귀(G29)

G29 X(U)__ Z(W)__ ;

G29에 의한 지령은 앞서 입력한 G30에서의 경유점인 점 B를 경유하여 G29에서 입력한 위치로 공구를 이동한다.

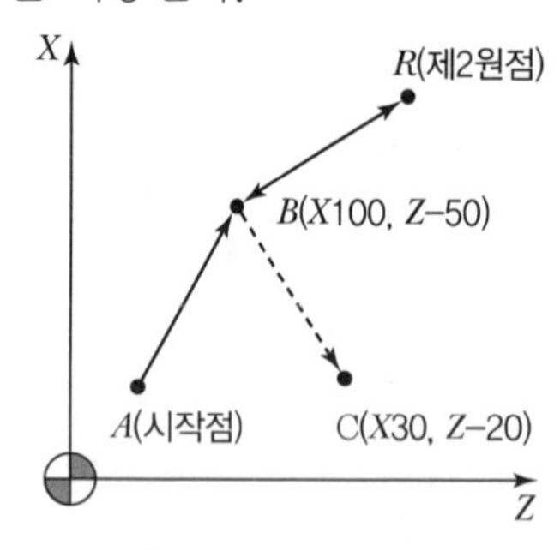

① 제2 원점복귀(A → B → R 이동)

G30 X100. Z-50. ;

② B점을 경유한 이동(R → B → C 이동)

G29 X30. Z-20. ;

3 좌표계 설정(G50)

① 프로그램 원점과 시작점의 위치 관계를 기계에 알려주어 프로그램 원점을 절대좌표의 원점(X0, Z0)으로 설정해주는 기능이다.

② 1회 유효 G-코드로서 지령된 블록에서만 유효하다.

③ 주축 최고회전수 제한 기능을 포함한다.

④ 좌표계 설정기능으로 머시닝 센터에서 G92(공작물좌표계설정)의 기능과 같다.

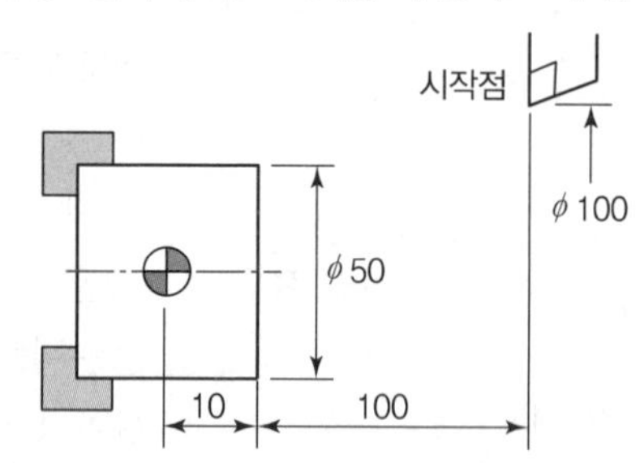

예 G50 X100. Z110. S1300 T0100 M42 ;

G50-공작물 좌표계 설정

S1300-주축 최고 회전수 지정(rpm)

T0100-01번 공구 선택 및 보정취소

M42-주축기어 2단(중속위치)

4 단일형 고정 사이클(G90, G94)

① 선반가공에서 황삭 또는 나사절삭 등은 1회 절삭으로는 불가능하므로 여러 번 반복하여 절삭해야 한다.

② 반복 절삭하는 과정을 몇 개의 지령절로 명령하므로 프로그램을 간단히 할 수 있다.

③ 고정 사이클의 가공은 1회 절삭한 다음 초기점으로 복귀하여 다시 반복 가공하며, 가공이 완료되면 초기점으로 복귀 후 고정사이클이 종료되므로 초기점이 중요하다.

④ 계속 유효 명령이므로 반복 절삭할 때 X축의 절입량만 지정하면 된다.

⑤ I(R)를 지정하지 않거나 0으로 하면 직선절삭이 실행된다.

(1) 내 · 외경 절삭 사이클(G90)

① 지령방법

G90 X(U)___ Z(W)___ F___ ; (직선 절삭)

G90 X(U)___ Z(W)___ I(R)___ F___ ; (테이퍼 절삭)

여기서, X(U)___Z(W)___ : 절삭의 끝점 좌표
I(R)___ : 테이퍼의 경우 절삭의 끝점과 절삭의 시작점의 상대 좌푯값 반경지령(I : 11T에 적용, R : 11T 아닌 경우에 적용)
F___ : 이송속도(mm/rev)

② 테이퍼 절삭 시 $I(R)$ 값 계산하기

$$L' : L = I(R) : r$$

$$I(R) = \frac{L' \times r}{L}$$

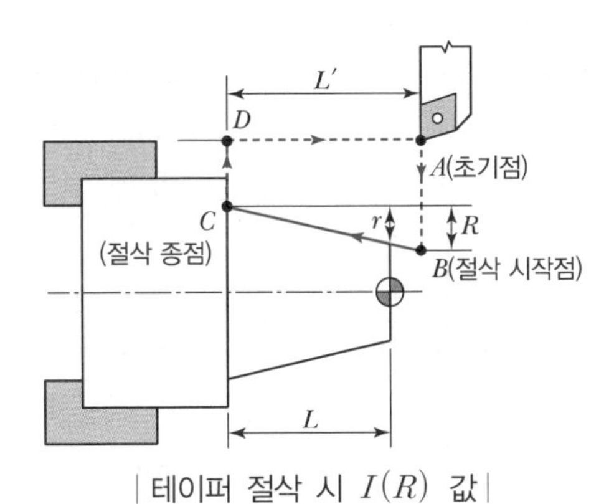

| 테이퍼 절삭 시 $I(R)$ 값 |

③ 테이퍼 절삭 시 $I(R)$ 값의 부호 정하기

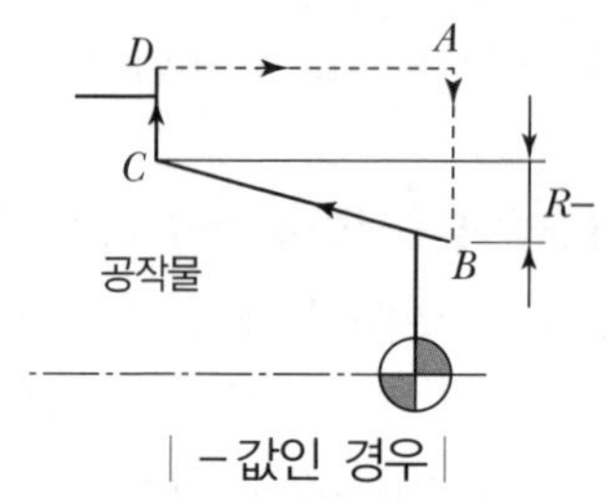

| −값인 경우 |

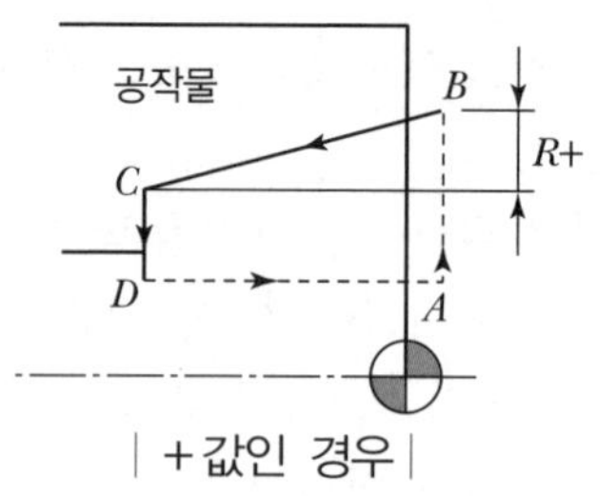

| +값인 경우 |

절삭 종점(C점)을 기준으로 하여 시작점(B점)의 위치가 X축 방향으로 '+' 방향에 있으면 '+'가 되고, '−' 방향에 있으면 '−'가 된다.

예 G90을 이용하여 직선 절삭 프로그램 작성하기

(단, 절삭속도 120m/min, 이송속도 0.2mm/rev, 1회 절입은 5mm로 한다.)

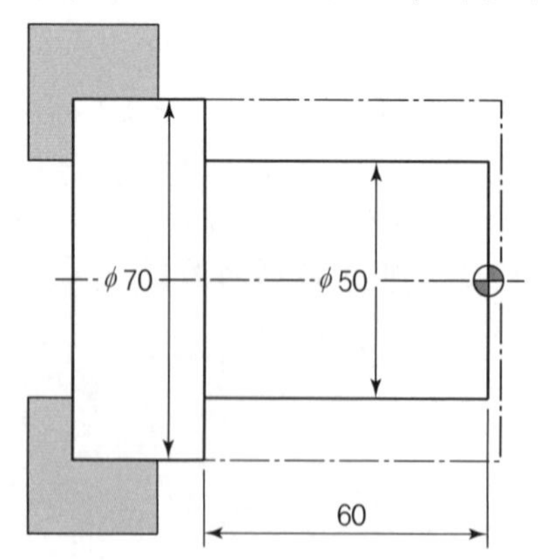


```
G96  S120 M03 ;
G00  X72. Z2. T0101 M08 ;
G90  X65. Z−60. F0.2 ; (1회 절삭)
     X60. ; (2회 절삭)
     X55. ; (3회 절삭)
     X50. ; (4회 절삭)
G00  X100. Z100. T0100 M09 ;
     M05 ;
     M02 ;
```

예 G90을 이용하여 테이퍼 절삭 프로그램 작성하기

(단, 이송속도 0.2mm/rev, I 값은 일정, 1회 절입은 반경 2.5mm로 한다.)

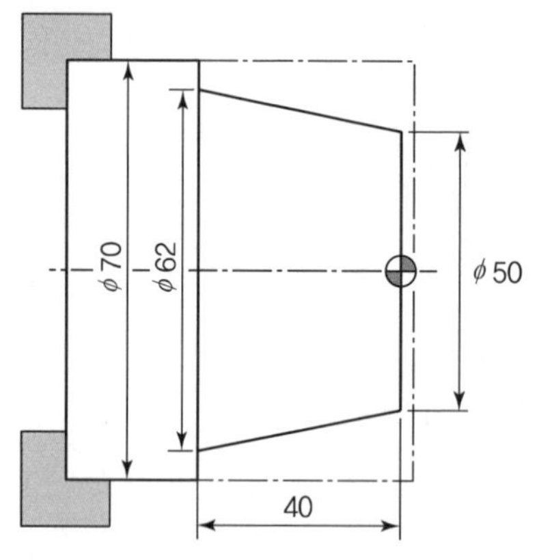


```
G00  X80. Z2. T0101 M08 ;
G90  X77. Z−40. I−6.4 F0.2 ; (1회 절삭)
     X72. ; (2회 절삭)
     X67. ; (3회 절삭)
     X62. ; (4회 절삭)
G00  X100. Z100. T0100 M09 ;
     M05 ;
     M02 ;
```

$I(R) = \dfrac{L' \times r}{L} = \dfrac{42 \times \dfrac{62-50}{2}}{40} = 6.4$, 방향이 '−'이므로 I 값은 -6.4이다.

(2) 단면 절삭 사이클(G94)

① 지령방법

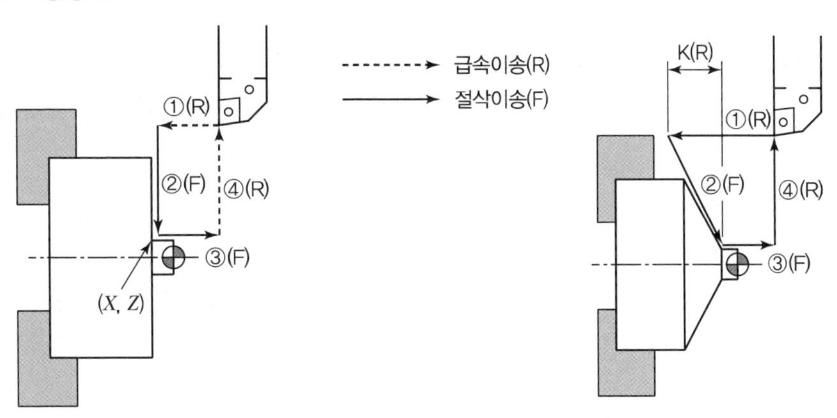

| 단면 절삭 사이클 |

G94 X(U)___ Z(W)___ F___ ; (평행 절삭)

G94 X(U)___ Z(W)___ K(R)___ F___ ; (테이퍼 절삭)

여기서, X(U)___Z(W)___ : 절삭의 끝점 좌표

K(R)___ : 테이퍼의 경우 절삭의 끝점과 절삭의 시작점의 상대 좌푯값 반경지령(K : 11T에 적용, R : 11T 아닌 경우에 적용)

F___ : 이송속도(mm/rev)

예 G94를 이용하여 단면 절삭 프로그램 작성하기

(단, 이송속도 0.2mm/rev, 1회 절입은 4mm로 한다.)

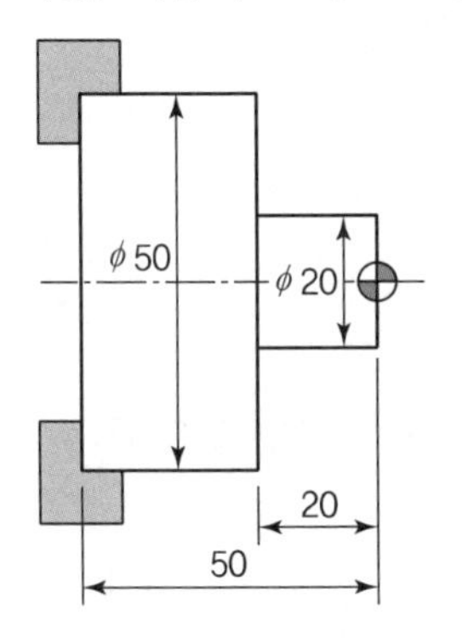


```
G00  X60. Z2. T0101 ;
G94  X20. Z-4. F0.2 ; (1회 절삭)
          Z-8. ; (2회 절삭)
          Z-12. ; (3회 절삭)
          Z-16. ; (4회 절삭)
          Z-20. ; (5회 절삭)
G00  X100. Z100. T0100 ;
```

5 복합형 고정 사이클(G70~G76)

① 제품의 최종 형상과 절삭조건 등을 지정해 주면 공구 경로가 자동으로 결정되어 가공하는 기능이다.
② 프로그램을 간단하게 하는 고정 사이클이다.
③ 복합형 고정 사이클의 구역 안(P부터 Q 블록까지)에 명령된 F, S, T는 막깎기 사이클 실행 중에는 무시되고 다듬질 사이클에서만 실행된다.
④ 고정 사이클 실행 도중에 보조 프로그램 명령을 사용할 수 없다.
⑤ 고정 사이클 명령의 마지막 블록에는 자동 면취 및 코너 R 명령을 사용할 수 없다.
⑥ G71, G72는 막깎기 사이클이지만, 다듬질 여유를 U0, W0로 명령하면 완성치수로 가공할 수 있다.

(1) 내 · 외경 황삭 사이클(G71)

① 특징

㉠ 제품의 최종형상과 절삭조건 등을 지정해 주면 정삭여유가 남을 때까지 가공한 후 사이클 초기점으로 복귀하는 기능이다.
㉡ 내 · 외경을 황삭 가공하는 복합형 고정 사이클이다.

② 지령방법

```
G71 U(Δd) R(e) ;
G71 P(ns) Q(nf) U(Δu) W(Δw) F(f) ;        ……(11T 아닌 경우)
```

여기서, U(Δd) : 1회 X축 방향 가공깊이(절삭깊이), 반경지령 및 소수점지령 가능
R(e) : 도피량(절삭 후 간섭 없이 공구가 빠지기 위한 양)
11T인 경우 파라미터에서 지정
P(ns) : 정삭가공 지령절의 첫 번째 전개번호
Q(nf) : 정삭가공 지령절의 마지막 전개번호
U(Δu) : X축 방향의 정삭여유(지름지령)
W(Δw) : Z축 방향의 정삭여유
F(f) : 황삭 가공 시 이송속도(mm/rev), P와 Q 사이의 F 값은 무시되고 G71 블록에서 지령된 데이터가 유효하다.

```
G71 P(ns) Q(nf) U(Δu) W(Δw) D(Δd) F(f) ;        ……(11T인 경우)
```

여기서, D(Δd) : 1회 X축 방향 가공깊이(절삭깊이), 반경지령 및 소수점지령 불가능

③ 가공순서 및 정삭여유 U, W의 부호 관계

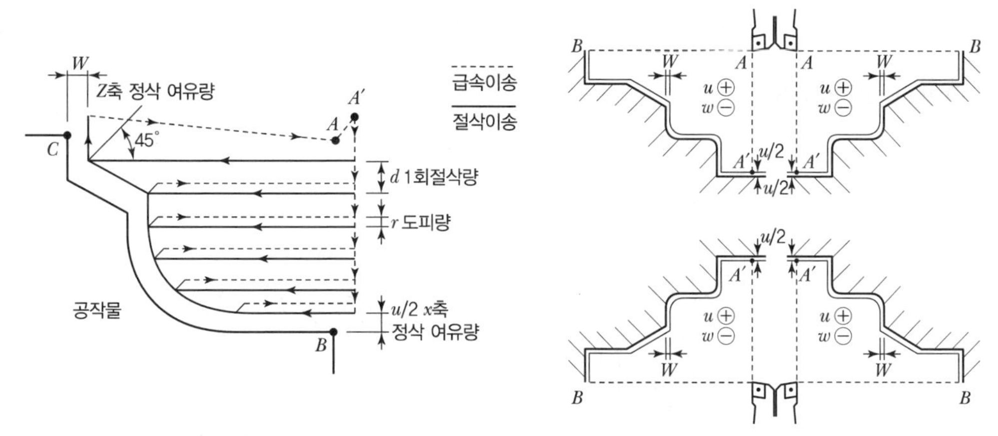

| 가공순서 및 정삭여유 U, W의 부호 |

㉠ U의 부호는 바이트가 공작물 위쪽에 있으면 '+', 아래에 있으면 '−'

㉡ W의 부호는 바이트가 공작물 오른쪽에 있으면 '+', 왼쪽에 있으면 '−'

(2) 단면 황삭 사이클(G72)

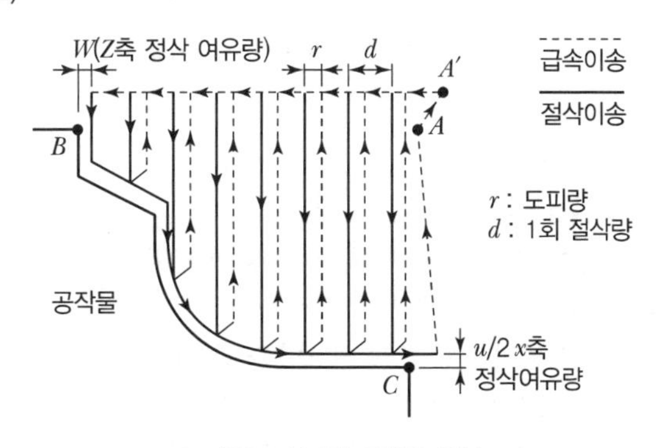

| 가공순서 및 정삭여유 |

G72 W(Δw) R(e) ;
G72 P(ns) Q(nf) U(Δu) W(Δw) F(f) ; ……(11T 아닌 경우)

여기서, W(Δw) : 1회 Z축 방향 가공깊이(절삭깊이), 반경지령 및 소수점지령 가능
R(e) : 도피량(절삭 후 간섭 없이 공구가 빠지기 위한 양)
11T인 경우 파라미터에서 지정
P(ns) : 정삭가공 지령절의 첫 번째 전개번호
Q(nf) : 정삭가공 지령절의 마지막 전개번호
U(Δu) : X축 방향의 정삭여유(지름지령)
W(Δw) : Z축 방향의 정삭여유
F(f) : 황삭가공 시 이송속도[mm/rev], P와 Q 사이의 F 값은 무시되고
G72 블록에서 지령된 데이터가 유효하다.

G72 P(ns) Q(nf) U(Δu) W(Δw) D(Δd) F(f); ……(11T인 경우)

여기서, D(Δd) : 1회 Z축 방향 가공깊이(절삭깊이), 반경지령 및 소수점지령 불가능

(3) 모방 사이클(G73)

일정한 절삭 형태를 조금씩 이동시키면서 가공하는 기능으로, 미리 만들어진 공작물(단조품, 주조품)을 황삭 가공하는 복합형 고정 사이클이다.

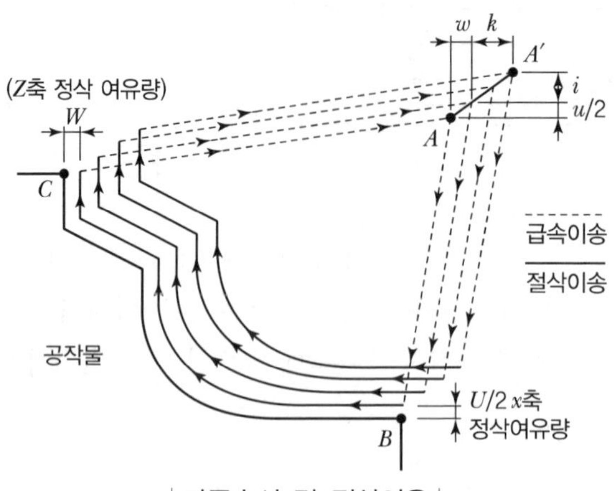

| 가공순서 및 정삭여유 |

G73 U(Δi) W(Δk) R(d) ;
G73 P(ns) Q(nf) U(Δu) W(Δw) F(f) ; ……(11T 아닌 경우)

여기서, U(Δi) : X축 방향 도피거리 및 방향(반경지정)
W(Δk) : Z축 방향 도피거리 및 방향
R(d) : 분할횟수(황삭가공의 횟수와 같음)
P(ns) : 정삭가공 지령절의 첫 번째 전개번호
Q(nf) : 정삭가공 지령절의 마지막 전개번호
U(Δu) : X축 방향의 정삭여유(지름지령)
W(Δw) : Z축 방향의 정삭여유
F(f) : 황삭가공 시 이송속도[mm/rev], P와 Q 사이의 F 값은 무시되고 G73 블록에서 지령된 데이터가 유효하다.

(4) 정삭 사이클(G70)

황삭가공(G71, G72, G73) 완료 후 G70으로 정삭 가공한다.

G70 P(ns) Q(nf) F(f) ;

여기서, P(ns) : 정삭가공 지령절의 첫 번째 전개번호
Q(nf) : 정삭가공 지령절의 마지막 전개번호
F(f) : 정삭가공 시 이송속도(mm/rev), P와 Q 사이의 F 값은 무시되고 G70 블록에서 지령된 데이터가 유효하다.

(5) 단면 홈 가공 사이클(G74)

가공 시 발생하는 긴 칩의 발생을 줄일 수 있으며, X축의 명령을 생략하면 단면 드릴 작업을 할 수 있다.

```
G74 R(r) ;
G74 X(U)(Δu) Z(W)(Δw) P(p) Q(q) R(d) F(f) ;      ……(11T 아닌 경우)
```

여기서, R(r) : 후퇴량, Z축 방향으로 Q(q)만큼 가공 후 뒤쪽으로 이동하는 양
X(U)(Δu) : 가공하고자 하는 X축 방향의 최종지점
Z(W)(Δw) : 가공하고자 하는 Z축 방향의 최종지점
P(p) : X축 방향의 이동량, 바이트 폭보다 넓은 홈을 가공할 경우 이동거리는 홈 바이트의 2/3 정도 입력한다.(소수점 없이 입력함)
Q(q) : 1회 Z축 방향 가공깊이, 소수점 없이 입력함
R(d) : X축 방향 이동량의 반대 방향으로의 후퇴량, X축 방향의 이동량이 없는 경우 생략, 단면 드릴 작업을 하는 경우도 생략
F(f) : 황삭가공 시 이송속도[mm/rev]

(6) 내 · 외경 홈 가공 사이클(G75)

공작물의 내경이나 외경에 홈을 가공하는 사이클로서 홈 가공 시 발생하는 긴 칩의 발생을 줄일 수 있다.

```
G75 R(r) ;
G75 X(U)(Δu) Z(W)(Δw) P(p) Q(q) R(d) F(f) ;      ……(11T 아닌 경우)
```

여기서, R(r) : 후퇴량, X축 방향으로 P(p)만큼 가공 후 뒤쪽으로 이동하는 양
X(U)(Δu) : 가공하고자 하는 X축 방향의 최종지점
Z(W)(Δw) : 가공하고자 하는 Z축 방향의 최종지점
P(p) : 1회 X축 방향 가공깊이(소수점 없이 입력함)
Q(q) : Z축 방향의 이동량, 바이트 폭보다 넓은 홈을 가공할 경우 이동거리는 홈 바이트의 2/3 정도 입력한다.(소수점 없이 입력함)
R(d) : X축 방향 이동량의 반대 방향으로의 후퇴량, X축 방향의 이동량이 없는 경우 생략
F(f) : 황삭 가공 시 이송속도[mm/rev]

6 나사가공(G32, G76, G92)

① 나사가공을 할 때 주축의 회전수가 변하면 일정한 피치를 가진 나사를 가공할 수 없으므로 주축 회전수 일정 제어(G97)로 지령해야 한다.
② 이송속도 조절 오버라이드는 100%로 고정해야 한다.
③ 나사가공이 완료되면 자동으로 시작점으로 복귀한다.

④ 시작점과 종료점

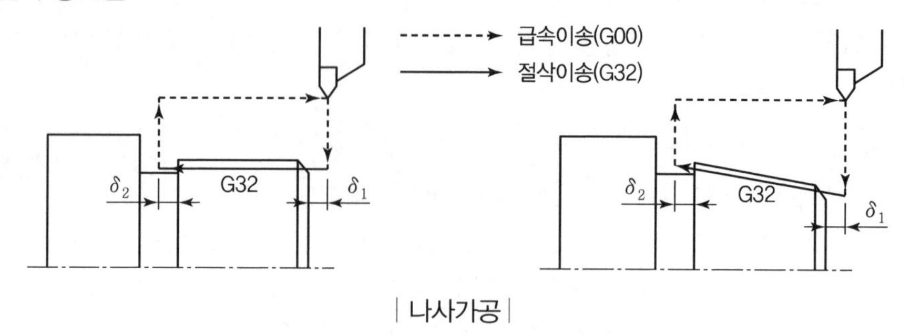

| 나사가공 |

㉠ 시작점의 X축 방향의 위치(피치에러에서 오는 불량 방지)
수나사의 외경＋피치×2

㉡ Z축의 위치

ⓐ 시작점의 불완전 나사부의 여유

$$\delta_1 = 3.6 \times \frac{L \times N}{1,800}$$

ⓑ 종료지점의 불완전 나사부의 여유

$$\delta_2 = \frac{L \times N}{1,800}$$

여기서, L : 나사의 리드
N : 주축의 회전수[rpm]

(1) 나사 절삭(G32)

평행 나사, 테이퍼나사, 다줄 나사, 사각(scroll) 나사 등을 가공할 수 있다.

```
G32 X(U)__ Z(W)__ (Q__) F__ ;
```

여기서, X(U), Z(W) : 나사 절삭의 끝점 좌표
Q : 다줄 나사 가공 시 절입각도(1줄 나사의 경우 생략한다.)
F : 나사의 리드(인치계 나사의 경우 F대신 E를 입력하고, 인치 치수로 되어 있는 피치를 밀리미터 치수로 바꾸어 입력한다.)

(2) 나사 절삭 사이클(G92)

① 평행 나사

```
G92 X(U)__ Z(W)__ F__ ;
```

여기서, X(U) : 절삭 시 나사 끝점의 X좌표(지름지령)
Z(W) : 절삭 시 나사 끝점의 Z좌표
F : 나사의 리드

② 테이퍼 나사

```
G92 X(U)___ Z(W)___ I___ F___ ;      ······(11T 인 경우)
G92 X(U)___ Z(W)___ R___ F___ ;      ······(11T 아닌 경우)
```

여기서, I 또는 R : 테이퍼 나사 절삭 시 나사 끝점(X좌표)과 나사 시작점(X좌표)의 거리(반경지령)와 방향
(I－__, R－__는 수나사, I__, R__는 암나사)

(3) 자동 나사 가공 사이클(G76)

① 11T 아닌 경우

```
G76 P(m) (r) (a) Q(Δd min) R(d) ;
G76 X(U)___ Z(W)___ P(k) Q(Δd) R(i) F___ ;
```

여기서, P(m) : 다듬질 횟수(01~99까지 입력 가능)
(r) : 불완전 나사부 면취량(00~99까지 입력 가능)－리드의 몇 배인가 지정
(a) : 나사산의 각도(80, 60, 55, 30, 29, 0 지령 가능)
(예 m＝01 ⇒ 1회 정삭, r＝10 ⇒ 45° 면취, a＝60 ⇒ 삼각 나사)
Q(Δd min) : 최소 절입량(소수점 사용 불가, 생략 가능)
R(d) : 정삭여유
X(U), Z(W) : 나사 끝점 좌표
P(k) : 나사산의 높이(반경지령), 소수점 사용 불가
Q(Δd) : 첫 번째 절입량(반경지령), 소수점 사용 불가
R(i) : 테이퍼 나사 절삭 시 나사 끝점(X좌표)과 나사 시작점(X좌표)의 거리(반경지령), I＝0이면 평행 나사(생략 가능)
F : 나사의 리드

② 11T인 경우

```
G76 X(U)___ Z(W)___ I___ K___ D___ (R___) F___ A___ P___ ;
```

여기서, X(U), Z(W) : 나사 끝점 좌표
I : 나사 절삭 시 나사 끝점(X좌표)과 나사 시작점(X좌표)의 거리 (반경지령), I＝0이면 평행 나사(생략 가능)
K : 나사산의 높이(반경지령)
D : 첫 번째 절입량(반경지령), 소수점 사용 불가
R : 면취량(파라미터로 설정)
F : 나사의 리드
A : 나사의 각도
P : 절삭방법(생략하면 절삭량 일정, 한쪽 날 가공을 수행)

7 절삭속도 일정 제어(G96, G97)

(1) 절삭속도 일정 제어(G96)

절삭속도를 일정하게 제어하는 기능이다. G96과 함께 절삭속도가 주어지면 항상 절삭속도를 일정하게 유지하기 위하여 가공 중인 공작물의 지름이 커지면 주축 회전수가 낮아지고, 지름이 작아지면 주축 회전수가 높아진다.

※ 지름이 작아지면 주축 회전수는 계속 증가하여 기계 자체의 최고 회전수를 초과하게 되므로 G50을 이용하여 주축 최고 회전수를 제한한다.

① 지령방법

```
G96 S___ ;
```

여기서, S : 절삭속도[m/min]

② 계산식

$S = \frac{\pi DN}{1,000}$[m/min] , $N = \frac{1,000S}{\pi D}$[rpm]

여기서, D : 직경[mm], N : 주축 회전수[rpm]

(2) 주축 회전수 일정 제어(G97)

주속 일정 제어 취소라고도 하며, 공작물의 지름이 변하더라도 프로그램을 바꾸지 않는 한 일정하게 회전하는 것을 말한다. 드릴작업, 나사작업, 지름의 변화가 심하지 않은 긴 환봉 등을 가공할 때 사용한다.

```
G97 S___ ;
```

여기서, S : 주축의 회전수[rpm]

SECTION 02 머시닝 센터 프로그래밍

1 원점복귀

(1) 자동 원점복귀(G28)

$$G28 \begin{Bmatrix} G90 \\ G91 \end{Bmatrix} X\_\_\ Y\_\_\ Z\_\_\ ;$$

여기서, G90, G91 : 절대지령 및 증분지령
X, Y, Z : 기계원점복귀를 하는 축을 지정하며 어드레스 뒤의 값은 중간 경유점의 좌표

예 자동 원점복귀(G28) 프로그램 작성하기

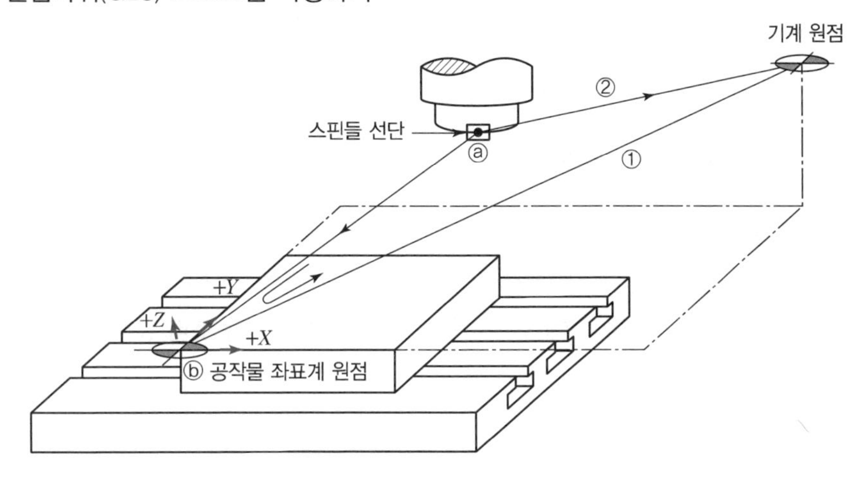

㉠ G28 G90 X0. Y0. Z0. ;
ⓐ점에서 ⓑ점(공작물 좌표계의 원점)까지 이동한 다음 기계 원점으로 복귀한다.

㉡ G28 G91 X0. Y0. Z0. ;
ⓐ점에서 바로 기계 원점으로 복귀한다.

(2) 제2, 3, 4 원점복귀(G30)

G30 G91 Z0. ;

현재 위치에서 Z축만 제2원점으로 복귀하며, 주로 공구 교환위치로 보낼 때 사용한다. 반드시 공구길이 보정이 취소된 상태에서 원점복귀를 해야 하며, 그렇지 않으면 알람이 발생한다.

2 공작물 좌표계 설정

(1) 공작물 좌표계 설정(G92)

반자동(MDI) 모드에서 공작물의 좌표계 원점을 설정하고자 할 때 사용한다.

G92 G90 X___ Y___ Z___ ;

여기서, X, Y, Z : 공작물 원점에서 시작점까지의 좌푯값을 입력

예

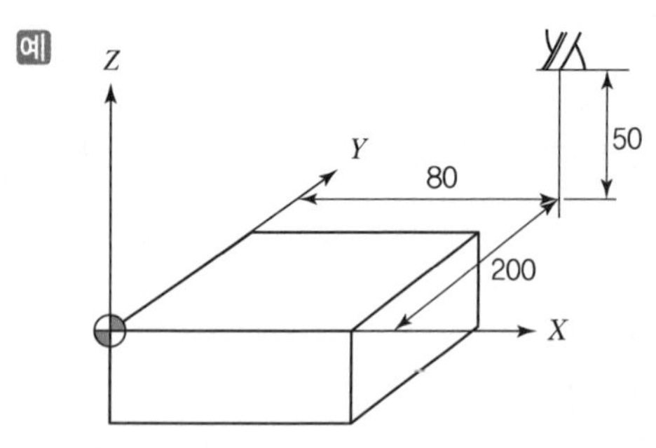

G92 G90 X80. Y200. Z50. ;

(2) 공작물 좌표계 설정(G54~59)

- 미리 설정된 좌표계(컴퓨터 화면에서 입력된 값)를 사용할 수 있다.
- 공작물 보정화면(컴퓨터 화면)에 입력하는 값은 기계 원점으로부터 공작물 원점까지의 거리를 입력한다.

① 지령방법

{G54 ~ G59} G90 X___ Y___ Z___ ;

G-코드	내용	G-코드	내용
G54	공작물 좌표계 1번 선택	G57	공작물 좌표계 4번 선택
G55	공작물 좌표계 2번 선택	G58	공작물 좌표계 5번 선택
G56	공작물 좌표계 3번 선택	G59	공작물 좌표계 6번 선택

② G54의 X, Y 원점 설정하기(FANUC 시스템)

(a) 터치 포인트 센서 (b) 아큐센터

| 평면 측정용(X축, Y축) |

| 하이트프리세터 – 길이 측정용(Z축) |

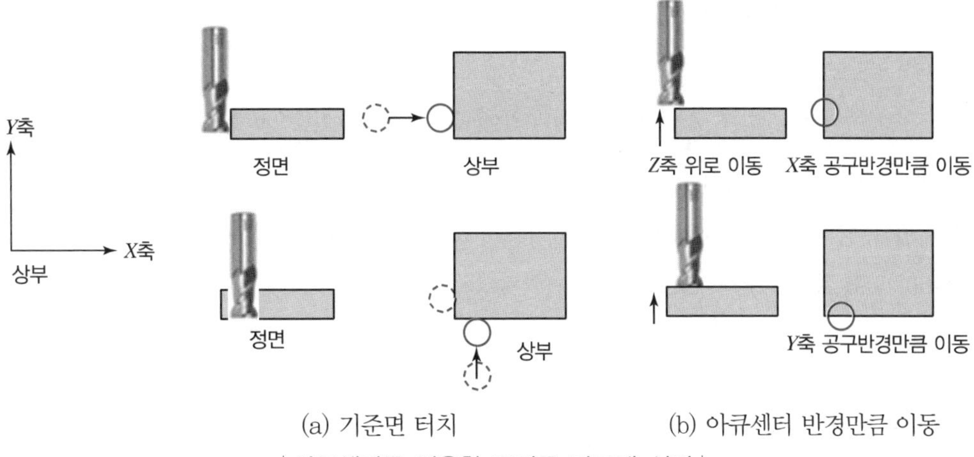

| 아큐센터를 이용한 공작물 좌표계 설정 |

㉠ 직경이 ϕ10인 아큐센터를 주축에 고정하고 주축 회전수를 100rpm으로 설정한다.

㉡ 핸들 조 ⇒ X축 기준면 터치

: (기능 KEY) OFFSET SETTING ⇒ 좌표계 ⇒ G54의 X 좌표 입력란으로 커서 이동 ⇒ 조작 ⇒ X−5. 입력 ⇒ 측정

Y축 기준면 터치

: (기능 KEY) OFFSET SETTING ⇒ 좌표계 ⇒ G54의 Y 좌표 입력란으로 커서 이동 ⇒ 조작 ⇒ Y−5. 입력 ⇒ 측정

③ 길이 보정 및 G54에 Z값 입력하기

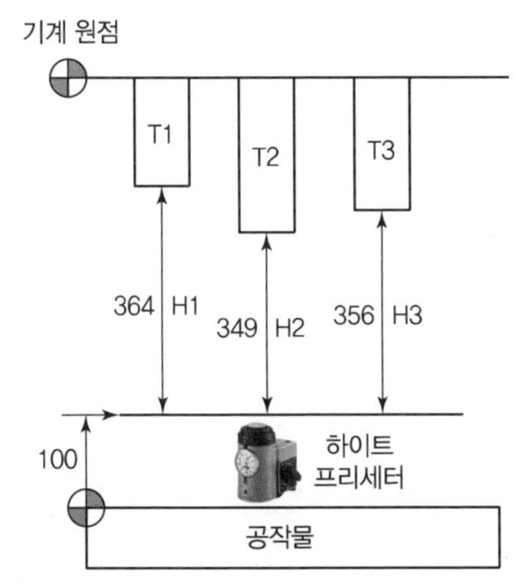

| 하이트프리세터를 이용한 공구길이 보정 |

㉠ 가공물 위에 하이트프리세터를 올려놓는다.

㉡ MDI ⇒ PROG ⇒ T1 M6 ; (1번 공구 교환)

㉢ 핸들을 조작하여 공구를 Z축 방향으로 내려 공구가 하이트프리세터를 눌러 다이얼게이지 눈금이 0이 되도록 한다.

㉣ OFFSET SETTING ⇒ 보정 ⇒ 1번 공구번호(001)로 커서 이동 ⇒ Z 입력 ⇒ C. 입력

㉤ T2, T3 공구도 같은 방법으로 설정한다.

㉥ 길이보정 후 OFFSET SETTING ⇒ 좌표계 ⇒ G54 ⇒ Z에 −100. 입력

예 G54 G00 G90 Z150. G43 H01 ;

급속 위치결정을 하는데 G54에 입력된 값과 H1(길이보정 번호)에 입력된 값을 더하여 이동한다.

(3) 구역 좌표계 설정(G52)

```
G52 X__ Y__ Z__ ;
```

여기서, X, Y, Z : 구역 좌표계의 원점(공작물 좌표계 기준으로 본 좌표)

(4) 기계 좌표계 설정(G53)

기계 고유의 위치나 공구교환 위치로 이동하고자 할 때 사용한다.

```
G90 G53 X__ Y__ Z__ ;
```

여기서, X, Y, Z : 기계 좌표계의 끝점

3 고정 사이클

① 프로그램을 간단하게 하는 기능이다.
② 구멍을 가공하는 몇 개의 블록을 하나의 블록으로 프로그램을 작성한다.
③ 고정 사이클은 드릴, 탭, 보링 기능 등이 있고, 응용하여 다른 기능으로도 사용 가능하다.
예 보링 사이클로도 드릴 작업이 가능하다.

(1) 고정 사이클의 기본동작

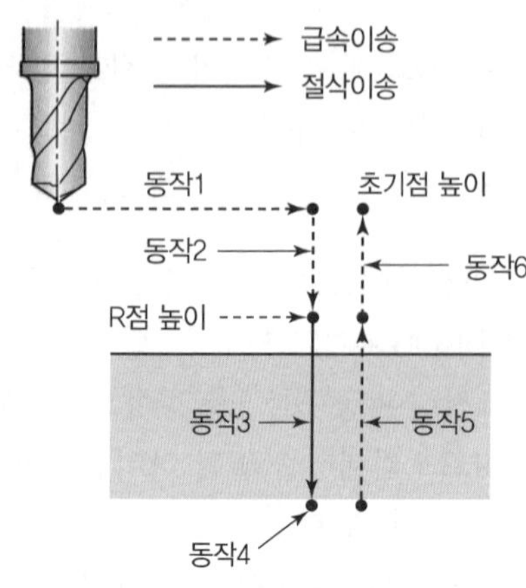

| 고정 사이클의 기본동작 |

- 동작 1 : 구멍가공 위치로 급속 위치결정
- 동작 2 : R점(가공 시작점) 급속 위치결정
- 동작 3 : 구멍가공
- 동작 4 : 구멍 바닥에서의 동작(dwell)
- 동작 5 : R점으로 복귀
- 동작 6 : 초기점으로 이동

(2) 고정 사이클의 동작

G-코드	용도	동작 3	동작 4	동작 5
G73	고속 심공드릴 사이클	간헐 절삭이송	–	급속이송
G74	왼나사 탭 사이클	절삭이송	주축 정회전	절삭이송
G76	정밀 보링 사이클	절삭이송	주축 정위치 정지	급속이송
G81	드릴 사이클	절삭이송	–	급속이송
G82	카운터 보링 사이클	절삭이송	드웰(dwell)	급속이송

G-코드	용도	동작 3	동작 4	동작 5
G83	심공드릴 사이클	간헐 절삭이송	–	급속이송
G84	탭 사이클	절삭이송	주축 역회전	절삭이송
G85	보링 사이클	절삭이송	–	절삭이송
G86	보링 사이클	절삭이송	주축 정지	급속이송
G87	백보링 사이클	절삭이송	주축 정위치 정지	절삭이송 또는 급속이송
G88	보링 사이클	절삭이송	드웰(dwell), 주축 정지	수동이송 또는 급속이송
G89	보링 사이클	절삭이송	드웰(dwell)	급속이송

(3) 지령방법

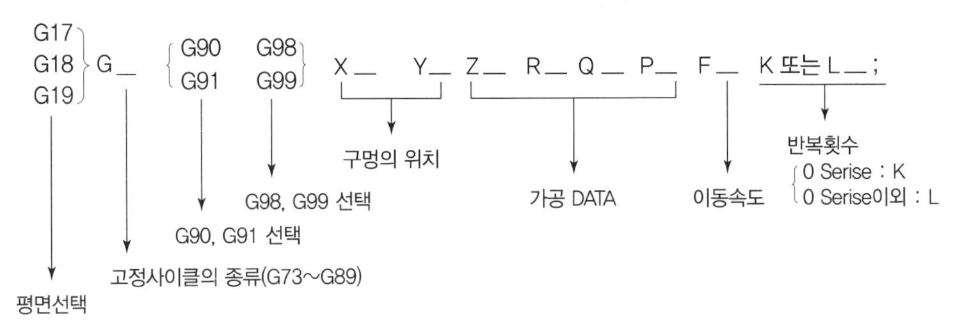

① 평면선택 : G17(XY평면), G18(ZX평면), G19(YZ평면)

② 고정 사이클 종류 선택 : G73~G89(G80은 고정 사이클 취소기능이다.)

③ G90, G91 선택 : 절대 및 상대 지령 선택(이미 지령된 경우 생략 가능)

④ G98, G99 선택 : 초기점 복귀 및 R점 복귀 선택

⑤ 구멍의 위치 : 가공할 구멍의 위치를 절대 및 증분 지령 입력(공구 급속이송)

⑥ 가공 데이터

㉠ Z : R점에서 구멍 바닥까지의 거리(증분지령), 구멍 바닥의 위치(절대지령) 입력

㉡ R : 가공을 시작하는 Z좌표 값(구멍 가공 후 공구의 복귀점)

㉢ Q : G73, G83에서는 매회 절입량이고, G76, G87에서는 후퇴량을 뜻한다.

㉣ P : 구멍 바닥에서의 휴지(일시정지)시간

⑦ F : 절삭 이송속도(mm/min)

⑧ 반복횟수(K 또는 L)

㉠ 0M에서는 K, 0M 이외에는 L로 지정한다.

㉡ K 지령을 생략할 경우 K1(1회 가공)로 지령한 것으로 한다.

㉢ K0으로 지령하면 현재 블록에서 고정 사이클 데이터만 기억하고, 구멍작업은 하지 않으며, 다음에 구멍의 위치가 지령되면 사이클 기능을 실행한다.

CHAPTER

004 CAD/CAM

CRAFTSMAN COMPUTER AIDED MILLING

SECTION 01 CAD/CAM 시스템의 하드웨어

1 입력장치

① 키보드

문자, 숫자, 특수문자를 입력하는 장치로 알파뉴메릭(alphanumeric), 기능키, 키패드 등으로 구성되어 있다.

② 마우스

쥐 모양을 닮아 마우스라 부르며, 마우스를 움직여 커서의 움직임을 제어하거나 버튼을 클릭하여 명령을 실행하는 장치이다.

③ 트랙볼

볼(ball)을 손가락 끝이나 다른 신체 부위를 사용하여 굴려서 커서 등을 원하는 위치에 놓은 다음, 볼의 위 또는 좌우에 있는 버튼을 눌러 원하는 것을 선택하도록 하는 장치이다.

④ 라이트펜

감지용 렌즈를 이용하여 컴퓨터 명령을 수행하는 끝이 뾰족한 펜 모양의 입력 장치로 컴퓨터 작업 시 펜을 이동시키면서 눌러 명령한다. 마우스(mouse)나 터치 스크린(touch screen) 방식에 비해 입력이 세밀하므로 그림 등 그래픽 작업도 할 수 있으며 작업 속도도 빠른 장점이 있다.

⑤ 조이스틱

막대를 수직, 수평, 경사 방향으로 움직여서 포인터를 이동시키는 장치로 컴퓨터 게임의 시뮬레이터에 많이 사용하는 장치이다.

⑥ 포인팅 스틱

노트북 컴퓨터에 채용하고 있는 포인팅 장치로서 손가락으로 원하는 방향으로 지그시 밀거나 당겨주면 압력과 방향을 인식해서 마우스의 움직임을 대신해 주는 장치이다.

⑦ 터치패드

컴퓨터 화면 위를 지시하기 위한 장치로서 압력 감지기가 달려 있는 작은 평판으로 마우스를 대신하는 입력장치이다. 손가락이나 펜을 이용해 접촉하면 그 압력에 의해 커서가 움직이고, 이에 따른 위치 정보를 컴퓨터가 인식한다.

⑧ 터치스크린

터치스크린은 구현 원리와 동작 방법에 따라 다양한 방식(저항막/광학/정전용량/초음파/압력 등)으로 구분된다. 여기서 우리가 흔히 접하는 휴대폰이나 스마트폰, 태블릿 PC 등에 탑재된 터치스크린은 저항막(감압) 방식과 정전용량 방식으로 나눌 수 있다.

⑨ 디지타이저

그래픽 태블릿, 도형 입력판(태블릿)이라고 하며, 무선 혹은 유선으로 연결된 펜과 펜에서 전하는 정보를 받는 납작한 판으로 이루어져 있다. 이 판에 입력되는 좌표를 판독하여 컴퓨터에 디지털 형식으로 입력해주는 장치이다.

⑩ 스캐너

사진 또는 그림과 같은 종이 위의 도형의 정보를 그래픽 형태로 읽어 들여 컴퓨터에 전달하는 입력 장치이다.

2 중앙처리장치

명령어의 해석과 자료의 연산, 비교 등의 처리를 제어하는 컴퓨터 시스템의 핵심적인 장치를 말한다.

① 제어장치

프로그램 명령어를 해석하고, 해석된 명령의 의미에 따라 연산장치, 주기억장치, 입출력장치 등에 동작을 지시한다.

② 연산장치

덧셈, 뺄셈, 곱셈, 나눗셈의 산술 연산만이 아니라 AND, OR, NOT, XOR와 같은 논리 연산을 하는 장치로 제어장치의 지시에 따라 연산을 수행한다.

③ 레지스터

주기억장치로부터 읽어온 명령어나 데이터를 저장하거나 연산된 결과를 저장하는 공간이다.

3 출력장치

컴퓨터 시스템의 정보처리 결과를 사람이 알아볼 수 있는 문자, 도형, 음성 등의 다양한 형태로 제공하고 나타내는 장치를 말한다. LCD나 CRT 같은 모니터나 프린터, 스피커 등이 가장 널리 사용되지만, 플로터, 빔 프로젝터, 그래픽 디스플레이, 음성 출력 장치 등도 많이 사용되고 있다.

① CRT 모니터

가장 오래되고 대중적인 디스플레이 장치로 음극선관, 혹은 브라운관이라고도 하며, LCD 모니터보다 전력소비량이 많고 부피도 크고 무거워 거의 단종된 상태이다.

② LCD 모니터

액정 표시장치(liquid crystal display)로 화질이 선명하며 본체 자체가 얇고 가벼워 공간 활용도가 높고 설치가 편리하다. CRT 모니터에 비해 다소 응답시간이 느리고 색상 표현력이 떨어진다는 단점이 있다.

③ 프린터

잉크 또는 레이저를 이용하여 문서나 이미지를 인쇄할 수 있는 장치이다.

④ 플로터

A4 용지 이외에 A0, A1 등 다양한 규격의 용지를 인쇄할 수 있는 제품이다. 일반 잉크젯 프린터와 흡사한 기능을 가지지만, 글자보다는 도형 인쇄에 적합하여 간판 제작, 도면, 현수막 인쇄 등 전문적인 용도로 많이 사용되며 일반적으로 해상도가 높을수록 우수한 결과물을 얻을 수 있다.

⑤ 그래픽 디스플레이

도형 표시장치라고도 하며, 브라운관을 사용하여 전자적으로 도형을 그리게 하는 장치를 말한다.

⑥ 빔 프로젝터

빛을 이용하여 슬라이드나 동영상, 이미지 등을 스크린에 비추는 장치를 말한다.

SECTION 02 CAD/CAM 일반

① 포스트 프로세서

CAD/CAM 소프트웨어에서 작성된 가공 데이터를 읽어 특정의 CNC 공작기계 컨트롤러에 맞도록 NC 데이터를 만들어 주는 과정을 말한다.

② CAM 시스템에서 정보처리(가공과정) 흐름

도형 정의 → 곡선 및 곡면 정의 → 공구경로 생성 → NC데이터 생성 → DNC 전송

③ 등고선 가공

CAM 시스템이 곡면 가공방법에서 Z축 방향의 높이가 같은 부분을 연결하여 가공하는 방법을 말한다.

④ 커습(cusp)

CAD/CAM에서 경로 간 간격에 의하여 형성되는 공구의 흔적으로 공구 경로 사이 간격에 의해 생기는 조개껍질 형상의 최고점과 최저점의 높이차를 말한다.

PART 03

핵심기출문제

CRAFTSMAN COMPUTER AIDED MILLING

CHAPTER 01 CNC의 개요

01 CNC 공작기계에서 각 축을 제어하는 역할을 하는 부분은?

① ATC 장치 ② 공압 장치
③ 서보 기구 ④ 칩처리 장치

풀이 서보기구 : 인체에서 손과 발에 해당하는 것으로, 머리에 비유하는 정보처리회로(CPU)로부터 보내진 명령에 의하여 공작기계의 테이블 등을 움직이게 하는 기구를 말한다.

02 CNC 공작기계의 제어 방식이 아닌 것은?

① 시스템 제어 ② 위치결정 제어
③ 직선절삭 제어 ④ 윤곽절삭 제어

풀이 제어방식
위치결정 제어, 직선절삭 제어, 윤곽절삭 제어

03 서보 기구에서 위치와 속도를 서보 모터에 내장된 인코더(Encoder)에 의해서 검출하는 그림과 같은 방식은?

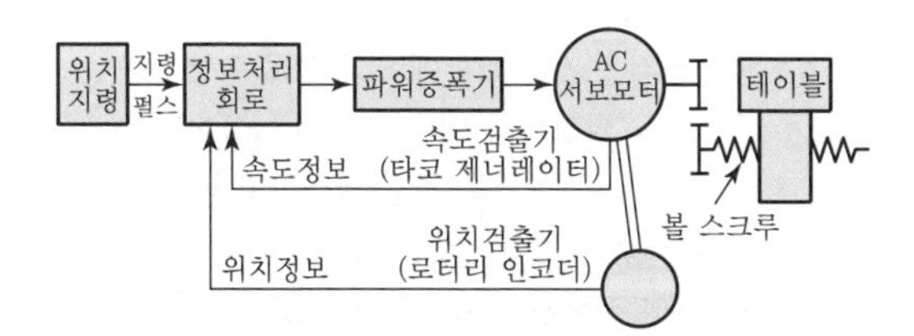

① 반폐쇄회로 방식 ② 개방회로 방식
③ 폐쇄회로 방식 ④ 반개방회로 방식

풀이 반폐쇄회로 방식
- 속도정보는 서보모터에 내장된 타코 제너레이터에서 검출되어 제어된다.
- 위치정보는 볼 스크루나 서보 모터의 회전 각도를 측정해 간접적으로 실제 공구의 위치를 추정하고 보정해주는 간접 피드백 시스템 제어 방식이다.

04 CNC 공작기계에서 일시적으로 운전을 중지하고자 할 때 보조 기능, 주축 기능, 공구 기능은 그대로 수행되면서 프로그램 진행이 중지되는 버튼은?

① 사이클 스타트(cycle start)
② 취소(cancel)
③ 머신 레디(machine ready)
④ 이송 정지(feed hold)

풀이 이송 정지(feed hold) : 자동 운전을 일시 정지시키기 위해 프로그램 진행이 중지되는 버튼을 말한다.

05 간단한 프로그램을 편집과 동시에 시험적으로 실행할 때 사용하는 모드 선택 스위치는?

① 반자동운전(MDI) ② 자동운전(AUTO)
③ 수동이송(JOG) ④ DNC 운전

풀이
- 반자동 운전(MDI) : 간단한 프로그램을 편집과 동시에 시험적으로 실행할 때 사용한다.
- 자동운전(AUTO) : 저장된 프로그램을 자동 실행할 때 사용한다.
- 수동이송(JOG) : 각종 기계 버튼에 의해 축을 수동으로 '+' 또는 '−' 방향으로 이송시킬 때 사용한다.

정답 | 01 ③ 02 ① 03 ① 04 ④ 05 ①

• DNC 운전 : 컴퓨터 등 외부 기기로부터 가공 프로그램을 불러와서 자동 실행할 때 사용한다.

06 컴퓨터 통합 생산(CIMS) 방식의 특징으로 틀린 것은?

① life cycle time이 긴 경우에 유리하다.
② 품질의 균일성을 향상시킨다.
③ 재고를 줄임으로써 비용이 절감된다.
④ 생산과 경영관리를 효율적으로 하여 제품 비용을 낮출 수 있다.

풀이 life cycle time이 짧은 경우에 유리하다.

07 CNC 선반에서 나사절삭 시 나사 바이트가 시작점이 동일한 점에서 시작되도록 해주는 기구를 무엇이라고 하는가?

① 인코더(encoder)
② 위치 검출기(position coder)
③ 리졸버(resolver)
④ 볼 스크루(ball screw)

풀이
• 인코더(encoder) : CNC 기계의 움직임을 전기적 신호로 변환하여 속도 제어와 위치 검출을 하는 일종의 피드백 장치이다.
• 위치 검출기(position coder) : CNC 선반에서 나사절삭 시 나사 바이트가 시작점이 동일한 점에서 시작되도록 해주는 기구이다.
• 리졸버(resolver) : CNC 기계의 움직임을 전기적 신호로 표시하는 피드백 장치이다.
• 볼 스크루(ball screw) : 서보모터의 회전운동을 직선운동으로 바꾸어 테이블을 구동시키는 나사이다.

08 DNC 시스템의 구성요소가 아닌 것은?

① CNC 공작기계　② 중앙 컴퓨터
③ 통신선　④ 플로터

풀이 DNC 시스템의 구성요소
중앙 컴퓨터, CNC 공작기계, 통신선

09 컴퓨터에 의한 통합 생산 시스템으로 설계, 제조, 생산, 관리 등을 통합하여 운영하는 시스템은?

① CAM　② FMS
③ DNC　④ CIMS

풀이 CIMS : 컴퓨터 통합생산(CIMS)은 사업계획과 지원, 제품설계, 가공공정계획, 공정 자동화 등의 모든 계획기능(수요의 예측, 시간계획, 재료수급계획, 발송, 회계 등)과 실행계획(생산과 공정제어, 물류, 시험과 검사 등)을 컴퓨터에 의하여 통합 관리하는 시스템을 말한다.

10 서보기구에서 검출된 위치를 피드백하여 이를 보정하여 주는 회로는?

① 비교 회로
② 정보처리 회로
③ 연산 회로
④ 개방 회로

풀이 비교 회로 : 서보기구에서 검출된 위치를 피드백하여 이를 보정하여 주는 회로를 말한다.

11 CNC 공작기계 조작판에서 공구 교환, 주축 회전, 간단한 절삭 이송 등을 명령할 때 사용하는 반자동 운전 모드는?

① MDI　② JOG
③ EDIT　④ TAPE

풀이
• MDI : CNC 공작기계 조작판에서 공구 교환, 주축 회전, 간단한 절삭 이송 및 간단한 프로그램을 편집과 동시에 시험적으로 실행하는 반자동 운전 모드이다.
• JOG : 각종 기계 버튼에 의해 축을 수동으로 '+' 또는 '−' 방향으로 이송시킬 때 사용한다.
• EDIT : 새로운 프로그램을 작성하고 등록된 프로그램을 삽입, 수정, 삭제하는 기능이다.
• AUTO : 저장된 프로그램을 자동 실행할 때 사용한다.

정답 | 06 ① 07 ② 08 ④ 09 ④ 10 ① 11 ①

12 다음 중 CNC 공작기계를 사용할 때의 특징으로 알맞은 것은?

① 가공의 능률화와 정밀도 향상이 가능하다.
② 치공구가 다양하게 되어 공구의 수가 증가한다.
③ 작업 조건의 설정으로 숙련자의 수를 증가시킨다.
④ 다품종 소량생산보다 소품종 대량생산에 더 적합하다.

풀이 ② 치공구를 사용할 필요가 없다.
③ 작업 조건의 설정으로 숙련자의 수를 감소시킨다.
④ 소품종 대량생산보다 다품종 소량생산에 더 적합하다.

13 CNC 기계의 움직임을 전기식 신호로 변환하여 속도제어와 위치검출을 하는 일종의 피드백 장치는?

① 인코더(encoder)
② 컨트롤러(controller)
③ 서보모터(servo motor)
④ 볼 스크루(ball screw)

풀이 인코더(encoder) : CNC 기계의 움직임을 전기적 신호로 변환하여 속도 제어와 위치 검출을 하는 일종의 피드백 장치이다.

14 조작판의 급속 오버라이드 스위치가 다음과 같이 급속 위치 결정(G00) 동작을 실행할 경우 실제 이송속도는 얼마인가?(단, 기계의 급속 이송속도는 1,000mm/min이다.)

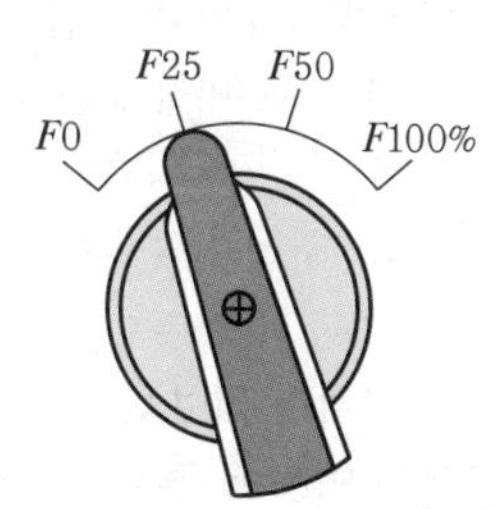

① 100mm/min ② 150mm/min
③ 200mm/min ④ 250mm/min

풀이 급속 오버라이드(rapid override) 스위치
수동 및 자동 운전 시 급속이송의 속도를 조절하는 스위치이다.
- F25% : 1,000mm/min×0.25=250mm/min
- F50% : 1,000mm/min×0.5=500mm/min
- F100% : 1,000mm/min×1.0=1,000mm/min

15 1대의 컴퓨터에서 여러 대의 CNC 공작기계에 데이터를 분배하여 전송함으로써 동시에 직접 제어, 운전할 수 있는 방식을 무엇이라 하는가?

① DNC ② CAM
③ FA ④ FMS

풀이 DNC : 여러 대의 CNC 공작기계를 한 대의 컴퓨터에 결합시켜 제어하는 시스템으로 개개의 CNC 공작기계의 작업성, 생산성을 개선함과 동시에 그것을 조합하여 CNC 공작기계군으로 운영을 제어, 관리하는 것이다.

16 다음 중 CNC 공작기계 사용 시 비경제적인 작업은?

① 작업이 단순하고, 수량이 1~2개인 수리용 부품
② 항공기 부품과 같이 정밀한 부품
③ 곡면이 많이 포함되어 있는 부품
④ 다품종이며 로트당 생산수량이 비교적 적은 부품

풀이 작업이 단순하고, 수량이 1~2개인 수리용 부품은 범용 공작기계를 이용하는 것이 좋다.

17 근래에 생산되는 대형 정밀 CNC 고속가공기에 주로 사용되며 모터에서 속도를 검출하고, 테이블에 리니어 스케일을 부착하여 위치를 피드백하는 서보기구 방식은?

① 개방회로 방식
② 반폐쇄회로 방식
③ 폐쇄회로 방식
④ 복합회로 방식

정답 | 12 ① 13 ① 14 ④ 15 ① 16 ① 17 ③

풀이 폐쇄회로 방식(closed loop system)

- 속도정보는 서보모터에 내장된 타코 제너레이터에서 검출되어 제어된다.
- 위치정보는 최종 제어 대상인 테이블에 리니어 스케일(linear scale, 직선자)을 부착하여 테이블의 직선 방향 위치를 검출하여 제어된다.

18 CNC 공작기계에서 공작물에 대한 공구의 위치를 그에 대응하는 수치정보로 지령하는 제어를 무엇이라 하는가?

① NC(Numerical Control)
② DNC(Direct Numerical Control)
③ FMS(Flexible Manufacturing System)
④ CIMS(Computer Integrated Manufacturing System)

풀이 NC(수치 제어) : Numerical Control의 약어로 수치로 제어한다는 의미로 수치자료 형태로 코드화된 지령을 통해 기계요소의 동작을 제어하는 방법이다. 즉 "공작물에 대한 공구의 위치를 그에 대응하는 수치정보로 명령하는 제어"이다.

19 다음 중 CNC 공작기계에서 사용하는 서보기구의 제어방식이 아닌 것은?

① 개방회로 방식 ② 스탭회로 방식
③ 폐쇄회로 방식 ④ 반폐쇄회로 방식

풀이 서보기구의 제어방식에는 개방회로(open-loop) 방식, 반폐쇄회로 방식, 폐쇄회로 방식(closed loop system), 하이브리드 서보 방식(hybrid loop system)이 있다.

20 다음 중 DNC의 장점으로 볼 수 없는 것은?

① 유연성과 높은 계산 능력을 가지고 있다.
② 천공테이프를 사용하므로 전송속도가 빠르다.
③ CNC 프로그램들을 컴퓨터 파일로 저장할 수 있다.
④ 공장에서 생산성과 관련되는 데이터를 수집하고 일괄 처리할 수 있다.

풀이 DNC의 장점
천공 테이프를 사용하지 않고, LAN 케이블을 사용하여 전송속도가 빠르다.

21 다음 중 FMC(Flexible Manufacturing Cell)에 관한 설명으로 틀린 것은?

① FMS의 특징을 살려 소규모화한 가공 시스템이다.
② ATC(Automatic Tool Changer)가 장착되어 있다.
③ APC(Automatic Pallet Changer)가 장착되어 있다.
④ 여러 대의 CNC 공작기계를 무인 운전하기 위한 시스템이다.

풀이 FMC는 하나의 CNC 공작기계에 공작물을 자동으로 공급하는 장치 및 가공물을 탈착하는 장치(APC), 필요한 공구를 자동으로 교환하는 장치(ATC), 가공된 제품을 자동측정하고 감시하며 보정하는 장치 및 이들을 제어하는 장치를 갖추고 있다.

22 반폐쇄회로 방식의 NC 기계가 운동하는 과정에서 오는 운동손실(lost motion)에 해당되지 않는 것은?

① 스크루의 백래시 오차
② 비틀림 및 처짐의 오차
③ 열변형에 의한 오차
④ 고강도에 의한 오차

풀이 반폐쇄회로 방식의 운동손실(lost motion)

- 스크루의 백래시 오차, 비틀림 및 처짐의 오차, 열변형에 의한 오차, 마찰에 의한 오차 등이 있다.
- 최근에는 높은 정밀도의 볼스크루가 개발되어 신뢰할 수 있는 수준의 정밀도를 얻을 수 있다.

23 CNC 공작기계의 정보처리회로에서 서보모터를 구동하기 위하여 출력하는 신호의 형태는?

① 문자 신호 ② 위상 신호
③ 펄스 신호 ④ 형상 신호

정답 | 18 ① 19 ② 20 ② 21 ④ 22 ④ 23 ③

풀이 펄스신호 : 정보처리회로에서 서보모터를 구동하기 위하여 출력하는 신호의 형태

24 공작기계의 핸들 대신에 구동 모터를 장치하여 임의의 위치에 필요한 속도로 테이블을 이동시켜 주는 기구의 명칭은?

① 검출기구 ② 서보기구
③ 펀칭기구 ④ 인터페이스 회로

풀이 서보기구(servo unit) : 공작기계의 핸들 대신에 구동 모터를 장치하여 임의의 위치에 필요한 속도로 테이블을 이동시켜 주는 기구

CHAPTER 02 CNC 프로그램

01 CNC 공작기계 좌표계의 이동위치를 지령하는 방식에 해당하지 않는 것은?

① 절대지령 방식
② 증분지령 방식
③ 잔여지령 방식
④ 혼합지령 방식

풀이 CNC 공작기계 좌표계의 이동위치를 지령하는 방식 절대지령 방식, 증분지령(또는 상대명령) 방식, 혼합지령 방식

02 다음 중 CNC 프로그램 구성에서 단어(word)에 해당하는 것은?

① S ② G01
③ 42 ④ S500 M03 ;

풀이
- 단어(word) : 명령절을 구성하는 가장 작은 단위로 주소(address)와 수치(data)의 조합에 의하여 이루어진다.
- 주소(address) : 영문 대문자(A~Z) 중의 한 개로 표시된다.

따라서 G01(G : 주소, 01 : 수치)이 답이다.
S500 M03 ;은 두 개의 단어로 구성되어 있다.

03 CNC 선반에서 a에서 b까지 가공하기 위한 원호보간 프로그램으로 틀린 것은?

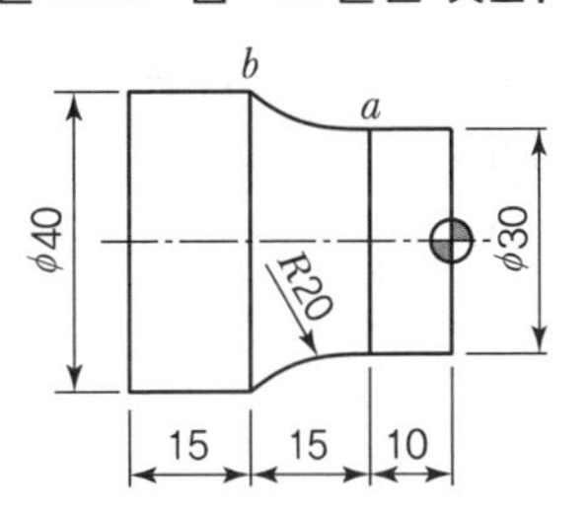

① G02 X40. Z−25. R20. ;
② G02 U10. W−15. R20. ;
③ G02 U40. Z−15. R20. ;
④ G02 X40. W−15. R20. ;

풀이 절대지령은 원점 표시기호(⊕)를 기준으로 좌푯값을 생각하고, 증분지령은 점 a를 임시 원점으로 생각하고 좌푯값을 입력한다.
a에서 b까지의 가공은 시계 방향이므로 G02를 지령하고, 180° 이하의 원호이므로 R값은 (+)로 지령한다.
- 절대지령 : G02 X40. Z−25. R20. ;
- 증분지령 : G02 U10. W−15. R20. ;
- 혼합지령 : G02 X40. W−15. R20. ;
- 혼합지령 : G02 U10. Z−25. R20. ;

04 1,000prm으로 회전하는 스핀들에서 3회전 휴지(dwell : 일시정지)를 주려고 한다. 정지시간과 CNC 프로그램이 옳은 것은?

① 정지시간 : 0.18초, CNC프로그램 : G03 X0.18 ;
② 정지시간 : 0.18초, CNC프로그램 : G04 X0.18 ;
③ 정지시간 : 0.12초, CNC프로그램 : G03 X0.12 ;
④ 정지시간 : 0.12초, CNC프로그램 : G04 X0.12 ;

풀이 정지시간과 스핀들 회전수의 관계
정지시간(초)

$$= \frac{60}{\text{스핀들 회전수(rpm)}} \times \text{일시정지 회전수}$$

$$= \frac{60}{1,000} \times 3 = 0.18 \text{ 이므로}$$

G04 X0.18 ;로 입력한다.

정답 | 24 ② | 01 ③ 02 ② 03 ③ 04 ②

05 머시닝 센터 프로그램에서 공구길이 보정에 관한 설명으로 틀린 것은?

① Y축에 명령하여야 한다.
② 여러 개의 공구를 사용할 때 한다.
③ G49는 공구길이 보정 취소 명령이다.
④ G43은 (+) 방향 공구길이 보정이다.

풀이 Z축에 명령하여야 한다.

06 다음 중 기계 좌표계에 대한 설명으로 틀린 것은?

① 기계원점을 기준으로 정한 좌표계이다.
② 공작물 좌표계 및 각종 파라미터 설정값의 기준이 된다.
③ 금지영역 설정의 기준이 된다.
④ 기계원점 복귀 준비기능은 G50이다.

풀이
- 기계원점 복귀 준비기능은 G28이다.
- G50은 공작물 좌표계 설정, 주축 최고 회전수 지정 준비기능이다.

07 다음 CNC 프로그램에서 T0505의 의미는?

```
G00 X20.0 Z12.0 T0505 ;
```

① 5번 공구의 날끝 반경이 0.5mm임을 뜻한다.
② 5번 공구의 선택이 5번째임을 뜻한다.
③ 5번 공구를 5번 선택한다는 뜻이다.
④ 5번 공구 선택과 5번 공구의 보정번호를 뜻한다.

풀이 T0505 : 05번 공구 선택과 05번 공구 보정번호를 뜻한다.

08 CNC 선반의 공구 날끝 보정에 관한 설명으로 틀린 것은?

① 날끝 R에 의한 가공 경로 오차량을 보상하는 기능이다.
② G40 명령은 공구 날끝 보정 취소 기능이다.
③ G41과 G42 명령은 모달 명령이다.
④ 공구 날끝 보정은 가공이 시작된 다음 이루어져야 한다.

풀이 공구 날끝 보정은 가공이 시작되기 전에 G00과 함께 이루어져야 한다.

09 CNC 선반에서 G99 명령을 사용하여 F0.15로 이송 지령한다. 이때, F 값의 설명으로 맞는 것은?

① 주축 1회전당 0.15mm의 속도로 이송
② 주축 1회전당 0.15m의 속도로 이송
③ 1분당 15mm의 속도로 이송
④ 1분당 15m의 속도로 이송

풀이
- G99 : 회전당 이송 지정(mm/rev)
- F0.15 : 주축 1회전당 0.15mm의 속도로 이송

10 다음의 보조기능(M 기능) 중 주축의 회전방향과 관계되는 것은?

① M02 ② M04
③ M08 ④ M09

풀이 주축의 회전방향과 관계되는 보조 기능은 M03(주축 정회전, 시계 방향), M04(주축 역회전, 반시계 방향)이다.

11 다음 그림에서 B → A로 절삭할 때의 CNC 선반 프로그램으로 맞는 것은?

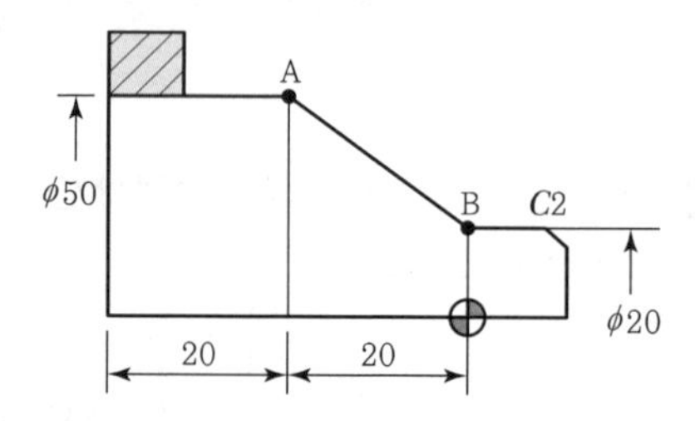

① G01 U30. W−20. ;
② G01 X50. Z20. ;
③ G01 U50. Z−20. ;
④ G01 U30. W20. ;

풀이 절대지령은 원점 표시기호(⊕)를 기준으로 좌푯값을 생각하고, 증분지령은 점 B를 임시 원점으로 생각하고 좌푯값을 입력한다.

정답 | 05 ① 06 ④ 07 ④ 08 ④ 09 ① 10 ② 11 ①

• 증분지령 : G01 U30. W−20. ;
• 절대지령 : G01 X50. Z20. ; → G01 X50. Z−20. ;으로 수정
• 혼합지령 : G01 U50. Z−20. ; → G01 U30. Z−20. ;으로 수정

12 CNC 프로그램에서 지령된 블록에서만 유효한 G 코드(one shot G 코드)는?

① G00　② G04
③ G17　④ G41

풀이 ㉠ 1회 유효 G 코드(one shot G code)
• 지정된 명령절에서만 유효한 G−코드
• G04(일시 정지)
㉡ 연속 유효 G 코드(modal G code)
• 동일 그룹 내의 다른 G 코드가 나올 때까지 유효한 G 코드
• G00[위치 결정(급속 이송)], G17(X−Y 평면 선택), G41(공구인선 반지름 보정 좌측)

13 CNC 선반 프로그램에서 주축 회전수(rpm) 일정 제어 G 코드는?

① G96　② G97
③ G98　④ G99

풀이 • G97 : 주축 회전수(rpm)일정 제어
• G96 : 절삭속도(m/min)일정 제어
• G98 : 분당 이송 지정(mm/min)
• G99 : 회전당 이송 지정(mm/rev)

14 CNC 프로그램을 작성하기 위하여 가공계획을 수립하여야 한다. 이때 고려해야 할 사항이 아닌 것은?

① 가공물의 고정방법 및 필요한 치공구의 선정
② 범용 공작기계에서 가공할 범위 결정
③ 가공순서 결정
④ 절삭조건의 설정

풀이 범용 공작기계에서 가공할 범위를 결정하는 것은 제품의 전체 가공계획에서 수립해야 할 사항이다.

15 몇 개의 단어(word)가 모여 CNC 기계가 동작을 하도록 하는 하나의 지령단위를 무엇이라고 하는가?

① 주소(address)
② 데이터(data)
③ 전개번호(sequence number)
④ 지령절(block)

풀이 지령절(block)
몇 개의 단어(word)가 모여 CNC 기계가 동작을 하도록 하는 하나의 지령단위를 뜻한다.
• 주소(address) : 영문 대문자(A~Z) 중의 한 개로 표시된다.
• 수치(data) : 주소의 기능에 따라 2자리의 수치와 4자리의 수치를 사용한다.
• 단어(word) : 명령절을 구성하는 가장 작은 단위로 주소(address)와 수치(data)의 조합에 의하여 이루어진다.

16 다음 중 머시닝 센터에서 X, Y, Z 축에 회전하는 부가 축이 아닌 것은?

① A　② B
③ C　④ D

풀이

기준축	보조축(1차)	보조축(2차)	회전축	기준축의 결정 방법
X 축	U 축	P 축	A 축	가공의 기준이 되는 축
Y 축	V 축	Q 축	B 축	X 축과 직각을 이루는 이송 축
Z 축	W 축	R 축	C 축	절삭동력이 전달되는 스핀들 축

17 다음 중 CNC 선반 프로그램에 관한 설명으로 틀린 것은?

① 절대지령은 X, Z 어드레스로 결정한다.
② 증분지령은 U, W 어드레스로 결정한다.
③ 절대지령과 증분지령은 한 블록에 지령할 수 없다.
④ 프로그램 작성은 절대지령과 증분지령을 혼용해서 사용할 수 있다.

정답 | 12 ② 13 ② 14 ② 15 ④ 16 ④ 17 ③

풀이 절대지령과 증분지령을 한 블록에 지령하는 방식을 혼합지령 방식이라고 한다.

18 일반적으로 프로그램 작성자가 프로그램을 쉽게 작성하기 위하여 공작물 좌표계 원점과 일치시키는 것은?

① 기계 원점 ② 제2원점
③ 제3원점 ④ 프로그램 원점

풀이 프로그램 원점 : 일반적으로 프로그램 작성자가 프로그램을 쉽게 작성하기 위하여 공작물 좌표계 원점과 일치시켜 작업한다.

19 다음 중 CNC 선반 프로그래밍에서 소수점을 사용할 수 있는 어드레스로 구성된 것은?

① X, U, R, F ② W, I, K, P
③ Z, G, D, Q ④ P, X, N, E

풀이 소수점을 사용할 수 있는 데이터는 길이를 나타내는 수치 데이터와 함께 사용되는 어드레스(X, Y, Z, U, V, W, A, B, C, I, J, K, R, F) 다음의 수치 데이터에만 가능하다. 단, 장비 및 파라미터 설정에 따라 소수점 없이 사용할 수도 있다.

20 프로그램 작성자가 프로그램을 쉽게 작성하기 위하여 공작물 임의의 점을 원점으로 정해 명령의 기준점이 되도록 한 좌표계는?

① 절대 좌표계 ② 기계 좌표계
③ 상대 좌표계 ④ 잔여 좌표계

풀이 절대 좌표계 : 프로그램 작성자가 프로그램을 쉽게 작성하기 위하여 공작물의 임의의 점을 원점으로 정해 명령의 기준점이 되도록 한 좌표계로 공작물 좌표계라고도 한다.

21 다음 설명에 해당하는 좌표계는?

> 도면을 보고 프로그램을 작성할 때에 절대 좌표계의 기준이 되는 점으로서, 프로그램 원점이라고도 한다.

① 공작물 좌표계 ② 기계 좌표계
③ 극 좌표계 ④ 상대 좌표계

풀이 공작물 좌표계 : 프로그램 원점과 공작물의 한 점을 일치시켜 절대 좌표의 기준점으로 정하는 좌표계를 말한다.

CHAPTER 03 CNC 프로그래밍

01 CNC 선반에서 외경 절삭을 하는 단일형 고정 사이클은?

① G89 ② G90
③ G91 ④ G92

풀이 단일형 고정 사이클에는 G90, G94가 있고, G90은 내 · 외경 절삭 사이클을 뜻하며, G94는 단면절삭 사이클을 뜻한다.

02 CNC 선반의 안지름 및 바깥지름 막깍기의 사이클 프로그램에서 (경우1)의 "D(△d)", (경우2)의 "U(△d)"가 의미하는 것은?

```
(경우 1)
G71 P_Q_U_W_D(Δd)_F_;

(경우 2)
G71 U(Δd)_R_;
G71 P_Q_U_W_F_;
```

① 도피량
② 1회 절삭량
③ X축 방향의 다듬질 여유
④ 사이클 시작 블록의 전개번호

풀이
- 경우 1 : 11T인 경우, 경우 2 : 11T 아닌 경우
- (경우 1) D(△d) : 1회 X축 방향 가공깊이(절삭깊이), 반경지령 및 소수점 지령 불가능
- (경우 2) U(△d) : 1회 X축 방향 가공깊이(절삭깊이), 반경지령 및 소수점 지령 가능

03 다음 프로그램에서 공작물의 지름이 ϕ60mm일 때, 주축의 회전수는 얼마인가?

```
G50 S1300 ;
G96 S130 ;
```

정답 | 18 ④ 19 ① 20 ① 21 ① | 01 ② 02 ② 03 ③

① 147rpm ② 345rpm
③ 690rpm ④ 1,470rpm

풀이 $N = \frac{1,000S}{\pi D}(\text{rpm})$

$= \frac{1,000 \times 130}{\pi \times 60} = 689.67 ≒ 690(\text{rpm})$

여기서, N : 주축의 회전수(rpm)
S : 절삭속도(m/min) ⇒ S130
D : 공작물의 지름(mm) ⇒ $\phi 60$

04 다음 도면에서 M40×1.5로 나타낸 부분을 CNC 프로그램할 때 ( ) 안에 알맞은 것은?

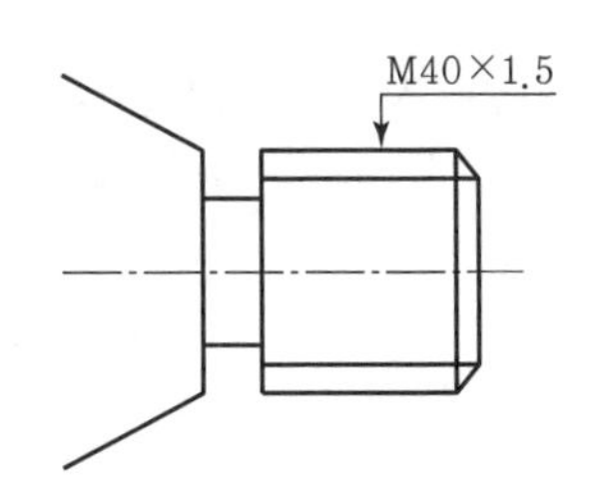

( ) X39.9 Z-20. F1.5 ;

① G94 ② G92
③ G90 ④ G50

풀이
- G92 : 나사 절삭 사이클
- G94 : 단면 절삭 사이클
- G90 : 내 · 외경 절삭 사이클
- G50 : 공작물 좌표계 설정, 주축 최고 회전수 설정

05 CNC 선반에서 공구 위치가 다음과 같을 때 좌표계 설정으로 올바른 것은?

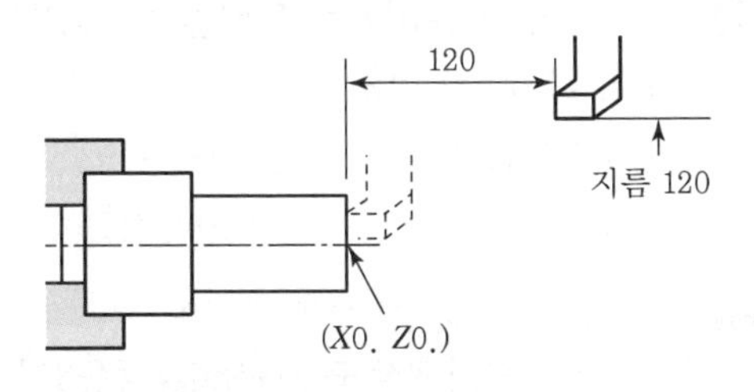

① G50 X120. Z120. ;
② G50 X240. Z120. ;
③ G50 X120. Z240. ;
④ G54 X120. Z120. ;

풀이 (X0. Z0.)이 원점이고 공구의 위치가 X축 방향으로 120mm, Z축 방향으로 120mm만큼 떨어져 있으므로 G50 X120. Z120. ;이다.

06 CNC 선반에서 G71로 황삭가공한 후 정삭가공하려면 G 코드는 무엇을 사용해야 하는가?

① G70 ② G72
③ G74 ④ G76

풀이
- 일반적으로 황삭가공(G71, G72, G73) 완료 후 정삭가공(G70)으로 마무리한다.
- G74는 단면 홈 가공 사이클이며, G76은 나사가공 사이클을 뜻한다.
- 황삭 : rough machining(grinding), 거친 절삭
- 정삭 : for finishing, 정밀 절삭

07 CNC 선반에서 제2 원점으로 복귀하는 준비 기능은?

① G27 ② G28
③ G29 ④ G30

풀이
- G30 : 제2, 3, 4 원점 복귀
- G27 : 원점 복귀 확인
- G28 : 기계 원점 복귀(자동 원점 복귀)
- G29 : 원점으로부터 복귀

08 다음은 머시닝 센터에서 고정사이클을 지령하는 방법이다. G_ X_ Y_ R_ Q_ P_ F_ K_ 또는 L_ ; 에서 K0 또는 L0라면 어떤 의미를 나타내는가?

① 고정사이클을 1번만 반복하라는 뜻이다.
② 구멍 바닥에서 휴지시간을 갖지 말라는 뜻이다.
③ 구멍가공을 수행하지 말라는 뜻이다.
④ 초기점 복귀를 하지 말고 가공하라는 뜻이다.

풀이 K0 또는 L0 : 현재 블록에서 고정 사이클 데이터만 기억하고, 구멍가공을 하지 않으며, 다음에 구멍의 위치가 지령되면 사이클 기능을 실행한다.

정답 | 04 ② 05 ① 06 ① 07 ④ 08 ③

09 다음 중 머시닝 센터에서 공구의 길이 차를 측정하는 데 가장 적합한 것은?

① R 게이지 ② 사인바
③ 한계 게이지 ④ 하이트 프리세터

풀이 하이트 프리세터 : 머시닝 센터에 각종 공구를 고정하고 각 공구의 길이를 비교하여 그 차이값을 구하고, 보정값 입력란에 입력하는 측정기를 말한다.

10 그림에서 단면 절삭 고정 사이클을 이용한 프로그램의 준비 기능은?

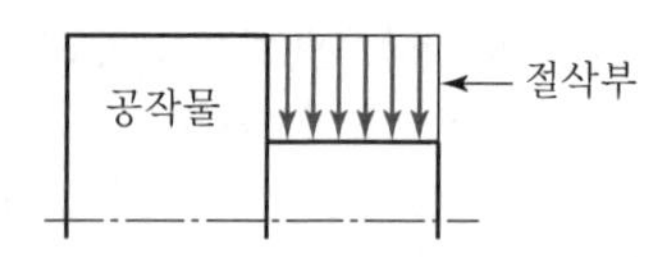

① G76 ② G90
③ G92 ④ G94

풀이
- G94 : 단면 절삭 사이클
- G76 : 자동 나사 가공 사이클
- G90 : 내 · 외경 절삭 사이클
- G92 : 나사 절삭 사이클

11 CNC 선반에서 복합형 고정사이클 G76을 사용하여 나사가공을 하려고 한다. G76에 사용되는 X의 값은 무엇을 의미하는가?

① 골지름 ② 바깥지름
③ 안지름 ④ 유효지름

풀이 G76 X(U)_ Z(W)_ I_ K_ D_ (R_) F_ A_ P_ ;
여기서, X(U), Z(W) : 나사 끝점 좌표(골지름 좌표)
I : 나사 절삭 시 나사 끝점(X좌표)과 나사 시작점(X좌표)의 거리(반경지령), I=0이면 평행나사(생략 가능)
K : 나사산의 높이(반경지령)
D : 첫 번째 절입량(반경지령), 소수점 사용 불가
R : 면취량(파라미터로 설정)
F : 나사의 리드
A : 나사산의 각도
P : 정삭방법(생략하면 절삭량 일정, 한쪽 날 가공을 수행)

12 다음과 같은 CNC 선반 프로그램에 대한 설명으로 틀린 것은?

```
G74 R0.4 ;
G74 Z-60.0 Q1500 F0.2 ;
```

① F0.2는 이송속도이다.
② Q15000은 X 방향의 이동량이다.
③ R0.4는 1스텝 가공 후 도피량이다.
④ G74는 팩 드릴링 사이클이다.

풀이 Q : 1회 Z축 방향 가공깊이로서 소수점 없이 입력한다. z축 1회 절입 깊이는 1.5mm(Q1500)이다.

13 CNC 선반에서 G32 코드를 사용하여 피치가 1.5mm인 2줄 나사를 가공할 때 이송 F의 값은?

① F1.5 ② F2.0
③ F3.0 ④ F4.5

풀이 F : 나사의 리드
나사의 리드(L)=나사 줄 수(n)×피치(p)
=2×1.5=3
∴ F3.0을 입력한다.

14 다음 중 CNC 선반 프로그램에서 기계 원점 복귀 체크 기능은?

① G27 ② G28
③ G29 ④ G30

풀이
- G27 : 기계 원점 복귀 체크
- G28 : 기계 원점 복귀
- G29 : 원점으로부터 복귀
- G30 : 제2, 3, 4 원점 복귀

15 CNC 선반의 준비기능 중 단일형 고정 사이클로만 짝지어진 것은?

① G28, G75 ② G90, G94
③ G50, G76 ④ G98, G74

풀이 단일형 고정사이클(G90, G92, G94)
- 선반가공에서 황삭 또는 나사절삭 등은 1회 절삭으로는 불가능하므로 여러 번 반복하여 절삭하여야 한다.

정답 | 09 ④ 10 ④ 11 ① 12 ② 13 ③ 14 ① 15 ②

- 고정 사이클의 가공은 1회 절삭한 다음 초기점으로 복귀하여 다시 반복 가공하며, 가공이 완료되면 초기점으로 복귀 후 고정 사이클이 종료되므로 초기점이 중요하다.
- 계속 유효명령이므로 반복 절삭할 때 X축의 절입량만 지정하면 된다.
- G90(내 · 외경 절삭 사이클), G92(나사 절삭 사이클), G94(단면 절삭 사이클)

16 다음 중 머시닝 센터에서 공작물 좌표계 X, Y 원점을 찾는 방법이 아닌 것은?

① 엔드밀을 이용하는 방법
② 터치 센서를 이용하는 방법
③ 인디케이터를 이용하는 방법
④ 하이트 프리세터를 이용하는 방법

풀이 하이트 프리세터를 이용하는 방법은 공구의 길이를 측정할 때 사용하는 방법이다.

17 머시닝 센터의 고정 사이클 중 G 코드와 그 용도가 잘못 연결된 것은?

① G76 – 정밀 보링 사이클
② G81 – 드릴링 사이클
③ G83 – 보링 사이클
④ G84 – 태핑 사이클

풀이 G83 : 심공 드릴 사이클

18 다음 중 머시닝 센터의 G 코드 일람표에서 원점 복귀 명령과 관련이 없는 코드는?

① G27 ② G28
③ G29 ④ G30

풀이 머시닝 센터 원점 복귀
G27(원점 복귀 Check), G28(기계원점 복귀), G30(제2, 3, 4 원점 복귀)

19 CNC 선반 프로그램 G70 P20 Q200 F0.2 ; 에서 P20의 의미는?

① 정삭가공 지령절의 첫 번째 전개번호
② 황삭가공 지령절의 첫 번째 전개번호
③ 정삭가공 지령절의 마지막 전개번호
④ 황상가공 지령절의 마지막 전개번호

풀이 P20 : 정삭가공 지령절의 첫번째 전개번호

20 머시닝 센터 프로그램에서 공작물 좌표계를 설정하는 G 코드가 아닌 것은?

① G57 ② G58
③ G59 ④ G60

풀이 머시닝 센터에서의 공작물 좌표계 설정 및 선택
- G54~G59 : 공작물 좌표계 1~6번 선택
- G60 : 한 방향 위치 결정

21 CNC 선반에서 현재의 위치에서 다른 점을 경유하지 않고 X축만 기계원점으로 복귀하는 것은?

① G28 X0. ;
② G28 U0. ;
③ G28 W0. ;
④ G28 U100.0 ;

풀이 G28 U0. ; → 현재의 위치에서 다른 점을 경유하지 않고 X축만 기계원점으로 복귀

22 머시닝 센터에서 여러 개의 공작물을 한 번에 가공할 때 사용하는 좌표계 설정 준비 기능 코드가 아닌 것은?

① G54 ② G56
③ G59 ④ G92

풀이
- G92 : 공작물 좌표계 설정 준비 기능(한 개의 공작물을 가공할 때 사용)
- G54~G59 : 공작물 좌표계 1번~6번 선택(여러 개의 공작물을 한 번에 가공할 때 사용)

정답 | 16 ④ 17 ③ 18 ③ 19 ① 20 ④ 21 ② 22 ④ |

CHAPTER 04 CAD/CAM

01 CAD/CAM 시스템의 주변기기 중 출력장치에 해당되는 것은?

① 조이스틱 ② 프린터
③ 트랙볼 ④ 하드디스크

풀이 조이스틱, 트랙볼은 입력장치이고 프린터는 출력장치이며 하드디스크는 저장장치이다.

02 CAD/CAM 작업의 흐름을 바르게 나타낸 것은?

① 파트 프로그램 → 포스트 프로세싱 → CL 데이터 → DNC 가공
② 파트 프로그램 → CL 데이터 → 포스트 프로세싱 → DNC 가공
③ 포스트 프로세싱 → CL 데이터 → 파트 프로그램 → DNC 가공
④ 포스트 프로세싱 → 파트 프로그램 → CL 데이터 → DNC 가공

풀이 CAD/CAM 작업의 흐름
파트 프로그램 → CL 데이터 생성 → 포스트 프로세싱 → DNC 가공

03 CAD/CAM 시스템에서 입력 장치로 볼 수 없는 것은?

① 키보드(Keyboard) ② 스캐너(Scanner)
③ CRT 디스플레이 ④ 3차원 측정기

풀이 키보드, 스캐너, 3차원 측정기는 입력장치에 해당하며 CRT 디스플레이(모니터)는 출력장치에 해당한다.

04 CAD/CAM 주변기기에서 기억장치는 어느 것인가?

① 하드 디스크 ② 디지타이저
③ 플로터 ④ 키보드

풀이 하드 디스크가 기억장치이며, 디지타이저, 키보드는 입력장치, 플로터는 출력장치이다.

05 CAD/CAM 시스템에서 입력장치에 해당되는 것은?

① 프린터 ② 플로터
③ 모니터 ④ 스캐너

풀이 프린터, 플로터, 모니터는 출력장치에 해당하고 스캐너는 입력장치에 해당한다.

06 다음 중 CAM 시스템의 처리과정을 나타낸 것으로 옳은 것은?

① 도형정의 → 곡선정의 → 곡면정의 → 공구경로생성
② 곡선정의 → 곡면정의 → 도형정의 → 공구경로생성
③ 곡면정의 → 곡선정의 → 도형정의 → 공구경로생성
④ 곡선정의 → 곡면정의 → 공구경로 → 생성도형정의

풀이 CAM 시스템의 처리과정
도형정의 → 곡선정의 → 곡면정의 → 공구경로생성

07 다음 중 CAD/CAM 시스템에서 입 · 출력장치에 해당되지 않는 것은?

① 메모리 ② 프린터
③ 키보드 ④ 모니터

풀이 메모리는 기억장치에 속한다.

08 CAD/CAM 시스템용 입력장치에서 좌표를 지정하는 역할을 하는 장치를 무엇이라 하는가?

① 버튼(button)
② 로케이터(locator)
③ 셀렉터(selector)
④ 밸류에이터(valuator)

풀이 로케이터(locator) : 사용자가 화면에서 일정한 위치나 방향을 표시하는 데 사용하는 입력장치이며, 평판 위에서 탐침이나 핸드커서를 움직이면서 위치를 입력한다.

정답 | 01 ② 02 ② 03 ③ 04 ① 05 ④ 06 ① 07 ① 08 ②

09 CAM 시스템에서 CL(Cutting Location) 데이터를 공작기계가 이해할 수 있는 NC 코드로 변환하는 작업을 무엇이라 하는가?

① 포스트 프로세싱 ② 포스트 모델링
③ CAM 모델링 ④ 인 프로세싱

풀이 포스트 프로세싱(post – processing)

- post(후에, 다음에), process(특정 결과를 달성하기 위한 과정)
- 작성된 가공 데이터를 읽어 특정 CNC 공작기계 컨트롤러에 맞도록 NC 데이터를 만들어 주는 것을 말한다.

정답 | 09 ①

PART 04

기타 기계가공

CHAPTER 001 기계공작 일반 ··· 237
CHAPTER 002 절삭가공 ··· 239
CHAPTER 003 드릴링머신, 보링머신 ··· 246
CHAPTER 004 그 밖의 절삭가공 ··· 249
CHAPTER 005 연삭가공 ··· 252
CHAPTER 006 정밀입자가공과 특수가공 ··· 259
CHAPTER 007 손다듬질 가공 ··· 265
CHAPTER 008 기계재료 ··· 267
■ PART 04 핵심기출문제 ··· 304

CRAFTSMAN COMPUTER AIDED MILLING

CHAPTER 001

기계공작 일반

CRAFTSMAN COMPUTER AIDED MILLING

SECTION 01 기계공작의 분류

1 절삭가공

(1) 공구에 의한 절삭

① 고정공구 : 선삭, 평삭, 형삭, 슬로터, 브로칭

② 회전공구 : 밀링, 드릴링, 보링, 호빙 등

(2) 입자에 의한 절삭

① 고정입자 : 연삭, 호닝, 슈퍼피니싱, 버핑 등

② 분말입자 : 래핑, 액체호닝, 배럴 등

2 비절삭가공

(1) 주조

사형주조, 금형주조, 특수주조

(2) 소성가공

단조, 압연, 인발, 전조, 압출, 판금, 프레스

(3) 용접

납땜, 단접, 용접, 특수용접

(4) 특수비절삭

전해연마, 화학연마, 방전가공, 레이저가공

SECTION 02 공작기계

1 공작기계의 구비조건

① 정밀도가 높아야 한다.
② 가공능률이 좋아야 한다.
③ 안정성이 있어야 한다.
④ 내구성이 좋고, 사용이 편리해야 한다.
⑤ 기계효율이 좋아야 한다.

2 공작기계의 분류

(1) 범용 공작기계

일반적으로 널리 사용되며, 절삭 및 이송 범위가 크다.

예 선반, 밀링머신, 드릴링머신, 연삭기, 플레이너, 셰이퍼 등

(2) 전용 공작기계

같은 종류의 제품을 대량 생산하기 위한 공작기계

예 트랜스퍼 머신, 차륜선반, 크랭크축 선반 등

(3) 단능 공작기계

한 공정의 가공만을 할 수 있는 구조

예 공구연삭기, 센터링머신, 단능선반

(4) 만능 공작기계

소규모 공장이나, 보수를 목적으로 하는 공작실, 금형공장에서 사용하며, 선반, 드릴링, 밀링머신 등의 공작기계를 하나의 기계로 조합한 공작기계이다.

예 머시닝 센터(MCT), CNC 선반

CHAPTER 002

절삭가공

CRAFTSMAN COMPUTER AIDED MILLING

SECTION 01 절삭가공의 개요

1 절삭가공의 장단점

(1) 장점

제품을 간단하고 편리하게 정밀하고 매끄럽게 가공한다.

(2) 단점

주조 또는 단조보다 비용과 시간이 많이 필요하다.

2 절삭공구의 형상

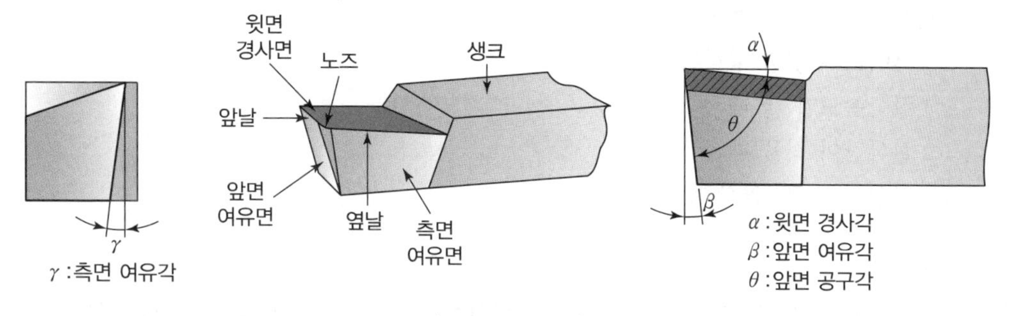

| 각부의 명칭 |

▌절삭공구면의 각과 역할

기호	면의 각도	역할
α	윗면 경사각	절삭력과 속도에 영향을 주고, 칩과의 마찰 및 흐름을 좌우한다. 각이 클수록 절삭력이 감소하고, 면도 깨끗하다.
β	앞면 여유각	공작물과 바이트의 마찰을 감소시킨다.
γ	측면 여유각	

3 절삭가공 시 생기는 칩에 영향을 미치는 요인

① 공작물의 재질(연질 또는 경질)
② 절삭속도
③ 절삭깊이
④ 공구의 형상(특히, 공구의 윗면 경사각, 측면 여유각)
⑤ 칩의 변형 전 두께(공작물 표면부터 공구의 날까지)
⑥ 절삭유의 공급 여부

4 칩의 종류

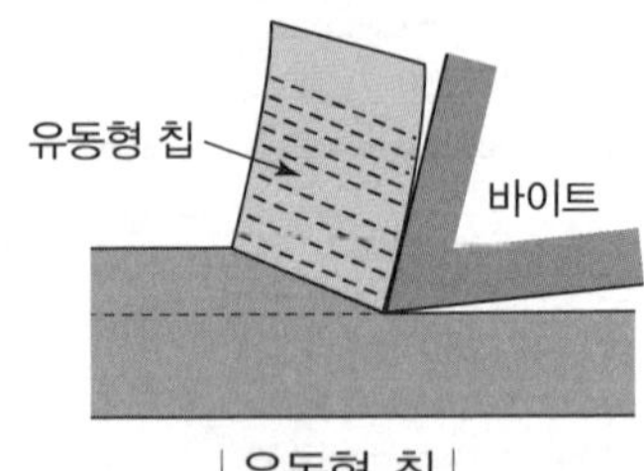

| 유동형 칩 |

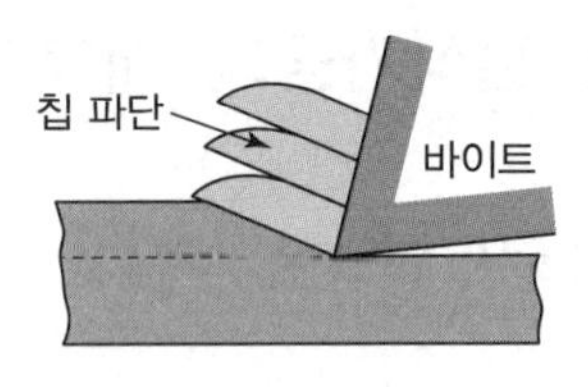

| 전단형 칩 |

(1) 유동형 칩

① 재료 내의 소성변형이 연속적으로 일어나 균일한 두께의 칩이 흐르는 것처럼 매끄럽게 이어져 나오는 것
② 절삭조건
㉠ 신축성이 크고 소성 변형하기 쉬운 재료(연강, 동, 알루미늄 등)
㉡ 바이트의 윗면 경사각이 클 때
㉢ 절삭속도가 클 때
㉣ 절삭량이 적을 때
㉤ 인성이 크고, 연한 재료를 절삭 시

(2) 전단형 칩

① 공구의 진행으로 공작물이 압축되어, 어느 한계에 이르면 전단을 일으켜 칩이 분리된다. 유동형에서는 슬립현상이 균일하게 진행되는 데 비해 전단형은 주기성을 갖고 변하며, 변형이 최대가 될 때 전단면에서 칩이 파단된다. 대체로 저항, 온도변화 등이 양호한 편이긴 하지만 가공면이 거칠다.
② 절삭조건
㉠ 연성 재질을 저속으로 절삭한 경우
㉡ 윗면 경사각이 작을 경우
㉢ 절삭깊이가 무리하게 큰 경우

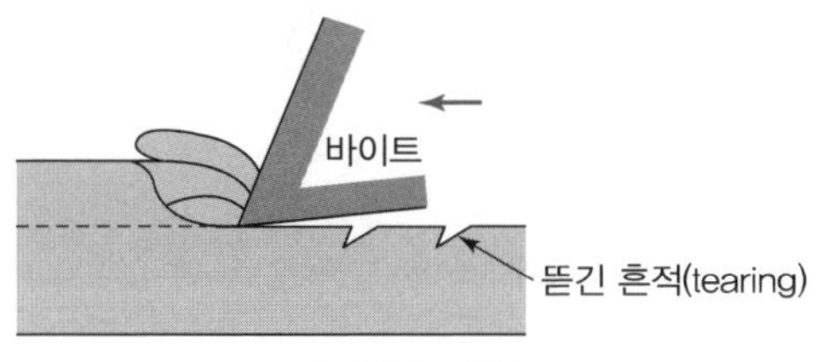

| 경작형 칩 |

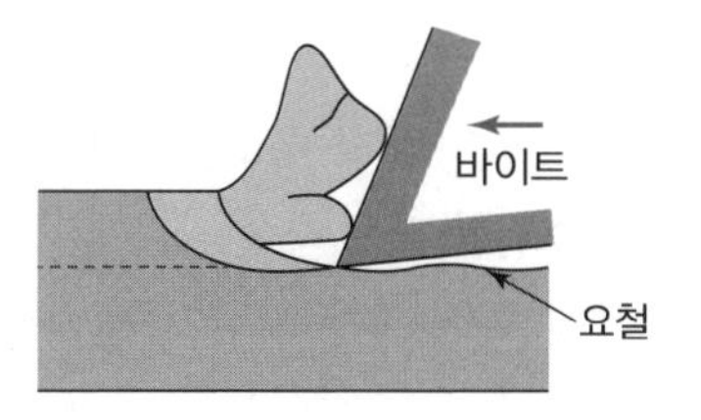

| 균열형 칩 |

(3) 경작형(열단형) 칩

① 재료가 공구 전면에 접착되어 공구 경사면을 미끄러지지 않고, 아래 방향으로 균열이 발생하면서 가공면에 뜯긴 흔적이 남는다.

② 절삭조건

㉠ 점성이 큰 재질을 절삭 시

㉡ 작은 경사각으로 절삭 시

㉢ 절삭깊이가 너무 깊을 경우

(4) 균열형 칩

① 백주철과 같이 취성이 큰 재질을 절삭할 때 나타나는 형태이고, 절삭력을 가해도 거의 변형하지 않다가 임계압력 이상이 될 때 순간적으로 균열이 발생하면서 칩이 생성된다. 가공면은 요철이 남고 절삭저항의 변동도 커진다.

② 절삭조건

㉠ 주철과 같은 취성이 큰 재료를 저속 절삭 시

㉡ 절삭깊이가 깊거나 경사각이 매우 작을 시

5 구성인선(built up edge)

(1) 개요

절삭된 칩의 일부가 바이트 끝에 부착되어 절삭날과 같은 작용을 하면서 절삭을 하는 것

(2) 주기

'발생 → 성장 → 분열 → 탈락 → 일부 잔류 → 성장'을 반복

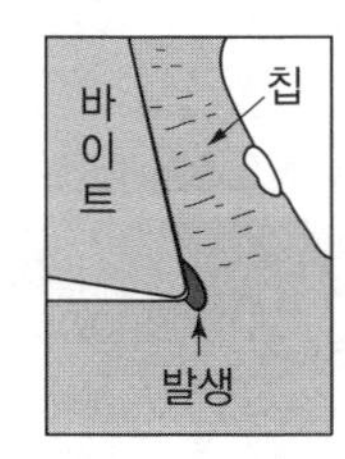

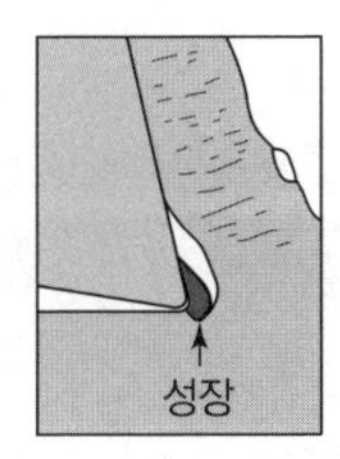

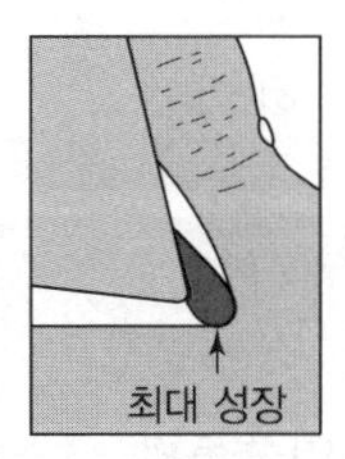

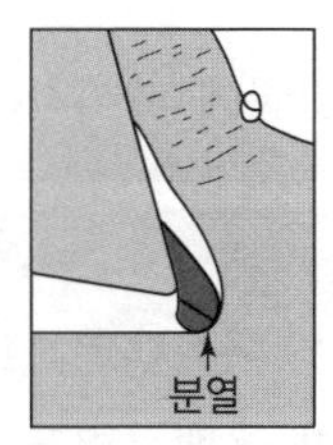

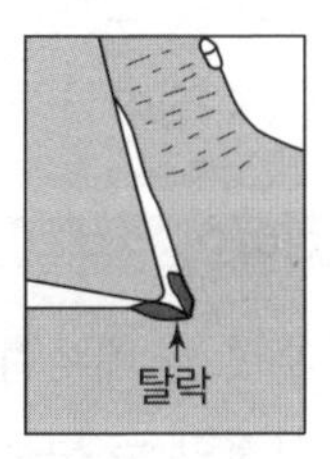

| 구성인선의 발생과 분열 |

(3) 방지법

① 절삭깊이를 얕게 하고, 윗면 경사각을 크게 한다.
② 절삭속도를 빠르게 한다.
③ 날끝에 경질 크롬 도금 등을 하여 윗면 경사각을 매끄럽게 한다.
④ 윤활성이 좋은 절삭유를 사용한다.
⑤ 절삭공구의 인선을 예리하게 한다.

SECTION 02 절삭공구

1 절삭공구의 종류

① **단인공구** : 절삭날 1개 예 선삭(선반), 평삭(셰이퍼, 플레이너 등)
② **다인공구** : 절삭날 2개 이상 예 밀링, 드릴링 등

2 절삭공구의 구비조건

① 상온 및 고온에서 경도, 내마모성, 인장강도가 클 것
② 공구 제작이 용이하고 가격이 저렴할 것
③ 마찰계수가 작을 것
④ 인성과 내마모성이 클 것
⑤ 가공재료보다 경도가 클 것
⑥ 내용착성, 내산화성, 내확산성 등 화학적으로 안정성이 클 것

SECTION 03 절삭저항

1 절삭저항의 정의

절삭할 때 절삭공구 날끝에 가해지는 힘

2 절삭저항의 3분력

① 주분력 > 배분력 > 이송분력
② 절삭저항 = 주분력 + 배분력 + 이송분력

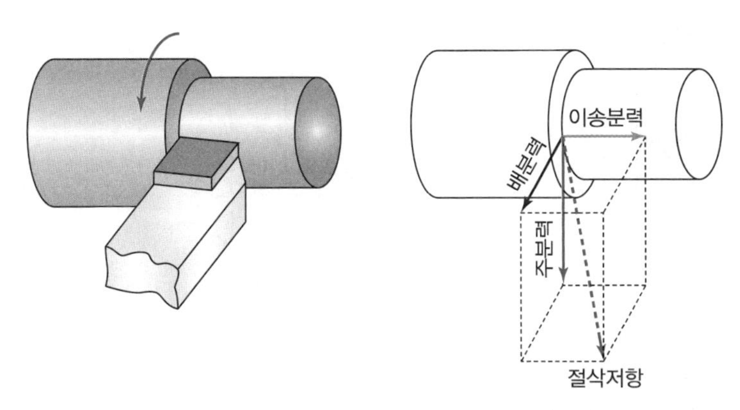

| 선반 가공 시 발생하는 절삭저항 |

3 절삭저항의 크기에 관계되는 인자

※ 괄호 안의 내용은 절삭저항이 감소하는 조건

① 공작물(연할수록), 공구의 재질(단단할수록)
② 바이트 날끝의 형상(윗면 경사각이 클수록)
③ 절삭속도(빠를수록)
④ 절삭면적(면적이 작을수록)
⑤ 칩의 형상(유동형 칩)
⑥ 절삭각(각이 클수록)

SECTION 04 공구마모와 수명

1 공구마모 원인

① 절삭속도의 과속
② 절삭각 또는 공구날의 부적합
③ 공작기계의 진동
④ 절삭유제의 부적절

2 공구마모 결과

① 가공 정밀도 감소
② 표면거칠기 증가
③ 소요 절삭동력 증가

3 공구마모의 종류

| 크레이터 마모 |

| 플랭크 마모 |

| 치핑 |

① 크레이터 마모(crater wear)

공구 경사면이 칩과의 마찰에 의하여 오목하게 마모되는 것으로 유동형 칩의 고속절삭에서 자주 발생하고, 크레이터가 깊어지면 날끝의 경사각이 커지고 날끝이 약해짐

② 플랭크 마모(flank wear)

공구면과 공구 여유면과의 마찰에 의해 공구 여유면이 마모되는 현싱

③ 날의 파손(chipping)

절삭가공 중 기계적인 충격, 진동 및 열충격 등으로 인하여 날끝부분이 미세한 파손을 일으키는 현상으로 주로 초경공구, 세라믹 공구 등에서 우발적으로 발생한다.

4 공구수명식(Taylor' equation)

$$VT^n = C$$

여기서, V : 절삭속도(m/min), T : 공구수명(min), n : 지수, C : 상수

① 절삭속도를 높이면 공구수명 감소

② n, C는 공작물의 특성, 공구재질, 절삭깊이, 공구의 기하학적 형상 등에 영향을 받음

③ n 값이 클수록 절삭속도 증가에 따른 공구수명의 감소가 완만하다.

④ 절삭공구별 n의 값(고속도강 : $0.15 <$ 초경합금 : $0.25 <$ 세라믹 : 0.4)

SECTION 05 절삭온도

1 절삭열의 발생

① 전단면에서 전단 소성변형에 의한 열

② 칩과 공구 경사면의 마찰열

③ 공작물에서 칩이 분리될 때 생기는 마찰열

2 절삭온도를 측정하는 방법

① 칩의 색깔로 판정하는 방법
② 시온도료(thermo colour paint)에 의한 방법
③ 열량계(calorimeter)
④ 열전대(thermo couple)
⑤ 복사온도계를 이용하는 방법

SECTION 06 절삭유

1 절삭유의 역할

① 냉각작용(절삭열 제거)
② 윤활작용(마찰 감소)
③ 세정작용(칩 제거)
④ 방청작용(녹 방지)

2 절삭유의 구비조건

① 마찰계수가 작고 인화점, 발화점이 높을 것
② 냉각성이 우수하고 윤활성, 유동성이 좋을 것
③ 장시간 사용해도 변질되지 않고 인체에 무해할 것
④ 사용 중 칩으로부터 분리, 회수가 용이할 것
⑤ 방청작용을 할 것

3 절삭유의 종류

① **수용성 절삭유** : 광물성유를 화학적으로 처리하여 원액과 물을 혼합하여 사용하고, 점성이 낮고 비열이 커서 냉각효과가 크므로 고속절삭 및 연삭 가공액으로 많이 사용한다.
② **광물성유** : 경유, 머신오일, 스핀들 오일, 석유 및 기타의 광유 또는 혼합유가 있고, 윤활성은 좋으나 냉각성이 적어 경절삭에 사용한다.
③ **유화유** : 광유 + 비눗물
④ **동물성유** : 식물성유보다는 점성이 높아 저속절삭에 사용한다.
⑤ **식물성유** : 종자유, 콩기름, 올리브유, 면실유
⑥ **첨가제**
  ㉠ 수용성 절삭유에는 인산염, 규산염을 첨가
  ㉡ 동식물유에는 유황(S), 흑연(C), 아연(Zn)을 첨가

CHAPTER 003

드릴링머신, 보링머신

CRAFTSMAN COMPUTER AIDED MILLING

SECTION 01 드릴링머신

1 드릴링머신의 정의

주축에 드릴(절삭공구)을 고정하여 회전시키고 직선 이송하여 공작물에 구멍을 뚫는 공작기계이다.

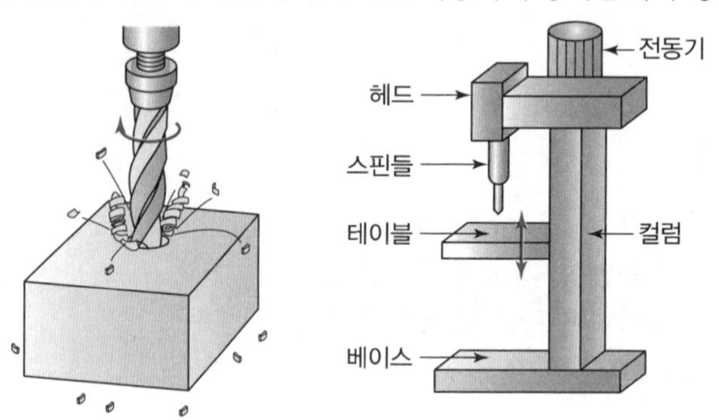

| 드릴링머신 |

2 드릴링머신의 작업종류

(a) 드릴링	(b) 스폿페이싱	(c) 카운터싱킹	(d) 보링
드릴로 구멍을 뚫는 작업	볼트나 너트 고정 시 접촉부 자리 가공	접시머리 나사부 묻힘 홈 가공	이미 뚫은 구멍을 확대 가공

(e) 카운터보링	(f) 리밍	(g) 태핑
작은 나사머리 묻힘 홈 가공	이미 뚫은 작은 구멍을 정밀하게 다듬질 가공	이미 뚫은 구멍에 나사 가공

(1) 리밍(reaming)

① 기존 또는 드릴링 작업에 의한 작은 구멍을 높은 정확도로 매끈한 면을 만들면서 구멍을 넓히는 작업

② 드릴링 직경(1차 가공)=[리밍 직경(2차 가공)]−[연질 0.2mm 이하, 경질 0.13mm 이하]

(2) 태핑(tapping)

① 드릴링 작업에 의한 구멍에 암나사를 가공하는 작업

② 드릴링 직경(1차 가공)=나사 바깥지름−피치

3 드릴링머신용 절삭공구

(1) 드릴의 형상

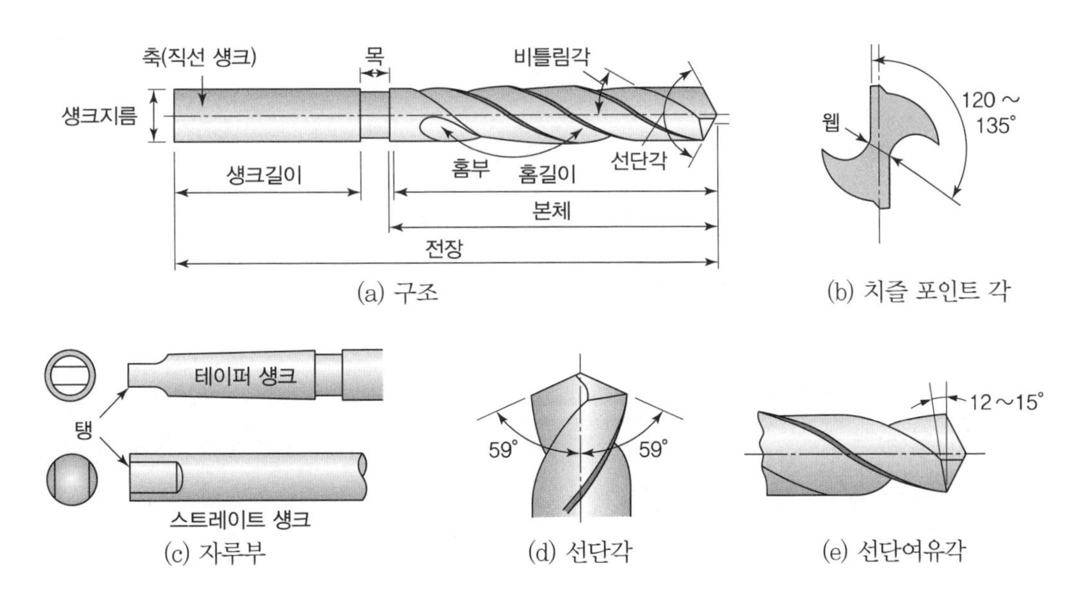

(a) 구조 (b) 치즐 포인트 각
(c) 자루부 (d) 선단각 (e) 선단여유각

(2) 재연삭 시 주의사항

① 드릴의 날끝각(선단각 : 118°) 및 여유각(12~15°)을 바르게 연삭
② 드릴의 중심선에 대칭으로 연삭
③ 웹(web)의 폭을 좁게 연삭

SECTION 02 보링머신

드릴링, 단조, 주조 등의 방법으로 1차 가공한 큰 구멍을 좀 더 크고, 정밀하게 가공하는 공작기계이다.

CHAPTER

004 그 밖의 절삭가공

CRAFTSMAN COMPUTER AIDED MILLING

SECTION 01 기어 절삭가공

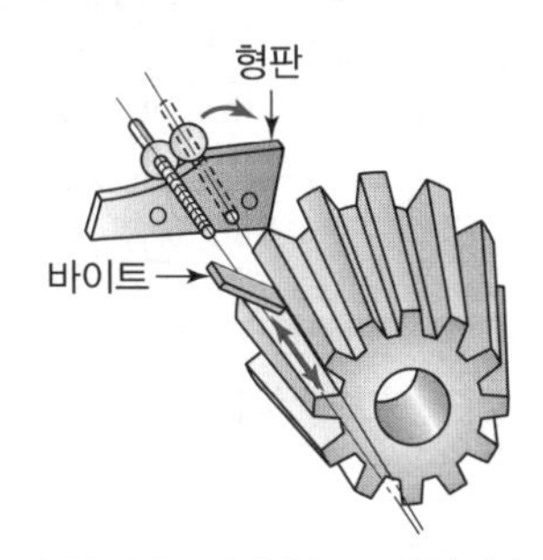

| 형판을 이용한 모방절삭 |

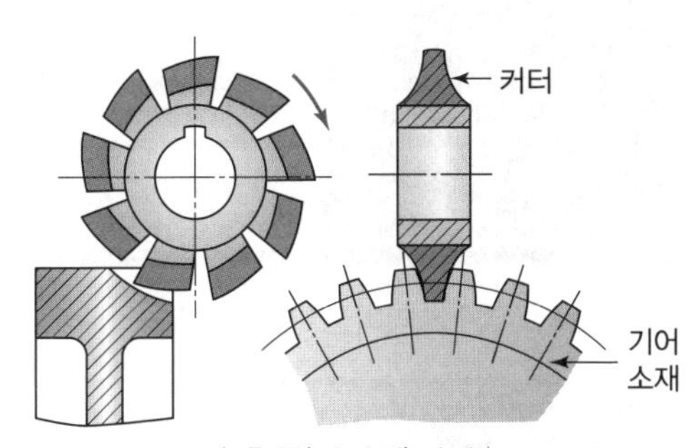

| 총형(피니언)커터 |

(1) 형판을 이용한 모방절삭

이의 모양과 같은 곡선으로 만든 형판을 사용하여 모방 절삭하는 방식

(2) 총형커터

기어 치형의 홈 모양과 같은 커터를 사용하여 공작물을 1피치씩 회전시키면서 가공하는 방법이다.

(3) 창성법

① **랙커터** : 랙을 절삭공구로 하고, 피니언을 기어 소재로 하여 미끄러지지 않도록 고정하여 서로 상대운동시켜 절삭하는 방식

② **피니언커터** : 공작물에 적당한 깊이로 접근시켜, 커터와 공작물을 한 쌍의 기어와 같이 회전운동시킨다.

③ **호빙머신** : 커터인 호브를 회전시키고, 동시에 공작물을 회전시키면서 축 방향으로 이송을 주어 절삭하는 공작기계

④ **기어셰이빙** : 기어 절삭기로 가공된 기어면을 매끄럽고 정밀하게 다듬질 가공(랙형과 피니언형이 있음)

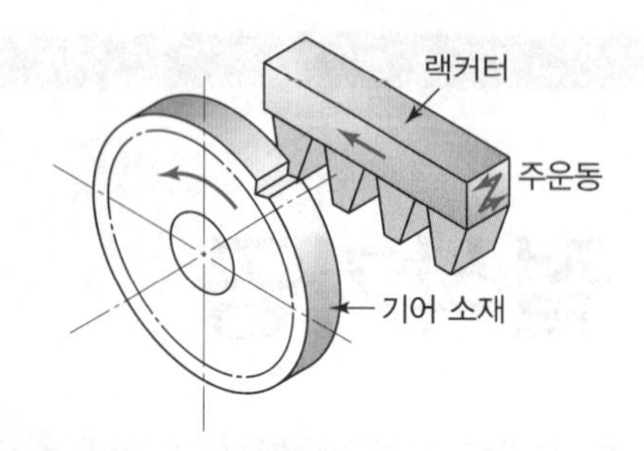

| 랙커터 |

| 피니언커터 |

| 호빙머신 |

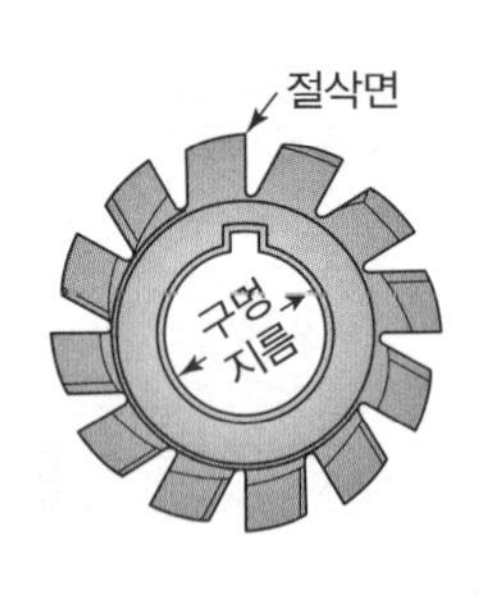

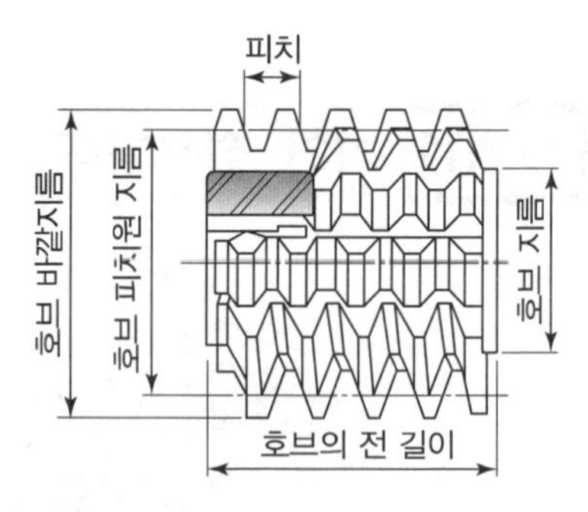

| 호브(커터) |

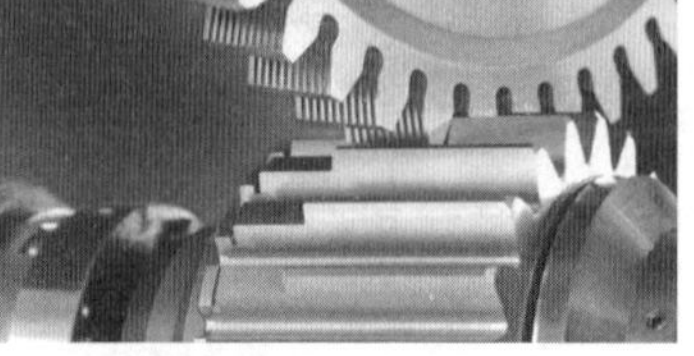

(a) 피니언형 셰이빙커터

(b) 셰이빙커터

| 기어 셰이빙 |

SECTION 02 브로칭

가공하는 모양과 비슷한 많은 날이 차례로 치수가 늘면서 축선(軸線) 방향으로 배열되어 있는 봉 모양의 공구로, 이것을 브로칭머신의 축에 장치하고, 축 방향으로 밀거나 끌어당겨서 원하는 단면 모양을 가공한다.

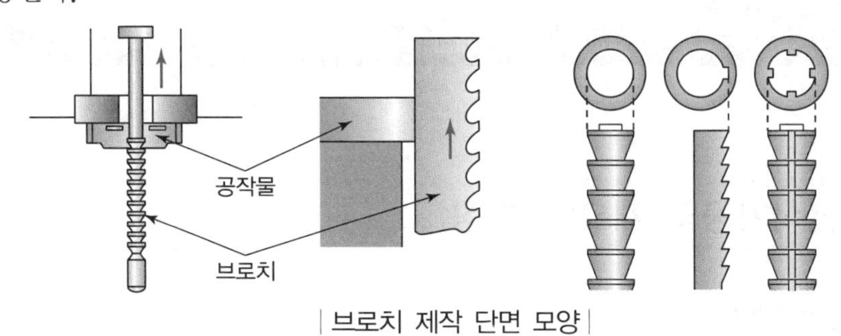

| 브로치 제작 단면 모양 |

SECTION 03 플레이너, 셰이퍼, 슬로터

구분	작업 방법 및 내용
플레이너 (planer)	공작물을 테이블 위에 고정하여 수평 왕복운동하고, 바이트를 크로스 레일 위의 공구대에 설치하여 공작물의 운동 방향과 직각 방향으로 간헐적으로 이송시켜 공작물의 수평면, 수직면, 경사면, 홈 곡면 등을 절삭하는 공작기계로서, 주로 대형 공작물을 가공한다. 플레이너의 종류는 쌍주식, 단주식이 있다.
셰이퍼 (shaper)	램(ram)에 설치된 바이트를 직선 왕복운동시키고 테이블에 고정된 공작물을 직선이송 운동하여 비교적 작은 공작물의 평면, 측면, 경사면, 홈 가공, 키 홈, 기어, 곡면 등을 절삭하는 공작기계이다.
슬로터 (slotter)	셰이퍼를 직립형으로 만든 공작기계. 구멍의 내면이나 곡면 외에 내접 기어, 스플라인 구멍을 가공할 때 쓴다.

CHAPTER

005 연삭가공

CRAFTSMAN COMPUTER AIDED MILLING

SECTION 01 연삭가공의 개요와 특징

1 연삭가공의 개요

연삭가공은 공작물보다 단단한 입자를 결합하여 만든 숫돌바퀴를 고속 회전시켜, 공작물의 표면을 조금씩 깎아내는 고속 절삭가공을 말한다. 이때, 연삭숫돌의 입자 하나하나가 밀링커터의 날과 같은 작용을 하여 정밀한 표면을 완성할 수 있다.

2 연삭가공의 특징

① 생성되는 칩이 매우 작아 가공면이 매끄럽고 가공정밀도가 높다.

② 연삭숫돌 입자의 경도가 높기 때문에 일반 금속재료는 물론 절삭가공이 어려운 열처리 강이나 초경합금도 가공할 수 있다.

③ 연삭숫돌 입자가 마모되어 연삭저항이 증가하면 숫돌입자가 떨어져 나가고 새로운 입자가 숫돌 표면에 나타나는 자생작용을 하므로 다른 공구와 같이 작업 중 재연마를 할 필요가 없어 연삭작업을 계속할 수 있다.

SECTION 02 연삭기의 종류와 구조

1 원통 연삭기

(1) 원통 연삭기의 개요

원통형 공작물의 외면 테이퍼 및 측면 등을 주로 연삭 가공하는 것이다.

(2) 원통 연삭기의 종류

① 테이블 왕복형 연삭기
② 숫돌대 왕복형 연삭기
③ 플런지컷형 연삭기
④ 만능 연삭기

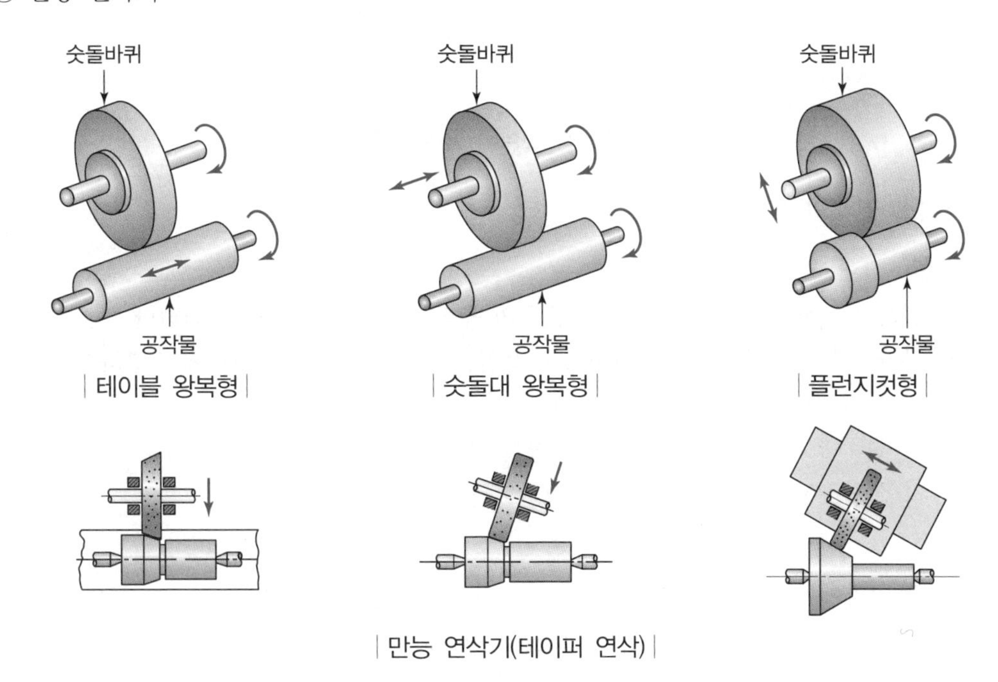

|테이블 왕복형| |숫돌대 왕복형| |플런지컷형|

|만능 연삭기(테이퍼 연삭)|

2 센터리스 연삭기(centerless grinding machine)

(1) 센터리스 연삭의 원리

① 공작물에 센터를 가공하기 어려운 공작물의 외경을 센터나 척을 사용하지 않고 조정숫돌과 지지대로 지지하면서 공작물을 연삭하는 방법이다.
② 공작물의 받침판과 조정숫돌에 의해 지지된다.
③ 공작물은 조정숫돌을 2~8°의 경사각을 주어 자동 이송시킨다.

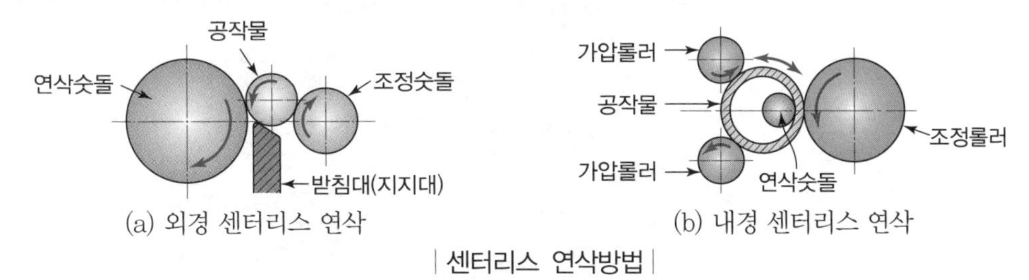

(a) 외경 센터리스 연삭 (b) 내경 센터리스 연삭

|센터리스 연삭방법|

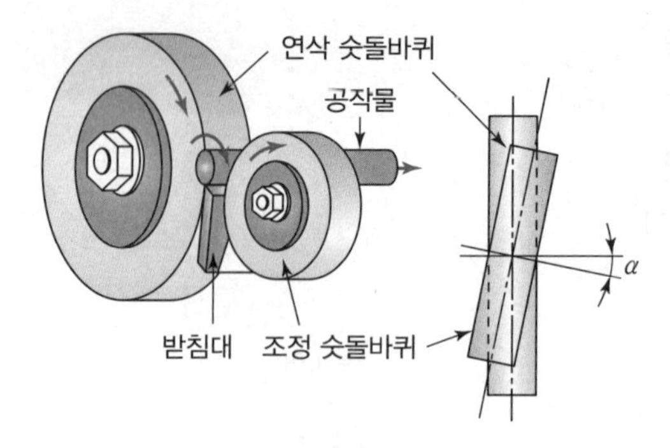

| 센터리스 연삭의 공작물 이송방법 |

(2) 센터리스 연삭의 장단점

① 장점

㉠ 센터나 척으로 장착하기 곤란한 중공의 공작물을 연삭하는 데 편리하다.
㉡ 공작물을 연속적으로 공급하여 연속작업을 할 수 있어 대량 생산에 적합하다.
㉢ 연삭 여유가 작아도 작업이 가능하다.
㉣ 센터를 낼 수 없는 작은 지름의 공작물 가공에 적합하다.
㉤ 작업이 자동으로 이루어져 높은 숙련도를 요구하지 않는다.

② 단점

㉠ 축 방향에 키 홈, 기름 홈 등이 있는 공작물은 가공하기 어렵다.
㉡ 지름이 크고 길이가 긴 대형 공작물은 가공하기 어렵다.
㉢ 숫돌의 폭보다 긴 공작물은 전후이송법으로 가공할 수 없다.

3 내면 연삭기

① 가공물의 구멍 내면을 연삭하는 공작기계로 연삭숫돌의 지름은 구멍의 지름보다 작아야 한다.
② 보통형, 유성형, 센터리스형이 있다.

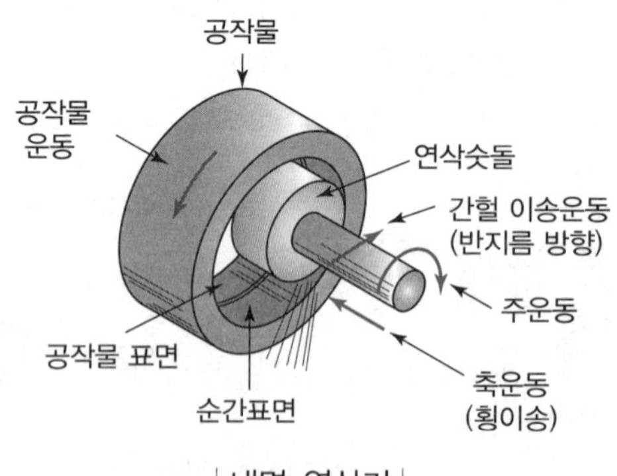

| 내면 연삭기 |

4 평면 연삭기

가공물의 평면을 연삭하는 연삭기로서 수평형 평면 연삭기(평형숫돌의 원통 면으로 연삭하는 방식)와 수직형 평면 연삭기(숫돌의 끝 면으로 연삭하는 방식)가 있다.

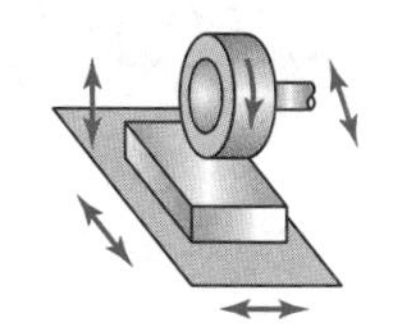

| 수평형 평면연삭기 |

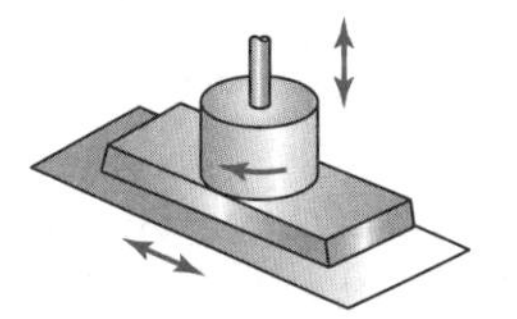

| 수직형 평면연삭기 |

5 공구 연삭기(tool grinding machine)

① 여러 가지 가공용 절삭공구를 연삭하는 것을 공구연삭이라 한다.

② 원통 연삭과 평면 연삭을 응용한 연삭법으로 만능 공구 연삭기, 드릴 연삭기, 바이트 연삭기 등이 있다.

6 특수 연삭기(special grinding machine)

특수 연삭기에는 나사 연삭기, 캠 연삭기, 기어 연삭기, 롤러 연삭기 등이 있다.

SECTION 03 연삭숫돌

1 연삭숫돌의 개요

연삭숫돌은 무수히 많은 숫돌 입자를 결합제로 결합하여 만든 것으로 연삭숫돌은 일반 절삭 공구와 달리 연삭이 계속됨에 따라 입자의 일부가 떨어나가고 새로운 입자가 나타나는 자생작용이 발생한다.

2 연삭숫돌의 표시법

연삭숫돌을 표시할 때에는, 연삭숫돌의 구성요소를 일정한 순서로 나열하여 다음과 같이 표시한다.

예 WA 46 H 8 V

WA	46	H	8	V
숫돌입자	입도	결합도	조직	결합제

3 연삭숫돌의 3요소

(1) 숫돌입자

절삭공구의 날에 해당하는 광물질의 결정체

(2) 결합제

입자와 입자를 결합시키는 접착제

(3) 기공

연삭열을 억제하고, 무딘 입자가 쉽게 탈락하며, 깎인 칩이 들어가는 장소

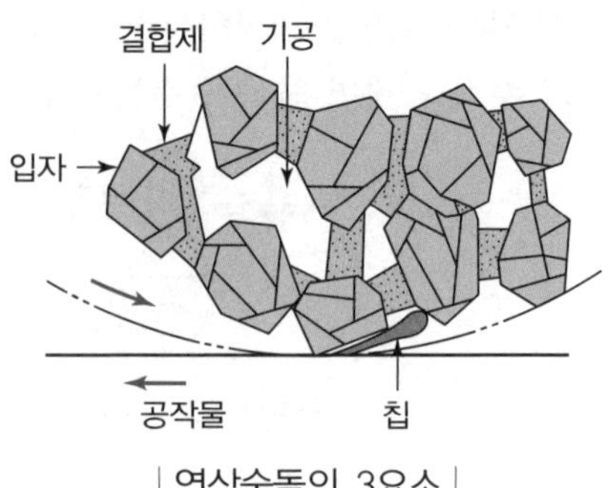

| 연삭숫돌의 3요소 |

4 연삭숫돌의 5인자

연삭재료, 가공정밀도, 작업방법 등에 따라 적합한 숫돌을 선택하여 사용해야 하는데 이러한 연삭숫돌을 결정하는 가장 중요한 선택요소인 연삭숫돌의 입자, 입도, 결합도, 조직, 결합제를 연삭숫돌의 5인자라고 한다.

(1) 숫돌 입자(abrasive grain)

숫돌 입자는 연삭숫돌의 날을 구성하는 부분이다.

숫돌 입자의 종류	숫돌 입자의 기호	재질	용도
알루미나계 (모스경도 9 정도)	A	흑갈색 알루미나 (알루미나 약 95%)	일반강재를 연마
	WA	백색 알루미나 (알루미나 약 99.5%)	담금질강, 특수강, 고속도강을 연마
탄화규소계 (모스경도 9.5 정도)	C	흑자색 탄화규소 (탄화규소 약 97%)	주철, 구리합금, 경합금, 비철금속, 비금속을 연마
	GC	녹색 탄화규소 (탄화규소 약 98% 이상)	경도가 매우 높은 초경합금, 특수강, 칠드 주철, 유리를 연마

(2) 입도(grain size)

입도는 숫돌 입자의 크기를 숫자로 나타낸 것으로 #8 ~ #220까지 체로 분류하여 메시(mesh) 번호로 표시한다.

(3) 결합도(grade)

① 결합도란 연삭입자를 결합시키는 접착력의 정도를 의미한다.

② 이를 숫돌의 경도(硬度)라고도 하며, 입자의 경도와는 무관하다.

③ 결합도가 낮은 쪽에서 높은 쪽으로 알파벳순으로 표시한다.

결합도 호칭	매우 연한 것 (very soft)	연한 것 (soft)	중간 것 (medium)	단단한 것 (hard)	매우 단단한 것 (very hard)
결합도 번호	E, F, G	H, I, J, K	L, M, N, O	P, Q, R, S	T, U, V, W, X, Y, Z

④ 연삭조건에 따른 숫돌의 결합도 선택

결합도가 높은 숫돌(굳은 숫돌)	결합도가 낮은 숫돌(연한 숫돌)
• 연한 재료의 연삭 • 숫돌차의 원주속도가 느릴 때 • 연삭깊이가 얕을 때 • 접촉면이 작을 때 • 재료 표면이 거칠 때	• 단단한(경한) 재료의 연삭 • 숫돌차의 원주속도가 빠를 때 • 연삭깊이가 깊을 때 • 접촉면이 클 때 • 재료 표면이 치밀할 때

(4) 조직

기공은 주로 연삭 칩이 모이는 곳으로서 연삭 칩의 배출에 큰 영향을 미친다. 기공의 대소, 즉 단위 체적당 연삭숫돌의 밀도를 조직이라 한다. 조직의 표시는 번호와 기호로 나타낸다.

▍연삭숫돌의 조직

구분	조밀하다.(dense)	중간(medium)	거칠다.(open)
조직 기호	C	M	W
조직 번호	0, 1, 2, 3	4, 5, 6	7, 8, 9, 10, 11, 12
입자비율	50% 이상	42 이상 ~ 50% 미만	42% 미만

(5) 결합제

결합제는 숫돌 입자를 결합하여 숫돌의 형상을 갖도록 하는 재료이다.

▍결합제의 종류 및 기호

종류	비트리파이드	실리케이트	고무	레지노이드	셸락	비닐	메탈
기호	V	S	R	B	E	PVA	M

※ 현재 사용되고 있는 숫돌의 대부분이 비트리파이드(V) 결합제이다.

※ 메탈(M)은 다이아몬드 숫돌의 결합제이고, 결합도가 크고, 자생능력이 떨어진다.

5 연삭숫돌의 수정작업

(1) 숫돌면의 변화

| 눈메움 | | 눈무딤 | | 입자 탈락 |

① 눈메움(loading)

숫돌입자의 표면이나 기공에 칩이 끼여 연삭성이 나빠지는 현상을 말한다.

② 눈무딤(glazing)

연삭숫돌의 입자가 탈락되지 않고 마모에 의하여 납작해지는 현상을 말한다.

③ 입자 탈락(spiling)

연삭숫돌의 결합도가 낮고 조직이 성긴 경우에는 작은 연삭저항에도 숫돌입자가 떨어져 나가는 현상을 말한다.

(2) 연삭숫돌 수정작업의 종류

① 드레싱(dressing)

연삭가공을 할 때 숫돌에 눈메움, 눈무딤 등이 발생하여 절삭상태가 나빠진다. 이때 예리한 절삭날을 숫돌 표면에 생성하여 절삭성을 회복시키는 작업

| 드레싱 |

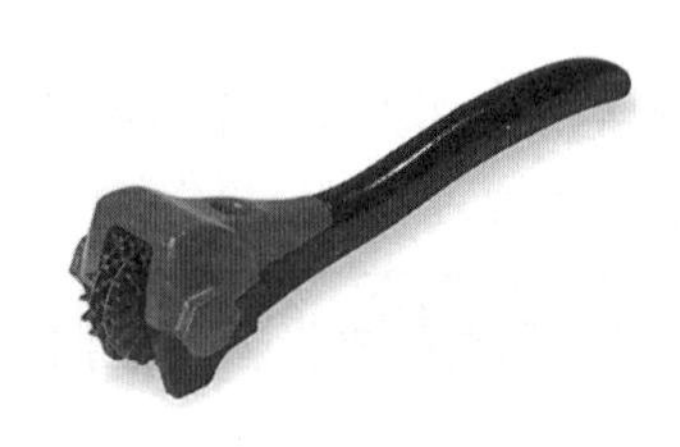

| 드레서 |

② 트루잉(truing)

㉠ 연삭숫돌 입자가 연삭가공 중에 떨어져 나가거나, 처음의 연삭 단면 형상과 다르게 변하는 경우 원래의 형상으로 성형시켜 주는 것을 말한다.

㉡ 트루잉 작업은 다이아몬드 드레서, 프레스 롤러, 크러시 롤러(crush roller) 등으로 하고, 트루잉 작업과 동시에 드레싱도 함께 하게 된다.

CHAPTER

006 정밀입자가공과 특수가공

CRAFTSMAN COMPUTER AIDED MILLING

SECTION 01 정밀입자가공

정밀입자가공의 가공치수정밀도 순서

호닝(3~10μm) < 슈퍼피니싱(0.1~0.3μm) < 래핑(0.0125~0.025μm)

1 래핑(lapping)

(1) 개요

① 일반적으로 가공물과 랩(정반) 사이에 미세한 분말 상태의 랩제를 넣고, 가공물에 압력을 가하면서 상대운동을 시키면 표면 거칠기가 매우 우수한 가공면을 얻을 수 있다.

② 래핑은 블록 게이지, 한계 게이지, 플러그 게이지 등의 측정기의 측정면과 정밀기계부품, 광학렌즈 등의 다듬질용으로 쓰인다.

(2) 특징

① 가공면이 매끈한 거울면을 얻을 수 있다.

② 정밀도가 높은 제품을 가공할 수 있다.

③ 가공면은 윤활성 및 내마모성이 좋다.

④ 가공이 간단하고 대량생산이 가능하다.

⑤ 평면도, 진원도, 직선도 등의 이상적인 기하학적 형상을 얻을 수 있다.

(3) 래핑방식

① 습식 : 습식은 랩제와 래핑액을 공급하면서 가공하는 방법으로 거친 가공에 이용된다.

② 건식 : 건식은 랩제만을 사용하는 방법으로 정밀 다듬질에 사용된다.

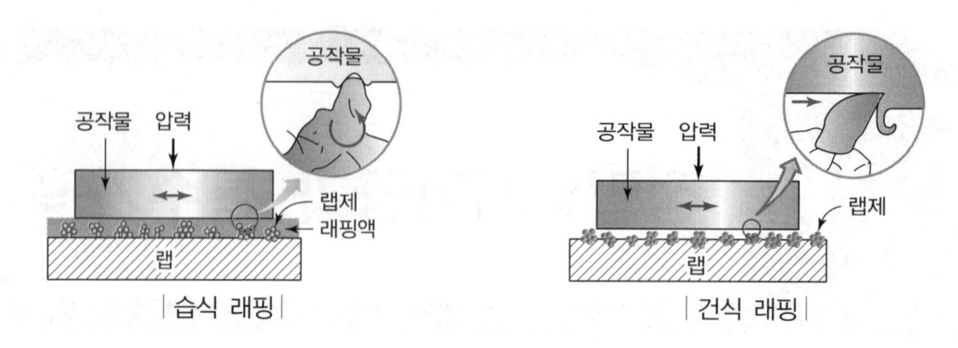

|습식 래핑|　　　　|건식 래핑|

(4) 랩, 랩제 및 래핑액

① **랩** : 가공물의 재질보다 연한 것을 사용한다.(일반적으로 주철)

② **랩제** : 탄화규소(SiC), 알루미나(Al_2O_3)

③ **래핑유** : 경유, 올리브유, 물 등

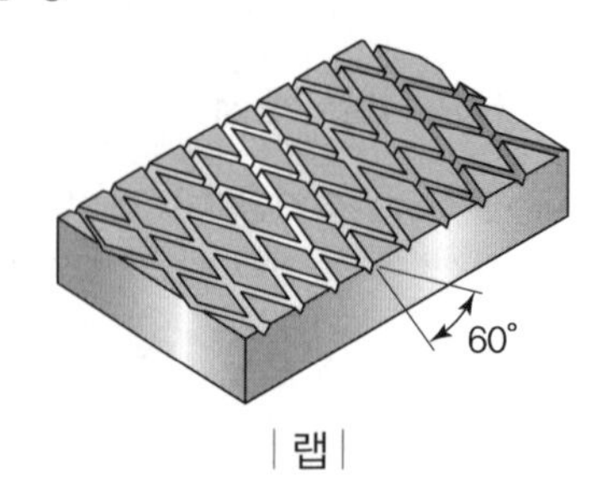

|랩|

2 호닝(honing)

① 혼(hone)이라는 고운 숫돌 입자를 직사각형 모양으로 만들어 숫돌을 스프링으로 축에 방사형으로 부착하여 회전운동과 왕복운동을 시켜, 원통의 내면을 정밀하게 다듬질하는 방법

② 원통의 내면을 절삭한 후 보링, 리밍 또는 연삭가공을 하고, 다시 구멍에 대한 진원도, 직진도 및 표면 거칠기를 향상시키기 위해 사용한다.

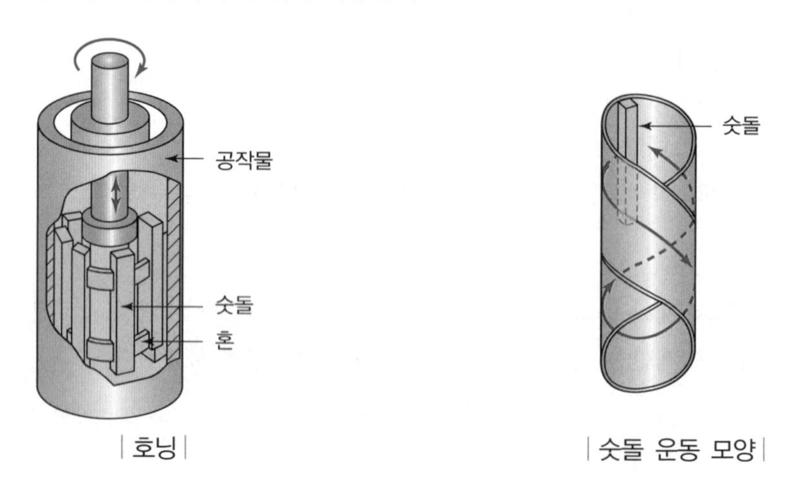

|호닝|　　　　|숫돌 운동 모양|

3 액체호닝

(1) 개요

액체호닝은 연마제를 가공액과 혼합한 다음 압축공기와 함께 노즐로 고속 분사하여 공작물의 표면을 깨끗이 다듬는 가공법이다.

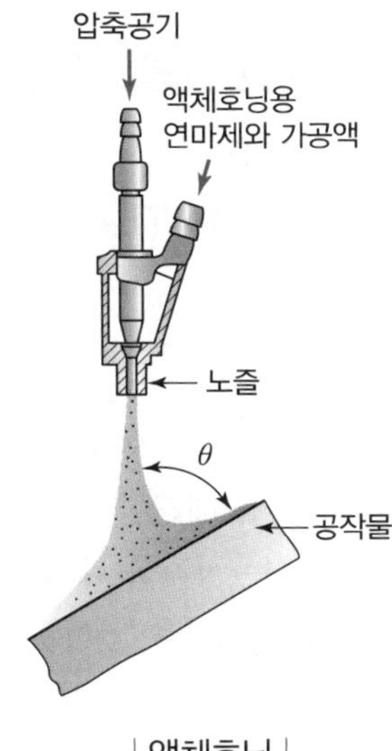

| 액체호닝 |

(2) 특징

① 가공 시간이 짧다.
② 가공물의 피로강도를 10% 정도 향상시킨다.
③ 형상이 복잡한 것도 쉽게 가공한다.
④ 가공물 표면에 산화막이나 거스러미(burr, 버)를 제거하기 쉽다.

4 슈퍼피니싱

① 미세하고 연한 숫돌을 가공표면에 가압하고, 공작물에 회전 이송운동, 숫돌에 진동을 주어 0.5mm 이하의 경면(鏡面) 다듬질에 사용한다.
② 정밀롤러, 저널, 베어링의 궤도, 게이지, 공작기계의 고급축, 자동차, 항공기 엔진부품, 대형 내연기관의 크랭크축 등의 가공에 사용한다.

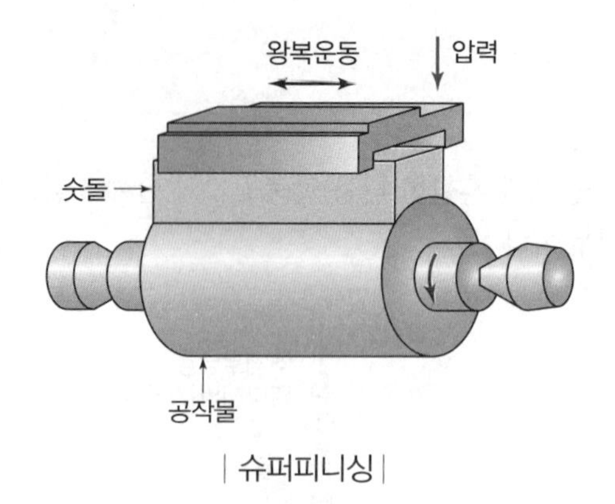

| 슈퍼피니싱 |

5 배럴가공

① 회전하는 상자에 공작물과 숫돌 입자, 공작액, 콤파운드 등을 함께 넣어 공작물이 입자와 충돌하는 동안에 그 표면의 요철을 제거하며, 매끈한 가공면을 얻는 다듬질 방법이다.

② 배럴(barrel) : 공작물을 넣고 회전하는 상자를 배럴이라고 한다.

③ 미디어(media) : 배럴가공 시 공작물 표면을 연마하거나 광택을 내기 위한 연마제

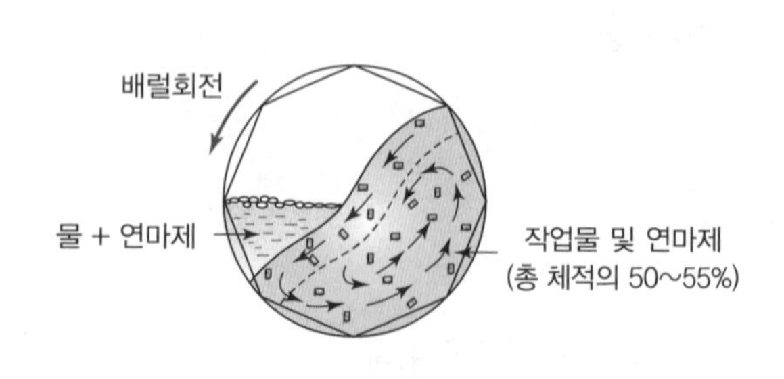

| 회전식 배럴의 공작액 유동 |

정지된 배럴 내에서 디스크가 회전하며
연마 매체와 가공물을 상승 운동시킨다.

| 회전식 배럴가공 |

6 숏피닝(shot peening)

① 경화된 철의 작은 볼을 공작물의 표면에 분사하여 제품의 표면을 매끈하게 하는 동시에 공작물의 피로강도나 기계적 성질을 향상시킨다.

② 숏피닝에 사용되는 작은 볼을 숏(shot)이라고 한다.

③ 숏은 칠드주철숏, 가단주철숏, 주철숏, 컷와이어숏 등이 많이 사용된다.

④ 크랭크축, 체인, 스프링 등 기존 제품의 치수나 재질 변경 없이 높은 피로강도가 필요할 경우에 사용된다.

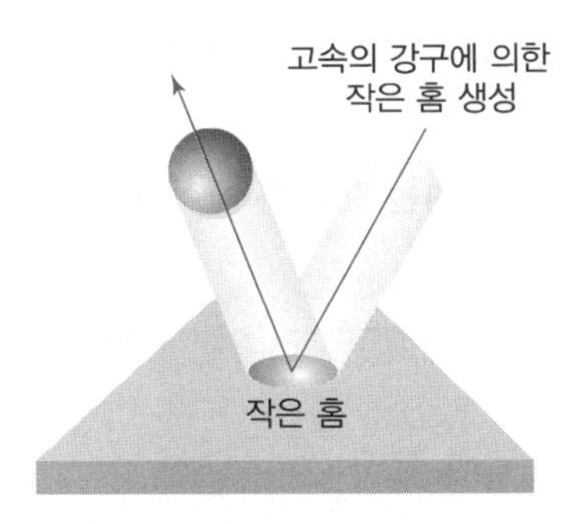

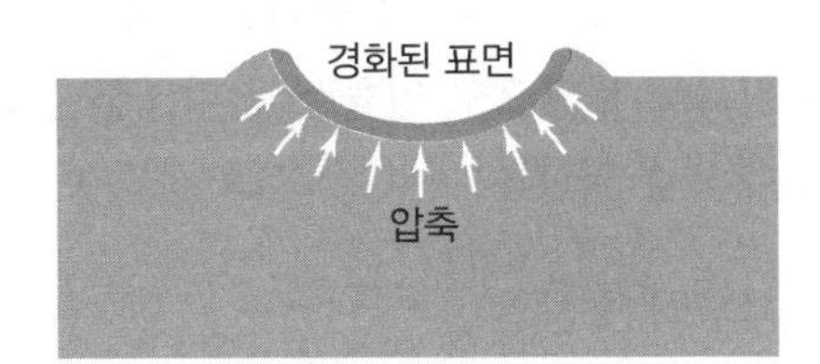

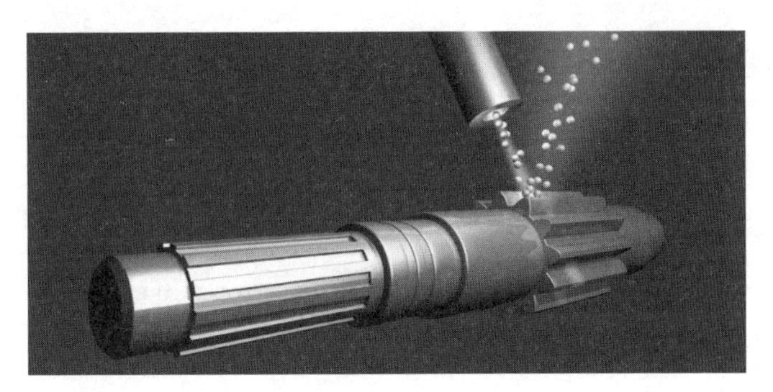

| 숏피닝 |

SECTION 02 특수가공

1 방전가공(electric discharge machine)

(1) 방전가공의 원리

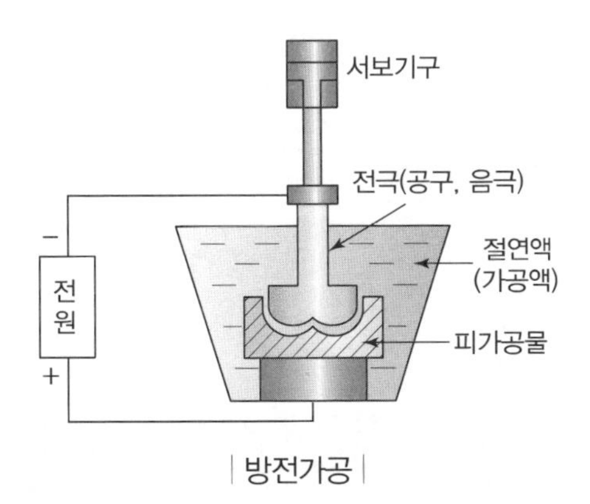

| 방전가공 |

① 스파크 가공(spark machining)이라고도 하며, 전기의 양극과 음극이 부딪칠 때 일어나는 스파크로 가공하는 방법이다.
② 스파크(온도 : 5,000℃)로 일어난 열에너지는 가공하려는 재료를 녹이거나 기화시켜 제거함으로써 원하는 모양으로 만들어 준다.(정밀가공 가능)
③ 공작물(양극 역할)이 전기적으로 전도성을 띠어야 한다.(전극은 음극 역할)

(2) 전극에 사용되는 재질

구리, 흑연, 텅스텐 등

(3) 절연액(가공액)

경유, 스핀들유, 머신유 등

2 초음파가공

초음파 진동을 에너지원으로 하여 진동하는 공구(horn)와 공작물 사이에 연삭 입자를 공급하여 공작물을 정밀하게 다듬는다.

3 레이저가공

(1) 개요

집적된 레이저의 고밀도 에너지를 이용하여 공작물의 일부를 순간적으로 가열하여, 용해시키거나 증발시켜 가공하는 방법으로, 대기와 공작물을 차단시켜 가공한다.

(2) 레이저의 종류

① 기체 레이저
② 반도체 레이저
③ 고체 레이저

CHAPTER 007

손다듬질 가공

CRAFTSMAN COMPUTER AIDED MILLING

SECTION 01 금긋기용 공구

금긋기 바늘(스크라이버), 펀치, 서피스게이지, 중심내기자, 홈자, 직각자, 브이블록, 평행자, 평행대, 앵글플레이트, 컴퍼스, 강철자, 하이트게이지 등이 있다.

SECTION 02 절삭용 공구

쇠톱, 정, 줄, 스크레이퍼, 리머, 탭, 다이스 등

(1) 줄작업

① 줄은 탄소공구강(STC)으로 만든다.

② 종류

직진법(일반적, 다듬질 작업), 사진법(거친 절삭, 모따기), 횡진법(좁은 면, 병진법)이 있다.

③ 줄눈의 형상

㉠ 단목 : 홑줄눈 날, 연철 및 얇은 판의 가장자리 절삭

㉡ 복목 : 겹줄눈 날

㉢ 귀목 : 거친 줄눈 날, 목재, 가죽 등의 비금속 재료 절삭

㉣ 파목 : 파도형 줄눈 날, 칩 배출이 용이

④ 줄눈의 크기

㉠ 1인치에 대한 눈금 수.

㉡ 황목(거친 줄눈), 중목(중간 눈줄), 세목(가는 눈줄), 유목(매우 가는 줄눈)

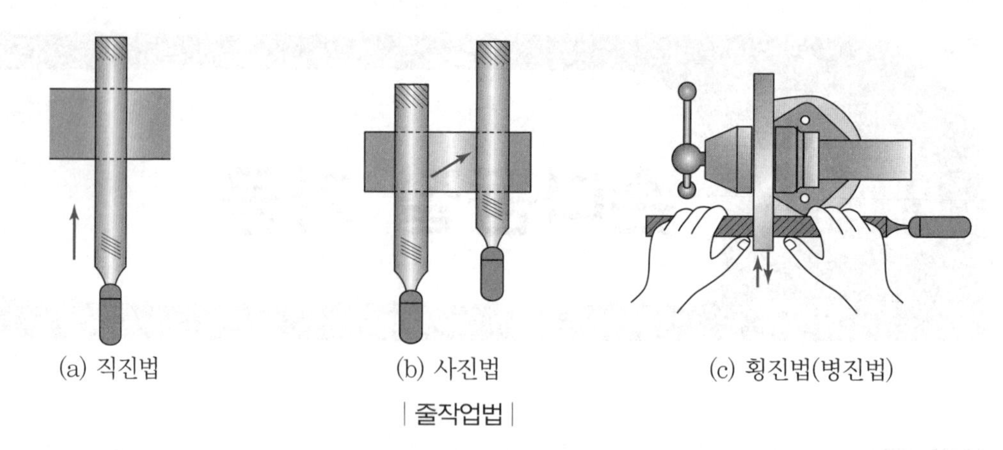

(a) 직진법　　(b) 사진법　　(c) 횡진법(병진법)

| 줄작업법 |

(2) 탭 작업

① 탭 : 암나사를 만드는 공구이다.

② 핸드탭은 3개가 1조로 되어 있다.

③ 가공률 예 1번 탭 : 55% 절삭, 2번 탭 : 25% 절삭, 3번 탭 : 20% 절삭

④ 탭 구멍의 지름 $d = D - p$

여기서, D : 나사의 바깥지름(호칭지름)
p : 나사의 피치

| 핸드탭 |

(3) 다이스

수나사를 가공하는 공구

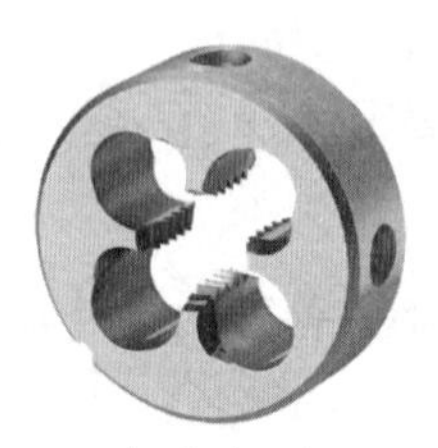

| 다이스 |

CHAPTER

008 기계재료

CRAFTSMAN COMPUTER AIDED MILLING

SECTION 01 기계재료의 성질

1 금속재료의 성질

(1) 금속의 공통적인 성질

① 상온에서 고체이며 결정체[수은(Hg) 제외]이다.
② 비중이 크고 금속 고유의 광택을 갖는다.
③ 열과 전기의 양도체이다.
④ 가공이 용이하고, 전성과 연성이 좋다.
⑤ 비중과 경도가 크며 용융점이 높다.

(2) 기계적 성질

① 강도(strength)

㉠ 외력에 대한 단위 면적당 저항력의 크기

$$\text{단위} : \frac{\text{외력}}{\text{면적}} \Rightarrow \frac{\text{N}}{\text{mm}^2} = \frac{\text{kg} \cdot \text{m/s}^2}{\text{mm}^2}, \ \frac{\text{kN}}{\text{m}^2} = \frac{1{,}000\text{kg} \cdot \text{m/s}^2}{\text{m}^2}$$

㉡ 인장강도, 전단강도, 압축강도, 굴곡강도, 비틀림강도

Reference 순수 금속의 인장강도 순서

니켈(Ni) > 철(Fe) > 구리(Cu) > 알루미늄(Al) > 주석(Sn) > 납(Pb)

② 경도(hardness)

㉠ 물체의 표면에 다른 물체(시험물체보다 단단한 물체)로 눌렀을 때 그 물체의 변형에 대한 저항력의 크기
㉡ 경도는 인장강도에 비례한다.

Reference 인장강도와 경도의 비례식(절대적인 것은 아님)

인장강도(kgf/mm^2) = (0.32~0.36) × 브리넬 경도(HB)

③ 인성(toughness)

㉠ 충격에너지에 대한 단위면적당 저항력의 크기

㉡ 끈기가 있고 질긴 성질, 연신율이 큰 재료가 충격저항도 크다.

④ 취성(메짐성 : shortness)

인성에 반대되는 성질로, 즉 잘 부서지거나 잘 깨지는 성질

⑤ 피로(fatigue)

㉠ 피로파괴 : 피로는 재료가 파괴하중보다 작은 하중을 반복적으로 받는 것을 의미하며, 피로로 인해 파괴되는 것을 피로파괴(fatigue failure)라 한다.

㉡ 피로한도 : 반복응력 상태에서 진폭이 일정값 이하로 되면 사이클 수가 무한히 증가하더라도 파괴되지 않고 견디는 응력의 한계를 피로한도 또는 내구한도라고 한다.

⑥ 크리프 한도(creep limit)

㉠ 고온에서 재료에 일정한 하중을 가하면 시간이 지남에 따라 변형도 함께 증가하는 현상을 크리프라 하며, 응력과 온도가 크면 크리프에 의한 재료의 수명은 짧아진다.

㉡ 크리프 한도는 크리프율이 0(영)이 되는 응력의 한도를 말한다.

⑦ 연성(ductility)

재료에 힘을 가하여 소성변형을 일으키게 하여 직선방향으로 늘릴 수 있는 성질

Reference 순수 금속의 연성 순서

금(Au) > 은(Ag) > 알루미늄(Al) > 구리(Cu) > 백금(Pt) > 납(Pb) > 아연(Zn) > 철(Fe) > Ni(니켈)

⑧ 전성(malleability)

해머링 또는 압연에 의해서 재료에 금이 생기지 않고 얇은 판으로 넓게 펼 수 있는 성질

Reference 순수 금속의 전성 순서

금(Au) > 은(Ag) > 백금(Pt) > 알루미늄(Al) > 철(Fe) > 니켈(Ni) > 구리(Cu) > 아연(Zn)

⑨ 가단성(forgeability)

재료의 단련하기 쉬운 성질로, 즉 단조, 압연, 인발 등에 의하여 변형시킬 수 있는 성질

⑩ 주조성(castability)

금속의 주조 가공 시 작업의 쉽고 어려움을 나타내는 성질(유동성, 점성, 수축성)

⑪ 연신율(elongation percentage)

㉠ 재료에 인장하중을 가하면 늘어나는데, 이때 원래의 길이와 늘어난 길이의 비

㉡ 훅의 법칙 : 재료의 비례한도 내에서 응력과 변형률은 비례한다.

⑫ 잔류응력(redidual stress)

소재가 변형된 후 외력이 완전히 제거된 상태에서 소재에 남아 있는 응력

⑬ 탄성(elasticity)

외력에 의해 변형된 물체가 외력을 제거하였을 때 원래의 형태로 되돌아가려는 성질

⑭ 소성(plasticity)

탄성과 반대되는 성질로 외력에 의해 변형이 생긴 후 외력이 제거되어도 다시 원래의 형태로 돌아오지 않는 성질

⑮ 항복점(yield point)

재료에 인장응력을 가할 때 얻어지는 응력－변형률 선도에서 탄성한도를 넘어 소성변이가 시작되는 지점

(3) 물리적 성질

① 광택

㉠ 금속은 빛의 반사성이 우수하고 고유의 색깔을 갖는다.

㉡ 대부분의 금속은 은백색을 띠지만 금속 가루는 회색이나 검은색을 띤다.

㉢ 순금은 노란색이고, 순구리는 붉은 노란색이며, 알루미늄은 흰색을 띤다.

② 비중

4℃의 물과 어떤 물질을 용기에 각각 체적(부피)을 같게 넣었을 때, 물의 무게에 대한 어떤 물질의 무게비

㉠ 비중 5 이하(경금속) : 리튬(Li, 0.53), 알루미늄(Al), 마그네슘(Mg), 티탄(Ti) 등

㉡ 비중 5 이상(중금속) : 로렌슘(Ir, 22.5), 납(Pb), 금(Au), 은(Ag), 철(Fe) 등

③ 용융점 및 응고점(melting point and solidification point)

㉠ 용융점 : 금속을 가열하여 액체상태로 바뀌는 온도
텅스텐(W) : 3,410℃, 백금(Pt) : 1,769℃, 철(Fe) : 1,539℃, 코발트(Co) : 1,495℃

㉡ 응고점 : 용융금속을 냉각할 때 고체화하는 응고현상이 일어나는 온도
수은(Hg) : －38.8℃, 납(Pb) : 327.4℃, 주석(Sn) : 231.9℃, 비스무트(Bi) : 271.3℃

순금속은 용융온도와 응고온도가 동일

2 금속의 결정구조

구분	체심입방격자(BCC)	면심입방격자(FCC)	조밀육방격자(HCP)
격자구조			
성질	용융점이 비교적 높고, 전연성이 떨어진다.	전연성은 좋으나, 강도가 충분하지 않다.	전연성이 떨어지고, 강도가 충분하지 않다.
원자 수	2(구의 개수 2개)	4(구의 개수 4개)	2(구의 개수 2개)
충전율	68%	74%	74%
경도	낮음	⟷	높음
결정격자 사이공간	넓음	⟷	좁음
원소	α−Fe, W, Cr, Mo, V, Ta 등	γ−Fe, Al, Pb, Cu, Au, Ni, Pt, Ag, Pd 등	Fe_3C, Mg, Cd, Co, Ti, Be, Zn 등

3 재료의 소성가공

(1) 금속의 재결정온도 기준에 따른 분류

① 열간가공(hot working)

재결정온도 이상에서 가공한다.

② 냉간가공(cold working)

재결정온도 이하에서 가공한다.

(2) 가공경화(work hardening)

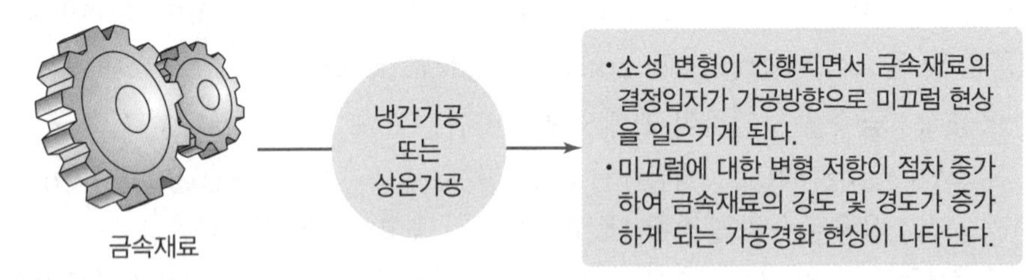

(3) 재결정(recrystallization)

① 냉간가공에 의해 내부 응력이 생긴 결정입자를 재결정온도 부근에서 적당한 시간 동안 가열하면, 내부응력이 없는 새로운 결정핵이 점차 성장하여 새로운 결정입자가 생기는 현상이다.

② 재결정온도

1시간 안에 재결정이 완료되는 온도이다.

③ 재결정의 특징

㉠ 가열온도가 증가함에 따라 재결정시간이 줄어든다.

㉡ 가공도가 큰 재료는 새로운 결정핵의 발생이 쉬우므로 재결정온도가 낮다.

㉢ 가공도가 작은 재료는 새로운 결정핵의 발생이 어려우므로 재결정온도가 높다.

㉣ 합금원소가 첨가됨에 따라 재결정온도는 상승한다.

㉤ 재결정은 금속의 연성을 증가시키고, 강도는 저하시킨다.

SECTION 02 철강재료

1 철강재료의 개요

(1) 철강의 분류

① 일반적인 분류

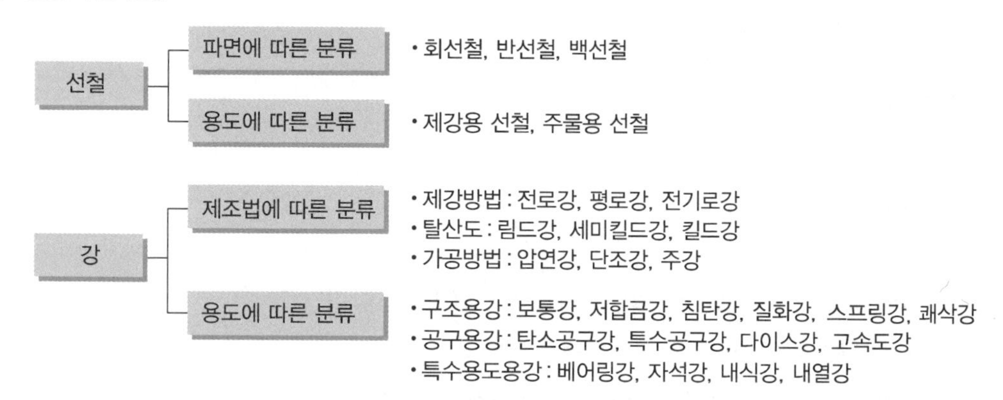

② 금속 조직에 의한 분류

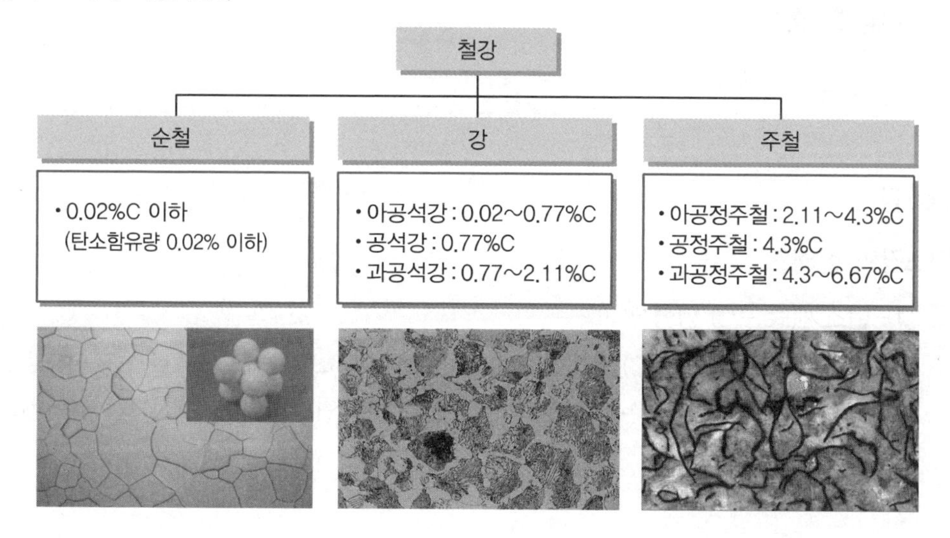

(2) 철강의 제조공정

철광석 → 용광로 → 선철 → 제강로 → 강괴

2 순철

(1) 순철의 성질

① 철강 중에 탄소 0.02% 이하를 함유하고 있으며, 기계구조용 재료로 이용되지 않고, 자기투자율이 높기 때문에 변압기 및 발전기용 박판의 전기재료로 많이 사용된다.

② 순철에는 α철, γ철, δ철의 동소체가 있으며, 상온에서 강자성체이다.

③ 단접성, 용접성은 양호하나, 유동성, 열처리성은 불량하다.

④ 상온에서 전연성이 풍부하고 항복점, 인강강도는 낮으나 연신율, 단면수축률, 충격강도, 인성 등은 높다.

⑤ 순철의 물리적 성질

비중(7.87), 용융점(1,538℃), 열전도율(0.18W/K), 인장강도(18~25N/mm^2), 브리넬 경도(60~70N/mm^2)

(2) 순철의 변태

① A_2 변태점(768℃)

순철의 자기변태점 또는 큐리점

② A_3 변태점(912℃)

순철의 동소변태[α철(체심입방격자) ↔ γ철(면심입방격자)]

③ A_4 변태점(1,400℃)

순철의 동소변태[γ철(면심입방격자) ↔ δ철(체심입방격자)]

순철에는 A_1 변태가 없음

3 탄소강

(1) 탄소강의 상태도

① 철–탄소계(Fe–C) 평형상태도

가로축을 철(Fe)과 탄소(C)의 2개 원소 합금 조성(%)으로 하고, 세로축을 온도(℃)로 했을 때 각 조성의 비율에 따라 나타나는 합금의 변태점을 연결하여 만든 선도를 철–탄소계 평형상태도라 한다.

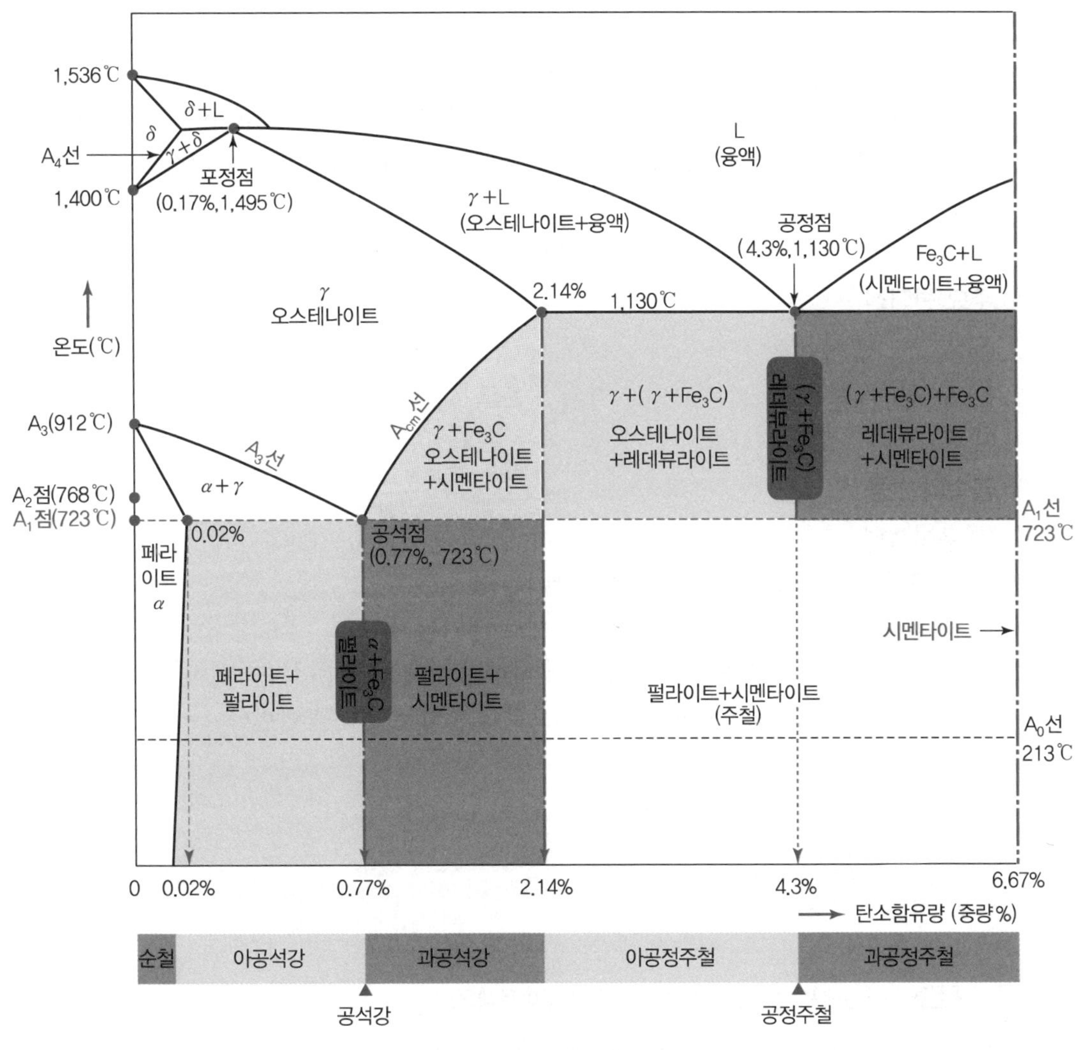

| Fe－C 평형상태도 |

② Fe－C 고용체, 화합물, 조직의 명칭

㉠ α철 : 페라이트(Ferrite, Ⓕ로 표시함), 탄소함량이 최대 0.02%이다.

㉡ γ철 : 오스테나이트(Austanite, Ⓐ로 표시함)

㉢ Fe_3C : 시멘타이트(Cementite), 금속 간 화합물로서 탄소함량이 6.67%이다.

㉣ 공석강 : 펄라이트(Pearlite, Ⓟ로 표시함), 탄소함량이 0.77%이다.

L(Liquid, 융액)

철(Fe)과 탄소(C)가 혼합된 액체

② 변태점

㉠ A_0 변태점(213℃) : 시멘타이트의 자기변태점

㉡ A_1 변태점(723℃) : 순철에는 없고 강에서만 존재하는 변태(오스테나이트 ↔ 펄라이트)

㉢ A_2 변태점(순철 : 768℃, 강 : 770℃) : 순철의 자기변태점 또는 큐리점

㉣ A_3 변태점(912℃) : 순철의 동소변태(α철 ↔ γ철)

㉤ A_4 변태점(1,400℃) : 순철의 동소변태(γ철 ↔ δ철)

③ 주요 변태선

㉠ A_1 선 : 공석선(723℃)

㉡ A_3 선 : γ철이 α철로 석출이 시작되는 온도

㉢ A_{cm} 선 : γ철이 Fe_3C로 석출이 시작되는 온도

④ 금속의 반응

㉠ 용어설명

ⓐ 정출 : 액상에서 고체상이 새로 생기는 것

ⓑ 석출 : 고체상에서 다른 고체상이 새로 생기는 것

㉡ 공석반응 : 2개 원소(Fe+C) 합금에서 하나의 고체상(γ철)이 냉각에 의해 결정구조가 다른 2종의 새로운 고체상(α철+Fe_3C)으로 석출하는 변태를 말한다.

γ철(오스테나이트) $\underset{\text{가열}}{\overset{\text{냉각}}{\rightleftarrows}}$ (α철 + Fe_3C)(펄라이트)

→ 공석점 : 0.77%C, 723℃

여기서, 0.77%C는 철(Fe)이 99.23%이고, 탄소(C)가 0.77%임을 의미한다.

중요 탄소강에서 가장 중요한 반응이니 꼭 알아두세요.

㉢ 공정반응 : 하나의 액상에서 다른 복수의 고체상이 동시에 정출하는 현상으로서, 공정점에서는 액상에서 오스테나이트와 시멘타이트(Fe_3C)가 생성되며, 이것을 레데뷰라이트라 한다.

L(액체) $\underset{\text{가열}}{\overset{\text{냉각}}{\rightleftarrows}}$ γ철(오스테나이트)+ Fe_3C(시멘타이트)

→ 공정점 : 4.3%C, 1,130℃

여기서, 4.3%C는 철(Fe)이 95.7%이고, 탄소(C)가 4.3%임을 의미한다.

㉣ 포정반응 : 2개 원소(Fe+C) 합금의 상변태 시 냉각과정에서 하나의 고체상(δ철)과 하나의 액상(L)이 반응하여 새로운 고체상(γ철)이 정출되는 항온변태 반응($L+\delta=\gamma$)을 말한다. 이 반응은 가역적 반응이다. δ철 주위에 γ고용체가 둘러싸는 듯한 조직을 생성하기 때문에 포정반응이라고 한다.

$$L(액상) + \delta철 \underset{가열}{\overset{냉각}{\rightleftarrows}} \gamma철(오스테나이트) \rightarrow 포정점 : 0.17\%C,\ 1,495℃$$

여기서, 0.17%C는 철(Fe)이 99.83%이고, 탄소(C)가 0.17%임을 의미한다.

ⓜ 상태도에서 온도가 낮은 것부터의 순서

공석점(A_1 변태점, 723℃) < 큐리점(768℃) < 공정점(1,130℃) < 포정점(1,495℃)

⑥ 탄소함유량에 따른 강의 분류

㉠ 공석강 : 철에 탄소함유량이 0.77%이고, 조직은 펄라이트

㉡ 아공석강 : 철에 탄소함유량이 0.02~0.77%이고, 조직은 페라이트+펄라이트

㉢ 과공석강 : 철에 탄소함유량이 0.77~2.14%이고, 조직은 펄라이트+시멘타이트

(2) 철강의 조직

탄소강을 900℃ 정도에서 천천히 냉각시켰을 때 현미경으로 관찰한 조직은 탄소함유량에 따라 현저하게 다르게 나타나는 것을 알 수 있다.

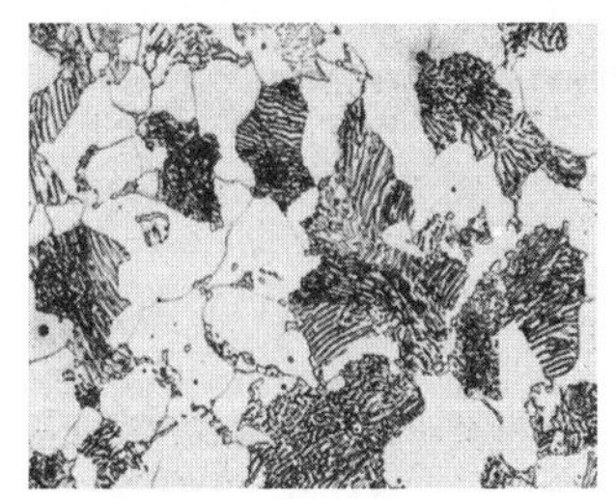

(a) 아공석강(0.45%C)
- 흰색 : 페라이트
- 층상조직 : 펄라이트

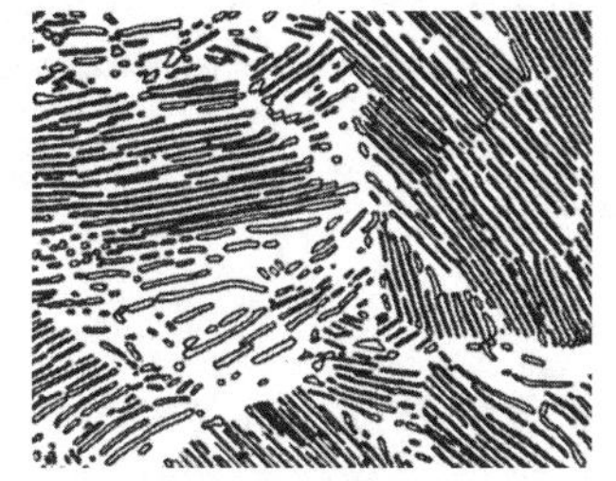

(b) 공석강(0.77%C)
- 층상조직 : 펄라이트

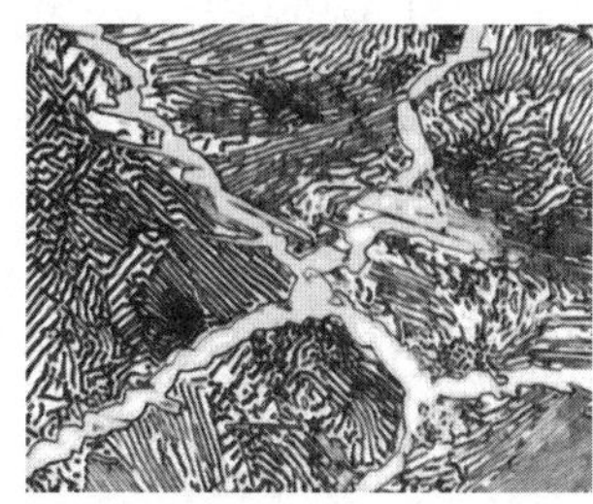

(c) 과공석강(1.5%C)
- 흰색 경계 : 시멘타이트
- 층상조직 : 펄라이트

| 현미경으로 본 탄소강의 조직 |

① 페라이트(ferrite)

㉠ 순철에 탄소가 최대 0.02% 고용된 α철로 BCC(체심입방격자) 결정구조를 가지며, 현미경 조직으로는 흰색 결정으로 나타난다.

㉡ 연한 성질로 전연성이 크며, A_2 점 이하에서는 강자성체이다.

② 오스테나이트(austenite)

㉠ 탄소함유량을 최대 2.14%까지 고용할 수 있는 γ철로 FCC(면심입방격자) 결정구조를 가지고 있다.

㉡ A_1점 이상에서 안정된 조직으로 상자성체이며 인성이 크다.

③ 펄라이트(pearlite)

㉠ 탄소함유량이 0.77%인 γ철이 723℃에서 분열하여 생긴 페라이트와 시멘타이트의 공석조직으로 페라이트와 시멘타이트가 층으로 나타난다.

㉡ 강도가 크며, 약간의 연성도 있다.

④ 시멘타이트(cementite)

㉠ 철(Fe)에 탄소가 6.67% 결합된 철의 금속 간 화합물(Fe_3C)로서 흰색의 침상이 나타나는 조직이며 1,153℃로 가열하면 빠른 속도로 흑연을 분리시킨다.

㉡ 경도가 매우 높고, 취성이 많으며, 상온에서 강자성체이다.

(3) 탄소강의 성질

① 표준상태에서 탄소(C)가 많을수록 강도나 경도가 증가하지만, 인성 및 충격값은 감소된다.

② 인장강도는 공석조직 부근에서 최대가 되고, 과공석조직은 망상의 초석 시멘타이트가 생기면서부터 변형이 잘되지 않으며, 경도는 증가하나 강도는 급격히 감소한다.

③ 탄소(C)가 많을수록 가공변형은 어렵게 되고, 냉간가공은 되지 않는다.

④ 인장강도는 200~300℃ 부근까지는 온도가 올라감에 따라 증가하여 상온보다 강해지며, 최댓값을 가진 후 그 이상의 온도에서는 급격히 감소한다(청열취성).

⑤ 연신율은 200~250℃에서 최저값을 가지며, 온도가 올라감에 따라 증가하다가, 600~700℃에서 최댓값을 가지며 그 이상온도에서는 급격히 감소한다.

⑥ 강은 알칼리(염기)에는 거의 부식되지 않으나 산에 대해서는 약하다.

(4) 탄소강에 함유된 원소의 영향

① 탄소(C)의 영향

㉠ 탄소강에서 탄소는 매우 중요한 원소이다.

㉡ 철에 탄소가 증가하면 0.77%C까지는 항복점과 인장강도는 증가하고, 연신율, 단면 수축률, 연성은 저하한다.

㉢ 탄소함유량이 0.77% 이상이 되면 인장강도는 낮아지나, 경도는 증가하고 취성은 커진다.

② 망간(Mn)의 영향

㉠ 망간(Mn)은 탄소강에서 탄소 다음으로 중요한 원소로서, 제강할 때 탈산, 탈황제로 첨가되며, 탄소강 중에 0.2~0.8% 정도 함유하고 있다.

㉡ 일부는 강 중에 고용되며 나머지는 황(S)과 결합하여 황화망간(MnS)으로 존재하여 황(S)의 해를 막아 적열취성을 방지한다.

㉢ 망간은 고온에서 결정립의 성장을 억제하므로 연신율의 감소를 막고 인장강도와 고온 가공성을 증가시킨다.

㉣ 주조성과 담금질 효과(경화능)를 향상시킨다.

③ 규소(Si)의 영향

㉠ 규소(Si)는 제철과정에서 탈산제로 쓰인다.

㉡ α철에 고용되어 경도, 인장강도, 탄성한계를 높이며, 고온 강도가 향상되고, 내열성, 내산성, 주조성(유동성), 전자기적 성질이 증가한다.

㉢ 연신율(연성), 내충격성을 감소시키며, 결정입자의 조대화(커짐)로 단접성, 냉간 가공성 등을 감소시킨다.

㉣ 보통강 중에는 규소(Si)가 0.35% 이하이므로 별다른 문제는 없다.

④ 인(P)의 영향

㉠ 제선, 제강 중에 원료, 연료, 내화 재료 등을 통하여 강중에 함유된다.

㉡ 특수한 경우를 제외하고 0.05% 이하로 제한하며, 공구강의 경우 0.025% 이하까지 허용된다.

㉢ 인장강도, 경도를 증가시키지만, 연신율과 내충격성을 감소시킨다.

㉣ 상온에서 결정립을 크게 하며, 편석(담금질 균열의 원인)이 발생된다. → 상온취성의 원인이 된다.

Reference 편석

금속이나 합금이 응고할 때 화학적 조성이 고르지 않게 되는 현상

⑤ 황(S)의 영향

㉠ 제선, 제강 원료 중에 불순물로 존재하며, 특수한 경우를 제외하고 0.05% 이하로 제한하고 있다.

㉡ 강 중에 황(S)은 대부분 망간(Mn)과 화합하여 황화망간(MnS)을 만들고, 남은 것은 황화철(FeS)을 만든다. 이 황화철(FeS)은 인장강도, 경도, 인성, 절삭성을 증가시킨다.

㉢ 연신율과 충격강도를 낮추며, 융점이 낮아 고온에서 취약하고 용접, 단조, 압연 등 고온가공할 때 파괴되기 쉬운데, 이것이 적열취성의 원인이 된다.

⑥ 함유 가스의 영향

㉠ 제강 중에 용탕에 함유된 산소(O_2), 질소(N_2), 수소(H_2)가스 등의 양은 0.01~0.05% 정도이다.

㉡ 가스의 양이 많을수록 강이 여리고 약해진다.

㉢ 수소(H_2)는 강을 여리게 하고, 산, 알칼리에 약하며, 헤어 크랙(hair crack)과 흰점(flakes)의 원인이 된다.

㉣ 질소(N_2)는 페라이트에 고용되어 석출 경화의 원인이 되며, 산소(O_2)는 산화물로 함유되는데, 이 중에서 산화철(FeO)은 적열취성의 원인이 된다.

Reference

수소(H_2)에 의해서 철강 내부에서 헤어크랙과 흰점이 생긴다.
- 헤어크랙 : 강재 다듬질 면에 나타나는 머리카락 모양의 미세한 균열
- 흰점(백점) : 강재의 파단면에 나타나는 백색의 광택을 지닌 반점

(5) 탄소강의 온도에 따른 여러 가지 취성

① 취성

취성이란 충격에 의해 깨지기 쉬운 성질을 말한다.

② 적열취성(고온취성)

강은 900℃ 이상에서 황(S)이나 산소가 철과 화합하여 산화철(FeO)이나 황화철(FeS)을 만든다. 이때 황화철은 그림처럼 강 입자의 경계에 결정립계로 나타나게 됨으로써 상온에서는 그 해가 작지만 고온에서는 황화철이 녹아 강을 여리게(무르게) 만들어 단조할 수 없는 취성을 강이 갖게 되는데, 이것을 적열취성이라 한다. 망간(Mn)을 첨가하면 황화망간(MnS)을 형성하여 적열취성을 방지하는 효과를 얻을 수 있다.

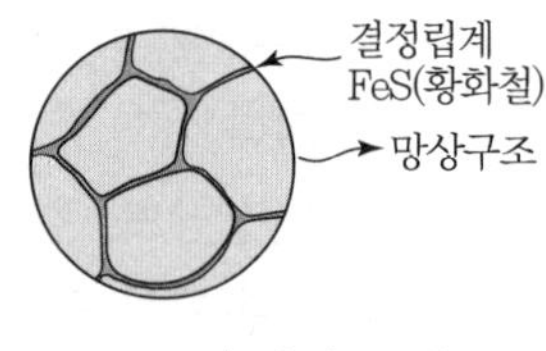

| 망상구조 |

③ 상온취성

상온에서 충격강도가 매우 낮아 취성을 갖는 성질을 말하며, 인(P)을 함유한 강에서만 나타난다. 왜냐하면 인이 강의 입자를 조대화시켜 강의 경도와 강도 및 탄성한계 등을 높이지만, 연성을 두드러지게 저하시켜 그 질을 취성으로 바꾼다. 이 영향은 강을 고온으로 압연 또는 단조할 때는 거의 볼 수 없으나 상온에서는 현저하기 때문에 상온취성이라고 한다.

4 특수강(합금강)

(1) 특수강의 개요

① 강철에 여러 원소를 섞어 철의 단점을 보안한 합금이다.

② 주로 니켈(Ni), 크롬(Cr), 망간(Mn), 텅스텐(W), 몰리브덴(Mo), 바나듐(V), 티탄(Ti), 코발트(Co)의 합금원소를 많이 첨가한다.

③ 합금원소의 첨가량에 따라 저합금강과 고합금강으로 나뉜다.

㉠ 저합금강은 강의 경도를 증가시키는 쪽을 주목적으로 하여 강도와 인성이 증가하며, 구조용으로 주로 사용한다(합금원소 함유량 수 %).

Reference 경도 증가 원소

크롬(Cr) > 텅스텐(W) > 바나듐(V) > 몰리브덴(Mo) > 니켈(Ni) > 망간(Mn) > 규소(Si) > 인(P)

㉡ 고합금강은 내식성, 내마모성, 내열성, 내한성 등의 특수성질을 부가하기 위해 사용된다(합금원소 함유량 10% 이상).

(2) 합금원소를 첨가하는 목적

① 기계적 · 물리적 · 화학적 성능 향상
② 내식성, 내마멸성 증대
③ 절삭성, 소성가공성 개량
④ 담금질성 향상

⑤ 단접성과 용접성 향상
⑥ 고온에서 기계적 성질 저하 방지
⑦ 결정입자 성장 방지
⑧ 상부 임계 냉각속도 저하
⑨ 황, 인 등 불순물 제거

Reference 단접성

금속재료를 녹는점 가까이 가열하여 누르거나 때려서 이어 붙일 수 있는 성질

(3) 특수강에 첨가하는 합금원소의 영향

원소	특성
니켈(Ni)	강인성↑, 내산성↑, 담금질성↑, 저온취성 방지, 고가
크롬(Cr)	강인성↑, 내식성↑, 내마모성↑, 내열성↑
망간(Mn)	강인성↑, 담금질성↑, 내마모성↑, 적열취성 방지(탈산, 탈황작용)
텅스텐(W)	내열성↑, 고온강도 · 경도↑, 탄화물로 석출, 내마모성↑
몰리브덴(Mo)	담금질성↑, 질량효과↓, 뜨임취성 방지, 내식성↑
바나듐(V)	고온강도 · 경도↑, 내식성↑, 강인성↑(결정립 미세화)
티탄늄(Ti)	산소, 질소와 편석 방지, 결정립 미세화, 내식성↑, 탄화물 생성
코발트(Co)	고온 경도와 인장강도 증가
규소(Si)	• 적은 양 : 경도와 인장강도 증가 • 많은 양 : 내식성과 내열성 증가, 흑연화 촉진, 전자기적 성질 개선

(4) 탄소합금강과 주철의 KS 규격

KS 규격	영문 명칭	한글 명칭 및 특징
SM30C	Steel Machine Carbon	SM : 기계구조용 탄소강, 30C : 탄소함유량 0.3%
SS	Steel General Structure	일반구조용 압연강재
STC	Steel Tool Carbon	탄소공구강 : 톱날, 줄, 다이스 등 치공구에 사용
STS	Steel Tool Special	합금공구강
SKH	Steel K-공구 High Speed	고속도강
SPS	Spring Steel	스프링강
SC450	Steel Casting	SC : 탄소강 주강품, 최저인장강도 : 450MPa
GC	Grey Casting	회주철품
GCD	Grey Casting Ductile	구상흑연주철

(5) 구조용 특수강

탄소강을 보다 질기고, 강하게 하기 위해 니켈(Ni), 크롬(Cr), 몰리브덴(Mo), 바나듐(V), 붕소(B) 등을 약간 첨가하여 특수 열처리한 강을 말한다.

① 강인강

종류	첨가량	특성 및 사용하는 곳
Ni(니켈강)	1.5~5%(Ni)	강인성이 요구되는 항공용 볼트, 너트의 재료
Cr(크롬강)	0.9~1.2%(Cr)	자경성이 있어 담금질과 뜨임 효과가 좋으며, 크롬 탄화물이 생성되어 내마모성, 내식성, 내산화성이 우수하다.
Cr-Mo강 (SCM)	Cr강에 Mo 0.3% 첨가	강도 및 내마모성이 우수하고, 열간가공이 쉽고, 용접성이 좋고, 고온강도가 커서 축 · 기어 · 강력볼트 등에 사용한다.
Ni-Cr (SNC)	Ni강에 Cr 1% 첨가	담금질 후 뜨임한 것은 소르바이트 조직으로서 내마모성, 내식성, 내열성이 우수하다.
Ni-Cr-Mo강 (SNCM)	SNC에 Mo 0.15~0.7% 첨가	SNC에 Mo을 첨가함으로써 강인성이 증가되고, 담금질 시 질량효과가 감소되며, 뜨임취성을 방지한다.
고Mn강 (하드필드강)	Mn 10~14% 첨가	• 오스테나이트 조직이며, 가공경화속도가 아주 빠르다. • 내충격성이 대단히 우수하여 내마모재로 사용한다. • 광산기계, 파쇄기, 기차레일의 교차점에 사용된다.

② 표면경화용강

㉠ 재료 내부의 강도는 유지하고, 표면만 경화시킴으로써 피로한도와 내마모성을 향상시킨 강이다.

㉡ 침탄강, 질화강이 있다.

③ 쾌삭강

강에 황(S), 납(Pb)을 첨가하여 피삭성을 좋게 만드는 특수강이다.

④ 스프링강

스프링강에 필요한 성질은 다음과 같다.

㉠ 특성은 탄성한계 및 피로강도가 높을 것 → 인(P), 황(S)의 함량이 적을 것

㉡ 크리프 저항성 및 충분한 인성을 가져야 한다. → 소르바이트 조직의 강

㉢ 스프링의 성형 및 열처리가 용이하고, 저가이어야 한다.

(6) 특수용 특수강

① 스테인리스강

㉠ 스테인리스강의 종류 및 특성

구분		조직		
		오스테나이트	마텐자이트	페라이트
성분		18%Cr−8%Ni	13%Cr	18%Cr
강종		STS304	STS410	STS430
열처리		고용화 열처리	풀림 후 급랭	풀림
경화성		가공 경화	담금질 경화	담금질 경화 없음
기계적 특성	내식성	높음	보통	높음
	강도	높음	높음	보통
	가공	높음	낮음	보통
	자성	비자성	상자성	상자성
	용접성	높음	낮음	보통

㉡ 18−8강(오스테나이트 조직)의 예민화(입계부식)

ⓐ 고온으로부터 급랭한 강을 500~850℃ 범위로 재가열하면 고용되었던 탄소가 오스테나이트의 결정립계로 이동하여 탄화크롬(Cr_4C)이라는 탄화물이 석출된다. 이로 인해서 결정립계 부근의 크롬(Cr)양이 감소하게 되어 내식성이 감소되고 쉽게 부식이 발생한다.

ⓑ 입계균열 : 입계부식의 정도가 지나치면 균열이 발생한다.

ⓒ 입계균열의 방지책은 다음과 같다.
- 탄소량을 낮게 하면($<0.03\%C$) 탄화물(Cr_4C)의 형성이 억제된다.
- 티타늄(Ti), 니오븀(Nb), 탄탈럼(Ta) 등의 원소를 첨가해서 Cr_4C 대신에 TiC, NbC, TaC 등을 만들어서 크롬(Cr)의 감소를 막는다.

② 불변강

온도가 변화하여도 열팽창계수, 탄성계수 등이 변화하지 않는 강이다.

▌불변강의 종류 및 특징

명칭	주요 성분	특징
인바 (Invar)	Fe−Ni 36%	• 상온에 있어서의 열팽창계수가 대단히 작고, 내식성이 대단히 우수하다. • 줄자, 시계의 진자, 바이메탈 등의 재료에 사용
초인바 (Super invar)	Fe−Ni−Co	인바보다도 열팽창계수가 한층 더 작은 Fe−Ni−Co 합금이다.

명칭	주요 성분	특징
엘린바 (Elinvar)	Fe−Ni−Cr	• 인바에 크롬을 첨가하면 실온에서 탄성계수가 불변하고, 선팽창률도 거의 없다. • 시계태엽, 정밀저울의 소재로 사용된다.
코엘린바 (Co−elinvar)	Fe−Ni −Cr −Co	• 온도 변화에 대한 탄성률의 변화가 극히 적고 공기 중이나 수중에서 부식되지 않는다. • 스프링, 태엽, 기상관측용 기구의 부품에 사용된다.
플래티나이트 (Platinite)	Fe−Ni 46%	팽창계수가 유리와 비슷하여, 백금선 대용으로 전구 도입선에 사용된다.

③ 규소강

ⓐ 저탄소강에 규소(Si)를 첨가한 강으로 발전기, 전동기, 변압기 등의 철심 재료에 적합하다.

ⓑ 탄소(C) 0.08% 이하, 규소(Si) 0.8~4.3%, 망간(Mn) 0.35%를 함유하는 두께 0.2~0.5mm의 얇은 판형이나 띠강이다.

④ 내열강

보일러, 터빈, 원자로, 화학플랜트 내연기관의 밸브, 제트기관, 로켓 등의 높은 온도에서 산화와 하중을 받는 부분에 사용되는 강이다.

5 주철

(1) 주철(cast iron)의 개요

① 보통 탄소량은 2.11~6.7%이나 흔히 사용되는 것은 2.5~4.5% 정도이다.

② 철(Fe), 탄소(C) 이외에 규소(Si), 망간(Mn), 인(P), 황(S) 등을 함유한다.

③ 강도의 조절

시멘타이트의 분해를 가감하여 흑연이 나오는 것을 조절한다.

④ 탄소량에 따른 주철의 분류

㉠ 공정주철 : 철에 탄소함유량이 4.3%일 때, 조직은 레데뷰라이트(오스테나이트+시멘타이트)

㉡ 아공정주철 : 철에 탄소함유량이 2.14~4.3%일 때, 조직은 오스테나이트+레데뷰라이트

㉢ 과공정주철 : 철에 탄소함유량이 4.3~6.67%일 때, 조직은 레데뷰라이트+시멘타이트

⑤ 장점

㉠ 용융점이 낮고, 유동성이 우수하여 주조성이 좋다.

㉡ 내마멸성이 우수하다.

㉢ 압축강도가 크고, 절삭가공이 용이하다.

㉣ 가격이 저렴하고, 내식성이 우수하다.

㉤ 흑연으로 인해 강에 비해서 6~10배의 감쇠능을 가지고 있다.

Reference 감쇠능

물질이 진동을 흡수하는 능력

⑥ 단점

㉠ 인장강도, 굽힘강도가 작고 충격에 약하다.
㉡ 충격강도와 연신율이 작고 취성이 크다.
㉢ 소성가공(고온가공)이 불가능하다.
㉣ 내열성은 400℃까지는 좋으나 그 이상의 온도에서는 나빠진다.
㉤ 단조, 담금질, 뜨임이 불가능하다.

(2) 주철의 조직

① 화학적 조성, 냉각 속도, 조성, 흑연 핵의 생성 정도에 따라 달라진다.
② 주철에 함유된 탄소량은 보통 2.5~4.5% 정도인데, 이들 중 일부는 유리탄소(흑연), 나머지는 화합탄소(Fe_3C)로 존재한다.
③ 유리탄소와 화합탄소의 비율에 따라 회주철(고탄소, 고규소), 백주철, 반주철로 구분된다.

(3) 응고 시 주철에 함유된 탄소의 형상

① 흑연(유리탄소)

㉠ 단독의 탄소가 흑연으로 존재하는 것을 말한다.
㉡ 규소(Si)가 많거나, 망간(Mn)이 적을 때 서랭하면 생긴다.
㉢ 경도와 강도가 낮고, 회주철을 만든다.

② 시멘타이트(cementite)

㉠ Fe_3C로서 존재하는 화합 탄소
㉡ 규소(Si)가 적거나, 망간(Mn)이 많을 때 급랭하면 생기는 결정
㉢ 단단하고 내마모성은 우수하지만 부서지기가 쉽다.
㉣ 주로 백주철에 분포한다.

(4) 마우러 조직도

탄소(C)와 규소(Si)의 함유량에 따른 주철의 조직관계를 나타낸 조직도

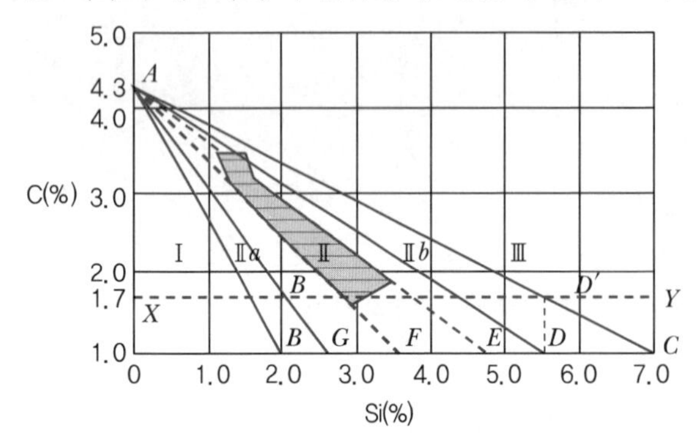

- Ⅰ구역 : 백(극경) 주철(Pearlite + Fe_3C)
- Ⅱ구역 : 펄라이트(강력) 주철(Pearlite + 흑연)
- Ⅱa구역 : (경질) 주철(Pearlite + Fe_3C + 흑연)
- Ⅱb구역 : 회(보통) 주철(Pearlite + F + 흑연)
- Ⅲ구역 : 페라이트(연질) 주철(Ferrite + 흑연)

| 마우러 주철 조직도 |

(5) 주철의 조직에 미치는 원소의 영향

① 탄소(C)

㉠ 강도와 경도를 증가시킨다.

㉡ 기계 가공성이 향상된다.

㉢ 수축을 감소시킨다.

② 규소(Si)

㉠ 탄소 다음으로 중요한 성분으로서 흑연의 생성을 촉진하는 원소이다.

㉡ 응고 수축이 적어져서 주조가 용이하다.

㉢ 얇은 주물 제작 시 급랭으로 인해 탄소가 시멘타이트로 변화되는 것을 방지하기 위해 규소를 다량 첨가한다.

③ 망간(Mn)

㉠ 주철 중에는 일반적으로 0.4~1.0% 정도의 Mn을 함유한다.

㉡ 흑연의 생성을 방지한다.

㉢ 황화철(FeS) 제거와 쇳물에서 산소와 화합하여 탈산작용을 한다.

④ 인(P)

㉠ 쇳물의 유동성을 좋게 한다.

㉡ 주철을 단단하고 여리게 만든다.

⑤ 황(S)

㉠ 유동성을 나쁘게 하여 정밀주조 작업이 어렵다.

㉡ 주조 시 수축률을 크게 하여, 기공 및 균열을 일으키기 쉽다.

㉢ 흑연의 생성을 방해하며, 고온취성을 일으킨다.

(6) 주철의 성장

주철은 보통 A_1점(723℃) 이상의 온도에서 가열과 냉각을 반복하면 부피 변화에 의해 강도나 수명이 저하된다.

① 주철의 성장 원인

㉠ 펄라이트 조직 중의 Fe_3C 분해에 따른 흑연화에 의한 팽창
㉡ 페라이트 조직 중의 규소의 산화에 의한 팽창
㉢ A_1 변태의 반복과정에서 오는 체적 변화에 따른 미세한 균열 발생
㉣ 흡수된 가스에 의한 팽창
㉤ 불균일한 가열로 생기는 균열에 의한 팽창

② 주철의 성장 방지법

㉠ 흑연을 미세화시켜 조직을 치밀하게 한다.
㉡ 탄소(C), 규소(Si)는 적게 하고, 규소(Si) 대신 내산화성이 큰 니켈(Ni)을 첨가한다.(규소(Si)는 산화하기 쉬우므로)
㉢ 편상흑연을 구상화시킨다.
㉣ 펄라이트 조직 중 시멘타이트(Fe_3C)의 흑연화를 방지하기 위해, 탄화물 안정 원소인 망간(Mn), 크롬(Cr), 몰리브덴(Mo), 바나듐(V) 등을 첨가한다.

(7) 시멘타이트의 흑연화

주철조직에 함유한 시멘타이트(Fe_3C)를 열처리하여 흑연으로 분해한다.

① 흑연화 촉진원소

규소(Si), 니켈(Ni), 알루미늄(Al), 티타늄(Ti), 코발트(Co)

② 흑연화 방해원소

망간(Mn), 몰리브덴(Mo), 황(S), 텅스텐(W), 크롬(Cr), 바나듐(V)

(8) 주철의 종류

① 보통주철(회주철)

㉠ 편상흑연과 페라이트(ferrite)로 되어 있으며, 다소의 펄라이트(pearlite)를 함유하는 회주철을 말한다.
㉡ 인장강도는 100~200MPa이며, 균질성이 떨어진다.
㉢ 주조하기 쉽고, 가격이 싸다.
㉣ 절삭가공이 쉽고 내마모성이 우수하며, 감쇠능이 높다.
㉤ 공작기계의 베드의 소재로 사용한다.

② 고급주철(강인주철)

㉠ 회주철 중에서 석출한 흑연편을 미세화하고, 치밀한 펄라이트 조직으로 만들어 강도와 인성을 높인 주철이다.

㉡ 인장강도는 250MPa 이상이며, 주조성이 양호하여 대형주물 제작에 사용된다.

㉢ 미하나이트 주철(meehanite cast iron)

ⓐ 쇳물을 제조할 때 선철에 다량의 강철 스크랩을 사용하여 저탄소 주철을 만들고, 여기에 칼슘실리콘(Ca－Si), 페로실리콘(Fe－Si) 등을 첨가하여 조직을 균일하고 미세화시킨 펄라이트 주철

ⓑ 인장강도가 255~340MPa이고, 내마모성이 우수하여 브레이크 드럼, 실린더, 캠, 크랭크축, 기어 등에 사용된다.

ⓒ 담금질에 의한 경화가 가능하다.

③ 칠드 주철(chilled casting : 냉경주물)

㉠ 주조 시 모래주형에 단단한 조직이 필요한 부분에 금형을 설치하여 주물을 제작하면, 금형이 설치된 부분에서 급랭이 되어 표면은 단단하고 내부는 연하게 되어 강인한 성질을 갖는 칠드 주철을 얻을 수 있다.

㉡ 칠드 주철의 표면은 백주철, 내부는 회주철로 만든 것으로 압연용 롤러, 차륜 등과 같은 것에 사용된다.

④ 가단주철

㉠ 주철의 취성을 개량하기 위해서 백주철을 높은 온도로 장시간 풀림해서 시멘타이트를 분해시켜, 가공성을 좋게 하고, 인성과 연성을 증가시킨 주철이다.

㉡ 가단주철의 종류

ⓐ 백심 가단주철 : 백주철을 산화철 등으로 둘러싸게 하여, 장시간 가열 유지하여 표면층의 시멘타이트를 흑연화함과 동시에 탈산시키고 페라이트로 변화시켜 인성을 증가한 주철(탈탄제 : 철광석, 밀 스케일의 산화철)

ⓑ 흑심 가단주철 : 백주철을 풀림 처리하면 시멘타이트(Fe_3C)가 분해되면서 흑연이 석출되는 주철로서, 절단면의 중심부는 흑색이고 주변만 탈탄으로 인하여 백색을 띤다. 이와 같은 열처리를 한 주철은 연강에 가까운 인장강도와 연신율을 가지며, 가단성이 있기 때문에 관이음쇠로서 널리 사용되고 있다.

ⓒ 펄라이트 가단주철 : 백주철의 시멘타이트를 펄라이트화시킨 주철로써, 인성은 떨어지지만 강도와 내마모성이 뛰어나다.

⑤ 구상흑연주철

㉠ 편상흑연(강도와 연성이 작고, 취성이 있음)을 구상흑연(강도와 연성이 큼)으로 개선한 주철

㉡ 주철을 구상화하기 위하여 인(P)과 황(S) 양은 적게 하고, 마그네슘(Mg), 칼슘(Ca), 세륨(Ce) 등을 첨가한다.

㉢ 보통주철과 비교해 내마멸성, 내열성, 내식성이 대단히 좋아 크랭크축, 브레이크 드럼에 사용된다.

㉣ 구상흑연주철은 조직에 따라 페라이트형, 펄라이트형, 시멘타이트형으로 분류된다.

㉤ 불스 아이(bull's eye) 조직

구상흑연 주위를 페라이트가 둘러싸고, 외부는 펄라이트 조직으로 황소의 눈모양처럼 생겼다.

| 불스 아이(bull's eye) |

Reference 주철의 인장강도 순서

구상흑연 > 펄라이트가단 > 백심가단 > 흑심가단 > 미하나이트 > 칠드

6 강의 열처리

(1) 열처리

열처리란 금속재료(주로 철강재료)에 요구되는 기계적, 물리적 성질을 부여하기 위해 가열과 냉각 등의 조작을 적당한 속도로 조절하여 그 재료의 특성을 바꾸는 공정이다.

(2) 열처리의 목적

① 소재나 제품을 사용 목적에 적합한 조직과 성질로 바꾼다.
② 재료를 단단하게 만들어 기계적, 물리적 성능을 향상시킨다.
③ 재료를 무르게 하여 가공성을 개선시킨다.
④ 가공경화된 조직을 균질화하여 가공성을 향상시킨다.

(3) 분류

① 일반열처리

담금질, 뜨임, 풀림, 불림 등이 있다.

② 항온열처리

항온담금질(오스템퍼링, 마템퍼링, 마퀜칭, Ms퀜칭), 항온풀림, 오스포밍 등이 있다.

③ 표면경화법

㉠ 화학적인 방법

ⓐ 침탄법 : 고체침탄법, 가스침탄법, 액체침탄법(=침탄질화법=청화법=시안화법)
ⓑ 질화법

㉡ 물리적인 방법 : 화염경화법, 고주파경화법

㉢ 금속침투법 : 크로마이징, 칼로라이징, 실리코나이징, 보로나이징, 세라다이징 등
㉣ 기타 표면경화법 : 숏피닝, 방전경화법, 하드페이싱 등

(4) 열처리 종류

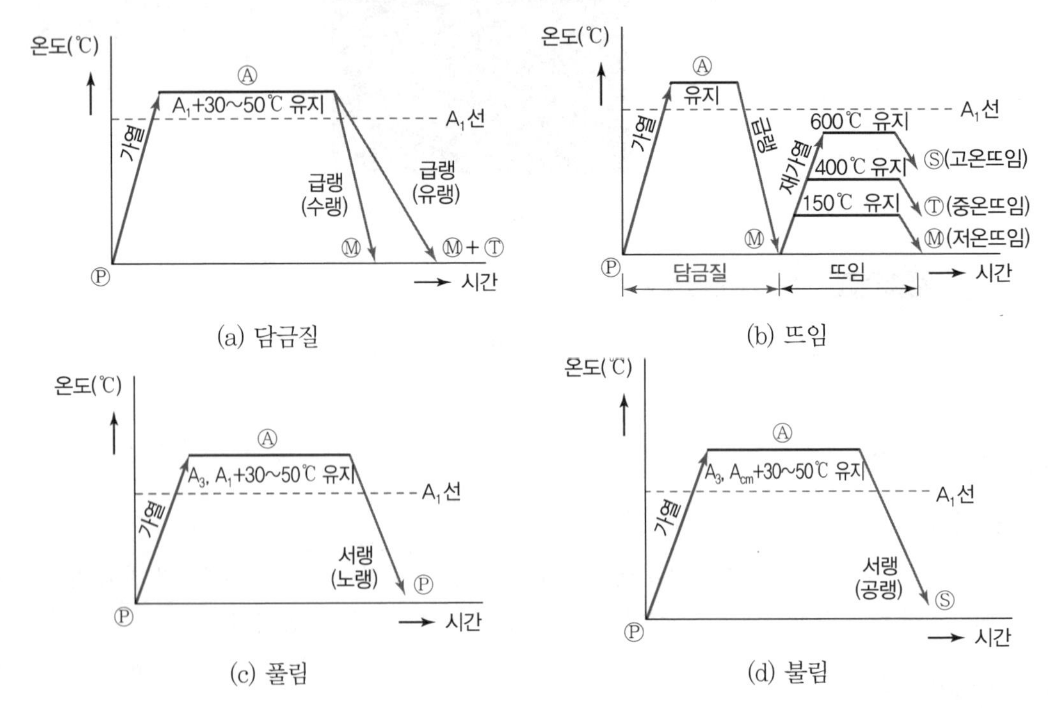

(a) 담금질　(b) 뜨임

(c) 풀림　(d) 불림

Ⓟ : 펄라이트, Ⓐ : 오스테나이트, Ⓜ : 마텐자이트, Ⓣ : 트루스타이트, Ⓢ : 소르바이트

| 열처리의 종류 |

▌열처리 종류별 목적 및 방법

열처리의 종류	기본 목적	대표적인 방법
담금질(quenching)	조직 경화	A_3~A_1+30~50℃ 가열 후 급랭(수랭, 유랭)
뜨임(tempering)	인성 부여	• A_1 변태점 이하 • 고온 템퍼링 : 400~600℃ • 저온 템퍼링 : 150℃
풀림(annealing)	조직 연화	A_3~A_1+30~50℃ 노랭
불림(normalizing)	조직 표준화	A_3~A_{cm}+30~50℃ 공랭

① 담금질

㉠ 목적 : 재료의 경도와 강도를 높이기 위한 작업이다.
㉡ 강이 오스테나이트 조직으로 될 때까지 A_1~A_3 변태점보다 30~50℃ 높은 온도로 가열한 후 물이나 기름으로 급랭하여 마텐자이트 변태가 되도록 하는 공정이다.

㉢ 냉각제에 따른 냉각속도

소금물 > 물 > 비눗물 > 기름 > 공기 > 노(내부)

㉣ 냉각속도에 따른 담금질 조직

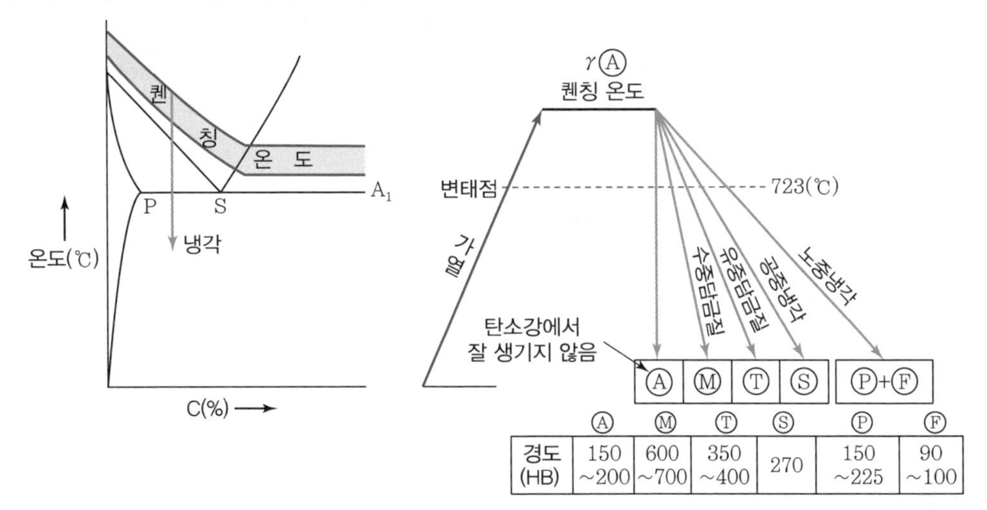

| 강의 상태도와 냉각경로 및 경도와 조직 변화 |

ⓐ 마텐자이트 : 수랭, 침상조직, 내부식성 우수, 고경도, 취성이 존재한다.

ⓑ 트루스타이트 : 유랭, 고경도, 부식에 약하다.

ⓒ 소르바이트 : 공랭, 강도와 탄성이 요구되는 구조용 강에 사용한다. **예** 스프링강

ⓓ 오스테나이트 : 가공성이 좋지 않으며, 비자성체, 내부식성 우수, 연신율이 크다.

ⓔ 펄라이트 : 723℃에서 오스테나이트가 페라이트와 시멘타이트(고용체와 Fe_3C)의 층상이 공석정으로 변태한 것, 탄소함유량은 0.77%이고, 자성이 있다.

ⓕ 조직에 따른 경도 크기

시멘타이트(Ⓒementite) > 마텐자이트(Ⓜartensite) > 트루스타이트(Ⓣroostite) > 소르바이트(Ⓢorbite) > 펄라이트(Ⓟearlite) > 오스테나이트(Ⓐuatenite) > 페라이트(Ⓕerrite)

㉤ 질량효과

같은 강을 같은 조건으로 담금질하더라도 질량(지름)이 작은 재료는 내외부에 온도차가 없어 내부까지 경화되나, 질량이 큰 재료는 열의 전도에 시간이 길게 소요되어 내외부에 온도차가 생김으로써 외부는 경화되어도 내부는 경화되지 않는 현상

㉥ 심랭처리(sub zero) : 상온으로 담금질된 강을 다시 0℃ 이하의 온도로 냉각시키는 열처리이다.

ⓐ 목적 : 잔류오스테나이트를 마텐자이트로 변태시키기 위한 열처리

ⓑ 효과 : 담금질 균열 방지, 치수 변화 방지, 경도 향상 **예** 게이지강

② 뜨임(tempering)

㉠ 목적

ⓐ 강을 담금질한 후 취성을 없애기 위해서는 A_1변태점 이하의 온도에서 뜨임처리를 해

야 한다.

ⓑ 금속의 내부응력을 제거하고 인성을 개선하기 위한 열처리 방법이다.

㉡ 저온뜨임 : 150℃ 부근에서 담금질 응력 제거, 치수의 경년 변화 방지, 내마모성 향상 등을 목적으로 마텐자이트 조직을 얻도록 조작을 하는 열처리 방법이다.

㉢ 고온뜨임 : 400~600℃에서 소르바이트 조직을 얻을 수 있으며, 재료에 큰 인성을 부여한다.

예 스프링강

㉣ 뜨임 온도에 따른 조직 변화

Ⓜartensite $\xrightarrow{200℃}$ Ⓜartensite

Ⓜartensite $\xrightarrow{400℃}$ Ⓣroosite

Ⓜartensite $\xrightarrow{600℃}$ Ⓢorbite

Ⓜartensite $\xrightarrow{700℃}$ Ⓟearlite

③ 풀림(어닐링, annealing)

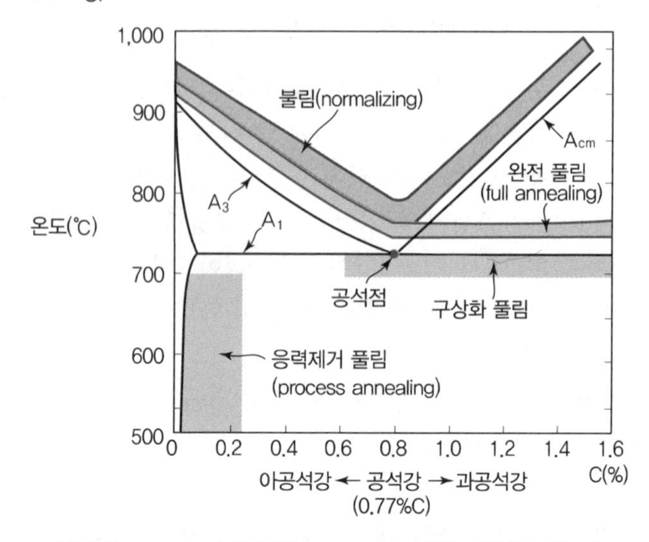

| 풀림(annealing)과 불림(normalizing)의 열처리 온도 |

㉠ 목적

ⓐ 주조, 단조, 기계가공에서 생긴 내부응력을 제거시킨다.

ⓑ 열처리로 말미암아 경화된 재료를 연화시킨다(절삭성 향상).

ⓒ 가공 또는 공작에서 경화된 재료를 연화시킨다(냉간가공성 개선).

ⓓ 금속결정 입자를 균일화하고 미세화시킨다.

ⓔ 흑연을 구상화시킨다.

㉡ 완전풀림

ⓐ 온도 : 아공석강은 A_3 이상 가열, 공석강과 과공석강은 A_1+30~50℃ 가열 유지 후 노에서 냉각시킨다.

ⓑ 목적 : 결정립 미세화, 강의 연화, 소성가공성 증가

㉢ 연화풀림

㉣ 확산풀림

㉤ 응력제거 풀림

㉥ 구상화 풀림

④ 불림(normalizing)

㉠ 열처리

A_3, A_{cm}선 이상 30~50℃에서 가열 → 온도 유지(재료를 균일하게 오스테나이트화함) → 대기 중에서 냉각

㉡ 목적 : 열간가공 재료의 이상(결정립의 조대화, 내부 비틀림, 탄화물이나 그 외 석출물의 분산)을 제거하고, 조직의 표준화, 결정립의 미세화, 응력제거, 가공성 향상

㉢ 기계적 성질 : 연성과 인성 개선, 풀림한 재료보다 항복점, 인장강도, 경도 등이 일반적으로 높다.

(5) 표면경화법

재료의 표면만을 단단하게 만드는 열처리이다.

① 화학적 표면경화

㉠ 침탄법

종류	원료	방법
고체침탄법	목탄, 골탄, 코크스+침탄촉진제	저탄소강을 가열하여 탄소 침투
액체침탄법	시안화나트륨(NaCN)	탄소(C)와 질소(N)가 동시에 침입 확산, 청화법, 침탄질화법, 시안화법
가스침탄법	천연가스, 프로판가스, 부탄, 메탄가스	원료 가스를 변성로에서 변성 후 침탄

㉡ 질화법

원료	방법	특징
암모니아	암모니아(NH_3) 가스 중에서 450~570℃로 12~48시간 가열하면 표면에 질화층을 형성	높은 경도, 내마모성 증가, 피로한도 향상, 내식성 증가, 저온 열처리이므로 변형이 적다.

㉢ 침탄법과 질화법 특징 비교

특징	침탄법	질화법
경도	낮다.	높다.
열처리	반드시 필요	필요 없다.
변형	크다.	작다.
사용재료	제한이 적다.	질화강이어야 한다.
고온 경도	낮아진다.	낮아지지 않는다.
소요시간	짧다.	길다(12~48hr).
수정 가능 여부	가능	불가능
가열온도	높다(900~950℃).	낮다(450~570℃).
표면경화층 두께	두껍다.	얇다.

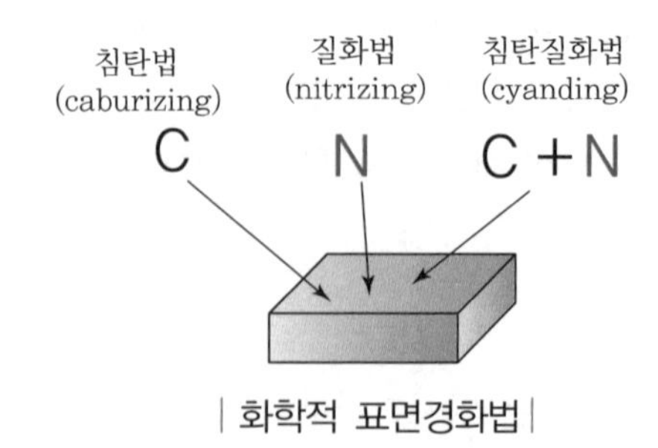

| 화학적 표면경화법 |

㉣ 금속침투법(시멘테이션)

ⓐ 제품을 가열하여 그 표면에 다른 금속(Zn, Al, Cr, Si, B 등)을 피복시키면, 피복과 동시에 확산작용이 일어나 우수한 표면을 가진 합금피복층을 얻을 수 있다.

ⓑ 내열성, 내식성, 방청성, 내산화성 등의 화학적 성질과 경도 및 내마모성을 증가시키는 데 목적이 있다.

▌금속침투법의 종류

종류	세라다이징 (sheradizing)	칼로라이징 (calorizing)	크로마이징 (chromizing)	실리코나이징 (silliconizing)	보로나이징 (boronizing)
침투제	아연(Zn)	알루미늄(Al)	크롬(Cr)	규소(Si)	붕소(B)
장점	대기 중 부식 방지	고온 산화 방지	내식, 내산, 내마모성 증가	내산성 증가	고경도 (HV 1,300~1,400)

② 물리적 표면경화

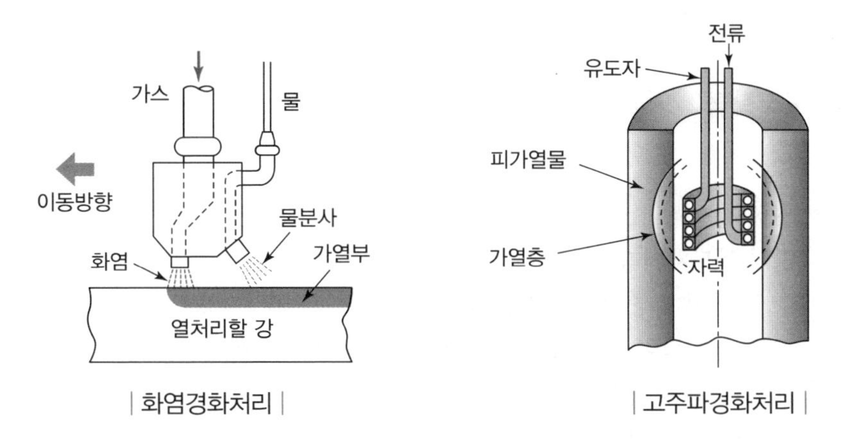

| 화염경화처리 |　　| 고주파경화처리 |

㉠ 화염경화법 : 산소－아세틸렌 불꽃으로 표면을 가열하여 담금질한다.

㉡ 고주파경화법 : 고주파 전류로 강의 표면을 가열하여 담금질한다.

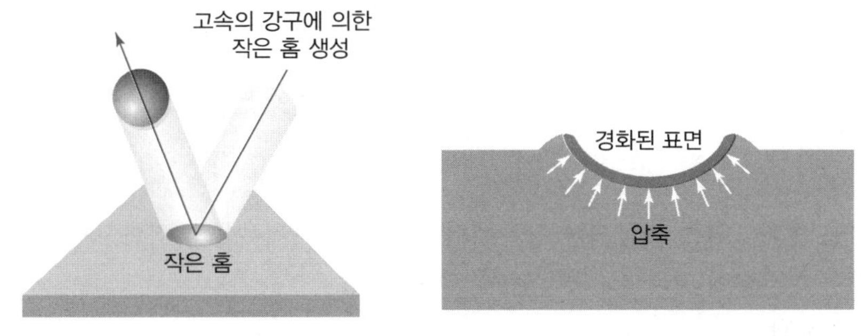

| 숏피닝 |

㉢ 숏피닝 : 작은 입자의 강구를 소재 표면에 충돌시켜 피닝효과를 얻어 경화시킨다.

SECTION 03 비철합금

1 구리와 구리합금

(1) 구리의 성질

① 비중 8.96, 용융점 1,083℃이다.

② 전기, 열의 양도체이다.

③ 유연하고 전연성이 좋으므로 가공이 용이하다.

④ 화학적으로 저항력이 커서 부식되지 않는다(암모니아염에는 약하다).

⑤ 아름다운 광택과 귀금속적 성질이 우수하다.

⑥ Zn, Sn, Ni, Ag 등과 용이하게 합금을 만든다.

(2) 황동[구리(Cu)+아연(Zn)]

① 황동의 성질

㉠ 아연(Zn) 함유량에 따른 물성치 : 40%일 때 인장강도가 최대, 30%일 때 연신율이 최대이다.

㉡ 아연이 증가하면 경도도 증가한다.

㉢ 경년 변화 : 황동 가공재를 상온에서 방치하거나 저온풀림 경화시킨 스프링재가 사용시간이 경과함에 따라 스프링 특성을 잃는 현상

㉣ 자연균열

ⓐ 황동이 공기 중의 암모니아, 기타 염류에 의해 입간부식을 일으키는 현상으로 상온가공에 의한 내부응력 때문에 생긴다.

ⓑ 방지법 : 도료, 아연(Zn) 도금, 저온풀림(180~260℃, 20~30분간)

② 황동의 종류

㉠ 톰백(tombac)

아연을 8~20% 함유한 α 황동으로 빛깔이 금에 가깝고 연성이 크므로 금박, 금분, 불상, 화폐제조 등에 사용한다.

㉡ 7-3 황동(cartridge brass) → 연신율 최대

ⓐ 아연을 28~30% 함유한 황동이다.

ⓑ 전연성이 좋고 상온가공이 용이하므로 판, 봉, 관, 선 등으로 만들어 사용한다.

㉢ 6-4 황동(먼츠메탈) → 인장강도 최대

ⓐ 아연 함유량이 많아 황동 중 값이 가장 싸고, 내식성이 다소 낮으며 탈아연 부식을 일으키기 쉬우나, 강도가 높아 기계부품용으로 사용한다.

ⓑ 판재, 선재, 볼트, 너트, 열 교환기, 파이프, 밸브 등을 제작하는 데 사용한다.

㉣ 철 황동(델타메탈)

ⓐ 6－4 황동에 철을 1~2% 정도 첨가한 합금이며 델타 메탈(Delta Metal)이라고도 한다.

ⓑ 강도가 크고, 내식성이 좋아 광산, 선박, 화학 기계 등에 사용된다.

ⓒ 철이 2% 이상 함유되면 인성이 저하된다.

㉤ 납황동

ⓐ 황동에 납을 1.5~3.7%까지 첨가하여 절삭성을 좋게 한 것으로 쾌삭 황동이라 한다.

ⓑ 정밀 절삭 가공을 필요로 하는 시계와 계기용 나사, 나사 등의 재료로 사용된다.

㉥ 니켈 황동

ⓐ 양백(양은)이라고도 한다.

ⓑ 니켈을 첨가한 합금으로 단단하고 부식에도 잘 견딘다.

ⓒ 선재, 판재로서 스프링에 사용되며, 내식성이 크므로 장식품, 식기류, 가구재료, 계측기, 의료기기 등에 사용된다.

ⓓ 전기 저항이 높고 내열성, 내식성이 좋아 일반 전기 저항체로 이용된다.

㉦ 애드미럴티 메탈(admiralty metal)

ⓐ 7－3 황동＋1% Sn

ⓑ 전연성이 좋아 증발기, 열교환기 등의 관에 사용된다.

㉧ 네이벌 황동(naval brass)

ⓐ 6－4 황동＋1% Sn

ⓑ 용접용 파이프, 선박용 기계에 사용된다.

(3) 청동[구리(Cu)＋주석(Sn)]

① 청동의 특성

㉠ 내식성이 크다.

㉡ 인장강도와 연신율이 크다.

㉢ 내해수성이 좋다.

㉣ 황동보다 주조하기 쉽다.

② 청동의 종류

㉠ 포금

ⓐ Sn(8~12%)＋Zn(1~2%)의 구리 합금이다.

ⓑ 단조성이 좋고, 강도가 높으며 내식성이 있어 밸브, 콕, 기어, 베어링 부시 등의 주물에 사용한다.

ⓒ 내해수성이 강하고, 수압, 증기압에도 강해 선박 등에 널리 사용된다.

㉡ 납 청동(베어링 청동)

ⓐ Pb(4~22%)＋Sn(6~11%)의 합금으로 연성은 저하되지만 경도가 높고 내마멸성이 크므로 자동차나 일반기계의 베어링 부분에 사용된다.

ⓑ 주석 청동에 납(4.0~22%)을 함유한 것은 윤활성이 좋아 철도 차량, 압연기계 등의 고압용 베어링에 사용된다.

ⓒ 켈밋 합금(kelmet alloy) : Cu+Pb(30~40%)의 합금으로 고속 · 고하중용 베어링으로 자동차, 항공기 등에 널리 사용된다.

㉢ 베릴륨 청동

ⓐ 구리 합금 중에서 가장 높은 강도와 경도를 가진다.

ⓑ 경도가 커서 가공하기 힘들지만 강도, 내마멸성, 내피로성, 전도열이 좋아 베어링, 기어, 고급 스프링, 공업용 전극에 사용된다.

㉣ 인청동(청동+인(P))

ⓐ 합금 중에 P(0.05~0.5%)을 잔류시키면 구리 용융액의 유동성이 좋아지고, 강도, 경도, 탄성률 등 기계적 성질이 개선되며 내식성이 좋아진다.

ⓑ 기어, 캠, 축, 베어링, 코일 스프링, 스파이럴 스프링 등에 사용한다.

㉤ 알루미늄 청동

ⓐ Cu+알루미늄(6~10.5%)의 구리-알루미늄 합금이다.

ⓑ 황동이나 청동에 비해서 기계적 성질, 내식성, 내마멸성, 내열성 등이 우수하여 화학기계공업, 선박, 항공기, 차량부품 재료로 사용된다.

(4) Cu-Ni계 합금

① 콘스탄탄

Cu-Ni 45% 합금으로 표준저항선으로 사용된다.

② 모넬메탈

㉠ Cu-Ni 70% 합금이며, 내열성과 내식성, 내마멸성, 연신율이 크다.

㉡ 대기, 해수, 산, 염기에 대한 내식성이 크며, 고온강도가 크다.

㉢ 주조와 단련이 용이하여 터빈 날개, 펌프 임펠러, 열기관 부품 등의 재료로 사용된다.

2 알루미늄과 알루미늄 합금

(1) 알루미늄의 특징

① 무게가 가볍다(비중 : 2.7).

② 합금재질이 많고 기계적 특성이 양호하다.

③ 내식성이 양호하다.

④ 열과 전기의 전도성이 양호하다.

⑤ 가공성, 접합성, 성형성이 양호하다.

⑥ 빛과 열의 반사율이 높다.

(2) 알루미늄 합금의 종류

① 가공용 알루미늄 합금

분류	대표 합금	합금계	특징	용도
내식용 Al 합금	알민(almin)	Al－Mn계	• 성형가공 수축성이 좋다. • 용접이 용이하고 내식성도 양호하다.	차량, 선반, 창
	알드레이(aldrey)	Al－Mg－Si계	• 강도가 우수, 내식성이 좋다. • 시효경화가 있다.	
	하이드로날륨(hydronalium)	Al－Mg계	• 대표적인 내식성 합금이다. • 비열처리형 합금이다.	
고강도 Al 합금	두랄루민(duralumin)	Al－Cu－Mg－Mn계	시효경화처리의 대표적인 합금이다.	항공기, 자동차, 리벳, 기계
	초두랄루민(super duralumin)	Al－Cu－Mg－Mn계	강재와 비슷한 인장강도($50kgf/mm^2$)	
	초초두랄루민(extra super duralumin)	Al－Cu －Zn－Mg －Mn－Cr계	인장강도 $54kgf/mm^2$ 이상이다.	
내열용 Al 합금	Y－합금	Al－Cu－Ni－Mg계	• Al－Cu－Ni－Mg의 합금으로 대표적인 내열용 합금이다. • 석출 경화되며 시효경화 처리한다.	내연기관의 피스톤, 실린더
	코비탈륨(cobitalium)	Al－Cu－Ni계	Y－합금의 일종으로 Ti와 Cu를 0.2% 정도씩 첨가한다.	
	로엑스 합금(Lo－Ex)	Al－Ni－Si계	Al－Si계에 Cu, Mg, Ni을 소량 첨가한 합금으로 열팽창계수가 작고 고온에서 기계적 성질이 높다.	

Reference 시효경화

금속재료를 일정한 시간 동안 적당한 온도하에 놓아두면 단단해지는 현상

② 주물용 알루미늄 합금

㉠ 실루민(silumin, 알펙스라고도 함)

ⓐ 알루미늄(Al)－규소(Si)계 합금의 공정조직으로 주조성은 좋으나 절삭성은 좋지 않고 약하다.

ⓑ 개량 처리 : 주조할 때 0.05~0.1%의 금속나트륨을 첨가하여 Si의 거친 결정을 미세화시켜 강도를 개선하는 작업

ⓒ 개량 처리방법 : 금속나트륨(Na), 플루오르화나트륨(NaF), 수산화나트륨(NaOH), 알칼리염류 등을 첨가한다.

㉡ 라우탈(lautal)

ⓐ 알루미늄(Al)－구리(Cu)－규소(Si)계 합금으로 Al에 Si를 넣어 주조성을 개선하고, Cu를 넣어 절삭성을 향상시킨 것이다.

ⓑ 시효경화되며, 주조균열이 적어 두께가 얇은 주물의 주조와 금형주조에 적합하다.

ⓒ 주로 자동차 및 선박용 피스톤, 분배관 밸브 등의 재료로 쓰인다.

㉢ Y 합금

ⓐ 알루미늄(Al)－구리(Cu)－니켈(Ni)－마그네슘(Mg)계 합금으로 내열성이 우수하고 고온강도가 높아 실린더헤드 및 피스톤 등에 이용된다.

ⓑ 주조성이 나쁘고 열팽창률이 크기 때문에 Al－Si계로 대체되고 있는 추세이다.

ⓒ 시효경화성이 있다.

㉣ 로엑스(Lo－Ex, Low Expansion)

Al－Si계 합금에 Cu, Mg, Ni을 첨가한 것으로 선팽창계수와 비중이 작고, 내마멸성이 좋으며 고온강도가 커서 주로 내연기관의 피스톤 재료로 많이 쓰인다.

㉤ 하이드로날륨(hydronalium)

ⓐ Al－Mg계 합금으로 내식성이 가장 우수하며 마그날륨(magnalium)이라고도 한다.

ⓑ 비중이 작고, 강도, 연신율, 절삭성이 우수하여 승용차의 커버, 선박용 부품, 조리용 기구 등에 사용된다.

㉥ 다이캐스팅용 알루미늄 합금

ⓐ 실루민 또는 하이드로날륨계 합금이 사용되며, 주조성이 우수하여 제품의 정도가 높고 표면이 아주 매끄럽다.

ⓑ 다이캐스팅 주조는 가압하여 핸드폰 케이스 같은 두께가 얇은 주조품을 만들기 때문에 다이캐스팅 합금은 다음과 같은 성질이 필요하다.

- 유동성이 좋을 것
- 응고수축에 대한 용탕보급성이 좋을 것
- 열에 의한 균열 발생이 없을 것
- 금형에 용착되지 않을 것

3 베어링 합금

(1) 베어링 합금의 구비 조건

① 하중에 대해 견딜 수 있는 경도 및 내압력을 가져야 한다.

② 축과 결합해 사용될 수 있도록 충분한 인성을 가져야 한다.

③ 주조성, 피가공성이 좋으며 열전도성이 커야 한다.

④ 마찰계수가 작고 저항력이 커야 한다.

⑤ 내식성이 좋아야 한다.

(2) 종류

① 화이트 메탈(white metal, 베빗메탈)

Sn−Sb−Pb−Cu계 합금, 백색, 용융점이 낮고 강도가 약하다. 저속기관의 베어링용

② 카드뮴계

카드뮴(Cd)에 니켈(Ni), 은(Ag), 구리(Cu) 등을 첨가하여 경화시킨 합금이며 피로강도가 화이트 메탈보다 우수하다.

③ 아연계 합금

고순도의 아연(Zn)만을 가지고 제조할 수 있으며, 인청동과 특성이 비슷하고, 화이트 메탈보다 경도가 높아 전차용 베어링 등에 사용된다.

④ 켈밋(Kelmet)

Cu−Pb(20~40%) 합금 마찰계수가 작고 열전도율이 우수하여, 발전기 모터, 철도차량용, 베어링용으로 사용된다.

⑤ Cu−Sn계

납청동(연청동), 인청동, 알루미늄청동, 베릴륨 청동이 있다.

SECTION 04 비금속재료와 신소재, 공구재료

1 세라믹

(1) 개요

① 비금속 무기질의 작은 입자를 성형, 소결하여 얻을 수 있는 다결정질의 소결체로서 넓은 의미로 세라믹스라 불린다.

② 규산을 주체로 하는 천연원료, 즉 점토류로 만들어진 요업제품을 말하고, 유리나 시멘트 또는 도자기(벽돌, 내화물 포함) 등이 있다(세라믹 주재료 : SiO_2).

(2) 특징

① 실온 및 고온에서 경도가 크고 내열성, 내마모성, 내식성이 크다.

② 충격에 약하고, 취성파괴의 특성을 가진다. 특히, 파괴될 때까지의 변형량이 극히 작고 균열의 진전속도가 빠르다.

2 합성수지

(1) 합성수지의 특성

① 장점

㉠ 가볍고 강하다.

㉡ 녹슬거나 썩지 않는다.

㉢ 투명성이 있으며 착색이 자유롭다.

㉣ 전기절연성이 뛰어나다.

㉤ 방수, 방습성이 우수하다.

㉥ 가공성이 좋다.

㉦ 값이 싸고, 대량 생산이 가능하다.

② 단점

㉠ 열에 약하고, 연소할 때 유독가스를 방출하며, 태양광선 등에 의하여 열화되는 등 내후성이 낮은 것이 많다.

㉡ 표면경도가 낮아 내마모성이나 내구성이 떨어진다.

(2) 합성수지의 종류

① 열가소성 플라스틱

㉠ 특성

가열에 의해 소성변형되고 냉각에 의해 경화되는 수지이며 전체 생산량의 약 80%를 차지한다. 강도는 약한 편이다.

㉡ 종류

폴리에틸렌 수지(PE), 폴리프로필렌 수지(PP), 폴리염화비닐 수지(PVC), 폴리스틸렌 수지(PS), 아크릴 수지(PMMA), ABS 수지

② 열경화성 플라스틱

㉠ 특성

가열에 의해 경화되는 플라스틱이고 전체 생산량의 20%를 차지한다. 단, 열경화성 플라스틱에서도 경화전이나 온도범위에 따라 열화하는 경우가 있다. 강도가 높고 내열성이며, 내약품성이 우수하다.

㉡ 종류

페놀 수지(PF), 불포화 폴리에스테르 수지(UP), 멜라민 수지(MF), 요소 수지(UF), 폴리우레탄(PU), 규소수지(silicone), 에폭시 수지(EP)

3 신소재

(1) 복합재료

① 복합재료의 정의

㉠ 기지(matrix) : 복합재료의 주체가 되는 재료

예 고무, 플라스틱, 금속, 세라믹, 콘크리트 등

㉡ 강화재(보강재) : 재료의 역학특성을 현저하게 향상시키는 성분 또는 재료

예 유리, 붕소(B), 탄화규소(SiC), 알루미나(Al_2O_3), 탄소, 강(steel) 등의 섬유상이나, 분체, 입자, 직물포 등

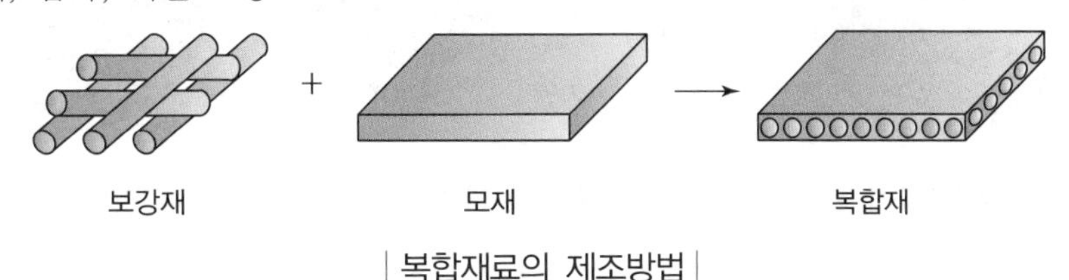

| 복합재료의 제조방법 |

② 복합재료의 특징

㉠ 장점

ⓐ 비강성과 비강도가 다른 재료보다 크다.

ⓑ 원하는 방향으로 강성과 강도를 갖도록 구성할 수 있다.

ⓒ 피로강도와 내식성이 우수하다.

ⓓ 제조방법과 자동화가 쉽다.

㉡ 단점

ⓐ 내충격성이 낮다.

ⓑ 압축강도가 낮다.

ⓒ 고온에서 견디는 강도가 낮다.

③ 섬유강화 플라스틱(FRP : Fiber Reinforced Plastic)

플라스틱을 기지로 하여 내부에 강화섬유를 함유시킴으로써 비강도를 높인 복합재료

㉠ GFRP

기지[플라스틱(불포화에폭시, 불포화폴리에스테르 등)]+강화재(유리섬유)

㉡ CFRP

기지[플라스틱(불포화에폭시, 불포화폴리에스테르 등)]+강화재(탄소섬유)

④ 섬유강화 금속(FRM : Fiber Reinforced Plastic Metal)

기지(금속)+강화섬유(탄화규소, 붕소, 알루미나, 텅스텐, 탄소섬유 등)

⑤ 용도

항공기, 스포츠용품, 자동차, 소형 요트 등

(2) 형상기억합금

① 특정 온도에서의 형상을 만든 후, 다른 온도에서 변형을 가해 모양을 바꾸었어도 특정 온도를 맞추어 주면 원래의 형상으로 돌아가는 합금

② 실용화된 형상기억합금은 대부분 Ni–Ti이고 특성은 다음과 같다.

㉠ 내식성, 내마멸성, 내피로성, 생체 친화성이 우수하다.

㉡ 안경테, 에어컨 풍향조절장치, 치아교정 와이어, 브래지어 와이어, 파이프 이음매, 로봇, 자동제어장치, 공학적 응용, 의학 분야 등의 소재로 사용한다.

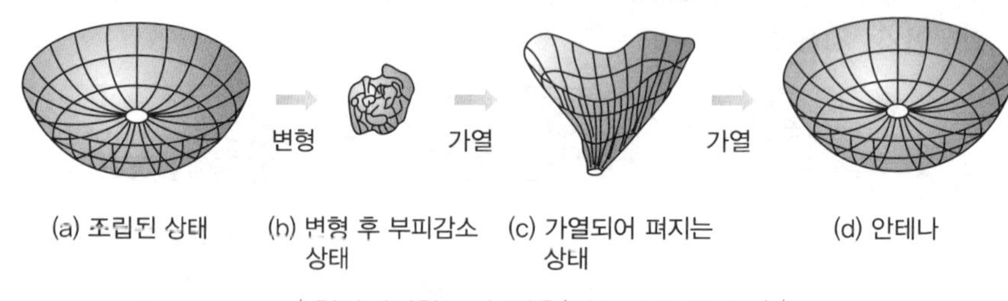

| 형상기억합금의 적용(인공위성 안테나) |

(3) 비정질합금(아몰퍼스합금, amorphous)

① 결정 구조를 가지지 않는 아몰퍼스 구조이다.

② 경도와 강도가 높고 인성 또한 우수하다.

③ 자기적 특성이 우수하여 변압기용 철심 등에 활용된다.

④ 열에 약하다.

4 공구재료

(1) 공구재료의 구비조건

① 상온 및 고온경도가 높을 것

② 강인성 및 내마모성이 클 것

③ 가공 및 열처리가 쉬울 것

④ 내충격성이 우수할 것

⑤ 마찰계수가 작을 것

(2) 종류

① **탄소공구강(STS)**

사용온도 300℃까지, 저속 절삭공구, 일반공구 등에 사용된다.

② **합금공구강(STD)**

사용온도 450℃까지, 탄소공구강(C 0.8~1.5% 함유)+크롬(Cr), 몰리브덴(Mo), 텅스텐(W), 바나듐(V) 원소 소량 첨가 ⇒ 탄소공구강보다 절삭성이 우수하고, 내마멸성과 고온경도가 높다.

③ 고속도강(SKH)

㉠ 표준고속도강 : 텅스텐(18%) − 크롬(4%) − 바나듐(1%) − 탄소(0.8%)

㉡ 하이스강(HSS)이라고도 한다.

㉢ 사용온도는 600℃까지 가능하다.

㉣ 고온경도가 높고 내마모성이 우수하다.

㉤ 절삭속도를 탄소강의 2배 이상으로 할 수 있다.

④ 주조경질 합금(스텔라이트)

㉠ 주조한 상태의 것을 연삭하여 가공하기 때문에 열처리가 불필요하다.

㉡ 고속도강의 절삭속도에 2배이며, 사용온도는 800℃까지 가능하다.

㉢ 코발트(Co) − 크롬(Cr) − 텅스텐(W) 합금으로, Co가 주성분이다.

⑤ 초경합금

㉠ 탄화물 분말[탄화텅스텐(WC), 탄화티탄늄(TiC), 탄화탈탄늄(TaC)]을 비교적 인성이 있는 코발트(Co), 니켈(Ni)을 결합제로 하여 고온압축소결시킨다.

㉡ 고온, 고속 절삭에서도 경도를 유지함으로써 절삭공구로서 성능이 우수하다.

㉢ 취성이 커서 진동이나 충격에 약하다.

⑥ 세라믹

㉠ 주성분인 알루미나(Al_2O_3), 마그네슘(Mg), 규소(Si)와 미량의 다른 원소를 첨가하여 소결시킨다.

㉡ 고온경도가 높고 고온 산화되지 않는다.

㉢ 진동과 충격에 약하다.

⑦ 서멧(cermet)

㉠ 세라믹(ceramic) + 금속(metal)의 복합재료(알루미나(Al_2O_3) 분말 70%에 탄화티타늄(TiC) 분말 30% 정도 혼합)

㉡ 세라믹의 취성을 보완하기 위하여 개발된 소재이다.

㉢ 고온에서 내마모성, 내산화성이 높아 고정밀도의 고속절삭이 가능하다.

⑧ 다이아몬드

㉠ 내마모성, 내충격성이 좋아 알루미늄과 동 등의 비철금속 정밀가공에 사용된다.

㉡ 절삭온도가 810℃ 정도이며 다이아몬드 표면에서 산화가 일어나기 때문에 철강재의 고속절삭에는 적당하지 않다.

⑨ CBN(입방정 질화붕소) 공구

㉠ CBN 분말을 초고온, 초고압에서 소결시킨다.

㉡ 입방정 질화붕소로서 철(Fe) 안의 탄소(C)와 화학반응이 전혀 일어나지 않아 철강재의 절삭에 이상적이다.

㉢ 다이아몬드 다음으로 단단하여, 현재 가장 많이 사용되는 소재이다.

PART 04

핵심기출문제

CRAFTSMAN COMPUTER AIDED MILLING

CHAPTER 01 기계공작 일반

01 다음 중 절삭가공 기계에 해당하지 않는 것은?

① 선반 ② 밀링머신
③ 호빙머신 ④ 프레스

풀이
- 비절삭가공 : 주조, 소성가공(단조, 압연, 프레스, 인발 등), 용접, 방전가공 등
- 절삭가공 : 선삭, 평삭, 형삭, 브로칭, 줄작업, 밀링, 드릴링, 연삭, 래핑 등

02 특정한 모양이나 같은 치수의 제품을 대량 생산할 때 적합한 것으로 구조가 간단하고 조작이 편리한 공작기계는?

① 범용 공작기계 ② 전용 공작기계
③ 단능 공작기계 ④ 만능 공작기계

풀이 전용 공작기계 : 같은 종류의 제품을 대량 생산하기 위한 공작기계
예 트랜스퍼 머신, 차륜선반, 크랭크축 선반 등

03 공작기계를 구성하는 중요한 구비조건이 아닌 것은?

① 가공 능력이 클 것
② 높은 정밀도를 가질 것
③ 내구력이 클 것
④ 기계효율이 적을 것

풀이 ④ 안정성이 있고, 기계효율이 좋아야 한다.

04 공작기계를 가공능률에 따라 분류할 때 전용 공작기계에 속하는 것은?

① 플레이너 ② 드릴링 머신
③ 트랜스퍼 머신 ④ 밀링 머신

풀이 전용 공작기계
트랜스퍼 머신, 차륜 선반, 크랭크축 선반

CHAPTER 02 절삭가공

01 수용성 절삭유에 대한 설명 중 틀린 것은?

① 원액과 물을 혼합하여 사용한다.
② 표면활성화제와 부식방지제를 첨가하여 사용한다.
③ 점성이 높고 비열이 작아 냉각효과가 작다.
④ 고속절삭 및 연삭 가공액으로 많이 사용한다.

풀이 ③ 점성이 낮고 비열이 커서 냉각효과가 크다.

02 바이트로 재료를 절삭할 때 칩의 일부가 공구의 날끝에 달라붙어 절삭날과 같은 작용을 하는 구성인선(built-up edge)의 방지법으로 틀린 것은?

① 재료의 절삭깊이를 크게 한다.
② 절삭속도를 크게 한다.
③ 공구의 윗면 경사각을 크게 한다.
④ 가공 중에 절삭유제를 사용한다.

풀이 ① 절삭깊이를 작게 하고, 절삭속도를 크게 한다.

정답 | 01 ④ 02 ② 03 ④ 04 ③ | 01 ③ 02 ①

03 점성이 큰 재질을 작은 경사각의 공구로 절삭할 때 절삭 깊이가 클 때 생기기 쉬운 그림과 같은 칩의 형태는?

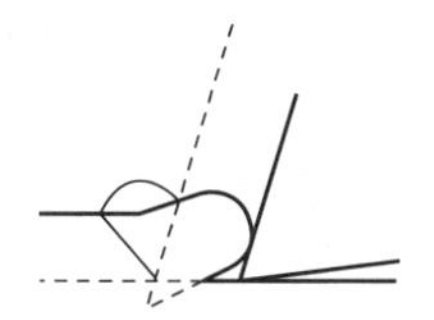

① 유동형 칩　　② 전단형 칩
③ 경작형 칩　　④ 균일형 칩

풀이 경작형(열단형) 칩
- 재료가 공구 전면에 접착되어 공구 경사면을 미끄러지지 않고 아래 방향으로 균열이 발생하면서, 가공면에 뜯긴 흔적이 남는다.
- 점성이 큰 재질을 절삭 시
- 작은 경사각으로 절삭 시
- 절삭 깊이가 너무 깊을 경우

04 구성인선(Built－up Edge)의 방지 대책으로 틀린 것은?

① 절삭 깊이를 작게 할 것
② 경사각을 크게 할 것
③ 윤활성이 좋은 절삭유제를 사용할 것
④ 마찰계수가 큰 절삭공구를 사용할 것

풀이 날 끝에 경질 크롬도금 등을 하여 마찰계수를 작게 한다.

05 절삭공구의 수명에 영향을 미치는 요소(element)와 가장 관계가 없는 것은?

① 재료 무게
② 절삭 속도
③ 가공 재료
④ 절삭유제

풀이 절삭공구의 수명은 공작물의 재질, 공구의 재질, 절삭깊이, 절삭면적, 공구의 기하학적 형상, 절삭유의 특성 등에 영향을 받는다.

06 절삭가공에서 절삭유제 사용 목적으로 틀린 것은?

① 가공면에 녹이 쉽게 발생되도록 한다.
② 공구의 경도 저하를 방지한다.
③ 절삭열에 의한 공작물의 정밀도 저하를 방지한다.
④ 가공물의 가공표면을 양호하게 한다.

풀이 절삭유에는 가공면에 녹을 방지하기 위해 방청제를 첨가한다.

07 일반적으로 연성 재료를 저속절삭으로 절삭할 때, 절삭깊이가 클 때 많이 발생하며 칩의 두께가 수시로 변하게 되어 진동이 발생하기 쉽고 표면거칠기도 나빠지는 칩의 형태는?

① 전단형 칩　　② 경작형 칩
③ 유동형 칩　　④ 균열형 칩

풀이 전단형 칩의 생성 요인
- 연성재질을 저속으로 절삭한 경우
- 윗면 경사각이 작을 경우
- 절삭깊이가 무리하게 큰 경우
- 취성재료를 절삭 시

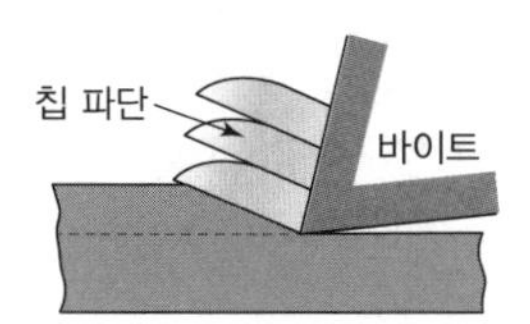

08 밀링머신에서 생산성을 향상시키기 위한 절삭속도 선정 방법으로 올바른 것은?

① 추천 절삭속도보다 약간 낮게 설정하는 것이 커터의 수명을 연장할 수 있어 좋다.
② 거친 절삭에서는 절삭속도를 빠르게, 이송을 빠르게, 절삭 깊이를 깊게 선정한다.
③ 다듬 절삭에서는 절삭속도를 느리게, 이송을 빠르게, 절삭 깊이를 얕게 선정한다.
④ 가공물의 재질은 절삭속도와 상관없다.

정답 | 03 ③ 04 ④ 05 ① 06 ① 07 ① 08 ①

풀이 ② 거친 절삭에서는 절삭속도를 느리게, 이송을 빠르게, 절삭 깊이를 깊게 선정한다.
③ 다듬 절삭에서는 절삭속도를 빠르게, 이송을 느리게, 절삭 깊이를 얕게 선정한다.
④ 가공물의 재질이 단단하면 절삭속도를 빠르게 하고, 무르면 느리게 한다.

09 일반적으로 구성인선 방지대책으로 적절하지 않은 방법은?

① 절삭 깊이를 깊게 할 것
② 경사각을 크게 할 것
③ 윤활성이 좋은 절삭유제를 사용할 것
④ 절삭속도를 크게 할 것

풀이 ① 절삭 깊이를 얕게 할 것

10 다음 중 공구 재질이 일정할 때 공구 수명에 가장 영향을 크게 미치는 것은?

① 이송량　② 절삭깊이
③ 절삭속도　④ 공작물 두께

풀이 공구수명 식에서 절삭속도를 높이면 공구수명은 감소한다.

$$VT^n = C \Rightarrow T = \sqrt[n]{\frac{C}{V}}$$

여기서, T : 공구수명(min)
V : 절삭속도(m/min)
n : 지수
C : 상수

11 칩(chip)의 형태 중 유동형 칩의 발생 조건으로 틀린 것은?

① 연성이 큰 재질을 절삭할 때
② 윗면 경사각이 작은 공구로 절삭할 때
③ 절삭 깊이가 얕을 때
④ 절삭속도가 높고 절삭유를 사용하여 가공할 때

풀이 ② 윗면 경사각이 큰 공구로 절삭할 때

12 그림에서와 같이 ϕ를 전단각, α를 윗면 경사각이라 할 때 α가 커지면 일반적으로 어떤 현상이 발생하는가?

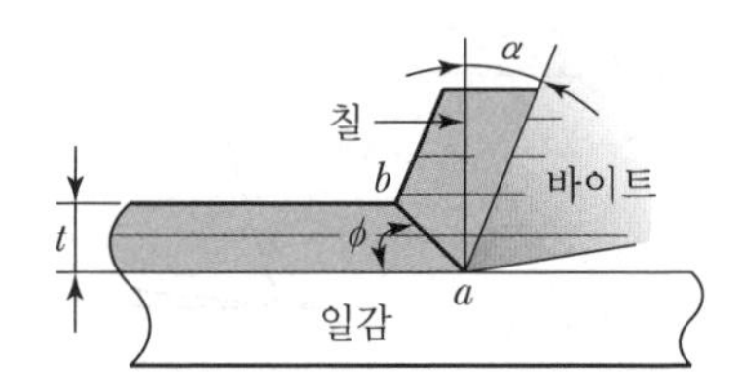

① 칩은 두껍고 짧아지며, 절삭저항이 커진다.
② 칩은 두껍고 짧아지며, 절삭저항이 작아진다.
③ 칩은 얇고 길어지며, 절삭저항이 커진다.
④ 칩은 얇고 길어지며, 절삭저항이 작아진다.

풀이 윗면 경사각(α)이 커지면 칩은 얇고 길어지며, 절삭저항은 작아진다.

13 다음 중 일반적으로 절삭저항에 영향을 주는 요소와 가장 거리가 먼 것은?

① 절삭유의 온도　② 절삭 면적
③ 절삭 속도　④ 날 끝의 모양

풀이 절삭저항의 크기에 관계되는 인자
㉠ 공작물(연할수록), 공구의 재질(단단할수록)
㉡ 바이트 날 끝의 형상(윗면 경사각 클수록)
㉢ 절삭속도(빠를수록)
㉣ 절삭면적(작을수록)
㉤ 칩의 형상(유동형 칩)
㉥ 절삭각(클수록)
※ 괄호 안의 내용은 절삭저항을 감소하는 조건

14 밀링 커터의 주요 공구각 중에서 공구와 공작물이 서로 접촉하여 마찰이 일어나는 것을 방지하는 역할을 하는 것은?

① 여유각　② 경사각
③ 날끝각　④ 비틀림각

풀이 여유각 : 절삭 시 절삭공구와 공작물과의 마찰을 감소시키고, 날 끝이 공작물에 파고 들기 쉽게 해주는 기능을 갖고 있다. 여유각을 크게 하면 여유면의 마찰 · 마모가 감소되지만, 날 끝의 강도는 약해진다.

정답 | 09 ① 10 ③ 11 ② 12 ④ 13 ① 14 ①

15 구성인선(builtup edge)의 방지대책으로 틀린 것은?

① 경사각을 크게 할 것
② 절삭 깊이를 크게 할 것
③ 윤활성이 좋은 절삭유를 사용할 것
④ 절삭 속도를 크게 할 것

풀이 ② 절삭 깊이를 작게 할 것

16 밀링 가공에서 생산성을 향상시키기 위한 절삭속도의 선정방법으로 적합하지 않은 것은?

① 밀링커터의 수명을 길게 유지하기 위해서는 절삭속도를 약간 낮게 설정한다.
② 가공물의 경도, 강도, 인성 등의 기계적 성질을 고려한다.
③ 거친 가공에서는 절삭속도는 빠르게, 이송은 느리게, 절삭 깊이는 작게 한다.
④ 커터의 날이 빠르게 마모되거나 손상되는 현상이 발생하면, 절삭속도를 감소시킨다.

풀이 거친 절삭은 단시간에 절삭량이 커야 하므로 절삭속도와 이송을 빠르게, 절삭깊이를 크게 선정한다.

17 주철과 같이 메진 재료를 저속으로 절삭할 때 발생하는 칩의 형태는 어느 것인가?

① 전단형 칩 ② 경작형 칩
③ 균열형 칩 ④ 유동형 칩

풀이 균열형 칩
- 백주철과 같이 취성이 큰 재질을 절삭할 때 나타나는 칩 형태이고, 절삭력을 가해도 거의 변형을 하지 않다가 임계압력 이상이 될 때 순간적으로 균열이 발생되면서 칩이 생성된다. 가공면은 요철이 남고 절삭저항의 변동도 커진다.
- 주철과 같은 취성이 큰 재료의 저속 절삭 시
- 절삭깊이가 크거나 경사각이 매우 작을 때

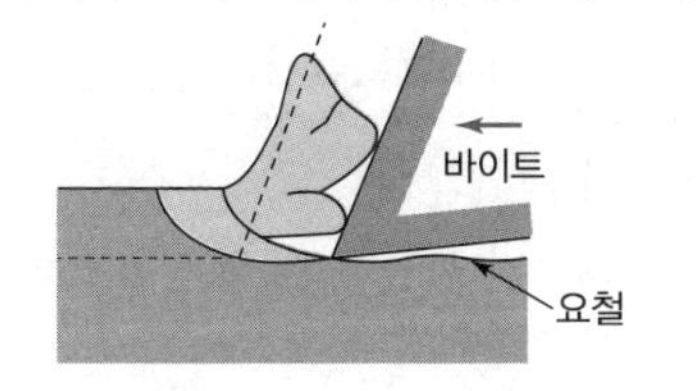

18 절삭공구의 옆면과 가공물의 마찰에 의하여 절삭공구의 옆면이 평행하게 마모되는 것은?

① 크레이터 마모
② 치핑
③ 플랭크 마모
④ 온도 파손

풀이 플랭크 마모 : 공구면과 공구여유면과의 마찰에 의해 공구 여유면이 마모되는 현상

19 공구 날 끝의 구성인선 발생을 방지하는 절삭 조건으로 틀린 것은?

① 절삭 깊이를 작게 한다.
② 절삭 속도를 가능한 한 빠르게 한다.
③ 윤활성이 좋은 절삭유제를 사용한다.
④ 경사각을 작게 한다.

풀이 ④ 경사각을 크게 한다.

20 경유, 머신 오일, 스핀들 오일, 석유 또는 혼합유로 윤활성은 좋으나 냉각성이 적어 경절삭에 주로 사용되는 절삭유제는?

① 수용성 절삭유
② 지방질유
③ 광유
④ 유화유

풀이 광유 : 경유, 머신오일, 스핀들 오일, 석유 및 기타의 광유 또는 혼합유로 윤활성은 좋으나 냉각성이 떨어져 경절삭에 주로 사용한다.

21 다음 그림은 절삭저항의 3분력을 나타내고 있다. P점에 해당되는 분력은?

정답 | 15 ② 16 ③ 17 ③ 18 ③ 19 ④ 20 ③ 21 ①

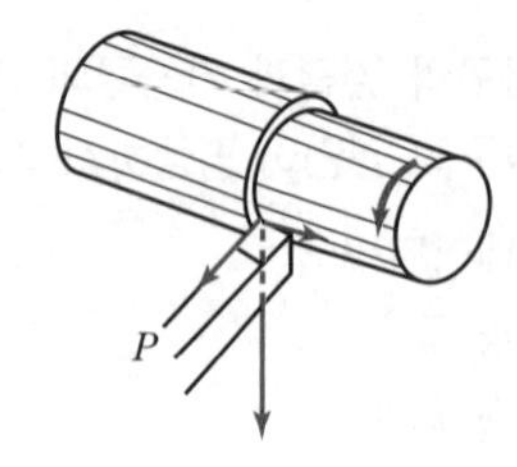

① 배분력 ② 주분력
③ 횡분력 ④ 이송분력

풀이 절삭저항의 3분력
- 주분력 > 배분력 > 이송분력
- 절삭저항 = 주분력 + 배분력 + 이송분력

22 절삭공구에 치핑이 발생하는 원인으로 가장 거리가 먼 것은?

① 충격에 약한 절삭공구를 사용할 때
② 절삭공구 인선에 강한 충격을 받을 경우
③ 절삭공구 인선에 절삭저항의 변화가 큰 경우
④ 고속도강같이 점성이 큰 재질의 절삭공구를 사용할 경우

풀이 ④ 초경공구, 세라믹 공구와 같이 경도가 높고 인성이 작은 공구를 사용할 때, 공구의 날이 모서리를 따라 작은 조각으로 떨어져 나간다.

23 일반적으로 절삭온도를 측정하는 방법이 아닌 것은?

① 방사능에 의한 방법
② 열전대에 의한 방법
③ 칩의 색깔에 의한 방법
④ 칼로리미터에 의한 방법

풀이 절삭온도 측정법
- 칩의 색깔에 의한 방법
- 칼로리미터에 의한 방법
- 공구에 열전대를 삽입하는 방법
- 시온 도료를 사용하는 방법
- 공구와 일감을 열전대로 사용하는 방법
- 복사 고온계에 의한 방법

CHAPTER 03 드릴링머신, 보링머신

01 이미 뚫려 있는 구멍을 좀 더 크게 확대하거나, 정밀도가 높은 제품으로 가공하는 기계는?

① 보링 머신 ② 플레이너
③ 브로칭 머신 ④ 호빙 머신

풀이 보링 머신 : 드릴링, 단조, 주조 등의 방법으로 1차 가공한 큰 구멍을 좀 더 크고, 정밀하게 가공하는 공작 기계이다.

02 드릴로 뚫은 구멍의 내면을 매끈하고 정밀하게 하는 가공은?

① 전자 빔 가공 ② 래핑
③ 숏피닝 ④ 리밍

풀이 리밍(reaming) : 드릴로 뚫은 작은 구멍을 정확한 치수와 깨끗한 내면으로 다듬질하는 작업

03 단조나 주조품에 볼트 또는 너트를 체결할 때 접촉부가 밀착되게 하기 위하여 구멍 주위를 평탄하게 하는 가공 방법은?

① 스폿 페이싱 ② 카운터 싱킹
③ 카운터 보링 ④ 보링

풀이

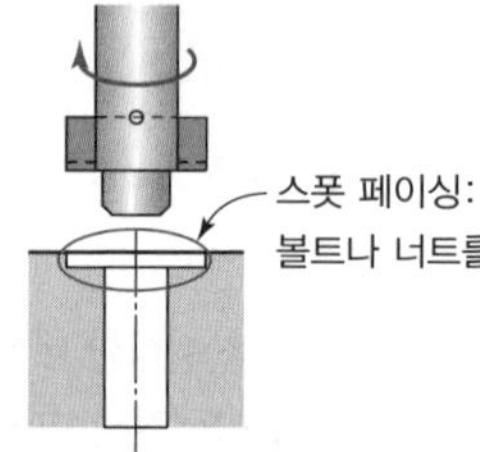

04 드릴에 대한 설명으로 틀린 것은?

① 드릴의 표준 날끝각은 120°이다.
② 웨브는 트위스트 드릴 홈 사이의 좁은 단면 부분이다.
③ 드릴의 지름이 13mm 이하인 것은 곧은 자루다.
④ 드릴의 몸통은 백 테이퍼(Back Taper)로 만든다.

정답 | 22 ④ 23 ① | 01 ① 02 ④ 03 ① 04 ①

풀이 드릴의 표준 날끝각은 118°이다.

05 드릴을 재연삭할 경우 틀린 것은?

① 절삭날의 길이를 좌우가 같게 한다.
② 절삭날의 여유각을 일감의 재질에 맞게 한다.
③ 절삭날의 중심선과 이루는 날끝반각을 같게 한다.
④ 드릴의 날끝각 검사는 센터 게이지를 사용한다.

풀이 ④ 드릴의 날끝각 검사는 드릴 포인트 게이지를 사용한다.

06 크고 무거워서 이동하기 곤란한 대형 공작물에 구멍을 뚫는 데 적합한 기계는?

① 레이디얼 드릴링머신
② 직립 드릴링머신
③ 탁상 드릴링머신
④ 다축 드릴링머신

풀이 레이디얼 드릴링 머신
- 이동하기 곤란한 크고 무거운 공작물 작업 시 사용된다.
- 작업반경 내에 있는 공작물 구멍 가공 시 드릴링 헤드를 이동하여 드릴링 작업을 진행한다.

07 드릴에서 절삭 날의 웹(web)이 커지면 드릴작업에 어떤 영향이 발생하는가?

① 공작물에 파고 들어갈 염려가 있다.
② 전진하지 못하게 하는 힘이 증가한다.
③ 절삭성능은 증가하나 드릴 수명이 줄어든다.
④ 절삭 저항을 감소시킨다.

풀이 드릴의 웹이 커지면 강도는 좋아지지만 홈 깊이가 얕아진다. 즉 전진하지 못하게 하는 힘이 증가한다.

08 테이퍼 자루 중 드릴에 사용되는 테이퍼는?

① 내셔널 테이퍼 ② 브라운 테이퍼
③ 모스 테이퍼 ④ 자콥스 테이퍼

풀이 직경이 13~75mm로 비교적 큰 드릴은 그 자루가 모스 테이퍼로 되어 있다.

09 그림과 같이 작은 나사나 볼트의 머리를 공작물에 묻히게 하기 위하여, 단이 있는 구멍 뚫기를 하는 작업은?

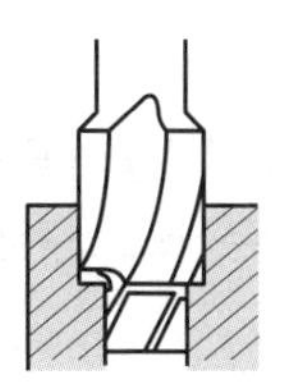

① 카운터 보링 ② 카운터 싱킹
③ 스폿 페이싱 ④ 리밍

10 드릴링머신에서 할 수 없는 작업은?

① 리밍 ② 태핑
③ 카운터 싱킹 ④ 슈퍼피니싱

풀이 슈퍼피니싱은 미세하고 연한 숫돌을 가공 표면에 가압하고, 공작물에 회전 이송운동, 숫돌에 진동을 주어 0.5mm 이하의 경면(鏡面) 다듬질하는 가공으로 드릴머신에서는 할 수 없다.

CHAPTER 04 그 밖의 절삭가공

01 주로 일감의 평면을 가공하며, 기둥의 수에 따라 쌍주식과 단주식으로 구분하는 공작 기계는?

① 셰이퍼 ② 슬로터
③ 플레이너 ④ 브로칭 머신

풀이 플레이너 : 공작물을 테이블 위에 고정하여 수평 왕복운동하고, 바이트를 크로스 레일 위의 공구대에 설치하여 공작물의 운동 방향과 직각 방향으로 간헐적으로 이송시켜 공작물의 수평면, 수직면, 경사면, 홈 곡면 등을 절삭하는 공작기계로서, 주로 대형 공작물을 가공한다. 플레이너의 종류는 쌍주식, 단주식이 있다.

정답 | 05 ④ 06 ① 07 ② 08 ③ 09 ① 10 ④ | 01 ③

02 다음 공작기계 중에서 주로 기어를 가공하는 기계는?

① 선반 ② 플레이너
③ 슬로터 ④ 호빙머신

풀이 호빙머신 : 호브 공구를 이용하여 기어를 절삭하는 공작기계

03 주로 일감의 평면을 가공하며 기둥의 수에 따라 쌍주식과 단주식으로 구분하는 공작기계는?

① 셰이퍼 ② 슬로터
③ 플레이너 ④ 브로칭 머신

풀이 플레이너 : 공작물을 테이블 위에 고정하여 수평 왕복운동하고, 바이트를 이송시켜 공작물의 수평면, 수직면, 경사면, 홈 곡면 등을 절삭하는 공작기계로서, 주로 대형 공작물을 가공한다. 플레이너의 종류에는 쌍주식, 단주식이 있다.

04 가늘고 긴 일정한 단면 모양의 많은 날을 가진 절삭공구를 사용하여 키 홈, 스플라인 홈, 다각형의 구멍 등 외형과 내면형상을 가공하기에 적합한 절삭방법은?

① 브로칭 ② 방전가공
③ 호빙가공 ④ 스퍼터에칭

풀이 브로칭(broaching) 머신 : 가늘고 긴 일정한 단면 모양의 날을 가진 브로치(broach)라는 절삭 공구를 사용하여 가공물의 내면이나 외경에 필요한 형상의 부품을 가공하는 절삭법

05 가공방법에 따른 공구와 공작물의 상호운동 관계에서 공구와 공작물이 모두 직선운동을 하는 공작기계로 바르게 짝지어진 것은?

① 셰이퍼, 연삭기
② 밀링머신, 선반
③ 셰이퍼, 플레이너
④ 호닝머신, 래핑머신

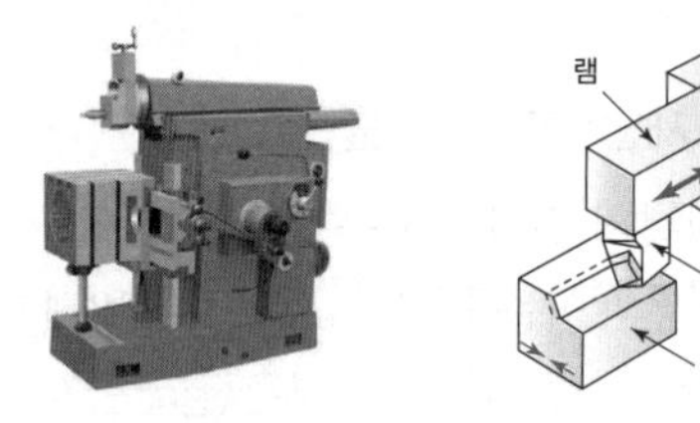

[셰이퍼]

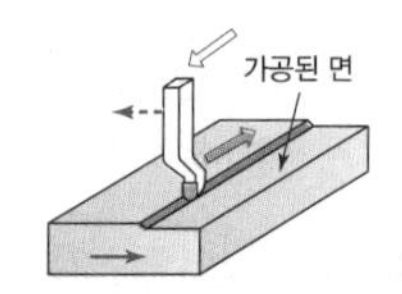

[플레이너]

CHAPTER 05 연삭가공

01 외경 연삭기의 이송방법에 해당하지 않는 것은?

① 연삭 숫돌대 방식
② 테이블 왕복식
③ 플랜지컷 방식
④ 새들 방식

풀이 아래 그림처럼 새들 방식은 평면 연삭의 방식이다.

02 원통연삭기에서 숫돌 크기의 표시 방법의 순서로 올바른 것은?

① 바깥지름×안지름
② 바깥지름×두께×안지름
③ 바깥지름×둘레길이×안지름
④ 바깥반지름×두께×안반지름

정답 | 02 ④ 03 ③ 04 ① 05 ③ | 01 ④ 02 ②

03 연삭 가공을 할 때 숫돌에 눈메움, 무딤 등이 발생하여 절삭 상태가 나빠진다. 이때 예리한 절삭날을 숫돌 표면에 생성하여 절삭성을 회복시키는 작업은?

① 드레싱　　② 리밍
③ 보링　　④ 호빙

(a) 드레싱 작업

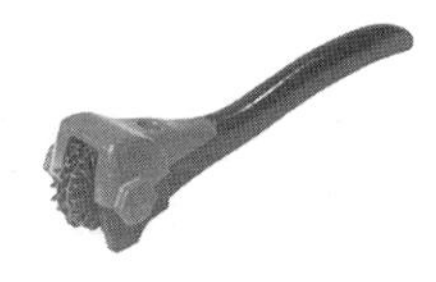

(b) 드레서

04 센터리스 연삭기의 특징에 대한 설명으로 틀린 것은?

① 긴 홈이 있는 공작물도 연삭이 가능하다.
② 속이 빈 원통을 연삭할 때 적합하다.
③ 연삭 여유가 작아도 된다.
④ 대량생산에 적합하다.

풀이 센터리스 연삭의 장단점

㉠ 장점
- 센터나 척으로 장착하기 곤란한 중공의 공작물을 연삭하는 데 편리하다.
- 공작물을 연속적으로 공급하여 연속작업을 할 수 있어 대량생산에 적합하다.
- 연삭 여유가 작아도 작업이 가능하다.
- 센터를 낼 수 없는 작은 지름의 공작물 가공에 적합하다.
- 작업이 자동적으로 이루어져 높은 숙련도를 요구하지 않는다.

㉡ 단점
- 축 방향에 키홈, 기름홈 등이 있는 공작물은 가공하기 어렵다.
- 지름이 크고 길이가 긴 대형 공작물은 가공하기 어렵다.
- 숫돌의 폭보다 긴 공작물은 전·후 이송법으로 가공할 수 없다.

05 내면 연삭기에서 내면 연삭 방식이 아닌 것은?

① 유성형　　② 보통형
③ 고정형　　④ 센터리스형

풀이 내면 연삭 방식

㉠ 유성형 : 가공물은 고정시키고, 연삭숫돌이 회전운동 및 공전운동을 동시에 진행하는 방식

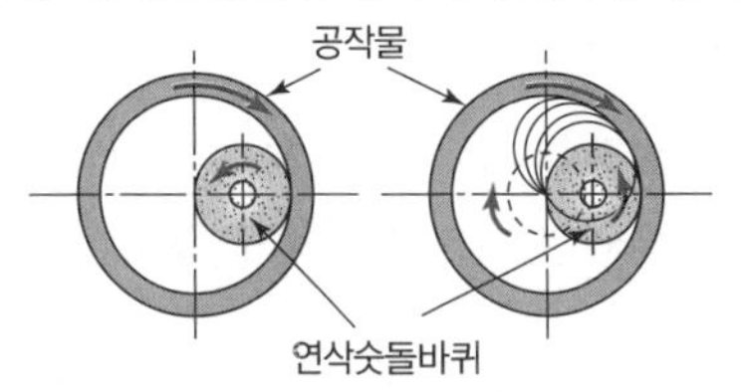

㉡ 보통형 : 가공물과 연삭숫돌에 회전운동을 주어 연삭하는 방식

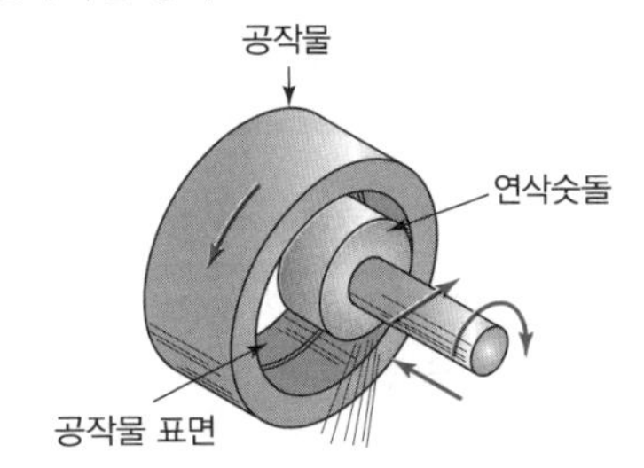

㉢ 센터리스형 : 센터리스 연삭기를 이용하여 가공물을 고정하지 않고, 연삭하는 방식

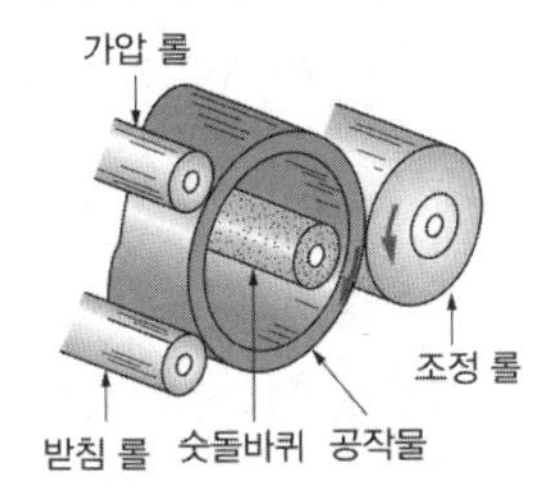

06 다음 중 연삭숫돌의 구성 3요소가 아닌 것은?

① 입자　　② 결합제
③ 형상　　④ 기공

풀이 연삭숫돌의 구성 3요소
- 입자 : 절삭날 역할
- 결합제 : 입자와 입자를 결합하는 역할
- 기공 : 연삭 칩을 운반하는 역할

정답 | 03 ① 04 ① 05 ③ 06 ③

07 센터리스 연삭기에 대한 설명 중 틀린 것은?

① 가늘고 긴 가공물의 연삭에 적합하다.
② 가공물을 연속으로 가공할 수 있다.
③ 조정숫돌과 지지대를 이용하여 가공물을 연삭한다.
④ 가공물 조정은 센터, 척, 자석척 등을 이용한다.

풀이 조정숫돌을 1~5° 기울여 공작물이 회전되면서 자동으로 이송되어 연삭할 수 있다.

08 연삭숫돌의 크기(규격) 표시의 순서가 올바른 것은?

① 바깥지름×구멍지름×두께
② 두께×바깥지름×구멍지름
③ 구멍지름×바깥지름×두께
④ 바깥지름×두께×구멍지름

풀이 숫돌 크기의 표시방법
바깥지름×두께×구멍지름

09 다음과 같은 숫돌바퀴의 표시에서 숫돌입자의 종류를 표시한 것은?

WA 60 K m V

① 60　　② m
③ WA　　④ V

풀이 WA : 숫돌입자, 60 : 입도, K : 결합도, m : 조직, V : 결합제

10 회전하는 원형 테이블에 작은 공작물을 여러 개 올려놓음과 동시에 연삭할 때 주로 사용하는 평면 연삭 방식은?

① 수평 평면 연삭　　② 수직 평면 연삭
③ 플런지 컷형　　④ 회전 테이블 연삭

풀이 회전 테이블 연삭
회전하는 원형 테이블에 작은 공작물을 여러 개 올려 놓고 숫돌을 회전시키면, 동시에 여러 개의 공작물을 연삭할 수 있다.

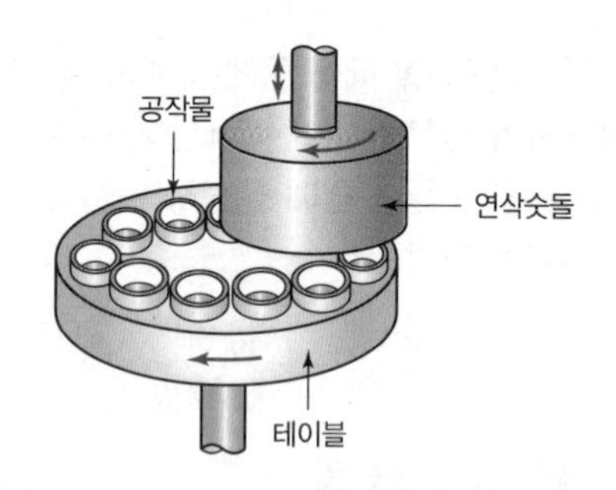

11 연삭작업 시 발생하는 무딤(glazing) 현상의 발생 원인으로 거리가 먼 것은?

① 마찰에 의한 연삭열 발생이 너무 적다.
② 연삭숫돌의 결합도가 높다.
③ 연삭숫돌의 원주속도가 너무 빠르다.
④ 숫돌재료가 공작물 재료에 부적합하다.

풀이 무딤 현상이 발생하면 연삭 진행이 느려지고 연삭열은 줄어들고, 마찰에 의한 마찰열의 발생이 많아진다. → 연삭열 발생이 적어지는 것은 무딤 현상의 원인이 아니라 무딤 현상으로 인해 발생하는 결과이다.

※ 무딤(Glazing) 현상 : 숫돌바퀴의 결합도가 지나치게 높을 때 둔하게 된 숫돌입자가 떨어져 나가지 않거나, 원주속도가 큰 경우에 발생한다.

12 연삭숫돌의 자생작용이 일어나는 순서로 올바른 것은?

① 입자의 마멸 → 생성 → 파쇄 → 탈락
② 입자의 탈락 → 마멸 → 파쇄 → 생성
③ 입자의 파쇄 → 마멸 → 생성 → 탈락
④ 입자의 마멸 → 파쇄 → 탈락 → 생성

풀이 숫돌의 자생작용
- 새로운 숫돌 입자가 형성되는 작용을 말한다.
- 숫돌 입자는 연삭 과정에서 마멸 → 파쇄 → 탈락 → 생성 과정이 되풀이된다.

13 다음 중 내면 연삭기 형식의 종류에 속하지 않는 것은?

① 보통형　　② 유성형
③ 센터리스형　　④ 플랜지컷형

정답 | 07 ④　08 ④　09 ③　10 ④　11 ①　12 ④　13 ④

풀이 플랜지컷형 : 원통의 외경, 단이 있는 면 등을 가공한다.

14 다음과 같은 연삭숫돌 표시 기호 중 밑줄 친 K가 뜻하는 것은?

WA • 60 • K • 5 • V

① 숫돌입자 ② 조직
③ 결합도 ④ 결합제

풀이

WA	60	K	5	V
숫돌입자	입도	결합도	조직	결합제

15 연삭기의 연삭방식 중 외경연삭의 방법에 해당하지 않는 것은?

① 유성형
② 테이블 왕복형
③ 숫돌대 왕복형
④ 플랜지컷형

풀이 유성형 : 내면 연삭 방식(안지름 연삭방식)

16 숫돌입자의 기호 중 경도가 가장 낮은 것은?

① A ② WA
③ C ④ GC

풀이 숫돌입자 경도 비교
GC>C>WA>A

17 연삭숫돌의 결합제의 구비조건이 아닌 것은?

① 입자 간에 기공이 없어야 한다.
② 균일한 조직으로 필요한 형상과 크기로 가공할 수 있어야 한다.
③ 고속회전에도 파손되지 않아야 한다.
④ 연삭열과 연삭액에 대하여 안전성이 있어야 한다.

풀이 ① 입자 간에 기공이 생겨야 한다.

18 연삭조건에 따른 입도의 선정 방법에서 고운 입도의 연삭숫돌을 선정하는 경우는?

① 절삭 깊이와 이송량이 클 때
② 다듬질 연삭 및 공구를 연삭할 때
③ 숫돌과 가공물의 접촉 면적이 클 때
④ 연하고 연성이 있는 재료를 연삭할 때

풀이 고운 입도의 연삭숫돌을 사용하는 작업
- 다듬질 연삭, 공구를 연삭할 때
- 숫돌과 가공물의 접촉 면적이 작을 때
- 경도가 크고 메진 가공물의 연삭

19 결합도가 높은 숫돌을 선정하는 기준으로 틀린 것은?

① 연질 가공물을 연삭 때
② 연삭 깊이가 작을 때
③ 접촉 면적이 작을 때
④ 가공면의 표면이 치밀할 때

풀이 ④ 가공면의 표면이 거칠 때

숫돌의 결합도 선정 기준

구분	결합도가 높은 숫돌 (단단한 숫돌)	결합도가 낮은 숫돌 (연한 숫돌)
공작물 재질	연할 때	단단할 때
숫돌의 원주속도	느릴 때	빠를 때
연삭 깊이	작을 때	클 때
접촉면적	작을 때	클 때
가공 표면	거칠 때	치밀할 때

20 성형 연삭작업을 할 때 숫돌바퀴의 형상이 균일하지 못하거나 가공물의 영향을 받아 숫돌바퀴의 형상이 변화될 때, 연삭숫돌의 외형을 수정하여 정확한 형상으로 가공하는 작업은?

① 로딩 ② 드레싱
③ 트루잉 ④ 그라인딩

정답 | 14 ③ 15 ① 16 ① 17 ① 18 ② 19 ④ 20 ③

풀이 트루잉(truing)

- 연삭 숫돌 입자가 연삭 가공 중에 떨어져 나가거나, 처음의 연삭 단면 형상과 다르게 변하는 경우 원래의 형상으로 성형시켜 주는 것을 말한다.
- 트루잉 작업은 다이아몬드 드레서, 프레스 롤러, 크러시 롤러(crush roller) 등으로 하고, 트루잉 작업과 동시에 드레싱도 함께 하게 된다.

21 여러 가지 부속장치를 사용하여 밀링커터, 엔드밀, 드릴, 바이트, 호브, 리머 등을 연삭할 수 있으며 연삭 정밀도가 높은 연삭기는?

① 만능 공구 연삭기
② 초경 공구 연삭기
③ 특수 공구 연삭기
④ CNC 만능 연삭기

풀이 만능 공구 연삭기 : 절삭공구의 정확한 공구각을 연삭하기 위하여 사용되는 연삭기이며 초경합금공구, 드릴, 리머, 밀링커터, 호브 등을 연삭한다.

22 다음 중 연삭숫돌이 결합하고 있는 결합도의 세기가 가장 큰 것은?

① F ② H
③ M ④ U

풀이 보기에서는 알파벳 순서로 가장 뒤에 있는 "U"가 결합도의 세기가 가장 크다.

호칭	매우 연한 것	연한 것	중간 것	단단한 것	매우 단단한 것
결합도	E, F, G	H, I, J, K	L, M, N, O	P, Q, R, S	T, U, V, W, X, Y, Z

23 바깥지름 연삭기의 이송방법에 해당하지 않는 것은?

① 플런지컷형
② 테이블 왕복형
③ 연삭숫돌대 왕복형
④ 공작물 고정 유성형 연삭

풀이 유성형 연삭은 내면 연삭방식(안지름 연삭방식)이다.

CHAPTER 06 정밀입자가공과 특수가공

01 물이나 경유 등에 연삭 입자를 혼합한 가공액을 공구의 진동면과 일감 사이에 주입시켜 가며 초음파에 의한 상하진동으로 표면을 가공하는 방법은?

① 방전 가공 ② 초음파 가공
③ 전자빔 가공 ④ 화학적 가공

풀이 초음파 가공의 특징

- 방전 가공과는 달리 도체가 아닌 부도체도 가공이 가능하다.
- 주로 소성변형이 없이 파괴되는 유리, 수정, 반도체, 자기, 세라믹, 카본 등을 정밀하게 가공하는 데 사용한다.

02 공작물의 가공액이 담긴 탱크 속에 넣고, 가공할 모양과 같게 만든 전극을 접근시켜 아크(Arc) 발생으로 형상을 가공하는 것은?

① 방전 가공 ② 초음파 가공
③ 레이저 가공 ④ 화학적 가공

풀이 방전가공 : 스파크 가공(spark machining)이라고도 하며, 전기의 양극과 음극이 부딪칠 때 일어나는 스파크로 가공하는 방법이다.

03 다음 중 정밀도가 가장 높은 가공면을 얻을 수 있는 가공법은?

① 호닝 ② 래핑
③ 평삭 ④ 브로칭

풀이 가공면의 정밀도가 높은 순서
래핑 > 호닝 > 브로칭 > 평삭

04 연마제를 가공액과 혼합하여 압축공기와 함께 노즐로 고속 분사시켜 가공물 표면과 충돌시켜 표면을 가공하는 가공법은?

① 래핑(lapping)
② 슈퍼피니싱(superfinishing)

정답 | 21 ① 22 ④ 23 ④ | 01 ② 02 ① 03 ② 04 ③

③ 액체 호닝(liquid honing)

④ 버니싱(burnishing)

풀이 액체 호닝의 용도
- 주조품의 청소 및 산화물 제거
- 도금 및 도장의 바탕 다듬질
- 다이캐스팅 제품, 주형, 다이 등의 거스러미 제거
- 유압장치, 절삭공구의 최종 다듬질

05 호닝에 대한 특징이 아닌 것은?

① 구멍에 대한 진원도, 진직도 및 표면거칠기를 향상시킨다.

② 숫돌의 길이는 가공 구멍 길이의 1/2 이상으로 한다.

③ 혼은 회전운동과 축방향 운동을 동시에 시킨다.

④ 치수 정밀도는 3~10μm로 높일 수 있다.

풀이 숫돌의 길이는 공작물 길이(구멍 깊이)의 1/2 이하로 한다.

06 래핑의 일반적인 특징으로 잘못된 것은?

① 가공면이 매끈한 경면을 얻을 수 있다.

② 가공면은 내식성 · 내마모성이 좋다.

③ 작업방법은 간단하나 대량생산이 어렵다.

④ 정밀도가 높은 제품을 얻을 수 있다.

풀이 래핑은 가공이 간단하고 대량생산이 가능하다.

07 입도가 작고, 연한 숫돌을 작은 압력으로 가공물의 표면에 가압하면서 가공물에 이송을 주고, 동시에 숫돌에 진동을 주어 표면거칠기를 높이는 가공 방법은?

① 슈퍼피니싱 ② 호닝

③ 래핑 ④ 배럴 가공

풀이 슈퍼피니싱 : 미세하고 연한 숫돌을 가공 표면에 가압하고, 공작물에 회전 이송 운동, 숫돌에 진동을 주어 0.5mm 이하의 경면(거울 같은 면) 다듬질에 사용한다.

08 래핑 가공에 대한 설명으로 옳지 않은 것은?

① 래핑은 랩이라고 하는 공구와 다듬질하려고 하는 공작물 사이에 랩제를 넣고 공작물을 누르며 상대운동을 시켜 다듬질하는 가공법을 말한다.

② 래핑 방식으로는 습식래핑과 건식래핑이 있다.

③ 랩은 공작물 재료보다 경도가 낮아야 공작물에 흠집이나 상처를 일으키지 않는다.

④ 건식래핑은 절삭량이 많고 다듬면은 광택이 적어 일반적으로 초기 래핑작업에 많이 사용한다.

풀이 ④ 습식래핑은 절삭량이 많고 다듬면은 광택이 적어 일반적으로 초기 래핑작업에 많이 사용한다.

※ 건식래핑은 랩제만을 사용하는 방법으로 정밀 다듬질용으로 마무리 래핑에 사용된다.

09 방전가공에 대한 일반적인 특징으로 틀린 것은?

① 전기 도체이면 쉽게 가공할 수 있다.

② 전극은 구리나 흑연 등을 사용한다.

③ 방전 가공 시 양극보다 음극의 소모가 크다.

④ 공작물은 양극, 공구는 음극으로 한다.

풀이 ③ 방전 가공 시 음극보다 양극의 소모가 크다.

10 일반적으로 래핑유로 사용하지 않는 것은?

① 경유 ② 휘발유

③ 올리브유 ④ 물

풀이 휘발유 : 래핑유로 사용하지 않는다.(발화의 위험성이 있다.)

11 회전하는 통 속에 가공물, 숫돌입자, 가공액, 컴파운드 등을 함께 넣고 회전시켜 서로 부딪치며 가공되어 매끈한 가공면을 얻는 가공법은?

① 롤러 가공 ② 배럴 가공

③ 숏피닝 가공 ④ 버니싱 가공

정답 | 05 ② 06 ③ 07 ① 08 ④ 09 ③ 10 ② 11 ②

풀이 배럴 가공 : 회전하는 상자에 공작물과 숫돌 입자, 공작액, 콤파운드 등을 함께 넣어 공작물과 입자가 충돌하여 표면의 요철을 제거하며, 매끈한 가공면을 얻는 다듬질 방법이다.

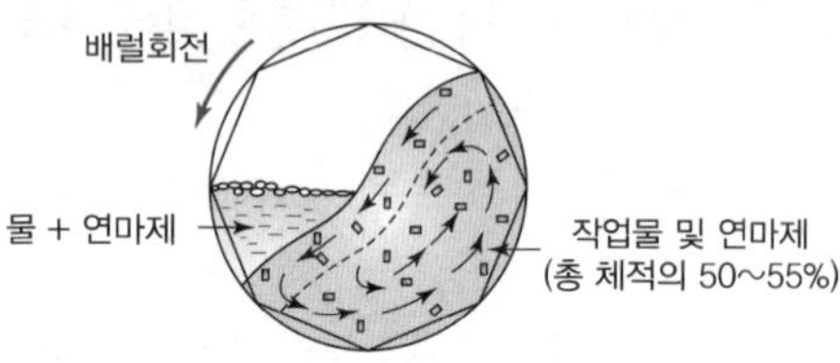

[회전식 배럴에서 공작액의 유동]

12 소재의 피로강도 및 기계적인 성질을 개선하기 위하여 금속으로 만든 작은 덩어리를 가공물 표면에 고속으로 분사하는 가공법은?

① 숏피닝　　② 방전가공
③ 배럴가공　　④ 슈퍼피니싱

풀이 숏피닝 : 경화된 철의 작은 볼을 공작물의 표면에 분사하여 제품의 표면을 매끈하게 하는 동시에 공작물의 피로강도나 기계적 성질을 향상시킨다.

CHAPTER 07 손다듬질 가공

01 탭의 종류 중 파이프 탭(Pipe Tap)으로 가능한 작업으로 적합하지 않은 것은?

① 오일 캡
② 리머의 가공
③ 가스 파이프 또는 파이프 이음
④ 기계 결합용 암나사 가공

풀이 파이프 탭
기계 또는 파이프 이음의 암나사를 만드는 데 사용하는 공구

02 다음 중 탭의 파손 원인으로 틀린 것은?

① 구멍이 너무 작거나 구부러진 경우
② 탭이 경사지게 들어간 경우
③ 너무 느리게 절삭한 경우
④ 막힌 구멍의 밑바닥에 탭의 선단이 닿았을 경우

풀이 ③ 너무 무리하게 힘을 가하거나 빠르게 절삭할 경우

03 작은 지름의 일감에 수나사를 가공할 때 사용하는 공구는?

① 리머　　② 다이스
③ 정　　④ 탭

풀이
- 다이스 : 수나사 가공
- 탭 : 암나사 가공

04 납, 주석, 알루미늄 등의 연한 금속이나 얇은 판금의 가장자리를 다듬질할 때, 가장 적합한 것은?

① 단목　　② 귀목
③ 복목　　④ 파목

풀이 단목 : 납, 주석, 알루미늄 등의 연한 금속이나, 판금의 가장자리를 다듬질 작업할 때 사용한다.

CHAPTER 08 기계재료

01 강을 충분히 가열한 후 물이나 기름 속에 급랭시켜 조직 변태에 의한 재질의 경화를 주목적으로 하는 것은?

① 담금질　　② 뜨임
③ 풀림　　④ 불림

풀이 담금질
- 목적 : 재료의 경도와 강도를 높이기 위한 작업
- 강이 오스테나이트 조직으로 될 때까지 A_1~A_3 변태점보다 30~50℃ 높은 온도로 가열한 후 물이나 기름으로 급랭하여 마텐자이트 변태가 되도록 하는 열처리

정답 | 12 ① | 01 ② 02 ③ 03 ② 04 ① | 01 ①

02 스프링강의 특성에 대한 설명으로 틀린 것은?

① 항복강도와 크리프 저항이 커야 한다.
② 반복하중에 잘 견딜 수 있는 성질이 요구된다.
③ 냉간가공 방법으로만 제조된다.
④ 일반적으로 열처리를 하여 사용한다.

풀이 스프링강에 필요한 성질
- 탄성한계 및 피로강도가 높을 것 → 인(P), 황(S)의 함량이 적을 것
- 크리프 저항성 및 충분한 인성을 가져야 한다. → 소르바이트 조직의 강
- 스프링의 성형 및 열처리가 용이하고, 저가여야 한다.

03 담금질 응력 제거, 치수의 경년변화 방지, 내마모성 향상 등을 목적으로 100~200℃에서 마텐자이트 조직을 얻도록 조작을 하는 열처리 방법은?

① 저온뜨임 ② 고온뜨임
③ 항온풀림 ④ 저온풀림

풀이 저온뜨임 : 담금질 응력 제거, 치수의 경년변화 방지, 내마모성 향상 등을 목적으로 100~200℃에서 마텐자이트 조직을 얻도록 조작을 하는 열처리
예 금형, 치공구 등

04 인장강도가 255~340MPa로 Ca−Si나 Fe−Si 등의 접종제로 접종 처리한 것으로 바탕조직은 펄라이트이며 내마멸성이 요구되는 공작기계의 안내면이나 강도를 요하는 기관의 실린더 등에 사용되는 주철은?

① 칠드주철 ② 미하나이트주철
③ 흑심가단주철 ④ 구상흑연주철

풀이 미하나이트주철
- 쇳물을 제조할 때 선철에 다량의 강철 스크랩을 사용하여 저탄소 주철을 만들고, 여기에 칼슘실리콘(Ca−Si), 페로실리콘(Fe−Si) 등을 첨가하여 조직을 균일화, 미세화한 펄라이트 주철
- 인장강도가 255~340MPa이고, 내마모성이 우수하여 브레이크 드럼, 실린더, 캠, 크랭크축, 기어 등에 사용된다.

05 탄소강에 함유된 원소 중 백점이나 헤어크랙의 원인이 되는 원소는?

① 황(S) ② 인(P)
③ 수소(H) ④ 구리(Cu)

풀이
- 수소(H_2)에 의해 철강 내부에서 헤어크랙과 백점이 생긴다.
- 헤어크랙 : 강재 다듬질 면에 나타나는 머리카락 모양의 미세한 균열
- 백점(흰점) : 강재의 파단면에 나타나는 백색의 광택을 지닌 반점

06 주철에 대한 설명 중 틀린 것은?

① 강에 비하여 인장강도가 작다.
② 강에 비하여 연신율이 작고, 메짐이 있어서 충격에 약하다.
③ 상온에서 소성변형이 잘된다.
④ 절삭가공이 가능하며 주조성이 우수하다.

풀이 주철은 소성변형이 어렵다.

07 특수강을 제조하는 목적으로 적합하지 않은 것은?

① 기계적 성질을 향상시키기 위하여
② 내마멸성을 증대시키기 위하여
③ 취성을 증가시키기 위하여
④ 내식성을 증대시키기 위하여

풀이 ③ 강도와 인성을 증가시키기 위하여
※ 취성(메짐성) : 잘 부서지거나, 잘 깨지는 성질

08 강을 절삭할 때 쇳밥(chip)을 잘게 하고 피삭성을 좋게 하기 위해 황, 납 등의 특수원소를 첨가하는 강은?

① 레일강 ② 쾌삭강
③ 다이스강 ④ 스테인리스강

정답 | 02 ③ 03 ① 04 ② 05 ③ 06 ③ 07 ③ 08 ②

풀이 쾌삭강 : 강에 황(S), 납(Pb)를 첨가하여 피삭성을 좋게 만드는 특수강

09 열처리방법 중에서 표면경화법에 속하지 않는 것은?

① 침탄법 ② 질화법
③ 고주파경화법 ④ 항온열처리법

풀이 항온열처리 : 변태점 이상으로 가열한 강을 보통의 열처리와 같이 연속적으로 냉각하지 않고 염욕 중에 담금질하여 그 온도에 일정한 시간 항온으로 유지하였다가 냉각하는 열처리

10 열처리란 탄소강을 기본으로 하는 철강에서 매우 중요한 작업이다. 열처리의 특성을 잘못 설명한 것은?

① 내부의 응력과 변형을 감소시킨다.
② 표면을 연화시키는 등 성질을 변화시킨다.
③ 기계적 성질을 향상시킨다.
④ 강의 전기적 · 자기적 성질을 향상시킨다.

풀이 ② 표면을 연화하지 않고 강화한다.

11 강의 표면 경화법으로 금속 표면에 탄소(C)를 침입 고용시키는 방법은?

① 질화법 ② 침탄법
③ 화염경화법 ④ 숏피닝

풀이 침탄법
- 저탄소강으로 만든 제품의 표층부에 탄소를 투입시킨 후 담금질하여 표층부만을 경화하는 표면 경화법의 일종
- 종류 : 고체 침탄법, 가스 침탄법, 액체 침탄법

12 탄소강에 함유된 5대 원소는?

① 황, 망간, 탄소, 규소, 인
② 탄소, 규소, 인, 망간, 니켈
③ 규소, 탄소, 니켈, 크롬, 인
④ 인, 규소, 황, 망간, 텅스텐

풀이 탄소강에 함유된 5대 원소
탄소(C), 규소(Si), 망간(Mn), 인(P), 황(S)
※ '망인규탄은 황당한 일'로 암기

13 비자성체로서 Cr과 Ni를 함유하며 일반적으로 18-8 스테인리스강이라 부르는 것은?

① 페라이트계 스테인리스강
② 오스테나이트계 스테인리스강
③ 마텐자이트계 스테인리스강
④ 펄라이트계 스테인리스강

풀이 오스테나이트계 스테인리스강
- 18-8 스테인리스강이라 부르기도 한다.
- 내식성이 뛰어나다.
- 가공성이나 용접성이 좋다.
- 가공경화가 일어나기 쉽다.

14 열처리 방법 및 목적으로 틀린 것은?

① 불림-소재를 일정 온도로 가열 후 공랭시킨다.
② 풀림-재질을 단단하고 균일하게 한다.
③ 담금질-급랭시켜 재질을 경화시킨다.
④ 뜨임-담금질된 것에 인성을 부여한다.

풀이 풀림 : 재료를 연하게 하거나 내부응력을 제거할 목적으로 강을 오스테나이트 조직이 될 때까지 가열한 후 노나 재 속에서 서서히 냉각시키는 조작

15 철-탄소계 상태도에서 공정 주철은?

① 4.3%C ② 2.1%C
③ 1.3%C ④ 0.86%C

풀이
- 아공정 주철 : 2.11~4.3%C
- 공정 주철 : 4.3%C
- 과공정 주철 : 4.3~6.67%C

16 주철의 결점인 여리고 약한 인성을 개선하기 위하여 먼저 백주철의 주물을 만들고, 이것을 장시간 열처리하여 탄소의 상태를 분해 또는 소실시켜 인성 또는 연성을 증가시킨 주철은?

정답 | 09 ④ 10 ② 11 ② 12 ① 13 ② 14 ② 15 ① 16 ④

① 보통주철　　② 합금주철
③ 고급주철　　④ 가단주철

풀이 가단 주철[可(가 : 가능하다)鍛(단 : 두드리다)鑄鐵(주철 : 쇠를 부어 만든 철] : 고탄소 주철로서 회주철과 같이 주조성이 우수한 백선 주물을 만들고 열처리함으로써 강인한 조직으로 만들어 단조를 가능하게 한 주철

17 탄소강에 함유되는 원소 중 강도, 연신율, 충격치를 감소시키며 적열취성의 원인이 되는 것은?

① Mn　　② Si
③ P　　④ S

풀이 적열취성
강의 온도 900℃ 이상에서 황(S)이나 산소가 철과 화합하여 산화철(FeO)이나 황화철(FeS)을 만든다. 이때 황화철은 그림처럼 강 입자의 경계에 결정립계로 나타나게 되는데, 상온에서는 그 해가 작지만 고온에서는 황화철이 녹아 강을 여리게(무르게) 만들어 단조할 수 없는 취성을 강이 갖게 되는데 이것을 적열취성이라 한다. 망간(Mn)을 첨가하면 황화망간(MnS)을 형성하여 적열취성을 방지하는 효과를 얻을 수 있다.

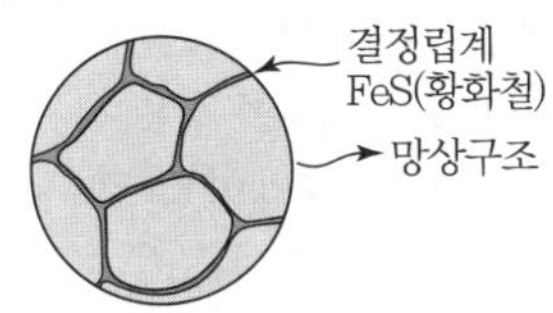

18 다음 중 청동의 주성분 구성은?

① Cu－Zn 합금　　② Cu－Pb 합금
③ Cu－Sn 합금　　④ Cu－Ni 합금

풀이 청동 : 구리(Cu)+주석(Zn)

19 황동은 어떤 원소의 2원 합금인가?

① 구리와 주석　　② 구리와 망간
③ 구리와 납　　④ 구리와 아연

풀이 황동 : 구리(Cu)+아연(Zn)

20 알루미늄의 특성에 대한 설명 중 틀린 것은?

① 내식성이 좋다.
② 열전도성이 좋다.
③ 순도가 높을수록 강하다.
④ 가볍고 전연성이 우수하다.

풀이 Al은 순도가 높으면 전연성이 크고, 강도 · 경도는 작다.

21 구리의 일반적 특성에 관한 설명으로 틀린 것은?

① 전연성이 좋아 가공이 용이하다.
② 전기 및 열의 전도성이 우수하다.
③ 화학적 저항력이 작아 부식이 잘 된다.
④ Zn, Sn, Ni, Ag 등과는 합금이 잘 된다.

풀이 구리의 성질
- 비중 8.96, 용융점 1,083℃이다.
- 전기, 열의 양도체이다.
- 유연하고 전연성이 좋으므로 가공이 용이하다.
- 화학적으로 저항력이 커서 부식되지 않는다.(암모니아염에는 약하다.)
- 아름다운 광택과 귀금속적 성질이 우수하다.
- Zn, Sn, Ni, Ag 등과 용이하게 합금을 만든다.

22 구리에 니켈 40~50% 정도를 함유하는 합금으로서 통신기, 전열선 등의 전기저항 재료로 이용되는 것은?

① 모넬메탈　　② 콘스탄탄
③ 엘린바　　④ 인바

풀이 콘스탄탄 : Cu－Ni 45% 합금으로 표준저항선으로 사용된다.

23 Al－Cu－Mg－Mn의 합금으로 시효경화 처리한 대표적인 알루미늄 합금은?

① 두랄루민　　② Y－합금
③ 코비탈륨　　④ 로－엑스 합금

풀이 두랄루민 : Al－Cu－Mg－Mn계, 강재와 비슷한 인장강도, 항공기나 자동차 등에 사용

정답 | 17 ④ 18 ③ 19 ④ 20 ③ 21 ③ 22 ② 23 ①

24 황동의 연신율이 가장 클 때 아연(Zn)의 함유량은 몇 % 정도인가?

① 30 ② 40
③ 50 ④ 60

풀이
- 7−3 황동(Cu : 70%, Zn : 30%) : 연신율이 가장 크다.
- 6−4 황동(Cu : 60%, Zn : 40%) : 인장강도가 가장 크다.

25 5~20% Zn의 황동으로 강도는 낮으나 전연성이 좋고 황금색에 가까우며 금박 대용, 황동 단추 등에 사용되는 구리 합금은?

① 톰백 ② 문쯔메탈
③ 델타메탈 ④ 주석황동

풀이 톰백 : 아연을 5~20% 함유한 α 황동으로 빛깔이 금에 가깝고 연성이 크므로 금박, 금분, 불상, 화폐 제조 등에 사용한다.

26 내열용 알루미늄 합금 중에 Y합금의 성분은?

① 구리, 납, 아연, 주석
② 구리, 니켈, 망간, 주석
③ 구리, 알루미늄, 납, 아연
④ 구리, 알루미늄, 니켈, 마그네슘

풀이 Y합금 : Al+Cu+Ni+Mg의 합금으로 내열성 우수
예 내연기관 실린더
※ '알쿠니마'(아이구 넘아~)로 암기

27 내식용 Al 합금이 아닌 것은?

① 알민(Almin)
② 알드레이(Aldrey)
③ 하이드로날륨(Hydronalium)
④ 코비탈륨(Cobitalium)

풀이 내식성 Al 합금 : 알민, 알드레이, 하이드로날륨

28 다이캐스팅 알루미늄 합금으로 요구되는 성질 중 틀린 것은?

① 유동성이 좋을 것
② 금형에 대한 점착성이 좋을 것
③ 열간 취성이 적을 것
④ 응고수축에 대한 용탕 보급성이 좋을 것

풀이 ② 금형에 점착(용착)되지 않을 것

29 주조용 알루미늄 합금이 아닌 것은?

① Al−Cu계 ② Al−Si계
③ Al−Zn−Mg계 ④ Al−Cu−Si계

풀이
- Al−Cu계, Al−Si계, Al−Cu−Si계, Al−Mg계 : 주조용 알루미늄 합금
- 초초두랄루민(Al−Cu−Zn−Mg계) : 가공용 알루미늄 합금

30 공구강의 구비조건 중 틀린 것은?

① 강인성이 클 것
② 내마모성이 작을 것
③ 고온에서 경도가 클 것
④ 열처리가 쉬울 것

풀이 공구재료의 구비조건
- 상온 및 고온 경도가 높을 것
- 강인성 및 내마모성이 클 것
- 가공 및 열처리가 쉬울 것
- 내충격성이 우수할 것
- 마찰계수가 작을 것

31 WC를 주성분으로 TiC 등의 고융점 경질 탄화물 분말과 Co, Ni 등의 인성이 우수한 분말을 결합재로 하여 소결 성형한 절삭공구는?

① 세라믹 ② 서멧
③ 주조경질합금 ④ 소결초경합금

풀이 소결초경합금
- 탄화물 분말[탄화텅스텐(WC), 탄화티타늄(TiC), 탄화탈탄늄(TaC)]을 비교적 인성이 있는 코발트

정답 | 24 ① 25 ① 26 ④ 27 ④ 28 ② 29 ③ 30 ② 31 ④

(Co), 니켈(Ni)을 결합제로 하여 압축소결한다.
- 고온, 고속절삭에서도 경도를 유지함으로써 절삭 공구로서 성능이 우수하다.

32 주조경질합금의 대표적인 스텔라이트의 주성분을 올바르게 나타낸 것은?

① 몰리브덴－바나듐－탄소－티탄
② 크롬－탄소－니켈－마그네슘
③ 탄소－텅스텐－크롬－알루미늄
④ 코발트－크롬－텅스텐－탄소

풀이 주조경질합금(스텔라이트)
- 주조한 상태의 것을 연삭하여 가공하기 때문에 열처리가 불필요하다.
- 절삭속도는 고속도강의 2배이며, 사용 온도는 800℃까지 가능하다.
- 코발트(Co)－크롬(Cr)－텅스텐(W) 합금으로, Co가 주성분이다.
  ※ 암기법－주조(술)는 코크통에 넣어라.

33 유리섬유에 합침(含浸)시키는 것이 가능하기 때문에 FRP(Fiber Reinforced Plastic)용으로 사용되는 열경화성 플라스틱은?

① 폴리에틸렌계
② 불포화 폴리에스테르계
③ 아크릴계
④ 폴리염화비닐계

풀이 섬유강화 플라스틱(FRP, Fiber Reinforced Plastic)
- 플라스틱을 기지로 하여 내부에 강화섬유를 함유시킴으로써 비강도를 높인 복합재료
- GFRP : 기지[플라스틱(불포화에폭시, 불포화폴리에스테르 등)]＋강화재(유리섬유)
- CFRP : 기지[플라스틱(불포화에폭시, 불포화폴리에스테르 등)]＋강화재(탄소섬유)

34 열가소성 수지가 아닌 재료는?

① 멜라민 수지　② 초산비닐 수지
③ 폴리에틸렌 수지　④ 폴리염화비닐 수지

풀이 플라스틱(합성수지)의 종류
- 열가소성 수지 : 폴리에틸렌 수지(PE), 폴리프로필렌 수지(PP), 폴리염화비닐 수지(PVC), 폴리스티렌 수지(PS), 아크릴 수지(PMMA), ABS 수지
- 열경화성 수지 : 페놀 수지(PF), 불포화 폴리에스테르 수지(UP), 멜라민 수지 (MF), 요소 수지 (UF), 폴리우레탄(PU), 규소수지(Silicone), 에폭시 수지(EP)

35 내열성과 내마모성이 크고 온도 600℃ 정도까지 열을 주어도 연화되지 않는 특징이 있으며, 대표적인 것으로 텅스텐(18%), 크롬(4%), 바나듐(1%)으로 조성된 강은?

① 합금공구강　② 다이스강
③ 고속도공구강　④ 탄소공구강

풀이 고속도공구강의 성분 : 텅스텐－크롬－바나듐 ('텅크바'로 암기)

36 Al_2O_3 분말 약 70%에 TiC 또는 TiN 분말을 30% 정도 혼합하여 수소 분위기 속에서 소결하여 제작한 절삭공구의 재료는 무엇인가?

① 다이아몬드　② 서멧
③ 고속도강　④ 초경합금

풀이 서멧
- 세라믹(ceramic)＋금속(metal)의 복합재료[알루미나(Al_2O_3) 분말 70%에 탄화티타늄(TiC) 분말 30%를 정도 혼합]
- 세라믹의 취성을 보안하기 위하여 개발된 소재이다.
- 고온에서 내마모성, 내산화성이 높아 고정밀도의 고속절삭이 가능하다.

37 일반적인 합성수지의 공통된 성질로 가장 거리가 먼 것은?

① 가볍다.
② 착색이 자유롭다.
③ 전기절연성이 좋다.
④ 열에 강하다.

풀이 ④ 열에 약하다.

정답 | 32 ④ 33 ② 34 ① 35 ③ 36 ② 37 ④

38 인공합성 절삭공구재료로 고속작업이 가능하며, 난삭재료, 고속도강, 담금질강, 내열강 등의 절삭에 적합한 공구재료는?

① 서멧　　② 세라믹
③ 초경합금　　④ 입방정 질화붕소

풀이 입방정 질화붕소(CBN) 공구
- CBN 분말을 초고온, 초고압에서 소결시킨다.
- 입방정 질화붕소로서 철 안의 탄소와 화학반응이 전혀 일어나지 않아 난삭재료, 고속도강, 담금질강, 내열강 등의 절삭에 이상적이다.
- 다이아몬드 다음으로 단단하여, 현재 가장 많이 사용되는 공구 소재이다.

정답 | 38 ④

PART 05

안전관리

CHAPTER 001 기계가공 시 안전사항 ………………… 325

CHAPTER 002 CNC 기계가공 시 안전사항 ……… 328

CHAPTER 003 CNC 장비 유지관리 …………………… 330

■ **PART 05 핵심기출문제** ……………………………… 332

CHAPTER 001

기계가공 시 안전사항

CRAFTSMAN COMPUTER AIDED MILLING

SECTION 01 선반작업 시 안전사항

① 장비 사용 전 정상 구동상태 및 이상 여부를 확인한다.
② 가공물을 설치할 때는 전원을 끄고 장착한다.
③ 바이트는 기계를 정지시킨 다음에 설치한다.
④ 작업자의 안전을 위해 작업복, 안전화, 안경 등은 착용하고 작업한다.
⑤ 작업자의 안전을 위해 장갑은 착용하지 않는다.
⑥ 가공 중 비산되는 칩으로부터 눈을 보호하기 위해 보안경을 착용한다.
⑦ 바이트는 너무 길게 설치하지 않는다.
⑧ 편심된 가공물은 균형추를 부착시킨다.
⑨ 돌리개는 적당한 크기의 것을 선택하여 사용한다.
⑩ 회전 중 속도를 변경할 때는 주축이 정지한 다음 변경한다.
⑪ 작업 중 칩의 처리는 기계를 멈추고 한다.
⑫ 센터 구멍을 뚫을 때에는 공작물의 회전수를 빠르게 한다.
⑬ 홈 깎기 바이트의 길이 방향 여유각과 옆면 여유각은 양쪽이 같게 연삭한다.
⑭ 양 센터 작업 시 심압대 센터 끝에 그리스를 발라 공작물과의 마찰을 적게 한다.

SECTION 02 밀링작업 시 안전사항

① 작업하기 전에 기계 상태를 사전 점검한다.
② 기계를 사용하기 전에 윤활부분에 적당량의 윤활유를 주입한다.
③ 절삭공구나 공작물을 설치할 때는 전원을 끄거나 완전히 정지시키고 실시한다.

④ 공작물 고정 시 높이를 맞추기 위하여 평행블록을 사용한다.
⑤ 공작물을 측정할 때는 반드시 주축을 정지한다.
⑥ 테이블 위에는 측정기나 공구류를 올려놓지 않는다.
⑦ 엔드밀과 드릴의 돌출 길이는 되도록 짧게 고정한다.
⑧ 주축 회전수의 변환은 주축이 완전히 정지한 후에 실시한다.
⑨ 정면 커터 작업 시에는 칩이 튀어나오므로 칩 커버를 설치하는 것이 좋다.
⑩ 정면 커터로 가공할 때는 칩이 작업자의 반대쪽으로 날아가도록 공작물을 이송한다.
⑪ 가공할 때는 보안경을 착용하여 눈을 보호한다.
⑫ 절삭 중에는 면장갑을 착용하지 않고, 측정할 때에는 착용한다.
⑬ 밀링 칩은 예리하므로 직접 손을 대지 말고 청소용 솔 등으로 제거한다.
⑭ 주축 회전 중에 커터 주위에 손을 대거나 브러시를 사용하여 칩을 제거해서는 안 된다.
⑮ 가공 후 거스러미를 반드시 제거한다.
⑯ 절삭 날은 양호한 것을 사용하며, 마모된 것은 재연삭 또는 교환하여야 한다.
⑰ 기계 가동 중에는 자리를 이탈하지 않는다.
⑱ 작업 중 위험한 상황이 발생하면 비상정지버튼을 누른다.

SECTION 03 기타 기계가공 시 안전사항

1 연삭작업 시 안전사항

① 연삭기 덮개의 노출각도는 90°이거나 전체 원주의 1/4을 초과하지 않아야 한다.
② 연삭숫돌을 설치 후 3분 정도 공회전을 시켜 이상 유무를 확인한다.
③ 사용 전에 연삭숫돌을 점검하여 숫돌의 균열 여부를 파악한 후 사용한다.
④ 연삭숫돌과 받침대의 간격은 3mm 이하로 유지한다.
⑤ 작업 시는 연삭숫돌의 정면에서 150° 정도 비켜서서 작업한다.
⑥ 가공물은 급격한 충격을 피하고 점진적으로 접촉시킨다.
⑦ 작업 시 연삭숫돌의 측면을 사용하여 작업하지 않는다.
⑧ 소음이나 진동이 심하면 즉시 작업을 중지한다.
⑨ 연삭작업 시는 반드시 해당 보호구(보안경, 방진마스크)를 착용하여야 한다.
⑩ 연삭숫돌의 교환은 지정된 공구를 사용한다.

2 드릴작업 시 안전사항

① 드릴작업 전 드릴이 고정되어 있는지 확인한다.
② 드릴을 고정하거나 풀 때는 주축이 완전히 멈춘 후에 한다.
③ 장갑을 끼고 작업하지 않는다.
④ 작업 중 보안경을 착용한다.
⑤ 일감을 정확하게 고정한다.
⑥ 얇은 판에 구멍을 뚫을 때에는 나무판을 밑에 받치고 작업한다.
⑦ 드릴을 회전시킨 후에는 테이블을 조정하거나 고정하지 않는다.
⑧ 드릴이 회전 중일 때는 칩을 입으로 불거나 손으로 털지 않는다.
⑨ 큰 구멍을 가공 할 때에는 먼저 작은 구멍을 뚫는다.
⑩ 드릴 이송 레버에 파이프를 걸고 무리하게 돌리지 않는다.
⑪ 전기드릴을 사용할 때는 반드시 접지를 하여 사용한다.

3 일반공구 사용 시 안전사항

① 공구는 사용 전에 이상이 없는지 반드시 확인하고 사용한다.
② 불완전한 공구는 절대로 사용하지 않는다.
③ 공구는 사용 중에 고장이 나거나 구부러지는 경우 즉시 교체 후 사용한다.
④ 공구는 일정한 장소에 보관하여 작업공간이 정리될 수 있도록 한다.
⑤ 공구를 진동 등이 있는 기계 위나 떨어지기 쉬운 장소에 놓지 않아야 한다.
⑥ 공구에 오염원 또는 기름이 묻었을 때에는 깨끗하게 닦고 사용한다.
⑦ 공구는 각각의 용도가 정해져 있으므로 용도에 맞지 않는 공구는 사용하지 않아야 한다.
⑧ 공구는 되도록 짧게 물려서 사용한다.

4 사업장에서 사업주가 지켜야 할 질병 예방 대책

① 건강에 관한 정기교육을 실시한다.
② 근로자의 건강진단을 빠짐없이 실시한다.
③ 사업장 환경 개선을 통한 쾌적한 작업환경을 조성한다.

5 작업장 안전사항

① 방전가공 작업자의 발판을 고무 매트로 만든다.
② 로봇의 회전반경을 작업장 바닥에 페인트로 표시한다.
③ 무인반송차(AGV) 이동 통로를 황색 테이프로 표시하여 주의하도록 한다.
④ 레이저 가공 시 전원이 보안경을 착용하도록 한다.

CHAPTER 002

CNC 기계가공 시 안전사항

CRAFTSMAN COMPUTER AIDED MILLING

SECTION 01 CNC 선반작업 시 안전사항

① 전원을 순서대로 공급하고 차단한다.
② 운전 및 조작은 순서에 의하여 한다.
③ 기계의 전원을 켜기 전에는 각종 버튼과 스위치의 위치를 확인한다.
④ 운전하기 전에 비상시를 대비하여 피드홀드 스위치나 비상정지 스위치 위치를 확인한다.
⑤ 작업하기 전에 프로그램의 이상 유무와 좌표계 설정이 정확한지 확인한다.
⑥ 공작물을 고정한 다음 회전시키면서 공작물의 중심이 잘 맞았는지 점검한다.
⑦ 절삭 가공 중에 반드시 보안경을 착용한다.
⑧ 툴링(tooling) 시 프로그램 원점의 위치를 확인하고, 충돌 사고에 유의한다.
⑨ 소프트조 가공 시 척킹(chucking) 압력을 조정해야 한다.
⑩ 나사 가공 중에는 이동, 정지 버튼을 누르지 않는다.
⑪ 홈 바이트로 절단할 때에는 좌우로 이동하면서 절단하면 안 된다.
⑫ 지름에 비하여 긴 일감을 가공할 때는 한쪽 끝을 심압대로 고정하여 가공한다.
⑬ 절삭유의 비산을 방지하기 위하여 문(door)을 닫는다.
⑭ 절삭 칩의 제거는 반드시 청소용 솔이나 브러시를 이용한다.
⑮ 바이트는 너무 길게 설치하지 않는다.
⑯ 치수 검사는 공작물의 회전이 완전히 멈춘 다음 측정한다.
⑰ 공구 교환 위치는 공작물과 충돌하지 않는 위치로 한다.
⑱ 가공 작업 중 칩이 감겨버리면 이송 및 작업을 정지하고, 안전한 영역에서 제거한다.

SECTION 02 머시닝 센터 작업 시 안전사항

① 기계에 전원 투입 후 안전 위치에서 저속으로 원점 복귀한다.
② 핸들 운전 시 기계에 무리한 힘이 전달되지 않도록 핸들을 천천히 돌린다.
③ 위험 상황에 대비하여 항상 비상정지 스위치를 누를 수 있도록 준비한다.
④ 작업 중 회전하는 공구에 칩이 붙었을 경우 기계를 정지하고 칩 제거 도구를 사용하여 제거한다.
⑤ 작업 중 공구나 일감에 붙는 절삭 칩의 처리방법
㉠ 고압의 압축공기를 이용하여 불어낸다.
㉡ 칩이 가루로 배출되는 경우는 집진기로 흡입한다.
㉢ 많은 양의 절삭유를 공급하여 칩이 흘러내리게 한다.

SECTION 03 CNC 공작기계의 안전사항

① 전원은 순서대로 공급하고 끌 때에는 역순으로 한다.
② 기계 가공하기 전에 일상 점검에 유의하고 윤활유 양이 적으면 보충한다.
③ 작업 시에는 보안경, 안전화 등 보호장구를 착용하여야 한다.
④ 강전반 및 CNC 유닛은 어떠한 충격도 주지 말아야 한다.
⑤ MDI로 프로그램을 입력할 때 입력이 끝나면 반드시 확인하여야 한다.
⑥ 일감의 재질과 공구의 재질 및 종류에 따라 회전수와 절삭속도를 결정하여 프로그램을 작성한다.
⑦ 충돌 사고에 유의하여 좌표계 설정을 확인한다.
⑧ 소수점 입력 여부를 확인한다.
⑨ 좌표계 설정이 맞는가 확인한다.
⑩ 그래픽 기능으로 공구 경로를 확인한다.
⑪ 절삭 공구, 바이스 및 공작물은 정확하게 고정하고 확인한다.
⑫ 습동유 등의 윤활 상태를 확인한다.
⑬ 모든 기능 버튼이 올바른 위치에 있는지 확인한다.
⑭ 충돌의 위험이 있을 때에는 전원 스위치를 눌러 기계를 정지시킨다.
⑮ 절삭 칩의 제거는 브러시나 청소용 솔을 사용한다.

CHAPTER

003 CNC 장비 유지관리

CRAFTSMAN COMPUTER AIDED MILLING

SECTION 01 일상점검

1 매일점검

① 외관 점검 : 공구의 파손이나 마모상태, 베드면에 습동유가 나오는지 손으로 확인
② 유량 점검
③ 압력 점검
④ 각부의 작동상태 점검

2 매월점검

① 각부의 필터 점검
② 각부의 팬 모터 점검
③ 그리스유 주입
④ 백래시 보정

3 매년점검

① 기계 레벨(수평) 점검
② 기계 정도 점검
③ 절연상태 점검

4 육안검사 시 확인사항

① 공작물은 정확히 고정되어 있는가?
② 윤활유 탱크에 윤활유량은 적당한가?
③ 공기압은 충분히 유지하고 있는가?
④ 절삭유량은 적당한가?
⑤ 전기회로의 정상 상태 유무는 해당되지 않는다.

SECTION 02 경보의 종류와 해제

1 기계가공 중 기계의 이상 및 경보(alarm)가 발생한 경우

① 비상 스위치를 누르고 작업을 중지한다.
② 기계가공이 안 된다고 무조건 전원을 끄면 안 된다.
③ 경보등이 점등되었는지 확인한다.
④ 발생한 알람의 내용을 확인한 후 경보를 해제한다.
⑤ 프로그램의 이상 유무를 하나씩 확인하여 원인을 찾는다.
⑥ 간단한 내용은 조작 설명서에 따라 조치하고 안 되면 전문가에게 의뢰한다.
⑦ 중대한 결함이 발생한 경우 전문가와 협의한다.
⑧ 아무런 조치를 하지 않고 작업을 계속 진행하면 안 된다.

2 경보(알람)의 종류

① EMERGENCY STOP SWITCH ON : 비상정지 스위치 ON 알람
⇒ 비상정지 스위치를 돌려 알람 해제
② LUBR TANK LEVEL LOW ALARM : 윤활유 부족 알람
⇒ 윤활유 보충 후 알람 해제
③ THERMAL OVERLOAD TRIP ALARM : 과부하로 인한 over load trip
④ P/S_ALARM : 프로그램 알람
⇒ 알람 일람표에서 원인 확인 후 수정
⑤ OT ALARM : 금지영역 침범(OVER TRAVEL) 알람
⇒ 이송축을 안전위치로 이동
⑥ EMERGENCY L/S ON : 비상정지 리밋 스위치 작동 알람
⑦ SPINDLE ALARM : 주축 모터의 과열, 주축 모터의 과부하 · 과전류 알람
⑧ TORQUE LIMIT ALARM : 충돌로 인한 안전핀 파손
⇒ A/S 연락
⑨ AIR PRESSURE ALARM : 공기압 부족 알람
⇒ 공기압을 높인 후 알람 해제
⑩ 축 이동이 안 됨 : 머신록 스위치 ON, 인터록 상태 알람
⇒ 머신록 스위치 OFF 후 알람 해제
⑪ LUBRICATION LOW ALARM : 습동유(X축, Y축, Z축 베드에 사용되는 작동윤활유) 부족 알람
⇒ 습동유 보충 후 알람 해제

PART

05 핵심기출문제

CRAFTSMAN COMPUTER AIDED MILLING

CHAPTER 01 기계가공 시 안전사항

01 연삭 작업할 때의 유의 사항으로 틀린 것은?

① 연삭숫돌을 사용하기 전에 반드시 결함 유무를 확인해야 한다.
② 테이퍼부는 수시로 고정 상태를 확인한다.
③ 정밀연삭을 하기 위해서는 기계의 열팽창을 막기 위해 전원투입 후 곧바로 연삭한다.
④ 작업을 할 때에는 분진이 심하므로 마스크와 보안경을 착용한다.

풀이 연삭숫돌을 설치 후 3분 정도 공회전을 시켜 이상 유무를 확인한다.

02 선반작업 시 안전사항으로 틀린 것은?

① 칩이나 절삭유의 비산을 방지하기 위해 플라스틱 덮개를 부착한다.
② 절삭가공을 할 때에는 보안경을 착용하여 눈을 보호한다.
③ 절삭작업을 할 때에는 면장갑을 착용하고 작업한다.
④ 척이 회전하는 동안에 일감이 튀어나오지 않도록 확실히 고정한다.

풀이 절삭 중에는 면장갑을 착용하지 않고, 칩 제거 또는 측정할 때에는 착용한다.

03 선반작업에서 안전 및 유의 사항에 대한 설명으로 틀린 것은?

① 일감을 측정할 때는 주축을 정지시킨다.
② 바이트를 연삭할 때는 보안경을 착용한다.
③ 홈 바이트는 가능한 한 길게 고정한다.
④ 바이트는 주축을 정지시킨 다음 설치한다.

풀이 공구는 되도록 짧게 물려서 사용한다.

04 기계 설비의 산업재해 예방 중 가장 바람직한 것은?

① 위험 상태의 제거
② 위험 상태의 삭감
③ 위험에의 적응
④ 보호구의 착용

풀이 위험 상태의 제거가 기계 설비의 산업재해 예방 중 가장 바람직하다.

05 선반작업 시 일반적인 안전수칙 중 잘못된 것은?

① 작업 중 일감이 튀어나오지 않도록 확실히 고정시킨다.
② 작업 중 회전 공작물에 말려들지 않도록 복장을 단정하게 한다.
③ 절삭가공을 할 때에는 반드시 보안경을 착용하여 눈을 보호한다.
④ 바이트는 가공시간의 절약을 위해 가공 중에 교환한다.

정답 | 01 ③ 02 ③ 03 ③ 04 ① 05 ④

풀이 • 바이트는 기계를 정지시킨 다음에 설치한다.
• 바이트는 너무 길게 설치하지 않는다.

06 선반작업의 안전사항에 대한 내용 중 틀린 것은?

① 작업 중 칩의 처리는 기계를 멈추고 한다.
② 절삭공구는 될 수 있으면 길게 설치한다.
③ 면장갑을 끼고 작업해서는 안 된다.
④ 회전 중 속도를 변경할 때는 주축이 정지한 다음 변경한다.

풀이 ② 절삭공구는 될 수 있으면 짧게 설치한다.

07 작업상 안전수칙과 가장 거리가 먼 것은?

① 연삭기의 커버가 없는 것은 사용을 금한다.
② 드릴 작업 시 작은 일감은 손으로 잡고 한다.
③ 프레스 작업 시 형틀에 손이 닿지 않도록 한다.
④ 용접 전에는 반드시 소화기를 준비한다.

풀이 드릴 작업 시 작은 일감이라고 하더라도 정확하게 고정하여 작업한다.

08 다음 중 드릴작업에 있어 안전사항에 관한 설명으로 옳지 않은 것은?

① 장갑을 끼고 작업하지 않는다.
② 드릴을 회전시킨 후에는 테이블을 조정하지 않도록 한다.
③ 얇은 판에 구멍을 뚫을 때에는 나무판을 밑에 받치고 구멍을 뚫도록 해야 한다.
④ 가공 중 드릴 끝이 마모되어 이상한 소리가 나면 공구의 이송속도를 더욱 크게 한다.

풀이 가공 중 드릴 끝이 마모되어 이상한 소리가 나면 주축이 완전히 멈추게 한 후에 드릴을 교체한다.

09 다음 중 밀링가공의 작업 안전에 관한 설명으로 틀린 것은?

① 절삭 중 작업화를 착용한다.
② 절삭 중 보안경을 착용한다.
③ 절삭 중 장갑을 착용하지 않는다.
④ 칩(chip) 제거는 절삭 중 브러시를 사용한다.

풀이 작업 중 회전하는 공구에 칩이 부착되었을 경우 기계를 정지시키고 칩 제거 도구를 사용하여 제거한다.

10 다음 중 선반작업에서 방호조치로 적합하지 않은 것은?

① 긴 일감 가공 시 덮개를 부착한다.
② 작업 중 급정지를 위해 역회전 스위치를 설치한다.
③ 칩이 짧게 끊어지도록 칩브레이커를 둔 바이트를 사용한다.
④ 칩이나 절삭유 등의 비산으로부터 보호를 위해 이동용 실드를 설치한다.

풀이 작업 중 급정지를 위해서 비상스위치가 존재한다.

11 다음 중 밀링작업 시 안전사항으로 잘못된 것은?

① 회전하는 커터에 손을 대지 않는다.
② 절삭 중에는 면장갑을 착용하지 않는다.
③ 칩을 제거할 때에는 장갑을 끼고 손으로 한다.
④ 가공을 할 때에는 보안경을 착용하여 눈을 보호한다.

풀이 장갑을 착용하고 칩 제거 전용 도구를 사용하여 칩을 제거한다.

정답 | 06 ② 07 ② 08 ④ 09 ④ 10 ② 11 ③

12 다음 중 밀링가공 시 작업안전에 대한 설명으로 틀린 것은?

① 작업 중에는 긴급 상황이라도 손으로 주축을 정지시키지 않는다.
② 안전화, 보안경 등 작업 안전에 필요한 보호구 등을 반드시 착용한다.
③ 스핀들이 저속 회전 중이라도 변속기어를 조작해서는 안 된다.
④ 가공물의 고정은 반드시 주축이 회전 중에 실시하여야 한다.

풀이 절삭공구나 공작물을 설치할 때는 전원을 끄거나 완전히 정지시키고 실시한다.

13 다음 중 선반에서 나사작업 시의 안전 및 유의사항으로 적절하지 않은 것은?

① 나사의 피치에 맞게 기어 변환 레버를 조정한다.
② 나사 절삭 중에 주축을 역회전시킬 때에는 바이트를 일감에서 일정 거리를 떨어지게 한다.
③ 나사를 절삭할 때에는 절삭유를 충분히 공급해준다.
④ 나사 절삭이 끝났을 때에는 반드시 하프 너트를 고정시켜 놓아야 한다.

풀이 ④ 나사 절삭이 끝났을 때에는 반드시 하프 너트를 풀어 놓아야 한다.

14 밀링작업 중에 지켜야 할 안전사항으로 틀린 것은?

① 기계 가동 중에 자리를 이탈하지 않는다.
② 테이블 위에 공구나 측정기 등을 올려놓지 않는다.
③ 가공물은 기계를 정지한 상태에서 견고하게 고정한다.
④ 주축 속도를 변속시킬 때는 반드시 주축이 회전 중에 변환한다.

풀이 ④ 주축 속도를 변속시킬 때는 반드시 주축이 완전히 정지된 후에 변속한다.

15 보호구를 사용할 때의 유의사항으로 틀린 것은?

① 작업에 적절한 보호구를 선정한다.
② 관리자에게만 사용방법을 알려 준다.
③ 작업장에는 필요한 수량의 보호구를 비치한다.
④ 작업을 할 때에 필요한 보호구를 반드시 사용하도록 한다.

풀이 관리자, 작업자 모두에게 사용방법을 알려주어야 한다.

16 다음 중 반드시 장갑을 착용하고 작업해야 하는 것은?

① 드릴 작업 ② 밀링 작업
③ 선반 작업 ④ 용접 작업

풀이 드릴, 밀링, 선반 작업은 공구 또는 공작물이 회전하므로 장갑을 착용하지 않고 작업해야 하며, 용접 작업은 반드시 장갑을 착용하고 작업해야 한다.

17 안전한 작업자의 행동으로 볼 수 없는 것은?

① 기계 위에 공구나 재료를 올려놓지 않는다.
② 기계의 회전을 손이나 공구로 멈추지 않는다.
③ 절삭공구는 길게 장착하여 절삭 시 접촉면을 크게 한다.
④ 칩을 제거할 때는 장갑을 끼고 브러시나 칩 클리너를 사용한다.

풀이 절삭공구는 가능한 한 짧게 장착한다.

정답 | 12 ④ 13 ④ 14 ④ 15 ② 16 ④ 17 ③ |

CHAPTER 02 CNC 기계가공 시 안전사항

01 CNC 공작기계의 안전에 관한 설명 중 틀린 것은?

① 그래픽 화면만 실행할 때에는 머신 록(machine lock) 상태에서 실행한다.
② CNC 선반에서 자동원점복귀는 G28 U0 W0로 지령한다.
③ 머시닝 센터에서 자동원점복귀는 G91 G28 Z0로 지령한다.
④ 머시닝 센터에서 G49 지령은 어느 위치에서나 실행한다.

풀이 공구를 교환하기 전에 공구길이 보정을 취소(G49) 해야 한다.

02 CNC 공작기계 작업 시 안전사항 중 틀린 것은?

① 전원은 순서대로 공급하고 차단한다.
② 칩 제거는 기계를 정지 후에 한다.
③ CNC 방전가공기에서 작업 시 가공액을 채운 후 작업을 한다.
④ 작업을 빨리하기 위하여 안전문을 열고 작업한다.

풀이 칩 또는 절삭유가 비산(飛 : 날 비, 散 : 흩을 산)하므로 작업문을 닫고 작업한다.

03 CNC 공작기계의 안전운전을 위한 점검사항과 관계가 먼 것은?

① 기계의 동작부위에 방해물질이 있는가를 점검한다.
② 공구대의 정상 작동 상태를 점검한다.
③ 이상 소음의 발생 개소가 있는지를 점검한다.
④ 볼 스크루의 정밀도를 점검한다.

풀이 볼 스크루의 정밀도를 점검하는 것은 기계 정밀도 점검에 해당된다.

04 머시닝 센터 작업 시 안전 및 유의 사항으로 틀린 것은?

① 기계원점 복귀는 급속이송으로 한다.
② 가공하기 전에 공구경로 확인을 반드시 한다.
③ 공구 교환 시 ATC의 작동 영역에 접근하지 않는다.
④ 항상 비상정지 버튼을 작동시킬 수 있도록 준비한다.

풀이 ① 기계에 전원 투입 후 안전 위치에서 저속으로 원점 복귀한다.
※ ATC(Automatic Tool Changer) : 자동공구 교환장치

05 CNC 선반작업 중 측정기 및 공구를 사용할 때 안전사항이 틀린 것은?

① 공구는 항상 기계 위에 올려놓고 정리정돈하며 사용한다.
② 측정기는 서로 겹쳐 놓지 않는다.
③ 측정 전 측정기가 맞는지 0점 세팅(setting)한다.
④ 측정을 할 때는 반드시 기계를 정지한다.

풀이 측정기, 공구 등을 진동이 있는 기계 위나 떨어지기 쉬운 장소에 놓지 않아야 한다.

06 머시닝 센터 가공 시 칩이 공구나 일감에 부착되는 경우 처리 방법으로 틀린 것은?

① 고압의 압축공기를 이용하여 불어낸다.
② 가공 중에 수시로 헝겊 등을 이용해서 닦아낸다.
③ 칩이 가루로 배출되는 경우는 집진기로 흡입한다.
④ 많은 양의 절삭유를 공급하여 칩이 흘러내리게 한다.

풀이 가공 중 헝겊을 사용하여 칩을 제거하면 헝겊이 기계에 말려들어 사고가 발생할 수 있으므로 가공 중 헝겊으로 칩을 제거해서는 안 된다.

정답 | 01 ④ 02 ④ 03 ④ 04 ① 05 ① 06 ②

07 다음 중 CNC 선반작업에서 전원 투입 전에 확인해야 하는 사항과 가장 거리가 먼 것은?

① 전장(NC) 박스 및 외관 상태를 점검한다.
② 공기 압력이 적당한지 점검한다.
③ 윤활유의 급유 탱크를 점검한다.
④ X축, Z축의 백래시(back lash)를 점검한다.

풀이 X축, Z축의 백래시(back lash) 점검은 매월점검 사항이다.

08 NC 기계작업 중 안전사항으로 틀린 것은?

① NC 기계 주변을 정리정돈한 후 작업을 하였다.
② 작업 도중 정전이 되어 전원스위치를 내렸다.
③ 작업시간과 작업량을 높이기 위하여 작업 중 안전장치를 제거하였다.
④ 작업공구와 측정기기는 따로 구분하여 정리하였다.

풀이 안전을 위하여 작업 중 안전장치를 제거해서는 안 된다.

09 다음 중 CNC 공작기계 운전 중의 안전사항으로 틀린 것은?

① 가공 중에는 측정을 하지 않는다.
② 일감은 견고하게 고정시킨다.
③ 가공 중에 칩을 손으로 제거한다.
④ 옆 사람과 잡담을 하지 않는다.

풀이 작업 중 회전하는 공구에 칩이 부착되었을 경우 기계를 정지시키고 칩 제거 도구를 사용하여 제거한다.

10 다음 중 CNC 선반작업 시 안전 및 유의사항으로 틀린 것은?

① 마이크로미터로 측정 시 0점 조정을 확인한다.
② 원호 가공된 면의 측정은 반지름 게이지를 사용한다.
③ 절삭 칩의 제거는 브러시나 청소용 솔을 사용한다.
④ 원호가공은 이송속도를 빠르게 하여 진동의 발생을 방지한다.

풀이 ④ 원호 가공은 이송속도를 느리게 하여 진동의 발생을 방지한다.

11 다음 중 CNC 공작기계의 안전에 관한 사항으로 틀린 것은?

① 절삭가공 시 절삭 조건을 알맞게 설정한다.
② 공정도와 공구 세팅 시트를 작성 후 검토하고 입력한다.
③ 공구경로 확인은 보조기능(M 기능)이 삭동(on)된 상태에서 한다.
④ 기계 가동 전에 비상정지 버튼의 위치를 반드시 확인한다.

풀이 공구경로 확인은 보조기능(M 기능)이 정지(off)된 상태에서 한다.

12 다음 중 CNC 선반작업 시 안전사항으로 옳지 않은 것은?

① 고정 사이클 가공 시에 공구 경로에 유의한다.
② 칩이 공작물이나 척에 감기지 않도록 주의한다.
③ 가공 상태를 확인하기 위하여 안전문을 열어놓고 조심하면서 가공한다.
④ 고정 사이클로 가공 시 첫 번째 블록까지는 공작물과의 충돌 예방을 위하여 single block으로 가공한다.

풀이 칩 또는 절삭유가 비산(飛 : 날 비, 散 : 흩을 산)하므로 안전문을 닫고 작업한다.

정답 | 07 ④ 08 ③ 09 ③ 10 ④ 11 ③ 12 ③

13 다음 중 CNC 기계가공 중에 지켜야 할 안전 및 유의사항으로 틀린 것은?

① CNC 선반작업 중에는 문을 닫는다.
② 항상 비상정지 버튼의 위치를 확인한다.
③ 머시닝 센터에서 공작물은 가능한 한 깊게 고정한다.
④ 머시닝 센터에서 엔드밀은 되도록 길게 나오도록 고정한다.

풀이 ④ 머시닝 센터에서 엔드밀은 되도록 짧게 나오도록 고정한다.

14 CNC 선반에서 작업 안전사항이 아닌 것은?

① 문이 열린 상태에서 작업을 하면 경보가 발생하도록 한다.
② 척에 공작물을 클램핑할 경우에는 장갑을 끼고 작업하지 않는다.
③ 가공상태를 볼 수 있도록 문(이이)에 일반 투명유리를 설치한다.
④ 작업 중 타인은 프로그램을 수정하지 못하도록 옵션을 건다.

풀이 일반 투명유리는 칩에 의해 파손되기 쉬우므로 사용하지 않는 것이 좋다.

15 CNC 선반작업을 할 때 안전 및 유의사항으로 틀린 것은?

① 프로그램을 입력할 때 소수점에 유의한다.
② 가공 중에는 안전문을 반드시 닫아야 한다.
③ 가공 중 위급한 상황에 대비하여 항상 비상정지 버튼을 누를 수 있도록 준비한다.
④ 공작물에 칩이 감길 때는 문을 열고 주축이 회전상태에 있을 때 갈고리를 이용하여 제거한다.

풀이 작업 중 회전하는 공구에 칩이 부착되었을 경우 기계를 정지시키고 칩 제거 도구를 사용하여 제거한다.

16 CNC 장비에서 공구 장착 및 교환 시 안전을 위하여 필수적으로 점검할 사항이 아닌 것은?

① 공구길이 보정 상태를 확인하고 보정값을 삭제한다.
② 윤활유 및 공기의 압력이 규정에 적합한지 확인한다.
③ 툴홀더의 공구 고정 볼트가 견고히 고정되어 있는지 확인한다.
④ 기계의 회전 부위나 작동 부위에 신체 접촉이 생기지 않도록 한다.

풀이 공구길이 보정 상태는 공구 장착 및 교환 시 안전을 위하여 필수적으로 점검할 사항이 아니다.

CHAPTER 03 CNC 장비 유지관리

01 CNC 작업 중 기계에 이상이 발생하였을 때 조치사항으로 적당하지 않은 것은?

① 알람 내용을 확인한다.
② 경보등이 점등되었는지 확인한다.
③ 간단한 내용은 조작설명서에 따라 조치하고 안 되면 전문가에게 의뢰한다.
④ 기계가공이 안 되기 때문에 무조건 전원을 끈다.

풀이 기계가공이 안 된다고 무조건 전원을 끄면 안 된다.

02 기계의 일상 점검 내용 중에서 매일 점검하지 않아도 되는 사항은?

① 절삭유의 유량이 충분한지 여부
② 각 축이 원활하게 움직이는지 여부
③ 주축의 회전이 올바르게 되는지 여부
④ 기계의 정밀도를 검사하여 정확한지 여부

풀이 기계의 정밀도를 검사하여 정확한지 여부는 매년 점검사항이다.

정답 | 13 ④ 14 ③ 15 ④ 16 ① | 01 ④ 02 ④

03 CNC 공작기계가 작동 중 이상이 생겼을 경우의 응급처치 사항으로 잘못된 것은?

① 비상 스위치를 누르고 작업을 중지한다.
② 강전반 내의 회로도를 조작하여 점검한다.
③ 경고등이 점등되었는지 확인한다.
④ 작업을 멈추고 이상 부위를 확인한다.

풀이 강전반 내의 회로도는 손대면 안 되며, 전문가에게 의뢰한다.

04 CNC 공작기계는 프로그램의 오류가 생기면 충돌사고를 유발한다. 프로그램의 오류를 검사하는 방법으로 적절하지 않은 것은?

① 수동으로 프로그램을 검사하는 방법
② 프로그램 조작기를 이용한 모의 가공 방법
③ 드라이 런 기능을 이용하여 모의 가공하는 방법
④ 자동 가공 기능을 이용하여 가공 중 검사하는 방법

풀이 프로그램 오류 검사가 완료되어 이상이 없는 경우 자동 가공 기능을 이용하여 가공한다. 따라서 자동 가공 기능을 이용하여 가공 중 검사하는 방법은 옳지 않다.

05 기계의 일상 점검 중 매일 점검에 가장 가까운 것은?

① 소음상태 점검
② 기계의 레벨 점검
③ 기계의 정적정밀도 점검
④ 절연상태 점검

풀이 일상 점검
- 매일 점검 : 외관 점검, 유량 점검, 압력 점검, 각부의 작동상태 점검, 소음상태 점검
- 매월 점검 : 각부의 필터 점검, 각부의 팬 모터 점검, 그리스유 주입, 백래시 보정
- 매년 점검 : 기계 레벨(수평) 점검, 기계 정밀도 검사, 절연상태 점검

06 CNC 공작기계 작동 중 이상이 생겼을 때 취할 행동과 거리가 먼 것은?

① 프로그램에 문제가 없는가 점검한다.
② 비상정지 버튼을 누른다.
③ 주변 상태(온도, 습도, 먼지, 노이즈)를 점검한다.
④ 일단 파라미터를 지운다.

풀이 파라미터에는 Setting, 축 제어, 서보 프로그램 등 CNC 공작기계가 최고의 성능을 내도록 맞추어 주는 많은 내용들이 있다. 따라서 파라미터의 내용을 모르고 잘못 수정하면 중대한 기계적 결함이 발생할 수 있으므로 파라미터를 함부로 지워서는 안 된다.

07 다음 중 CNC 공작기계에서 "P/S-ALARM"이라는 메시지의 원인으로 가장 적합한 것은?

① 프로그램 알람
② 금지영역 침범 알람
③ 주축모터 과열 알람
④ 비상정지 스위치 ON 알람

풀이
- 금지영역 침범 알람 : OT ALARM
- 주축모터 과열 알람 : SPINDLE ALARM
- 비상정지 스위치 ON 알람 : EMERGENCY STOP SWITCH ON

08 다음 중 CNC 공작기계의 점검 시 매일 실시하여야 하는 사항과 가장 거리가 먼 것은?

① ATC 작동 점검
② 주축의 회전 점검
③ 기계 정도 검사
④ 습동유 공급상태 점검

풀이 기계의 정도 검사는 매년점검 사항이다.

정답 | 03 ② 04 ④ 47 ① 06 ④ 07 ① 08 ③

09 CNC 공작기계의 운전 시 일상점검 사항이 아닌 것은?

① 각종 계기의 상태 확인
② 가공할 재료의 성분 분석
③ 공기압이나 유압상태 확인
④ 공구의 파손이나 마모상태 확인

풀이 가공할 재료의 성분 분석은 일상점검 사항이 아니다.

10 CNC 공작기계에서 작업 전 일상적인 점검사항과 가장 거리가 먼 것은?

① 적정 유압압력 확인
② 습동유 잔유량 확인
③ 파라미터 이상 유무 확인
④ 공작물 고정 및 공구 클램핑 확인

풀이 파라미터 이상 유무 확인은 일상적인 점검사항이 아니다.

11 다음 중 CNC 공작기계 운전 중 충돌위험이 발생할 때 가장 신속하게 취하여야 할 조치는?

① 전원반의 전기회로를 점검한다.
② 조작반의 비상 스위치를 누른다.
③ 패널에 있는 메인 스위치를 차단한다.
④ CNC 공작기계의 전원 스위치를 차단한다.

풀이 CNC 공작기계 운전 중 충돌위험이 발생할 때 가장 신속하게 조작반의 비상 스위치를 눌러 기계의 구동을 멈춰야 한다.

12 다음 중 CNC 공작기계의 매일 점검 사항으로 볼 수 없는 것은?

① 각부의 유량 점검
② 각부의 작동 점검
③ 각부의 압력 점검
④ 각부의 필터 점검

풀이 각부의 필터 점검은 매월 점검 사항이다.

13 다음 중 CNC 공작기계가 자동운전 도중 충돌 또는 오작동이 발생하였을 경우 조치사항으로 가장 적절하지 않은 것은?

① 화면상의 경보(Alarm) 내용을 확인한 후 원인을 찾는다.
② 강제로 모터를 구동시켜 프로그램을 실행시킨다.
③ 프로그램의 이상 유무를 하나씩 확인하며 원인을 찾는다.
④ 비상정지 버튼을 누른 후 원인을 찾는다.

풀이 비상정지 버튼을 누르고 화면상의 경보 내용을 확인한 후 프로그램의 이상 유무를 하나씩 확인하며 원인을 찾는다. 강제로 모터를 구동시켜 프로그램을 실행시켜서는 안 된다.

14 다음 중 수치제어 공작기계의 일상점검 내용으로 가장 적절하지 않은 것은?

① 습동유의 양 점검
② 주축의 정도 점검
③ 조작판의 작동 점검
④ 비상정지 스위치 작동 점검

풀이 주축의 정도 점검은 매년점검 사항이다.

정답 | 09 ② 10 ③ 11 ② 12 ④ 13 ② 14 ②

기출문제

컴퓨터응용밀링기능사

2012 컴퓨터응용밀링기능사 기출문제 ············ 343
2013 컴퓨터응용밀링기능사 기출문제 ············ 386
2014 컴퓨터응용밀링기능사 기출문제 ············ 429
2015 컴퓨터응용밀링기능사 기출문제 ············ 471
2016 컴퓨터응용밀링기능사 기출문제 ············ 514

CRAFTSMAN COMPUTER AIDED MILLING

컴퓨터응용밀링기능사

2012 제1회 과년도 기출문제

CRAFTSMAN COMPUTER AIDED MILLING

01 특정한 모양의 것을 인장하여 탄성한도를 넘어서 소성 변형시킨 경우에도 하중을 제거하면 원상태로 돌아가는 현상은?

① 취성 ② 초탄성
③ 연성 ④ 소성

풀이
- 취성 : 부서지기 쉬운 성질
- 연성 : 물체가 탄성한도를 넘는 힘을 받아도 파괴되지 않고 길게 늘어나는 성질
- 소성 : 탄성한도 이상의 응력에 의한 변형 후 응력을 제거하여도 변형이 원상으로 돌아오지 않는 성질

02 풀림을 하는 주된 목적과 거리가 먼 것은?

① 잔류응력의 제거
② 경도의 증가
③ 절삭성의 향상
④ 조직의 균일화

풀이 경도의 증가 → 담금질의 목적

03 다음 중 소결초경합금을 만들 때 사용하는 원소가 아닌 것은?

① Ti ② Mn
③ W ④ Ta

풀이 **소결초경합금**
탄화물 분말[탄화텅스텐(WC), 탄화티타늄(TiC), 탄화탄탈룸(TaC)]+결합제[코발트(Co), 니켈(Ni)] → 고온 압축 소결시킴

04 다음 중 Al－Cu－Si계 합금으로 주조성과 절삭성이 우수하고 시효경화가 되는 것은?

① 실루민 ② 라우탈
③ Y합금 ④ 로엑스

풀이 **라우탈(lautal)**
- 알루미늄(Al)－구리(Cu)－규소(Si)계 합금으로 Al에 Si를 넣어 주조성을 개선하고, Cu를 넣어 절삭성을 향상시킨 것이다.
- 시효경화되며, 주조균열이 적어 두께가 얇은 주물의 주조와 금형 주조에 적합하다.
- 주로 자동차 및 선박용 피스톤, 분배관 밸브 등의 재료로 쓰인다.

05 공구용 재료에 요구되는 성질이 아닌 것은?

① 내마멸성과 내충격성이 클 것
② 열처리에 의한 변형이 클 것
③ 가열에 의한 경도변화가 적을 것
④ 제조 · 취급이 쉽고 가격이 쌀 것

풀이 공구용 재료는 열처리와 가공이 쉬워야 한다.

06 알루미늄의 특성에 대한 설명으로 틀린 것은?

① 합금재질로 많이 사용한다.
② 내식성이 우수하다.
③ 용접이나 납접이 비교적 어렵다.
④ 전연성이 우수하고 복잡한 형상의 제품을 만들기 쉽다.

풀이 알루미늄은 가공성, 접합성, 성형성이 양호하다.

정답 | 01 ② 02 ② 03 ② 04 ② 05 ② 06 ③

07 합성수지의 일반적인 특성으로 옳지 않은 것은?

① 가볍고 튼튼하다.
② 전기 절연성이 좋다.
③ 열에 약하다.
④ 산, 알칼리에 약하다.

풀이 합성수지는 산, 알칼리에 강하다.

08 다공질 재료에 윤활유를 함유하게 하여 급유할 필요가 없게 하는 베어링은?

① 미끄럼 베어링 ② 구름 베어링
③ 오일리스 베어링 ④ 스러스트 베어링

풀이 오일리스 베어링 : 주유가 필요 없는 베어링을 말한다. 구리, 주석 및 흑연의 분말을 혼합시켜 성형한 후 가열하고, 윤활유를 4~5% 침투시킨 후 소결한 베어링으로서, 주유가 곤란한 부위에 사용한다.

09 축에 키(key) 홈을 가공하지 않고 사용하는 것은?

① 묻힘(sunk) 키
② 안장(saddle) 키
③ 반달 키
④ 스플라인

풀이 **안장 키**(saddle : 안장)

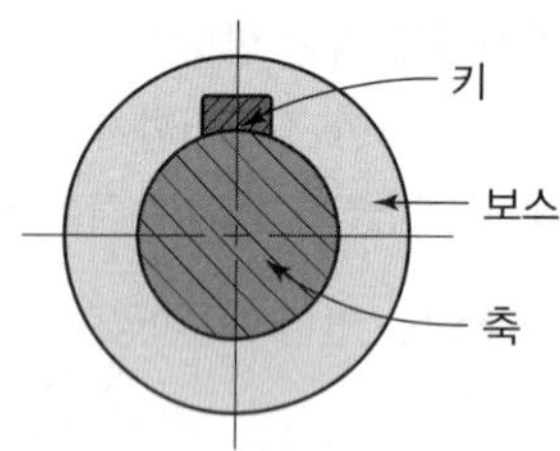

10 인치계 사다리꼴 나사산의 각도는?

① 29° ② 30°
③ 55° ④ 60°

풀이 사다리꼴 나사에서 나사산의 각도는 미터계 30°, 인치계 29°이다.

11 기어의 이 물림을 순조롭게 하기 위하여 이(teeth)를 축에 경사시켜 축 방향으로 하중을 받는 기어는?

① 스퍼 기어
② 헬리컬 기어
③ 내접 기어
④ 랙과 작은 기어

풀이 헬리컬 기어 : 기어이를 축에 경사지게 가공하여 진동이나 소음이 적고 고속운전에도 원활한 동력을 전달할 수 있다. 또 스퍼 기어보다 회전수비를 크게 할 수 있으나 축 방향의 스러스트 하중이 발생한다는 결점이 있다.

12 마찰전동장치의 특성에 대한 설명으로 틀린 것은?

① 구름접촉이다.
② 무단변속이 쉽게 이루어진다.
③ 미끄럼이 전혀 없는 동력전달이다.
④ 동력전달에서 운전이 조용하다.

풀이 마찰전동장치는 속도비가 중요하지 않고, 전달 힘이 크지 않을 때 사용한다.

13 스프링의 사용범위에 속하지 않는 것은?

① 제동 작용 ② 충격 흡수
③ 하중 측정 ④ 에너지 축적

풀이 제동 작용 → 브레이크

14 단면적이 25mm²인 어떤 봉에 10kN의 인장하중이 작용할 때 발생하는 응력은 몇 MPa인가?

① 0.4 ② 4
③ 40 ④ 400

풀이 응력은 면적분포의 힘이므로,

$$\text{인장응력 } \sigma = \frac{F(\text{인장하중})}{A_\sigma(\text{면적})} = \frac{10\times 1{,}000}{25}$$
$$= 400\text{N/mm}^2$$
$$= 400\times 10^6\text{N/m}^2 = 400\text{MPa}$$

정답 | 07 ④ 08 ③ 09 ② 10 ① 11 ② 12 ③ 13 ① 14 ④

15 축 방향의 하중과 비틀림을 동시에 받는 죔용 나사에 600N의 하중이 작용하고 있다. 허용 인장응력이 5MPa일 때 나사의 호칭지름으로 가장 적합한 것은?

① M12　　② M14
③ M16　　④ M18

풀이 축하중과 비틀림을 동시에 받을 때

$$\text{지름}(d) = \sqrt{\frac{8 \times P(\text{인장하중})}{3 \times \sigma(\text{인장응력})}} = \sqrt{\frac{8 \times 600}{3 \times 5}}$$

$\fallingdotseq 18\text{mm} \rightarrow \text{M18}$

16 파단선의 용도를 설명한 것으로 가장 적합한 것은?

① 단면도를 그릴 경우 그 절단위치를 표시하는 선
② 대상물의 일부를 떼어낸 경계를 표시하는 선
③ 물체의 보이지 않는 부분의 형상을 표시하는 선
④ 도형의 중심을 표시하는 선

풀이 파단선은 물체의 일부분의 생략 또는 단면의 경계를 나타내는 선으로 불규칙한 파형 또는 지그재그의 가는 실선이다.

- 파형의 가는 실선 :
- 지그재그의 가는 실선 :

17 데이텀 표적이 영역일 때 표시하는 기호는 어느 것인가?

① ×　　② ×—×
③ ▲　　④ ▨

풀이
- ▨ : 데이텀 표적이 한정된 영역일 때(가는 2점쇄선으로 영역을 표시하고 해칭한다. 다만, 도시하기 곤란한 경우 2점쇄선 대신 가는 실선으로 영역을 표시해도 된다.)
- × : 데이텀 표적이 점일 때(굵은 실선으로 × 표를 한다.)
- ×—× : 데이텀 표적이 선일 때(2개의 × 표시를 가는 실선으로 연결한다.)

18 도면에 $\phi 100$ H6/m6로 표시된 끼워맞춤의 종류는?

① 구멍기준식 억지 끼워맞춤
② 구멍기준식 중간 끼워맞춤
③ 축기준식 중간 끼워맞춤
④ 축기준식 억지 끼워맞춤

풀이 $\phi 100$ H6/m6 : 구멍기준식 중간 끼워맞춤

[구멍기준 H6에서의 끼워맞춤]

헐거운 끼워맞춤	f6, g5, g6, h5, h6
중간 끼워맞춤	js5, js6, k5, k6, m5, m6
억지 끼워맞춤	n6, p6

19 단면도의 표시방법에서 그림과 같은 단면도의 종류는?

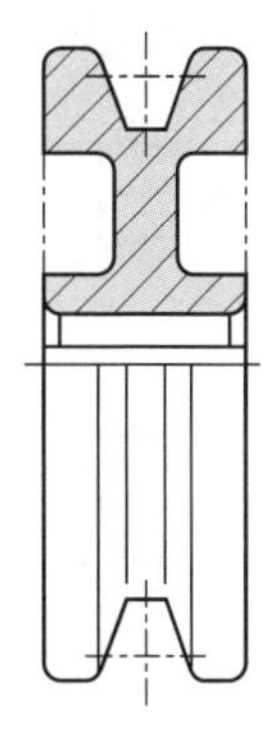

① 온단면도　　② 한쪽 단면도
③ 부분 단면도　　④ 회전 도시 단면도

풀이 한쪽 단면도 : 상하 또는 좌우 대칭인 물체에서 중심선을 기준으로 물체의 1/4만 잘라내서 그려주는 방법으로, 물체의 외부형상과 내부형상을 동시에 나타낼 수 있다는 장점을 가지고 있다.

20 KS 기어 제도의 도시방법 설명으로 올바른 것은?

① 잇봉우리원은 가는 실선으로 그린다.
② 피치원은 가는 1점쇄선으로 그린다.
③ 이골원은 굵은 1점쇄선으로 그린다.
④ 잇줄 방향은 보통 2개의 가는 1점쇄선으로 그린다.

정답 | 15 ④　16 ②　17 ④　18 ②　19 ②　20 ②

풀이 • 잇봉우리원(이끝원) : 외형선
• 피치원 : 가는 1점쇄선
• 이골원(이뿌리원) : 가는 실선
• 잇줄 방향 : 3개의 가는 실선

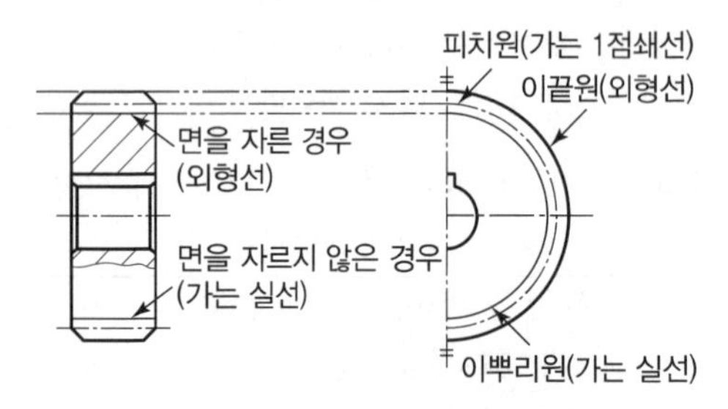

21 도면의 표제란에 제3각법의 투상을 나타내는 기호로 옳은 것은?

①
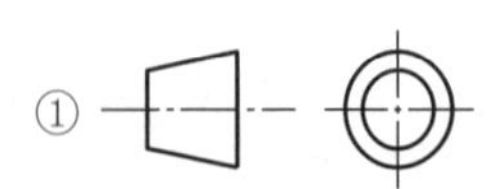

②
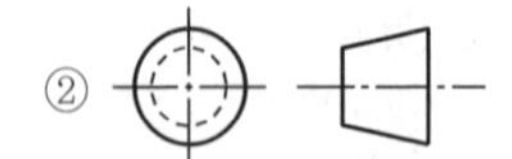

③
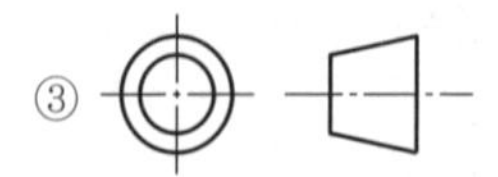

④
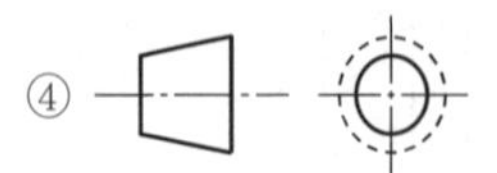

22 다음 도면에서 표면의 결 도시기호가 잘못 기입된 곳은?

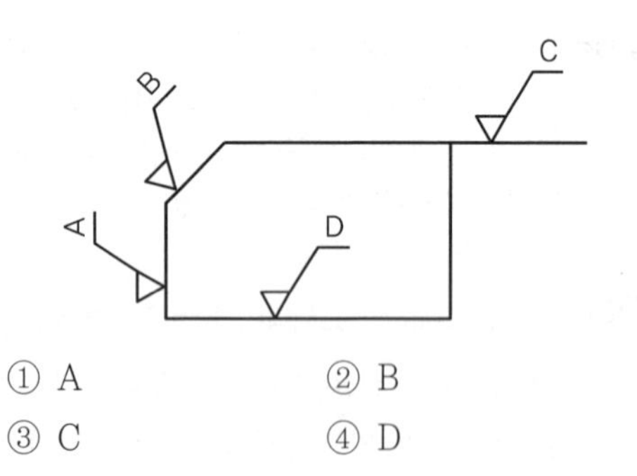

① A ② B
③ C ④ D

풀이 D가 거꾸로 기입되어 있다.

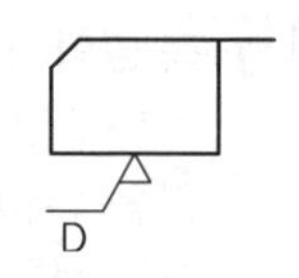

23 기계제도에서 구의 지름을 표시하는 치수 보조 기호는?

① ϕ ② R
③ Sϕ ④ SR

풀이 • Sϕ : 구의 지름
• ϕ : 지름
• R : 반지름
• SR : 구의 반지름

24 코일 스프링을 제도하는 방법을 설명한 것으로 틀린 것은?

① 스프링은 일반적으로 하중이 걸린 상태로 도시한다.
② 종류와 모양만을 도시할 때에는 재료의 중심선만을 굵은 실선으로 그린다.
③ 요목표에 단서가 없는 코일 스프링은 오른쪽으로 감은 것을 나타낸다.
④ 코일 부분의 양 끝을 제외한 동일 모양 부분의 일부를 생략할 때에는 생략하는 부분의 선지름의 중심선을 가는 1점쇄선으로 표시한다.

풀이 스프링은 일반적으로 무하중(힘을 받지 않은 상태)인 상태로 그린다.

25 그림과 같은 제3각법 정투상도에서 우측면도로 가장 적합한 것은?

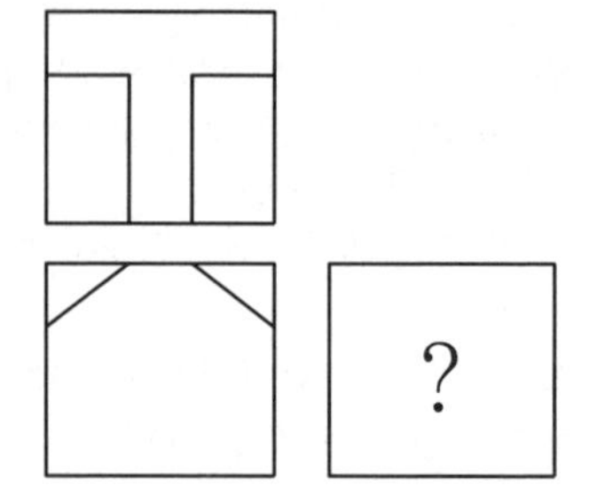

정답 | 21 ③ 22 ④ 23 ③ 24 ① 25 ①

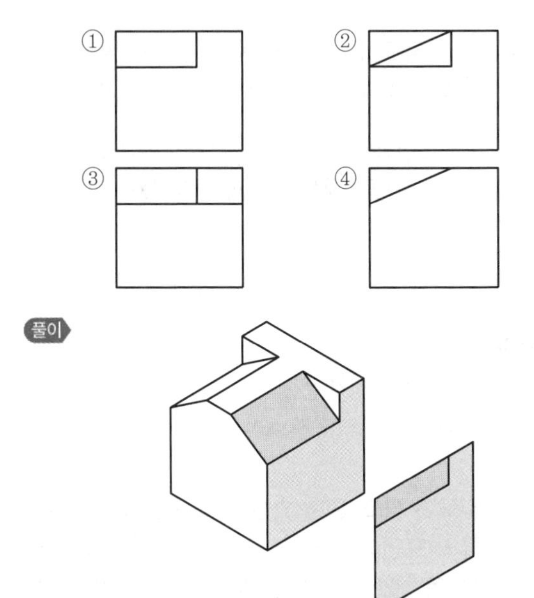

26 연삭숫돌의 입자가 탈락되지 않고 마모에 의해서 납작하게 둔화된 상태를 글레이징(glazing)이라고 한다. 어떤 경우에 글레이징이 많이 발생하는가?

① 숫돌의 원주속도가 너무 작다.
② 숫돌의 결합도가 너무 높다.
③ 숫돌 재료가 공작물 재료에 적합하다.
④ 공작물의 재질이 너무 연질이다.

풀이 무딤(glazing) 현상은 숫돌바퀴의 결합도가 지나치게 높을 때 둔하게 된 숫돌입자가 떨어져 나가지 않거나, 원주속도가 큰 경우에 발생한다.

27 선반의 베드에 대한 설명으로 맞지 않는 것은?

① 베드의 재질은 특수강으로 경도와 인성이 커야 한다.
② 베드는 강성이 크고, 방진성이 있어야 한다.
③ 내마모성이 커야 한다.
④ 정밀도와 진직도가 좋아야 한다.

풀이 베드는 고급 주철로 제작한다.

28 탁상 드릴링 머신에서 일반적으로 가장 많이 사용되는 주축 회전 변속장치는?

① V벨트와 단차
② 원추형 풀리와 벨트
③ 기어 변속 장치
④ 평벨트와 단차

풀이 드릴 회전의 변속은 V벨트의 단차를 이용한다.

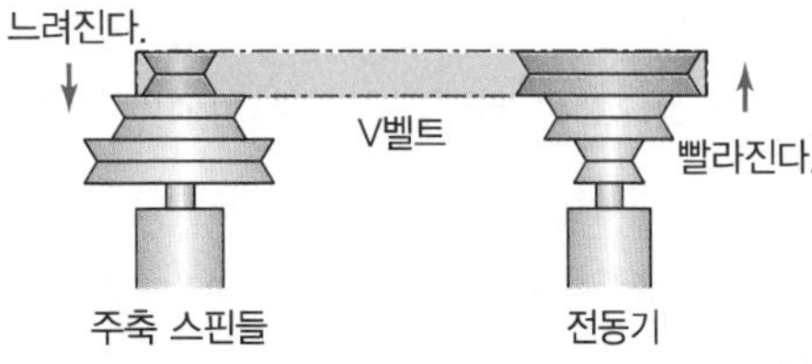

29 다음 중 한계 게이지의 특징이 아닌 것은?

① 제품 사이의 호환성이 있다.
② 조작이 다소 복잡하므로 숙련된 경험이 필요하다.
③ 제품의 실제 치수를 읽을 수 없다.
④ 대량 생산 시 측정이 간편하다.

풀이 한계 게이지는 최대 허용치수와 최소 허용치수를 각각 통과 측과 정지 측으로 하므로 숙련이 필요 없고 간단하다.

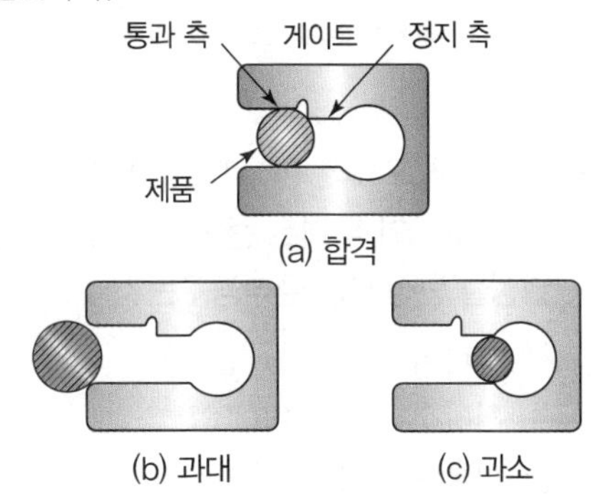

[한계게이지 측정 결과]

정답 | 26 ② 27 ① 28 ① 29 ②

30 유동형 칩이 발생하기 쉬운 조건에 맞지 않는 것은?

① 윗면 경사각이 큰 경우
② 절삭 속도가 낮은 경우
③ 절삭 깊이가 작은 경우
④ 윗면의 마찰이 작은 경우

풀이 절삭 속도가 빠를 경우 유동형 칩이 발생한다.

31 절삭유제를 사용하는 목적이 아닌 것은?

① 세척작용 ② 윤활작용
③ 냉각작용 ④ 마찰작용

풀이 절삭유제는 마찰을 감소시킨다.

32 밀링머신의 테이블 이송속도를 구하는 공식은?(단, f : 테이블의 이송속도, f_r : 커터의 리드, F_z : 밀링커터의 날 1개마다의 이송(mm), z : 밀링커터의 날 수, n : 밀링커터의 회전수, p : 밀링커터의 피치이다.)

① $f=F_z \times z \times n$ ② $f=F_z \times f_r \times p$
③ $f=f_r \times n \times p$ ④ $f=f_r \times z \times n$

풀이 $f=F_z \times z \times n$이며, 커터의 리드와 밀링커터의 피치는 테이블 이송속도와 관계가 없다.

33 초경합금 모재에 TiC, TiCN, TiN, Al_2O_3 등을 2~15μm의 두께로 증착하여 내마모성과 내열성을 향상시킨 절삭공구는?

① 세라믹(ceramic)
② 입방정 질화붕소(CBN)
③ 피복 초경합금
④ 서멧(cermet)

풀이 피복 초경합금 : 초경합금의 모재 표면에 고경도의 물질인 TiC 등을 수 μm 피복한 것으로서 강의 중절삭에 효과적이다.

34 가공 공구와 가공물의 운동 관계를 설명한 것이다. 다음 내용과 관계없는 가공 방법은?

> 가공물을 고정하고 이송시키며 공구를 회전시키는 공구운동 방식의 절삭운동

① 밀링 ② 보링
③ 선삭 ④ 호닝

풀이 선삭
- 공작물 → 회전 운동
- 공구 → 좌우, 전후 직선운동

35 입도가 작고, 연한 숫돌을 작은 압력으로 가공물의 표면에 가압하면서 가공물에 이송을 주고, 동시에 숫돌에 진동을 주어 표면 거칠기를 높이는 가공 방법은?

① 래핑 ② 호닝
③ 슈퍼피니싱 ④ 배럴 가공

풀이 슈퍼피니싱 : 미세하고 연한 숫돌을 가공표면에 가압하고, 공작물에 회전 이송운동, 숫돌에 진동을 주어 0.5mm 이하의 경면(거울 같은 면) 다듬질에 사용한다.

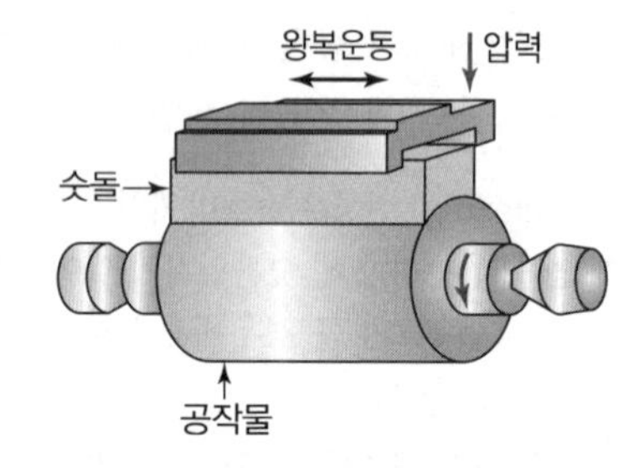

36 밀링머신 중 공구를 수직 이동시켜 공구와 공작물의 상대높이를 조절하며, 구조가 단순하고 튼튼하여 중절삭이 가능하고, 주로 동일 제품의 대량생산에 적합한 밀링머신은?

① 생산형 밀링머신 ② 만능 밀링머신
③ 수평 밀링머신 ④ 램형 밀링머신

풀이 생산형 밀링머신 : 대량생산에 적합하도록 기능을 어느 정도 단순화하고, 자동화한 밀링머신

정답 | 30 ② 31 ④ 32 ① 33 ③ 34 ③ 35 ③ 36 ①

37 선반에서 테이퍼(taper) 가공을 하는 방법으로 옳지 않은 것은?

① 심압대의 편위에 의한 방법
② 주축을 편위시키는 방법
③ 복식 공구대의 회전에 의한 방법
④ 테이퍼 절삭장치에 의한 방법

풀이 주축은 중심축을 기준으로 회전해야 하므로 편위시킬 수 없다.

38 자생작용을 하는 공구로 가공하는 것은?

① 스피닝 가공
② 연삭 가공
③ 선반 가공
④ 레이저 가공

풀이 연삭 가공에 사용하는 연삭숫돌은 무수히 많은 숫돌 입자를 결합제로 결합하여 만든 것으로, 일반 절삭 공구와 달리 연삭이 계속됨에 따라 입자의 일부가 떨어나가고 새로운 입자가 나타나는 자생작용이 발생한다.

39 캠(CAM)이나 유압기구 등을 이용하여 부품가공을 자동화한 선반은?

① 공구 선반
② 자동 선반
③ 모방 선반
④ 터릿 선반

풀이 자동 선반 : 캠이나 유압기구를 사용하여 자동화한 것으로 핀, 볼트, 시계, 자동차 생산에 사용된다.

40 수평 밀링머신의 플레인 커터 작업에서 하향절삭과 비교한 상향절삭의 특징이 아닌 것은?

① 커터의 수명이 짧다.
② 절삭된 칩이 이미 가공된 면 위에 쌓인다.
③ 절삭열에 의한 치수 정밀도의 변화가 적다.
④ 표면 거칠기가 나쁘다.

풀이 상향절삭과 하향절삭의 차이점

구분	상향절삭	하향절삭
커터의 회전방향	공작물 이송방향과 반대이다.	공작물 이송방향과 동일하다.
백래시 제거장치	필요 없다.	필요하다.
기계의 강성	낮아도 무방하다.	높아야 한다.
공작물 고정	불안정하다.	안정적이다.
커터의 수명	수명이 짧다.	수명이 길다.
칩의 제거	칩이 잘 제거된다.	칩이 잘 제거되지 않는다.
절삭면	거칠다	깨끗하다.
동력 손실	많다.	적다.

41 사인바의 사용 용도로 가장 적합한 것은?

① 게이지블록을 이용하여 각도 측정
② 게이지블록을 이용하여 진원도 측정
③ 게이지블록을 이용하여 유효경 측정
④ 표면 거칠기 측정

풀이 사인바 : 블록게이지로 양단의 높이를 맞추어, 삼각함수(sine)를 이용하여 각도를 측정한다.

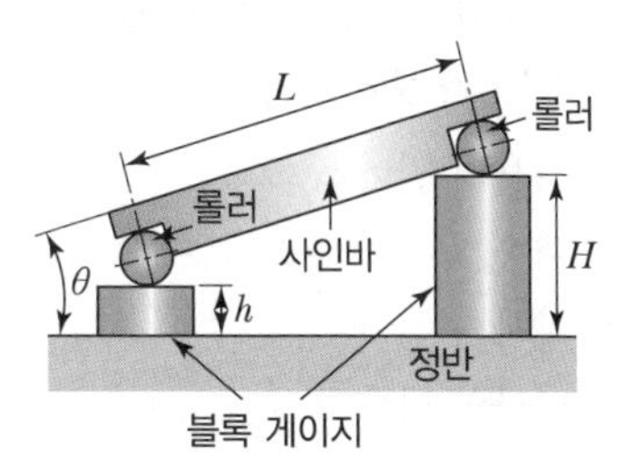

42 다음 가공의 종류 중 구멍의 내면에 암나사를 내는 작업은?

① 리밍(reaming)
② 보링(boring)
③ 태핑(tapping)
④ 스폿 페이싱(spot facing)

정답 | 37 ② 38 ② 39 ② 40 ② 41 ① 42 ③

풀이 태핑(tapping) : 이미 뚫은 구멍에 하는 나사 가공

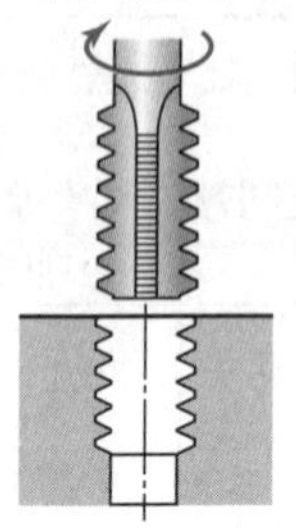

43 CNC 선반에서 G97 S1200 M03 ;으로 일정하게 제어되고 있는 프로그램에서 지름 45mm의 홈을 가공한 후 2회전 일시정지(dwell)하려고 한다. 다음 프로그램 중 틀린 것은?

① G04 X0.1 ; ② G04 U0.1 ;
③ G04 S100 ; ④ G04 P100 ;

풀이 **정지시간과 스핀들 회전수의 관계**

정지시간(초)

$$= \frac{60}{\text{스핀들 회전수(rpm)}} \times \text{일시정지 회전수}$$

$$= \frac{60}{1,200} \times 2 = 0.1\text{초}$$

∴ G04 X0.1 ; 또는 G04 U0.1 ; 또는 G04 P100 ; 으로 나타낸다.

44 CNC 선반 프로그램 G32 X50. Z−30. F1.5 ; 에서 1.5가 뜻하는 것은?

① 나사의 길이
② 이송
③ 나사의 깊이
④ 나사의 리드

풀이 G32, G76, G92S는 나사가공을 하는 G코드이고 F는 나사의 리드값을 의미한다.

45 머시닝 센터로 가공할 경우 고정 사이클을 취소하고 다음 블록부터 정상적인 동작을 하도록 하는 것은?

① G80 ② G81
② G98 ③ G99

풀이
- G80 : 고정 사이클 취소
- G81 : 드릴 사이클
- G98 : 고정 사이클 초기점 복귀
- G99 : 고정 사이클 R점 복귀

46 머시닝 센터에서 작업 전 육안검사 사항이 아닌 것은?

① 전기회로는 정상 상태인가?
② 공작물은 정확히 고정되어 있는가?
③ 윤활유 탱크에 윤활유량은 적당한가?
④ 공기압은 충분히 유지하고 있는가?

풀이 전기회로의 정상 상태는 육안으로 점검할 수 없다.

47 공작물의 직경이 ϕ40mm에서 절삭 속도가 150 m/min인 경우 주축 회전수는 몇 rpm인가?

① 1,884 ② 1,910
③ 1,256 ④ 1,194

풀이 $N = \frac{1,000S}{\pi D}$

$$= \frac{1,000 \times 150}{\pi \times 40} = 1,193.66 \fallingdotseq 1,194$$

여기서, N : 주축의 회전수(rpm)
S : 절삭속도(m/min) = 150m/min
D : 공작물의 지름(mm) = ϕ40mm

48 다음의 공구 보정 화면 설명으로 틀린 것은?

공구 보정 번호	X축	Z축	R	T
01	0.000	0.000	0.8	3
02	0.457	1.321	0.2	2
03	2.765	2.987	0.4	3
04	1.256	−1.234	•	8
05	•	•	•	•
•	•	•	•	•

① X축 : X축 보정량
② Z축 : Z축 보정량
③ R : 공구 날끝 반경
④ T : 공구 선택 번호

정답 | 43 ③ 44 ④ 45 ① 46 ① 47 ④ 48 ④

풀이 표 안의 숫자는 공구가 CNC 선반에 설치된 상태에서 인선 반경의 중심에서 본 가상인선의 방향을 나타내는 번호를 말한다.

49 다음 그림에서 절대좌표계를 사용하여 점 A(10, 20)에서 점 B(30, 20)로, 시계방향 원호를 가공할 때 올바른 프로그램은?

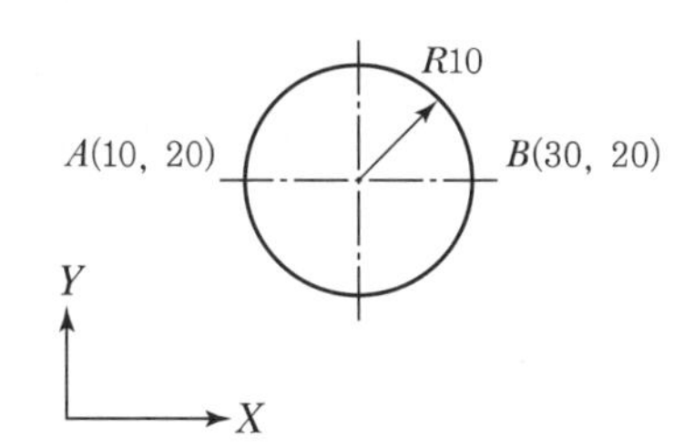

① G02 X30. R10. ;
② G03 X30. R10. ;
③ G02 I−10. ;
④ G03 I−10. ;

풀이 **원호가공 프로그램 : G02 X30. R10. ;**
- G02 : 시계방향가공
- X30. : 원호가공의 종점의 X좌표
- R10. : 원호의 반지름

50 인서트 팁에서 노즈 반지름(nose radius) R에 대한 설명으로 옳은 것은?

① 절입량이 작은 다듬질 절삭에는 큰 노즈 반지름 R을 사용한다.
② 노즈 반지름 R이 클수록 표면조도는 불량해진다.
③ 노즈 반지름 R이 클수록 공구의 수명은 단축된다.
④ 노즈 반지름 R이 너무 커지면 저항이 증가하여 떨림이 발생한다.

풀이 ① 절입량이 작은 다듬질 절삭에는 작은 노즈 반지름 R을 사용한다.
② 노즈 반지름 R이 클수록 표면조도는 양호해진다.
③ 노즈 반지름 R이 클수록 공구의 수명은 늘어난다.

51 다음은 범용 선반가공 시의 안전사항이다. 틀린 것은?

① 홈깎기 바이트는 가급적 길게 물려서 사용한다.
② 센터 구멍을 뚫을 때에는 공작물의 회전수를 빠르게 한다.
③ 홈깎기 바이트의 길이 방향 여유각과 옆면 여유각은 양쪽이 같게 연삭한다.
④ 양 센터 작업 시 심압대 센터 끝에 그리스를 발라 공작물과의 마찰을 적게 한다.

풀이 홈깎기 바이트는 되도록 짧게 물려서 사용한다.

52 CNC 공작기계에서 자동원점복귀 시 중간 경유점을 지정하는 이유 중 가장 적합한 것은?

① 원점 복귀를 빨리하기 위해서
② 공구의 충돌을 방지하기 위해서
③ 기계에 무리를 가하지 않기 위해서
④ 작업자의 안전을 위해서

풀이 자동원점복귀를 할 때는 급속이송으로 움직이므로 가공물과 충돌할 수도 있어 중간 경유점을 경유하여 복귀하는 것이 좋다.

53 복합형 고정사이클(G70, G71)에서 사이클이 종료되면 공구가 복귀하는 지점은?

① 프로그램 원점 ② 기계 원점
③ 사이클 시작점 ④ 제2원점

풀이 복합형 고정사이클(G70, G71)은 제품의 최종 형상과 절삭조건 등을 지정해 주면 정삭 여유가 남을 때까지 가공한 후 사이클 초기점으로 복귀한다.

54 밀링작업 시 안전사항 중 잘못된 것은?

① 칩을 제거할 때에는 브러시를 사용한다.
② 가공을 할 때에는 보안경을 착용하여 눈을 보호한다.
③ 회전하는 커터에 손을 대지 않는다.
④ 절삭 중에는 면장갑을 착용하고, 측정할 때에는 착용하지 않는다.

정답 | 49 ① 50 ④ 51 ① 52 ② 53 ③ 54 ④

풀이 절삭 중에는 면장갑을 착용하지 않고, 측정할 때에는 착용한다.

55 다음 중 주축의 회전방향 지정이나 주축 정지에 해당하는 보조기능이 아닌 것은?

① M02
② M03
③ M04
④ M05

풀이
- M02 : 프로그램 종료
- M03 : 주축 정회전
- M04 : 주축 역회전
- M05 : 주축 정지

56 CNC 공작기계가 작동 중 경보(alarm)가 발생한 경우 조치사항으로 옳지 않은 것은?

① 비상스위치를 누르고 작업을 중지
② 알람(alarm) 메시지를 확인하고 경보를 해제
③ 중대한 결함이 발생한 경우 전문가와 협의
④ 아무런 조치를 하지 않고 작업을 계속 진행

풀이 아무런 조치를 하지 않고 작업을 계속 진행하면 더 이상 기계운전이 불가능하거나, 안전사고가 발생할 수 있기 때문에 반드시 원인을 찾아 해결해야 한다.

57 CNC용 DC 모터로서 요구되는 특성이 아닌 것은?

① 가감속 특성 및 응답성이 우수해야 한다.
② 좁은 속도범위에서만 안정된 속도제어가 이루어져야 한다.
③ 진동이 적고 소형이며 견고해야 한다.
④ 높은 회전각 정도를 얻을 수 있어야 한다.

풀이 규정된 속도범위에서 안정된 속도제어가 이루어져야 한다. 즉, 넓은 속도범위에서도 안정된 속도제어가 이루어져야 한다.

58 CNC 선반 프로그램 G01 G99 X40. Z-20. F0.2 ;에서 F0.2와 관계가 있는 것은?

① 절삭속도 일정 제어
② 주축회전수 일정 제어
③ 분당 이송속도
④ 회전당 이송속도

풀이 G01은 직선보간(절삭이송)을 뜻하고, G99는 회전당 이송 지령(mm/rev)이므로 F0.2는 회전당 0.2 mm/rev으로 가공하라는 의미이다.

59 머시닝 센터에서 X-Y 평면을 지정하는 G코드는 무엇인가?

① G17 ② G18
③ G19 ④ G20

풀이
- G17 : X-Y 평면 지정
- G18 : Z-X 평면 지정
- G19 : Y-Z 평면 지정
- G20 : inch 입력

60 다음 중 CAD/CAM 시스템의 하드웨어에 해당하는 것은?

① 운영체제(OS)
② 입 · 출력 장치
③ 응용 소프트웨어
④ 데이터베이스 시스템

풀이
- 하드웨어 : 입력장치, 중앙처리장치, 출력장치
- 소프트웨어 : 운영체제(OS), 응용 소프트웨어, 데이터베이스 시스템

정답 | 55 ① 56 ④ 57 ② 58 ④ 59 ① 60 ②

컴퓨터응용밀링기능사

2012 제2회 과년도 기출문제

CRAFTSMAN COMPUTER AIDED MILLING

01 순철의 개략적인 비중과 용융온도를 각각 나타낸 것은?

① 8.96, 1,083℃
② 7.87, 1,538℃
③ 8.85, 1,455℃
④ 19.26, 3,410℃

02 탄소 2~2.6%, 규소 1.1~1.6% 범위의 것으로 백주철을 열처리로에 넣어 가열해서 탈탄 또는 흑연화 방법으로 제조한 주철은?

① 칠드주철
② 가단주철
③ 합금주철
④ 회주철

풀이 가단주철(단조가 가능한 주철)은 주철의 취성을 개량하기 위해서 백주철을 높은 온도로 장시간 풀림해서 시멘타이트를 분해하여, 가공성을 좋게 하고, 인성과 연성을 증가시킨 주철이다.

03 구리에 대한 설명 중 옳지 않은 것은?

① 전연성이 좋아 가공이 쉽다.
② 화학적 저항력이 작아 부식이 잘 된다.
③ 전기 및 열의 전도성이 우수하다.
④ 광택이 아름답고 귀금속적 성질이 우수하다.

풀이 화학적으로 저항력이 커서 부식되지 않는다.(암모니아염에는 약하다.)

04 알루미나(Al_2O_3)를 주성분으로 하여 거의 결합재를 사용하지 않고 소결한 공구로서 고속도 및 고온절삭에 사용되는 공구강은?

① 다이아몬드 공구
② 세라믹 공구
③ 스텔라이트 공구
④ 초경합금 공구

풀이 **세라믹 공구**

- 주성분인 알루미나(Al_2O_3)에, 마그네슘(Mg), 규소(Si)와 미량의 다른 원소를 첨가하여 소결시킨다.
- 고온경도가 높고 고온산화가 되지 않는다.
- 진동과 충격에 약하다.

05 표준 성분이 Cu 4%, Ni 2%, Mg 1.5%, 나머지가 알루미늄인 내열용 알루미늄 합금의 한 종류로서 열간단조 및 압출가공이 쉬워 단조품 및 피스톤에 이용되는 것은?

① Y 합금
② 하이드로날륨
③ 두랄루민
④ 알클래드

풀이 **Y 합금**

- Al－Cu－Ni－Mg의 합금으로 대표적인 내열용 합금이다.
- 석출 경화되며 시효경화 처리한다.
- 내연기관의 피스톤, 실린더에 이용한다.

정답 | 01 ② 02 ② 03 ② 04 ② 05 ①

06 공구용으로 사용되는 비금속 재료로 초내열성 재료, 내마멸성 및 내열성이 높은 세라믹과 강한 금속의 분말을 배열 소결하여 만든 것은?

① 다이아몬드 ② 서멧
③ 석영 ④ 고속도강

풀이 **서멧(cermet)**
- 세라믹(ceramic)+금속(metal)의 복합재료다. [알루미나(Al_2O_3) 분말 70%에 탄화티타늄(TiC) 분말 30% 정도 혼합]
- 세라믹의 취성을 보완하기 위하여 개발된 소재이다.
- 고온에서 내마모성, 내산화성이 높아 고정밀도의 고속절삭이 가능하다.

07 강의 표면 경화법에서 화학적 방법이 아닌 것은?

① 침탄법 ② 질화법
③ 침탄질화법 ④ 고주파경화법

풀이 ㉠ 물리적인 방법 : 화염경화법, 고주파경화법
㉡ 화학적인 방법
- 침탄법 : 고체침탄법, 가스침탄법, 침탄질화법 (=액체침탄법=청화법=시안화법)
- 질화법

08 두 축이 같은 평면 내에 있으면서 그 중심선이 어느 각도로 교차하고 있을 때 사용하는 축 이음으로 자동차, 공작기계 등에 사용되는 것은?

① 플렉시블 커플링 ② 플랜지 커플링
③ 유니버설 커플링 ④ 셀러 커플링

풀이 **유니버설 조인트(universal joint)**
- 두 축의 축선이 약간의 각을 이루어 교차한다.
- 두 축의 중심선 각도가 약간 변하더라도 자유롭게 운동을 전달할 수 있다.

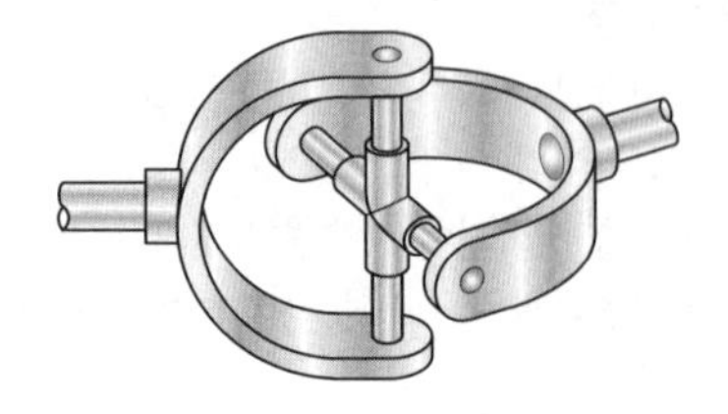

09 원통 마찰차의 접선력을 F(kgf), 원주속도를 v(m/s)라 할 때, 전달동력 H(kW)를 구하는 식은?(단, 마찰계수는 μ이다.)

① $H=\dfrac{\mu Fv}{102}$ ② $H=\dfrac{Fv}{102\mu}$
③ $H=\dfrac{\mu Fv}{75}$ ④ $H=\dfrac{Fv}{75\mu}$

풀이 원통 마찰차의 접선력을 F라 할 때
전달동력 $H=\mu Fv(\text{kgf}\cdot\text{m/s})$

$$H_{kW}=\mu F\times\frac{9.81\text{N}}{1\text{kgf}}\times v\times\frac{1\text{kW}}{1{,}000\text{W}}$$
$$=\frac{\mu Fv}{102}(\text{kW})$$

10 소선의 지름 8mm, 스프링의 지름 80mm인 압축코일 스프링에서 하중이 200N 작용하였을 때 처짐이 10mm가 되었다. 이때 스프링 상수(K)는 몇 N/mm인가?

① 5 ② 10
③ 15 ④ 20

풀이 스프링 상수 $K=\dfrac{\text{하중}(W)}{\text{변위량}(\delta)}$
$$=\frac{200}{10}=20\text{N/mm}$$

11 기어의 원주피치를 구할 때 필요 없는 요소는?

① 원주율(π) ② 지름피치
③ 잇수 ④ 피치원의 지름

풀이 원주피치 $=\dfrac{\pi\times D(\text{피치원 지름})}{z(\text{잇수})}(\text{mm})$

12 볼트, 너트의 풀림 방지 방법 중 틀린 것은?

① 로크 너트에 의한 방법
② 스프링 와셔에 의한 방법
③ 플라스틱 플러그에 의한 방법
④ 아이볼트에 의한 방법

정답 | 06 ② 07 ④ 08 ③ 09 ① 10 ④ 11 ② 12 ④

풀이 **볼트, 너트의 풀림 방지**

- 분할핀에 의한 방법
- 혀붙이, 스프링, 고무 와셔에 의한 방법
- 멈춤나사에 의한 방법
- 스프링너트에 의한 방법
- 로크너트에 의한 방법

※ 아이볼트는 주로 축하중만을 받을 때 사용하는 볼트이다.

13 엔드 저널에서 지름 40mm의 전동축을 받치고 있는 베어링의 압력은 5N/mm^{2}이고 저널 길이를 100mm라고 할 때 베어링의 하중은 몇 kN인가?

① 15kN ② 20kN
③ 25kN ④ 30kN

풀이
- 투사면적 $A_q = d(\text{지름}) \times l(\text{길이})$
- 베어링 압력 $q = \dfrac{P(\text{하중})}{A_q(\text{투사면적})} = \dfrac{P}{dl}$
- 베어링의 하중 $P = q \cdot d \cdot l$

$= 5 \times 40 \times 100$

$= 20{,}000\text{N} = 20\text{kN}$

14 볼 나사에 대한 설명으로 틀린 것은?

① 자동체결이 자유롭다.
② 백래시를 적게 할 수 있다.
③ 나사의 효율이 90% 이상이다.
④ 금속과 금속의 마찰작용에 의한 구름 접촉을 이용한다.

풀이 자동체결이 곤란하고, 너트의 크기가 크다.

15 키의 전단응력이 35N/mm^{2}이고, 키의 유효 길이가 40mm, 축과 보스의 경계면에 작용하는 접선력은 3,000N일 때 키의 너비는 약 몇 mm인가?

① 1.6mm ② 1.8mm
③ 2.2mm ④ 2.8mm

풀이 전단응력 $\tau = \dfrac{P(\text{접선력})}{b(\text{너비}) \times l(\text{길이})}$

$\therefore$ 키의 너비 $b = \dfrac{P}{l \times \tau} = \dfrac{3{,}000}{40 \times 35}$

$= 2.142 \fallingdotseq 2.2\text{mm}$

16 KS 재료기호에서 용접구조용 압연강재의 기호는?

① SPPS 380 ② SM 570
③ STC 140 ④ SC 360

풀이
- SM 570 : 용접구조용 압연강재
- SPPS 380 : 압력배관용 탄소강관
- STC 140 : 탄소공구강 강재
- SC 360 : 탄소강 주강품

17 다음 도면에서 (A)의 치수 값은 얼마인가?

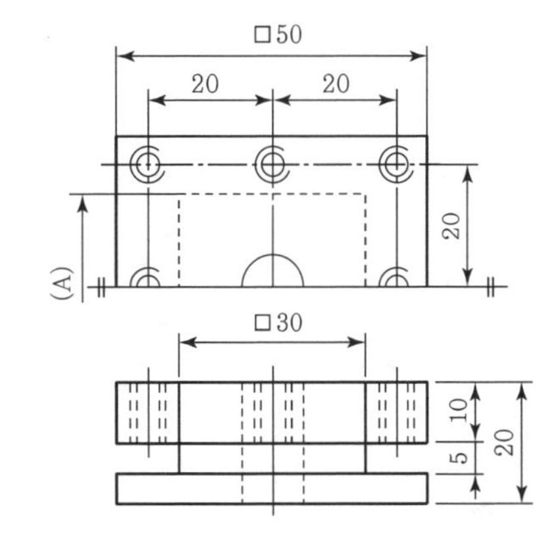

① 10 ② 20
③ 30 ④ 40

풀이 (A)의 치수는 □30과 같다.

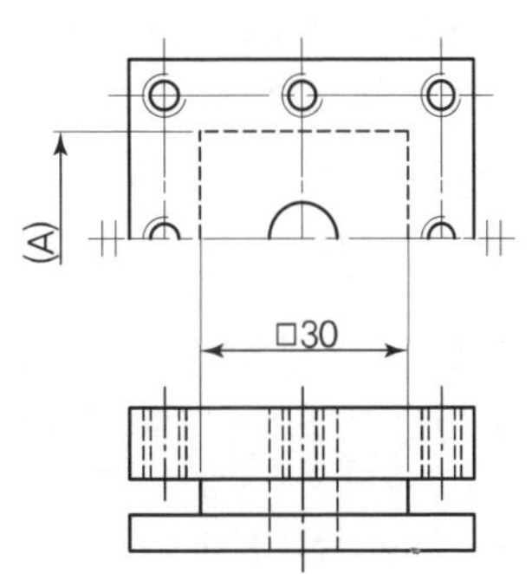

정답 | 13 ② 14 ① 15 ③ 16 ② 17 ③

18 그림과 같은 V－벨트풀리의 호칭지름(피치원 지름)값은?

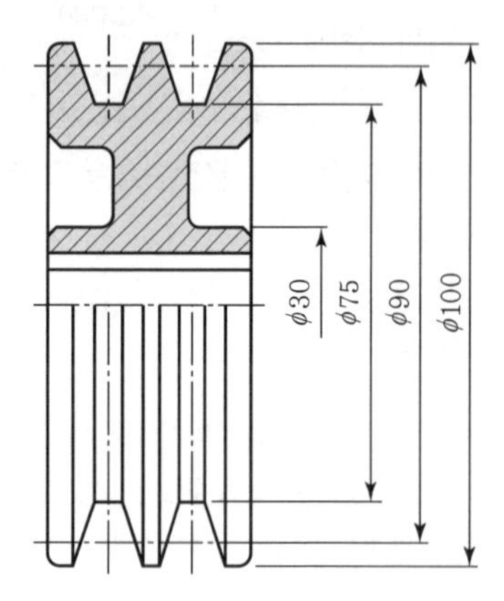

① $\phi30$ ② $\phi75$
③ $\phi90$ ④ $\phi100$

풀이
• 호칭지름(피치원 지름) : $\phi90$
• 외경 : $\phi100$

19 다음 동력원의 기호 중 공압을 나타내는 것은?

① 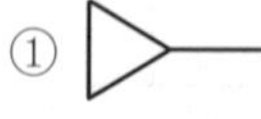 ② 
③ (M) ④ [M]

풀이
• ▷— : 공압 기호
• ▶— : 유압 기호
• (M) : 전동기 기호
• [M] : 원동기 기호

20 대칭형인 대상물을 외형도의 절반과 온단면도의 절반을 조합하여 표시한 단면도는?

① 계단 단면도 ② 한쪽 단면도
③ 부분 단면도 ④ 회전 단면도

풀이 한쪽 단면도 : 상하 또는 좌우 대칭인 물체에서 중심선을 기준으로 물체의 1/4만 잘라내서 그려주는 방법으로 물체의 외부형상과 내부형상을 동시에 나타낼 수 있다는 장점을 가지고 있다.

21 사용자에게 물품의 구조, 기능, 성능 등을 설명하기 위한 도면으로 주로 카탈로그에 사용하는 도면은?

① 조립도 ② 설명도
③ 승인도 ④ 주문도

풀이 설명도 : 사용자에게 물품의 구조, 기능, 성능 등을 설명하기 위한 도면으로 주로 카탈로그에 사용하는 도면

22 치수보조기호로 사용되는 'C'에 대한 설명으로 맞는 것은?

① 45° 모떼기로 치수 수치 앞에 붙인다.
② 이론적으로 정확한 치수를 의미한다.
③ 각의 꼭지점에서 가로, 세로 길이가 서로 다를 때에도 사용한다.
④ 참고 치수임을 의미한다.

풀이
• C : 45° 모떼기로 치수문자 앞에 기입한다.
• □ : 이론적으로 정확한 치수를 의미한다.
• ( ) : 참고 치수임을 의미한다.

23 표면 거칠기의 지시 기호 중 가공에 의한 줄무늬 방향이 지시된 것은?

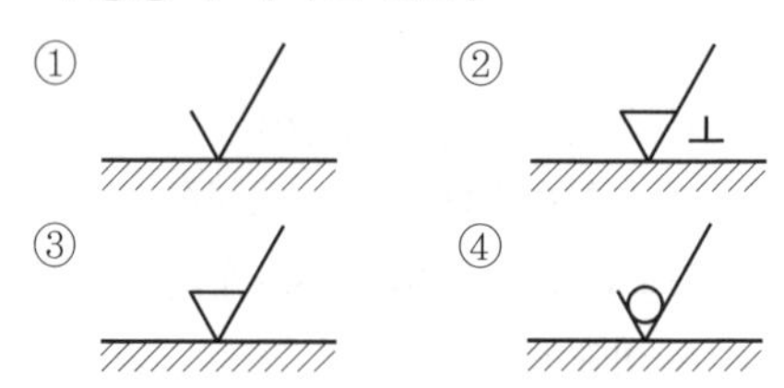

풀이 ⊥ : 가공으로 생긴 커터의 줄무늬 방향이 기호를 기입한 그림의 투상면에 직각이다.

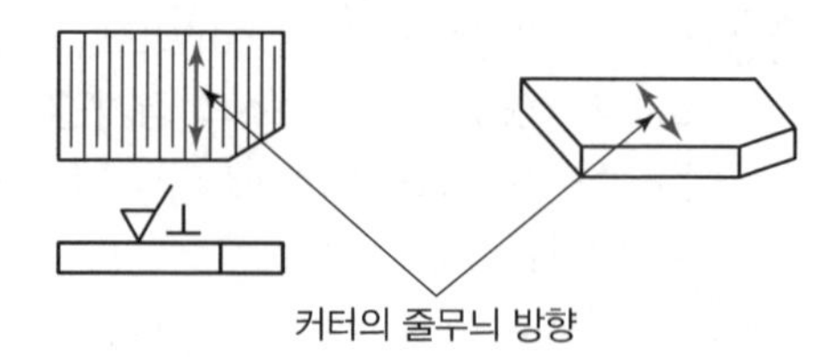

정답 | 18 ③ 19 ① 20 ② 21 ② 22 ① 23 ②

24 끼워맞춤 기호의 치수 기입에 관한 것이다. 바르게 기입된 것은?

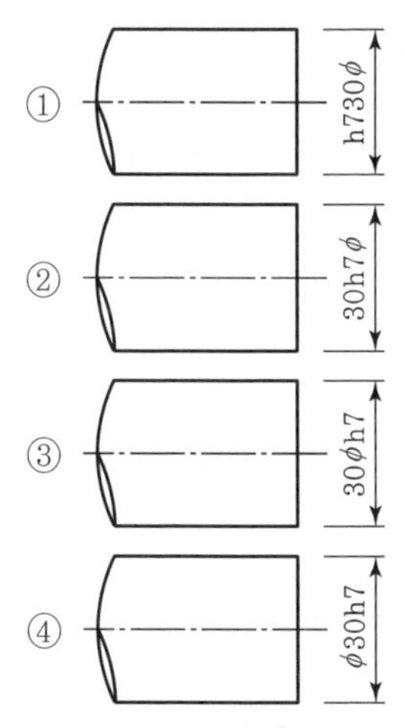

풀이 φ30h7 : 기준치수(φ30) 다음에 끼워맞춤공차(h7)를 기입한다.

25 기하공차 기호에서 자세공차에 해당하는 것은?

① ⌭
② 
③ //
④ ↗

풀이 **자세공차**
- 평행도 공차(//)
- 직각도 공차(⊥)
- 경사도 공차(∠)

26 다음과 같은 숫돌바퀴의 표시에서 숫돌입자의 종류와 결합도를 표시한 것은?

WA 60 K M V

① WA, 60
② WA, K
③ M, 60
④ M, V

풀이
- WA : 숫돌입자
- 60 : 입도
- K : 결합도
- M : 조직
- V : 결합제

27 3차원 측정기를 이용한 측정의 사용 효과로 거리가 먼 것은?

① 피측정물의 설치 변경에 따른 시간이 절약된다.
② 보조측정기구가 거의 필요하지 않다.
③ 측정점의 데이터는 컴퓨터에 의해 처리가 신속 정확하다.
④ 단순한 부품의 길이 측정으로 생산성이 향상된다.

풀이 단순한 부품의 길이는 강철자, 버니어 캘리퍼스 등을 이용해 측정한다.

28 다수의 절삭날을 일직선상에 배치한 공구를 사용해서 공작물 구멍의 내면이나 표면을 여러 가지 모양으로 절삭하는 공작기계로 적당한 것은?

① 브로칭머신
② 슈퍼피니싱
③ 호빙머신
④ 슬로터

풀이

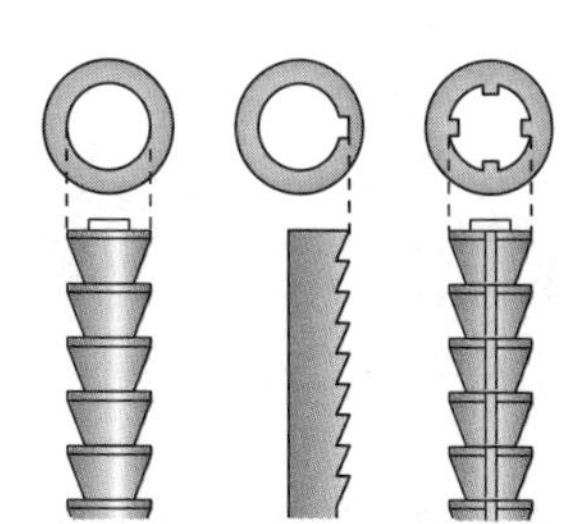

[브로칭에 의한 내면 가공 형태]

29 일반적으로 줄(file)의 재질은 어떤 것을 사용하는가?

① 탄소공구강
② 고속도강
③ 다이스강
④ 초경질 합금

풀이 탄소공구강은 저속절삭공구, 수기공구 등의 소재로 사용한다.

정답 | 24 ④ 25 ③ 26 ② 27 ④ 28 ① 29 ①

30 공작기계의 구비조건이 아닌 것은?

① 높은 정밀도를 가질 것
② 가공능력이 클 것
③ 내구력이 작을 것
④ 고장이 적고, 기계효율이 좋을 것

풀이 내구성이 좋고, 사용이 편리해야 한다.

31 선반작업에서 방진구를 사용하는 가장 큰 이유는?

① 센터를 쉽게 잡기 위해
② 공작물의 이탈을 방지하기 위해
③ 공작물 이송을 부드럽게 하기 위해
④ 가늘고 긴 공작물을 가공 시 떨림을 방지하기 위해

풀이 방진구는 지름이 작고 길이가 긴 공작물의 선반가공 시 휨이나 진동을 방지해 준다.

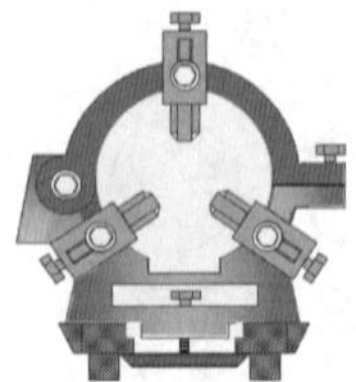

[방진구]

[방진구 설치 예시]

32 저탄소 강재를 선반에서 가공할 때 절삭저항 3분력 중 가장 큰 것은?

① 주분력　　② 배분력
③ 이송분력　　④ 횡분력

풀이 **절삭저항의 3분력**

- 주분력 > 배분력 > 이송분력
- 절삭저항 = 주분력 + 배분력 + 이송분력

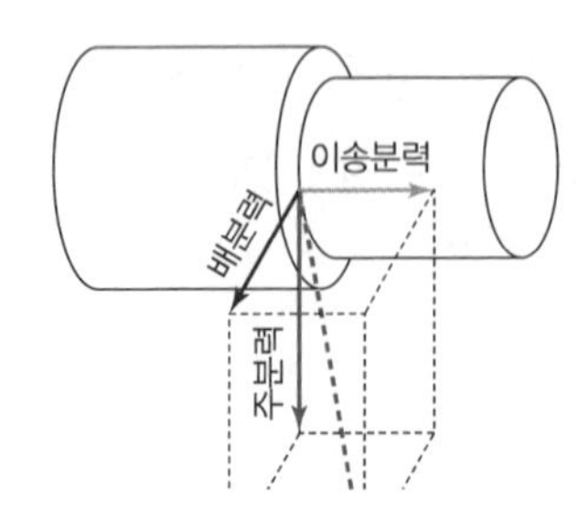

33 다음 그림에서 테이퍼(taper) 값이 1/8일 때 A 부분의 직경 값은 얼마인가?

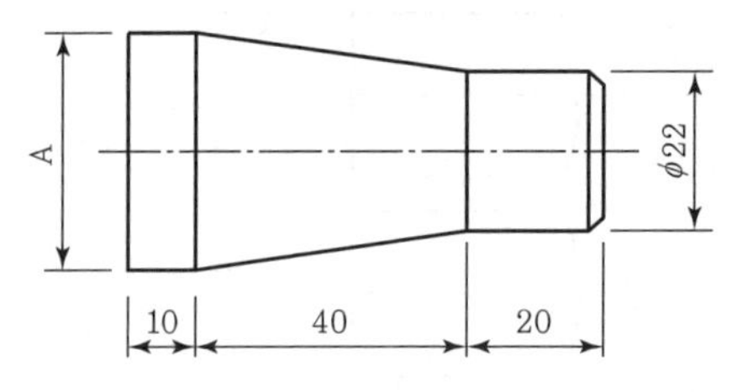

① 25　　② 27
③ 30　　④ 32

풀이 **테이퍼**

$$\frac{1}{X}=\frac{D-d}{l}=\frac{D-22}{40}=\frac{1}{8}$$

$$\therefore D=\frac{1}{8}\times 40+22=27\text{mm}$$

34 절삭공구의 절삭면과 평행한 여유면에 가공물의 마찰에 의해 발생하는 마모는?

① 크레이터 마모
② 플랭크 마모
③ 온도 파손
④ 치핑

35 다음 중 밀링머신의 부속장치가 아닌 것은?

① 아버　　② 회전 테이블 장치
③ 수직축 장치　　④ 왕복대

풀이 왕복대는 선반의 주요 구성요소이다.

36 원통연삭에서 바깥지름 연삭방식에 해당하지 않는 것은?

① 유성형　　② 플랜지컷형
③ 숫돌대 왕복형　　④ 테이블 왕복형

풀이 유성형 연삭은 내면 연삭방식(안지름 연삭방식)이다.

정답 | 30 ③ 31 ④ 32 ① 33 ② 34 ② 35 ④ 36 ①

37 밀링 절삭 조건을 맞추는 데 고려할 사항이 아닌 것은?

① 밀링의 성능　② 커터의 재질
③ 공작물의 재질　④ 고정구의 크기

풀이 밀링의 절삭 조건
- 밀링의 성능
- 커터의 재질
- 공작물의 재질
- 절삭속도
- 절삭깊이
- 절삭유의 공급 여부

38 보통 선반의 크기를 나타내는 것으로만 조합된 것은?

a) 가공할 수 있는 공작물의 최대 직경
b) 뚫을 수 있는 최대 구멍 직경
c) 테이블의 세로 방향 최대 이송거리
d) 베이스의 작업 면적
e) 니의 최대 상하 이송거리
f) 가공할 수 있는 공작물의 최대 길이

① b), c)　② d), e)
③ b), f)　④ a), f)

풀이 선반의 크기
- 베드 위의 스윙 : 절삭할 수 있는 공작물의 최대 지름
- 왕복대 위의 스윙 : 왕복대에 접촉하지 않고 가공할 수 있는 공작물의 최대 지름
- 양 센터 사이의 최대 거리 : 절삭할 수 있는 공작물의 최대 길이

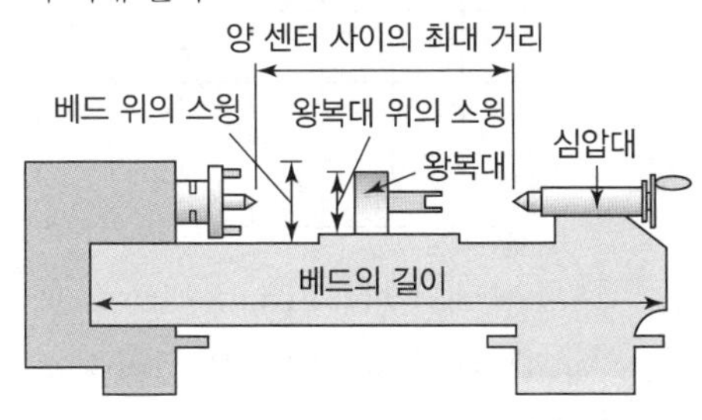

39 다음 특수가공법 중 가공물 표면에 공작액과 미세 연삭입자의 혼합물을 고속으로 분사하여 매끈한 다듬질면을 얻는 방법은?

① 액체 호닝(liquid honing)
② 버니싱(burnishing)
③ 버핑(buffing)
④ 숏피닝(shot peening)

풀이 액체 호닝(liquid honing)

액체호닝은 연마제를 가공액과 혼합한 다음 압축 공기와 함께 노즐로 고속 분사시켜 공작물의 표면을 깨끗이 다듬는 가공법이다.

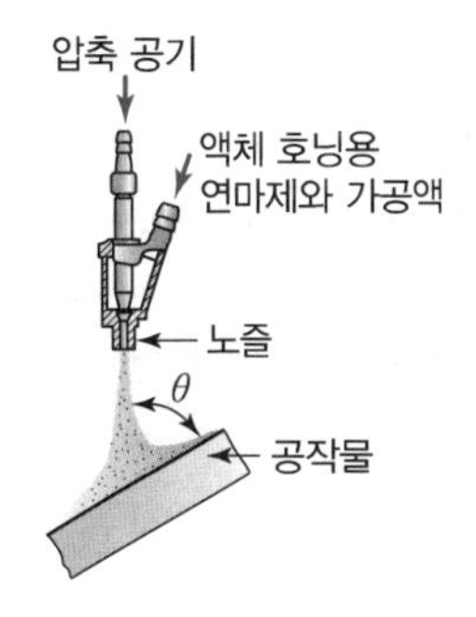

40 밀링머신에서 일반적으로 평면을 절삭할 때 주로 사용하는 공구가 아닌 것은?

① 정면커터
② 엔드밀
③ 메탈 소
④ 셸엔드밀

풀이 메탈 소

좁은 홈을 가공하거나 절단하고자 할 때 수평 밀링에서 사용하는 커터이다.

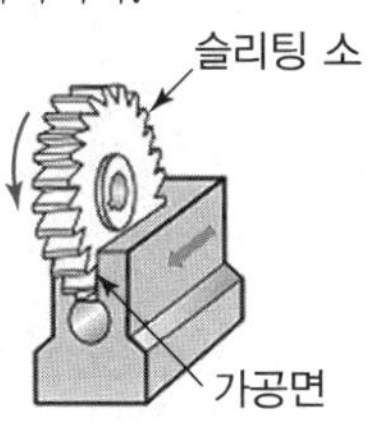

정답 | 37 ④　38 ④　39 ①　40 ③

41 완전 윤활 또는 후막 윤활이라고 하며, 슬라이딩 면이 유막에 의해 완전히 분리되어 균형을 이루게 되는 윤활방법은?

① 경계 윤활 ② 유체 윤활
③ 극압 윤활 ④ 고체 윤활

풀이 유체 윤활 : 접촉면 사이에 윤활제의 유막이 형성되고 그 유막의 점성이 충분하면 접촉면의 마찰계수가 작아져 잘 구르거나 미끄러지게 되는 상태가 된다.

42 축을 가공한 후 일정한 치수 내에 들어 있는지를 검사하고자 한다. 가장 적당한 게이지는?

① 스냅 게이지 ② 플러그 게이지
③ 터보 게이지 ④ 센터 게이시

풀이 스냅 게이지는 치수공차의 허용치가 통과 측과 정지 측으로 되어 있어 통과 측은 통과하고 정지 측은 정지하면 치수 내에 있음을 판별하는 게이지로, 축류는 스냅 게이지, 구멍류는 플러그 게이지를 이용한다.

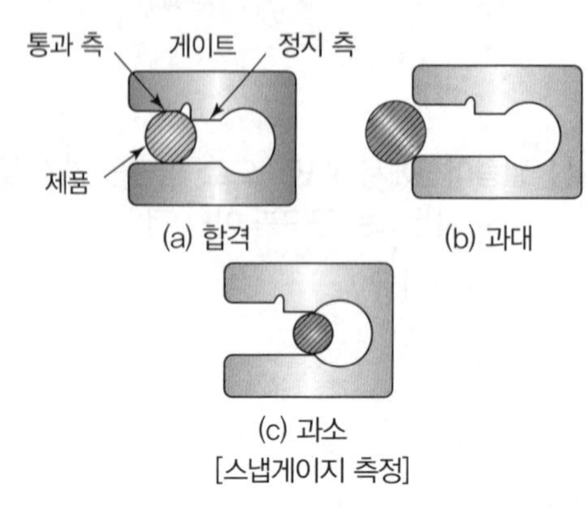

[스냅게이지 측정]

43 CNC 선반에서 3초 동안 이송을 정지(dwell)시키고자 한다. ( ) 안에 알맞은 것은?

G04 P( ) ;

① 3.0 ② 30
③ 300 ④ 3000

풀이 G04 P3000 ;
P는 소수점을 사용할 수 없으며, X, U는 소수 셋째 자리까지 사용가능하다.(X3.0, U3.0)

44 CNC 공작기계 가공에서 유의사항으로 틀린 것은?

① 소수점 입력 여부를 확인한다.
② 좌표계 설정이 맞는가 확인한다.
③ 보안경을 착용한다.
④ 작업복을 착용하지 않아도 된다.

풀이 작업자의 안전을 위해 작업복은 착용하고 작업한다.

45 CNC의 서보기구 형식이 아닌 것은?

① 개방형(open loop system)
② 반개방형(semi-open loop system)
③ 폐쇄형(closed loop system)
④ 반폐쇄형(semi-closed loop system)

풀이 서보기구의 형식
- 개방형(open loop system)
- 반폐쇄형(semi-closed loop system)
- 폐쇄형(closed loop system)
- 하이브리드형(hybrid loop system)

46 머시닝 센터 프로그램에서 그림의 A(15, 5)에서 B(5, 15)로 가공할 때의 프로그램으로 바르지 못한 내용은?

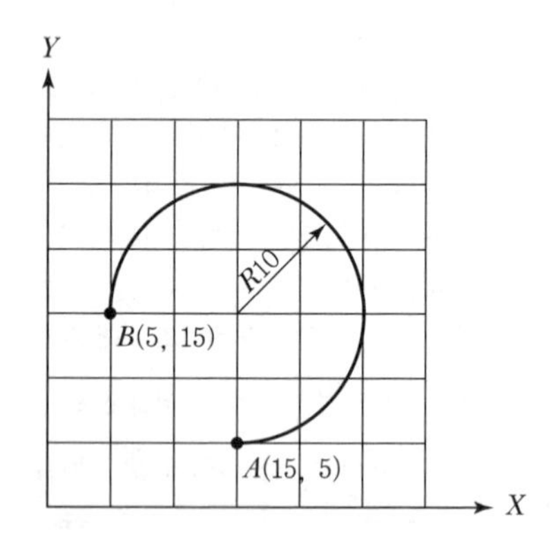

① G90 G03 X5. Y15. J-10. ;
② G90 G03 X5. Y15. R-10. ;
③ G91 G03 X-10. Y10. J10. ;
④ G91 G03 X-10. Y10. R-10. ;

정답 | 41 ② 42 ① 43 ④ 44 ④ 45 ② 46 ①

풀이 ① G90 G03 X5. Y15. J10. ;

G90(증분지령), G03(반시계방향 가공), X5. Y15.(원호의 끝점의 좌표), J10.(원호의 중심이 원호의 시작점 기준으로 위쪽에 있으므로 +10을 입력)

47 CNC 선반에서 그림과 같이 지름이 40mm인 공작물을 G96 S314 M03 ; 블록으로 가공할 때, 주축 회전수는?

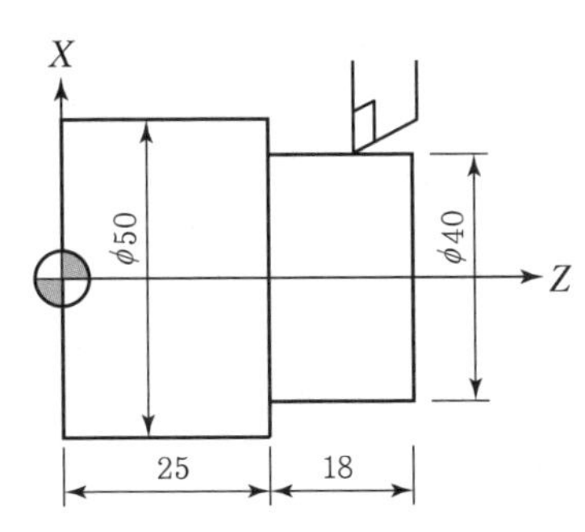

① 1,500rpm ② 2,000rpm
③ 2,500rpm ④ 3,000rpm

풀이 G96 : 절삭속도(m/min) 일정 제어

$N = \frac{1,000S}{\pi D}(\text{rpm})$

$= \frac{1,000 \times 314}{\pi \times 40} = 2,498.73 \fallingdotseq 2,500(\text{rpm})$

여기서, N : 주축의 회전수(rpm)
S : 절삭속도(m/min) ⇒ S314
D : 공작물의 지름(mm) ⇒ ϕ40mm

48 CNC 프로그램에서 보조기능에 대한 설명 중 맞는 것은?

① M05는 주축의 정회전을 의미한다.
② M03은 주축의 역회전을 의미한다.
③ M02는 프로그램의 시작을 의미한다.
④ M00은 프로그램의 정지를 의미한다.

풀이
- M00 : 프로그램 정지
- M05 : 주축 정지
- M03 : 주축 정회전
- M02 : 프로그램 종료

49 CNC 공작기계가 자동운전 도중에 갑자기 멈추었을 때의 조치사항으로 잘못된 것은?

① 비상정지 버튼을 누른 후 원인을 찾는다.
② 프로그램의 이상 유무를 하나씩 확인하며 원인을 찾는다.
③ 강제로 모터를 구동시켜 프로그램을 실행시킨다.
④ 화면상의 경보(alarm) 내용을 확인한 후 원인을 찾는다.

풀이 비상정지 버튼을 누르고 화면상의 경보 내용을 확인한 후 프로그램의 이상 유무를 하나씩 확인하며 원인을 찾는다. 강제로 모터를 구동시켜 프로그램을 실행시켜서는 안 된다.

50 다음 머시닝 센터 프로그램에서 F200이 의미하는 것은?

```
G94 G91 G01 X100. F200 ;
```

① 0.2mm/rev
② 200mm/rev
③ 200mm/min
④ 200m/min

풀이
- G94 : 분당이송(mm/min)
- F200 : 200mm/min으로 가공하라는 의미이다.

51 CNC 선반에서 나사의 호칭지름이 32mm이고, 피치가 1.5mm인 2줄 나사를 가공할 때의 이송량(F값)으로 맞는 것은?

① 1.5 ② 2.0
③ 3.0 ④ 32

풀이 이송량(F값)은 나사의 리드를 입력한다.
나사의 리드(L) = 나사 줄 수(n) × 피치(p)
$= 2 \times 1.5 = 3.0$

정답 | 47 ③ 48 ④ 49 ③ 50 ③ 51 ③

52 밀링가공 할 때 유의해야 할 사항으로 틀린 것은?

① 기계를 사용하기 전에 윤활 부분에 적당량의 윤활유를 주입한다.
② 측정기 및 공구를 작업자가 쉽게 찾을 수 있도록 밀링머신 테이블 위에 올려놓아야 한다.
③ 밀링 칩은 예리하므로 직접 손을 대지 말고 청소용 솔 등으로 제거한다.
④ 정면 커터로 가공할 때는 칩이 작업자의 반대쪽으로 날아가도록 공작물을 이송한다.

풀이 측정기나 공구 등을 진동이 있는 기계 위나 떨어지기 쉬운 장소에 놓지 않아야 한다.

53 그림과 같이 M10 탭 가공을 위한 프로그램을 완성시키고자 한다. ( ) 속에 차례로 들어갈 값으로 옳은 것은?(단, M10 탭의 피치는 1.5)

```
N10 G90 G92 X0. Y0. Z100. ;
N20 ( ) M03 ;
N30 G00 G43 H01 Z30. ;
N40 G90 G99 ( ) X20. Y30.
Z-25. R10. F450 ;
N50 G91 X30. ;
N60 G00 G49 G80 Z300. M05 ;
N70 M02 ;
```

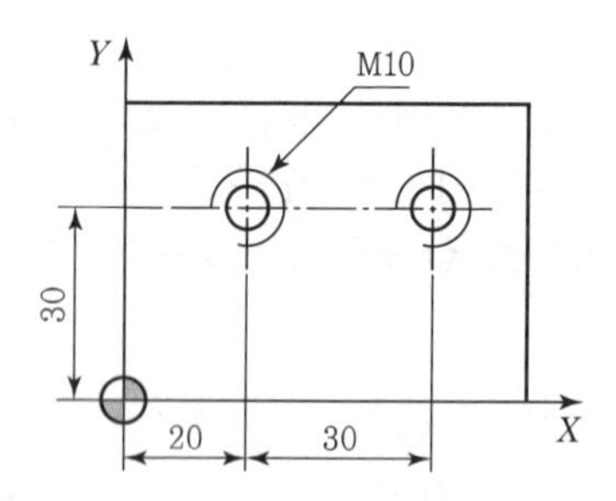

① S200, G74 ② S300, G84
③ S400, G85 ④ S500, G76

풀이 • G84 : 탭 사이클
• 탭 사이클의 이송속도(F)=주축회전수(N)×피치(p)

N40 블록에서 F=450

$$주축회전수(N)=\frac{이송속도(F)}{p}=\frac{450}{1.5}=300\text{rpm}$$

N20 블록에서 ( ) 안에 들어갈 내용은 S300이다.

54 다음 중 CAD/CAM 시스템의 출력장치로 볼 수 없는 것은?

① 모니터 ② 라이트펜
③ 프린터 ④ 플로터

풀이 **출력장치**
CRT 모니터, LCD 모니터, 프린터, 플로터, 그래픽 디스플레이, 빔 프로젝터, 하드 카피 장치 등

입력장치
키보드, 마우스, 트랙볼, 라이트펜, 조이스틱, 포인팅 스틱, 터치패드, 터치스크린, 디지타이저, 스캐너 등

55 CNC 지령 중 기계원점 복귀 후 중간 경유점을 거쳐 지정된 위치로 이동하는 준비기능은?

① G27 ② G28
③ G29 ④ G32

풀이 • G27 : 원점복귀 확인
• G28 : 기계원점복귀
• G29 : 원점으로부터의 복귀
• G32 : 나사절삭

56 다음은 CNC 선반 프로그램의 일부이다. 설명으로 틀린 것은?

```
G50 X150.0 Z100.0 T0300 S2000 ;
G96 S150 M03 ;
```

① G50은 좌표계 설정을 뜻한다.
② X150.0 Z100.0은 기계원점부터 바이트 끝까지의 거리이다.
③ S2000은 주축최고회전수이다.
④ S150은 절삭속도가 150m/min이다.

정답 | 52 ② 53 ② 54 ② 55 ③ 56 ②

풀이 • G50 : 공작물좌표계 설정, 주축최고회전수 설정
• X150.0 Z100.0 : 공작물좌표계 원점에서 바이트 끝까지의 거리이다.
• G96 : 절삭속도(m/min) 일정 제어이므로 S150은 절삭속도가 150m/min이다.

57 다음과 같은 CNC 선반 프로그램의 설명으로 틀린 것은?

```
N31 G90 X50. Z-100. R10. F0.2 ;
N32       X54. ;
```

① G90은 내 · 외경 절삭 사이클이다.
② 테이퍼 절삭을 한다.
③ N32 블록에서도 사이클이 계속된다.
④ 외경(바깥지름) 절삭작업을 하는 프로그램이다.

풀이 X50.0에서 X54.0으로 지름이 증가하였으므로 내경(안쪽지름) 절삭작업을 하는 프로그램이다.

58 CNC 공작기계를 사용하여 제품을 생산할 때 경제성이 가장 좋은 경우는?

① 부품형상이 복잡하고 다품종 소량 생산인 경우
② 부품형상이 복잡하고 다품종 대량 생산인 경우
③ 부품형상이 단순하고 단품종 중량 생산인 경우
④ 부품형상이 단순하고 단품종 대량 생산인 경우

풀이 CNC 공작기계를 사용하여 제품을 생산할 때 경제성이 가장 좋은 경우는 부품형상이 복잡하고 다품종 소량 생산인 경우이다.

59 정확한 거리의 이동이나 공구보정 시에 사용되며 현 위치가 좌표계의 기준이 되는 좌표계는?

① 상대좌표계　② 기계좌표계
③ 공작물좌표계　④ 기계원점좌표계

풀이 **상대좌표계**
• 현재의 위치가 원점이 되며, 일시적으로 좌표를 "0"으로 설정할 때 사용한다.
• 공구의 세팅, 간단한 핸들 이동, 좌표계 설정 등에 사용한다.
• 선반의 경우 좌표어는 U, W를 사용한다.

60 머시닝 센터에서 그림과 같이 1번 공구를 기준공구로 하고 G43을 이용하여 길이보정을 하였을 때 옳은 것은?

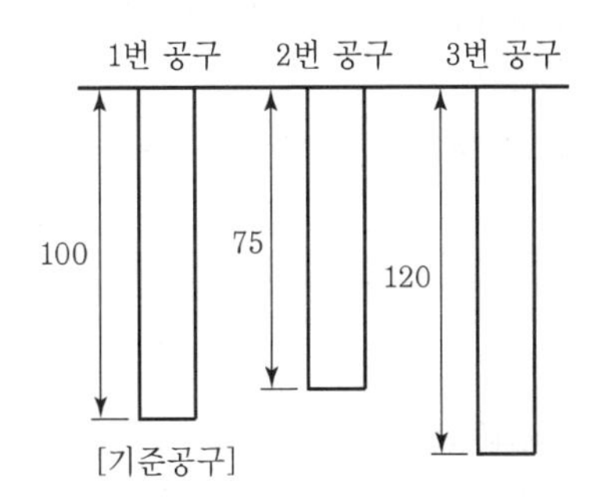

① 2번 공구의 길이 보정값은 75이다.
② 2번 공구의 길이 보정값은 −25이다.
③ 3번 공구의 길이 보정값은 120이다.
④ 3번 공구의 길이 보정값은 −45이다.

풀이 **G43 : 공구길이 보정 '+'**
• 공구의 길이가 기준공구보다 길면 '+' 값으로 보정하고, 짧으면 '−' 값으로 보정한다.
• 2번 공구는 기준공구보다 25mm 짧으므로 '−25'로 보정하고, 3번 공구는 기준공구보다 20mm 긴 경우이므로 '+20'으로 보정한다.

정답 | 57 ④　58 ①　59 ①　60 ②

컴퓨터응용밀링기능사

2012 제4회 과년도 기출문제

CRAFTSMAN COMPUTER AIDED MILLING

01 델타메탈(delta metal)의 성분으로 올바른 것은?

① 6 : 4 황동에 철을 1~2% 첨가
② 7 : 3 황동에 주석을 1% 내외 첨가
③ 6 : 4 황동에 망간을 1~2% 첨가
④ 7 : 3 황동에 니켈을 10~20% 내외 첨가

풀이 **델타메탈(철 황동)**

- 6－4 황동에 철을 1~2% 정도 첨가한 합금이다.
- 강도가 크고, 내식성이 좋아 광산, 선박, 화학 기계 등에 사용된다.
- 철이 2% 이상 함유되면 인성이 저하된다.

02 열처리 방법 및 목적이 잘못된 것은?

① 노멀라이징－소재를 일정 온도에서 가열 후 공랭시켜 표준화한다.
② 풀림－재질을 단단하고 균일하게 한다.
③ 담금질－급랭시켜 재질을 경화시킨다.
④ 뜨임－담금질된 것에 인성(toughness)을 부여한다.

풀이 **풀림**

- 주조, 단조, 기계가공에서 생긴 내부응력을 제거시킨다.
- 열처리로 말미암아 경화된 재료를 연화시킨다.(절삭성 향상)
- 가공경화된 재료를 연화시킨다.(냉간가공성 개선)
- 금속결정 입자를 균일화하고 미세화시킨다.

03 흑연 구상화 처리 후 용탕 상태로 방치하면 구상화 효과가 소멸하는 현상은?

① 페이딩 ② 패턴팅
③ 바우싱거 ④ 전위

풀이 페이딩(fading) 현상 : 구상화 처리 후 용탕 상태로 방치하면 흑연 구상화의 효과가 소실되어 편상흑연 주철로 되돌아가는 현상

04 주철의 성질을 설명한 것으로 틀린 것은?

① 주조성이 우수하여 복잡한 것도 제작할 수 있다.
② 인장강도와 충격치가 작아서 단조하기 쉽다.
③ 비교적 절삭가공이 쉽다.
④ 주물표면은 단단하고, 녹이 잘 슬지 않는다.

풀이 ② 인장강도, 굽힘강도가 작고 충격에 약해서 단조가 어렵다.

05 금속 중 항공기 계통에 가장 많이 사용하는 금속은 어느 것인가?

① 고속도강 ② 두랄루민
③ 스테인리스강 ④ 인청동

풀이 **두랄루민**

- 고강도 알루미늄 합금으로 항공기의 주요 구조 재료나 리벳 등에 사용된다.
- Al－Cu－Mg－Mn계 합금이다.
- 시효경화처리의 대표적인 합금이다.

정답 | 01 ① 02 ② 03 ① 04 ② 05 ②

06 청동에 탈산제인 P을 0.05~0.5% 정도 첨가하여 용탕의 유동성을 좋게 하고 합금의 경도, 강도가 증가하며 또 내마멸성과 탄성을 개선시킨 것은?

① 연청동　② 인청동
③ 알루미늄 청동　④ 주석청동

풀이 **인청동[청동＋인(P)]**

- 합금 중에 P(0.05~0.5%)을 잔류시키면 구리 용융액의 유동성이 좋아지고, 강도, 경도, 탄성률 등 기계적 성질이 개선되고 내식성이 좋아진다.
- 스프링용 인청동은 Sn(7.0~9.0%)＋P(0.03~0.35%)의 합금이며 전연성, 내식성, 내마멸성이 좋고, 자성이 없어 통신기기, 계기류 등의 고급 스프링 재료로 사용한다.

07 황동의 가공재를 상온에서 방치하거나 저온풀림 경화시킨 스프링재가 사용 도중 시간의 경과에 따라 경도 등 스프링 특성을 잃는 현상을 무엇이라고 하는가?

① 탈아연 부식
② 인공 균열
③ 경년 변화
④ 고온 탈아연

풀이 경년 변화 : 황동 가공재를 상온에서 방치하거나 저온풀림 경화시킨 스프링재가 사용시간이 경과함에 따라 스프링 특성을 잃는 현상

08 2줄 웜이 잇수 30개의 웜기어와 물릴 때의 속도비는?

① 1/10　② 1/15
③ 1/45　④ 1/30

풀이 속도비 $i = \dfrac{n(\text{웜의 줄 수})}{Z_g(\text{웜휠의 잇수})} = \dfrac{2}{30} = \dfrac{1}{15}$

09 다음 스프링의 스프링 상수가 각각 5kgf/mm, 10kgf/mm일 때 스프링 상수는?

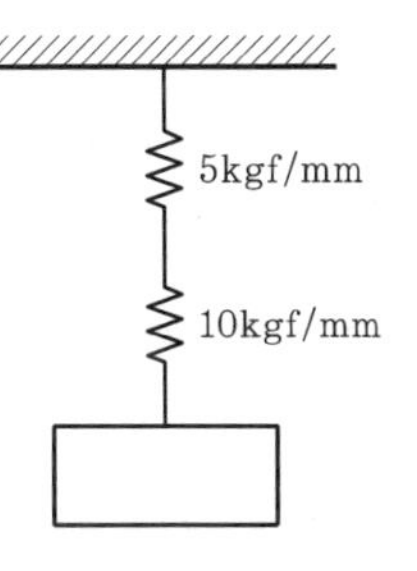

① 1.5kgf/mm　② 15kgf/mm
③ 3.33kgf/mm　④ 33.3kgf/mm

풀이 k : 직렬 연결의 스프링 상수

k_1, k_2 : 각각의 스프링 상수

$\dfrac{1}{k} = \dfrac{1}{k_1} + \dfrac{1}{k_2}$에서

$$k = \dfrac{1}{\dfrac{1}{k_1}+\dfrac{1}{k_2}} = \dfrac{1}{\dfrac{1}{5}+\dfrac{1}{10}} \fallingdotseq 3.33\text{kgf/mm}$$

10 푸아송의 비(Poisson's ratio)에 대한 설명으로 맞는 것은?

① 재료에 압축하중과 인장하중이 작용할 때 생기는 가로변형률과 세로변형률의 비
② 재료에 전단하중과 인장하중이 작용할 때 생기는 가로변형률과 세로변형률의 비
③ 재료의 비례한도 내에서 응력과 변형률의 비
④ 재료의 탄성한도 내에서 응력과 변형률의 비

풀이 푸아송의 비 $\mu = \dfrac{1}{m} = \dfrac{\varepsilon'(\text{가로변형률})}{\varepsilon(\text{세로변형률})}$

재료에 압축하중과 인장하중이 작용할 때 생기는 가로변형률과 세로변형률의 비이며, 푸아송 수(m)의 역수

11 너트의 풀림 방지법이 아닌 것은?

① 턴버클에 의한 방법
② 자동죔너트에 의한 방법
③ 분할 핀에 의한 방법
④ 로크 너트에 의한 방법

정답 | 06 ② 07 ③ 08 ② 09 ③ 10 ① 11 ①

풀이 턴버클은 양 끝에 왼나사와 오른나사가 있어 양 끝을 서로 당기거나 밀어서, 와이어로프나 전선 등의 길이나 장력의 조정을 필요로 하는 곳에 사용한다.

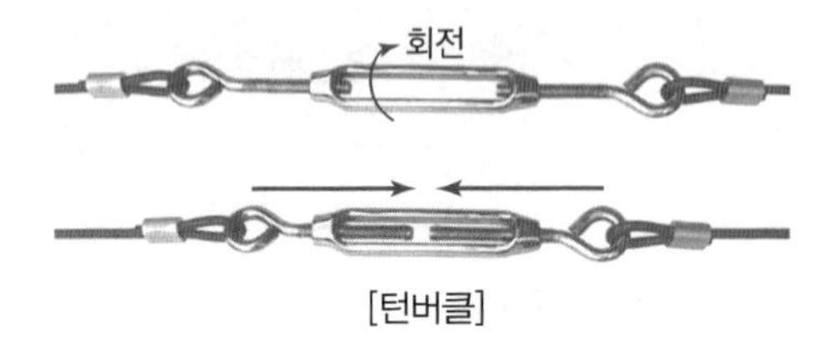

[턴버클]

12 둥근 축 또는 원뿔 축과 보스의 둘레에 같은 간격으로 가공된 나사산 모양을 갖는 수많은 작은 삼각형의 스플라인은?

① 코터　　② 반달키
③ 묻힘키　　④ 세레이션

풀이 세레이션 축(serration shaft)은 축에 작은 삼각형 키 홈을 만들어 축과 보스를 고정시키는 것으로 동일한 지름의 스플라인보다 많은 키에 돌기가 있어 동력 전달이 큰 자동차의 핸들 등에 주로 사용된다.

13 베어링 호칭번호가 6205인 레이디얼 볼 베어링의 안지름은?

① 5mm　　② 25mm
③ 62mm　　④ 205mm

풀이
- 62 : 깊은 홈 볼 베어링을 나타냄
- 안지름 = 5(안지름 번호) × 5 = 25mm

14 축방향에 큰 하중을 받아 운동을 전달하는 데 적합하도록 나사산을 사각 모양으로 만들었으며 하중의 방향이 일정하지 않고, 교번하중을 받는 곳에 사용하기에 적합한 나사는?

① 볼나사　　② 사각나사
③ 톱니나사　　④ 너클나사

풀이 사각나사 : 매우 큰 힘을 전달하는 프레스, 나사잭에 사용

15 강선을 나사 모양으로 2중, 3중 감아 만든 축으로서 자유로이 휠 수 있는 축은?

① 직선 축　　② 테이퍼 축
③ 크랭크축　　④ 플렉시블 축

풀이 **플렉시블 축(flexible shaft)**
강선을 나사 모양으로 2중, 3중 감아 만든, 자유로이 휠 수 있는 축으로, 전동축에 큰 힘을 주어서 축의 방향을 자유롭게 바꾸거나 충격을 완화시키기 위하여 사용한다.

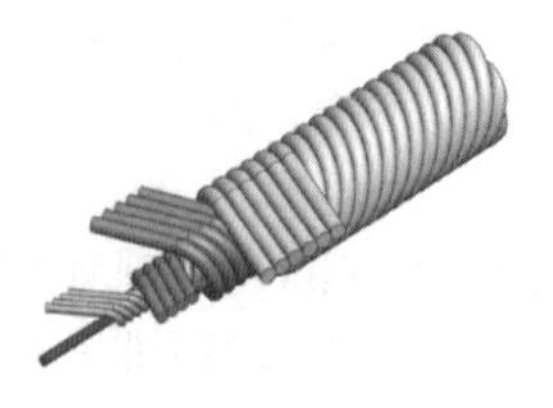

16 다음 중 연삭 가공을 나타내는 약호는?

① L　　② D
③ M　　④ G

풀이
- G : 연삭 가공
- L : 선반 가공(선삭)
- D : 드릴 가공
- M : 밀링 가공

17 기계가공 도면에 치수 50±0.2로 표시되어 있는 경우의 해독이 틀린 것은?

① 기준치수는 50mm이다.
② 치수공차는 0.4mm이다.
③ 49.8~50.2mm 이내로 가공해야 한다.
④ 가공 후의 치수가 50.15mm이면 불합격품이다.

풀이 50.15mm는 허용범위(49.8~50.2mm) 안에 있으므로 합격품이다.

50±0.2
- 기준치수 50mm, 공차 ±0.2이다.
- 최소 허용치수=49.8mm, 최대 허용치수=50.2mm
- 치수공차=50.2−49.8=0.4mm

정답 | 12 ④　13 ②　14 ②　15 ④　16 ④　17 ④

18 다음 기하공차 중에서 데이텀이 필요 없는 것은?

① ⊥　　② ∠
③ //　　④ ▱

풀이 ▱ : 평면도 공차로서 모양공차는 데이텀이 필요 없다.

모양공차의 종류
- 직진도 공차(—)
- 평면도 공차(▱)
- 진원도 공차(○)
- 원통도 공차(⌭)
- 선의 윤곽도 공차(⌒)
- 면의 윤곽도 공차(⌓)

19 투상선이 투상면에 대하여 63°26′인 경사를 갖는 사투상도로 3개의 축 중 Y축 및 Z축에서는 실제 길이를 나타내고, X축에서는 보통 실제 길이의 $\frac{1}{2}$을 나타내는 투상도는?

① 캐비닛도
② 카발리에도
③ 2등각 투상도
④ 투시 투상도

20 물체의 일부분의 생략 또는 단면의 경계를 나타내는 선으로 불규칙한 파형의 가는 실선의 명칭은?

① 파단선　　② 지시선
③ 가상선　　④ 절단선

풀이 파단선은 물체의 일부분의 생략 또는 단면의 경계를 나타내는 선으로 불규칙한 파형 또는 지그재그의 가는 실선이다.
- 파형의 가는 실선 : 〜
- 지그재그의 가는 실선 : —∧∨—

21 '50±0.01' 공차표시에서 아래 치수 허용차는 얼마인가?

① 50　　② 49.99
③ 0.02　　④ −0.01

풀이
- 기준 치수 : 50
- 위 치수 허용차 : +0.01
- 아래 치수 허용차 : −0.01

22 나사의 도시법 중 측면에서 본 그림 및 그 단면도에서 보이는 상태에서 나사의 골 밑(골지름)은 어떤 선으로 도시하는가?

① 굵은 실선　　② 가는 2점쇄선
③ 가는 실선　　④ 가는 1점쇄선

풀이 수나사와 암나사의 골 밑(골지름)은 가는 실선으로 표시한다.

23 그림과 같이 축에 가공되어 있는 키 홈의 형상을 투상한 투상도의 명칭으로 가장 적합한 것은?

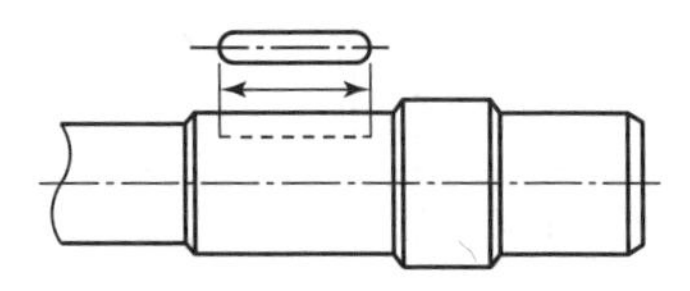

① 회전 투상도　　② 국부 투상도
③ 부분 확대도　　④ 대칭 투상도

풀이 국부 투상도는 대상물의 구멍, 홈 등 어느 한곳의 특정 부분의 모양만을 그리는 투상도를 말한다. 투상의 관계를 나타내기 위해 중심선, 기준선, 치수보조선 등으로 연결하여 나타낸다.

24 끼워맞춤에서 최대 틈새를 구하는 식으로 옳은 것은?

① 축의 최대 허용치수−구멍의 최소 허용치수
② 구멍의 최소 허용치수−축의 최대 허용치수
③ 구멍의 최대 허용치수−축의 최소 허용치수
④ 축의 최대 허용치수−구멍의 최대 허용치수

정답 | 18 ④　19 ①　20 ①　21 ④　22 ③　23 ②　24 ③

풀이 '최대 틈새=구멍의 최대 허용치수−축의 최소 허용치수'이므로 구멍은 가장 크고, 축은 가장 작을 때 최대 틈새가 된다.

구멍 : $\varnothing 60^{+0.04}_{+0.01}$, 축 : $\varnothing 60^{-0.01}_{-0.029}$이라고 하면

최대 틈새=구멍의 최대 허용치수−축의 최소 허용치수

$=60.04-59.971=0.069$

또는

최대 틈새$=0.04-(-0.029)=0.069$

25 그림의 도면은 제3각법으로 그려진 평면도와 우측면도이다. 누락된 정면도로 가장 적합한 것은?

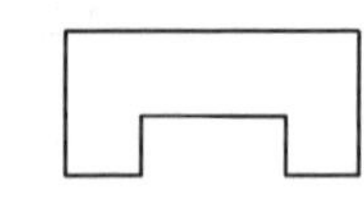

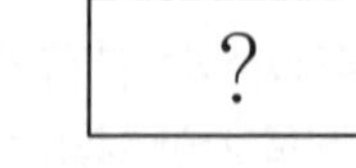

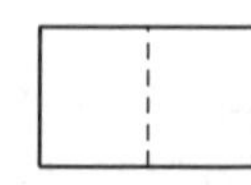

①
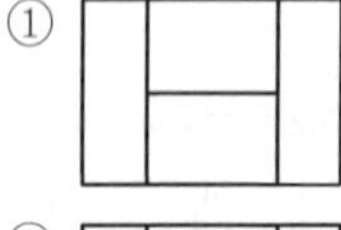

②
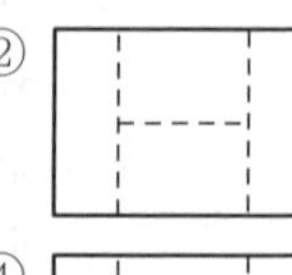

③
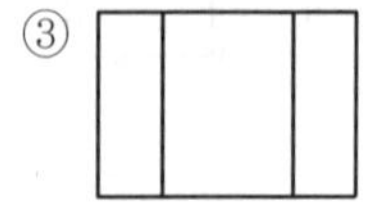

④
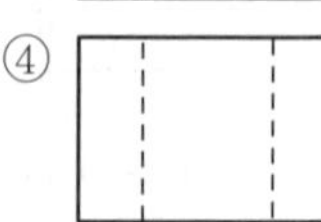

풀이

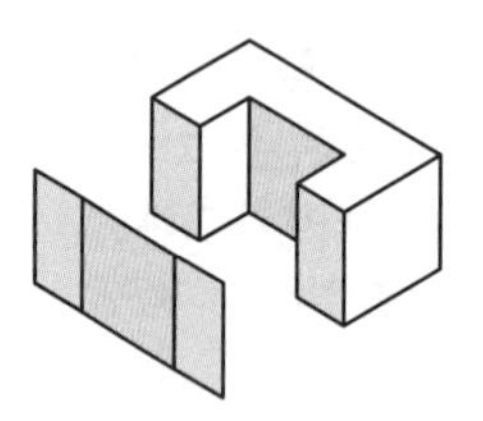

26 주조된 구멍이나 이미 뚫은 구멍을 필요한 크기나 정밀한 크기로 넓히는 작업을 무엇이라 하는가?

① 보링 ② 스폿 페이싱
③ 태핑 ④ 카운터 보링

풀이 **보링(boring)**

드릴링, 주조 등의 방법으로 1차 가공한 큰 구멍을 좀 더 크고, 정밀하게 가공하는 작업

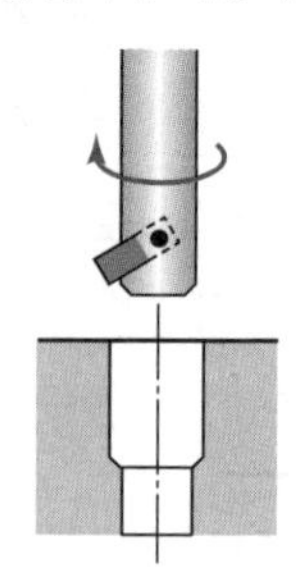

27 연삭숫돌의 구성 3요소에 해당되지 않는 것은?

① 입자 ② 결합제
③ 기공 ④ 크기

풀이 **연삭숫돌의 구성 3요소**

입자, 결합제, 기공

28 밀링작업에서 절삭속도 90m/min, 커터의 날 수 12, 커터의 지름 80mm, 1날당 이송을 0.2 mm로 하면 테이블의 1분간 이송량은 약 몇 mm/min인가?

① 72 ② 358
③ 860 ④ 950

풀이 테이블 이송속도 $f=f_z \times z \times n$

여기서, f_z : 1날당 이송량

z : 커터의 날 수

n : 커터의 회전수

절삭속도 $V=\dfrac{\pi dn}{1{,}000}$에서

회전수 $n=\dfrac{1{,}000V}{\pi d}=\dfrac{1{,}000\times 90}{\pi \times 80} \fallingdotseq 358\text{rpm}$

∴ 테이블 이송속도 $f=0.2\times 12\times 358$

$\fallingdotseq 860\text{mm/min}$

정답 | 25 ③ 26 ① 27 ④ 28 ③

29 마이크로미터에서 측정압을 일정하게 하기 위한 장치는?

① 스핀들　② 프레임
③ 딤블　④ 래칫 스톱

풀이 마이크로미터의 측정압은 측정변을 측정물에 접촉시킨 다음, 스핀들을 잠시 멈춘 후에 래칫 스톱을 약 3~5회 정도 돌리는 것이 적절하다.

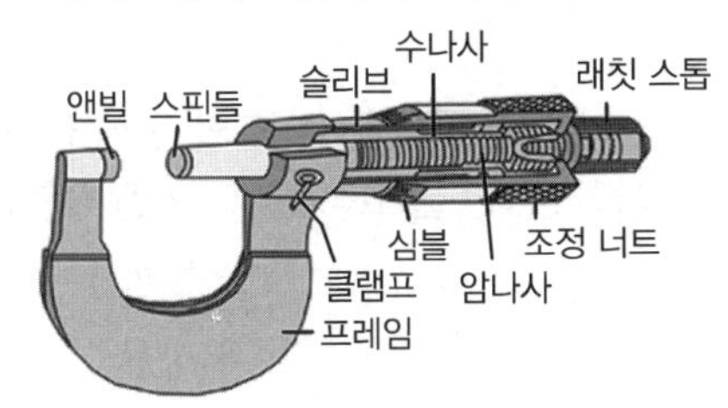

[마이크로미터]

30 불수용성 절삭유제 중 광물성 절삭유가 아닌 것은?

① 스핀들유　② 경유
③ 라드유　④ 등유

풀이 라드유는 돼지기름이다.

31 공작기계를 가공 능률에 따라 분류할 때 전용 공작기계에 해당하는 것은?

① 가공하려는 공작물이 소량인 경우에는 능률적이지만, 동일 부품의 대량생산에는 적당하지 않다.
② 특정한 모양이나 같은 치수의 제품을 대량생산하는 데 적합하도록 만든 공작기계이다.
③ 단순한 기능의 공작기계로서, 한 가지의 가공만을 할 수 있는 기계를 말한다.
④ 여러 가지 작업을 작업 순서대로 할 수 있지만, 대량생산 체제에서는 적합하지 않다.

풀이 ① 범용 공작기계에 대한 설명이다.
③ 단능 공작기계 설명이다.
④ 만능 공작기계에 대한 설명이다.

32 일반적으로 요구되는 절삭공구의 조건으로 틀린 것은?

① 가공재료보다 경도가 클 것
② 인성과 내마모성이 작을 것
③ 고온에서도 경도를 유지할 것
④ 성형성이 좋을 것

풀이 강인성과 내마모성이 크고, 열처리도 쉬워야 한다.

33 M10×1.0의 탭(tap)의 가공 시 드릴 구멍의 직경으로 적당한 것은?

① $\phi7.0$　② $\phi9.0$
③ $\phi10$　④ $\phi11$

풀이 탭 구멍의 지름 $d = D - p = 10 - 1 = 9\text{mm}$
여기서, D : 나사의 바깥지름(호칭지름)
p : 나사의 피치

34 밀링가공 시 발생하는 떨림(chattering)에 관한 설명으로 틀린 것은?

① 가공면을 거칠게 한다.
② 커터의 수명을 단축시킨다.
③ 생산능률을 저하시킨다.
④ 가공면이 광택이 난다.

풀이 가공면이 거칠어 광택이 나지 않는다.

35 밀링커터, 엔드밀, 드릴 등의 공구를 높은 정밀도로 연삭하는 데 가장 적합한 연삭기는?

① 평면 연삭기
② 외경 연삭기
③ 센터리스 연삭기
④ 만능 공구 연삭기

풀이 만능 공구 연삭기는 절삭공구의 정확한 공구각을 연삭하기 위하여 사용되는 연삭기이며 초경합금공구, 드릴, 리머, 밀링커터, 호브 등을 연삭한다.

정답 | 29 ④ 30 ③ 31 ② 32 ② 33 ② 34 ④ 35 ④

36 공작물을 가공액이 담긴 탱크 속에 넣고 가공할 모양과 같게 만든 공구인 전극봉을 이용하여 공작물을 양극으로 하고 공구를 음극으로 하여 가공하는 것은?

① 방전 가공
② 초음파 가공
③ 레이저 가공
④ 화학적 가공

풀이 **방전 가공**

- 스파크 가공(spark machining)이라고도 하며, 전기의 양극과 음극이 부딪칠 때 일어나는 스파크로 가공하는 방법이다.
- 스파크(온도 : 5,000℃)로 일어난 열에너지는 가공하려는 재료를 녹이거나 기화시켜 제거함으로써 원하는 모양으로 만들어 준다.
- 공작물(양극 역할)이 전기적으로 전도성을 띠어야 한다(전극은 음극 역할).

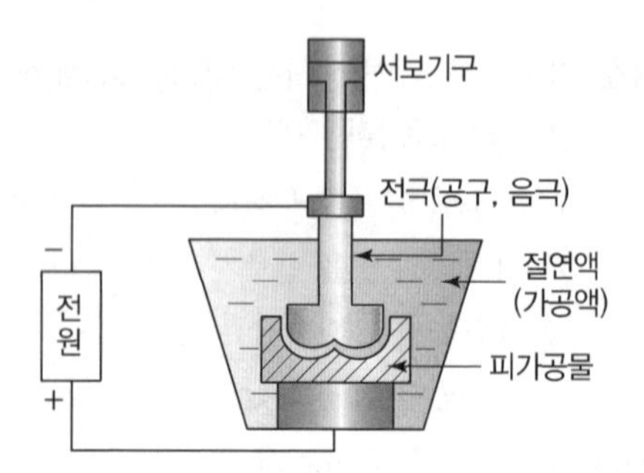

37 선반가공에서 테이퍼의 각이 크고 길이가 짧은 가공물의 테이퍼 절삭방법으로 가장 알맞은 가공방법은?

① 왕복대를 조정하여 테이퍼형으로 가공한다.
② 복식공구대를 경사시켜 테이퍼형으로 가공한다.
③ 각도계를 이용하여 테이퍼형으로 가공한다.
④ 심압대를 편위시켜 테이퍼형으로 가공한다.

풀이 복식공구대에 의한 방법은 공작물의 길이가 짧고 경사각이 큰 테이퍼 가공 시 적합하다.

38 구성인선의 방지대책이 아닌 것은?

① 절삭깊이를 작게 할 것
② 경사각을 작게 할 것
③ 절삭속도를 크게 할 것
④ 절삭공구의 인선을 예리하게 할 것

풀이 ② 경사각을 크게 하고, 윤활성이 좋은 절삭유제를 사용할 것

39 선반에서 앵글 플레이트와 함께 불규칙한 형상의 공작물을 고정하기에 가장 적합한 것은?

① 연동척 ② 면판
③ 벨척 ④ 방진구

풀이 면판은 척으로 고정이 불가능한 복잡한 형태의 부품을 고정할 때 사용한다. 주축 끝단에 부착되어 공작물을 고정하여 회전시킨다.

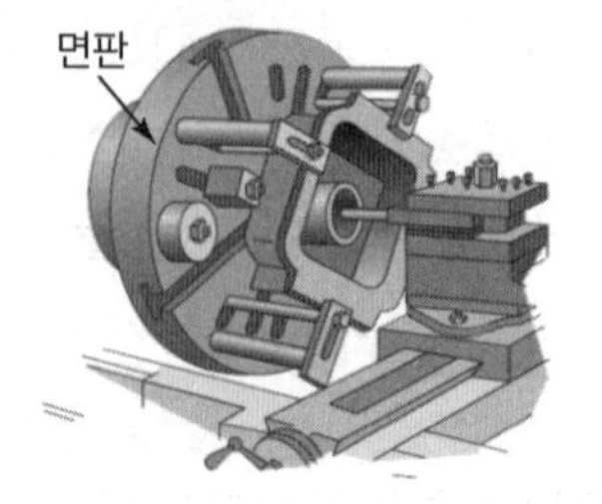

40 주축의 회전운동을 직선 왕복운동으로 변화시키고, 바이트를 사용하여 가공물의 안지름에 키(key)홈, 스플라인(spline), 세레이션(serration) 등을 가공할 수 있는 밀링 부속 장치는?

① 분할대
② 수직 밀링 장치
③ 슬로팅 장치
④ 래크 절삭 장치

풀이 슬로팅 장치는 수평 또는 만능 밀링머신의 주축머리(헤드)에 장착하여 슬로팅머신과 같이 절삭공구를 상하로 왕복운동시켜 키홈, 스플라인, 세레이션, 기어 등을 절삭하는 장치를 말한다.

정답 | 36 ① 37 ② 38 ② 39 ② 40 ③

41 다음 중 나사의 피치를 측정할 수 있는 것은?

① 탄젠트바
② 게이지블록
③ 공구현미경
④ 서피스 게이지

풀이 공구현미경 : 관측현미경과 정밀십자이동테이블을 이용하여 길이, 각도, 윤곽 등을 측정하는 데 편리한 측정기로 특히 나사각, 나사의 피치 측정에 사용한다.

42 선반의 구조에서 심압대에 대한 설명으로 틀린 것은?

① 심압축은 고속 회전한다.
② 드릴 작업을 할 때 사용한다.
③ 심압축의 끝은 모스 테이퍼로 되어 있다.
④ 베드 위의 임의의 위치에 고정할 수 있다.

풀이 심압대의 축은 고정되어 있다.

43 CNC 공작기계에서 피드백 장치의 유무와 검출 위치에 따른 서보기구 형식이 아닌 것은?

① 반폐쇄회로 제어방식
② 개방회로 제어방식
③ 하이브리드 회로 제어방식
④ 다이오드 회로 제어방식

풀이 서보기구의 제어방식에는 개방회로 방식(open loop system), 반폐쇄회로 방식(semi-closed loop system), 폐쇄회로 방식(closed loop system), 하이브리드 서보 방식(hybrid loop system)이 있다.

44 다음 밀링작업의 안전 및 유의사항 중 틀린 것은?

① 기계를 사용하기 전에 윤활부분에 적당량의 윤활유를 주입한다.
② 측정기 및 공구 등을 밀링머신 테이블 위에 올려놓고 가공한다.
③ 밀링 칩은 예리하여 위험하므로 손을 대지 말고 청소용 솔 등으로 제거한다.
④ 정면 커터로 평면을 가공할 때 칩이 작업자 반대쪽으로 날아가도록 공작물을 이송시킨다.

풀이 측정기나 공구 등을 진동이 있는 기계 위나 떨어지기 쉬운 장소에 놓지 않아야 한다.

45 CNC 선반에서 홈 가공 시 진원도 향상을 위하여 휴지시간을 지령하는 데 사용되는 어드레스가 아닌 것은?

① X ② U
③ P ④ Q

풀이 **G04 : 일시정지(dwell, 휴지시간)**
시간을 나타내는 어드레스는 X, U, P를 사용하며, X, U는 소수점 이하 세 자리까지 사용 가능하고 P는 소수점을 사용할 수 없다.

46 막대를 수직이나 수평으로 움직여서 포인터를 이동시키는 장치로 컴퓨터 게임의 시뮬레이터에 많이 사용하는 CAD/CAM 시스템의 입력장치는?

① 키보드
② 조이스틱
③ 스캐너
④ 디지타이저

풀이
- 키보드 : 문자, 숫자, 특수문자를 입력하는 장치로 알파뉴메릭(alphanumeric), 기능키, 키패드 등으로 구성되어 있다.
- 스캐너 : 사진 또는 그림과 같이 종이 위의 도형의 정보를 그래픽 형태로 읽어 들여 컴퓨터에 전달하는 입력장치이다.
- 디지타이저 : 그래픽 태블릿, 도형 입력판(태블릿)이라고 하며, 무선 혹은 유선으로 연결된 펜과 펜에서 전하는 정보를 받아주는 납작한 판으로 이루어져 있다. 이 판에 입력되는 좌표를 판독하여 컴퓨터에 디지털 형식으로 입력시켜 주는 장치이다.

정답 | 41 ③ 42 ① 43 ④ 44 ② 45 ④ 46 ②

47 다음 도면의 (a) → (b) → (c)로 가공하는 CNC 선반 가공 프로그램에서 (㉠), (㉡)에 차례로 들어갈 내용으로 맞는 것은?

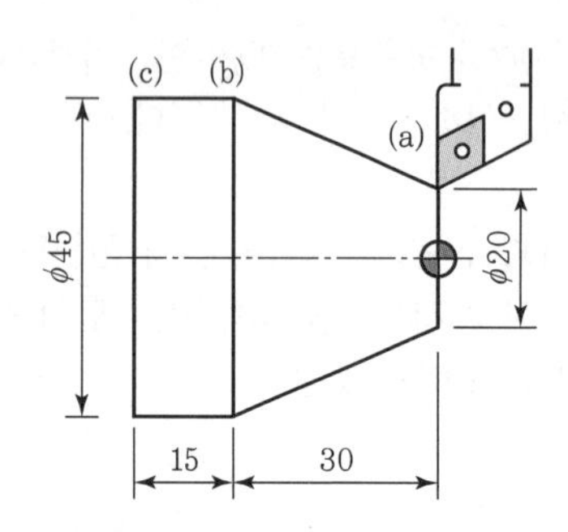

(a) → (b) : G01 (㉠) Z−30.0 F0.2 ; (b) → (c) : (㉡) ;

① X45.0, W−15.0
② X45.0, W−45.0
③ X15.0, Z−30.0
④ U15.0, Z−15.0

풀이 **G01 : 직선보간(절삭이송)**
좌표값은 종점의 좌표값을 입력하고, 도면상의 원점 표시기호(◕)를 기준으로 생각한다.

- (a) → (b)의 경우
  X45.0 Z−30.0 또는 U25.0 W−30.0
- (b) → (c)의 경우
  X45.0 Z−45.0 또는 W−15.0

48 CNC 기계 운전 시 안전에 관한 사항 중 틀린 것은?

① 전원공급은 공급순서에 의한다.
② 충돌사고에 유의하여 좌표계 설정을 확인한다.
③ 그래픽 기능으로 공구 경로를 확인한다.
④ 기능을 알지 못하는 버튼은 눌러서 알아본다.

풀이 기능을 알지 못하는 버튼을 누를 경우 대처하기가 어려워 안전사고가 발생할 수 있다.

49 CNC 선반에서 단일형 고정사이클 G90에 대한 설명으로 틀린 것은?

① 한 블록에 X, Y축을 동시에 명령하면 테이퍼 절삭이 이루어진다.
② 고정사이클의 가공은 가공이 완료되면 초기점으로 복귀한다.
③ 작업자는 고정사이클의 공구경로를 변경할 수 없기 때문에 일반 프로그램보다 가공시간이 길다.
④ 계속 유효명령(modal)이므로 반복 절삭할 때 X축의 절입량만 지정하면 된다.

풀이
- G90(단일형 고정사이클)에서 테이퍼 가공을 하기 위해서는 I 또는 R 값을 지령하여야 한다.
- 테이퍼 절삭 시 I(R) 값 계산하기

$$L' : L = I(R) : r$$

$$I(R) = \frac{L' \times r}{L}$$

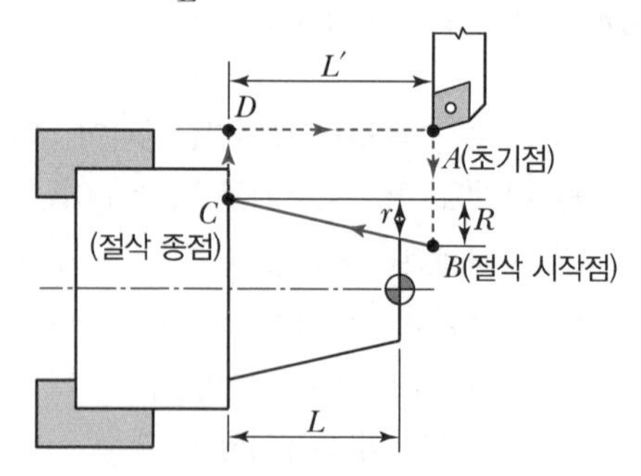

50 머시닝 센터에서 M5×0.8의 탭을 이용하여 암나사를 가공할 때 이송속도 F(mm/min)는? (단, 주축회전수는 300rpm이다.)

① 400 ② 300
③ 240 ④ 180

풀이 탭 사이클의 이송속도(F)
=주축회전수(N)×피치(p)=300×0.8
=240mm/min

51 다음 그림에서 시작점에서 종점까지 각 경로(A~D)를 따라 가공하는 머시닝 센터 프로그램으로 틀린 것은?

정답 | 47 ① 48 ④ 49 ① 50 ③ 51 ①

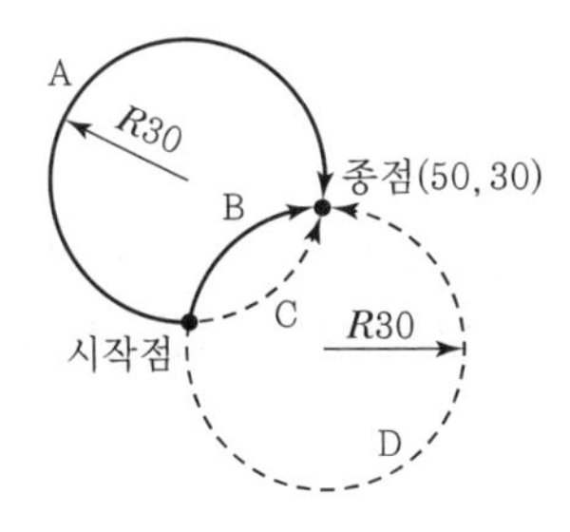

① A → G90 G02 X50. Y30. R30. F80 ;

② B → G90 G02 X50. Y30. R30. F80 ;

③ C → G90 G03 X50. Y30. R30. F80 ;

④ D → G90 G03 X50. Y30. R−30. F80 ;

풀이 A → G90 G02 X50. Y30. R−30. F80 ;
180° 초과인 원호가공이므로 R 값은 '−'를 사용해야 한다.

52 다음은 머시닝 센터 프로그램의 일부를 나타낸 것이다. ( ) 안에 알맞은 것은?

```
G90 G92 X0. Y0. Z100. ;
( ① )1500 M03 ;
G00 Z3. ;
G42 X25.0 Y20. ( ② )07 M08 ;
G01 Z−10. ( ③ )50 ;
X90. F160 ;
( ④ ) X110. Y40. R20. ;
X75. Y89.749 R50. ;
G01 X30. Y55. ;
Y18. ;
G00 Z100. M09 ;
```

① F, M, S, G02　② S, D, F, G01
③ S, H, F, G00　④ S, D, F, G03

풀이
- M03(주축 정회전)은 주축회전수 S와 함께 사용한다.
- G42(공구지름 보정 우측)는 공구지름 보정값 D와 함께 사용한다.
- G01(직선보간)은 항상 이송속도 F와 함께 사용한다.
- R20(반지름 값)이 있으므로 원호보간인 G02 또는 G03이 있어야 한다.

53 CNC 공작기계의 여러 가지 동작을 위한 각종 모터를 제어하며, 주로 ON/OFF 기능을 수행하는 기능으로 옳은 것은?

① 주축기능
② 준비기능
③ 보조기능
④ 공구기능

풀이 보조기능(M) : 기계 동작부의 ON/OFF 제어 기능

54 CAD/CAM에서 경로 간 간격에 의하여 형성되는 공구의 흔적으로 공구경로 사이 간격에 의해 생기는 조개껍질 형상의 최고점과 최저점의 높이 차는?

① 피치(pitch)
② 커습(cusp)
③ 블렌딩(blending)
④ 피드(feed)

풀이 커습(cusp)에 대한 설명이다.

55 머시닝 센터 프로그램에서 공구지름보정에 관한 설명 중 맞는 것은?

① 일반적으로 공구의 지름만큼 보정한다.
② 공구의 진행방향을 기준으로 오른쪽 보정은 G41을 사용한다.
③ 공구를 교환하기 전에 공구지름보정을 취소해야 한다.
④ 공구지름보정 취소에는 G42를 사용한다.

풀이 **머시닝 센터 프로그램의 공구지름보정**
- 공구를 교환하기 전에 공구지름보정을 취소해야 한다.
- 공구지름보정은 일반적으로 공구의 반지름만큼 보정한다.
- 공구의 진행방향을 기준으로 좌측보정은 G41, 우측보정은 G42를 사용한다.
- 공구지름보정 취소에는 G42를 사용한다.

정답 | 52 ④　53 ③　54 ②　55 ③

56 ϕ44 드릴가공에서 절삭속도 150m/min, 이송 0.08mm/rev일 때, 회전수와 이송속도(feed rate)는?

① 1,085rpm, 86.8mm/min
② 320rpm, 3.52mm/min
③ 200rpm, 3.41mm/min
④ 170rpm, 34.1mm/min

풀이 • 회전수

$$N = \frac{1,000S}{\pi D}(\text{rpm})$$
$$= \frac{1,000 \times 150}{\pi \times 44} = 1,085.15 \fallingdotseq 1,085(\text{rpm})$$

여기서, N : 주축의 회전수(rpm)
S : 절삭속도(m/min)=150m/min
D : 공작물의 지름(mm)=ϕ44mm

• 분당 이송(F)
분당 이송(F)=회전당 이송(F)×회전수
=0.08×1,085=86.8(mm/min)

57 도면을 보고 프로그램을 작성할 때 절대 좌표계의 기준이 되는 점으로서 프로그램 원점 또는 공작물 원점이라고도 하는 좌표계는?

① 기계좌표계
② 공작물좌표계
③ 상대좌표계
④ 공구보정좌표계

풀이 공작물좌표계(절대좌표계)는 프로그램 작성자가 프로그램을 쉽게 작성하기 위하여 공작물의 임의의 점을 원점으로 정해 명령어의 기준점이 되도록 한 좌표계를 말한다.

58 CNC 선반에서 일반적으로 기계원점 복귀(reference point return)를 실시하여야 하는 경우가 아닌 것은?

① CNC 선반의 전원을 켰을 때
② 비상정지 버튼을 눌렀을 때
③ 정전 후 전원을 다시 공급하였을 때
④ 이송정지 버튼을 눌렀다가 다시 가공을 할 때

풀이 이송정지 버튼을 눌렀다가 다시 가공할 때에는 자동 시작(cycle start) 버튼을 누르면 된다.

59 CNC 선반에서 주축의 절삭속도가 170m/min으로 일정 제어되는 것을 나타내는 것은?

① G50 S170 M03 ;
② G96 S170 M03 ;
③ G97 S170 M03 ;
④ G99 S170 M03 ;

풀이 • G50 : 주축 최고 회전수 지정, 공작물 좌표계 설정
• G96 : 절삭속도(m/min) 일정 제어
• G97 : 주축회전수(rpm) 일정 제어
• G99 : 회전당 이송 지정(mm/rev)

60 CNC 공작기계에서 전원 투입 후 기계운전의 안전을 위하여 일반적으로 첫 번째로 하는 조작은?

① 기계원점 복귀
② 공구보정값 설정
③ 공구 교환
④ 공작물 좌표계 설정

풀이 기계원점 복귀는 기계운전의 안전을 위하여 일반적으로 전원 투입 후 첫 번째로 하는 조작이며, 기계원점 복귀를 해야만 기계좌표계가 성립한다.

정답 | 56 ① 57 ② 58 ④ 59 ② 60 ①

컴퓨터응용밀링기능사

2012 제5회 과년도 기출문제

CRAFTSMAN COMPUTER AIDED MILLING

01 전기저항체, 밸브, 콕, 광학기계 부품 등에 사용되는 7 : 3 황동에 7~30% Ni를 첨가하여 Ag 대용으로 쓰이는 것은?

① 켈멧합금 ② 양은 또는 양백
③ 델타메탈 ④ 애드미럴티 황동

풀이 **양은(양백, 니켈 황동)**
- 황동에 니켈을 첨가한 합금으로 단단하고 부식에도 잘 견딘다.
- Ni(10~20%)+Zn(15~30%)인 것이 많이 사용된다.
- 전기 저항이 높고 내열성, 내식성이 좋아 일반 전기 저항체, 밸브, 콕, 광학기계 부품 등에 이용된다.

02 심랭처리(subzero cooling treatment)를 하는 주목적은?

① 시효에 의한 치수 변화를 방지한다.
② 조직을 안정하게 하여 취성을 높인다.
③ 마텐자이트를 오스테나이트화하여 경도를 높인다.
④ 오스테나이트를 잔류하도록 한다.

풀이 **심랭처리**
- 상온으로 담금질된 강을 다시 0℃ 이하의 온도로 냉각시키는 열처리
- 목적 : 잔류 오스테나이트를 마텐자이트로 변태시키기 위해서
- 효과 : 담금질 균열 방지, 치수 변화 방지, 경도 향상(예 게이지강)

03 다음 중 고강도 Al 합금으로 Al－Cu－Mg－Mn의 합금은?

① 두랄루민 ② 라우탈
③ 실루민 ④ Y합금

풀이 두랄루민은 Al+Cu(4.0%)+Mg(0.5%)+Mn(0.5%)의 고강도 Al 합금으로 항공기 재료로 사용한다.

※ 두랄루민은 '알쿠마망'으로 암기

04 일반적인 풀림 방법의 종류에 해당되지 않는 것은?

① 완전 풀림 ② 응력 제거 풀림
③ 수지상 풀림 ④ 구상화 풀림

풀이 **풀림의 종류**
완전 풀림, 응력제거 풀림, 구상화 풀림, 연화 풀림 확산 풀림 등

05 보통주철(회주철)의 성분 중 탄소(C) 다음으로 함유하고 있는 원소로 주철 조직에 가장 많은 영향을 주는 것은?

① 황 ② 규소
③ 망간 ④ 인

풀이 **규소(Si)가 주철의 조직에 미치는 영향**
- 탄소 다음으로 중요한 성분으로서 Fe과 고용체(Si 약 16%)를 만들고, 흑연의 생성을 촉진하는 원소이다.
- 응고 수축이 적어져서 주조가 용이하다.
- 얇은 주물 제작 시 급랭으로 인해 탄소가 시멘타이트로 변화되는 것을 방지하기 위해 규소를 다량 첨가한다.

정답 | 01 ② 02 ① 03 ① 04 ③ 05 ②

06 다음 중 7 : 3 황동에 대한 설명으로 맞는 것은?

① 구리 70%, 주석 30%의 합금이다.
② 구리 70%, 아연 30%의 합금이다.
③ 구리 70%, 니켈 30%의 합금이다.
④ 구리 70%, 규소 30%의 합금이다.

풀이 7 : 3 황동은 구리 70%와 아연 30%의 합금으로 연신율이 최대이다.

07 주철은 고온에서 가열과 냉각을 반복하면 부피가 커지고 변형이나 균열이 일어나 주철의 강도나 수명을 저하시키게 되는데 이러한 현상을 무엇이라 하는가?

① 주철의 자연시효 ② 주철의 자기풀림
③ 주철의 성장 ④ 주철의 시효경화

풀이 주철의 성장 : 주철을 A_1점(723℃) 이상의 온도에서 가열과 냉각을 반복하면 부피 변화에 의해 균열이 일어나 강도나 수명이 저하되는 현상

08 너트의 풀림 방지를 위해 주로 사용하는 핀은?

① 테이퍼 핀 ② 스프링 핀
③ 평행 핀 ④ 분할 핀

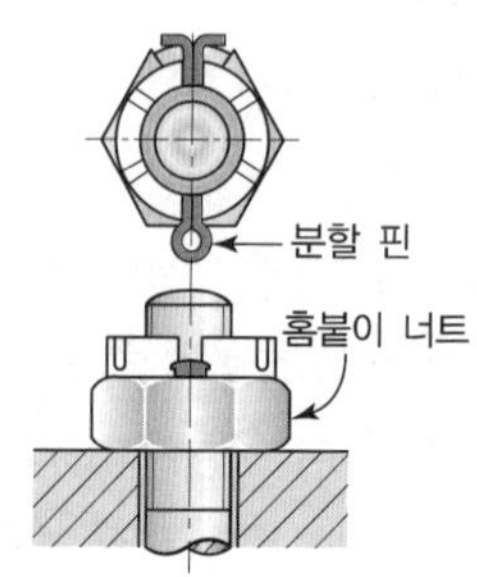

[분할 핀과 홈붙이 너트를 이용한 풀림 방지방법]

09 다음 동력전달용 기계요소 중 간접전동요소가 아닌 것은?

① 체인 ② 로프
③ 벨트 ④ 기어

풀이 직접전동용 기계요소(전동용 기계요소가 직접 접촉) 기어, 마찰차

10 너클핀 이음에서 축에 발생하는 인장력이 120 kN이고, 두 축을 연결한 너클핀의 허용전단응력이 100N/mm²이라 할 때 핀의 지름은 약 몇 mm인가?

① 17.6mm ② 23.6mm
③ 27.6mm ④ 33.6mm

풀이 τ : 핀의 전단강도, P : 축의 하중(N), d : 지름(mm)

$P = \tau \cdot A_\tau = \tau \times 2 \times \frac{\pi d^2}{4}$

$\therefore \ d = \sqrt{\frac{2P}{\tau\pi}} = \sqrt{\frac{2 \times 120{,}000}{100 \times \pi}} = 27.6\text{mm}$

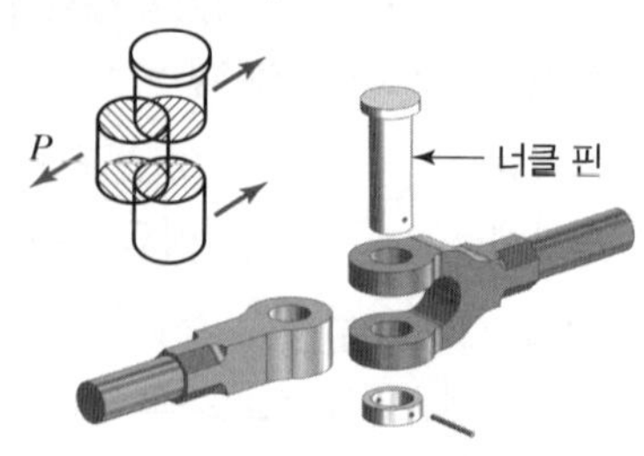

[너클핀의 전단]

11 나사의 리드가 피치의 2배이면 몇 줄 나사인가?

① 1줄 나사
② 2줄 나사
③ 3줄 나사
④ 4줄 나사

풀이 리드 $l = np$ (여기서, n : 나사의 줄 수, p : 피치)
리드가 피치의 2배이므로 l에 $2P$를 대입하면
$2P = nP$
$\therefore \ n = 2 \rightarrow$ 2줄 나사

12 스프링 상수 6N/mm인 코일 스프링에 30N의 하중을 걸면 처짐은 몇 mm인가?

① 3 ② 4
③ 5 ④ 6

풀이 변위량 $\delta = \frac{\text{하중 } W}{\text{스프링 상수 } k} = \frac{30}{6} = 5\text{mm}$

정답 | 06 ② 07 ③ 08 ④ 09 ④ 10 ③ 11 ② 12 ③

13 체결용 요소 중 볼나사(ball screw)의 장점을 설명한 것 중 올바르지 않는 것은?

① 나사의 효율이 좋다.
② 백래시를 작게 할 수 있다.
③ 먼지에 의한 마모가 적다.
④ 자동 체결용으로 좋다.

풀이 볼나사는 자동 체결이 곤란하고, 너트의 크기가 크다.

14 레이디얼 엔드 저널 베어링에서 저널의 지름이 d(mm)이고 레이디얼 하중이 W(N)일 때, 저널의 길이 l(mm)을 구하는 식으로 옳은 것은?(단, 베어링 압력은 p(N/mm^2)이다.)

① $l=\frac{pd}{2W}$　② $l=\frac{pd}{W}$
③ $l=\frac{2W}{pd}$　④ $l=\frac{W}{pd}$

풀이 투사면적 $A_p = d(\text{지름}) \times l(\text{길이})$

베어링 압력 $p = \frac{W(\text{하중})}{A_p(\text{투사면적})} = \frac{W}{dl}$

∴ 저널의 길이 : $l=\frac{W}{pd}$

15 테이퍼 축에 회전체를 결합하기에 가장 적합한 키는?

① 접선 키　② 반달 키
③ 스플라인 키　④ 납작 키

풀이 반달 키는 키가 홈 속에서 자유로이 기울어질 수 있어 자동으로 축과 보스에 맞게 조정되는 장점이 있다. 테이퍼 축에 회전체를 결합할 때 편리하고, 고속 회전, 저토크의 축에 주로 사용되며, 공작기계, 자동차 등에 많이 쓰인다.

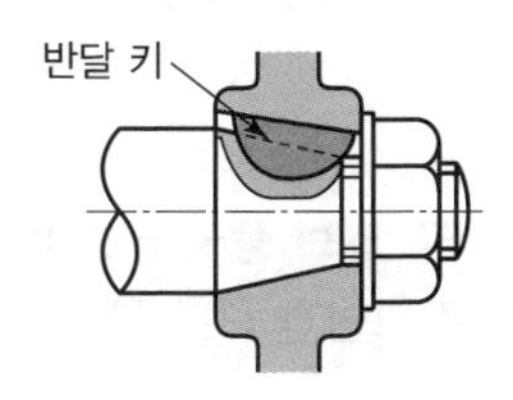

16 나사를 그릴 때 가려서 보이지 않는 나사부를 표시하는 선의 종류는?

① 가는 파선
② 가는 2점쇄선
③ 가는 1점쇄선
④ 굵은 1점쇄선

풀이 가려서 보이지 않는 나사부는 파선(숨은선)으로 표시한다.

17 선형치수에 대한 공차 적용 시 그 표기방법이 잘못된 것은?

① $\phi 30\text{f}7\left(^{-0.02}_{-0.041}\right)$
②
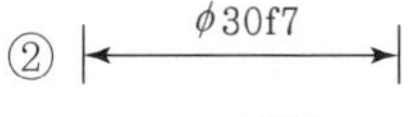

③ $\phi 30^{-0.020}_{-0.041}$
④ $\phi 30\text{f}7\left(^{29.980}_{29.959}\right)$

풀이
- $\phi 30\text{f}7\left(^{-0.02}_{-0.041}\right)$과 같이 끼워맞춤공차와 위 치수 허용차 및 아래 치수 허용차를 같이 기입하지 않는다.
- $\phi 30\text{f}7\left(^{29.98}_{29.959}\right)$과 같이 끼워맞춤공차와 허용 한계 치수는 같이 기입할 수도 있다.

18 공 · 유압 기기에서 그림과 같은 기호의 동력원의 명칭은?

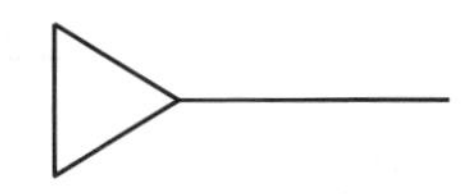

① 유압
② 원동기
③ 공기압
④ 전기

풀이 ▷— : 공압(공기압) 기호

정답 | 13 ④　14 ④　15 ②　16 ①　17 ①　18 ③

19 그림과 같은 정면도와 평면도에 가장 알맞은 우측면도는?

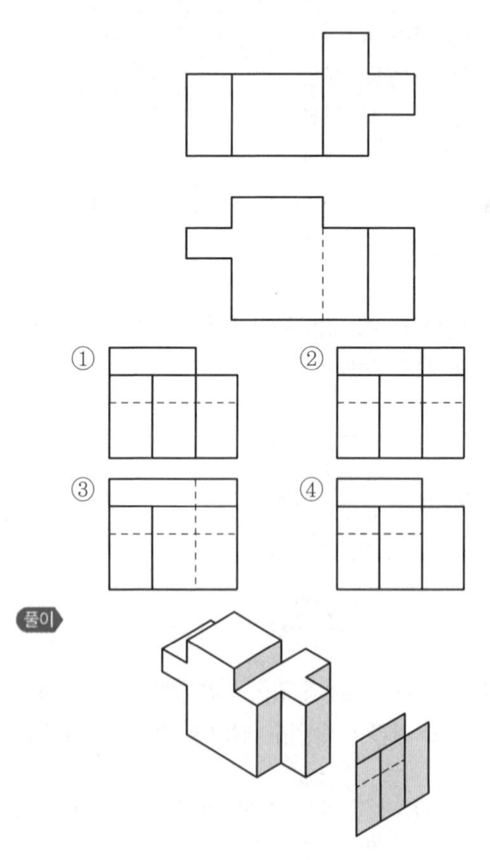

20 대칭도를 나타내는 기호는 어느 것인가?

① ⌭　② //
③ ⌰　④ ⌯

풀이
- ⌯ : 대칭도 공차
- ⌭ : 원통도 공차
- // : 평행도 공차
- ⌰ : 온 흔들림 공차

21 불규칙한 파형의 가는 실선 또는 지그재그선을 사용하는 것은?

① 파단선　② 절단선
③ 해칭선　④ 수준면선

풀이 파단선은 불규칙한 파형의 가는 실선 또는 지그재그선을 사용한다.
- 파형의 가는 실선 :
- 지그재그의 가는 실선 :

22 다음 표면의 결 도시기호 중 주로 호닝 가공에 의해 나타나는 모양으로 가공에 의한 컷의 줄무늬 방향이 기호를 기입한 그림의 투영면에 비스듬하게 2방향으로 교차하는 것은?

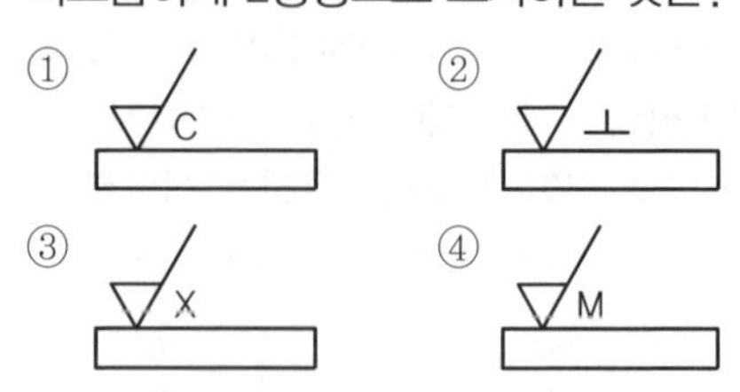

풀이 X : 가공으로 생긴 커터의 줄무늬 방향이 기호를 기입한 그림의 투상면에 경사지고 두 방향으로 교차한다.

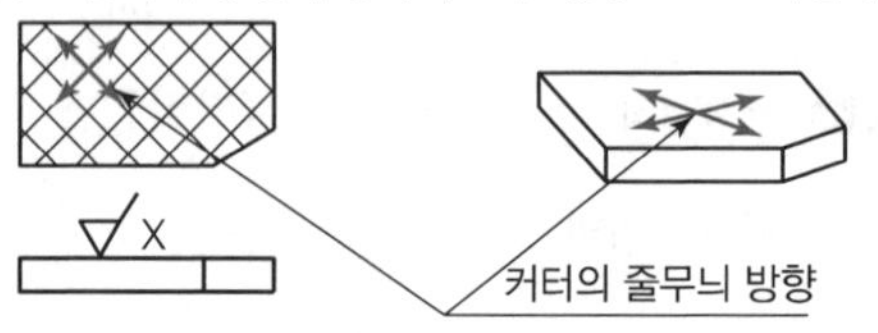

23 기하학적 허용공차에서 최대실체상태(MMC)에 대한 설명으로 가장 옳은 것은?

① 부품의 길이가 가장 짧은 상태
② 부품의 길이가 가장 긴 상태
③ 재료의 형태가 최소 크기인 상태
④ 재료의 형태가 최대 크기인 상태

풀이
- 최대실체상태(MMC) : 부품이 최대 질량을 갖는 조건이므로, 재료의 형태가 최대 크기인 상태를 말한다.
- 최소실체상태(LMC) : 부품이 최소 질량을 갖는 조건이므로, 재료의 형태가 최소 크기인 상태를 말한다.

24 바퀴의 암, 리브 등을 단면할 때 가장 적합한 단면도로 그림과 같은 단면도의 명칭은?

정답 | 19 ④　20 ④　21 ①　22 ③　23 ④　24 ③

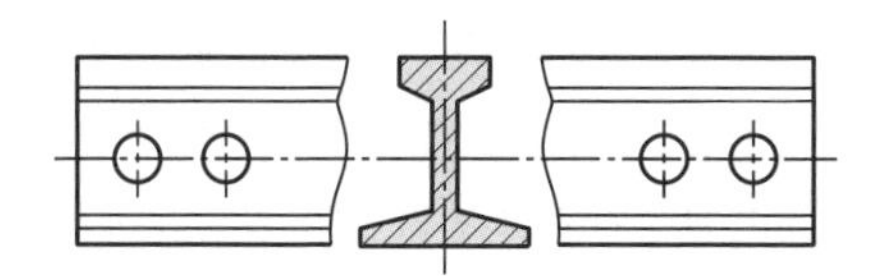

① 부분 단면도
② 한쪽 단면도
③ 회전 도시 단면도
④ 계단 단면도

풀이 회전 도시 단면도는 물체의 한 부분을 자른 다음, 자른 면만 90° 회전시켜 형상을 나타낸다.

25 구름 베어링의 안지름이 140mm일 때, 구름 베어링의 호칭번호에서 안지름 번호로 가장 적합한 것은?

① 14　② 28
③ 70　④ 140

풀이 구름 베어링의 안지름=구름 베어링의 호칭번호×5
∴ 구름 베어링의 호칭번호=140÷5=28

26 절삭면적을 식으로 나타낸 것으로 올바른 것은?[단, F : 절삭면적(mm²), s : 이송(mm/rev), t : 절삭깊이(mm)이다.]

① $F=s\times t$
② $F=s\div t$
③ $F=s+t$
④ $F=s-t$

풀이 절삭면적은 이송량과 절삭깊이의 곱으로 표시한다.

27 기어 절삭기로 가공된 기어의 면을 매끄럽고 정밀하게 다듬질하는 가공은?

① 기어 셰이빙　② 호닝
③ 슬로팅　④ 브로칭

풀이 기어셰이빙 : 기어 절삭기로 가공된 기어면을 매끄럽고 정밀하게 다듬질하는 가공

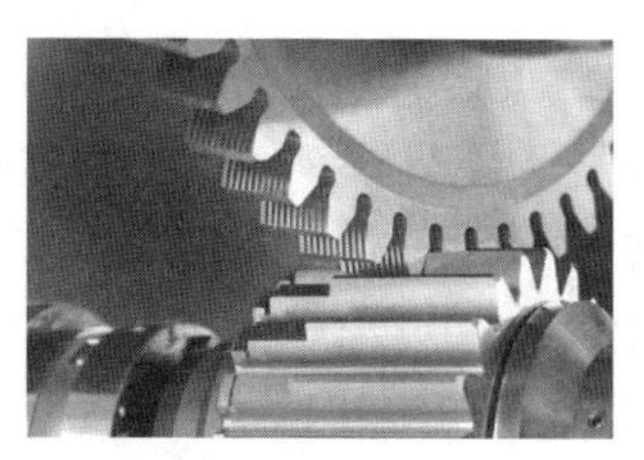
[피니언형 셰이빙 커터]

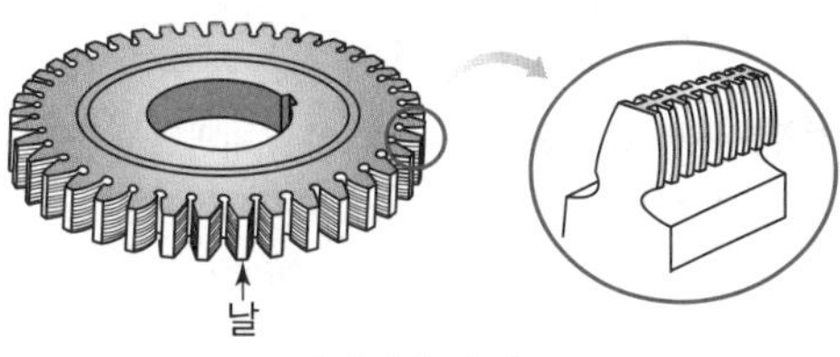

[셰이빙 커터]

28 선반용 바이트의 주요 각도 중 바이트의 옆면 및 앞면과 가공물과의 마찰을 줄이기 위한 각은?

① 경사각　② 여유각
③ 공구각　④ 절삭각

풀이 **바이트의 형상**

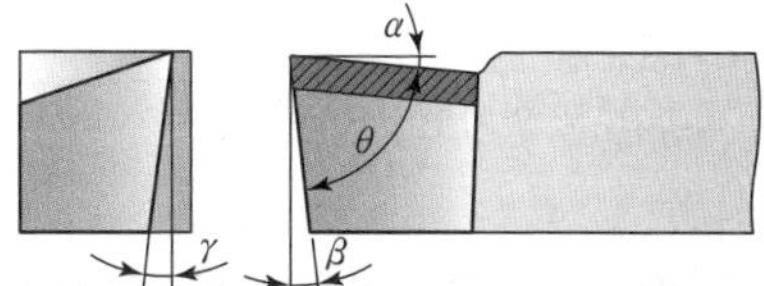

[절삭공구의 각과 역할]

기호	면의 각도	역할
α	윗면경사각	각이 클수록 절삭력이 감소하고, 면도 깨끗하다.
β	전면여유각	공작물과 바이트의 마찰을 감소시킨다.
γ	측면여유각	

29 슈퍼피니싱에 대한 특징 설명으로 틀린 것은?

① 다듬질면은 평활하고 방향성이 없다.
② 숫돌은 진동을 하면서 왕복운동을 한다.
③ 가공에 따른 변질층의 두께가 매우 크다.
④ 공작물은 전 표면이 균일하고 매끈하게 다듬질된다.

풀이 가공에 의한 표면의 변질부가 극히 적다.

정답 | 25 ② 26 ① 27 ① 28 ② 29 ③

30 디스크(disk) 형상으로 원주면에 절삭날이 있어 공작물의 좁은 홈이나 절단가공에 사용되는 밀링커터는?

① 정면 밀링커터
② 메탈 슬리팅 소
③ 엔드밀
④ 평면 밀링 커터

풀이 메탈 슬리팅 소 : 두께가 얇은 커터로서 금속 면을 절단한다.

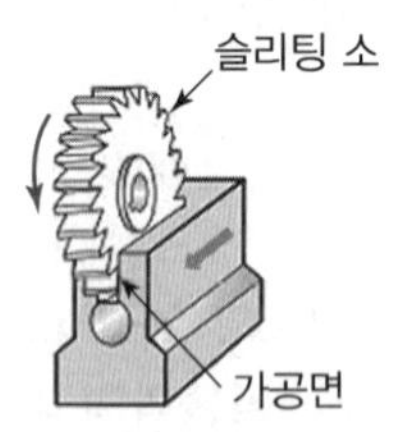

31 공작기계의 기본운동에 속하지 않는 것은?

① 절삭운동 ② 분사운동
③ 이송운동 ④ 위치조정운동

풀이 **공작기계의 기본운동**
절삭운동, 이송운동, 위치조정운동

32 다음 중 원주에 많은 절삭날(인선)을 가진 공구를 회전 운동시키면서 가공물에는 직선 이송운동을 시켜 평면을 깎는 작업은?

① 선삭 ② 태핑
③ 드릴링 ④ 밀링

풀이 밀링 : 밀링커터(절삭공구)를 회전시켜 가공물을 테이블에 고정시켜 절삭깊이를 주고, 이송하여 원하는 형상으로 가공하는 작업

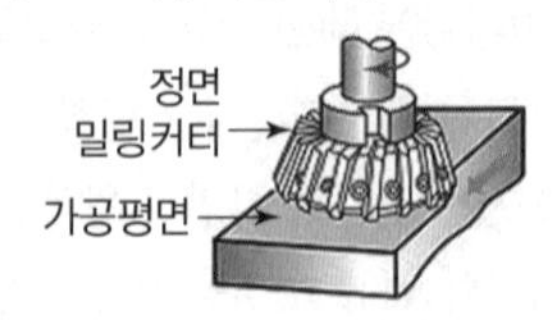

33 일반적인 절삭공구의 수명 판정 기준이 아닌 것은?

① 공작물의 온도가 일정량에 달했을 때
② 공구 인선의 마모가 일정량에 달했을 때
③ 완성치수의 변화량이 일정량에 달했을 때
④ 가공면에 광택이 있는 색조 또는 반점이 생길 때

풀이 공작물의 온도가 올랐을 때 절삭유를 공급해주면 냉각이 가능하다.

34 센터리스 연삭기로 가공하기 가장 적합한 공작물은?

① 직경이 불규칙한 공작물
② 척에 고정하기 어려운 가늘고 긴 공작물
③ 단면이 사각형인 공작물
④ 일반적으로 평면인 공작물

풀이 센터리스 연삭은 센터를 가공하기 어려운 공작물의 외경을 센터나 척을 사용하지 않고 조정숫돌과 지지대로 지지하면서 연삭하는 방법으로, 가늘고 긴 공작물의 연삭에 적합하다.

35 한계 게이지에 속하지 않는 것은?

① 플러그 게이지 ② 터보 게이지
③ 스냅 게이지 ④ 하이트 게이지

풀이 하이트 게이지는 공작물을 정반 위에 올려놓고 정반 면을 기준으로 하여 높이를 측정하거나, 스크라이버로 금긋기 작업을 하는 데 사용한다.

36 지름이 다른 여러 종류의 환봉에 중심선을 긋고자 한다. 다음 중 가장 적합한 공구는?

① 사인바 ② 직각자
③ 조절 각도기 ④ 콤비네이션 세트

풀이 **콤비네이션 세트**
- 콤비네이션 스퀘어에 각도기가 붙은 것으로서 직선 자의 좌측에 스퀘어헤드가 있고 우측에는 센터헤드가 있다.
- 각도측정이나 높이측정에 사용하고 중심을 내는 금긋기 작업에도 사용된다.

정답 | 30 ② 31 ② 32 ④ 33 ① 34 ② 35 ④ 36 ④

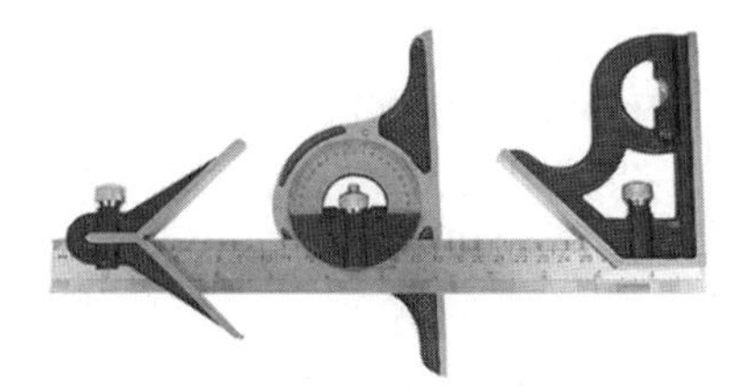

37 평행 나사 측정방법이 아닌 것은?

① 공구현미경에 의한 유효지름 측정
② 사인바에 의한 피치 측정
③ 삼선법에 의한 유효지름 측정
④ 나사 마이크로미터에 의한 유효 지름 측정

풀이 사인바 : 각도를 측정하는 측정기

38 수평 밀링머신의 플레인 커터 작업에서 하향 절삭과 비교하여 상향절삭에 대한 설명으로 올바른 것은?

① 일감 고정이 불안정하고 떨림이 일어나기 쉽다.
② 날의 마멸이 적고 수명이 길다.
③ 커터 날의 회전 방향과 일감의 진행 방향이 같다.
④ 가공 표면에 광택은 적으나 표면 거칠기가 좋다.

풀이 **상향절삭과 하향절삭의 차이점**

구분	상향절삭	하향절삭
커터의 회전방향	공작물 이송방향과 반대이다.	공작물 이송방향과 동일하다.
백래시 제거장치	필요 없다.	필요하다.
기계의 강성	낮아도 무방하다.	높아야 한다.
공작물 고정	불안정하다.	안정적이다.
커터의 수명	수명이 짧다.	수명이 길다.
칩의 제거	칩이 잘 제거된다.	칩이 잘 제거되지 않는다.
절삭면	거칠다.	깨끗하다.
동력 손실	많다.	적다.

39 선반의 주요 구성 부분이 아닌 것은?

① 주축대 ② 회전 테이블
③ 심압대 ④ 왕복대

풀이 회전 테이블은 밀링머신의 부속 장치이다.

40 연삭숫돌 입자에 요구되는 요건에 해당되지 않는 것은?

① 공작물에 용이하게 절입할 수 있는 경도
② 예리한 절삭날을 자생시키는 적당한 파생성
③ 고온에서의 화학적 안정성 및 내마멸성
④ 인성이 작아 숫돌 입자의 빠른 교환성

풀이 숫돌 입자의 빠른 교환성은 숫돌 입자의 결합도가 낮은 연삭숫돌에 해당되고, 이것은 단단한 재료의 연삭에 사용된다. → 결합도는 가공물의 재질에 따라 선택한다.

41 밀링에서 지름 80mm인 밀링커터로 가공물을 절삭할 때 이론적인 회전수는 약 몇 rpm인가?(단, 절삭속도 100m/min이다.)

① 398 ② 415
③ 423 ④ 435

풀이 절삭속도 $V=\frac{\pi dn}{1,000}$에서

회전수 $n=\frac{1,000\times V}{\pi\times d}$

$=\frac{1,000\times 100}{\pi\times 80}\fallingdotseq 398\text{rpm}$

42 구성인선(built-up edge)에 관한 설명 중 틀린 것은?

① 구성인선은 공구각을 변화시키고 가공면의 표면거칠기를 나쁘게 한다.
② 공구와 공작물의 마찰저항으로 칩의 일부가 단단하게 변질되어 공구에 달라붙어 절삭날과 같은 작용을 한다.
③ 공구의 윗면 경사각을 크게 하여 방지한다.
④ 칩 두께가 얇고 절삭속도가 임계속도 이상으로 높을 때 주로 발생한다.

정답 | 37 ② 38 ① 39 ② 40 ④ 41 ① 42 ④

풀이 칩 두께가 얇고 절삭속도를 임계속도 이상으로 높여 주면 구성인선이 생성되지 않는다.

43 다음 프로그램을 설명한 것으로 틀린 것은?

```
N10 G50 X150.0 Z150.0 S1500 T0300 ;
N20 G96 S150 M03 ;
N30 G00 X54.0 Z2.0 T0303 ;
N40 G01 X15.0 F0.25 ;
```

① 주축의 최고 회전수는 1,500rpm이다.
② 절삭속도를 150m/min로 일정하게 유지한다.
③ N40 블록의 스핀들 회전수는 3,185rpm이다.
④ 공작물 1회전당 이송속도는 0.25mm이다.

풀이
- G50 : 주축최고회전수 지정(S1500 : 주축 최고 회전수 1,500rpm)
- G96 : 절삭속도(m/min) 일정 제어(S150 : 절삭속도 150m/min으로 일정하게 유지)
- N40 블록

$$N=\frac{1,000S}{\pi D}$$

$$=\frac{1,000\times150}{\pi\times15}=3,183.10 \fallingdotseq 3,183$$

여기서, N : 주축의 회전수(rpm)
S : 절삭속도(m/min) = S150
D : 공작물의 지름(mm) = X15

그러나 N01 블록에서 주축최고회전수를 1,500 rpm으로 제한하였기 때문에 N40 블록의 스핀들 회전수는 3,183rpm이 아니라 1,500rpm이다.
- F0.25 : 공작물 1회전당 이송속도 = 0.25(mm/rev)

44 PMC(Programmable Machine Control) 기능과 관계가 없는 것은?

① 공구의 교환 ② 절삭유의 ON, OFF
③ 공구의 이동 ④ 주축의 정지

풀이 공구의 이동(GOO)은 준비기능이다.

PMC(Programmable Machine Control)
기계를 CNC와 결합시킬 때 필요한 신호관계를 설정하는 프로그램으로 여기서는 보조기능을 뜻한다.
- 공구의 교환(M06)
- 절삭유의 on, off(M08, M09)
- 주축의 정지(M05)

45 CNC 선반에서 공구보정(offset)번호 2번을 선택하여, 4번 공구를 사용하려고 할 때 공구 지령으로 옳은 것은?

① T2040 ② T4020
③ T0204 ④ T0402

풀이 T0402 : 공구보정(offset)번호 2번을 선택하여, 4번 공구를 사용

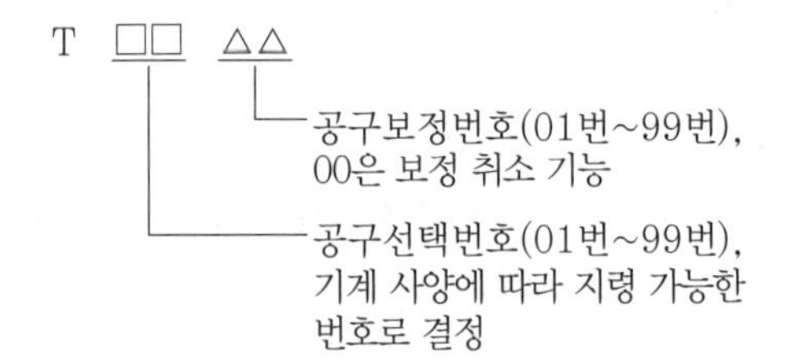

46 머시닝 센터에서 4날 − ϕ20 엔드밀을 사용하여 절삭속도 80m/min, 공구의 날당 이송량 0.05mm/tooth로 SM25C를 가공할 때 이송속도는 약 몇 mm/min인가?

① 255 ② 265
③ 275 ④ 285

풀이 $V=80\text{m/min},\ z=4,\ d=\phi20,$
$f_z=0.05\text{mm /tooth}$
- 회전수(N)

$$N=\frac{1,000V}{\pi d}=\frac{1,000\times80}{\pi\times20}\fallingdotseq 1,273.24\text{rpm}$$

- 테이블 이송속도(f)를 구하면

$$f=f_z\times z\times N$$
$$=0.05\text{mm}\times4\times1,273.24\text{rpm}$$
$$=254.65\text{mm/min}$$

여기서, f : 테이블 이송속도
f_z : 1개의 날당 이송(mm)
z : 커터의 날 수
N : 회전수(rpm)

정답 | 43 ③ 44 ③ 45 ④ 46 ①

47 CNC 선반에서 주축 회전수(rpm) 일정 제어 G코드는?

① G96
② G97
③ G98
④ G99

풀이
- G97 : 주축 회전수(rpm) 일정 제어
- G96 : 절삭속도(m/min) 일정 제어
- G98 : 분당 이송(mm/min) 지정
- G99 : 회전당 이송(mm/rev) 지정

48 복합형 고정사이클에 대한 설명으로 맞는 것은?

① 단일형 고정사이클보다 프로그램이 더욱 길고 프로그램 작성 시간이 많이 소요된다.
② 메모리(자동) 운전이 아니어도 사용 가능하다.
③ 매번 절입량을 계산하여 입력하므로 프로그램 작성에 많은 노력과 시간이 필요하다.
④ 최종 형상과 절삭 조건을 지정해 주면 공구경로는 자동적으로 결정된다.

풀이 **복합형 고정사이클**
- 단일형 고정사이클보다 프로그램이 짧고 작성시간도 적게 소요된다.
- 자동운전에서만 사용이 가능하다.
- 절입량이 자동으로 계산된다.

49 머시닝 센터의 작업 전에 육안 점검 사항이 아닌 것은?

① 윤활유의 충만 상태
② 공기압 유지 상태
③ 절삭유 충만 상태
④ 전기적 회로 연결 상태

풀이 전기적 회로 연결 상태는 육안으로 점검할 수 없다.

50 CNC 공작기계 작업 시 공구에 관한 안전사항으로서 틀린 것은?

① 공구는 기계나 재료 등의 위에 올려놓고 사용한다.
② 공구는 공구상자 내에 잘 정리 정돈하여 놓는다.
③ 공구는 항상 작업에 맞도록 점검과 보수를 한다.
④ 주위 환경에 주의해서 작업을 시작한다.

풀이 측정기나 공구 등을 진동이 있는 기계 위나 떨어지기 쉬운 장소에 놓지 않아야 한다.

51 다음과 같은 재해를 예방하기 위한 대책으로 거리가 가장 먼 것은?

> 금형 가공 작업장에서 자동차 수리 금형의 측면가공을 위해 CNC 수평 보링기로 절삭 가공 후 가공면을 확인하기 위해 가공작업부에 들어가 에어건으로 스크랩을 제거하고 검사하던 중 회전 중인 보링기의 엔드밀에 협착되어 중상을 입는 사고가 발생하였다.

① 공작기계에 협착되거나 말림 위험이 높은 주축 가공부에 접근 시에는 공작기계를 정지한다.
② 불시 오조작에 의한 위험을 방지하기 위해 기동장치에 잠금장치 등의 방호조치를 설치한다.
③ 공작기계 주변에 방책 등을 설치하여 근로자 출입 시 기계의 작동이 정지하는 연동구조로 설치한다.
④ 회전하는 주축 가공부에 가공 공작물의 면을 검사하고자 할 때는 안전 보호구를 착용 후 검사한다.

풀이 회전하는 주축 가공부에 가공 공작물의 면을 검사하고자 할 때는 반드시 주축 회전을 정지하고, 안전 보호구를 착용 후 검사한다.

정답 | 47 ② 48 ④ 49 ④ 50 ① 51 ④

52 1대의 컴퓨터에 여러 대의 CNC 공작기계를 연결하고 가공 데이터를 분배 전송하여 동시에 운전하는 방식은?

① FMS
② FMC
③ DNC
④ CIMS

풀이 DNC는 직접수치제어(direct numerical control) 또는 분배수치제어(distribute numerical control)라는 의미로 쓰인다.
여러 대의 CNC 공작기계를 한 대의 컴퓨터에 결합시켜 제어하는 시스템으로, 개개의 CNC 공작기계의 작업성 · 생산성을 개선함과 동시에 그것을 조합하여 CNC 공작기계군으로 운영을 제어 · 관리하는 것이다.

53 CNC 선반에서 나사를 가공하는 준비기능이 아닌 것은?

① G32　② G92
③ G76　④ G74

풀이
• G74 : 단면 홈 가공 사이클
• G32 : 나사절삭
• G92 : 나사절삭 사이클
• G76 : 자동나사절삭 사이클

54 머시닝 센터에서 M8×1.25 탭 가공 시 초기 구멍가공에 필요한 드릴의 직경은 약 몇 mm가 적당한가?

① 6.5　② 6.75
③ 8　④ 9.25

풀이 $D=d-p=8-1.25=6.75\text{mm}$
여기서, D : 드릴의 지름(가공할 안지름)(mm)
d : 호칭지름(나사의 바깥지름)(mm)
p : 나사의 피치(mm)

55 CNC 선반 프로그램에서 공구의 현재 위치가 시작점일 경우 공작물 좌표계 설정으로 올바른 것은?

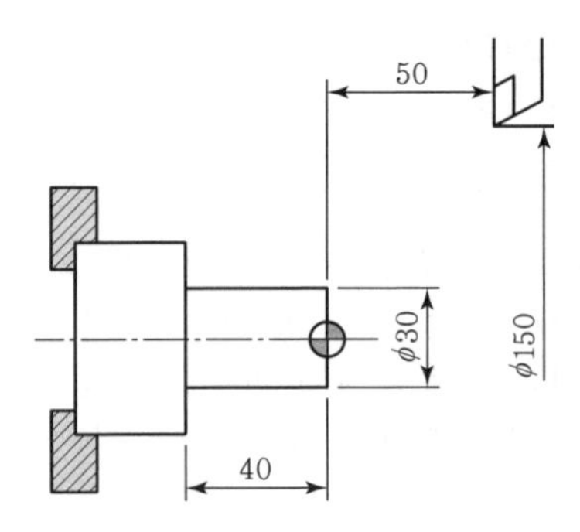

① G50 X75. Z100. ;
② G50 X150. Z50. ;
③ G50 X30. Z40. ;
④ G50 X75. Z−50. ;

풀이 G50은 원점 표시기호(⊕)와 공구의 현재 위치를 좌표값으로 인식시켜 공작물의 좌표계를 설정하는 기능이다.

56 다음 그림에서 ① → ②로 이동하는 지령방법으로 잘못된 것은?

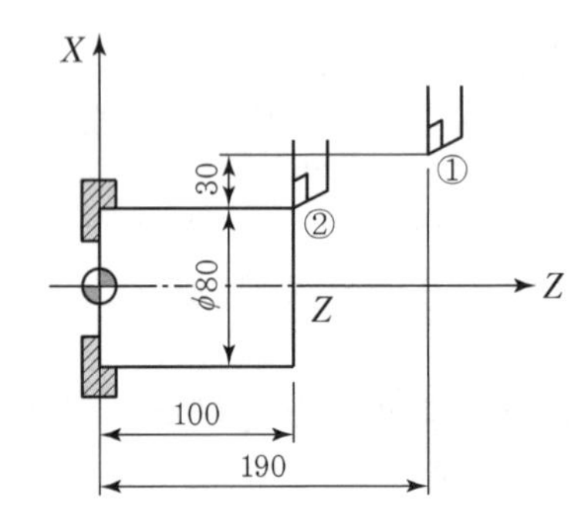

① G00 U−60. Z100. ;
② G00 U−60. W−90. ;
③ G00 X80. W−90. ;
④ G00 X100. Z80. ;

정답 | 52 ③　53 ④　54 ②　55 ②　56 ④

풀이 ① → ②로 이동하는 지령방법 : 절대지령, 증분지령, 혼합지령이 있다.
절대지령(X, Z)은 도면상의 원점 표시기호(◐)를 기준으로 나타내며, 증분지령(U, W)은 ①의 위치가 기준이다. X값은 지름으로 표시하고, 증분지령은 공구가 오른쪽이나 위로 이동하면 '+'값으로, 왼쪽이나 아래로 이동하면 '−'값으로 표시한다.

- 절대지령 : G00 X80. Z100. ;
- 증분지령 : G00 U−60. W−90. ;
- 혼합지령 1 : G00 X80. W−90. ;
- 혼합지령 2 : G00 U−60. Z100. ;

57 CNC 서보기구 중 그림과 같이 펄스 신호를 모터에서 검출하여 피드백시키므로 비교적 정밀도가 높고 CNC 공작기계에 많이 사용하고 있는 서보 기구는?

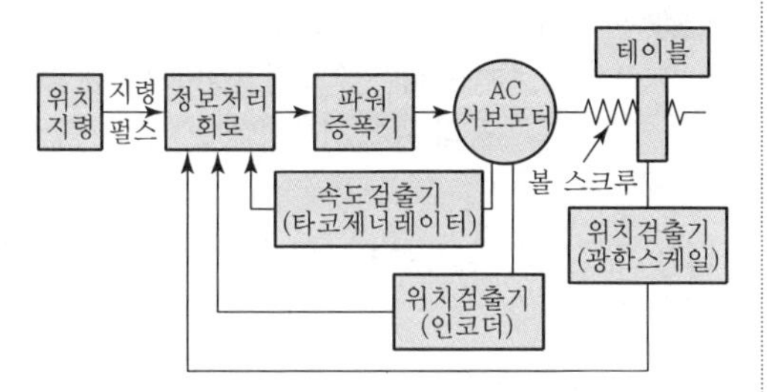

① 개방회로 방식 ② 폐쇄회로 방식
③ 반폐쇄회로 방식 ④ 하이브리드 방식

풀이 **반폐쇄회로 방식**

- 속도정보는 서보모터에 내장된 타코 제너레이터에서 검출되어 제어된다.
- 위치정보는 볼 스크루나 서보모터의 회전 각도를 측정해 간접적으로 실제 공구의 위치를 추정하고 보정해주는 간접 피드백 시스템 제어 방식이다.

58 CNC 프로그램은 여러 개의 지령절(block)이 모여 구성된다. 지령절과 지령절의 구분은 무엇으로 표시하는가?

① 블록(block)
② 워드(word)
③ 어드레스(address)
④ EOB(End Of Block)

풀이 지령절과 지령은 EOB(End Of Block)은 구분되며, 제작사에 따라 ';' 또는 '#'과 같은 부호로 간단히 표시한다.

59 CNC 프로그램에서 공구인선 반지름 보정과 관계없는 G-코드는?

① G40 ③ G41
③ G42 ④ G43

풀이
- G43 : 공구길이 보정(+)
- G40 : 공구인선 반지름 보정 취소
- G41 : 공구인선 반지름 좌측 보정
- G42 : 공구인선 반지름 우측 보정

60 CNC 선반에서 A → B로 이동 시 바르게 프로그램된 것은?

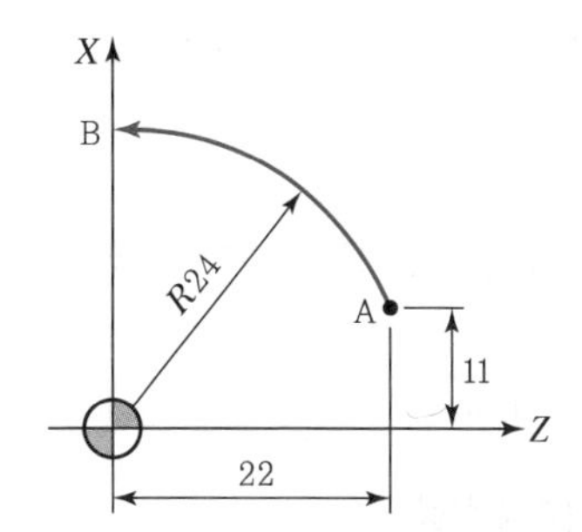

① G02 X0. Z24. I−11. K11. F0.1 ;
② G02 X0. Z24. I−22. K−11. F0.1 ;
③ G03 X48. Z0. I−11. K−22. F0.1 ;
④ G03 X48. Z0. I−22. K−22. F0.1 ;

풀이 **G03 X48. Z0. I−11. K−22. F0.1 ;**

- G03 : A → B의 가공은 반시계방향 원호가공
- X48. Z0. : 종점 B의 좌표값(단, X 값은 항상 지름값으로 입력)
- I−11. K−22 : 원호의 중심이 시작점 기준으로 왼쪽 또는 아래에 있으므로 '−'값 입력

정답 | 57 ③ 58 ④ 59 ④ 60 ③

2013 제1회 과년도 기출문제

01 부식을 방지하는 방법에서 알루미늄(Al)의 방식법(防蝕法)이 아닌 것은?

① 수산법 ② 황산법
③ 니켈산법 ④ 크롬산법

풀이 알루미늄을 적당한 전해액 중에서 양극산화 처리하면 알루미늄의 표면에 방식성이 우수하고 치밀한 산화물계 피막이 형성된다. 종류로는 수산법, 황산법, 크롬산법 등이 있다.

02 기계재료의 성질 중 기계적 성질이 아닌 것은?

① 인장강도 ② 연신율
③ 비열 ④ 전성

풀이 **기계적 성질**
인장강도, 연신율, 전성, 경도, 충격 저항, 피로 저항, 크리프 저항 등

물리적 성질
비열, 비중, 용융점, 응고점, 열전도율, 광택 등

03 베어링 합금이 갖추어야 할 구비조건이 아닌 것은?

① 열전도율이 커야 한다.
② 마찰계수가 크고 저항력이 작아야 한다.
③ 내식성이 좋고 충분한 인성이 있어야 한다.
④ 하중에 견딜 수 있는 경도와 내압력을 가져야 한다.

풀이 마찰계수가 작고, 저항력이 커야 하며 피가공성도 좋아야 한다.

04 7 : 3 황동에 주석 1% 정도를 첨가한 동 합금은?

① 네이벌 황동
② 망간 황동
③ 애드미럴티 황동
④ 쾌삭 황동

풀이 애드미럴티 메탈(admiralty metal) : 7－3 황동＋1% Sn, 내해수성이 좋고 전연성이 풍부해 증발기 · 열교환기 등의 관에 사용된다.

05 철강 및 비철금속 재료 중에서 회주철의 재료 기호는?

① GC 300
② SC 450
③ SS 400
④ BMC 360

풀이
- SC : 탄소강 주강품
- SS : 일반 구조용 압연 강재
- BMC : 흑심가단주철품

06 강의 절삭성을 향상시키기 위하여 인(P)이나 황(S)을 첨가시킨 특수강은?

① 쾌삭강 ② 내식강
③ 내열강 ④ 내마모강

풀이 쾌삭강은 인이나 황을 첨가시켜 절삭성을 향상시켜 가공정밀도를 높인 것으로, 정밀 나사나 작은 부품 제작에 사용된다.

정답 | 01 ③ 02 ③ 03 ② 04 ③ 05 ① 06 ①

07 보통 주철의 특성에 대한 설명으로 틀린 내용은?

① 진동 흡수 능력이 있다.
② 강에 비해 연신율이 작다.
③ 강에 비해 인장강도가 크다.
④ 용융점이 낮아 주조에 적합하다.

풀이 주철은 강에 비해 인장강도가 낮다.

08 다음 중 전동용 기계요소에 해당하는 것은?

① 볼트와 너트 ② 리벳
③ 체인 ④ 핀

풀이
- 전동용 기계요소 : 체인, 벨트, 로프, 마찰차, 기어, 캠 등
- 체결용 기계요소 : 볼트와 너트, 리벳, 핀, 키, 코터 등

09 재료에 반복하중 및 교번하중이 작용할 때 재료 내부에 생기는 저항력은?

① 외력 ② 응력
③ 구심력 ④ 원심력

풀이 응력 : 재료에 압축, 인장, 굽힘, 비틀림 등의 하중(외력)을 가했을 때, 그 크기에 대응하여 재료 내에 생기는 저항력

10 기어의 잇수가 각각 40, 50개인 두 개의 기어가 서로 맞물고 회전하고 있다. 축간거리가 90mm일 때 모듈은?

① 1 ② 2
③ 3 ④ 4

풀이 축간거리 $C=\dfrac{(z_1+z_2)m}{2}$ 에서

모듈 $m=\dfrac{2(z_1+z_2)}{C}=\dfrac{2\times 90}{90}=2$

여기서, z_1, z_2 : 각 기어의 잇수

11 스프링 소재를 금속 스프링과 비금속 스프링으로 분류할 때 비금속 스프링에 속하지 않는 것은?

① 고무 스프링 ② 공기 스프링
③ 동 합금 스프링 ④ 합성수지 스프링

풀이 동 합금 스프링 → 금속 스프링

12 다음 V 벨트 종류 중 인장강도가 가장 작은 것은?

① M ② A
③ B ④ E

풀이 **인장 강도(kN)**
- M : 0.98 이상
- A : 1.76 이상
- B : 2.94 이상
- E : 14.70 이상

13 다음 중 나사의 리드(lead)가 가장 큰 것은?

① 피치 1mm의 4줄 미터 나사
② 8산 2줄의 유니파이 보통 나사
③ 16산 3줄의 유니파이 보통 나사
④ 피치 1.5mm의 1줄 미터 가는 나사

풀이
① $l=n\times p=4\times 1=4\text{mm}$
② $l=n\times\dfrac{25.4}{\text{산 수}}=2\times\dfrac{25.4}{8\text{산}}=6.35\text{mm}$
③ $l=n\times\dfrac{25.4}{\text{산 수}}=3\times\dfrac{25.4}{16\text{산}}=4.8\text{mm}$
④ $l=n\times p=1\times 1.5=1.5\text{mm}$

여기서, l : 리드, n : 줄 수, p : 피치

14 안내 키(key)라고도 하며, 축 방향으로 보스를 미끄럼 운동시킬 필요가 있을 때에 사용되는 것은?

① 성크 키 ② 페더 키
③ 접선 키 ④ 원뿔 키

풀이 **미끄럼 키**
페더 키 또는 안내 키라고도 하며, 축 방향으로 보스를 미끄럼 운동시킬 필요가 있을 때 사용한다.

정답 | 07 ③ 08 ③ 09 ② 10 ② 11 ③ 12 ① 13 ② 14 ②

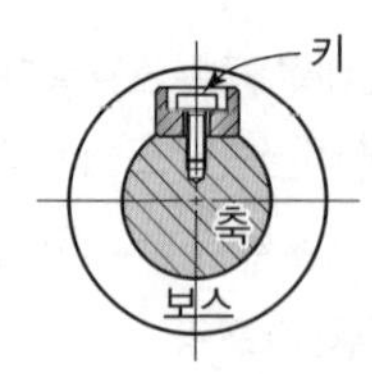

15 인장스프링에서 하중 100N이 작용할 때의 변형량이 10mm일 때 스프링 상수는 몇 N/mm인가?

① 0.1　② 0.2
③ 10　④ 20

풀이 스프링 상수 $k = \frac{\text{하중}(P)}{\text{변형량}(\delta)} = \frac{100}{10}$
$= 10\text{N/mm}$

16 단면도의 표시방법에서 그림과 같은 단면도의 명칭은?

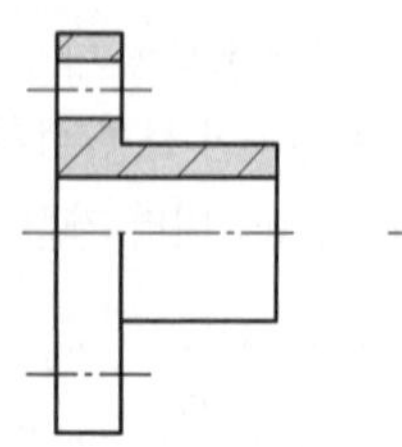
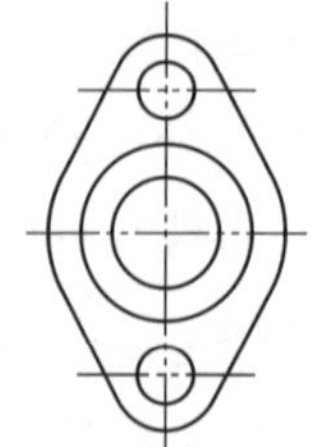

① 전단면도　② 한쪽 단면도
③ 부분 단면도　④ 회전 도시 단면도

풀이 한쪽 단면도 : 상하 또는 좌우 대칭인 물체에서 중심선을 기준으로 물체의 1/4만 잘라내서 그려주는 방법으로 물체의 외부형상과 내부형상을 동시에 나타낼 수 있는 장점을 가지고 있다.

17 다음 끼워맞춤에 관계된 치수 중 헐거운 끼워맞춤을 나타낸 것은?

① ϕ45 H7/p6
② ϕ45 H7/js6
③ ϕ45 H7/m6
④ ϕ45 H7/g6

풀이 ϕ45 H7/g6 : 구멍기준식 헐거운 끼워맞춤

[구멍기준 H7의 끼워맞춤]

헐거운 끼워맞춤	f6, g5, g6, h5, h6
중간 끼워맞춤	js5, js6, k5, k6, m5, m6
억지 끼워맞춤	n6, p6

18 KS 기하공차 기호 중 원통도의 표시 기호는?

① ○　② ⌭
③ ⌖　④ ∅

풀이
- ⌭ : 원통도 공차
- ○ : 진원도 공차
- ⌖ : 위치도 공차
- ∅ : 지름을 나타내는 치수 보조기호

19 다음 중 정보를 나타내기 위한 목적으로만 사용하는 치수로서 가공이나 검사공정에 영향을 주지 않고 도면상의 기타 치수나 관련 문서의 치수로부터 산출되는 치수로서 괄호 안에 기입하는 치수는?

① 기능 치수(functional dimension)
② 비기능 치수(non-functional dimension)
③ 참고 치수(auxiliary dimension)
④ 소재 치수(basic material dimension)

풀이 참고 치수 : 도면의 이해를 돕기 위하여 참고 목적으로 도면에 기입하는 치수로, 치수문자를 ( ) 안에 기입한다.

20 나사의 도시방법에 관한 설명 중 틀린 것은?

① 나사의 끝 면에서 본 그림에서 모떼기 원을 표시하는 굵은 선은 반드시 나타내야 한다.
② 나사의 끝 면에서 본 그림에서 나사의 골 밑은 가는 실선으로 그린 원주의 3/4에 거의 같은 원의 일부로 표시한다.
③ 나사의 측면에서 본 그림에서 나사산의 봉우리를 굵은 실선으로 표시한다.
④ 나사의 측면에서 본 그림에서 나사산의 골 밑을 가는 실선으로 표시한다.

정답 | 15 ③　16 ②　17 ④　18 ②　19 ③　20 ①

풀이 나사의 끝 면에서 본 그림에서 모떼기 원을 표시하는 선은 골 밑을 나타내는 선으로 대신한다.

21 도면에서 특수한 가공(고주파 담금질 등)을 실시하는 부분을 표시할 때 사용하는 선의 종류는?

① 굵은 실선　　② 가는 1점쇄선
③ 가는 실선　　④ 굵은 1점쇄선

풀이 특수 지정선(굵은 1점 쇄선, ——— – ———) : 도면에서 특수한 가공(고주파 담금질 등)을 실시하는 부분을 표시할 때 사용하는 선

22 도면에 다음과 같이 주철제 V 벨트풀리가 호칭되어 있을 경우 이 풀리의 호칭지름은 몇 mm인가?

KS B 1400 250 A1 II

① 100　　② 140
③ 250　　④ 1400

풀이
- KS B 1400 : KS 표준 번호
- 250 : 호칭 지름
- A1 : 종류
- II : 허브(보스) 위치의 구별

23 그림과 같이 제3각법으로 정투상하여 나타낸 도면에서 누락된 평면도로 가장 적합한 것은?

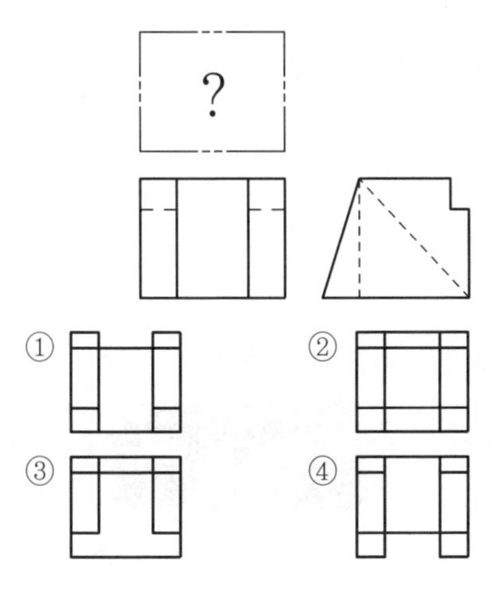

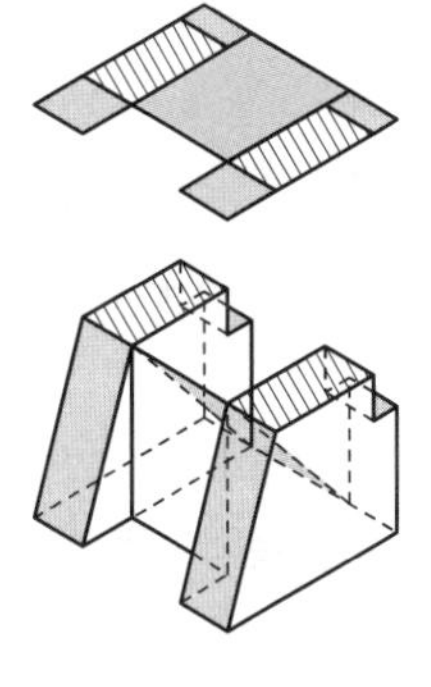

24 표면의 결 기호와 함께 사용하는 가공방법의 약호에서 리밍 작업 기호는?

① BR　　② FR
③ SH　　④ FL

풀이
- FR : 리머 가공(리밍)
- BR : 브로치 가공(브로칭)
- SH : 셰이퍼 가공(형삭)
- FL : 래핑 다듬질

25 스프링을 도시할 경우 그림 안에 기입하기 힘든 사항은 일괄하여 스프링 요목표에 기입한다. 다음 중 압축 코일 스프링의 요목표에 기입되는 항목으로 거리가 먼 것은?

① 재료의 지름　　② 감김 방향
③ 자유 길이　　④ 초기 장력

풀이 초기장력은 인장 코일 스프링의 요목표에 기입하는 항목이다.

[압축코일 스프링 요목표]

품번 / 구분	
재료 지름	
코일 평균 지름	
총 감김 수	
유효 감김 수	
감긴 방향	오른쪽
자유 길이	
표면처리	숏피닝
방청처리	방청유 도포

정답 | 21 ④　22 ③　23 ④　24 ②　25 ④

26 밀링머신에서 분할대는 어디에 설치하는가?

① 심압대　　② 스핀들
③ 새들 위　　④ 테이블 위

풀이 분할대는 테이블 위에 설치한다.

27 특정한 모양이나 치수의 제품을 대량으로 생산하기 위한 목적으로 제작된 공작기계는?

① 단능 공작기계
② 만능 공작기계
③ 범용 공작기계
④ 전용 공작기계

풀이 **전용 공작기계**
같은 종류의 제품을 대량 생산하기 위한 공작기계
예 트랜스퍼 머신, 차륜선반, 크랭크축 선반 등

28 원통 연삭에서 바깥지름 연삭방식 중 연삭숫돌을 숫돌의 반지름 방향으로 이송하면서, 원통면, 단이 있는 면 등의 전체 길이를 동시에 연삭하는 방식은?

① 테이블 왕복형　　② 숫돌대 왕복형
③ 플랜지컷형　　④ 공작물 왕복형

풀이 **플랜지컷형**

- 숫돌을 테이블과 직각으로 이동시켜 연삭하는 방식이다.
- 원통면, 단이 있는 면, 테이퍼형, 곡선 윤곽 등의 전체 길이를 동시에 연삭할 때 적합하다.
- 숫돌의 너비는 공작물의 연삭길이보다 길어야 한다.

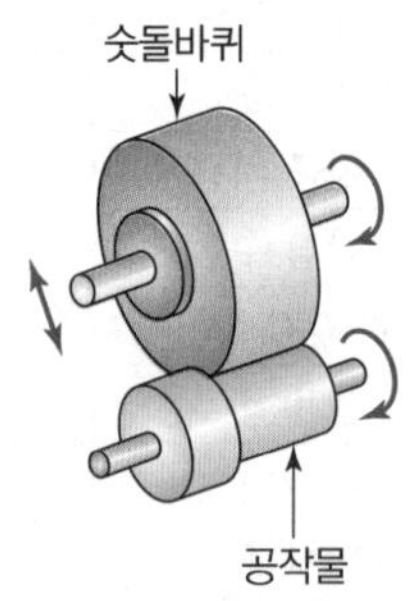

29 밀링머신에서 지름이 70mm인 초경합금의 밀링커터로 가공물을 절삭할 때 커터의 회전수는 몇 rpm인가?(단, 절삭속도는 120m/min이다.)

① 546　　② 566
③ 556　　④ 576

풀이 절삭속도 $V=\frac{\pi dn}{1,000}$ 에서

회전수 $n=\frac{1,000\times V}{\pi\times d}$

$=\frac{1,000\times 120}{\pi\times 70}\fallingdotseq 546\text{rpm}$

30 기계가공에서 절삭성능을 높이기 위하여 절삭유를 사용한다. 절삭유의 사용 목적으로 틀린 것은?

① 절삭공구의 절삭온도를 저하시켜 공구의 경도를 유지시킨다.
② 절삭속도를 높일 수 있어 공구수명을 연장시키는 효과가 있다.
③ 절삭열을 제거하여 가공물의 변형을 감소시키고, 치수정밀도를 높여 준다.
④ 냉각성과 윤활성이 좋고, 기계적 마모를 크게 한다.

풀이 절삭유는 방청성과 윤활성이 좋고, 기계적 마모를 적게 한다.

31 구멍용 한계 게이지가 아닌 것은?

① 원통형 플러그 게이지
② 봉 게이지
③ 터보 게이지
④ 스냅 게이지

풀이 스냅 게이지는 축용 한계 게이지이다.

[스냅 게이지]

정답 | 26 ④ 27 ④ 28 ③ 29 ① 30 ④ 31 ④

32 Al_2O_3 분말에 TiC 또는 TiN 분말을 혼합하여 수소 분위기 속에서 소결하여 제작하는 공구 재료는?

① 세라믹(ceramic)
② 주조경질합금(cast alloyed hard metal)
③ 서멧(cermet)
④ 소결초경합금(sintered hard metal)

풀이 서멧(cermet)
- 세라믹(ceramic) + 금속(metal)의 복합재료다. [알루미나(Al_2O_3) 분말 70%에 탄화티타늄(TiC) 분말 30% 정도 혼합]
- 세라믹의 취성을 보완하기 위하여 개발된 소재이다.
- 고온에서 내마모성, 내산화성이 높아 고정밀도의 고속절삭이 가능하다.

33 연삭숫돌의 결합제 중 주성분이 점토이고 가장 많이 사용되고 있으며 기호를 'V'로 표시하는 결합제는?

① 비트리파이드 ② 실리케이트
③ 셸락 ④ 레지노이드

풀이 비트리파이드는 숫돌 성형용 결합제로서 점토와 숫돌 입자를 혼합하여 고온으로 구워서 굳힌 것이다. 숫돌 바퀴의 대부분은 이에 속하며, 기호는 V로 나타낸다.

34 빌트업에지(builtup edge)의 발생을 감소시키기 위한 방법이 아닌 것은?

① 절삭속도를 작게 한다.
② 윤활성이 좋은 절삭유제를 사용한다.
③ 절삭깊이를 얇게 한다.
④ 공구의 윗면 경사각을 크게 한다.

풀이 빌트업에지 발생을 줄이려면 절삭속도를 임계속도 이상으로 높여야 한다.

※ 임계속도 : 절삭 시 구성인선이 생기지 않는 최저 속도, 고속도강의 경우 120~150m/min 정도

35 그림과 같이 작은 나사나 볼트의 머리를 일감에 묻히게 하기 위하여 단이 있는 구멍뚫기를 하는 작업은?

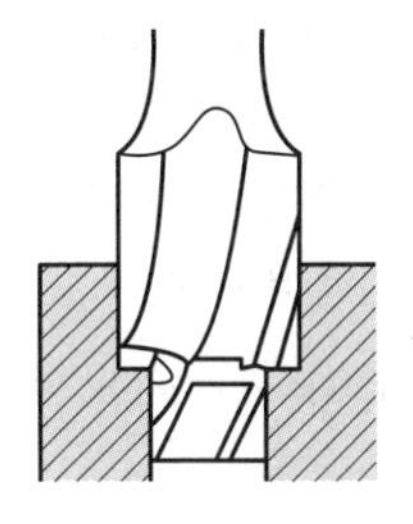

① 카운터 보링 ② 카운터 싱킹
③ 스폿 페이싱 ④ 리밍

36 다음 중 수평 밀링머신에서 주로 사용하는 커터는?

① 엔드밀 ② 메탈 소
③ T홈 커터 ④ 더브테일 커터

풀이 수평밀링 머신의 커터 종류 : 플레인 커터, 측면 커터, 메탈 슬리팅 소, 블록커터 등

37 M5×0.8 탭 작업을 할 때 가장 적합한 드릴 지름은?

① 4mm ② 4.2mm
③ 5mm ④ 5.8mm

풀이 탭 드릴 직경(1차 가공) = 나사바깥지름 − 피치
= 5 − 0.8 = 4.2mm

38 수나사의 유효지름 측정 방법이 아닌 것은?

① 콤비네이션 세트에 의한 방법
② 삼침법에 의한 방법
③ 공구 현미경에 의한 방법
④ 나사 마이크로미터에 의한 방법

풀이 콤비네이션 세트는 각도측정이나 높이측정에 사용하고 중심을 내는 금긋기 작업에도 사용된다.

정답 | 32 ③ 33 ① 34 ① 35 ① 36 ② 37 ② 38 ①

39 수평 밀링머신의 플레인 커터 작업에서 상향 절삭과 비교한 하향절삭(내려깎기)의 장점으로 옳은 것은?

① 날 자리 간격이 짧고, 가공면이 깨끗하다.
② 기계에 무리를 주지 않는다.
③ 이송기구의 백래시가 자연히 제거된다.
④ 절삭열에 의한 치수 정밀도의 변화가 작다.

풀이 ②, ③, ④항은 상향절삭(올려깎기)의 장점이다.

40 선반을 구성하는 4대 주요부로 짝지어진 것은?

① 주축대, 심압대, 왕복대, 베드
② 회전센터, 면판, 심압축, 정지센터
③ 복식공구대, 공구대, 새들, 에이프런
④ 리드스크루, 이송축, 기어상자, 다리

41 방전가공에 대한 일반적인 특징으로 틀린 것은?

① 전극은 구리나 흑연 등을 사용한다.
② 전기 도체이면 쉽게 가공할 수 있다.
③ 전극의 형상대로 정밀하게 가공할 수 있다.
④ 공작물은 음극, 공구는 양극으로 한다.

풀이 공작물은 양극, 공구는 음극으로 한다.

42 선반 척 중 불규칙한 일감을 고정하는 데 편리하며 4개의 조로 구성되어 있는 것은?

① 단동척 ② 콜릿척
③ 마그네틱척 ④ 연동척

풀이 **단동척**

- 4개 조(jaw)가 독립 이동
- 외경이 불규칙한 재료 가공 용이
- 편심가공 가능

43 그림은 바깥지름 막깎기 사이클의 공구경로를 나타낸 것이다. 복합형 고정사이클의 명령어는?

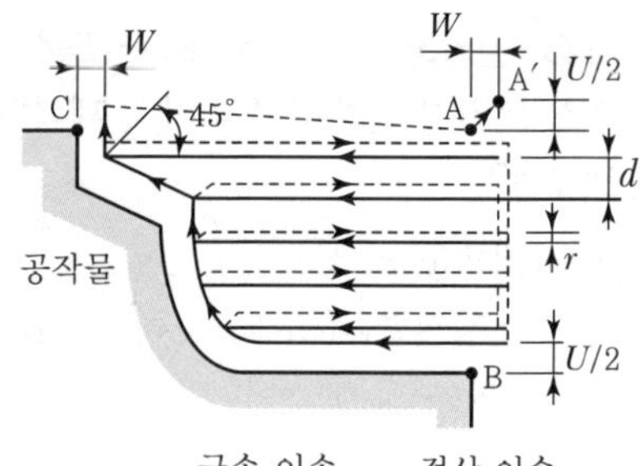

--- 급속 이송, — 절삭 이송

① G70 ② G71
③ G72 ④ G73

풀이
- G71 : 내 · 외경 황삭 사이클
- G70 : 내 · 외경 정삭 사이클
- G72 : 단면 황삭 사이클
- G73 : 모방(형상 반복) 사이클

44 CNC 공작기계에서 자동운전을 실행하기 전에 도면의 임의의 점에 좌표계 원점을 정하고, 작성한 프로그램을 테이블 위에 있는 일감에 적용시켜 원점 위치를 설정하는 것은?

① 공작물좌표계 설정 ② 상대좌표계 설정
③ 기계좌표계 설정 ④ 잔여좌표계 설정

풀이 공작물좌표계 : 도면의 임의의 점에 좌표계 원점을 정하고, 작성한 프로그램을 테이블 위에 있는 일감에 적용시켜 원점 위치를 설정하는 것을 말한다.

45 머시닝 센터 작업 시 공구의 길이가 그림과 같을 때 다음 프로그램에서 T02의 공구길이 보정값은?

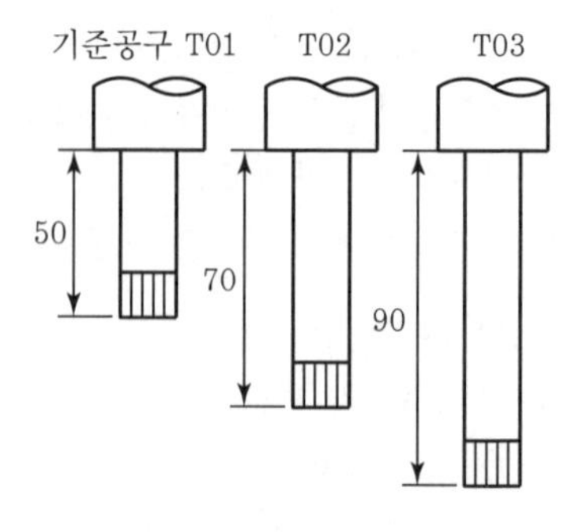

정답 | 39 ① 40 ① 41 ④ 42 ① 43 ② 44 ① 45 ①

```
T02 ;
G90 G43 G00 Z10. H02 ;
S950 M03 ;
```

① 20　② −20
③ −40　④ 40

풀이 G43 : 공구길이 보정 '+'
- 공구의 길이가 기준공구보다 길면 '+' 값으로 보정하고, 짧으면 '−' 값으로 보정한다.
- 2번 공구는 기준공구보다 20mm 긴 경우이므로 '+20'으로 보정한다.

46 CNC 공작기계의 일상점검 중 매일점검 내용에 해당하지 않는 것은?

① 베드면에 습동유가 나오는지 손으로 확인한다.
② 유압 탱크의 유량은 충분한가 확인한다.
③ 각 축은 원활하게 급속 이송되는지 확인한다.
④ NC 장치 필터 상태를 확인한다.

풀이 NC 장치 필터 상태 확인은 매월점검 사항이다.

47 다음 입출력장치 중 출력장치가 아닌 것은?

① 하드 카피 장치(hard copier)
② 플로터(plotter)
③ 프린터(printer)
④ 디지타이저(digitizer)

풀이
- 출력장치 : CRT 모니터, LCD 모니터, 프린터, 플로터, 그래픽 디스플레이, 빔 프로젝터, 하드 카피 장치 등
- 입력장치 : 키보드, 마우스, 트랙볼, 라이트펜, 조이스틱, 포인팅 스틱, 터치패드, 터치스크린, 디지타이저, 스캐너 등

48 200rpm으로 회전하는 스핀들 5회전 휴지를 지령하는 것으로 옳은 것은?

① G04 X1.5 ;　② G04 X0.7 ;
③ G40 X1.5 ;　④ G40 X0.7 ;

풀이 정지시간과 스핀들 회전수의 관계

정지시간(초)

$$= \frac{60}{\text{스핀들 회전수(rpm)}} \times \text{일시정지 회전수}$$

$$= \frac{60}{200} \times 5 = 1.5\text{초이므로}$$

G04 X1.5 ; 또는 G04 U1.5 ; 또는 G04 P1500 ; 으로 나타낸다.

49 CNC 선반 절삭가공의 작업 안전에 관한 사항으로 틀린 것은?

① 절삭유의 비산을 방지하기 위하여 문(door)을 닫는다.
② 절삭가공 중에 반드시 보안경을 착용한다.
③ 공작물이 튀어나오지 않도록 확실히 고정한다.
④ 칩의 제거는 면장갑을 끼고 손으로 제거한다.

풀이 칩의 제거는 반드시 주축 회전을 정지하고, 청소용 솔이나 브러시를 이용하여 제거한다.

50 범용 공작기계와 CNC 공작기계를 비교하였을 때 CNC 공작기계가 유리한 점이 아닌 것은?

① 복잡한 형상의 부품 가공에 성능을 발휘한다.
② 품질이 균일화되어 제품의 호환성을 유지할 수 있다.
③ 장시간 자동운전이 가능하다.
④ 숙련에 오랜 시간과 경험이 필요하다.

풀이 범용 공작기계는 가공 노하우의 축적이 오래 걸리므로 숙련에 오랜 시간과 경험이 필요하다.

51 다음 중 원호보간 지령과 관계없는 것은?

① G02　② G03
③ R　④ M09

정답 | 46 ④ 47 ④ 48 ① 49 ④ 50 ④ 51 ④

풀이 • M09 : 절삭유 off
• G02 : 시계방향 원호보간
• G03 : 반시계방향 원호절삭
• R : 원호반지름

52 기계의 기준점인 기계원점을 기준으로 정한 좌표계이며, 기계제작자가 파라미터에 의해 정하는 좌표계는?

① 공작물 좌표계 ② 상대 좌표계
③ 기계 좌표계 ④ 증분 좌표계

풀이 기계 좌표계는 기계원점을 기준으로 정한 좌표계이며, 기계제작자가 파라미터에 의해 정하는 좌표계이다.

53 CNC 프로그램에서 보조프로그램을 사용하는 방법이다. (A), (B), (C)에 차례로 들어갈 어드레스로 적당한 것은?

주프로그램	보조프로그램	보조프로그램
O04567 ;	O1004 ;	O0100 ;
↓	↓	↓
↓	↓	↓
(A) P1004 ;	(A) P0100 ;	↓
↓	↓	↓
↓	↓	↓
(C) ;	(B) ;	(B) ;

① (A) : M98, (B) : M02, (C) : M99
② (A) : M98, (B) : M99, (C) : M02
③ (A) : M30, (B) : M99, (C) : M02
④ (A) : M30, (B) : M02, (C) : M99

풀이 주프로그램에서 보조프로그램을 호출하여 사용할 수 있고, 보조프로그램에서 또 다른 보조프로그램을 호출하여 사용할 수 있다. 보조프로그램을 종료하면 주프로그램으로 복귀한다.
(A) : M98(보조프로그램 호출)
(B) : M99(보조프로그램 종료)
(C) : M02(프로그램 종료), M30(프로그램 종료 후 처음으로 되돌아감)

54 머시닝 센터 가공 시 평면을 선택하는 G코드가 아닌 것은?

① G17 ② G18
③ G19 ④ G20

풀이 • G20 : inch 입력
• G17 : X－Y 평면 지정
• G18 : Z－X 평면 지정
• G19 : Y－Z 평면 지정

55 서보 제어방식 중 모터에 내장된 타코 제너레이터에서 속도를 검출하고, 기계의 테이블에 부착된 스케일에서 위치를 검출하여 피드백시키는 방식은?

① 개방회로 방식 ② 반폐쇄회로 방식
③ 폐쇄회로 방식 ④ 반개방회로 방식

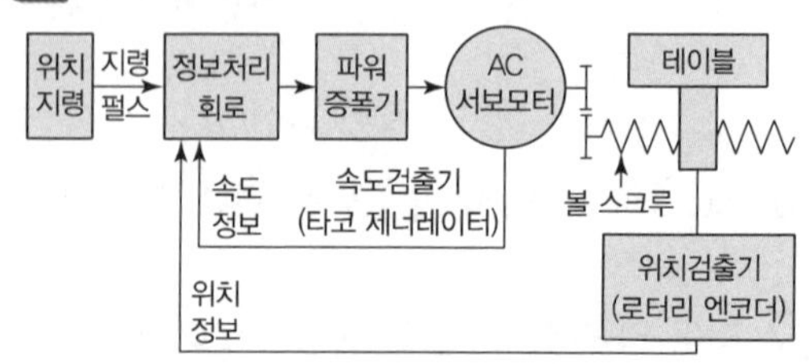

[폐쇄회로 방식]

56 드릴링머신의 작업 시 안전사항 중 틀린 것은?

① 드릴을 회전시킨 후에는 테이블을 조정하지 않는다.
② 드릴을 고정하거나 풀 때는 주축이 완전히 정지한 후에 작업을 한다.
③ 드릴이나 드릴 소켓 등을 뽑을 때는 해머 등으로 가볍게 두드려 뽑는다.
④ 얇은 판의 구멍뚫기에는 밑에 보조판 나무를 사용하는 것이 좋다.

풀이 테이퍼 드릴의 경우에는 드릴 슬리브에 있는 타원 구멍을 통해 드릴 드리프트(드릴 뽑개)를 이용하여 드릴 등을 분리시켜야 한다.

정답 | 52 ③ 53 ② 54 ④ 55 ③ 56 ③

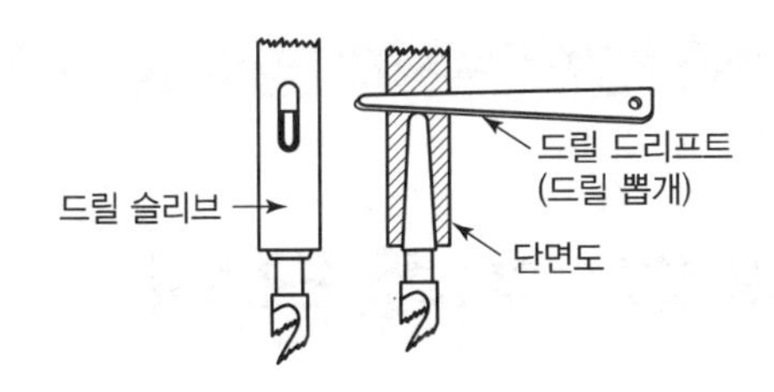

57 CNC 프로그램에서 몇 개의 단어들이 모여 구성된 한 개의 지령단위를 지령절(block)이라고 하는데 지령절과 지령절을 구분하는 것은?

① KS ② EOB
③ ISO ④ DNC

풀이 지령절과 지령절은 EOB(End Of Block)로 구분되며, 제작사에 따라 ';' 또는 '#'과 같은 부호로 간단히 표시한다.

58 다음 CNC 선반 프로그램에서 분당 이송(mm/min)의 값은?

```
G30 U0. W0. ;
G50 X150. Z100. T0200 ;
G97 S1000 M03 ;
G00 G42 X60. Z0. T0202 M08 ;
G01 Z-20. F0.1 ;
```

① 100 ② 200
③ 300 ④ 400

풀이 분당 이송=회전당 이송×회전수
G97 S1000 : 1분간 주축회전수 ⇒ 1,000rpm
F0.1 : 회전당 이송 ⇒ 0.1mm
∴ 분당 이송(F)=0.1×1,000=100mm/min

59 CNC 프로그램에서 'G97 S200 ;'에 대한 설명으로 맞는 것은?

① 주축은 200rpm으로 회전한다.
② 주축속도가 200m/min이다.
③ 주축의 최고 회전수는 200rpm이다.
④ 주축의 최저 회전수는 200rpm이다.

풀이 G97 S200
- 주축은 200rpm으로 회전한다.
- G97 : 주축회전수(rpm) 일정 제어

60 CNC 선반 프로그램에서 나사 가공에 대한 설명 중 틀린 것은?

```
G76 P011060 Q50 R20 ;
G76 X47.62 Z-32. P1190 Q350 F2.0 ;
```

① G76은 복합사이클을 이용한 나사 가공이다.
② 나사산의 각도는 50°이다.
③ 나사가공의 최종지름은 47.62mm이다.
④ 나사의 리드는 2.0mm이다.

풀이 P011060에서 나사산의 각도는 60이므로 60°이다.
- G76 P(m)(r)(a) Q(Δd min) R(d) ;
- G76 X(U)_Z(W)_P(k) Q(Δd) R(i) F_ ;

여기서, P(m) : 다듬질 횟수(01~99까지 입력 가능)
(r) : 불완전 나사부 면취량(00~99까지 입력 가능) - 리드의 몇 배인가 지정
(a) : 나사산의 각도(80, 60, 55, 30, 29, 0 지령 가능)
(예 m=01 ⇒ 1회 정삭, r=10 ⇒ 45° 면취, a=60 ⇒ 삼각나사)
Q(Δd min) : 최소 절입량(소수점 사용 불가, 생략 가능)
R(d) : 정삭여유
X(U), Z(W) : 나사 끝점 좌표
P(k) : 나사산의 높이(반경지령), 소수점 사용 불가
Q(Δd) : 첫 번째 절입량(반경지령), 소수점 사용 불가
R(i) : 테이퍼나사 절삭 시 나사 끝점(X좌표)과 나사 시작점(X좌표)의 거리(반경지령), I=0이면 평행나사(생략 가능)
F : 나사의 리드

정답 | 57 ② 58 ① 59 ① 60 ②

컴퓨터응용밀링기능사

2013 제2회 과년도 기출문제

CRAFTSMAN COMPUTER AIDED MILLING

01 주철의 성질에 관한 설명으로 옳지 않은 것은?

① 주철은 깨지기 쉬운 것이 큰 결점이나 고급 주철은 어느 정도 충격에 견딜 수 있다.
② 주철은 자체의 흑연이 윤활제 역할을 하고, 흑연 자체가 기름을 흡수하므로 내마멸성이 커진다.
③ 흑연의 윤활작용으로 유동형 절삭칩이 발생하므로 절삭유를 사용하면서 가공해야 한다.
④ 압축강도가 매우 크기 때문에 기계류의 몸체나 베드 등의 재료로 많이 사용된다.

풀이 편상의 흑연 조직이 산재하는 회색 주철은 칩이 작고 분단되기 쉬운 특성이 있으며(균열형 절삭칩 발생), 흑연이 고체 윤활제로 작용해서 절삭저항이 강에 비해 작기 때문에 절삭가공이 비교적 쉽다.

02 금속이 탄성한계를 초과한 힘을 받고도 파괴되지 않고 늘어나서 소성 변형이 되는 성질은?

① 연성
② 취성
③ 경도
④ 강도

풀이
- 취성 : 부서지기 쉬운 성질
- 경도 : 재료의 무르고 단단한 정도를 나타내는 수치
- 강도 : 재료에 부하가 걸린 경우 재료가 파단되기까지의 변형 저항

03 Ca－Si 또는 Fe－Si 등으로 접종 처리한 강인한 펄라이트 주철로 담금질 후 내마멸성이 요구되는 공작기계의 안내면과 기관의 실린더 등에 사용되는 주철은?

① 고력 합금 주철
② 미하나이트 주철
③ 흑심가단주철
④ 칠드 주철

풀이 미하나이트 주철(meehanite cast iron)
- 쇳물을 제조할 때 선철에 다량의 강철 스크랩을 사용하여 저탄소 주철을 만들고, 여기에 칼슘실리콘(Ca－Si), 페로실리콘(Fe－Si) 등을 첨가하여 조직을 균일화, 미세화한 펄라이트 주철
- 인장강도가 255~340MPa이고, 내마모성이 우수하여 공작기계의 안내면, 기관의 실린더 브레이크 드럼 등에 사용된다.

04 비중이 1.74이며 알루미늄보다 가벼운 실용 금속으로 가장 가벼운 금속은?

① 아연　② 니켈
③ 마그네슘　④ 코발트

풀이 마그네슘 : 비중은 1.74로 실용 금속 중 가장 가볍고, 비강도가 높다.

05 마텐자이트의 변태를 이용한 고탄성 재료인 것은?

① 세라믹　② 합금 공구강
③ 게르마늄 합금　④ 형상 기억 합금

정답 | 01 ③　02 ①　03 ②　04 ③　05 ④

풀이 **형상기억합금**

- 특정 온도에서의 형상을 만든 후 다른 온도에서 변형을 가해 모양을 바꾸어도 온도를 맞추어 주면 원래의 형태로 돌아가는 합금
- 온도 및 응력에 의해 생기는 마텐자이트 변태와 그 역변태에 기초해 형상 기억 효과가 일어난다.
- 안경테, 에어컨 풍향조절장치, 치아교정 와이어, 브래지어 와이어, 파이프 이음매, 로봇, 자동제어 장치, 공학적 응용, 의학 분야 등의 소재로 사용한다.

06 고탄소강에 W, Cr, V, Mo 등을 첨가한 합금강으로 고온경도, 내마모성 및 인성을 상승시킨 공구강은?

① 합금 공구강 ② 탄소 공구강
③ 고속도 공구강 ④ 초경합금 공구강

풀이 **고속도 공구강**

- 텅스텐(18%) – 크롬(4%) – 바나듐(1%) – 탄소(0.8%)
- 하이스강(HSS)이라고도 한다..
- 사용 온도는 600℃까지 가능하다.
- 고온경도가 높고 내마모성이 우수하다.
- 절삭속도를 탄소강의 2배 이상으로 할 수 있다.

07 판유리 사이에 아세틸렌 로스나 폴리비닐수지 등의 얇은 막을 끼워 넣어 만든 것으로, 강한 충격에 잘 견디고, 깨졌을 때에도 파편이 날리지 않는 특수유리는?

① 강화 유리 ② 안전 유리
③ 조명 유리 ④ 결정화 유리

풀이 문제는 합판유리에 대한 설명이다. 합판 유리와 강화 유리를 안전 유리라 한다.

안전유리

- 합판 유리 : 강화 유리처럼 파손되었을 때 승객에게 미치는 피해를 최소화하기 위해 투명한 특수 플라스틱을 중간에 넣고, 두 장의 유리를 합한 것이다. 돌 등에 맞아 파손되어도, 유연한 플라스틱 중간막이 있어서 유리 파편이 흩어지거나 크게 깨지지 않고, 금이 갈 뿐 시야가 확보된다.
- 강화 유리 : 판유리를 600℃로 가열한 후, 공기로 급랭시킨 것으로 일반 유리에 비해 5~6배의 강도를 갖고 있으며, 깨질 때는 작은 알갱이로 부서지기 때문에 자동차, 기차, 비행기 등의 창 유리로 사용된다.

08 재료의 전단탄성계수를 바르게 나타낸 것은?

① 굽힘응력/전단변형률
② 전단응력/수직변형률
③ 전단응력/전단변형률
④ 수직응력/전단변형률

풀이 전단탄성계수(가로탄성계수) G

$$= \frac{\text{전단응력}(\tau)}{\text{전단변형률}(\gamma)}$$

09 축계 기계요소에서 레이디얼 하중과 스러스트 하중을 동시에 견딜 수 있는 베어링은?

① 니들 베어링
② 원추 롤러 베어링
③ 원통 롤러 베어링
④ 레이디얼 볼 베어링

풀이 **원추 롤러 베어링(taper bearing)**

축 방향의 하중과 축 직각 방향 하중을 동시에 받을 때 사용

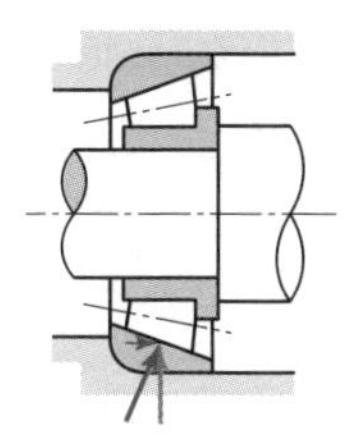

10 우드러프 키라고도 하며, 일반적으로 60mm 이하의 작은 축에 사용되고, 특히 테이퍼 축에 편리한 키는?

① 평키 ② 반달 키
③ 성크 키 ④ 원뿔 키

정답 | 06 ③ 07 ② 08 ③ 09 ② 10 ②

풀이 **반달 키**

일명 우드러프 키라고도 하며, 키와 키홈 가공이 쉽고, 축과 보스를 결합하는 과정에서 자동적으로 키가 자리 잡을 수 있다는 장점이 있으며 자동차, 공작 기계 등에 널리 사용되는 키이다.

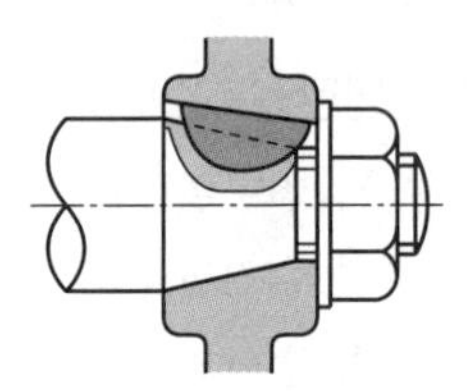

11 체결하려는 부분이 두꺼워서 관통구멍을 뚫을 수 없을 때 사용되는 볼트는?

① 탭볼트 ② T홈볼트
③ 아이볼트 ④ 스테이볼트

풀이 **탭볼트**

본체의 한쪽에 암나사를 깎은 다음, 수나사를 조여 사용하므로 너트가 필요하지 않으며, 결합하는 부분이 두꺼워 관통하기 어려운 곳에 사용한다.

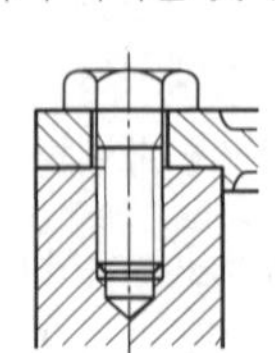

12 평기어에서 잇수가 40개, 모듈이 2.5인 기어의 피치원 지름은 몇 mm인가?

① 100 ② 125
③ 150 ④ 250

풀이 모듈 $m = \dfrac{\text{피치원 지름 } D}{\text{잇수 } z}$에서

피치원 지름 $D = m \times z = 2.5 \times 40 = 100\text{mm}$

13 직접전동 기계요소인 홈 마찰차에서 홈의 각도(α)는?

① $2\alpha = 10 \sim 20°$ ② $2\alpha = 20 \sim 30°$
③ $2\alpha = 30 \sim 40°$ ④ $2\alpha = 40 \sim 50°$

풀이 **홈 마찰차**

마찰차의 둘레에 쐐기 모양의 V형 홈을 파서 서로 물리게 한 것으로 동일한 압력에 대하여 큰 회전력을 얻을 수 있다. ($2\alpha = 30 \sim 40°$)

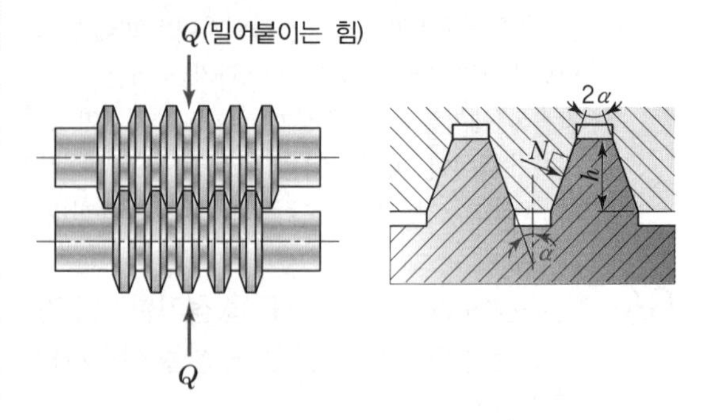

14 하중 20kN을 지지하는 훅 볼트에서 나사부의 바깥지름은 약 몇 mm인가?(단, 허용응력 $\sigma_a = 50\text{N/mm}^2$이다.)

① 29 ② 57
③ 10 ④ 20

풀이 바깥지름 $d = \sqrt{\dfrac{2 \times \text{하중 } P}{\text{허용응력 } \sigma_a}}$

$= \sqrt{\dfrac{2 \times 20{,}000}{50}}$

$= 28.28 \fallingdotseq 29\text{mm}$

15 스프링의 용도에 가장 적합하지 않은 것은?

① 충격 완화용 ② 무게 측정용
③ 동력 전달용 ④ 에너지 축적용

풀이 **스프링의 용도**

- 진동 흡수, 충격 완화(철도, 차량)
- 압력의 제한(안전 밸브) 및 힘의 측정(압력 게이지, 저울)
- 기계 부품의 운동 제한(내연 기관의 밸브 스프링)
- 에너지 축적(시계 태엽)

16 베어링 번호표시가 6815일 때 안지름 치수는 몇 mm인가?

① 15mm ② 65mm
③ 75mm ④ 315mm

풀이 $15 \times 5 = 75\text{mm}$

정답 | 11 ① 12 ① 13 ③ 14 ① 15 ③ 16 ③

17 표면의 결 도시기호에서 가공에 의한 컷의 줄무늬가 기호를 기입한 면의 중심에 대하여 거의 동심원 모양이 될 때 사용하는 기호는?

① M
② C
③ R
④ X

풀이 C(circular grooves : 원형의 홈)
가공으로 생긴 커터의 줄무늬가 기호를 기입한 면의 중심에 대하여 동심원 모양이다.

18 보기와 같이 대상물의 구멍, 홈 등 일부분의 모양을 도시하는 것으로 충분한 경우 사용되는 투상도는?

[보기]

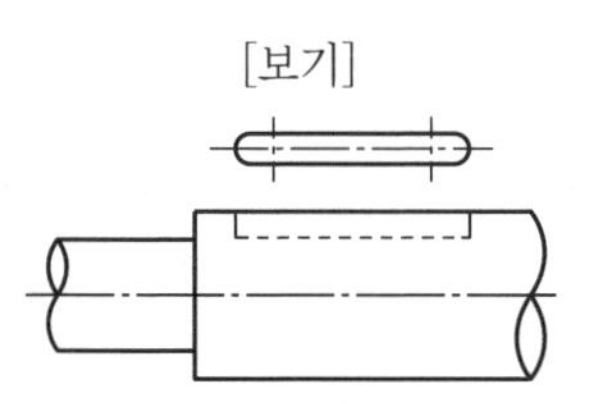

① 보조 투상도
② 국부 투상도
③ 회전 투상도
④ 부분 투상도

풀이 국부 투상도 : 대상물의 구멍, 홈 등 어느 한곳의 특정 부분의 모양만을 그리는 투상도를 말한다. 투상의 관계를 나타내기 위해 중심선, 기준선, 치수보조선 등으로 연결하여 나타낸다.

19 그림에서 나타난 기하공차의 설명으로 틀린 것은?

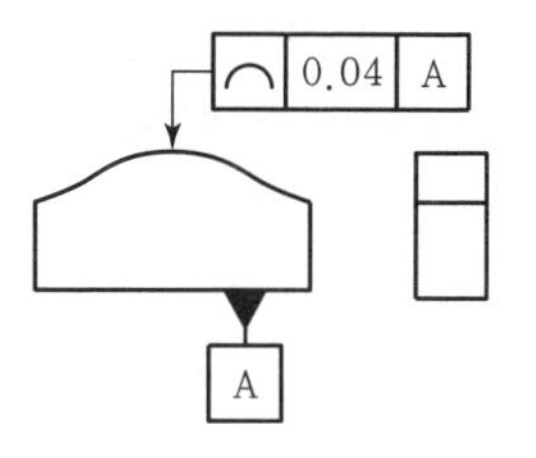

① A는 데이텀이다.
② 0.04는 공차값이다.
③ 모양공차에 속한다.
④ 면의 윤곽도 공차이다.

풀이 ⌒ : 선의 윤곽도 공차

20 그림과 같은 입체도에서 화살표 방향을 정면으로 하는 제3각 투상도로 나타낼 때 가장 올바르게 나타낸 것은?

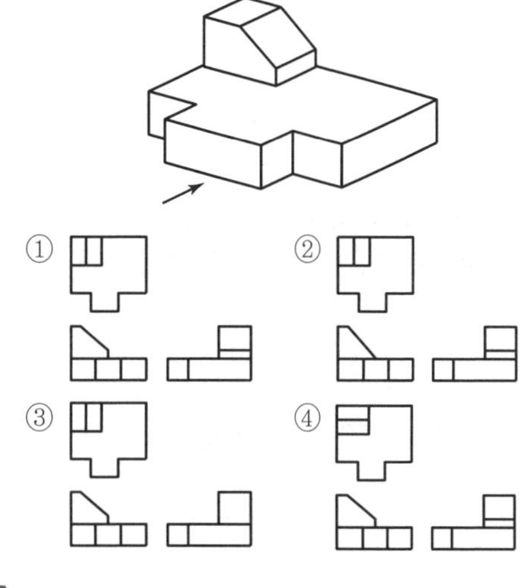

풀이

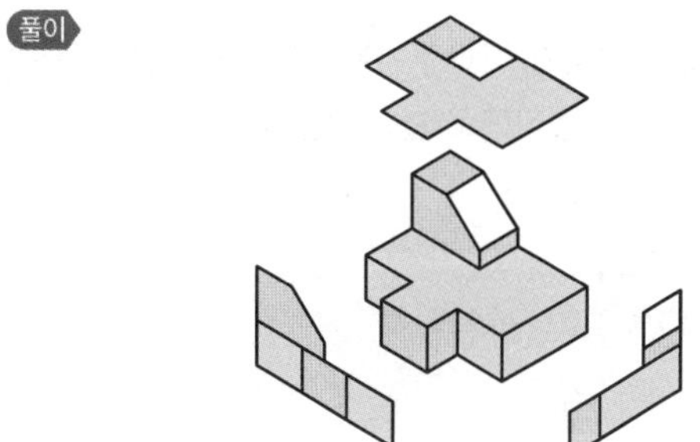

정답 | 17 ② 18 ② 19 ④ 20 ①

21 나사의 도시 방법에 대한 설명으로 틀린 것은?

① 단면도에 나타내는 나사 부품에서 해칭은 나사산의 봉우리를 나타내는 선까지 긋는다.
② 완전 나사부와 불완전 나사부의 경계선은 가는 실선으로 그린다.
③ 수나사와 암나사의 골을 표시하는 선은 가는 실선으로 그린다.
④ 나사의 끝면에서 본 그림에서 나사의 골 밑은 가는 실선으로 약 3/4에 가까운 원의 일부로 나타낸다.

풀이 완전 나사부와 불완전 나사부의 경계선은 굵은 실선(외형선)으로 그린다.

22 물체의 보이는 면이 평면임을 나타내고자 할 때 그 면을 특정 선을 가지고 'X' 표시로 나타내는데, 이때 사용하는 선은?

① 가는 실선 ② 굵은 실선
③ 가는 1점쇄선 ④ 굵은 1점쇄선

풀이 평면표시는 평면에 해당하는 부분에 대각선 방향으로 가는 실선으로 그린다.

23 실제 길이가 50mm인 것을 '1 : 2'로 축척하여 그린 도면에서 치수 기입은 얼마로 해야 하는가?

① 25 ② 50
③ 100 ④ 150

풀이 1 : 2=A : 50, A=25mm

A : B
도면크기 물체의 실제크기

24 재료 기호가 'GCD 350－22'으로 표시된 경우 재료 명칭으로 옳은 것은?

① 탄소공구강
② 고속도강
③ 구상흑연주철
④ 회주철

풀이 GCD 350－22 : 구상흑연주철
- 탄소공구강 : STC
- 고속도강 : SKH
- 회주철 : GC

25 다음 공차역의 위치 기호 중 아래 치수 허용차가 0인 기호는?

① H ② h
③ G ④ g

풀이
- H : 아래 치수 허용차가 0이다.
- h : 위 치수 허용차가 0이다.

26 진원도란 원형 부분의 기하학적 원으로부터 벗어난 크기를 말한다. 진원도 측정방법이 아닌 것은?

① 직경법 ② 3점법
③ 반경법 ④ 대칭법

풀이 **진원도 측정방법**
- 직경법(지름법) : 다이얼 게이지 스탠드에 다이얼 게이지를 고정시켜 각각의 지름을 측정하여 지름의 최댓값과 최솟값의 차이로 진원도를 측정한다.
- 반지름법(반경법) : 피측정물을 양 센터 사이에 물려 놓고 다이얼게이지를 접촉시켜 피측정물을 회전시켰을 때 흔들림의 최댓값과 최솟값의 차이로 측정한다.
- 삼점법 : V 블록 위에 피측정물을 올려놓고 정점에 다이얼 게이지를 접촉시켜, 피측정물을 회전시켰을 때 흔들림의 최댓값과 최솟값의 차이로 측정한다.

27 절삭공구를 사용하여 공작물을 가공할 때 연속형 칩이 생성될 수 있는 절삭 조건이 아닌 것은?

① 경질의 공작물을 가공할 때
② 공구의 윗면 경사각이 클 때
③ 이송속도가 작을 때
④ 절삭속도가 빠를 때

풀이 연질 공작물을 가공할 때에 연속형 칩이 생성된다.

정답 | 21 ② 22 ① 23 ② 24 ③ 25 ① 26 ④ 27 ①

28 다음 그림과 같은 원리로 원통형 내면에 강철 볼형의 공구를 압입해 통과시켜 매끈하고 정도가 높은 면을 얻는 가공법은?

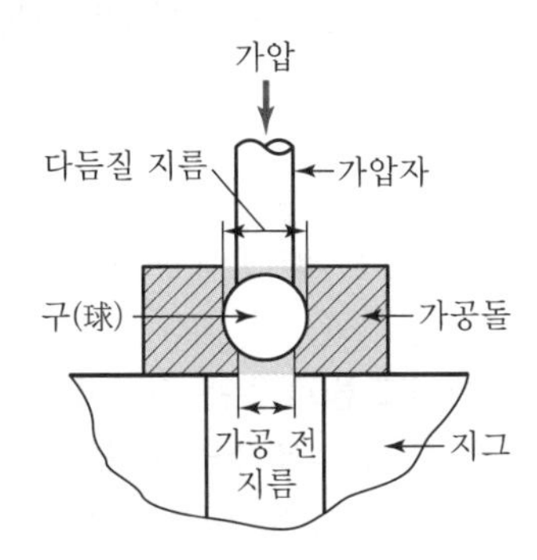

① 버니싱(burnishing)
② 폴리싱(polishing)
③ 숏피닝(shot-peening)
④ 버핑(buffing)

풀이 **버니싱**
- 필요한 형상을 한 공구로 공작물의 표면을 누르며 이동시켜, 표면에 소성변형을 일으키게 하여 매끈하고 정도가 높은 면을 얻는 가공법이다.
- 주로 구멍 내면의 다듬질에 사용되며, 연성과 전성이 큰 재료에 사용된다.

29 연삭숫돌의 3대 요소에 해당되지 않는 것은?

① 입자 ② 결합도
③ 결합제 ④ 기공

풀이 **연삭숫돌의 3대 요소**
숫돌입자, 결합제, 기공

30 선반 작업에서 연한 일감을 고속 절삭할 때에는 칩(chip)이 연속적으로 흘러나오게 되어 위험하다. 이러한 위험을 방지하기 위하여 칩을 짧게 끊어 주는 것은?

① 칩 커터(chip cutter)
② 칩 세팅(chip setting)
③ 칩 브레이커(chip breaker)
④ 칩 그라인딩(chip grinding)

풀이 칩 브레이커(chip breaker) : 절삭 가공 시 긴 칩(chip)을 짧게 절단, 또는 스프링 형태로 감기게 하기 위해 바이트의 경사면에 홈이나 턱을 만들어, 칩을 쉽게 절단하도록 한 부분

31 절삭유제의 구비 조건이 아닌 것은?

① 방청, 윤활성이 우수할 것
② 냉각성이 충분할 것
③ 장시간 사용해도 잘 변질되지 않을 것
④ 발화점이 낮을 것

풀이 절삭유제는 발화점이 높아야 한다.

32 공작기계 안내면의 단면 모양이 아닌 것은?

① 산형 ② 더브테일형
③ 원형 ④ 마름모형

풀이 공작기계의 안내면에는 산형, 더브테일형, 원형, 평탄형이 있다.

33 엔드밀에 의한 가공에 관한 설명 중 틀린 것은?

① 엔드밀은 홈이나 좁은 평면 등의 절삭에 많이 이용된다.
② 엔드밀은 가능한 한 짧게 고정하고 사용한다.
③ 휨을 방지하기 위해 가능한 한 절삭량을 많게 한다.
④ 엔드밀은 가능한 한 지름이 큰 것을 사용한다.

풀이 휨을 방지하기 위해서는 절삭량을 줄여야 한다.

34 밀링머신에서 가공 능률에 영향을 주는 절삭 조건으로 관계가 가장 먼 것은?

① 절삭속도 ② 테이블의 크기
③ 이송 ④ 절삭깊이

풀이 테이블의 크기가 아닌 밀링머신의 크기가 영향을 준다.

정답 | 28 ① 29 ② 30 ③ 31 ④ 32 ④ 33 ③ 34 ②

35 수직 밀링머신에서 공작물을 전후로 이송시키는 부위는?

① 테이블 ② 새들
③ 니 ④ 컬럼

풀이 • 테이블 : 좌우 이동
• 새들 : 전후 이동
• 니 : 상하 이동

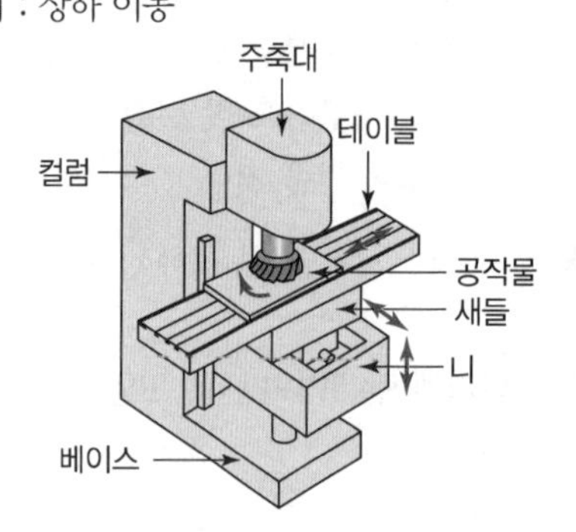

36 드릴링 머신에 의해 접시머리 나사의 머리 부분이 묻히도록 원뿔자리를 만드는 작업은?

① 스폿 페이싱 ② 카운터 싱킹
③ 보링 ④ 태핑

풀이 **카운터 싱킹**
접시머리 나사부 묻힘 홈 가공

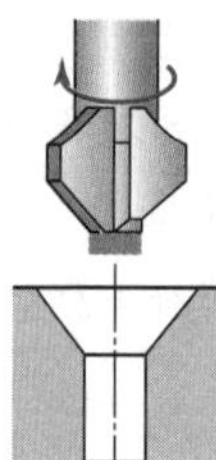

37 스텔라이트(stellite)가 대표적이며 철강 공구와 다르게 단조 및 열처리가 되지 않는 특징이 있고, 고온 경도와 내마모성이 크므로 고속 절삭공구로 특수 용도에 사용되는 것은?

① 고속도 공구강
② 주조경질합금
③ 세라믹 공구
④ 소결초경합금

풀이 **주조경질합금(스텔라이트)**
• 주조한 상태의 것을 연삭하여 가공하기 때문에 열처리가 불필요하다.
• 고속도강의 절삭속도의 2배이며, 사용온도는 800℃까지 가능하다.
• 코발트(Co) – 크롬(Cr) – 텅스텐(W) 합금으로, Co가 주성분이다.

※ "주조(술)는 코크통에 넣어라".로 암기

38 선반에서 그림과 같은 가공물의 테이퍼를 가공하려 한다. 심압대의 편위량(e)은 몇 mm인가?(단, D = 35mm, d = 25mm, L = 400mm, l = 200mm)

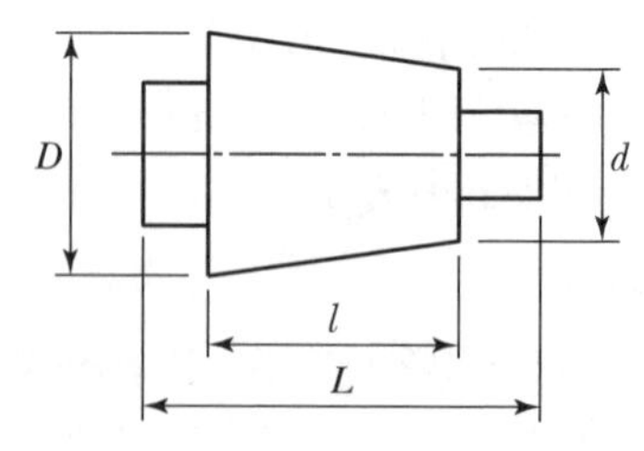

① 2.5 ② 5
③ 10 ④ 20

풀이 심압대의 편위량 $e = \dfrac{(D-d)L}{2l}$

$$= \frac{(35-25)\times 400}{2\times 200} = 10\text{mm}$$

39 게이지 블록의 부속품 중 내측 및 외측을 측정할 때 홀더에 끼워 사용하는 부속품은?

① 둥근형 조 ② 센터 포인트
③ 베이스 블록 ④ 나이프 에지

풀이 홀더에 둥근형 조와 게이지 블록을 끼워 고정나사로 고정하면 게이지 블록과 같은 내측길이를 측정할 수 있다.

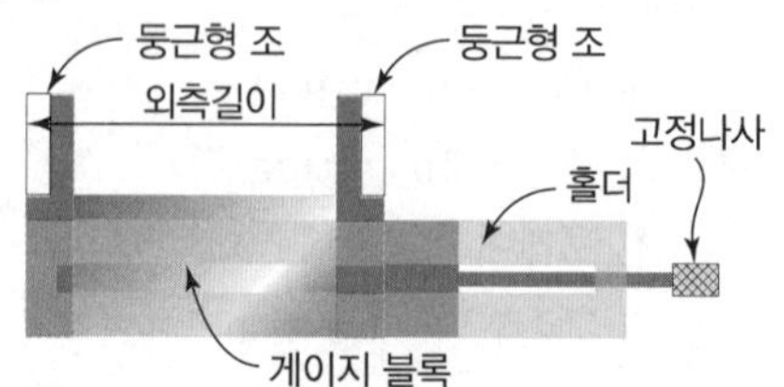

정답 | 35 ② 36 ② 37 ② 38 ③ 39 ①

[게이지 블록]

40 일반적으로 머시닝 센터 가공을 한 후 일감에 거스러미를 제거할 때 사용하는 공구는?

① 바이트 ② 줄
③ 스크라이버 ④ 하이트 게이지

풀이 줄 : 공작기계로 가공한 후 제품의 거스러미 또는 버(burr) 제거에 사용

41 센터리스 연삭기의 통과 이송법에서 조정숫돌은 연삭숫돌 축에 대하여 일반적으로 몇 도 경사시키는가?

① 1~1.5° ② 2~8°
③ 9~10° ④ 10~15°

풀이 센터리스 연삭기는 조정숫돌을 2~8° 기울여 공작물이 회전되면서 자동으로 이송되어 연삭할 수 있다.

42 다음 중 보통선반의 심압대 대신 회전 공구대를 사용하여 여러 가지 절삭공구를 공정에 맞게 설치하여 간단한 부품을 대량 생산하는 데 적합한 선반은?

① 차축선반 ② 차륜선반
③ 터릿선반 ④ 크랭크축 선반

풀이 터릿선반은 보통선반의 심압대 대신에 터릿으로 불리는 회전 공구대를 설치하여 여러 가지 절삭공구를 공정에 맞게 설치하여 간단한 부품을 대량 생산하는 선반이다.

43 현재의 위치점이 기준이 되어 이동된 양을 벡터값으로 표현하며, 현재 위치를 0(zero)으로 설정할 때 사용하는 좌표계의 종류는?

① 공작물 좌표계 ② 극 좌표계
③ 상대 좌표계 ④ 기계 좌표계

풀이 상대 좌표계
- 현재의 위치가 원점이 되며, 일시적으로 좌표를 '0'으로 설정할 때 사용한다.
- 공구의 세팅, 간단한 핸들 이동, 좌표계 설정 등에 사용한다.
- 선반의 경우 좌표어는 U, W를 사용한다.

44 CNC 선반 프로그램에서 T0101의 설명 중 틀린 것은?

① T0101에서 T는 공구기능을 나타낸다.
② T0101에서 앞부분 01은 공구교환에 필요하다.
③ T0101에서 뒷부분 01은 공구보정에 필요하다.
④ T0101은 1번 공구로 공구보정 없이 가공한다.

풀이 T0101은 1번 공구로 공구보정 01번을 선택하여 가공한다.

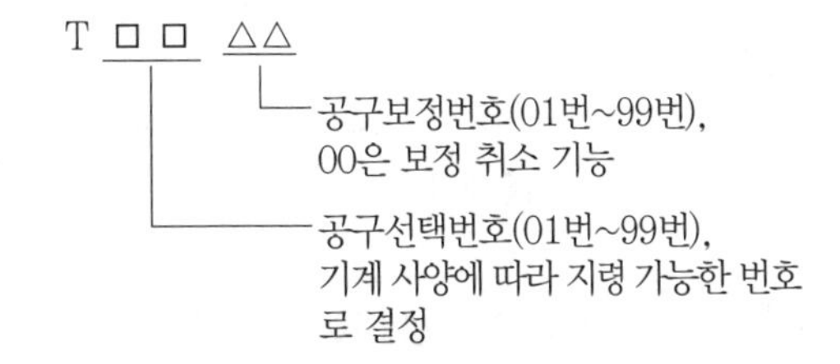

45 복합형 고정 사이클 기능에서 다듬질(정삭) 가공으로 G70을 사용할 수 없으며, 피드 홀드(feed hold) 스위치를 누를 때 바로 정지하지 않는 기능은?

① G76 ② G73
③ G72 ④ G71

풀이
- G76(자동 나사 가공사이클) : 다듬질(정삭) 가공으로 G70을 사용할 수 없으며, 피드 홀드(Feed Hold) 스위치를 눌러도 바로 정지하지 않고 recycle 절삭 후 정지한다.
- G73 : 모방(형상 반복) 사이클
- G72 : 단면 황삭 사이클
- G71 : 내 · 외경 황삭 사이클

정답 | 40 ② 41 ② 42 ③ 43 ③ 44 ④ 45 ①

46 밀링작업 시 안전 및 유의 사항으로 틀린 것은?

① 작업 전에 기계 상태를 사전 점검한다.
② 가공 후 거스러미를 반드시 제거한다.
③ 공작물을 측정할 때는 반드시 주축을 정지한다.
④ 주축의 회전속도를 바꿀 때는 주축이 회전하는 상태에서 한다.

풀이 주축의 회전속도를 바꿀 때는 주축이 완전히 정지된 후에 실시한다.

47 다음 CNC 프로그램에 대한 설명으로 옳은 것은?

```
G04 P200 ;
```

① 0.2초 동안 정지
② 200초 동안 정지
③ 2초 동안 정지
④ 20초 동안 정지

풀이
- P200 : 0.2초 동안 정지
- X, U는 소수점 이하 세 자리까지 사용 가능하며, P는 소수점을 사용할 수 없다.

48 다음과 같이 지령된 CNC 선반 프로그램이 있다. N02 블록에서 F0.3의 의미는?

```
N01 G00 G99 X-1.5 ;
N02 G42 G01 Z0. F0.3 M08 ;
N03 X0. ;
N04 G40 U10. W-5. ;
```

① 0.3m/min　　② 0.3mm/rev
③ 30mm/min　　④ 300mm/rev

풀이 G99
회전당 이송 지정(mm/rev)이므로 F0.3은 0.3mm/rev로 가공을 의미한다.

49 다음 CNC 프로그램의 N22 블록에서 생략 가능한 요소는?

```
N21 G00 X50. Z2. ;
N22 G01 X50. Z0. F0.1 ;
```

① G01　　② X50.
③ Z0　　④ F0.1

풀이 직전 블록과 동일한 워드(X50.)는 다음 블록에서 생략할 수 있다. 단, 1회 유효코드는 생략할 수 없다.

50 CNC 공작기계가 자동 운전 도중 알람이 발생하여 정지하였을 경우 조치사항으로 틀린 것은?

① 프로그램의 이상 유무를 확인한다.
② 비상정지 버튼을 누른 후 원인을 찾는다.
③ 발생한 알람의 내용을 확인한 후 원인을 찾는다.
④ 해제 버튼을 누른 후 다시 프로그램을 실행시킨다.

풀이 비상정지 버튼을 누르고 화면상의 경보 내용을 확인한 후 프로그램의 이상 유무를 하나씩 확인하며 원인을 찾는다. 해제 버튼을 누른 후 다시 프로그램을 실행시켜서는 안 된다.

51 머시닝 센터에서 다음 도면과 같이 내측 한 면을 $70^{+0.03}_{0}$으로 가공하려고 한다. 엔드밀 지름 16mm 공구로 내측의 한쪽 면을 효율적으로 가공하기 위해 일반적으로 사용하는 보정값은?

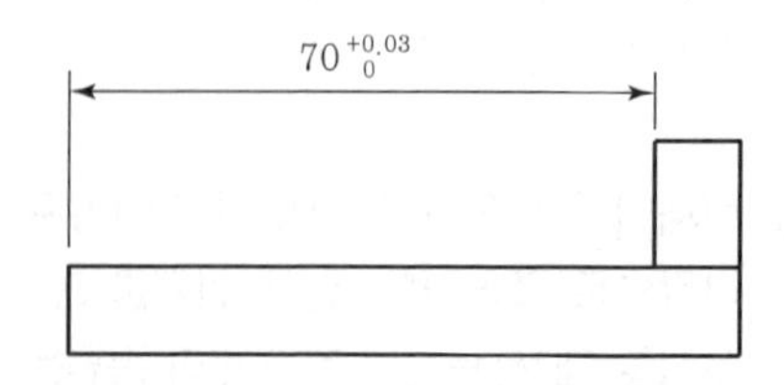

① 7.985　　② 7.9925
③ 0.03　　④ 0.015

정답 | 46 ④　47 ①　48 ②　49 ②　50 ④　51 ①

풀이 **+공차로 주어진 내측 한쪽 가공의 보정값**

보정값(D) = 엔드밀의 반경 − (공차/2)

= 8 − (0.03/2) = 7.985

52 머시닝 센터에서 지름 20mm의 커터로 회전수 500rpm으로 주축을 회전시킬 때 분당 이송량(mm/min)은?(단, 커터 날 수 12개, 날 1개당 이송 0.2mm이다.)

① 600　　② 1,200

③ 3,000　　④ 2,400

풀이 $N = 500\text{rpm}$, $z = 12$, $d = \phi 20$, $f_z = 0.2\text{mm}$

$f = f_z \times z \times N$

$= 0.2\text{mm} \times 12 \times 500\text{rpm}$

$= 1{,}200\text{mm/min}$

여기서, f : 테이블 이송속도

f_z : 1개의 날당 이송(mm)

z : 커터의 날 수

N : 회전수(rpm)

53 다음 중 머시닝 센터의 준비기능(G 코드)에서 성질이 다른 하나는?

① G17　　② G18

③ G19　　④ G20

풀이 G20 : inch 입력

- G17 : X−Y 평면 지정
- G18 : Z−X 평면 지정
- G19 : Y−Z 평면 지정

54 CNC 선반에서 절삭속도가 130m/min으로 일정 제어되면서 주축이 정회전되도록 지령된 것은?

① G97 S130 M03 ;

② G96 S130 M03 ;

③ G97 S130 M04 ;

④ G96 S130 M04 ;

풀이 G96 S130 M03 ;

- G96 : 절삭속도(m/min) 일정 제어
- G97 : 주축회전수(rpm) 일정 제어
- M03 : 주축 정회전(시계방향)
- M04 : 주축 역회전(반시계방향)

55 다음 CNC 선반의 준비기능 중 틀린 것은?

① G00 : 급속위치결정

② G03 : 시계방향 원호보간

③ G41 : 인선 반지름 보정 좌측

④ G30 : 제2원점 복귀

풀이 G03 : 반시계방향 원호보간

56 모터에 내장된 타코 제너레이터에서 속도를 검출하고 인코더에서 위치를 검출하여 피드백하는 제어방식으로 일반 CNC 공작기계에 가장 많이 사용되는 서보기구의 형식은?

① 개방회로 방식　　② 반폐쇄회로 방식

③ 폐쇄회로 방식　　④ 복합회로 방식

풀이

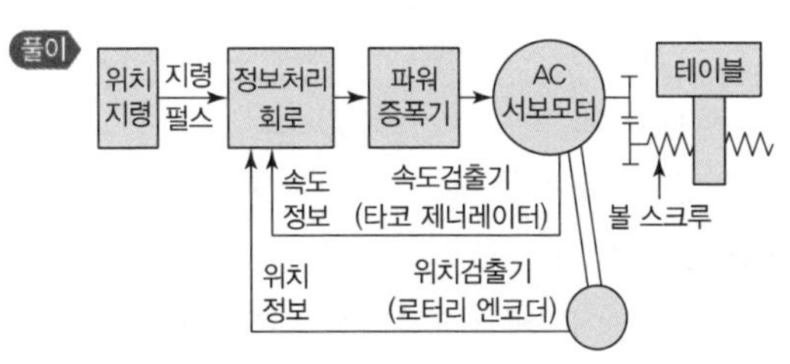

[반폐쇄회로 방식]

57 머시닝 센터에서 태핑 작업 시 Z축의 일정량 이송마다 주축을 1회전하도록 제어하여 가감속 시에도 변하지 않으며 float 탭 홀더가 필요 없고 고속 고정도의 태핑이 가능하도록 할 수 있는 모드는?

① 리지드(rigid) 모드

② 드릴링 모드

③ R점 모드

④ 고속 팩 사이클 모드

정답 | 52 ② 53 ④ 54 ② 55 ② 56 ② 57 ①

풀이 리지드(Rigid) 모드 : 태핑 축과 스핀들을 보간시켜 가감속이나 고속에서도 1회전당 나사 1리드(lead)가 정확하게 가공되는 기능이며, 탭 홀더가 필요 없고 고속 고정도의 태핑이 가능하다.

58 CNC 선반에서 선택적 프로그램 정지(M01) 기능을 사용하는 경우와 가장 거리가 먼 것은?

① 작업 도중에 가공물을 측정하고자 할 경우
② 작업 도중에 칩의 제거를 요하는 경우
③ 작업 도중에 절삭유의 차단을 요하는 경우
④ 공구교환 후에 공구를 점검하고자 할 경우

풀이 작업 도중에 절삭유를 차단하려면 절삭유 스위치를 off 하면 된다.

59 다음 CNC 선반 프로그램에서 자동 원점 복귀 지령으로 맞는 것은?

```
G28 U0. W0. ;
G50 X150. Z150. S3000 T0300 ;
G96 S180 M03 ;
G00 X62. Z2. T0303 M08 ;
```

① G28　　② G50
③ G96　　④ G00

풀이
- G28 : 자동원점복귀
- G50 : 공작물 좌표계 설정, 주축 최고 회전수 지정
- G96 : 절삭속도(m/min) 일정 제어
- G00 : 위치 결정(급속이송)

60 CAD/CAM 소프트웨어에서 작성된 가공 데이터를 읽어 특정의 CNC 공작기계 컨트롤러에 맞도록 NC 데이터를 만들어 주는 것은?

① 도형 정의　　② 가공 조건
③ CL 데이터　　④ 포스트 프로세서

풀이 포스트 프로세서 : CAD/CAM 소프트웨어에서 작성된 가공 데이터를 읽어 특정의 CNC 공작기계 컨트롤러에 맞도록 NC 데이터를 만들어 주는 과정을 말한다.

정답 | 58 ③ 59 ① 60 ④

컴퓨터응용밀링기능사

2013 제4회 과년도 기출문제

CRAFTSMAN COMPUTER AIDED MILLING

01 18－8형 스테인리스강의 주성분은?

① Cr 18% － Ni 8%
② Ni 18% － Cr 8%
③ Cr 18% － Ti 8%
④ Ti 18% － Ni 8%

풀이 **18－8형 스테인리스강**
- 표준성분 C(<0.2%), Cr(18%), Ni(8%)인 오스테나이트계 스테인리스강이다.
- 내산, 내식성이 우수하고 연성이 좋다.
- 조직은 상온에서도 오스테나이트로서 비자성이다.
- 상온 가공하면 소량의 마텐자이트화에 의하여 경화되고, 약간의 자성을 갖게 된다.
- 담금질에 의하여 경화되지 않으며, 이것을 1,000~1,100℃로 가열하여 급랭하면 더욱 연화하고, 가공성 및 내식성이 증가된다.

02 다음 중 연삭재 또는 연마제로서 사용되는 천연 소재는?

① 알런덤
② 카보런덤
③ 에머리
④ 탄화붕소

풀이 에머리 : 연마재와 광택제로 널리 사용되며 SiO_2(8~13%), Fe_2O_3(4~10%), Al_2O_3(77%)로 되어 있다.

03 탄소강의 성질에 관한 설명으로 옳지 않은 것은?

① 탄소량이 많아지면 인성과 충격치는 감소한다.
② 탄소량이 증가할수록 내식성은 증가한다.
③ 탄소강의 비중은 탄소량의 증가에 따라 감소한다.
④ 비열, 항자력은 탄소량의 증가에 따라 증가한다.

풀이 탄소량이 증가할수록 내식성은 감소한다.

04 보통 주철에 Ni, Cr, Mo, Cu, Mg 등의 합금원소나 Si, Mn, P 등을 특히 다량 첨가하여 보통 주철에서 얻을 수 없는 훌륭한 기계적인 성질과 내식, 내마멸, 내열성 등의 특성을 갖도록 한 것은?

① 합금주철
② 칠드주철
③ 가단주철
④ 미하나이트 주철

05 특수 청동 중 시효경화처리 후의 강도가 981MPa 이상으로 특수강에 견줄 만하며, 뜨임경화 시효성이 뚜렷하여 베어링, 고급 스프링, 전기 접점, 전극 등에 사용되는 것은?

① 알루미늄 청동 ② 베릴륨 청동
③ 암즈 청동 ④ 콜슨 합금

정답 | 01 ① 02 ③ 03 ② 04 ① 05 ②

풀이 **베릴륨 청동**

- 구리 합금 중에서 가장 높은 강도와 경도를 가진다.
- 경도가 커서 가공하기 힘들지만, 강도, 내마멸성, 내피로성, 전도열이 좋아 베어링, 기어, 고급 스프링, 공업용 전극에 사용된다.

06 청동 합금에서 탈산제로 인동을 첨가하여 제조하며 강도, 탄성률, 내마모성을 향상시킨 합금 주물로 기어, 베어링, 유압실린더 등에 이용되는 것은?

① 규소청동 주물
② 납청동 주물
③ 인청동 주물
④ 알루미늄 청동 주물

풀이 인청동 : 인동(P−Cu 합금)은 구리 및 구리 합금의 제련에서 탈산제로 가장 일반적으로 사용된다. 청동 주물에 많은 인을 첨가하면 일반 청동보다 기계적 성질과 내마모성이 더 우수한 인청동 주물이 생성된다.

07 6 : 4 황동에 주석을 0.75~1% 정도 첨가하여 판, 봉 등으로 가공되어 용접봉, 파이프, 선박용 기계에 주로 사용되는 것은?

① 애드미럴티 황동
② 네이벌 황동
③ 델타 메탈
④ 듀라나 메탈

풀이
- 애드미럴티 황동 : 7 : 3 황동에 주석을 1% 첨가한 황동
- 델타 메탈 : 6 : 4 황동에 Fe을 1~2% 첨가한 실용 특수 황동
- 듀라나 메탈 : 7 : 3 황동에 Fe(2%)과 소량의 Sn과 Al을 첨가한 황동

08 나사산의 각도가 미터계에서는 30°, 인치계에서는 29°로서 애크미 나사라고도 하는 것은?

① 사각 나사 ② 사다리꼴 나사
③ 톱니 나사 ④ 너클 나사

풀이 **사다리꼴 나사**

- 전동용으로서 애크미 나사라고도 한다.
- 나사산 각도는 미터계 30°, 인치계 29°이다.
- 운동을 전달하는 선반의 리드 스크루에 사용한다.

09 축과 보스의 양쪽에 모두 키 홈을 파기 어려울 때 사용되며, 편심되지 않고 축의 어느 위치에나 설치할 수 있는 것은?

① 평키
② 원뿔 키
③ 반달키
④ 새들 키

풀이 **원뿔 키**

특수 키의 일종으로 모형이 원뿔형으로 된 것으로서, 축과 보스에 홈을 파지 않고 보스 구멍을 원뿔 모양으로 만들고 세 개로 분할된 원뿔통형의 키를 때려 박아 마찰만으로 회전력을 전달한다. 비교적 큰 힘에 견딘다.

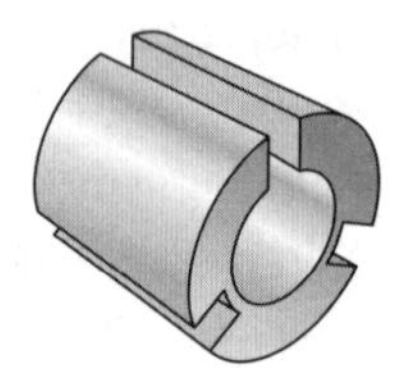

10 다음 그림과 같이 접속된 스프링에 하중(W) 60N이 작용할 때 처짐량(δ)은 몇 mm인가? (단, 스프링 상수 $k_1 = k_2 = 2\mathrm{N/mm}$ 이다.)

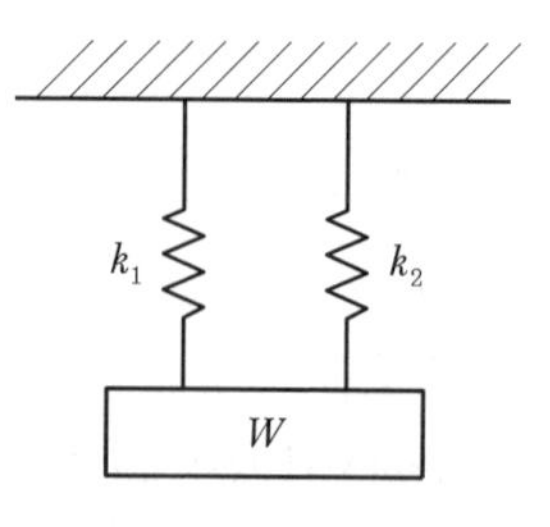

① 15 ② 20
③ 25 ④ 30

풀이 스프링 상수 $k = k_1 + k_2 = 2 + 2 = 4$

처짐량 $\delta = \dfrac{W}{k} = \dfrac{60}{4} = 15\mathrm{mm}$

정답 | 06 ③ 07 ② 08 ② 09 ② 10 ④

11 하중이 축선에 직각으로 작용하는 곳에 사용하는 베어링은?

① 레이디얼 베어링 ② 피벗 베어링
③ 칼라 베어링 ④ 스러스트 베어링

풀이 **레이디얼 베어링**
축에 직각으로 작용하는 하중을 지지하는 베어링

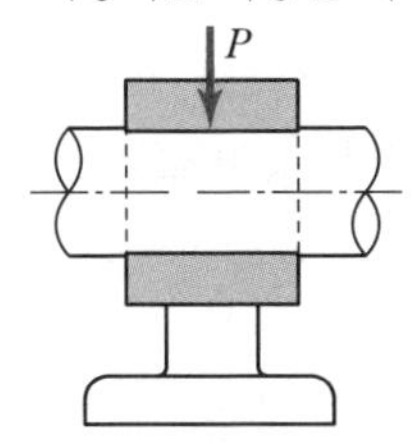

12 시간이 변함에 따라 크기와 방향이 변하지 않는 하중은?

① 정하중
② 반복하중
③ 교번하중
④ 충격하중

풀이 정하중 : 항상 일정한 하중으로 하중의 크기 및 방향이 변하지 않는다.

13 원통 커플링의 종류에 속하지 않는 것은?

① 반중첩 커플링
② 머프 커플링
③ 셀러 커플링
④ 플랜지 커플링

풀이 **원통 커플링의 종류**
반중첩 커플링, 머프(슬리브) 커플링, 셀러 커플링, 클램프 커플링, 마찰 클립 커플링

14 나사에서 리드(lead)란?

① 나사가 1회전했을 때 축 방향으로 이동한 거리
② 나사가 1회전했을 때 나사산상의 1점이 이동한 원주거리
③ 암나사가 2회전했을 때 축 방향으로 이동한 거리
④ 나사가 1회전했을 때 나사산상의 1점이 이동한 원주각

풀이 리드(l) : 나사를 1회전시켰을 때 축 방향으로 나아가는 거리(lead)다. 1줄 나사는 1피치(p)만큼 리드하며 n줄 나사이면 리드 $l=np$이다.

15 모듈(M)이 5, 잇수가 각 30개, 50개의 한 쌍의 스퍼기어가 있다. 중심거리는?

① 150mm
② 200mm
③ 250mm
④ 300mm

풀이 중심거리 $C=\dfrac{m(z_1+z_2)}{2}=\dfrac{5(30+50)}{2}$
$=200\text{mm}$

16 기계제도에서 굵은 1점쇄선이 사용되는 용도에 해당하는 것은?

① 숨은선
② 파단선
③ 특수 지정선
④ 무게 중심선

풀이 특수 지정선(굵은 1점쇄선, ——— - ———) : 도면에서 특수한 가공(고주파 담금질 등)을 실시하는 부분을 표시할 때 사용하는 선

17 기어를 도시하는 데 있어서 선의 사용방법으로 맞는 것은?

① 잇봉우리원은 가는 실선으로 표시한다.
② 피치원은 가는 2점쇄선으로 표시한다.
③ 이골원은 가는 1점쇄선으로 표시한다.
④ 잇줄방향은 보통 3개의 가는 실선으로 표시한다.

정답 | 11 ① 12 ① 13 ④ 14 ① 15 ② 16 ③ 17 ④

풀이
- 잇봉우리원(이끝원) : 외형선
- 피치원 : 가는 1점쇄선
- 이골원(이뿌리원) : 가는 실선
- 잇줄 방향 : 3개의 가는 실선

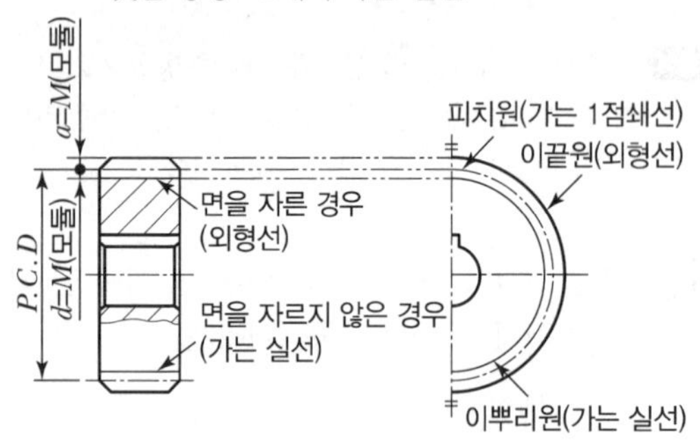

18 다음 그림이 나타내는 공유압 기호는 무엇인가?

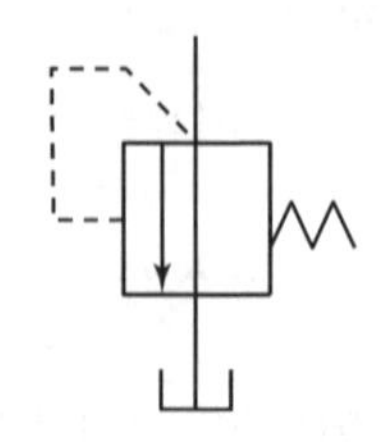

① 체크 밸브
② 릴리프 밸브
③ 무부하 밸브
④ 감압 밸브

19 제거가공을 허락하지 않는 것을 의미하는 표면의 결 도시기호는?

①
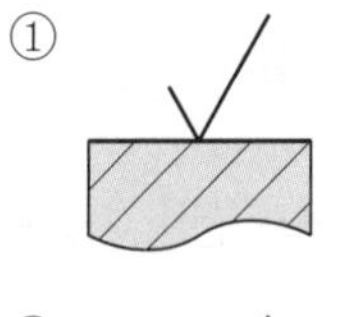
②
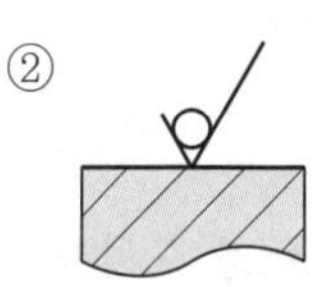
③
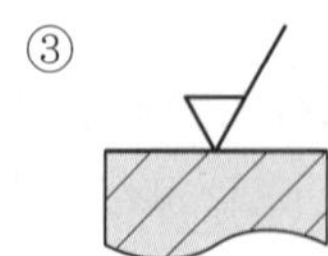
④
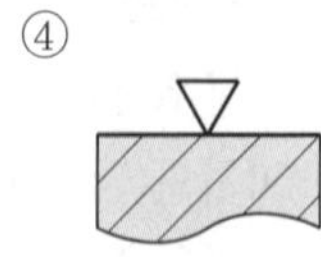

풀이
- : 제거가공을 하지 않는다.
- : 절삭 등 제거가공의 필요 여부를 문제 삼지 않는다.
- : 제거가공을 한다.
- ▽ : 제거가공을 한다.

20 기계제도에서 사용하는 치수공차 및 끼워맞춤과 관련한 용어 설명으로 틀린 것은?

① 실치수 : 형체의 실측 치수
② 기준치수 : 위 치수 허용차 및 아래 치수 허용차를 적용하는 데 따라 허용 한계치수가 주어지는 기준이 되는 치수
③ 최소 허용치수 : 형체에 허용되는 최소 치수
④ 공차 등급 : 기본공차의 산출에 사용하는 기준치수의 함수로 나타낸 단위

풀이 **공차 등급**

기본공차의 등급을 01급, 0급, 1급, 2급, …, 18급의 총 20등급으로 구분하여 규정하였다. 숫자가 낮을수록 IT 등급이 높으며, 축이 구멍보다 한 등급씩 높다.

적용 / 구분	게이지 제작 공차	끼워맞춤 공차	일반공차 (끼워맞춤 이외 공차)
구멍	IT01급 ~ IT5급	IT6급 ~ T10급	IT11급 ~ IT18급
축	IT01급 ~ IT4급	IT5급 ~ IT9급	IT10급 ~ IT18급

21 치수를 표현하는 기호 중 치수와 병용되어 특수한 의미를 나타내는 기호를 적용할 때가 있다. 이 기호에 해당하지 않는 것은?

① Sϕ7 ② C3
③ 回5 ④ SR15

풀이
- 回 : 없는 기호이다.
- Sϕ : 구의 지름
- C : 45° 모따기
- SR : 구의 반지름

정답 | 18 ② 19 ② 20 ④ 21 ③

22 그림과 같은 입체도에서 화살표 방향을 정면으로 할 경우 정면도로 가장 적합한 것은?

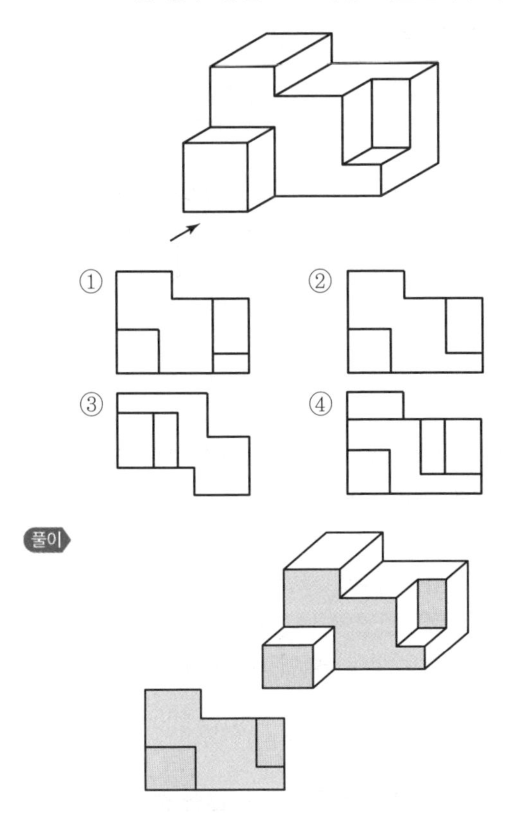

23 다음 기하공차를 나타내는 데 있어서 데이텀이 반드시 필요한 것은?

① 원통도 ② 평행도
③ 진직도 ④ 진원도

풀이 평행도 공차(//)는 자세공차에 해당하므로 관련 형체 A가 필요하다.

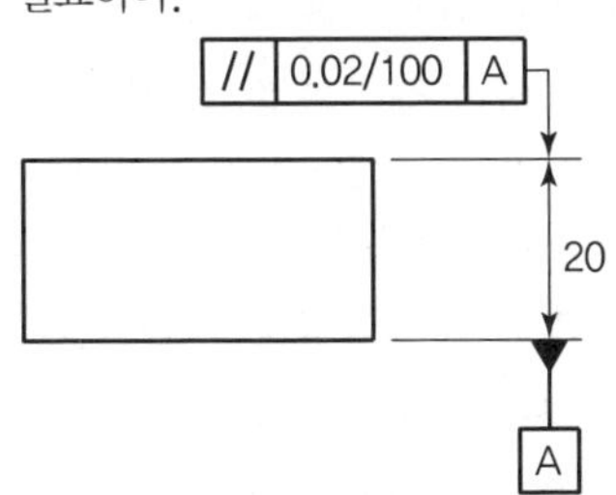

24 다음에 도시된 단면도의 명칭은?

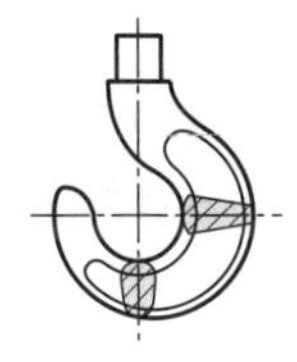

① 전단면도
② 한쪽 단면도
③ 부분 단면도
④ 회전 도시 단면도

풀이 회전 도시 단면도 : 물체의 한 부분을 자른 다음, 자른 면만 90° 회전시켜 형상을 나타낸다.

25 아래 도시된 내용은 리벳 작업을 위한 도면 내용이다. 바르게 설명한 것은?

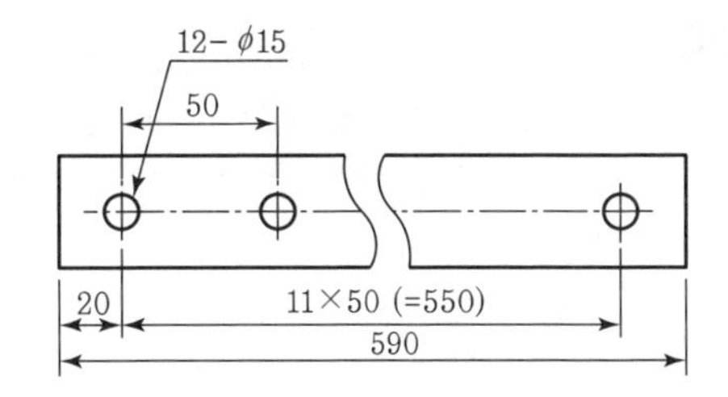

① 양 끝 20mm 띄워서 50mm의 피치로 지름 15mm의 구멍을 12개 뚫는다.
② 양 끝 20mm 띄워서 50mm의 피치로 지름 12mm의 구멍을 15개 뚫는다.
③ 양 끝 20mm 띄워서 12mm의 피치로 지름 15mm의 구멍을 50개 뚫는다.
④ 양 끝 20mm 띄워서 15mm의 피치로 지름 50mm의 구멍을 12개 뚫는다.

풀이 12−ϕ15 : 지름(ϕ) 15mm의 구멍이 12개 있다는 것을 의미한다.
양 끝 20mm 띄워서 50mm 간격으로 지름 15mm의 구멍을 12개 가공한다.

정답 | 22 ① 23 ② 24 ④ 25 ①

26 기어를 가공하는 방법으로 적당하지 않은 것은?

① 형판에 의한 방법
② 연동척에 의한 방법
③ 총형 커터에 의한 방법
④ 창성법에 의한 방법

풀이 연동척은 선반에서 공작물을 고정할 때 사용하는 부속장치이다.

27 보통 버니어 캘리퍼스로 측정할 수 없는 것은?

① 외측 측정　② 나사 유효경 측정
③ 좁은 폭 측정　④ 내측 측정

풀이 나사 유효경은 나사마이크로미터, 삼침법, 공구현미경, 만능측장기 등으로 측정한다.

28 지름 100mm, 길이 300mm인 연강봉을 선반에서 가공할 때 이송을 0.2mm/rev, 절삭속도를 157m/min으로 하면 1회 가공하는 데 걸리는 시간은?

① 3분　② 4분
③ 5분　④ 6분

풀이 절삭속도 $V=\dfrac{\pi dn}{1,000}$에서

회전수 $n=\dfrac{1,000\times V}{\pi\times d}=\dfrac{1,000\times 157}{\pi\times 100}$

$=500[\text{rpm}]$

선반의 가공시간 $T=\dfrac{L}{fn}=\dfrac{300}{0.2\times 500}$

$=3\text{min}$

여기서, L : 가공할 길이(mm)

f : 공구의 이송속도(mm/rev)

29 수직 밀링머신에서 기둥의 슬라이드 면을 따라 상하로 이송하는 밀링 장치는?

① 니(knee)
② 새들(saddle)
③ 테이블(table)
④ 오버 암(over arm)

풀이
- 니 : 상하 이동
- 새들 : 전후 이동
- 테이블 : 좌우 이동

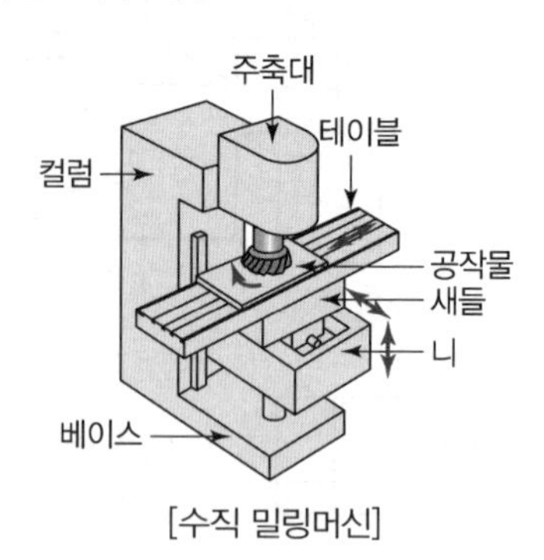

[수직 밀링머신]

30 절삭공구를 계속 사용하였을 때 나타나는 현상이 아닌 것은?

① 절삭성이 저하된다.
② 가공치수의 정밀도가 떨어진다.
③ 표면거칠기가 나빠진다.
④ 소요 절삭동력이 감소한다.

풀이 절삭성이 저하되어 소요 절삭동력이 증가한다.

31 각도 측정기에 해당하지 않는 것은?

① 사인바　② 각도 게이지
③ 서피스 게이지　④ 콤비네이션 세트

풀이 서피스 게이지는 정반 위에서 금긋기, 중심내기 등에 이용하는 금긋기 공구이다.

32 수평 밀링머신의 플레인 커터 작업에서 상향 절삭에 대한 특징으로 맞는 것은?

① 날자리 간격이 짧고, 가공면이 깨끗하다.
② 기계에 무리를 주지만 공작물 고정이 쉽다.
③ 가공할 면을 잘 볼 수 있어 시야 확보가 좋다.
④ 커터의 절삭방향과 공작물의 이송방향이 서로 반대로 백래시가 없어진다.

풀이 ① 날자리 간격이 길고, 가공면이 거칠다.
② 기계에 무리를 주지 않지만 공작물 고정이 어렵다.
③ 칩이 가공할 면에 떨어져 가공할 시야 확보가 좋지 않다.

정답 | 26 ② 27 ② 28 ① 29 ① 30 ④ 31 ③ 32 ④

33 선반에서 다음 설명에 해당되는 부분은?

> 주축 맞은편에 설치하여 공작물을 지지하거나 드릴 등의 공구를 고정할 때 사용한다.

① 심압대　② 주축대
③ 베드　④ 왕복대

풀이 **심압대**
- 주축대와 마주보는 베드 우측에 위치
- 심압대 중심과 주축 중심 일치(주축대와 심압대 사이에 공작물 고정)
- 센터작업 시 드릴, 리머, 탭 등을 테이퍼에 끼워 작업

34 밀링머신에서 공구의 떨림 현상을 발생하게 하는 요소와 가장 관련이 없는 것은?

① 가공의 절삭 조건
② 밀링 커터의 정밀도
③ 공작물의 고정방법
④ 밀링머신의 크기

풀이 밀링머신의 크기는 가공할 수 있는 공작물의 크기를 결정하는 기준이 된다.

35 드릴링, 보링, 리밍 등 1차 가공한 것을 더욱 정밀하게 연삭 가공하는 것으로 구멍의 진원도, 진직도 및 표면 거칠기 등을 향상시키기 위한 가공법은?

① 래핑　② 슈퍼피니싱
③ 호닝　④ 방전가공

풀이 **호닝**
- 혼(hone)이라는 고운 숫돌 입자를 직사각형 모양으로 만들어 스프링으로 축에 방사형으로 부착하여 회전운동과 동시에 왕복운동시켜 원통의 내면을 정밀하게 다듬질하는 방법이다.
- 원통의 내면을 절삭한 후 보링, 리밍 또는 연삭가공을 하고, 다시 구멍에 대한 진원도, 진직도 및 표면 거칠기를 향상시키기 위해 사용한다.

36 무겁고 회전시키기가 곤란하거나 중량이 커서 편심으로 가공될 우려가 있는 제품의 구멍을 2차 가공하여야 할 때 적합한 공작기계는?

① 보링머신　② 플레이너
③ 셰이퍼　④ 호빙머신

풀이 보링 머신 : 드릴링, 단조, 주조 등의 방법으로 1차 가공한 큰 구멍을 좀 더 크고, 정밀하게 가공하는 공작기계이다.

37 다음 중 구멍이 있는 공작물을 고정하여 동심으로 가공할 때 사용하는 선반용 부속장치는?

① 맨드릴　② 단동척
③ 방진구　④ 평행판

풀이 맨드릴(mandrel) : 기어, 벨트풀리 등과 같이 구멍과 외경이 동심원인 부품을 가공할 때, 공작물의 구멍을 먼저 가공하고 이 구멍에 맨드릴을 끼워 양 센터로 지지하여, 외경과 측면을 가공하기 위한 선반의 부속장치

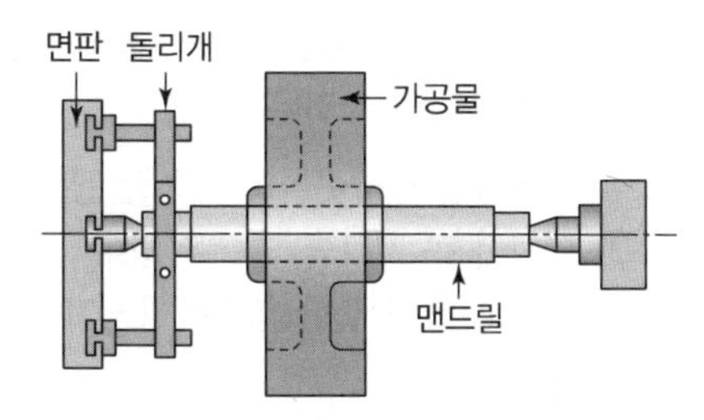

38 가공물의 표면 거칠기를 나쁘게 하고 공구의 수명을 단축시키며 진동 등의 원인이 되는 구성인선 발생을 억제할 수 있는 것은?

① 절삭깊이를 크게 한다.
② 윤활성이 좋은 절삭유제를 사용한다.
③ 절삭속도를 작게 한다.
④ 공구의 윗면 경사각을 작게 한다.

풀이 ① 절삭 깊이를 작게 한다.
③ 절삭 속도를 크게 한다.
④ 공구의 윗면 경사각을 크게 한다.

정답 | 33 ① 34 ④ 35 ③ 36 ① 37 ① 38 ②

39 센터리스(centerless) 연삭기에는 이송장치가 따로 없다. 무엇이 이송을 대신해 주는가?

① 연삭숫돌
② 공작물 지지대
③ 공작물
④ 조정숫돌

풀이 센터리스 연삭기는 조정숫돌을 2~8° 기울여, 공작물이 회전되면서 자동으로 이송되어 연삭할 수 있다.

40 일반적으로 유동형 칩이 발생하는 조건으로 틀린 것은?

① 절삭 깊이가 적을 때
② 절삭 속도가 빠를 때
③ 메진 재료를 저속으로 절삭할 때
④ 공구의 윗면 경사각이 클 때

풀이 ③ 연질 재료를 고속으로 절삭할 때

41 연삭작업에서 로딩(눈메움)이 일어나는 경우로 적합하지 않은 것은?

① 드레싱한 연삭숫돌을 사용할 경우
② 연성이 큰 재료를 연삭할 경우
③ 결합도가 너무 단단하여 자생작용이 어려운 경우
④ 조직이 지나치게 치밀한 경우

풀이 눈메움(loading)
- 숫돌입자의 표면이나 기공에 칩이 끼여 연삭성이 나빠지는 현상을 말한다.
- 드레싱한 연삭숫돌을 사용할 경우 연삭성이 좋아진다.

42 환봉 또는 관 외경 등의 원통 외면에 수나사를 내는 공구는?

① 탭 ② 드릴
③ 리머 ④ 다이스

풀이 다이스로 수나사 가공을 한다.

[다이스 가공]

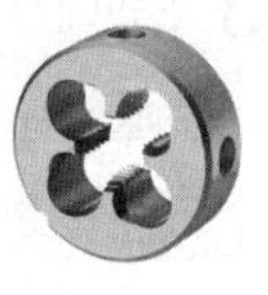
[다이스]

43 A 점에서 B 점으로 그림과 같이 원호가공 하는 프로그램으로 맞는 것은?

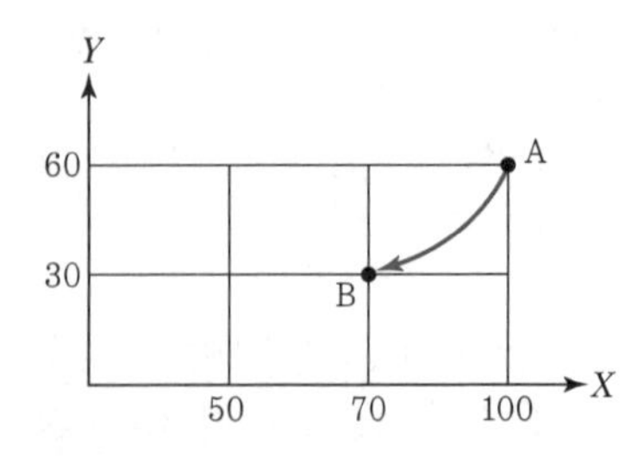

① G90 G02 X70.0 Y30.0 R30.0 ;
② G90 G03 X70.0 Y30.0 R30.0 ;
③ G91 G02 X70.0 Y30.0 R30.0 ;
④ G91 G03 X70.0 Y30.0 R30.0 ;

풀이
- 원호가공 프로그램 : G90 G02 X70.0 Y30.0 R30.0 ;
- G90(절대지령), G02(시계방향 가공), X70.0 Y30.0 (종점의 절대 좌표값), R30.0(180° 이하인 원호이므로 '+'값 지정)

44 머시닝 센터의 절대좌표를 나타낸 화면이다. 공구의 현재위치가 다음과 같이 표시될 수 있도록 반자동(MDI) 모드에서 공작물 좌표계의 원점을 설정하고자 할 때 입력할 내용으로 적당한 것은?

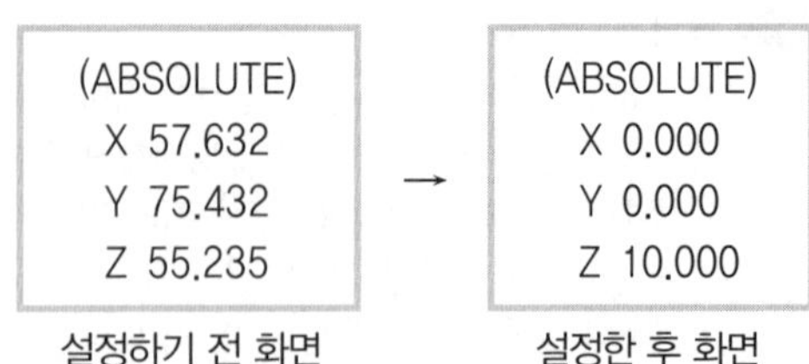

① G89 X0. Y0. Z10. ;
② G90 X0. Y0. Z10. ;
③ G91 X0. Y0. Z10. ;
④ G92 G90 X0. Y0. Z10. ;

정답 | 39 ④ 40 ③ 41 ① 42 ④ 43 ① 44 ④

풀이 G92 G90 X0. Y0. Z10. ;

- G92 : 공작물 좌표계 설정
- G90 : 절대지령
- X, Y, Z : 공작물 원점에서 시작점까지의 좌표값을 입력(설정한 후 화면 좌표값)

45 CNC 선반에서 단면이나 테이퍼 가공 시 절삭속도를 일정하게 유지시키고자 할 때 사용하는 준비기능은?

① G94 ② G96
③ G97 ④ G98

풀이
- G96 : 절삭속도(m/min) 일정 제어
- G94 : 단면 절삭 사이클
- G97 : 주축회전수(rpm) 일정 제어
- G98 : 분당 이송(mm/min) 지정

46 CNC 선반에서 공구기능 T0503에서 '03'이 뜻하는 것은?

① 공구보정번호 ② 공구번호
③ 공구수 ④ 공구보정량

풀이 03 : 공구보정번호

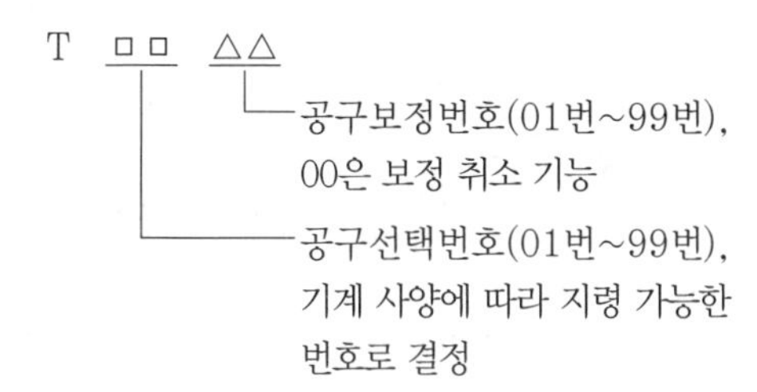

47 CNC 공작기계의 일상점검 중 매일 점검 사항이 아닌 것은?

① 작동 점검
② 게이지 압력 점검
③ 기계의 정도 검사
④ 유량 점검

풀이 기계의 정도 검사는 매년 점검 사항이다.

48 일감을 측정하거나 정확한 거리의 이동 또는 공구보정을 할 때 사용하며 현 위치가 좌표계의 원점이 되고 필요에 따라 그 위치를 기준점으로 지정할 수 있는 좌표계는?

① 상대 좌표계
② 기계 좌표계
③ 공구 좌표계
④ 임시 좌표계

풀이 상대 좌표계
- 현재의 위치가 원점이 되며, 일시적으로 좌표를 '0'으로 설정할 때 사용한다.
- 공구의 세팅, 간단한 핸들 이동, 좌표계 설정 등에 사용한다.
- 선반의 경우 좌표어는 U, W를 사용한다.

49 CNC 선반 프로그램 중 G70 P10 Q50 ;에서 P10의 의미는?

① 다듬절삭 지령절의 첫 번째 전개번호
② 다듬절삭 지령절의 마지막 전개번호
③ 거친절삭 지령절의 첫 번째 전개번호
④ 거친절삭 지령절의 마지막 전개번호

풀이 G70 P10 Q50 ;
- G70 : 내 · 외경 정삭사이클
- P : 다듬절삭 지령절의 첫 번째 전개번호
- Q : 다듬절삭 지령절의 마지막 전개번호

50 모터에서 속도를 검출하고, 기계의 테이블에서 위치를 검출하여 피드백시키는 그림과 같은 서보기구 방식은?

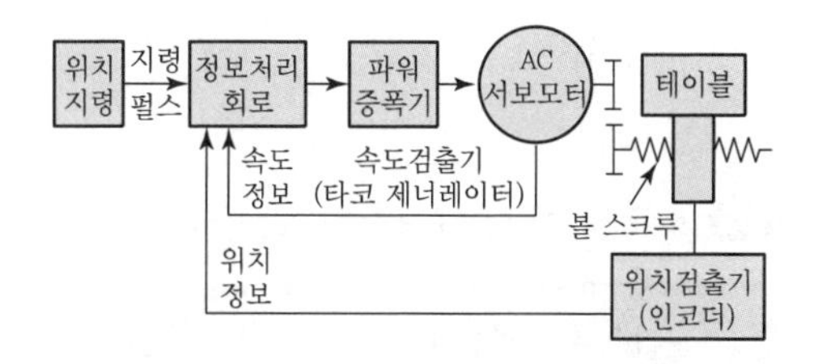

① 하이브리드 방식 ② 폐쇄회로 방식
③ 반폐쇄회로 방식 ④ 개방회로 방식

정답 | 45 ② 46 ① 47 ③ 48 ① 49 ① 50 ②

풀이 폐쇄회로 방식(closed loop system)

- 속도정보는 서보모터에 내장된 타코 제너레이터에서 검출되어 제어된다.
- 위치정보는 최종 제어 대상인 테이블에 리니어 스케일(Linear scale, 직선자)을 부착하여 테이블의 직선 방향 위치를 검출하여 제어된다.
- 가공물이 고중량이고, 고정밀도가 필요한 대형 기계에 주로 사용된다.

51 CNC 선반에서 지령값 X75.0으로 프로그램하여 소재를 시험 가공한 후에 측정한 결과 ϕ74.95이었다. 기존의 X축 보정값을 0.005라 하면 공구 보정값을 얼마로 수정해야 하는가?

① 0.005　② 0.045
③ 0.055　④ 0.01

풀이
- 측정값과 지령값의 오차 = 74.95 − 75 = −0.05 (0.05만큼 작게 가공됨)
  그러므로 공구를 X축 방향으로 +0.05만큼 이동하는 보정을 하여야 한다. 외경이 기준치수보다 작게 가공되었으므로 + 값을 더하여 크게 가공해야 한다.
- 공구 보정값 = 기존의 보정값 + 더해야 할 보정값
  = 0.005 + (+0.05)
  = 0.055

52 다음은 공구 길이 보정 프로그램이다. 빈칸에 알맞은 것은?

```
⋮
G90 G00 G43 Z100. ____ ;
⋮
```

① D01　② H01
③ S01　④ M01

풀이
- G43 : 공구길이 보정 '+'로, 공구의 길이가 기준 공구보다 길면 '+' 값으로 보정하고, 짧으면 '−' 값으로 보정한다.
- H__ : 보정화면에 공구 길이 보정값을 입력한 번호를 같이 사용한다.

53 CNC 선반작업 시의 안전사항 중 잘못된 것은?

① 공작물을 고정한 다음 회전시키면서 공작물의 중심이 잘 맞았는지 점검한다.
② 공구는 공작물과 충분한 거리를 유지하도록 돌출거리를 크게 한다.
③ 치수검사는 공작물 회전이 완전히 멈춘 다음 측정한다.
④ 공구 교환 위치는 공작물과 충돌하지 않는 위치로 한다.

풀이 절삭공구는 돌출거리를 크게 하면 가공 중에 발생하는 진동이 커져서 절삭효율을 떨어뜨리므로 될 수 있으면 짧게 설치한다.

54 그림의 (A), (B), (C)에 해당하는 공작기계로 적당한 것은?

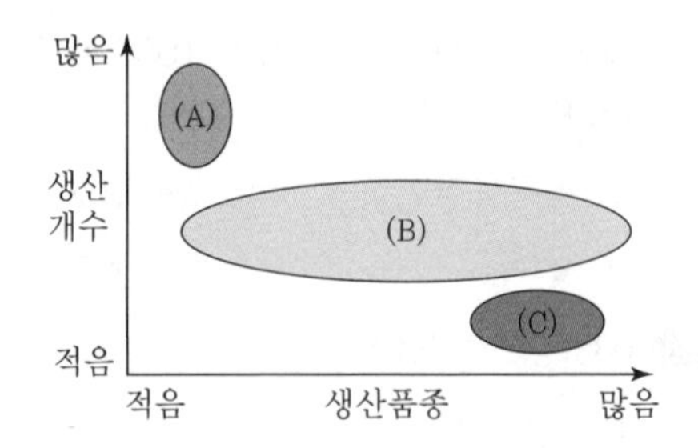

① (A) : 범용기계, (B) : 전용기계, (C) : CNC 공작기계
② (A) : 범용기계, (B) : CNC 공작기계, (C) : 전용기계
③ (A) : 전용기계, (B) : 범용기계, (C) : CNC 공작기계
④ (A) : 전용기계, (B) : CNC 공작기계, (C) : 범용기계

55 머시닝 센터의 준비기능에 대한 설명 중 틀린 것은?

① G17 − XY 평면 지정
② G21 − 메트릭 변환(metric − data) 입력
③ G43 − 공구길이 보정「+」
④ G54 − 로컬(local) 좌표계 설정

정답 | 51 ③　52 ②　53 ②　54 ④　55 ④

풀이 G54 : 공작물 좌표계 1번 선택

56 CAM 시스템의 가공과정 흐름도로 올바른 것은?

① 공구경로 생성 → 곡면 모델링 → NC 데이터 생성 → DNC 전송
② 곡면 모델링 → 공구경로 생성 → NC 데이터 생성 → DNC 전송
③ 곡면 모델링 → NC 데이터 생성 → 공구경로 생성 → DNC 전송
④ 공구경로 생성 → NC 데이터 생성 → 곡면 모델링 → DNC 전송

풀이 **CAM 시스템의 가공 과정 흐름도**
곡면 모델링 → 공구경로 생성 → NC 데이터 생성 → DNC 전송

57 공작기계 작업에서 안전에 관한 사항으로 틀린 것은?

① 기계 위에 공구나 작업복 등을 올려놓지 않는다.
② 회전하는 기계를 손이나 공구로 멈추지 않는다.
③ 칩이 비산할 때는 손으로 받아서 처리한다.
④ 절삭 중이나 회전 중에는 공작물을 측정하지 않는다.

풀이 가공 중 비산되는 칩으로부터 눈을 보호하기 위해 보안경을 착용하며, 칩의 제거는 반드시 주축회전을 정지하고, 청소용 솔이나 브러시를 이용한다.

58 CNC 선반에서 나사절삭에 사용하는 준비기능이 아닌 것은?

① G32 ② G76
③ G90 ④ G92

풀이
- G90 : 내 · 외경 절삭 사이클
- G32 : 나사절삭
- G76 : 자동나사절삭 사이클
- G92 : 나사절삭 사이클

59 준비기능 중 절삭가공에 사용되는 기능이 아닌 것은?

① G00 ② G01
③ G02 ④ G03

풀이
- G00 : 급속 위치 결정
- G01 : 직선절삭
- G02 : 원호가공(CW : 시계방향)
- G03 : 원호가공(CCW : 반시계방향)

60 다음 지령절에서 직경(d)이 ϕ20mm일 때 주축의 회전수는 얼마인가?

```
G50 X100. Z100. T0100 S1500 ;
G96 S150 M03 :
```

① 150rpm ③ 1,000rpm
③ 1,500rpm ④ 2,387rpm

풀이 G96 : 절삭속도(m/min) 일정 제어

$$N=\frac{1,000S}{\pi D}=\frac{1,000\times 150}{\pi \times 100}$$
$$=2,387.32 ≒ 2,387$$

여기서, N : 주축의 회전수(rpm)
S : 절삭속도(m/min) ⇒ S150
D : 공작물의 지름(mm) ⇒ ϕ20mm

그러나 G50에서 주축최고회전수를 1,500rpm으로 제한하였기 때문에 ϕ20mm일 때, 주축의 회전수는 2,387rpm이 아니라 1,500rpm이다.

정답 | 56 ② 57 ③ 58 ③ 59 ① 60 ③

컴퓨터응용밀링기능사

2013 제5회 과년도 기출문제

CRAFTSMAN COMPUTER AIDED MILLING

01 주철조직에 니켈이 잘 고용되어 있으면 여러 가지 좋은 점이 나타나는데 그 내용으로 틀린 것은?

① 강도를 증가시킨다.
② 펄라이트를 미세하게 하여 흑연화를 촉진시킨다.
③ 내열성, 내식성, 내마멸성을 증가시킨다.
④ 얇은 부분의 칠(chill)의 발생을 촉진시킨다.

풀이 니켈은 얇은 부위의 칠(chill)의 발생을 방지하고, 두께가 고르지 않은 주물을] 튼튼하게 한다.

02 강의 표면에 암모니아 가스를 침투시켜 내마멸성과 내식성을 향상시키는 표면경화법은?

① 침탄법 ② 시안화법
③ 질화법 ④ 고주파경화법

풀이 **질화법**

원료	방법	특징
암모니아	암모니아(NH_3) 가스 중에서 450~570℃로 12~48시간 가열하면 표면층에 질화물을 형성	높은 경도, 내마모성 증가, 피로한도 향상, 내식성 증가, 저온 열처리이므로 변형 적음

03 Cu 60%－Zn 40% 합금으로서 상온조직이 $\alpha+\beta$상으로 탈아연 부식을 일으키기 쉬우나 강력하기 때문에 기계부품용으로 널리 쓰이는 것은?

① 켈밋 ② 문쯔메탈
③ 톰백 ④ 하이드로날륨

풀이 **6－4 황동(문쯔메탈) → 인장강도 최대**
- 아연 함유량이 많아 황동 중 값이 가장 싸고, 내식성이 다소 낮고 탈아연 부식을 일으키기 쉬우나, 강력하여 기계부품용으로 사용한다.
- 판재, 선재, 볼트, 너트, 열교환기, 파이프, 밸브 등을 제작하는 데 사용한다.

04 규소강의 주된 용도로 가장 적합한 것은?

① 줄 또는 해머
② 변압기의 철심
③ 선반용 바이트
④ 마이크로미터의 슬리브

풀이 규소강은 저탄소강에 Si를 첨가한 강으로 발전기, 전동기, 변압기 등의 철심 재료에 적합하다.

05 금속은 전류를 흘리면 전류가 소모되는데 어떤 금속에서는 어느 일정 온도에서 갑자기 전기저항이 '0'이 된다. 이러한 현상은?

① 초전도 현상
② 임계 현상
③ 전기장 현상
④ 자기장 현상

풀이 초전도 현상 : 특정 온도 이하에서 물질의 전기저항과 내부 자속밀도가 0이 되는 현상

정답 | 01 ④ 02 ③ 03 ② 04 ② 05 ①

06 Fe－C 상태도에 의한 강의 분류에서 탄소 함유량이 0.0218~0.77%에 해당하는 강은?

① 아공석강　　② 공석강
③ 과공석강　　④ 정공석강

풀이
- 아공석강 : Fe－C(0.0218~0.77%)
- 공석강 : Fe－C(0.77%)
- 과공석강 : Fe－C(0.77~2.11%)

07 70% 구리에 30%의 Pb을 첨가한 대표적인 구리 합금으로 화이트 메탈보다도 내하중성이 커서 고속·고하중용 베어링으로 적합하여 자동차, 항공기 등의 주 베어링으로 이용되는 것은?

① 알루미늄 청동
② 베릴륨 청동
③ 애드미럴티 포금
④ 켈밋 합금

풀이 **켈밋 합금**
- 납(Pb) 23~42%의 구리－납(Cu－Pb)계 베어링용 동 합금으로 하중에 잘 견딘다.
- 열전도도가 크기 때문에 사용 중 온도가 상승하기 어렵다.
- 항공기, 자동차 기관의 축 베어링, 커넥팅 로드 베어링 등에 사용된다.

08 회전축의 회전 방향이 양쪽 방향인 경우 2쌍의 접선키를 설치할 때 접선키의 중심각은?

① 30°　　② 60°
③ 90°　　④ 120°

풀이 접선키의 중심각은 120°이며, 1/40~1/45의 기울기를 가진 2개의 키를 한 쌍으로 하여 사용한다.

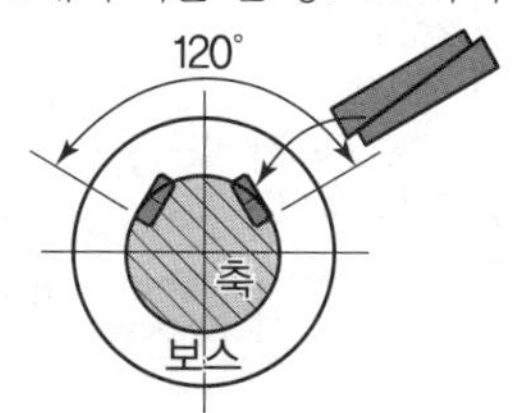

09 미끄럼 베어링의 윤활 방법이 아닌 것은?

① 적하 급유법
② 패드 급유법
③ 오일링 급유법
④ 그리스 급유법

풀이 그리스 급유법은 반고체상의 윤활제로 한 번 급유하면 장시간 사용이 가능하며, 저속으로 회전하는 구름 베어링에 주로 사용된다.

10 축이나 구멍에 설치한 부품이 축 방향으로 이동하는 것을 방지하는 목적으로 주로 사용하며, 가공과 설치가 쉬워 소형 정밀기기나 전자기기에 많이 사용되는 기계요소는?

① 키　　② 코터
③ 멈춤링　　④ 커플링

풀이 **멈춤링**
축이나 구멍에 부착하여 베어링 등의 부품이 빠지지 않도록 사용하는 스프링 부품. 스냅링이라고도 하며, 축이나 보스의 움직임을 제한하는 기계요소이다.

11 나사의 풀림 방지법이 아닌 것은?

① 철사를 사용하는 방법
② 와셔를 사용하는 방법
③ 로크 너트에 의한 방법
④ 사각 너트에 의한 방법

풀이 **볼트, 너트의 풀림 방지**
- 로크(lock) 너트에 의한 방법
- 분할 핀에 의한 방법
- 혀붙이, 스프링, 고무 와셔에 의한 방법
- 멈춤나사에 의한 방법
- 스프링 너트에 의한 방법
- 로크 너트에 의한 방법

※ 사각 너트 : 바깥 둘레가 4각형으로 되어 있는 너트로, 주로 목재 결합용으로 사용한다.

정답 | 06 ① 07 ④ 08 ④ 09 ④ 10 ③ 11 ④

12 비틀림 모멘트 440N · m, 회전수 300rev/min (=rpm)인 전동축의 전달 동력(kW)은?

① 5.8　　② 13.8
③ 27.6　　④ 56.6

풀이 비틀림 모멘트 $T=\frac{60,000}{2\pi}\times\frac{H_{kW}}{N}(N\cdot m)$

전달 동력 $H_{kW}=\frac{2\pi}{60,000}\times T\times N$

$=\frac{2\pi\times440\times300}{60,000}$

$=13.8(kW)$

13 일반적으로 사용하는 안전율은 어느 것인가?

① $\frac{사용응력}{허용응력}$　　② $\frac{허용응력}{기준강도}$
③ $\frac{기준강도}{허용응력}$　　④ $\frac{허용응력}{사용응력}$

풀이 안전율 $S=\frac{기준강도(\sigma_s)}{허용응력(\sigma_a)}$

$(S>1)$

여기서, 기준강도는 사용 재료의 종류, 형상, 사용조건에 의한 항복강도, 인장강도(극한강도) 값이며 크리프 한도, 피로한도, 좌굴강도 값이 되기도 한다.

14 기어에서 이의 간섭 방지대책으로 틀린 것은?

① 압력각을 크게 한다.
② 이의 높이를 높인다.
③ 이끝을 둥글게 한다.
④ 피니언의 이뿌리면을 파낸다.

풀이 ② 이의 높이를 줄인다.

15 결합용 기계요소인 와셔를 사용하는 이유가 아닌 것은?

① 볼트 머리보다 구멍이 클 때
② 볼트 길이가 길어 체결여유가 많을 때
③ 자리면이 볼트 체결압력을 지탱하기 어려울 때
④ 너트가 닿는 자리면이 거칠거나 기울어져 있을 때

풀이 볼트 길이가 길어 체결여유가 많으면 너트를 끝까지 조이거나, 볼트 길이가 적당한 것을 사용하여 체결하면 된다.

16 가공방법의 표시방법 중 M은 어떤 가공방법인가?

① 선반가공
② 밀링가공
③ 평삭가공
④ 주조

풀이
- 밀링가공 : M
- 선반가공 : L
- 평삭가공(플레이닝 가공) : P
- 주조 : C

17 KS 기어 제도의 도시방법 설명으로 올바른 것은?

① 잇봉우리원은 가는 실선으로 그린다.
② 피치원은 가는 1점쇄선으로 그린다.
③ 이골원은 가는 2점쇄선으로 그린다.
④ 잇줄 방향은 보통 2개의 가는 1점쇄선으로 그린다.

풀이
- 잇봉우리원(이끝원) : 외형선,
- 피치원 : 가는 1점쇄선
- 이골원(이뿌리원) : 가는 실선
- 잇줄 방향 : 3개의 가는 실선

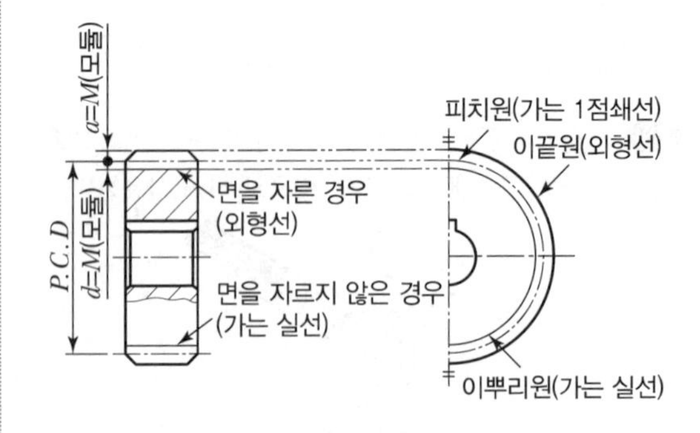

정답 | 12 ② 13 ③ 14 ② 15 ② 16 ② 17 ②

18 공유압 기호의 표시방법과 해석에 관한 설명으로 틀린 것은?

① 기호는 기기의 실제 구조를 나타내는 것은 아니다.
② 기호는 원칙적으로 통상의 운휴상태 또는 기능적인 중립상태를 나타낸다.
③ 숫자를 제외한 기호 속의 문자는 기호의 일부분이다.
④ 기호는 압력, 유량 등의 수치 또는 기기의 설정값을 표시하는 것이다.

풀이 기호는 실제 구조를 간략하게 나타내므로, 압력, 유량 등의 수치 또는 기기의 설정값을 표시하지 않는다.

19 그림과 같은 기하공차 기입 틀에서 첫째 구획에 들어가는 내용은?

첫째 구획	둘째 구획	셋째 구획

① 공차값
② MMC 기호
③ 공차의 종류 기호
④ 데이텀을 지시하는 문자 기호

풀이
- 첫째 구획 : 공차의 종류 기호
- 둘째 구획 : 공차값
- 셋째 구획 : 데이텀을 지시하는 문자 기호

20 구멍 $50^{+0.0025}_{+0.0009}$에 조립되는 축의 치수가 $50^{\ 0}_{-0.016}$이라면 이는 어떤 끼워맞춤인가?

① 구멍기준식 헐거운 끼워맞춤
② 구멍기준식 중간 끼워맞춤
③ 축기준식 헐거운 끼워맞춤
④ 축기준식 중간 끼워맞춤

풀이 축의 위 치수 허용차가 0이므로 축기준식이 되고, 축(49.984~50)은 항상 구멍(50.009~50.025)보다 작으므로 헐거운 끼워맞춤이다.

21 기계 제도에서 굵은 1점쇄선을 사용하는 경우로 가장 적합한 것은?

① 대상물의 보이는 부분의 겉모양을 표시하기 위하여 사용한다.
② 치수를 기입하기 위하여 사용한다.
③ 도형의 중심을 표시하기 위하여 사용한다.
④ 특수한 가공 부위를 표시하기 위하여 사용한다.

풀이 **특수 지정선(굵은 1점쇄선, ——— - ———)**
도면에서 특수한 가공(고주파 담금질 등)을 실시하는 부분을 표시할 때 사용하는 선

22 다음 중 기계제도에서 각도 치수를 나타내는 치수선과 치수보조선의 사용방법으로 올바른 것은?

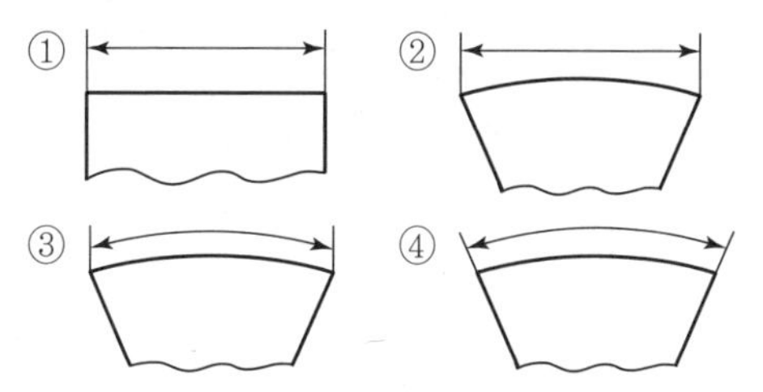

풀이 ① 변의 길이 치수　② 현의 길이 치수
③ 호의 길이 치수　④ 각도 치수

23 비경화 테이퍼 핀의 호칭지름을 나타내는 부분은?

① 가장 가는 쪽의 지름
② 가장 굵은 쪽의 지름
③ 중간 부분의 지름
④ 핀 구멍 지름

풀이 테이퍼 핀의 호칭지름은 가장 가는 쪽의 지름으로 나타낸다.

예

호칭 1.	KS B 1322 1급 6×70 S45C－Q
호칭 2.	테이퍼 핀 2급 6×70 SUS303

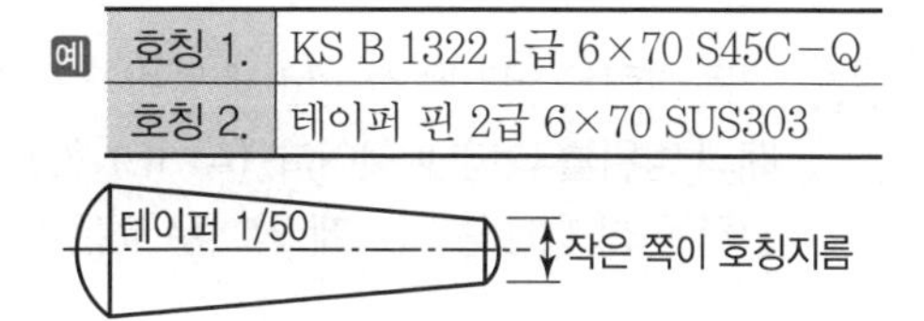

정답 | 18 ④　19 ③　20 ③　21 ④　22 ④　23 ①

24 다음 선의 종류 중에서 선이 중복되는 경우 가장 우선하여 그려야 되는 선은?

① 외형선
② 중심선
③ 숨은선
④ 치수보조선

풀이 **겹치는 선의 우선순위**

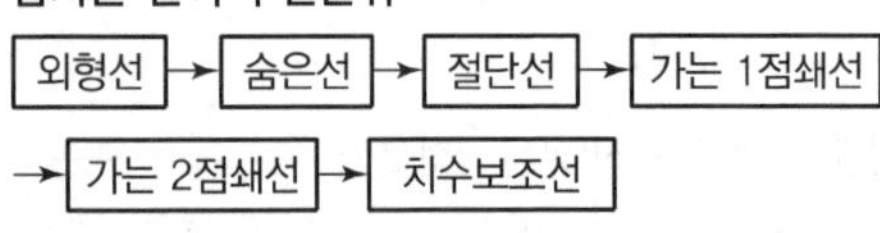

25 그림과 같은 입체도에서 화살표 방향이 정면일 때 우측면도로 적합한 것은?

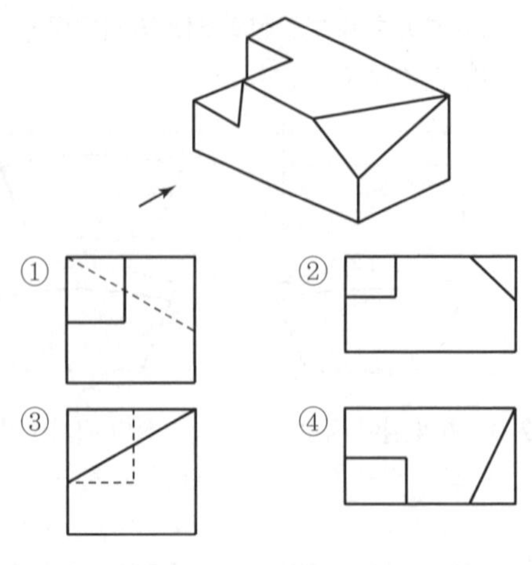

풀이

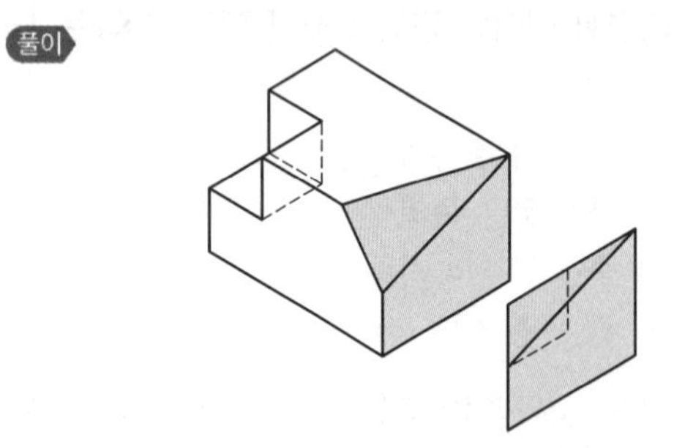

26 다음 그림은 연강을 절삭할 때 일반적인 칩 형태의 범위를 나타낸 것이다. (A), (B), (C)에 해당하는 칩 형태를 바르게 짝지은 것은?

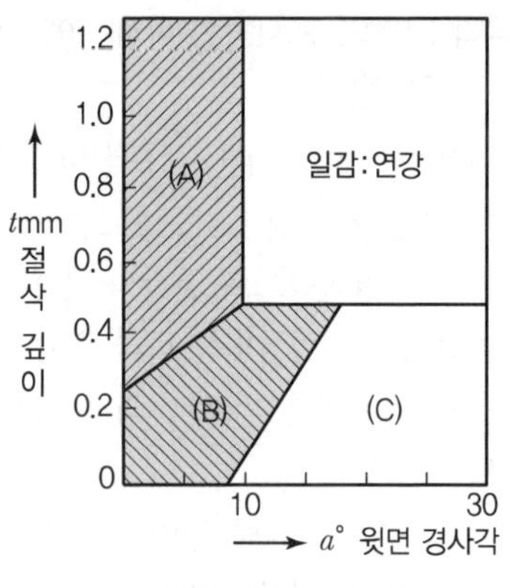

[칩 형태의 범위]

① (A) : 경작형, (B) : 유동형, (C) : 전단형
② (A) : 경작형, (B) : 전단형, (C) : 유동형
③ (A) : 전단형, (B) : 유동형, (C) : 균열형
④ (A) : 유동형, (B) : 균열형, (C) : 전단형

풀이 **절삭 조건에 따른 연강의 칩 모양**

칩 모양	절삭 깊이	윗면 경사각
유동형	얕을 때	클 때
전단형	깊을 때	작을 때
경작형	깊을 때	작을 때

27 측정 대상물을 측정기의 눈금을 이용하여 직접적으로 측정하는 길이 측정기는?

① 버니어 캘리퍼스
② 다이얼 게이지
③ 게이지 블록
④ 사인바

풀이 **직접 측정기**
버니어 캘리퍼스, 마이크로미터, 만능측장기, 강철자 등

28 밀링커터의 공구각 중 날의 윗면과 날끝을 지나는 중심선 사이의 각으로, 크게 하면 절삭 저항은 감소하나 날이 약해지는 단점을 갖는 것은?

① 랜드 ② 경사각
③ 날끝각 ④ 여유각

정답 | 24 ① 25 ③ 26 ② 27 ① 28 ②

풀이 • 경사각 : 절삭력과 속도에 영향을 주고, 칩과의 마찰 및 흐름을 좌우한다. 각이 클수록 절삭력이 감소하고, 면도 깨끗하다.
• 여유각 : 공작물과 바이트의 마찰을 감소시킨다.

29 다음 기계 중 원형 구멍 가공(드릴링)에 가장 부적합한 기계는?

① 머시닝 센터
② CNC 밀링
③ CNC 선반
④ 슬로터

풀이 슬로터는 공구를 회전이 아닌 직선 왕복운동시키기 때문에 구멍을 가공할 수 없다.

30 절삭공구 수명이 종료되고 공구를 재연삭하거나 새로운 절삭공구로 바꾸기 위한 공구수명 판정방법으로 틀린 것은?

① 공구인선의 마모가 일정량에 달했을 때
② 절삭저항의 주분력에는 변화가 적어도 이송분력이나 배분력이 급격히 증가할 때
③ 완성치수의 변화량이 없을 때
④ 가공면에 광택이 있는 색조 또는 반점이 생길 때

풀이 완성치수의 변화량이 없을 때 → 절삭가공이 잘되고 있기 때문에 공구를 교체할 필요가 없다.

31 보통 선반에서 왕복대의 구성요소에 포함되지 않는 것은?

① 심압대(tail stock)
② 에이프런(apron)
③ 새들(saddle)
④ 공구대(tool post)

풀이 심압대는 주축대, 베드, 왕복대와 같이 선반의 4대 주요 구성요소이다.

32 다음 절삭공구 중 밀링커터와 같은 회전 공구로 랙을 나선 모양으로 감고, 스파이럴에 직각이 되도록 축 방향으로 여러 개의 홈을 파서 절삭 날을 형성한 것은?

① 호브 ② 랙 커터
③ 피니언 커터 ④ 총형 커터

풀이 호브 : 기어를 절삭하는 호빙머신의 공구

33 밀링머신에서 둥근 단면의 공작물을 사각, 육각 등으로 가공할 때에 편리하게 사용되는 부속 장치는?

① 분할대
② 릴리빙 장치
③ 슬로팅 장치
④ 래크 절삭 장치

풀이 분할대는 둥근 단면의 공작물을 사각, 육각 등으로 가공하거나 기어의 치형과 같이 일정한 각으로 나누는 분할작업 시 사용한다.

34 3개의 조가 120° 간격으로 구성 배치되어 있는 척은?

① 콜릿척 ② 단동척
③ 복동척 ④ 연동척

풀이 **연동척**
• 3개 조(jaw)가 동시 이동, 정밀도 저하
• 규칙적인 외경 재료 가공 용이
• 편심가공 불가능

정답 | 29 ④ 30 ③ 31 ① 32 ① 33 ① 34 ④

35 연삭숫돌에서 결합도가 높은 숫돌을 사용하는 조건에 해당하지 않는 것은?

① 경도가 큰 가공물을 연삭할 때
② 숫돌차의 원주속도가 느릴 때
③ 연삭 깊이가 작을 때
④ 접촉 면적이 작을 때

풀이 **결합도에 따른 숫돌의 선택 기준**

결합도가 높은 숫돌	결합도가 낮은 숫돌
• 연질 재료의 연삭 • 숫돌차의 원주속도가 느릴 때 • 연삭 깊이가 얕을 때 • 접촉면이 작을 때 • 재료 표면이 거칠 때	• 경질 재료의 연삭 • 숫돌차의 원주속도가 빠를 때 • 연삭 깊이가 깊을 때 • 접촉면이 클 때 • 재료 표면이 치밀할 때

36 물이나 경유 등에 연삭 입자를 혼합한 가공액을 공구의 진동면과 일감 사이에 주입시켜 가며 기계적으로 진동을 주어 표면을 다듬는 가공방법은?

① 방전 가공
② 화학적 가공
③ 전자빔 가공
④ 초음파 가공

풀이 초음파 가공 : 초음파 진동을 에너지원으로 하여 진동하는 공구(horn)와 공작물 사이에 연삭 입자를 공급하여 공작물을 정밀하게 다듬는다.

37 나사 마이크로미터는 앤빌이 나사의 산과 골 사이에 끼워지도록 되어 있으며 나사에 알맞게 끼워 넣어서 나사의 어느 부분을 측정하는가?

① 바깥지름 ② 골지름
③ 유효지름 ④ 안지름

풀이 **나사 마이크로미터**
앤빌과 스핀들의 끝부분이 나사산의 각도와 같은 각도로 되어 있어 나사의 유효지름 측정 시 사용되는 직접 측정기이다.

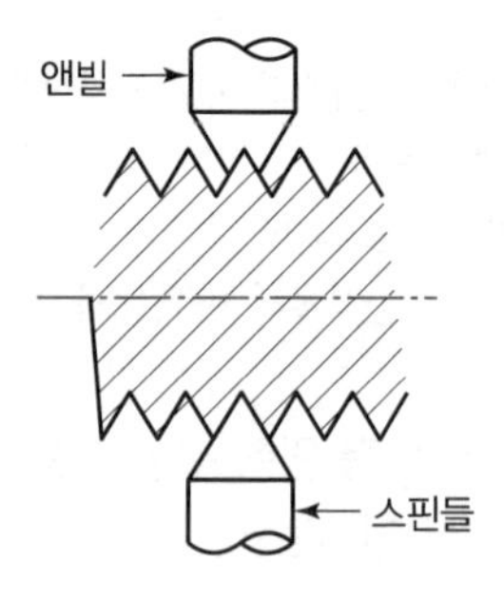

38 가늘고 긴 일감을 지지하는 데 센터나 척을 사용하지 않고 일감의 바깥면을 연삭하는 연삭기는?

① 원통 연삭기 ② 만능 연삭기
③ 평면 연삭기 ④ 센터리스 연삭기

풀이 센터리스 연삭기는 센터를 가공하기 어려운 공작물의 외경을 센터나 척을 사용하지 않고 조정숫돌과 지지대로 지지하면서 공작물을 연삭하는 방법으로 가늘고 긴 공작물의 연삭에 적합하다.

39 원형 단면 봉의 지름이 85mm, 절삭속도가 150 m/min일 때 회전수는 약 몇 rpm인가?

① 458 ② 562
③ 1,764 ④ 180

풀이 절삭속도 $V=\frac{\pi dn}{1,000}$에서

회전수 $n=\frac{1,000\times V}{\pi\times d}$

$=\frac{1,000\times 150}{\pi\times 85}\fallingdotseq 562\text{rpm}$

여기서, d : 공작물의 지름

40 탭으로 암나사를 가공하기 위해서는 먼저 드릴로 구멍을 뚫고 탭 작업을 해야 한다. M6×1.0의 탭을 가공하기 위한 드릴 지름을 구하는 식으로 맞는 것은?(단, d=드릴 지름, M=수나사의 바깥지름, P=나사의 피치이다.)

① d=M×p ② d=P−M
③ d=M−P ④ d=M−2P

풀이 d(탭 드릴 직경)=M(호칭지름)−P(피치)

정답 | 35 ① 36 ④ 37 ③ 38 ④ 39 ② 40 ③

41 절삭유에 높은 윤활 효과를 얻도록 첨가제를 사용하는데 동식물유에 사용하는 첨가제로 거리가 먼 것은?

① 유황 ② 흑연
③ 아연 ④ 규산염

풀이 동식물유에는 유황(S), 흑연(C), 아연(Zn)을 첨가한다.
※ 수용성 절삭유에는 인산염, 규산염을 첨가한다.

42 밀링커터에 의한 절삭 방향 중 하향 절삭가공의 장점은?

① 절삭열에 의한 치수 정밀도의 변화가 작다.
② 칩(chip)이 절삭날의 진행을 방해하지 않는다.
③ 커터의 날이 마찰 작용을 하지 않으므로 날의 마멸이 작고 수명이 길다.
④ 이송기구의 백래시(backlash)가 자연히 제거된다.

풀이 **상향절삭과 하향절삭의 비교**

구분	상향절삭	하향절삭
커터의 회전방향	공작물 이송방향과 반대이다.	공작물 이송방향과 동일하다.
백래시 제거장치	필요 없다.	필요하다.
기계의 강성	낮아도 무방하다.	높아야 한다.
공작물 고정	불안정하다.	안정적이다.
커터의 수명	수명이 짧다.	수명이 길다.
칩의 제거	칩이 잘 제거된다.	칩이 잘 제거되지 않는다.
절삭면	거칠다.	깨끗하다.
동력 손실	많다.	적다.

43 밀링작업 안전에 대하여 설명한 것 중 틀린 것은?

① 정면 커터 작업 시에는 칩이 튀어나오므로 칩 커버를 설치하는 것이 좋다.
② 주축 회전 중에 커터 주위에 손을 대거나 브러시를 사용하여 칩을 제거해서는 안 된다.
③ 가공 중에 기계에 얼굴을 가까이 대고 확인한다.
④ 테이블 위에는 측정기나 공구류를 올려놓지 않는다.

풀이 가공 중에 비산하는 칩으로 인해 안전사고가 발생할 수 있으므로, 가공 중에 기계에 얼굴을 가까이 대고 확인하면 안 되며, 필요시에는 기계를 멈추고 확인해야 한다.

44 머시닝 센터의 보정기능에서 공구지름 보정 G-코드가 아닌 것은?

① G40 ② G41
③ G42 ④ G43

풀이
- G43 : 공구길이 보정 +
- G40 : 공구지름 보정 취소
- G41 : 공구지름 보정 좌측
- G42 : 공구지름 보정 우측

45 CNC 공작기계가 한 번의 동작을 하는 데 필요한 정보가 담겨 있는 지령 단위를 무엇이라고 하는가?

① 어드레스(address)
② 데이터(data)
③ 블록(block)
④ 프로그램(program)

풀이 **명령절(block)**
- 몇 개의 단어가 모여 구성된 한 개의 명령 단위를 명령절(block)이라고 한다.
- 명령절과 명령절은 EOB(end of block)으로 구분되며, 제작사에 따라 ';' 또는 "#"과 같은 부호로 간단히 표시한다.
- 한 명령절에 사용되는 단어의 수에는 제한이 없다.

46 다음 중 CNC 선반에서 가공하기 어려운 것은?

① 나사 가공
② 랙 가공
③ 홈 가공
④ 드릴 가공

풀이 랙은 선반에서 가공할 수 없다.

정답 | 41 ④ 42 ③ 43 ③ 44 ④ 45 ③ 46 ②

[피니언과 랙]

47 CAD/CAM용 하드웨어의 구성에서 중앙처리장치의 구성에 해당하지 않은 것은?

① 주기억장치
② 연산논리장치
③ 제어장치
④ 입력장치

풀이 **중앙처리장치의 구성**
주기억장치, 연산논리장치, 제어장치

48 CNC 선반에서 1초 동안 일시정지(dwell)를 지령하는 방법이 아닌 것은?

① G04 Q1000
② G04 P1000
③ G04 X1.
④ G04 U1.

풀이 시간을 나타내는 어드레스는 X, U, P를 사용하며, X, U는 소수점 이하 세 자리까지 사용 가능하고 P는 소수점을 사용할 수 없다.

49 CNC 선반의 드릴가공이나 나사가공에서 주축 회전수를 일정하게 유지하고자 할 때 사용하는 준비기능은?

① G50 ② G94
③ G97 ④ G98

풀이
- G97 : 주축 회전수(rpm) 일정 제어
- G50 : 주축 최고 회전수 지정, 공작물 좌표계 설정
- G94 : 단면 절삭 사이클
- G98 : 분당 이송(mm/min) 지정

50 머시닝 센터에서 120rpm으로 회전하는 주축에 피치 2mm의 나사를 내려고 한다. 주축의 이송속도는 몇 mm/min인가?

① 100 ② 120
③ 200 ④ 240

풀이 주축의 이송속도(F)=주축회전수(N)×피치(p)
=120×2=240mm/min

51 CNC 프로그램에서 보조기능 M01이 뜻하는 것은?

① 프로그램 정지
② 프로그램 끝
③ 선택적 프로그램 정지
④ 프로그램 끝 및 재개

풀이
- M01 : 선택적 프로그램 정지
- M00 : 프로그램 정지
- M02 : 프로그램 종료
- M30 : 프로그램 종료 및 rewind

52 CNC 선반에서 다이아몬드(PCD : Poly Crystal line Diamond) 바이트로 절삭하기에 가장 부적합한 재료는?

① 알루미늄 합금
② 구리 합금
③ 담금질된 강
④ 텅스텐 카바이드

풀이 PCD : 내마모성과 열전도성이 뛰어나 고속가공에서도 긴 공구수명이 보장되며 가구용 목재, 자동차용 비철금속, 알루미늄, 인쇄회로기판 등 비금속 및 산업용 신소재 등의 절삭가공에 사용되는 공구의 핵심 소재이다. 단, 강 및 주철 절삭에는 사용이 불가능하다.

정답 | 47 ④ 48 ① 49 ③ 50 ④ 51 ③ 52 ③

53 머시닝 센터 가공 시의 안전사항으로 틀린 것은?

① 기계에 전원 투입 후 안전 위치에서 저속으로 원점 복귀한다.
② 핸들 운전 시 기계에 무리한 힘이 전달되지 않도록 핸들을 천천히 돌린다.
③ 위험 상황에 대비하여 항상 비상정지 스위치를 누를 수 있도록 준비한다.
④ 급속이송 운전은 항상 고속을 선택한 후 운전한다.

풀이 급속이송 운전은 항상 저속을 선택한 후 운전하고, 안전이 확인된 후에 점차 속도를 높인다.

54 일반적으로 CNC 선반작업 중 기계원점 복귀를 해야 하는 경우에 해당하지 않는 것은?

① 처음 전원 스위치를 ON 하였을 때
② 작업 중 비상정지 버튼을 눌렀을 때
③ 작업 중 이송정지(feed hold) 버튼을 눌렀을 때
④ 기계가 행정한계를 벗어나 경보(alarm)가 발생하여 행정오버 해제 버튼을 누르고 경보(alarm)를 해제하였을 때

풀이 이송정지 버튼을 눌렀다가 다시 가공할 때에는 자동 시작(cycle start) 버튼을 누르면 된다.

55 공작기계의 핸들 대신에 구동모터를 장치하여 임의의 위치에 필요한 속도로 테이블을 이동시켜 주는 기구의 명칭은?

① 펀칭기구 ② 검출기구
③ 서보기구 ④ 인터페이스 회로

풀이 서보기구는 인체에서 손과 발에 해당하는 것으로, 머리에 해당하는 정보처리 회로(CPU)로부터 보내진 명령에 의하여 공작기계의 테이블 등을 움직이게 하는 기구를 말한다.

56 다음 프로그램은 어느 부분을 가공하는 것인가?

```
G00 X26. Z3. T0707 M08 ;
G92 X23.2 Z-13.5 F2.0 ;
    X22.7 ;
  ⋮
```

① 외경 황삭가공
② 외경 정삭가공
③ 홈 가공
④ 나사 가공

풀이 G92 : 나사 절삭 사이클

57 다음과 같은 그림에서 A점에서 B점까지 이동하는 CNC 선반가공 프로그램에서 ( ) 안에 알맞은 준비기능은?

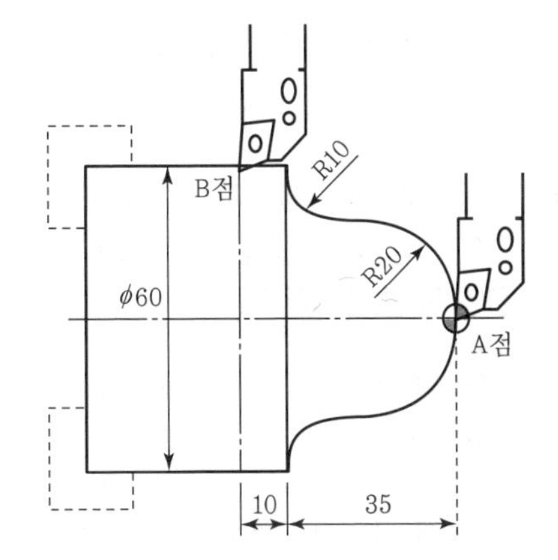


```
G03 X40.0 Z-20.0 R20.0 F0.25 ;
G01 Z-25.0 ;
( ) X60.0 Z-35.0 R10.0 ;
G01 Z-45.0 ;
```

① G00 ② G01
③ G02 ④ G03

풀이 **A점에서 B점까지의 가공프로그램**
G03(반시계방향 원호가공) → G01(직선가공) → G02(시계방향 원호가공) → G01(직선가공)

정답 | 53 ④ 54 ③ 55 ③ 56 ④ 57 ③

58 CNC 선반 베드면에 습동유가 나오는지 손으로 확인하는 것은 어느 점검사항에 해당하는가?

① 수평 점검 ② 압력 점검
③ 외관 점검 ④ 기계의 정도 점검

풀이 외관 점검 : 공구의 파손이나 마모 상태, 베드면에 습동유가 나오는지 손으로 확인한다.

59 CNC 선반 가공에서 단조나 주조물에 가공여유가 포함되어 일정한 형태를 가지고 있는 부품 가공에 효과적인 유형 반복 사이클 G-코드는?

① G74 ② G71
③ G72 ④ G73

풀이
- G73 : 모방(형상 반복) 사이클
- G74 : 단면 홈 가공 사이클
- G71 : 내 · 외경 황삭 사이클
- G72 : 단면 황삭 사이클

60 다음은 머시닝 센터에서 드릴 사이클을 이용하여 구멍을 가공하는 프로그램의 일부이다. 설명 중 틀린 것은?

```
G81 G90 G99 X20. Y20. Z-23. R3. F60 M08 ;
G91 X40. ;
```

① 구멍 가공의 위치는 X가 20mm이고 Y가 20mm인 위치이다.
② 구멍 가공의 깊이는 23mm이다.
③ G99는 초기점 복귀 명령이다.
④ 이송속도는 60m/min이다.

풀이
- G99 : 고정 사이클 R점 복귀
- G98 : 고정 사이클 초기점 복귀

정답 | 58 ③ 59 ④ 60 ③

컴퓨터응용밀링기능사

2014 제1회 과년도 기출문제

CRAFTSMAN COMPUTER AIDED MILLING

01 60% Cu에 40% Zn을 첨가한 것으로 주로 열교환기, 파이프, 대포의 탄피에 쓰이는 황동합금은?

① 톰백
② 네이벌 황동
③ 애드미럴티 황동
④ 문쯔메탈

풀이 **문쯔메탈(6 – 4 황동) → 인장강도 최대**
- 아연 함유량이 많아 황동 중 값이 가장 싸고, 내식성이 다소 낮고 탈아연 부식을 일으키기 쉬우나, 강력하여 기계부품용으로 사용한다.
- 판재, 선재, 볼트, 너트, 열교환기, 파이프, 밸브 등을 제작하는 데 사용한다.

02 청동은 주석의 함유량이 몇 % 정도일 때 연신율이 최대가 되는가?

① 4~5% ② 11~15%
③ 16~19% ④ 20~22%

풀이 **청동의 기계적 성질**
- Sn 4~5%일 때 연신율 최대
- Sn이 17~18%일 때 인장강도 최대
- Sn 32%에서 경도 최대

03 용융온도가 3,400℃ 정도로 높은 고용융점 금속으로 전구의 필라멘트 등에 쓰이는 금속재료는?

① 납 ② 금
③ 텅스텐 ④ 망간

풀이 필라멘트의 재료는 고온에서도 계속 빛을 내야 하기 때문에 녹는점이 높아야 하고 적당한 전기저항값을 가져야 한다. 그래서 주로 텅스텐이 사용된다.

04 금속에 있어서 대표적인 결정격자와 관계없는 것은?

① 체심입방격자 ② 면심입방격자
③ 조밀입방격자 ④ 조밀육방격자

풀이 **금속의 결정구조**
체심입방격자, 면심입방격자, 조밀육방격자

05 구상흑연주철에 영향을 미치는 주요 원소로 조합된 것으로 가장 적합한 것은?

① C, Mn, Al, S, Pb
② C, Si, N, P, Cu
③ C, Si, Cr, P, Zn
④ C, Si, Mn, P, S

풀이 구상흑연주철도 철의 5대 원소인 탄소(C), 규소(Si), 인(P), 황(S), 망간(Mn)에 영향을 받는다.

06 재료를 상온에서 다른 형상으로 변형시킨 후 원래 모양으로 회복되는 온도로 가열하면 원래 모양으로 돌아오는 것은?

① 제진 합금
② 형상기억합금
③ 비정질 합금
④ 초전도 합금

정답 | 01 ④ 02 ① 03 ③ 04 ③ 05 ④ 06 ②

풀이 **형상기억합금**

- 특정 온도에서의 형상을 만든 후 다른 온도에서 변형을 가해 모양을 바꾸어도 온도를 맞추어 주면 원래의 형태로 돌아가는 합금
- 온도 및 응력에 의해 생기는 마텐자이트 변태와 그 역변태에 기초해 형상 기억 효과가 일어난다.
- 안경테, 에어컨 풍향 조절장치, 치아 교정 와이어, 브래지어 와이어, 파이프 이음매, 로봇, 자동 제어 장치, 공학적 응용, 의학 분야 등의 소재로 사용한다.

07 탄소강에 인(P)이 주는 영향이 아닌 것은?

① 연신율 증가 ② 충격치 감소
③ 강도 및 경도 증가 ④ 가공 시 균열

풀이 **인(P)이 탄소강에 주는 영향**

- 인장강도, 경도를 증가시키지만, 연신율과 내충격성을 감소시킨다.
- 상온에서 결정립을 크게 하며, 편석(담금질 균열의 원인)이 발생한다. → 상온취성의 원인이 된다.

08 3,140N · mm의 비틀림 모멘트를 받는 실체 축의 지름은 약 몇 mm인가?(단, 허용전단응력(τ_a) = 2N/mm^{2}이다.)

① 10mm ② 12.5mm
③ 16.7mm ④ 20mm

풀이 비틀림 모멘트 T

$= \text{허용전단응력}(\tau_a) \times \text{극단면계수}(Z_P)$

$= \tau_a \cdot \frac{\pi}{16} d^3$

$\therefore$ 축지름 $d = \sqrt[3]{\frac{16\,T}{\pi \tau_a}}$

$= \sqrt[3]{\frac{16 \times 3{,}140}{\pi \times 2}} = 20\text{mm}$

09 수나사 중심선의 편심을 방지하는 목적으로 사용되는 너트는?

① 플레이트 너트 ② 슬리브 너트
③ 나비 너트 ④ 플랜지 너트

풀이 **슬리브 너트**

부품을 체결하기 위해 가공한 구멍과 너트 몸통(슬리브)의 외경을 맞추어 줌으로써 수나사 중심선의 편심을 방지할 수 있는 너트. 일상생활에서 가구 조립에 많이 사용된다.

10 안전율(S) 크기의 개념에 대한 가장 적합한 표현은?

① $S>1$ ② $S<1$
③ $S\geq1$ ④ $S\leq1$

풀이 **안전율(S)**

- 하중의 종류와 사용조건에 따라 달라지는 기초강도 σ_s와 허용응력 σ_a의 비를 안전율(safety factor)이라고 한다.
- 기초강도 : 사용재료의 종류, 형상, 사용조건에 의하여 주로 항복강도, 인장강도(극한강도) 값이며 크리프 한도, 피로한도, 좌굴강도 값이 되기도 한다.
- 사용응력(σ_w) ≤ 허용응력(σ_a) < 기초강도(σ_s)

$\therefore$ 안전율 $S = \frac{\text{기초강도}(\sigma_s)}{\text{허용응력}(\sigma_a)} > 1$

11 원뿔 베어링이라고도 하며 축 방향 및 축과 직각 방향의 하중을 동시에 받는 베어링은?

① 레이디얼 베어링
② 테이퍼 베어링
③ 스러스트 베어링
④ 슬라이딩 베어링

풀이 테이퍼 베어링(taper bearing)은 축 방향 하중과 축 직각 방향 하중을 동시에 받을 때 사용한다.

정답 | 07 ① 08 ④ 09 ② 10 ① 11 ②

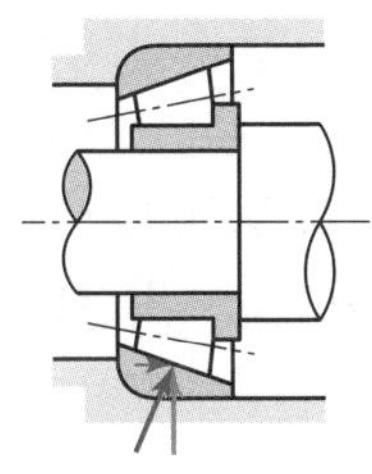

[테이퍼 베어링]

12 모듈이 2이고 잇수가 각각 36, 74개인 두 기어가 맞물려 있을 때 축간거리는 몇 mm인가?

① 100mm ② 110mm
③ 120mm ④ 130mm

풀이 축간거리 $C = \frac{m(z_1+z_2)}{2}$

$= \frac{2\times(36+74)}{2} = 110\text{mm}$

여기서, m : 모듈

z_1, z_2 : 두 기어의 잇수

13 캠이나 유압장치를 사용하는 브레이크로서 브레이크슈(shoe)를 바깥쪽으로 확장하여 밀어붙이는 것은?

① 드럼 브레이크 ② 원판 브레이크
③ 원추 브레이크 ④ 밴드 브레이크

풀이 **드럼 브레이크(내확브레이크)**

브레이크 드럼의 내부에서 브레이크 블록이 안에서 밖으로 확장되며 그에 따른 마찰력으로 제동하는 브레이크

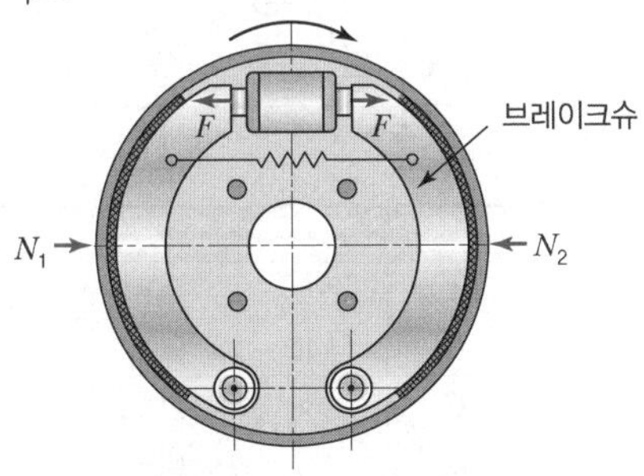

14 유체가 나사의 접촉면 사이의 틈새나 볼트의 구멍으로 흘러나오는 것을 방지할 필요가 있을 때 사용하는 너트는?

① 캡 너트 ② 홈붙이 너트
③ 플랜지 너트 ④ 슬리브 너트

풀이 **캡 너트**

너트의 한쪽을 관통되지 않도록 만든 것으로 나사면을 따라 증기나 기름 등이 누출되는 것을 방지하는 부위에 또는 외부로부터 먼지 등의 오염물 침입을 막는 데 주로 사용한다.

15 키의 너비만큼 축을 평평하게 가공하고, 안장키보다 약간 큰 토크 전달이 가능하게 제작된 키는?

① 접선 키 ② 평키
③ 원뿔 키 ④ 둥근 키

풀이 **평키(납작 키)**

축의 윗면을 편평하게 깎고, 그 면에 끼우는 키이다. 안장키보다 큰 힘을 전달할 수 있다.

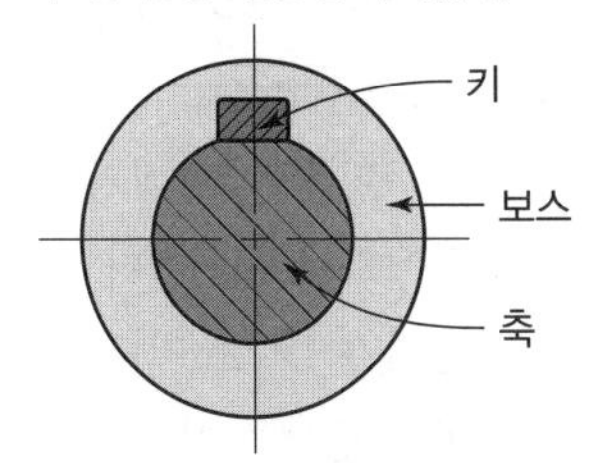

16 기계제도에서 가는 2점쇄선을 사용하여 도면에 표시하는 경우인 것은?

① 대상물의 일부를 파단한 경계를 표시할 경우
② 인접하는 부분이나 공구, 지그 등의 위치를 참고로 표시할 경우
③ 특수한 가공부분 등 특별한 요구사항을 적용할 범위를 표시할 경우
④ 회전도시 단면도를 절단한 곳의 전 · 후를 파단하여 그 사이에 그릴 경우

정답 | 12 ② 13 ① 14 ① 15 ② 16 ②

풀이 가는 2점쇄선의 용도

㉠ 가상선

- 인접 부분을 참고하거나 공구, 지그 등의 위치를 참고로 나타내는 데 사용한다.
- 도시된 단면의 앞쪽에 있는 형상을 표시하는 데 사용한다.
- 가공 부분을 이동 중의 특정 위치 또는 이동 한계의 위치로 표시하는 데 사용한다.
- 되풀이하는 것을 나타내는 데 사용한다.

㉡ 무게중심선

단면의 무게중심을 연결한 선을 표시하는 데 사용한다.

17 절단면을 사용하여 대상물을 절단하였다고 가정하고 절단면의 앞부분을 제거하고 그리는 도형은?

① 단면도 ② 입체도

③ 전개도 ④ 투시도

18 도면에서 도시된 키에 대해 'KS B 1311 TG 20×12×70'으로 지시된 경우 이에 대한 설명으로 올바른 것은?

① 나사용 구멍 없는 평행키이다.

② 키의 길이가 20mm이다.

③ 키의 높이가 12mm이다.

④ 둥근 바닥 형상을 가지고 있다.

풀이
- KS B 1311 : 묻힘 키, TG : 경사 키(머리 있음),
- 20×12×70 : 키의 호칭치수×길이($b \times h \times l$)

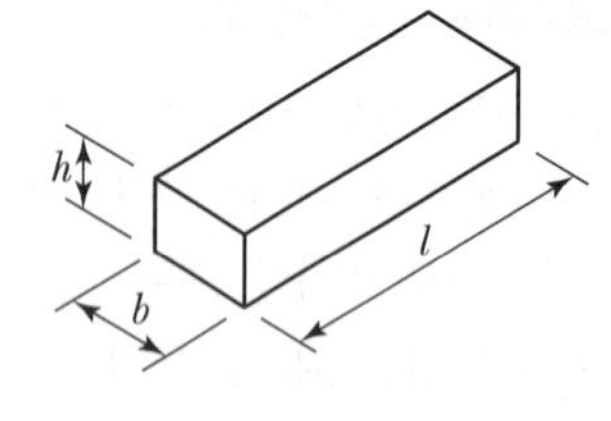

19 기계제도에서 스프링 도시에 관한 설명으로 틀린 것은?

① 코일 스프링, 벌류트 스프링, 스파이럴 스프링 등은 일반적으로 무하중 상태에서 그린다.

② 스프링의 종류 및 모양만을 간략도로 나타내는 경우에는 스프링 재료의 중심선만을 굵은 1점쇄선으로 나타낸다.

③ 요목표에 단서가 없는 코일 스프링 및 벌류트 스프링은 모두 오른쪽 감은 것을 나타낸다.

④ 겹판 스프링을 도시할 때는 스프링 판이 수평인 상태에서 그린다.

풀이 스프링의 종류 및 모양만을 간략도로 나타내는 경우에는 스프링 재료의 중심선만을 굵은 실선으로 그린다.

20 구름 베어링의 기호가 7206 C DB P5로 표시되어 있다. 이 중 정밀도 등급을 나타내는 것은?

① 72 ② 06

③ DB ④ P5

풀이 7206 C DB P5
- 72 : 베어링 계열번호
- 06 : 안지름 번호
- C : 접촉각 기호
- DB : 조합 형식
- P5 : 등급

21 그림과 같은 도면에서 'K'의 치수 크기는 얼마인가?

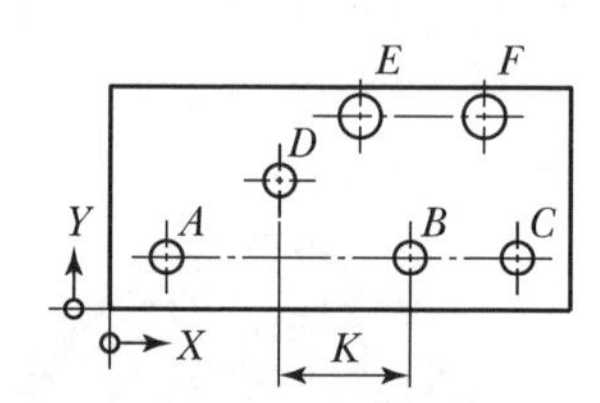

	X	Y	φ
A	20	20	13.5
B	140	20	13.5
C	200	20	13.5
D	60	60	13.5
E	100	90	26
F	180	90	26

① 50 ② 60

③ 70 ④ 80

정답 | 17 ① 18 ③ 19 ② 20 ④ 21 ④

풀이 $K=140-60=80$

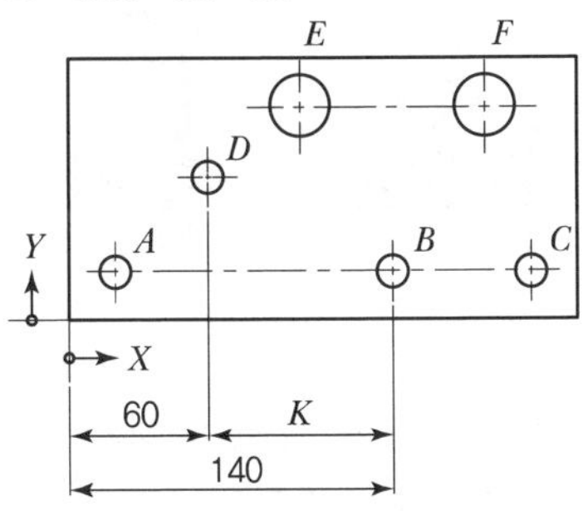

22 3각법으로 그린 보기와 같은 투상도의 입체도로 가장 적합한 것은?

[보기]

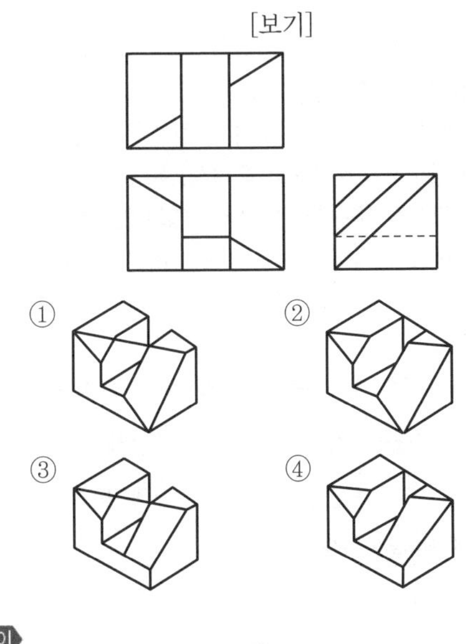

풀이

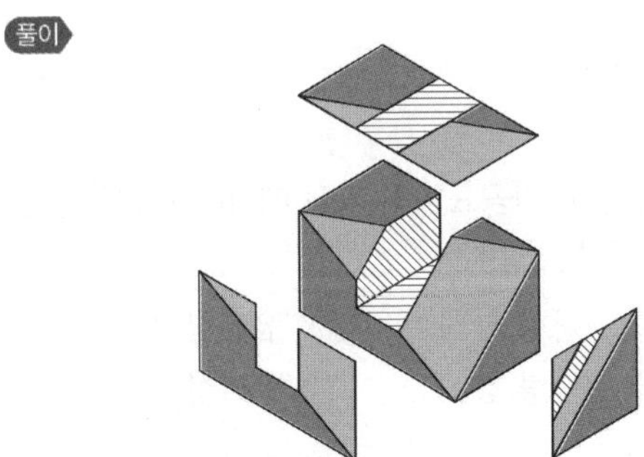

23 기하공차 중 데이텀이 적용되지 않는 것은?

① 평행도 ② 평면도
③ 동심도 ④ 직각도

풀이 ㉠ ▱ : 평면도 공차로서 모양공차는 데이텀이 필요 없다.

㉡ 모양 공차의 종류
- 직진도 공차(—)
- 평면도 공차(▱)
- 진원도 공차(○)
- 원통도 공차(⌭)
- 선의 윤곽도 공차(⌒)
- 면의 윤곽도 공차(⌓)

24 다음 중 가공방법의 기호를 옳게 나타낸 것은?

① 보링 가공 : BR ② 줄 다듬질 : FL
③ 호닝 가공 : GBL ④ 밀링 가공 : M

풀이
- 밀링 가공 : M
- 보링 가공 : B
- 브로치 가공 : BR
- 줄 다듬질 : FF
- 래핑 다듬질 : FL
- 호닝 가공 : GH
- 벨트샌딩 가공 : GBL

25 'ϕ60 H7'에서 각각의 항목에 대한 설명으로 틀린 것은?

① ϕ : 지름치수를 의미
② 60 : 기준치수
③ H : 축의 공차역의 위치
④ 7 : IT 공차 등급

풀이
- H : 구멍의 공착역의 위치
- 알파벳 대문자는 항상 구멍의 공차역의 위치를 나타낸다.(축은 알파벳 소문자)

26 다음 중 절삭공구용 재료가 가져야 할 기계적 성질로 맞는 것을 모두 고르면?

㉠ 고온 경도(hot hardness)
㉡ 취성(brittleness)
㉢ 내마멸성(resistance to wear)
㉣ 강인성(toughness)

① ㉠, ㉡, ㉢ ② ㉠, ㉡, ㉣
③ ㉠, ㉢, ㉣ ④ ㉡, ㉢, ㉣

정답 | 22 ① 23 ② 24 ④ 25 ③ 26 ③

풀이 **공구 재료의 구비조건**

- 상온 및 고온 경도가 높을 것
- 강인성 및 내마모성이 클 것
- 가공 및 열처리가 쉬울 것
- 내충격성이 우수할 것
- 마찰계수가 작을 것

27 밀링머신을 이용한 가공에서 상향 절삭의 특징이 아닌 것은?

① 백래시가 발생하므로 이를 제거해야 한다.
② 기계의 강성이 낮아도 무방하다.
③ 절삭이 상향으로 작용하여 공작물의 고정에 불리하다.
④ 공구 수명이 하향 절삭에 비해 짧은 편이다.

풀이 상향 절삭은 커터 날의 절삭 방향과 일감의 이송 방향이 서로 반대이므로 서로 밀기 때문에 이송장치의 백래시는 자연히 제거된다.

28 다음 중 연삭 가공의 일반적인 특징이 아닌 것은?

① 경화된 강을 연삭할 수 있다.
② 연삭점의 온도가 낮다.
③ 가공 표면이 매우 매끈하다.
④ 연삭 압력 및 저항이 적다.

풀이 연삭 가공은 연삭점의 온도가 높다.

29 다음 중 게이지 블록과 함께 사용하여 삼각함수 계산식을 이용하여 각도를 구하는 것은?

① 수준기
② 사인바
③ 요한슨식 각도 게이지
④ 컴비네이션 세트

풀이 사인바는 블록 게이지로 양단의 높이를 맞추어, 삼각함수(sine)를 이용하여 각도를 측정한다.

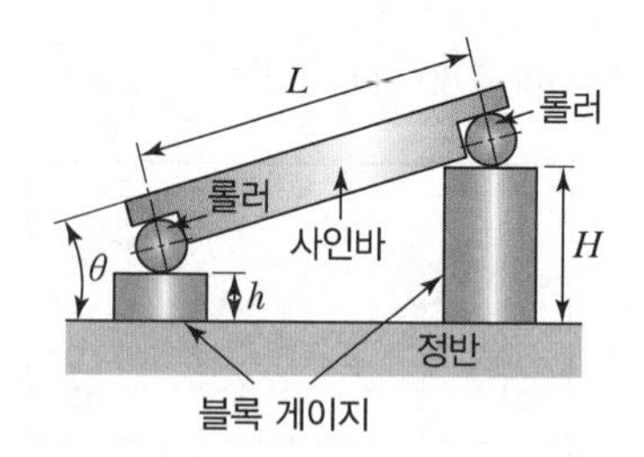

30 다음 중 일반적으로 절삭유제에서 요구되는 조건으로 거리가 먼 것은?

① 유막의 내압력이 높을 것
② 냉각성이 우수할 것
③ 가격이 저렴할 것
④ 마찰계수가 높을 것

풀이 **절삭유의 구비조건**

- 마찰계수가 작고 인화점, 발화점이 높을 것
- 냉각성이 우수하고 윤활성, 유동성이 좋을 것
- 장시간 사용해도 변질되지 않고 인체에 무해할 것
- 사용 중 칩으로부터 분리, 회수가 용이할 것
- 방청작용을 할 것

31 다음 중 연삭숫돌의 구성 요소가 아닌 것은?

① 숫돌 입자　　② 결합제
③ 기공　　④ 드레싱

풀이 **연삭숫돌의 3요소**

- 숫돌 입자
- 결합제
- 기공

32 다음 중 가공표면이 가장 매끄러운 면을 얻을 수 있는 칩은?

① 경작형 칩　　② 유동형 칩
③ 전단형 칩　　④ 균열형 칩

풀이 유동형 칩은 바이트의 경사면에 따라 흐르듯이 연속적으로 발생하는 칩으로서, 절삭 저항의 크기가 변하지 않고 진동이 없어 절삭면이 깨끗하다.

정답 | 27 ① 28 ② 29 ② 30 ④ 31 ④ 32 ②

33 다음 중 전주가공의 일반적인 특징이 아닌 것은?

① 가공 정밀도가 높은 편이다.
② 복잡한 형상 또는 중공축 등을 가공할 수 있다.
③ 제품의 크기에 제한을 받는다.
④ 일반적으로 생산시간이 길다.

풀이 **전주가공**

- 전기 도금을 응용해서 원형과 동일한 금속 거푸집을 정확하게 복제하는 조형법
- 장점 : 초정밀 가공이 가능하고, 일체화한 제품을 만들거나, 정밀한 묘사가 가능하다. 이외에도 제품의 크기에 제한을 받지 않는다.
- 단점 : 제품 전체에 일정한 두께의 접착이 어렵고, 제작 시간이 길다.

34 밀링커터 중 절단 또는 좁은 홈파기에 가장 적합한 것은?

① 총형 커터(formed cutter)
② 엔드밀(end mill)
③ 메탈 슬리팅 소(metal slitting saw)
④ 정면 밀링커터(face milling cutter)

풀이 **메탈 슬리팅 소**
주로 절단 · 홈깎기 등에 사용하는 수평 밀링커터

35 부품의 길이 측정에 쓰이는 측정기 중 이미 알고 있는 표준치수와 비교하여 실제 치수를 도출하는 방식의 측정기는?

① 버니어 캘리퍼스
② 측장기
③ 마이크로미터
④ 다이얼 테스트 인디케이터

풀이 다이얼 테스트 인디케이터는 완성된 공작물의 치수검사를 직접 하지 못하고, 기준 게이지를 기준으로 하여 공작물과의 차이를 측정하여 공작물의 치수를 읽는다.

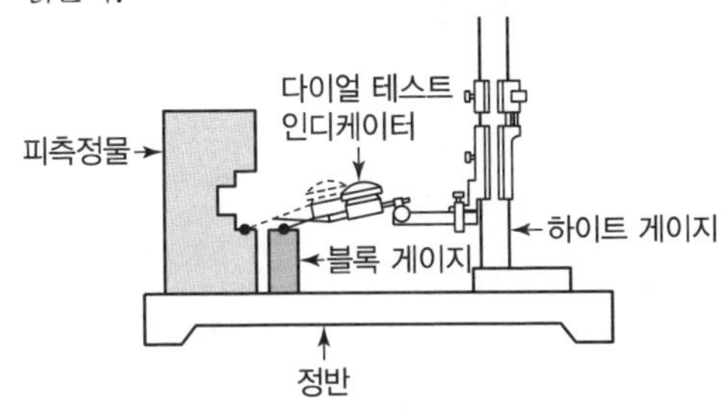

36 선반 바이트에서 바이트의 옆면 및 앞면과 가공물의 마찰을 줄이기 위한 각의 명칭으로 옳은 것은?

① 경사각 ② 여유각
③ 절삭각 ④ 설치각

풀이 **바이트의 형상**

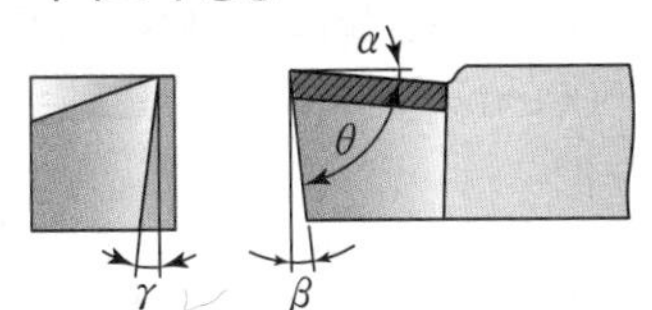

α : 윗면 경사각
β : 앞면 여유각
θ : 앞면 공구각
γ : 측면 여유각

기호	면의 각도	역할
α	윗면경사각	각이 클수록 절삭력이 감소하고, 면도 깨끗하다.
β	전면여유각	공작물과 바이트의 마찰을 감소시킨다.
γ	측면여유각	

37 드릴의 각부 명칭 중 트위스트 드릴 홈 사이의 좁은 단면 부분은?

① 웹(web) ② 마진(margin)
③ 자루(shank) ④ 탱(tang)

풀이 **드릴의 각부 명칭**

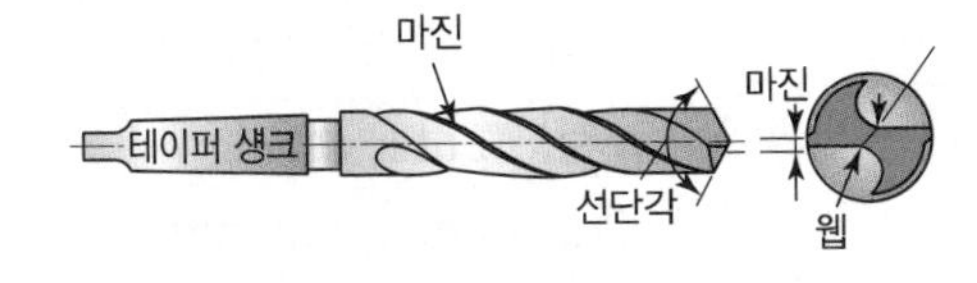

정답 | 33 ③ 34 ③ 35 ④ 36 ② 37 ①

38 다음 공작기계 중 일반적으로 가공물이 고정된 상태에서 공구가 직선운동만을 하여 절삭하는 공작기계는?

① 호빙머신
② 보링머신
③ 드릴링머신
④ 브로칭머신

풀이 **브로칭머신**
가늘고 긴 일정한 단면 모양의 날을 가진 브로치(broach)라는 절삭 공구를 사용하여 가공물의 내면이나 외경에 필요한 형상의 부품을 가공하는 절삭법

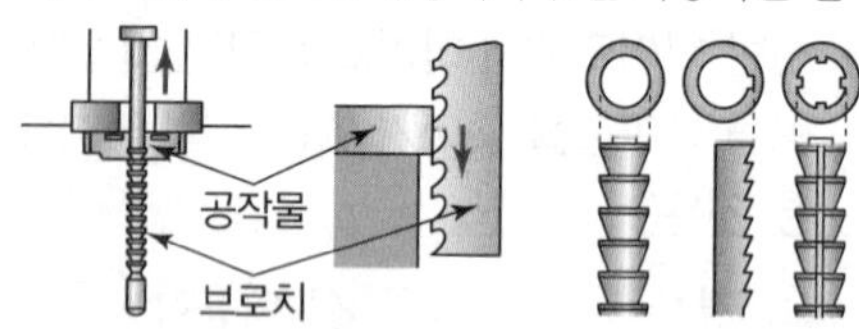

39 선반에서 주축회전수 1,200rpm, 이송속도 0.25mm/rev으로 절삭하고자 한다. 실제 가공길이가 500mm라면 가공에 소요되는 시간은 얼마인가?

① 1분 20초
② 1분 30초
③ 1분 40초
④ 1분 50초

풀이 선반의 가공시간 $T=\dfrac{L}{fn}=\dfrac{500}{0.25\times1,200}$
$=1.67\text{min}=1\text{분 }40\text{초}$

여기서, L : 가공할 길이(mm)
f : 공구의 이송속도(mm/rev)
n : 회전수(rpm ; rev/min)

40 나사 머리의 모양이 접시 모양일 때 테이퍼 원통형으로 절삭 가공하는 것은?

① 리밍(reaming)
② 카운터 보링(counter boring)
③ 카운터 싱킹(counter sinking)
④ 스폿 페이싱(spot facing)

풀이 **카운터 싱킹**
접시머리 나사부 묻힘 홈 가공

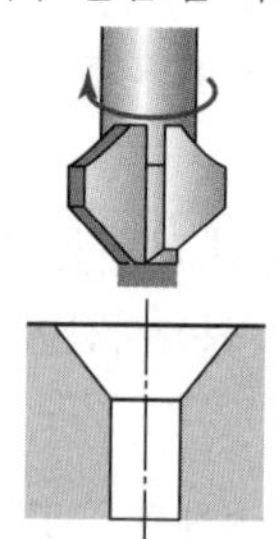

41 다음 중 선반(lathe)을 구성하고 있는 주요 구성 부분에 속하지 않는 것은?

① 분할대 ② 왕복대
③ 주축대 ④ 베드

풀이 분할대는 밀링의 부속품이다.

42 축에 키홈 작업을 하려고 할 때 가장 적합한 공작기계는?

① 밀링머신
② CNC 선반
③ CNC Wire Cut 방전가공기
④ 플레이너

풀이 축에 키홈 작업 시 수직 밀링머신에서 엔드밀을 이용해 가공한다.

43 머시닝 센터에서 G00 G43 Z10. H12 ; 블록으로 공구길이 보정을 하여 공작물을 가공하고 측정하였더니 도면의 치수보다 Z값이 0.5mm 작았다. 길이 보정 번호 H12의 보정값을 얼마로 수정하여 가공해야 하는가?(단, H12의 기존의 보정값은 100.0이 입력된 상태이다.)

정답 | 38 ④ 39 ③ 40 ③ 41 ① 42 ① 43 ④

① 99.05
② 99.5
③ 100.05
④ 100.5

풀이 • 측정값과 지령값의 오차인 0.5만큼 작게 가공되고 G43은 '+' 보정이므로 +0.5mm만큼 추가하는 보정을 하여야 한다.
• 수정 보정값=기존의 보정값+더해야 할 보정값
=100+(+0.5)
=100.5mm

44 프로그램의 구성에서 단어(word)는 무엇으로 구성되어 있는가?

① 주소+수치(address+data)
② 주소+주소(address+address)
③ 수치+수치(data+data)
④ 수치+EOB(data+end of block)

풀이 단어(word)
명령절을 구성하는 가장 작은 단위로 주소(address)와 수치(data)의 조합에 의하여 이루어진다.

G 50 (G: 주소, 50: 수치)　X 150.0 (X: 주소, 150.0: 수치)　Z 200.0 ; (Z: 주소, 200.0: 수치)

45 다음 중 범용 밀링가공 시의 안전사항으로 틀린 것은?

① 측정기 및 공구는 밀링머신의 테이블 위에 올려놓지 않는다.
② 밀링머신의 윤활 부분에 적당량의 윤활유를 주입한 후 사용한다.
③ 정면 커터로 평면을 가공할 때 칩이 작업자의 반대쪽으로 날아가도록 한다.
④ 밀링 칩은 예리하여 위험하므로 가공 중에 청소용 브러시로 제거하여야 한다.

풀이 밀링 칩은 예리하여 위험하므로 기계를 정지시키고 칩 제거 도구를 사용하여 제거하여야 한다.

46 다음 중 범용 선반작업 시 보안경을 착용하는 목적으로 가장 적합한 것은?

① 가공 중 비산되는 칩으로부터 눈을 보호
② 절삭유의 심한 냄새로부터 눈을 보호
③ 미끄러운 바닥에 넘어지는 것을 방지
④ 가공 중 강한 섬광을 차단하여 눈을 보호

풀이 가공 중 비산되는 칩으로부터 눈을 보호하기 위하여 보안경을 꼭 착용하여야 한다.

47 CNC 선반 원호보간(G02, G03)에서 '시작점에서 원호 중심까지의 X축'의 입력사항으로 옳은 것은?

① 어드레스 I와 벡터량
② 어드레스 K와 벡터량
③ 어드레스 I와 어드레스 K
④ 원호 반지름 R과 벡터량

풀이 시작점에서 원호 중심까지의 X축 입력사항은 어드레스 I와 벡터량이고, 시작점에서 원호 중심까지의 Z축 입력사항은 어드레스 K와 벡터량이다.

48 CNC 선반의 프로그램 중 절삭유 공급을 하고자 할 때 사용해야 하는 기능은?

① F 기능　② M 기능
③ S 기능　④ T 기능

풀이 • M08 : 절삭유 공급　• F : 이송기능
• S : 주축기능　• T : 공구기능

49 그림과 같이 바이트가 이동하며 절삭할 때 공구인선반경 보정으로 옳은 준비기능은?

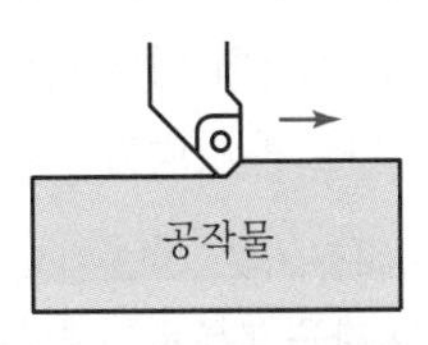

① G41　② G42
③ G43　④ G44

정답 | 44 ① 45 ④ 46 ① 47 ① 48 ② 49 ①

풀이 진행 방향으로 바라보았을 때 공구가 공작물 왼쪽에 존재하므로 G41을 이용하여 공구인선반경 보정을 하여야 한다.

50 다음 프로그램에서 공작물의 직경이 40mm일 때 주축의 회전수는 약 몇 rpm인가?

```
G50 S1300 ;
G96 S130 ;
```

① 828 ② 130
③ 1,035 ④ 1,300

풀이 G96 : 절삭속도(m/min) 일정 제어

$$N=\frac{1,000S}{\pi D}=\frac{1,000\times 130}{\pi\times 40}$$

$=1,034.51 \fallingdotseq 1,035$

여기서, N : 주축의 회전수(rpm)

S : 절삭속도(m/min) ⇒ S130

D : 공작물의 지름(mm) ⇒ ϕ40mm

계산된 주축 회전수가 1,035rpm으로 G50에서 제한한 주축최고회전수 1,300rpm보다 더 작으므로 주축의 회전수는 1,035rpm이다.

51 다음 중 다듬질 사이클(G70)에 관한 설명으로 잘못된 것은?

① 다듬질 사이클이 완료되면 황삭 사이클과 마찬가지로 초기점으로 복귀하게 된다.
② 다듬질 사이클 지령은 반드시 황삭가공 바로 다음 블록에 지령해야 한다.
③ 다듬질 사이클을 실행하면 사이클에 지령된 시퀀스(sequence) 번호를 찾아서 실행한다.
④ 하나의 프로그램 안에 2개 이상의 황삭 사이클을 사용할 때는 시퀀스(sequence) 번호를 다르게 지령해야 한다.

풀이 다듬질 사이클 지령은 반드시 황삭가공 후 초기점 복귀를 하고 다음 블록에 지령해야 한다.

52 다음 중 머시닝 센터에서 공작물 좌표계를 설정할 때 사용하는 준비 기능은?

① G28 ② G50
③ G92 ④ G99

풀이
- G92 : 공작물 좌표계 설정
- G28 : 기계 원점 복귀
- G50 : 스케일링 · 미러기능 무시
- G99 : 고정 사이클 R점 복귀

53 CNC 선반에서 나사 가공 시 F는 어떤 값을 지령하는가?

① 나사의 피치
② 나사산의 높이
③ 나사의 리드
④ 나사 절삭 반복 횟수

풀이 이송속도 F는 나사의 리드값을 지령한다.

54 다음 중 CNC 공작기계에서 위치 결정(G00) 동작을 실행할 경우 가장 주의하여야 할 사항은?

① 절삭 칩의 제거
② 충돌에 의한 사고
③ 잔삭이나 미삭의 처리
④ 과절삭에 의한 치수 변화

풀이 G00(위치결정, 급속이송) 동작을 실행할 경우 충돌에 의한 사고에 주의하여야 한다.

55 다음 중 CNC 공작기계의 월간 점검 사항과 가장 거리가 먼 것은?

① 각부의 필터(filter) 점검
② 각부의 팬(fan) 점검
③ 백래시 보정
④ 유량 점검

풀이 유량 점검은 매일 점검 사항이다.

정답 | 50 ③ 51 ② 52 ③ 53 ③ 54 ② 55 ④

56 CNC 선반에서 증분값 명령 방식으로만 이루어진 것은?

① G00 U_ W_ ;
② G00 X_ Z_ ;
③ G00 X_ W_ ;
④ G00 U_ Z_ ;

풀이 CNC 선반에서 절대지령은 어드레스 X, Z를 사용하고, 증분지령은 어드레스 U, W를 사용한다.

57 다음 중 CAM 시스템에서 정보의 흐름을 단계별로 나타낸 것으로 가장 적합한 것은?

① CL 데이터 생성 → 포스트 프로세싱 → 도형정의 → DNC
② CL 데이터 생성 → 도형 정의 → 포스트 프로세싱 → DNC
③ 도형 정의 → 포스트 프로세싱 → CL 데이터 생성 → DNC
④ 도형 정의 → CL 데이터 생성 → 포스트 프로세싱 → DNC

풀이 **CAM 시스템의 정보 흐름**
도형 정의 → CL 데이터 생성 → 포스트 프로세싱 → DNC

58 머시닝 센터의 고정 사이클 기능에 관한 설명으로 틀린 것은?

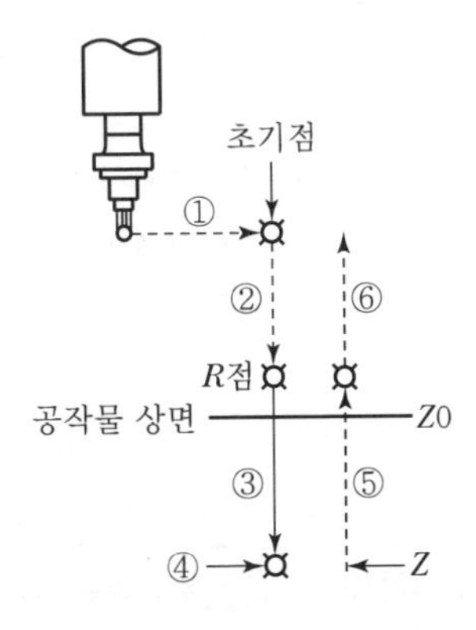

① ①은 X, Y축 위치 결정 동작
② ②는 R점까지 급속 이송하는 동작
③ ③은 구멍을 절삭 가공하는 동작
④ ④는 R점까지 급속으로 후퇴하는 동작으로 후퇴하는 동작

풀이 ④ : 구멍 바닥에서의 동작(dwell)
⑤ : R점으로 복귀
⑥ : 초기점으로 이동

59 CNC 공작기계에 이용되고 있는 서보기구의 제어 방식이 아닌 것은?

① 개방회로 방식
② 반개방회로 방식
③ 폐쇄회로 방식
④ 반폐쇄회로 방식

풀이 **서보기구의 제어방식**

- 개방회로 방식(open loop system)
- 반폐쇄회로 방식(semi-closed loop system)
- 폐쇄회로 방식(closed loop system)
- 하이브리드 서보 방식(hybrid loop system)

60 인서트 팁의 규격 선정법에서 "N"이 나타내는 내용은?

DNMG 150408

① 공차 ② 인서트 형상
③ 여유각 ④ 칩 브레이커 형상

풀이 **선삭 인서트 팁의 규격(DNMG150408)**

- D : 인서트 팁 형상(마름모형 꼭지각 55°)
- N : 인서트 팁 여유각(N=0°)
- M : 정밀도(공차), M등급
- G : 홈 · 구멍의 팁 단면 형상
- 15 : 절삭날 길이(15mm)
- 04 : 인서트 팁 두께(4.76mm)
- 08 : 코너 반경(0.8mm)

정답 | 56 ① 57 ④ 58 ④ 59 ② 60 ③

컴퓨터응용밀링기능사

2014 제2회 과년도 기출문제

CRAFTSMAN COMPUTER AIDED MILLING

01 황동에 대한 기계적 성질과 물리적 성질을 설명한 것 중 틀린 것은?

① 30% Zn 부근에서 최대의 연신율을 나타낸다.
② 45% Zn에서 인장강도가 최대로 된다.
③ 50% Zn 이상의 황동은 취약하여 구조용재에는 부적합하다.
④ 전도도는 50% Zn에서 최소가 된다.

풀이 황동의 전도도는 40% Zn까지는 낮고, 40~50% Zn에서 증가하여 Zn 50%에서 최대가 된다.

02 초경 절삭공구용 코팅 인서트의 특징이 아닌 것은?

① 내마모성이 우수하다.
② 내크레이터성이 우수하다.
③ 내산화성이 우수하다.
④ 피삭제와 고온반응성이 높다.

풀이 코팅 인서트는 고온, 고속 절삭가공 시 경도를 유지하고 피삭제와 고온반응을 거의 하지 않는다.

03 철의 비중으로 맞는 것은?

① 5.5 ② 7.8
③ 9.5 ④ 11.5

풀이 **금속의 비중**
- 철 : 7.87
- 구리 : 8.93
- 알루미늄 : 2.69
- 마그네슘 : 1.74

04 일반 탄소강보다 P, S의 함유량을 많게 하거나 Pb, Se, Zr 등을 첨가하여 제조한 강은?

① 스프링강 ② 쾌삭강
③ 구조용 탄소강 ④ 단소 공구강

풀이 쾌삭강은 가공재료의 피절삭성을 높임으로써 절삭가공 시 제품의 정밀도를 높이고, 공구의 수명을 길게 한 합금강이다.

05 주철에 대한 설명 중 틀린 것은?

① 취성이 없어 고온에서도 소성변형이 되지 않는다.
② 용융온도가 주강에 비해 낮다.
③ 주조성이 우수하다.
④ 주철 중의 탄소는 흑연과 화합 탄소로 존재한다.

풀이 주철의 가장 큰 단점은 충격강도와 연신율이 작고 취성이 커서 상온에서 소성가공이 어렵다는 것이다.

06 주형에 주조할 때, 경도가 필요한 부분에 칠메탈(chill metal)을 이용하여 그 부분의 경도를 향상시키는 주철은?

① 가단주철 ② 구상흑연주철
③ 미하나이트 주철 ④ 칠드 주철

풀이 칠드 주철 : 주조 시 단단한 조직이 필요한 부분에 금형을 설치하여 주물을 제작하면, 급랭되어 표면(백주철)은 단단해지고 내부(회주철)는 연해져서 강인한 성질을 갖는다.

정답 | 01 ④ 02 ④ 03 ② 04 ② 05 ① 06 ④

07 순철에 대한 설명 중 틀린 것은?

① 공업용 순철에는 카보닐철, 전해철, 암코철 등이 있다.
② 변압기 철심, 발전기용 박철판 등의 재료로 많이 사용된다.
③ 상온에서 연성 및 전성이 우수하고 용접성이 좋다.
④ 기계적 강도가 높아 기계 재료로 많이 사용된다.

풀이 순철은 상온에서 항복점, 인강강도가 낮아 기계 재료로는 부적합하고, 변압기 및 발전기용 박판의 전기재료로 많이 사용된다.

08 다음 중 다른 벨트에 비하여 탄성과 마찰계수는 떨어지지만 인장강도가 대단히 크고 벨트 수명이 긴 장점을 가지고 있는 것으로 마찰을 크게 하기 위하여 풀리의 표면에 고무, 코르크 등을 붙여 사용하는 것은?

① 가죽 벨트 ② 고무 벨트
③ 섬유 벨트 ④ 강철 벨트

풀이 강철 벨트는 인장강도가 가장 크고 수명이 가장 길다.

09 국제단위계 SI 단위를 옳게 표현한 것은?

① 가속도 : km/h ② 체적 : kL
③ 응력 : Pa ④ 힘 : N/m^2

풀이 SI 단위
- 가속도 : m/s^2
- 체적 : m^3
- 힘 : N

10 한 변의 길이가 2cm인 정사각형 단면의 주철제 각봉에 4,000N의 중량을 가진 물체를 올려놓았을 때 생기는 압축응력(N/mm^2)은?

① $10N/mm^2$ ② $20N/mm^2$
③ $30N/mm^2$ ④ $40N/mm^2$

풀이 한 변의 길이 2cm = 20mm

$$\text{압축응력 } \sigma = \frac{\text{압축력}(P)}{\text{단면적}(A)} = \frac{4{,}000}{20 \times 20} = 10\text{N/mm}^2$$

11 코일 스프링의 전체의 평균 지름이 30mm, 소선의 지름이 3mm라면 스프링 지수는?

① 0.1 ② 6
③ 8 ④ 10

풀이

$$\text{스프링 지수 } C = \frac{\text{전체 평균지름}(D)}{\text{소선의 지름}(d)} = \frac{30}{3} = 10$$

12 양 끝에 왼나사 및 오른나사가 있어서 막대나 로프 등을 조이는 데 사용하는 기계요소는?

① 나비 너트
② 캡 너트
③ 아이 너트
④ 턴버클

풀이 턴버클은 양 끝에 왼나사와 오른나사가 있어 너트를 회전하면 양 끝을 서로 당기거나 민다. 와이어로프나 전선 등의 길이 또는 장력의 조정을 필요로 하는 곳에 사용한다.

13 축을 설계할 때 고려사항으로 가장 적합하지 않은 것은?

① 변형
② 축간거리
③ 강도
④ 진동

풀이 **설계 시 고려사항**
강도, 응력집중, 변형, 진동, 열응력, 열팽창, 부식 등

정답 | 07 ④ 08 ④ 09 ③ 10 ① 11 ④ 12 ④ 13 ②

14 다음은 무엇에 대한 설명인가?

> 2개의 축이 평행하지만 축선의 위치가 어긋나 있을 때 사용하며, 한 개의 원판 앞뒤에 서로 직각 방향으로 키 모양의 돌기를 만들어 이것을 양 축 사이의 플랜지 사이에 끼워 놓아, 한쪽의 축을 회전시키면 중앙의 원판이 홈에 따라서 미끄러지며 다른 쪽의 축에 회전력을 전달시키는 축 이음 방법이다.

① 셀러 커플링
② 유니버설 커플링
③ 올덤 커플링
④ 마찰 클러치

풀이 **올덤 커플링**

- 두 축이 평행하면서 축의 중심선이 약간 어긋난 경우 축간거리가 짧을 때 사용한다.
- 각속도의 변화 없이 회전동력을 전달한다.
- 속도에 제곱에 비례하는 원심력이 발생하여 진동이 수반되는 고속회전에는 부적합하다.

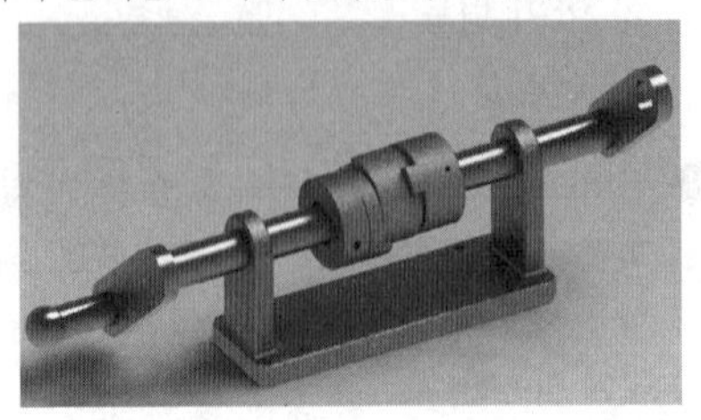

15 기준 원 위에서 원판을 굴릴 때 원판 위의 1점이 그리는 궤적으로 나타내는 선은?

① 쌍곡선
② 포물선
③ 인벌류트 곡선
④ 사이클로이드 곡선

풀이 인벌류트 곡선은 기초 원에 감은 실을 당기고 풀 때 실 끝이 그리는 곡선이다. 인벌류트 곡선은 일반기계에 사용되는 거의 모든 기어의 치형에 쓰이고 있다.

16 테이퍼 및 기울기의 표시방법에 관한 설명으로 틀린 것은?

① 테이퍼는 원칙적으로 중심선에 연하여 기입한다.
② 기울기는 원칙적으로 변에 연하여 기입한다.
③ 테이퍼 또는 기울기의 정도와 방향을 특별히 명확하게 나타낼 필요가 있을 경우에는 별도로 도시한다.
④ 경사면에서 지시선으로 끌어내어 테이퍼 및 기울기를 기입해서는 안 된다.

풀이 특별한 경우에는 경사면에서 지시선으로 끌어내어 테이퍼 및 기울기를 기입할 수 있다.

17 그림과 같은 제3각법 정투상도에서 우측면도로 가장 적합한 것은?

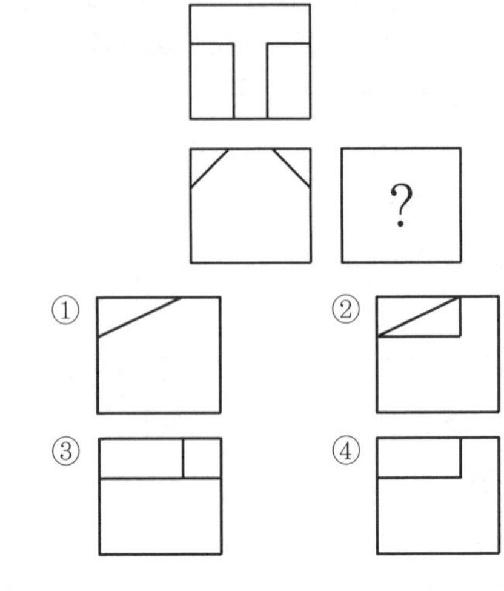

풀이

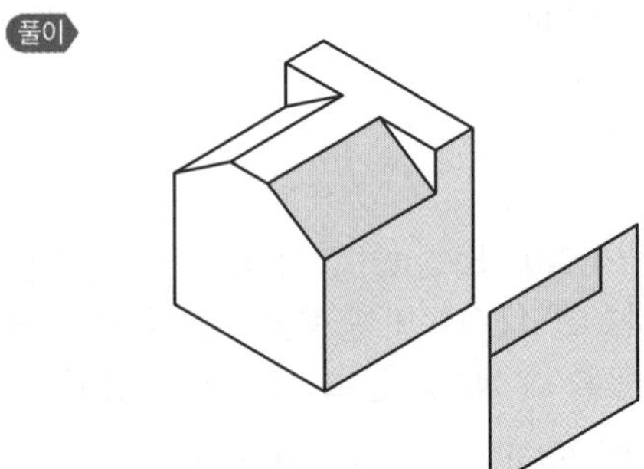

정답 | 14 ③ 15 ④ 16 ④ 17 ④

18 기어를 제도할 때 피치원은 어느 선으로 표시하는가?

① 가는 1점쇄선　　② 가는 파선
③ 가는 2점쇄선　　④ 가는 실선

풀이 • 잇봉우리원(이끝원) : 외형선,
• 피치원 : 가는 1점쇄선
• 이골원(이뿌리원) : 가는 실선
• 잇줄 방향 : 3개의 가는 실선

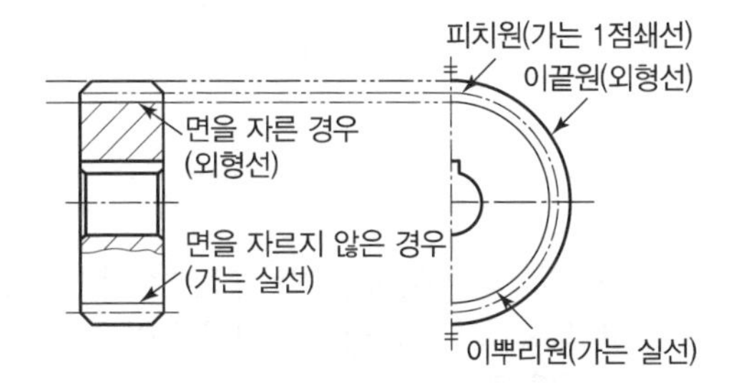

19 스프링의 도시법에서 스프링의 종류 및 모양만을 간략도로 도시하는 경우에 스프링 재료의 중심선의 종류는?

① 가는 1점쇄선　　② 가는 2점쇄선
③ 가는 실선　　④ 굵은 실선

풀이 코일 스프링에서 양 끝을 제외한 동일 모양 부분의 일부를 생략하는 경우에는 생략하는 부분의 선 지름의 중심선을 가는 1점쇄선으로 그린다.

20 그림에서 a는 표면 거칠기의 지시사항 중 어느 것에 해당하는가?

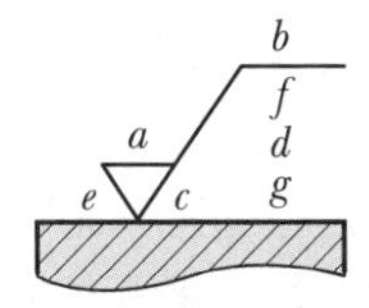

① 가공 방법
② 줄무늬 방향의 기호
③ 표면 거칠기의 지시값
④ 표면 파상도

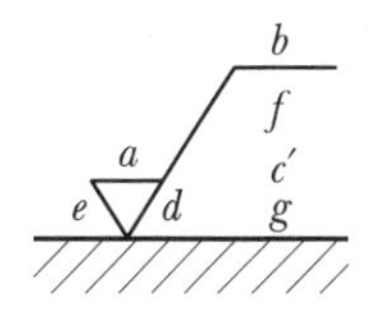

• a : 표면 거칠기의 지시값(R_a의 값[μm])
• b : 가공방법, 표면처리
• c' : 기준길이, 평가길이
• d : 줄무늬 방향의 기호
• e : 기계가공 공차(ISO에 규정되어 있음)
• f : 최대 높이 또는 10점 평균 거칠기의 값
• g : 표면 파상도(KS B 0610에 따름)

21 끼워맞춤에서 ϕ30 H7/p6은 어떤 끼워맞춤인가?

① 구멍기준식 헐거운 끼워맞춤
② 구멍기준식 억지 끼워맞춤
③ 축기준식 헐거운 끼워맞춤
④ 축기준식 억지 끼워맞춤

풀이 ϕ30 H7/p6 : 구멍기준식 억지 끼워맞춤
[구멍기준 H7의 끼워 맞춤]

헐거운 끼워맞춤	e7, f6, f7, g6, h6, h7
중간 끼워맞춤	js6, js7, k6, m6, n6
억지 끼워맞춤	p6, r6, s6, t6, u6, x6

22 그림과 같이 도시된 단면도의 명칭은?

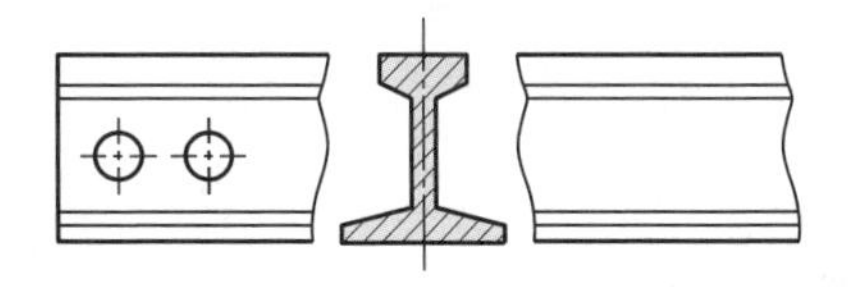

① 회전 도시 단면도
② 조합에 의한 단면도
③ 부분단면도
④ 한쪽 단면도

풀이 회전 도시 단면도는 물체의 한 부분을 자른 다음, 자른 면만 90° 회전시켜 형상을 나타낸다.

정답 | 18 ① 19 ④ 20 ③ 21 ② 22 ①

23 기하공차 중 자세공차의 종류로만 짝지어진 것은?

① 진직도 공차, 진원도 공차
② 평행도 공차, 경사도 공차
③ 원통도 공차, 대칭도 공차
④ 윤곽도 공차, 온 흔들림 공차

풀이 자세공차의 종류
- 평행도 공차(//)
- 직각도 공차(⊥)
- 경사도 공차(∠)

24 기계제도에서 가는 실선이 사용되지 않는 것은?

① 외형선 ② 치수선
③ 지시선 ④ 치수보조선

풀이
- 외형선은 굵은 실선으로 표시한다.
- 가는 실선은 치수선, 치수보조선, 지시선, 회전 단면선, 중심선, 수준면선 등에 사용한다.

25 그림과 같은 도면에서 A부의 치수는?

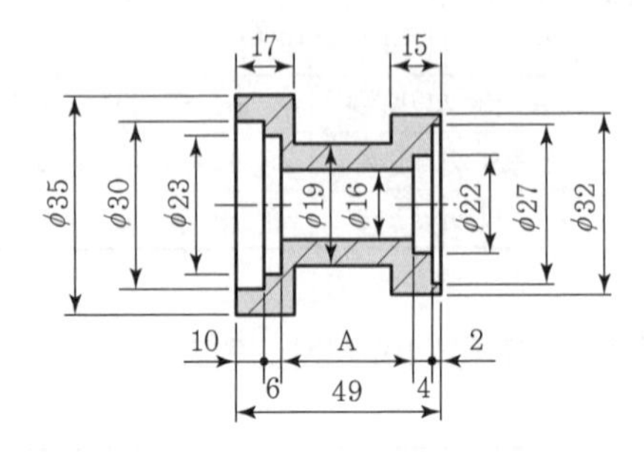

① 27 ② 31
③ 33 ④ 35

풀이 A=49−(10+6+4+2)=27

26 크레이터(crater) 마모를 줄이기 위한 방법이 아닌 것은?

① 절삭공구 경사면 위의 압력을 감소시킨다.
② 절삭공구의 경사각을 작게 한다.
③ 절삭공구 경사면 위의 마찰계수를 감소시킨다.
④ 윤활성이 좋은 냉각제를 사용한다.

풀이 크레이터 마모(crater wear)
- 공구 경사면이 칩과의 마찰에 의하여 오목하게 마모되는 것으로 유동형 칩의 고속 절삭에서 자주 발생한다. 크레이터가 깊어지면 날끝의 경사각이 커지고 강도가 약해져 파손된다.
- 방지법 : 윤활성이 좋은 절삭유 사용, 공구 경사면에 초경합금 분말로 코팅

27 단조품 및 주물품에 볼트 또는 너트를 고정할 때 접촉부가 안정되게 하기 위하여 구멍 주위를 평면으로 깎아 자리를 내는 작업은?

① 스폿페이싱 ② 태핑
③ 카운터싱킹 ④ 보링

28 선반은 주축대, 심압대, 베드, 이송기구 및 왕복대 등으로 구성되어 있다. 에이프런(apron)은 어느 부분에 장치되어 있는가?

① 왕복대
② 이송기구
③ 주축대
④ 심압대

풀이 왕복대는 베드 윗면에서 주축대와 심압대 사이를 미끄러지면서 운동하는 부분으로 에이프런, 새들, 복식공구대 및 공구대로 구성되어 있다.

29 다음 중 정면 밀링커터와 엔드밀을 사용하여 평면 가공, 홈 가공 등을 하는 작업에 가장 적합한 밀링 머신은?

① 공구 밀링머신
② 특수 밀링머신
③ 모방 밀링머신
④ 수직 밀링머신

정답 | 23 ② 24 ① 25 ① 26 ② 27 ① 28 ① 29 ④

풀이 수직 밀링머신의 작업 종류 : 정면가공, 측면가공, 윤곽가공, 터브테일 가공, 카홈 가공 등

30 특정한 모양이나 같은 치수의 제품을 대량 생산하는 데 적합하도록 만든 공작기계로서 사용범위가 한정되어 있고, 다품종 소량의 제품 생산에는 적합하지 않으며 조작이 쉽도록 만든 공작기계는?

① 표준 공작기계 ② 만능 공작기계
③ 범용 공작기계 ④ 전용 공작기계

31 밀링머신의 부속장치 중 주축의 회전운동을 직선 왕복운동으로 변화시키고, 바이트를 사용하여 가공물의 안지름에 키(key)홈, 스플라인(spline), 세레이션(serration) 등을 가공하는 장치는?

① 슬로팅 장치 ② 밀링 바이스
③ 랙 절삭장치 ④ 분할대

풀이 슬로팅 장치 : 수평 또는 만능 밀링머신의 주축 머리(헤드)에 장착하여 슬로팅 머신과 같이 절삭공구를 상하로 왕복운동시켜 키홈, 스플라인, 세레이션, 기어 등을 절삭하는 장치를 말한다.

32 밀링머신에서 홈이나 윤곽을 가공하는 데 적합하며 원주면과 단면에 날이 있는 형태의 공구는?

① 엔드밀 ② 메탈 소
③ 홈 밀링커터 ④ 리머

풀이 **엔드밀**
측면과 밑면에 바이트가 있고 홈 절삭, 측면 절삭 등에 사용되는 수직 밀링머신의 커터

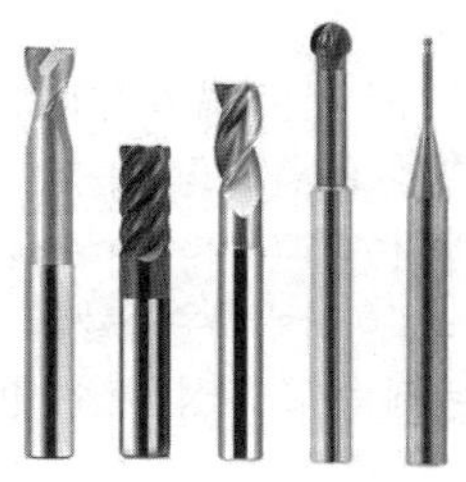

33 선반에서 ϕ45mm의 연강 재료를 노즈 반지름 0.6mm인 초경합금 바이트로 절삭속도 120 m/min, 이송 0.06m/rev로 하여 다듬질하고자 한다. 이때, 이론적인 표면 거칠기 값은?

① 0.62μm ② 0.68μm
③ 0.75μm ④ 0.81μm

풀이 표면 거칠기 $h=\dfrac{f^2}{8R}=\dfrac{0.06^2}{8\times0.6}$

$=0.00075\text{mm}=0.75\mu\text{m}$

여기서, R : 노즈 반지름
f : 1회전당 이송량

34 연삭가공에서 공작물 1회전마다의 이송은 숫돌의 폭 이하로 하여야 한다. 일반적으로 다듬질 연삭 시 이송속도는 대략 몇 m/min 정도로 하여야 하는가?

① 5~10 ② 1~2
③ 0.2~0.4 ④ 0.01~0.05

풀이 다듬질 연삭은 0.2~0.4m/min 범위이고, 거친 연삭의 이송속도는 1~2m/min이다.

35 액체 호닝(liquid honing)의 설명 중 잘못된 것은?

① 가공 시간이 짧다.
② 형상이 복잡한 일감에 대해서는 가공이 어렵다.
③ 일감 표면의 산화막이나 도료 등을 제거할 수 있다.
④ 공작물에 피로강도를 향상시킬 수 있다.

풀이 ② 형상이 복잡한 일감도 가공이 쉽다.

36 다음 중 절삭공구 재료로 가장 적합하지 않은 것은?

① 탄소공구강 ② 합금공구강
③ 연강 ④ 세라믹

풀이 절삭공구 재료는 공작물보다 경도가 높아야 하므로 '연강'은 절삭공구 재료로 사용할 수 없다.

정답 | 30 ④ 31 ① 32 ① 33 ③ 34 ③ 35 ② 36 ③

37 바깥지름을 연삭하는 원통연삭기 중에서 연삭숫돌을 숫돌의 반지름 방향으로 이송하면서 공작물을 연삭하는 방식으로 단이 있는 면, 테이퍼 형등의 연삭에 적합한 형식은?

① 테이블 왕복형
② 숫돌대 왕복형
③ 플랜지컷형
④ 센터리스 연삭형

풀이 **플랜지컷형**

- 숫돌을 테이블과 직각으로 이동시켜 연삭하는 방식이다.
- 원통면, 단이 있는 면, 테이퍼형, 곡선 윤곽 등의 전체 길이를 동시에 연삭할 때 석합하다.
- 숫돌의 너비는 공작물의 연삭길이보다 길어야 한다.

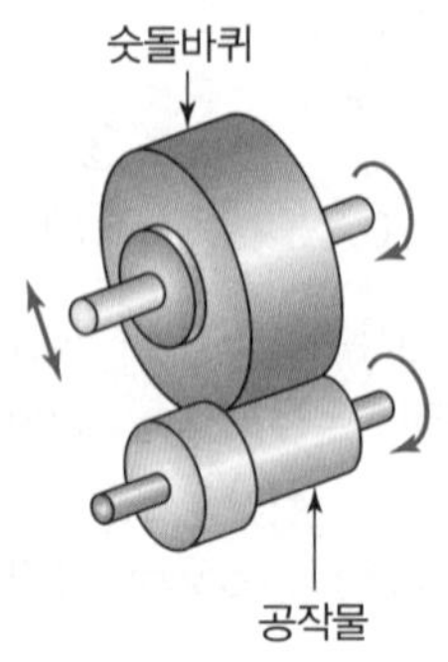

38 나사의 유효지름을 측정하는 가장 정밀한 방법은?

① 삼침법
② 광학적인 방법
③ 센터게이지에 의한 방법
④ 나사 마이크로미터에 의한 방법

풀이 삼침법 : 나사의 골에 적당한 굵기의 침을 3개 끼워서 침의 외측거리 M을 외측 마이크로미터로 측정하여 수나사의 유효지름을 계산한다. 나사의 유효지름을 측정할 때 가장 정밀도가 높다.

※ 센터 게이지는 나사산의 각도 등을 측정하는 게이지이다.

39 다음 중 자루와 날 부위가 별개로 되어 있는 리머는?

① 조정 리머 ② 팽창 리머
③ 솔리드 리머 ④ 셸 리머

[셸 리머의 자루]

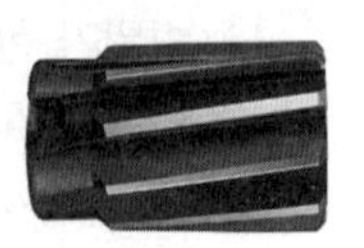
[셸 리머의 날]

40 절삭유제에 대한 일반적인 설명으로 틀린 것은?

① 마찰 감소, 절삭열 냉각, 가공표면의 거칠기를 향상시킨다.
② 절삭유제에는 수용성과 불수용성 절삭유제 등이 있다.
③ 극압유는 절삭공구가 고온, 고압 상태에서 마찰을 받을 때 사용한다.
④ 올리브유, 면실유, 대두유 등의 식물성 기름은 고속 중절삭에 적합하다.

풀이 식물성 기름의 절삭유제는 주로 저속 절삭에 적합하다.

41 축 지름의 치수를 직접 측정할 수는 없으나 기계 부품이 허용공차 안에 들어 있는지를 검사하는 데 가장 적합한 측정 기기는?

① 한계 게이지
② 버니어 캘리퍼스
③ 외경 마이크로미터
④ 사인바

풀이 **한계 게이지**

- 설계자가 허용하는 제품의 최대 허용한계치수와 최소 허용한계치수를 측정하는 데 사용되는 게이지
- 최대 허용치수와 최소 허용치수를 각각 통과 측과 정지 측으로 하므로 매우 능률적으로 측정할 수 있고 측정된 제품이 호환성을 갖게 할 수 있는 측정기이다.

정답 | 37 ③ 38 ① 39 ④ 40 ④ 41 ①

42 다음 중 선반 바이트의 앞면 절삭각(front cutting edge angle)에 대한 설명으로 옳은 것은?

① 주절인과 바이트의 중심선이 이루는 각
② 부절인과 바이트의 중심선에 수직인 선이 이루는 각
③ 부절인에서 바이트의 뒤쪽으로 이어지는 면과 수평에서 이루는 각
④ 부절인을 이루는 바이트 앞면의 바이트 수직선과 이루는 각

풀이 • 주절인 : 바이트 의 옆 날을 말한다.
• 부절인 : 바이트의 앞 날을 말한다.

43 CNC 선반 프로그램에서 다음과 같은 블록을 올바르게 설명한 것은?

G28 U10. W10. ;

① 자동 원점 복귀 명령문이다.
② 제2원점 복귀 명령문이다.
③ 중간점을 경유하지 않고 곧바로 이동한다.
④ G28에서는 X 또는 Z를 사용할 수 없다.

풀이 G28 U10. W10. ;
현 위치에서 X축 방향으로 10만큼, Z축 방향으로 10만큼 떨어진 지점을 경유하여 원점 복귀한다.

① 자동원점복귀 : G28
② 제2, 3, 4 원점복귀 : G30
③ 중간점을 경유하지 않고 원점복귀 : G28 U0. W0. ;
④ G28에서는 X 또는 Z를 사용할 수 있다.

44 다음 설명에 해당하는 CNC 기능은?

• 일감과 공구의 상대속도를 지정하는 기능이 있다. • 분당 이송(mm/min)과 회전당 이송(mm/rev)이 있다.

① 준비기능(G) ② 주축기능(S)
③ 이송기능(F) ④ 보조기능(M)

풀이 이송기능(F) : 공작물과 공구의 상대속도를 지정하는 기능이며 분당 이송(mm/min)과 회전당 이송(mm/rev)이 있다.

45 다음 중 CNC 공작기계의 제어에 사용되는 주소(address)가 기계의 보조장치 ON/OFF 제어기능을 의미하는 것은?

① X ② M
③ P ④ U

풀이 보조기능(M) : 기계 동작부의 ON/OFF 제어 명령

46 CNC 선반에서 가공작업 중 바이트에 칩이 감겨버렸다. 다음 중 칩의 제거 방법으로 가장 올바른 것은?

① 작업 수행 중 손으로 제거한다.
② 작업은 계속하며 칩 제거용 공구로 제거한다.
③ 가공시간 단축을 위하여 작업 완료 후 제거한다.
④ 이송 및 작업을 정지하고, 안전한 영역에서 제거한다.

풀이 칩을 제거하기 위해서는 기계의 이송 및 작업을 정지하고, 칩 제거 도구를 사용하여 안전한 영역에서 제거한다.

47 다음 중 밀링작업에서 작업안전에 관한 사항으로 틀린 것은?

① 눈의 높이에서 커터 날 끝의 절삭상태를 보면서 가공한다.
② 정면커터로 절삭할 때는 칩이 비산하므로 칩 커버를 설치한다.
③ 절삭공구나 공작물을 설치할 때는 전원을 끄거나 완전히 정지시키고 실시한다.
④ 테이블 위에 공구나 측정기를 올려놓지 않는다.

풀이 가공을 할 때에는 보안경을 착용하여 눈을 보호하고, 공작물을 내려다보며 가공해야 한다.

정답 | 42 ② 43 ① 44 ③ 45 ② 46 ④ 47 ①

48 다음 중 머시닝 센터 작업 시에 일시적으로 좌표를 '0'(zero)로 설정할 때 사용하는 좌표계는?

① 기계 좌표계 ② 극좌표
③ 상대 좌표계 ④ 잔여 좌표계

풀이 **상대 좌표계**
- 현재의 위치가 원점이 되며, 일시적으로 좌표를 '0'으로 설정할 때 사용한다.
- 공구의 세팅, 간단한 핸들 이동, 좌표계 설정 등에 사용한다.
- 선반의 경우 좌표어는 U, W를 사용한다.

49 1,500rpm으로 회전하는 스핀들에서 3회전의 휴지(dwell)를 하려고 한다. 다음 중 정지 시간의 프로그램으로 옳은 것은?

① G04 X0.1 ; ② G04 U0.12 ;
③ G04 P140 ; ④ G04 A0.18 ;

풀이 **정지시간과 스핀들 회전수의 관계**

정지시간(초)

$$= \frac{60}{\text{스핀들 회전수(rpm)}} \times \text{일시정지 회전수}$$

$$= \frac{60}{1,500} \times 3 = 0.12\text{초}$$

∴ G04 X0.12 ; 또는 G04 U0.12 ; 또는 G04 P120 ;으로 나타낸다.

50 다음 중 백래시(backlash) 보정기능의 설명으로 옳은 것은?

① 축의 이동이 한 방향에서 반대 방향으로 이동할 때 발생하는 편차값을 보정하는 기능
② 볼스크루의 부분적인 마모 현상으로 발생된 피치 간의 편차값을 보정하는 기능
③ 백보링 기능의 편차량을 보정하는 기능
④ 한 방향 위치 결정 기능의 편차량을 보정하는 기능

풀이 백래시 : 축의 이동이 한 방향에서 반대 방향으로 이동할 때 발생하는 편차를 말한다.

51 다음 중 CNC 프로그램에서 선택적 프로그램(program) 정지를 나타내는 보조기능은?

① M00 ② M01
③ M02 ④ M03

풀이
- M00 : 프로그램 정지
- M01 : 선택적 프로그램 정지
- M02 : 프로그램 종료
- M03 : 주축 정회전

52 다음 CNC 선반 프로그램에서 가공물의 지름이 10mm일 때 주축의 회전수는 몇 rpm인가?

```
G50 S2000 ;
G96 S120 ;
```

① 120 ② 955
③ 2,000 ④ 3,820

풀이 **G96 : 절삭속도(m/min) 일정 제어**

$$N = \frac{1,000S}{\pi D} = \frac{1,000 \times 120}{\pi \times 10}$$

$= 3,819.72 ≒ 3,820$

여기서, N : 주축의 회전수(rpm)
S : 절삭속도(m/min) ⇒ S120
D : 공작물의 지름(mm) ⇒ ϕ10mm

그러나 G50에서 주축 최고 회전수를 2,000rpm으로 제한하였기 때문에 ϕ10mm일 때, 주축의 회전수는 3,820rpm이 아니라 2,000rpm이다.

53 다음 중 CNC 공작기계 제어방식의 종류가 아닌 것은?

① 직선 절삭 제어
② 위치 결정 제어
③ 원점 절삭 제어
④ 윤곽 절삭 제어

풀이 **CNC 공작기계 제어방식의 종류**

위치 결정 제어, 직선 절삭 제어, 윤곽 절삭 제어

정답 | 48 ③ 49 ② 50 ① 51 ② 52 ③ 53 ③

54 다음 중 나사의 피치가 2mm인 2줄 나사를 가공할 때 나사의 리드값으로 옳은 것은?

① 2mm ② 4mm
③ 6mm ④ 8mm

풀이 나사의 리드(L)=나사 줄 수(n)×피치(p)
$=2\times2=4$mm

55 다음 중 CNC 공작기계에서 정보가 흐르는 과정을 가장 올바르게 나열한 것은?

① 도면 → CNC 프로그램 → 정보처리회로 → 기계 본체 → 서보기구 구동 → 가공물
② 도면 → CNC 프로그램 → 정보처리회로 → 서보기구 구동 → 기계 본체 → 가공물
③ 도면 → 정보처리회로 → CNC 프로그램 → 서보기구 구동 → 기계 본체 → 가공물
④ 도면 → CNC 프로그램 → 서보기구 구동 → 정보처리회로 → 기계 본체 → 가공물

풀이 **CNC 공작기계의 정보흐름**

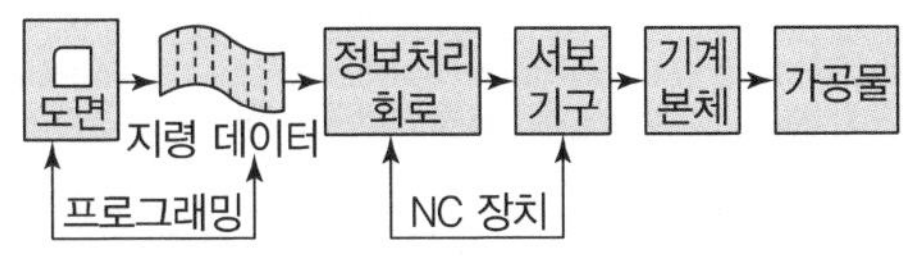

56 다음 중 원호보간에 관한 설명으로 틀린 것은?

① 시계방향의 원호 지령은 G02이다.
② 반시계방향의 원호 지령은 G03이다.
③ 절대 혹은 증분 지령 모두 사용할 수 있다.
④ 원호의 크기는 R 값으로만 지령해야 한다.

풀이 원호의 크기는 R 지령 대신 I, J, K의 벡터값으로 나타낼 수 있다.

57 다음 머시닝 센터 프로그램에서 G98의 의미로 옳은 것은?

```
G17 G90 G98 G83 Z-25.0 R3.0 Q2.0 F120 ;
```

① 보조프로그램 호출
② 1회 절입량
③ R점 복귀
④ 초기점 복귀

풀이
- G98 : 고정 사이클 초기점 복귀
- G17 : X-Y 평면 지정
- G90 : 절대지령
- G83 : 깊은 구멍 사이클
- Z : 최종 구멍 깊이
- R : R 점의 기준 좌표값
- Q : 1회 절입량
- F : 이송속도

58 CAD/CAM용 하드웨어의 구성 요소 중 중앙처리장치(CPU)의 구성 요소에 해당하는 것은?

① 출력장치 ② 변환장치
③ 입력장치 ④ 제어장치

풀이 **중앙처리장치의 구성**
주기억장치, 연산논리장치, 제어장치

59 머시닝 센터의 NC 프로그램에서 T02를 기준공구로 하여 T06 공구를 길이 보정하려고 한다. G43 코드를 이용할 경우 T06 공구의 길이 보정량으로 옳은 것은?

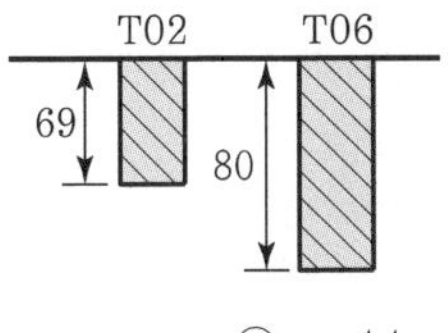

① 11 ② −11
③ 80 ④ −80

풀이 **G43 : 공구길이 보정 +**
공구의 길이가 기준 공구보다 길면 '+' 값으로 보정하고, 짧으면 '−' 값으로 보정한다.

T06 공구는 T02 공구보다 11mm 긴 경우이므로 '+11'로 보정한다.

정답 | 54 ② 55 ② 56 ④ 57 ④ 58 ④ 59 ①

60 CNC 선반의 복합형 고정 사이클 중에서 외경 정삭용 사이클에 해당하는 것은?

① G70 ② G71

③ G72 ④ G73

- G70 : 내 · 외경 정삭 사이클
- G71 : 내 · 외경 황삭 사이클
- G72 : 단면 황삭 사이클
- G73 : 모방(형상 반복) 사이클

정답 | 60 ①

컴퓨터응용밀링기능사

2014 제4회 과년도 기출문제

CRAFTSMAN COMPUTER AIDED MILLING

01 담금질할 수 있으며 내마멸성이 요구되는 공작기계의 안내면과 강도를 요하는 기관의 실린더에 쓰이는 주철은?

① 구상 흑연 주철 ② 미하나이트 주철
③ 칠드 주철 ④ 흑심 가단주철

풀이 **미하나이트 주철**
- 쇳물을 제조할 때 선철에 다량의 강철 스크랩을 사용하여 저탄소 주철을 만들고, 여기에 칼슘실리콘(Ca－Si), 페로실리콘(Fe－Si) 등을 첨가하여 조직을 균일화하고 미세화한 펄라이트 주철
- 인장강도가 255~340MPa이고, 내마모성이 우수하여 브레이크 드럼, 실린더, 캠, 크랭크축, 기어 등에 사용된다.
- 담금질에 의한 경화가 가능하다.

02 절삭공구에 사용되는 공구 재료의 용도 분류 기호 중 틀린 것은?

① G ② K
③ M ④ P

풀이 절삭용 초경합금을 용도에 따라 크게 3종류로 구분하며 P(청색), M(황색), K(적색)로 표시한다.

03 절삭공구 중 비금속 재료에 해당하는 것은?

① 고속도강
② 탄소공구강
③ 합금공구강
④ 세라믹

풀이
- 비금속 재료는 세라믹, 다이아몬드, CBN(입방정 질화붕소) 등
- 금속 재료는 고속도강, 탄소공구강, 합금공구강, 주조경질합금, 초경합금
- 세라믹＋금속재료는 서멧

04 적절히 냉간가공을 하면 탄성, 내식성 및 내마멸성이 향상되고, 자성이 없어 통신기기나 각종 계기의 고급 스프링 재료로 사용되는 합금은?

① 포금 ② 납청동
③ 인청동 ④ 켈밋 합금

풀이 **인청동**
스프링용 인청동은 Sn(7.0~9.0%)＋P(0.03~0.35%)의 합금이며 전연성, 내식성, 내마멸성이 좋고, 자성이 없어 통신기기, 계기류 등의 고급 스프링 재료로 사용한다.

05 구상 흑연 주철의 기지조직 중에서 가장 강도가 강인한 것은?

① 페라이트형
② 펄라이트형
③ 불스아이형
④ 시멘타이트형

풀이 구상 흑연 주철은 페라이트형, 펄라이트형, 시멘타이트형이 있고, 강도는 펄라이트형이 가장 높고, 페라이트형이 가장 약하다.

정답 | 01 ② 02 ① 03 ④ 04 ③ 05 ②

06 금속재료가 가지고 있는 일반적인 특성이 아닌 것은?

① 일반적으로 투명하다.
② 전기 및 열의 양도체이다.
③ 금속 고유의 광택을 가진다.
④ 소성변형성이 있어 가공하기 쉽다.

풀이 금속은 빛의 반사성이 우수하고 고유의 색깔을 갖는다.

07 알루미늄의 특징에 대한 설명으로 틀린 것은?

① 전연성이 나쁘며 순수 Al은 주조가 곤란하다.
② 대부분의 Al은 보크사이트로 제조한다.
③ 표면에 생기는 산화피막의 보호성분 때문에 내식성이 좋다.
④ 열처리로 석출경화, 시효경화시켜 성질을 개선한다.

풀이 전연성이 좋고, 알루미늄 합금은 주조가 용이하다.

08 모듈이 2이고, 피치원의 지름이 60mm인 스퍼 기어와 이에 맞물려 돌아가고 있는 피니언의 피치원의 지름이 38mm일 때 피니언의 잇수는?

① 18개 ② 19개
③ 30개 ④ 38개

풀이 모듈 $m = \frac{p(\text{피치원 지름})}{z(\text{잇수})}$에서

피니언의 잇수 $z = \frac{p}{m} = \frac{38}{2} = 19$개

09 구름 베어링의 종류 중에서 스러스트 볼 베어링의 형식기호는 무엇으로 나타내는가?

① 형식기호 : 2 ② 형식기호 : 5
③ 형식기호 : 6 ④ 형식기호 : 7

풀이 **베어링의 형식기호**

- 1 : 복렬 자동조심형 볼 베어링
- 2,3 : 복렬 자동조심형 볼 베어링(큰 나비)
- 5 : 스러스트 볼 베어링
- 6 : 단열 깊은 홈 볼 베어링
- 7 : 단열 앵귤러 볼 베어링

10 강철 줄자를 쭉 뺐다가 집어넣을 때 자동으로 빨려 들어간다. 그 내부에 어떤 스프링을 사용하였는가?

① 코일 스프링 ② 판 스프링
③ 와이어 스프링 ④ 태엽 스프링

풀이 **태엽 스프링**

변형 에너지를 저장하였다가 변형이 회복되면서 일을 하는 스프링으로 강철 줄자, 시계의 태엽 등에 많이 사용된다.

11 볼트 머리부의 링(ring)으로 물건을 달아 올리는 구조로 훅(hook)을 걸 수 있는 형상의 고리가 있는 볼트는 무엇인가?

① 아이 볼트 ② 나비 볼트
③ 리머 볼트 ④ 스테이 볼트

풀이 **아이 볼트**

무거운 부품을 들어 올릴 때 고리로 사용한다.

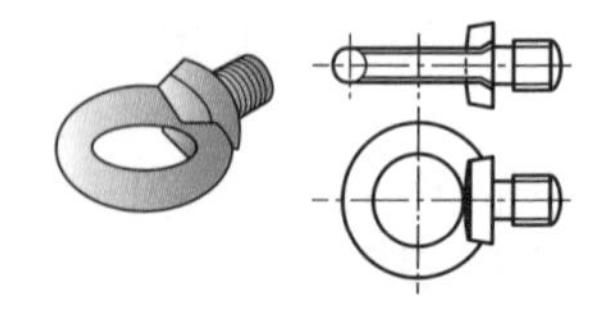

12 하중 18kN, 응력 5MPa일 때, 하중을 받는 정사각형의 한 변의 길이는 몇 mm인가?

① 40 ② 50
③ 60 ④ 70

풀이 응력 $\sigma = \frac{\text{하중 } P}{\text{단면적 } A}$에서

단면적 $A = \frac{P(\text{N})}{\sigma(\text{N/mm}^2)} = (\text{한 변의 길이 } a)^2$

한 변의 길이 $a = \sqrt{\frac{18{,}000}{5}} = 60\text{mm}$

여기서, $1\text{MPa} = 10^6\text{N/m}^2 = 1\text{N/mm}^2$

정답 | 06 ① 07 ① 08 ② 09 ② 10 ④ 11 ① 12 ③

13 진동이나 충격에 의한 너트의 풀림을 방지하는 것은?

① 로크 너트 ② 플레이트 너트
③ 슬리브 너트 ④ 나비 너트

풀이 로크 너트는 2개의 너트를 사용하여 서로 죄여 너트 사이를 미는 상태로, 외부에서의 진동이 작용해도 항상 하중이 작용하고 있는 상태를 유지하도록 하는 방법이다.(일반 나사 피치보다 작음)

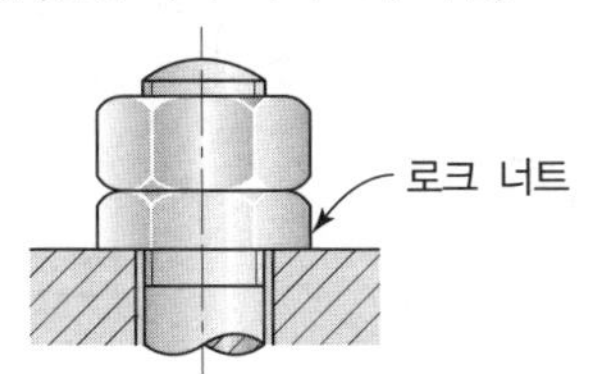

14 맞물림 클러치에서 턱의 형태에 해당하지 않는 것은?

① 사다리꼴형 ② 나선형
③ 유선형 ④ 톱니형

풀이 **맞물림 클러치의 턱 모양**
사다리꼴형, 삼각형, 사각형, 나선형, 톱니형

15 공작기계의 이송 나사로 널리 사용되고 나사의 밑이 두꺼워 산마루와 골에 틈이 생기므로 공작이 용이하고 맞물림이 좋으며 마모에 대하여 조정하기 쉬운 이점이 있는 나사는?

① 유니파이 나사 ② 너클 나사
③ 톱니 나사 ④ 사다리꼴 나사

풀이 **사다리꼴 나사(애크미 나사)**
나사의 효율 면에서 사각 나사가 이상적이나 가공의 어려움이 있어 사다리꼴 나사로 대체한다. 사다리꼴 나사는 축 방향의 힘을 전달하는 부품에 적합하며, 사각 나사보다 강도가 높고 나사 봉우리와 골 사이에 틈새가 있으므로 물림이 좋으며 마모되어도 어느 정도 조정할 수 있어서 공작기계의 이송 나사, 밸브의 개폐용, 잭 · 프레스 등의 축력을 전달하는 운동용 나사로 사용된다.

16 호칭번호 6303ZNR인 베어링에서 안지름의 치수는 몇 mm인가?

① 15mm
② 17mm
③ 30mm
④ 63mm

풀이 **베어링 호칭번호 : 6303ZNR**
- 63 : 깊은 홈 볼 베어링
- 03 : 베어링 안지름

번호	안지름 크기(mm)
00	10
01	12
02	15
03	17
04	20

17 다음 중 보조 투상도를 사용해야 될 곳으로 가장 적합한 경우는?

① 가공 전 · 후의 모양을 투상할 때 사용
② 특정 부분의 형상이 작아 이를 확대하여 자세하게 나타낼 때 사용
③ 물체 경사면의 실형을 나타낼 때 사용
④ 물체에 대한 단면을 90° 회전하여 나타낼 때 사용

풀이 경사부가 있는 물체는 그 경사면의 실제 모양을 표시할 필요가 있는데, 이 경우에 보이는 부분의 전체 또는 일부분을 보조 투상도로 나타낸다.

18 굵은 1점쇄선을 사용하는 선으로 가장 적합한 것은?

① 되풀이하는 도형의 피치를 나타내는 기준선
② 수면, 유면 등의 위치를 표시하는 선
③ 표면처리 부분을 표시하는 특수 지정선
④ 치수선을 긋기 위하여 도형에서 인출해낸 선

풀이 특수 지정선(굵은 1점쇄선, ——— - ———) : 도면에서 특수한 가공(고주파 담금질 등)을 실시하는 부분을 표시할 때 사용하는 선

정답 | 13 ① 14 ③ 15 ④ 16 ② 17 ③ 18 ③

19 축과 구멍의 끼워맞춤에서 최대 틈새는?

① 구멍의 최대 허용치수－축의 최소 허용치수
② 구멍의 최소 허용치수－축의 최대 허용치수
③ 축의 최대 허용치수－축의 최소 허용치수
④ 구멍의 최소 허용치수－구멍의 최대 허용치수

풀이 최대 틈새＝구멍의 최대 허용치수－축의 최소 허용치수
즉, 최대 틈새는 구멍은 가장 크고, 축은 가장 작을 때 생긴다.
구멍 : $\varnothing 60^{+0.04}_{+0.01}$, 축 : $\varnothing 60^{-0.01}_{-0.029}$이라고 하면
최대 틈새$=60.04-59.971=0.069$
또는
$0.04-(-0.029)=0.069$

20 나사의 도시법에 대한 설명으로 틀린 것은?

① 수나사의 바깥지름은 굵은 실선으로 그린다.
② 암나사의 안지름은 굵은 실선으로 그린다.
③ 수나사와 암나사의 결합부는 수나사로 그린다.
④ 완전 나사부와 불완전 나사의 경계는 가는 실선으로 그린다.

풀이 완전 나사부와 불완전 나사부의 경계선은 굵은 실선(외형선)으로 그린다.

21 다음 중 데이텀 표적에 대한 설명으로 틀린 것은?

① 데이텀 표적은 가로선으로 2개 구분한 원형의 테두리에 의해 도시한다.
② 데이텀 표적이 점일 때는 해당 위치에 굵은 실선으로 × 표시를 한다.
③ 데이텀 표적이 선일 때는 굵은 실선으로 표시한 2개의 × 표시를 굵은 실선으로 연결한다.
④ 데이텀 표적이 영역일 때는 원칙적으로 가는 2점 쇄선으로 그 영역을 둘러싸고 해칭을 한다.

풀이 ×—×
데이텀 표적이 선일 때는 굵은 실선으로 표시한 2개의 ×표시를 가는 실선으로 연결한다.

22 그림과 같은 입체도의 화살표 방향 투상도로 가장 적합한 것은?

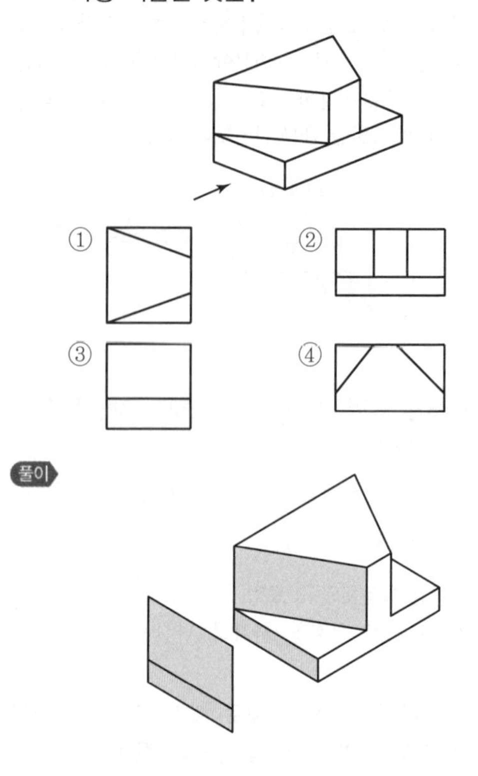

23 제거가공의 지시방법 중 '제거가공을 필요로 한다.'를 지시하는 것은?

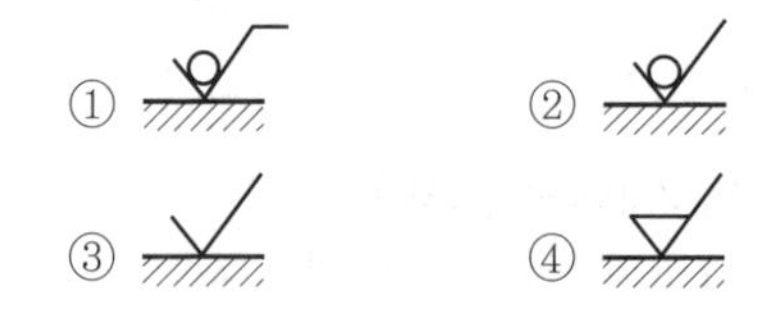

풀이
① : 가공방법, 표면처리 등을 기입할 필요가 있는 경우
② : 제거가공을 필요로 하지 않는다.
③ : 절삭 등 제거가공의 필요 여부를 문제 삼지 않는다.
④ : 제거가공을 필요로 한다.

정답 | 19 ① 20 ④ 21 ③ 22 ③ 23 ④

24 단면도의 표시방법에서 그림과 같은 단면도의 종류는?

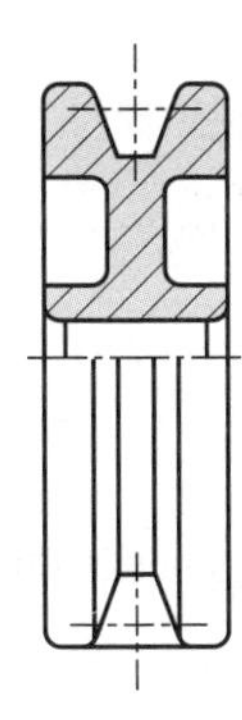

① 온단면도　② 한쪽 단면도
③ 부분단면도　④ 회전 도시 단면도

풀이 한쪽 단면도는 상하 또는 좌우 대칭인 물체에서 중심선을 기준으로 물체의 1/4만 잘라내서 그려주는 방법으로, 물체의 외부형상과 내부형상을 동시에 나타낼 수 있는 장점을 가지고 있다.

25 개개의 치수에 주어진 치수공차가 축차로 누적되어도 좋은 경우에 사용하는 치수의 배치법은?

① 직렬 치수 기입법
② 병렬 치수 기입법
③ 좌표 치수 기입법
④ 누진 치수 기입법

풀이 직렬 치수 기입법은 개개의 치수에 주어진 치수공차가 축차로 누적되어도 좋은 경우에 사용하나, 누적공차가 발생하므로 잘 사용하지 않는다.

26 일반적인 방법으로 선반에서 가공하지 않는 것은?

① 원통 가공　② 나사절삭 가공
③ 기어 가공　④ 널링 가공

풀이 기어 가공 : 일반적으로 밀링과 호빙머신 등을 이용해 가공한다.

27 연삭 가공 방법이 아닌 것은 무엇인가?

① 원통 연삭
② 평면 연삭
③ 내면 연삭
④ 탄성 연삭

풀이 **연삭 가공 방법의 종류**
원통 연삭, 평면 연삭, 내면 연삭, 센터리스 연삭, 공구 연삭, 나사 연삭, 기어 연삭, 캠 연삭 등이 있다.

28 연삭숫돌의 결합도 선정 기준으로 틀린 것은?

① 숫돌의 원주속도가 빠를 때는 연한 숫돌을 사용한다.
② 연삭깊이가 얕을 때는 경한 숫돌을 사용한다.
③ 공작물의 재질이 연하면 연한 숫돌을 사용한다.
④ 공작물과 숫돌의 접촉 면적이 작으면 경한 숫돌을 사용한다.

풀이 **연삭조건에 따른 숫돌의 결합도 선택**

결합도가 높은 숫돌 (굳은 숫돌)	결합도가 낮은 숫돌 (연한 숫돌)
• 연한 재료의 연삭 • 숫돌차의 원주속도가 느릴 때 • 연삭깊이가 얕을 때 • 접촉면이 작을 때 • 재료 표면이 거칠 때	• 단단한(경한) 재료의 연삭 • 숫돌차의 원주속도가 빠를 때 • 연삭깊이가 깊을 때 • 접촉면이 클 때 • 재료 표면이 치밀할 때

29 표면 거칠기의 표시법 중 최대 높이 거칠기를 나타내는 것은?

① R_a　② R_{max}
③ R_z　④ R_e

풀이 ① R_a : 산술평균 거칠기
② R_{max} : 최대 높이 거칠기
③ R_z : 10점 평균 거칠기

정답 | 24 ② 25 ① 26 ③ 27 ④ 28 ③ 29 ②

30 수평 밀링머신의 플레인 커터 작업에서 하향 절삭의 장점이 아닌 것은?

① 공작물의 고정이 쉽다.
② 상향절삭에 비하여 날의 마멸이 적고 수명이 길다.
③ 날 자리 간격이 짧고 가공면이 깨끗하다.
④ 백래시 제거장치가 필요 없다.

풀이 백래시 제거장치가 필요하다.

31 드릴의 표준 날끝선단각은 몇 도(°)인가?

① 118°　② 135°
③ 163°　④ 181°

풀이 드릴의 표준 날끝각(선단각)은 118°이다.

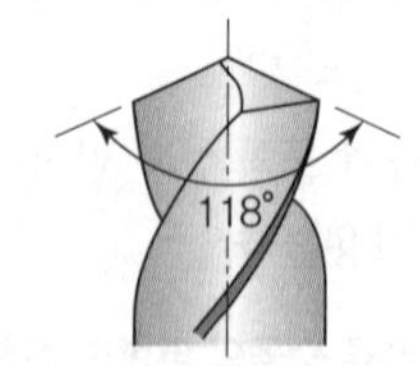

32 기계공작에서 비절삭 가공에 속하는 것으로 맞는 것은?

① 밀링머신　② 호빙머신
③ 유압 프레스　④ 플레이너

풀이 유압 프레스 → 소성가공

33 선반의 장치 중 체이싱 다이얼의 용도는 무엇인가?

① 하프너트의 작동시기 결정
② 테이퍼 가공 각도 결정
③ 심압대 편위값의 결정
④ 나사의 피치에 따른 변환기어 레버 위치 결정

풀이 나사 절삭 시 자동 반복 작업을 하기 위해서 체이싱 다이얼을 이용한다.

34 주물품에서 볼트, 너트 등이 닿는 부분을 가공하여 자리를 만드는 작업은?

① 보링
② 스폿페이싱
③ 카운터싱킹
④ 리밍

풀이 스폿페이싱 : 볼트나 너트 고정 시 접촉부 자리 가공

35 구성인선의 방지 대책과 가장 거리가 먼 것은?

① 윤활성이 좋은 절삭유제를 사용한다.
② 절삭깊이를 얕게 한다.
③ 공구의 윗면 경사각을 크게 한다.
④ 이송속도를 높여 전단형 칩이 형성되도록 한다.

풀이 이송속도를 줄여 유동형 칩이 형성되도록 한다.

36 니형 밀링머신의 컬럼면에 설치하는 것으로 주축의 회전운동을 수직 왕복운동으로 변환시켜 주는 장치는?

① 원형 테이블
② 분할대
③ 래크 절삭 장치
④ 슬로팅 장치

풀이 슬로팅 장치는 수평 또는 만능 밀링머신의 주축 머리(헤드)에 장착하여 슬로팅 머신과 같이 절삭공구를 상하로 왕복운동시켜 키홈, 스플라인, 세레이션, 기어 등을 절삭하는 장치를 말한다.

37 동 · 식물유 절삭제에 첨가하여 높은 윤활 효과를 얻는 첨가제가 아닌 것은?

① 아연　② 흑연
③ 인산염　④ 유화물

풀이 **절삭유의 첨가제**
- 수용성 절삭유에는 인산염, 규산염을 첨가
- 동식물유에는 유황(S), 흑연(C), 아연(Zn)을 첨가

정답 | 30 ④ 31 ① 32 ③ 33 ① 34 ② 35 ④ 36 ④ 37 ③

38 와이어 컷 방전가공의 와이어 전극 재질로 적합하지 않은 것은?

① 황동 ② 구리
③ 텅스텐 ④ 납

풀이 **와이어 전극 재질**
황동, 구리, 텅스텐

39 주어진 절삭속도가 40m/min이고, 주축회전수가 70rpm이면 절삭되는 일감의 지름은 약 몇 mm인가?

① 82 ② 182
③ 282 ④ 382

풀이 절삭속도 $V=\frac{\pi d n}{1,000}$에서

일감의 지름 $d=\frac{1,000\times V}{\pi\times n}$

$=\frac{1,000\times 40}{\pi\times 70}\fallingdotseq 182\text{mm}$

40 절삭속도와 가공물의 지름 및 회전수와의 관계를 설명한 것으로 옳은 것은?

① 절삭속도가 일정할 때 가공물 지름이 감소하면 경제적인 표준 절삭속도를 얻기 위하여 회전수를 증가시킨다.
② 절삭속도가 너무 빠르면 절삭온도가 낮아져, 공구선단의 경도가 저하되고 공구의 마모가 생긴다.
③ 절삭속도가 감소하면 가공물의 표면 거칠기가 좋아지고 절삭공구 수명이 단축된다.
④ 절삭속도의 단위는 분당 회전수(rpm)로 한다.

풀이 ② 절삭속도가 빠르면 절삭온도가 높아져 공구의 수명이 단축된다.
③ 절삭속도가 감소하면 공구의 수명은 길어지지만 표면 거칠기는 나빠진다.
④ 절삭속도의 단위는 m/min이다.

41 공구의 수명에 관한 설명으로 맞지 않는 것은?

① 일감을 일정한 절삭조건으로 절삭하기 시작하여 깎을 수 없게 되기까지의 총 절삭시간을 분(min)으로 나타낸 것이다.
② 공구의 수명은 마멸이 주된 원인이며, 열 또한 원인이다.
③ 공구의 윗면에서는 경사면 마멸, 옆면에서는 여유면 마멸이 나타난다.
④ 공구의 수명은 높은 온도에서 길어진다.

풀이 공구의 수명은 높은 온도에서 짧아진다.

42 외측 마이크로미터 측정면의 평면도를 검사하는 데 사용하는 것은?

① 옵티컬플랫 ② 오토콜리메이터
③ 옵티미터 ④ 사인바

풀이 마이크로미터 측정면의 평면도는 앤빌과 스핀들의 양측 정면에 옵티컬플랫을 밀착시켜 간섭무늬를 관찰해서 판정한다.

43 CNC 선반에서 심압대 쪽에서 주축 방향으로 내경가공을 위하여 주로 사용되는 반경보정은?

① G40 ② G41
③ G42 ④ G43

풀이 • G41 : 선반에서 내경가공에 주로 사용
• G42 : 선반에서 외경가공에 주로 사용

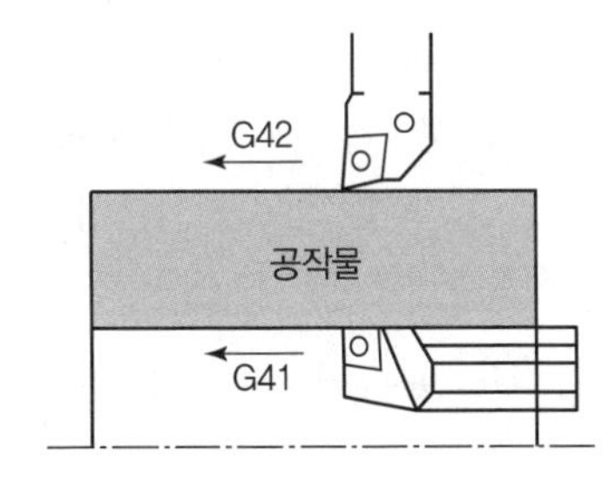

※ G41 : 진행 방향으로 바라보았을 때 공구가 공작물 왼쪽에 존재한다.

정답 | 38 ④ 39 ② 40 ① 41 ④ 42 ① 43 ②

44 CNC 선반에서 '왼M30×2'인 나사를 가공하려고 할 때, 회전당 이송속도(F) 값은 얼마인가?

① 1.0　② 2.0
③ 3.0　④ 4.0

풀이 나사가공에서 회전당 이송속도(F) 값은 나사의 리드를 입력한다.
나사의 리드(L)=나사 줄 수(n)×피치(p)
=1×2=2.0

45 다음 중 CNC 공작기계 작업 시 안전 사항으로 가장 적절하지 않은 것은?

① 전원은 순서대로 공급하고 끌 때에는 역순으로 한다.
② 윤활유 공급 장치의 기름의 양을 확인하고 부족 시 보충한다.
③ 작업 시에는 보안경, 안전화 등 보호장구를 착용하여야 한다.
④ 충돌의 위험이 있을 때에는 전원 스위치를 눌러 기계를 정지시킨다.

풀이 충돌의 위험이 있을 때에는 비상 스위치(emergency switch)를 눌러 기계의 작동을 정지시킨다.

46 다음 중 CNC 공작기계에 사용되는 어드레스의 의미가 서로 틀리게 연결된 것은?

① P, X, U : 기계 각 부위 지령
② F, E : 이송속도, 나사의 리드
③ X, Y, Z : 각 축의 이동 위치 지정
④ P, Q : 복합 반복 사이클의 시작과 종료 번호

풀이 P, X, U : 일시정지(dwell) 시간의 지정

47 다음 중 CNC 선반에서 보정화면에 입력되는 값과 관계없는 것은?

① X축 길이 보정값　② Z축 길이 보정값
③ 공구인선 반경값　④ 공구의 지름 보정값

풀이 CNC 선반에서 보정화면에 입력하는 값은 X축 길이 보정값, Z축 길이 보정값, 공구인선 반경값, 공구인선 형상 번호 등이 있다. 공구의 지름 보정값은 머시닝센터 보정화면에 입력하는 값이다.

48 다음 중 NC 공작기계의 테이블 이송속도 및 위치를 제어해주는 장치는?

① 서보기구　② 정보처리회로
③ 조작반　④ 포스트 프로세서

풀이 서보기구는 인체의 손과 발에 해당하는 것으로, 머리에 해당하는 정보처리 회로(CPU)로부터 보내진 명령에 의하여 공작기계의 테이블 등을 움직이게 하는 기구를 말한다.

49 다음 중 수치제어 밀링에서 증분명령(incremental)으로 프로그래밍한 것은?

① G90 X20. Y20. Z50. ;
② G90 U20. V20. W50. ;
③ G91 X20. Y20. Z50. ;
④ G91 U20. V20. W50. ;

풀이
- CNC 밀링 절대지령 : G90 X_ Y_ Z_ ;
- CNC 밀링 증분지령 : G91 X_ Y_ Z_ ;

50 CNC 제어에 사용하는 기능 중 '공구 선택 및 보정'을 하는 기능은?

① T 기능　② S 기능
③ G 기능　④ M 기능

풀이 공구기능(T) : 공구번호 및 공구보정번호

51 프로그램을 편리하게 하기 위하여 도면상에 있는 임의의 점을 프로그램상의 절대좌표 기준점으로 정한 점을 무엇이라 하는가?

① 제2원점
② 제3원점
③ 기계 원점
④ 프로그램 원점

정답 | 44 ② 45 ④ 46 ① 47 ④ 48 ① 49 ③ 50 ① 51 ④

풀이 **프로그램 원점**

- 프로그램을 편리하게 하기 위하여 도면상에 있는 임의의 점을 프로그램상의 절대좌표 기준점으로 하는 점을 말한다.
- 일반적으로 공작물의 양쪽 끝단의 중심에 표시할 수 있으며, 양쪽 모두 표시하면 안 되고 둘 중 한곳만 표시한다.
- 도면상에 원점 표시 기호(◕)를 표시한다.

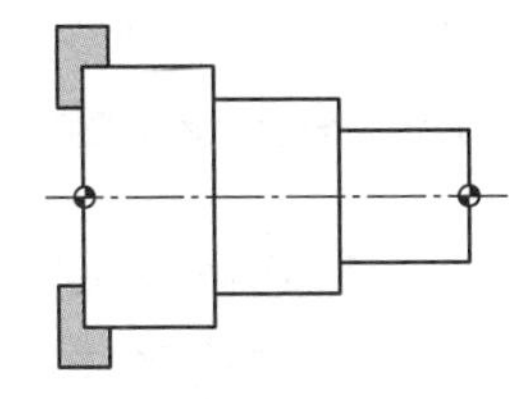

52 다음 중 CNC 프로그램에서 공구지름 보정과 관계없는 준비기능은?

① G40　② G41
③ G42　④ G43

풀이
- G43 : 공구길이 보정 '+'
- G40 : 공구지름 보정 취소
- G41 : 공구지름 보정 좌측
- G42 : 공구지름 보정 우측

53 다음 중 절삭유의 취급 안전에 관한 사항으로 틀린 것은?

① 미끄럼 방지를 위해 실습장 바닥에 누출되지 않도록 한다.
② 공기 오염의 원인이 되므로 항상 청결을 유지해야 한다.
③ 미생물 증식 억제를 위하여 정기적으로 절삭유의 pH를 점검한다.
④ 작업 완료 후에는 공작물과 손을 절삭유로 깨끗이 세척한다.

풀이 작업 완료 후에 절삭유로 공작물만 세척해야 한다. 절삭유로 손을 세척하면 안 된다.

54 CNC 선반에서 다음과 같이 프로그램할 때 'F'의 의미로 가장 옳은 것은?

```
G92 X_ Z_ F_ ;
```

① 나사 면취량
② 나사산의 높이
③ 나사의 리드(lead)
④ 나사의 피치(pitch)

풀이
- G92 : 나사 절삭 사이클
- X : 절삭 시 나사 끝 점의 X좌표(지름지령)
- Z : 절삭 시 나사 끝 점의 Z좌표
- F : 나사의 리드

55 다음 중 머시닝센터의 기계 일상점검에 있어 매일 점검 사항과 가장 거리가 먼 것은?

① 각부의 유량 점검
② 각부의 압력 점검
③ 각부의 필터 점검
④ 각부의 작동상태 점검

풀이 각부의 필터 점검은 매월 점검 사항이다.

56 머시닝 센터에서 공구반경 보정을 사용하여 최대 최소 공차의 중간값으로 다음 사각 형상을 가공하려고 한다. 이때의 지령으로 알맞은 것은?(단, 공구는 ϕ16 엔드밀이며, 측면가공을 한다.)

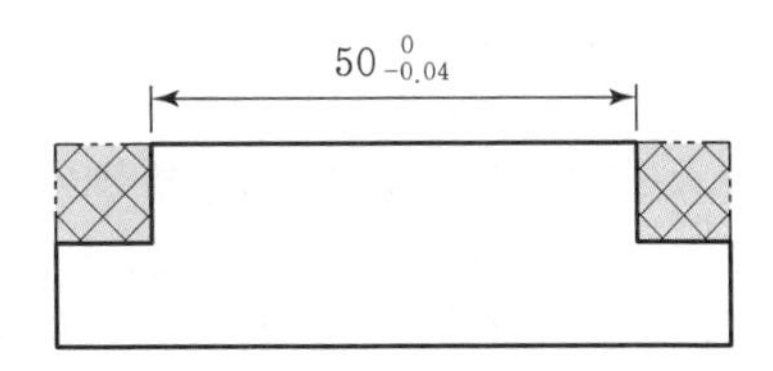

① G41 D01 ; (D01=7.98)
② G41 D02 ; (D02=7.99)
③ G42 D03 ; (D03=8.01)
④ G42 D04 ; (D04=8.02)

정답 | 52 ④　53 ④　54 ③　55 ③　56 ②

풀이 －공차로 주어진 외측 양쪽 가공의 경우

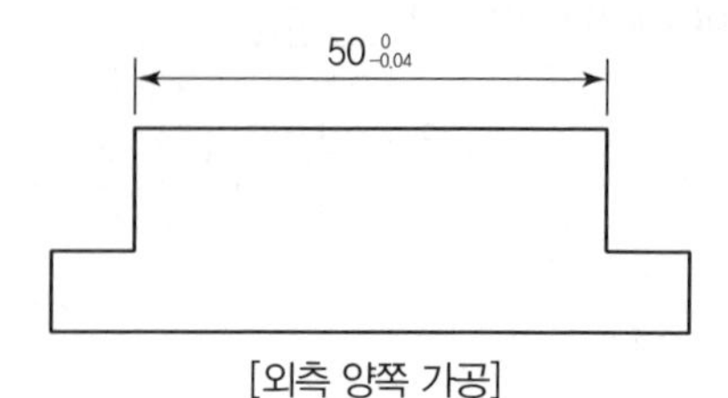

[외측 양쪽 가공]

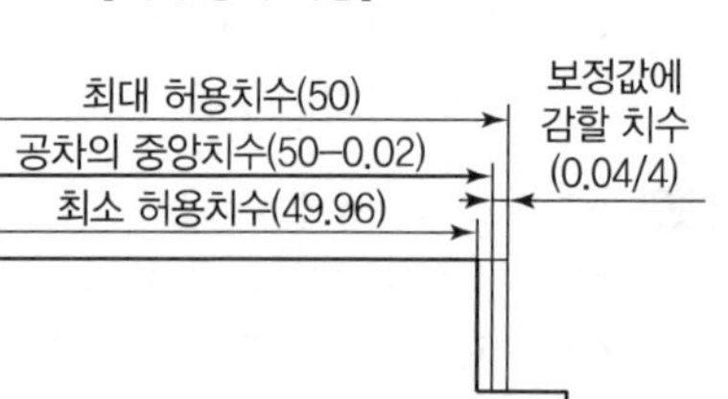

[허용치수와 조정값에 감할 치수]

가공과정에서 오차가 발생할 수 있으므로 공차의 중앙값을 보정값으로 입력하는 것이 좋다.

- 공차＝위 치수 허용공차－아래 치수 허용공차
  $=0-(-0.04)=0.04$
- 보정값(D)＝엔드밀의 반경－(공차/4)
  $=8-(0.04/4)=7.99$

57 다음 중 머시닝 센터에서 원호보간 시 사용되는 I, J의 의미로 틀린 것은?

① I는 X축 보간에 사용된다.
② J는 Y축 보간에 사용된다.
③ 원호의 시작점에서 원호 끝 점까지의 벡터값이다.
④ 원호의 시작점에서 원호 중심까지의 벡터값이다.

풀이 X축 방향의 값은 I로 지령, Y축 방향의 값은 J로 지령, Z축 방향의 값은 K로 지령한다. I, J, K는 원호의 시작점에서 중심점까지의 상대값을 벡터로 표시한 값이다.

58 다음 중 머시닝센터 고정 사이클에서 태핑 사이클로 적당한 G 기능은?

① G81 ② G82
③ G83 ④ G84

풀이
- G84 : 탭(태핑) 사이클
- G81 : 드릴 사이클
- G82 : 카운터보링 사이클
- G83 : 심공 드릴 사이클

59 다음 중 복합가공기와 가장 유사한 방식은?

① CNC ② FMC
③ FMS ④ CIMS

풀이 FMC(Flexible Manufacturing Cell, Flexible Machining Cell)
하나의 CNC 공작기계에 공작물을 자동으로 공급하는 장치 및 가공물을 탈착하는 장치, 필요한 공구를 자동으로 교환하는 장치, 가공된 제품을 자동 측정하고 감시하며 보정하는 장치 및 이들을 제어하는 장치를 갖추고 있다.

복합가공기
일반적으로 밀링 작업을 하는 머시닝 센터와 선삭 작업을 하는 터닝 센터를 합쳐놓은 기계로, 공정 중간에 준비나 대기시간 없이 원척킹(one chucking) 가공으로 공작물을 제작하는 기계다.
※ 원척킹(one chucking) 가공 : 공작물을 처음에 한 번 고정하는 것만으로 제작을 완성하는 가공

60 곡면 형상의 모델링에서 임의의 곡선을 회전축을 중심으로 회전시킬 때 발생하여 얻어진 면을 무엇이라 하는가?

① 회전 곡면
② 로프트(loft) 곡면
③ 룰드(ruled) 곡면
④ 메시(mesh) 곡면

풀이 **회전 곡면**
임의의 곡선을 회전축을 중심으로 회전시킬 때 발생하여 얻어진 면

정답 | 57 ③ 58 ④ 59 ② 60 ①

컴퓨터응용밀링기능사

2014 제5회 과년도 기출문제

CRAFTSMAN COMPUTER AIDED MILLING

01 주철을 고온으로 가열하였다 냉각하는 과정을 반복하면 부피가 더욱 팽창하게 되는데, 이러한 주철의 성장 원인으로 틀린 것은?

① 흡수된 가스의 팽창
② 펄라이트 조직 중 Fe_3C의 흑연화에 따른 팽창
③ 페라이트 조직 중의 Si의 산화에 의한 팽창
④ 서랭에 의한 시멘타이트의 석출로 인한 팽창

풀이 불균일한 가열로 생기는 균열에 의한 팽창

02 다이캐스팅용 알루미늄 합금으로 피삭성과 주조성이 좋고, 용도별 기호 중 Al−Si−Cu계인 것은?

① ALDC 1　　② ALDC 3
③ ALDC 4　　④ ALDC 7

풀이 ALDC 7 : 알루미늄 합금 다이캐스팅 7종으로서 Al−Si−Cu계이다. 기계적 성질, 피삭성 및 주조성이 좋아 다이캐스팅용 합금으로 많이 사용한다.

03 강에 S, Pb 등을 첨가하여 절삭가공 시 연속된 가공 칩의 발생을 방지하고 피삭성을 좋게 한 특수강은?

① 내식강　　② 내열강
③ 쾌삭강　　④ 자석강

풀이 쾌삭강 : 강에 S, Pb 등을 첨가하여 가공 재료의 피절삭성을 높임으로써 제품의 정밀도를 높이고, 공구의 수명을 늘린 합금강이다.

04 열가소성 플라스틱의 일종으로 비중이 약 0.9이며, 인장강도가 약 28~38MPa 정도이고 포장용 노끈이나 테이프, 섬유, 어망, 로프 등에 사용되는 것은?

① 폴리에틸렌　　② 폴리프로필렌
③ 폴리염화비닐　　④ 스티롤

풀이 **폴리프로필렌 수지(PP)**
- 외부에서 가하는 압력이나 힘에 잘 견디며, 물과 화학 약품에도 강하다.
- 카드 파일, 로프, 자동차 내 · 외장재, 포장재, 화장품 용기 등에 사용된다.

05 담금질 냉각제 중 냉각속도가 가장 큰 것은?

① 물　　② 소금물
③ 기름　　④ 공기

풀이 **냉각제에 따른 냉각속도**
소금물 > 물 > 비눗물 > 기름 > 공기 > 노(내부)

06 금속을 상온에서 소성변형시켰을 때, 재질이 경화되고 연신율이 감소하는 현상은?

① 재결정　　② 가공경화
③ 고용강화　　④ 열변형

풀이 가공경화 : 일반적으로 금속은 가공하여 변형시키면 단단해지는데, 그 굳기는 변형의 정도에 따라 커지며, 어느 가공도 이상에서는 일정해지는 현상
예 철사를 구부렸다 폈다를 반복하면 구부러진 부분에서 경화되어 끊어지는 현상

정답 | 01 ④ 02 ④ 03 ③ 04 ② 05 ② 06 ②

07 알루미늄의 특성에 대한 설명으로 틀린 것은?

① 합금 재질로 많이 사용한다.
② 내식성이 우수하다.
③ 용접이나 납접이 비교적 어렵다.
④ 전연성이 우수하고 복잡한 형상의 제품을 만들기 쉽다.

풀이 가공성, 접합성, 성형성이 양호하다.

08 607C2P6으로 표시된 베어링에서 안지름은?

① 7mm ② 30mm
③ 35mm ④ 60mm

풀이 **607C2P6 베어링**
- 60 : 베어링 계열번호
- 7 : 안지름 7mm
- C2 : 틈새기호
- P6 : 6등급

09 코일 스프링에 350N의 하중을 걸어 5.6cm 늘어났다면 이 스프링의 스프링 상수(N/mm)는?

① 5.25 ② 6.25
③ 53.5 ④ 62.5

풀이 스프링 상수 $k = \frac{\text{하중}(W)}{\text{변위량}(\delta)} = \frac{350}{56} = 6.25\text{N/m}$

10 축에서 토크가 67.5kN · mm이고, 지름 50mm일 때 키(key)에 발생하는 전단응력은 몇 N/mm²인가?(단, 키의 크기는 너비×높이×길이 = 15mm×10mm×60mm이다.)

① 2 ② 3
③ 6 ④ 8

풀이 축의 토크 $T = \tau_k \times A_\tau \times \frac{d}{2} = \tau_k \times b \times l \times \frac{d}{2}$

여기서, τ_k : 키의 전단응력, A_τ : 전단파괴면적, d : 지름, b : 키의 폭, l : 키의 길이

$\therefore \tau_k = \frac{2 \times T}{b \times l \times d} = \frac{2 \times 67.5}{15 \times 60 \times 50} = 3\text{N/mm}^2$

11 기어에서 이끝높이(addendum)가 의미하는 것은?

① 두 기어의 이가 접촉하는 거리
② 이뿌리원부터 이끝원까지의 거리
③ 피치원에서 이뿌리원까지의 거리
④ 피치원에서 이끝원까지의 거리

12 너트의 풀림 방지법이 아닌 것은?

① 턴버클에 의한 방법
② 자동 죔 너트에 의한 방법
③ 분할 핀에 의한 방법
④ 로크 너트에 의한 방법

풀이 **볼트, 너트의 풀림 방지**
- 로크(lock) 너트에 의한 방법
- 분할 핀에 의한 방법
- 혀붙이, 스프링, 고무 와셔에 의한 방법
- 멈춤나사에 의한 방법
- 스프링 너트에 의한 방법

13 1/100의 기울기를 가진 2개의 테이퍼 키를 한 쌍으로 하여 사용하는 키는?

① 원뿔 키 ② 둥근 키
③ 접선 키 ④ 미끄럼 키

풀이 접선 키의 중심각은 120°이며, 1/40~1/45의 기울기를 가진 2개의 키를 한 쌍으로 하여 사용한다.

[접선 키]

14 원동차와 종동차의 지름이 각각 400mm, 200mm일 때 중심거리는?

① 300mm ② 600mm
③ 150mm ④ 200mm

정답 | 07 ③ 08 ① 09 ② 10 ② 11 ④ 12 ① 13 ③ 14 ①

풀이 중심거리 $C=\frac{\text{원동차의 지름}+\text{종동차의 지름}}{2}$

$=\frac{400+200}{2}$

$=300\text{mm}$

15 체결용 기계요소가 아닌 것은?

① 나사
② 키
③ 브레이크
④ 핀

풀이 **체결용 기계요소**
나사, 키, 핀, 코터, 리벳 등

16 구름 베어링의 안지름이 100mm일 때, 구름 베어링의 호칭번호에서 안지름 번호로 옳은 것은?

① 10 ② 20
③ 25 ④ 100

풀이 구름 베어링의 안지름=구름 베어링의 호칭번호×5
∴ 구름 베어링의 호칭번호=100 ÷ 5=20

17 줄 다듬질의 가공방법 약호는?

① BR ② FF
③ GB ④ SB

풀이
- BR : 브로치 가공(브로칭)
- FF : 줄 다듬질
- GB : 벨트샌딩 가공(벨트 연삭)
- SB : 블라스트 다듬질(블라스팅)

18 다음 중 도면에 ϕ100 H6/p6으로 표시된 끼워맞춤의 종류는?

① 구멍기준식 억지 끼워맞춤
② 구멍기준식 중간 끼워맞춤
③ 축기준식 중간 끼워맞춤
④ 축기준식 헐거운 끼워맞춤

풀이 ϕ100 H6/p6 : 구멍기준식 억지 끼워맞춤

[구멍기준 H6의 끼워맞춤]

헐거운 끼워맞춤	f6, g5, g6, h5, h6
중간 끼워맞춤	js5, js6, k5, k6, m5, m6
억지 끼워맞춤	n6, p6

19 제품을 규격화하는 이유로 틀린 것은?

① 품질이 향상된다.
② 생산성을 높일 수 있다.
③ 제품 상호 간 호환성이 좋아진다.
④ 생산단가를 높여 이익을 극대화할 수 있다.

풀이 생산단가를 낮춰 이익을 극대화할 수 있다.

20 KS B 1311 TG 20×12×70으로 호칭되는 키의 설명으로 옳은 것은?

① 나사용 구멍이 있는 평행 키로서 양쪽 네모형이다.
② 나사용 구멍이 없는 평행 키로서 양쪽 둥근형이다.
③ 머리붙이 경사 키이며 호칭치수는 20×12이고 호칭길이는 70이다.
④ 둥근바닥 반달 키이며 호칭길이는 70이다.

풀이 KS B 1311 TG 20×12×70
- 머리붙이 경사 키이며 호칭치수는 20×12이고 길이는 70이다.
- KS B 1311 : 묻힘 키
- TG : 경사 키(머리 있음)
- 20×12×70 : 키의 호칭치수×길이($b\times h\times l$)

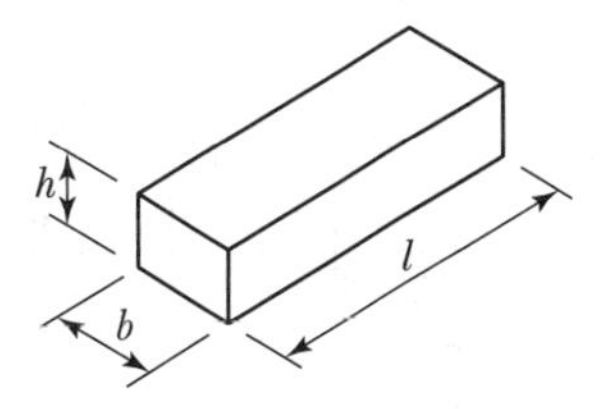

정답 | 15 ③ 16 ② 17 ② 18 ① 19 ④ 20 ③

21 치수에 사용되는 치수보조기호의 설명으로 틀린 것은?

① Sϕ : 원의 지름
② R : 반지름
③ □ : 정사각형의 변
④ C : 45° 모따기

풀이 Sϕ : 구의 지름

22 ISO 표준에 따라 관용 나사의 종류를 표시하는 기호 중 테이퍼 암나사를 표시하는 기호는?

① R　　② Rc
③ Rp　　④ G

풀이
- Rc : 관용 테이퍼 나사(테이퍼 암나사)
- R : 관용 테이퍼 나사(테이퍼 수나사)
- Rp : 관용 테이퍼 나사(평행 암나사)
- G : 관용 평행나사

23 도형이 대칭인 경우 대칭 중심선의 한쪽 도형만을 작도할 때 중심선의 양 끝부분의 작도 방법은?

① 짧은 2개의 평행한 굵은 1점쇄선
② 짧은 2개의 평행한 가는 1점쇄선
③ 짧은 2개의 평행한 굵은 실선
④ 짧은 2개의 평행한 가는 실선

풀이 대칭 도시 기호는 중심선의 양 끝부분에 짧은 2개의 평행한 가는 실선으로 표시한다.

24 그림에서 표시된 기하공차는?

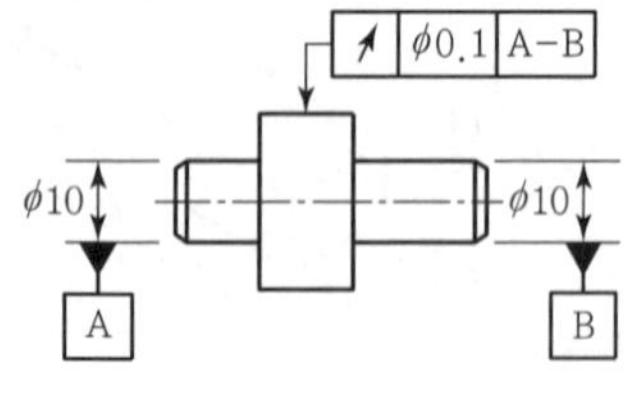

① 동심도 공차　　② 경사도 공차
③ 원주 흔들림 공차　　④ 온 흔들림 공차

풀이 ↗ : 원주 흔들림 공차

25 그림과 같은 입체의 제3각 정투상도로 가장 적합한 것은?

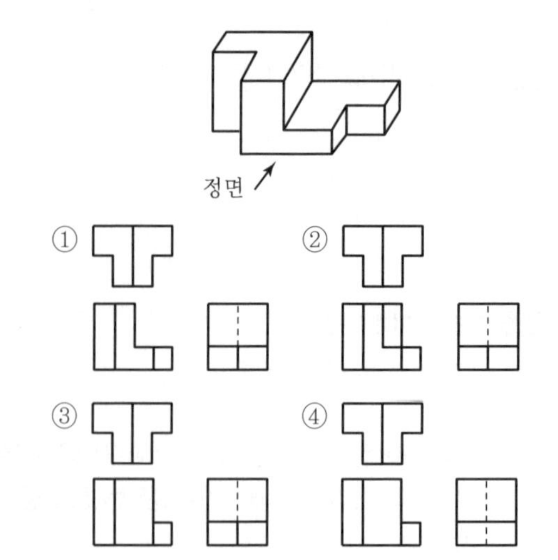

풀이

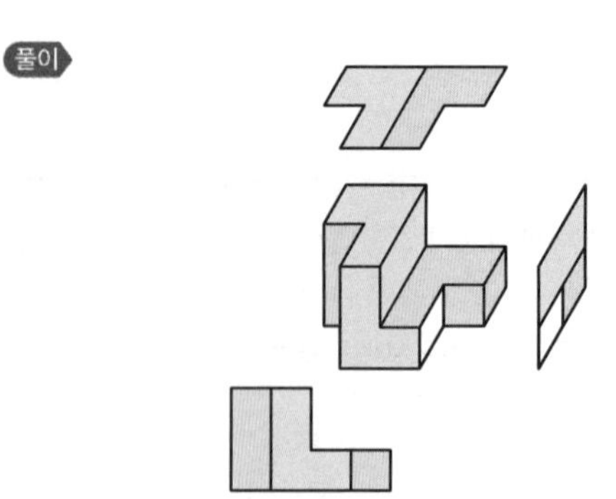

26 수평 밀링머신과 유사하나 복잡한 형상의 지그, 게이지, 다이 등을 가공하는 데 사용하는 소형 특수 밀링머신은?

① 공구 밀링머신
② 수직 밀링머신
③ 나사 밀링머신
④ 모방 밀링머신

풀이 공구 밀링머신은 구조가 수평밀링머신과 유사하지만 복잡한 형상의 지그, 게이지, 다이 등의 공구를 가공하는 소형 밀링머신이다.

정답 | 21 ① 22 ② 23 ④ 24 ③ 25 ① 26 ①

27 비절삭 가공법의 종류로만 바르게 짝지어진 것은?

① 선반작업, 줄작업
② 밀링작업, 드릴작업
③ 연삭작업, 랩작업
④ 소성작업, 용접작업

풀이 **비절삭 가공**
- 주조 : 주물사, 목형, 주조, 주형, 특수주조 등
- 소성 : 단조, 압연, 인발, 전조, 압출, 판금, 프레스
- 용접 : 납땜, 단접, 용접, 특수용접
- 특수 비절삭 : 전해연마, 화학연마, 방전가공, 레이저 가공

28 칩이 공구의 경사면을 연속적으로 흘러 나가는 모양으로 가장 바람직한 형태의 칩은?

① 유동형 칩 ② 경작형 칩
③ 균열형 칩 ④ 전단형 칩

풀이 **유동형 칩**

㉠ 바이트의 경사면에 따라 흐르듯이 연속적으로 발생하는 칩으로서, 절삭 저항의 크기가 변하지 않고 진동이 없어 절삭면이 깨끗하다.

㉡ 절삭조건
- 신축성이 크고 소성 변형하기 쉬운 재료(연강, 동, 알루미늄 등)
- 바이트의 윗면 경사각이 클 때
- 절삭속도가 클 때
- 절삭량이 적을 때
- 인성이 크고, 연한 재료

29 밀링머신에서 생산성을 향상시키기 위한 절삭속도 선정방법으로 틀린 것은?

① 다듬질 절삭에서는 절삭속도를 빠르게, 이송을 느리게, 절삭깊이를 작게 선정한다.
② 거친 절삭에서는 절삭속도를 느리게, 이송을 빠르게, 절삭깊이를 크게 선정한다.
③ 추천 절삭속도보다 약간 낮게 설정하는 것이 커터의 수명을 연장할 수 있다.
④ 커터의 날이 빠르게 마모되거나 손상될 경우 절삭속도를 높여서 절삭한다.

풀이 커터의 날이 빠르게 마모되거나 손상될 경우 절삭속도를 낮춰서 절삭한다.

30 절삭공구 재료의 일반적인 구비 조건으로 틀린 것은?

① 가격이 저렴해야 한다.
② 가공성이 좋아야 한다.
③ 고온에서 경도를 유지해야 한다.
④ 마모성이 커야 한다.

풀이 절삭공구 재료는 내마모성이 우수해야 한다.

31 밀링작업에서 분할법의 종류가 아닌 것은?

① 직접 분할법
② 간접 분할법
③ 단식 분할법
④ 차동 분할법

풀이 **밀링의 분할법**

직접 분할법, 단식 분할법, 차동 분할법

32 둥근 봉의 단면에 금긋기를 할 때 사용되는 공구와 가장 거리가 먼 것은?

① 플러그 게이지 ② 정반
③ 서피스 게이지 ④ V-블록

풀이 플러그 게이지는 구멍이나 지름의 한계를 측정하는 게이지로, 1~100mm의 작은 구멍을 측정한다.

33 내경이 20mm이고, 깊이가 50mm인 공작물의 안지름을 가장 정확하게 측정할 수 있는 기기는 무엇인가?

① 실린더 게이지
② 사인바
③ 블록 게이지
④ M형 버니어 캘리퍼스

정답 | 27 ④ 28 ① 29 ④ 30 ④ 31 ② 32 ① 33 ①

풀이 **실린더 게이지**

다이얼 인디케이터와 조합하여 실린더의 안지름, 마멸량 및 테이퍼 마모량을 측정하는 게이지이다.

34 연삭숫돌의 입자는 크게 천연 입자와 인조 입자로 구분하는데, 천연 입자에 속하는 것은 무엇인가?

① 탄화규소 ② 코런덤
③ 지르코늄 옥시드 ④ 산화알루미늄

풀이
- 연삭숫돌의 천연 입자 : 사암, 석영, 에머리, 코런덤, 다이아몬드 등
- 연삭숫돌의 인조 입자 : 탄화규소, 산화알루미늄, 공업용 다이아몬드, 탄화붕소 등

35 선반의 주축을 중공축으로 하는 이유가 아닌 것은?

① 굽힘과 비틀림 응력에 강하다.
② 중량이 감소되어 베어링에 작용하는 하중을 줄여 준다.
③ 길이가 짧고 굵은 가공물 고정에 편리하다.
④ 센터를 쉽게 분리할 수 있다.

풀이 길이가 긴 가공물 고정에 편리하다.

36 절삭저항에 관련된 설명으로 맞는 것은?

① 일반적으로 공구의 윗면 경사각이 커지면 절삭저항도 커진다.
② 절삭저항은 주분력, 배분력, 이송분력으로 나눌 수 있다.
③ 절삭저항은 공작물의 재질이 연할수록 크게 나타난다.
④ 배분력이 절삭에 가장 큰 영향을 미치며 주절삭력이라 한다.

풀이 **절삭저항**
- 경사각이 커지면 절삭저항이 작아진다.
- 절삭저항은 공작물의 재질이 연할수록 작다.
- 절삭저항의 크기는 주분력 > 배분력 > 이송분력이다.

37 선반가공에서 일감의 매 회전마다 바이트가 이동되는 거리를 회전당 이송량이라고 한다. 이송량의 단위는 무엇인가?

① mm ② mm/rev
③ rpm ④ kW/h

풀이 $\text{이송량} = \dfrac{\text{바이트 이동거리}}{\text{1회전}} \Rightarrow \dfrac{\text{mm}}{\text{rev}}$

38 전극과 가공물을 절연성의 가공액 중에 일정한 간격을 유지시켜 아크(arc) 열에 의하여 전극의 형상으로 가공하는 방법은 무엇인가?

① 화학적 가공 ② 초음파 가공
③ 레이저 가공 ④ 방전 가공

풀이 **방전 가공**
- 스파크 가공(spark machining)이라고도 하며, 전기의 양극과 음극이 부딪칠 때 일어나는 스파크로 가공하는 방법이다.
- 스파크(온도 : 5,000℃)로 일어난 열에너지로 가공하려는 재료를 녹이거나 기화시켜 제거함으로써 원하는 모양을 만든다.
- 공작물(양극 역할)이 전기적으로 전도성을 띠어야 한다.(전극은 음극 역할)

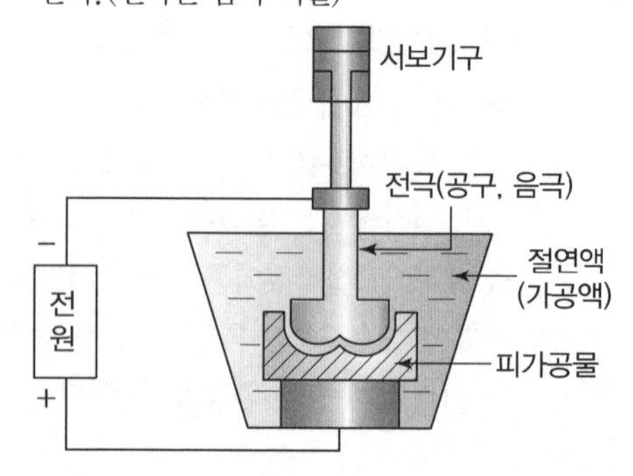

정답 | 34 ② 35 ③ 36 ② 37 ② 38 ④

39 10mm 지름의 드릴로 회전수 500rpm으로 작업 시 절삭속도는 몇 약 m/min으로 해야 하는가?

① 10.7　　② 12.7
③ 15.7　　④ 18.7

풀이 절삭속도 $V = \frac{\pi dn}{1,000} = \frac{3.14 \times 10 \times 500}{1,000}$
$= 15.7\text{m/min}$

40 연삭 가공의 특징에 대한 설명으로 옳은 것은?

① 칩의 연속적인 배출로 칩 브레이커가 필요하다.
② 열처리되지 않은 공작물만 가공할 수 있다.
③ 높은 치수 정밀도와 양호한 표면 거칠기를 얻는다.
④ 절삭날의 자생작용이 없어 가공시간이 많이 걸린다.

풀이 **연삭 가공**
- 칩은 미세한 분말 형태로 발생되므로 칩 브레이커가 필요 없다.
- 열처리된 일감도 가공할 수 있다.
- 자생작용을 하므로 다른 공구와 같이 작업 중 재연마를 할 필요가 없어 연삭작업을 계속할 수 있다.

41 선반 바이트에서 절인각 경사면이 평면과 이루는 각도로 절삭력에 영향을 주는 각은?

① 경사각　　② 여유각
③ 절삭각　　④ 공구각

풀이
- 경사각 → 절삭성 향상
- 여유각 → 마찰 감소

42 3차원 측정기에서 측정물의 측정위치를 감지하여 위치 데이터를 컴퓨터에 전송하는 기능을 가진 장치는?

① 조이스틱　　② 프로브
③ 컬럼　　④ 리니어 장치

풀이 **접촉식 3차원 측정기**
프로브(probe, 측정점 검출기)가 서로 직각인 X, Y, Z 축 방향으로 운동하고, 측정점의 공간 좌표값을 읽어서 위치거리 · 윤곽 · 형상 등을 측정하는 측정기

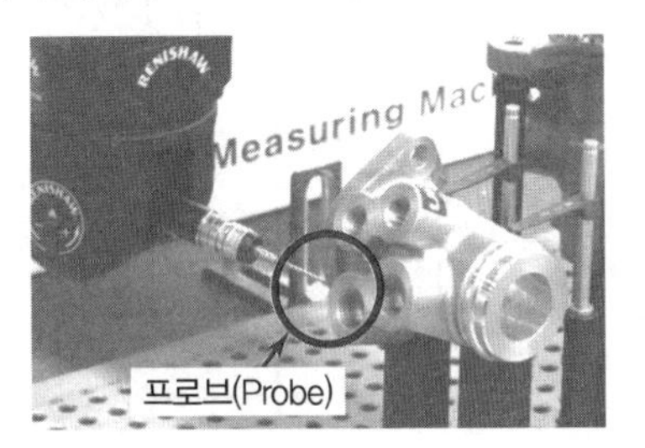

43 다음 중 CNC 공작기계에서 일시정지(G04) 기능으로 사용하지 않는 블록(block)은?

① G04 U5. ;
② G04 X5. ;
③ G04 Z5. ;
④ G04 P5000 ;

풀이 일시정지(G04) 기능에서 시간을 나타내는 어드레스는 X, U, P를 사용하며, X, U는 소수점 이하 세 자리까지 사용 가능하고 P는 소수점을 사용할 수 없다.

44 다음은 CAD/CAM 정보 처리 흐름도이다. ( ) 안에 알맞은 것은?

도면 → 모델링 → ( ) → 전송 및 가공

① 도형 정의
② 가공 데이터 생성
③ 곡선 정의
④ CNC 가공

풀이 **CAM 시스템의 정보 처리(가공 과정) 흐름**
도면 → 모델링(도형, 곡선, 곡면 정의) → 가공조건 → 공구경로 생성 → NC 데이터 생성 → DNC 전송 → CNC 기계가공 → 측정

정답 | 39 ③ 40 ③ 41 ① 42 ② 43 ③ 44 ②

45 CNC 선반에서 그림과 같이 지름이 30mm인 공작물을 G96 S250 M03 ; 블록으로 가공할 때, 주축 회전수는 약 얼마인가?

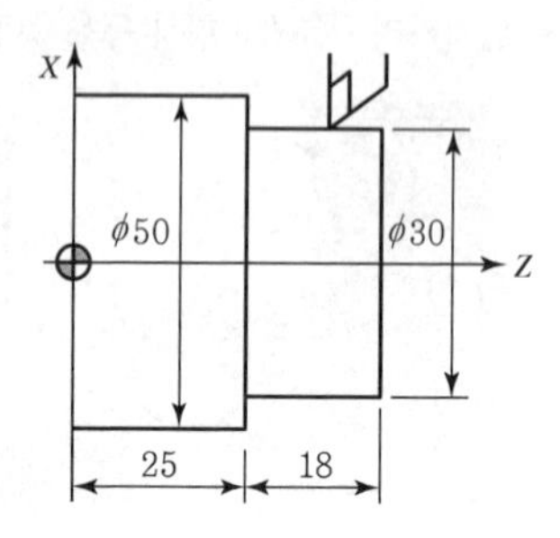

① 250rpm ② 2,653rpm
③ 2,850rpm ④ 3,310rpm

풀이 G96 : 절삭속도(m/min) 일정 제어

$$N=\frac{1{,}000S}{\pi D}=\frac{1{,}000\times 250}{\pi\times 30}$$

$=2{,}652.58 \fallingdotseq 2{,}653$

여기서, N : 주축의 회전수(rpm)

S : 절삭속도(m/min) ⇒ S250

D : 공작물의 지름(mm) ⇒ φ30mm

46 다음 중 CNC 공작기계에서 매일 점검해야 할 사항으로 볼 수 없는 것은?

① 절삭유의 유량
② 습동유의 유량
③ 각 축의 작동 검사
④ 각부의 fan motor 회전 이상 유무

풀이 각부의 fan motor 회전 이상 유무는 매월 점검 사항이다.

47 다음은 선반용 툴 홀더의 ISO 규격이다. 두 번째 S는 무엇을 의미하는가?

C S K P R 25 25 M 12

① 클램핑 방식
② 인서트의 형상
③ 생크 너비
④ 인서트의 여유각

풀이 선반 외경용 툴 홀더 ISO 규격

C	클램핑 방식
S	인서트 형상
K	홀더 형상
P	인서트 여유각
R	공구 방향
25	홀더 높이
25	홀더 폭
M	홀더 길이
12	절삭날 길이

48 다음은 머시닝 센터 프로그램의 일부를 나타낸 것이다. ( ) 안에 들어갈 내용을 옳게 나열한 것은?

```
G90 G92 X0. Y0. Z100. ;
( ㉠ )1500 M03 ;
G00 Z3. ;
( ㉡ ) X25.0 Y20. D07 M08 ;
G01 Z-10. ( ㉢ )50 ;
X90. F160 ;
( ㉣ ) X110. Y40. R20. ;
X75. Y89749 R50. ;
G01 X30. Y55. ;
Y18. ;
G00 Z100. M09 ;
```

① ㉠ F, ㉡ M ㉢ S, ㉣ G02
② ㉠ F, ㉡ G42, ㉢ S, ㉣ G01
③ ㉠ S, ㉡ H, ㉢ F, ㉣ G00
④ ㉠ S, ㉡ G42, ㉢ F, ㉣ G03

풀이 ㉠ M03(주축 정회전)은 주축회전수 S와 함께 사용한다. → S

㉡ D는 공구 지름 보정값으로 G41(공구지름 보정 좌측) 또는 G42(공구지름 보정 우측)과 함께 사용한다. → G42

㉢ G01(직선보간)은 항상 이송속도 F와 함께 사용한다. → F

㉣ R20(반지름 값)이 있으므로 원호보간인 G02 또는 G03이 있어야 한다. → G03

정답 | 45 ② 46 ④ 47 ② 48 ④

49 다음 중 밀링작업에 관한 안전사항으로 적절하지 않은 것은?

① 엔드밀 작업 시 절삭유는 비산하므로 사용하여서는 안 된다.
② 공작물 고정 시 높이를 맞추기 위하여 평행블록을 사용하였다.
③ 엔드밀과 드릴의 돌출 길이는 되도록 짧게 고정한다.
④ 작업 중 위험한 상황이 발생되면 비상정지 버튼을 누른다.

풀이 엔드밀 작업 시 공구가 고속으로 회전하므로 절삭온도를 낮추기 위해서 절삭유를 사용하여야 한다.

50 CNC 선반에서 나사의 피치가 2.5mm인 3줄 나사를 가공하려고 한다. 나사의 리드(L)의 값은 얼마로 해야 하는가?

① 2.5　② 5.0
③ 7.5　④ 10.0

풀이 나사의 리드(L)=나사 줄 수(n)×피치(p)
$=3\times2.5=7.5$

51 CNC 선반에서 공구기능을 표시할 때, 'T0100'에서 01의 의미는 무엇인가?

① 공구선택번호
② 공구보정번호
③ 공구선택번호 취소
④ 공구보정번호 취소

풀이
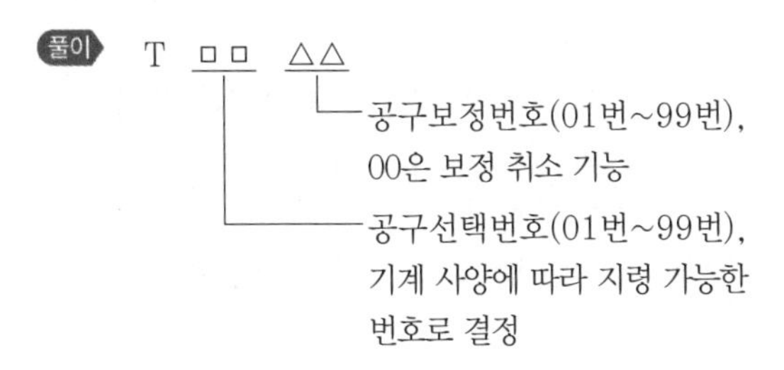

52 머시닝 센터에서 기준 공구와의 길이 차이 값을 입력시키는 방법 중 보정값 앞에 마이너스(−) 부호를 붙이는 경우는?

① 기준 공구길이보다 짧은 경우
② 기준 공구길이보다 길 경우
③ 기준 공구길이와 같을 경우
④ 기준 공구길이 보정을 취소할 경우

풀이 공구의 길이가 기준공구보다 길면 '+' 값으로 보정하고, 짧으면 '−' 값으로 보정한다.

53 대부분의 수치제어 공작기계에 많이 사용되고 있는 방식으로 테이블에서의 위치 검출 없이 서보모터에서 위치와 속도를 검출하는 방식은?

① 폐쇄회로 방식
② 개방회로 방식
③ 반폐쇄회로 방식
④ 복합회로 방식

풀이
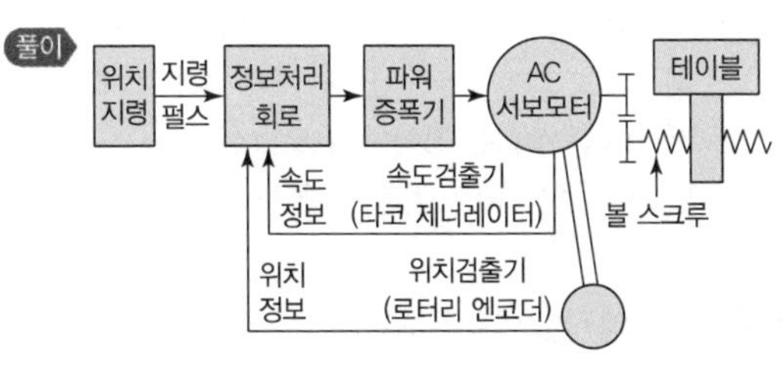

[반폐쇄회로 방식]

54 다음과 같은 프로그램에서 적용된 단일형 고정사이클은?

```
G28 U0. W0. ;
G50 X200. Z100. T0100 ;
G96 S180 M03 ;
G00 X55. Z3. T0101 M08 ;
G94 X25. Z-2. F1.5 ;
    Z-4. ;
    Z-6. ;
 ⋮
```

정답 | 49 ① 50 ③ 51 ① 52 ① 53 ③ 54 ②

① 홈 절삭 사이클
② 단면 절삭 사이클
③ 안지름 절삭 사이클
④ 테이퍼 나사 절삭 사이클

풀이 • G28 : 자동 원점 복귀
• G50 : 공작물 좌표계 설정, 주축 최고 회전수 제어
• G96 : 절삭속도(m/min) 일정 제어
• G00 : 위치 결정
• G94 : 단면절삭 사이클(단일형)

55 다음 중 CNC 선반에서 프로그램 원점에 관한 설명으로 틀린 것은?

① 공작물의 기준이 되는 점을 원점으로 설정한다.
② 공작물의 좌표계 설정은 G50으로 한다.
③ 프로그램 원점은 절대좌표의 원점(X0. Z0.)으로 설정한다.
④ 기계원점을 프로그램 원점이라 한다.

풀이 기계원점과 프로그램 원점은 다르다. 기계원점은 기계상에 고정된 임의의 점으로 기계 제작 시 제조사에서 위치를 정하는 점이며, 프로그램 및 기계를 조작할 때 기준이 되는 점을 말한다.

56 머시닝 센터에서 M10×1.5 탭 가공을 하기 위한 다음 프로그램에서 이송속도는 얼마인가?

```
G43 Z50. H03 S300 M03 ;
G84 G99 Z-10. R5. F_ ;
```

① 150mm/min ② 300mm/min
③ 450mm/min ④ 600mm/min

풀이 이송속도(F)=주축회전수(N)×피치(p)
=300×1.5=450mm/min

57 공구보정(OFFSET) 화면에서 가상인선 반경 보정을 수행하기 위하여 노즈 반경을 입력하는 곳은?

① R ② Z
③ X ④ T

풀이 • R : 노즈 반경 입력 • Z : Z축 보정량
• X : X축 보정량 • T : 가상인선번호 입력

58 CNC 선반의 준비기능 중 시계방향 원호가공에 해당하는 것은?

① G01 ② G02
③ G03 ④ G32

풀이 • G01 : 직선절삭
• G02 : 원호절삭(CW : 시계방향)
• G03 : 원호절삭(CCW : 반시계방향)
• G32 : 나사절삭

59 다음 중 CNC 프로그램을 구성하기 위해 기본적으로 필요한 기능이 아닌 것은?

① 준비기능(G) ② 이송기능(F)
③ 공구기능(T) ④ 측정기능(B)

풀이 CNC 프로그램의 기본 기능
• G(준비기능) • S(주축기능)
• F(이송기능) • T(공구기능)
• M(보조기능) 등

60 다음 중 NC 기계의 안전에 관한 사항으로 틀린 것은?

① 절삭 칩의 제거는 브러시나 청소용 솔을 사용한다.
② 항상 비상 버튼을 누를 수 있도록 염두에 두어야 한다.
③ 먼지나 칩 등 불순물을 제거하기 위해 강전반 및 NC 유닛은 압축공기로 깨끗이 청소해야 한다.
④ 강전반 및 NC 유닛은 충격을 주지 말아야 한다.

풀이 강전반 및 NC 유닛은 각종 전기 및 전자 부품들로 구성되어 있으므로 압축공기로 청소하면 안 되며, 필요시 각별히 주의해서 청소해야 한다.

정답 | 55 ④ 56 ③ 57 ① 58 ② 59 ④ 60 ③

컴퓨터응용밀링기능사

2015 제1회 과년도 기출문제

CRAFTSMAN COMPUTER AIDED MILLING

01 백주철을 고온으로 장시간 풀림해서 시멘타이트를 분해 또는 감소시키고 인성이나 연성을 증가시킨 주철로, 대량 생산품에 사용되는 흑심, 백심, 펄라이트계로 구분되는 것은?

① 칠드주철
② 회주철
③ 가단주철
④ 구상흑연주철

풀이 **가단주철**

- 可(가 : 가능하다)鍛(단 : 두드리다)鑄鐵(주철 : 쇠를 부어 만든 철)
- 고탄소 주철로서, 회주철과 같이 주조성이 우수한 백선 주물을 만들고 열처리함으로써 강인한 조직으로 단조를 가능하게 한 주철
- 종류 : 흑심 가단주철, 백심 가단주철, 펄라이트 가단주철

02 강의 담금질 조직에 따라 분류한 것 중 틀린 것은?

① 시멘타이트
② 오스테나이트
③ 마텐자이트
④ 트루스타이트

풀이 **강의 담금질 조직**

- 마텐자이트
- 트루스타이트
- 소르바이트
- 오스테나이트

03 구리에 대한 설명 중 옳지 않은 것은?

① 전연성이 좋아 가공이 쉽다.
② 화학적 저항력이 작아 부식이 잘 된다.
③ 전기 및 열의 전도성이 우수하다.
④ 광택이 아름답고 귀금속적 성질이 우수하다.

풀이 구리는 화학적으로 저항력이 커서 부식되지 않는다.(암모니아염에는 약하다.)

04 철강의 5대 원소에 포함되지 않는 것은?

① 탄소 ② 규소
③ 아연 ④ 망간

풀이 **철강의 5대 원소**

탄소, 규소, 망간, 인, 황
※ "망인규탄은 황당해"로 암기

05 열경화성 수지에 해당되지 않는 것은?

① 페놀 수지 ② 요소 수지
③ 멜라민 수지 ④ 아크릴 수지

풀이 아크릴 수지 → 열가소성 수지

06 순철에 대한 설명으로 옳은 것은?

① 각 변태점에서 연속적으로 변화한다.
② 저온에서 산화작용이 심하다.
③ 온도에 따라 자성의 세기가 변화한다.
④ 알칼리에는 부식성이 크나 강산에는 부식성이 작다.

정답 | 01 ③ 02 ① 03 ② 04 ③ 05 ④ 06 ③

풀이 순철은 A_2 변태점 이하 온도에서 강자성체이고, A_2 변태점 이상 온도에서 상자성체로 변한다.

① 순철은 A_1 변태가 없다.
② 고온에서 산화작용이 심하다.
④ 강산이나 약산에 대한 내식성이 작으나, 알칼리에 의한 영향은 적다.

07 금속 중 Cu-Sn 합금으로 부식에 강한 밸브, 동상, 베어링 합금 등에 널리 쓰이는 재료는?

① 황동　　② 청동
③ 합금강　　④ 세라믹

풀이 청동[구리(Cu)+주석(Sn)] : 단조성이 좋고, 강력하며 내식성이 있어 밸브, 콕, 기어, 베어링 부시 등의 주물에 사용한다.

08 진동이나 충격으로 일어나는 나사의 풀림 현상을 방지하기 위하여 사용하는 기계요소가 아닌 것은?

① 태핑 나사
② 로크 너트
③ 스프링 와셔
④ 자동 죔 너트

풀이 **볼트, 너트의 풀림 방지**

- 로크(lock) 너트에 의한 방법
- 분할 핀에 의한 방법
- 혀붙이, 스프링, 고무 와셔에 의한 방법
- 멈춤나사에 의한 방법
- 스프링 너트에 의한 방법
- 플라스틱 플러그에 의한 방법

09 소선의 지름 8mm, 스프링의 지름 80mm인 압축코일 스프링에서 하중이 200N 작용하였을 때 처짐이 10mm가 되었다. 이때 스프링 상수는 몇 N/mm인가?

① 5　　② 10
③ 15　　④ 20

풀이 스프링상수 $k=\dfrac{W(\text{하중})}{\delta(\text{변위량})}$

$=\dfrac{200}{10}=20\text{N/mm}$

10 기준 랙 공구의 기준 피치선이 기어의 기준 피치원에 접하지 않는 기어는?

① 웜 기어　　② 표준 기어
③ 전위 기어　　④ 베벨 기어

풀이 전위 기어 : 기준 랙(rack)과 맞물렸을 때 그 기준 피치원이 기준 랙의 기준 피치선과 접하지 않게 되는 기어를 말한다. 즉, 기준 랙형 커터의 위치를 변경시켜 이를 절삭하여 만든 기어로서, 잇수가 적은 기어의 언더컷 방지와 맞물림 상태를 개선할 목적으로 사용된다.

11 길이가 50mm인 표준시험편으로 인장시험하여 늘어난 길이가 65mm이었다. 이 시험편의 연신율은?

① 20%　　② 25%
③ 30%　　④ 35%

풀이 연신율 $\varepsilon=\dfrac{\text{늘어난 길이}}{\text{표점거리}}\times 100$

$=\dfrac{65-50}{50}\times 100=30\%$

12 피치가 2mm인 2줄 나사를 180° 회전시키면 나사가 축 방향으로 움직인 거리는 몇 mm인가?

① 1　　② 2
③ 3　　④ 4

풀이 리드 $l=p(\text{피치})\times n(\text{줄 수})=2\times 2=4\text{mm}$

∴ 리드(l)는 한바퀴(360°) 회전했을 때 축 방향으로 이동한 거리이고, 반 바퀴(180°) 회전했을 때는 축 방향으로 $4\times\dfrac{1}{2}=2\text{mm}$ 이동한다.

정답 | 07 ② 08 ① 09 ④ 10 ③ 11 ③ 12 ②

13 운동용 나사에 해당하는 것은?

① 미터 가는 나사
② 유니파이 나사
③ 볼 나사
④ 관용 나사

풀이 **운동용 나사**
볼 나사, 사각 나사, 사다리꼴 나사, 톱니 나사, 둥근 나사
결합용 나사
미터 가는 나사, 유니파이 나사, 관용 나사

14 막대의 양 끝에 나사를 깎은 머리 없는 볼트로서 한쪽 끝을 본체에 튼튼하게 박고, 다른 끝에는 너트를 끼워서 조일 수 있도록 한 볼트는?

① 관통 볼트
② 탭 볼트
③ 스터드 볼트
④ T 볼트

풀이 **스터드 볼트(stud bolt)**
볼트의 머리가 없는 볼트로, 한 끝은 본체에 고정되어 있으며 고정되지 않는 볼트부 끝에 너트를 끼워 죈다.(분해가 간편하다.)

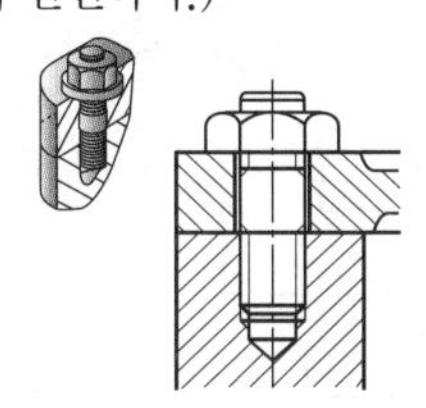

15 축이음을 차단시킬 수 있는 장치인 클러치의 종류가 아닌 것은?

① 맞물림 클러치
② 마찰 클러치
③ 유체 클러치
④ 유니버설 클러치

풀이 축이음에 유니버설 조인트는 있으나 유니버설 클러치는 없다.

16 다음 기하공차의 종류 중 선의 윤곽도를 나타내는 기호는?

① ⌒ ② ⌭
③ ▱ ④ ⌓

풀이
- ⌒ : 선의 윤곽도 공차
- ⌭ : 원통도 공차
- ▱ : 평면도 공차
- ⌓ : 면의 윤곽도 공차

17 ϕ50H7/g6은 어떤 종류의 끼워맞춤인가?

① 축기준식 억지 끼워맞춤
② 구멍기준식 중간 끼워맞춤
③ 축기준식 헐거운 끼워맞춤
④ 구멍기준식 헐거운 끼워맞춤

풀이 ϕ50H7/g6 : 구멍기준식 헐거운 끼워맞춤

[구멍기준 H7의 끼워맞춤]

헐거운 끼워맞춤	e7, f6, f7, g6, h6, h7
중간 끼워맞춤	js6, js7, k6, m6, n6
억지 끼워맞춤	p6, r6, s6, t6, u6, x6

18 면의 지시기호에서 가공방법을 지시할 때의 기호로 맞는 것은?

① 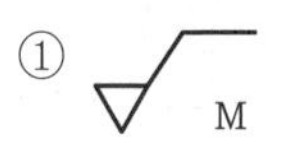

② 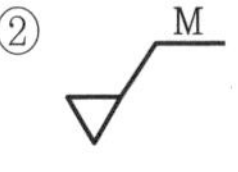

③ 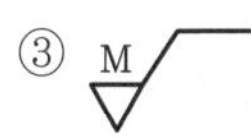

④ M

풀이 가공방법을 지시할 때 아래 그림과 같이 밀링 가공 또는 M으로 표시한다.

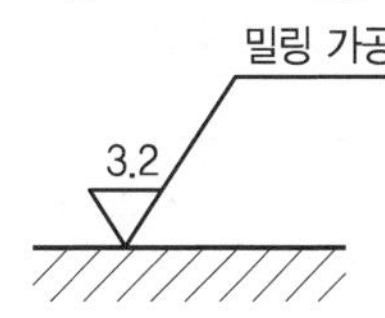

M
3.2

정답 | 13 ③ 14 ③ 15 ④ 16 ① 17 ④ 18 ②

19 구름 베어링의 호칭번호가 6405일 때, 베어링 안지름은 몇 mm인가?

① 20　　② 25
③ 30　　④ 405

풀이 6405
- 64 : 베어링 계열번호(깊은 홈 볼베어링)
- 05 : 안지름 번호

따라서, 안지름은 05×5=25mm이다.

20 수나사의 측면을 도시하고자 할 때, 다음 중 가장 적합하게 나타낸 것은?

①
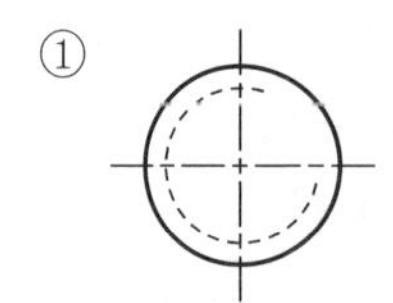
②
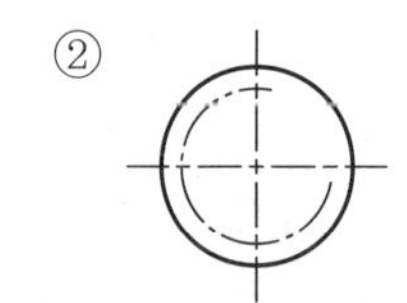
③
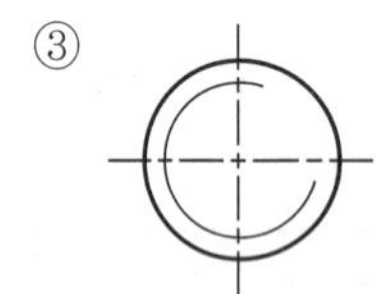
④
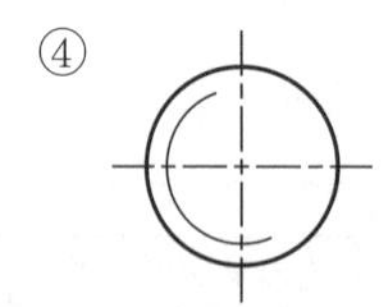

풀이 산봉우리 부분(바깥쪽 선)은 외형선, 골 부분(안쪽 선)은 가는 실선으로 1/4만큼 잘라내어 그린다.

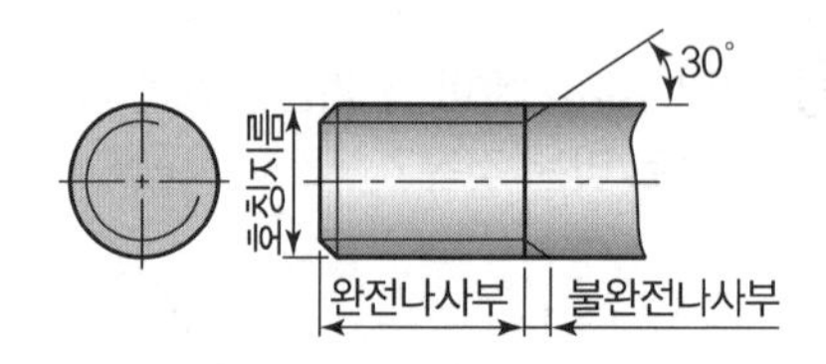

21 도형의 중심을 표시하거나 중심이 이동한 중심궤적을 표시하는 데 쓰이는 선의 명칭은?

① 지시선　　② 기준선
③ 중심선　　④ 가상선

풀이 중심선(가는 1점쇄선, ——— - ———) : 도형의 중심을 표시하거나 중심이 이동한 중심궤적을 표시하는 데 사용한다.

22 투상법에서 그림과 같이 경사진 부분의 실제 모양을 도시하기 위하여 사용하는 투상도의 명칭은?

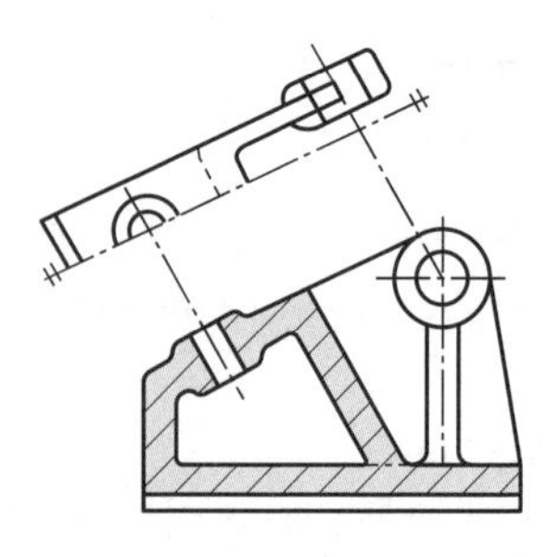

① 부분 투상도　　② 국부 투상도
③ 회전 투상도　　④ 보조 투상도

풀이 보조 투상도 : 경사진 물체를 측면에서 바라보면 실제 길이보다 짧게 보이므로 경사면의 실제 길이를 나타내기 위하여 경사면에 평행하게 그려내는 투상도를 말한다.

23 그림과 같은 입체도에서 화살표 방향을 정면으로 할 경우 평면도로 옳은 것은?

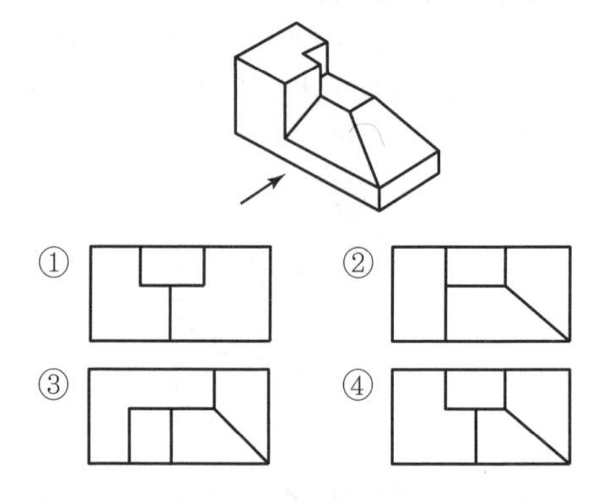

풀이

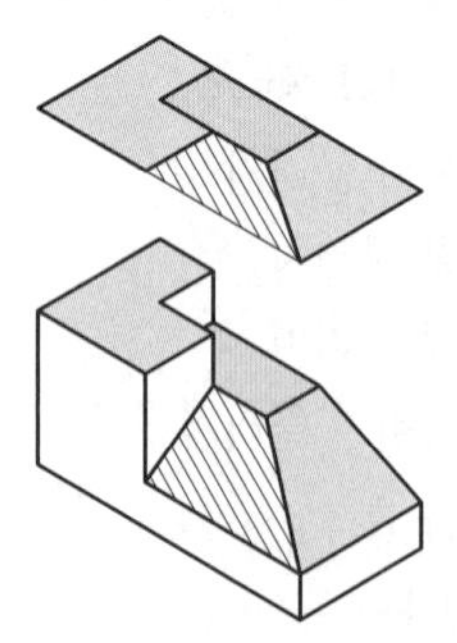

정답 | 19 ② 20 ③ 21 ③ 22 ④ 23 ④

24 그림과 같이 축의 치수가 주어졌을 때 편심량 A는 얼마인가?

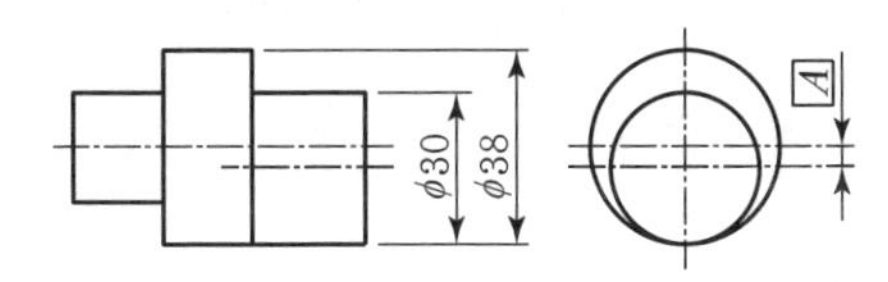

① 1mm ② 3mm
③ 6mm ④ 9mm

풀이 $A=\dfrac{38-30}{2}=4\text{mm}$

25 길이 치수의 허용 한계를 지시한 것 중 잘못 나타낸 것은?

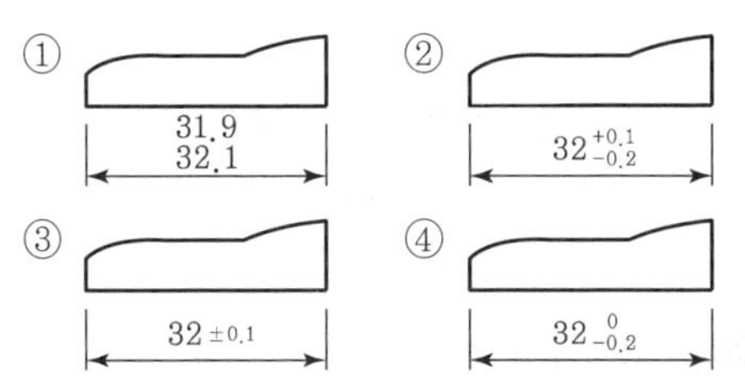

풀이 ① 최소 허용치수와 최대 허용치수의 위치가 바뀌었다. $^{32.1}_{31.9}$와 같이 기입되어야 한다.

26 수직 밀링머신의 장치 중 일반적인 운동 관계가 옳지 않은 것은?

① 테이블－수직 이동
② 주축 스핀들－회전
③ 니－상하 이동
④ 새들－전후 이동

풀이 테이블－좌우 운동

27 수용성 절삭유에 대한 설명 중 틀린 것은?

① 광물성유를 화학적으로 처리하여 원액과 물을 혼합하여 사용한다.
② 표면 활성제와 부식 방지제를 첨가하여 사용한다.
③ 점성이 낮고 비열이 커서 냉각효과가 작다.
④ 고속절삭 및 연삭 가공액으로 많이 사용한다.

풀이 수용성 절삭유는 점성이 낮고 비열이 커서 냉각효과가 크다.

28 선반을 이용한 가공의 종류 중 거리가 먼 것은?

① 널링 가공
② 원통 가공
③ 더브테일 가공
④ 테이퍼 가공

풀이 더브테일 가공 → 밀링머신

29 줄의 작업방법이 아닌 것은?

① 직진법 ② 사진법
③ 후진법 ④ 병진법

풀이 **줄의 작업방법**
- 직진법 : 다듬질 작업
- 사진법 : 거친 절삭, 모따기
- 병진법 : 좁은 면

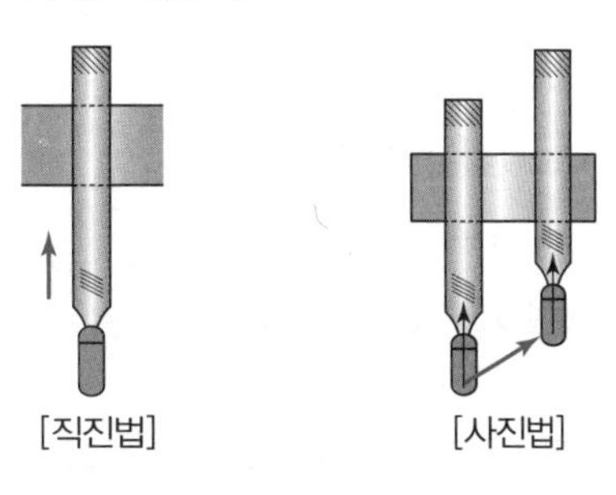
[직진법] [사진법]

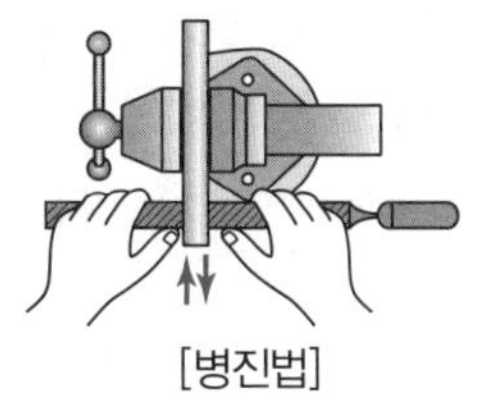
[병진법]

30 지름이 60mm인 연삭숫돌이 원주속도 1,200m/min로 ϕ20mm인 공작물을 연삭할 때 숫돌차의 회전수는 약 몇 rpm인가?

① 16 ② 23
③ 6,370 ④ 62,800

정답 | 24 ② 25 ① 26 ① 27 ③ 28 ③ 29 ③ 30 ③

풀이 절삭속도 : 연삭숫돌의 원주속도 V

$= \frac{\pi dn}{1,000}$ (m/min)

회전수 $n = \frac{1,000V}{\pi d}$

$= \frac{1,000 \times 1,200}{\pi \times 60} \fallingdotseq 6,370\text{rpm}$

31 다음 중 왕복대를 이루고 있는 것은?

① 공구대와 심압대 ② 새들과 에이프런
③ 주축과 공구대 ④ 주축과 새들

풀이 왕복대는 베드 윗면에서 주축대와 심압대 사이를 미끄러지면서 운동하는 부분으로 에이프런, 새들, 복식공구대, 공구대로 구성되어 있다.

32 밀링 절삭 방법에서 하향절삭에 대한 설명이 아닌 것은?

① 백래시를 제거해야 한다.
② 기계의 강성이 낮아도 무방하다.
③ 상향절삭에 비하여 공구의 수명이 길다.
④ 상향절삭에 비하여 가공면의 표면 거칠기가 좋다.

풀이 하향절삭 시 충격이 있어 강성이 높아야 한다.

33 단조나 주조품에 볼트 또는 너트를 체결할 때 접촉부가 밀착되게 하기 위하여 구멍 주위를 평탄하게 하는 가공방법은?

① 스폿페이싱 ② 카운터싱킹
③ 카운터보링 ④ 보링

풀이 **스폿페이싱**

볼트나 너트 고정 시 접촉부 자리 가공

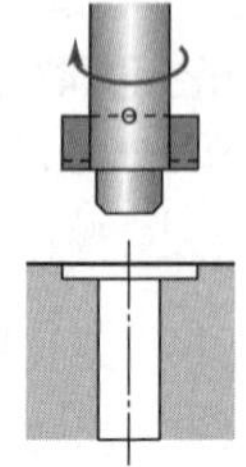

34 주조할 때 뚫린 구멍이나 드릴로 뚫은 구멍을 깎아서 크게 하거나, 정밀도를 높게 하기 위한 가공에 사용되는 공작기계는?

① 플레이너 ② 슬로터
③ 보링머신 ④ 호빙머신

풀이 **보링머신**

드릴링, 단조, 주조 등의 방법으로 1차 가공한 구멍을 좀 더 크고, 정밀하게 가공하는 공작기계이다.

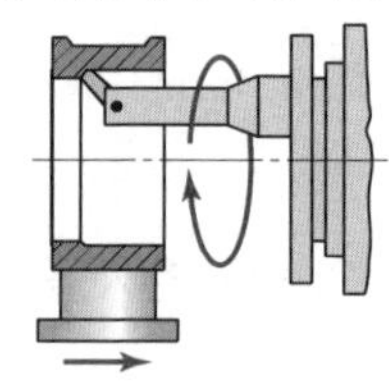

35 밀링머신에서 이송의 단위는?

① $F \Rightarrow$ mm/stroke ② $F \Rightarrow$ rpm
③ $F \Rightarrow$ mm/min ④ $F \Rightarrow$ rpm · mm

풀이 밀링에서의 이송은 1분간 테이블이 이동한 거리이며 단위는 mm/min이다.

36 소성 가공의 종류가 아닌 것은?

① 단조 ② 호빙
③ 압연 ④ 인발

풀이 호빙 → 기어 절삭 가공

37 측정량이 증가 또는 감소하는 방향이 다름으로써 생기는 동일 치수에 대한 지시량의 차를 무엇이라 하는가?

① 개인오차 ② 우연오차
③ 후퇴오차 ④ 접촉오차

풀이 피측정물의 치수를 길이 측정기를 사용해서 측정하는 경우, 주위의 상황이 변하지 않는 상태에서 동일한 측정량에 대하여 지침의 측정량이 증가하는 상태에서의 읽음값과, 감소하는 상태에서의 읽음값의 차를 후퇴오차 또는 되돌림오차라 한다.

정답 | 31 ② 32 ② 33 ① 34 ③ 35 ③ 36 ② 37 ③

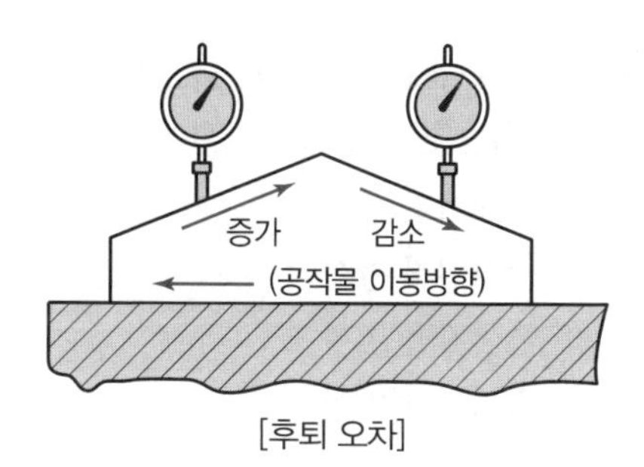

[후퇴 오차]

38 연성의 재료를 가공할 때 자주 발생되며, 연속되는 긴 칩으로 두께가 일정하고 가공 표면이 양호하여 공구수명을 길게 연장할 수 있는 것은?

① 유동형 칩
② 전단형 칩
③ 열단형 칩
④ 균열형 칩

풀이 유동형 칩 : 바이트의 경사면에 따라 흐르듯이 연속적으로 발생하는 칩으로서, 절삭저항의 크기가 변하지 않고 진동이 없어 절삭면이 깨끗하다.

39 선반가공에서 바이트의 날 부분과 공작물의 가공면 사이에 마찰로 인한 열이 많이 발생되어 정밀가공에 어려움이 생긴다. 이때 생기는 열을 측정하는 방법으로 거리가 먼 것은?

① 발생되는 칩의 색깔에 의한 측정 방법
② 칼로리미터에 의한 측정 방법
③ 열전대에 의한 측정 방법
④ 수은 온도계에 의한 측정 방법

풀이 수은 온도계는 대기의 온도를 측정하는 데 사용한다.

※ 절삭칩의 열 측정방법 : 보기 ①, ②, ③ 이외에도 복사고온계에 의한 방법, 시온도료를 이용하는 방법 등이 있다.

40 피니언 커터를 이용하여 상하 왕복운동과 회전운동을 하는 창성식 기어절삭을 할 수 있는 기계는?

① 마그 기어 셰이퍼
② 브로칭 기어 셰이퍼
③ 펠로스 기어 셰이퍼
④ 호브 기어 셰이퍼

풀이 **펠로스 기어 셰이퍼**
피니언 커터가 공작물에 적당한 깊이로 접근하여 상하 왕복 운동함으로써 기어를 절삭한다.

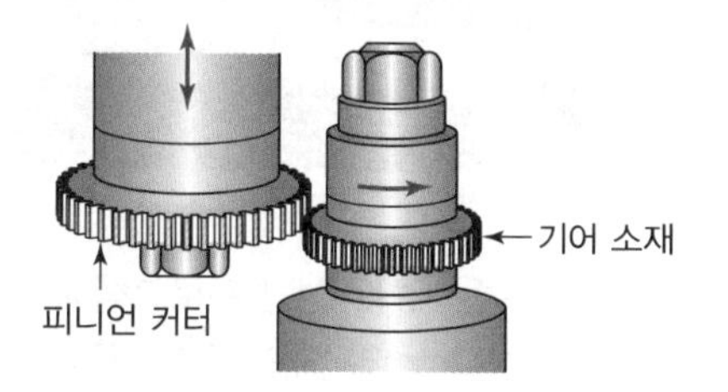

41 선반에서 척에 고정할 수 없는 불규칙하거나 대형인 가공물 또는 복잡한 가공물을 고정할 때 사용하는 것은?

① 연동척
② 콜릿척
③ 벨척
④ 면판

풀이 면판은 척으로 고정이 불가능한 복잡한 형태의 부품을 고정할 때 사용된다.

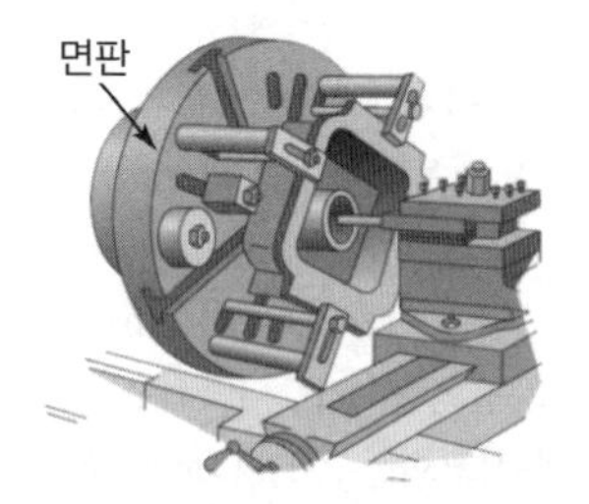

42 금속으로 만든 작은 덩어리를 공작물 표면에 고속으로 분사하여 피로강도를 증가시키기 위한 냉간 가공법으로 반복 하중을 받는 스프링, 기어, 축 등에 사용하는 가공법은?

① 래핑
② 호닝
③ 숏피닝
④ 슈퍼피니싱

정답 | 38 ① 39 ④ 40 ③ 41 ④ 42 ③

풀이 숏피닝

경화된 철의 작은 볼을 공작물의 표면에 분사하여 제품의 표면을 매끈하게 하는 동시에 공작물의 피로강도나 기계적 성질을 향상시킨다.

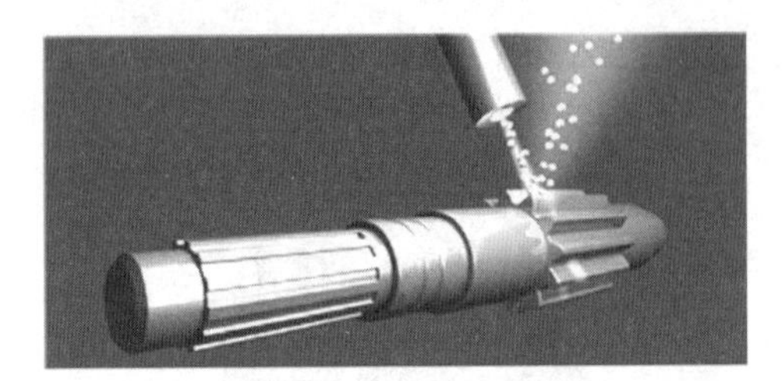

43 다음과 같은 CNC 선반 프로그램에서 일감의 직경이 ϕ34mm일 때의 주축 회전수는 약 몇 rpm인가?

```
G50 X___ Z___ S1800 T0100 ;
G96 S160 M03 ;
```

① 160　② 1,000
③ 1,500　④ 1,800

풀이 G96 : 절삭속도(m/min) 일정 제어

$$N=\frac{1{,}000S}{\pi D}=\frac{1{,}000\times 160}{\pi \times 34}$$
$$=1{,}497.93 \fallingdotseq 1{,}500$$

여기서, N : 주축의 회전수(rpm)
S : 절삭속도(m/min) ⇒ S160
D : 공작물의 지름(mm) ⇒ ϕ34mm

계산된 주축 회전수가 1,498rpm으로 G50에서 제한한 주축최고회전수 1,800rpm보다 작으므로 주축의 회전수는 약 1,500rpm이다.

44 다음 중 CNC 시스템의 제어방법이 아닌 것은?

① 위치결정 제어　② 직선절삭 제어
③ 윤곽절삭 제어　④ 복합절삭 제어

풀이 CNC 공작기계 제어방식의 종류
- 위치 결정 제어
- 직선 절삭 제어
- 윤곽 절삭 제어

45 다음 중 CNC 공작기계 좌표계의 이동위치를 지령하는 방식에 해당하지 않는 것은?

① 절대지령 방식
② 증분지령 방식
③ 혼합지령 방식
④ 잔여지령 방식

풀이 지령방법의 종류
- 절대지령 방식
- 증분지령(또는 상대지령) 방식
- 혼합지령 방식

46 다음 중 공작기계에서의 안전 및 유의사항으로 틀린 것은?

① 주축 회전 중에는 칩을 제거하지 않는다.
② 정면 밀링커터 작업 시 칩 커버를 설치한다.
③ 공작물 설치 시는 반드시 주축을 정지시킨다.
④ 측정기와 공구는 기계 테이블 위에 놓고 작업한다.

풀이 측정기, 공구 등을 진동이 있는 기계 위나 떨어지기 쉬운 장소에 놓지 않아야 한다.

47 다음 CNC 선반 프로그램에서 나사 가공에 사용된 고정 사이클은?

```
G28 U0. W0. ;
G50 X150. Z150. T0700 ;
G97 S600 M03 ;
G00 X26. Z3. T0707 M08 ;
G92 X23.2 Z-20. F2. ;
    X22.7 ;
 ⋮
```

① G28　② G50
③ G92　④ G97

풀이
- G28 : 자동원점복귀
- G50 : 주축 최고 회전수 지정, 공작물 좌표계 설정
- G92 : 나사 절삭 사이클
- G97 : 주축 회전수(rpm) 일정 제어

정답 | 43 ③ 44 ④ 45 ④ 46 ④ 47 ③

48 다음 중 CNC 선반에서 공구기능 'T0303'의 의미로 가장 올바른 것은?

① 3번 공구 선택
② 3번 공구의 공구보정 3번 선택
③ 3번 공구의 공구보정 3번 취소
④ 3번 공구의 공구보정 3회 반복 수행

풀이 T0303 : 3번 공구로 공구보정 3번을 선택하여 가공한다.

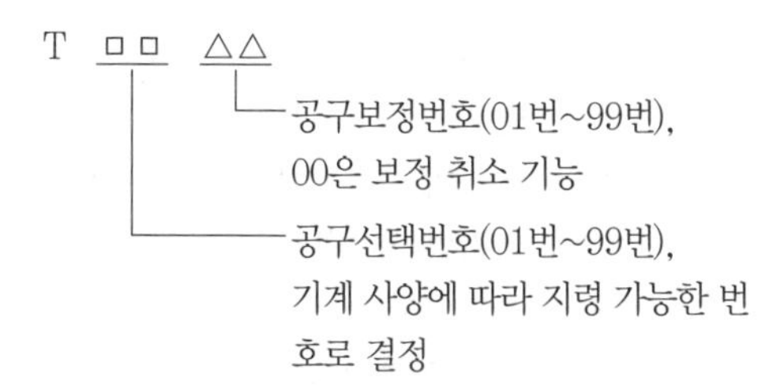

49 머시닝 센터에서 ϕ10 엔드밀로 40×40 정사각형 외곽가공 후 측정하였더니 41×41로 가공되었다. 공구지름 보정량이 5일 때 얼마로 수정하여야 하는가?(단, 보정량은 공구의 반지름 값을 입력한다.)

① 5
② 4.5
③ 5.5
④ 6

풀이 정사각형 외곽가공 후 오차(측정치수−도면치수)가 발생하면
수정 보정량=기존 보정량−오차/2
=5−1/2=4.5

50 다음 중 CNC 공작기계에 사용되는 외부 기억장치에 해당하는 것은?

① 램(RAM)
② 디지타이저
③ 플로터
④ USB 플래시 메모리

풀이
- 외부 기억장치 : USB 플래시 메모리
- 주기억장치 : 램
- 입력장치 : 키보드, 마우스, 트랙볼, 라이트펜, 조이스틱, 포인팅 스틱, 터치패드, 터치스크린, 디지타이저, 스캐너 등
- 출력장치 : LCD 모니터, CRT 모니터, 프린터, 스피커, 플로터, 빔 프로젝터, 그래픽 디스플레이, 음성 출력 장치 등

51 다음 중 CNC 선반에서 스핀들 알람(spindle alarm)의 원인이 아닌 것은?

① 과전류
② 금지영역 침범
③ 주축 모터의 과열
④ 주축 모터의 과부하

풀이 금지영역 침범은 OT(over travel) 알람으로 이송축을 안전 위치로 이동하여 알람을 해제한다. 스핀들 알람(spindle alarm)은 주축 모터의 과열, 주축 모터의 과부하, 과전류가 원인이다.

52 다음 프로그램의 ( ) 부분에 생략된 연속 유효(modal) G 코드(code)는?

```
N01 G01 X30. F0.25 ;
N02 (  ) Z-35. ;
N03 G00 X100. Z100. ;
```

① G00
② G01
③ G02
④ G04

풀이 연속 유효 G-코드(modal G-code)는 동일 그룹 내의 다른 G-코드가 나올 때까지 유효한 G-코드로서 ( ) 부분에 생략된 G-코드는 G01이다.

정답 | 48 ② 49 ② 50 ④ 51 ② 52 ②

53 머시닝 센터 작업 중 회전하는 엔드밀 공구에 칩이 부착되어 있다. 다음 중 이를 제거하기 위한 방법으로 옳은 것은?

① 입으로 불어서 제거한다.
② 장갑을 끼고 손으로 제거한다.
③ 기계를 정지시키고 칩 제거 도구를 사용하여 제거한다.
④ 계속하여 작업을 수행하고 가공이 끝난 후에 제거한다.

풀이 칩을 제거하기 위해서는 기계의 이송 및 작업을 정지하고, 칩 제거 도구를 사용하여 안전한 영역에서 제거한다.

54 다음 중 CNC 선반에서 다음의 단일형 고정 사이클에 대한 설명으로 틀린 것은?

```
G90 X(U)_ Z(W)_ I_ F_ ;
```

① I_값은 직경 값으로 지령한다.
② 가공 후 시작점의 위치로 되돌아온다.
③ X(U)_의 좌표값은 X축의 절삭 끝 점 좌표이다.
④ Z(W)_의 좌표값은 Z축의 절삭 끝 점 좌표이다.

풀이
- G90 : 내 · 외경 절삭사이클
- X(U) : X축의 절삭 끝 점 좌표
- Z(W) : Z축의 절삭 끝 점 좌표
- I : 테이퍼의 경우 절삭의 끝 점과 절삭의 시작점의 상대 좌표값으로 반경 지령
- F : 이송속도(mm/rev)

55 다음 중 머시닝 센터의 주소(address) 중 일반적으로 소수점을 사용할 수 있는 것으로만 나열한 것은?

① 보조기능, 공구기능
② 원호반경지령, 좌표값
③ 주축기능, 공구보정번호
④ 준비기능, 보조기능

풀이 NC 프로그램을 작성할 때 FANUC 시스템에서 소수점 사용은 길이를 나타내는 수치 데이터와 함께 사용되는 어드레스(X, Y, Z, U, V, W, A, B, C, I, J, K, R, F) 다음의 수치 데이터만 가능하다.

56 다음 중 CNC 공작기계의 특징으로 옳지 않은 것은?

① 공작기계가 공작물을 가공하는 중에도 파트 프로그램 수정이 가능하다.
② 품질이 균일한 생산품을 얻을 수 있으나 고장 발생 시 자가 진단이 어렵다.
③ 인치 단위의 프로그램을 쉽게 미터 단위로 자동 변환할 수 있다.
④ 파트 프로그램을 매크로 형태로 저장시켜 필요할 때 불러 사용할 수 있다.

풀이 CNC 공작기계는 품질이 균일한 생산품을 얻을 수 있으며, 고장 발생 시 자체 alarm이 발생하여 자가 진단할 수 있다.

57 머시닝 센터에서 ϕ12−2날 초경합금 엔드밀을 이용하여 절삭속도 35m/min, 이송 0.05mm/날, 절삭깊이 7mm의 절삭 조건으로 가공하고자 할 때 다음 프로그램의 ( )에 적합한 데이터는?

```
G01 G91 X200.0 F( ) ;
```

① 12.25　　② 35.0
③ 92.8　　④ 928.0

풀이 $V=35\text{m/min},\ z=2,\ d=\phi12,\ f_z=0.05\text{mm}$

- 회전수(N)를 구하면

$$N=\frac{1{,}000V}{\pi d}=\frac{1{,}000\times35}{\pi\times12}\fallingdotseq928.40\text{rpm}$$

- 테이블 이송속도(f)를 구하면

$$f=f_z\times z\times N$$
$$=0.05\text{mm}\times2\times928.4\text{rpm}$$
$$=92.84\text{mm/min}$$

여기서, f : 테이블 이송 속도
f_z : 1개의 날당 이송(mm)
z : 커터의 날 수
N : 회전수(rpm)

정답 | 53 ③　54 ①　55 ②　56 ②　57 ③

58 다음 중 CNC 선반에서 원호보간을 지령하는 코드는?

① G02, G03　　② G20, G21
③ G41, G42　　④ G98, G99

풀이
- G02 : 원호보간(CW : 시계방향)
- G03 : 원호보간(CCW : 시계방향)
- G20 : inch 입력
- G21 : metric 입력
- G41 : 공구 인선 반지름 좌측 보정
- G42 : 공구 인선 반지름 우측 보정
- G98 : 분당 이송(mm/min) 지정
- G99 : 회전당 이송(mm/rev) 지정

59 머시닝 센터에서 주축 회전수를 100rpm으로 피치 3mm인 나사를 가공하고자 한다. 이때 이송속도는 몇 mm/min으로 지령해야 하는가?

① 100　　② 200
③ 300　　④ 400

풀이 이송속도(F) = 주축회전수(N) × 피치(p)
= 100 × 3 = 300mm/min

60 기계상에 고정된 임의의 점으로 기계 제작 시 제조사에서 위치를 정하는 점이며, 사용자가 임의로 변경해서는 안 되는 점을 무엇이라 하는가?

① 기계 원점　　② 공작물 원점
③ 상대 원점　　④ 프로그램 원점

풀이 기계 원점은 기계상에 고정된 임의의 점으로 기계 제작 시 제조사에서 위치를 정하는 점이다. 프로그램 및 기계를 조작할 때 기준이 되는 점이므로 사용자가 임의로 변경해서는 안 된다.

정답 | 58 ① 59 ③ 60 ①

컴퓨터응용밀링기능사

2015 제2회 과년도 기출문제

CRAFTSMAN COMPUTER AIDED MILLING

01 반도체 재료의 정제에서 고순도의 실리콘(Si)을 얻을 수 있는 정제법은?

① 인상법
② 대역정제법
③ 존레벨링법
④ 플로팅존법

풀이 플로팅존법 : 물질, 특히 실리콘 등 반도체 물질의 순도를 높이기 위해 쓰이는 정제법의 일종이다. 순도를 높이려는 물질의 잉곳을 여러 고온 영역에 순차로 통과시키면 유도 가열 장치의 구조에 의해 잉곳에는 좁은 용융 부분과 고체 부분이 교대로 만들어지는데, 각 존의 끝에서 녹은 저순도 금속 중의 불순물은 잉곳의 이동과 함께 후단에 모이고, 잉곳은 순도가 높아지며 굳는다.

02 탄소강에 함유된 원소 중에서 상온취성의 원인이 되는 것은?

① 망간 ② 규소
③ 인 ④ 황

풀이 상온취성은 상온에서 충격강도가 매우 낮아 취성을 갖는 성질을 말하며, 인(P)을 함유한 강에서만 나타난다. 인은 강의 입자를 조대화시켜 강의 경도와 강도 및 탄성한계 등을 높이지만, 연성을 두드러지게 저하시켜 취성을 높이는데, 강을 고온으로 압연 또는 단조할 때는 이러한 인의 작용을 거의 볼 수 없고 상온에서는 현저하기 때문에 상온취성이라고 한다.

03 면심입방격자 구조로서 전성과 연성이 우수한 금속으로 짝지어진 것은?

① 금, 크롬, 카드뮴
② 금, 알루미늄, 구리
③ 금, 은, 카드뮴
④ 금, 몰리브덴, 코발트

풀이
- 금, 알루미늄, 구리 → 면심입방격자
- 크롬, 몰리브덴 → 체심 입방 격자
- 카드뮴, 코발트 → 조밀 육방 격자

04 열처리 방법에 대한 설명 중 틀린 것은?

① 불림 – 가열 후 공랭시켜 표준화한다.
② 풀림 – 재질을 연하고 균일하게 한다.
③ 담금질 – 가열 후 서랭시켜 재질을 연화시킨다.
④ 뜨임 – 담금질 후 인성을 부여한다.

풀이 담금질은 급랭시켜 재질을 경화시킨다.

05 산화물계 세라믹의 주재료는?

① SiO_2 ② SiC
③ TiC ④ TiN

풀이 **산화물계 세라믹 원료**
- 알루미나(Al_2O_3)
- 산화규소(SiO_2)
- 지르코니아(ZrO_2) 등

정답 | 01 ④ 02 ③ 03 ② 04 ③ 05 ①

06 고강도 Al 합금으로 Al－Cu－Mg－Mn의 합금은?

① 두랄루민　② 라우탈
③ 실루민　④ Y 합금

풀이 두랄루민은 Al－Cu－Mg－Mn계 합금이며 시효경화성을 가진 고장력 알루미늄 합금으로, 기계적 성질을 개선시킨 합금이다.

07 금속침투에 의한 표면 경화법으로 금속 표면에 Al을 침투시키는 것은?

① 크로마이징　② 칼로라이징
③ 실리코나이징　④ 보로나이징

풀이

종류	침투제	장점
세라다이징 (sheradizing)	아연 (Zn)	대기 중 부식 방지
칼로라이징 (calorizing)	알루미늄 (Al)	고온 산화 방지
크로마이징 (chromizing)	크롬 (Cr)	내식성, 내산성, 내마모성 증가
실리코나이징 (silliconizing)	규소 (Si)	내산성 증가
보로나이징 (boronizing)	붕소 (B)	고경도 (HV 1,300~1,400)

08 지름 50mm인 원형 단면에 하중 4,500N이 작용할 때 발생되는 응력은 약 몇 N/mm²인가?

① 2.3　② 4.6
③ 23.3　④ 46.6

풀이 응력은 면적분포의 힘이므로,

$$\text{인장응력 } \sigma = \frac{F(\text{인장하중})}{A_\sigma(\text{면적})} = \frac{4{,}500}{\frac{\pi \times 50^2}{4}} = 2.3\text{N/mm}^2$$

09 고정 원판식 코일에 전류를 통하면, 전자력에 의하여 회전 원판이 잡아당겨져 브레이크가 걸리고, 전류를 끊으면 스프링 작용으로 원판이 떨어져 회전을 계속하는 브레이크는?

① 밴드 브레이크
② 디스크 브레이크
③ 전자 브레이크
④ 블록 브레이크

10 평벨트와 비교한 V 벨트 전동의 특성이 아닌 것은?

① 설치 면적이 넓어 공간이 필요하다.
② 비교적 작은 장력으로 큰 회전력을 전달할 수 있다.
③ 운전이 정숙하다.
④ 마찰력이 평벨트보다 크고 미끄럼이 적다.

풀이 설치 면적이 좁아, 지름이 작은 풀리에도 사용할 수 있다.

11 두 물체 사이의 거리를 일정하게 유지시키면서 결합하는 데 사용하는 볼트는?

① 기초볼트　② 아이볼트
③ 나비볼트　④ 스테이볼트

풀이 **스테이볼트(stay bolt)**
두 물체의 간격을 유지시키는 데 사용하는데 부시(bush)를 끼워서 사용하는 것과 볼트에 턱을 만들어 놓은 것이 있다.

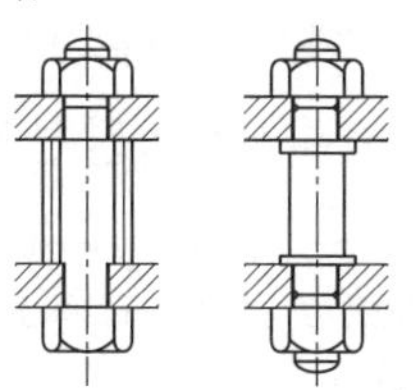

12 축이 회전하는 중에 임의로 회전력을 차단할 수 있는 것은?

① 커플링　② 스플라인
③ 크랭크　④ 클러치

정답 | 06 ①　07 ②　08 ①　09 ③　10 ①　11 ④　12 ④

13 기계요소 부품 중에서 직접 전동용 기계요소에 속하는 것은?

① 벨트 ② 기어
③ 로프 ④ 체인

풀이 **직접 전동용 기계요소**
기어, 마찰차, 캠 등

14 시험 전 단면적이 6mm², 시험 후 단면적이 1.5mm²일 때 단면수축률은?

① 25% ② 45%
③ 55% ④ 75%

풀이 단면수축률 $\varepsilon_A = \frac{\Delta A}{A} \times 100$

$= \frac{6-1.5}{6} \times 100 = 75\%$

15 너트의 밑면에 넓은 원형 플랜지가 붙어 있는 너트는?

① 와셔붙이 너트 ② 육각 너트
③ 판 너트 ④ 캡 너트

풀이

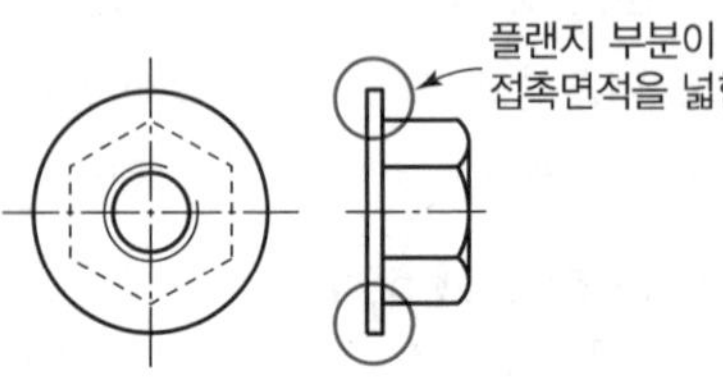

[와셔붙이 너트(플랜지 너트)]

16 스프링을 제도하는 내용으로 틀린 것은?

① 특별한 단서가 없는 한 왼쪽 감기로 도시
② 원칙적으로 하중이 걸리지 않은 상태로 제도
③ 간략도로 표시하고 필요한 사항은 요목표에 기입
④ 코일의 중간 부분을 생략할 때는 가는 1점 쇄선으로 도시

풀이 특별한 단서가 없는 한 모두 오른쪽 감기로 도시하고, 왼쪽 감기로 도시하는 경우에는 '감긴 방향 왼쪽'이라고 표기한다.

17 도면에 사용하는 치수보조기호를 설명한 것으로 틀린 것은?

① R : 반지름
② C : 30° 모떼기
③ Sϕ : 구의 지름
④ □ : 정사각형의 한 변의 길이

풀이 C : 45° 모떼기

18 동일 부위에 중복되는 선의 우선순위가 높은 것부터 낮은 것으로 순서대로 나열한 것은?

① 중심선 → 외형선 → 절단선 → 숨은선
② 외형선 → 중심선 → 숨은선 → 절단선
③ 외형선 → 숨은선 → 중심선 → 절단선
④ 외형선 → 숨은선 → 절단선 → 중심선

풀이 **겹치는 선의 우선순위**

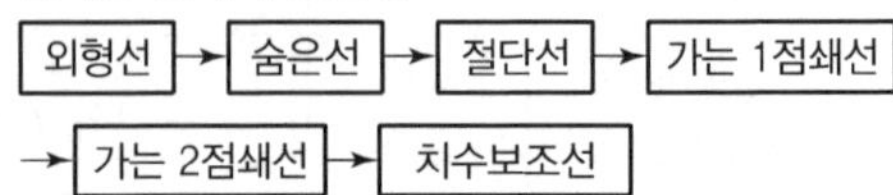

19 그림과 같은 도면에 지시한 기하공차의 설명으로 가장 옳은 것은?

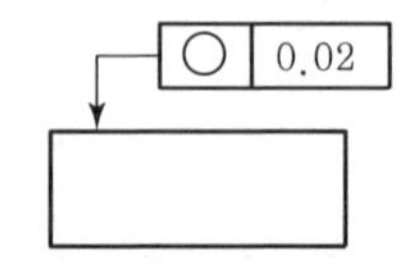

① 원통의 축선은 지름 0.02mm의 원통 내에 있어야 한다.
② 지시한 표면은 0.02mm만큼 떨어진 2개의 평면 사이에 있어야 한다.
③ 임의의 축 직각 단면에 있어서의 바깥둘레는 동일 평면 위에서 0.02mm만큼 떨어진 두 개의 동심원 사이에 있어야 한다.
④ 대상으로 하고 있는 면은 0.02mm만큼 떨어진 2개의 직선 사이에 있어야 한다.

풀이 **○(진원도 공차)**
임의의 축 직각 단면에 있어서의 바깥둘레는 동일 평면 위에서 0.02mm만큼 떨어진 두 개의 동심원 사이에 있어야 한다.

정답 | 13 ② 14 ④ 15 ① 16 ① 17 ② 18 ④ 19 ③

20 기하공차 기호 중 자세공차 기호는?

① ◎ ② ○
③ // ④ ⌓

풀이 **자세 공차**

- 평행도 공차(//)
- 직각도 공차(⊥)
- 경사도 공차(∠)

21 제작 도면에서 제거가공을 해서는 안 된다고 지시할 때의 표면 결 도시방법은?

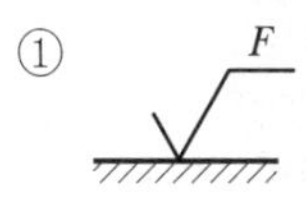

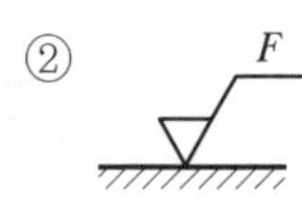

풀이 **가공방법, 표면처리 등을 기입할 필요가 있는 경우의 도시방법**

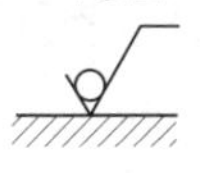

22 그림에서 기준치수 $\phi 50$ 구멍의 최대 실체치수(MMS)는 얼마인가?

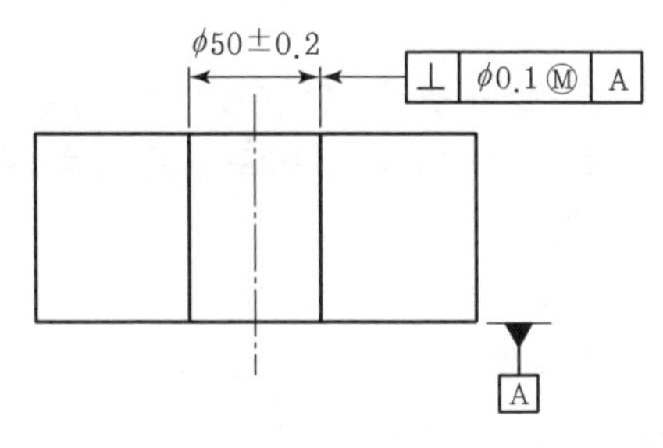

① $\phi 49.7$ ② $\phi 49.8$
③ $\phi 50$ ④ $\phi 50.2$

풀이 **최대 실체치수(MMS)**

실체(구멍, 축)가 최대 질량을 갖는 조건이므로 구멍 지름이 최소이거나 축 지름이 최대일 때를 말한다. 최대 실체치수(MMS)의 기호는 Ⓜ으로 표기한다. 따라서, $50-0.2=49.8$이므로 $\phi 49.8$이다.

23 다음 그림과 같이 실제 형상을 찍어내어 나타내는 스케치 방법을 무엇이라 하는가?

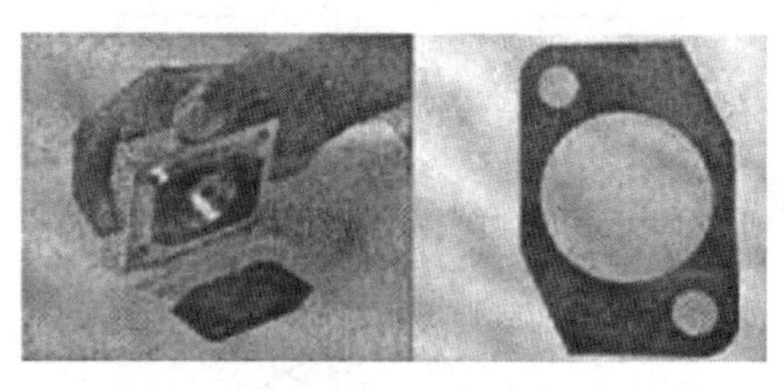

① 프리핸드법
② 프린터법
③ 직접 본뜨기법
④ 간접 본뜨기법

풀이 프린터법 : 평면으로 되어 있는 부품의 표면에 기름이나 광명단을 발라 용지에 대고 눌러서 실제의 모양을 뜨고 치수를 기입하는 방법

24 맞물리는 한 쌍 기어의 도시에서 맞물림부의 이끝원을 그리는 선은?

① 굵은 실선 ② 가는 실선
③ 2점쇄선 ④ 숨은선

풀이 맞물리는 한 쌍 기어의 도시에서 이끝원은 굵은 실선, 피치원은 가는 1점쇄선, 이뿌리원은 가는 실선(단면하지 않은 경우) 또는 굵은 실선(단면한 경우)으로 그리거나 생략하기도 한다.

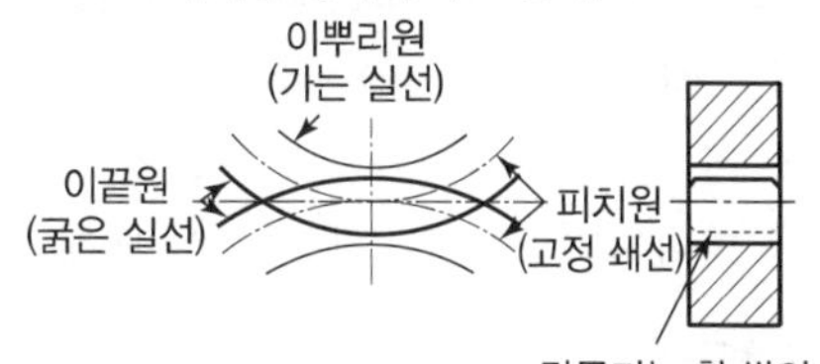

25 다음과 같은 입체도에서 화살표 방향이 정면도 방향일 경우 올바르게 투상된 평면도는?

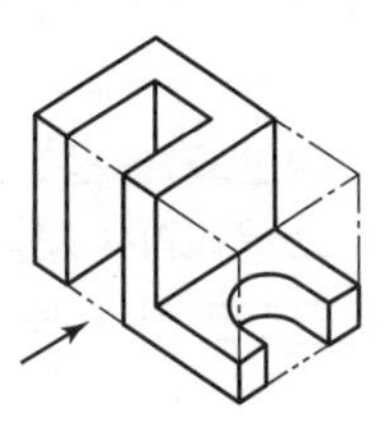

정답 | 20 ③ 21 ④ 22 ② 23 ② 24 ① 25 ②

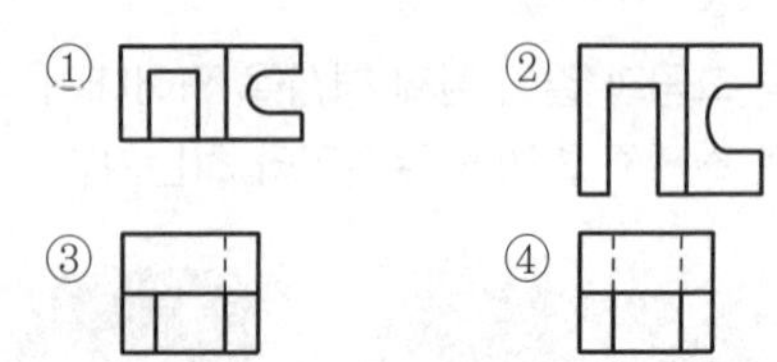

풀이 평면도는 그림과 같은 입체도를 위에서 내려다 본 것을 나타낸 도면이다.

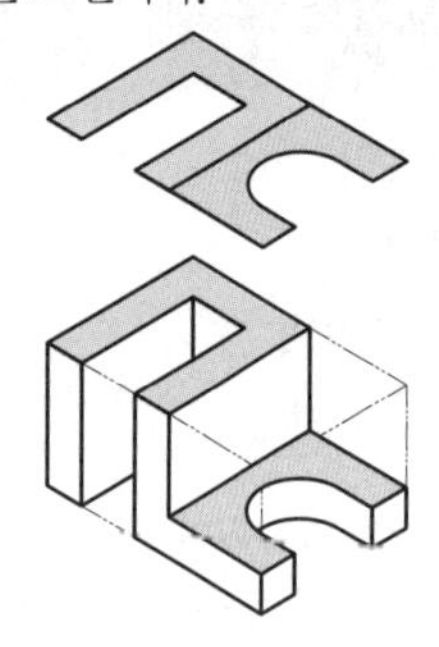

26 선반가공 중 테이퍼를 가공하는 방법이 아닌 것은?

① 회전 센터에 의한 방법
② 심압대 편위에 의한 방법
③ 테이퍼 절삭 장치에 의한 방법
④ 복식 공구대를 선회시켜 가공하는 방법

27 W, Cr, V, Mo 등을 함유하고 고온경도 및 내마모성이 우수하여 고온절삭이 가능한 절삭공구 재료는?

① 탄소공구강 ② 고속도강
③ 다이아몬드 ④ 세라믹 공구

풀이 **고속도강**

- 표준고속도강 : 텅스텐(18%) – 크롬(4%) – 바나듐(1%) – 탄소(0.8%)
- 하이스강(HSS)이라고도 한다..
- 사용온도는 600℃까지 가능하다.
- 고온경도가 높고 내마모성이 우수하다.

28 측정자의 직선 또는 원호 운동을 기계적으로 확대하여 그 움직임을 지침의 회전 변위로 변환시켜 눈금으로 읽는 게이지는?

① 한계 게이지 ② 게이지 블록
③ 하이트 게이지 ④ 다이얼 게이지

풀이 **다이얼 게이지**

㉠ 측정자의 직선 또는 원호 운동을 기계적으로 확대하고 그 움직임을 지침의 회전 변위로 변환시켜 눈금으로 읽을 수 있는 길이 측정기이다.

㉡ 용도
평형도, 평면도, 진원도, 원통도, 축의 흔들림을 측정한다.

29 밀링머신의 부속 장치에 해당하는 것은?

① 맨드릴 ② 돌리개
③ 슬리브 ④ 분할대

풀이 분할대 : 밀링에서 테이블 위에 설치하여 일감의 분할, 각도 가공 등을 하는 데 사용되는 부속 장치이다.

30 주조할 때 뚫린 구멍 또는 드릴로 뚫은 구멍을 크게 확대하거나, 정밀도 높은 제품으로 가공하는 것은?

① 셰이퍼 ② 브로칭머신
③ 보링머신 ④ 호빙머신

풀이 **보링머신**
드릴링, 단조, 주조 등의 방법으로 1차 가공한 구멍을 좀 더 크고, 정밀하게 가공하는 공작기계이다.

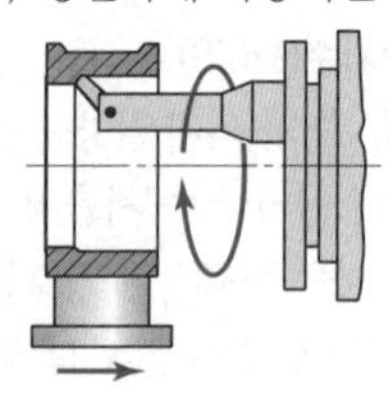

정답 | 26 ① 27 ② 28 ④ 29 ④ 30 ③

31 밀링 가공에서 상향절삭과 비교한 하향절삭의 특성 중 틀린 것은?

① 기계의 강성이 낮아도 무방하다.
② 공구의 수명이 길다.
③ 가공 표면의 광택이 적다.
④ 백래시를 제거하여야 한다.

풀이 밀링 가공 시 충격이 있어 강성이 높아야 한다.

32 빌트업 에지(built-up edge)의 발생 과정으로 옳은 것은?

① 성장 → 분열 → 탈락 → 발생
② 분열 → 성장 → 발생 → 탈락
③ 탈락 → 발생 → 성장 → 분열
④ 발생 → 성장 → 분열 → 탈락

풀이 **빌트업 에지의 발생 과정**

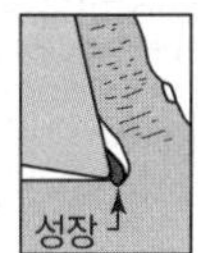

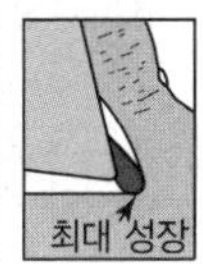

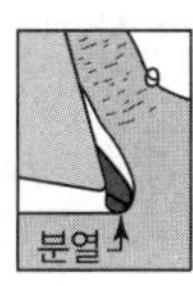

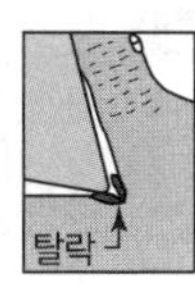

33 필요한 형상의 부품이나 제품을 연삭하는 연삭방법은?

① 경면 연삭　　② 성형 연삭
③ 센터리스 연삭　　④ 그립 피드 연삭

풀이 성형 연삭 : 필요한 형상의 부품이나 제품의 기하곡선, 각도 등을 연삭하는 방법

34 보통 센터의 선단 일부를 가공하여, 단면 가공이 가능한 센터는?

① 세공 센터　　② 베어링 센터
③ 하프 센터　　④ 평센터

풀이 **하프 센터**

정지 센터로 가공물을 지지하고 단면을 가공하면 바이트와 가공물의 간섭으로 가공이 불가능하므로, 보통 센터의 원추형 부분을 축 방향으로 반을 제거하여 단면 가공이 가능하도록 제작한 센터이다.

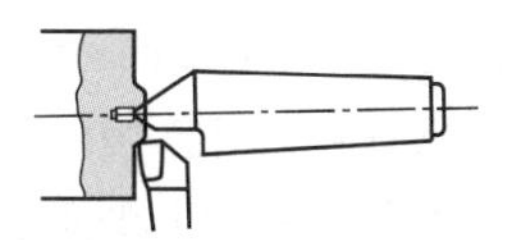

35 절삭 깊이가 작고, 절삭속도가 빠르며 경사각이 큰 바이트로 연성의 재료를 가공할 때 발생하는 칩의 형태는?

① 유동형 칩　　② 전단형 칩
③ 경작형 칩　　④ 균열형 칩

풀이 **유동형 칩**

㉠ 바이트의 경사면에 따라 흐르듯이 연속적으로 발생하는 칩으로서, 절삭저항의 크기가 변하지 않고 진동이 없어 절삭면이 깨끗하다.
㉡ 절삭 조건
- 신축성이 크고 소성 변형하기 쉬운 재료(연강, 동, 알루미늄 등)
- 바이트의 윗면 경사각이 클 때
- 절삭속도가 클 때
- 절삭량이 적을 때
- 인성이 크고, 연한 재료

36 3차원 측정기에서 피측정물의 측정면에 접촉하여 그 지점의 좌표를 검출하고 컴퓨터에 지시하는 것은?

① 기준구　　② 서보모터
③ 프로브　　④ 데이텀

풀이 **접촉식 3차원 측정기**

프로브(probe, 측정점 검출기)가 서로 직각인 X, Y, Z 축 방향으로 운동하고, 측정 장치에 의해 측정점의 공간 좌표값을 읽어서 위치, 거리, 윤곽, 형상 등을 측정하는 측정기

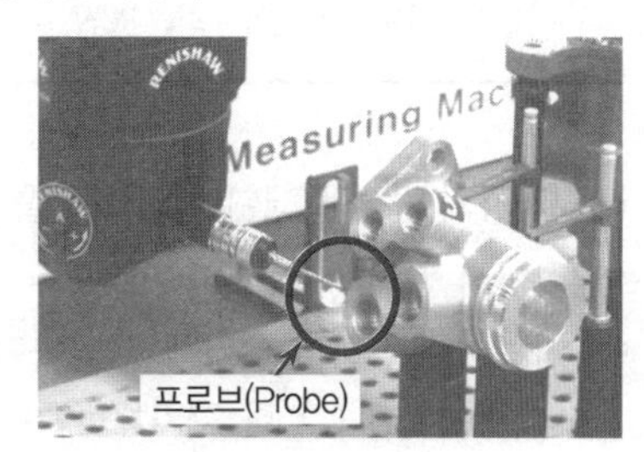

정답 | 31 ① 32 ④ 33 ② 34 ③ 35 ① 36 ③

37 외주와 정면에 절삭 날이 있고 주로 수직 밀링에서 사용하는 커터로 절삭 능력과 가공면의 표면 거칠기가 우수한 초경 밀링커터는?

① 슬래브 밀링커터 ② 총형 밀링커터
③ 더브테일 커터 ④ 정면 밀링커터

풀이

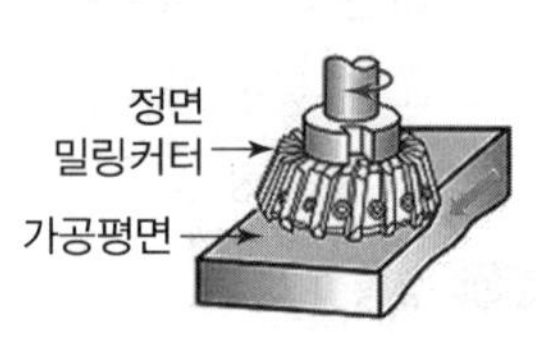

[정면 커터]

38 보통 선반에서 할 수 없는 작업은?

① 드릴링 작업 ② 보링 작업
③ 인덱싱 작업 ④ 널링 작업

풀이 인덱싱 작업 : 밀링머신에서 분할대를 이용하여 일감의 원주를 분할하는 작업

※ Indexing : 밀링에서 '분할법'을 의미함

39 다음과 같은 연삭숫돌의 표시방법 중 'K'는 무엇을 나타내는가?

WA 60 K 5 V

① 숫돌입자 ② 조직
③ 결합제 ④ 결합도

풀이 **연삭숫돌의 표시방법**

WA	60	K	5	V
숫돌입자	입도	결합도	조직	결합제

40 래핑가공의 단점에 대한 설명으로 틀린 것은?

① 작업이 지저분하고 먼지가 많다.
② 가공이 복잡하고 대량생산이 어렵다.
③ 비산하는 랩제는 다른 기계나 가공물을 마모시킨다.
④ 가공면에 랩제가 잔류하기 쉽고, 잔류 랩제로 인하여 마모가 촉진된다.

풀이 래핑가공은 가공이 간단하고 대량생산이 가능하다. (장점)

41 다음과 같은 테이퍼를 절삭하고자 할 때 심압대의 편위량은 약 몇 mm인가?

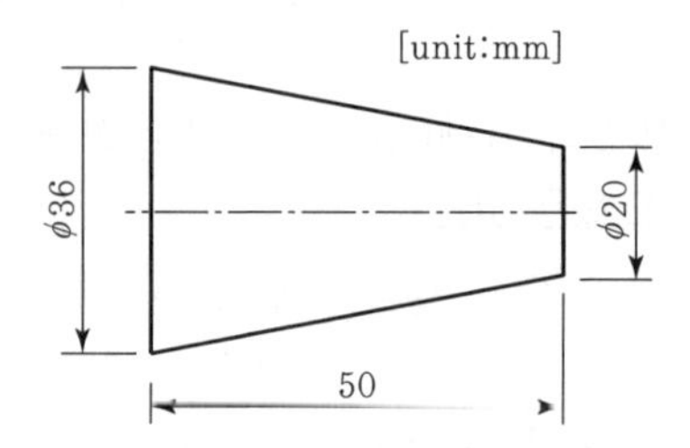

① 8mm ② 10mm
③ 16mm ④ 18mm

풀이 선반에서 심압대를 편위시켜 테이퍼를 가공하는 관계식

편위량 $X=\dfrac{(D-d)L}{2l}$ 에서

$L=l$ 이므로

$X=\dfrac{D-d}{2}=\dfrac{36-20}{2}=8\text{mm}$

42 특정한 제품을 대량생산할 때 가장 적합한 공작기계는?

① 범용 공작기계 ② 만능 공작기계
③ 전용 공작기계 ④ 단능 공작기계

풀이 **전용 공작기계**

같은 종류의 제품을 대량생산하기 위한 공작기계

43 다음 중 주축 회전수를 1,000rpm으로 지령하는 블록은?

① G28 S1000 ;
② G50 S1000 ;
③ G96 S1000 ;
④ G97 S1000 ;

정답 | 37 ④ 38 ③ 39 ④ 40 ② 41 ① 42 ③ 43 ④

풀이 • G97 : 주축회전수(rpm) 일정 제어
• G28 : 자동원점복귀
• G50 : 주축최고회전수 지정
• G96 : 절삭속도(m/min) 일정 제어

44 다음은 CNC 선반에서 나사가공 프로그램을 나타낸 것이다. 나사 가공할 때 최초 절입량은 얼마인가??

```
G76 P011060 Q50 R20 ;
G76 X47.62 Z-32. P1.19 Q350 F2.0 ;
```

① 0.35mm ② 0.50mm
③ 1.19mm ④ 2.0mm

풀이 • Q350 : 첫 번째 절입량, 소수점 사용 불가이므로 0.35mm 절입량을 350으로 입력한다.
• G76 P(m) (r) (a) Q(Δd min) R(d) ;
• G76 X(U)_Z(W)_P(k)Q(Δd)R(i)F_;
여기서, P(m) : 다듬질 횟수(01~99까지 입력 가능)
(r) : 불완전 나사부 면취량(00~99까지 입력 가능), 리드의 몇 배인가 지정
(a) : 나사산의 각도(80, 60, 55, 30, 29, 0 지령 가능)
(예 m=01 ⇒ 1회 정삭, r=10 ⇒ 45° 면취, a=60 ⇒ 삼각나사)
Q(Δd min) : 최소 절입량(소수점 사용 불가, 생략 가능)
R(d) : 정삭여유
X(U), Z(W) : 나사 끝 점 좌표
P(k) : 나사산의 높이(반경지령), 소수점 사용 불가
Q(Δd) : 첫 번째 절입량(반경지령), 소수점 사용 불가
R(i) : 테이퍼 나사 절삭 시 나사 끝 점(X 좌표)과 나사 시작점(X 좌표)의 거리(반경지령), I=0이면 평행나사(생략 가능)
F : 나사의 리드

45 CNC 공작기계의 준비기능 중 1회 지령으로 같은 그룹의 준비기능이 나올 때까지 계속 유효한 G 코드는?

① G01 ② G04
③ G28 ④ G50

풀이 연속 유효 G-코드(modal G-code) : 동일 그룹 내의 다른 G-코드가 나올 때까지 유효한 G-코드
예 G00 : 위치 결정(급속이송)
G01 : 직선가공(절삭이송)
G02 : 원호가공(CW) 등

46 다음 중 CNC 선반에서 드라이 런 기능에 관한 설명으로 옳은 것은?

① 드라이 런 스위치가 ON 되면 이송속도가 빨라진다.
② 드라이 런 스위치가 ON 되면 프로그램에서 지정된 이송속도를 무시하고 조작판에서 이송 속도를 조절할 수 있다.
③ 드라이 런 스위치가 ON 되면 이송속도의 단위가 회전당 이송속도로 변한다.
④ 드라이 런 스위치가 ON 되면 급속 속도가 최고 속도로 바뀐다.

풀이 드라이 런 : 실제 가공하기 전에 모의 테스트하는 기능으로, 드라이 런 스위치가 ON 되면 프로그램에서 지정된 이송속도를 무시하고 조작판에서 이송속도를 조절할 수 있다.

47 다음 중 CNC 공작기계에 사용되는 서보모터가 구비하여야 할 조건으로 틀린 것은?

① 빈번한 시동, 정지, 제동, 역전 및 저속 회전의 연속작동이 가능해야 한다.
② 모터 자체의 안정성이 작아야 한다.
③ 가혹 조건에서도 충분히 견딜 수 있어야 한다.
④ 감속 특성 및 응답성이 우수해야 한다.

풀이 서보모터는 모터 자체의 안정성이 커야 한다.

정답 | 44 ① 45 ① 46 ② 47 ②

48 다음 중 선반작업 시 안전사항으로 틀린 것은?

① 작업자의 안전을 위해 장갑은 착용하지 않는다.
② 작업자의 안전을 위해 작업복, 안전화, 보안경 등은 착용하고 작업한다.
③ 장비 사용 전 정상구동상태 및 이상 여부를 확인한다.
④ 작업의 편의를 위해 장비 조작은 여러 명이 협력하여 조작한다.

풀이 장비 조작을 여러 명이 하다 보면 작업의 안전을 확보할 수 없으므로 한 명의 작업자가 하는 것이 좋다.

49 다음 중 CNC 선반 프로그램에서 단일형 고정 사이클에 해당되지 않는 것은?

① 내외경 황삭 사이클(G90)
② 나사절삭 사이클(G92)
③ 단면절삭 사이클(G94)
④ 정삭 사이클(G70)

풀이 정삭 사이클(G70) → 복합형 고정 사이클

50 다음 중 CNC 선반에서 공구 날끝 보정에 관한 설명으로 틀린 것은?

① G42 명령은 모달 명령이다.
② G41은 공구인선 우측 반지름 보정이다.
③ G40 명령은 공구 날끝 보정 취소 기능이다.
④ 공구 날끝 보정은 가공이 시작되기 전에 이루어져야 한다.

풀이 G41 : 공구인선 좌측 반지름 보정

51 다음 중 머시닝 센터 작업 시 발생하는 알람 메시지의 내용으로 틀린 것은?

① LUBR TANK LEVEL LOW ALARM → 절삭유 부족
② EMERGENCY STOP SWITCH ON → 비상정지 스위치 ON
③ P/S__ ALARM → 프로그램 알람
④ AIR PRESSURE ALARM → 공기압 부족

풀이 LUBR TANK LEVEL LOW ALARM → 윤활유(습동유) 부족

52 머시닝 센터에서 G43 기능을 이용하여 공구 길이 보정을 하려고 한다. 다음 설명 중 틀린 것은?

공구 번호	길이 보정 번호	게이지 라인으로부터 공구 길이(mm)	비고
T01	H01	100	
T02	H02	90	기준공구
T03	H03	120	
T04	H04	50	
T05	H05	150	
T06	H06	80	

① 1번 공구의 길이 보정값은 10mm이다.
② 3번 공구의 길이 보정값은 30mm이다.
③ 4번 공구의 길이 보정값은 40mm이다.
④ 5번 공구의 길이 보정값은 60mm이다.

풀이 4번 공구의 길이 보정값은 −40mm이다.

G43 : 공구길이 보정 '+'

공구의 길이가 기준공구보다 길면 '+'값으로 보정하고, 짧으면 '−'값으로 보정한다.

- T01 공구는 기준공구(T02)보다 10mm 긴 경우이므로 '+10'으로 보정
- T03 공구는 기준공구(T02)보다 30mm 긴 경우이므로 '+30'으로 보정
- T04 공구는 기준공구(T02)보다 40mm 짧은 경우이므로 '−40'으로 보정
- T05 공구는 기준공구(T02)보다 60mm 긴 경우이므로 '+60'으로 보정

정답 | 48 ④ 49 ④ 50 ② 51 ① 52 ③

53 다음 중 CNC 프로그램을 작성할 때 소수점을 사용할 수 없는 어드레스는?

① F ② R
③ K ④ S

풀이 S는 주축기능으로 소수점을 사용할 수 없으며, 길이를 나타내는 수치 데이터와 함께 사용되는 어드레스(X, Y, Z, U, V, W, A, B, C, I, J, K, R, F) 다음의 수치 데이터에만 소수점 입력이 가능하다.

54 다음은 머시닝 센터 프로그램이다. 프로그램에서 사용된 평면은 어느 것인가?

```
G17 G40 G49 G80 ;
G91 G28 Z0. ;
        G28 X0. Y0. ;
G90 G92 X400. Y250. Z500. ;
T01 M06 ;
 ⋮
```

① Z－Z 평면 ② Y－Z 평면
③ Z－X 평면 ④ X－Y 평면

풀이 G17 : X－Y 평면 설정

55 다음 중 NC 프로그램의 준비기능으로 그 기능이 전혀 다른 것은?

① G01 ② G02
③ G03 ④ G04

풀이
- G01 : 직선절삭
- G02 : 원호절삭(CW : 시계방향)
- G03 : 원호절삭(CCW : 반시계방향)
- G04 : 휴지(dwell), 일시정지

56 컴퓨터에 의한 통합 가공 시스템(CIMS)으로 생산관리 시스템을 자동화할 경우의 이점이 아닌 것은?

① 짧은 제품 수명 주기와 시장 수요에 즉시 대응할 수 있다.
② 더 좋은 공정 제어를 통하여 품질의 균일성을 향상시킬 수 있다.
③ 재료, 기계, 인원 등의 효율적인 관리로 재고량을 증가시킬 수 있다.
④ 생산과 경영관리를 잘 할 수 있으므로 제품 비용을 낮출 수 있다.

풀이 CIMS(Computer Integrated Manufacturing System)
컴퓨터 통합생산(CIMS)은 사업계획과 지원, 제품설계, 가공공정계획, 공정자동화 등의 모든 계획기능(수요의 예측, 시간계획, 재료수급계획, 발송, 회계 등)과 실행계획(생산과 공정제어, 물류, 시험과 검사 등)을 컴퓨터에 의하여 통합 관리하는 시스템을 말하며, CIMS를 사용하면 재고량을 줄일 수 있다.

57 다음 중 CNC 제어 시스템의 기능이 아닌 것은?

① 통신기능
② CNC 기능
③ AUTOCAD 기능
④ 데이터 입 · 출력 제어기능

풀이 CNC 제어 시스템의 기능은 통신기능, CNC 기능, 데이터 입 · 출력 제어기능 등이 있다.

58 다음 중 주프로그램(main program)과 보조프로그램(subprogram)에 관한 설명으로 틀린 것은?

① 보조프로그램에서는 좌표계 설정을 할 수 없다.
② 보조프로그램의 마지막에는 M99를 지령한다.
③ 보조프로그램 호출은 M98 기능으로 보조프로그램 번호를 지정하여 호출한다.
④ 보조프로그램은 반복되는 형상을 간단하게 프로그램하기 위하여 많이 사용한다.

풀이 보조프로그램에서도 주프로그램에서와 마찬가지로 준비기능과 보조기능 등을 사용할 수 있다.

정답 | 53 ④ 54 ④ 55 ④ 56 ③ 57 ③ 58 ①

59 다음 중 기계원점에 관한 설명으로 틀린 것은?

① 기계상에 고정된 임의의 지점으로 기계조작 시 기준이 된다.
② 프로그램 작성 시 기준이 되는 공작물 좌표의 원점을 말한다.
③ 조작판상의 원점복귀 스위치를 이용하여 수동으로 원점복귀 할 수 있다.
④ G28을 이용하여 프로그램상에서 자동 원점 복귀시킬 수 있다.

풀이 프로그램 작성 시 기준이 되는 공작물 좌표의 원점을 프로그램 원점이라 한다.

60 머시닝 센터의 자동공구교환장치에서 지정한 공구번호에 의해 임의로 공구를 주축에 장착하는 방식을 무엇이라 하는가?

① 랜덤 방식 ② 팰릿 방식
③ 시퀀스 방식 ④ 컬럽형 방식

풀이 머시닝 센터의 공구 교환 방식은 랜덤 방식과 시퀀스 방식이 있다.

- 랜덤 방식 : 지정한 공구번호에 의해 임의로 공구를 주축에 장착하는 방식
- 시퀀스 방식 : 공구번호에 따라 순차적으로 공구를 장착하는 방식

정답 | 59 ② 60 ①

컴퓨터응용밀링기능사

2015 제4회 과년도 기출문제

CRAFTSMAN COMPUTER AIDED MILLING

01 다음 금속 중에서 용융점이 가장 낮은 것은?

① 백금 ② 코발트
③ 니켈 ④ 주석

풀이 **용융점**
- 백금 : 1,755℃
- 코발트 : 1,480℃
- 니켈 : 1,452℃
- 주석 : 232℃

02 다음 중 정지상태의 냉각수 냉각속도를 1로 했을 때, 냉각속도가 가장 빠른 것은?

① 물 ② 공기
③ 기름 ④ 소금물

풀이 **냉각제에 따른 냉각속도**
소금물 > 물 > 비눗물 > 기름 > 공기 > 노(내부)

03 FRP로 불리며 항공기, 선박, 자동차 등에 쓰이는 복합재료는?

① 옵티컬 파이버
② 세라믹
③ 섬유강화 플라스틱
④ 초전도체

풀이 **섬유강화 플라스틱 (FRP : Fiber Reinforced Plastics)**
플라스틱을 기지로 하여 내부에 강화섬유를 함유시킴으로써 비강도를 높인 복합재료
- GFRP : 기지[플라스틱(불포화에폭시, 불포화폴리에스테르 등)]+강화재(유리섬유)
- CFRP : 기지[플라스틱(불포화에폭시, 불포화폴리에스테르 등)]+강화재(탄소섬유)

04 7 : 3 황동에 대한 설명으로 옳은 것은?

① 구리 70%, 주석 30%의 합금이다.
② 구리 70%, 아연 30%의 합금이다.
③ 구리 70%, 니켈 30%의 합금이다.
④ 구리 70%, 규소 30%의 합금이다.

05 다음 중 퀴리점(Curie point)에 대한 설명으로 옳은 것은?

① 결정격자가 변하는 점
② 입방격자가 변하는 점
③ 자기변태가 일어나는 온도
④ 동소변태가 일어나는 온도

풀이 A_2 **변태점(768 ℃)**
퀴리점, 순철의 자기변태점(강자성체⇌상자성체)

06 강력한 흑연화 촉진 원소로서 탄소량을 증가시키는 것과 같은 효과를 가지며 주철의 응고수축을 적게 하는 원소는?

① Si ② Mn
③ P ④ S

풀이 **규소(Si)**
- 탄소 다음으로 중요한 성분으로서 Fe과 고용체(Si 약 16%)를 만들고, 흑연의 생성을 촉진하는 원소이다.
- 응고 수축이 적어져서 주조가 용이하다.
- 얇은 주물 제작 시 급랭으로 인해 탄소가 시멘타이트로 변화되는 것을 방지하기 위해 규소를 다량 첨가한다.

정답 | 01 ④ 02 ④ 03 ③ 04 ② 05 ③ 06 ①

07 주철의 일반적인 설명으로 틀린 것은?

① 강에 비하여 취성이 작고 강도가 비교적 높다.
② 주철은 파면상으로 분류하면 회주철, 백주철, 반주철로 구분할 수 있다.
③ 주철 중 탄소의 흑연화를 위해서는 탄소량 및 규소의 함량이 중요하다.
④ 고온에서 소성변형이 곤란하나 주조성이 우수하여 복잡한 형상을 쉽게 생산할 수 있다.

풀이 주철은 강에 비하여 충격강도와 연신율이 작고 취성이 크다.

08 나사에 관한 설명으로 틀린 것은?

① 나사에서 피치가 같으면 줄 수가 늘어나도 리드는 같다.
② 미터계 사다리꼴 나사산의 각도는 30°이다.
③ 나사에서 리드라 하면 나사축 1회전당 전진하는 거리를 말한다.
④ 톱니나사는 한 방향으로 힘을 전달시킬 때 사용한다.

풀이 '리드(l) = 나사의 줄수(n) × 피치(p)'이므로, 두 줄 나사에서는 리드는 피치의 두 배가 되고, 세 줄 나사에서 리드는 피치의 세 배가 된다.

09 너트 위쪽에 분할 핀을 끼워 풀리지 않도록 하는 너트는?

① 원형 너트 ② 플랜지 너트
③ 홈붙이 너트 ④ 슬리브 너트

[홈붙이 너트]

10 저널 베어링에서 저널의 지름이 30mm, 길이가 40mm, 베어링의 하중이 2,400N일 때, 베어링의 압력은 몇 MPa인가?

① 1 ② 2
③ 3 ④ 4

풀이 베어링 압력 q

$$= \frac{\text{베어링 하중}}{\text{투사면적}}$$

$$= \frac{P(\text{베어링 하중})}{d(\text{지름}) \times l(\text{저널길이})}$$

$$= \frac{2{,}400\text{N}}{30\text{mm} \times 40\text{mm}} = 2\text{N/mm}^2 = 2\text{MPa}$$

11 한 변의 길이가 30mm인 정사각형 단면의 강재에 4,500N의 압축하중이 작용할 때 강재의 내부에 발생하는 압축응력은 몇 N/mm²인가?

① 2 ② 4
③ 5 ④ 10

풀이 응력은 면적분포의 힘이므로,

$$\text{압축응력 } \sigma = \frac{F(\text{압축하중})}{A_\sigma(\text{면적})}$$

$$= \frac{4{,}500}{30 \times 30} = 5\text{N/mm}^2$$

12 42,500kgf · mm의 굽힘 모멘트가 작용하는 연강축 지름은 약 몇 mm인가?(단, 허용 굽힘 응력은 5kgf/mm²이다.)

① 21 ② 36
③ 44 ④ 92

풀이 **굽힘 모멘트(M)**

$$M = \sigma_b(\text{허용 굽힘 응력}) \times Z(\text{단면계수})$$

$$= \sigma_b \cdot \frac{\pi d^3}{32}$$

$$\therefore d(\text{직경}) = \sqrt[3]{\frac{32M}{\pi \sigma_b}} = \sqrt[3]{\frac{32 \times 42{,}500}{\pi \times 5}}$$

$$= 44.24\text{mm}$$

정답 | 07 ① 08 ① 09 ③ 10 ② 11 ③ 12 ③

13 두 축이 나란하지도 교차하지도 않으며, 베벨 기어의 축을 엇갈리게 한 것으로, 자동차의 차동기어장치의 감속 기어로 사용되는 것은?

① 베벨 기어
② 웜 기어
③ 베벨 헬리컬 기어
④ 하이포이드 기어

14 원형 나사 또는 둥근 나사라고도 하며, 나사산의 각(α)은 30°로 산마루와 골이 둥근 나사는?

① 톱니 나사 ② 너클 나사
③ 볼 나사 ④ 세트 스크루

풀이 **너클 나사**
체결용으로 먼지, 모래 등이 들어가기 쉬운 곳에 사용, 둥근 나사라고도 함

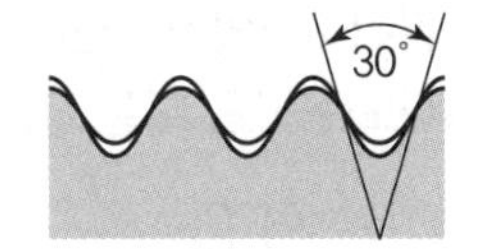

15 다음 제동장치 중 회전하는 브레이크 드럼을 브레이크 블록으로 누르게 한 것은?

① 밴드 브레이크 ② 원판 브레이크
③ 블록 브레이크 ④ 원추 브레이크

풀이 **블록 브레이크**
회전하는 브레이크 드럼을 브레이크 블록으로 눌러 제동한다.

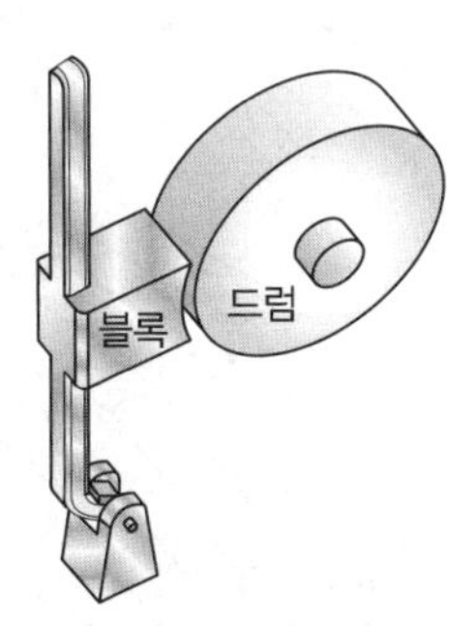

16 표면의 줄무늬 방향의 기호 중 'R'의 설명으로 맞는 것은?

① 가공에 의한 커터의 줄무늬 방향이 기호를 기입한 그림의 투상면에 직각
② 가공에 의한 커터의 줄무늬 방향이 기호를 기입한 그림의 투상면에 평행
③ 가공에 의한 커터의 줄무늬 방향이 여러 방향으로 교차 또는 무방향
④ 가공에 의한 커터의 줄무늬 방향이 기호를 기입한 면의 중심에 대하여 대략 레이디얼 모양

풀이

기호	뜻	설명도
R	가공으로 생긴 커터의 줄무늬가 기호를 기입한 면의 중심에 대하여 대략 방사선 모양(radial grooves : 방사상의 홈)	R

17 베어링의 상세한 간략 도시방법 중 다음과 같은 기호가 적용되는 베어링은?

① 단열 앵귤러 콘택트 분리형 볼베어링
② 단열 깊은 홈 볼베어링 또는 단열 원통 롤러베어링
③ 복렬 깊은 홈 볼베어링 또는 복렬 원통 롤러베어링
④ 복렬 자동조심 볼베어링 또는 복렬 구형 롤러베어링

풀이 주어진 그림은 복렬 자동조심 볼베어링 또는 복렬 구형 롤러베어링을 나타낸다.

정답 | 13 ④ 14 ② 15 ③ 16 ④ 17 ④

18 투상선이 평행하게 물체를 지나 투상면에 수직으로 닿고 투상된 물체가 투상면에 나란하기 때문에 어떤 물체의 형상도 정확하게 표현할 수 있는 투상도는?

① 사투상도　　② 등각 투상도
③ 정투상도　　④ 부등각 투상도

풀이 **정투상도**
투상선이 평행하게 물체를 지나 투상면에 수직으로 닿고 투상된 물체가 투상면에 나란하기 때문에 어떤 물체의 형상도 정확하게 표현할 수 있는 투상도

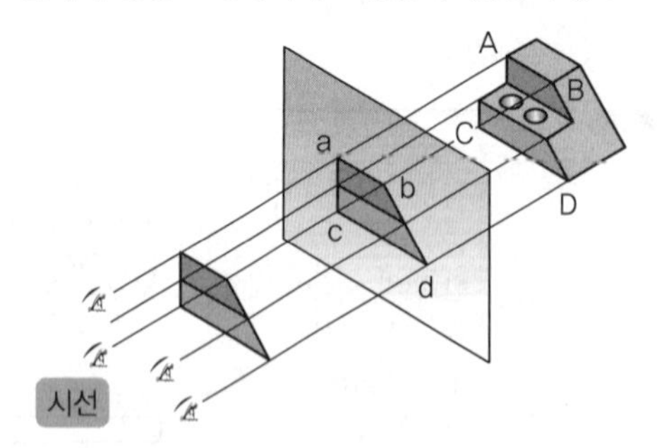

19 구멍 치수가 $\phi 50^{+0.005}_{0}$이고, 축 치수가 $\phi 50^{0}_{-0.004}$일 때, 최대 틈새는?

① 0　　② 0.004
③ 0.005　　④ 0.009

풀이 '최대 틈새=구멍의 최대 허용치수−축의 최소 허용치수'이므로 최대 틈새는 구멍은 가장 크고, 축은 가장 작을 때 생긴다.
최대 틈새=50.005−49.996=0.009
또는
최대 틈새=0.005−(−0.004)=0.009

20 완전 나사부와 불완전 나사부의 경계를 나타내는 선은?

① 가는 실선　　② 굵은 실선
③ 가는 1점쇄선　　④ 굵은 1점쇄선

풀이 완전나사부와 불완전 나사부의 경계는 굵은 실선(외형선)으로 나타낸다.

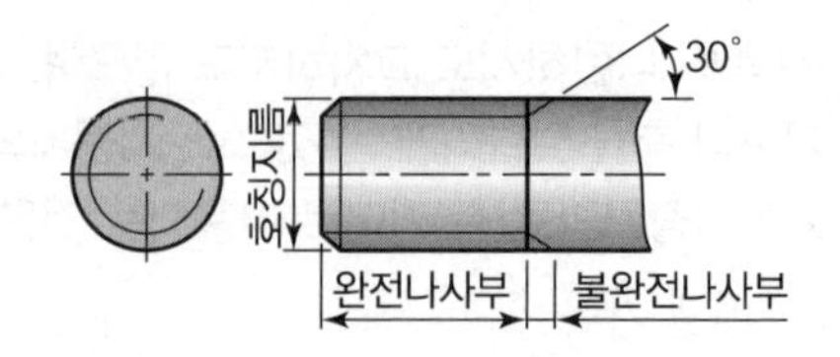

21 기계제도 도면에서 치수 앞에 표시하여 치수의 의미를 정확하게 나타내는 데 사용하는 기호가 아닌 것은?

① t　　② C
③ □　　④ ◇

풀이 ◇는 존재하지 않는 기호다.

- t : 두께
- C : 45°의 모떼기
- □ : 정사각형의 변을 나타낸다.

22 다음과 같이 3각법에 의한 투상도에 가장 적합한 입체도는?(단, 화살표 방향이 정면이다.)

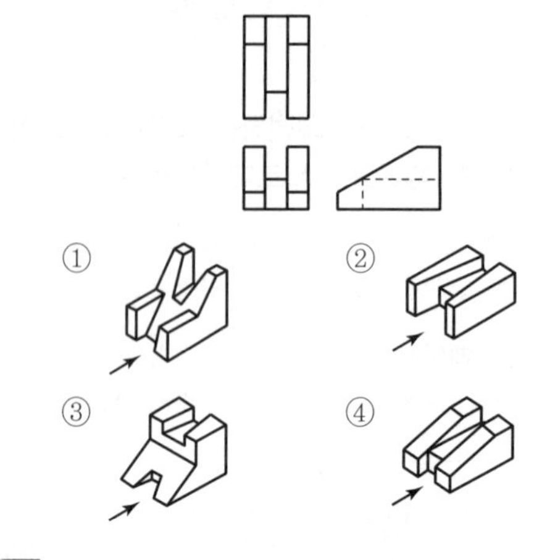

풀이

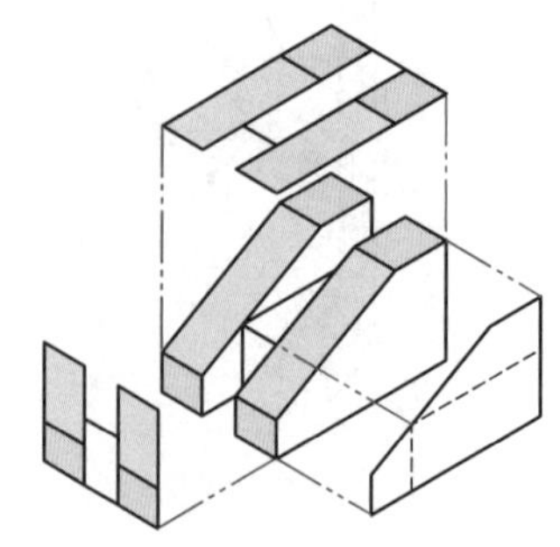

정답 | 18 ③　19 ④　20 ②　21 ④　22 ④

23 다음 그림에 대한 설명으로 옳은 것은?

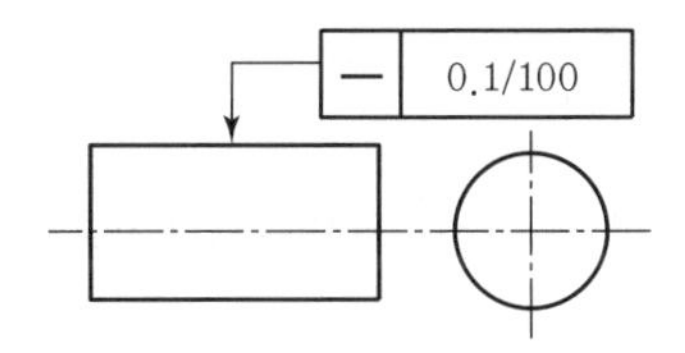

① 지시한 면의 진직도가 임의의 100mm 길이에 대해서 0.1mm만큼 떨어진 2개의 평행면 사이에 있어야 한다.
② 지시한 면의 진직도가 임의의 구분 구간 길이에 대해서 0.1mm만큼 떨어진 2개의 평행 직선 사이에 있어야 한다.
③ 지시한 원통면의 진직도가 임의의 모선 위에서 임의의 구분 구간 길이에 대해서 0.1mm만큼 떨어진 2개의 평행면 사이에 있어야 한다.
④ 지시한 원통면의 진직도가 임의의 모선 위에서 임의로 선택한 100mm 길이에 대해, 축선을 포함한 평면 내에 있어 0.1mm만큼 떨어진 2개의 평행한 직선 사이에 있어야 한다.

풀이 — : 진직도 공차
지시한 원통면의 진직도가 임의의 모선 위에서 임의로 선택한 100mm 길이에 대해, 축선을 포함한 평면 내에 있어 0.1mm만큼 떨어진 2개의 평행한 직선 사이에 있어야 한다.

24 다음 기하공차에 대한 설명으로 틀린 것은?

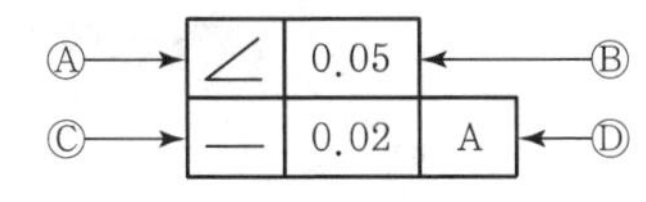

① Ⓐ : 경사도 공차
② Ⓑ : 공차값
③ Ⓒ : 직각도 공차
④ Ⓓ : 데이텀을 지시하는 문자기호

풀이 — : 직진도(진직도) 공차

25 도형의 한정된 특정부분을 다른 부분과 구별하기 위해 사용하는 선으로 단면도의 절단된 면을 표시하는 선을 무엇이라고 하는가?

① 가상선 ② 파단선
③ 해칭선 ④ 절단선

풀이 해칭선 : 잘려나간 물체의 절단면을 표시하는 데 사용

26 센터나 척 등을 사용하지 않고, 가늘고 긴 가공물의 연삭에 적합한 연삭기는?

① 평면 연삭기 ② 센터리스 연삭기
③ 만능공구 연삭기 ④ 원통 연삭기

풀이 센터리스 연삭기 : 센터를 가공하기 어려운 공작물의 외경을 센터나 척을 사용하지 않고 조정숫돌과 지지대로 지지하면서 연삭하는 방법이다.

27 구성인선의 방지책으로 틀린 것은?

① 절삭깊이를 적게 한다.
② 공구의 경사각을 크게 한다.
③ 윤활성이 좋은 절삭유를 사용한다.
④ 절삭속도를 작게 한다.

풀이 **구성인선 방지법**
- 절삭깊이를 적게 하고, 윗면 경사각을 크게 한다.
- 절삭속도를 빠르게 한다.
- 날 끝에 경질 크롬 도금 등을 하여 윗면 경사각을 매끄럽게 한다.
- 윤활성이 좋은 절삭유를 사용한다.
- 절삭공구의 인선(절삭날의 선)을 예리하게 한다.

28 일반적으로 마찰면의 넓은 부분 또는 시동되는 횟수가 많을 때, 저속 및 중속 축의 급유에 이용되는 방식은?

① 오일링 급유법
② 강제 급유법
③ 적하 급유법
④ 패드 급유법

정답 | 23 ④ 24 ③ 25 ③ 26 ② 27 ④ 28 ③

풀이 **적하 윤활법**

- 섬유(심지)의 모세관 작용과 기름의 중력을 이용하여 용기의 기름을 베어링 안으로 급유한다.
- 원주속도 4~5m/s 정도의 저속, 중하중에 사용한다.

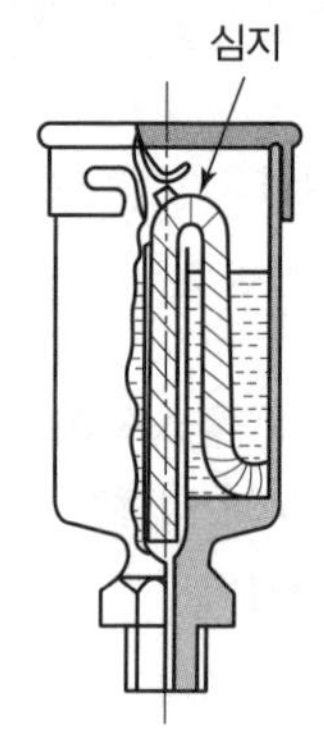

29 연삭숫돌의 결합도는 숫돌입자의 결합상태를 나타내는데, 결합도 P, Q, R, S와 관련이 있는 것은?

① 연한 것　　② 매우 연한 것
③ 단단한 것　　④ 매우 단단한 것

풀이

결합도 호칭	결합도 번호
매우 연한 것	E, F, G
연한 것	H, I, J, K
중간 것	H, I, J, K
단단한 것	P, Q, R, S
매우 단단한 것	T, U, V, W, X, Y, Z

30 구멍의 내면을 암나사로 가공하는 작업은?

① 리밍　　② 널링
③ 태핑　　④ 스폿페이싱

풀이 **태핑**
이미 뚫은 구멍에 하는 나사 가공

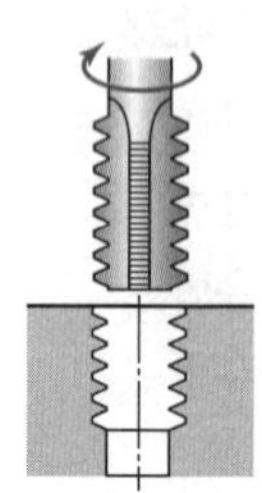

31 표면 거칠기가 가장 좋은 가공은?

① 밀링　　② 줄 다듬질
③ 래핑　　④ 선삭

풀이 래핑 : 이미 가공된 면의 표면 거칠기를 향상시키는 작업

32 선반의 부속 장치가 아닌 것은?

① 방진구　　② 면판
③ 분할대　　④ 돌림판

풀이 분할대 → 밀링머신의 부속 장치

33 연마제를 가공액과 혼합하여 압축공기와 함께 분사하여 가공하는 것은?

① 래핑
② 슈퍼피니싱
③ 액체 호닝
④ 배럴 가공

풀이 **액체 호닝(Liquid Honing)**
연마제를 가공액과 혼합한 다음 압축공기와 함께 노즐로 고속 분사하여 공작물의 표면을 깨끗이 다듬는 가공법이다.

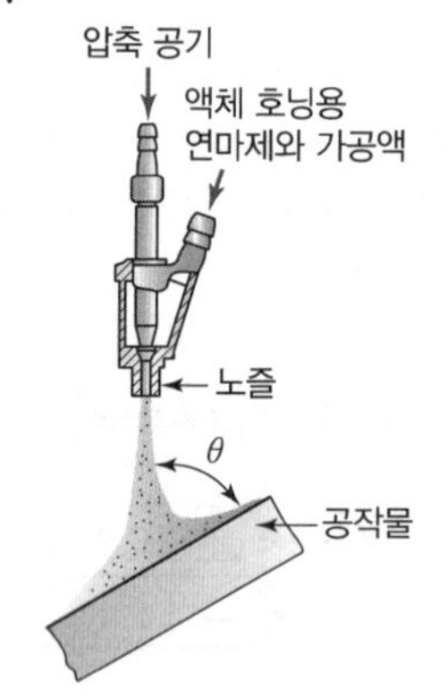

34 지름이 40mm인 연강을 주축 회전수가 500 rpm인 선반으로 절삭할 때, 절삭속도는 약 몇 m/min인가?

① 12.5　　② 20.0
③ 31.4　　④ 62.8

정답 | 29 ③　30 ③　31 ③　32 ③　33 ③　34 ④

풀이 절삭속도 $V=\dfrac{\pi dn}{1,000}=\dfrac{\pi\times 40\times 500}{1,000}$
$=62.8\text{m/min}$

여기서, V : 절삭속도(m/min)
n : 회전수(rpm)
d : 공작물의 지름(mm)

35 각도 측정용 게이지가 아닌 것은?

① 옵티컬 플랫
② 사인바
③ 콤비네이션 세트
④ 오토 콜리메이터

풀이 옵티컬 플랫 : 마이크로미터의 앤빌에 밀착시켜 간섭무늬를 관찰해서 앤빌의 면(측정면)의 평면도를 판정한다. 같은 방법으로 다듬질면의 평면도를 측정한다.

36 선반작업에서 테이퍼 부분의 길이가 짧고 경사각이 큰 일감의 테이퍼 가공에 사용되는 방법은?

① 심압대 편위에 의한 방법
② 복식공구대에 의한 방법
③ 체이싱 다이얼에 의한 방법
④ 방진구에 의한 방법

풀이 **복식공구대**
공작물의 길이가 짧고 경사각이 큰 테이퍼 가공 시 적합하다.

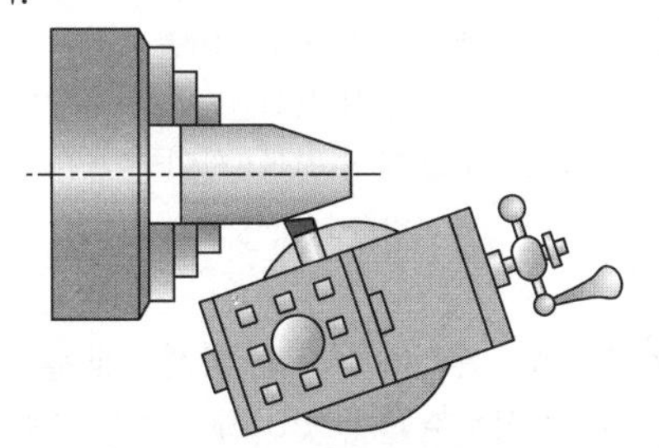

37 공구 마멸의 형태에서 윗면 경사각과 가장 밀접한 관계를 가지고 있는 것은?

① 플랭크 마멸(flank wear)
② 크레이터 마멸(crater wear)
③ 치핑(chipping)
④ 섕크 마멸(shank wear)

풀이 **크레이터 마모(crater wear)**
㉠ 공구 경사면이 칩과의 마찰에 의하여 오목하게 마모되는 것으로 유동형 칩의 고속절삭에서 자주 발생하고, 크레이터가 깊어지면 날 끝의 경사각이 커지고 날 끝이 약해져 파괴된다.
㉡ 방지법
- 윤활성이 좋은 절삭유 사용
- 공구 경사면에 초경합금 분말로 코팅

38 밀링머신에서 하지 않는 가공은?

① 홈 가공
② 평면 가공
③ 널링 가공
④ 각도 가공

풀이 널링 가공 → 선반에서 작업

39 범용 선반에서 새들과 에이프런으로 구성되어 있는 부분은?

① 주축대　　② 심압대
③ 왕복대　　④ 베드

풀이 왕복대 : 베드 윗면에서 주축대와 심압대 사이를 미끄러지면서 운동하는 부분으로 에이프런, 새들, 복식공구대 및 공구대로 구성되어 있다.

정답 | 35 ① 36 ② 37 ② 38 ③ 39 ③

40 일반적으로 고속 가공기의 주축에 사용하는 베어링으로 적합하지 않은 것은?

① 마그네틱 베어링 ② 에어 베어링
③ 니들 롤러 베어링 ④ 세라믹 볼 베어링

풀이 롤러 베어링(니들 롤러 베어링)은 저속회전에 적당하다.

41 선반작업에서 지름이 작은 공작물을 고정하기에 가장 용이한 척은?

① 콜릿척 ② 마그네틱척
③ 연동척 ④ 압축공기척

풀이 **콜릿척(collet chuck)**

- 터릿, 자동, 탁상 선반에 사용
- 중심 정확, 가는 지름, 원형봉·각봉 재료
- 스핀들에 슬리브를 끼운 후 사용
  ※ 샤프펜슬에서 심을 고정하는 원리와 같다.

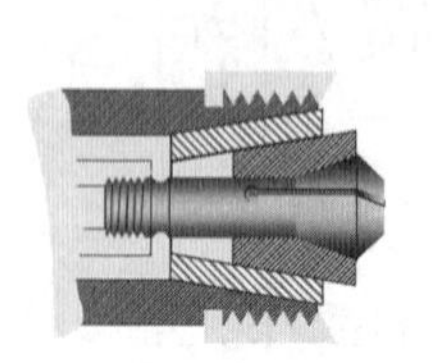

42 사인바를 사용할 때 각도가 몇 도 이상이 되면 오차가 커지는가?

① 30° ② 35°
③ 40° ④ 45°

풀이 사인바는 각도가 45°가 넘으면 오차가 커지므로 45° 이하에만 사용한다.

43 다음 중 CNC 공작기계를 사용하기 전에 매일 점검해야 할 내용과 가장 거리가 먼 것은?

① 외관 점검
② 유량 및 공기압력 점검
③ 기계의 수평상태 점검
④ 기계 각 부위 작동상태 점검

풀이 기계의 수평상태 점검은 매년 점검 사항이다.

44 CNC 선반의 지령 중 어드레스 F가 분당 이송(mm/min)으로 옳은 코드는?

① G32_ F_ ;
② G98_ F_ ;
③ G76_ F_ ;
④ G92_ F_ ;

풀이 G98 : 분당 이송(mm/min) 지정

45 머시닝 센터의 공구가 일정한 번호를 가지고 매거진에 격납되어 있어서 임의대로 필요한 공구의 번호만 지정하면 원하는 공구가 선택되는 방식을 무슨 방식이라고 하는가?

① 랜덤 방식 ② 시퀀스 방식
③ 단순 방식 ④ 조합 방식

풀이 머시닝 센터의 공구 교환 방식은 랜덤 방식과 시퀀스 방식이 있다.

- 랜덤 방식 : 지정한 공구번호에 의해 임의로 공구를 주축에 장착하는 방식
- 시퀀스 방식 : 공구번호에 따라 순차적으로 공구를 장착하는 방식

46 다음 중 가공하여야 할 부분의 길이가 짧고 직경이 큰 외경의 단면을 가공할 때 사용되는 복합 반복 사이클 기능으로 가장 적당한 것은?

① G71 ② G72
③ G73 ④ G75

풀이
- G71 : 내·외경 황삭 사이클
- G72 : 단면 황삭 사이클
- G73 : 모방(형상 반복) 사이클
- G75 : 내·외경(X축 방향) 홈 가공 사이클

47 머시닝 센터에 X축과 평행하게 놓여 있으며 회전하는 축을 무엇이라고 하는가?

① U축 ② A축
③ B축 ④ P축

정답 | 40 ③ 41 ① 42 ④ 43 ③ 44 ② 45 ① 46 ② 47 ②

풀이 좌표축과 운동기호

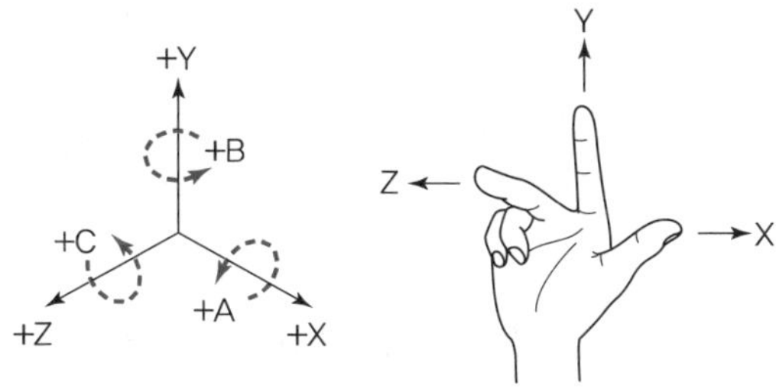

[오른손 직교 좌표계와 운동기호]

[기준 축에 따른 어드레스]

기준 축	보조 축 (1차)	보조 축 (2차)	회전 축	기준축의 결정 방법
X 축	U 축	P 축	A 축	가공의 기준이 되는 축
Y 축	V 축	Q 축	B 축	X 축과 직각을 이루는 이송 축
Z 축	W 축	R 축	C 축	절삭동력이 전달되는 스핀들 축

48 CNC 선반에서 지령값 X58.0으로 프로그램하여 외경을 가공한 후 측정한 결과 ϕ57.96mm였다. 기존의 X축 보정값이 0.005라 하면 보정값을 얼마로 수정해야 하는가?

① 0.075　② 0.065
③ 0.055　④ 0.045

풀이 측정값과 지령값의 오차 $=57.96-58=-0.04$ (0.04만큼 작게 가공됨)이므로 공구를 X축 방향으로 +0.04만큼 이동하는 보정을 하여야 한다. 외경이 기준치수보다 작게 가공되었으므로 +값을 더하여 크게 가공해야 한다.

∴ 공구 보정값 = 기존의 보정값 + 더해야 할 보정값
$=0.005+(+0.04)$
$=0.045$

49 다음 중 밀링 가공을 할 때의 유의사항으로 틀린 것은?

① 기계를 사용하기 전에 구동 부분의 윤활 상태를 점검한다.
② 측정기 및 공구를 작업자가 쉽게 찾을 수 있도록 밀링머신 테이블 위에 올려놓아야 한다.
③ 밀링 칩은 예리하므로 직접 손을 대지 말고 청소용 솔 등으로 제거한다.
④ 정면커터로 가공할 때는 칩이 작업자의 반대쪽으로 날아가도록 공작물을 이송한다.

풀이 측정기나 공구 등을 진동이 있는 기계 위나 떨어지기 쉬운 장소에 놓지 않아야 한다.

50 CNC 프로그램에서 피치가 1.5인 2줄 나사를 가공하려면 회전당 이송속도를 얼마로 명령하여야 하는가?

① F0.15　② F0.3
③ F1.5　④ F3.0

풀이 나사가공에서 회전당 이송속도(F) 값은 나사의 리드를 입력한다.

나사의 리드(L) = 나사 줄 수(n) × 피치(p)
$=2\times1.5=3.0$

51 그림과 같이 M10×1.5 탭 가공을 위한 프로그램을 완성시키고자 한다. ( ) 안에 들어갈 내용으로 옳은 것은?

```
N10 G90 G92 X0. Y0. Z100. ;
N20 ( ⓐ ) M03 ;
N30 G00 G43 H01 Z30. ;
N40 ( ⓑ ) G90 G99 X20. Y30.
    Z-25. R10. F300 ;
N50 G91 X30. ;
N60 G00 G49 G80 Z300. M05 ;
N70 M02 ;
```

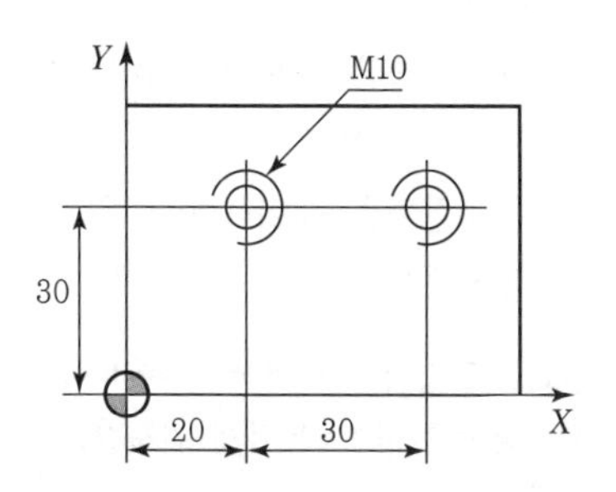

① ⓐ S200, ⓑ G84　② ⓐ S300, ⓑ G88
③ ⓐ S400, ⓑ G84　④ ⓐ S600, ⓑ G88

정답 | 48 ④　49 ②　50 ④　51 ①

풀이 • G84 : 탭 사이클

• 탭사이클의 이송속도(F)=주축회전수(N)×피치(p)

N40 블록에서 F300 :

$$주축회전수(N) = \frac{이송속도(F)}{p} = \frac{300}{1.5} = 200\text{rpm}$$

N20 블록의 ( ) 안에 들어갈 내용은 S200이다.

52 CNC 선반의 프로그래밍에서 dwell 기능에 대한 설명으로 틀린 것은?

① 홈 가공 시 회전당 이송에 의한 단차량이 없는 진원 가공을 할 때 지령한다.

② 홈 가공이나 드릴가공 등에서 간헐이송에 의해 칩을 절단할 때 사용한다.

③ 자동원점복귀를 하기 위한 프로그램 정지 기능이다.

④ 주소는 기종에 따라 U, X, P를 사용한다.

풀이 자동원점복귀를 하기 위한 프로그램 정지 기능이 아니라 지령한 시간 동안 공구의 이송을 정지(dwell : 일시정지)시키는 기능이다.

53 서보기구의 제어방식에서 폐쇄회로 방식의 속도검출 및 위치검출에 대하여 올바르게 설명한 것은?

① 속도검출 및 위치검출을 모두 서보모터에서 한다.

② 속도검출 및 위치검출을 모두 테이블에서 한다.

③ 속도검출은 서보모터에서 위치검출은 테이블에서 한다.

④ 속도검출은 테이블에서 위치검출은 서보모터에서 한다.

풀이 **폐쇄회로 방식(closed loop system)**

속도검출은 서보모터에서 위치검출은 테이블에서 한다.

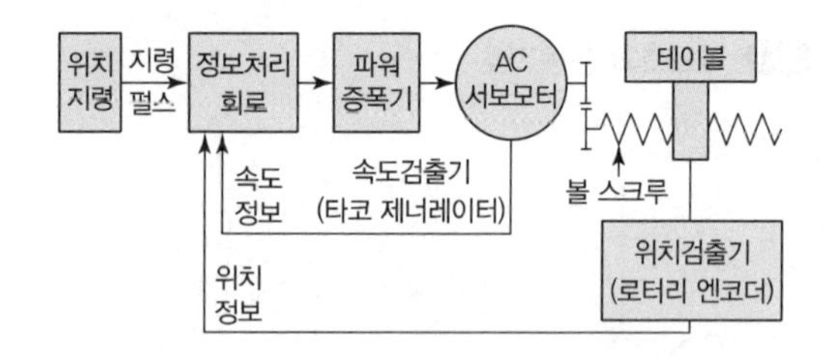

54 다음 중 CNC 공작기계의 구성 요소가 아닌 것은?

① 서보기구

② 펜 플로터

③ 제어용 컴퓨터

④ 위치, 속도 검출기구

풀이 CNC 공작기계는 서보기구, 제어용 컴퓨터, 위치 · 속도 검출기구, 정보처리 회로, 데이터의 입 · 출력 장치, 강전 제어반, 유압 유닛, 서보 모터, 기계 본체 등으로 구성되어 있다.

55 다음 중 기계원점(reference point)에 관한 설명으로 틀린 것은?

① 기계원점은 기계상에 고정된 임의의 지점으로 프로그램 및 기계를 조작할 때 기준이 되는 위치이다.

② 모드 스위치를 자동 또는 반자동에 위치시키고 G28을 이용하여 각 축을 자동으로 기계원점까지 복귀시킬 수 있다.

③ 수동 원점 복귀를 할 때는 속도조절스위치를 최고속도에 위치시키고 조그(jog) 버튼을 이용하여 기계원점으로 복귀시킨다.

④ CNC 선반에서 전원을 켰을 때에는 기계원점 복귀를 가장 먼저 실행하는 것이 좋다.

풀이 수동 원점 복귀를 할 때는 속도조절스위치를 최저속도에 위치시키고 조그(jog) 버튼을 이용하여 기계원점으로 복귀시킨다.

정답 | 52 ③ 53 ③ 54 ② 55 ③

56 다음 중 CAD/CAM 시스템의 출력장치에 해당하는 것은?

① 모니터　② 키보드
③ 마우스　④ 스캐너

풀이
- 출력장치 : CRT 모니터, LCD 모니터, 프린터, 플로터, 그래픽 디스플레이, 빔 프로젝터, 하드 카피 장치 등
- 입력장치 : 키보드, 마우스, 트랙볼, 라이트펜, 조이스틱, 포인팅 스틱, 터치패드, 터치스크린, 디지타이저, 스캐너 등

57 다음 중 CNC 공작기계로 가공할 때의 안전사항으로 틀린 것은?

① 기계 가공하기 전에 일상 점검에 유의하고 윤활유 양이 적으면 보충한다.
② 일감의 재질과 공구의 재질과 종류에 따라 회전수와 절삭속도를 결정하여 프로그램을 작성한다.
③ 절삭공구, 바이스 및 공작물은 정확하게 고정하고 확인한다.
④ 절삭 중 가공 상태를 확인하기 위해 앞쪽에 있는 문을 열고 작업을 한다.

풀이 안전문을 열고 작업하는 것은 매우 위험하며, 절삭 중 가공 상태는 안전문에 부착된 안전창을 통해서 확인한다.

58 CNC 선반에서 주속 일정 제어의 기능이 있는 경우 주축 최고 속도를 설정하는 방법으로 옳은 것은?

① G50 S2000 ;
② G30 S2000 ;
③ G28 S2000 ;
④ G90 S2000 ;

풀이
- G50 : 주축 최고 회전수 지정, 공작물 좌표계 설정
- G30 : 제2, 3, 4 원점복귀
- G28 : 자동원점복귀
- G90 : 내 · 외경 절삭 사이클

59 CNC 프로그래밍에서 시계방향 원호보간 지령을 하고자 할 때의 준비기능은?

① G01　② G02
③ G03　④ G04

풀이 G02 : 원호가공(시계방향)

60 CNC 프로그램에서 보조기능 중 주축의 정회전을 의미하는 것은?

① M00　② M01
③ M02　④ M03

풀이
- M00 : 프로그램 정지
- M01 : 선택적 프로그램 정지
- M02 : 프로그램 종료
- M03 : 주축 정회전

정답 | 56 ① 57 ④ 58 ① 59 ② 60 ④

컴퓨터응용밀링기능사

2015 제5회 과년도 기출문제

CRAFTSMAN COMPUTER AIDED MILLING

01 보통주철에 함유되는 주요 성분이 아닌 것은?

① Si ② Sn
③ P ④ Mn

풀이 **주철의 주요 성분**
탄소, 규소, 망간, 인, 황
※ "망인규탄은 황당해"로 암기

02 같은 조성의 강재를 동일한 조건하에서 담금질하여도 그 재료의 굵기, 두께 등이 다르면 냉각속도가 다르게 되므로 담금질 결과가 달라지게 된다. 이러한 것을 담금질의 무엇이라 하는가?

① 경화능 ② 밴드
③ 질량효과 ④ 냉각능

풀이 질량효과 : 같은 강을 같은 조건으로 담금질하더라도 질량(지름)이 작은 재료는 내외부에 온도 차가 없어 내부까지 경화되나, 질량이 큰 재료는 열의 전도에 시간이 길게 소요되어 내외부에 온도 차가 생겨 외부는 경화되어도 내부는 경화되지 않는 현상

03 탄소강의 표준조직이 아닌 것은?

① 페라이트 ② 트루스타이트
③ 펄라이트 ④ 시멘타이트

풀이 **탄소강의 표준조직**
페라이트, 오스테나이트, 펄라이트, 시멘타이트

04 다음 열처리방법 중에서 표면경화법에 속하지 않는 것은?

① 침탄법 ② 질화법
③ 고주파경화법 ④ 항온열처리법

풀이 **표면경화법**
재료의 표면만을 단단하게 하여 내마모성, 인성, 기계적 성질을 개선하기 위한 열처리

구분	방법
화학적 방법	침탄법, 질화법, 침탄질화법
금속침투법	세라다이징(Zn), 칼로라이징(Ca), 크로마이징(Cr), 실리코나이징(Si), 보로나이징(Br)
물리적 방법	화염경화법, 고주파경화법, 숏피닝, 하드페이싱 등

05 보통 합금보다 회복력과 회복량이 우수하여 센서(sensor)와 액추에이터(actuator)를 겸비한 기능성 재료로 사용되는 합금은?

① 비정질 합금
② 초소성 합금
③ 수소 저장 합금
④ 형상 기억 합금

풀이 형상 기억 합금(shape memory alloy) : 특정 온도에서의 형상을 만든 후 다른 온도에서 외력에 의해 변형이 되어 모양을 바뀌어도 온도를 맞추어 주면 원래의 형태로 돌아가는 합금

정답 | 01 ② 02 ③ 03 ② 04 ④ 05 ④

06 단일 금속에 비해 합금의 특성이 아닌 것은?

① 용융점이 낮아진다.
② 전도율이 낮아진다.
③ 강도와 경도가 커진다.
④ 전성과 연성이 커진다.

풀이 전성과 연성이 작아진다

07 구리의 원자기호와 비중과의 관계가 옳은 것은? (단, 비중은 20℃, 무산소동이다.)

① Al－6.86 ② Ag－6.96
③ Mg－9.86 ④ Cu－8.96

08 다음 중 가장 큰 회전력을 전달할 수 있는 것은?

① 안장 키 ② 평 키
③ 묻힘 키 ④ 스플라인

풀이 **스플라인**
축에 평행하게 4~20줄의 키 홈을 판 특수 키이다. 보스에도 끼워 맞추어지는 키 홈을 파서 결합한다.

09 강도와 기밀을 필요로 하는 압력용기에 쓰이는 리벳은?

① 접시머리 리벳 ② 둥근머리 리벳
③ 납작머리 리벳 ④ 얇은 납작머리 리벳

풀이 둥근머리 리벳은 강도, 기밀을 요하는 곳에 사용한다.

10 체결하려는 부분이 두꺼워서 관통구멍을 뚫을 수 없을 때 사용되는 볼트는?

① 탭볼트 ② T홈 볼트
③ 아이볼트 ④ 스테이볼트

풀이 **탭볼트**
본체의 한쪽에 암나사를 깎은 다음, 수나사를 조여 사용하므로 너트가 필요하지 않으며, 결합하는 부분이 두꺼워 관통하기 어려운 곳에 사용한다.

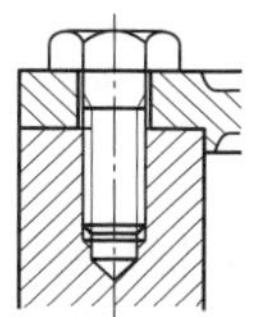

11 다음 중 V 벨트의 단면 형상에서 단면이 가장 큰 벨트는?

① A ② C
③ E ④ M

풀이 **V 벨트 단면 형상의 단면적 크기 순서**
E > D > C > B > A > M

12 양 끝을 고정한 단면적 $2cm^2$인 사각봉이 온도 －10℃에서 가열되어 50℃가 되었을 때, 재료에 발생하는 열응력은?(단, 사각봉의 탄성계수는 21GPa, 선팽창계수는 12×10^{-6} /℃이다.)

① 15.1MPa ② 25.2MPa
③ 29.9MPa ④ 35.8MPa

풀이 열응력 $\sigma = E \cdot \varepsilon = E \cdot \alpha(T_2 - T_1)$

$$= 21\times10^9\times12\times10^{-6}\times\{50-(-10)\}$$
$$= 15.12\times10^6\text{Pa} = 15.12\text{MPa}$$

여기서, E : 탄성계수
α : 선팽창계수
T_1 : 처음 온도
T_2 : 나중 온도

13 풀리의 지름 200mm, 회전수 900rpm인 평벨트 풀리가 있다. 벨트의 속도는 약 몇 m/s인가?

① 9.42 ② 10.42
③ 11.42 ④ 12.42

정답 | 06 ④ 07 ④ 08 ④ 09 ② 10 ① 11 ③ 12 ① 13 ①

풀이 **풀리의 원주속도**

벨트의 속도 $V=\frac{\pi dN}{1,000}=\frac{\pi\times200\times900}{1,000}$

$=565.5\text{m/min}$

$=\frac{565.5}{60}=9.42\text{m/s}$

14 나사에서 리드(L), 피치(P), 나사 줄수(n)와의 관계식으로 옳은 것은?

① $L=P$ ② $L=2P$

③ $L=nP$ ④ $L=n$

풀이 리드(L) = 줄수(n) × 피치(P)

15 표준기어의 피치점에서 이끝까지의 반지름 방향으로 측정한 거리는?

① 이뿌리높이

② 이끝높이

③ 이끝원

④ 이끝틈새

풀이 이끝 높이(addendum) : 피치원에서 이끝원까지의 거리

16 다음 중 기하공차 기호와 그 의미의 연결이 틀린 것은?

① ⏥ : 평면도 ② ◎ : 동축도

③ ∠ : 경사도 ④ ○ : 원통도

풀이 ○ : 진원도

17 다음 도면에 대한 설명으로 옳은 것은?

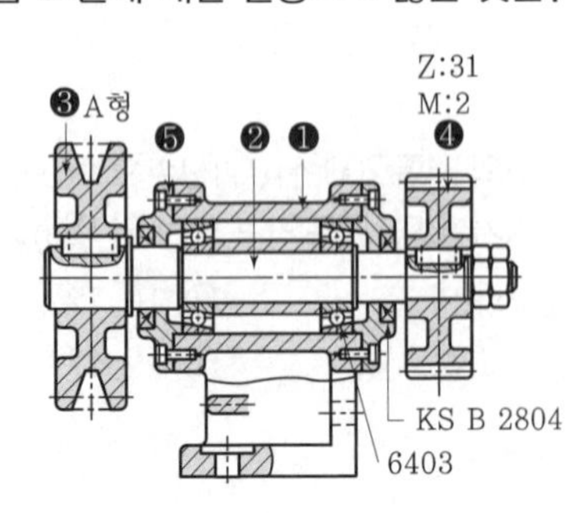

① 품번 ❸에서 사용하는 V 벨트는 KS 규격품 중에서 그 두께가 가장 작은 것이다.

② 품번 ❹는 스퍼기어로서 피치원 지름은 62mm이다.

③ 롤러베어링이 사용되었으며 안지름 치수는 15mm이다.

④ 축과 스퍼기어는 문힘 핀으로 고정되어 있다.

풀이 ① 크기는 형별에 따라 M, A, B, C, D, E형이 있고, 두께가 가장 얇은 것은 M형, 가장 두꺼운 것은 E형이다.

② 모듈(M) $=\frac{\text{피치원지름}(D)}{\text{잇수}(Z)}$에서

$D=M\times Z=2\times31=62[\text{mm}]$

③ 베어링 호칭번호가 6403이고, 안지름을 나타내는 기호가 03이므로 17mm를 나타낸다.

④ 축과 스퍼기어는 묻힘 키로 고정되어 있다.

18 'ϕ20 h7'의 공차 표시에서 '7'의 의미로 가장 적합한 것은?

① 기준 치수 ② 공차역의 위치

③ 공차의 등급 ④ 틈새의 크기

풀이
- ϕ20 : 기준 치수
- h : 축의 공차역의 위치
- 7 : 공차의 등급

19 다음 나사 중 리드가 가장 큰 것은?

① 피치가 2.5mm인 2줄 나사

② 피치가 2.0mm인 3줄 나사

③ 피치가 3.5mm인 2줄 나사

④ 피치가 6.5mm인 1줄 나사

풀이 리드(Lead) = 피치(P) × 줄 수(v)

① 2.5×2=5

② 2.0×3=6

③ 3.5×2=7

④ 6.5×1=6.5

정답 | 14 ③ 15 ② 16 ④ 17 ② 18 ③ 19 ③

20 그림과 같은 입체도에서 화살표 방향에서 본 것을 정면도로 할 때 가장 적합한 정면도는?

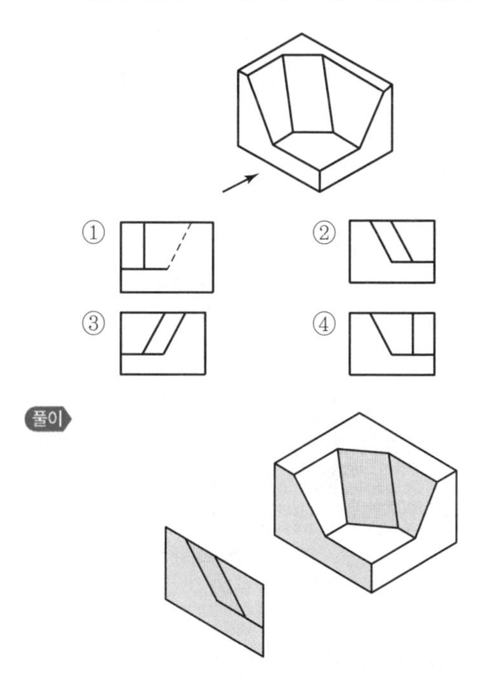

21 도면에서 2종류 이상의 선이 같은 장소에서 중복되는 경우에 우선순위를 옳게 나타낸 것은?

① 외형선 > 절단선 > 숨은선 > 치수보조선 > 중심선 > 무게중심선
② 외형선 > 숨은선 > 절단선 > 중심선 > 무게중심선 > 치수보조선
③ 숨은선 > 절단선 > 외형선 > 중심선 > 무게중심선 > 치수보조선
④ 숨은선 > 절단선 > 외형선 > 치수보조선 > 중심선 > 무게중심선

풀이 겹치는 선의 우선순위

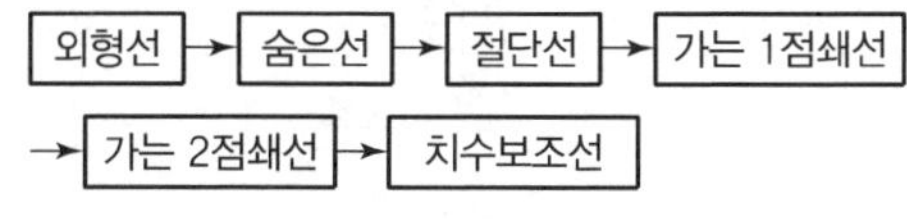

22 국부 투상도를 나타낼 때 주된 투상도에서 국부 투상도로 연결하는 선의 종류에 해당하지 않는 것은?

① 치수선
② 중심선
③ 기준선
④ 치수보조선

풀이 국부 투상도를 나타낼 때 주된 투상도와 국부 투상도를 연결하는 선은 중심선, 기준선, 치수보조선 등이다.

23 표면의 결 도시기호가 그림과 같이 나타날 때 설명으로 틀린 것은?

ground
Ra1.6 / 2.5/Ry 6.3max.
⊥

① 표면의 결은 연삭으로 제작
② $R_a = 1.6\mu m$ 에서 최대 $R_y = 6.3\mu m$ 까지로 제한
③ 투상면에 대략 수직인 줄무늬 방향
④ 샘플링 길이는 $2.5\mu m$

풀이
- 연삭 컷오프 값이 $2.5\mu m$
- ground : 표면의 결은 연삭으로 제작
- $R_a 1.6$, $R_y 6.3$max. : $R_a = 1.6\mu m$ 에서 최대 $R_y = 6.3\mu m$ 까지로 제한
- ⊥ : 투상면에 대략 수직인 줄무늬 방향

24 치수 보조 기호 중 구의 반지름 기호는?

① SR
② $S\phi$
③ ϕ
④ R

풀이
- SR : 구의 반지름
- $S\phi$: 구의 지름
- ϕ : 지름
- R : 반지름

정답 | 20 ② 21 ② 22 ① 23 ④ 24 ①

25 그림과 같이 벨트 풀리의 암 부분을 투상한 단면도법은?

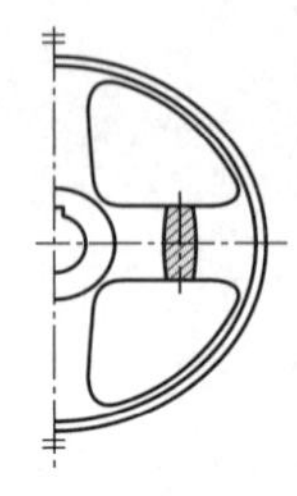

① 부분 단면도 ② 국부 단면도
③ 회전 도시 단면도 ④ 한쪽 단면도

풀이 회전 도시 단면도는 물체의 한 부분을 자른 다음, 자른 면만 90° 회전시켜 형상을 나타낸다.

26 절삭면적을 나타낼 때 절삭깊이와 이송량과의 관계는?

① 절삭면적=이송량/절삭깊이
② 절삭면적=절삭깊이/이송량
③ 절삭면적=절삭깊이×이송량
④ 절삭면적=$\frac{\text{이송량} \times \text{절삭깊이}}{2}$

27 일반적으로 절삭가공에서 절삭유제로 사용하는 것으로 가장 거리가 먼 것은?

① 유화유 ② 다이나모유
③ 광유 ④ 지방질유

풀이 다이나모유 : 중형 또는 대형 전동기, 롤러 베어링 또는 볼 베어링, 고속 베어링 윤활용으로 사용된다.

28 빌트업에지(built up edge)의 발생을 감소시키기 위한 내용 중 틀린 것은?

① 윤활성이 좋은 절삭유제를 사용한다.
② 공구의 윗면 경사각을 크게 한다.
③ 절삭깊이를 크게 한다.
④ 절삭속도를 크게 한다.

풀이 ③ 절삭깊이를 작게 한다.

29 테이블 위에 설치하며 원형이나 윤곽 가공, 간단한 등분을 할 때 사용하는 밀링 부속 장치는?

① 슬로팅 장치 ② 회전 테이블
③ 밀링 바이스 ④ 래크 절삭 장치

풀이 **회전 테이블**

테이블과 핸들이 웜기어로 연결되어 핸들을 돌리면 위의 원판이 회전한다. 원 둘레에 눈금이 새겨져 있어서 원주 방향의 분할작업에 적합하다.

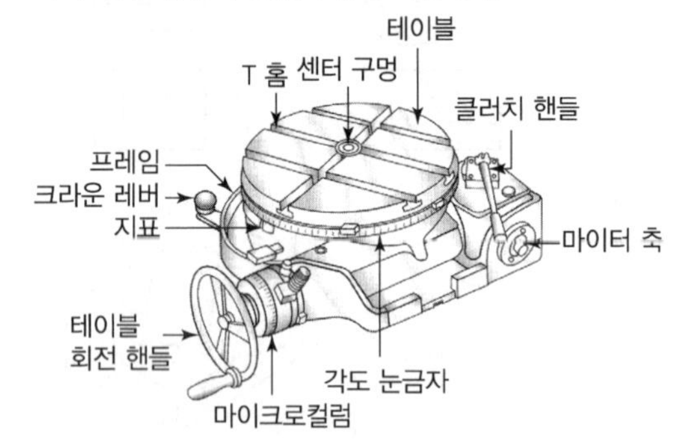

30 연마제를 가공액과 혼합한 것을 압축 공기를 이용하여 가공물의 표면에 분사시켜 매끈한 다듬면을 얻는 가공법은?

① 슈퍼 피니싱 ② 액체 호닝
③ 폴리싱 ④ 버핑

풀이 **액체 호닝(liquid honing)**

액체 호닝은 연마제를 가공액과 혼합한 다음 압축공기와 함께 노즐로 고속 분사시켜 공작물의 표면을 깨끗이 다듬는 가공법이다.

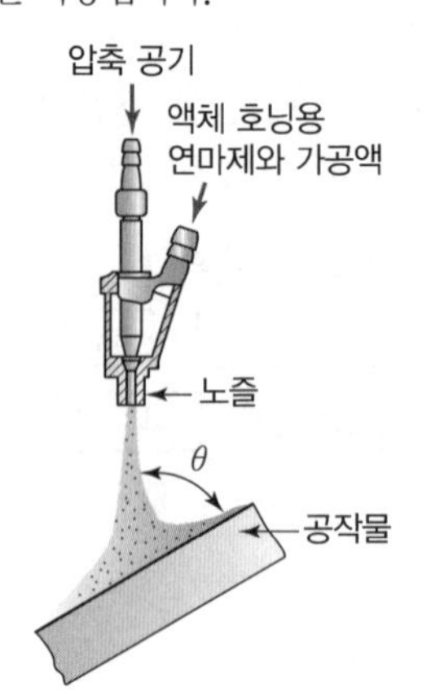

정답 | 25 ③ 26 ③ 27 ② 28 ③ 29 ② 30 ②

31 다음 연삭숫돌의 표시 방법 중 "60"은 무엇을 나타내는가?

WA 60 K 5 V

① 숫돌입자 ② 입도
③ 결합도 ④ 결합제

풀이

WA	60	K	5	V
숫돌 입자 (종류)	입도 (숫돌 입자의 크기)	결합도 (숫돌의 단단한 정도)	조직 (단위 체적당 입자의 수)	결합제 (종류)

32 일반적으로 드릴링머신에서 가공하기 곤란한 작업은?

① 카운터싱킹 ② 스플라인 홈
③ 스폿페이싱 ④ 리밍

풀이 스플라인 홈 → 브로칭머신, 슬로터 등에서 가공한다.

33 산화알루미늄 분말을 주성분으로 마그네슘, 규소 등의 산화물과 소량의 다른 원소를 첨가하여 소결한 절삭공구 재료는?

① 세라믹 ② 다이아몬드
③ 초경합금 ④ 고속도강

풀이 **세라믹**

- 주성분[알루미나(Al_2O_3), 마그네슘(Mg), 규소(Si)]과 미량의 다른 원소를 첨가하여 소결시킨다.
- 고온경도가 높고 고온산화가 되지 않는다.
- 진동과 충격에 약하다.

34 밀링머신의 분할 가공방법 중에서 분할 크랭크를 40회전 하면, 주축이 1회전 하는 방법을 이용한 분할법은?

① 직접 분할법 ② 단식 분할법
③ 차동 분할법 ④ 각도 분할

풀이 **단식 분할법**

- 직접 분할법으로 분할할 수 없는 수나 정확한 분할의 필요시 사용
- 분할판과 크랭크를 사용해 분할, 크랭크 1회전 시 주축은 $\frac{1}{40}$ 회전

35 일반적으로 오토콜리메이터를 이용하여 측정하는 것으로 거리가 먼 것은?

① 진직도 ② 직각도
③ 평행도 ④ 구멍의 위치

풀이 **오토콜리메이터**

시준기와 망원경을 조합한 측정기로 미소 각도, 진직도, 직각도, 평행도 등을 측정한다.

36 게이지 블록의 부속품 중 내측 및 외측을 측정할 때 홀더에 끼워 사용하는 부속품은?

① 둥근형 조
② 센터 포인트
③ 베이스 블록
④ 나이프 에지

풀이 **게이지 블록의 부속표**

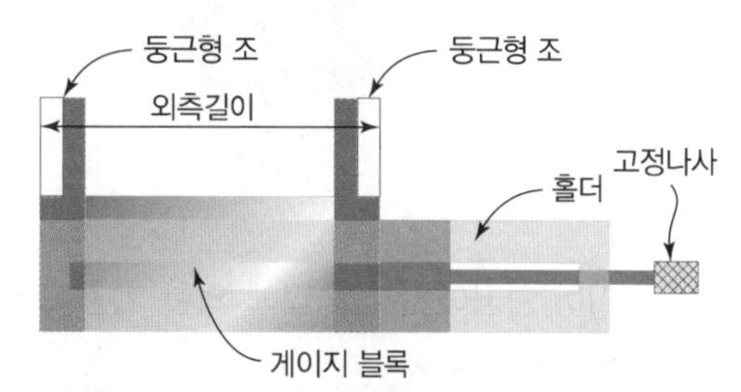

정답 | 31 ② 32 ② 33 ① 34 ② 35 ④ 36 ①

37 지름이 50mm인 연강을 선반에서 절삭할 때, 주축을 200rpm으로 회전시키면 절삭속도는 약 몇 m/min인가?

① 21.4 ② 31.4
③ 41.4 ④ 51.4

풀이 절삭속도 $V=\frac{\pi dn}{1,000}=\frac{\pi\times50\times200}{1,000}$
$=31.4\text{m/min}$

38 다음 중 수나사를 가공하는 공구는?

① 탭 ② 리머
③ 다이스 ④ 스크레이퍼

풀이 다이스 : 수나사를 가공하는 공구

[다이스 가공]

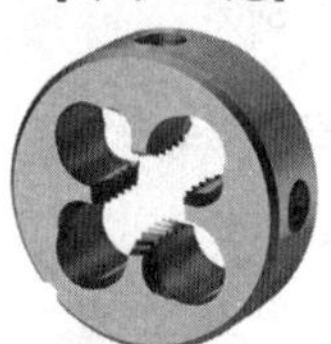
[다이스]

39 기어 가공에서 창성법에 의한 가공이 아닌 것은?

① 호브에 의한 가공
② 형판에 의한 가공
③ 랙 커터에 의한 가공
④ 피니언 커터에 의한 가공

풀이 형판에 의한 가공 → 형판법이라 한다.

40 재질이 연한 금속을 가공할 때 칩이 공구의 윗면 경사면 위를 연속적으로 흘러 나가는 형태의 칩은?

① 전단형 칩
② 열단형 칩
③ 유동형 칩
④ 균열형 칩

풀이 유동형 칩 : 바이트의 경사면에 따라 흐르듯이 연속적으로 발생하는 칩으로서, 절삭 저항의 크기가 변하지 않고 진동이 없어 절삭면이 깨끗하다.

41 선반작업에서 3개의 조가 120° 간격으로 구성 배치되어 있는 척은?

① 단동척
② 콜릿척
③ 연동척
④ 마그네틱척

풀이 **연동척**
- 3개 조(jaw)가 동시 이동, 정밀도 저하
- 규칙적인 외경재료 가공 용이
- 편심가공 불가능

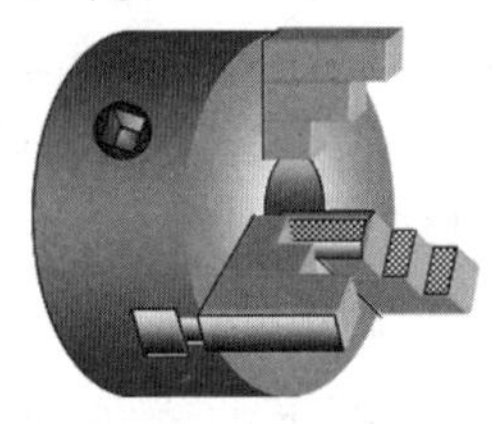

42 일반적으로 선반작업에서 가공할 수 없는 가공법은?

① 외경 가공
② 테이퍼 가공
③ 나사 가공
④ 기어 가공

풀이 기어는 호빙머신, 밀링머신, 셰이퍼 등을 이용해 가공한다.

정답 | 37 ② 38 ③ 39 ② 40 ③ 41 ③ 42 ④

43 수치제어 공작기계에서 수치제어가 뜻하는 것은?

① 수치와 부호로서 구성된 정보로 기계의 운전을 자동으로 제어하는 것
② 사람이 기계의 손잡이를 조작하여 공구 및 공작물을 이동 제어하는 것
③ 한 사람이 여러 대의 공작 기계를 운전, 조작 제어하며 작업하는 것
④ 소재의 투입부터 가공, 출고까지 관리하는 것으로 공장 전체 시스템을 무인화하는 것

풀이 NC(Numerical Control)
수치로 제어한다는 의미로 수치와 부호로서 구성된 정보를 가지고 기계의 운전을 자동으로 제어하는 것을 말한다.

44 다음 프로그램에서 N90 블록을 실행할 때 주축의 회전수는 몇 rpm인가?

```
N70 G96 S157 M03 ;
N80 G00 X50. Z60. ;
N90 G01 Z10. F0.1 ;
```

① 950 ② 1,000
③ 1,050 ④ 1,100

풀이 G96 : 절삭속도(m/min) 일정 제어

$$N=\frac{1,000S}{\pi D}=\frac{1,000\times157}{\pi\times50}$$
$$=999.49 \fallingdotseq 1,000$$

여기서, N : 주축의 회전수(rpm)
S : 절삭속도(m/min)=S157
D : 공작물의 지름(mm)=X50.

45 CNC의 서보기구를 위치 검출 방식에 따라 분류할 때 해당하지 않는 것은?

① 폐쇄회로 방식(closed loop system)
② 반폐쇄회로 방식(semi−closed loop system)
③ 반개방회로 방식(semi−open loop system)
④ 복합회로 방식(hybrid servo system)

풀이 서보기구의 제어방식
- 개방회로 방식(open loop system)
- 반폐쇄회로 방식(semi−closed loop system)
- 폐쇄회로 방식(closed loop system)
- 하이브리드 서보 방식(hybrid loop system)

46 CNC 선반의 프로그램이다. ( ) 안에 들어갈 G−코드로 적합한 것은?

```
( ) X110.0 Z120.0 S1300 T0100 M42 ;
```

① G60 ② G50
③ G40 ④ G30

풀이
- G50 : 공작물 좌표계 설정, 주축 최고 회전수 지정
- G40 : 공구 인선 반지름 보정 취소
- G30 : 제2, 3, 4 원점 복귀

47 CNC 선반에서 증분지령 어드레스는?

① V, X ② U, W
③ X, Z ④ Z, W

풀이 CNC 선반에서 증분지령 어드레스는 U, W고 절대지령 어드레스는 X, Z다.

48 다음 중 서보모터가 일반적으로 갖추어야 할 특성으로 거리가 먼 것은?

① 큰 출력을 낼 수 있어야 한다.
② 진동이 적고 대형이어야 한다.
③ 온도 상승이 적고 내열성이 좋아야 한다.
④ 높은 회전각 정도를 얻을 수 있어야 한다.

풀이 진동이 적고 소형이며 견고하여야 한다.

49 일반적으로 CNC 선반에서 절삭동력이 전달되는 스핀들 축으로 주축과 평행한 축은?

① X축 ② Y축
③ Z축 ④ A축

풀이 Z축 : 절삭동력이 전달되는 스핀들 축으로 주축과 평행한 축

정답 | 43 ① 44 ② 45 ③ 46 ② 47 ② 48 ② 49 ③

50 머시닝 센터에서 작업평면이 Y-Z 평면일 때 지령되어야 할 코드는?

① G17 ② G18
③ G19 ④ G20

풀이
- G17 : X-Y 평면 지정
- G18 : Z-X 평면 지정
- G19 : Y-Z 평면 지정
- G20 : Inch 입력

51 CNC 공작기계의 조작반 버튼 중 한 블록씩 실행시키는 데 사용되는 버튼은?

① 드라이 런(dry run)
② 피드 홀드(feed hold)
③ 싱글 블록(single block)
④ 옵셔널 블록 스킵(optional block skip)

풀이 싱글 블록(single block) : CNC의 작동이나 프로그램을 한 블록씩 실행시킬 때 사용한다.

52 밀링작업에 대한 안전사항으로 거리가 먼 것은?

① 전기의 누전 여부를 작업 전에 점검한다.
② 가공물은 기계를 정지한 상태에서 견고하게 고정한다.
③ 커터 날 끝과 같은 높이에서 절삭상태를 관찰한다.
④ 기계 가동 중에는 자리를 이탈하지 않는다.

풀이 절삭상태를 확인할 때에는 보안경을 착용하여 눈을 보호하고, 공작물을 내려다보며 가공해야 한다.

53 CNC 프로그램에서 EOB의 뜻은?

① 프로그램의 종료
② 블록의 종료
③ 보조기능의 정지
④ 주축의 정지

풀이 EOB(end of block)
블록의 종료를 뜻하며, 제작사에 따라 ';' 또는 '#'과 같은 부호로 간단히 표시한다.

54 다음 보조기능의 설명으로 틀린 것은?

① M00-프로그램 정지
② M02-프로그램 종료
③ M03-주축 시계방향 회전
④ M05-주축 반시계방향 회전

풀이
- M05 : 주축 정지
- M04 : 주축 반시계방향 회전

55 다음 그림에서 A에서 B로 가공하는 CNC 선반 프로그램으로 옳은 것은?

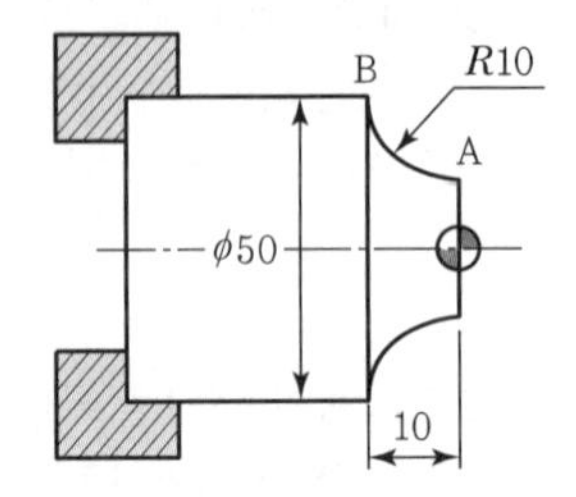

① G02 X50.0 Z-10.0 R-10.0 F0.1 ;
② G02 X50.0 Z-10.0 R10.0 F0.1 ;
③ G03 X50.0 Z-10.0 R10.0 F0.1 ;
④ G04 X50.0 Z-10.0 I10.0 F0.1 ;

풀이 G02 X50.0 Z-10.0 R10.0 F0.1 ;
- G02 : 시계방향 원호가공
- X50.0 Z-10.0(절대지령)
- R10.0(선반가공이므로 항상 '+' 값 입력)
- F0.1(이송속도 : mm/rev)

56 휴지(dwell)시간 지정을 의미하는 어드레스가 아닌 것은?

① X ② P
③ U ④ K

풀이 일시정지(G04) 기능에서 시간을 나타내는 어드레스는 X, U, P를 사용하며, X, U는 소수점 이하 세 자리까지 사용 가능하고 P는 소수점을 사용할 수 없다.

정답 | 50 ③ 51 ③ 52 ③ 53 ② 54 ④ 55 ② 56 ④

57 다음 CNC 선반의 프로그램에서 자동 원점 복귀를 나타내는 준비기능은?

```
G28 U0. W0. ;
G50 X150. Z150. S2800 T0100 ;
G96 S180 M03 ;
G00 X62. Z2. T0101 M08 ;
```

① G00 ② G28
③ G50 ④ G96

풀이
- G28 : 자동원점복귀
- G50 : 주축 최고 회전수 지정, 공작물 좌표계 설정
- G96 : 절삭속도(m/min) 일정 제어
- G00 : 급속위치 결정

58 CNC 공작기계에서 정보 흐름의 순서가 옳은 것은?

① 지령펄스열 – 서보구동 → 수치정보 → 가공물
② 지령펄스열 → 수치정보 → 서보구동 → 가공물
③ 수치정보 → 지령펄스열 → 서보구동 → 가공물
④ 수치정보 → 서보구동 → 지령펄스열 → 가공물

풀이 **CNC 공작기계의 정보흐름**
수치정보 → 지령펄스열 → 서보구동 → 가공물

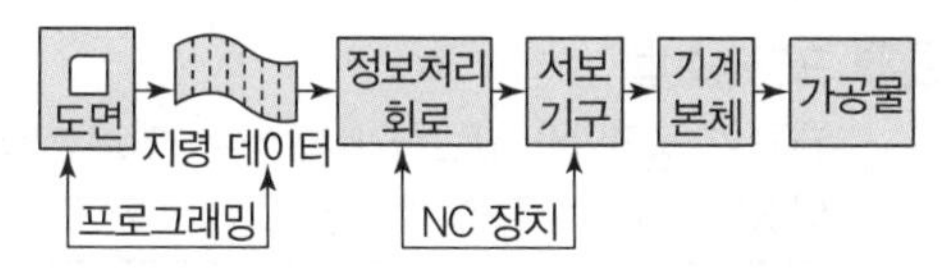

59 CNC 선반에서 드릴작업 시 사용되는 기능은?

① G74
② G90
③ G92
④ G94

풀이
- G74 : 단면 홈 가공 사이클, 단면 peck drilling 사이클
- G90 : 내·외경 절삭 사이클
- G92 : 나사절삭 사이클
- G94 : 단면절삭 사이클

60 머시닝 센터에서 지름 10mm인 엔드밀을 사용하여 외측 가공 후 측정값이 ϕ62.0mm가 되었다. 가공치수를 ϕ61.5mm로 가공하려면 보정값을 얼마로 수정하여야 하는가?(단, 최초 보정은 5.0으로 반지름 값을 사용하는 머시닝 센터이다.)

① 4.5 ② 4.75
③ 5.5 ④ 5.75

풀이 외측 가공 후 오차(측정치수 – 도면치수)가 발생하면
수정 보정값 = 기존 보정값 – 오차/2
$= 5 - 0.5/2 = 4.75$

정답 | 57 ② 58 ③ 59 ① 60 ②

컴퓨터응용밀링기능사

2016 제1회 과년도 기출문제

CRAFTSMAN COMPUTER AIDED MILLING

01 강의 5대 원소에 속하지 않는 것은?

① 황(S) ② 마그네슘(Mg)
③ 탄소(C) ④ 규소(Si)

풀이 **철강의 5대 원소**
탄소, 규소, 망간, 인, 황
※ "망인규탄은 황당해"로 암기

02 합금 공구강 강재 종류의 기호에 STS11로 표시된 기호의 주된 용도는?

① 냉간 금형용 ② 열간 금형용
③ 절삭 공구강용 ④ 내충격 공구강용

풀이 STS11은 절삭용 합금 공구강으로 사용된다.

03 원자의 배열이 불규칙한 상태의 합금은?

① 비정질 합금 ② 제진 합금
③ 형상 기억 합금 ④ 초소성 합금

풀이 **비정질 합금(아몰퍼스 합금, amorphous)**
- 결정 구조를 가지지 않는 아몰퍼스 구조이다.
- 경도와 강도가 높고 인성 또한 우수하다.

04 구리의 일반적인 특징으로 틀린 것은?

① 전연성이 좋다.
② 가공성이 우수하다.
③ 전기 및 열의 전도성이 우수하다.
④ 화학 저항력이 작아 부식이 잘 된다.

풀이 구리는 화학적으로 저항력이 커서 부식되지 않는다.(암모니아염에는 약하다.)

05 구상 흑연 주철에서 구상화 처리 시 주물 두께에 따른 영향으로 틀린 것은?

① 두께가 얇으면 백선화가 커진다.
② 두께가 얇으면 구상 흑연 정출이 되기 쉽다.
③ 두께가 두꺼우면 냉각속도가 느리다.
④ 두께가 두꺼우면 구상 흑연이 되기 쉽다.

풀이 두께가 두껍고 냉각속도가 느리면 편상 흑연이 되기 쉽다.

06 기계부품이나 자동차부품 등의 내마모성, 인성, 기계적 성질을 개선하기 위한 표면경화법은?

① 침탄법 ② 항온풀림
③ 저온풀림 ④ 고온뜨임

풀이 **표면경화법**
재료의 표면만을 단단하게 열처리하여, 내마모성, 인성, 기계적 성질을 개선한다.

화학적 방법	침탄법, 질화법, 침탄질화법
금속침투법	세라다이징(Zn), 칼로라이징(Ca), 크로마이징(Cr), 실리코나이징(Si), 보로나이징(Br)
물리적 방법	화염경화법, 고주파경화법, 숏피닝 등

정답 | 01 ② 02 ③ 03 ① 04 ④ 05 ④ 06 ①

07 부식을 방지하는 방법에서 알루미늄의 방식법에 속하지 않는 것은?

① 수산법 ② 황산법
③ 니켈산법 ④ 크롬산법

풀이 알루미늄 방식법 : 알루미늄을 적당한 전해액 중에서 양극 산화 처리하면 알루미늄의 표면에 방식성이 우수하고 치밀한 산화물계 피막이 형성된다. 수산법, 황산법, 크롬산법 등이 있다.

08 축과 보스에 동일 간격의 홈을 만들어서 토크를 전달하는 것으로 축 방향으로 이동이 가능하고 축과 보스의 중심을 맞추기가 쉬운 기계요소는?

① 반달 키 ② 접선 키
③ 원뿔 키 ④ 스플라인

풀이 **스플라인**
축에 평행하게 4~20줄의 키 홈을 판 특수 키이다. 보스에도 끼워 맞추어지는 키 홈을 파서 결합한다.

09 브레이크 블록의 길이와 너비가 60mm×20mm이고, 브레이크 블록을 미는 힘이 900N일 때 브레이크 블록의 평균 압력은?

① 0.75N/mm^2
② 7.5N/mm^2
③ 10.8N/mm^2
④ 108N/mm^2

풀이 블록의 평균압력 $q=\dfrac{N(\text{블록의 미는 힘})}{A_q(\text{블록 면적})}$

$=\dfrac{900}{60\times 20}=0.75\text{N/m}^2$

10 지름 5mm 이하의 바늘 모양 롤러를 사용하는 베어링으로서 단위 면적당 부하용량이 커서 협소한 장소에서 고속의 강한 하중이 작용하는 곳에 주로 사용하는 베어링은?

① 스러스트 롤러 베어링
② 자동조심형 롤러 베어링
③ 니들 롤러 베어링
④ 테이퍼 롤러 베어링

풀이 **니들 롤러 베어링**
지름 5mm 이하의 바늘 모양의 롤러를 사용한 것으로서 좁은 장소나 충격이 있는 곳에 사용한다.

11 전동축이 350rpm으로 회전하고 전달 토크가 120N · m일 때 이 축이 전달하는 동력은 약 몇 kW인가?

① 2.2 ② 4.4
③ 6.6 ④ 8.8

풀이 축의 토크 $T=\dfrac{H}{\omega}=\dfrac{H_{\text{kW}}\times 1{,}000}{\dfrac{2\pi N}{60}}$

$=\dfrac{H_{\text{kW}}\times 1{,}000\times 60}{2\pi N}$

전달동력 $H_{\text{kW}}=\dfrac{2\pi NT}{60{,}000}=\dfrac{2\pi\times 350\times 120}{60{,}000}$

$=4.4\text{kW}$

12 두 축이 평행하지도 교차하지도 않으며 나사 모양을 가진 기어로 주로 큰 감속비를 얻고자 할 때 사용하는 기어장치는?

① 웜 기어 ② 제롤 베벨 기어
③ 랙와 피니언 ④ 내접 기어

정답 | 07 ③ 08 ④ 09 ① 10 ③ 11 ② 12 ①

풀이 **웜 기어**

상호 간에 직각으로 교차하지 않는 2축 간에 큰 감속비의 회전을 전동하는 데 사용되는 기어 장치다. 나사형 웜과 이것에 맞물리는 웜 휠로 이루어지고, 보통 웜을 원동차로 하여 감속 장치에 사용한다.

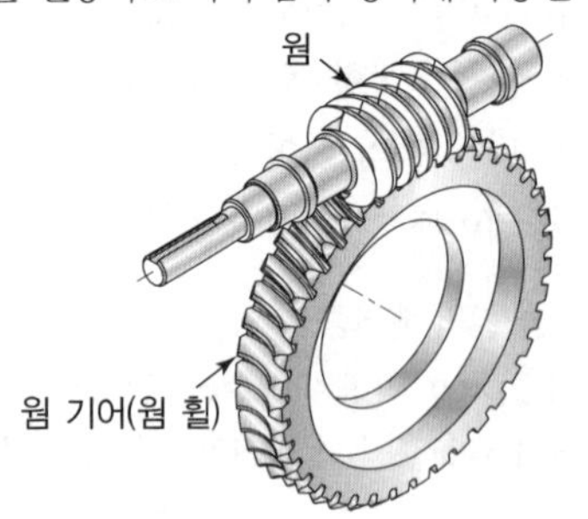

13 축 방향에 큰 하중을 받아 운동을 전달하는 데 적합하도록 나사산을 사각 모양으로 만들었으며, 하중의 방향이 일정하지 않고 교번하중을 받는 곳에 사용하기에 적합한 나사는?

① 볼 나사 ② 사각 나사
③ 톱니 나사 ④ 너클 나사

풀이 사각 나사 : 동력 전달용 나사로, 나사산의 단면이 사각으로 되어 있어 마찰 저항이 작으므로 힘을 필요로 하는 잭, 나사 프레스 및 선반 등의 이송 나사에 사용된다.

14 두 물체 사이의 거리를 일정하게 유지시키는 데 사용하는 볼트는?

① 스터드 볼트 ② 탭 볼트
③ 리머 볼트 ④ 스테이 볼트

풀이 **스테이 볼트(stay bolt)**

두 물체의 간격을 유지시키는 데 사용하는데 부시(bush)를 끼워서 사용하는 것과 볼트에 턱을 만들어 놓은 것이 있다.

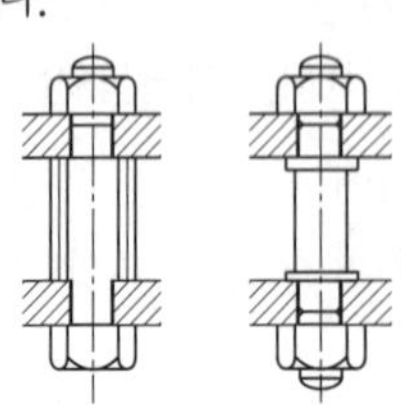

15 바깥지름이 500mm, 안지름이 490mm인 얇은 원통의 내부에 3MPa의 압력이 작용할 때 원주 방향의 응력은 약 몇 MPa인가?

① 75 ② 147
③ 222 ④ 294

풀이 $F = P_i \cdot d \cdot l$

$P_i \cdot d \cdot l = \sigma \cdot A = \sigma \cdot (2tl)$

$\therefore \sigma_h = \dfrac{P_i dl}{2tl} = \dfrac{P_i d}{2t} = \dfrac{3 \times 490}{10} = 147\text{MPa}$

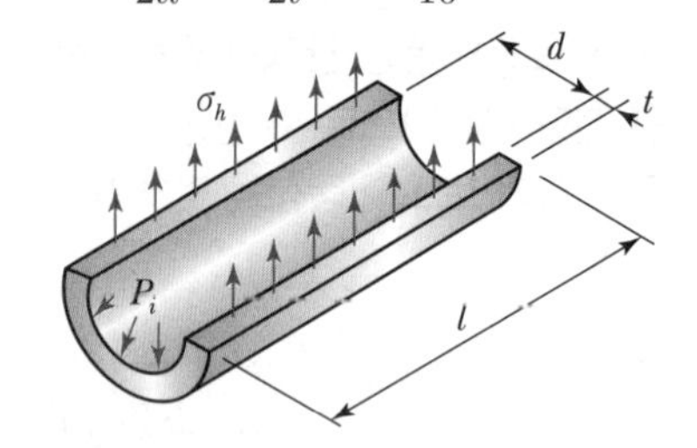

16 다음 그림에서 A~D에 관한 설명으로 가장 옳은 것은?

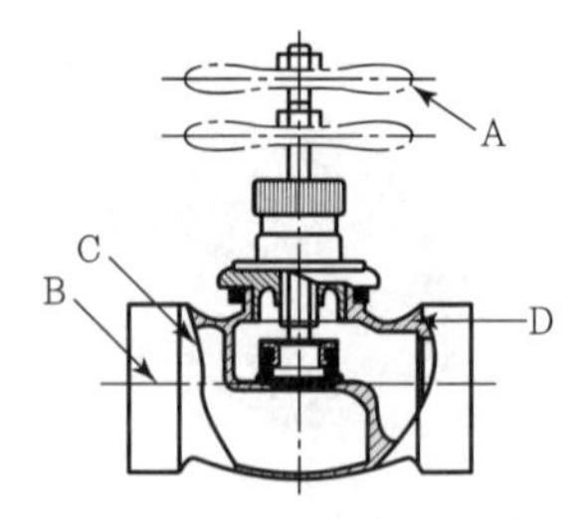

① 선 A는 물체의 이동 한계의 위치를 나타낸다.
② 선 B는 도형의 숨은 부분을 나타낸다.
③ 선 C는 대상의 앞쪽 형상을 가상으로 나타낸다.
④ 선 D는 대상이 평면임을 나타낸다.

풀이
• 선 A : 물체의 이동 한계의 위치를 나타내는 가상선이다.
• 선 B : 밸브의 중심을 나타내는 중심선이다.
• 선 C : 밸브의 일부를 자른 경계를 나타내는 파단선이다.
• 선 D : 잘려나간 물체의 절단면을 표시하는 해칭선이다.

정답 | 13 ② 14 ④ 15 ② 16 ①

17 그림의 조립도에서 부품 ㉠의 기능과 조립 및 가공을 고려할 때, 가장 적합하게 투상된 부품도는?

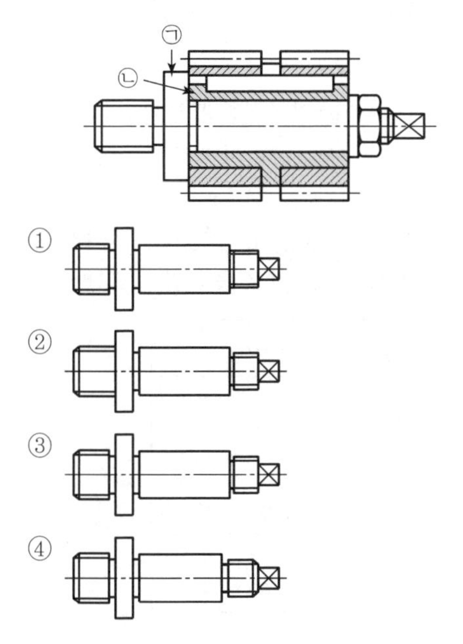

풀이 ① 오른쪽 나사의 불완전 나사부의 투상과 모따기 부분의 투상이 잘못되었다.
② 왼쪽 나사의 홈 부분과 오른쪽 나사의 모따기 부분의 투상이 잘못되었다.
③ 오른쪽 나사의 모따기 부분의 투상이 잘못되었다.

18 KS 기계제도에서 도면에 기입된 길이 치수는 단위를 표기하지 않으나 실제 단위는?

① μm ② cm
③ mm ④ m

풀이 길이 치수의 기본 단위는 mm이며, 그 외의 다른 단위는 모두 표시하여야 한다.

19 대칭형인 대상물을 외형도의 절반과 온단면도의 절반을 조합하여 표시한 단면도는?

① 계단 단면도
② 한쪽 단면도
③ 부분 단면도
④ 회전 도시 단면도

풀이 한쪽 단면도 : 상하 또는 좌우 대칭인 물체에서 중심선을 기준으로 물체의 1/4만 잘라내서 그려주는 방법으로 물체의 외부형상과 내부형상을 동시에 나타낼 수 있는 장점을 가지고 있다.

20 일반적으로 무하중 상태에서 그리는 스프링이 아닌 것은?

① 겹판 스프링 ② 코일 스프링
③ 벌류트 스프링 ④ 스파이럴 스프링

풀이 겹판 스프링은 일반적으로 스프링 판이 수평인 상태(힘을 받고 있는 상태)에서 그리고, 무하중일 때의 모양은 이점쇄선으로 표시한다.

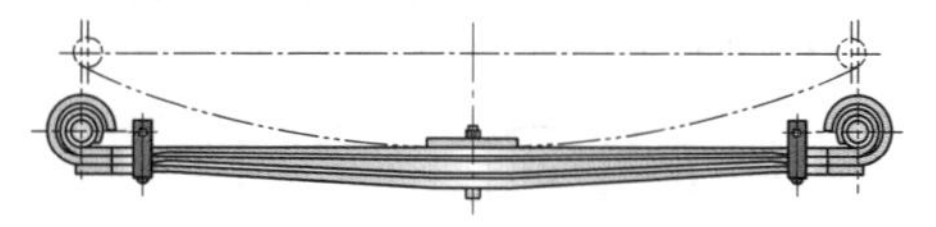

21 그림과 같은 정투상도에서 제3각법으로 나타낼 때 평면도로 가장 옳은 것은?

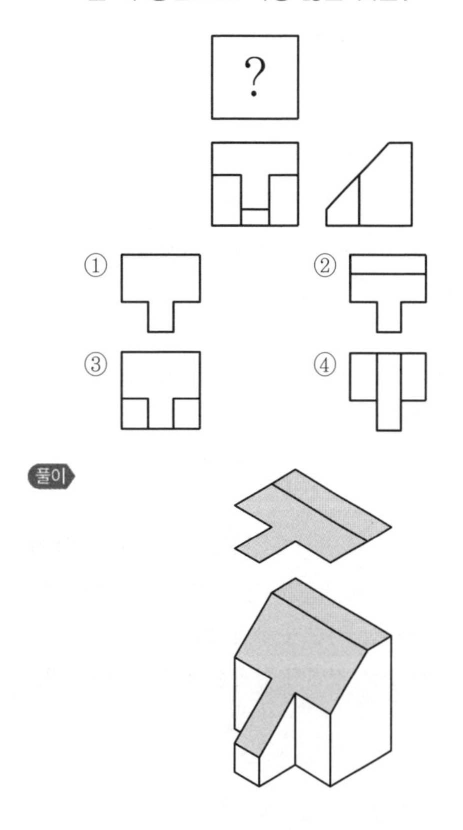

풀이

정답 | 17 ④ 18 ③ 19 ② 20 ① 21 ②

22 나사 표시 기호가 Tr10×2로 표시된 경우 이는 어떤 나사인가?

① 미터 사다리꼴 나사
② 미니추어 나사
③ 관용 테이퍼 암나사
④ 유니파이 가는 나사

풀이
- 미터 사다리꼴 나사 : Tr
- 미니추어 나사 : S
- 관용 테이퍼 암나사 : Rc
- 유니파이 가는 나사 : UNF

23 축과 구멍의 끼워맞춤 도시 기호를 옳게 나타낸 것은?

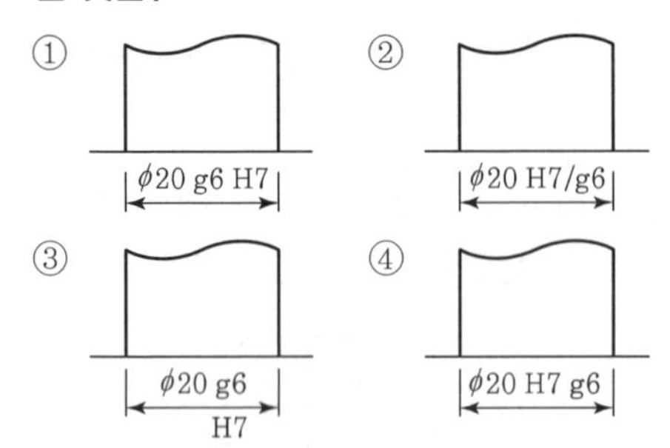

풀이 **축과 구멍의 끼워맞춤 도시 기호**

예 $\phi 60H7/g6$, $\phi 60H7-g6$, $\phi 60\frac{H7}{g6}$

연속하여 기입할 경우 구멍공차(대문자), 축공차(소문자) 순서대로 쓴다.

24 그림과 같은 표면의 결 도시기호의 설명으로 옳은 것은?

① 10점 평균 거칠기 하한값이 25μm 인 표면
② 10점 평균 거칠기 상한값이 25μm 인 표면
③ 산술평균 거칠기 하한값이 25μm 인 표면
④ 산술평균 거칠기 상한값이 25μm 인 표면

풀이

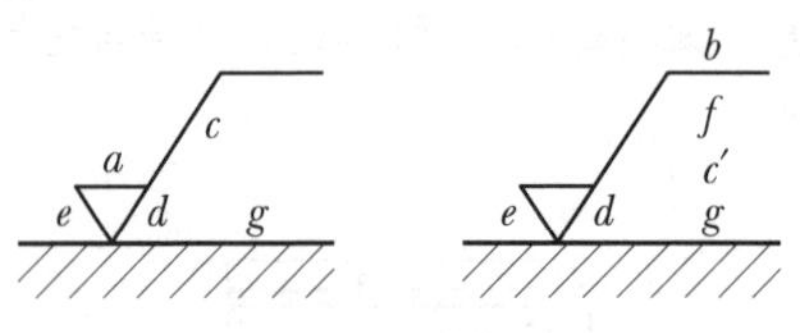

a : 산술평균 거칠기의 상한값(R_a의 값 [μm])
f : 최대 높이 또는 10점 평균 거칠기의 값

25 지정넓이 100mm×100mm에서 평면도 허용값이 0.02mm인 것을 옳게 나타낸 것은?

①
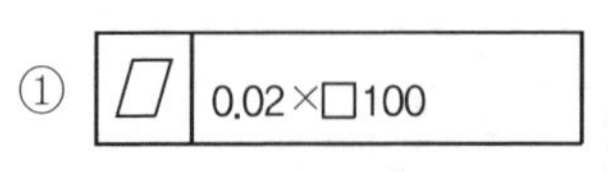

② | ▱ | 0.02×□10000 |

③ | ▱ | 0.02/100×100 |

④ | ▱ | 0.02×100×100 |

풀이
- ▱ : 평면도 공차
- 0.02/ □ 100 : 지정넓이 100mm×100mm에서 평면도 허용값이 0.02mm임을 나타낸다.

26 다음 중 바이트, 밀링커터 및 드릴의 연삭에 가장 적합한 것은?

① 공구 연삭기 ② 성형 연삭기
③ 원통 연삭기 ④ 평면 연삭기

풀이 공구 연삭기 : 절삭공구의 정확한 공구각을 연삭하기 위하여 사용되는 연삭기이며 초경합금공구, 드릴, 리머, 밀링커터, 호브 등을 연삭한다.

27 버니어 캘리퍼스의 종류가 아닌 것은?

① B형 ② M형
③ CB형 ④ CM형

풀이 버니어 캘리퍼스의 종류는 M형(M_1형, M_2형), CB형, CM형이 대표적이다.

정답 | 22 ① 23 ② 24 ④ 25 ③ 26 ① 27 ①

28 줄에 관한 설명으로 틀린 것은?

① 줄의 단면에 따라 황목, 중목, 세목, 유목으로 나눈다.

② 줄 작업을 할 때는 두 손의 절삭 하중은 서로 균형이 맞아야 정밀한 평면가공이 된다.

③ 줄 작업을 할 때는 양손은 줄의 전후 운동을 조절하고, 눈은 가공물의 윗면을 주시한다.

④ 줄의 수명은 황동, 구리 합금 등에 사용할 때가 가장 길고 연강, 경강, 주철의 순서가 된다.

풀이
- 줄의 단면에 따라 평줄, 반원줄, 둥근줄, 각줄, 삼각줄 등으로 구분한다.
- 눈의 거칠기에 따라 황목, 중목, 세목, 유목 등으로 구분한다.

29 공작물에 일정한 간격으로 동시에 5개의 구멍을 가공 후, 탭 가공을 하려고 할 때 가장 적합한 드릴링머신은?

① 다두 드릴링머신

② 다축 드릴링머신

③ 직립 드릴링머신

④ 레이디얼 드릴링머신

풀이 다축 드릴링머신은 다수의 구멍을 동시에 가공할 수 있다.

30 결합도가 높은 숫돌을 사용하는 경우로 적합하지 않은 것은?

① 접촉면이 클 때

② 연삭깊이가 얕을 때

③ 재료 표면이 거칠 때

④ 숫돌차의 원주속도가 느릴 때

풀이 연삭조건에 따른 숫돌의 결합도 선택

결합도가 높은 숫돌 (굳은 숫돌)	결합도가 낮은 숫돌 (연한 숫돌)
• 연한재료의 연삭 • 숫돌차의 원주 속도가 느릴 때 • 연삭깊이가 얕을 때 • 접촉면이 작을 때 • 재료 표면이 거칠 때	• 단단한(경한) 재료의 연삭 • 숫돌차의 원주속도가 빠를 때 • 연삭깊이가 깊을 때 • 접촉면이 클 때 • 재료 표면이 치밀할 때

31 밀링커터의 지름이 100mm, 한 날당 이송이 0.2mm, 커터의 날 수는 10개, 커터의 회전수가 520rpm일 때, 테이블의 이송속도는 약 몇 mm/min인가?

① 640 ② 840

③ 940 ④ 1,040

풀이 테이블의 이송속도 $f = f_z \times z \times n$

$= 0.2 \times 10 \times 520$

$= 1{,}040[\text{mm/min}]$

여기서, f_z : 밀링커터의 날 1개당 이송(mm)

z : 밀링커터의 날 수

n : 밀링커터의 회전수(rpm)

32 절삭공구의 절삭면에 평행하게 마모되는 것으로 측면과 절삭면과의 마찰에 의해 발생하는 것은?

① 치핑 ② 온도 파손

③ 플랭크 마모 ④ 크레이터 마모

풀이 플랭크 마모 : 공구면과 공구 여유면과의 마찰에 의해 공구 여유면이 마모되는 현상

정답 | 28 ① 29 ② 30 ① 31 ④ 32 ③

33 마이크로미터 및 게이지 등의 핸들에 이용되는 널링 작업에 대한 설명으로 옳은 것은?

① 널링 가공은 절삭 가공이 아닌 소성 가공법이다.

② 널링 작업을 할 때는 절삭유를 공급해서는 절대 안 된다.

③ 널링을 하면 다듬질 치수보다 지름이 작아지는 것을 고려하여야 한다.

④ 널이 2개인 경우 널이 가공물의 중심선에 대하여 비대칭적으로 위치하여야 한다.

풀이 ① 널링 가공은 절삭 가공이다.

34 절삭공구 선단부에서 전단응력을 받으며, 항상 미끄럼이 생기면서 절삭 작용이 이루어지며 진동이 작고, 가공 표면이 매끄러운 면을 얻을 수 있는 가장 이상적인 칩의 형태는?

① 균열형 칩 ② 유동형 칩
③ 열단형 칩 ④ 전단형 칩

풀이 **유동형 칩의 절삭 조건**

- 바이트의 윗면 경사각이 클 때
- 절삭속도가 클 때
- 절삭량이 적을 때
- 인성이 크고, 연한 재료일 때

35 각도를 측정하는 기기가 아닌 것은?

① 사인바
② 분도기
③ 각도 게이지
④ 하이트 게이지

풀이 하이트 게이지는 정반 위에 올려놓고 정반면을 기준으로 하여 높이를 측정하거나, 스크라이버로 금긋기 작업을 하는 데 사용한다.

36 선반 바이트의 윗면 경사각에 대한 설명으로 틀린 것은?

① 직접 절삭저항에 영향을 준다.

② 윗면 경사각이 크면 절삭성이 좋다.

③ 공구의 끝과 일감의 마찰을 줄이기 위한 것이다.

④ 윗면 경사각이 크면 일감 표면이 깨끗하게 다듬어지지만 날 끝은 약하게 된다.

풀이 공구의 끝과 일감의 마찰을 줄이기 위한 것 → 여유각

37 공작기계의 급유법 중 마찰면이 넓거나 시동되는 횟수가 많을 때 저속 및 중속 축의 급유에 사용되는 급유법은?

① 강제 급유법 ② 담금 급유법
③ 분무 급유법 ④ 적하 급유법

풀이 **적하 윤활법**

- 섬유(심지)의 모세관 작용과 기름의 중력을 이용하여 용기의 기름을 베어링 안으로 급유한다.
- 원주속도 4~5m/s 정도의 저속, 중하중에 사용한다.

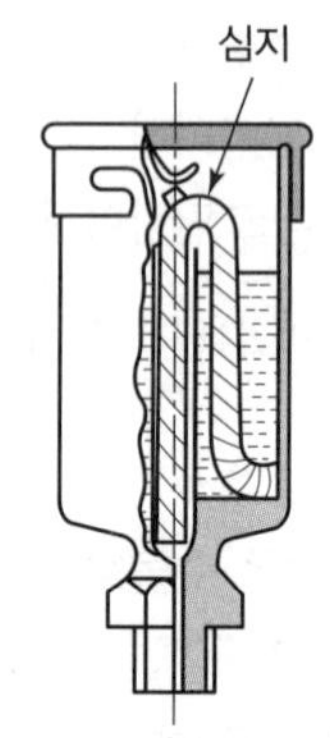

38 방전 가공용 전극재료의 조건으로 틀린 것은?

① 가공 정밀도가 높을 것

② 가공 전극의 소모가 많을 것

③ 구하기 쉽고 값이 저렴할 것

④ 방전이 안전하고 가공속도가 클 것

풀이 기계 가공이 쉽고, 전극의 소모가 적을 것

정답 | 33 ① 34 ② 35 ④ 36 ③ 37 ④ 38 ②

39 탄화물 분말인 W, Ti, Ta 등을 Co나 Ni 분말과 혼합하여 고온에서 소결한 것으로 고온 · 고속 절삭에도 높은 경도를 유지하는 절삭공구 재료는?

① 세라믹
② 고속도강
③ 주조합금
④ 초경합금

풀이 초경합금 : 탄화텅스텐(WC), 탄화티탄(TiC), 탄화탄탈룸(TaC) 등의 분말을 코발트(Co) 또는 니켈(Ni) 분말과 혼합하여 프레스로 성형한 다음 약 1,400℃ 이상의 고온에서 소결한 것으로, 고온 · 고속 절삭에서도 높은 경도를 유지하지만 진동이나 충격을 받으면 부서지기 쉬운 절삭 공구 재료이다.

40 다음 중 밀링작업에서 분할대를 이용하여 직접분할이 가능한 가장 큰 분할 수는?

① 40　② 32
③ 24　④ 15

풀이 직접분할은 24개의 구멍이 있는 분할판을 이용한 분할법으로 24의 약수인 2, 3, 4, 6, 8, 12, 24로 등분 가능한 분할법이다.

41 밀링머신의 부속장치에 속하는 것은?

① 돌리개　② 맨드릴
③ 방진구　④ 분할대

풀이
- 분할대 : 둥근 단면의 공작물을 사각, 육각 등으로 가공하거나 기어의 치형과 같이 일정한 각으로 나누는 분할작업 시 사용하는 밀링의 부속장치
- 돌리개, 맨드릴, 방진구 → 선반의 부속장치

42 선반 주축대 내부의 테이퍼로 적합한 것은?

① 모스 테이퍼(Morse taper)
② 내셔널 테이퍼(national taper)
③ 보틀 그립 테이퍼(bottle grip taper)
④ 브라운 샤프 테이퍼(Brown & Sharpe taper)

풀이
- 모스 테이퍼(Morse taper) : 표준 테이퍼의 일종으로서 공작 기계의 테이퍼부(선반의 센터, 드릴링머신의 스핀들 등)에 사용되고 있다.
- 내셔널 테이퍼(National taper) → 밀링머신용 척의 테이퍼

43 다음은 원 가공을 위한 머시닝 센터 가공도면 및 프로그램을 나타낸 것이다. ( ) 안에 들어갈 내용으로 옳은 것은?

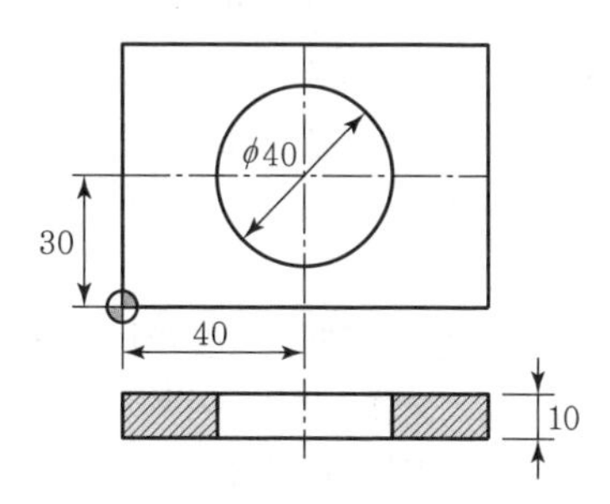


```
G00 G90 X40. Y30. ;
G01 Z-10. F90 ;
G41 Y50. D01 ;
G03 ( ) ;
G40 G01 Y30. ;
G00 Z100. ;
```

① I−20.
② I20.
③ J−20.
④ J20.

풀이
- G00 G90 X40. Y30. ; ⇒ 원점 표시기호(◕)를 기준으로 중심점의 위치는 (40, 30)이다.
- G41 Y50. D01 ; ⇒ 공구지름 좌측 보정으로 공구의 위치를 (40, 50)위치로 이동한다.
- G03 ( ) ; ⇒ 반시계방향의 원호가공으로 중심점이 시작점 아래에 위치하므로 ( ) 안에 들어갈 워드는'J−20.'이다.

정답 | 39 ④　40 ③　41 ④　42 ①　43 ③

44 머시닝 센터에서 'G03 X_ Z_ R_ F_ ;'로 가공하고자 한다. 알맞은 평면 지정은?

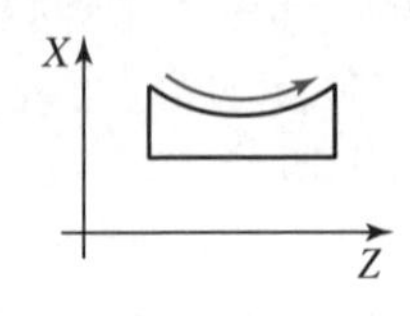

① G17 ② G18
③ G19 ④ G20

풀이
- G17 : X－Y 평면 지정
- G18 : Z－X 평면 지정
- G19 : Y－Z 평면 지정
- G20 : Inch 입력

45 아래와 같이 CNC 선반에 사용되는 휴지(dwell) 기능을 나타낸 명령에서 밑줄 친 곳에 사용할 수 없는 어드레스는?

G04 ____ ;

① G ② P
③ U ④ X

풀이 일시정지(G04) 기능에서 시간을 나타내는 어드레스는 X, U, P를 사용하며, X, U는 소수점 이하 세 자리까지 사용 가능하고 P는 소수점을 사용할 수 없다.

46 CNC 선반에서 나사가공과 관계없는 G 코드는?

① G32 ② G75
③ G76 ④ G92

풀이
- G32 : 나사절삭
- G75 : 내·외경 홈 가공 사이클
- G76 : 자동 나사절삭 사이클
- G92 : 나사절삭 사이클

47 CNC 공작기계의 구성과 인체를 비교하였을 때 가장 적절하지 않은 것은?

① CNC 장치－눈 ② 유압유닛－심장
③ 기계 본체－몸체 ④ 서보 모터－손과 발

풀이 CNC 장치는 정보처리 회로를 제어하므로 인체의 두뇌에 해당한다.

48 CNC 공작기계에 주로 사용되는 방식으로, 모터에 내장된 타코 제너레이터에서 속도를 검출하고, 엔코더에서 위치를 검출하여 피드백하는 NC 서보기구의 제어방식은?

① 개방회로 방식(open loop system)
② 폐쇄회로 방식(closed loop system)
③ 반개방회로 방식(semi－open loop system)
④ 반폐쇄회로 방식(semi－closed loop system)

풀이

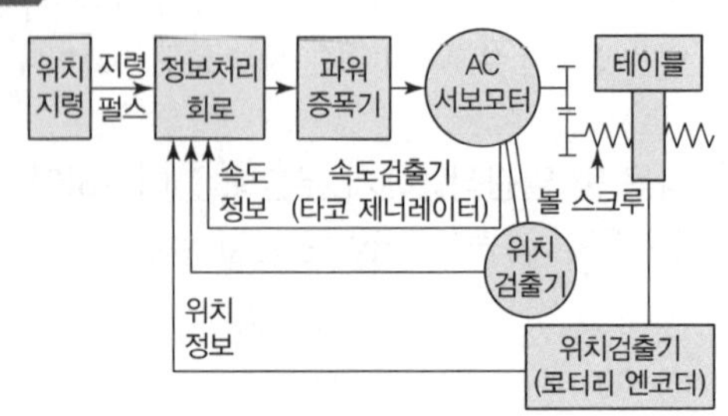

[반폐쇄회로 방식]

49 CNC 선반 프로그램에서 G50의 기능에 대한 설명으로 틀린 것은?

① 주축 최고 회전수 제한기능을 포함한다.
② one shot 코드로서 지령된 블록에서만 유효하다.
③ 좌표계 설정기능으로 머시닝 센터에서 G92(공작물 좌표계 설정)의 기능과 같다.
④ 비상정지 시 기계원점복귀나 원점복귀를 지령할 때의 중간경유지점을 지정할 때에도 사용한다.

풀이 비상정지 시 기계원점복귀나 원점복귀를 지령할 때의 중간경유지점을 지정할 때에도 사용하는 것은 G28(자동원점복귀)이다.

정답 | 44 ② 45 ① 46 ② 47 ① 48 ④ 49 ④

50 머시닝 센터 작업 중 절삭 칩이 공구나 일감에 부착되는 경우의 해결 방법으로 잘못된 것은?

① 장갑을 끼고 수시로 제거한다.
② 고압의 압축 공기를 이용하여 불어 낸다.
③ 칩이 가루로 배출되는 경우는 집진기로 흡입한다.
④ 많은 양의 절삭유를 공급하여 칩이 흘러내리게 한다.

풀이 칩을 제거하기 위해서는 기계의 이송 및 작업을 정지하고, 칩 제거 도구를 사용하여 안전한 영역에서 제거한다. 장갑을 끼고 수시로 제거하는 것은 옳은 방법이 아니다.

51 머시닝 센터에서 공구길이 보정량이 −20이고 보정번호 12번에 설정되어 있을 때 공구길이 보정을 올바르게 지령한 것은?

① G41 D12; ② G42 D20;
③ G44 H12; ④ G49 H−20;

풀이
- G44 : 공구길이 보정 '−'
- H12 : 보정번호 12번에 입력된 보정량 사용

52 다음 중 CNC 프로그램에서 워드(word)의 구성으로 옳은 것은?

① 데이터(data)+데이터(data)
② 블록(block)+어드레스(address)
③ 어드레스(address)+데이터(data)
④ 어드레스(address)+어드레스(address)

풀이 워드(word)=어드레스(address)+데이터(data)

예 G 50 X 150.0 Z 200.0 ;
(G, X, Z: 주소 / 50, 150.0, 200.0: 수치)

53 아래와 같은 사이클 가공에서 지령워드의 설명이 틀린 것은?

```
G90 X(U)___ Z(W)___ I(R)___ F___ ;
```

① F : 나사의 피치(리드) 지령값
② I(R) : 테이퍼 지령 X축 반경값
③ Z(W) : Z축 방향의 절삭 지령값
④ X(U) : X축 방향의 직경 지령값

풀이
- F : 이송속도(mm/rev)
- G90 : 내 · 외경 절삭 사이클
- X(U) : X축의 절삭 끝 점 좌표
- Z(W) : Z축의 절삭 끝 점 좌표
- I : 테이퍼의 경우 절삭의 끝 점과 절삭의 시작점의 상대 좌표값으로 반경지령

54 아래는 CNC 선반 프로그램의 설명이다. Ⓐ와 Ⓑ에 들어갈 코드로 옳은 것은?

```
Ⓐ X160.0 Z160.0 S1500 T0100 ;
//설명 : 좌표계 설정
Ⓑ S150 M03 ;
//설명 : 절삭속도 150m/min로 주축 정회전
```

① Ⓐ : G03, Ⓑ : G97
② Ⓐ : G30, Ⓑ : G96
③ Ⓐ : G50, Ⓑ : G96
④ Ⓐ : G50, Ⓑ : G98

풀이
- G50 : 공작물 좌표계 설정, 주축 최고 회전수 설정
- G96 : 절삭속도(m/min) 일정 제어

55 CNC 프로그램에서 보조프로그램에 대한 설명으로 틀린 것은?

① 보조프로그램의 마지막에는 M99가 필요하다.
② 보조프로그램을 호출할 때는 M98을 사용한다.
③ 보조프로그램은 다른 보조프로그램을 가질 수 있다.
④ 주프로그램은 오직 하나의 보조프로그램만 가질 수 있다.

풀이 주프로그램 내에서 여러 개의 보조프로그램을 사용할 수 있다.

정답 | 50 ① 51 ③ 52 ③ 53 ① 54 ③ 55 ④

56 CNC 선반 프로그램에서 사용되는 공구보정 중 주로 외경에 사용되는 우측 보정 준비 기능의 G 코드는?

① G40 ② G41
③ G42 ④ G43

풀이
- G42 : 공구인선반경 우측 보정
- G40 : 공구인선반경 보정 취소
- G41 : 공구인선반경 좌측 보정
- G43 : 공구길이보정 '+'

57 프로그램을 컴퓨터의 기억장치에 기억시켜 놓고, 통신선을 이용해 1대의 컴퓨터에서 여러 대의 CNC 공작기계를 직접 제어하는 것을 무엇이라 하는가?

① ATC ② CAM
③ DNC ④ FMC

풀이 DNC
- 직접수치제어(direct numerical control) 또는 분배수치제어(distribute numerical control)라는 의미로 쓰인다.
- 여러 대의 CNC 공작기계를 한 대의 컴퓨터에 결합시켜 제어하는 시스템으로 개개의 CNC 공작기계의 작업성, 생산성을 개선함과 동시에 그것을 조합하여 CNC 공작기계군의 운영을 제어, 관리하는 것이다.

58 CNC 기계 조작반의 모드 선택 스위치 중 새로운 프로그램을 작성하고 등록된 프로그램을 삽입, 수정, 삭제할 수 있는 모드는?

① AUTO
② EDIT
③ JOG
④ MDI

풀이 EDIT : 새로운 프로그램을 작성하고 등록된 프로그램을 삽입, 수정, 삭제하는 기능이다.

59 밀링작업을 할 때의 안전수칙으로 가장 적합한 것은?

① 가공 중 절삭면의 표면 조도는 손을 이용하여 확인하면서 작업한다.
② 절삭 칩의 비산 방향을 마주 보고 보안경을 착용하여 작업한다.
③ 밀링커터나 아버를 설치하거나 제거할 때는 전원 스위치를 켠 상태에서 작업한다.
④ 절삭 날은 양호한 것을 사용하며, 마모된 것은 재연삭 또는 교환하여야 한다.

풀이 ① 가공 중 절삭면의 표면 조도는 눈으로 확인하고, 손을 이용하여 확인할 경우에는 주축 회전이 정지된 상태에서 확인해야 한다.
② 절삭 칩의 비산 방향과 반대되는 방향에서 바라보고, 보안경을 착용하여 작업한다.
③ 밀링커터나 아버를 설치하거나 제거할 때는 전원 스위치를 끈 상태에서 작업한다.

60 CNC 공작기계의 안전에 관한 사항으로 틀린 것은?

① 비상정지 버튼의 위치를 숙지한 후 작업한다.
② 강전반 및 CNC 장치는 어떠한 충격도 주지 말아야 한다.
③ 강전반 및 CNC 장치는 압축 공기를 사용하여 항상 깨끗이 청소한다.
④ MDI로 프로그램을 입력할 때 입력이 끝나면 반드시 확인하여야 한다.

풀이 강전반 및 NC 유닛은 각종 전기 및 전자 부품들로 구성되어 있으므로 압축공기로 청소하면 안 되며, 필요시 각별히 주의해서 청소해야 한다.

정답 | 56 ③ 57 ③ 58 ② 59 ④ 60 ③

컴퓨터응용밀링기능사

2016 제2회 과년도 기출문제

CRAFTSMAN COMPUTER AIDED MILLING

01 보통주철에 비하여 규소가 적은 용선에 적당량의 망간을 첨가하여 금형에 주입하면 금형에 접촉된 부분은 급랭되어 아주 가벼운 백주철로 되는데 이러한 주철을 무엇이라고 하는가?

① 가단주철 ② 칠드주철
③ 고급주철 ④ 합금주철

풀이 **칠드주철**

- 규소가 적은 용선에 적당량의 망간을 첨가하여 금형에 주입하면 금형에 접촉된 부분은 급랭되어 표면(백주철)은 단단하고 내부(회주철)는 연하며, 강인한 성질을 갖는 칠드주철을 얻을 수 있다.
- 용도 : 압연용 롤러, 차륜 등

02 연신율과 단면 수축률을 시험할 수 있는 재료 시험기는?

① 피로시험기 ② 충격시험기
③ 인장시험기 ④ 크리프시험기

풀이 인장시험기에 시험편을 걸어 축 방향으로 잡아당겨 끊어질 때까지의 변형과 여기에 대응하는 힘을 측정하여 인장강도, 비례한도, 항복강도, 연신율, 단면 수축률, 탄성계수, 탄성한도 등을 구할 수 있다.

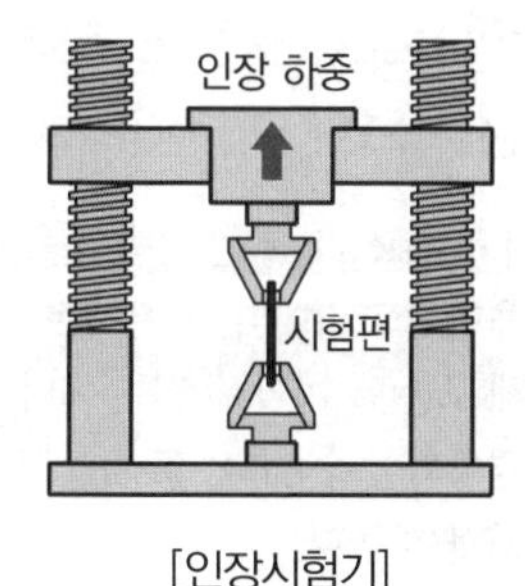

[인장시험기]

03 베어링 재료의 구비 조건이 아닌 것은?

① 융착성이 좋을 것
② 피로강도가 클 것
③ 내식성이 강할 것
④ 내열성을 가질 것

풀이 마찰계수가 작고 저항력이 클 것

04 스테인리스강의 종류에 해당되지 않는 것은?

① 페라이트계 스테인리스강
② 펄라이트계 스테인리스강
③ 마텐자이트계 스테인리스강
④ 오스테나이트계 스테인리스강

풀이 **스테인리스강의 종류**

오스테나이트계, 페라이트계, 마텐자이트계
※ "오페마(오페라)"로 암기

05 펄라이트 주철이며 흑연을 미세화시켜 인장강도를 245MPa 이상으로 강화시킨 주철로서 피스톤에 가장 적합한 주철은?

① 보통주철 ② 고급주철
③ 구상흑연 주철 ④ 가단주철

풀이 고급주철(강인주철)은 회주철에서 석출한 흑연편을 미세화하고, 치밀한 펄라이트 조직으로 만들어 강도와 인성을 높인 주철이다.(상품명 : 미하나이트 주철)

정답 | 01 ② 02 ③ 03 ① 04 ② 05 ②

06 주석(Sn), 아연(Zn), 납(Pb), 안티몬(Sb)의 합금으로, 주석계 메탈을 배빗메탈이라 하며 내연기관을 비롯한 각종 기계의 베어링에 가장 널리 사용되는 것은?

① 켈밋 ② 합성수지
③ 트리메탈 ④ 화이트메탈

풀이 **화이트 메탈(White Metal)**
슬라이딩 베어링용 합금으로 쓰이며 주석계와 납계가 있다.
- 주석계(배빗메탈) : 주석－안티몬－구리가 첨가되며, 주로 고하중용 베어링에 사용한다. 성능은 우수하지만 고가이다.
- 납계 : 납－주석－안티몬－구리가 첨가되며, 주로 저하중용 베어링에 사용한다. 가격이 저렴하여 많이 사용한다.

07 표준조성이 Cu 4%, Ni 2%, Mg 1.5%를 함유하고 있는 Al－Cu－Ni－Mg계의 알루미늄 합금은?

① Y 합금 ② 문쯔메탈
③ 활자합금 ④ 엘린바

풀이 **Y 합금**
- 알루미늄(Al)－구리(Cu)－니켈(Ni)－마그네슘(Mg)계 합금으로 내열성이 우수하고 고온강도가 높아 실린더헤드 및 피스톤 등에 이용된다.
- 주조성이 나쁘고 열팽창률이 크기 때문에 Al－Si계로 대체되고 있는 추세이다.
- 시효경화성이 있다.

※ "Y는 아이쿠 니마"로 암기

08 평벨트 전동장치와 비교하여 V 벨트 전동장치의 장점에 대한 설명으로 틀린 것은?

① 엇걸기로도 사용이 가능하다.
② 미끄럼이 적고 속도비를 크게 할 수 있다.
③ 운전이 정숙하고 충격을 완화하는 작용을 한다.
④ 비교적 작은 장력으로 큰 회전력을 전달할 수 있다.

풀이 평벨트는 바로걸기( )와 엇걸기( ) 모두 가능하나, 단면이 사다리꼴( )인 V－벨트는 엇걸기를 할 수 없다.

09 12kN · m의 토크를 받는 축의 지름은 약 몇 mm 이상이어야 하는가?(단, 허용 비틀림 응력은 50MPa이라 한다.)

① 84 ② 107
③ 126 ④ 145

풀이 토크 $T=\tau \cdot Z_P=\tau \cdot \frac{\pi}{16}d^3$ 에서

지름 $d=\sqrt[3]{\frac{16\,T}{\pi\tau}}=\sqrt[3]{\frac{16\times 12\times 10^3}{\pi\times 50\times 10^6}}$

$=0.107\text{m}=107\text{mm}$

10 나사의 풀림 방지법에 속하지 않는 것은?

① 스프링 와셔를 사용하는 방법
② 로크 너트를 사용하는 방법
③ 부시를 사용하는 방법
④ 자동조임 너트를 사용하는 방법

풀이 **볼트, 너트의 풀림 방지**
- 분할 핀에 의한 방법
- 혀붙이, 스프링, 고무 와셔에 의한 방법
- 멈춤 나사에 의한 방법
- 스프링 너트에 의한 방법
- 로크 너트에 의한 방법
- 플라스틱 플러그에 의한 방법

11 둥근 봉을 비틀 때 생기는 비틀림 변형을 이용하여 만드는 스프링은?

① 코일 스프링 ② 벌류트 스프링
③ 접시 스프링 ④ 토션바

풀이 토션바(torsion bar)는 금속 봉을 비틀 때의 반발력을 이용한 스프링이다. 같은 중량일 때 코일 스프링에 비해 보존(흡수)할 수 있는 에너지가 크기 때문에, 보다 경량화할 수 있다. 또 가늘고 직선이기 때문에 공간 효율이 높다.

정답 | 06 ④ 07 ① 08 ① 09 ② 10 ③ 11 ④

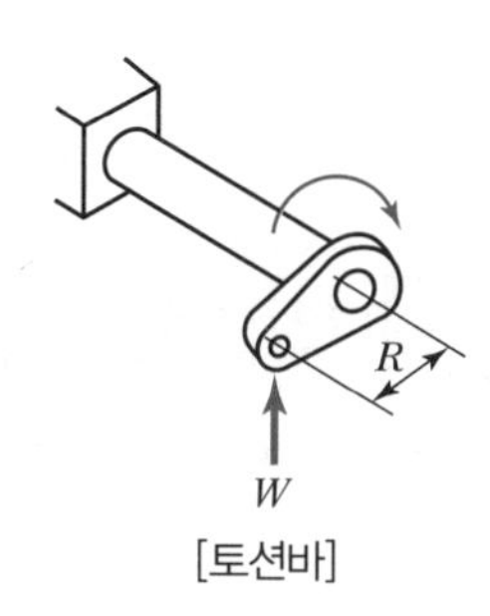

[토션바]

12 애크미 나사라고도 하며 나사산의 각도가 인치계에서는 29°이고, 미터계에서는 30°인 나사는?

① 사다리꼴 나사 ② 미터 나사
③ 유니파이 나사 ④ 너클 나사

풀이 **사다리꼴 나사**
- 동력 전달용 나사로 사각 나사보다 가공이 쉽다.
- 애크미 나사라고도 한다.
- 나사산 각도는 미터계 : 30°, 인치계 : 29°이다.
- 운동을 전달하는 선반의 리드 스크루에 사용한다.

13 모듈 5이고 잇수가 각각 40개와 60개인 한 쌍의 표준 스퍼기어에서 두 축의 중심거리는?

① 100mm ② 150mm
③ 200mm ④ 250mm

풀이 중심거리 $C=\dfrac{(z_1+z_2)m}{2}$

$=\dfrac{(40+60)5}{2}=250\text{mm}$

14 고압 탱크나 보일러의 리벳이음 주위에 코킹(caulking)을 하는 주목적은?

① 강도를 보강하기 위해서
② 기밀을 유지하기 위해서
③ 표면을 깨끗하게 유지하기 위해서
④ 이음 부위의 파손을 방지하기 위해서

풀이 기밀을 필요로 하는 경우 코킹과 플러링을 한다. 강판의 두께가 5mm 이하인 경우에는 코킹의 효과가 없으므로 종이, 천, 석면 같은 패킹재료를 사용한다.

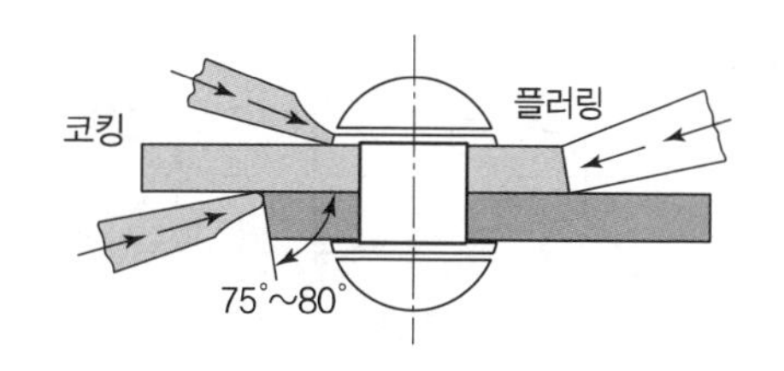

15 SI 단위계의 물리량과 단위가 틀린 것은?

① 힘 – N ② 압력 – Pa
③ 에너지 – dyne ④ 일률 – W

풀이 에너지 – J

16 기계제도에서 사용되는 재료기호 SM20C의 의미는?

① 기계 구조용 탄소 강재
② 합금 공구강 강재
③ 일반 구조용 압연 강재
④ 탄소 공구강 강재

풀이
- SM20C : 기계 구조용 탄소 강재
- STS : 합금 공구강 강재
- SS : 일반 구조용 압연 강재
- STC : 탄소 공구강 강재

17 투상법을 나타내는 기호 중 제3각법을 의미하는 기호는?

①
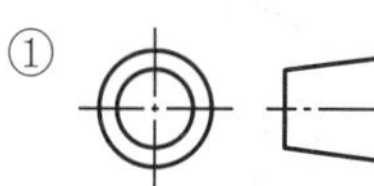

②
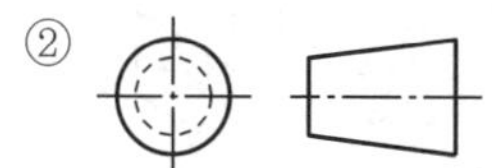

③
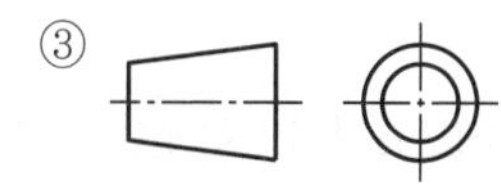

④
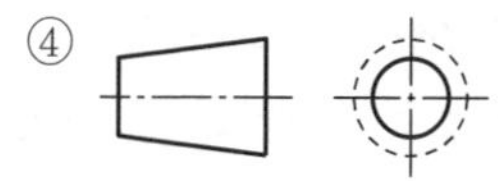

정답 | 12 ① 13 ④ 14 ② 15 ③ 16 ① 17 ①

풀이

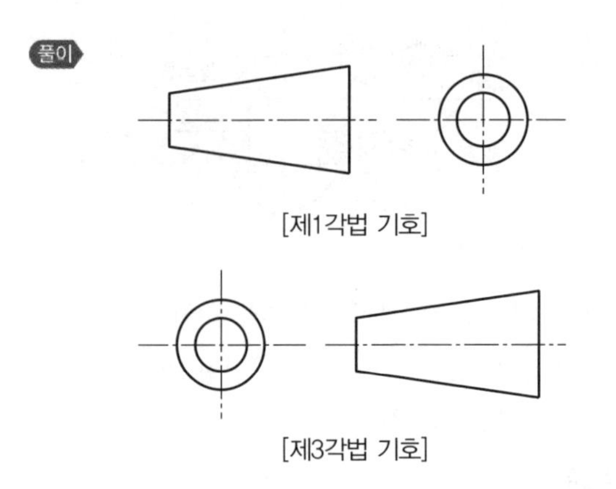
[제1각법 기호]

[제3각법 기호]

18 제3각법에 의한 그림과 같은 정투상도의 입체도로 가장 적합한 것은?

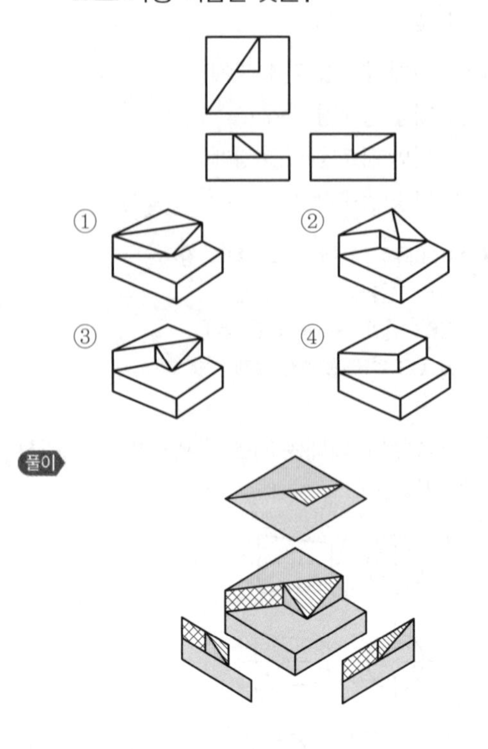

19 다음 중 스퍼기어의 도시법으로 옳은 것은?

① 잇봉우리원은 가는 실선으로 그린다.
② 잇봉우리원은 굵은 실선으로 그린다.
③ 이골원은 가는 1점쇄선으로 그린다.
④ 이골원은 가는 2점쇄선으로 그린다.

풀이

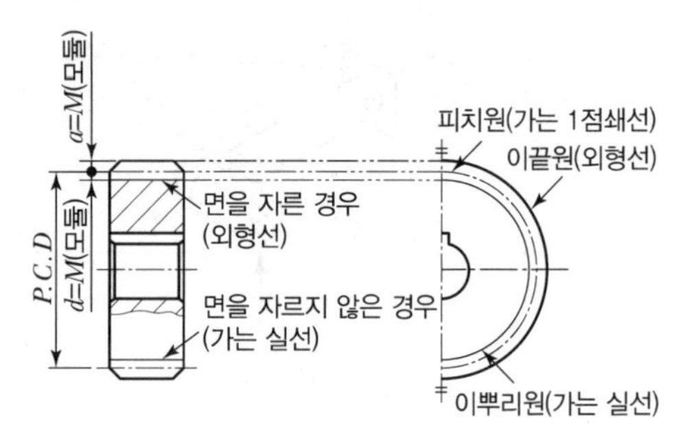

잇봉우리원(이끝원)은 외형선, 피치원은 가는 1점쇄선, 이골원(이뿌리원)은 가는 실선으로 그린다.

20 면의 지시 기호에 대한 각 지시 기호의 위치에서 가공 방법을 표시하는 위치로 옳은 것은?

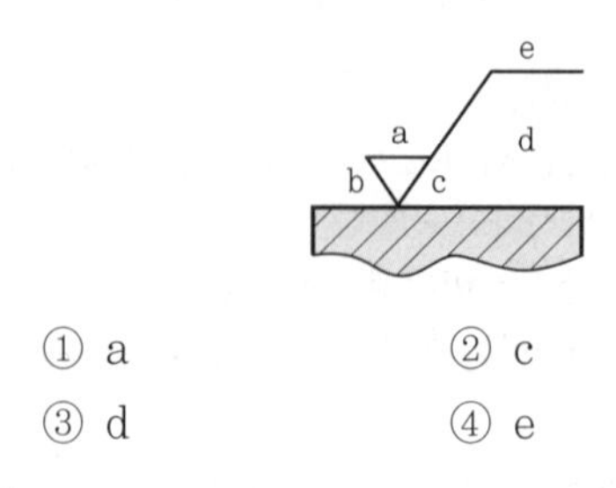

① a
② c
③ d
④ e

풀이 **지시기호 위치에 따른 표시**

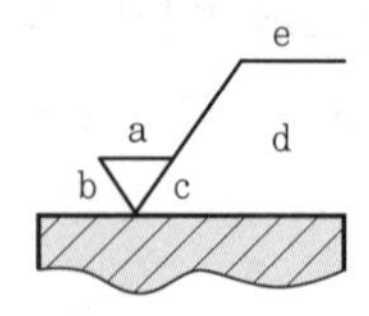

a : 중심선 평균 거칠기의 값(R_a의 값 [μm])
b : 기계가공공차(ISO에 규정되어 있음)
c : 줄무늬 방향의 기호
d : 기준길이, 평가길이
e : 가공방법, 표면처리

21 다음 그림에 대한 설명으로 옳은 것은?

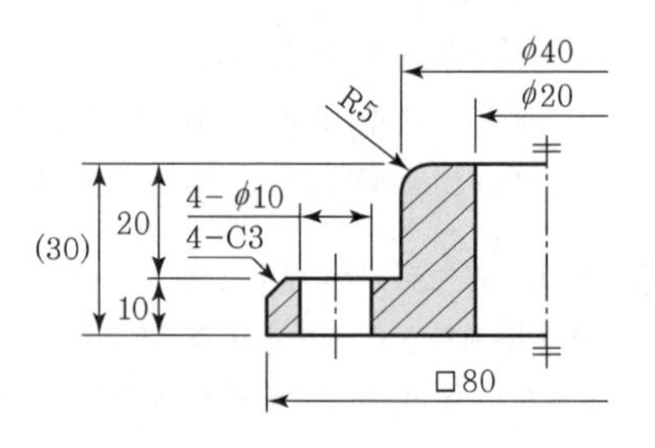

정답 | 18 ③ 19 ② 20 ④ 21 ④

① 참고 치수로 기입한 곳이 2곳이 있다.
② 45° 모떼기의 크기는 4mm이다.
③ 지름이 10mm인 구멍이 한 개 있다.
④ □80은 한 변의 길이가 80mm인 정사각형이다.

풀이 ① 참고 치수는 문자에 ( )를 씌운 것으로 치수 (30) 1개가 있다.
② 4－C3 : C3이 4개로, 모떼기의 크기가 3mm이고 4개가 있다.
③ 4－ϕ10 : 지름이 10인 구멍이 4개 있다.

22 30° 사다리꼴 나사의 종류를 표시하는 기호는?

① Rc ② Rp
③ TW ④ TM

풀이 • TM : 30° 사다리꼴 나사
• Rc : 관용 테이퍼 암나사
• Rp : 관용 테이퍼 평행 암나사
• TW : 29° 사다리꼴 나사

23 그림과 같은 치수기입법의 명칭은?

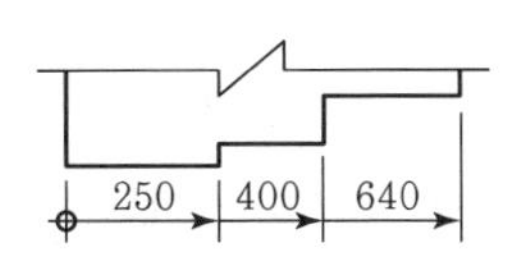

① 직렬 치수기입법
② 누진 치수기입법
③ 좌표 치수기입법
④ 병렬 치수기입법

풀이 누진 치수기입법을 나타낸다.

24 그림과 같이 키 홈, 구멍 등 해당 부분 모양만을 도시하는 것으로 충분한 경우 사용하는 투상도로 투상 관계를 나타내기 위하여 주된 그림에 중심선, 기준선, 치수보조선 등을 연결하여 나타내는 투상도는?

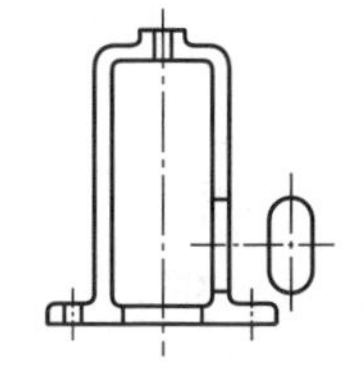

① 가상 투상도 ② 요점 투상도
③ 국부 투상도 ④ 회전 투상도

풀이 국부 투상도는 대상물의 구멍, 홈 등 어느 한곳의 특정 부분의 모양만을 그리는 투상도를 말한다. 투상의 관계를 나타내기 위해 중심선, 기준선, 치수보조선 등으로 연결하여 나타낸다.

25 기계부품을 조립하는 데 있어서 치수공차와 기하공차의 호환성과 관련한 용어 설명 중 옳지 않은 것은?

① 최대실체조건(MMC)은 한계치수에서 최소 구멍지름과 최대 축지름과 같이 몸체의 형체의 실체가 최대인 조건
② 최대실체가상크기(MMVS)는 같은 몸체 형체의 유도 형체에 대해 주어진 몸체 형체와 기하공차의 최대실체크기의 집합적 효과에 의해서 만들어진 크기
③ 최대실체요구사항(MMR)은 LMVS와 같은 본질적 특성(치수)에 대해 주어진 값을 가지고 있으며, 같은 형식과 완전한 형상의 기하학적 형체를 정의하는 몸체 형체에 대한 요구사항으로 실체의 내부에 비이상적 형체를 제한
④ 상호요구사항(RPR)은 최대실체요구사항(MMR) 또는 최소실체요구사항(LMR)에 부가함으로써 사용되는 몸체 형체에 대한 부가적 요구사항

풀이 **최대실체요구사항**
(MMR : Maximum Material Requirement)
MMVS와 같은 본질적 특성(치수)에 대해 주어진 값을 가지고 있으며 같은 형식과 완전한 형상의 기하학적 형체를 정의하는 몸체 형체에 대한 요구사항으로 실체의 외부에 비이상적 형체를 제한한다.

정답 | 22 ④ 23 ② 24 ③ 25 ③

26 다음 중 한계 게이지에 속하는 것은?

① 사인바
② 마이크로미터
③ 플러그 게이지
④ 버니어 캘리퍼스

풀이 **플러그 게이지**

구멍이나 지름의 한계를 측정하는 게이지로, 1~100mm의 작은 구멍을 측정한다.

27 다음 그림과 같은 공작물의 테이퍼를 심압대를 이용하여 가공할 때 편위량은 몇 mm인가?

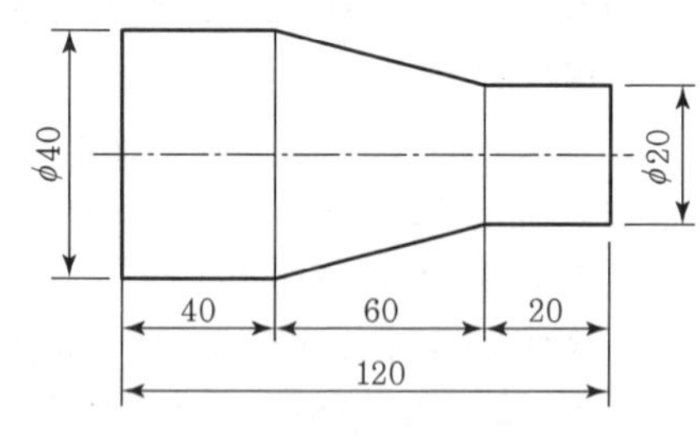

① 20　　② 30
③ 40　　④ 60

풀이 심압대 편위량 $X = \dfrac{(D-d)L}{2l}$

$$= \frac{(40-20)\times 120}{2\times 60} = 20\text{mm}$$

28 밀링머신에서 소형 공작물을 고정할 때 주로 사용하는 부속품은?

① 바이스　　② 어댑터
③ 마그네틱척　　④ 슬로팅 장치

29 마찰면이 넓거나 시동되는 횟수가 많을 때 저속, 중속 축에 사용되는 급유법은?

① 담금 급유법　　② 적하 급유법
③ 패드 급유법　　④ 핸드 급유법

풀이 **적하 윤활법**

- 섬유(심지)의 모세관 작용과 기름의 중력을 이용하여 용기의 기름을 베어링 안으로 급유한다.
- 원주속도 4~5m/s 정도의 저속, 중하중에 사용한다.

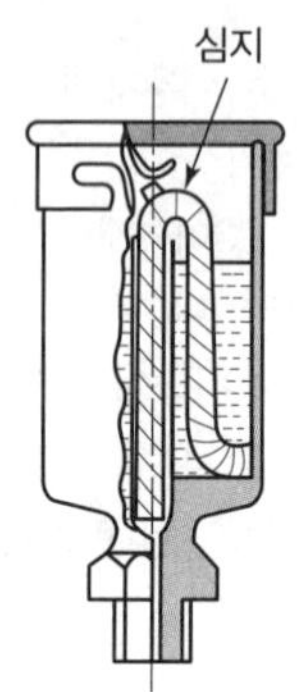

30 다음 밀링 커터 형상에 대한 설명 중 옳은 것은?

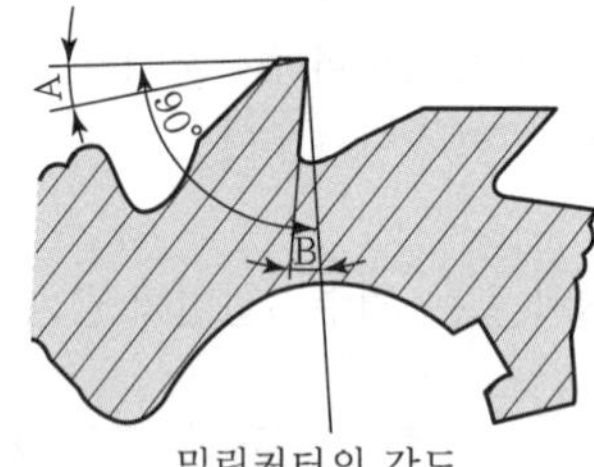

밀링커터의 각도

① A각을 크게 하면 마멸은 감소한다.
② B각을 크게 하면 날이 강하게 된다.
③ B각을 크게 하면 절삭 저항은 증가한다.
④ A각은 단단한 일감은 크게 하고, 연한 일감은 작게 한다.

풀이 **A각 : 여유각, B각 : 경사각**

② B각을 크게 하면 날이 약하게 된다.
③ B각을 크게 하면 절삭 저항은 감소한다.
④ A각은 단단한 일감은 작게 하고, 연한 일감은 크게 한다.

31 연삭숫돌 입자에 눈무딤이나 눈메움 현상으로 연삭성이 저하될 때 하는 작업은?

① 시닝(thining)　　② 리밍(reamming)
③ 드레싱(dressing)　　④ 트루잉(truing)

정답 | 26 ③　27 ①　28 ①　29 ②　30 ①　31 ③

풀이 드레싱(dressing) : 연삭가공을 할 때 숫돌에 눈메움 · 무딤 등이 발생하여 절삭상태가 나빠지는데, 이때 예리한 절삭날을 숫돌 표면에 생성하여 절삭성을 회복시키는 작업이다.

32 밀링머신에 의한 가공에서 상향절삭과 하향절삭을 비교한 설명으로 옳은 것은?

① 상향절삭 시 가공면이 하향절삭 가공면보다 깨끗하다.
② 상향절삭 시 커터 날이 공작물을 향하여 누르므로 고정이 쉽다.
③ 하향절삭 시 커터 날의 마찰 작용이 작으므로 날의 마멸이 작고 수명이 길다.
④ 하향절삭은 커터 날의 절삭방향과 공작물의 이송방향의 관계상 이송기구의 백래시가 자연히 제거된다.

풀이 ① 상향절삭 시 가공면이 하향절삭 가공면보다 나쁘다.
② 상향절삭 시 커터 날이 공작물을 들어올리며 가공하므로 확실히 고정해야 한다.
④ 하향절삭은 커터의 회전방향과 공작물 이송방향이 동일하여 백래시가 발생하므로, 백래시 제거 장치가 필요하다.

33 다음 중 나사의 피치를 측정할 수 있는 것은?

① 사인바 ② 게이지 블록
③ 공구 현미경 ④ 서피스 게이지

풀이 공구현미경은 관측 현미경과 정밀 십자이동테이블을 이용하여 길이, 각도, 윤곽, 나사의 치 등을 측정하는 데 편리한 측정기기이다.

34 공구 마모의 종류 중 주로 유동형 칩이 공구 경사면 위를 미끄러질 때, 공구 윗면에 오목파진 부분이 생기는 현상은?

① 치핑 ② 여유면 마모
③ 플랭크 마모 ④ 크레이터 마모

풀이 **크레이터 마모(crater wear)**
㉠ 공구 경사면이 칩과의 마찰에 의하여 오목하게 마모되는 것으로 유동형 칩의 고속절삭에서 자주 발생하고, 크레이터가 깊어지면 날 끝의 경사각이 커지고 날 끝이 약해져 파괴된다.
㉡ 방지법
윤활성이 좋은 절삭유 사용, 공구 경사면을 초경합금 분말로 코팅

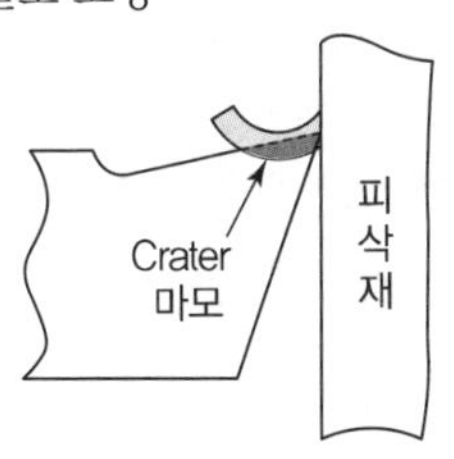

35 다음 중 M10×1.5 탭 작업을 위한 기초 구멍 가공용 드릴의 지름으로 가장 적합한 것은?

① 7mm ② 7.5mm
③ 8mm ④ 8.5mm

풀이 탭 구멍의 지름 $d = D - p = 10 - 1.5 = 8.5\text{mm}$
여기서, D : 나사의 바깥지름(호칭지름)
p : 나사의 피치

36 다음 기계공작법의 분류에서 절삭가공에 속하지 않는 가공법은?

① 래핑 ② 인발
③ 호빙 ④ 슈퍼피니싱

풀이 인발은 소성가공에 속한다.

37 다음 중 연강과 같은 연질의 공작물을 초경합금 바이트로써 고속 절삭을 할 때에는 칩(chip)이 연속적으로 흘러나오게 되어 위험하므로 칩을 짧게 끊기 위한 방법으로 가장 적합한 것은?

① 절삭유를 주입한다.
② 절삭속도를 높인다.
③ 칩을 손으로 긁어낸다.
④ 칩 브레이커를 사용한다.

정답 | 32 ③ 33 ③ 34 ④ 35 ④ 36 ② 37 ④

풀이 **칩 브레이커(chip breaker)**

절삭 가공에 있어서 긴 칩(chip)을 짧게 절단, 또는 스프링 형태로 감기게 하기 위해 바이트의 경사면에 홈이나 턱을 만들어 칩을 쉽게 절단하도록 한 부분

38 센터리스 연삭기의 특징으로 틀린 것은?

① 대량 생산에 적합하다.
② 연삭 여유가 작아도 된다.
③ 속이 빈 원통을 연삭할 때 적합하다.
④ 공작물의 지름이 크거나 무거운 경우에는 연삭 가공이 쉽다.

풀이 공작물의 지름이 크거나 무거운 경우에는 센터리스 연삭 가공이 어렵다.

39 공구는 상하 직선 왕복운동을 하고 테이블은 수평면에서 직선운동과 회전운동을 하여 키 홈, 스플라인, 세레이션 등의 내경가공을 주로 하는 공작기계는?

① 슬로터
② 플레이너
③ 호빙 머신
④ 브로칭 머신

풀이 슬로터 : 절삭공구가 램에 의해 상하 운동을 하여 공작물의 수직면을 절삭하는 공작기계로서 슬로팅 머신이라고도 한다.

40 다음 중 디스크, 플랜지 등 길이가 짧고 지름이 큰 공작물 가공에 가장 적합한 선반은?

① 공구 선반 ② 정면 선반
③ 탁상 선반 ④ 터릿 선반

풀이 정면 선반은 지름이 큰 공작물의 정면 절삭을 할 때 사용하는 선반으로서, 큰 면판이 있고 절삭 공구대가 주축에 직각 방향으로 광범위하게 움직일 수 있게 되어 있다. 플라이휠, 벨트풀리, 디스크, 플랜지 등을 가공한다.

41 다음 중 구성인선(built up edge)의 방지대책으로 옳은 것은?

① 절삭깊이를 작게 한다.
② 윗면 경사각을 작게 한다.
③ 절삭유제를 사용하지 않는다.
④ 재결정 온도 이하에서만 가공한다.

풀이 **구성인선(built up edge) 방지법**

- 절삭깊이를 얇게 하고, 윗면 경사각을 크게 한다.
- 절삭속도를 임계속도(연강 : 120m/s) 이상으로 한다.
- 날 끝에 경질 크롬 도금 등을 하여 윗면 경사각을 매끄럽게 한다.
- 윤활성이 좋은 절삭유를 사용한다.
- 절삭공구의 인선(절삭날의 선)을 예리하게 한다.

42 직사각형의 숫돌을 스프링으로 축에 방사형으로 부착한 원통 형태의 공구로 회전운동과 동시에 왕복운동을 시켜, 원통의 내면을 가공하는 가공법은?

① 래핑 ② 호닝
③ 숏피닝 ④ 배럴가공

풀이 **호닝**

- 혼(hone)이라는 고운 숫돌 입자를 직사각형의 모양으로 만들어 숫돌을 스프링으로 축에 방사형으로 부착하여 회전운동과 동시에 왕복운동을 시켜, 원통의 내면을 정밀하게 다듬질하는 방법
- 원통의 내면을 절삭한 후 보링, 리밍 또는 연삭가공을 하고, 다시 구멍에 대한 진원도, 직진도 및 표면거칠기를 향상시키기 위해 사용한다.

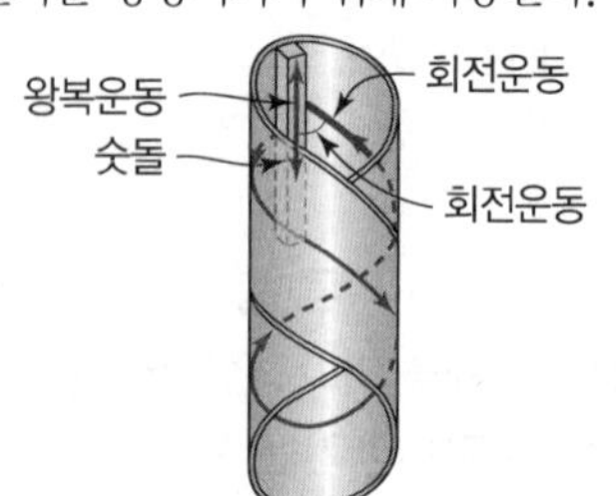

정답 | 38 ④ 39 ① 40 ② 41 ① 42 ②

43 CNC 공작기계에서 입력된 정보를 펄스화시켜 서보기구에 보내어 여러 가지 제어 역할을 하는 것은?

① 리졸버
② 서보모터
③ 컨트롤러
④ 볼 스크루

풀이 컨트롤러(controller, 제어장치) : CNC 공작기계에서 입력된 정보를 펄스화하여 서보기구에 보내어 여러 가지 제어 역할을 한다.

44 다음 중 CNC 선반에서 아래와 같이 절삭할 때, 단차 제거를 위해 사용하는 기능은?

- 홈 가공을 할 때 회전당 이송으로 생기는 단차
- 드릴 가공을 할 때 간헐이송에 의해 생기는 단차

① M00　② M02
③ G00　④ G04

풀이 **G04 : 일시정지(dwell, 휴지시간)**

- 지령한 시간 동안 공구의 이송을 정지(dwell : 일시정지)시키는 기능이다.
- 홈 가공이나 드릴 가공 등에서 간헐이송에 의해 칩을 절단할 때 사용한다.
- 홈 가공 시 회전당 이송에 의해 단차량이 없는 진원 가공을 할 때 사용한다.
- 주소는 기종에 따라 X, U, P를 사용한다.

45 CNC 공작기계에서 일반적으로 많이 발생하는 알람 해제 방법이 잘못 연결된 것은?

① 습동유 부족 – 습동유 보충 후 알람 해제
② 금지영역 침범 – 이송축을 안전위치로 이동
③ 프로그램 알람 – 알람 일람표의 원인 확인 후 수정
④ 충돌로 인한 안전핀 파손 – 강도가 강한 안전핀으로 교환

풀이 안전핀은 충돌 발생 시 더 큰 파손을 막기 위하여 적당한 강도로 설계되므로 강도가 강한 안전핀으로 교환하면 안전핀이 파손되지 않고 다른 부분이 파손되어 더 큰 손실이 발생한다. 따라서, 안전핀이 파손되었다고 강도가 강한 안전핀으로 교환해서는 안 된다.

46 작업장 안전에 대한 내용으로서 틀린 것은?

① 방전가공 작업자의 발판을 고무 매트로 만들었다.
② 로봇의 회전 반경을 작업장 바닥에 페인트로 표시하였다.
③ 무인반송차(AGV) 이동 통로를 황색 테이프로 표시하여 주의하도록 하였다.
④ 레이저 가공 시 안경이나 콘택트렌즈 착용자를 제외하고 전원에게 보안경을 착용하도록 하였다.

풀이 레이저 가공 시 모든 작업자는 보안경을 착용하고 작업하여야 한다.

47 머시닝 센터에서 보링으로 가공한 내측 원의 중심을 공작물의 원점으로 세팅하려고 한다. 다음 중 원의 내측 중심을 찾는 데 적합하지 않은 것은?

① 아큐 센터
② 센터게이지
③ 인디케이터
④ 터치 센서

풀이 센터게이지는 선반으로 나사를 절삭할 때 나사 절삭 바이트의 날끝각을 조사하거나 바이트를 바르게 부착하는 데 사용하는 게이지를 말하며, 공작품의 중심 위치의 좋고 나쁨을 검사하는 게이지를 가리키기도 한다.

정답 | 43 ③ 44 ④ 45 ④ 46 ④ 47 ②

48 CNC 공작기계에 사용되는 서보모터가 구비하여야 할 조건 중 틀린 것은?

① 모터 자체의 안정성이 작아야 한다.
② 가감속 특성 및 응답성이 우수해야 한다.
③ 빈번한 시동, 정지, 제동, 역전 및 저속 회전의 연속 작동이 가능해야 한다.
④ 큰 출력을 낼 수 있어야 하며, 설치위치나 사용환경에 적합해야 한다.

풀이 모터 자체의 안정성이 커야 한다.

49 고정 사이클을 이용한 프로그램의 설명 중 틀린 것은?

① 다품종 소량생산에 적합하다.
② 메모리 용량을 적게 사용한다.
③ 프로그램을 간단히 작성할 수 있다.
④ 공구경로를 임의적으로 변경할 수 있다.

풀이 고정 사이클 이용 시 제품의 최종 형상과 절삭조건 등을 지정해 주면 공구 경로가 자동으로 결정되어 가공된다.

50 선반작업을 할 때 지켜야 할 안전수칙으로 틀린 것은?

① 돌리개는 가급적 큰 것을 사용한다.
② 편심된 가공물은 균형추를 부착시킨다.
③ 가공물을 설치할 때는 전원을 끄고 장착한다.
④ 바이트는 기계를 정지시킨 다음에 설치한다.

풀이 돌리개는 가공물의 지름에 맞는 것을 사용한다.

51 머시닝 센터에서 그림과 같이 1번 공구를 기준공구로 하고 G43을 이용하여 길이 보정을 하였을 때 옳은 것은?

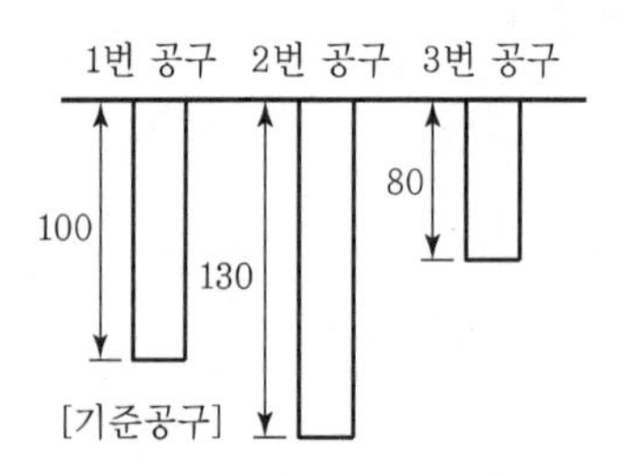

① 2번 공구의 길이 보정값은 30이다.
② 2번 공구의 길이 보정값은 −30이다.
③ 3번 공구의 길이 보정값은 20이다.
④ 3번 공구의 길이 보정값은 80이다.

풀이 **G43 : 공구길이 보정 '+'**
공구의 길이가 기준공구보다 길면 '+' 값으로 보정하고, 짧으면 '−' 값으로 보정한다.
- 2번 공구는 기준공구보다 30mm 긴 경우이므로 '+30'으로 보정
- 3번 공구는 기준공구보다 20mm 짧은 경우이므로 '−20'으로 보정

52 다음 설명에 대한 CAD의 기본적인 명령으로 올바른 것은?

> 잘못 그려졌거나 불필요한 요소를 없애는 기능으로 명령을 내린 후 없앨 요소를 선택하여 실행한다.

① 모따기(chamfer) ② 지우기(erase)
③ 복사하기(copy) ④ 선 그리기(line)

풀이 지우기(erase)에 대한 설명이다.

53 그림과 같이 실제공구위치에서 좌표지정위치로 공구를 보정하고자 할 때 공구 보정량의 값은?(단, 기존의 보정치는 X0.4, Z0.2이며 X축은 직경 지령방식을 사용한다.)

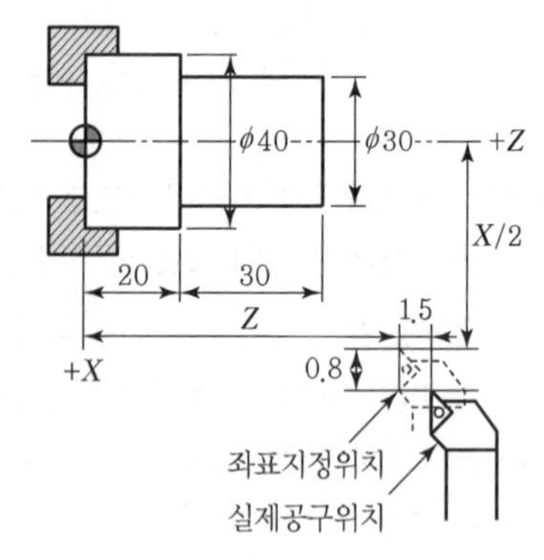

① X−1.2, Z−1.3 ② X2.0, Z−1.3
③ X−1.2, Z1.7 ④ X−2.0, Z1.7

정답 | 48 ① 49 ④ 50 ① 51 ① 52 ② 53 ①

풀이 • X축 : 좌표지정위치보다 실제공구위치가 원점표시기호(⊕)보다 0.8만큼 멀리 떨어져 있으므로 실제 공작물은 0.8×2=1.6만큼 크게 가공된다.
수정 보정값=기존 보정값−더해야 할 보정값
=0.4−1.6=−1.2
• Z축 : 좌표지정위치보다 실제공구위치가 원점표시기호(⊕)보다 1.5만큼 멀리 떨어져 있으므로 실제 공작물은 1.5만큼 크게 가공된다.
수정 보정값=기존 보정값−더해야 할 보정값
=0.2−1.5=−1.3

54 다음 G−코드 중 메트릭(metric) 입력방식을 나타내는 것은?

① G20 ② G21
③ G22 ④ G23

풀이 • G20 : inch 입력
• G21 : metric 입력
• G22 : 금지영역 설정
• G23 : 금지영역 설정 취소

55 머시닝 센터로 가공할 경우 고정 사이클을 취소하고 다음 블록부터 정상적인 동작을 하도록 하는 것은?

① G80 ② G81
③ G98 ④ G99

풀이 • G80 : 고정 사이클 취소
• G81 : 드릴 사이클
• G98 : 고정 사이클 초기점 복귀
• G99 : 고정사이클 R점 복귀

56 아래 CNC 선반 프로그램에서 지름이 20mm인 지점에서의 주축 회전수는 몇 rpm인가?

```
G50 X100. Z100. S2000 T0100 ;
G96 S200 M03 ;
G00 X20. Z3. T0303 ;
```

① 200 ② 1,500
③ 2,000 ④ 3,185

풀이 G96 : 절삭속도(m/min) 일정 제어

$$N=\frac{1,000S}{\pi D}=\frac{1,000\times 200}{\pi\times 20}$$
$$=3,183.10 \fallingdotseq 3,183$$

여기서, N : 주축의 회전수(rpm)
S : 절삭속도(m/min) ⇒ S200
D : 공작물의 지름(mm) ⇒ ϕ20mm

그러나 G50에서 주축최고회전수를 2,000rpm으로 제한하였기 때문에 ϕ20mm일 때, 주축의 회전수는 3,183rpm이 아니라 2,000rpm이다.

57 CNC 선반에서 G76과 동일한 가공을 할 수 있는 G−코드는?

① G90 ② G92
③ G94 ④ G96

풀이 • G90 : 내 · 외경 절삭 사이클
• G92 : 나사 절삭 사이클
• G94 : 단면 절삭 사이클
• G96 : 절삭속도(m/min) 일정 제어

58 CNC 선반에서 일반적으로 기계원점복귀(reference point return)를 실시하여야 하는 경우가 아닌 것은?

① 비상정지 버튼을 눌렀을 때
② CNC 선반의 전원을 켰을 때
③ 정전 후 전원을 다시 공급하였을 때
④ 이송정지 버튼을 눌렀다가 다시 가공을 할 때

풀이 이송정지 버튼을 눌렀다가 다시 가공할 때에는 자동시작(cycle start) 버튼을 누르면 된다.

59 머시닝 센터 프로그램에서 그림과 같은 운동경로의 원호보간은?

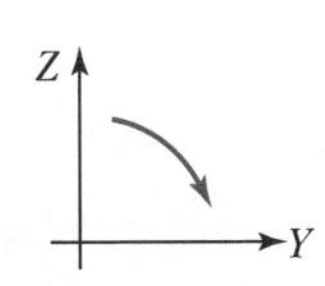

① G16 G02 ② G17 G02
③ G18 G02 ④ G19 G02

정답 | 54 ② 55 ① 56 ③ 57 ② 58 ④ 59 ④

풀이 G19 G02 : G19는 Y-Z 평면 설정, G02는 원호보간(CW : 시계방향)이다.

60 아래는 프로그램의 일부분을 나타낸 것이다. 준비기능 중 실행되는 유효한 G 기능은?

```
G01 G02 G00 G03 X100. Y250. R100. F200 ;
```

① G01 ② G00
③ G03 ④ G02

풀이 동일 그룹의 G-코드를 같은 블록에 1개 이상 지령하면 뒤에 지령한 G-코드만 유효하거나, 알람이 발생한다. 따라서 G03만 실행된다.

정답 | 60 ③

컴퓨터응용밀링기능사

2016 제4회 과년도 기출문제

CRAFTSMAN COMPUTER AIDED MILLING

01 스텔라이트계 주조경질합금에 대한 설명으로 틀린 것은?

① 주성분이 Co이다.
② 열처리가 불필요하다.
③ 단조품이 많이 쓰인다.
④ 800℃까지의 고온에서도 경도가 유지된다.

풀이 주조한 상태의 것을 연삭하여 사용

02 일반적인 합성수지의 공통적인 성질에 대한 설명으로 틀린 것은?

① 가볍고 튼튼하다.
② 전기절연성이 나쁘다.
③ 비강도는 비교적 높다.
④ 가공성이 크고 성형이 간단하다.

풀이 합성수지는 전기절연성이 뛰어나다.

03 공구용 특수강 중 고속도강의 기본 성분(W−Cr−V) 함유량(%)은?

① 4%W−18%Cr−1%V
② 18%W−4%Cr−1%V
③ 4%W−1%Cr−18%V
④ 18%W−4%Cr−4%V

풀이 **표준 고속도강의 주성분**
텅스텐(18%W), 크롬(4%Cr), 바나듐(1%V)

※ "고속도로는 텅크바를 먹으며 달리자"로 암기

04 스테인리스강의 주성분 중 틀린 것은?

① Cr ② Fe
③ Ni ④ Al

풀이 **스테인리스강**
강(Fe−C)에 크롬(Cr) 또는 니켈(Ni) 등을 첨가하여 녹이 슬지 않도록 한 것

05 구리의 종류 중 전기 전도도와 가공성이 우수하고 유리에 대한 봉착성 및 전연성이 좋아 진공관용 또는 전자기기용으로 많이 사용되는 것은?

① 전기동 ② 정련동
③ 탈산동 ④ 무산소동

풀이 무산소동 : Cu중에 산소가 있으면 Cu_2O와 수소와의 반응으로 H_2O를 생성하여 수소 취성을 일으키며 내식성도 나쁘기 때문에, 산소를 약 0.008% 이하가 되도록 탈산제로 제거한 Cu다. 고음질 재생에 유리하여 음향 케이블로 사용한다.

06 외력의 크기가 탄성한도 이상이 되면 외력을 제거하여도 재료가 원형으로 복귀되지 않고 영구 변형이 잔류하는 변형을 무엇이라 하는가?

① 소성변형 ② 탄성변형
③ 인성변형 ④ 취성변형

정답 | 01 ③ 02 ② 03 ② 04 ④ 05 ④ 06 ①

07 주철에 대한 설명 중 틀린 것은?

① 주조성이 우수하다.
② 강에 비해 취성이 크다.
③ 비교적 강에 비해 강도가 높다.
④ 고온에서 소성변형이 곤란하다.

풀이 주철은 강에 비해 인장강도, 굽힘강도가 작고 충격에 약하다.

08 동력전달을 직접 전동법과 간접 전동법으로 구분할 때, 직접 전동법으로 분류되는 것은?

① 체인 전동 ② 벨트 전동
③ 마찰차 전동 ④ 로프 전동

풀이
- 직접 전동법 : 마찰차, 기어, 캠 등
- 간접 전동법 : 벨트, 로프, 체인 등

09 그림과 같은 스프링에서 스프링 상수가 k_1 = 10N/mm, k_2 = 15N/mm라면 합성 스프링 상수값은 약 몇 N/mm인가?

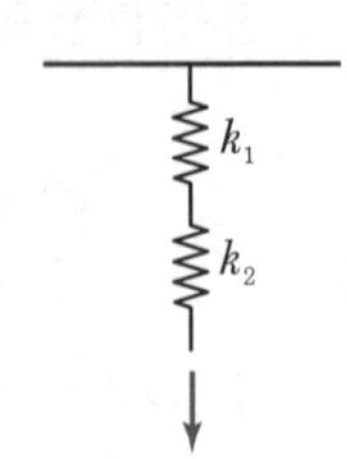

① 3 ② 6
③ 9 ④ 25

풀이 **직렬조합의 스프링 상수(k)**

$$\frac{1}{k}=\frac{1}{k_1}+\frac{1}{k_2}=\frac{k_1+k_2}{k_1\times k_2}=\frac{10+15}{10\times 15}=\frac{25}{150}=\frac{1}{6}$$

$\therefore k=6$

10 다음 중 V-벨트의 단면적이 가장 작은 형식은?

① A ② B
③ E ④ M

풀이 **V벨트 단면형상의 단면적 크기 순서**

E > D > C > B > A > M

11 지름 15mm, 표점거리 100mm인 인장 시험편을 인장시켰더니 110mm가 되었다면 길이 방향의 변형률은?

① 9.1% ② 10%
③ 11% ④ 15%

풀이 변형률 $\varepsilon=\dfrac{\Delta l(\text{늘어난 길이})}{l(\text{표점거리})}\times 100$

$$=\frac{l'-l}{l}\times 100$$

$$=\frac{110-100}{100}\times 100=10\%$$

12 페더 키(feather key)라고도 하며, 축 방향으로 보스를 슬라이딩 운동시길 필요가 있을 때 사용하는 키는?

① 성크 키 ② 접선 키
③ 미끄럼 키 ④ 원뿔 키

풀이 **미끄럼 키**

페더 키 또는 안내 키라고도 하며, 축 방향으로 보스를 미끄럼 운동시킬 필요가 있을 때 사용한다.

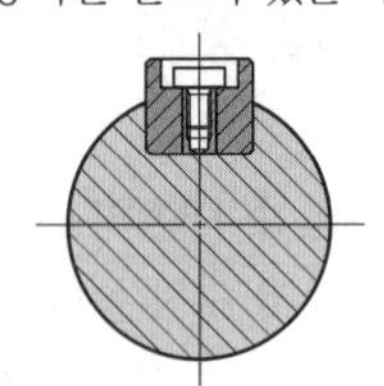

13 축 방향 및 축과 직각인 방향으로 하중을 동시에 받는 베어링은?

① 레이디얼 베어링 ② 테이퍼 베어링
③ 스러스트 베어링 ④ 슬라이딩 베어링

풀이 **테이퍼 베어링**

축 방향의 하중과 축 직각 방향 하중을 동시에 받으며, 원추 롤러 베어링이라고도 한다.

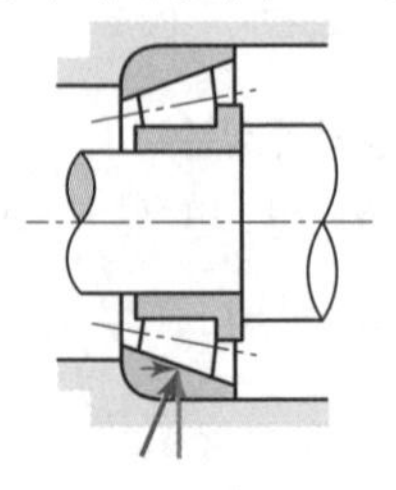

정답 | 07 ③ 08 ③ 09 ② 10 ④ 11 ② 12 ③ 13 ②

14 나사의 풀림을 방지하는 용도로 사용되지 않는 것은?

① 스프링 와셔 ② 캡 너트

③ 분할 핀 ④ 로크 너트

풀이 **볼트, 너트의 풀림 방지**

- 분할 핀에 의한 방법
- 혀붙이, 스프링, 고무 와셔에 의한 방법
- 멈춤나사에 의한 방법
- 스프링 너트에 의한 방법
- 로크 너트에 의한 방법
- 플라스틱 플러그에 의한 방법

15 양 끝에 수나사를 깎은 머리 없는 볼트로, 한쪽은 본체에 조립한 상태에서 다른 한쪽에는 결합할 부품을 대고 너트를 조립하는 볼트는?

① 탭 볼트 ② 관통 볼트

③ 기초 볼트 ④ 스터드 볼트

풀이 **스터드 볼트(stud bolt)**

볼트의 머리가 없는 볼트로 한 끝은 본체에 고정되어 있고, 고정되지 않는 볼트부 끝에 너트를 끼워 죈다. (분해가 간편하다.)

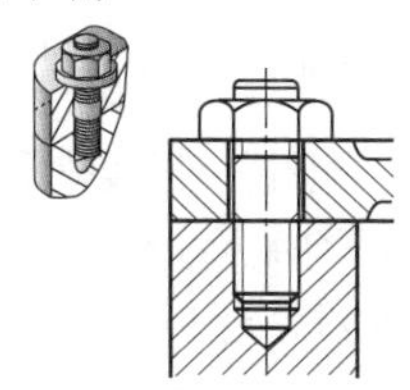

16 표면의 줄무늬 방향 기호에 대한 설명으로 맞는 것은?

① X : 가공에 의한 커터의 줄무늬 방향이 투상면에 직각

② M : 가공에 의한 커터의 줄무늬 방향이 투상면에 평행

③ C : 가공에 의한 커터의 줄무늬 방향이 중심에 동심원 모양

④ R : 가공에 의한 커터의 줄무늬 방향이 투상면에 교차 또는 경사

풀이 C : 가공에 의한 커터의 줄무늬 방향이 중심에 동심원 모양

기호	뜻	설명도
X	가공으로 생긴 커터의 줄무늬 방향이 기호를 기입한 그림의 투상면에 경사지고 두 방향으로 교차	커터의 줄무늬 방향
M	가공으로 생긴 커터의 줄무늬가 여러 방향으로 교차 또는 방향이 없음(multidirectional grooves : 다방향 홈)	
C	가공으로 생긴 커터의 줄무늬가 기호를 기입한 면의 중심에 대하여 동심원 모양(circular grooves : 원형의 홈)	
R	가공으로 생긴 커터의 줄무늬가 기호를 기입한 면의 중심에 대하여 대략 방사선 모양(radial grooves : 방사상의 홈)	

17 그림과 같은 도면에서 'K'의 치수 크기는?

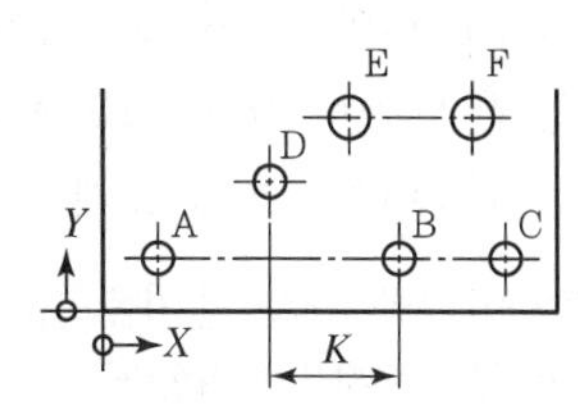

	X	Y	ϕ
A	20	20	13.5
B	140	20	13.5
C	200	20	13.5
D	60	60	13.5
E	100	90	26
F	180	90	26

① 50 ② 60

③ 70 ④ 80

정답 | 14 ② 15 ④ 16 ③ 17 ④

풀이 $K=140-60=80$

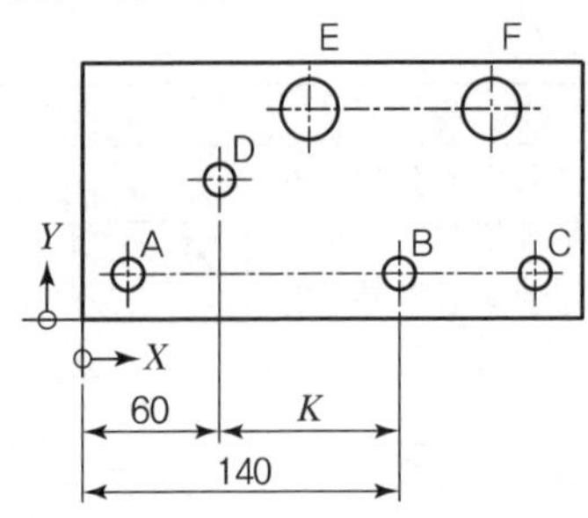

18 아래 도시된 내용은 리벳 작업을 위한 도면 내용이다. 바르게 설명한 것은?

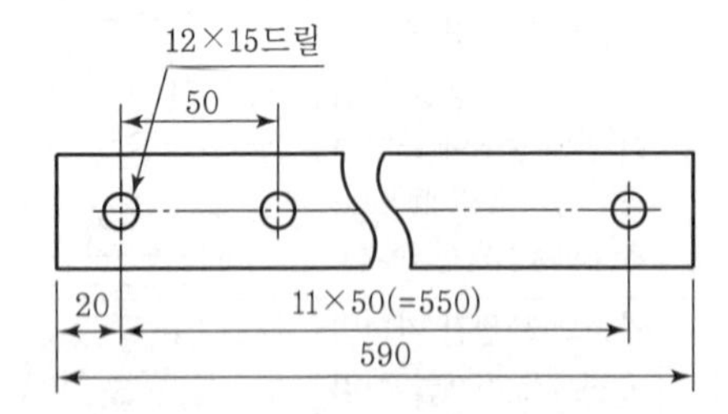

① 양 끝 20mm 띄워서 50mm의 피치로 지름 15mm의 구멍을 12개 뚫는다.
② 양 끝 20mm 띄워서 50mm의 피치로 지름 12mm의 구멍을 15개 뚫는다.
③ 양 끝 20mm 띄워서 12mm의 피치로 지름 15mm의 구멍을 50개 뚫는다.
④ 양 끝 20mm 띄워서 15mm의 피치로 지름 50mm의 구멍을 12개 뚫는다.

풀이
- 12×15드릴 : 15드릴(지름 15mm)의 구멍이 12개 있다는 것을 의미한다.
- 양 끝 20mm 띄워서 50mm 간격으로 지름 15mm의 구멍을 12개 가공한다.

19 기하공차 기입 틀의 설명으로 옳은 것은?

//	0.02	A

① 표준길이 100mm에 대하여 0.02mm의 평행도를 나타낸다.
② 구분구간에 대하여 0.02mm의 평면도를 나타낸다.
③ 전체 길이에 대하여 0.02mm의 평행도를 나타낸다.
④ 전체 길이에 대하여 0.02mm의 평면도를 나타낸다.

풀이
- // : 평행도 공차
- 0.02 : 전체 길이에 대하여 0.02mm의 평행도를 나타낸다.

20 헐거운 끼워맞춤인 경우 구멍의 최소 허용치수에서 축의 최대 허용치수를 뺀 값은?

① 최소 틈새
② 최대 틈새
③ 최소 죔새
④ 최대 죔새

풀이 최소 틈새 : 헐거운 끼워맞춤에서 '구멍의 최소 허용치수−축의 최대 허용치수'를 말한다.(구멍은 가장 작고, 축은 가장 클 때)

21 공유압 기호에서 동력원의 기호 중 전동기를 나타내는 것은?

① 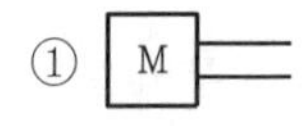

② 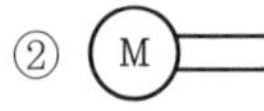

③ 
④

풀이
- M : 원동기 기호
- (M) : 전동기 기호
- ▶ : 유압 기호
- ▷ : 공압 기호

정답 | 18 ① 19 ③ 20 ① 21 ②

22 다음은 입체도형을 제3각법으로 도시한 것이다. 완성된 평면도, 우측면도를 보고 미완성된 정면도를 옳게 도시한 것은?

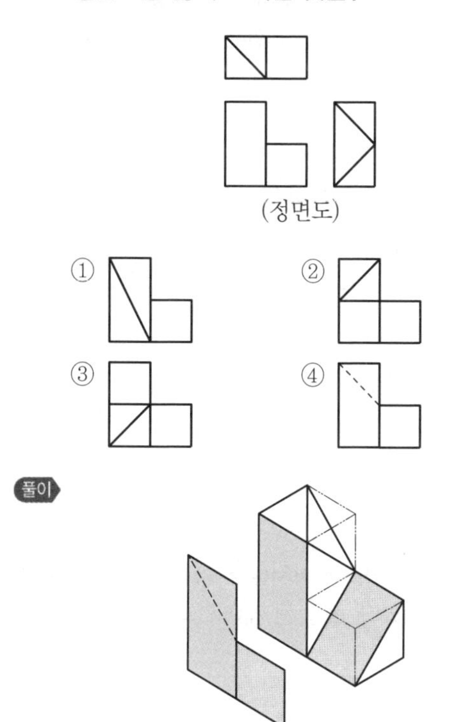

23 파단선의 용도 설명으로 가장 적합한 것은?

① 단면도를 그릴 경우 그 절단위치를 표시하는 선
② 대상물의 일부를 떼어낸 경계를 표시하는 선
③ 물체의 보이지 않는 부분의 형상을 표시하는 선
④ 도형의 중심을 표시하는 선

풀이 파단선은 단면도를 그릴 경우 그 절단위치를 표시하는 선이다.

24 기어의 도시에 있어서 피치원을 나타내는 선은?

① 굵은 실선
② 가는 실선
③ 가는 1점쇄선
④ 가는 2점쇄선

풀이 잇봉우리원(이끝원)은 외형선, 피치원은 가는 1점쇄선, 이골원(이뿌리원)은 가는 실선으로 그린다.

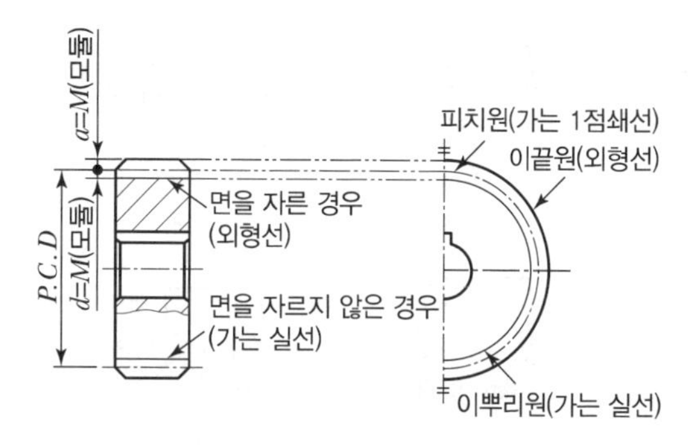

25 투상도법 중 제1각법과 제3각법이 속하는 투상도법은?

① 경사 투상법
② 등각 투상법
③ 다이메트릭 투상법
④ 정투상법

풀이 정투상법 : 물체를 실척(현척)으로 그려주며, 보이는 물체의 모서리마다 관측시점을 두고 투상면에 투상하여 그린다. 기본적으로 6개의 투상도(정면도, 우측면도, 좌측면도, 평면도, 저면도, 배면도)가 존재하며, 투상도의 배치 방법에 따라 1각법과 3각법으로 구분한다.

26 연동척에 대한 설명으로 틀린 것은?

① 스크롤척이라고도 한다.
② 3개의 조가 동시에 움직인다.
③ 고정력이 단동척보다 강하다.
④ 원형이나 정삼각형 일감을 고정하기 편리하다.

풀이 연동척은 단동척보다 고정력이 약하다.

정답 | 22 ④ 23 ② 24 ③ 25 ④ 26 ③

27 다음 그림은 선반 가공의 종류를 나타낸 것이다. 각 그림에 대한 명칭의 연결이 틀린 것은?

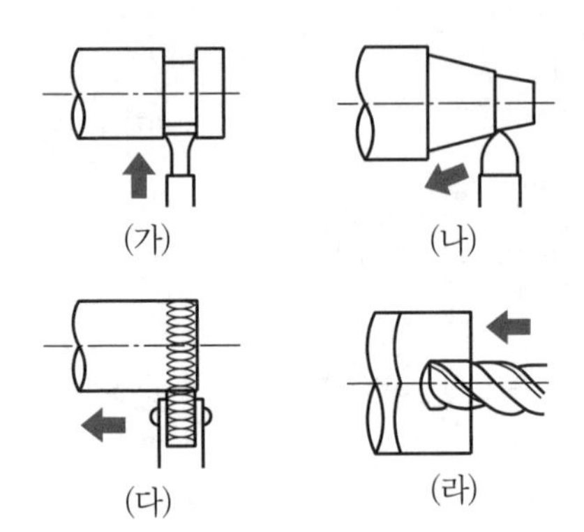

① (가) – 홈 가공
② (나) – 테이퍼 가공
③ (다) – 보링 가공
④ (라) – 구멍 가공

풀이 (다) – 널링 가공

28 선반의 구조 중 왕복대(carriage)는 새들(saddle)과 에이프런(apron)으로 나뉜다. 이 때 새들 위에 위치하지 않는 것은?

① 심압대 ② 회전대
③ 공구 이송대 ④ 복식 공구대

풀이 심압대 → 베드 위에 위치함

29 칩을 발생시켜 불필요한 부분을 제거하여 필요한 제품의 형상으로 가공하는 방법은?

① 소성 가공법 ② 절삭 가공법
③ 접합 가공법 ④ 탄성 가공법

풀이 소성 가공법, 접합 가공법, 탄성 가공법은 비절삭 가공법이다.(칩 발생 없음)

30 밀링머신에서 둥근 단면의 공작물을 사각, 육각 등으로 가공할 때 사용하면 편리하며, 변환 기어를 테이블과 연결하여 비틀림 홈 가공에 사용하는 부속품은?

① 분할대 ② 밀링 바이스
③ 회전 테이블 ④ 슬로팅 장치

풀이 밀링머신에서 테이블 위에 분할대를 설치하여 둥근 단면을 가진 공작물의 원주 분할 가공과 비틀림 홈 가공에 사용한다.

31 기계가공에서 절삭성능을 향상시키기 위하여 사용되는 절삭유제의 대표 작용이 아닌 것은?

① 냉각 작용 ② 방온 작용
③ 세척 작용 ④ 윤활 작용

풀이 **절삭유의 사용 목적**
- 냉각 작용
- 윤활 작용
- 세척 작용
- 방청 작용

32 NPL식 각도 게이지를 사용하여 그림과 같이 조립하였다. 조립된 게이지의 각도는?

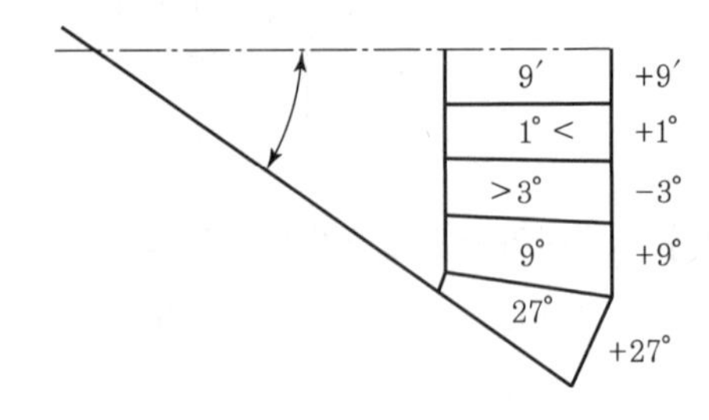

① 40°9′ ② 34°9′
③ 37°9′ ④ 39°9′

풀이 조립된 게이지의 각도 $= 27° + 9° + 1° + 9' - 3°$
$= 34°9'$

33 접시머리 나사의 머리가 들어갈 부분을 원추형으로 절삭하는 가공법은?

① 리밍
② 스폿페이싱
③ 카운터보링
④ 카운터싱킹

정답 | 27 ③ 28 ① 29 ② 30 ① 31 ② 32 ② 33 ④

풀이 **카운터싱킹**

접시머리 나사부 묻힘 홈 가공

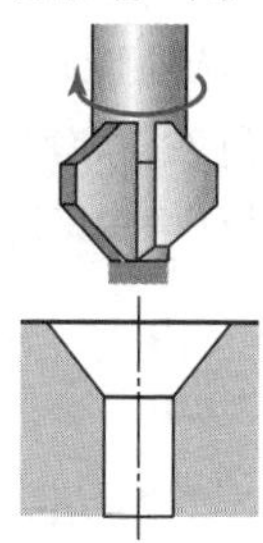

34 연삭숫돌의 표시방법에 대한 각각의 설명으로 틀린 것은?

GC－240－T－w－V

① GC : 숫돌 입자의 종류
② 240 : 입도
③ T : 결합도
④ V : 조직

풀이 **연삭숫돌의 표시방법**

GC	240	T	w	V
숫돌입자의 종류	입도	결합도	조직	결합제

35 밀링머신에서 밀링커터의 회전 방향이 공작물의 이송 방향과 서로 반대 방향이 되도록 가공하는 방법은?

① 상향절삭 ② 정면절삭
③ 평면절삭 ④ 하향절삭

풀이
- 상향절삭 : 밀링커터의 회전 방향이 공작물의 이송 방향과 서로 반대 방향
- 하향절삭 : 밀링커터의 회전 방향이 공작물의 이송 방향과 같은 방향

36 다음 중 구성인선의 발생이 없어지는 임계 절삭속도로 가장 적합한 것은?

① 5~10m/min ② 20~30m/min
③ 40~70m/min ④ 120~150m/min

풀이 구성인선의 발생이 없어지는 절삭속도는 120m/min 이상이고, 이를 구성인선의 임계속도라고 한다.

37 다음 중 밀링머신에서 공구의 떨림 현상을 발생하게 하는 요소와 가장 관련이 없는 것은?

① 가공의 절삭 조건
② 밀링머신의 크기
③ 밀링커터의 정밀도
④ 공작물의 고정 방법

풀이 밀링에서 공구의 떨림 현상은 밀링머신의 크기와는 관계가 없다.

38 기계에서 발생하는 소음이나 진동 등과 같은 주위 환경 요인에 의해 생기는 측정오차는?

① 시차 ② 개인오차
③ 우연오차 ④ 측정압력오차

풀이 우연오차(외부조건에 의한 오차) : 소음, 진동, 측정온도, 채광의 변화가 영향을 미쳐 발생하는 오차

39 센터리스(centerless) 연삭의 특징으로 틀린 것은?

① 대량생산에 적합하다.
② 연속적인 가공이 가능하다.
③ 가늘고 긴 공작물의 연삭이 가능하다.
④ 지름이 크거나 무거운 공작물 연삭에 적합하다.

풀이 지름이 크고 무거운 공작물은 센터리스 방식으로 연삭하기 어렵다.

40 절삭공구 중 밀링커터와 같은 회전 공구로 랙를 나선 모양으로 감고, 스파이럴에 직각이 되도록 축 방향으로 여러 개의 홈을 파서 절삭날을 형성하여 기어를 가공할 수 있는 공구는?

① 호브 ② 엔드밀
③ 플레이너 ④ 총형 커터

정답 | 34 ④ 35 ① 36 ④ 37 ② 38 ③ 39 ④ 40 ①

[호빙머신]

41 ϕ0.02~0.3mm 정도의 금속선 전극을 이용하여 공작물을 잘라내는 가공 방법은?

① 레이저 가공
② 워터젯 가공
③ 전자 빔 가공
④ 와이어 컷 방전 가공

풀이 와이어 컷 방전 가공
- 강한 장력을 준 와이어와 가공물 사이에 방전을 일으켜 가공한다.
- 컴퓨터 수치제어(CNC)가 필수적이며 가공 정밀도가 요구된다.
- 일반 공작기계로 가공이 불가능한 미세가공, 복잡한 형상 가공, 열처리되었거나 일반 절삭가공이 어려운 고경도 재료의 가공에 사용한다.

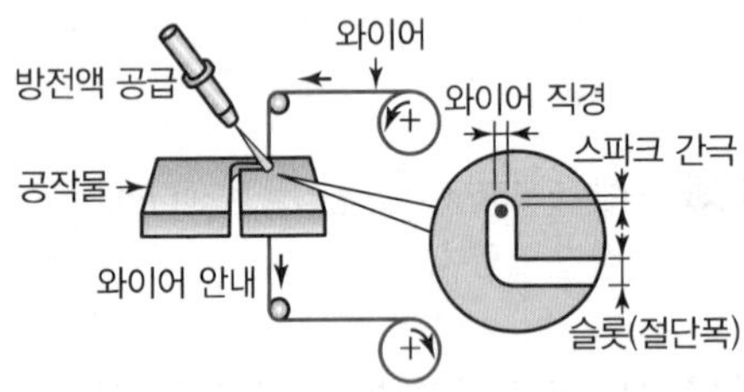

42 절삭공구 재료의 구비 조건으로 틀린 것은?

① 내마멸성이 클 것
② 원하는 형상으로 만들기 쉬울 것
③ 공작물보다 연하고 인성이 있을 것
④ 높은 온도에서도 경도가 떨어지지 않을 것

풀이 ③ 공작물보다 경도가 크고, 인성이 있을 것

43 머시닝센터에서 M10×1.5의 탭 가공을 위하여 주축 회전수를 300rpm으로 지령할 경우 탭 사이클의 이송속도는?

① 150mm/min ② 200mm/min
③ 300mm/min ④ 450mm/min

풀이 이송속도(F)=주축회전수(N)×피치(p)
=300×1.5=450mm/min

44 머시닝 센터 프로그램에서 X-Y 작업 평면 선택 지령은?

① G17 ② G18
③ G19 ④ G29

풀이
- G17 : X-Y 평면 지정
- G18 : Z-X 평면 지정
- G19 : Y-Z 평면 지정
- G29 : 원점으로부터의 복귀

45 다음 CNC 선반 프로그램에서 G50 기능 설명이 옳은 것은?

```
G50 X250.0 Z250.0 S1500 ;
```

① 분당 이송속도 : 1,500mm/min
② 회전수당 이송 : 1,500mm/rev
③ 주축의 절삭속도 : 1,500mm/min
④ 주축의 최고 회전수 : 1,500rpm

풀이
- G50 : 주축 최고 회전수 지정
- S1,500 : 주축 최고 회전수 1,500rpm

46 머시닝 센터에서 기계원점 복귀 G-코드는?

① G22 ② G28
③ G30 ④ G33

풀이
- G22 : 금지영역 설정
- G28 : 기계원점복귀
- G30 : 제2, 3, 4 원점복귀
- G33 : 나사 절삭

정답 | 41 ④ 42 ③ 43 ④ 44 ① 45 ④ 46 ②

47 CNC 선반에서 보조기능 중 주축을 정지시키기 위한 M－코드는?

① M01 ② M03
③ M04 ④ M05

풀이
- M01 : 선택적 프로그램 정지
- M03 : 주축 정회전
- M04 : 주축 역회전
- M05 : 주축 정지

48 머시닝 센터에서 엔드밀이 정회전하고 있을 때, 하향절삭을 하는 G 기능은?

① G40 ② G41
③ G42 ④ G43

풀이
- G40 : 공구지름 보정 취소
- G41 : 공구지름 보정 좌측(하향절삭)
- G42 : 공구지름 보정 우측(상향절삭)
- G43 : 공구 길이 보정 '+'

49 머시닝 센터에서 다음 그림과 같이 X15, Y0인 위치(A)부터 반시계방향(CCW)으로 원호를 가공하고자 할 때 옳은 것은?

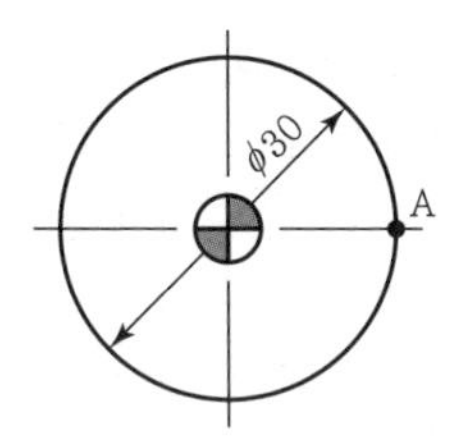

① G02 I－15. ;
② G03 I－15. ;
③ G02 X15. Y0. R－15. ;
④ G03 X15. Y0. R－15. ;

풀이
- G03 : 반시계방향 원호가공
- I－15. : 원호의 중심이 원호의 시작점 왼쪽에 X값만 존재하므로 '－' 값 입력

50 다음 CNC 선반 프로그램의 설명으로 틀린 것은?

G92 X(U)__ Z(W)__ R__ F__ ;

① 단일형 내 · 외경 가공 사이클이다.
② F는 나사의 리드를 지정하는 기능이다.
③ X(U), Z(W)는 고정 사이클의 시작점이다.
④ R은 테이퍼 나사 절삭 시 X축 기울기 양이다.

풀이 G92 X(U)__ Z(W)__ R__ F__ ;
- G92 : 나사 절삭 사이클
- X(U), Z(W) : 나사 가공의 끝 점 좌표
- R : 테이퍼 나사 절삭 시 나사 끝 점(X 좌표)과 나사 시작점(X 좌표)의 거리(반경지령)와 방향
- F : 나사의 리드

51 기계가공 작업장에서 일반적인 작업 시작 전 점검사항으로 적절하지 않은 것은?

① 주변에 위험물의 유무
② 전기 장치의 이상 유무
③ 냉 · 난방 설비 설치 유무
④ 작업장 조명의 정상 유무

풀이 냉 · 난방 설비 설치 유무는 일반적인 작업 시작 전 점검 사항이 아니다.

52 ISO 선삭용 인서트의 규격 표시에서 밑줄 친 M과 G가 나타내는 것은 무엇인가?

T N <u>M</u> <u>G</u> 22 04 08

① M : 여유각, G : 인서트 형상
② M : 공차, G : 단면 형상
③ M : 단면 형상, G : 여유각
④ M : 공차, G : 여유각

정답 | 47 ④ 48 ② 49 ② 50 ① 51 ③ 52 ②

풀이 **선삭 인서트 팁의 규격(TNMG220408)**

- T : 인서트 팁 형상(정삼각형)
- N : 인서트 팁 여유각(N=0°)
- M : 정밀도(공차), M등급
- G : 홈 · 구멍의 팁 단면 형상
- 22 : 절삭날 길이(22mm)
- 04 : 인서트 팁 두께(4.76mm)
- 08 : 코너 반경(0.8mm)

※ 기존 문제 오류로 문제 교체함

53 공장자동화의 주요 설비로 사람의 손과 팔의 동작에 해당하는 일을 담당하고 프로그램에 의해 동작하는 것은?

① PLC ② 무인 운반차
③ 터치 스크린 ④ 산업용 로봇

풀이 **산업용 로봇**

- 산업용 로봇은 사람의 팔과 손의 동작 기능에 해당하는 특성을 가지고 있으며, 프로그램에 따라 동작이 가능하며, 감각 기능과 인식 기능을 가지고 움직인다.
- 산업용 로봇은 물류, 가공 작업에서 자재의 이동, 각종 용접 작업, 복잡한 모양의 스프레이 페인팅(spray painting)과 세척 작업, 자동 조립 작업, 검사와 측정 등의 용도로 사용된다.

54 CNC 선반에서 나사의 호칭지름이 30mm이고, 피치가 2mm인 3줄 나사를 가공할 때의 이송량(F 값)으로 옳은 것은?

① 2.0 ② 3.0
③ 4.0 ④ 6.0

풀이 이송량(F 값)은 나사의 리드를 입력한다.
나사의 리드(L)=나사 줄 수(n)×피치(p)
$=3\times 2=6.0$

55 다음 NC 공작기계의 서보기구 중 가장 높은 정밀도로 제어가 가능한 방식은?

① 개방회로 방식 ② 폐쇄회로 방식
③ 복합회로 방식 ④ 반폐쇄회로 방식

풀이 **하이브리드 서보 방식(hybrid loop system)**

복합회로 방식이라고도 하며, 반폐쇄회로 방식으로 움직인 결과에 오차가 있으면 그 오차를 폐쇄회로 방식으로 검출하여 보정을 행하는 방식으로 높은 정밀도로 제어가 가능하다.

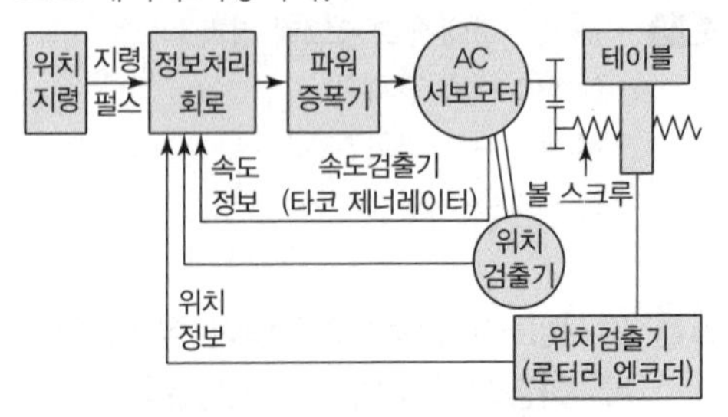

[하이브리드(복합회로) 서보 방식]

56 TiC를 주체로 하고 TiN, TiCN 등의 탄화물을 초미립화하여 소결시킨 합금으로 경도가 높은 반면 항절력이 낮은 절삭공구 재료는?

① 서멧 ② 세라믹
③ 초경합금 ④ 코티드 초경합금

풀이 **서멧(cermet)**

서멧은 티타늄 계열 경질입자가 함유된 초경합금으로 세라믹(ceramic)과 메탈(metal)의 합성어이다. 세라믹의 취성을 보완하기 위해 개발된 내화물과 금속 복합체의 총칭으로 고속절삭에서 저속절삭까지 사용범위가 넓고 크레이터 마모, 플랭크 마모 등이 적으며, 구성인선이 거의 발생하지 않는 공구다. Al_2O_3 분말에 TiC 또는 TiN 분말을 혼합하여 수소 분위기 속에서 소결하여 제작한다.

57 머시닝 센터에서 공구의 측면 날을 이용하여 형상을 절삭할 경우 공구 중심과 프로그램 경로가 일치할 때 공구 반지름만큼 발생하는 편차를 보정해 주는 기능은?

① 공구 간섭 보정 ② 공구 길이 보정
③ 공구 지름 보정 ④ 공구 좌표계 보정

풀이 공구 지름 보정 : 머시닝 센터에서 공구의 측면 날을 이용하여 형상을 절삭할 경우 공구 중심과 프로그램 경로가 일치할 때 공구 반지름만큼 발생하는 편차를 보정해 주는 기능이다.

정답 | 53 ④ 54 ④ 55 ③ 56 ① 57 ③

58 다음 중 머시닝 센터에서 가공 전에 공구의 길이 보정을 하기 위해 사용하는 기기는?

① 수준기 ② 사인바
③ 오토콜리메이터 ④ 하이트 프리세터

풀이 하이트 프리세터는 공구의 길이 보정을 위해 사용하거나 공작물 좌표계 Z축 방향의 원점을 찾을 때 사용한다.

59 아래 CNC 프로그램의 설명으로 옳은 것은?

```
G04 X2.0 ;
```

① 2초간 정지
② 2분간 정지
③ 2/100만큼 전진
④ 2/100만큼 후퇴

풀이 G04 X2.0 ; ⇒ 2초간 정지

60 데이터 입 · 출력기기의 종류별 인터페이스 방법이 잘못 연결된 것은?

① FA 카드－LAN
② 테이프 리더－RS232C
③ 플로피 디스크 드라이버－RS232C
④ 프로그램 파일 메이트(program file mate)－RS442

풀이 **기기 종류별 인터페이스**
- FA 카드 드라이버, 테이프 리더, 플로피 디스크 드라이버, CF 카드 드라이버 → RS232C
- 프로그램 파일 메이트(Program file mate) → RS442
- LAN Server 또는 HDD → LAN

정답 | 58 ④ 59 ① 60 ①

CBT 모의고사

컴퓨터응용밀링기능사

- 제1회 CBT 모의고사 ·· 551
- 제2회 CBT 모의고사 ·· 562
- 제3회 CBT 모의고사 ·· 572
- 제4회 CBT 모의고사 ·· 583

CRAFTSMAN COMPUTER AIDED MILLING

제1회 CBT 모의고사

CRAFTSMAN COMPUTER AIDED MILLING

01 탄소 공구강 및 일반 공구 재료의 구비조건이 아닌 것은?

① 열처리성이 양호할 것
② 내마모성이 클 것
③ 고온경도가 클 것
④ 부식성이 클 것

풀이 공구 재료는 강인성, 내충격성이 우수해야 한다.

02 주철의 특성에 대한 설명으로 틀린 것은?

① 주조성이 우수하다.
② 내마모성이 우수하다.
③ 강보다 탄소 함유량이 적다.
④ 인장강도보다 압축강도가 크다.

풀이 주철은 강보다 탄소 함유량이 많다.

03 탄소강이 200~300℃의 온도에서 취성이 발생되는 현상을 무엇이라 하는가?

① 청열취성
② 적열취성
③ 고온취성
④ 상온취성

풀이 강은 온도가 높아지면 전연성이 커지며, 200~300℃에서 강도는 커지는 반면 연신율은 대단히 작아져 결국 취성이 증가한다. 이때 강의 표면이 청색으로 변하는데, 이것을 청열취성이라고 한다.

04 합금강의 재질과 KS 규격기호의 명칭이 알맞게 짝지어진 것은?

① SNC－니켈코발트강
② STS－고속도강
③ SKH－쾌삭강
④ SPS－스프링강

풀이 ① SNC : Steel Nickel Chrom, 니켈크롬강
② STS : Steel Tool Special, 합금공구강
③ SKH : Steel K(공구) High－speed, 고속도강

05 보통 합금보다 회복력과 회복량이 우수하여 센서(sensor)와 액추에이터(actuator)를 겸비한 기능성 재료로 사용되는 합금은?

① 비정질 합금
② 초소성 합금
③ 수소 저장 합금
④ 형상 기억 합금

06 순철은 910℃ 부근에서 변태가 일어나는데 이때 α철이 γ철로 변하는 것을 무엇이라 하는가?

① A_0 자기변태 ② A_2 자기변태
③ A_3 자기변태 ④ A_4 자기변태

풀이 A_3 변태점(912℃)
순철의 동소변태(α철 ⇆ γ철)

정답 | 01 ④ 02 ③ 03 ① 04 ④ 05 ④ 06 ③

07 강의 담금질에서 나타나는 조직 중 경도가 가장 높은 조직은?

① 트루스타이트 ② 마텐자이트
③ 소르바이트 ④ 오스테나이트

풀이 **강의 담금질 조직의 경도 크기**
마텐자이트 > 트루스타이트 > 소르바이트 > 오스테나이트

08 단위를 단면적에 대한 힘의 크기로 나타내는 것은?

① 응력 ② 변형률
③ 연신율 ④ 단면 수축

풀이 $응력 = \frac{하중}{단면적}$

09 핀의 용도에 대한 내용으로 틀린 것은?

① 2개 이상의 부품을 결합하는 데 사용
② 나사 및 너트의 이완 방지
③ 분해 조립할 부품의 위치 결정
④ 핸들을 축에 고정하는 등 큰 힘이 걸리는 부품을 설치할 때 사용

풀이 핸들을 축에 고정하는 등 큰 힘이 걸리는 부품을 설치할 때 사용하는 것은 키다.

10 회전수가 250rpm인 원동축에 모듈이 4, 잇수가 30인 기어가 있다. 속도비가 1/3인 경우 중심거리는?

① 80mm ② 240mm
③ 480mm ④ 600mm

풀이 $i = \frac{z_1(원동차의\ 잇수)}{z_2(종동차의\ 잇수)} = \frac{30}{z_2} = \frac{1}{3}$

$\therefore$ 종동차의 잇수 $z_2 = 90$

중심거리 $C = \frac{m(z_1 + z_2)}{2}$

$= \frac{4(30+90)}{2} = 240\text{mm}$

11 구름 베어링의 구성요소로서 회전체 사이의 일정한 간격을 유지해 주는 것은?

① 스러스트 ② 리테이너
③ 내륜 ④ 외륜

풀이 리테이너는 볼의 간격을 일정하게 유지해준다.

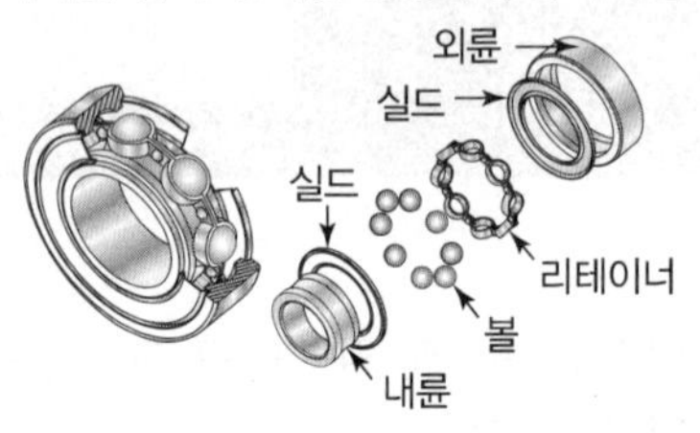

12 기어 전동의 특징에 대한 설명으로 틀린 것은?

① 큰 동력을 전달한다.
② 큰 감속을 할 수 있다.
③ 넓은 설치장소가 필요하다.
④ 소음과 진동이 발생한다.

풀이 기어 전동은 두 축 사이의 거리가 짧은 경우에 효율적이다.

13 항공기, 자동차, 정밀기계, 공작기계 등의 진동이 심한 곳의 이완 방지나 세밀한 위치 조정 등의 용도로 사용되는 체결용 나사는?

① 유니파이 나사
② 휘트워스 나사
③ 관용 나사
④ 미터 가는 나사

풀이 미터 가는 나사는 체결용 나사로서 보통 나사에 비해 나사의 외경에 대한 피치가 작은 나사산 계열의 총칭이다. 진동이 심한 곳의 이완 방지용으로 사용한다.

14 아래 그림의 기어열에서 잇수가 $Z_A=30$, $Z_B=50$, $Z_C=20$, $Z_D=40$일 때 Ⅰ축을 1,000rpm으로 회전시키면 Ⅲ축의 회전수는 몇 rpm인가?

정답 | 07 ② 08 ① 09 ④ 10 ② 11 ② 12 ③ 13 ④ 14 ②

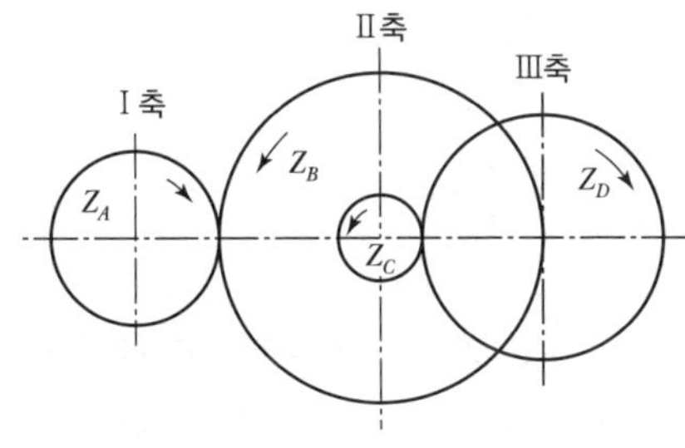

① 150 ② 300
③ 600 ④ 1,200

풀이 • 속비 $i=\dfrac{N_B}{N_A}=\dfrac{Z_A}{Z_B}=\dfrac{N_B}{1{,}000}=\dfrac{30}{50}$

∴ Ⅱ축의 회전수 $N_B=600\text{rpm}=N_C$

• 속비 $i=\dfrac{N_D}{N_C}=\dfrac{Z_C}{Z_D}=\dfrac{N_D}{600}=\dfrac{20}{40}$

∴ Ⅲ축의 회전수 $N_D=300\text{rpm}$

15 웜 기어의 특징이 아닌 것은?

① 큰 감속비를 얻을 수 있다.
② 역회전을 방지하는 기능이 있다.
③ 물림이 조용하다.
④ 전동 효율이 높다.

풀이 웜 기어는 전동 효율이 낮다.

16 스프링의 제도에 관한 설명으로 틀린 것은?

① 코일 스프링의 종류와 모양만을 간략도로 나타내는 경우는 재료의 중심선만을 굵은 실선으로 도시한다.
② 코일 부분의 양 끝을 제외한 동일 모양 부분의 일부를 생략할 때는 생략한 부분의 선지름을 중심선의 굵은 2점쇄선으로 도시한다.
③ 코일 스프링은 일반적으로 무하중인 상태로 그린다.
④ 그림 안에 기입하기 힘든 사항은 요목표에 표시한다.

풀이 코일 부분의 양 끝을 제외한 동일 모양 부분의 일부를 생략할 때는 생략한 부분의 선지름을 중심선의 가는 1점쇄선으로 도시한다.

17 대상물의 보이지 않는 부분의 모양을 표시하는 용도로 사용하는 선의 종류는?

① 가는 파선 또는 굵은 파선
② 굵은 실선
③ 가는 실선
④ 굵은 2점쇄선

풀이 **숨은선**

• 가는 파선 또는 굵은 파선(------)
• 대상물의 보이지 않는 부분의 모양을 표시하는 용도로 사용하는 선

18 대칭형의 대상물을 외형도의 절반과 온단면도의 절반을 조합하여 나타낸 단면도는?

① 계단 단면도 ② 한쪽 단면도
③ 부분 단면도 ④ 회전 단면도

풀이 한쪽 단면도는 상하 또는 좌우 대칭인 물체에서 중심선을 기준으로 물체의 1/4만 잘라내서 그려주는 방법으로, 물체의 외부형상과 내부형상을 동시에 나타낼 수 있다는 장점을 가지고 있다.

19 그림과 같은 나사 도면에서 M12×16/ϕ10.2×20으로 표시된 치수 기입의 도면 해석으로 올바른 것은?

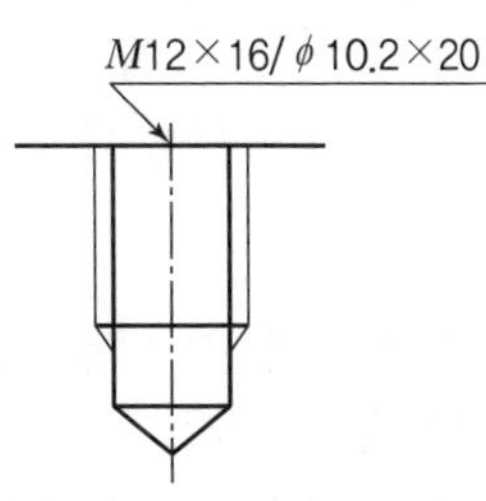

① 암나사를 가공하기 위한 구멍가공 드릴지름은 ϕ12mm
② 암나사를 가공하기 위한 구멍가공 드릴지름은 ϕ16mm
③ 암나사를 가공하기 위한 구멍가공 드릴지름은 ϕ10.2mm
④ 암나사를 가공하기 위한 구멍가공 드릴지름은 ϕ20mm

정답 | 15 ④ 16 ② 17 ① 18 ② 19 ③

풀이 • M12×16 : 나사의 호칭치수 M12, 완전나사부의 깊이 16mm
• ϕ10.2×20 : 암나사를 가공하기 위한 구멍가공 드릴지름은 ϕ10.2mm, 구멍깊이 20mm

20 다음 보기의 설명을 만족하기 위하여 그림의 빈칸에 들어갈 것으로 옳은 것은?

> 지시선의 화살표로 나타낸 축선은 데이텀 중심 평면 A-B에 대칭으로 0.08mm의 간격을 갖는 평행한 두 개의 평면 사이에 있어야 한다.

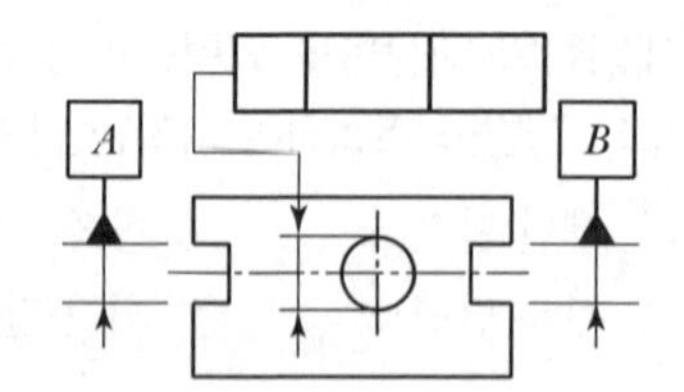

① | 0.08 | A-B | ⌯ |

② | ⊥ | 0.08 | A-B |

③ | ⌯ | 0.08 | A-B |

④ | ⌯ | A-B | 0.08 |

풀이

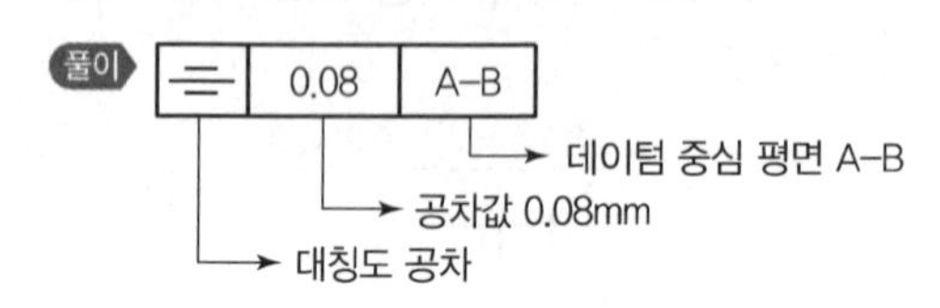

21 스퍼 기어의 요목표가 다음과 같을 때, 빈칸의 모듈 값은 얼마인가?

스퍼기어		
기어 모양		표준
공구	치형	보통이
	모듈	
	압력각	20°
잇수		36
피치원 지름		108

① 1.5 ② 2
③ 3 ④ 6

풀이 모듈 $M = \dfrac{\text{피치원지름 } D}{\text{잇수 } Z}$

$$= \frac{108}{36} = 3$$

22 보기 그림에서 대각선으로 나타낸 도면 중앙의 가는 실선 X 부분(⊠)의 설명으로 올바른 것은?

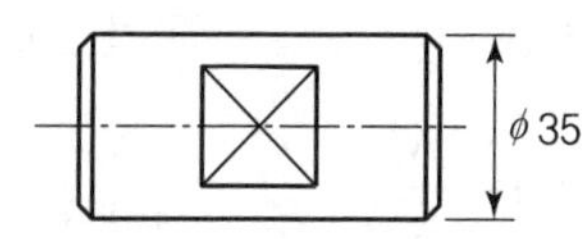

① 사각형의 관통된 구멍임을 뜻한다.
② 가공 완료 후의 열처리를 뜻한다.
③ 가공 전의 모양이 다이아몬드형임을 뜻한다.
④ 가공 후의 모양이 평면임을 뜻한다.

풀이 ⊠ : 가공 후의 모양이 평면임을 나타내기 위해 가는 실선으로 대각선(×)을 그린다.

23 용접기호 중 현장용접의 의미를 나타내는 것은?

풀이
• ○ : 점용접
• (지시선) : 용접부 지시선
• V : V형 맞대기 용접
• (깃발) : 현장용접

24 다음의 입체도에서 화살표 방향으로 보았을 때 투상한 도면으로 가장 적합한 것은?

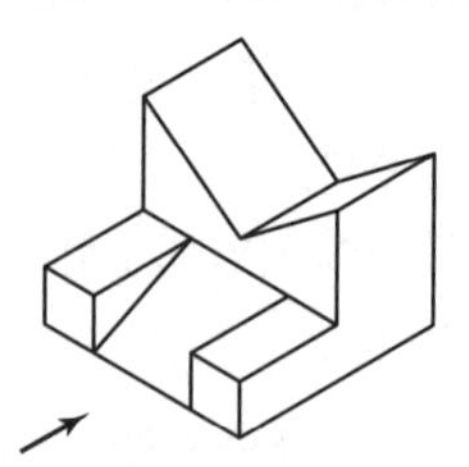

정답 | 20 ③ 21 ③ 22 ④ 23 ④ 24 ①

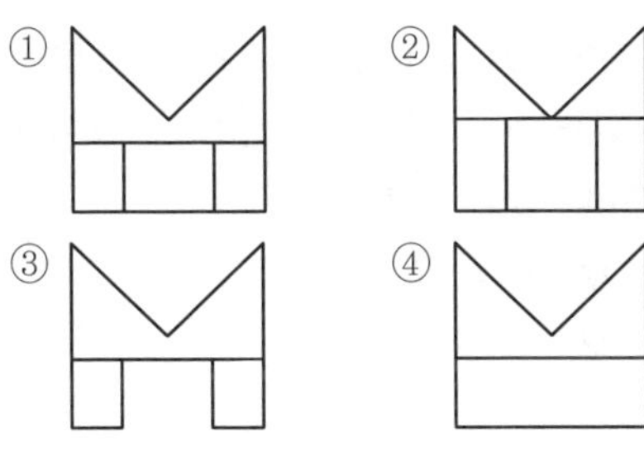

풀이

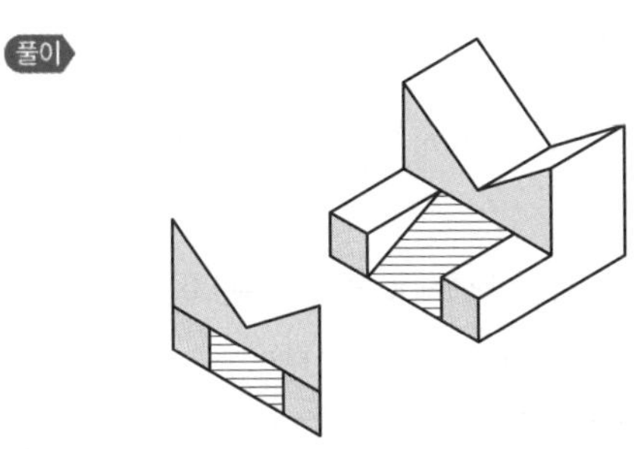

25 기계 조립 도면에서 투상도의 일부분과 그 부분에 기입된 치수가 비례하지 않는 경우 이를 표시할 필요가 있을 때에는 어떻게 표시하는가?

① 치수 위에 굵은 실선을 긋는다.
② 치수 아래쪽에 굵은 실선을 긋는다.
③ 다른 치수보다 더 굵게 기입한다.
④ 다른 치수보다 더 크게 기입한다.

풀이 투상도의 일부분과 그 부분에 기입된 치수가 비례하지 않는 경우 치수 아래쪽에 굵은 실선을 긋는다.

26 연삭숫돌에 눈메움이나 무딤 현상이 일어나면 연삭성이 저하되므로, 숫돌 표면에서 칩을 제거하여 본래의 형태로 숫돌을 수정하는 작업은?

① 시닝 ② 크리닝
③ 드레싱 ④ 클램핑

풀이 드레싱 : 연삭 가공을 할 때 숫돌에 눈메움, 무딤 등이 발생하여 절삭상태가 나빠지면, 이때 예리한 절삭날을 숫돌 표면에 생성하여 절삭성을 회복시키는 작업

27 선반에서 가공된 롤러(roller)의 외면을 정밀하게 다듬질하여 치수 정밀도와 원통도 및 진직도를 향상시키려고 할 때 어떤 가공법을 택하는 것이 가장 좋은가?

① 숏피닝(shot peening)
② 하드페이싱(hard facing)
③ 버니싱(burnishing)
④ 슈퍼피니싱(super finishing)

풀이 **슈퍼피니싱**
미세하고 연한 숫돌을 가공 표면에 가압하고, 공작물에 회전이송운동, 숫돌에 진동을 주어 0.5mm 이하의 경면(거울 같은 면) 다듬질에 사용한다.

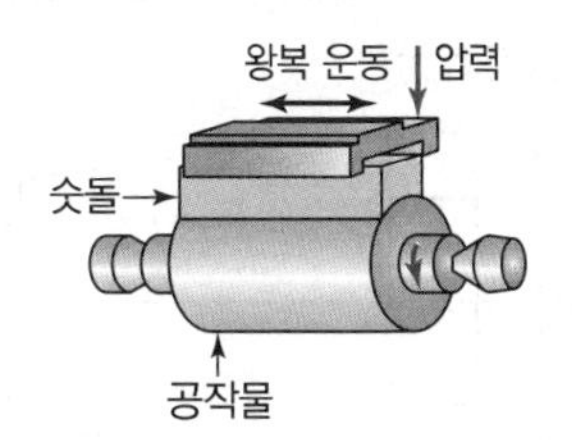

28 절삭공구가 갖추어야 할 조건으로 틀린 것은?

① 고온경도를 가지고 있어야 한다.
② 내마멸성이 커야 한다.
③ 충격에 잘 견디어야 한다.
④ 공구 보호를 위해 인성이 작아야 한다.

풀이 절삭공구는 강인성 및 내마모성이 커야 한다.

29 니(knee)형 밀링머신의 종류에 해당하지 않는 것은?

① 수직 밀링머신
② 수평 밀링머신
③ 만능 밀링머신
④ 호빙 밀링머신

풀이 **니형 밀링머신의 종류**
수직 밀링머신, 수평 밀링머신, 만능 밀링머신

정답 | 25 ② 26 ③ 27 ④ 28 ④ 29 ④

30 다음 중 급속 귀환 기구를 갖는 공작기계로만 올바르게 짝지어진 것은?

① 셰이퍼, 플레이너
② 호빙머신, 기어 셰이퍼
③ 드릴링머신, 태핑머신
④ 밀링머신, 성형 연삭기

풀이 직선 왕복운동을 하는 공작기계인 셰이퍼, 플레이너, 슬로터에는 급속 귀환 기구가 있다.

31 선반에서 그림과 같은 가공물의 테이퍼를 가공하려 한다. 심압대의 편위량(e)은 몇 mm인가?(단, $D=35$mm, $d=25$mm, $L=400$mm, $l=200$mm)

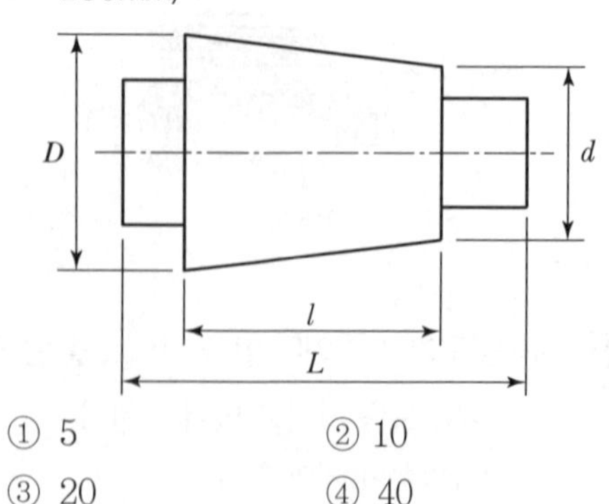

① 5 ② 10
③ 20 ④ 40

풀이 심압대 편위량 $e=\dfrac{(D-d)L}{2l}$

$$=\frac{(35-25)\times 400}{2\times 200}=10\text{mm}$$

32 다음 설명에 해당되는 공구 재료는?

> • 산화알루미늄(Al_2O_3) 분말에 규소(Si) 및 마그네슘(Mg) 등의 산화물과 그 밖에 다른 원소를 첨가하여 소결한 절삭공구이다.
> • 고온에서도 경도가 높고, 내마멸성이 좋으며, 다듬질 가공에는 적합하나 충격에는 약하다.

① 탄소 공구강 ② 초경합금
③ 다이아몬드 ④ 세라믹

33 밀링머신에서 절삭량 Q(cm²/mm)를 나타내는 식은?(단, 절삭폭 : b[mm], 절삭깊이 : t[mm], 이송 : f[mm/min])

① $Q=b\times t\times f/10$
② $Q=b\times t\times f/100$
③ $Q=b\times t\times f/1{,}000$
④ $Q=b\times t\times f/10{,}000$

풀이 $Q=(b\times t\times f)\text{mm}^3=\dfrac{b\times t\times f}{1{,}000}\text{cm}^3$

34 드릴을 시닝(thinning)하는 주된 목적은?

① 절삭 저항을 증대시킨다.
② 날의 강도를 보강해 준다.
③ 절삭 효율을 증대시킨다.
④ 드릴의 굽힘을 증대시킨다.

풀이 웹 시닝(web thinning)
웹의 두께를 얇게 하여 절삭력을 향상시키는 것

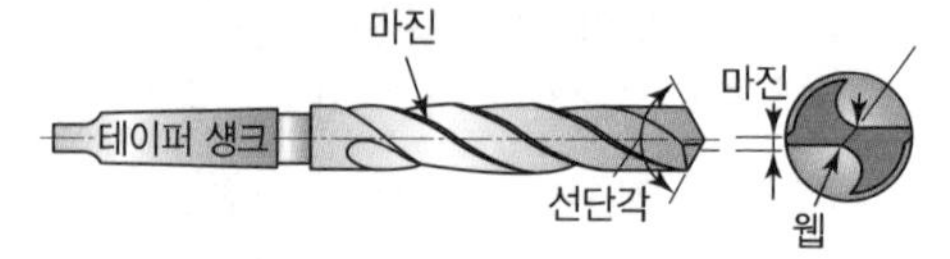

35 탭 작업 중 탭의 파손 원인과 가장 관계가 먼 것은?

① 구멍이 너무 작거나 구부러진 경우
② 탭이 소재보다 경도가 높은 경우
③ 탭이 구멍 바닥에 부딪혔을 경우
④ 탭이 경사지게 들어간 경우

풀이 탭의 파손 원인
• 구멍이 너무 작거나 구부러진 경우
• 탭이 경사지게 들어간 경우
• 탭의 지름에 적합한 핸들을 사용하지 않는 경우
• 너무 무리하게 힘을 가하거나 빠르게 절삭할 경우
• 막힌 구멍의 밑바닥에 탭 선단이 닿았을 경우

정답 | 30 ① 31 ② 32 ④ 33 ③ 34 ③ 35 ②

36 다음 중 각도 측정용 게이지가 아닌 것은?

① 옵티컬 플랫 ② 사인바
③ 콤비네이션 세트 ④ 오토 콜리메이터

풀이 옵티컬 플랫 : 간섭무늬를 관찰해서 평면도와 평행도를 판정한다.

37 보통 선반에서 테이퍼 절삭방법이 아닌 것은?

① 심압대 편위에 의한 방법
② 복식 공구대에 의한 방법
③ 테이퍼 절삭장치에 의한 방법
④ 차동 분할법에 의한 방법

풀이 차동 분할법에 의한 방법 : 밀링머신에서 분할대를 이용한 분할법

38 구성인선(built up edge) 방지를 위한 것이 아닌 것은?

① 절삭깊이를 작게 한다.
② 경사각을 작게 한다.
③ 윤활성이 좋은 절삭유제를 사용한다.
④ 절삭속도를 크게 한다.

풀이 구성인선을 방지하려면 경사각을 크게 해야 한다.

39 소재의 불필요한 부분을 칩(chip)의 형태로 제거하여 원하는 최종 형상을 만드는 가공법은?

① 소성 가공법 ② 접합 가공법
③ 절삭 가공법 ④ 분말 가공법

40 보통 선반에서 사용하는 센터(center)에 관한 설명으로 틀린 것은?

① 공작물을 지지하는 부속 장치로 탄소강, 고속도강, 특수공구강으로 제작 후 열처리하여 사용한다.
② 주축에 삽입하여 사용하는 회전 센터와 심압대축에 삽입하는 정지 센터가 있다.
③ 주축이나 심압축 구멍, 센터 자루 부분은 자르노 테이퍼로 되어 있다.
④ 선단의 각도는 주로 60°이나 대형 공작물에선 75°나 90°가 사용된다.

풀이 주축이나 심압축 구멍, 센터 자루 부분은 모스 테이퍼로 되어 있다.

41 다음은 어떤 측정기의 특징들에 대한 설명인가?

- 소형, 경량으로 취급이 용이하다.
- 다이얼 테스트 인디케이터와 비교할 때, 측정 범위가 넓다.
- 눈금과 지침에 의해서 읽기 때문에 읽음 오차가 적다.
- 연속된 변위량의 측정이 가능하다.

① 버니어 캘리퍼스 ② 마이크로미터
③ 한계 게이지 ④ 다이얼 게이지

풀이 **다이얼 게이지**

㉠ 측정자의 직선 또는 원호 운동을 기계적으로 확대하고 그 움직임을 지침의 회전 변위로 변환하여 눈금으로 읽는 길이 측정기이다.

㉡ 용도
평형도, 평면도, 진원도, 원통도, 축의 흔들림 측정

42 공구 마멸의 형태에서 윗면 경사각과 가장 밀접한 관계를 가지고 있는 것은?

① 플랭크 마멸(flank wear)
② 크레이터 마멸(crater wear)
③ 치핑(chipping)
④ 섕크 마멸(shank wear)

정답 | 36 ① 37 ④ 38 ② 39 ③ 40 ③ 41 ④ 42 ②

풀이 **크레이터 마멸(crater wear)**

㉠ 공구 경사면이 칩과의 마찰에 의하여 오목하게 마모되는 것으로 유동형 칩의 고속절삭에서 자주 발생하며, 크레이터가 깊어지면 날 끝의 경사각이 커지고 날 끝이 약해져 파괴된다.

㉡ 방지법

- 윤활성이 좋은 절삭유 사용
- 공구 경사면에 초경합금 분말로 코팅

43 머시닝 센터의 절대 좌표계를 나타내는 화면이다. 다음과 같은 설정 화면의 좌표값으로 공구의 좌표값을 변경하고자 할 때 반자동(MDI) 모드에 입력할 내용으로 적당한 것은?

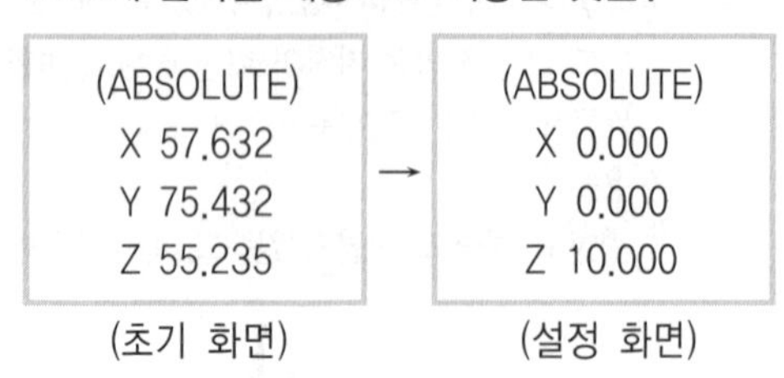

① G89 X0. Y0. Z10. ;
② G90 X0. Y0. Z10. ;
③ G91 X0. Y0. Z10. ;
④ G92 X0. Y0. Z10. ;

풀이 **G92 X0. Y0. Z10. ;**

- G92 : 공작물 좌표계 설정
- X, Y, Z : 공작물 원점에서 시작점까지의 좌표값을 입력(설정 화면 좌표값)
- G89 : 보링 사이클
- G90 : 절대지령
- G91 : 증분지령

44 CNC 공작기계 좌표계에서 이동위치를 지령하는 방식에 해당하지 않는 것은?

① 절대지령 방식
② 증분지령 방식
③ 잔여지령 방식
④ 혼합지령 방식

풀이 **지령방법의 종류**

- 절대지령
- 증분지령(또는 상대지령)
- 혼합지령

45 CNC 선반 프로그램에서 기계원점으로 자동 복귀하는 기능은?

① G27 ② G28
③ G29 ④ G30

풀이
- G27 : 원점 복귀 확인
- G28 : 기계원점 복귀
- G29 : 원점으로부터의 복귀
- G30 : 제2, 3, 4 원점 복귀

46 CNC 선반에서 피치가 1.0mm인 2줄 나사를 가공할 때 이송속도(F)는?

① F1.0 ② F2.0
③ F3.0 ④ F4.0

풀이 이송속도(F)는 나사의 리드를 입력한다.
나사의 리드(L) = 나사 줄 수(n) × 피치(p)
$= 2 \times 1.0 = 2.0$

47 1,000rpm으로 회전하는 스핀들에서 2회전 동안 일시정지(dwell)를 주려고 한다. 정지시간과 NC 프로그램으로 올바른 것은?

① 정지시간 : 0.22초, NC 프로그램 : G04 X0.22
② 정지시간 : 0.12초, NC 프로그램 : G03 X0.12
③ 정지시간 : 0.12초, NC 프로그램 : G04 X0.12
④ 정지시간 : 0.22초, NC 프로그램 : G03 X0.22

정답 | 43 ④ 44 ③ 45 ② 46 ② 47 ③

풀이 정지시간(초)

$$= \frac{60}{\text{스핀들 회전수(rpm)}} \times \text{일시정지 회전수}$$

$$= \frac{60}{1,000} \times 2 = 0.12\text{초}$$

∴ G04 X0.12 ; 또는 G04 U0.12 ; 또는 G04 P120 ;으로 나타낸다.

48 다음 그림에서 a에서 b로 가공할 때 원호보간 머시닝 센터 프로그램으로 맞는 것은?

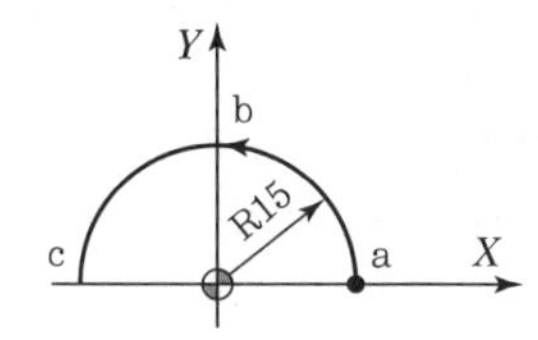

① G02 G90 X0. Y15. R15. F100. ;
② G03 G91 X−15. Y15. R15. F100. ;
③ G03 G90 X15. Y15. R15. F100. ;
④ G03 G91 X0. Y15. R−15. F100. ;

풀이 **원호보간 프로그램**

G03 G91 X−15. Y15. R15. F100. ;
- G03 : 반시계방향 원호가공
- G91 : 증분지령, 점 a가 기준
- X−15. Y15. : 점 a에서 점 b까지의 상대좌표값
- R15. : 180° 이하인 원호이므로 '+' 값 입력
- F100. : 이송속도(mm/min)

49 다음 CNC 프로그램에서 ㉠ 부분에 생략된 모달 G 코드는?

```
N01 G01 X20. F0.25 ;
N02 ㉠ Z−50. ;
N03 G00 X150. Z100. ;
```

① G01
② G00
③ G40
④ G32

풀이 연속 유효 G−코드(modal G−code)는 동일 그룹 내의 다른 G−코드가 나올 때까지 유효한 G−코드로서 ㉠ 부분에 생략된 G−코드는 G01이다.

50 다음 그림의 시작점에서 종점으로 가공하는 머시닝 센터 프로그램으로 틀린 것은?

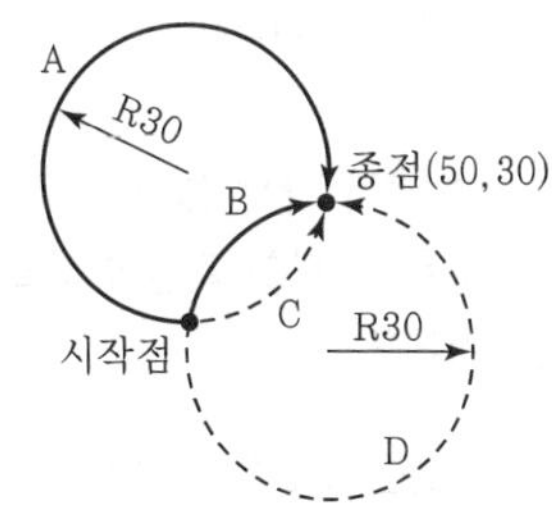

① A → G90 G02 X50. Y30. R30. F80 ;
② B → G90 G02 X50. Y30. R30. F80 ;
③ C → G90 G03 X50. Y30. R30. F80 ;
④ D → G90 G03 X50. Y30. R−30. F80 ;

풀이 A → G90 G02 X50. Y30. R−30. F80 ;
180° 초과인 원호 가공이므로 R 값은 '−'를 사용해야 한다.

51 머시닝 센터 프로그램에서 고정 사이클을 취소하는 준비기능은?

① G76 ② G80
③ G83 ④ G87

풀이
- G76 : 정밀 보링 사이클
- G80 : 고정 사이클 취소
- G83 : 심공 드릴 사이클
- G87 : 백보링 사이클

52 날 수가 4개인 밀링커터로 공작물을 1날당 0.1mm로 이송하여 절삭하는 경우 이송속도는 몇 mm/min인가?(단, 주축 회전수는 500 rpm이다.)

① 80 ② 150
③ 200 ④ 250

정답 | 48 ② 49 ① 50 ① 51 ② 52 ③

풀이 $N=500\text{rpm}$, $z=4$, $f_z=0.1\text{mm}$

$f=f_z \times z \times N = 0.1\text{mm} \times 4 \times 500\text{rpm}$
$=200\text{mm/min}$

여기서, f : 테이블 이송속도
f_z : 1개의 날당 이송(mm)
z : 커터의 날 수
N : 회전수(rpm)

53 CNC 선반에서 나사 절삭 사이클을 이용하여 그림과 같은 나사를 가공하려고 한다. ( )에 알맞은 것은?

G92 X15.3 Z-32. ( ) ;

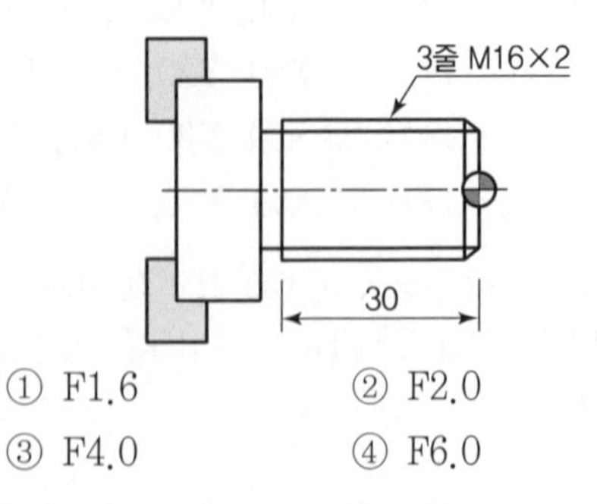

① F1.6 ② F2.0
③ F4.0 ④ F6.0

풀이 이송속도(F)는 나사의 리드를 입력한다.
나사의 리드(L)=나사 줄 수(n)×피치(p)
$=3\times2=6.0$

54 CNC 선반 프로그램에서 G96 S120 M03 ; 의 의미로 옳은 것은?

① 절삭속도 120rpm으로 주축 역회전한다.
② 절삭속도 120m/min으로 주축 역회전한다.
③ 절삭속도 120rpm으로 주축 정회전한다.
④ 절삭속도 120m/min으로 주축 정회전한다.

풀이
- G96 : 절삭속도 일정 제어
- S120 : 120m/min
- M03 : 주축 정회전

55 그림에서 공구지름 보정이 틀린 것은?

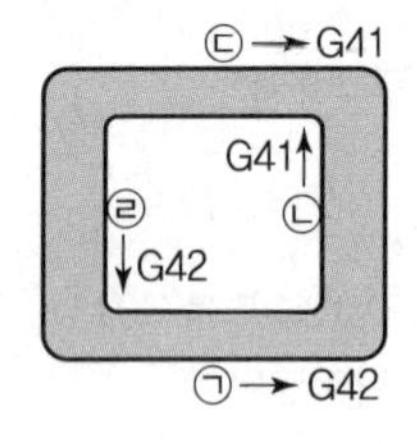

① ㉠ ② ㉡
③ ㉢ ④ ㉣

풀이
- G41(공구지름 보정 좌측) : 진행방향으로 바라보았을 때 공구가 공작물 왼쪽에 존재
- G42(공구지름 보정 우측) : 진행방향으로 바라보았을 때 공구가 공작물 오른쪽에 존재

56 사업장에서 사업주가 지켜야 할 질병 예방 대책이 아닌 것은?

① 건강에 관한 정기교육을 실시한다.
② 근로자의 건강진단을 빠짐없이 실시한다.
③ 사업장 환경 개선을 통한 쾌적한 작업환경을 조성한다.
④ 작업복을 청결히 하는 등 개인위생을 철저히 지킨다.

풀이 작업복을 청결히 하는 등 개인위생을 철저히 지키는 것은 작업자의 개인위생에 해당한다.

57 다음 G 코드 중 공구의 최후 위치만을 제어하는 것으로 도중의 경로는 무시되는 것은?

① G00 ② G01
③ G02 ④ G03

풀이 **G00 : 급속 위치결정**
- X(U), Z(W)에 지령된 종점으로 급속하게 이동하는 것을 말한다.
- 공구는 기계 제작 회사에서 설정한 최고 속도로 급속 이송한다.
- 비절삭 구간에서 사용하는 기능으로 처음 공작물에 접근하거나, 가공 완료 후 복귀할 때, 공구를 교환할 때 가장 많이 사용한다.

정답 | 53 ④ 54 ④ 55 ④ 56 ④ 57 ①

58 다음 NC 기계의 안전에 관한 사항 중 틀린 것은?

① 절삭 칩의 제거는 브러시나 청소용 솔을 사용한다.
② 항상 비상 버튼을 누를 수 있도록 염두에 두어야 한다.
③ 먼지나 칩 등 불순물을 제거하기 위해 강전반 및 NC 유닛은 압축공기로 깨끗이 청소해야 한다.
④ 강전반 및 NC 유닛은 충격을 주지 말아야 한다.

풀이 강전반 및 NC 유닛은 각종 전기 및 전자 부품들로 구성되어 있으므로 압축공기로 청소하면 안 되며, 각별히 주의해서 청소해야 한다.

59 다음 CNC 프로그램의 N004 블록에서 주축 회전수는?

```
N001 G50 X150. Z150. S2000 T0100 ;
N002 G96 S200 M03 ;
N002 G00 X-2. ;
N003 G01 Z0. ;
N004 X30. ;
```

① 200rpm ② 212rpm
③ 2,000rpm ④ 2,123rpm

풀이 • G96 : 절삭속도(m/min) 일정 제어

• $N=\frac{1,000S}{\pi D}=\frac{1,000\times 200}{\pi\times 30}$

$=2,122.07 \fallingdotseq 2,122$

여기서, N : 주축의 회전수(rpm)
S : 절삭속도(m/min) ⇒ S200
D : 공작물의 지름(mm) ⇒ X30.

그러나 G50에서 주축 최고 회전수를 2,000rpm으로 제한하였기 때문에 ϕ30mm일 때, 주축의 회전수는 2,122rpm이 아니라 2,000rpm이다.

60 보조프로그램이 종료되면 보조프로그램에서 주프로그램으로 돌아가는 M-코드는?

① M98 ② M99
③ M30 ④ M00

풀이 • M98 : 보조프로그램 호출
• M99 : 주프로그램으로 복귀
• M30 : 프로그램 종료 & Rewind
• M00 : 프로그램 정지

정답 | 58 ③ 59 ③ 60 ②

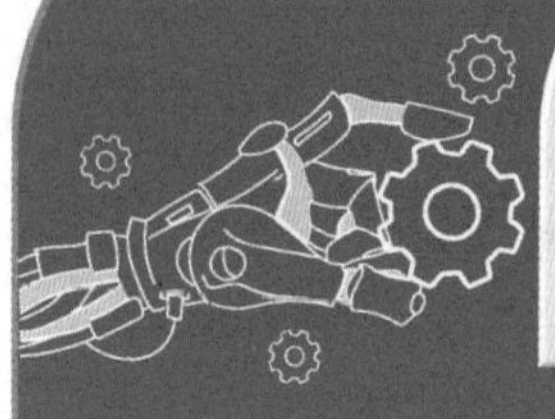

제2회 CBT 모의고사

CRAFTSMAN COMPUTER AIDED MILLING

01 스테인리스강을 조직상으로 분류한 것 중 틀린 것은?

① 마텐자이트계
② 오스테나이트계
③ 시멘타이트계
④ 페라이트계

풀이 **스테인리스강의 조직**
오스테나이트계, 페라이트계, 마텐자이트계
※ "오페마(오페라)"로 암기

02 철강을 열처리하는 목적에 해당하지 않는 것은?

① 일반적으로 조직을 미시화시킨다.
② 내부 응력을 증가시킨다.
③ 표면을 경화시킨다.
④ 기계적 성질을 향상시킨다.

풀이 열처리는 내부 응력을 감소시킨다.

03 미하나이트 주철에 대한 설명 중 틀린 것은?

① 담금질이 가능하다.
② 흑연의 형상을 미세화한다.
③ 연성과 인성이 아주 크다.
④ 두께의 차에 의한 감수성이 아주 크다.

풀이 미하나이트 주철은 두께의 차에 의한 기계적 성질의 변화가 적다.

04 플라스틱 재료의 공통된 성질로서 옳지 못한 것은?

① 열에 약하다.
② 내식성 및 보온성이 있다.
③ 표면경도가 금속재료에 비해 강하다.
④ 가공 및 성형이 용이하고 대량생산이 가능하다.

풀이 플라스틱의 표면경도는 금속재료에 비해 약하다.

05 황동의 화학적 성질이 아닌 것은?

① 탈아연 부식 ② 자연균열
③ 인공균열 ④ 고온 탈아연

풀이 인공균열은 황동의 화학적 성질이 아니다.

06 탄소강에 대한 설명으로 틀린 것은?

① 탄소강은 Fe와 Cu의 합금이다.
② 공석강, 아공석강, 과공석강으로 분류된다.
③ Fe와 C의 합금으로 가단성을 가지고 있는 2원 합금이다.
④ 모든 강의 기본이 되는 것으로 보통 탄소강으로 부른다.

풀이 탄소강은 Fe(철)와 C(탄소)의 합금이다.

07 특수강에 일반적으로 사용되고 있는 중요한 합금 원소가 아닌 것은?

① Ni, Cr ② Cu, Hg
③ W, Mo ④ V, Co

정답 | 01 ③ 02 ② 03 ④ 04 ③ 05 ③ 06 ① 07 ②

풀이 Hg(수은)은 상온에서 액체이고, 합금의 원소가 될 수 없다.

08 다음 그림과 같은 스프링에서 스프링 상수는?(단, $k_1=3$kgf/cm, $k_2=2$kgf/cm, $k_3=5$kgf/cm이다.)

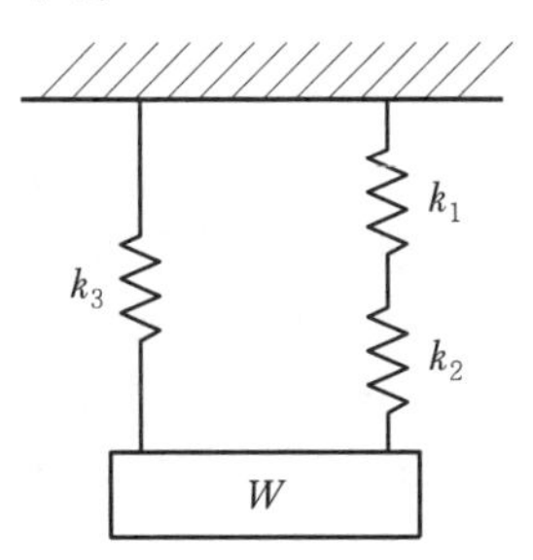

① 8.5kgf/cm ② 5kgf/cm
③ 6.2kgf/cm ④ 5.83kgf/cm

풀이 • 직렬조합의 스프링 상수

$$\frac{1}{k_{1,2}}=\frac{1}{k_1}+\frac{1}{k_2}=\frac{1}{3}+\frac{1}{2}=\frac{5}{6}$$

$\therefore k_{1,2}=1.2\text{kgf/cm}$

• 병렬조합의 스프링 상수

$$k_{1,2,3}=\frac{k_1+k_2}{k_1k_2}+k_3=1.2+5=6.2\text{kgf/cm}$$

09 평벨트의 이음방법 중 이음효율이 가장 좋은 것은?

① 이음쇠 이음 ② 가죽끈 이음
③ 철사 이음 ④ 접착제 이음

풀이 **평벨트 이음효율**

이음 종류	접착제 이음	철사 이음	가죽끈 이음	이음쇠 이음
이음 효율	75~90%	60%	40~50%	40~70%

10 브레이크 블록의 길이와 너비가 60mm×20mm이고 브레이크 블록을 미는 힘이 900N일 때 제동 압력은?

① 0.75N/mm² ② 7.5N/mm²
③ 75N/mm² ④ 750N/mm²

풀이

$$q=\frac{N(\text{미는 힘})}{A_q(\text{접촉면의 투사면적})}=\frac{N}{b\cdot e}=\frac{900}{60\times20}=0.75\text{N/m}^2$$

11 백래시(back lash)가 적어 정밀 이송 장치에 많이 쓰이는 나사는?

① 너클 나사 ② 볼 나사
③ 톱니 나사 ④ 미터 나사

풀이 **볼 나사의 특징**

• 백래시가 매우 적다.
• 먼지나 이물질에 의한 마모가 적다.
• 정밀도가 높다.
• 나사의 효율이 높다.(90% 이상)
• 마찰이 매우 적다.

[볼 나사]

12 축에는 키 홈을 파지 않고 보스(boss)에만 키 홈을 파는 키는?

① 성크 키 ② 스플라인 키
③ 평키 ④ 새들 키

풀이 **안장(saddle) 키**

축에서 키 홈을 가공하지 않고 보스에만 테이퍼 키 홈을 만들어서 홈 속에 키를 끼우는 것으로, 축에 기어 등을 고정시킬 때 사용되며, 큰 힘을 전달하는 곳에는 사용되지 않는다.

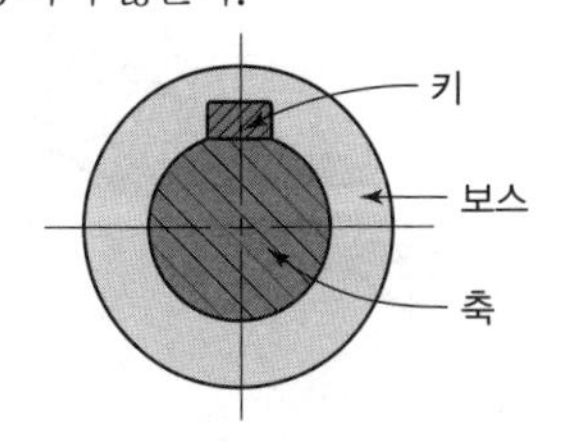

정답 | 08 ③ 09 ④ 10 ① 11 ② 12 ④

13 코일 스프링에서 코일의 평균 지름과 소선지름과의 비를 무엇이라 하는가?

① 스프링 상수
② 스프링 지수
③ 스프링의 종횡비
④ 스프링 피치

풀이 스프링 지수 $c=\dfrac{D(\text{코일의 평균지름})}{d(\text{소선지름})}$

14 하중을 가했을 때 단위 면적에 작용하는 힘의 크기를 무엇이라 하는가?

① 응력 ② 변형률
③ 탄성 ④ 소성

풀이 응력 $\sigma=\dfrac{F(\text{작용하는 힘})}{A_\sigma(\text{파괴면적})}$

15 내연기관과 같이 전달 토크의 변동이 많은 원동기에서 다른 기계로 동력을 전달하는 경우 또는 고속 회전으로 진동을 일으키는 경우에 베어링이나 축에 무리를 적게 하고 진동이나 충격을 완화시키기 위한 축이음은?

① 고정 커플링(fixed coupling)
② 플렉시블 커플링(flexible coupling)
③ 올덤 커플링(oldham's coupling)
④ 자재이음(universal joint)

풀이 **플렉시블 축(flexible shaft)**
강선을 나사 모양으로 2중, 3중으로 감아 만든 축이다. 자유로이 휠 수 있는 축으로서, 전동축에 큰 휨을 주어서 축의 방향을 자유롭게 바꾸거나 충격을 완화하기 위하여 사용한다.

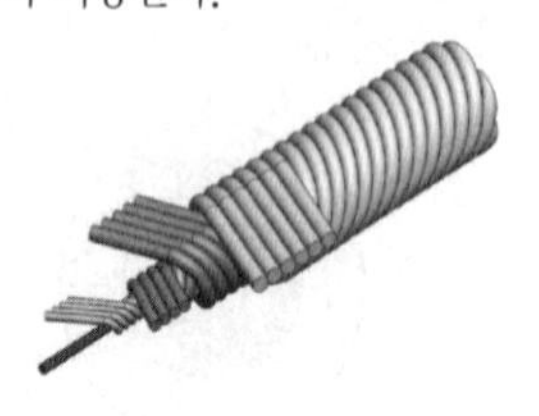

16 기어를 제도할 때 굵은 실선으로 나타내야 하는 것은?

① 잇봉우리원
② 주 투영도를 단면으로 도시할 때 외접 헬리컬 기어의 잇줄 방향
③ 피치원
④ 잇줄 방향선

풀이 잇봉우리원(이끝원)은 외형선, 피치원은 가는 1점쇄선, 이골원(이뿌리원)은 가는 실선으로 그린다. 기어 이의 방향(잇줄 방향)은 3개의 가는 실선으로, 단면을 하였을 때는 가는 2점쇄선으로 그리고, 기울어진 각도와 상관없이 30°로 표시한다.

17 기하공차의 종류 중에서 데이텀 없이 단독 형체로 기입할 수 있는 공차는?

① 위치공차
② 자세공차
③ 모양공차
④ 흔들림공차

풀이 데이텀 없이 단독 형체로 기입할 수 있는 공차는 모양공차이다.

18 기계제도에서 굵은 1점쇄선을 사용하는 경우로 가장 적합한 것은?

① 대상물의 보이는 부분의 겉모양을 표시하기 위하여 사용한다.
② 치수를 기입하기 위하여 사용한다.
③ 도형의 중심을 표시하기 위하여 사용한다.
④ 특수한 가공 부위를 표시하기 위하여 사용한다.

풀이 **특수 지정선(굵은 1점 쇄선, ━━ - ━━)**
도면에서 특수한 가공(고주파 담금질 등)을 실시하는 부분을 표시할 때 사용하는 선

정답 | 13 ② 14 ① 15 ② 16 ① 17 ③ 18 ④

19 그림과 같이 선반으로 가공한 단면의 커터의 줄무늬 방향 기호로 가장 적합한 것은?

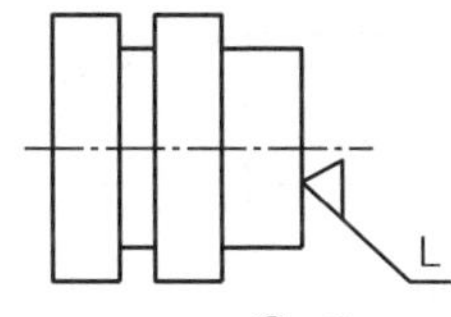

① =　　　　② C
③ M　　　　④ R

풀이 L은 선반 가공을 뜻하며, 선반으로 가공한 단면의 커터의 줄무늬 방향 기호는 C(circular grooves : 원형의 홈)이다.

20 다음 중 상용하는 구멍기준 끼워맞춤에서 중간 끼워맞춤에 해당하는 것은?

① H7/e7
② H7/k6
③ H7/t6
④ H7/r6

풀이 H7/k6 : 구멍기준식 중간 끼워맞춤

[구멍기준 H7의 끼워맞춤]

헐거운 끼워맞춤	e7, f6, f7, g6, h6, h7
중간 끼워맞춤	js6, js7, k6, m6, n6
억지 끼워맞춤	p6, r6, s6, t6, u6, x6

21 제3각법으로 정투상도를 작도할 때 보기와 같은 정면도와 평면도를 보고 누락된 우측면도로 가장 적합한 것을 고르시오.?

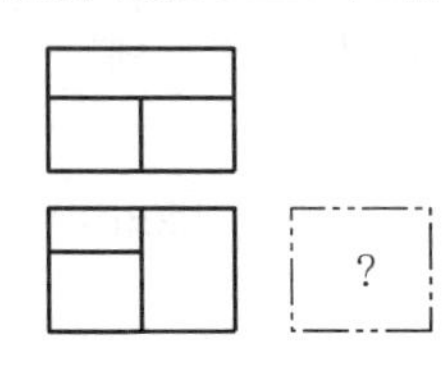

① 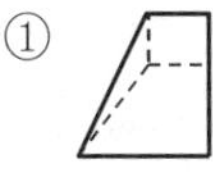 　　② 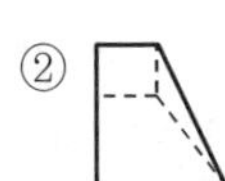
③ 　　④ 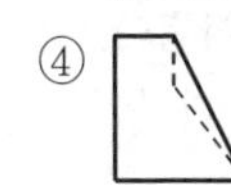

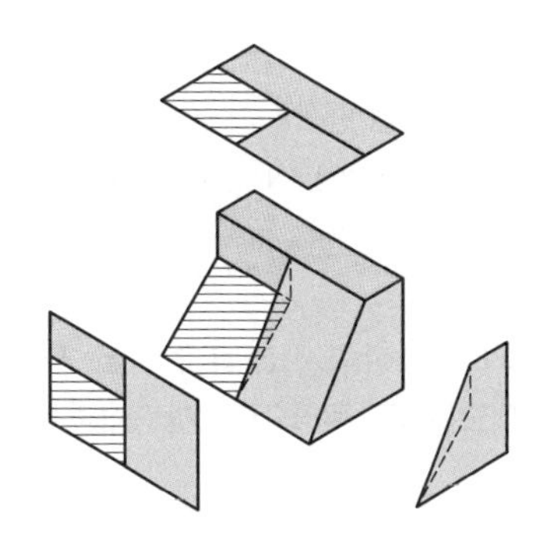

22 KS 재료 기호 중에서 회주철의 기호는?

① SBC　　　　② GC
③ SC　　　　④ GCD

풀이
- SBC : 철근 콘크리트용 봉강
- GC : 회주철
- SC : 탄소강 주강품
- GCD : 구상흑연주철

23 다음 공유압 기호 중 누름-당김 버튼 조작방식을 나타낸 것은?

①　　②
③　　④

풀이 ① 누름-당김 버튼
② 레버
③ 페달
④ 2방향 페달

24 감속기 하우징의 기름 주입구 나사가 PF 1/2-A로 표시되어 있었다. 올바르게 설명한 것은?

① 관용 평행 나사 A급
② 관용 평행 나사 호칭경 1
③ 관용 테이퍼 나사 A급
④ 관용 가는 나사 호칭경 1

정답 | 19 ② 20 ② 21 ③ 22 ② 23 ① 24 ①

풀이 PF1/2 − A

- PF(관용 평행 나사)
- 1/2(25.4mm당 나사산 수 14개)
- A(A급)

25 치수와 병기하여 사용되는 다음 치수기호 중 KS 제도통칙으로 올바르게 기입된 것은?

① 25□
② 25C
③ SR25
④ 25ϕ

풀이 ① 25□ → □25
② 25C → C25
④ 25ϕ → ϕ25

26 일반적으로 선반의 크기 표시 방법으로 사용되지 않는 것은?

① 베드(bed)상의 최대 스윙(swing)
② 왕복대상의 스윙
③ 베드의 중량
④ 양 센터 사이의 최대 거리

풀이 베드의 길이가 선반의 크기 표시 방법으로 사용된다.

27 시준기와 망원경을 조합하여 미소 각도를 측정하는 광학적 측정기로서 정밀정반의 평면도, 마이크로미터의 측정면 직각도 · 평행도, 공작기계 안내면의 진직도 · 직각도 · 평행도, 그 밖에 작은 각도의 변화 · 차이, 흔들림 등의 측정에 사용되는 것은?

① 콤비네이션 세트(combination set)
② 광학식 클리노미터(optical clinometer)
③ 광학식 각도기(optical protractor)
④ 오토 콜리메이터(auto collimator)

28 다음 그림과 같은 공작물을 가공할 때 복식 공구대의 회전각은 얼마인가?

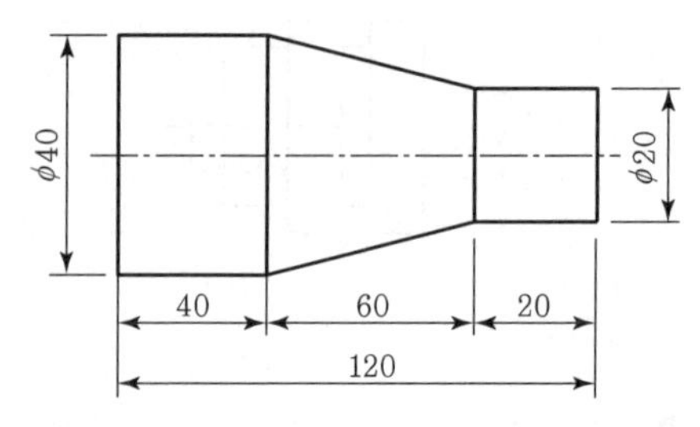

① 약 9° 28′ ② 약 10° 28′
③ 약 11° 28′ ④ 약 4° 46′

풀이

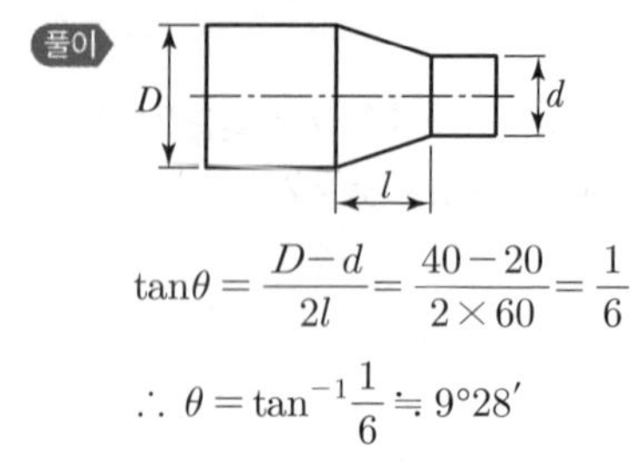

$$\tan\theta = \frac{D-d}{2l} = \frac{40-20}{2\times 60} = \frac{1}{6}$$

$$\therefore\ \theta = \tan^{-1}\frac{1}{6} \fallingdotseq 9°28'$$

29 고정식 방진구와 이동식 방진구는 선반의 어느 부위에 고정하여 사용하는가?

① 고정식 방진구 → 새들,
이동식 방진구 → 에이프런
② 고정식 방진구 → 에이프런,
이동식 방진구 → 새들
③ 고정식 방진구 → 베드,
이동식 방진구 → 새들
④ 고정식 방진구 → 새들,
이동식 방진구 → 베드

30 공작물 통과 방식 센터리스 연삭의 특징으로 틀린 것은?

① 긴 홈이 있는 공작물은 연삭할 수 없다.
② 가늘고 긴 공작물은 연삭할 수 없다.
③ 공작물의 지름이 크거나 무거운 경우 연삭이 어렵다.
④ 연속가공이 가능하며 대량생산에 적합하다.

정답 | 25 ③ 26 ③ 27 ④ 28 ① 29 ③ 30 ②

풀이 센터리스 연삭은 가늘고 긴 공작물의 연삭에 적합하다.

31 연삭숫돌에 'WA · 46 · L · 6 · V'라고 되어 있다면 L이 뜻하는 것은?

① 결합도
② 결합제
③ 조직
④ 입자

풀이

WA	46	L	6	V
숫돌 입자 (종류)	입도 (숫돌 입자의 크기)	결합도 (숫돌의 단단한 정도)	조직 (단위 체적당 입자의 수)	결합제 (종류)

32 일반적으로 절삭온도를 측정하는 방법이 아닌 것은?

① 칩의 색깔에 의한 방법
② 열전대에 의한 방법
③ 칼로리미터에 의한 방법
④ 방사능에 의한 방법

풀이 **절삭온도를 측정하는 방법**

- 칩의 색깔에 의한 방법
- 칼로리미터에 의한 방법
- 공구에 열전대를 삽입하는 방법
- 시온 도료를 사용하는 방법
- 공구와 일감을 열전대로 사용하는 방법
- 복사 고온계에 의한 방법

33 선반에서 주축을 중공축으로 제작하는 가장 큰 이유는?

① 가공물을 지지하여 정밀한 회전을 얻기 위함
② 무게를 감소시키고 기재료를 가공하기 위함
③ 축에 작용하는 절삭력을 충분히 분산하기 위함
④ 나사식, 플랜지식 등의 척을 쉽게 조립하기 위함

34 재질이 연한 금속의 공작물을 가공할 때, 칩과 공구의 윗면 경사면 사이에는 높은 압력과 큰 마찰 저항이 생긴다. 이러한 압력과 마찰 저항으로 높은 절삭열의 발생하고, 칩의 일부가 매우 단단하게 변질된다. 이 칩이 공구의 날 끝 앞에 달라붙어 절삭날과 같은 작용을 하면서 공작물을 절삭하는 것을 무엇이라 하는가?

① 빌트업에지 ② 가공경화
③ 재료의 소성 가공성 ④ 청열 메짐

풀이 문제는 구성인선(built up edge)에 대한 설명이다.

35 밀링머신의 부속품과 부속장치 중 원주를 분할하는 데 사용되는 것은?

① 슬로팅 장치 ② 분할대
③ 수직축 장치 ④ 랙 절삭 장치

풀이 분할대는 둥근 단면의 공작물을 사각, 육각 등으로 가공하거나 기어의 치형과 같이 일정한 각으로 나누는 분할작업 시 사용한다.

36 수평 밀링머신의 플레인 커터 작업에서 하향 절삭의 장점이 아닌 것은?

① 공작물의 고정이 쉽다.
② 날의 마멸이 적고 수명이 길다.
③ 날 자리 간격이 짧고 가공면이 깨끗하다.
④ 백래시 제거장치가 필요 없다.

풀이 하향절삭은 공작물 이송방향과 동일하므로 백래시 제거장치가 필요하다.

37 연삭가공 중 숫돌바퀴의 질이 균일하지 못하거나, 일감의 영향을 받아 숫돌바퀴의 모양이 점차 변할 경우 이렇게 변형된 숫돌을 정확한 모양으로 바르게 고치는 작업을 무엇이라 하는가?

① 드레싱
② 밸런싱
③ 채터링
④ 트루잉

정답 | 31 ① 32 ④ 33 ② 34 ① 35 ② 36 ④ 37 ④

풀이 • 트루잉 : 변형된 숫돌 모양을 원래 모양으로 수정하는 작업
• 드레싱 : 숫돌의 절삭성을 회복시키는 작업

38 측정량이 증가, 또는 감소하는 방향이 달라서 생기는, 동일 치수에 대한 지시량의 차를 무엇이라 하는가?

① 개인오차 ② 우연오차
③ 후퇴오차 ④ 접촉오차

풀이 측정물의 치수를 길이 측정기를 사용해서 측정하는 경우, 주위의 상황이 변하지 않는 상태에서의 동일한 측정량에 대한 지침의 측정량이 증가하는 상태에서의 읽음값과 감소하는 상태에서의 읽음값의 차를 후퇴오차 또는 되돌림오차라 한다.

39 밀링머신에서 정면 커터로 공작물을 가공할 때, 절삭저항을 변화시키는 요소 중 가장 관련이 적은 것은?

① 가공물의 재질 ② 절삭면적
③ 절삭속도 ④ 밀링머신의 성능

풀이 **절삭저항의 크기에 관련된 인자**
※ 괄호 안의 내용은 절삭저항이 감소하는 조건이다.
• 공작물(연할수록)
• 공구의 재질(단단할수록)
• 바이트 날 끝의 형상(윗면 경사각이 클수록)
• 절삭속도(빠를수록)
• 절삭면적(작을수록)
• 칩의 형상(유동형)
• 절삭각(클수록)

40 다음 중 정밀도가 가장 높은 가공면을 얻을 수 있는 가공법은?

① 호닝 ② 래핑
③ 평삭 ④ 브로칭

풀이 **가공면의 정밀도가 높은 순서**
래핑 > 호닝 > 브로칭 > 평삭

41 윤활제의 구비조건으로 틀린 것은?

① 열에 대해 안정성이 높아야 한다.
② 산화에 대한 안정성이 높아야 한다.
③ 온도변화에 따른 점도변화가 커야 한다.
④ 화학적으로 불활성이며 깨끗하고 균질해야 한다.

풀이 윤활제는 온도변화에 따른 점도변화가 작아야 한다.

※ 윤활의 목적 : 윤활작용, 냉각작용, 밀폐작용, 청정작용, 방청작용

42 드릴링머신의 가공방법 중에서 접시머리 나사의 머리부를 묻히게 하기 위해 원뿔자리를 만드는 작업은?

① 태핑
② 스폿페이싱
③ 카운터싱킹
④ 카운터보링

풀이 **카운터싱킹**
접시머리 나사부 묻힘 홈 가공

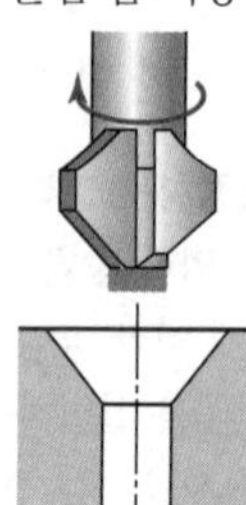

43 CNC 기계 조작반의 모드 선택 스위치 중 새로운 프로그램을 작성하고 등록된 프로그램을 삽입, 수정, 삭제할 수 있는 모드는 무엇인가?

① JOG ② AUTO
③ MDI ④ EDIT

풀이 EDIT : 새로운 프로그램을 작성하고 등록된 프로그램을 삽입, 수정, 삭제하는 기능이다.

정답 | 38 ③ 39 ④ 40 ② 41 ③ 42 ③ 43 ④

44 CNC 선반 작업을 할 때 유의해야 할 사항으로 틀린 것은?

① 소프트 조 가공 시 척킹(chucking) 압력을 조정해야 한다.
② 운전하기 전에 비상시를 대비하여 피드홀드 스위치나 비상정지 스위치 위치를 확인한다.
③ 가공 전에 프로그램과 좌표계 설정이 정확한지 확인한다.
④ 지름에 비하여 긴 일감을 가공할 때는 한 쪽 끝에 심압대 센터가 닿지 않도록 주의한다.

풀이 지름에 비하여 긴 일감을 가공할 때는 원심력에 의하여 떨림이 발생하므로 한쪽 끝을 심압대로 고정하여야 한다.

45 CNC 선반 프로그램 중에서 사이클 가공에 대한 설명으로 옳은 것은?

① 반복 절삭하는 과정을 몇 개의 지령절로 명령하므로 프로그램을 간단히 할 수 있는 기능이다.
② 사이클 가공에서 이송속도는 기계에서 정해진다.
③ 나사 절삭 시에는 사용할 수 없다.
④ 테이퍼를 가공할 때만 사용한다.

풀이 사이클 가공에서 이송속도는 프로그램에서 지정하며, 나사 절삭, 테이퍼 가공 등 대부분의 영역에서 사용 가능하다.

46 CNC기계의 동력 전달 방법에 속하지 않는 것은?

① 기어(gear)
② 타이밍 벨트(timing belt)
③ 커플링(coupling)
④ 로프(lope)

풀이 커플링(coupling)은 축과 축을 연결하는 기계요소로 축 이음에 사용한다.

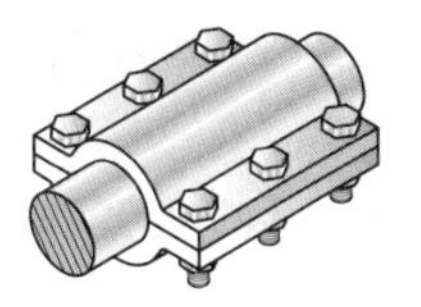
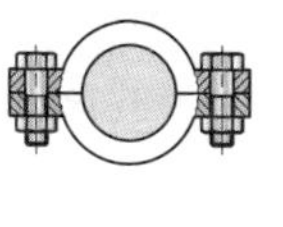

[분할원통형 커플링]

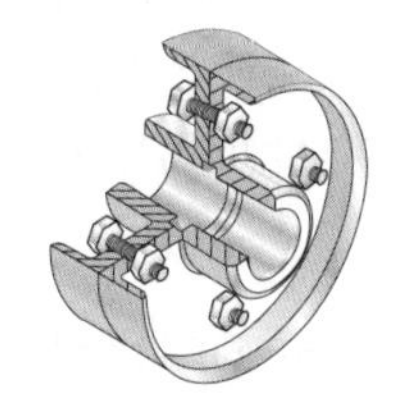
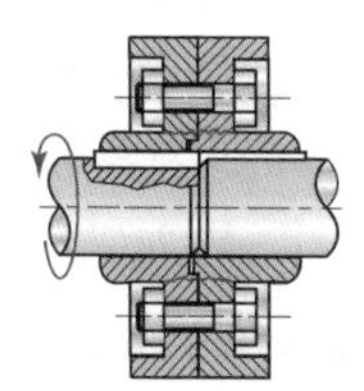

[플랜지형 커플링]

47 다음 중 주물 제품과 같이 가공여유가 주어지고 모양이 형성되어 있는 부품을 가공하기에 가장 적합한 사이클은?

① G70 ② G71
③ G72 ④ G73

풀이
- G70 : 내 · 외경 정삭 사이클
- G71 : 내 · 외경 황삭 사이클
- G72 : 단면 황삭 사이클
- G73 : 모방(형상 반복) 사이클

48 일감을 측정하거나 정확한 거리를 이동하거나 공구보정 할 때 사용하며 현 위치가 좌표계의 원점이 되고 필요에 따라 그 위치를 기준점으로 지정할 수 있는 좌표계는?

① 상대 좌표계 ② 기계 좌표계
③ 공구 좌표계 ④ 임시 좌표계

풀이 **상대 좌표계**
- 현재의 위치가 원점이 되며, 일시적으로 좌표를 '0'으로 설정할 때 사용한다.
- 공구의 세팅, 간단한 핸들 이동, 좌표계 설정 등에 사용한다.
- 선반의 경우 좌표어는 U, W를 사용한다.

정답 | 44 ④ 45 ① 46 ③ 47 ④ 48 ①

49 CNC 선반에서의 나사가공(G32)에 대한 설명으로 틀린 것은?

① 이송속도 조절 오버라이드는 100%로 고정하여야 한다.
② 주축 회전수 일정 제어(G97)로 지령하여야 한다.
③ 가공 도중에 이송정지(feed hold) 스위치를 ON 하면 자동으로 정지한다.
④ 나사가공이 완료되면 자동으로 시작점으로 복귀한다.

풀이 가공 도중에 이송정지(feed hold) 스위치를 ON 하여도 바로 정지하지 않고 recycle 절삭 후 정지한다.

50 지령 펄스의 주파수에 해당하는 속도와 위치까지 기계를 움직일 수 있으며, 현재는 정밀도가 낮아 CNC 공작기계에서는 거의 사용하지 않는 다음과 같은 서보기구는?

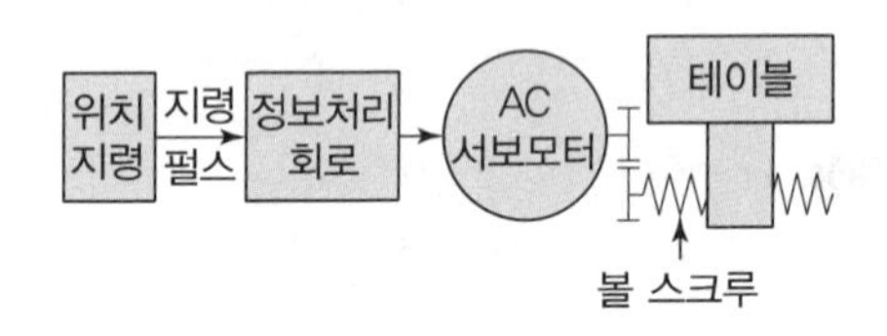

① 폐쇄회로 방식
② 반폐쇄회로 방식
③ 개방회로 방식
④ 하이브리드 서보 방식

51 CAD/CAM 시스템의 입·출력 장치가 아닌 것은?

① 프린터 ② 마우스
③ 키보드 ④ 중앙처리장치

풀이 CAD/CAM 시스템의 하드웨어
- 입력장치
- 중앙처리장치
- 출력장치

52 CNC 선반에서 원호가공을 할 때 반지름 값을 R 값이나 I, K 값으로 명령하게 되는데 Z축 방향의 원호가공 값에 해당하는 것은?

① I ② U
③ W ④ K

풀이
- Z축 방향의 원호가공 값 : K
- X축 방향의 원호가공 값 : I

53 기계원점(reference point)에 대한 설명으로 틀린 것은?

① 기계원점은 기계상에 고정된 임의의 지점으로 프로그램 및 기계를 조작할 때 기준이 되는 위치이다.
② 모드 스위치를 자동 또는 반자동에 위치시키고 G28을 이용하여 각 축을 자동으로 기계원점까지 복귀시킬 수 있다.
③ 수동 원점 복귀를 할 때는 모드 스위치를 급송에 위치시키고 조그(jog) 버튼을 이용하여 기계원점으로 복귀시킨다.
④ CNC 선반에서 전원을 켰을 때 기계원점 복귀를 가장 먼저 실행하는 것이 좋다.

풀이 수동 원점 복귀를 할 때는 모드 스위치를 최저 속도에 위치시키고 조그(jog) 버튼을 이용하여 기계원점으로 복귀시킨다.

54 보조기능을 프로그램을 제어하는 보조기능과 기계 보조장치를 제어하는 보조기능으로 나눌 때 프로그램을 제어하는 보조기능은?

① M03 ② M05
③ M08 ④ M30

풀이
- 프로그램을 제어하는 보조기능 : M30(프로그램 종료 후 다시 처음으로 되돌아감)
- 기계 보조장치를 제어하는 보조기능 : M03(주축 정회전), M05(주축 정지), M08(절삭유 ON)

정답 | 49 ③ 50 ③ 51 ④ 52 ④ 53 ③ 54 ④

55 CNC 선반에서 이송이 정지되는 휴지(dwell) 시간이 나머지 셋과 다른 것은?

① G04, X2.5 ;　② G04 U2.5 ;
③ G04 X250 ;　④ G04 P2500 ;

풀이 X250은 250초를 뜻하고, X2.5, U2.5, P2500은 2.5초를 뜻한다.

56 CNC 선반에서 지름(외경) 30mm를 가공 후 측정하였더니 29.7mm였다. 이때 공구 보정값을 얼마로 수정하여야 하는가?(단, 기존 보정량은 X4.3 Z5.4이다.)

① X4.0 Z5.4　② X4.0 Z6.0
③ X4.6 Z5.4　④ X4.6 Z6.0

풀이 측정값과 지령값의 오차=29.7−30=−0.3(0.3만큼 작게 가공됨)이므로 공구를 X축 방향으로 +0.3만큼 이동하는 보정을 하여야 한다. 외경이 기준 치수보다 작게 가공되었으므로 + 값을 더하여 크게 가공해야 한다.
공구 보정값=기존의 보정값+더해야 할 보정값
=4.3+0.3=4.6
따라서, X4.6 Z5.4

57 CNC 기계 가공 중 충돌 사고가 발생할 위험이 있을 때, 응급 처리 내용으로 가장 알맞은 것은?

① 선택적 정지(optional stop) 버튼을 누른다.
② 원상복귀(reset) 버튼을 누른다.
③ 가공시작(cycle start) 버튼을 누른다.
④ 비상정지(emergency stop) 버튼을 누른다.

풀이 충돌 위험이 있을 때는 비상정지 스위치(emergency stop switch)를 눌러 기계의 작동을 정지한다.

58 머시닝 센터 프로그램에 관한 다음 설명 중 틀린 것은?

① 절대명령은 G90으로 지령한다.
② 증분명령은 G92로 지령한다.
③ 증분명령은 공구 이동 시작점부터 끝 점까지의 이동량(거리)으로 명령하는 방법이다.
④ 절대명령은 공구 이동 끝 점의 위치를 공작물 좌표계 원점을 기준으로 명령하는 방법이다.

풀이 증분명령은 G91로 지령한다.

59 CNC 기계의 일상 점검 중 매일 점검해야 할 사항은?

① 유량 점검
② 각부의 필터(filter) 점검
③ 기계 정도 검사
④ 기계 레벨(수평) 점검

풀이 **일상 점검**
외관 점검, 유량 점검, 압력 점검, 각부의 작동상태 점검 등이 있다.

60 CNC 프로그램에서 G96 S200 M03 ; 지령에서 S200이 뜻하는 것은?

① 분당 공구의 이송량이 200mm로 일정 제어된다.
② 1회전당 공구의 이송량이 200mm로 일정 제어된다.
③ 주축의 원주속도가 200m/min로 일정 제어된다.
④ 주축회전수가 200rpm으로 일정 제어된다.

풀이
- G96 : 절삭속도 일정 제어
- S200 : 200m/min
- M03 : 주축 정회전

정답 | 55 ③ 56 ③ 57 ④ 58 ② 59 ① 60 ③

컴퓨터응용밀링기능사

제3회 CBT 모의고사

CRAFTSMAN COMPUTER AIDED MILLING

01 알루미늄(Al)의 특성에 관한 설명으로 틀린 것은?

① 내식성이 우수하다.
② 합금이 어려운 재료의 특성이 있다.
③ 압접이나 단접이 비교적 용이하다.
④ 전연성이 우수하고 복잡한 형상의 제품을 만들기 쉽다.

풀이 알루미늄은 합금제조가 쉽고 기계적 특성이 양호하다.

02 열가소성 수지가 아닌 것은?

① 멜라민 수지
② 폴리에틸렌 수지
③ 초산비닐 수지
④ 폴리염화비닐 수지

풀이 **플라스틱(합성수지)의 종류**

열가소성 수지	열경화성 수지
• 폴리에틸렌 수지(PE) • 폴리프로필렌 수지(PP) • 폴리염화비닐 수지(PVC) • 폴리스티렌 수지(PS) • 아크릴 수지(PMMA) • ABS 수지	• 페놀 수지(PF) • 불포화 폴리에스테르 수지(UP) • 멜라민 수지(MF) • 요소 수지(UF) • 폴리우레탄(PU) • 규소 수지(silicone) • 에폭시 수지(EP)

03 베릴륨 청동 합금에 대한 설명으로 옳지 않은 것은?

① 구리에 2~3%의 Be을 첨가한 석출경화성 합금이다.
② 피로한도, 내열성, 내식성이 우수하다.
③ 베어링, 고급 스프링 재료에 이용된다.
④ 가공이 쉽고 가격이 싸다.

풀이 베릴륨은 고가이고, 경도가 커서 가공이 곤란하다.

04 초경 절삭공구용 코팅 인서트의 특징이 아닌 것은?

① 내마모성이 우수하다.
② 내크레이터성이 우수하다.
③ 내산화성이 우수하다.
④ 비철금속은 절삭이 불가능하다.

풀이 가공물와 반응하지 않기 때문에 비철금속의 절삭에도 많이 사용한다.

05 주철의 기지 조직을 펄라이트로 하고 흑연을 미세화하여 인장강도를 294MPa 이상으로 강화한 주철은?

① 보통주철 ② 합금주철
③ 가단주철 ④ 고급주철

풀이 고급주철은 회주철 중에서 석출한 흑연편을 미세화하고, 치밀한 펄라이트 조직으로 만들어 강도와 인성을 높인 주철이다.

정답 | 01 ② 02 ① 03 ④ 04 ④ 05 ④

06 불변강의 종류에 해당하지 않는 것은?

① 인바 ② 엘린바
③ 코엘린바 ④ 베어링강

풀이 **불변강의 종류**
인바, 엘린바, 초엘린바, 코엘린바, 플래티나이트 등

07 다음 중 Al에 1~1.5%의 Mn을 함유하는 Al－Mn계 합금으로 가공성, 용접성이 좋으므로 저장탱크, 기름탱크 등에 쓰이는 것은?

① 라우탈 ② 두랄루민
③ 알민 ④ Y 합금

풀이 알민은 Al－Mn계 합금으로 성형성 · 가공성 · 수축성이 좋고 용접이 용이하며 내식성도 양호하다. 차량, 선반, 창, 저장탱크 등에 사용한다.

08 공식 '피치×나사의 줄 수＝(　)'에서, (　)에 들어갈 용어는?

① 리드 ② 유효지름
③ 호칭 ④ 지름피치

09 동력전달을 직접 전동법과 간접 전동법으로 구분할 때, 직접 전동으로 분류되는 것은?

① 체인 전동
② 벨트 전동
③ 마찰자 전동
④ 로프 전동

풀이
- 직접 전동용 기계요소 : 기어, 마찰차
- 간접 전동용 기계요소 : 벨트, 체인, 로프

10 엔드저널로서 지름이 50mm인 전동축을 받치고, 허용 최대 베어링 압력을 6N/mm^2, 저널 길이를 80mm라 할 때 최대 베어링 하중은 몇 kN인가?

① 3.64kN ② 6.4kN
③ 24kN ④ 30kN

풀이 압축력 $P = \sigma_c \times A_c = \sigma_c \times d \times l$
$= 6 \times 50 \times 80 = 24{,}000\text{N} = 24\text{kN}$

여기서, σ_c : 베어링 압력
A_c : 압축을 받는 투사 면적
d : 지름
l : 저널 길이

∴ 최대 베어링 하중＝24kN

11 하중이 걸리는 속도에 의한 분류 중 동하중이 아닌 것은?

① 정하중 ② 충격하중
③ 반복하중 ④ 교번하중

풀이 정하중은 항상 일정한 하중으로, 하중의 크기 및 방향이 변하지 않는다.

12 화물을 아래로 내릴 때의 화물 자중에 의한 제동 작용으로 화물의 속도를 조절하거나 정지시키는 것은?

① 블록 브레이크
② 밴드 브레이크
③ 자동하중 브레이크
④ 축압 브레이크

풀이 자동하중 브레이크 : 화물을 감아올릴 때는 제동 작용을 하지 않고 클러치 작용을 하며, 내릴 때는 화물 자중에 의한 브레이크 작용을 한다.

13 다음 스프링 중에서 볼트의 머리와 중간재 사이 또는 너트와 중간재 사이에 사용하며 충격을 흡수하는 역할을 하는 것은?

① 와이어 스프링 ② 토션바
③ 와셔 스프링 ④ 벌류트 스프링

풀이

[와셔 스프링]

정답 | 06 ④ 07 ③ 08 ① 09 ③ 10 ③ 11 ① 12 ③ 13 ③

14 그림과 같이 두께 4mm인 강판에 한 변 길이가 25mm인 정사각형 구멍을 뚫기 위한 펀치의 전단하중은 몇 kN인가?(단, 강판은 전단응력이 300N/mm^2 이상이면 전단된다.)

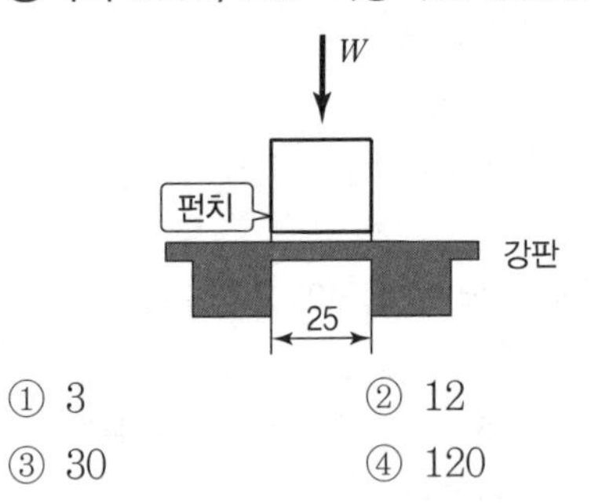

① 3 ② 12
③ 30 ④ 120

풀이 응력은 단위 면적당 작용하는 하중으로

전단응력 $\tau = \dfrac{P(\text{전단하중})}{A(\text{전단파괴 면적})}$

전단하중 $P = \tau \cdot A = 30 \times (4 \times 25 \times 4)$
$= 12{,}000\text{N} = 12\text{kN}$

15 캠을 입체 캠과 평면 캠으로 분류했을 때 입체캠에 속하는 것은?

① 판 캠
② 정면 캠
③ 직선 운동 캠
④ 구면 캠

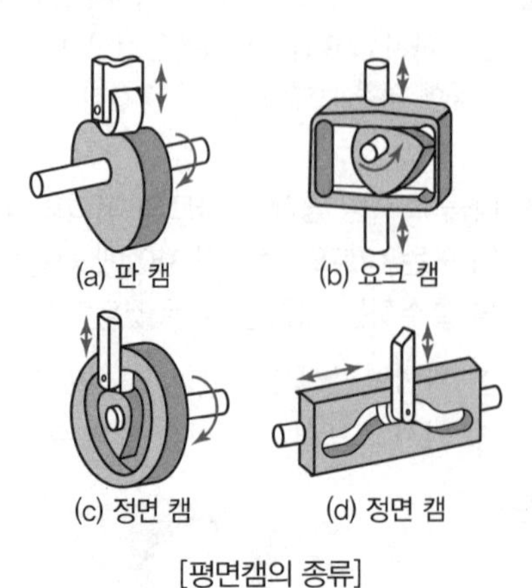

[평면캠의 종류]

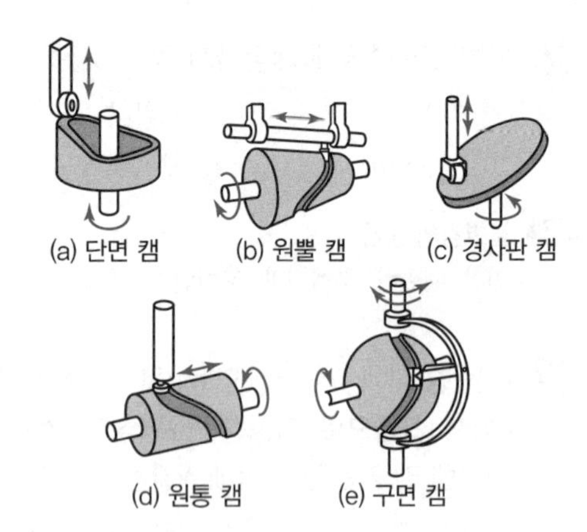

[입체 캠의 종류]

16 다음과 같은 기하공차에 대한 설명으로 틀린 것은?

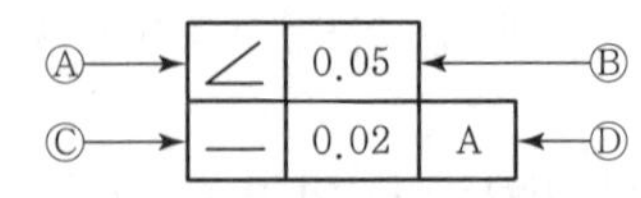

① Ⓐ : 경사도 공차
② Ⓑ : 공차값
③ Ⓒ : 평행도 공차
④ Ⓓ : 데이텀을 지시하는 문자기호

풀이 — : 직진도(진직도) 공차

17 끼워맞춤 기호의 치수 기입이 바르게 된 것은?

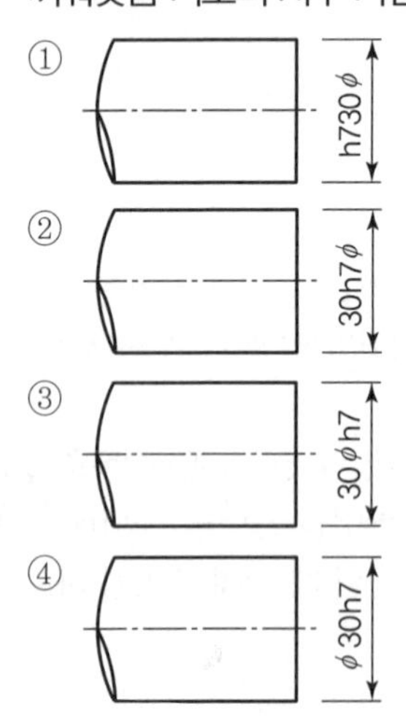

풀이 ϕ30h7 : 기준치수(ϕ30) 다음에 끼워맞춤 공차(h7)를 기입한다.

정답 | 14 ④ 15 ④ 16 ③ 17 ④

18 표면 거칠기 기호를 기입할 때 가공방법의 지시기호가 바르게 연결된 것은?

① D : 밀링가공
② S : 선반가공
③ M : 연삭가공
④ B : 보링가공

풀이
- B : 보링가공
- D : 드릴가공
- M : 밀링가공
- L : 선반가공
- G : 연삭가공

19 다음 중 회전 도시 단면도로 나타내기에 가장 적합한 물체는?

① 바퀴의 암 ② 리벳
③ 테이퍼 핀 ④ 너트

풀이 회전 도시 단면도 : 물체의 한 부분을 자른 다음, 자른 면만 90° 회전시켜 형상을 나타내는 기법으로 바퀴의 암(arm), 리브, 형강, 훅 등에 많이 적용한다.

20 도면과 같은 제품을 드릴 지름 18mm로 구멍을 뚫을 때, 관통 구멍부인 플랜지의 두께 치수는?

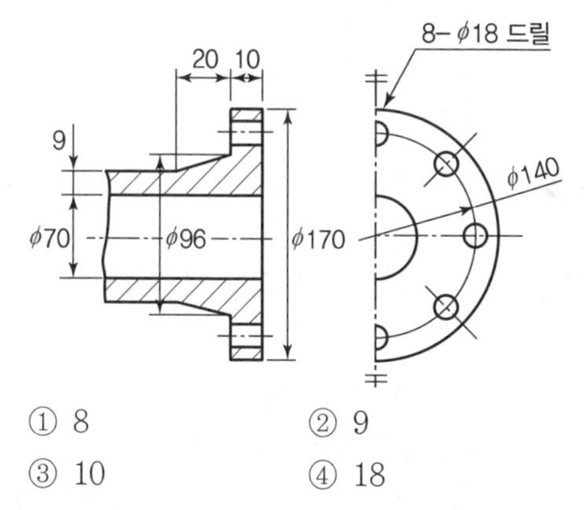

① 8 ② 9
③ 10 ④ 18

풀이 아래 그림처럼 드릴 지름 18mm로 뚫린 구멍을 2점 쇄선으로 연결하면 두께가 10mm라는 것을 알 수 있다.

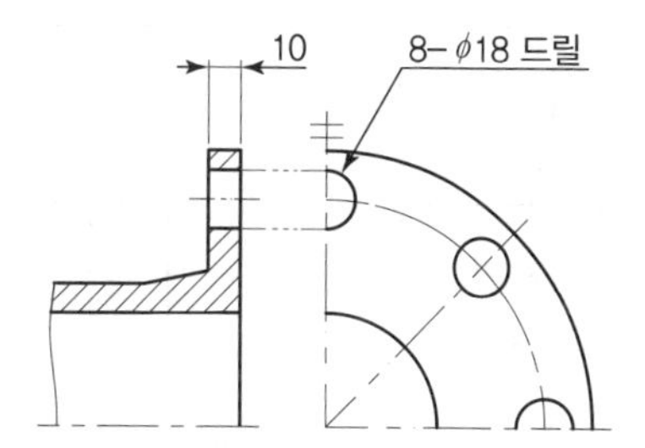

21 스프링을 도시할 경우 그림 안에 기입하기 힘든 사항은 일괄하여 스프링 요목표에 기입한다. 압축 코일 스프링의 경우 스프링 요목표에 기입되지 않는 내용은?

① 재료의 지름
② 감김 방향
③ 자유 길이
④ 초기 장력

풀이 초기장력은 '인장 코일 스프링 요목표'에 기입하는 항목이다.

[압축 코일 스프링 요목표]

구분 \ 품번	
재료 지름	ϕ4
코일 평균 지름	ϕ26
총 감김 수	11.5
유효 감김 수	9.5
감긴 방향	오른쪽
자유 길이	80
표면처리	숏피닝
방청처리	방청유 도포

22 그림과 같은 제3각법으로 정투상도를 작도할 때 정면도와 우측면도에 가장 적합한 평면도는?

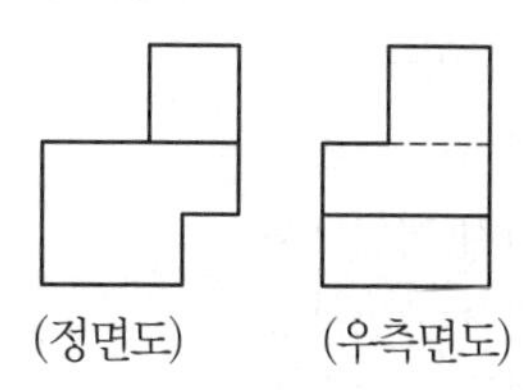

정답 | 18 ④ 19 ① 20 ③ 21 ④ 22 ④

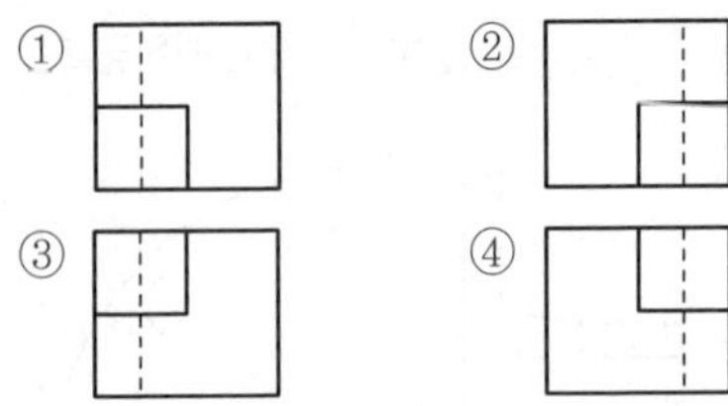

풀이

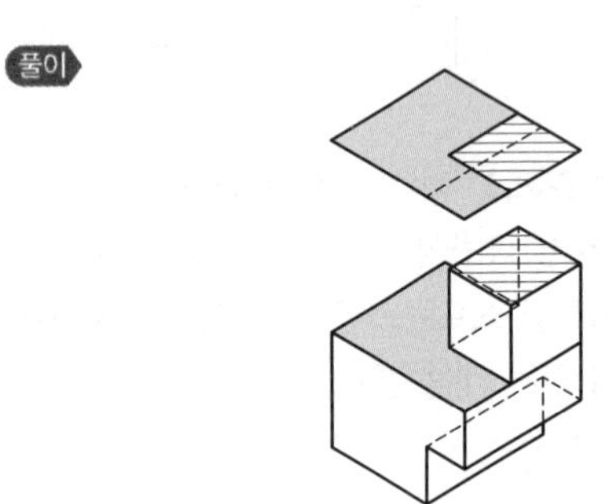

23 다음 중 치수 입력 시 숫자와 병기해서 사용하지 않는 기호는?

① C ② R
③ Sø ④ ⌖

풀이 ⌖는 존재하지 않는 기호다.

- C : 45°의 모떼기
- R : 반지름
- Sø : 구의 지름

24 기계제도에서 선의 굵기가 굵은 실선인 것은?

① 숨은선 ② 지시선
③ 외형선 ④ 해칭선

풀이 외형선(굵은 실선, ————) : 물체의 보이는 부분의 모양을 표시하는 데 사용

25 구멍의 최대 치수가 축의 최소 치수보다 작은 경우이며 항상 죔새가 생기는 끼워맞춤을 무엇이라 하는가?

① 헐거운 끼워맞춤
② 억지 끼워맞춤
③ 중간 끼워맞춤
④ 조립 끼워맞춤

풀이
- 억지 끼워맞춤 : 조립하였을 때 항상 구멍과 축 사이에 죔새가 있다.
- 죔새 : 구멍의 치수가 축의 치수보다 작을 때 발생하며 조립 전의 구멍과 축의 치수 차를 말한다.

26 연삭 가공의 특징이 아닌 것은?

① 재료가 열처리되어 단단해진 공작물의 가공에 적합하다.
② 작은 충격으로 파괴되는 기계적 성질이 있는 공작물의 가공에 적합하다.
③ 높은 치수 정밀도가 요구되는 부품의 가공에 적합하다.
④ 경도가 높은 재료와 부드러운 고무류의 재료는 가공이 불가능하다.

풀이 경도가 높은 재료와 부드러운 고무류의 재료를 가공할 수 있다.

27 밀링의 절삭방법 중 하향절삭의 설명에 해당되지 않는 것은?

① 백래시를 제거하여야 한다.
② 절삭된 칩이 가공된 면 위에 쌓이므로 가공할 면을 잘 볼 수 있다.
③ 절삭력이 하향으로 작용하여, 가공물 고정이 유리하다.
④ 상향절삭에 비해 날의 마멸이 많고 수명이 짧다.

풀이 상향절삭에 비해 날의 마멸이 적고 수명이 길다.

28 버니어 캘리퍼스의 측정 시 주의사항 중 잘못된 것은

① 측정 시 측정면을 검사하고 본척과 부척의 0점이 일치하는가를 확인한다.
② 깨끗한 헝겊으로 닦아서 버니어가 매끄럽게 이동되도록 한다.
③ 측정 시 공작물을 가능한 한 힘 있게 밀어붙여 측정한다.

정답 | 23 ④ 24 ③ 25 ② 26 ④ 27 ④ 28 ③

④ 눈금을 읽을 때는 시차를 없애기 위해 눈금면의 직각 방향에서 읽는다.

풀이 측정 시 공작물을 힘 있게 밀어붙여 측정하면 공작물에 따라 눌림이 발생하여 오차가 생길 수 있다.

29 연한 재질의 일감을 고속 절삭할 때 주로 생기는 칩의 형태는?

① 전단형 ② 균열형
③ 유동형 ④ 열단형

풀이 **유동형 칩**

㉠ 바이트의 경사면에 따라 흐르듯이 연속적으로 발생하는 칩으로서, 절삭저항의 크기가 변하지 않고 진동이 없어 절삭면이 깨끗하다.

㉡ 절삭조건
- 신축성이 크고 소성 변형하기 쉬운 재료(연강, 동, 알루미늄 등)
- 바이트의 윗면 경사각이 클 때
- 절삭속도가 클 때
- 절삭량이 적을 때
- 인성이 크고, 연한 재료

30 아베의 원리에 어긋나는 측정 게이지는?

① 외측 마이크로미터
② 버니어 캘리퍼스
③ 다이얼 게이지
④ 나사 마이크로미터

풀이 버니어 캘리퍼스는 측정 물체와 측정 기구의 눈금이 일직선상에 있지 않으므로 아베의 원리에 맞지 않는다.

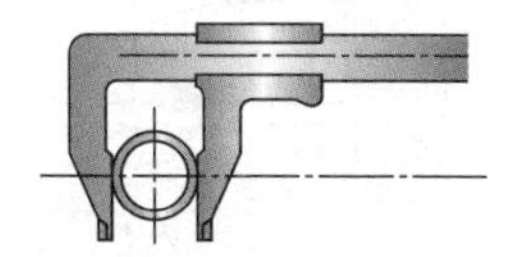

[버니어 캘리퍼스]

아베의 원리

측정 정밀도를 높이기 위해서 측정 물체와 측정 기구의 눈금을 측정 방향으로 동일선상에 배치해야 한다는 원리

31 선반에서 바이트의 윗면 경사각에 대한 일반적인 설명으로 틀린 것은??

① 경사각이 크면 절삭성이 양호하다.
② 단단한 피삭재는 경사각을 크게 한다.
③ 경사각이 크면 가공 표면 거칠기가 양호하다.
④ 경사각이 크면 인선강도가 약해진다.

풀이 단단한 피삭재는 경사각을 작게 한다.

32 시준기와 망원경을 조합한 것으로 미소 각도를 측정하는 광학적 측정기는?

① 오토콜리메이터
② 사인바
③ 콤비네이션 세트
④ 측장기

풀이 **오토콜리메이터**

시준기와 망원경을 조합한 것으로서 미소 각도 측정, 진직도 측정, 평면도 측정 등에 사용되는 광학적 측정기이다.

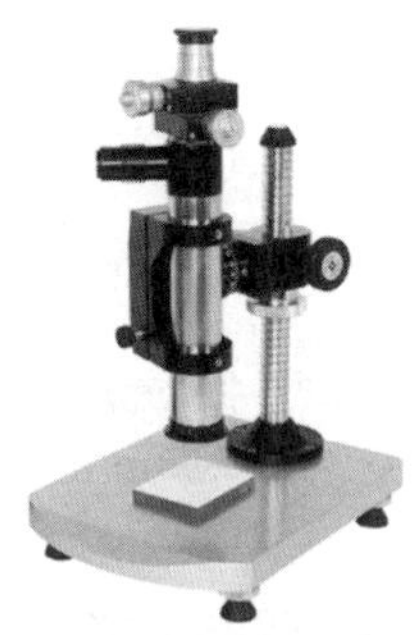

33 밀링머신의 부속품에 해당하는 것은?

① 면판
② 방진구
③ 맨드릴
④ 분할대

풀이 면판, 방진구, 맨드릴은 선반의 부속품이다.

정답 | 29 ③ 30 ② 31 ② 32 ① 33 ④

34 바이트에 관한 다음 설명 중 틀린 것은?

① 윗면 경사각이 크면 절삭성이 좋다.
② 여유각은 공구의 앞면이나 옆면의 공작물과의 마찰을 줄이기 위한 각이다.
③ 칩(chip)을 연속적으로 길게 흐르게 하기 위해 칩브레이커를 붙인다.
④ 바이트의 종류에는 단체 바이트와 클램프 바이트 등이 있다.

풀이 칩브레이커 : 유동형 칩에 의한 가공 표면의 상처, 작업자의 안전 위협, 절삭유 공급 및 절삭 가공 방해를 막기 위해 칩을 인위적으로 짧게 끊어 주는 장치

35 밀링커터를 매분 220rpm으로 회전시켜 절삭속도 110m/min로 공작물을 절삭하려 할 때 밀링커터의 직경은 약 몇 mm인가?

① 150 ② 160
③ 170 ④ 180

풀이 $V=\dfrac{\pi dn}{1,000}$에서

밀링커터의 직경 $d=\dfrac{1,000\,V}{\pi n}$

$=\dfrac{1,000\times 110}{\pi\times 220}\fallingdotseq 160\text{mm}$

여기서, n : 회전수(rpm)

V : 절삭속도(m/min)

36 일반적으로 드릴링머신에서 가공하기 곤란한 작업은?

① 카운터싱킹
② 스플라인 홈
③ 스폿페이싱
④ 리밍

풀이 스플라인 홈 → 브로칭머신, 슬로터 등에서 가공한다.

37 여러 가지 절삭공구를 방사형으로 공정에 맞게 설치하여 볼트, 작은 나사 및 핀과 같은 작은 일감을 대량 생산하거나 능률적으로 가공할 때 주로 사용하는 선반은?

① 터릿선반
② 자동선반
③ 모방선반
④ 공구선반

풀이 **터릿선반**

보통선반의 심압대 대신에 터릿으로 불리는 회전 공구대를 설치하여 여러 가지 절삭공구를 공정에 맞게 설치하여 간단한 부품을 대량 생산하는 선반

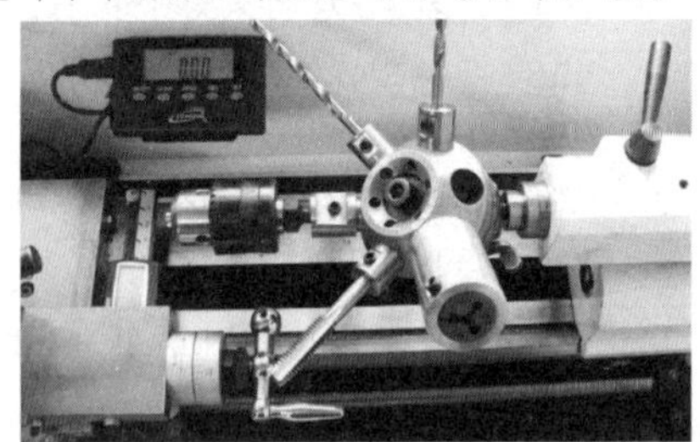

38 길이가 짧고 테이퍼 각이 큰 공작물을 테이퍼 가공하는 데 가장 적합한 방법은?

① 심압대를 편위시키는 방법
② 테이퍼 절삭장치를 사용하는 방법
③ 복식 공구대를 경사시키는 방법
④ 총형 바이트를 이용하는 방법

풀이 복식 공구대를 경사시키는 방법은 공작물의 길이가 짧고 경사각이 큰 테이퍼 가공 시 적합하다.

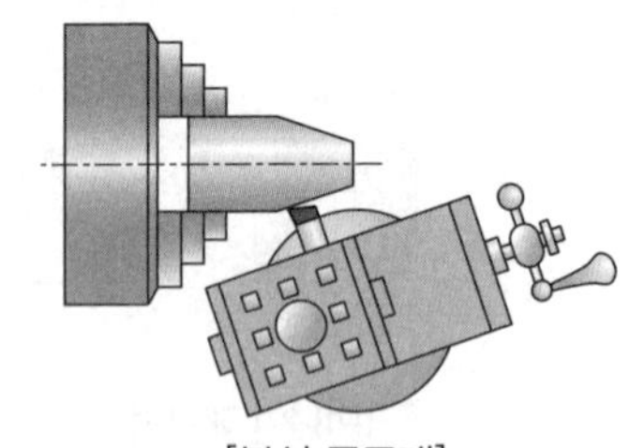

[복식 공구대]

정답 | 34 ③ 35 ② 36 ② 37 ① 38 ③

39 구성인선(built up edge)에 대한 설명으로 틀린 것은?

① 발생 시 표면 거칠기가 불량하게 된다.
② 발생과정은 '발생 → 성장 → 최대성장 → 분열 → 탈락'의 순서이다.
③ 공구의 윗면 경사각을 작게 하고 절삭속도를 크게 하여 방지할 수 있다.
④ 연성의 재료를 가공할 때 칩이 공구 선단에 융착되어 실제 절삭날의 역할을 하는 퇴적물이다.

풀이 구성인선은 공구의 윗면 경사각을 크게 하고 절삭속도를 크게 하여 방지할 수 있다.

40 직경이 크고 길이가 짧은 공작물을 가공할 때, 사용하는 선반은?

① 보통선반 ② 정면선반
③ 탁상선반 ④ 터릿선반

풀이 **정면선반**
- 직경이 크고 길이가 짧은 공작물 가공
- 가공물 : 대형 풀리, 플라이휠, 기차바퀴

41 탭으로 암나사를 가공하기 위해서는 먼저 드릴로 구멍을 뚫고 탭 작업을 해야 한다. M6×1.0의 탭을 가공하기 위한 드릴 지름을 구하는 식으로 맞는 것은?(단, d=드릴 지름, M=수나사의 바깥지름, P=나사의 피치이다.)

① $d=M\times P$ ② $d=M-P$
③ $d=P-M$ ④ $d=M-2P$

풀이 드릴링 직경(1차 가공)=나사 바깥지름−피치

42 공작기계의 기본운동에 속하지 않는 것은?

① 이송운동 ② 절삭운동
③ 급속회전운동 ④ 위치조정운동

풀이 **공작기계의 기본운동**
절삭운동, 이송운동, 위치조정운동

43 G96 S200 M03 ; 프로그램의 내용을 바르게 설명한 것은?

① 주축 회전수 200rpm으로 주축 역회전
② 절삭속도 200m/min로 일정하게 주축 역회전
③ 절삭속도 200m/min로 일정하게 주축 정회전
④ 주축회전수 200rpm으로 주축 정회전

풀이
- G96 : 절삭속도 일정 제어
- S200 : 200m/min
- M03 : 주축 정회전

44 CNC 공작기계의 조작판에서 선택적 프로그램 정지(optional program stop)를 나타내는 M기능은?

① M00 ② M01
③ M02 ④ M05

풀이
- M00 : 프로그램 정지
- M01 : 선택적 프로그램 정지
- M02 : 프로그램 종료
- M05 : 주축 정지

45 공구 날 끝 반경 보정에 관한 설명으로 틀린 것은?

① G40은 공구 날 끝 반경 보정 취소이다.
② G41은 공구 날 끝 좌측 보정이다.
③ 공구 날 끝 반경 보정을 하려면 인선(날 끝) 반지름과 가상 인선 번호를 설정해야 한다.
④ 직선이나 테이퍼 가공에서는 공구 날 끝 보정을 할 필요가 없다.

풀이 테이퍼 가공이나 원호 가공의 경우 반드시 공구 날 끝 보정을 해야 한다.

정답 | 39 ③ 40 ② 41 ② 42 ③ 43 ③ 44 ② 45 ④

46 다음 CNC 선반 나사 가공 프로그램에서 Q의 주소기능은?

```
G32 X29.3 Z-31.5 Q180 F3.0 ;
```

① 미터 나사
② 나사의 리드
③ 나사의 각도
④ 다줄 나사 가공 시 절입각도

풀이
- Q : 다줄 나사 가공 시 절입각도(1줄 나사의 경우 생략한다.)
- G32 : 나사 절삭
- X29.3 Z-31.5 : 나사 절삭의 끝점 좌표
- F3.0 : 나사의 리드

47 CNC 선반의 원점복귀 기능 중 자동 원점 복귀를 나타내는 것은?

① G27　　② G28
③ G29　　④ G30

풀이
- G27 : 원점 복귀 확인
- G28 : 자동 원점 복귀
- G29 : 원점으로부터의 복귀
- G30 : 제2, 3, 4 원점 복귀

48 다음 중 CAM(Computer Aided Manufacturing)의 정보처리 흐름으로 올바른 것은?

① 도형 정의 → 곡선 및 곡면의 정의 → NC 코드 생성 → 공구경로 생성 → DNC 전송
② 도형 정의 → 공구경로 생성 → NC 코드 생성 → 곡선 및 곡면 정의 → DNC 전송
③ 도형 정의 → 곡선 및 곡면 정의 → 공구경로 생성 → NC 코드 생성 → DNC 전송
④ 곡선 및 곡면 정의 → 도형 정의 → NC 코드 생성 → 공구경로 생성 → DNC 전송

풀이 **CAM의 정보처리 흐름**
도형 정의 → 곡선 및 곡면 정의 → 공구경로 생성 → NC 코드 생성 → DNC 전송

49 CNC 선반에서 바깥지름 가공을 하고자 한다. 날 끝 반지름 보정(G41)을 사용하지 않아도 올바른 가공이 되는 것은?

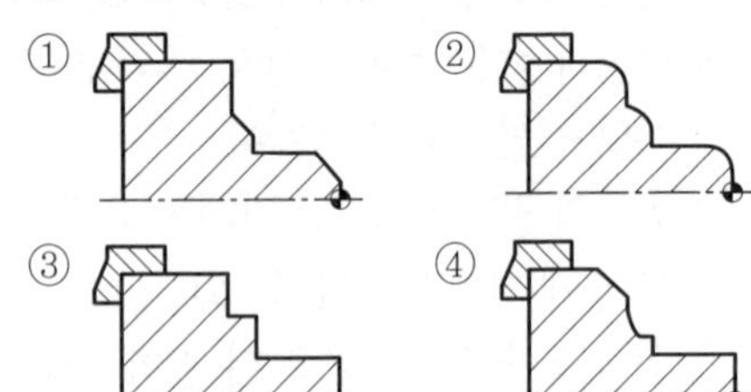

풀이 ③은 직선가공만 존재하므로 날 끝 반지름 보정(G41)을 사용하지 않아도 올바른 가공을 할 수 있다. ①, ②, ④는 테이퍼나 원호가공을 하여야 하므로 반드시 날 끝 반지름 보정(G41)을 사용하여야 한다.

50 CNC 선반에서 NC 프로그램을 작성할 때 소수점을 사용할 수 있는 어드레스만으로 구성된 것은?

① X, U, R, F
② W, I, K, P
③ Z, G, D, Q
④ P, X, N, E

풀이 NC 프로그램을 작성할 때 FANUC 시스템에서의 소수점 사용은 길이를 나타내는 수치 데이터와 함께 사용되는 어드레스(X, Y, Z, U, V, W, A, B, C, I, J, K, R, F) 다음의 수치 데이터에만 가능하다.

51 드릴 작업 시 주의할 사항을 잘못 설명한 것은?

① 얇은 일감의 드릴 작업 시 일감 밑에 나무 등을 놓고 작업한다.
② 드릴 작업 시 면장갑을 끼지 않는다.
③ 회전을 정지시킨 후 드릴을 고정한다.
④ 작은 일감은 손으로 단단히 붙잡고 작업한다.

풀이 드릴 작업 시 작은 일감이라고 하더라도 정확하게 고정하여 작업한다.

정답 | 46 ④　47 ②　48 ③　49 ③　50 ①　51 ④

52 공작기계 작업 안전에 대한 설명 중 잘못된 것은?

① 표면 거칠기는 가공 중에 손으로 검사한다.
② 회전 중에는 측정하지 않는다.
③ 칩이 비산할 때는 보안경을 사용한다.
④ 칩은 솔로 제거한다.

풀이 가공 중 표면 거칠기는 눈으로 확인하고, 손을 이용하여 확인할 경우에는 주축 회전이 정지된 상태에서 해야 한다.

53 다음 CNC 선반 프로그램에서 공작물 직경이 10mm일 때의 주축의 회전수는 몇 rpm인가?

```
G50 X150.0 Z200.0 S2000 T0100 ;
G96 S120 M03 ;
```

① 382　② 1,000
③ 2,000　④ 3,820

풀이
- G96 : 절삭속도(m/min) 일정 제어
- $N=\dfrac{1,000S}{\pi D}=\dfrac{1,000\times120}{\pi\times10}$
  $=3,819.72 \fallingdotseq 3,820$
  여기서, N : 주축의 회전수(rpm)
  S : 절삭속도(m/min) ⇒ S120
  D : 공작물의 지름(mm) ⇒ ϕ10mm

그러나 G50에서 주축 최고 회전수를 2,000rpm으로 제한하였기 때문에 ϕ10mm일 때, 주축의 회전수는 3,820rpm이 아니라 2,000rpm이다.

54 CNC 선반에서 원호보간에 주어진 데이터가 시작점과 원호 중심과의 거리일 경우 지령 방법으로 옳은 것은?

① I, K　② R
③ P　④ Q

풀이 I, K : R 지령 대신 사용, 원호 시작점에서 중심점까지의 거리(반경지령)

55 기계의 테이블에 직접 스케일을 부착하여 위치를 검출하고, 서보모터에서 속도를 검출하는 그림과 같은 서보 기구는?

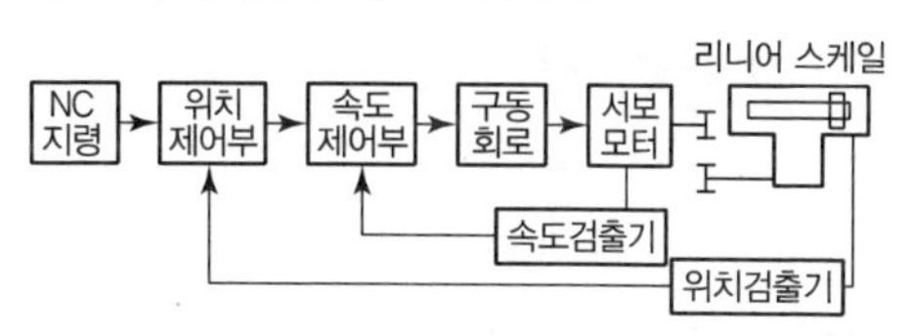

① 개방회로 방식
② 반폐쇄회로 방식
③ 폐쇄회로 방식
④ 반개방회로 방식

56 다음 CNC 선반의 안 · 바깥 지름 거친 절삭 사이클(G71)의 내용을 설명한 것 중 틀린 것은?

```
G71 P100 Q200 U0.6 W0.3 D2000 F0.25 ;
```

① P100 Q200은 다듬절삭가공 지령절의 첫 번째 전개번호와 마지막 전개번호이다.
② U0.6은 X축 방향 다듬절삭여유(지름 지령)이다.
③ W0.3은 Z축 방향 다듬절삭여유이다.
④ D2000은 가공길이(지름 지령)이다.

풀이 D2000은 1회 X축 방향 가공깊이(절삭깊이)를 뜻하며, 반경지령 및 소수점 지령이 불가능하다.

57 다음은 머시닝센터에서 구멍 가공 모드를 설명한 것이다. 잘못 연결된 것은?

```
G_ X_ Y_ Z_ R_ Q_ P_ F_ L_ ;
```

① Y－구멍 위치 데이터
② R－가공 시작점 데이터
③ P－구멍 수량 데이터
④ L－반복 횟수 데이터

풀이 P : 구멍 바닥에서의 휴지(일시정지) 시간

정답 | 52 ① 53 ③ 54 ① 55 ③ 56 ④ 57 ③

58 CNC 장비의 점검 내용 중 매일 점검 사항이 아닌 것은?

① 외관 점검
② 유량 점검
③ 압력 점검
④ 기계 본체 수평 점검

풀이 기계 본체 수평 점검은 매년 점검 사항이다.

59 CNC 프로그램에서 공구길이 보정과 관계없는 준비기능은?

① G42 ② G43
③ G44 ④ G49

풀이
- G42 : 공구지름 보정 우측
- G43 : 공구길이 보정 '+'
- G44 : 공구길이 보정 '−'
- G49 : 공구길이 보정 취소

60 CAD/CAM 시스템의 이용 효과를 잘못 설명한 것은?

① 작업의 효율화와 합리화
② 생산성 향상 및 품질 향상
③ 분석 능력 저하와 편집 능력의 증대
④ 표준화 데이터의 구축과 표현력 증대

풀이 CAD/CAM 이용 시 분석 능력의 향상과 편집 능력의 증대 효과가 있다.

정답 | 58 ④ 59 ① 60 ③

제4회 CBT 모의고사

01 청동에 탈산제인 P을 1% 이하로 첨가하여 용탕의 유동성과 합금의 경도 · 강도를 향상시키고, 내마멸성과 탄성을 개선시킨 것은?

① 망간청동
② 인청동
③ 알루미늄청동
④ 규소청동

풀이 **인청동[청동 + 인(P)]**
- 합금 중에 P(0.05~0.5%)을 잔류시키면 구리 용융액의 유동성이 좋아지고, 강도, 경도, 탄성률 등 기계적 성질이 개선되며 내식성이 좋아진다.
- 기어, 캠, 축, 베어링, 코일 스프링, 스파이럴 스프링 등에 사용한다.
- 스프링용 인청동은 Sn(7.0~9.0%)+P(0.03~0.35%)의 합금이며 전연성, 내식성, 내마멸성이 좋고, 자성이 없어 통신기기, 계기류 등의 고급 스프링 재료로 사용한다.

02 황동의 내식성을 개량하기 위하여 7 : 3 황동에 1% 정도의 주석을 넣은 것은?

① 톰백
② 네이벌 황동
③ 애드미럴티 황동
④ 델타메탈

풀이 애드미럴티 황동은 7-3 황동+1% Sn으로, 해수에 대한 내식성이 풍부하고 전연성이 좋아 증발기, 열교환기 등의 관에 사용된다.

03 알루미늄 합금을 주조용과 가공용으로 분류했을 때 가공용 알루미늄 합금에 속하는 것은?

① 실루민
② 라우탈
③ 하이드로날륨
④ 두랄루민

풀이 두랄루민은 Al-Cu-Mg-Mn계 고강도 Al 합금이며, 시효경화처리의 대표적인 합금이다. 항공기, 자동차, 리벳, 기계 등에 사용한다.

04 풀림의 목적이 아닌 것은?

① 잔류응력 제거
② 경도의 저하
③ 절삭성 저하
④ 냉간 가공성의 개선

풀이 풀림은 재료를 연화시켜 절삭성을 향상시킨다.

05 알루미늄 합금인 Y 합금은 어떤 성질이 가장 우수한가?

① 취성
② 부식성
③ 마멸성
④ 내열성

풀이 Y 합금 : Al-Cu-Ni-Mg계 내열용 합금으로 석출경화되며 시효경화 처리한다.

정답 | 01 ② 02 ③ 03 ④ 04 ③ 05 ④

06 초경합금에 대한 설명으로 맞는 것은?

① 대표적인 절삭용 공구재료로서 일명 HSS (high speed steel)라 함
② 알루미나(Al_2O_3)를 주성분으로 소결시킨 일종의 도기
③ Co-Cr-W를 금형에 주조 연마한 합금
④ 금속 탄화물을 고압으로 성형, 소결시킨 분말 야금 합금

풀이 초경합금

- 탄화물 분말[탄화텅스텐(WC), 탄화티탄늄(TiC), 탄화탈탈룸(TaC)]을 비교적 인성이 있는 코발트(Co), 니켈(Ni)을 결합제로 하여 고온압축소결시켜 만든다.
- 고온, 고속 절삭에서도 경도를 유지하므로 절삭공구로서 성능이 우수하다.
- 취성이 커서 진동이나 충격에 약하다.

07 용융상태의 주철에 마그네슘, 세륨, 칼슘 등을 첨가시켜 만든 주철은?

① 합금주철 ② 구상흑연주철
③ 칠드주철 ④ 가단주철

풀이 구상흑연주철

- 편상흑연(강도와 연성이 작고, 취성이 있음)을 구상흑연(강도와 연성이 큼)으로 개선한 주철
- 주철을 구상화하기 위하여 P과 S의 양은 적게 하고, 마그네슘(Mg), 칼슘(Ca), 세륨(Ce) 등을 첨가한다.
- 보통주철과 비교해 내마멸성, 내열성, 내식성이 대단히 좋아 크랭크축, 브레이크 드럼에 사용된다.
- 구상흑연주철은 조직에 따라 페라이트형, 펄라이트형, 시멘타이트형으로 분류된다.

08 너트(nut)의 풀림을 방지하기 위하여 주로 사용되는 핀은?

① 평행 핀 ② 분할 핀
③ 테이퍼 핀 ④ 스프링 핀

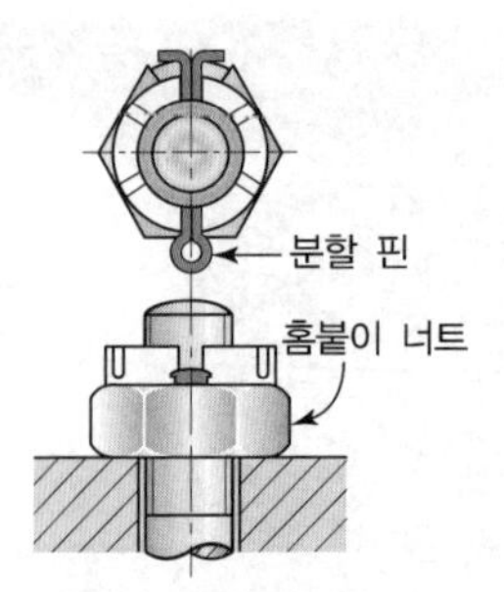

[분할 핀과 홈붙이 너트를 이용한 풀림 방지]

09 베어링 호칭 번호가 6208로 표시되어 있을 때 내경 치수로 옳은 것은?

① 40mm ② 60mm
③ 62mm ④ 80mm

풀이
- 62 : 깊은 홈 볼 베어링을 나타냄
- 08 : 안지름 번호(8×5=40mm)

10 3kN의 짐을 들어 올리는 데 필요한 볼트의 바깥지름은 약 몇 mm 이상이어야 하는가?(단, 볼트 재료의 허용인장응력은 4MPa이다.)

① 32.24 mm ② 38.73 mm
③ 42.43 mm ④ 48.45 mm

풀이 외경 $d_2 = \sqrt{\dfrac{2Q}{\sigma}} = \sqrt{\dfrac{2\times 3\times 10^3}{4\times 10^6}}$

$= 0.03873\text{m} = 38.73\text{mm}$

11 결합용 기계요소가 아닌 것은?

① 축 ② 핀
③ 리벳 ④ 볼트

풀이 축은 동력 전달용 기계요소이다.

12 스프링의 용도에 대한 설명 중 틀린 것은?

① 힘의 측정에 사용된다.
② 마찰력 증가에 이용한다.
③ 일정한 압력을 가할 때 사용한다.
④ 에너지를 저축하여 동력원으로 작동시킨다.

정답 | 06 ④ 07 ② 08 ② 09 ① 10 ② 11 ① 12 ②

풀이 **스프링의 용도**
- 압력의 제한(안전 밸브) 및 힘의 측정(압력 게이지, 저울)
- 기계 부품의 운동 제한 및 운동 전달(내연 기관의 밸브 스프링)
- 에너지 축적(시계 태엽)
- 진동 흡수, 충격 완화(철도, 차량)

13 연신율이 20%이고, 파괴되기 직전의 늘어난 시편의 전체 길이가 30cm일 때 시편의 본래의 길이는?

① 20cm ② 25cm
③ 30cm ④ 35cm

풀이 연신율 $\varepsilon = \frac{\Delta l}{l} \times 100 = \frac{l'-l}{l} \times 100$

$\therefore$ 시편 본래의 길이 $l = \frac{l'}{1+\frac{\varepsilon}{100}}$

$= \frac{30}{1+0.2} = 25\text{cm}$

14 가장 널리 쓰이는 키(key)로 축과 보스 양쪽에 키 홈을 파서 동력을 전달하는 것은?

① 성크 키 ② 반달 키
③ 접선 키 ④ 원뿔 키

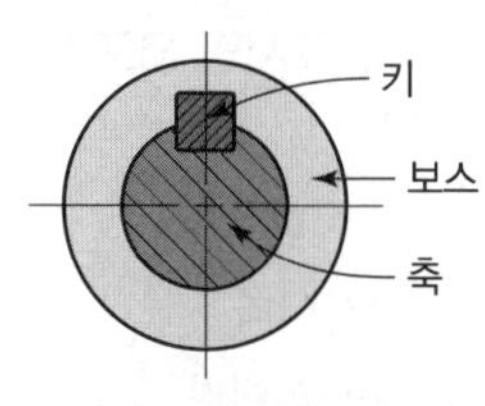

[성크(묻힘) 키]

15 외부로부터 작용하는 힘이 재료를 구부려 휘어지게 하는 형태의 하중은?

① 인장하중
② 압축하중
③ 전단하중
④ 굽힘하중

풀이 **굽힘하중**
중립축을 기준으로 인장, 압축이 걸린다.

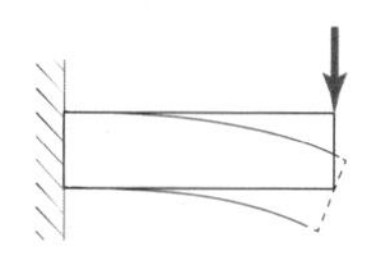

16 베어링 번호 표시가 6815일 때 안지름 치수는 몇 mm인가?

① 15mm
② 65mm
③ 75mm
④ 315mm

풀이
- 6815 : 베어링 번호 표시
- 68 : 베어링 계열번호(깊은 홈 볼베어링)
- 15 : 안지름 번호

따라서, 안지름 치수는 $15 \times 5 = 75\text{mm}$

17 그림과 같은 입체도에서 화살표 방향이 정면일 경우 제3각법으로 제도한 것으로 가장 올바른 것은?

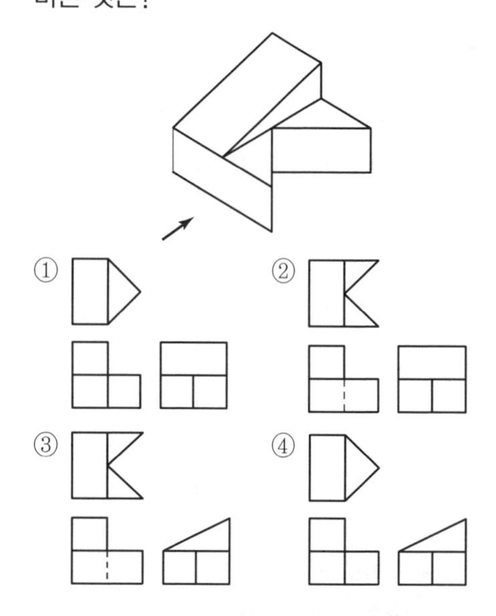

정답 | 13 ② 14 ① 15 ④ 16 ③ 17 ③

풀이

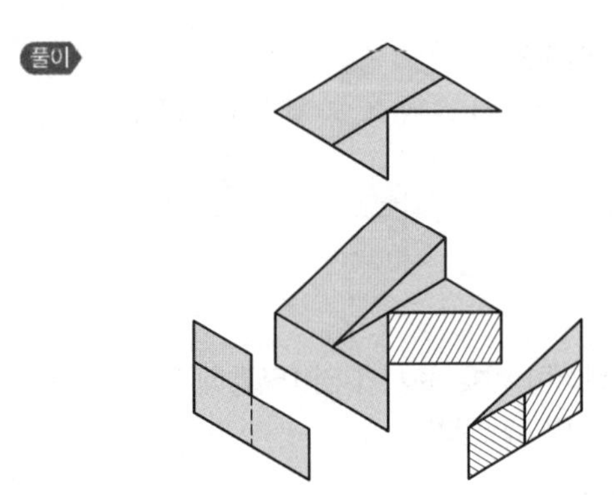

18 그림과 같은 도면에서 A, B, C, D 선의 용도에 의한 명칭이 틀린 것은?

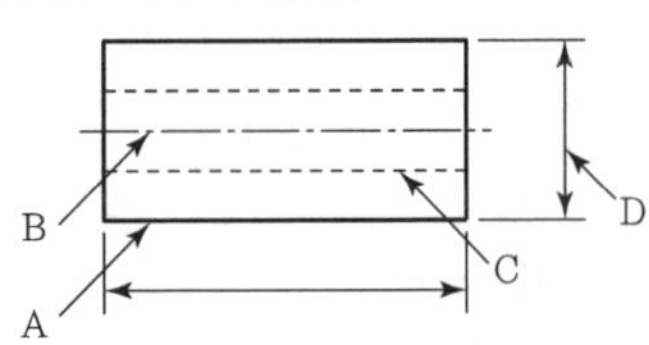

① A : 외형선
② B : 중심선
③ C : 숨은선
④ D : 치수보조선

풀이 D : 치수선

19 맞물리는 1쌍의 기어의 간략도에서 보기의 기호는 어느 기어에 해당하는가?

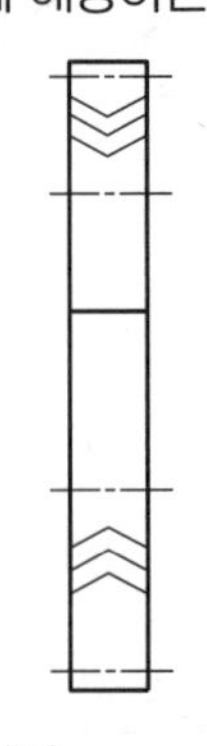

① 하이포이드 기어
② 이중 헬리컬 기어
③ 스파이럴 베벨 기어
④ 스크루 기어

풀이

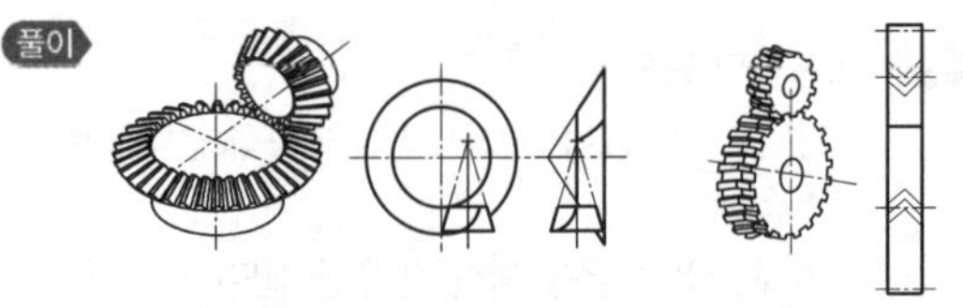

[하이포이드 기어] [이중 헬리컬 기어]

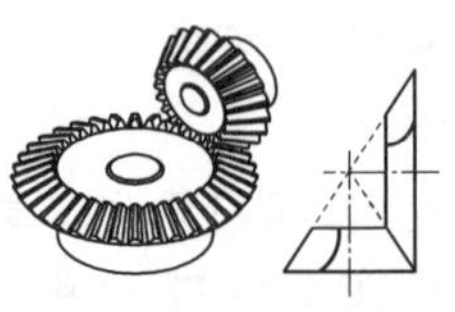

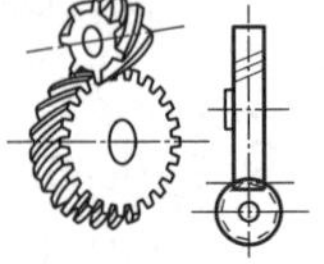

[스파이럴 베벨 기어] [나사 기어]

20 표면 거칠기의 표시 중 그림과 같은 면의 지시 기호가 나타내는 의미는?

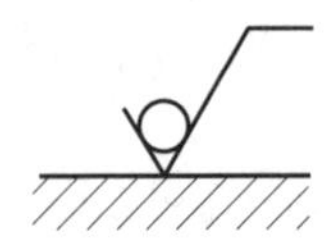

① 제거가공을 허락하지 않는 것을 지시
② 제거가공이 필요하다는 것을 지시
③ 절삭 등 제거가공의 필요 여부를 문제 삼지 않는 지시
④ 가공면을 정밀 연삭해야 하는 지시

풀이 : 제거가공을 허락하지 않는 것을 지시한다.

21 도면의 나사 표시인 M50×2－6H의 해설로 틀린 것은?

① 오른나사이다.
② 한 줄 나사이다.
③ 피치는 6mm이다.
④ 호칭지름은 50mm이다.

풀이
- M50×2 : 호칭지름이 50mm, 피치가 2mm인 미터 가는 나사
- 6H : 암나사의 등급을 표시, 별다른 표시가 없으면 오른나사이다.

정답 | 18 ④ 19 ② 20 ① 21 ③

22 치수에 사용되는 치수보조기호 설명으로 틀린 것은?

① Sϕ : 원의 지름
② R : 반지름
③ □ : 정사각형의 변
④ C : 45° 모떼기

풀이 ① Sϕ : 구의 지름을 나타낸다.

23 그림과 같은 도면의 단면도 명칭으로 가장 적합한 것은?

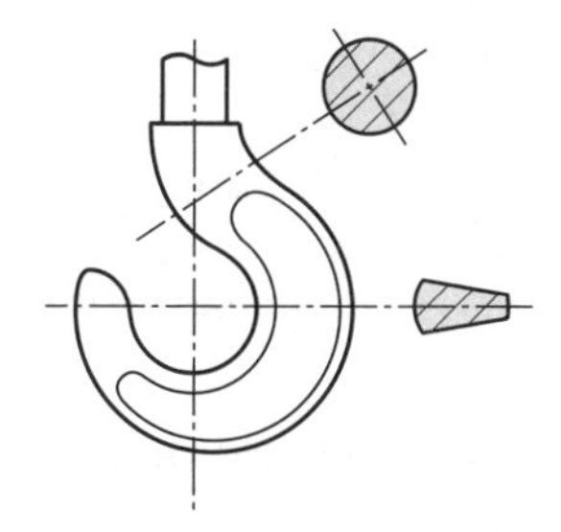

① 한쪽 단면도
② 회전 도시 단면도
③ 부분 단면도
④ 조합에 의한 단면도

풀이 회전 도시 단면도 : 물체의 한 부분을 자른 다음, 자른 면만 90° 회전시켜 형상을 나타내는 기법으로 바퀴의 암(arm), 리브, 형강, 훅 등에 많이 적용한다.

24 다음 중 최대 틈새가 가장 큰 끼워맞춤은?(단, 기준치수는 동일하다.)

① H6/h6 ② H6/g6
③ H6/f6 ④ H6/m6

풀이 H6/f6 : 헐거운 끼워맞춤 중에서 최대 틈새가 발생한다.

[구멍기준 H6의 끼워맞춤]

헐거운 끼워맞춤	f6, g5, g6, h5, h6
중간 끼워맞춤	js5, js6, k5, k6, m5, m6
억지 끼워맞춤	n6, p6

25 도면에서 가공방법을 지정할 때 표시하는 KS 약호가 틀린 것은?

① 드릴 가공 : D ② 밀링 가공 : M
③ 연삭 가공 : G ④ 선반 가공 : S

풀이 선반 가공 : L

26 연삭숫돌에 눈메움이나 무딤 현상이 일어나면 연삭성이 저하되므로, 숫돌 표면에서 칩을 제거하여 본래의 형태로 숫돌을 수정하는 작업은?

① 시닝 ② 클리닝
③ 드레싱 ④ 클램핑

[드레싱 작업]

[드레서]

27 높은 윤활효과를 얻도록 절삭유에 첨가제를 사용하는데, 동식물유에 사용하는 첨가제가 아닌 것은?

① 유황 ② 흑연
③ 아연 ④ 질소

풀이 동식물유에는 유황(S), 흑연(C), 아연(Zn)을 첨가한다.
※ 수용성 절삭유에는 인산염, 규산염을 첨가한다.

28 다음 중 특정한 모양이나 같은 치수의 제품을 대량생산하는 데 적합한 공작기계는?

① 전용 공작기계
② 범용 공작기계
③ 단능 공작기계
④ 만능 공작기계

풀이 전용 공작기계 : 같은 종류의 제품을 대량생산하기 위한 공작기계

정답 | 22 ① 23 ② 24 ③ 25 ④ 26 ③ 27 ④ 28 ①

29 밀링머신의 부속장치 중 주축의 회전운동을 직선 왕복운동으로 변화시키고, 바이트를 사용하여 가공물의 안지름에 키(key) 홈, 스플라인(spline), 세레이션(serration) 등을 가공하는 장치는?

① 슬로팅 장치 ② 밀링 바이스
③ 래크 절삭 장치 ④ 분할대

풀이 슬로팅 장치 : 수평 또는 만능 밀링머신의 주축머리(헤드)에 장착하여 슬로팅 머신과 같이 절삭공구를 상하로 왕복운동시켜 키 홈, 스플라인, 세레이션, 기어 등을 절삭하는 장치를 말한다.

30 다음 중 래핑(lapping)에 대한 설명으로 틀린 것은?

① 가공면은 윤활성 및 내마모성이 좋다.
② 랩은 원칙적으로 가공물의 경도보다 재질이 강한 것을 사용한다.
③ 게이지 블록, 한계 게이지 등의 게이지류 가공에 이용되고 있다.
④ 일반적인 작업방법은 습식 가공 후 건식 가공을 하는 것이다.

풀이 랩은 가공물의 재질보다 연한 것을 사용한다.

31 가늘고 긴 공작물을 센터나 척을 사용하여 지지하지 않고, 원통형 공작물의 바깥지름 및 안지름을 연삭하는 것은?

① 척 연삭 ② 공구 연삭
③ 수직 평면 연삭 ④ 센터리스 연삭

풀이 센터리스 연삭기 : 가늘고 긴 공작물의 외경을 센터나 척을 사용하지 않고 조정숫돌과 지지대로 지지하면서 연삭하는 방법

32 밀링 작업의 분할법 종류가 아닌 것은?

① 직접 분할법 ② 간접 분할법
③ 단식 분할법 ④ 차동 분할법

풀이 **밀링의 분할법**
직접 분할법, 단식 분할법, 차동 분할법

33 공구가 회전운동과 직선운동을 함께 하면서 절삭하는 공작기계는?

① 선반 ② 셰이퍼
③ 브로칭머신 ④ 드릴링머신

풀이

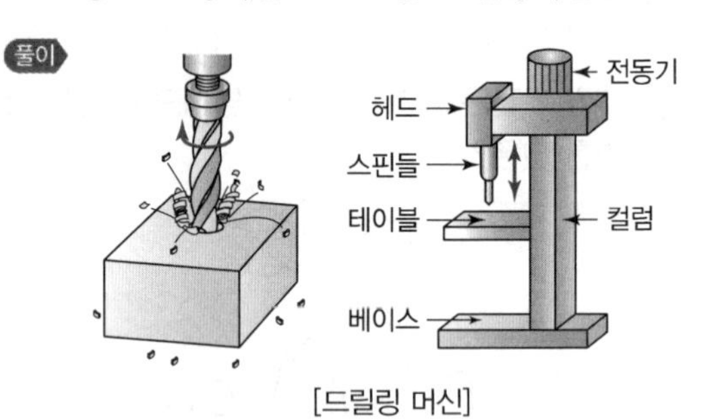

[드릴링 머신]

34 연삭 가공의 일반적인 특징으로 적합하지 않은 것은?

① 치수 정밀도가 높다.
② 칩의 크기가 매우 작다.
③ 가공면의 표면 거칠기가 불량하다.
④ 경화된 강과 같은 단단한 재료를 가공할 수 있다.

풀이 연삭 가공은 가공면이 매끄럽다.

35 절삭 가공할 때 절삭온도를 측정하는 방법이 아닌 것은?

① 손으로 측정
② 열전대로 측정
③ 칩의 색깔로 측정
④ 칼로리미터로 측정

풀이 **절삭온도 측정법**
- 칩의 색깔에 의한 방법
- 칼로리미터에 의한 방법
- 공구에 열전대를 삽입하는 방법
- 시온 도료를 사용하는 방법
- 공구와 일감을 열전대로 사용하는 방법
- 복사 고온계에 의한 방법

정답 | 29 ① 30 ② 31 ④ 32 ② 33 ④ 34 ③ 35 ①

36 절삭공구와 가공물의 마찰에 의하여 절삭공구의 옆면이 절삭면에 평행하게 마모되는 것은?

① 크레이터 마모 ② 치핑
③ 플랭크 마모 ④ 온도 파손

풀이 **플랭크 마모**
절삭면과 공구 여유면과의 마찰에 의해 공구 여유면이 마모되는 현상

37 화학적 가공의 일반적인 특징에 관한 설명으로 틀린 것은?

① 가공경화나 표면의 변질층이 생긴다.
② 재료의 표면 전체를 동시에 가공할 수 있다.
③ 재료의 경도나 강도에 관계없이 가공할 수 있다.
④ 변형이나 거스러미가 발생하지 않는다.

풀이 화학적 가공은 가공경화나 표면의 변질층이 생기지 않는다.

38 수평 밀링머신의 플레인 커터 작업에서 하향절삭의 장점을 바르게 설명한 내용은?

① 커터 날이 일감을 밀어 올리므로 기계에 무리를 주지 않는다.
② 커터 날의 절삭방향과 공작물의 이송방향이 서로 반대이므로 백래시가 자연스럽게 없어진다.
③ 커터 날에 마찰 작용이 적으므로 날의 마멸이 적고 수명이 길다.
④ 절삭 칩이 가공된 면에 쌓이지 않으므로 치수 정밀도가 좋다.

풀이 **상향절삭과 하향절삭의 비교**

구분	상향절삭	하향절삭
커터의 회전방향	공작물 이송방향과 반대이다.	공작물 이송방향과 동일하다.
백래시 제거장치	필요 없다.	필요하다.
기계의 강성	낮아도 무방하다.	높아야 한다.
공작물 고정	불안정하다.	안정적이다.
커터의 수명	수명이 짧다.	수명이 길다.
칩의 제거	칩이 잘 제거된다.	칩이 잘 제거되지 않는다.
절삭면	거칠다.	깨끗하다.
동력 손실	많다.	적다.

39 선반 가공에서 외경을 절삭할 경우, 절삭 가공 길이 100mm를 1회 가공하려고 한다. 회전수 1,000rpm, 이송속도 0.15mm/rev이면 가공 시간은 약 몇 분(min)인가?

① 0.5 ② 0.67
③ 1.33 ④ 1.48

풀이 선반의 가공시간 $T=\dfrac{L}{fn}$

$$=\frac{100}{0.15\times 1{,}000}\fallingdotseq 0.67\text{min}$$

여기서, L : 가공할 길이(mm)
f : 공구의 이송속도(mm/rev)
n : 회전수(rpm)

40 선반의 종류별 용도에 대한 설명 중 틀린 것은?

① 정면선반 : 길이가 짧고 지름이 큰 공작물 절삭에 사용
② 보통선반 : 공작기계 중에서 가장 많이 사용되는 범용 선반
③ 탁상선반 : 대형 공작물의 절삭에 사용
④ 수직선반 : 주축이 수직으로 되어 있으며 중량이 큰 공작물 가공에 사용

풀이 탁상선반 : 정밀 소형기계 및 시계부품 가공

정답 | 36 ③ 37 ① 38 ③ 39 ② 40 ③

41 다음 중 공작기계의 일반적인 구비조건에 해당하지 않는 것은?

① 가공된 제품의 정밀도를 높여야 한다.
② 강성이 있고 가공 능률이 좋아야 한다.
③ 융통성과 안전성이 있어야 한다.
④ 동력 손실이 많아야 한다.

풀이 공작기계는 기계효율이 좋아야 한다.

42 다음 중 절삭유제의 사용 목적이 아닌 것은?

① 공작물의 열팽창 방지로 가공물의 치수 정밀도를 높인다.
② 절삭유와 공작물의 마찰에 의해 칩의 흐름을 방해한다.
③ 절삭저항을 감소하고 공구의 수명을 연장한다.
④ 다듬질면의 상처를 방지하므로 다듬질면이 좋아진다.

풀이 절삭유와 공작물의 마찰을 감소시키고, 칩 배출을 원활하게 한다.

43 머시닝센터에서 공구교환을 지령하는 기능은?

① G 기능 ② S 기능
③ F 기능 ④ M 기능

풀이
- M : 보조기능(CNC 공작기계가 가지고 있는 보조 기능을 제어한다.)
- G : 준비기능
- S : 주축기능
- F : 이송기능

44 다음 설명에 해당하는 좌표계의 종류는?

> 상대값을 가지는 좌표로 정확한 거리의 이동이나 공구 보정 시에 사용되며 현재의 위치가 좌표계의 원점이 되고 필요에 따라 그 위치를 0(zero)으로 설정할 수 있다.

① 공작물좌표계 ② 극좌표계
③ 상대좌표계 ④ 기계좌표계

풀이 상대좌표계에 대한 설명이다.

45 CNC 공작기계의 특징에 해당하지 않는 것은?

① 제품의 균일성을 유지할 수 없다.
② 생산성을 향상시킬 수 있다.
③ 제조원가 및 인건비를 절감할 수 있다.
④ 특수공구 제작의 불필요로 공구 관리비를 절감할 수 있다.

풀이 **CNC 공작기계의 장점**
- 제품의 균일성을 유지할 수 있다.
- 생산능률을 높일 수 있다.
- 제조원가 및 인건비를 절감할 수 있다.
- 특수공구 제작이 불필요하여 공구 관리비를 절감할 수 있다.
- 작업자의 피로가 감소된다.
- 정밀 부품의 대량 생산이 가능하다.
- 사용 기계 수의 절감으로 공장 크기가 축소된다.

46 CAD/CAM 시스템에서 입력장치가 아닌 것은?

① 라이트펜(light pen) ② 마우스(mouse)
③ 태블릿(tablet) ④ 플로터(plotter)

풀이
- 입력장치 : 키보드, 마우스, 트랙볼, 라이트펜, 조이스틱, 포인팅 스틱, 터치패드, 터치스크린, 디지타이저, 스캐너 등
- 출력장치 : CRT 모니터, LCD 모니터, 프린터, 플로터, 그래픽 디스플레이, 빔 프로젝터, 하드 카피 장치 등

47 CNC 공작기계에서 이용되고 있는 서보기구의 제어방식이 아닌 것은?

① 개방회로 방식 ② 반개방회로 방식
③ 폐쇄회로 방식 ④ 반폐쇄회로 방식

풀이 **서보기구의 제어방식**
- 개방회로 방식(open loop system)
- 반폐쇄회로 방식(semi-closed loop system)
- 폐쇄회로 방식(closed loop system)
- 하이브리드 서보 방식(hybrid loop system)

정답 | 41 ④ 42 ② 43 ④ 44 ③ 45 ① 46 ④ 47 ②

48 CNC 공작기계에서 전원을 투입한 후 일반적으로 제일 먼저 하는 것은?

① 좌표계 설정　② 기계원점 복귀
③ 제2원점 복귀　④ 자동 공구 교환

풀이 전원을 투입한 후 기계원점 복귀를 하여야 기계좌표계가 활성화된다.

49 CNC 선반 작업 시 안전 및 유의 사항으로 틀린 것은?

① 작업하기 전에 프로그램의 이상 유무를 확인한다.
② 비상정지 버튼의 위치를 확인하고 있어야 한다.
③ 툴링(tooling) 시 프로그램 원점의 위치를 확인하고, 충돌 사고에 유의한다.
④ 작업이 종료되면 반드시 기계를 원점 복귀시켜야 한다.

풀이 작업을 시작할 때 반드시 기계를 원점 복귀시켜야 한다.

50 다음 도면은 CNC 선반에서 내외경 절삭 사이클(G90)을 이용하여 프로그램한 것이다. ( ) 안에 알맞은 것은?

```
G00    X65.0 Z100. T0101 ;
G90    X58.0 Z30. F0.2 M08 ;
       X56.0 ;
       X55.0 ;
       X53.0 (   ) ;
G00    X200. Z200. T0100 M09 ;
M02
```

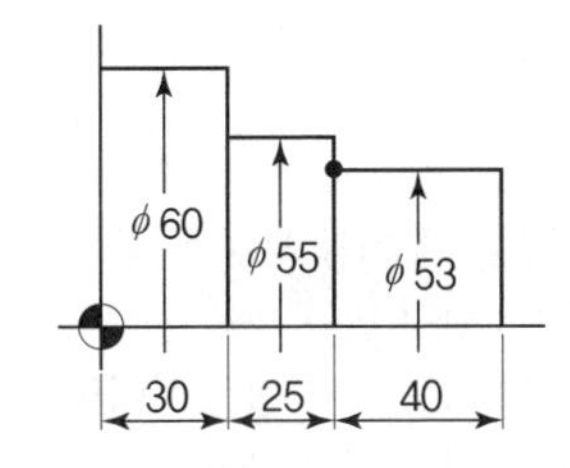

① Z30.0　② G90
③ Z−65.0　④ Z55.0

풀이

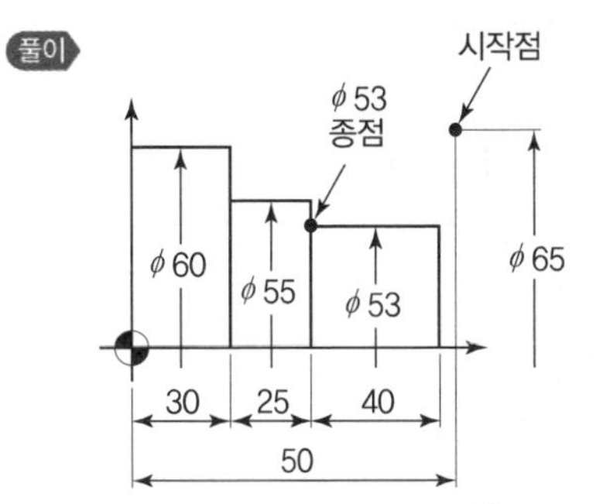

- G00 X65.0 Z100. : 시작점의 위치로 공구 이동(절삭 사이클의 초기점)
- G90 : 내 · 외경 절삭 사이클
- X53.0 Z55.0 : φ53의 종점 위치

51 밀링작업의 안전 및 유의 사항으로 틀린 것은?

① 정면 밀링커터 작업 시 칩 커버를 설치한다.
② 측정기와 공구는 기계 테이블 위에 놓고 작업한다.
③ 공작물 설치 시 반드시 주축을 정지시킨다.
④ 주축 회전 중에는 칩을 제거하지 않는다.

풀이 측정기나 공구 등을 진동이 있는 기계 위나 떨어지기 쉬운 장소에 놓지 않아야 한다.

52 CNC 공작기계의 운전 시 일상 점검 사항이 아닌 것은?

① 공구의 파손이나 마모상태 확인
② 가공할 재료의 성분 분석
③ 공기압이나 유압 상태 확인
④ 각종 계기의 상태 확인

풀이 가공할 재료의 성분 분석은 일상 점검 사항이 아니다.

53 CNC 프로그램에서 EOB의 뜻은?

① 블록의 종료　② 프로그램이 종료
③ 주축의 정지　④ 보조기능의 정지

정답 | 48 ② 49 ④ 50 ④ 51 ② 52 ② 53 ①

풀이 EOB(End Of Block)
블록의 종료를 뜻하며, 제작사에 따라 ';' 또는 '#'과 같은 부호로 간단히 표시한다.

54 DNC 시스템의 구성요소가 아닌 것은?

① CNC 공작기계
② 중앙컴퓨터
③ 통신선
④ 디지타이저

풀이 **DNC 시스템의 구성요소**
중앙컴퓨터, CNC 공작기계, 통신선

55 오른손 직교좌표를 나타낸 것 중 표기가 잘못된 것은?

①
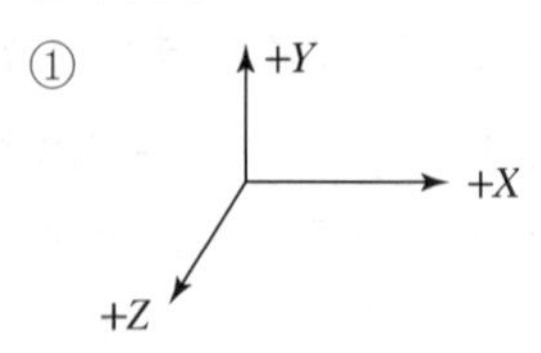

②
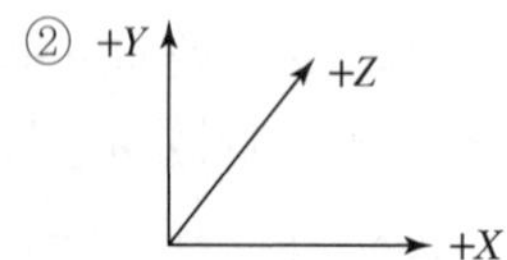

③
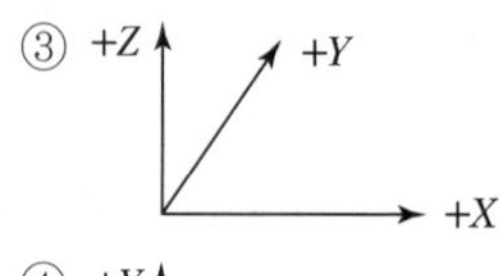

④
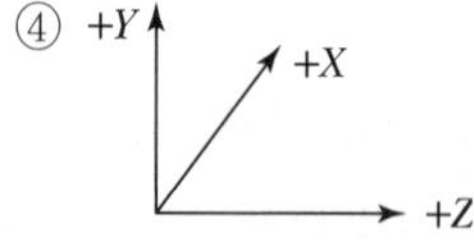

풀이 **오른손 직교좌표계**

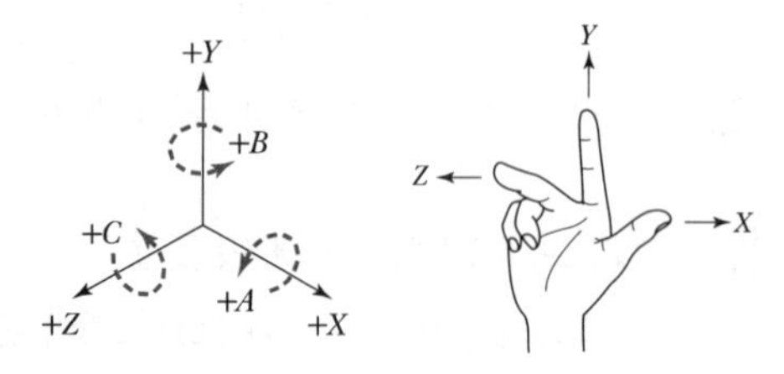

56 CNC 선반에 전원을 투입하고 각 축의 기계좌표값을 '0'으로 하기 위하여 행하는 조작은?

① 원점 복귀
② 수동운전
③ 좌표계 설정
④ 핸들운전

풀이 **원점 복귀**
CNC 선반에 전원을 투입하고 각 축의 기계좌표값을 '0'으로 하기 위하여 행하는 조작이다.

57 머시닝 센터에서 ϕ12－2날 초경합금 엔드밀을 이용하여 절삭속도 35m/min, 이송 0.05mm/날, 절삭깊이 7mm의 절삭 조건으로 가공하고자 할 때 다음 프로그램의 ( )에 적합한 데이터는?

```
G01 G91 X200.0 F( ) ;
```

① 12.25 ② 35.0
③ 92.8 ④ 928.0

풀이 $V=35\text{m/min},\ z=2,\ d=\phi 12,\ f_z=0.05\text{mm}$

$$N=\frac{1{,}000\,V}{\pi d}=\frac{1{,}000\times 35}{\pi \times 12}\fallingdotseq 928.40\text{rpm}$$

$$f=f_z\times z\times N=0.05\text{mm}\times 2\times 928.4\text{rpm}$$
$$=92.84\,\text{mm/min}$$

여기서, f : 테이블 이송속도
f_z : 1개의 날당 이송(mm)
z : 커터의 날 수
N : 회전수(rpm)

58 CNC 선반 프로그램에서 나사 가공 준비기능이 아닌 것은?

① G32 ② G42
③ G76 ④ G92

풀이
- G42 : 공구지름 보정 우측
- G32 : 나사 절삭
- G76 : 자동 나사 절삭 사이클
- G92 : 나사 절삭 사이클

정답 | 54 ④ 55 ② 56 ① 57 ③ 58 ②

59 다음 CNC 선반 프로그램에서 분당 이송(mm/min)의 값은?

```
G30 U0. W0. ;
G50 X150. Z100. T0200 ;
G97 S1000 M03 ;
G00 G42 X60. Z0. T0202 M08 ;
G01 Z-20. F0.2 ;
```

① 100　　② 200
③ 300　　④ 400

- G97 S1000 : 1분간 주축회전수 1,000rpm
- F0.2 : 회전당 이송 0.2mm

분당 이송(F) = 회전당 이송(F) × 회전수
= 0.2 × 1,000 = 200(mm/min)

60 아래의 프로그램으로 머시닝 센터 작업 시 공구의 길이가 그림과 같을 때 H03에 대한 적합한 공구길이 보정값은?

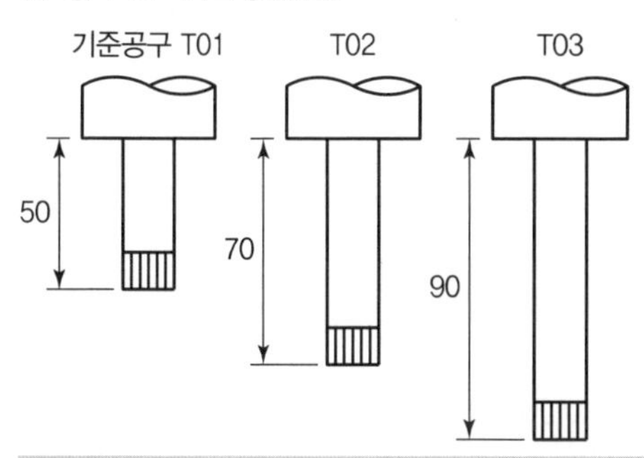


```
T03 ;
G90 G44 G00 Z10. H03 ;
S950 M03 ;
```

① 40　　② −40
③ −90　　④ 90

- G44(공구길이 보정 '−') : 공구의 길이가 기준공구보다 길면 '−' 값으로 보정하고, 짧으면 '+' 값으로 보정한다.
- T03 공구는 기준공구(T01)보다 40mm 긴 경우이므로 '−40'으로 보정

정답 | 59 ② 60 ②

컴퓨터응용밀링기능사 필기

발행일 | 2022. 1. 15 초판발행

저 자 | 다솔유캠퍼스
발행인 | 정 용 수
발행처 | 예문사

주 소 | 경기도 파주시 직지길 460(출판도시) 도서출판 예문사
TEL | 031) 955-0550
FAX | 031) 955-0660
등록번호 | 11-76호

정가 : 26,000원

ISBN 978-89-274-4277-6 13550